泵站工程实用技术

(上　册)

刘李明　罗中元　主编

黄 河 水 利 出 版 社
·郑 州·

内 容 提 要

本书分上、下两册，总共13章和附录，其中第1~4章为水泵类型、结构和基础理论知识（叶片泵理论、相似理论和汽蚀理论）；第5~11章为泵站工程规划设计的内容；第12、13章是泵站工程运行管理方面的内容；附录所列为泵站工程规划设计、管理中比较复杂、难度较大的计算内容（含计算实例和部分计算程序）。本书系统地介绍了水泵的构造、基本理论，阐述了汽蚀破坏机制以及预防和减轻汽蚀损害的工程技术措施，论述了水泵工作点各种调节方式；重点介绍了黄河泵站的工程规划和设计等有关内容，对泵站管路和引、输水明渠的流态做了详细分析，并用实例进行了水力计算；针对复杂的泵站工程系统，提出了等效水泵和等效管路的概念，叙述了等效水泵特性曲线、等效管路特性曲线、水泵工作点及泵站技术经济指标的确定方法；简述了泵站试验和量测的主要内容和方法；比较系统地讲述了泵站水锤的概念、基本微分方程、计算公式和水锤防护措施，阐述了泵站水锤防护工程设计、复杂泵站工程系统调度方案优化及确定泵站机组运行优化调度方案的具体方法和内容。

本书可供从事泵站规划设计、运行管理的工程技术人员学习借鉴，也可供高等院校水利类专业师生阅读参考。

图书在版编目（CIP）数据

泵站工程实用技术：上、下册/刘李明，罗中元主编. —郑州：黄河水利出版社，2021. 6
ISBN 978-7-5509-3023-0

Ⅰ. ①泵… Ⅱ. ①刘… ②罗… Ⅲ. ①泵站-水利工程 Ⅳ. ①TV675

中国版本图书馆 CIP 数据核字（2021）第128272号

组稿编辑：田丽萍　电话：0371-66025553　E-mail：912810592@qq.com

出 版 社：黄河水利出版社　网址：www.yrcp.com
地址：河南省郑州市顺河路黄委会综合楼14层　邮政编码：450003
发行单位：黄河水利出版社
发行部电话：0371-66026940、66020550、66028024、66022620（传真）
E-mail：hhslcbs@126.com
承印单位：广东虎彩云印刷有限公司
开本：890 mm×1 240 mm　1/16
印张：61
字数：1 410千字
版次：2021年6月第1版　印次：2021年6月第1次印刷

定价：260.00元（上、下册）

《泵站工程实用技术》

编委会

主　编　刘李明　罗中元

参　编　刘爱军　柴向斌

薛生德　潘　博

李长生　崔文龙

张许亮　刘志文

罗敬文　郭静晶

序

《泵站工程实用技术》是一本既有系统的基础理论知识,又有丰富的工程建设和运行管理经验的多学科专业性书籍。主编退休后,历经五年锲而不舍的努力完成了本书。书中有大量插图、工程实例和电算程序等内容,用作者自己的话说:干了大半辈子水利,总想写点东西留给后人。这种高尚的品德和精神令人敬佩,值得学习。

本书在以下方面有所创新和拓展:①根据黄河不同河段的水沙特性,对游荡性河段、峡谷河段和枢纽库区的引水、排沙工程规划做了详细的论述,充实了多泥沙河流引水枢纽工程的规划设计内容。②系统地论述了与节能、节流和安全有关的各种水泵工况的调节方式,并重点讲述了变速调节的经济合理性等内容。③完善了灌溉需水量、多级泵站分级数量、设计流量及管道直径的确定方法等内容。④提出了"等效水泵"和"等效管路"的概念,并利用"等效水泵特性曲线"与"等效管路特性曲线"对复杂泵站工程系统进行计算。⑤在"泵站水锤防护工程设计"方面拓展了泵站工程规划设计等内容。⑥考虑流态及复杂边界条件因素的损失扬程计算方法,使计算分析结果更加准确、合理。

《泵站工程实用技术》的出版对我国泵站工程尤其是高扬程、高含沙水流泵站工程的规划设计、建设和运行管理水平的提高,对高扬程浑水泵的水力设计及制造工艺的科技进步有显著作用。

王悦

2020年10月

前　言

编者自 1981 年毕业后,一直从事水利工程的规划设计、建设和管理工作,尤其是在大、中型泵站工程的规划、设计、施工建设和运行管理等领域中积累了一些经验。2015 年退休后,觉得有必要将自己 30 余年的工作经验加以总结整理形成文字材料,以供他人参考和借鉴。罗中元同志自 1991 年以来也一直扎根于水利事业,在水利工程建设,尤其是在工程质量控制方面积累了丰富的经验。我们在整理大量的工作笔记和工作成果的基础上,查阅诸多泵站方面的文献和资料,历经五年时间完成了《泵站工程实用技术》。

本书以工程实用为宗旨,以现行国家标准《泵站设计规范》(GB 50265—2010)等为准绳,参考国内外泵站工程的先进技术,结合工程实践经验,从泵站工程建设的基本需求出发,精心选材和深入探讨,既有系统的专业基础理论,又有大量的图表,还甄录了较多计算实例供阅读参考,力求使读者阅后有所受益。

本书基于黄土高原黄河流域高扬程离心泵站的相关技术进行编写,考虑到近年来沿黄大流量低扬程取水泵站工程的快速发展和建设需要,书中也介绍了各种低扬程混流和轴流泵站工程的相关技术。

本书注重采用系统分析的方法,寻求工程总体方案的优化:

(1)主张以基准机组流量为基础,调整管路、泵站和引输水明渠设计流量值,使机组、泵站、管道、渠道的设计流量达到完全匹配。

(2)按最小提水高度原理确定多级泵站的分级数量和各级扬程后,结合水泵选型和流量匹配的要求进行优化调整,使水泵效率较高,机组型号较少,达到节能和经济的最佳效果。

(3)根据黄河不同河段的水沙特性,就游荡性河段、峡谷河段和枢纽库区的引(取)水排(沉)沙工程规划做了比较详细的论述,充实了多泥沙河流引水枢纽工程规划设计内容。

(4)提出在泵站工程规划设计中应增加"泵站水锤防护工程设计"内容,详细讲述了泵站水锤的基本理论和水锤常规防护措施及特点,阐述了水锤防护工程规划的基本原则、事故停机降压波和输水管路最低水头包络线的确定方法、水锤防护措施选择等内容,最后通过实例叙述了泵站水锤防护工程设计的具体方法、步骤。

本书秉持创新性思维方式,以工程实用为唯一宗旨,纳入了不少拓展和创新性内容:

(1)完善了灌溉需水量、泵站工程设计流量和管道直径的确定方法。

(2)增添了电动水泵机组启动过程中各种力矩关系分析、机组启动校核计算等内容。

(3)系统地叙述了有关节能、节流和稳定运行的水泵工况调节内容,并重点讲述了变速调节的经济性、机组的各种调速方法以及变频调速技术等内容。

(4)参考电路理论,提出"等效水泵"和"等效管路"的概念,并利用"等效水泵特性曲线”与“等效管路特性曲线”对复杂泵站工程系统进行计算。

(5)泵站工程过流断面的流速一般较小,大都处于水力光滑和过渡区流态,本书在附录中详述了考虑流态和复杂边界条件因素的损失扬程计算公式和电算方法,包括浑水渠道纵、横断面尺寸设计,有压管路阻力损失计算,泵站明渠水力计算等,从而使计算分析结果更加符合实际。

基于实践经验,作者在书中还提出了一些非常规的观点:

(1)浑水泵的单级叶轮扬程不能太高,宜适当降低安装高程以减轻泥沙磨蚀危害和提高水泵效率。

(2)采用立式多级泵或多级泵站串联运行的方式以解决高扬程水泵选型问题。

(3)有条件地允许管路出现负压甚至水柱拉断现象,以节省工程投资。

(4)让立式水泵机组沿管轴线水平位移以解决温度应力问题。

(5)尽量减少管路建筑物数量,以提高供水保证率和减少工程投资及管理费用等。

这些观点或想法有一定的理论和实践基础,对泵站工程的规划设计、建设和运行管理具有一定的参考价值,但缺少理论研究和试验资料的支持,需要进一步研究并上升到国家规范和标准层面。

本书编写过程中主要参考了武汉大学刘竹溪、刘景植主编的《水泵及水泵站》(第4版),金锥、姜乃昌、汪兴华、关兴旺编著的《停泵水锤及其防护》(第2版),丘传忻编著的《泵站》,李继珊主编的《泵站测试技术》等技术文献,通过互联网引用了一些文献内容,在此向各著作的作者表示感谢!

本书由刘李明、罗中元担任主编,刘爱军、柴向斌、薛生德、潘博、李长生、崔文龙、张许亮、刘志文、罗敬文、郭静晶等参与编写。另外,在本书的编写过程中,水利部水利水电规划设计总院教授级高工卜淑和,中国国际工程咨询有限公司支世平主任,太原理工大学教授孙西欢,山西省运城市水务局教授级高工李致广、张崇山等同志给予了技术指导和大力支持,在此一并表示感谢!

本书篇幅较大,限于作者水平,难免存在诸多不足之处,衷心希望有兴趣的读者和专家批评指正。

刘李明

2020年9月

目　录

序 …………………………………………………………………………………… 王　浩
前　言

上　册

第1章　泵的基本知识 ………………………………………………………… (1)
1.1　泵的定义和分类 ………………………………………………………… (1)
1.2　叶片泵的主要部件 ……………………………………………………… (10)
1.3　黄河提水常用泵的典型结构 …………………………………………… (19)
1.4　泵的性能参数 …………………………………………………………… (29)
第2章　叶片泵的基础知识 …………………………………………………… (39)
2.1　叶片泵的基本理论 ……………………………………………………… (39)
2.2　叶片泵的性能曲线 ……………………………………………………… (72)
2.3　叶片泵的启动特性及要求 ……………………………………………… (93)
第3章　水泵汽蚀及安装高程 ………………………………………………… (103)
3.1　水泵的汽蚀现象 ………………………………………………………… (103)
3.2　水泵汽蚀破坏的机制 …………………………………………………… (103)
3.3　水泵汽蚀产生的原因 …………………………………………………… (104)
3.4　水泵汽蚀的类型 ………………………………………………………… (106)
3.5　水泵汽蚀的危害 ………………………………………………………… (107)
3.6　汽蚀性能参数 …………………………………………………………… (108)
3.7　汽蚀相似定律与相似判据 ……………………………………………… (118)
3.8　水泵安装高程的确定 …………………………………………………… (123)
3.9　预防和减轻水泵汽蚀的措施 …………………………………………… (126)
第4章　水泵的运行工况及调节 ……………………………………………… (129)
4.1　水泵的运行工况 ………………………………………………………… (129)
4.2　水泵工作点确定 ………………………………………………………… (135)
4.3　水泵工况调节方法 ……………………………………………………… (150)
第5章　黄河泵站工程规划 …………………………………………………… (180)
5.1　规划的原则和任务 ……………………………………………………… (180)
5.2　泵站等级划分和设计标准 ……………………………………………… (181)
5.3　供水点或供水区块划分 ………………………………………………… (183)
5.4　提水泵站布局方式 ……………………………………………………… (184)
5.5　取水枢纽工程规划 ……………………………………………………… (187)

5.6 泵站工程规划 …………………………………………………………… (206)
5.7 泵站工程经济分析 ………………………………………………………… (221)
5.8 泵站枢纽布置 …………………………………………………………… (235)
第6章 机组设备选型与配套 ………………………………………………… (239)
6.1 水泵选型 ………………………………………………………………… (239)
6.2 动力机选型 ……………………………………………………………… (242)
6.3 电动机配套功率和转速的确定 …………………………………………… (256)
6.4 电动水泵机组的启动校核 ………………………………………………… (258)
6.5 传动装置 ………………………………………………………………… (265)
6.6 辅助设备及设施 …………………………………………………………… (273)
第7章 进出水建筑物 ………………………………………………………… (310)
7.1 取水建筑物 ……………………………………………………………… (310)
7.2 引水建筑物 ……………………………………………………………… (335)
7.3 前 池 …………………………………………………………………… (343)
7.4 进水池 …………………………………………………………………… (355)
7.5 进水间 …………………………………………………………………… (365)
7.6 出水池 …………………………………………………………………… (370)
7.7 压力水箱 ………………………………………………………………… (379)
第8章 进出水管道 …………………………………………………………… (383)
8.1 进水管道 ………………………………………………………………… (383)
8.2 出水管道 ………………………………………………………………… (393)
第9章 泵站进出水流道 ……………………………………………………… (433)
9.1 泵站进水流道 …………………………………………………………… (433)
9.2 泵站出水流道 …………………………………………………………… (454)
9.3 泵站断流方式 …………………………………………………………… (483)

下 册

第10章 泵 房 ……………………………………………………………… (495)
10.1 泵房的结构类型及其适用场合 …………………………………………… (495)
10.2 泵房内布置及主要尺寸确定 ……………………………………………… (539)
10.3 泵房的整体稳定校核及地基应力和沉降量计算 …………………………… (555)
10.4 主要结构计算 …………………………………………………………… (563)
10.5 泵船与绞车 ……………………………………………………………… (597)
第11章 泵站安全防护工程设计 ……………………………………………… (608)
11.1 泵站安全防护问题 ……………………………………………………… (608)
11.2 水锤基本概念与水柱分离问题 …………………………………………… (608)
11.3 水锤基本理论及基本微分方程式 ………………………………………… (624)
11.4 泵站水锤数解原理 ……………………………………………………… (640)

11.5　泵站工程常用水锤防护措施及其特点 …………………………………………（653）
11.6　泵站安全防护工程规划 ……………………………………………………（675）
11.7　泵站水锤计算技术及工程实例 ……………………………………………（687）
第12章　泵站试验和测量 ……………………………………………………………（707）
12.1　泵站试验的内容和方法 ……………………………………………………（707）
12.2　泵站试验量测 ………………………………………………………………（710）
12.3　流量的测量 …………………………………………………………………（712）
12.4　扬程测量 ……………………………………………………………………（767）
12.5　功率测量 ……………………………………………………………………（775）
12.6　转速测量 ……………………………………………………………………（794）
12.7　振动和噪声的测量 …………………………………………………………（797）
12.8　测量误差及数据处理 ………………………………………………………（809）
第13章　泵站优化调度方案及工程实例 ……………………………………………（829）
13.1　漳泽泵站供水系统简介 ……………………………………………………（829）
13.2　调度方案优化计算分析技术准备 …………………………………………（834）
13.3　泵站运行优化调度方案 ……………………………………………………（847）
附录　泵站工程水力计算技术及实例 ………………………………………………（890）
附录1　引黄渠道设计计算……………………………………………………（890）
附录2　泵站压力管路阻力损失计算…………………………………………（893）
附录3　引、输水明渠水力计算 ………………………………………………（912）
附录4　等效水泵及其特性曲线………………………………………………（940）
附录5　等效管路及其特性曲线………………………………………………（944）
附录6　泵站工程运行工况及技术经济指标…………………………………（946）
附录7　其他计算技术…………………………………………………………（951）
参考文献 ………………………………………………………………………………（955）

第 1 章　泵的基本知识

1.1　泵的定义和分类

1.1.1　泵的定义

泵是把原动机的机械能或其他外加的能量,转换成流经其内部的液体的动能和势能的液体输送机械。泵为一种通用类流体机械,被广泛用于输送液体或对液体增压等场合。泵也可输送液、气混合物及含悬浮固体物的液体。

1.1.2　泵的分类

泵的用途广泛,品种系列繁多,对它的分类方法各不相同,按其工作原理一般可分为以下三大类。

1.1.2.1　叶片泵

叶片泵是通过工作叶轮的高速旋转运动,将能量传递给流经其内部的流体,使液体能量增加的泵。

叶片泵的突出标志就是有旋转的叶轮,且叶轮上弯曲或扭曲的叶片,故称为叶片泵。按照叶轮的结构形式、能量传递原理以及泵内液体流动方向的不同,叶片泵又可分为离心泵、混流泵和轴流泵,其构造如图 1-1、图 1-2 所示。

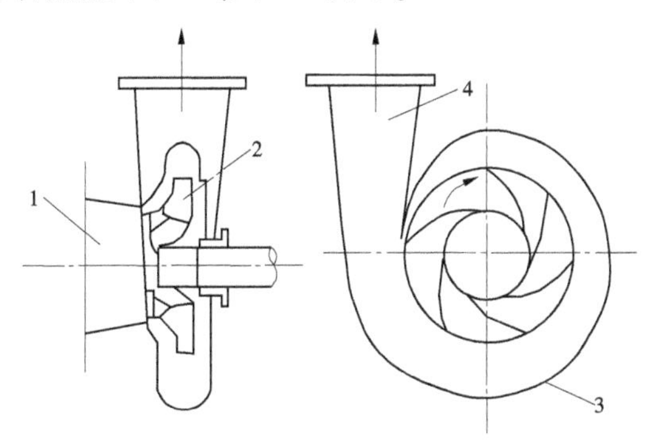

1—喇叭状吸入短管;2—叶轮;3—泵壳;4—输出管

图 1-1　离心泵构造示意图

1.1.2.2　容积泵

容积泵是通过泵体工作室容积的周期性变化,将能量传递给流经其内部的流体,使液体能量增加的泵。容积泵工作室容积增大时,压力降低,吸入液体;容积变小时,压力增大,排出液体。

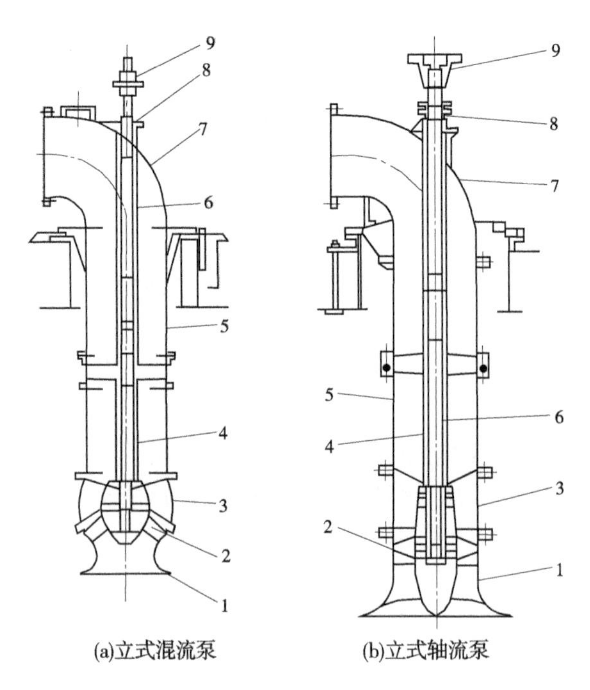

1—进水喇叭管;2—叶轮;3—导叶体;4—泵轴护管;5—出水管;6—泵轴;7—出水弯管;8—填料函;9—联轴器

图 1-2　立式混流泵、轴流泵构造示意图

根据工作室容积改变方式,容积泵分为往复式和旋转式两种。往复式泵利用柱塞在泵缸内做往复运动来改变工作室容积,输送液体。常见的往复式泵有活塞泵(柱塞泵)和隔膜泵等。往复式泵的最大优点在于其自吸性能和高扬程,理论上讲其扬程可达到无穷大。图 1-3 所示为往复式活塞泵构造示意图。旋转式泵利用转子做旋转运动来改变工作室的容积、输送液体。常见旋转式泵的有齿轮泵和螺杆泵,图 1-4、图 1-5 所示分别为齿轮泵构造示意图和单螺杆泵结构示意图。

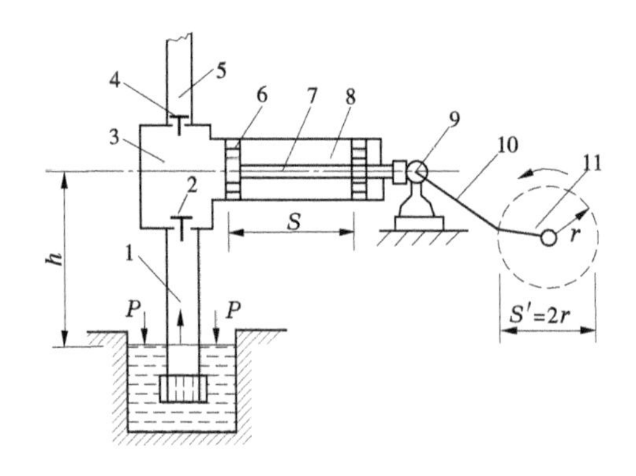

1—进水管;2—进水单向阀;3—工作室;4—排水单向阀;5—压水管;
6—活塞;7—活塞杆;8—活塞缸;9—十字接头;10—连杆;11—皮带轮

图 1-3　往复式活塞泵构造示意图

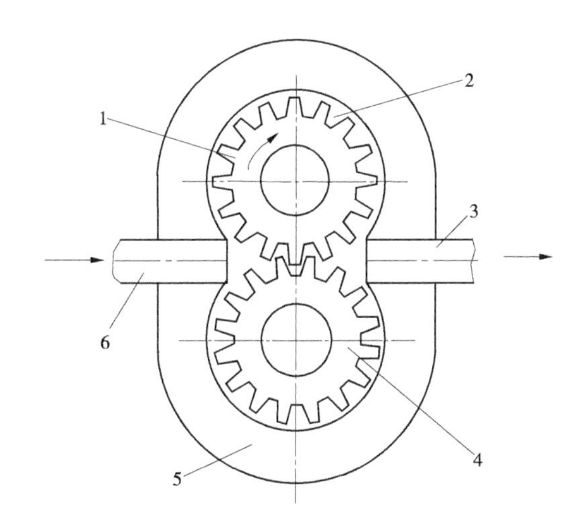

1—主动齿轮;2—工作室;3—出流管;4—从动齿轮;5—泵壳;6—入流管

图1-4　齿轮泵构造示意图

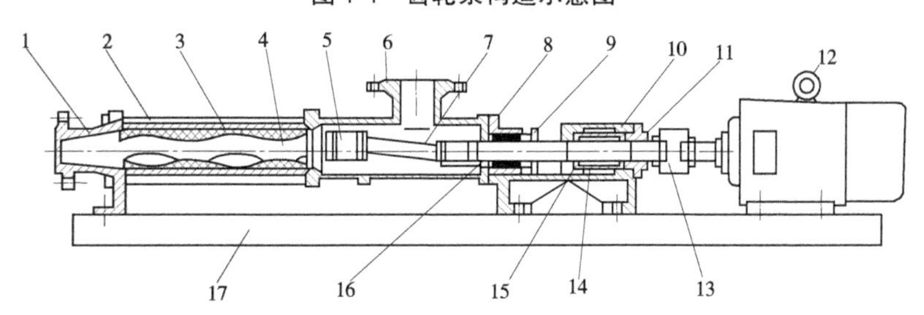

1—出水腔;2—拉杆;3—螺杆套;4—螺杆轴;5—万向节总成;6—吸入管;7—连接轴;8、9—填料压盖;10—轴承座;11—轴承盖;12—电动机;13—连杆器;14—轴套;15—轴承;16—传动轴;17—底座

图1-5　单螺杆泵结构示意图

1.1.2.3　其他类型泵

除叶片泵和容积泵外的其他特殊类型泵,统称为其他类型泵。例如,射流泵、气升泵、水锤泵、螺旋泵等。其中,螺旋泵是利用螺旋推进原理来提水的,而其他各类泵多是利用工作液流或气流的运动将其能量传递给被输送液体的泵类,即利用液体能量来输送液体。

1. 射流泵

图1-6、图1-7(a)所示为射流泵的结构原理示意图。射流泵是利用有压水流来提水的设备。它由喷嘴、吸水室、混合室和扩散管组成。其工作原理是:当高压水以流量 Q_1 由喷嘴1高速射出时连续挟走了吸水室2内的空气,在吸水室内造成一定程度的真空,被抽送的液体在大气压力作用下,以流量 Q_2 由下部的进水管进入吸水室内,两股液体($Q=Q_1+Q_2$)在混合室3中进行能量的传递和交换,使流速、压力趋于一致,然后,经扩散管4使部分动能转化为压能后,以一定的流速输送出去。

射流泵可以用来抽送污泥、污水、液氯等有毒液体或气体,还可以与离心泵联合工作以增加离心泵的吸水高度,从而达到从大口径或深井中取水的目的。射流泵的主要缺点是效率较低。

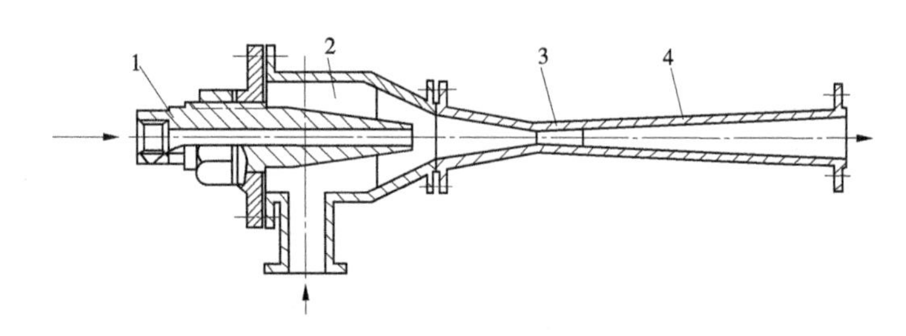

1—喷嘴;2—吸水室;3—混合室;4—扩散管

图 1-6　射流泵构造原理示意图

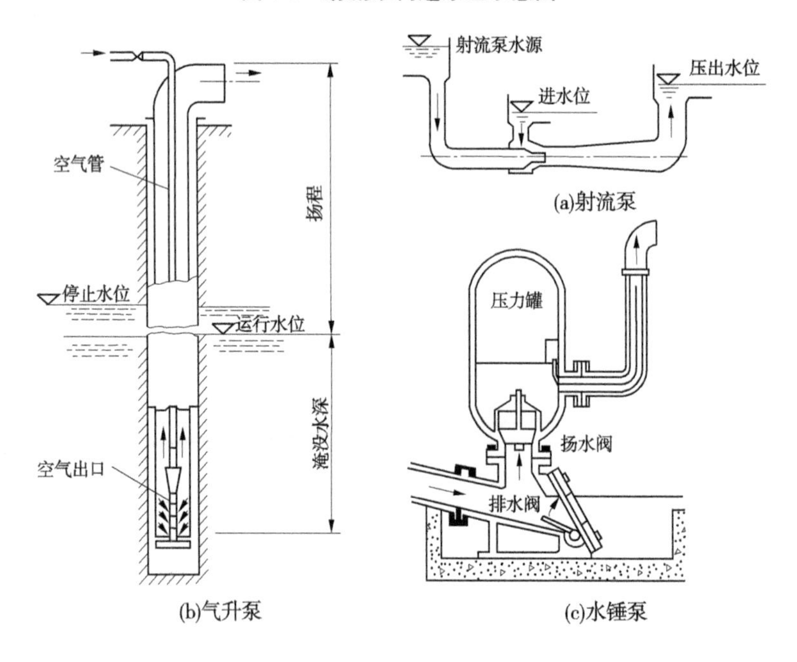

图 1-7　射流泵、气升泵、水锤泵构造及工作原理示意图

2. 气升泵

图 1-7(b)所示为气升泵的装置示意图。气升泵也称空气扬水机,是以压缩空气为动力来抽水的。它由输气管、扬水管、喷嘴、气水分离箱等组成。其工作原埋是:在压缩空气经输气管通入井中扬水管的下部后,压缩空气从向上喷嘴的一些小孔射出,和井水混合形成气水混合体。因气水混合体密度相对于水较轻,故气水混合体沿扬水管上涌至气水分离箱。在该箱,气水混合体以一定的速度撞在伞形钟罩上,由于撞击而产生气水分离的结果,分离出来的空气经顶部的排气孔逸出,落下的水则借重力流出,由管道引入集水池。气水混合体也可一块涌入集水池,而后自动分离。

用气升泵扬水,扬水管须有较大的淹没深度,所以需要打深井;另外,需要一套较复杂、笨重的压缩空气设备。装置效率一般只有 20%~35%。但由于其井下设备简单,且无转动部件,工作可靠,不易堵塞,所以适合抽取含有固体颗粒的水。同时,它对井的垂直度要求较低,适用于井管不直、倾斜的井管产品抽水,因此在实际工程中,不仅可以用以提取井水,而且可用作凿井工艺的洗井,提升泥浆、矿浆、卤液以及石油开采中的气举采油,矿山井坑排水等。

3. 水锤泵

图 1-7(c)和图 1-8 为水锤泵的装置示意图。其工作原理是:沿进水管向下流动的水流至静重负载单向阀 A(排水阀)附近时,水流冲力(只要流动速度足够大,就有足够的冲力)使阀迅速关闭。水流突然停止流动,水流的动能即转换为压能,于是管内水的压力升高,将单向阀 B(扬水阀)冲开,一部分水即进入空气室(压力罐)中并沿出水管上升到一定的高度。随后,随着进水管中压力的降低,单向阀 A 在静重作用下自动落下,恢复到开启状态。同时,空气室的压缩空气促使单向阀 B 关闭,整个过程又重复进行。好的水锤泵的效率可达 86%,其表达式为

$$\eta = \overline{Q}\ \overline{H}$$

式中　$\overline{Q}$—— 压升水流量与向下工作水流量的比值,$\overline{Q} = \dfrac{q}{Q}$;

$\overline{H}$—— 压升高度加上出水管的水头损失与工作水落差之比,$\overline{H} = \dfrac{h}{H}$。

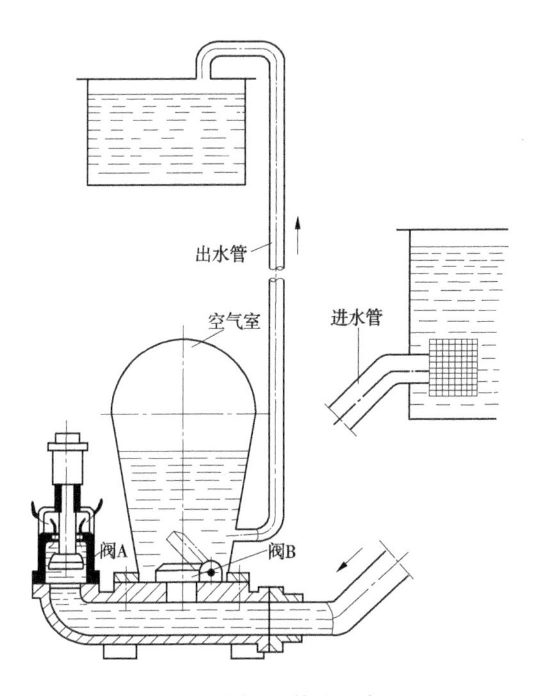

图 1-8　水锤泵装置示意图

水锤泵应用是一门既古老又先进的技术,它是一种利用水锤效应将低位水能转换为高位水能的提水装置。国外在其理论和结构应用方面研究已有 200 多年的历史,技术较为成熟。水锤泵利用低落差水资源输送出高扬程的水,是以水为动力送水,具有不消耗电、油、煤等资源,日夜不断,自动提水,扬程高,管理简单,寿命长等特点。用于缺电、无电山区、半山区的灌溉和人、畜用水及山地果园喷灌等,同时具有节约能源和环保的意义。

单向阀 A、单向阀 B 可以不用弹簧,靠自身重力即可。其中,阀 A 是水锤泵的重要设备,阀门的自动关闭利用了流体力学中的射流原理,即液体中流速与压力呈反比关系,如

图 1-9 所示。

突然关闭单向阀 A 产生的压力水头升值为

$$\Delta H = a\frac{\Delta v}{g}\ (\mathrm{m})$$

式中　a——进水管路水锤波速，m/s；

Δv——进水管流速变化，阀门突然全关闭时，$\Delta v = v$（管内流速）。

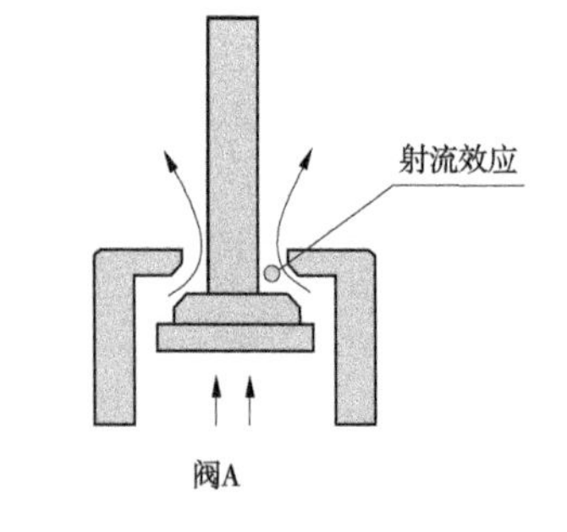

图 1-9　水锤泵工作原理示意图

生产实践中，一般利用水锤泵可以使进水管中流动的一部分水(大约 15%)压升到相当于 5 倍进水管落差的高度。极端情况下可以利用 2 m 高的水位落差，将水提高到 90 m 高。

4. 螺旋泵

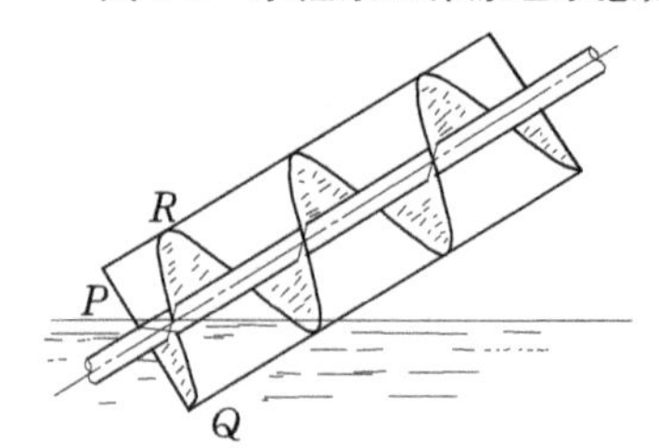

图 1-10　螺旋泵提水原理示意图

螺旋泵是靠螺旋形叶片的旋转来达到提水目的的，其工作原理如图 1-10 所示。螺旋泵倾斜放置在水中，由于螺旋轴对水面的倾角小于螺旋叶片的倾角，当螺旋轴旋转式，螺旋叶片下端与水接触，水就从螺旋叶片的 P 点进入叶片，水在重力作用下，随叶片下降到 Q 点，由于转动时的惯性力，叶片将 Q 点的水又提升到 R 点，而后在重力作用下，水又下降至下一级叶片的底部，如此不断循环，水沿螺旋轴被逐级地往上提起，最后升至螺旋泵的最高点而流出。

螺旋泵的提水原理不同于离心泵和轴流泵，它的转速很慢，一般只有 20～90 r/min。它的优点是不必设置集水井及封闭管道，泵站设施简单，同时因其转速低，对在抽送污水时，可缓慢提升活性污泥，对绒絮破坏较少。它的主要缺点是扬程较低，一般不超过 6～8 m，且泵必须倾斜安装，占地较大。

5. 旋涡泵

图 1-11 为旋涡泵结构原理示意图。旋涡泵是通过旋转的叶轮叶片把能量传递给液体的流体机械。严格地讲，旋涡泵属于叶片泵的一种，但因其工作原理与常规的离心泵和轴流泵等有较大差异，因此将它从叶片泵的范畴中划分出来。

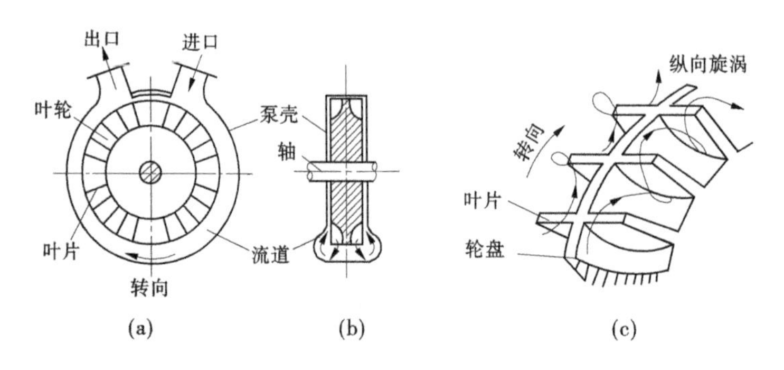

图 1-11　旋涡泵结构原理示意图

旋涡泵与离心泵有较大差别，旋涡泵的进口和出口均朝上，且都正对着叶轮的外缘。

在旋涡泵的叶轮上,有许多呈放射形排列的叶片。叶轮在泵内旋转时将对液体产生两种力:顺着旋转方向促使液体做圆周运动的摩擦力;将液体沿径向甩出的离心力。在这两种力的作用下,泵内的液体形成环形涡流,如图1-11(c)所示。这种环形涡流类似旋涡,旋涡泵由此得名。

液体从叶轮叶片间进入泵腔,将从叶片获得的一部分动能传递给泵腔中的液体,这样就给泵腔中的液体一个沿旋转方向的冲量。同时,泵腔中能量较低的液体又进入叶轮,如此循环。液体按上述环形涡流的轨迹在泵腔与叶轮内进行,每进入一次叶轮,就获得一次能量,在整个泵的流道内重复多次,因此旋涡泵具有其他叶片泵所不能达到的高扬程。

旋涡泵具有陡降的扬程性能曲线,这在许多场合有重要的应用价值。它可用作气液混送、抽送介质密度小的液体(如汽油、酒精、醚等),在加油站使用较广泛,还可以用于高压洗车、消防灭火等。它的缺点是效率低,一般不到40%,且不能用来输送黏度较大的液体。

泵的分类汇总示意图见图1-12。

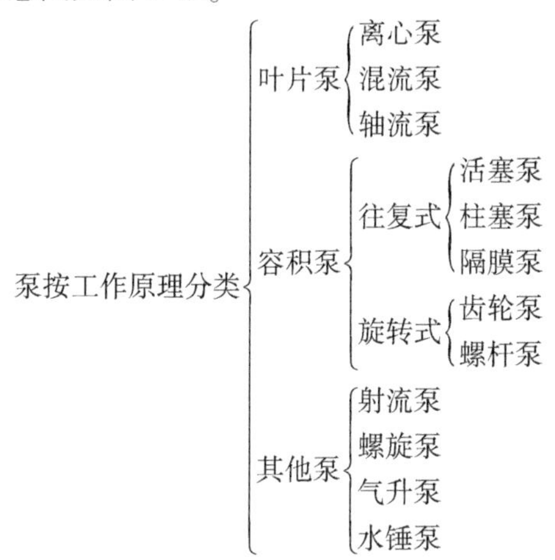

图1-12　泵的分类汇总示意图

叶片泵是应用最广泛的泵类。与其他泵类相比,叶片泵具有启动迅速、驱动方便、出水量均匀、工作性能可靠、运行工况调节容易和工作效率高等很多优点,特别是叶片泵可以分成各种系列,以满足不同流量和压力的需要。水利工程中所采用的绝大多数泵型都是叶片泵。因此,以下仅对叶片泵及其装置进行分析和讨论。

1.1.3　叶片泵的分类与型号

1.1.3.1　叶片泵的分类

叶片泵除上述分为离心泵、混流泵和轴流泵外,还可按泵轴的位置分为卧式泵、立式泵和斜式泵;按压出室的形式分为蜗壳式泵和导叶式泵;按叶轮的吸入方式分为单吸式泵和双吸式泵;按叶轮个数分为单级泵和多级泵等。

离心泵、混流泵分卧式和立式两种;轴流泵分卧式、立式和斜式三种;单级泵有单吸和双吸两种叶轮,多级泵一般为单吸叶轮或首级为双吸叶轮;压水室有蜗壳式、导叶式、蜗壳+导叶式、节段式(多级泵)等。

1.1.3.2 叶片泵的型号

叶片泵的型号应该表明泵的机构形式、规格和性能,目前还没有统一的编制方法。在各个厂商的泵样本及产品说明中,均有对该泵型号的组成及含义的说明。大部分泵的结构形式及特征,在泵型号中均是用汉语拼音字母表示的,表1-1给出了常用泵型号中某些字母通常所代表的含义。

表1-1 常用泵型号中汉语拼音字母及其含义

字母	表示的结构形式	字母	表示的结构形式
B	单级单吸悬臂式离心泵	S	单级双吸卧式离心泵
D	节段式多级离心泵	DL	立式多级节段式离心泵
R	热水泵	WG	高扬程卧式污水泵
F	耐腐蚀泵	ZB	自吸式离心泵
Y	油泵	YG	管道式油泵
ZLB	立式半调节式轴流泵	ZWB	卧式半调节式轴流泵
ZLQ	立式全调节式轴流泵	ZWQ	卧式全调节式轴流泵
HD	导叶式混流泵	HQ	蜗壳式混流泵
HL	立式混流泵	QJ	井用潜水泵

表1-1中的字母皆为描述泵结构特征的汉字拼音字母的第一个注音字母。但有些按国际标准设计或从国外引进的泵,其型号除少数为汉语拼音字母外,一般为该泵某些特征的外文缩略语。如IS表示符合有关国际标准(ISO)规定的单级单吸悬臂式清水离心泵;IH表示符合有关国际标准的单级单吸式化工泵等。

泵型号中除有上述字母外,还用一些数字和附加字母来表示该泵的规格及性能。例如,水泵型号IS200-150-400的型号意义为:

IS—符合ISO国际标准的单级单吸悬臂式清水离心泵;

200—水泵进口直径,mm;

150—水泵出口直径,mm;

400—叶轮名义直径,mm。

又如,水泵型号S150-78A的型号意义为:

S—单级双吸卧式离心泵;

150—水泵进口直径,mm;

78—水泵额定扬程,m;

A—叶轮外径被切削规格标志(若为B、C则表示叶轮外径被切削得更小)。

图1-13所示为一般离心泵型号的编制方式,其中有的字母排在最前。

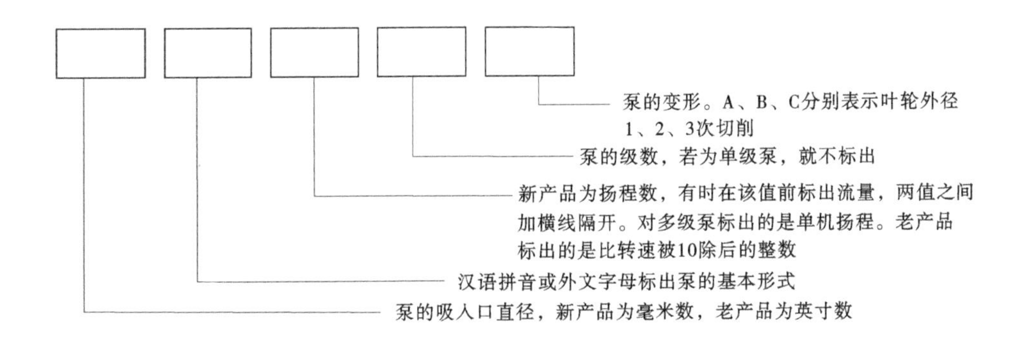

图 1-13　一般离心泵型号的编制方式

1.1.4　叶片泵的工作原理

1.1.4.1　离心泵的工作原理

圆筒型容器里装有一定的液体(见图 1-14),如果使容器绕中心轴旋转,就可以看到靠近容器四周的液面升高,而容器中心的液面降低,整个容器内的液面形成一个抛物线凹面的现象。圆筒的半径越大、旋转的速度越快,则液面上升的高度 h 就会越大,边壁 A 点处所受的静水压力也就越大。设想用高速旋转的叶轮代替旋转的圆筒形容器,并从叶轮中心点处接一水管和水源(如进水池)相通(见图 1-15),叶轮中心点处的流体由于受到旋转叶轮离心力的作用被甩向叶轮的外缘,于是叶轮中心处就形成了真空。这样,水源水在大气压力的作用下通过进水管被送到叶轮中心。叶轮连续不停地高速旋转,叶轮中心的水就会连续不断地被甩出,又源源不断地被补充,被叶轮甩出的水则流入泵体蜗壳内，在

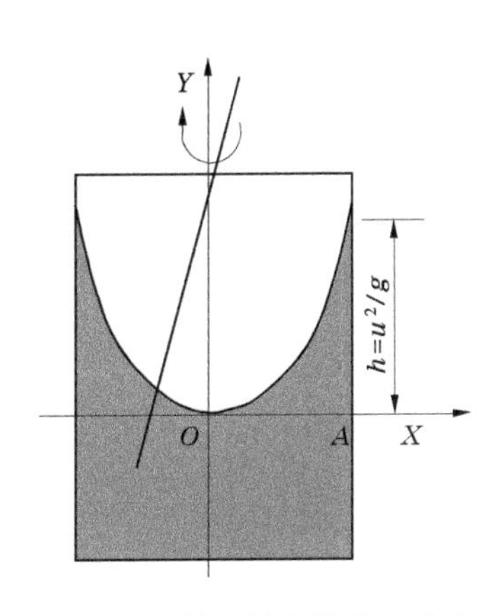

图 1-14　旋转圆筒内的液面升高

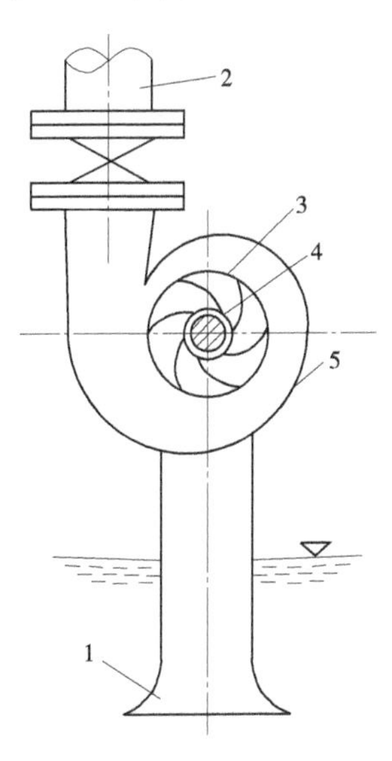

1—进水喇叭口;2—出水管;3—叶轮;
4—叶轮入口;5—泵壳

图 1-15　离心泵工作原理示意图

将一部分动能转换成压能后,从泵出口排入出水管道,从而将水源的水连续不断地送往高处或远处。由上述可知,离心泵是利用叶轮的高速旋转,使液体产生离心力来进行工作的,所以把这种泵称为离心泵。

需要指出的是,离心泵在启动前必须使泵壳内充满水,否则叶轮在空气中转动,叶轮进口不可能形成所需要的真空值,进水池的水也就不可能流入泵的进口。

1.1.4.2　轴流泵的工作原理

轴流泵的工作原理与离心泵不同,它主要是利用旋转叶轮上的叶片对液体产生的升力使通过叶轮的液体获得能量的。由于轴流叶轮叶片背面(下表面)的曲率半径比工作表面(上表面)的曲率半径大,当叶轮旋转液体绕过叶片时,叶片上表面上的水流速度小于叶片下方水流的速度,由水力学可知,叶片下表面的压力就比上表面的压力小。因此,水流对叶片作用一个向下的力 P_{down} ,由作用力和反作用力的原理可知,叶片必然会对水流产生一个向上的推力 P_{up}($P_{up}=P_{down}$),水在此推力的作用下增加了能量,就被提升到一定的高度,如图 1-16 所示。与离心泵不同的是,轴流泵内的水流主要沿轴向流进和流出叶轮,故称这种泵为轴流泵。

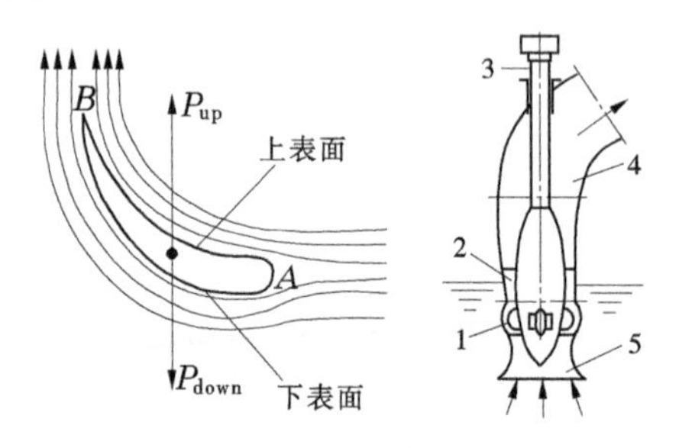

1—叶轮;2—导叶;3—泵轴;4—出水弯管;5—吸水喇叭管

图 1-16　轴流泵工作原理示意图

1.1.4.3　混流泵的工作原理

因为混流泵是介于离心泵和轴流泵之间的一种叶片泵,它的工作原理同样介于离心泵和轴流泵之间,且其结构形式、叶轮出流方向及泵的性能等也均有于此相应的特点,兼有离心泵和轴流泵的许多优点。因此,以下的分析讨论均以离心泵和轴流泵为主。

1.2　叶片泵的主要部件

由于混流泵除叶轮结构形式与离心泵和轴流泵叶轮有所不同外,其他主要部件的结构形式与用途基本相同,故下面仅介绍离心泵和轴流泵的主要部件。

1.2.1　离心泵的主要部件

离心泵的主要部件包括叶轮、泵轴、泵壳、减漏环、轴承和填料函等。其结构和作用如下。

1.2.1.1　叶轮

叶轮又称工作轮或转轮。它的作用是将原动机的机械能通过叶轮的高速旋转运动传递给液体,使被抽液体获得能量。因此,叶轮是离心泵能量传递的最主要的部件,叶轮的形状、大小及制造工艺等都直接关系到泵的工作性能。

1. 叶轮形式

叶轮通常由盖板、叶片和轮毂等组成。按其结构形式,叶轮通常可分为封闭式、半开式和开式三种形式,如图1-17所示。

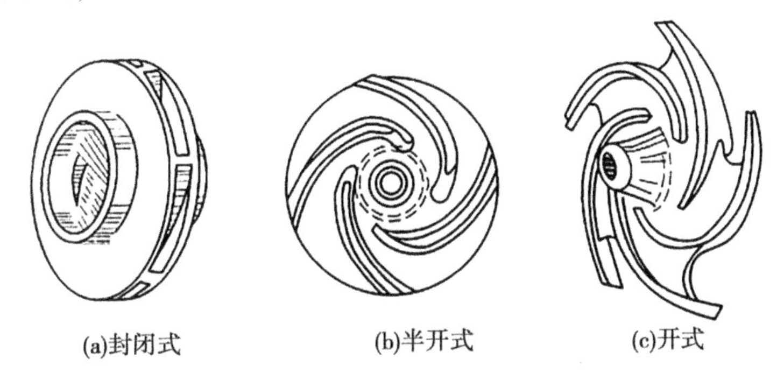

图1-17　离心泵的叶轮形式

封闭式叶轮由前、后盖板(轮盘)、叶片(一般为6~12片)及轮毂组成。相邻叶片和前后盖板的内壁构成的一系列弯曲槽道,称为叶槽。按照叶轮进水方式的不同,封闭式叶轮又可分为单吸式和双吸式两种,如图1-18、图1-19所示。单吸式叶轮前盖板中间有一个进水口,双吸式叶轮则在叶轮前、后盖板中间各有一个进水口,水从进水口轴向流入叶轮后转90°进入叶槽,流过叶槽后再从叶轮四周甩出,所以水在叶轮中的流动方向是轴向进水、径向出水。封闭式叶轮一般用于输送清洁液体的离心泵,具有泄漏少、效率高等优点。

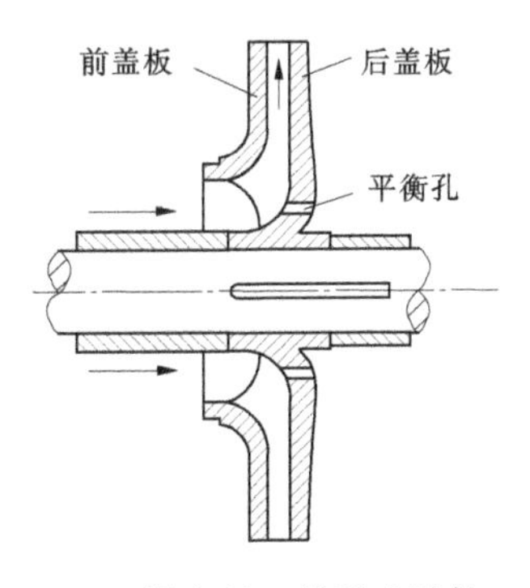

图1-18　单吸式叶轮

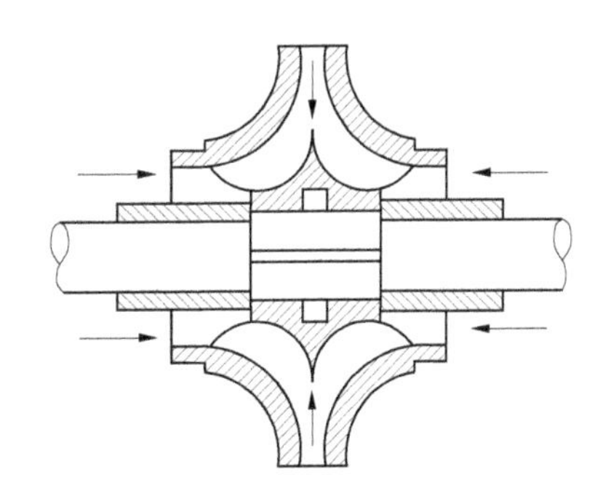

图1-19　双吸式叶轮

开式叶轮为前后两侧都没有盖板的叶轮。它通常用于抽送浆粒状液体或污水,可避免叶轮在工作时的淤积和堵塞。

半开式叶轮为只有后盖板的叶轮。它通常适宜输送介于上述两种液体介质之间的流态。

2. 轴向力及平衡措施

单吸式叶轮工作时,若前后两侧所受压力不一致就会使叶轮受到轴向力的影响。以封闭式叶轮为例来分析该叶轮工作时轴向力的产生及影响。

叶轮工作时,尽管前后两侧承受的压强相等,但由于前后盖板的承压面积不一样,致使作用在后盖板外侧表面上的力 P_{back} 比前盖板外侧表面上的力P_{front} 大。因为该压力差($P_{back}-P_{front}$)的作用方向与泵轴平行,故称之为轴向力,如图 1-20 所示。

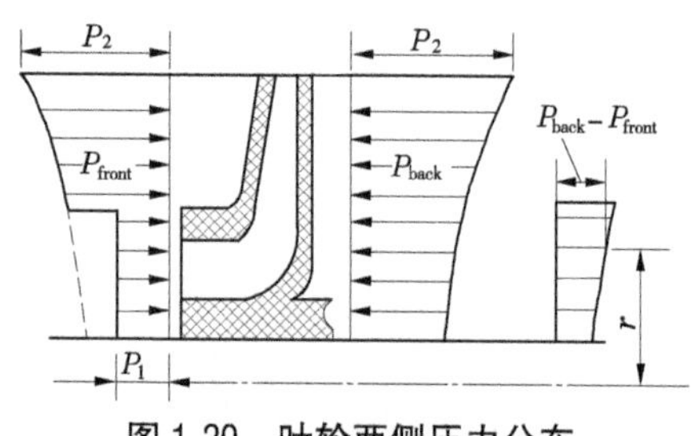

图 1-20　叶轮两侧压力分布

由上述分析可知,轴向力由后盖板指向前盖板,其方向与叶轮入流方向相反,且轴向力的大小与叶轮的尺寸及水泵扬程的高低有关,泵越大、扬程越高,轴向力的值也越大。显然,由于轴向力的作用,势必使叶轮和泵轴一起向进水侧移动,导致叶轮与泵壳间的摩擦加剧,轻则泵的寿命缩短,重则使泵不能工作。为了减轻和消除轴向力的危害作用,需采取适当的措施以平衡轴向力。

对于单级单吸离心泵,一般可采取以下两个专门的措施来平衡轴向力:

(1)在对应叶轮入口部位的后盖板上钻若干个平衡孔,如图 1-18 所示,使叶轮后侧的压力水可经过这些小孔流向进水侧,以减轻轴向力对叶轮正常工作的影响。但这种措施一般会使泄漏损失增加,导致泵效率下降 2%~5%。

(2)在叶轮后盖板上,加设若干条径向凸起的平衡肋筋,这些径向肋筋随着叶轮一起高速旋转,迫使叶轮后侧的液体随之旋转。由流体力学的压强理论可知,随着该处液体旋转加快,该处压力也会显著下降,从而达到减轻轴向力对叶轮正常工作的影响或平衡轴向力的目的。

对于多级单吸式泵,由于随着叶轮级数的增加,轴向力也随之增大,故多级泵通常设有专门的平衡轴向力的装置,称为平衡盘。

双吸式叶轮由于前后形状对称,液体从叶轮两侧同时进入,因此该轴向力自动平衡。

1.2.1.2　泵轴

泵轴的作用是支承和连接叶轮成为泵的转动部分,并带动叶轮旋转。因此,泵轴必须具有足够的抗扭和抗弯强度,通常用优质碳素钢制成。

一般泵轴上装有轴套,以避免泵轴的磨损与腐蚀,因为轴套磨损与腐蚀后更换的代价比更换泵轴要小得多。

泵轴和叶轮上都设有键槽,以便用键来连接。键在叶轮转动中仅起传递扭矩的作用,而叶轮的轴向位置是依靠反向螺母或轴套及其并紧螺母来固定的。

泵轴、叶轮和其他转动部件(合称转子)必须经过静、动平衡试验,以免运转时机组振动过大。

1.2.1.3　泵壳

泵壳是泵工作时不动的部件,可分为泵体和泵座。泵体的作用是把泵的各个部件连接成一个整体;泵座的作用则是将泵体与底座或基础固定。泵壳的内腔可分为吸入室和压水室。如图1-21所示。

吸入室又称进水室,是离心泵进水管末端到叶轮进口段的空间。其主要作用是保证水流在叶轮进口前有较均匀的流速分布,以最小的水力损失引导液体平稳地流入叶轮。吸入室一般采用以下三种形式:①锥形吸入室,形似锥管(锥角一般为7°~8°),如图1-22所示。它具有结构简单、流速分布均匀等优点,常被单级单吸式离心泵所采用。②半螺旋形吸入室,形如半螺旋状,如图1-23所示。该吸入室的水力损失小,室内流速分布也较均匀,但会在叶轮进口前引起水流的预旋。这种吸入室常为单级双吸式离心泵所采用。③环形吸入室,其断面形状为环形,如图1-24所示。其优点是结构简单、轴向尺寸小,但水力损失较大,流速分布也不太均匀,一般为单吸分段式多级离心泵所采用。

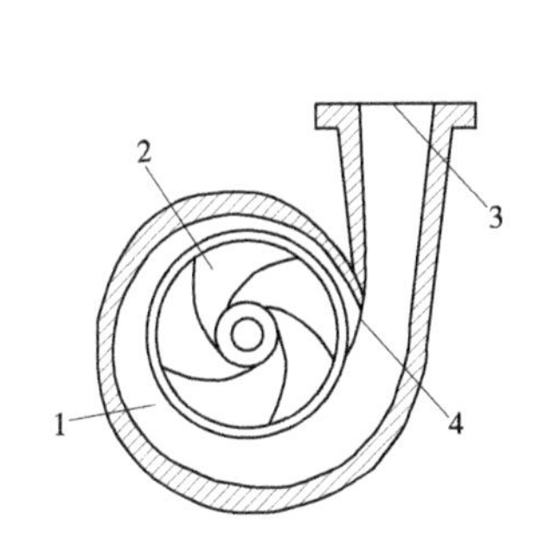

1—蜗道;2—叶轮;3—出口;4—隔舌

图1-21　单吸式离心泵泵壳结构图

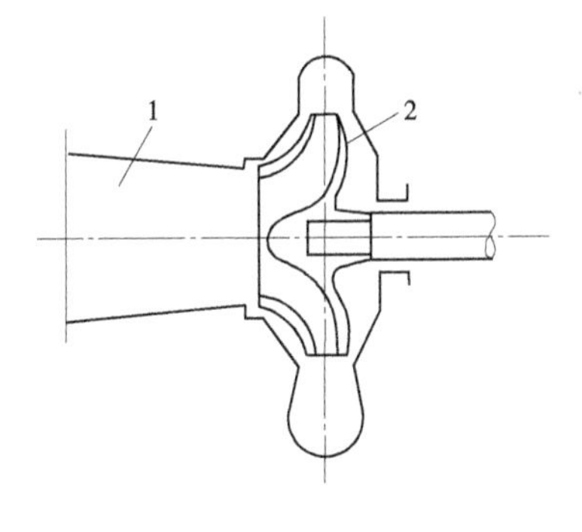

1—吸入室;2—叶轮

图1-22　锥形吸入室示意图

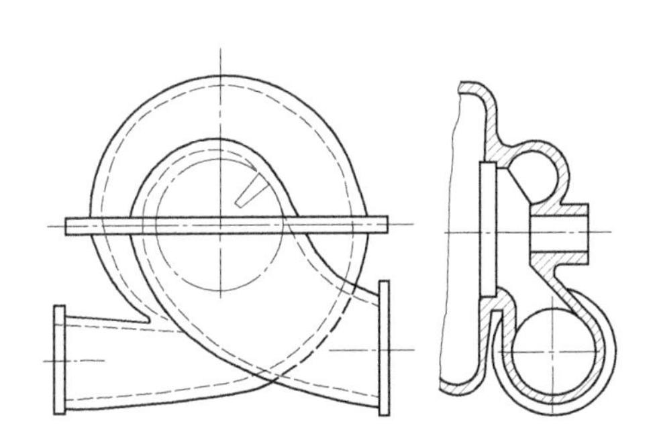

图1-23　半螺旋形吸入室示意图

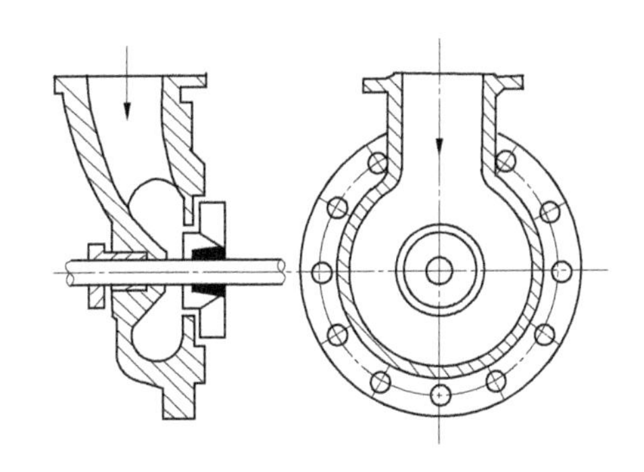

图1-24　环形吸入室示意图

压水室为叶轮出口至出水管进口之间的空间,其作用是收集流出叶轮的水流,并将水流引入出水管。常见的压水室有螺旋形和环形两种,如图1-25所示。螺旋形压水室又称蜗壳,不仅起收集水流的作用,同时具有将水流的大部分动能转化为压能,以降低液流在输送过程中能量损失的作用。它具有结构简单、制造方便和效率高的特点,常为单级双吸式离心泵和水平中开式多级离心泵所采用。环形压水室具有与环形吸入室相同的特点,一般用在分段多级泵上。

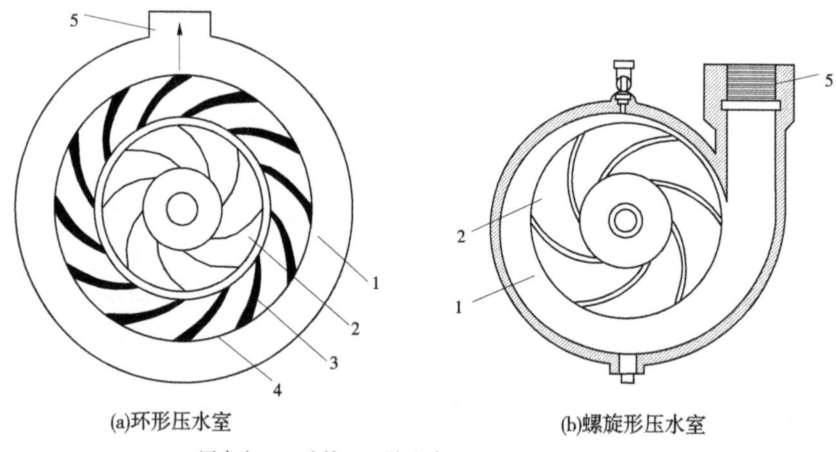

(a)环形压水室　(b)螺旋形压水室

1—压水室;2—叶轮;3—导叶片;4—导向叶轮;5—出水口

图 1-25　压水室示意图

泵壳一般用铸铁制成。其结构形式可分为端盖式、中开式和节段式三种。

通常,泵壳的进、出口法兰盘上设置有螺孔接口,用于安装压力表计检测泵工作时进、出口的压力。泵壳顶部亦设有充水(或排气)螺孔接口,用于泵启动前的充水(抽真空)。泵壳底部设置有防水螺孔接口,可放空泵内的积水,以防止水泵在较长时间不使用时的锈蚀与寒冷季节的冻裂。

1.2.1.4　叶轮口环

在叶轮进口外缘和泵壳相应处的内壁,留有转动部件与固定部件的间隙,此间隙偏大,就会导致高压水经此间隙泄漏回叶轮进口,使泵效率降低;此间隙偏小,又会使泵工作时叶轮与泵壳间产生较大摩擦,导致机械磨损加剧 。为此,可在该处镶嵌一个金属环,该环既要起到减少高压水泄漏的作用,又要起到可承受磨损的作用,故又称为减漏环、密封环、耐磨环和承磨环等。口环与叶轮进口外缘的间隙一般在 0.1~0.5 mm。通常口环的接缝面多做成折线形,目的是延长渗径、增大泄漏阻力、减少泄漏量。

扣环的形式有单环形、双环形、双环迷宫形等,如图 1-26 所示。

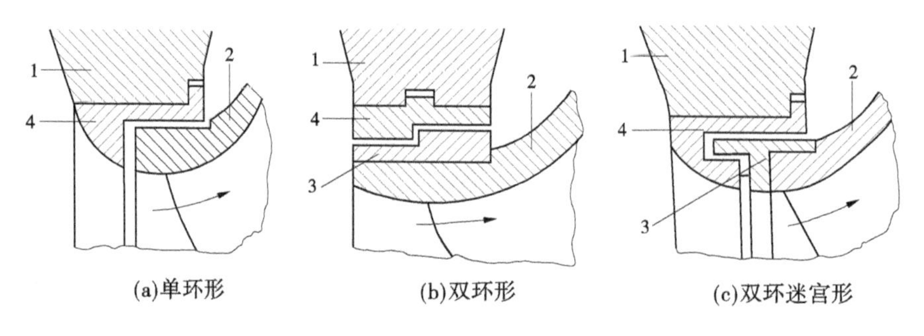

(a)单环形　(b)双环形　(c)双环迷宫形

1—泵壳;2—叶轮;3—镶嵌在叶轮上的密封环;4—镶嵌在泵壳上的密封环

图 1-26　口环(密封环)的结构形式

1.2.1.5　轴承

轴承是泵的固定部分和转动部分的连接部件。它的作用有支承转动部件的重量;承受一定的与转动部件重力相垂直方向的振动或摆动力;减小转动部件工作时的转动摩擦力,以提高传递能量的效率。

常用的轴承有滑动轴承和滚动轴承两种结构。滑动轴承能承受较大的压力,但转动摩擦系数(摩擦力)和摩擦损耗较大;滚动轴承则相反。一般泵轴直径在 60 mm 以下的单级离心泵均采用滚动轴承;泵轴直径在 75 mm 以上的单级离心泵均采用滑动轴承。

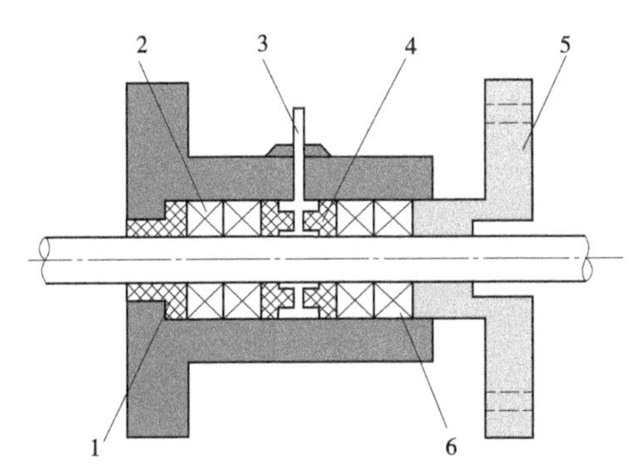

1—底衬环;2—填料;3—水封管;
4—水封环;5—填料压盖;6—填料腔

图 1-27　填料函构造示意图

1.2.1.6　填料函

填料函通常由水封环、填料、底衬环和压盖等组成,它的构造如图 1-27 所示。填料函的作用是用来密封泵轴穿过泵壳处的间隙,以阻止高压液流泄漏或防止空气进入泵内。

填料又称盘根,一般是用石棉、面纱和合成树脂(如聚四氯乙烯树脂)纤维等编织成方形或圆形,经石墨、润滑脂等浸透后而成。若干根填料箍在泵轴或轴套上,放置在填料腔内。填料的中间部位装置有带若干个小孔的水封环。泵内高压水通过水封管和水封环上的小孔渗入填料箍间进行水封,以加强填料间缝隙的密封作用。安装水泵时应使水封环的进口位置对准水封管。

底衬环和压盖通常用铸铁材料制成,它们套在位于填料腔两端的泵轴上,用来压紧填料。压盖端部设有松紧螺丝,可调节填料的压紧程度。若填料压得过紧,不但会使水封环的水无法渗漏到填料间,而且会使填料与泵轴间的摩擦力增大,造成填料发热、冒烟,缩短填料使用寿命,严重时甚至烧毁,同时会引起水泵轴功率的增大;如果填料压得过松,则会降低密封效果,使漏水量或漏气量增大,降低水泵的运行效率。一般以每分钟从填料中渗出 40~60 滴水为适宜的填料压紧程度。

填料函具有结构简单、价格低廉和拆装方便等优点,故在离心泵的轴封中得到普遍使用。但是由于填料本身易磨损变质,使用寿命短,且需要经常更换及密封性能较差等缺点,所以国内外已采用一些新的轴封的技术和方法,如机械密封等。

机械密封又称端面密封,其结构如图 1-28、图 1-29 所示,它是在弹簧压力和密封圈内液体压力的共同作用下,靠静环和动环在泵轴线垂直的端面上紧密贴合实现动密封,依靠动、静密封圈分别进行动环与轴、静环与泵体之间的静密封。图 1-28、图 1-29 所示结构中的防转销用于防止静环转动。弹簧座用固定螺钉紧固在泵轴上,使其能随泵站一起转动,并通过传动螺钉、推环、传动销和动环座等零件带动动环转动。

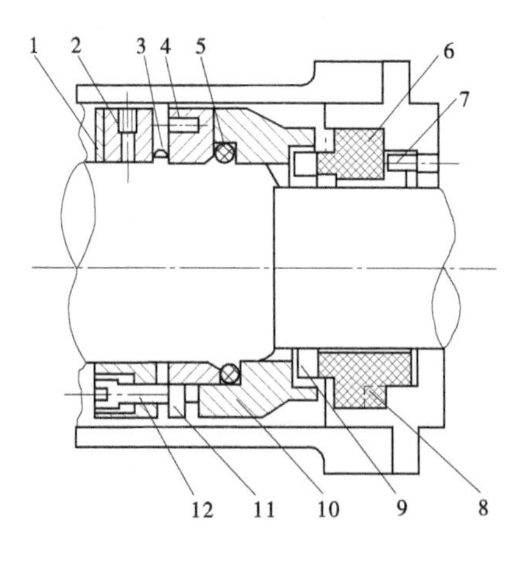

1—弹簧座;2—固定螺钉;3—弹簧;4—传动销;
5—动环密封圈;6—静环密封圈;7—防转销;
8—静环;9—动环;10—动环座;
11—推环;12—传动螺钉

图 1-28 单端面机械密封示意图

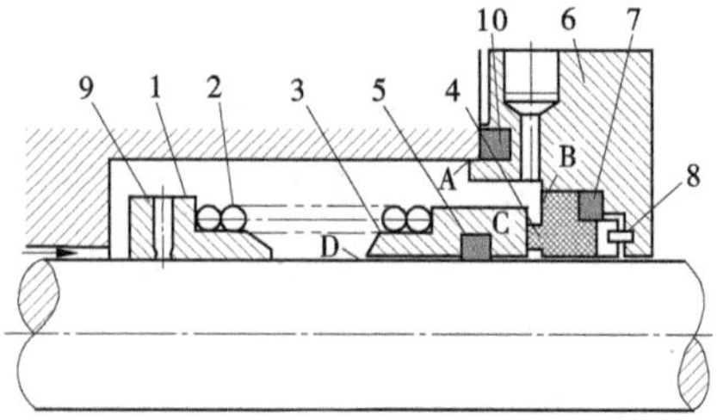

1—弹簧座;2—弹簧;3—动环;4—静环;
5—动环密封圈;6—压盖;7—静环密封圈;
8—防转销;9—紧固螺钉;10—压盖密封圈

图 1-29 机械密封结构示意图

1.2.2 轴流泵的主要部件

轴流泵是一种低扬程、大流量的泵型。尽管它与离心泵的工作原理不同,但主要部件却大同小异。图 1-30 为立式轴流泵的结构图,其主要零部件有喇叭口、叶轮、导叶体、泵轴、轴承和填料函等。现将其构造和作用简述如下。

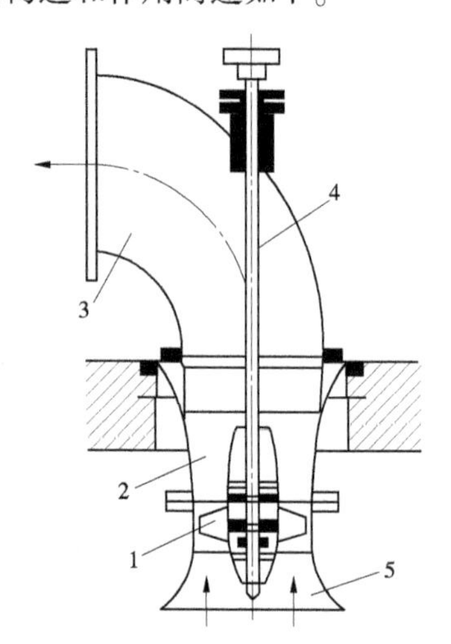

1—叶轮;2—导叶;3—出水弯管;4—泵轴;5—喇叭管

图 1-30 立式轴流泵构造简图

1.2.2.1 喇叭管

喇叭管是中小型立式轴流泵的吸水室。它的作用是使水流以最小的水力阻力损失且均匀平顺地流入叶轮。大型轴流泵一般不用喇叭管,而采用肘形、钟形或簸箕形等进水流道。

1.2.2.2　叶轮

轴流泵的叶轮均为开敞式叶轮，通常由叶片、轮毂及导水锥等组成，如图1-31所示。叶片1设置在轮毂2上，在轮毂的前端有导水锥4。

轴流泵一般有2~6片呈空间扭曲状的叶片。根据叶片在轮毂上的固定方式，有固定式、半调节式和全调节式之分。固定式叶片和圆锥形的轮毂铸成一个整体，或用连接件固定在轮毂上。因此，叶片的安放角不能改变。全调节式叶片可在球形轮毂上转动，因此在运动过程中，可根据需要借助叶片调节机构调整所需要的叶片安放角。

叶片安放角是指叶片骨线上进水和出水两端点连成的弦与圆周速度反方向的夹角，如图1-32所示。通常以设计工况下的叶片安放角为0°，在设计安放角下，水泵具有最高的效率。当叶片安放角β大于设计安放角时，即$\beta>0°$，用正角度值表示；反之，安放角用负角度值表示。半调节式的叶片，在其根部设有几个供调整叶片角度的定位孔，轮毂上设置有装配孔，借螺母和定位销将叶片固定在轮毂上，在停机或安装检修时，可以根据需要调整叶片的角度。

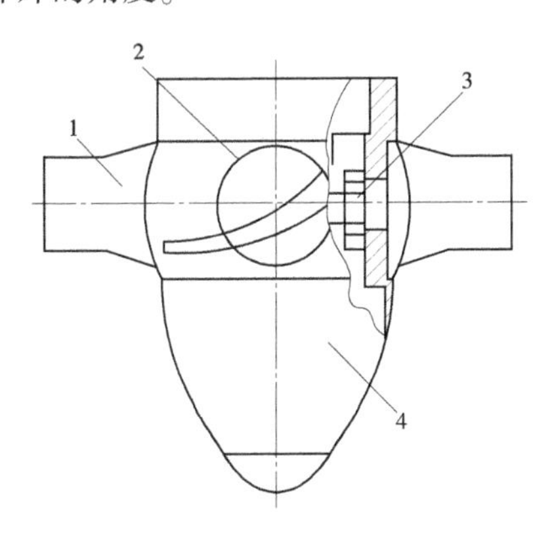

1—叶片；2—轮毂；3—螺母；4—导水锥

图1-31　轴流泵叶轮示意图

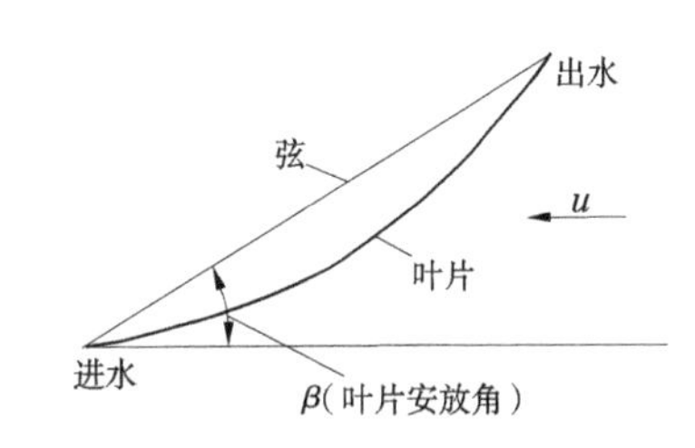

图1-32　叶片安放角

1.2.2.3　导叶体

导叶体由导叶、导叶毂和泵壳组成，如图1-33所示。导叶体安装在紧接叶轮出口后，呈圆锥形，扩散角δ一般不大于8°~9°，内有5~12片导叶。导叶的进口方向与液体流出叶轮的方向一致，以减少液流的冲击损失。导叶的主要作用是迫使从叶轮流出的水流由螺旋运动改变为轴向的直线运动，并促使水流的流速在圆锥形导叶体内随着断面的不断扩大而逐渐降低，将部分动能转换成压能，以减少水力损失。

1.2.2.4　泵轴

泵轴是用来传递扭矩的，由优质碳素钢制成。中小型轴流泵的泵轴一般是实心的，而大型全调节式轴流泵的泵轴是空心的，以便在空心轴内设置调角的压力油管或机械操作杆等调角机构的设施。

1.2.2.5　轴承

轴流泵的轴承有导轴承和推力轴承两种类型。导轴承承受径向力，主要起径向的定

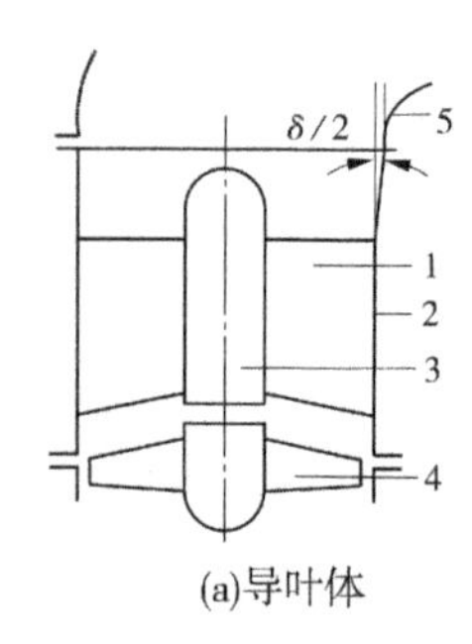

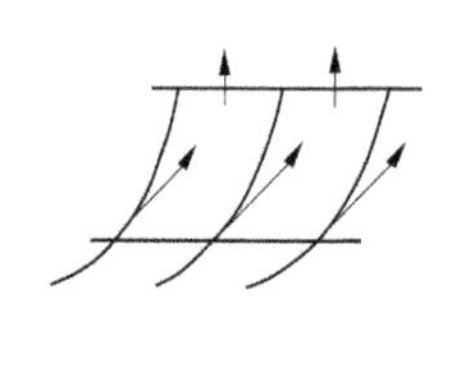

(a)导叶体　　(b)液体在导叶体内的流向

1—导叶;2—泵壳;3—导叶毂;4—叶轮;5—出水弯管

图 1-33　轴流泵导叶体简图

位作用。中小型立式轴流泵通常采用橡胶导轴承,如图 1-34 所示。导轴承分上导轴承和下导轴承。上导轴承设在泵轴穿过泵壳(出水弯管)处;下导轴承设在导叶毂内。橡胶导轴承均以水作为润滑剂。值得注意的是,立式轴流泵的上导轴承必须在泵开始启动至泵进入正常运行的时段内专门供水润滑,否则极易因干摩擦而烧毁。大型立式轴流泵通常只设下导轴承,而上导轴承设在电动机座内,且以油作为润滑剂。

推力轴承是立式结构的水泵和电动机用来承受液流作用在叶轮上的轴向压力以及水泵和电动机转动部件的重量,并维持转动部件的轴向位置,且将全部轴向力通过电动机座传到电动机梁上去。中小型立式轴流泵多采用推力滚动轴承。大型立式轴流泵的推力轴承装置在与其配套的电动机上支架上,由推力头、绝缘垫、推力瓦块、镜板和抗震螺栓等部件组成。轴向力通过电动机主轴由推力头和推力瓦块等传递到电动机上机架,再由上机架通过机座传递到电动机梁上。

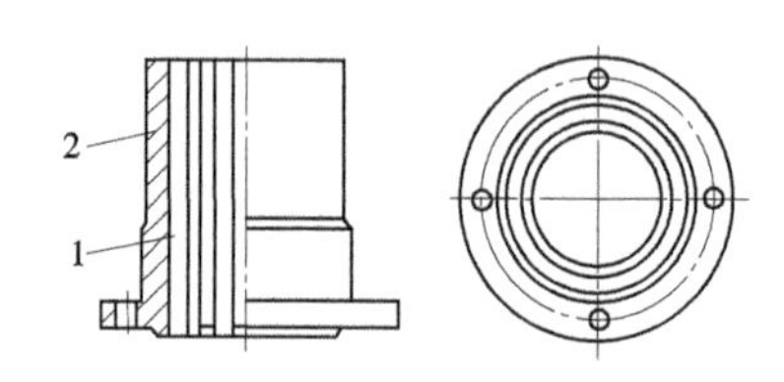

1—橡胶;2—轴承外壳

图 1-34　橡胶导轴承示意图

1.2.2.6　填料函

轴流泵的填料函安装在出水弯管的轴孔处,其构造与离心泵的填料函相类似,但没有水封环和水封管。泵启动时与上导轴承一样,必须有专门的供水以润滑填料,否则极易因干摩擦而产生增大启动力矩和启动功率及烧毁填料等现象。待泵启动结束且进入正常运行后,方可由泵内的压力水代替,以起到润滑冷却填料的作用。

1.2.2.7　泵传动部分

当配套动力机与水泵转速一致时,一般采用直接传动。电动机驱动的中小型立式轴流泵直接传动装置如图 1-35 所示。电动机安装在机座上,水泵和立式电动机由一根中间传动轴连接。传动轴一端由弹性联轴器与电动机相接,另一端由刚性联轴器与水泵轴相连。电动机座内装有轴承体,内安有双列向心球轴承和推力滚珠轴承。水泵运行时,全部轴向力(叶轮上的全部水压力和全部水泵转子重量之和)都经推力盘传至推力滚珠轴承上,由推力轴承承担,电动机不承受轴向力,水泵转子的轴向位移可借助轴承体上的圆螺母来调节。

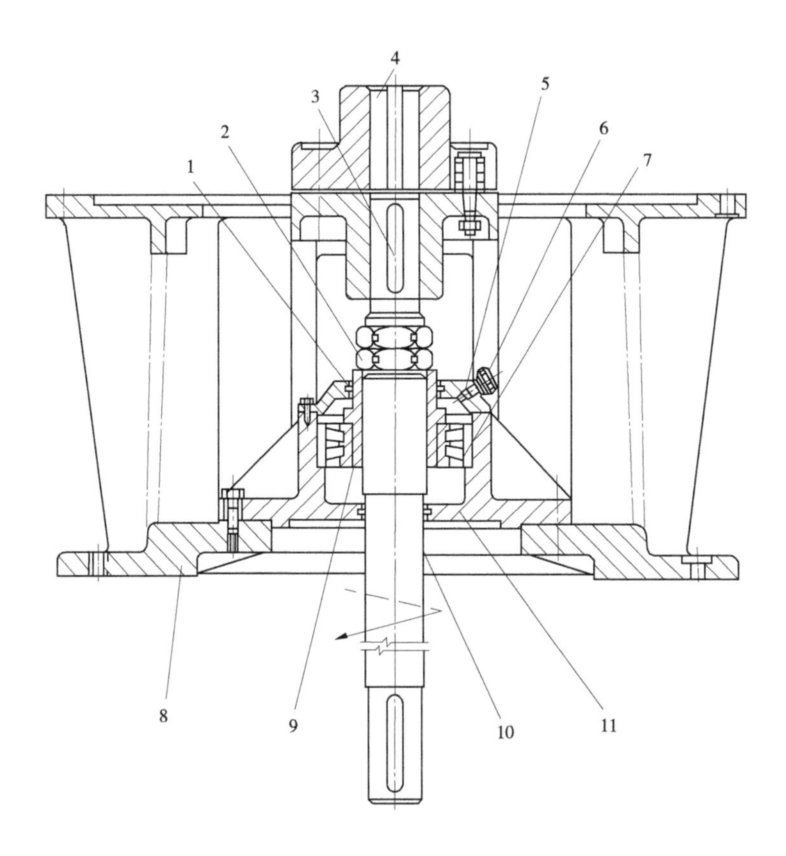

1—毡圈;2—螺母;3—键;4—弹性联轴器;5—轴承端盖;6—油杯;7—滚子轴承;8—电动机座;
9—垫;10—传动轴;11—轴承体

图1-35　立式电动机传动装置结构图

1.3　黄河提水常用泵的典型结构

黄河两岸提水工程的特点是扬程高,流量较大,工程规模(装机容量)很大,以浑水为主。提水工程用泵涉及范围广,主要以双吸式离心泵为主,在水源工程中,也常采用混流泵和轴流泵。以下仍以叶片泵的三大类——离心泵、混流泵和轴流泵为核心,介绍工程中常用泵型的典型结构。

1.3.1　离心泵的典型结构形式

离心泵从结构特点上,可按液体进入叶轮的方式分为单吸式离心泵和双吸式离心泵,按叶轮的个数分为单级离心泵和多级离心泵。离心泵的典型结构形式有单级单吸悬臂式、单级双吸式和多级泵等。

1.3.1.1　单级单吸悬臂式离心泵

单级单吸悬臂式离心泵的悬臂结构有悬架式和托架式两种。图1-36所示的是按国际标准(ISO)设计生产的IS型悬架式的单级单吸卧式离心泵。它的叶轮由叶轮螺母、止动垫圈和键固定在泵轴的一端,泵轴的另一端用以装置联轴器,与动力机连接。为了防止泵内液体沿泵轴穿出泵壳处的间隙泄漏,泵在该间隙处设有轴封。IS 型泵用的是填料式轴封,它由轴套、填料水封环和填料压盖等组成。泵工作时用两个单列向心滚动轴承支撑着转动部分,叶轮在由泵体和泵壳组成的泵腔内旋转。因为该泵轴的两个支撑轴承均装于叶轮的一侧,叶轮处于悬臂状态,故把这种具有悬臂式结构的泵称为悬臂式泵。

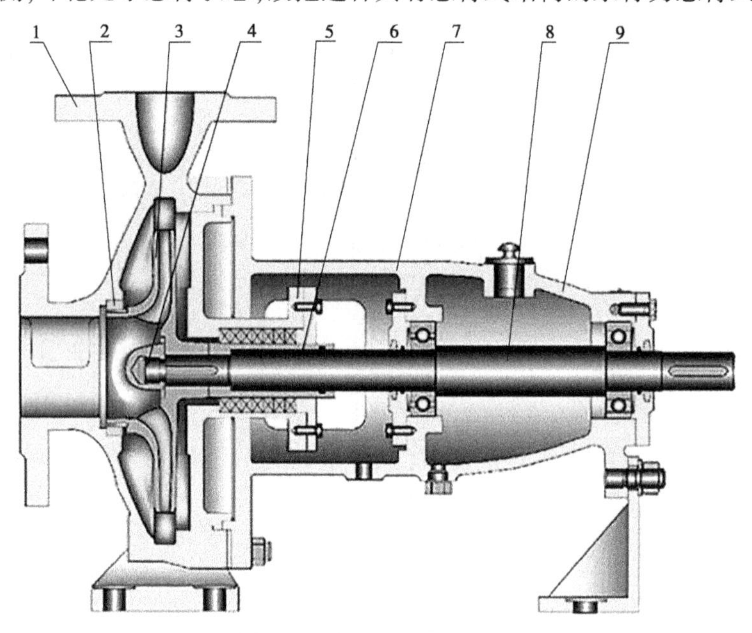

1—泵体;2—叶轮;3—密封环;4—叶轮螺母;5—泵盖;6—密封部件;
7—中间支架;8—轴;9—悬架部件

图 1-36　IS 型悬架式悬臂离心泵

IS 型泵的泵脚与泵体铸为一体,轴承置于悬臂安装在泵体上的悬架内。因此,整台泵的重量主要由泵体承受(支架仅起辅助支承作用)。这种带悬架式的悬臂式泵称为悬架式悬臂泵,它具有结构紧凑、检修方便等优点。

图 1-37 所示的是悬臂机构托架式的 B 型单级单吸式离心泵。它的泵脚与托架铸为一体,泵体悬臂安装在托架上,故将此泵称为托架式悬臂泵。托架式悬臂泵的泵体相对于托架可以有不同的安装位置,可根据管路布置的情况,将泵体转动相应角度使泵的压出口朝上、朝下、朝左或朝右。它的优点就是可以改变出口朝向。

单级单吸泵的特点是流量较小,通常小于 400 m^3/h;扬程较高,为 20~125 m。

1.3.1.2　单级双吸式离心泵

多数单级双吸式离心泵都采用双支承结构,即支承转子的轴承位于叶轮的两侧,且一般都靠近轴的两端。图 1-38 所示的 S、SH、SAP 型泵即为双支承结构的单级双吸卧式离心泵。它的转子为一单独装配部件。双吸式叶轮靠键、轴套和轴套螺母固定在轴上,轴套螺母可调整叶轮在泵轴上的轴向位置。两个轴承位于泵体两端的轴承体内,泵体转动部分由其呈双支承型支承。

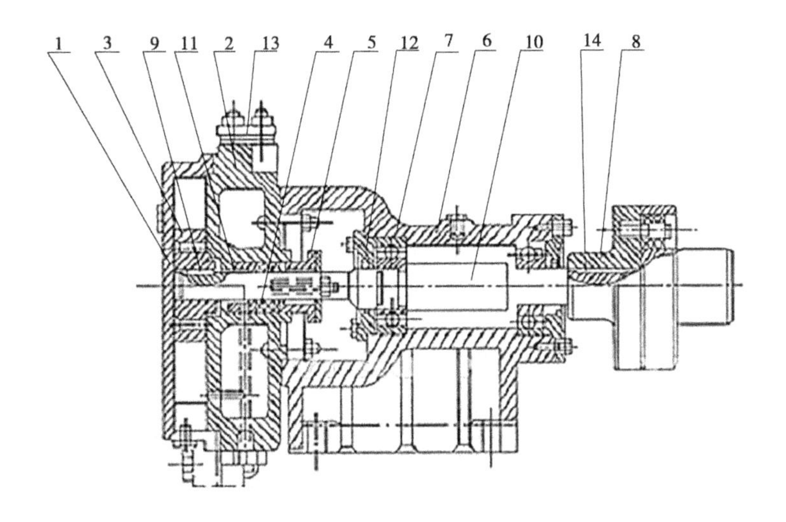

1—泵盖;2—泵体;3—叶轮;4—填料;5—填料压盖;6—托架;7—滚珠轴承;8—联轴器;
9—叶轮平键;10—泵轴;11—填料环;12—轴承压盖;13—法兰盘;14—联轴器平键

图1-37　托架式悬臂泵(B型)结构图

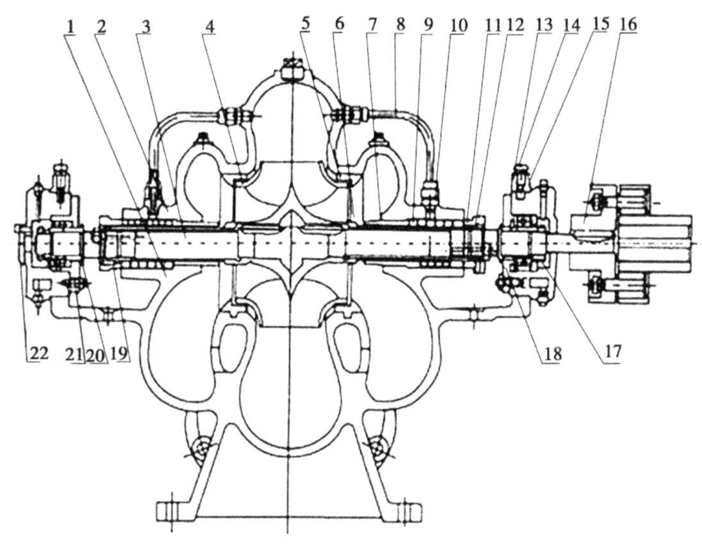

1—泵体;2—泵盖;3—泵轴;4—叶轮;5—双吸密封环;6—轴套;7—填料套;8—水封管;9—填料;
10—填料环;11—填料压盖;12—轴套螺母(右);13—轴承体;14—固定螺栓;15—轴承体压盖;
16—联轴器部件;17—圆螺母;18—轴承盖(甲);19—轴套螺母(左);20—轴承挡圈;21—轴承盖(乙);22—端盖

图1-38　单级双吸卧式离心泵(S、SH、SAP型)结构泵

S、SH、SAP型泵是侧向吸入和压出的,并采用水平中开式的泵壳,即泵壳沿通过轴心线的水平面(中开面)剖切开。它的两个半螺旋形吸水室和螺旋形压水室都是由泵体和泵盖在中开面处对合而成的。泵的进、出口均与泵体铸为一体。这种结构的优点是:①在检修水泵时无须拆卸进水管和出水管,也不必移动电动机,只要揭开泵盖即可检修零部件,尤其适用于检修较频繁的提取黄河浑水的泵;②由于工作叶轮两侧吸入形状对称,其同时双向进水,有利于运行时的轴向力平衡;③进、出水水流方向平行且在一个铅直面内,所以径向水压力平衡工程措施较简单。

双吸泵的特点是流量较大,通常为 160~20 000 m³/h;扬程较高,为 12~250 m。

1.3.1.3　多级泵

多级泵是指泵轴上串接两个及以上叶轮的泵。叶轮的个数即为泵的级数。多级泵结构比单级泵复杂,泵体分为吸水段、中段(叶轮部分)和压出段。国内常用的是节段式多级泵,如深井泵(长轴泵,见图 1-39)、锅炉给水卧式多级泵等。

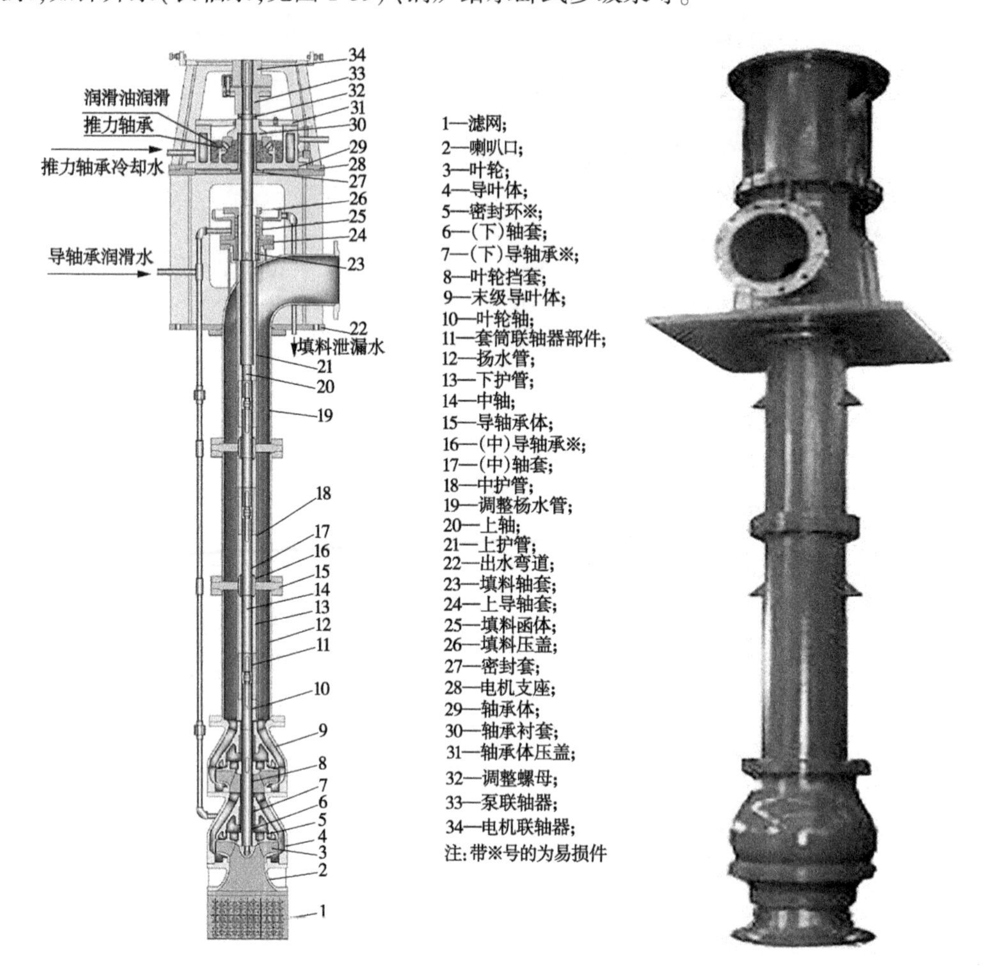

图 1-39　立式长轴泵结构图

图 1-40 为卧式节段式多级泵(或称卧式分段式多级泵),在叶轮、中段及导叶的两端分别装有吸入段和压出段,然后用拉紧螺栓将这些部件紧固成整体。泵运行时液体从吸入段进入叶轮,从前级叶轮排出后经导叶进入后级叶轮,最后由压出段出口流出。由于这种泵的单吸式叶轮只能依次按一个方向布置,因此叶轮级数越多,压力也越高,产生的轴向力也越大,故卧式多级泵在末级叶轮后面设有平衡盘,以平衡轴向推力。

多级泵的特点是流量较小,一般为 6~2 100 m³/h;扬程特别高,一般都在数十米至数

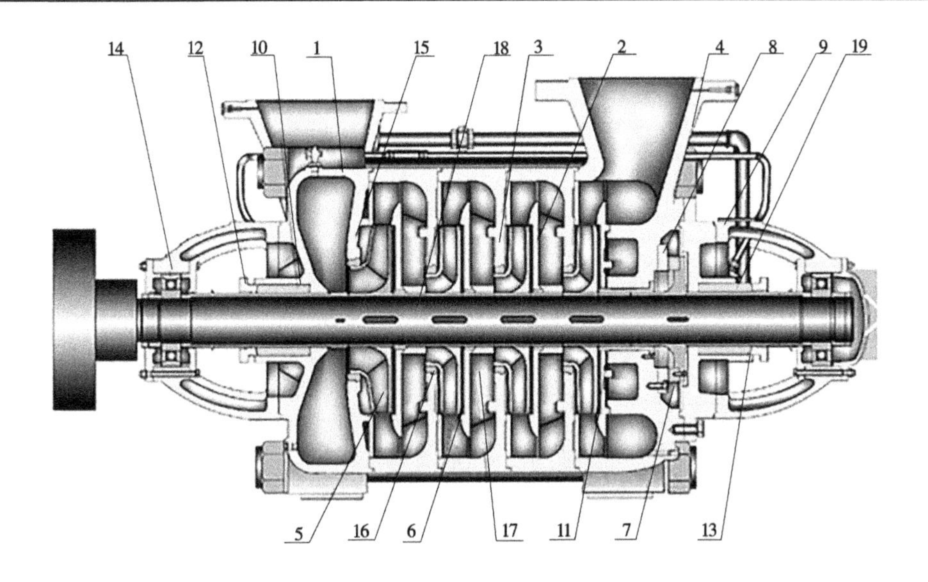

1—进水段;2—导叶;3—中段;4—出水段;5—首级叶轮;6—叶轮;7—平衡盘;8—平衡板;
9—尾盖;10—填料;11—平衡套;12—填料压盖;13—O型器;14—轴承;15—首级密封环;16—密封环;
17—导叶套;18—轴;19—轴套

图1-40　卧式节段式多级泵(D、DG、DY、DM、DF型)结构图

百米,高压多级泵甚至高达数千米。

国外大型高扬程泵多为蜗壳式多级离心泵或导叶式多级离心泵,有卧式多级泵和立式多级泵,但立式多级泵较多。它们很好地解决了级间能量传递问题,故多级泵的效率较高、流量较大。例如,美国的埃德蒙斯顿泵站的立式四级多级泵,扬程为600 m,单机流量为8.9 m^3/s,水泵效率高达93%。

1.3.2　轴流泵的典型结构形式

轴流泵是一种低扬程、大流量的泵型,按其泵轴的工作位置可分为卧式、斜式和立式三种结构形式。

图1-41(a)所示的卧式轴流泵对厂房高度的要求比立式机组低,具有安装方便、检修容易的特点,适用于水源水位变幅不大的情况。

图1-41(b)所示的斜式轴流泵适用于安装在斜坡上。根据这一特点,对于水源水位变幅大的场合,可将整个水泵机组安置于沿斜坡铺设的滑道上。

立式轴流泵的特点是:占地面积小;轴承磨损均匀;叶轮淹没在水下,启动前不需要充水;能按水位变化的情况适当调整传动轴的长度,从而可将电动机安置在较高的位置上,既有利于通风散热,又可免遭洪水淹浸等。大多数轴流泵都采用立式结构。

根据轴流泵叶轮的叶片是否可以调节,通常将轴流泵分为固定式、半调节式和全调节式三种结构形式。

固定式轴流泵的叶片安装角是不能调节的。通常对于泵的出口直径小于300 mm的小型轴流泵都采用这种结构形式。

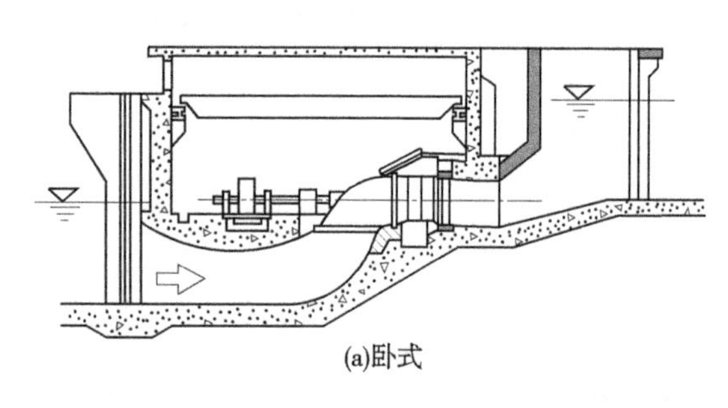

(a)卧式

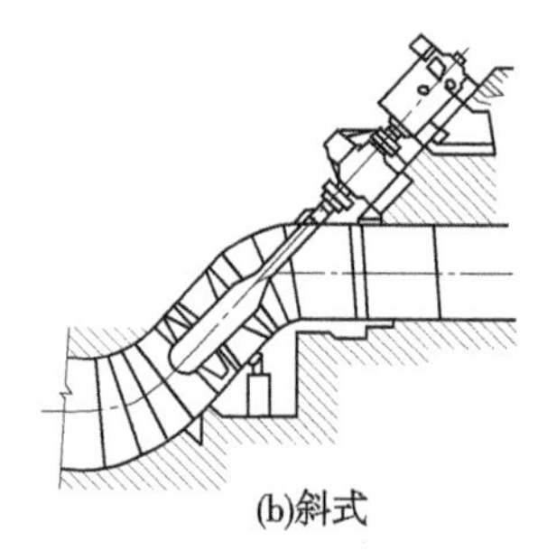

(b)斜式

图 1-41　卧式和斜式轴流泵示意图

半调节式轴流泵的叶片,必须在停机状态下,拆开泵的部分部件后才能调节叶片角度,中小型轴流泵通常都采用这种结构形式。图 1-42 所示为 ZLB 型立式半调节轴流泵的泵体结构。它的半调节叶轮部件是用键和固定螺母固定在泵轴的下端。泵轴转动时,叶轮推动液体经吸入喇叭口、叶轮、导叶体、出水弯管后流出泵体。

通常轴流泵启动时,必须先由引水管引上清水,以供上导轴承的润滑用水,待泵启动过程结束,并且进入正常运行后方可停止引水管的供水,改由泵内压力水代替。

全调节式的轴流泵一般均属于大中型的轴流泵,且多为立式结构。全调节式的轴流泵设有专门的叶片调节机构,不用停机就可调节叶片角度的称为动调节机构;而需要停机但不必拆卸泵部件的称为静调节机构。

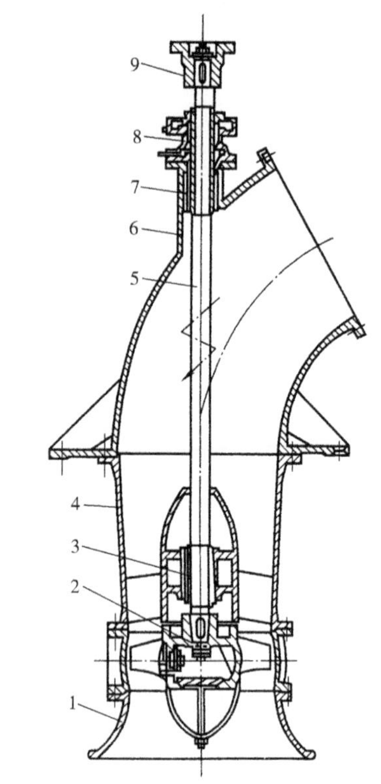

1—喇叭管;2—叶轮;3、7—橡胶导轴承;4—导叶体;5—泵轴;6—出水弯管;8—轴封;9—联轴器

图 1-42　立式轴流泵结构图

1.3.3　混流泵的典型结构形式

混流泵的结构形式可分为蜗壳型和导叶型两种。低比转数的混流泵多为蜗壳型,且其结构与蜗壳型离心泵相似;高比转数的混流泵多为导叶型,而且其结构与轴流泵相似。混流泵也有卧式与立式之分,按其叶片可否调节的状况,也分为固定式、半调节式和全调节式等三种形式。蜗壳式混流泵一般都采用单级单吸的悬架式悬臂结构,而不用托架式的悬臂结构(如图 1-43 所示的 HW 型泵),这是因为蜗壳式混流泵的压出室过水断面面积大,则其泵体也较大的缘故,若采用托架式的悬臂结构,则为了支承整台泵,其托架尺寸也需相应加大,这样将会增大泵的外型尺寸和重量。悬架式悬臂结构的混流泵的泵壳即可和图 1-43 所示的结构一样,采用泵盖在泵体前面的前开门端盖式泵壳,也可用泵盖在泵体后面的后开门或泵体前后都设泵盖的双开门端盖式泵壳。其叶轮既有封闭式的,也有半开式的。

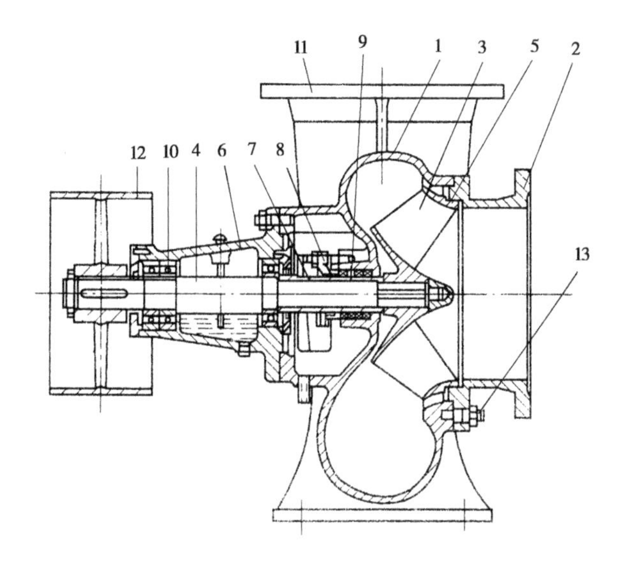

1—泵壳;2—泵盖;3—叶轮;4—轴承;5—减漏环;6—轴承盒;7—轴套;8—填料压盖;
9—填料;10—滚动轴承;11—出水口;12—皮带轮;13—双头螺栓

图1-43　蜗壳式混流泵(HW型)结构图

图1-44所示为6HL型立式全调节蜗壳型混流泵。该立式泵的全部轴向力由装在上

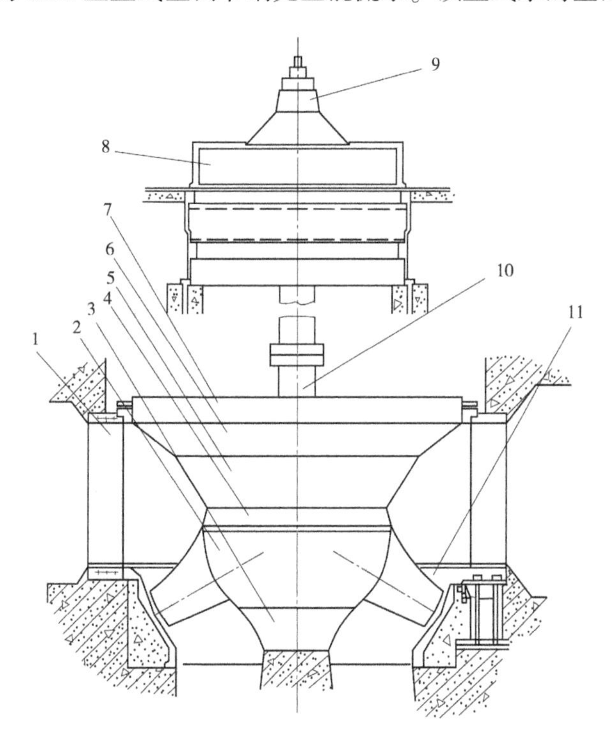

1—固定导叶;2—叶轮;3—导流锥;4—下盖;5—中盖;6—上盖;7—支承盖;8—电机;
9—受油器;10—泵轴;11—转轮室

图1-44　大型立式全调节蜗壳型混流泵(6HL型)结构图

部机架上的电动机内的推力轴承承受。转子的径向支承则由泵内的导轴承和电动机内的径向轴承承受。它的钟形进水流道和双蜗壳形出水流道均由混凝土浇筑而成。导流锥引液流平顺地进入叶轮。在蜗壳进口前还设有固定导叶,它的主要作用是引流导向,同时有承受支承盖、上盖、中盖、下盖、护盖及人孔盖板和转轮室等部件重量的作用。为便于泵的装卸运输,它的固定导叶、叶轮室、支承盖和上盖等部件均可做成分瓣式结构。该泵装在全调节混流泵叶轮上的叶片的角度由液压调节机构调节,液压调节机构由位于叶轮内的刮板式接力器、泵轴内的操作油管和受油器等组成。

因为混流泵是介于离心泵和轴流泵之间的一种叶片泵,其叶轮出流方向及泵的性能等也均有与此相应的特点,其结构形式同样介于离心泵和轴流泵之间,低比转数混流泵的主要部件及结构形式与离心泵类似;高比转数混流泵的主要部件及结构形式则与轴流泵类似。所以,混流泵兼有离心泵和轴流泵的优点。

1.3.4　潜水泵的典型结构形式

潜水泵是水泵和电动机同轴连成一体,并潜入水下工作的抽水装置。根据叶轮形式的不同,潜水泵有潜水离心泵、潜水混流泵和潜水轴流泵之分,如图 1-45、图 1-46 所示。

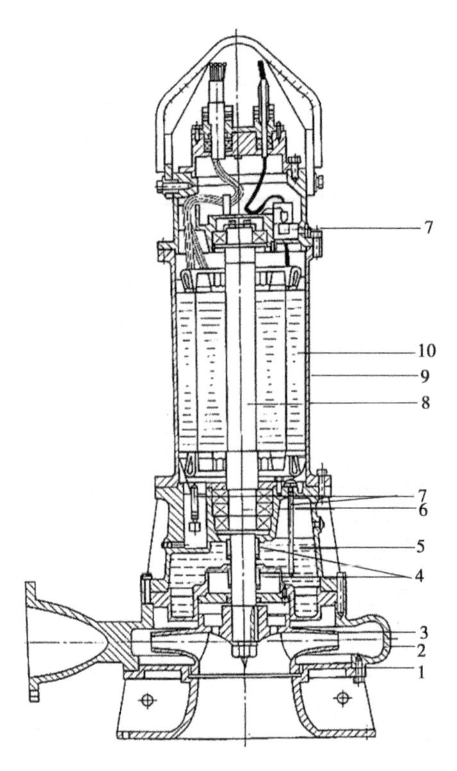

1—进口扣环;2—泵壳;3—叶轮;4—轴密封;5—油室;6—轴承;7—检测装置;
8—泵/电动机轴;9—电动机外壳;10—电动机

图 1-45　潜水离心泵结构图

由于机电一体潜水工作,潜水泵具有以下主要特点:

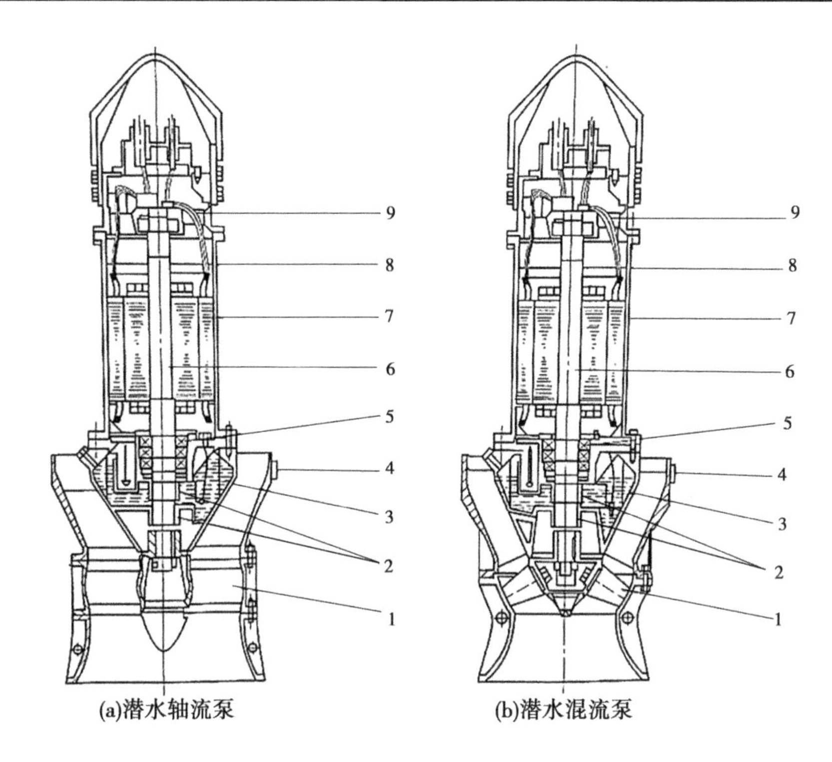

1—叶轮;2—轴密封;3—油室;4—防转装置;5—轴承;6—泵/电动机轴;
7—电动机;8—电动机外壳;9—检测装置

图1-46　潜水轴流泵和潜水混流泵结构图

(1)水泵叶轮和电动机转子安装在同一轴上,结构紧凑,重量轻。

(2)对水源水位变化的适应性强,尤其适于从水位涨落大的水源取水的场合。

(3)安装简单方便,省去了传统水泵安装过程中耗工、耗时、复杂的对中、找正的安装工序。

(4)新型潜水泵内装有齐全的保护、监控装置,对泵实施实时监控保护,可大大提高运行可靠性。

(5)使用潜水安装,无须庞大的地面建筑,泵站结构简单,可大大减少工程土建投资。

潜水泵常用的安装形式有井筒式、导轨式和自动耦合式等几种。

井筒式安装有悬吊式、弯管式和封闭进水流道式等三种安装形式,如图1-47~图1-49所示。一般中、小口径潜水泵常采用悬吊式或弯管式安装,大口径潜水泵采用封闭进水流道的安装方式。井筒可采用钢制或混凝土井筒,钢制井筒式安装由潜水泵生产厂家提供整套井筒,混凝土制的井筒式安装,厂家仅提供安装底座(含防转装置)和井盖装置。

导轨式安装常与自动耦合装置自动地与耦合底座耦合,如图1-50所示。提升时泵与耦合底座自动脱开,因此在出水管固定的情况下,不需要螺栓便可快速安装和拆卸水泵机组,从而大大加快机组的安装和检修速度。

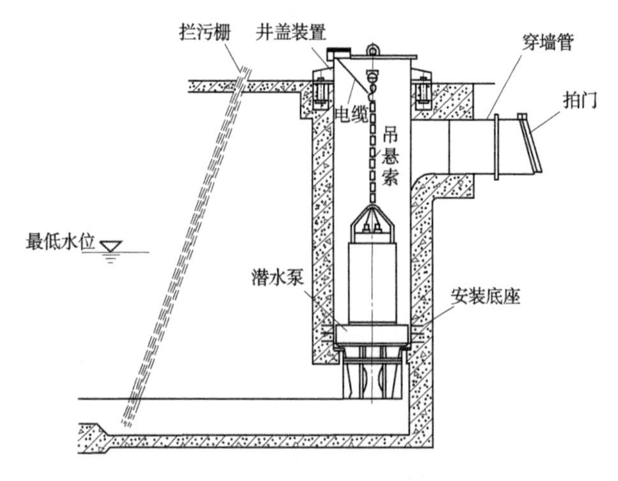

图 1-47　潜水泵混凝土井筒悬吊式安装示意图

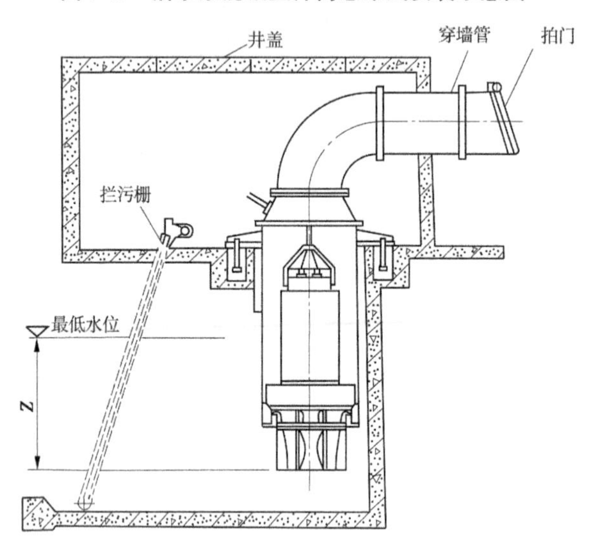

图 1-48　潜水泵钢制井筒弯管式安装示意图

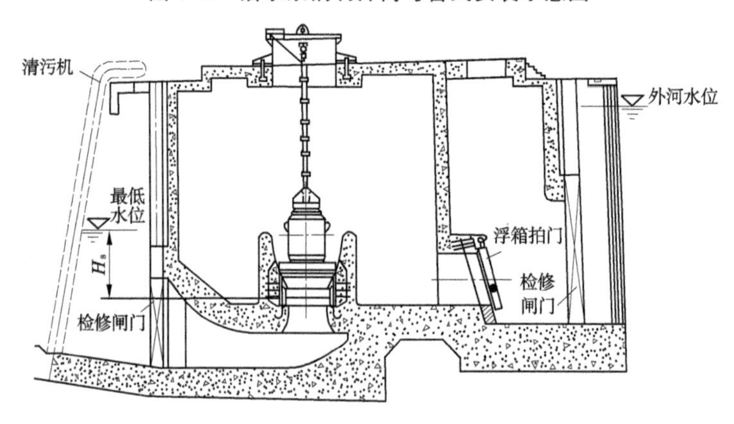

图 1-49　潜水泵混凝土井筒封闭进水流道式安装示意图

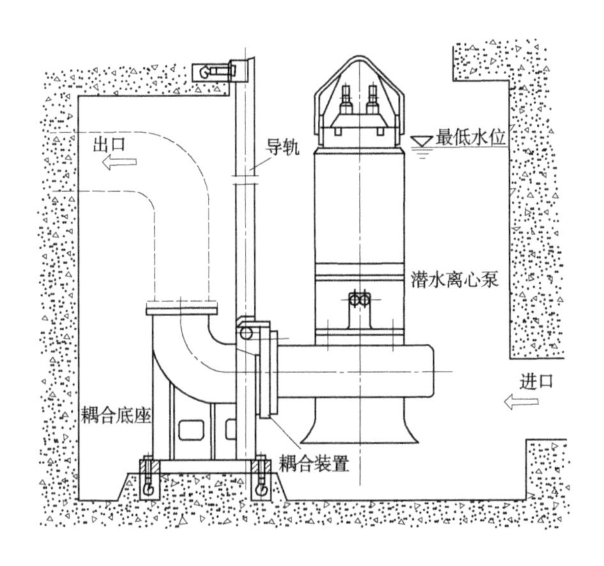

图1-50 潜水泵垂直导轨式安装示意图

1.4 泵的性能参数

叶片泵的性能是由其性能参数表示的。表征水泵性能的主要参数有六个,分别为流量、扬程、功率、效率、转速和必需汽蚀余量(允许吸上高度)。这些参数之间互为关联,当其中某一参数发生变化时,其他工作参数也会发生相应的变化,但变化的规律取决于水泵叶轮的结构形式和特性。为了深入研究叶片泵的性能,必须首先掌握叶片泵性能参数的物理意义。

1.4.1 流量

水泵的流量是指单位时间内流出水泵出口断面的液体的体积或质量,分别称为体积流量和质量流量。体积流量用 Q 表示,常用单位有:L/s、m^3/s、m^3/h 等;质量流量用 Q_m 表示,常用单位有 kg/s、t/s、t/h 等。根据定义,体积流量与质量流量有如下的关系:$Q_m=\rho Q$,式中 ρ 为被输送液体的密度,kg/m^3。

由于各种应用场合对流量的需求不同,叶片泵设计流量的范围很宽,小的不足1 L/s,而大的则可达几十立方米每秒,甚至几百立方米每秒。

泵的额定流量是指泵在额定工况条件下的流量,用 Q_R 表示。泵的铭牌上标注的流量就是额定流量值。

除以上所述的流量概念外,在叶轮的理论研究中还会遇到泵的理论流量 Q_T 和泄漏流量 q 的概念。

所谓理论流量,是指通过水泵叶轮的流量。所谓泄漏流量,是指流出叶轮的理论流量中,有一部分经水泵转动部件与静止部件之间存在的间隙,流回到叶轮进口和流出泵外的流量。泵动、静部件之间的间隙包括叶轮进口口环与泵壳之间的间隙、填料函中泵轴与填料之间的间隙、轴向力平衡装置中平衡孔或平衡盘与外壳之间的间隙等。水泵流量、理论流量和泄漏流量之间有如下的关系：$Q_T = Q + q$。

1.4.2　扬程

扬程，用符号 H 表示，是指被输送的单位质量液体流经水泵后所获得的能量增值除以重力加速度 g，其单位为 m。泵扬程在工程应用中的习惯定义是指泵对单位重量液体提供的总能量。根据泵扬程的定义，扬程也可表示为泵出口断面与进口断面单位总能量的代数差。

1.4.2.1　卧式叶片泵的扬程

如图 1-51 所示，以泵的基准面(通过由叶轮叶片进口边的外端所描绘的圆中心的水平面，各种类型叶片泵的基准面如图 1-52 所示)为基准，分别列出泵的进口 1—1 断面处和出口 2—2 断面处的单位总能量。

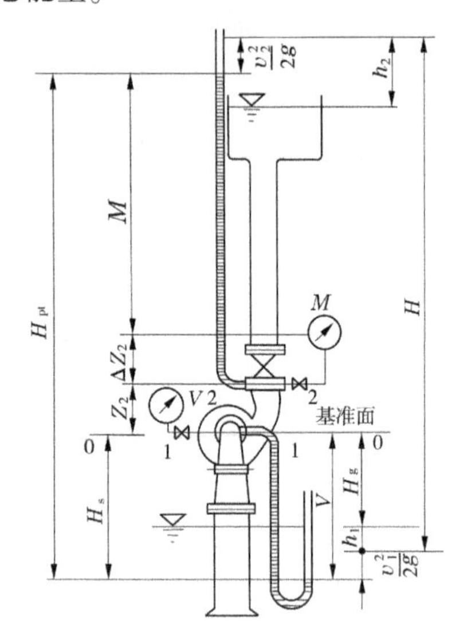

图 1-51　卧式泵扬程示意图

泵进口 1—1 断面处的单位总能量 E_1 为

$$E_1 = Z_1 + \frac{p_1}{\rho g} + \frac{v_1^2}{2g}$$

泵出口断面单位总能量 E_2 为

$$E_2 = Z_2 + \frac{p_2}{\rho g} + \frac{v_2^2}{2g}$$

则泵的扬程为

$$H = E_2 - E_1 = (Z_2 - Z_1) + \frac{p_2 - p_1}{\rho g} + \frac{v_2^2 - v_1^2}{2g} \tag{1-1}$$

式中　Z_1、Z_2——泵进、出口断面中心到基准面的位置高差，m，当断面中心位于泵的基准面以上时，高差取正值，反之则取负值；

p_1、p_2——泵进、出口断面的平均绝对压力，N/m²(Pa)；

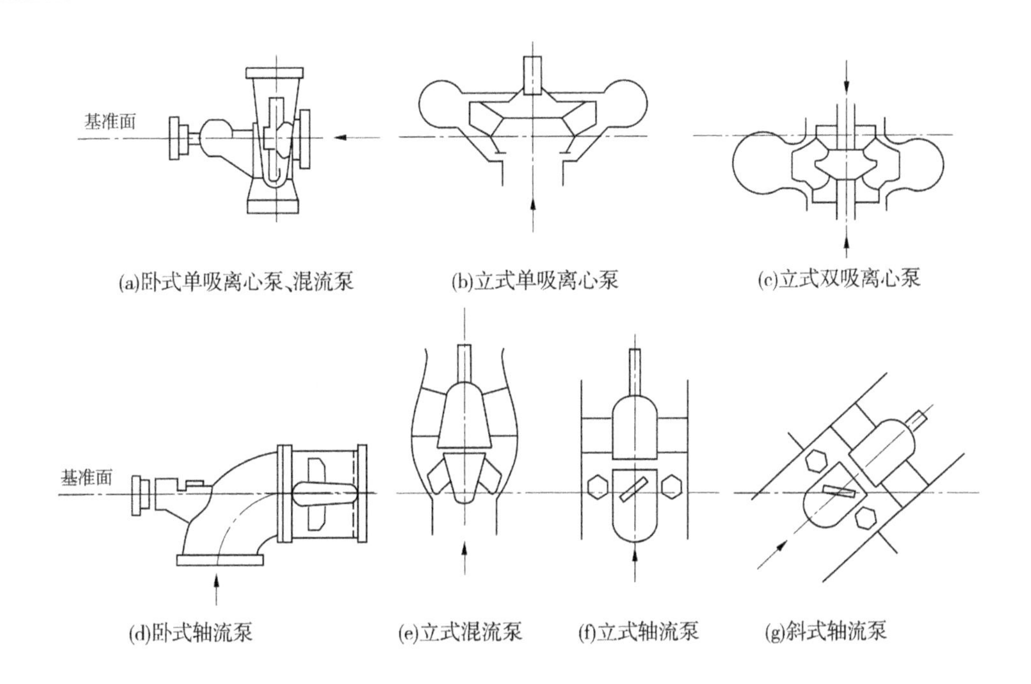

图 1-52　泵的基准面示意图

g——重力加速度，m/s^2。

由式(1-1)可以看出，液体经过泵所获得的能量由三部分组成：①单位位能差(Z_2-Z_1)；②单位压能差$\frac{p_2-p_1}{\rho g}$；③单位动能差$\frac{v_2^2-v_1^2}{2g}$。因为单位位能差与单位压能差的和 $H_{pt}=(Z_2-Z_1)+\frac{p_2-p_1}{\rho g}$ 亦称作单位势能差，所以通常也称扬程由单位势能差和单位动能差两大部分组成，即 $H=H_{pt}+H_d$。其中 H_d 为单位动能差，$H_d=\frac{v_2^2-v_1^2}{2g}$。

由水力学可知，该单位势能差即为图 1-51 所示的泵进、出口断面的测压管水面之间的垂直距离。在泵实际运行中，常采用真空表和压力表来测量水泵进、出口断面的压力，如图 1-53 所示。

图 1-53(a)所示的是泵的基准面高于吸水面的情况，此时，泵在运行时其进口 1—1 断面为负压，故用真空表测量该断面的压力，且由于测压连接管内充满空气，故真空表的测量值可以近似看成是该断面的平均压力；出口 2—2 断面的压力用压力表来测量。设真空表的读数为 V(米液柱)，压力表的读数为 M(米液柱)，那么，1—1 断面、2—2 断面的绝对压力可用下列两式分别表示

$$\frac{p_1}{\rho g}=\frac{p_a}{\rho g}-V \tag{1-2}$$

$$\frac{p_2}{\rho g}=\frac{p_a}{\rho g}+M+Z_m \tag{1-3}$$

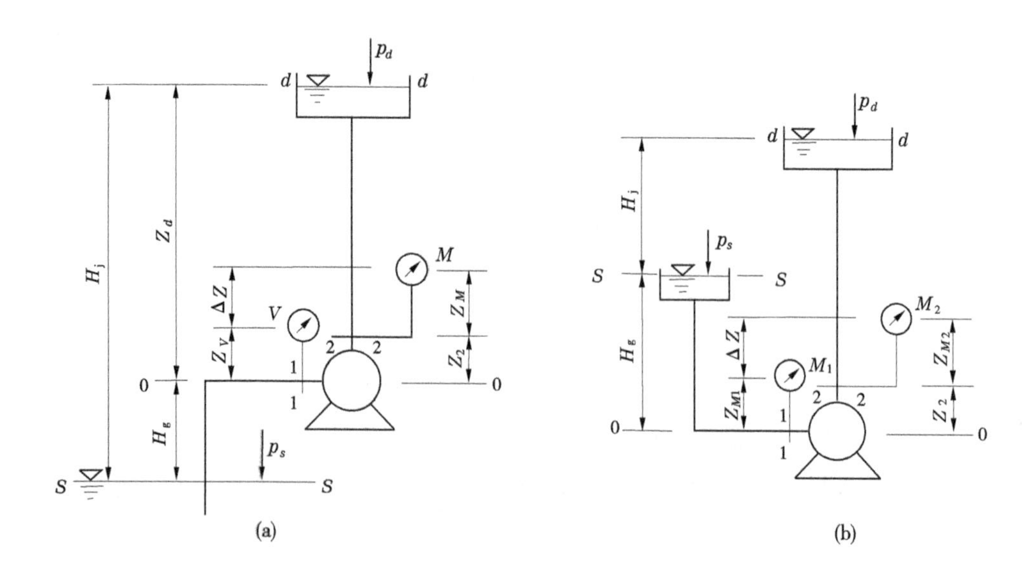

图 1-53 卧式泵扬程计算示意图

式中 p_a ——大气压力,N/m^2;

Z_m ——压力表中心至测点断面中心的垂直距离,m。

将式(1-2)、式(1-3)代入式(1-1)后,泵扬程的表达式为

$$H = (Z_2 - Z_1) + (\frac{p_a}{\rho g} + M + Z_m) - (\frac{p_a}{\rho g} - V) + \frac{v_2^2 - v_1^2}{2g} \tag{1-4}$$

式(1-4)整理后可写为

$$H = \Delta Z + M + V + \frac{v_2^2 - v_1^2}{2g} \tag{1-5}$$

$$\Delta Z = Z_2 + Z_m - Z_1$$

式中 ΔZ——压力表中心与基准面之间的垂直高差,当压力表位于基准面的上方时,ΔZ 取正值,反之,当压力表位于基准面的下方时,ΔZ 取负值。

式(1-5)表明,安装在进水面以上的卧式泵的扬程等于出口压力表中心与泵的基准面之间的位置高差,泵进口断面的真空压头,出口断面的压头及进、出口断面的动能差四项之和。

当泵的基准面低于进水池水面,即泵安装在吸水面以下时,如图 1-53(b)所示,泵进口断面为正压,故需用压力表来测量该断面的压力。设进、出口压力表的读数分别为 M_1、M_2(米液柱),类似上面推导,可得

$$H = \Delta Z' + M_2 - M_1 + \frac{v_2^2 - v_1^2}{2g} \tag{1-6}$$

式中 $\Delta Z'$——进、出口压力表中心之间的垂直高差,当出口压力表高于进口压力表时,$\Delta Z'$取正值;反之,$\Delta Z'$取负值。

式(1-6)表明,安装在进水面以下的卧式泵的扬程等于进、出口压力表中心的位置高差,泵进、出口断面压头差,进、出口断面的动能差三项之和。

式(1-5)和式(1-6)为卧式叶片泵扬程 H 的实用计算公式。该公式也适用于进水管路较长的立式叶片泵扬程的计算。

1.4.2.2　立式轴流泵、混流泵的扬程

对于图 1-54 所示的立式泵(轴流泵、混流泵),因泵的叶轮和进口部分一般淹没在进水池液面以下,进口断面处的压力不易测得。因此,可将立式泵的进口断面近似地取在进水池液面,并在泵的出口 2—2 断面(一般为出流弯管出口断面)安装压力表。取进水池液面为 0—0 断面,并以该断面为基准面,列 0—0 断面、2—2 断面的能量方程式:

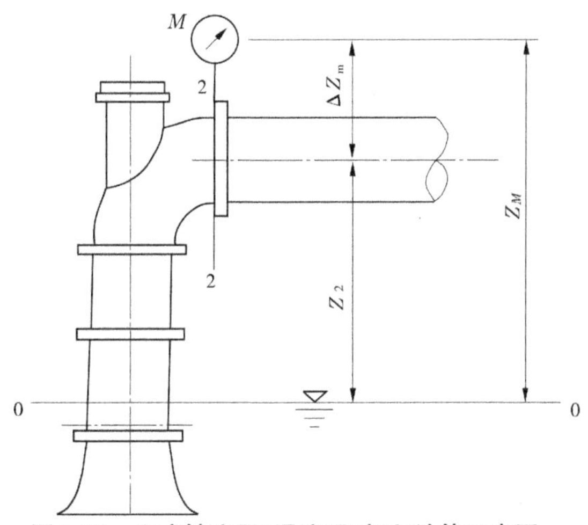

图 1-54　立式轴流泵(混流泵)扬程计算示意图

泵进口断面(0—0 断面)单位总能量 E_0 为

$$E_0 = Z_2 + \frac{p_a}{\rho g} + \frac{v_0^2}{2g}$$

泵出口断面单位总能量 E_2 为

$$E_2 = Z_2 + \frac{p_2}{\rho g} + \frac{v_2^2}{2g}$$

则由定义,泵的扬程 H 为

$$H = E_2 - E_0 = Z_2 + \frac{p_2 - p_a}{\rho g} + \frac{v_2^2 - v_0^2}{2g} \tag{1-7}$$

其中,$\frac{p_2 - p_a}{\rho g} = M + \Delta Z_m$,当进水池液面流速 v_0 很小可以忽略时,式(1-7)简化为

$$H = Z_2 + \Delta Z_m + M + \frac{v_2^2}{2g} = Z_M + M + \frac{v_2^2}{2g} \tag{1-8}$$

式中　ΔZ_m——压力表中心至泵出口断面中心的高差;

　　Z_M——压力表中心至进水池液面的高差;

　　其余符号意义同式(1-5)。

式(1-8)即为计算立式轴流泵、混流泵扬程的实用公式。该式表明,立式泵的扬程等于泵出口压力表中心至进口液面的高差、出口断面压头及其平均动能三项之和。

1.4.2.3 泵装置需要扬程

泵必须在与进水池,进、出水管路和出水池等构成的装置系统中才能工作。在图1-53所示的泵装置中,分别列出泵的出口2—2断面与出水池液面$d—d$断面、进水池液面$S—S$断面与泵的进口1—1断面的能量方程:

$$E_2 = Z_d + \frac{p_d}{\rho g} + \frac{v_d^2}{2g} + h_{2-d} \tag{1-9}$$

$$E_1 = -H_g + \frac{p_S}{\rho g} + \frac{v_S^2}{2g} + h_{S-1} \tag{1-10}$$

式中 E_1、E_2——水泵进、出口断面的单位总能量,m;

H_g——泵的安装高度,又称泵的吸上扬程;

m——进水池液面与泵的基准面0—0断面的垂直距离,当泵安装在进水池液面以上时,H_g取正值,反之,当泵淹没在进水池液面以下时,H_g取负值;

Z_d——出水池液面与泵的基准面0—0断面的垂直距离,m;

p_S、p_d——进、出水池液面上的压力,Pa;

v_S、v_d——进、出水池$S—S$断面及$d—d$断面的平均流速,一般可取$v_S \approx 0$、$v_d \approx 0$,m/s;

h_{S-1}、h_{2-d}——进、出水管路系统的水力损失,m。

按照扬程的定义,则可得泵在该系统中运行的装置需要扬程H',即

$$H' = E_2 - E_1 = (Z_d + H_g) + \frac{p_d - p_S}{\rho g} + \frac{v_d^2 - v_S^2}{2g} + h_{S-1} + h_{2-d} \tag{1-11}$$

$$令 H_j = Z_d + H_g$$

$$h_1 = h_{S-1} + h_{2-d}$$

$$H_{st} = H_j + \frac{p_d - p_S}{\rho g}$$

式中 H_j——出水池和进水池的液面高差,m;

h_1——进、出水管路系统的阻力损失之和,m;

H_{st}——装置静扬程,即上下液位差和上下液面压力差之和,当上下液面都是大气压力时,$H_{st}=H_j$,即装置静扬程等于上下液位高差。

$$H' = H_{st} + \frac{v_d^2 - v_S^2}{2g} + h_1 \approx H_{st} + h_1 \tag{1-12}$$

式(1-12)表明,在装置中工作的泵,为了把进水池的液体送到出水池,需要提供的单位能量,即泵的装置需要扬程为装置静扬程与进、出压力管路系统的阻力损失之和(忽略了动扬程差值)。

1.4.2.4 泵段扬程

从工程实用的角度,有时需要随泵产品携带一部分进、出管段或管件,以充分利用泵厂的加工技术,如进水渐缩管段、弯管段(肘形、钟形等)、出口渐放管等。对于大型泵装

置,为了更好地解决泵的轴向力和径向力平衡、变形补偿及装拆检查检修等问题,甚至可能将泵进、出管路检修阀,断流和变形补偿装置等部件一同归并到主泵系统,由泵的生产厂一同制造。此种情况下,用户需要关心的是整个泵段的工作性能,泵段扬程 H_s 即为单位重量的液体流经泵段(泵段进口到出口)后所能获得的能量增值,即泵实际传给通过泵段的单位重量液体的总能量,其单位为(液米柱):

$$H_s = H - h_s$$

式中　H——泵的扬程;

h_s——泵的进、出口管段的阻力损失,m。

厂家应提供泵段的工作性能特性。

1.4.2.5　泵的比能

泵的能量特性还可以用比能来表示,泵的比能 Y 是指单位质量的液体流经水泵后所能获得的能量增值,即泵实际传给通过泵的单位质量液体的总能量,其单位为 J/kg。显然,根据定义,泵的比能与扬程之间的关系为

$$Y = gH$$

1.4.3　功率

功率是指泵在单位时间内对液流所做功的大小,单位为 W 或 kW。泵的功率包括轴功率、有效功率、液体功率、泵的配套功率以及泵内各种损失功率等。

1.4.3.1　轴功率 P

轴功率是指动力机传给泵的主轴上的功率,即泵的输入功率,用符号 P 表示。通常泵的铭牌上所列的功率是指泵的额定功率 P_R,即泵在额定工况条件下泵的输入功率,它反映的是泵的能量转换能力。

1.4.3.2　有效功率 P_e

泵的有效功率是指单位时间内,流出泵(或泵段)的液体所获得的能量,即泵对被输送液体所做的实际有效功率,即

$$P_e = \rho gQH \tag{1-13}$$

泵装置的有效功率 P_{st} 是指单位时间内液体从进水池液面流经泵装置到出水池液面所获得的实际有效功率,即

$$P_{st} = \rho gQH_{st} \tag{1-14}$$

1.4.3.3　动力机配套功率 P_g

动力机配套功率为与水泵配套的原动机的额定输出功率,考虑到泵运行时可能出现的超负荷情况,所以动力机的配套功率通常选择的比泵的额定轴功率大。动力机的配套功率一般可按下式进行计算:

$$P_g = KP_R \tag{1-15}$$

式中　K——动力机功率备用系数,可参考表 1-2 中的值,并考虑泵陈旧时的功率增加或意外的附加功率损失等因素选择确定。

表 1-2　动力机功率备用系数

泵轴功率(kW)	<5	5~10	10~50	50~100	>100
电动机	2.0~1.3	1.3~1.15	1.15~1.10	1.10~1.05	1.05
内燃机		1.5~1.3	1.3~1.2	1.2~1.15	1.15

1.4.3.4　水功率 P_w

水功率是指泵的轴功率在克服机械阻力后剩余的功率,也就是叶轮传递给其内液体的功率,即

$$P_w = P - \Delta P_m = \rho g Q_T H_T \tag{1-16}$$

式中　ΔP_m——泵的机械损失功率;

Q_T——泵的理论流量, $Q_T = Q + q$;

H_T——理论扬程,泵输送理想流体时的理想扬程,即不考虑泵内任何流动损失的扬程。

1.4.3.5　泵内损失功率 ΔP

在泵的输入功率(轴功率)中,只有一部分传给了被输送的液体,这部分功率即有效功率 P_e,另一部分被用来克服泵运行中泵内存在的各种损失,即损失功率。泵内损失功率可以分为三类,即机械损失功率、容积损失功率和阻力损失功率。

1. 机械损失功率 ΔP_m

机械损失包括转子旋转所引起的泵的密封装置(扣环、填料函)及轴承的机械摩擦损失和叶轮前后盖板外表面与液体之间的摩擦损失(圆盘摩擦损失)两部分。

泵的密封装置和轴承的摩擦损失与其结构形式有关,这两项损失之和只占轴功率的1%~3%,相对其他各项损失来说很小。圆盘摩擦损失是机械损失的主要部分,为轴功率的2%~10%,其大小可用下式来计算:

$$\Delta P_{df} = K\rho u_2^3 D_2^5 = K\rho \left(\frac{\pi n}{60}\right)^3 D_2^5 \tag{1-17}$$

式中　ΔP_{df}——圆盘摩擦损失功率,kW;

K——圆盘摩擦系数,由试验求得,其大小与叶轮出口的流动雷诺数、被输送液体的种类、叶轮轮盘外表面及泵壳内表面的粗糙度等因素有关,一般可近似取 $K=0.88\times10^{-6}$;

D_2——叶轮出口直径,m;

u_2——叶轮出口圆周速度,m/s;

n——叶轮转速,r/min;

ρ—— 被输送液体的密度,kg /m³。

由式(1-17)可知,圆盘摩擦损失与叶轮转速的 3 次方成正比,与叶轮外径的 5 次方成正比。可见,圆盘摩擦损失将随叶轮转速和外径的增大而急剧增加,从而使泵的效率大大降低。

2. 容积损失功率 ΔP_v

容积损失又称泄漏损失,是由泄漏量 q 引起的功率损失,即

$$\Delta P_v = \rho g q H_T \tag{1-18}$$

3. 阻力损失功率 ΔP_h

当液流由泵的进口经过叶轮至泵的出口流出时，在泵内部沿程会产生各种阻力损失，主要有：①经过泵内各过流段的沿程表面摩擦损失；②由于液流沿程过流断面面积或者液流方向变化产生的局部阻力损失；③由于其他因素产生的漩涡（或冲击）所引起的损失等。这些损失都要消耗部分功率，该部分消耗在泵内流动过程的功率统称为阻力损失功率。阻力损失的大小与液体的种类、液体在泵内的流动形态和泵内流道的结构形式、表面粗糙程度等因素有关。按其定义，阻力损失的表达式如下：

$$\Delta P_h = \rho g Q H_{hl} = \rho g Q (H_T - H) \tag{1-19}$$

式中　H_{hl}——由于阻力损失引起的损失扬程，即 $H_{hl} = H_T - H$。

1.4.4　效率

泵传递能量的有效程度即泵的效率。由于机械损失、阻力损失和容积损失的存在，泵的输入功率（轴功率 P）不可能全部传递给液体，液体经过泵后只能获得有效功率 P_e，泵的效率是用来放映泵内损失功率的大小和衡量轴功率 P 的有效利用程度的参数，即有效功率 P_e 与轴功率 P 比值的百分数。

$$\eta = \frac{P_e}{P} \times 100\% \tag{1-20}$$

图1-55是泵的功率能量平衡示意图，图中反映出各种功率的含义和相互关系，并可用机械效率 η_m、容积效率 η_v 和液力效率 η_h 分别来衡量各种损失的大小。

机械效率 η_m，是衡量机械损失大小的参数，表示式如下：

$$\eta_m = \frac{P - \Delta P_m}{P} = \frac{P_w}{P} \times 100\% \tag{1-21}$$

容积效率 η_v，是衡量容积损失大小的参数，可用下式表示：

$$\eta_v = \frac{P_w - \Delta P_v}{P_w} = \frac{\rho g Q H_T}{\rho g Q_T H_T} = \frac{Q}{Q_T} \times 100\% \tag{1-22}$$

液力效率 η_h，衡量泵内阻力损失大小的参数，可用下式表示：

$$\eta_h = \frac{P_w - \Delta P_v - \Delta P_h}{P_w - \Delta P_v} = \frac{P_e}{P_w - \Delta P_v} = \frac{\rho g Q H}{\rho g Q_T H_T - \rho g q H_T} = \frac{H}{H_T} \times 100\% \tag{1-23}$$

在引入上述三个效率后，泵的效率 η 还可以表达为

$$\eta = \frac{P_e}{P} = \frac{P_w}{P} \frac{P_w - \Delta P_v}{P_w} \frac{P_e}{P_w - \Delta P_v} = \eta_m \eta_v \eta_h \tag{1-24}$$

从式（1-24）可以看出，泵的效率等于机械效率、容积效率和液力效率3个分效率的乘积。因此，要提高泵的效率就需要在设计、制造及运行等方面尽可能减少机械、容积和阻力损失。目前，大型泵的效率已达到90%以上。

1.4.5　转速

转速是指泵轴或叶轮旋转的速度，通常用符号 n 表示，单位为转每分（r/min）。

泵的转速与其他性能参数有着密切的关系,一定的转速产生一定的流量、扬程,并对应一定的轴功率,当转速发生变化时将影响其他参数发生相应的变化。

泵的转速是根据泵的技术性能要求确定的,考虑与电动机配套,泵的转速基本上是按照电动机的级数来定的。

泵的结构强度是按照转速设计的。配套的动力机除应满足泵运行时轴功率的要求外,在转速上也应与泵的转速相一致。

由于异步电动机的转速与相同级数的同步电动机相差很小,故泵的配套电动机可以是异步电动机,也可以是相同级数的同步电动机。黄河提水工程用泵的转速一般为 2~16 级,即 375~3 000 r/min。

1.4.6　允许吸上真空高度或必需汽蚀余量

允许吸上真空高度$[H_s]$和必需汽蚀余量 $NPSH_r$ 是表征泵在标准状态下的汽蚀性能(吸入性能)的参数。

泵在工作时,或因泵装置设计不当(安装过高、进口流态不好等)或因运行不当(运行工况偏离设计点过大等),可能会出现泵进口处压力过低,导致汽蚀发生,造成泵性能下降甚至流动间断、振动加剧等问题。泵内出现汽蚀现象后,泵便不能正常工作,汽蚀严重时甚至不能工作。为了避免泵内发生汽蚀,就必须通过泵的性能参数来正确确定泵的几何安装高度和合理设计泵的装置系统。关于汽蚀的概念和汽蚀性能参数的定义及其物理意义等的进一步说明,详见第 3 章水泵汽蚀及安装高程。

1.4.7　泵的额定参数

泵的各个性能参数表征了泵的性能,是了解泵运行特性的重要指标,它们通常可以从产品样本上获得。此外,每台泵的铭牌上,简明地标识有泵的主要性能参数及其他一些信息,但需要指出的是,样本和铭牌上标出的参数是指该泵在额定转速(设计转速)和额定工况条件下运行时的流量、扬程、轴功率、效率及允许吸上真空高度或必需汽蚀余量值。它能只说明该泵的工作能力,并非实际的运行参数值。

1.4.8　各个性能参数的关系

泵的 6 个性能参数相互关联,其中只有 4 个是独立的,即已知其中的 4 个,就能导出其余的 2 个。一般在转速确定的情况下,每对应一个流量值,就能根据泵的性能特性曲线确定泵的扬程、轴功率和必需汽蚀余量或允许吸上真空高度值,而泵的效率可以按下式计算:

$$\eta = \frac{P_e}{P} = \frac{\rho g Q H}{P} \times 100\% \tag{1-25}$$

同样知道效率 η,也可用式(1-25)算得轴功率 P。有的泵铭牌没有标出额定效率值 η_R,同样可以利用式(1-25)计算得到,但公式中应代入额定流量 Q_R、额定扬程 H_R 和额定功率 P_R,即

$$\eta_R = \frac{\rho g Q_R H_R}{P_R} \times 100\% \tag{1-26}$$

第 2 章　叶片泵的基础知识

2.1　叶片泵的基本理论

叶轮是叶片泵实现机械能转化为液体能量的核心部件。叶片泵工作时，能量传递的主要途径是由动力机带动叶轮旋转，通过叶轮上的叶片对液体做功，使通过叶轮的液体能量增加。以下将主要分析讨论叶轮对液体的做功原理、做功大小的计算及其影响因素等。其目的是从理论上推导出通过叶轮的液体所获得的能量 H 与液体运动参数间的变化关系式，即叶片泵基本能量方程式 $H=f(Q)$。由于叶片泵内液体流动的实际情况十分复杂，加之受当前基础理论的限制，许多问题单凭目前的理论还无法完全解决，还必须借助科学试验。因此，有关叶片泵试验方面的重要工具——相似理论也是以下讨论的重要内容。

2.1.1　离心泵的叶轮理论

2.1.1.1　速度三角形

1. 液体在叶轮中的运动

为了分析液体在叶轮内的运动，了解液体与叶轮之间的相互作用和能量转换过程，必须首先了解叶轮叶槽内液体的运动情况。当叶轮旋转时，叶轮叶槽中每一个液体质点在随叶轮一起做旋转运动的同时[见图 2-1(a)]，还在叶轮产生的离心力作用下，相对于旋转叶轮做相对运动[见图 2-1(b)]。在旋转的叶轮上建立一个随叶轮一起旋转的动坐标系，而在固定不动的泵壳上建立一个静坐标系，由此，液体质点随叶轮一起旋转的运动称为牵连运动，其速度称为牵连速度，又称圆周速度，用符号 $\vec{u}$ 表示；液体质点相对于动坐标系——叶轮的运动称为相对运动，其速度称为相对速度，用符号 $\vec{w}$ 表示；液体质点相对于静坐标系——泵壳的运动称为绝对运动，其速度称为绝对速度，用符号 $\vec{v}$ 表示，如图 2-1(c)所示，绝对速度等于牵连速度和相对速度的矢量和，即

$$\vec{v} = \vec{u} + \vec{w} \tag{2-1}$$

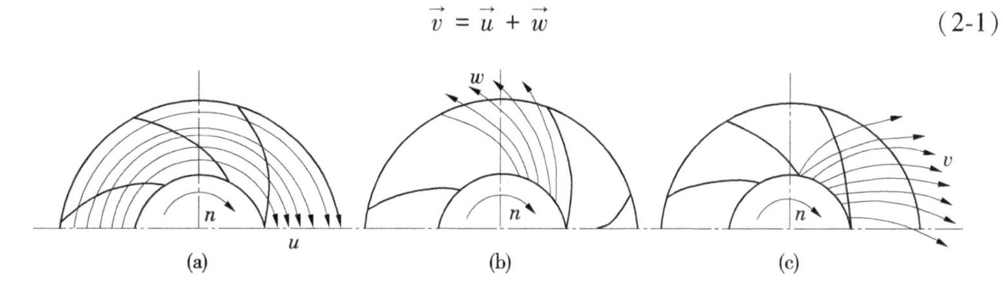

图 2-1　液体在离心泵叶轮叶槽内的运动

2. 速度三角形理论

式(2-1)可以用速度平行四边形来表示，如图 2-2(a)所示。为了简便，通常用速度三

角形代替速度四边形,如图2-2(b)所示。图中α角是绝对速度$\vec{v}$与圆周速度(牵连速度)$\vec{u}$之间的夹角,称为液体的绝对流动角;β角是相对速度$\vec{w}$与圆周速度$\vec{u}$反方向之间的夹角,称为液体的相对流动角。叶片工作表面上某点的切线与该点牵连速度$\vec{u}$反方向之间的夹角,称为叶片在该点的安装角或安放角,用符号β_b表示。显然,当液体沿叶片表面型线做相对运动时,可视作液体的相对流动角β等于叶片的安放角β_b。

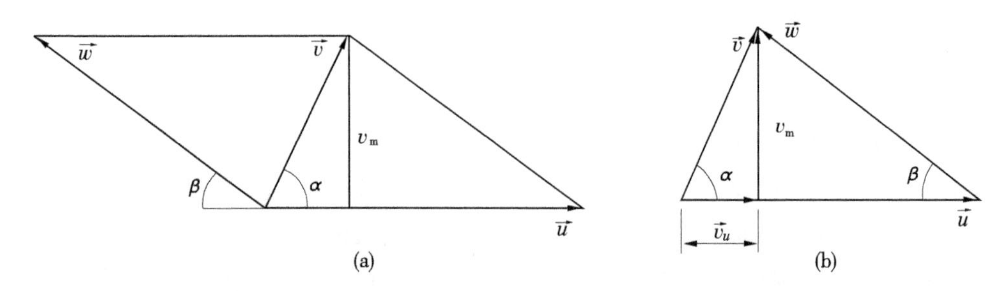

图2-2 叶轮叶槽内液体运动的速度四边形与速度三角形

为了研究和计算方便,绝对速度$\vec{v}$可以分解为两个相互垂直的分量:一个是圆周分速v_u,即绝对速度在圆周速度方向上的投影;另一个是轴面分速v_m,即绝对速度在轴面上的投影。所谓轴面,是指通过轴线和所考虑点的平面。显见,圆周分速v_u的方向与圆周速度$\vec{u}$的方向一致,而轴面分速v_m的方向与圆周速度$\vec{u}$的方向垂直,故在离心叶轮中,轴面分速v_m的方向为径向,故也称径向分速;在轴流叶轮中,轴面分速v_m的方向为轴向,称为轴向分速。

速度三角形是研究液体在叶轮叶槽内流动过程中能量转换的重要工具。对于叶轮叶槽内任意一点都可以做出通过该点液体质点的速度三角形,但对于研究液体通过叶轮时的能量变化,通常只需要关注叶轮叶片的进口部分和出口部分的速度三角形,并用下标"1"和"2"分别表示进口和出口的相关含义。

3. 进、出口速度三角形的计算

三角形只要知道三个条件就可以作出。根据泵的设计流量Q、转速n和叶轮尺寸等参数,可以方便地求出叶片进、出口的圆周速度u_1、u_2,轴面分速v_{m1}、v_{m2}和相对流动角β_1、β_2,用这三个参数就可以作出进、出口速度三角形。现分述如下。

1)圆周速度u

由理论力学可知,叶轮进、出口处的圆周速度u的方向与圆周切线方向一致,并指向旋转方向,其大小分别计算如下:

$$u_1 = \frac{\pi D_1 n}{60} \tag{2-2a}$$

$$u_2 = \frac{\pi D_2 n}{60} \tag{2-2b}$$

式中 D_1、D_2——叶轮进、出口断面的直径,m;

n——泵叶轮的转速,r/min。

2)轴面分速v_m

由流体力学可知,某过流断面的平均流速可由通过该断面的流量除以该断面的面积来求得，由此则有：

$$v_{m1}=\frac{Q_T}{A_1}=\frac{Q}{A_1\eta_v} \tag{2-3a}$$

$$v_{m2}=\frac{Q_T}{A_2}=\frac{Q}{A_2\eta_v} \tag{2-3b}$$

式中　Q_T——理论流量，由容积效率表达式可知，$Q_T=Q/\eta_v$，m^3/s；

A_1、A_2——叶轮进、出口过流断面面积，m^2。

对于离心泵，如图 2-3 所示，由于叶片厚度 s 的存在，液体在叶轮叶槽内的过流面积小于叶轮圆周的环形面积。设叶轮共有 z 个叶片，且每一叶片在圆周上占去的长度为 σ，则所有叶片占的面积为 $z\sigma b$，则实际过流断面面积 A 应为

$$A=\pi Db-z\sigma b=\pi Db\left(1-\frac{z\sigma}{\pi D}\right)=\pi Db\psi$$

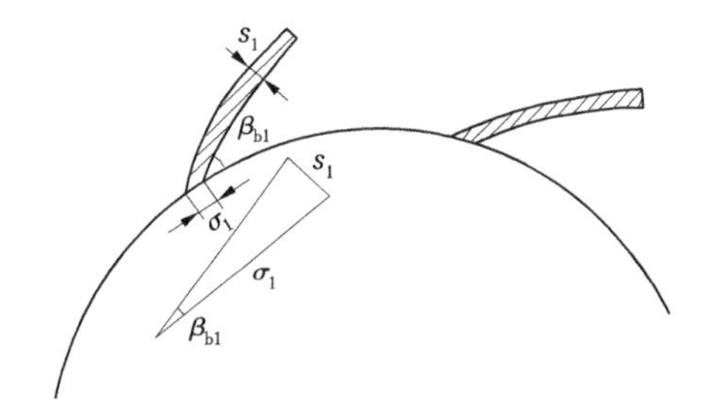

图 2-3　叶轮排挤系数示意图

式中　D——叶轮内某处的直径，m；

σ——圆周方向的叶片厚度，$\sigma=s/\sin\beta_b$；

b——叶槽（或叶片）宽度，即叶轮前后盖板之间的距离，m；

z——叶片数；

ψ——反映叶片厚度对叶轮环面排挤程度的排挤系数，它等于叶轮有效过流面积与无叶片时的面积之比，即 $\psi=1-\dfrac{z\sigma}{\pi D}$，通常离心泵叶轮的叶片排挤系数为 0.75~0.95，小泵取小值，大泵取大值。

由此则有，$A_1=\pi A_1b_1\psi_1$、$A_2=\pi A_2b_2\psi_2$。在叶轮叶片无限多、无限薄的假设下，可以不考虑叶片厚度的影响，即 $\psi_1=1$，$\psi_2=1$。

对于轴流泵叶轮，进、出口的过流面积相等，即 $v_{m1}=v_{m2}$。

3）出口相对流动角 β_2

在叶轮叶片数比较多的情况下，可近似认为叶轮出口的液体相对速度 $\vec{w}$ 的方向与叶轮出口处的叶片表面相切，因此在叶轮出口处液体的相对流动角 β_2 与叶片的安装角 β_{b2} 相等，即 $\beta_2=\beta_{b2}$。

4）叶轮进口绝对流动角 α_1

通常，大多数叶片泵包括轴流泵和单吸式离心泵，均具有喇叭形或圆锥形进水室，这就使得叶片进口绝对速度 $\vec{v}$ 的方向垂直于圆周速度 u_1 的方向，即 $\alpha_1=90°$。由此则有，$\vec{v}_1=\vec{v}_{m1}$，$v_{u1}=0$。

通过以上分析和计算，即可由 u_1、v_{m1}、α_1 和 u_2、v_{m2}、β_2 分别确定叶轮进、出口的速度三角形，如图 2-4 所示。

2.1.1.2　基本方程式

叶片泵基本方程是研究泵性能的理论基础，它反映了泵性能参数之间的相互关系及其性能参数与几何参数之间的关系。泵的基本方程是欧拉于 1756 年首先导出的，所以也

称为欧拉方程。

1. 基本方程的推导

由于液体在叶轮内运动的复杂性,为了讨论方便,先对叶轮构造和液体在叶轮内的运动做以下三点假定:

(1)假定叶轮中的叶片数为无限多,叶片的厚度为无限薄。认为液体质点严格地沿着叶片表面型线流动,也就是说,液体质点的运动轨迹与叶片的表面型线完全重合。

(2)假定通过叶轮的液体为理想液体。据此,在讨论中则可以不考虑液体在泵内流动时的各种阻力损失。

(3)假定液体在叶轮内的运动状态是稳定均匀运动。所谓稳定流,是指流经叶轮内某点的液体质点的运动状态不随时间而变化;所谓均匀流,是指叶轮内同一半径圆周上的液体质点具有相同的速度三角形。

泵的基本方程可在上述三点假设的基础上,由流体力学的动量矩定理(稳定流动中,液体质量对某点的动量矩随时间的变化率等于作用在该液体质量上的所有外力对同一点的力矩之和)推导得出。

为求得单位时间内流经叶轮的流体的动量矩变化,取如图 2-5 所示的叶轮叶槽内的流体为控制体。在时间 $t=0$ 时,该控制体处于叶槽内 $abcd$ 的位置,经过 dt 时段后,该控制体运动到了 $efgh$ 位置,那么,在 dt 时段内,流出叶槽的液体为 $abfe$,其质量用 dm 来表示。根据假定,流经叶轮的液流为稳定流,那么在 dt 时段内流入叶槽的液体 $cdhg$ 也具有相同的质量 dm,且叶槽内 $abgh$ 部分液体质量的动量矩没有发生变化。因此,单个叶槽内控制体的动量矩的变化即为质量为 dm 的液体动量矩的变化。根据动量矩定理可以得出

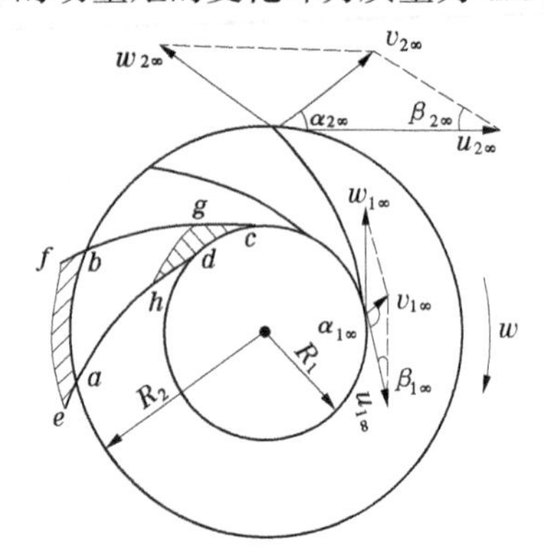

图 2-4　离心泵叶轮进、出口速度三角形

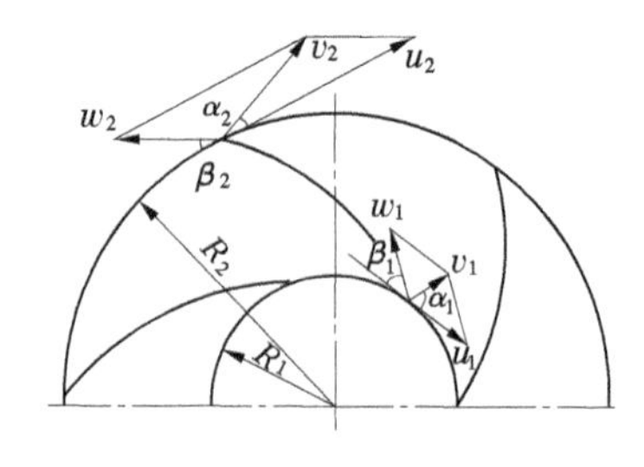

图 2-5　dt 时段叶轮内液体动量矩变化示意图

$$\frac{\mathrm{d}m}{\mathrm{d}t}(v_{2\infty}\cos\alpha_{2\infty}R_2 - v_{1\infty}\cos\alpha_{1\infty}R_1) = M \tag{2-4a}$$

式中　R_1、R_2——叶轮进、出口半径,m;

$v_{1\infty}$、$v_{2\infty}$——无限多叶片叶轮进、出口处液流的绝对速度,m/s;

$\alpha_{1\infty}$、$\alpha_{2\infty}$——无限多叶片叶轮进、出口处液流的绝对流动角,(°);

M——作用在控制体上的所有外力对叶轮中心的力矩,N · m。

作用在控制体上的外力矩包括以下各力对叶轮中心的矩:①叶片正、反两面作用于控制体液流上的压力 P_{froot}、P_{back},且叶片正面压力 P_{froot} 大于叶片背面压力 P_{back}。在叶轮旋

转时,也正是这个叶片正、反两面的压力差,叶轮才能够将机械能传递给通过叶轮的液流,使液流的能量得到增加。②作用在控制体 ab 与 cd 表面的液体压力,它们都沿着径向,即这些力都通过叶轮中心,故不产生力矩。③控制体液流与轮盘及叶片表面的摩擦力,在理想流体的假定下,这些摩擦力不予考虑。④控制体液流的重力,对于叶轮内全部液流而言,其重力作用线通过叶轮中心,故也不产生力矩。

根据均匀流的假定,可将式(2-4a)推广到流经叶轮的全部液流,得到

$$\sum \frac{\mathrm{d}m}{\mathrm{d}t}(v_{2\infty}\cos\alpha_{2\infty}R_2 - v_{1\infty}\cos\alpha_{1\infty}R_1) = \sum M \tag{2-4b}$$

式中　$\sum\frac{\mathrm{dm}}{\mathrm{dt}}$ ——通过叶轮的质量流量,可写成 ρQ_{T};

$v_{1\infty}\cos\alpha_{1\infty}$、$v_{1\infty}\cos\alpha_{1\infty}$——叶轮进、出口的圆周分速 $v_{u1\infty}$、$v_{u2\infty}$。

在式(2-4b)两边同乘以叶轮的转动角速度 w 后,式(2-4b)变为

$$\rho Q_{\mathrm{T}}(v_{u2\infty}R_2\omega - v_{u1\infty}R_1\omega) = \sum M\omega \tag{2-5}$$

式中　$R_1\omega$、$R_2\omega$——叶轮进、出口圆周速度 u_1、u_2;

$\sum M\omega$——叶轮单位时间内对液流所做的功,即液流功率 $P_{\mathrm{w}} = \rho g Q_{\mathrm{T}} H_{\mathrm{T}}$。

将 $P_{\mathrm{w}} = \rho g Q_{\mathrm{T}} H_{\mathrm{T}}$ 代入式(2-5)后得到

$$\rho Q_{\mathrm{T}}(v_{u2\infty}u_2 - v_{u1\infty}u_1) = \rho g Q_{\mathrm{T}} H_{\mathrm{T}\infty}$$

即

$$H_{\mathrm{T}\infty} = \frac{v_{u2\infty}u_2 - v_{u1\infty}u_1}{g} \tag{2-6}$$

式(2-6)即为叶片泵基本方程式,或称为基本能量方程式。

2. 基本方程式的分析与讨论

(1)由基本方程式(2-6)可知,当 $v_{u1\Box} = 0$ 时,可以提高水泵的理论扬程。因此,为了提高泵的扬程和改善泵的吸水性能,大多数离心泵在设计叶轮时常采用 $\alpha_1 = 90°$,使 $v_{u1} = 0$,如此还可使叶轮进口无轴向漩涡。当采用 $\alpha_1 = 90°$时,基本方程变为

$$H_{\mathrm{T}\Box} = \frac{v_{u2\Box}u_2}{g} \tag{2-7}$$

(2)由速度三角形,根据余弦定理 $w^2 = u^2 + v^2 - 2uv\cos\alpha = u^2 + v^2 - 2uv_u$,可以将基本能量方程式改变为下列形式:

$$H_{\mathrm{T}\infty} = \frac{v_{2\infty}^2 - v_{1\infty}^2}{2g} + \frac{u_2^2 - u_1^2}{2g} + \frac{w_{1\infty}^2 - w_{2\infty}^2}{2g} \tag{2-8}$$

方程式(2-8)右边的第一项 $\frac{v_{2\infty}^2 - v_{1\infty}^2}{2g}$ 为液体流经叶轮后的单位动能增量,或动扬程,用符号 $H_{d\infty}$ 表示,即 $H_{d\infty} = \frac{v_{2\infty}^2 - v_{1\infty}^2}{2g}$。单位动能的增量越大,说明叶轮出口的绝对速度也越大,这将造成在以后的流动过程中产生较大的能量损失,这是我们所不希望的。

第二项与第三项之和 $\frac{u_2^2-u_1^2}{2g}+\frac{w_{1\Box}^2-w_{2\Box}^2}{2g}$ 表示液体流经叶轮后的单位压能增量,或势扬

程,用符号 $H_{p\infty}$ 表示,即 $H_{p\infty} = \dfrac{u_2^2 - u_1^2}{2g} + \dfrac{w_{1\infty}^2 - w_{2\infty}^2}{2g}$。

单独对第二项 $\dfrac{u_2^2 - u_1^2}{2g}$ 或第三项 $\dfrac{w_{1\infty}^2 - w_{2\infty}^2}{2g}$ 附加任何物理意义都是不妥的,因为第二项并不完全表示由于离心力的作用而引起的液流压力升高,因为液体中并不存在单纯以圆周速度 u_1 和 u_2 运动的质点,产生向心加速度的力在圆周方向也并不做功。同样,第三项也并不表示由于相对速度从 w_1 变化到 w_2 而引起的液流压力升高,这是因为,在静止或运动的曲线形流道内,并不存在扩散过程,也不会发生压力增加的过程。

由基本方程式(2-8)可知,理论扬程 $H_{T\infty}$ 由势扬程 $H_{p\infty}$ 和动扬程 $H_{d\infty}$ 两部分组成。由于泵内阻力损失与流速关系密切,且在动能转化为压能的过程中伴随有能量损失,因此在设计泵时,动能增值这一项所占理论扬程的比例应越小越好。

(3)由出口速度三角形可得:$v_{u2\infty} = u_2 - v_{m2\infty}\cot\beta_{b2\infty}$,而 $v_{m2\infty} = \dfrac{Q_T}{\pi D_2 b_2}$,则式(2-7)可写为

$$H_{T\infty} = \frac{u_2^2}{g} - \frac{u_2 v_{m2\infty}}{g}\cot\beta_{b2\infty} \tag{2-9a}$$

$$H_{T\infty} = \frac{u_2^2}{g} - \frac{u_2\cot\beta_{b2\infty}}{g\pi D_2 b_2}Q_T = A - BQ_T \tag{2-9b}$$

式中:$A = \dfrac{u_2^2}{g}$、$B = \dfrac{u_2\cot\beta_{b2\infty}}{g\pi D_2 b_2}$,当叶轮的尺寸和转速一定时,$A$、$B$ 都是常数。

式(2-9a)为无限多、无限薄叶片叶轮,在 $\alpha_1 = 90°$ 时基本方程的又一表达形式,该式直观地反映了理论扬程和理论流量之间的相互关系。

(4)为了说明理论扬程中势扬程所占比例,在这里引入反作用度,或反应系数的概念。反作用度(反应系数)τ 指的是势扬程 $H_{p\infty}$ 与理论扬程 $H_{T\infty}$ 的比值,即

$$\tau = \frac{H_{p\infty}}{H_{T\infty}} = 1 - \frac{H_{d\infty}}{H_{T\infty}} \tag{2-10}$$

由速度三角形可知,绝对速度 v 的大小可以用圆周分速 v_u 和轴面分速 v_m 来表示,即

$$v_{1\infty}^2 = v_{u1\infty}^2 + v_{m1\infty}^2 \tag{2-11a}$$

$$v_{2\infty}^2 = v_{u2\infty}^2 + v_{m2\infty}^2 \tag{2-11b}$$

将式(2-11a)、式(2-11b)代入动扬程的表达式得

$$H_{d\infty} = \frac{v_{u2\infty}^2 - v_{u1\infty}^2}{2g} + \frac{v_{m2\infty}^2 - v_{m1\infty}^2}{2g} \tag{2-12}$$

通常叶轮进、出口的轴面分速 v_{m1}、v_{m2} 相差不大,故它们的平方差可以忽略不计。如果叶轮进口处液体的绝对流动角 $\alpha_1 = 90°$,即对离心式叶轮而言,液体流入叶轮的方向为径向,对轴流式叶轮而言,液体流入叶轮的方向则为轴向,那么在这种情况下,叶轮进口处的圆周分速 $v_{u1\infty} = 0$,则动扬程 $H_{d\infty}$ 的表达式可简化为

$$H_{d\infty} = \frac{v_{u2\infty}^2}{2g} \tag{2-13}$$

将式(2-13)和式(2-7)代入式(2-10)得

$$\tau = 1 - \frac{v_{u2\infty}^2/2g}{u_2 v_{u2\infty}/g} = 1 - \frac{v_{u2\infty}}{2u_2} \tag{2-14}$$

叶轮出口的圆周分速 $v_{u2\infty}$ 可由出口速度三角形的关系求得：$v_{u2\infty} = v_2 - v_{m2\infty}\cot\beta_{b2\infty}$。因此由式(2-14)得知，在一定的转速 n 和理论流量 Q_T 下，$v_{u2\infty}$ 将随 $\beta_{b2\infty}$ 的增大而增加，反作用度 τ 则随 $\beta_{b2\infty}$ 的增大而减小。

(5)基本方程式虽然是以离心泵为例推导出来的，但从推导过程可以看出，理论扬程只与叶轮的进出口动量矩有关，而与叶轮的结构形式、叶片的形状无关。也就是说，不管叶轮内液体的运动如何发生变化，能量的传递只取决于叶轮进、出口的速度三角形。因此，基本方程不但适用于离心泵，也适用于混流泵、轴流泵等一切由叶轮的叶片对液体做功的流态机械。

(6)基本方程在推导过程中，液体的密度 ρ 已被消去，这表明理论扬程 $H_{T\infty}$ 与被输送液体的种类无关，即基本方程不仅适用于液体，也适用于其他流体，如气体，液气，液固，气固等两相流体。应当注意的是，抽送不同介质的流体时，扬程的单位应该用被抽流体介质的米柱数来计算。或者说，同一台泵在抽送不同液体介质时，所产生的理论扬程值是相同的，但扬程的单位是不同的，如抽送水时为某水柱高度，抽送油或空气时则为相同数字的油柱或气柱高度。但是，由于抽送介质的密度不同，泵所产生的压力和所需的功率是不同的。当抽取含沙浑水时，由于浑水的密度大于清水，水泵所需的功率将增加，浑水中泥沙的含量越大，增加的功率就越多。因此，对于在高含沙水源中取水的泵站，采取必要的泥沙防止措施，对节能和提高泵站经济效益具有重要意义。

(7)从基本方程可以看出，增大 u_2 或 $v_{u2\infty}$ 也可以提高泵的理论扬程。由于 $u_2 = \pi D_2 n/60$，所以增大叶轮的转速 n 或外径 D_2，都可以使理论扬程增加。由式(1-17)可知，离心式叶轮的圆盘摩擦损失与叶轮外径的 5 次方成正比。因此，增大叶轮直径，会使圆盘摩擦损失急剧增加，从而造成泵效率下降，另外，受材料强度、制造工艺以及体积和重量等因素的限制，不能用过分增大叶轮直径的方法来提高泵的理论扬程。用提高转速的办法来增加泵的理论扬程，这是目前泵设计中考虑的趋势。但是提高转速也受到诸如材料强度、抗汽蚀性能及调速设备的造价等因素的制约。

$v_{u2\infty}$ 的大小与叶片出口安装角 $\beta_{b2\infty}$ 的大小有关，而 $\beta_{b2\infty}$ 的大小又将影响叶片的弯曲程度，这将在之后有关章节予以详尽阐述。

实际上，增加泵的扬程最可行的方法是采用多级泵，此方法既可以减小泵的结构尺寸、降低转速，又能够设计制造出高效率的叶轮和泵型。高扬程多级泵在国外应用很普遍，技术也已相当成熟。

(8)液体在叶轮内流动状态的变化将引起速度三角形的改变，从而使理论扬程发生变化。例如，在叶片附近，特别是在叶轮出口附近的叶片背面，边界层液流的质点由于受边壁面摩擦阻力而减速，甚至停滞，使叶片表面的边界层加厚，导致主流偏离叶片表面，形成回流区(见图 2-6)，而使过流

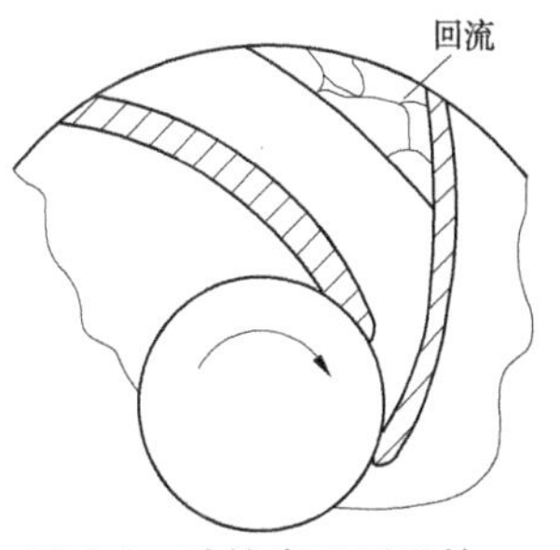

图 2-6　叶轮出口附近的液流离壁现象

断面减小。若在流量不变的情况下,将使 w_2 增大到 w_2',而 v_{u2} 减小到 v_{u2}'(见图 2-7)。这样根据基本能量方程可以得知,当叶轮内流体发生离壁现象时,其理论扬程将减小,效率也将降低。

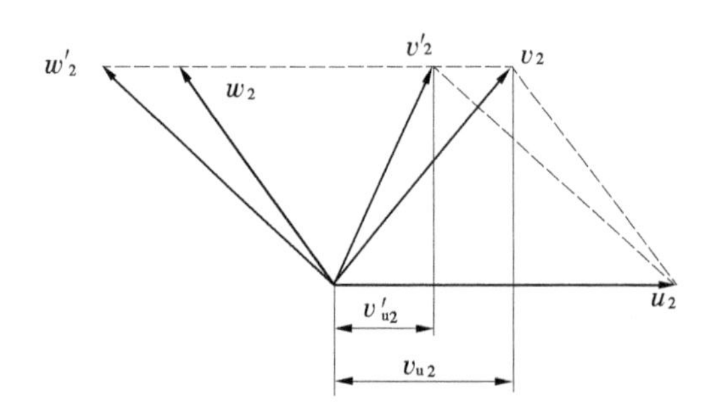

图 2-7　液流离壁现象对叶轮出口速度三角形的影响

(9)叶轮进口前的预旋,将会引起进口速度三角形的改变,从而使理论扬程发生变化。所谓预旋,是指叶轮进口前的液体流动具有某一旋转分量,使得液体在进入叶轮时发生绝对流动角 $\alpha_1 \neq 90°$的流动现象。我们把使 $\alpha_1 < 90°$(预旋方向与叶轮旋转方向相同)的预旋称为正预旋;把使 $\alpha_1 > 90°$(预旋方向与叶轮旋转方向相反)的预旋称为反预旋。预旋根据产生原因的不同分成强制预旋和自由预旋两种类型。

由于泵进水室结构形式造成的预旋称为强制预旋。例如,双吸式离心泵所采用的半螺旋形进水室,这种结构形式迫使液体流入叶轮进口时的绝对流动角 $\alpha_1 < 90°$。

图 2-8 为具有强制预旋的进口速度三角形示意图,当有预旋存在时,进口的圆周分速 v_{u1} 不再等于 0,当 $\alpha_1 < 90°$时,$v_{u1} > 0$,而当 $\alpha_1 > 90°$时,$v_{u1} < 0$。预旋的强度越大,α_1 角偏离 90°越远,v_{u1} 的绝对值就越大,对理论扬程的影响也就越大。由半螺旋型进水室所形成的强制正预旋,可以改善叶轮进口前的流速分布,减小叶轮的进口损失,并减小叶轮进口处的相对流速 w_1,有利于泵的抗汽蚀性能和效率的提高。此外,这种强制正预旋虽然使泵的扬程有所降低,但是可以提高泵性能的稳定性。

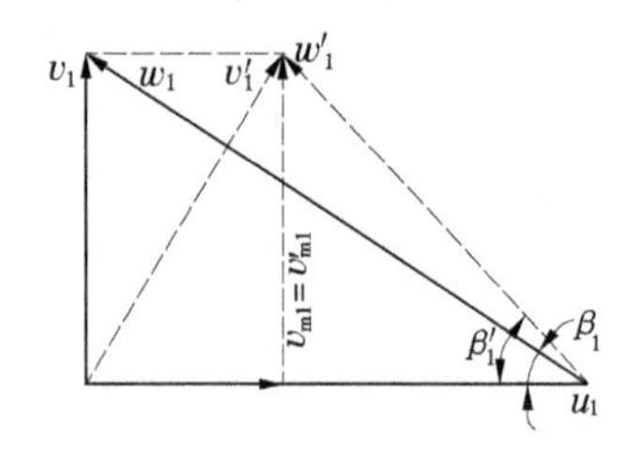

图 2-8　有强制预旋的叶轮进口速度三角形

由于运行条件的变化,如流量的改变、进水池吸水管附近出现漩涡等造成的预旋称为自由预旋。具有自由预旋的进口速度三角形如图 2-9 所示。当预旋方向与泵叶轮的转动方向一致时[见图 2-9(a)],圆周分速将由 v_{u1} 增大到 v_{u1}',而轴面分速将由 v_{m1} 减小到 v_{m1}'。根据基本能量方程式可知,泵的理论扬程和流量都会减小,泵的效率也会降低;当预旋方向与泵叶轮的转动方向相反时[见图 2-9(b)],圆周分速将由 v_{u1} 增大到 v_{u1}'',而轴面分速将由 v_{m1} 增大到 v_{m1}''。根据基本能量方程式可知,泵的理论扬程和流量都会增加,这就会使泵的轴功率增加,甚至可能导致动力机过载;如果预旋的方向不稳定,将会使机组产生振动,影响机组的正常运行,严重时甚至不能工作。

2.1.1.3　离心泵叶轮叶片形状分析

由式(2-9a)可知,当 $\alpha_1 = 90°$,叶轮外径 D_2、转速 n 和流量 Q_T 一定时,理论扬程 $H_{T\infty}$

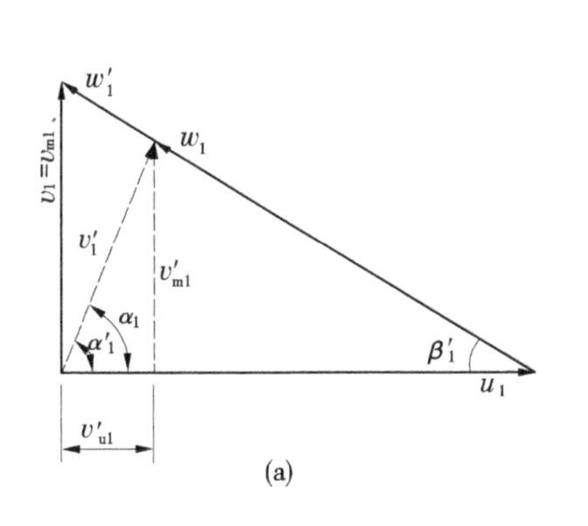

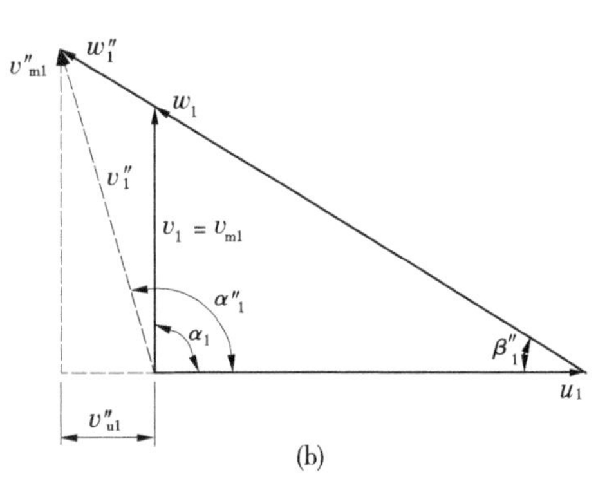

图 2-9　自由预旋对叶轮进口速度三角形的影响

的大小取决于叶片的出口安装角 $\beta_{b2\infty}$。

离心泵叶轮的叶片都是弯曲的，其弯曲形式取决于叶片的出口安装角 $\beta_{b2\infty}$ 的大小，所以根据 $\beta_{b2\infty}$ 的大小可将叶片分为后弯式、径向式和前弯式三种叶轮形式，如图 2-10 所示。为了便于分析比较，分别画出三种叶片形式的叶轮出口速度三角形，如图 2-11 所示，并假设它们的叶轮外形尺寸、转速和流量都是相等的。

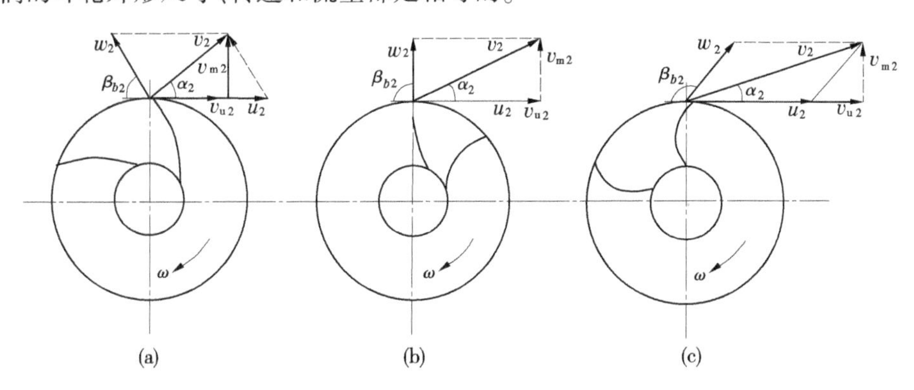

图 2-10　离心泵叶轮叶片形式及其出口速度三角形

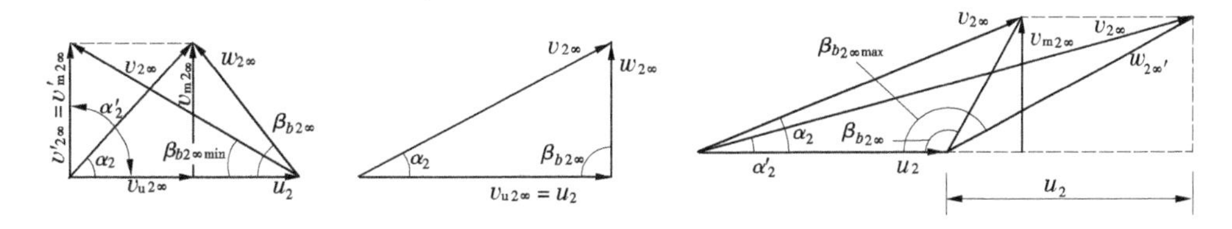

图 2-11　不同叶片出口安装角下的出口速度三角形

1. 后弯式叶片

叶片弯曲方向与叶轮旋转方向相反，叶片出口安装角 $\beta_{b2\infty}<90°$，其对应的叶轮称为后弯式叶轮。

由式(2-9a)可知，当 $\beta_{b2\infty}<90°$ 时，$\cot\beta_{b2\infty}>0$，且随着 $\beta_{b2\infty}$ 的减小，$\cot\beta_{b2\infty}$ 值增大，理论扬程就随之降低。当 $\beta_{b2\infty}$ 减小到最小角 $\beta_{b2\infty\min}$ 时，液体绝对流动角 α_2 增大到 $\alpha_2'=90°$，$v_{u2\infty}$ 减小到 $v_{u2\infty}'=0$，从而 $H_{T\infty}=0$，这表示泵未对液体做功，因而这种叶轮对泵的作用是毫

无意义的。如果再继续减小叶片出口安装角,并使 $\beta_{b2\infty}<\beta_{b2\infty\min}$,那么将有 $v_{u2\infty}<0$,从而 $H_{T\infty}<0$,这就意味着泵不但没有将能量传递给液体,反而从液体那里吸收了能量。所以,后弯式叶轮的叶片出口安装角不能减小到小于或等于 $\beta_{b2\infty\min}$ 的程度。

后弯式叶片由于 $\beta_{b2\infty}<90°$,所以 $v_{u2\infty}<u_2$,且 $v_{u2\infty}$ 随着叶片出口安装角的减小而减小。由此从反作用度的表达式(2-14)可知,$\tau>1/2$,且 τ 随着叶片出口安装角的减小而增大,当 $\beta_{b2\infty}=\beta_{b2\infty\min}$ 时,$\tau=1$。

对于后弯式叶片,当叶轮尺寸、转速以及叶轮出口安装角 $\beta_{b2\infty}$ 一定时,式(2-9b)中的 $A=\dfrac{u_2^2}{g}$、$B=\dfrac{u_2\cot\beta_{b2\infty}}{g\pi D_2b_2}$ 均为大于 0 的常数,因此理论扬程 $H_{T\infty}$ 将随 Q_T 的增大而线性地减小,当 $Q_T=\dfrac{A}{B}=\dfrac{\pi^2D_2^2b_2n}{60\cot\beta_{b2\infty}}$ 时,$H_{T\infty}=0$。因为叶轮功率 $P_w=\rho gQ_TH_{T\infty}=\rho gQ_T(A-BQ_T)=A'Q_T-B'Q_T^2$,故 P_w 将先随 Q_T 的增大而增大,当 Q_T 增大到某一值后,则随 Q_T 的增大而减小,当 $Q_T=\dfrac{A'}{2B'}$ 时,叶轮功率达到最大值 $P_{w\max}=\dfrac{A'^2}{4B'}$;当 $Q_T=A'/B'$ 时,$P_w=0$。

2. 径向式叶片

叶片出口方向为径向($\beta_{b2\infty}=90°$)的叶轮称为径向叶轮。由于叶片出口安装角 $\beta_{b2\infty}=90°$,故 $\cot\beta_{b2\infty}=0$,$v_{u2\infty}=u_2$,如图 2-11(b)中的叶片出口速度三角形所示,则有 $H_{T\infty}=\dfrac{u_2^2}{g}$,$\tau=1/2$。这说明,径向式叶片产生的理论扬程只与叶轮的外径和转速有关,而与通过叶轮的理论流量无关,且产生的总扬程中,势扬程和动扬程各占 50%。

3. 前弯式叶片

叶片弯曲方向与叶轮旋转方向相同,叶片出口安装角 $\beta_{b2\infty}>90°$的叶轮称为前弯式叶轮。由于 $\beta_{b2\infty}>90°$,则 $\cot\beta_{b2\infty}<0$,$v_{u2\infty}>u_2$,故在叶轮外径和转速相同的情况下,前弯式叶轮产生的理论扬程大于后弯式和径向式叶轮。随着 $\beta_{b2\infty}$ 的增大,$v_{u2\infty}$ 增大,如图 2-11(c)中的速度三角形所示,$H_{T\infty}$ 也随之增大。当 $v_{u2\infty}$ 增大至最大角 $v_{u2\infty\max}$ 时,$v_{u2\infty}=2u_2$,此时的 $H_{T\infty}=2u_2^2/g$。

前弯式叶片由于 $\beta_{b2\infty}>90°$,故 $v_{u2\infty}>u_2$,且 $v_{u2\infty}$ 随着叶片出口安装角的增大而增大。由此从反作用度的表达式(2-14)可知,$\tau<1/2$,且 τ 随着叶片出口安装角的增大而减小,当 $\beta_{b2\infty}=v_{u2\infty\max}$ 时,$v_{u2\infty}=2u_2$,则 $\tau=0$。这就意味着此时叶轮产生的理论扬程全部为动扬程,即叶轮传递给液流的能量全部为动能,液流的势能没有增加,这对以提高液流压力为目的的泵来说也是没有实际意义的。

对于前弯式叶片,当叶轮尺寸、转速以及叶片出口安装角 $\beta_{b2\infty}$ 一定时,式(2-9b)中的 $A=\dfrac{u_2^2}{g}$ 为大于 0 的常数,而 $B=\dfrac{u_2\cot\beta_{b2\infty}}{g\pi D_2b_2}$ 为小于 0 的常数。因此,理论扬程 $H_{T\infty}$ 及叶轮功率 P_w 都将随 Q_T 的增大而增大。

由上面的分析,可对三种不同叶片形式叶轮的特点归纳如下:

前弯式叶轮的特点是在 D_2、n 相同情况下,产生的理论扬程 $Q_{T\infty}$ 最大,或者说产生相同扬程时可以有较小的叶轮外径或转速，但泵内的流动损失较大，泵效率较低。这是因为：①在 D_2、n、Q_T 都相同的情况下，前弯式叶轮出口的绝对速度 v_2 最大，因此流态流过叶轮及蜗壳时的能量损失也最大；②由于其反作用度 $\tau<1/2$，叶轮传递给液流的总能量中，动能所占比例大于压能，而流体的输送主要是靠压能来克服流动过程中的阻力损失，为此需要将液体的部分动能在蜗壳中转换为压能，这种转换将造成很大的能量损失；③流道较短，过流断面的扩散较急剧，叶轮内的流动损失较大；④流道呈曲折状，即流道有两个方向不同的弯曲，造成较大的流动损失，流道之所以有曲折，是因为进口附近的叶片必须后弯，以避免进口处产生漩涡。

径向式叶轮在 D_2、n 相同情况下，产生的理论扬程 $Q_{T\infty}$ 居中，反作用度 $\tau=1/2$，叶轮内过流断面的扩散较前弯式叶轮缓和，泵内的流动损失也较前弯式叶轮的小。

后弯式叶轮在 D_2、n 相同情况下，产生的理论扬程 $Q_{T\infty}$ 最小，但由于叶轮内流道较长，流道断面的变化较缓和，所以叶轮内的流动损失也较小。此外，由于产生的总扬程中的压能所占比例大于动能（$\tau>1/2$），故叶轮出口的绝对流速较低，使得液体在泵内流动的能量损失也较小。因此，后弯式叶轮具有较高的效率。

通过以上定性的比较分析可以得到如下结果：

(1) 在同等条件下，与后弯式叶片相比，前弯式叶片叶轮内液体流动的阻力损失较大。因此，前弯式叶片叶轮的效率要比后弯式叶片的叶轮低。

(2) 前弯式叶片所需要的轴功率随着流量的增大而增大，容易导致动力机负荷不足或严重超载等现象，而后弯式叶片则相反。

(3) 后弯式叶片叶轮传递给液体的总能量中势能所占的比例大于动能，动能与势能的能量转换损失较小，泵的效率较高。

综上所述，后弯式叶片的优点是显而易见的，所以通常离心泵叶轮均采用后弯式叶片，叶片出口安装角 $\beta_{b2}=15°\sim45°$，常用角度 $\beta_{b2}=15°\sim30°$，相应的反作用度 $\tau=0.70\sim0.75$（叶轮产生的势扬程占总扬程的 70% ~ 75%）。美国学者 A. J. Stepanoff 在某种条件下推得的叶片最佳安装角 $\beta_{b2}=22.5°$。

相同条件下不同叶片形式离心泵叶轮特点归纳见表 2-1。

表 2-1　相同条件下不同叶片形式离心泵叶轮特点归纳

性能特点	前弯式	径向式	后弯式
出口安装角 $\beta_{b2\infty}$	$>90°$	$90°$	$<90°$
反作用度 τ	$>1/2$	$1/2$	$<1/2$
圆周分速 $v_{u2\infty}$	$>u_2$	u_2	$<u_2$
理论扬程 $H_{T\infty}$	最大	居中	较小
叶轮出口绝对速度 v_2	最大	居中	较小
流道长度	短	较长	长
流道形状	曲折	居中	顺直
轴功率	与流量正相关	与流量无关	与流量负相关
叶轮及泵的效率 η	低	居中	高

2.1.1.4　基本能量方程的修正

前已述及,在推导叶片泵基本能量方程式时曾做了三点假设。关于稳定流的假设,在泵稳定运行的条件下一般是可以满足的。但是关于理想液体和无限多、无限薄叶片的假设与实际情况是有较大差距的:①理想液体的假设认为流体在运动中不产生阻力损失,而实际流体是有黏性的,在流动过程中必定要产生阻力损失。②假设中叶轮的叶片数无限多,而实际泵叶轮的叶片数是有限的,一般为 6~8 片,所以实际叶槽的空间相对宽松,液体在叶槽中的运动有一定的自由度,从而使得叶槽中任一半径处的相对速度分布不均匀。因此,液体在叶槽内的实际运动状况与无限多叶片假设中的“均匀一致”的运动状态就有差别。

应用基本能量方程式来研究实际液体在有限叶片叶轮内能量交换状况时,就必须考虑以上两个方面的影响,对基本能量方程进行修正,使其更加符合实际。

1. 对无限多叶片假定的修正

有限叶片叶轮叶槽内液体的运动,除叶片表面上的液体质点沿叶片表面型线流动(见图 2-12 中的 a)外,其他质点受轴向漩涡的影响,相对流动速度发生了变化(见图 2-12 中的 b)。

叶槽内的旋转运动可用一个简单的例子来说明。设想在盛有理想液体的密闭圆形容器内(见图 2-13),悬浮于该容器液面上的指针 AB 在位置 1 由中心沿径向指向固定坐标的 N 方向,由于理想液体与容器无摩擦阻力以及液体本身的惯性作用,当该容器以角速度 ω 绕中心轴逆时针旋转到位置 2、3、4 时,指针的方向仍指向 N,没有发生改变,这说明液体虽然随容器一起围绕中心轴做牵连运动,但并不随容器一起旋转,即当容器旋转时,其内的液体相对于容器有一旋转角速度大小相同、旋转方向相反的旋转运动。显然,在进出口均封闭的叶槽内也存在这种与叶轮旋转方向相反的相对旋转运动。由于这种旋转运动具有旋转轴心,故称之为轴向漩涡运动或反旋运动。因此,理想液体在有限叶片叶轮叶槽内的流动,可以看成是相对流动速度与轴向漩涡运动的合成,如图 2-12 中的 c 所示。

由图 2-12 可知,在叶片的正面(工作面)上,这两种相对速度的方向相反,合成后的相对速度减小;而在叶片的背面,这两种相对速度的方向相同,合成后的相对速度增大。

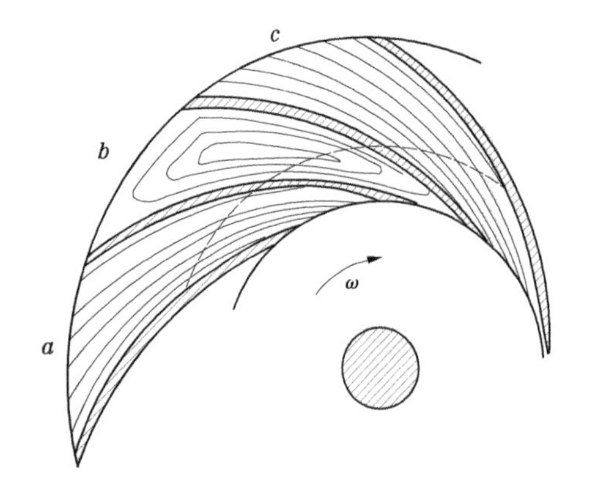

a—沿叶片型线流动;b—反旋运动;c—合成后的匀流

图 2-12　液体在叶槽中的运动

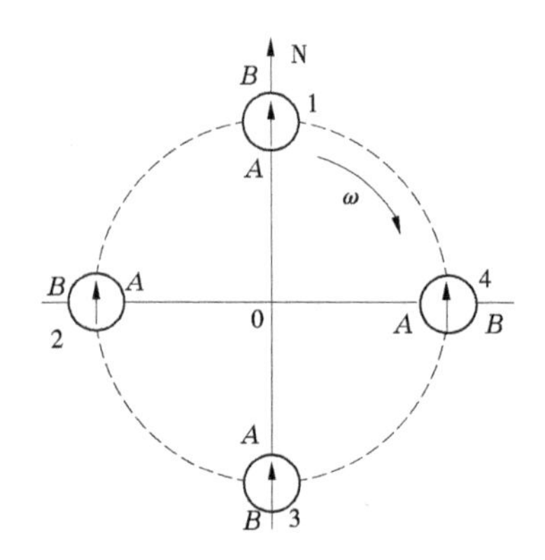

图 2-13　封闭容器内液体的相对运动

于是就会形成在同一个半径圆周上的叶片正、背两面的相对速度分布不均匀。同理，可以设想到当该半径圆周分别位于叶轮进口和出口时，而导致叶轮进、出口处的相对速度分布也不均匀的状况。

当泵的转速和流量均恒定时，在叶轮进口，液体反旋的方向与叶轮旋转的方向相同，则相对流速的方向朝与叶轮旋转相同的方向偏转，于是进口速度三角形由 $\triangle abc$ 变为 $\triangle abc'$，相对速度由 $w_{1\infty}$ 减小为 w_1，圆周速度由 $v_{u1\infty}$ 增大到 v_{u1}，如图 2-14(a) 所示。在叶轮出口，液体反旋的方向与叶轮旋转的方向相反，则相对流速的方向朝与叶轮旋转相反的方向偏转，于是进口速度三角形由 $\triangle def$ 变为 $\triangle def'$，相对速度由 $w_{2\infty}$ 增大到 w_2，圆周速度由 $v_{u2\infty}$ 减小为 v_{u2}，如图 2-14(b) 所示。因此，受叶槽内轴向漩涡的影响，理想液体通过有限多叶片叶轮所获得的理论扬程 H_T 与无限多叶片叶轮相比明显减小。有限多叶片叶轮所能产生的理论扬程为

$$H_T = \frac{u_2 v_{u2} - u_1 v_{u1}}{g} \tag{2-15}$$

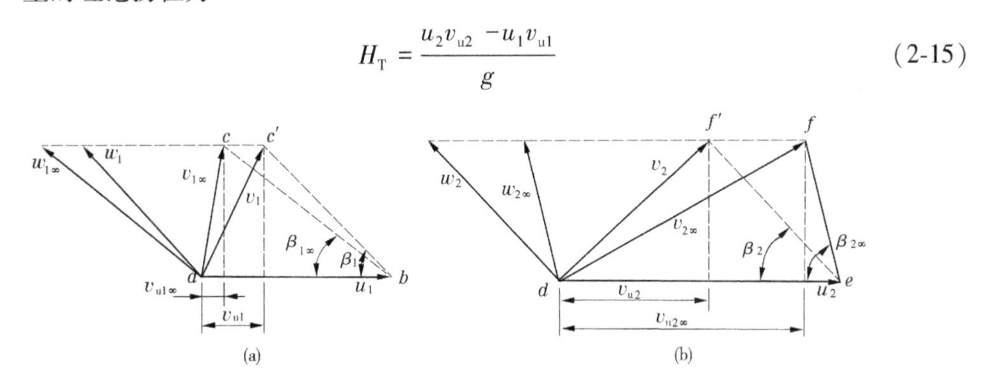

图 2-14　有限叶片数叶轮的进、出口三角形的变化

通常采用其值恒小于 1 的系数——滑移系数（又称反旋系数）K 来表述有限多叶片对基本能量方程的影响，即

$$H_T = KH_{T\infty} \tag{2-16}$$

大量的试验和研究结果表明，滑移系数 K 与叶片数、叶轮的结构尺寸及流体的黏度等因素有关。由于影响因素的复杂性，目前还没有一种完全可以用理论来进行计算的方法，通常多用半理论半经验的方法来确定滑移系数 K 值。计算确定滑移系数的方法很多，这里仅介绍两种常用的方法。

1）普夫列德尔（Pfleiderer）法

该方法也是先分析有限叶片数与无限多叶片数叶轮中相对速度之间的差别，从而计算确定 H_T 与 $H_{T\infty}$ 之间的差值，最后用经验公式表示出滑移系数 K，即

$$K = \frac{1}{1 + P} \tag{2-17}$$

P 为有限多叶片叶轮对无限多叶片叶轮的理论扬程 $H_{T\infty}$ 的修正系数，可按下列公式计算：

$$P = 2\frac{\phi}{Z}\frac{1}{1 - (D_1/D_2)^2} \tag{2-18}$$

ϕ 为经验系数，$\phi = (0.55 \sim 0.68) + 0.6\sin\beta_{b2}$，括号内的数字，对于大叶轮，加工比较光

滑的叶轮,取小值;对于小叶轮,加工比较粗糙的叶轮,取大值;Z 为叶片数;D_1、D_2 分别为叶轮的进、出口直径。

2)斯基克钦(Stechkin)法

$$K=\frac{1}{1+P}=\frac{1}{1+\frac{2\pi}{3Z}\frac{1}{1-(D_1/D_2)^2}} \tag{2-19}$$

式中各符号的含义与式(2-18)相同。

2. 对理想液体假定的修正

由流体力学可知,实际液体是有黏性的,它使液体在泵内流动时产生阻力损失。由第1章1.4节内容可知,泵内阻力损失的大小可用水力效率来衡量,即 $\eta_h=H/H_T$。因此,实际液体通过泵后获得的单位能量为 $H=\eta_h H_T$。

经过上述的修正后,可以得到实际液体通过有限多叶片叶轮后所获得的单位能量增值(泵的实际扬程 H)的表达式为

$$H=\eta_h H_T=\eta_h K H_{T\infty}=\eta_h K\frac{u_2 v_{u2\infty}-u_1 v_{u1\infty}}{g} \tag{2-20}$$

2.1.2 轴流泵的叶轮理论

前已述及,由离心式叶轮推导得到的基本能量方程式(2-6)~式(2-8)也适用于轴流式叶轮,只是由于轴流式叶轮的进口和出口半径相同。因此,液体在叶轮进、出口的圆周速度也相同,即 $u_1=u_2$,轴流泵的$\frac{u_2^2-u_1^2}{2g}$项等于零,从而式(2-8)变为

$$H_{T\infty}=\frac{v_{2\infty}^2-v_{1\infty}^2}{2g}+\frac{w_{1\infty}^2-w_{2\infty}^2}{2g} \tag{2-21}$$

所以,轴流式叶轮产生的扬程与离心式叶轮相比要低得多。

由于轴流泵的叶片数较少,叶片之间的流道宽大,以致在假定叶片无限多条件下导出的基本方程与实际情况出入较大。因为轴流式叶轮的叶片都采用机翼剖面的形状,故可以用机翼理论的升力原理来分析叶轮内的能量传递关系。

2.1.2.1 轴流式叶轮叶片的常用术语

图2-15为轴流式叶轮叶片的投影图,图中 R_h、R_t 分别为叶轮轮毂和叶片外缘的半径。用任意半径 r 和 r+dr 的两个同心圆柱面切割叶片,该两圆柱面之间的叶片称为基元叶片。如果 dr 很小,基元叶片可以展开成如图2-16所示的平面。图中任一叶片的断面称之为翼型,等距排列的翼型系列称为叶栅。叶栅和翼型是用机翼理论来分析轴流式叶轮的基础和基本工具。为此,首先阐述有关的名称和术语。

(1)翼型。轴流式叶轮叶片的断面形状称为叶型。轴流式叶轮是否具有较高的工作效率,关键是其叶型的流线形状。而按空气动力学原理设计的机翼断面的流线形状,能很好地满足轴流式叶轮叶型的要求。因此,目前轴流泵叶片都采用"机翼型断面的叶型",简称为翼型,如图2-17所示。

(2)叶栅。分直线叶栅和环形叶栅。若一系列叶片剖面(翼型)展开后排列在一条直

线上，则称为直线叶栅，如图 2-16 所示；若翼型展开后排列在一环形曲面上，则称为环形叶栅。当流体通过叶栅后其压力降低而速度增加时，这种叶栅称为增速叶栅（如水轮机的叶栅）；反之，当流体通过叶栅后其压力增加而速度减小时，称这种叶栅为减速叶栅。显然，轴流式叶轮的叶栅属于平面直线减速叶栅。

（3）骨架线。翼型内切圆圆心的连线称为骨架线（又称中弧线）。骨架线与翼型前端的交点称为前缘点，与翼型后端的交点称为后缘点。

（4）翼弦。翼型前缘点和后缘点的连线称为翼弦。用符号 l 表示。

（5）列线。叶栅内各翼型对应点的连线称为列线。如图 2-16 中的 $A—A$、$B—B$ 线。

（6）栅距。将每两个相邻翼型相应点之间的距离称为栅距，即两相邻翼型之间的距离，用符号 t 表示：

$$t = \pi D/Z \tag{2-22}$$

式中　Z——叶片数；

D——所选圆柱面的直径。

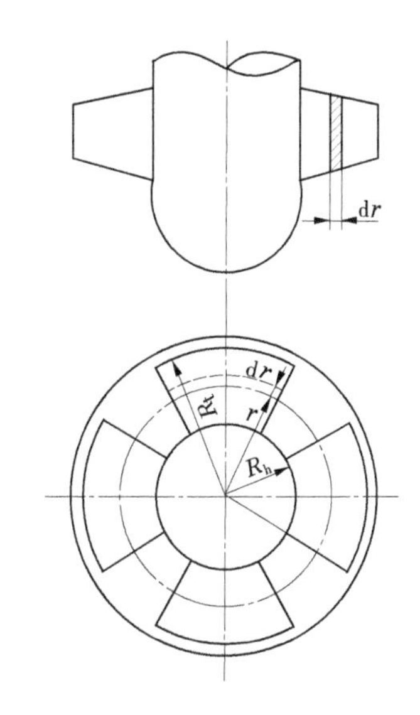

图 2-15　轴流式叶轮叶片的投影图

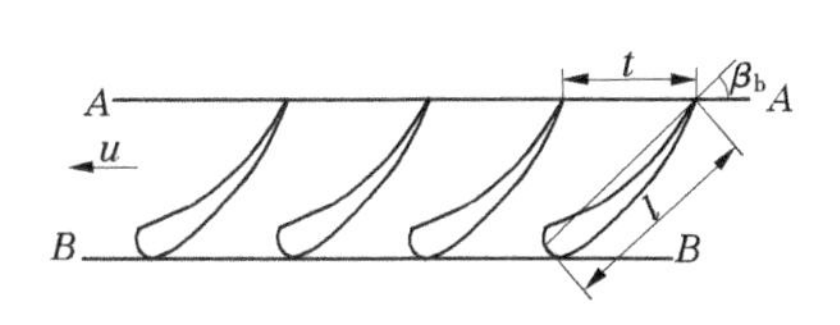

图 2-16　直线叶栅示意图

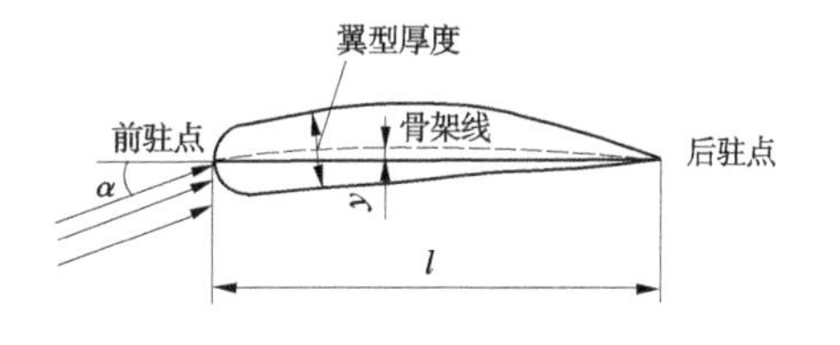

图 2-17　翼型简图

（7）叶栅稠密度。翼弦长 l 和叶栅距 t 的比值，即叶栅稠密度为 l/t。通常，当叶片数一定时，圆柱面的半径 r 越大，叶栅稠密度的值就越小；反之，叶栅稠密度的值就越大。

（8）冲角。翼型前来流速度的方向与翼弦的夹角称为冲角。当冲角在翼型凹面侧时称为正冲角；当冲角在翼型凸面侧时称为负冲角。

（9）翼型安装角。翼弦与列线的夹角 β_b 称为翼型安装角（又称翼弦安放角）。

（10）翼型厚度。与骨架线垂直的两翼面间的距离称为翼型厚度。通常翼型厚度与结构强度等因素有关。

（11）驻点。前方来流接触翼型后开始分离的点称为前驻点；液流绕翼型后在后端会合的点称为后驻点。需要注意的是前、后驻点不一定与前、后缘点重合。

（12）翼展。翼型的长度，或叶片的长度称为翼展（又称翼长），用符号 b 表示。翼展 b 与弦长 l 的比值 b/l 为纵横比或称相对翼展。

2.1.2.2　翼型的空气动力特性

由机翼理论，翼型的空气动力特性是指翼型的升力和阻力特性。

实际流体绕流翼型时，就会产生如图 2-18 所示的流线。从该图可以看出，翼型上方的流体流速大于翼型下方的流速,因此作用在翼型上面的压力 P_{up} 小于作用在下表面的压力 P_{down},于是产生一个作用在翼型上的合力 R。R 可以分解为两个分力,即垂直于来流方向的升力 R_y 和平行于流体流动方向的阻力 R_x,R 与升力 R_y 之间的夹角 λ 称为升力角;或滑行角。如图 2-19 所示,升力角的大小与翼型和液体的黏滞性等因素有关。

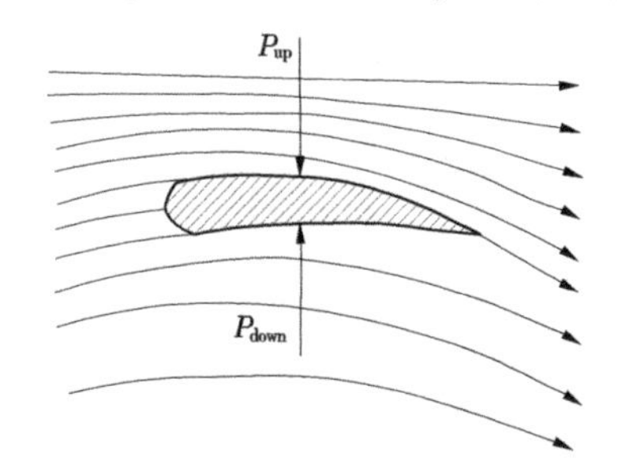

图 2-18　实际流体绕流翼型示意图

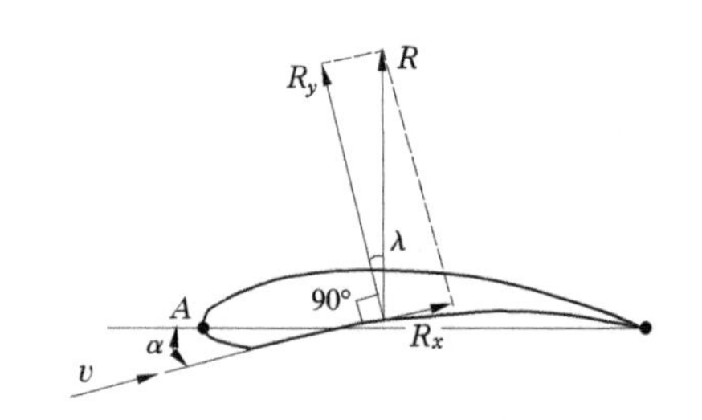

图 2-19　实际流体绕流时作用在翼型上的力

由图 2-19 中的力三角形的几何关系可得,$\tan\lambda=\dfrac{R_x}{R_y}$。显然,性能良好的翼型具有升力大、阻力小的空气动力特性。因此,常用升阻比 R_y/R_x 或升力角 λ 来衡量翼型空气动力性能的好坏,升阻比越大或 λ 角越小,表示其翼型性能越好。

翼型的升力和阻力一般通过试验来确定,对单个翼型一般可采用以下公式计算:

$$R_y=C_y\rho\frac{v^2}{2}A \tag{2-23}$$

$$R_x=C_x\rho\frac{v^2}{2}A \tag{2-24}$$

式中　v——未受翼型影响(扰动)的流体速度;

ρ——流体的密度;

A——翼型在翼弦平面上的投影面积,等于翼弦长与翼展的乘积,即 $A=l\cdot b$;

C_y——单个翼型的升力系数;

C_x——单个翼型的阻力系数。

升力系数和阻力系数是表征翼型性能好坏的重要参数,它们的数值取决于叶片的断面形状、相对厚度、表面粗糙度、冲角 α 和雷诺数 Re 等有关因素,通常可以在风洞或水洞内采用平行绕流翼型的试验方法加以确定,并将试验结果表示成阻力系数 C_x 和升力系数 C_y 与冲角 α 的关系曲线,如图 2-20 所示。

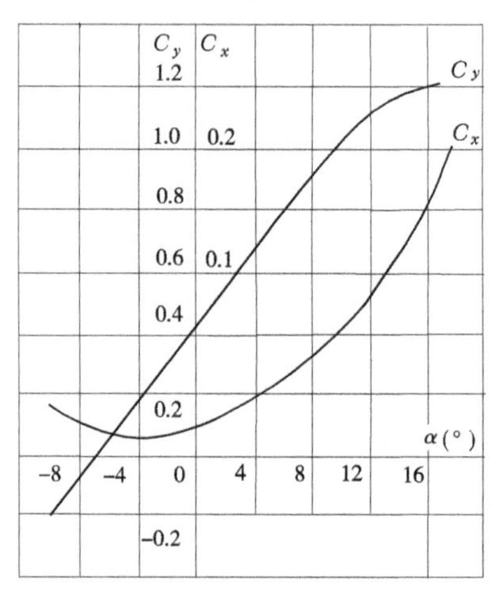

图 2-20　升力系数 C_y 和阻力系数 C_x 随冲角 α 变化的关系曲线

从图 2-20 中可以看出,当冲角 α 由小变大时,阻力系数和升力系数都随冲角 α 而增大,但当冲角 α 超过某一数值时,由于在翼型的表面上形成较大的扩压区,导致流体的主流离开翼面,在翼型后面引起强烈的漩涡,使翼型上、下表面的压力差减小,并伴有强烈的噪声和振动。此时,阻力系数急骤增高,而升力系数则开始陡降,这种现象称之为失速。相应升力系数最大值的点称之为失速点。失速现象发生后会使翼型的空气动力性能极大地恶化,对轴流泵而言,失速工况将使泵的效率大大降低,并伴有噪声和振动。因此,在轴流泵设计中,一方面应使冲角小于失速点对应的冲角,另一方面应使升力角较小,使翼型具有较大的升阻比,以提高泵的效率。

2.1.2.3　叶栅的空气动力特性

当液体绕流叶栅时,由于叶栅中翼型彼此间的相互干扰影响,使得叶栅的空气动力特性和流体绕流单个翼型时的空气动力特性不完全相同。其差异表现为:流体绕流单个翼型时,液流在翼型前后的速度大小相同,方向不变;而流体绕流叶栅时,由于叶栅改变了栅前来流速度的方向,使叶栅前后的相对速度无论其大小还是方向都会发生一定程度的改变。因此,通常采用修正后的升力系数 C_{yc} 和阻力系数 C_{xc} 和无穷远处来流的相对速度 w_∞ 来计算作用于叶栅翼型上的升力 R_{yc} 和阻力 R_{xc} 的值,即

$$R_{yc}=C_{yc}\rho\frac{w_\infty^2}{2}A \tag{2-25}$$

$$R_{xc}=C_{xc}\rho\frac{w_\infty^2}{2}A \tag{2-26}$$

式中　w_∞——无穷远处来流的相对速度,根据 H. E. 儒柯夫斯基的证明,可用叶栅翼型前、后相对速度 w_1 和 w_2 的几何平均值来代替,其大小和方向可由下面介绍的轴流式叶轮速度三角形来确定;

C_{yc}——叶栅内翼型的升力系数;

C_{xc}——叶栅内翼型的阻力系数。

据有关试验资料证明,叶栅内翼型的阻力系数 C_{xc} 和升力系数 C_{yc} 与翼型的形状、叶栅稠密度 l/t 及翼型的安装角 β 有关。当叶栅稠密度 $l/t=0.5\sim0.7$ 时(轴流泵的叶栅稠密度通常都在这个范围内),叶栅中翼型彼此之间几乎没有干扰。因此,叶栅内翼型的阻力系数和升力系数可以借助单个翼型的试验方法确定。

2.1.2.4　液体在叶轮内的运动及速度三角形

把同一半径上的圆柱截面展开成平面叶栅,就可以方便地研究流体绕过平面叶栅的流动状态。由于流体在同一叶栅上每个叶片的流动状况是基本相同的,所以只要分析其中的一个叶片的流动状况就可以拓展至整个叶轮。

轴流式叶轮中叶轮的运动同样也是复合运动,即任一液体质点的绝对速度 $\vec{v}$ 等于牵连速度 $\vec{u}$ 与相对速度 $\vec{w}$ 的矢量和。因此,叶轮中液体的运动也可以用速度三角形来描述。

轴流式叶轮速度三角形的确定方法与离心泵叶轮基本相同,只是在轴流式叶轮中,由于液体沿相同半径的圆柱形流面流动,所以在同一圆柱流面上的叶栅前、后的牵连速度和轴面分速相同,或者说叶栅中任一翼型进、出口的圆周速度和轴面分速相同,即 $u_1=u_2=u,v_{m1}=v_{m2}=v_m$。因此,可以圆周速度 u 为底边、轴面分速 v_m 为高,把进、出口速度三角形绘在一起,如图 2-21 所示。图中的 w_∞ 为用来代替无穷远处来流的相对速度,其大小和方向由下列公式确定:

$$w_{\infty}=\sqrt{w_{\mathrm{m}\infty}^{2}+\left(\frac{w_{u1}+w_{u2}}{2}\right)^{2}}=\sqrt{v_{\mathrm{m}}{}^{2}+\left(u-\frac{v_{u1}+v_{u2}}{2}\right)^{2}} \tag{2-27}$$

$$\tan\beta_{\infty}=\frac{w_{\mathrm{m}\infty}}{w_{\mathrm{u}\infty}}=\frac{2v_{m}}{w_{\mathrm{u}1}+w_{\mathrm{u}2}}=\frac{2v_{\mathrm{m}}}{2u-(v_{\mathrm{u}1}+v_{\mathrm{u}2})} \tag{2-28}$$

式中　$w_{\mathrm{m}\infty}$——无穷远处来流的相对速度在轴面上的投影。

$w_{\mathrm{m}\infty}$大小与进、出口的轴面分速和相对速度在轴面上的投影相同,即$w_{\mathrm{m}\infty}=w_{\mathrm{m}1}=w_{\mathrm{m}2}=v_{\mathrm{m}1}=v_{\mathrm{m}2}=v_{\mathrm{m}}$;$w_{\mathrm{u}1}$、$w_{\mathrm{u}2}$为进、出口相对速度在圆周速度方向上的投影。

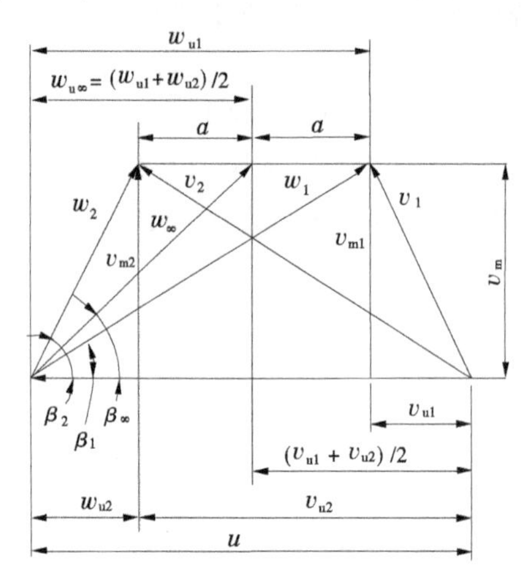

图 2-21　轴流泵叶轮进、出口速度三角形

2.1.2.5　轴流泵基本能量方程式

轴流泵翼型的工作原理与机翼的飞行原理相似,所不同的是,轴流泵翼型的形状与机翼形状相反,凸面在下、凹面在上。因此,作用在叶片上的合力R的方向朝下。由于叶轮只能转动,不能上下移动,故叶片就给液体一个与合力R大小相等、方向相反的反作用力F,该反作用力可以分解为分别与升力、阻力方向相反的推力F_y和仰面阻力F_x。轴流式叶轮就是通过翼型反作用于液体的推力将能量传递给液体,使液体被向上提升。

1. 基本能量方程的推导

为了方便问题的讨论,对液体在轴流式叶轮内的运动做三点假设:①通过叶轮的液体为理想液体;②液体是稳定流;③叶轮中液体质点在以泵轴线为中心的圆柱面上流动,且相邻各圆柱面上液体质点互不渗透。

这种假设的目的在于把复杂的空间问题简化为圆柱面上的有势流动。虽然叶轮内不同半径的各个流面上的流动可能不完全相同,但研究的方法是一样的,因此可以只研究其中一个流面上的流动。

1)单翼型对液体的作用力

在图2-16半径为r的叶栅中取一个翼型来分析翼展长度为dt的基元叶片对液体的作用力。如图2-22所示,无穷远处来流的流速为w_{∞},来流角为β_{∞};该基元翼型在翼弦上的投影面积为dA,其大小为翼展dr与翼弦长度l的乘积,即d$A=l$dr。设该基元翼型对液体

的作用力为 dF,它为仰面阻力 dF_x 和推力 dF_y 的几何和,且 dF 与 dF_y 的夹角为 λ ,则有

$$dF = \csc\lambda \cdot dF_y$$

基元叶片对液体的推力 dF_y 可由叶栅中单个翼型的升力公式求得,即

$$dF_y = C_{yc}\rho \frac{w_\infty^2}{2}dA = C_{yc}\rho \frac{w_\infty^2}{2}l dr$$

2)单个翼型对液体做的功

当叶轮以角速度 w 转动时,只有合力 dF 的圆周分量 dF_u 对旋转轴有力矩,所以长度为 dr 的翼型产生的力矩 dM 在单位时间内对液体所做的功 dP 为

$$\begin{aligned} dP &= \omega \cdot dM = r\omega \cdot dF_u \\ &= r\omega \cdot dF \cdot \cos[90° - (\lambda + \beta_\infty)] \\ &= r\omega \cdot \csc\lambda \cdot dF_y \cdot \cos[90° - (\lambda + \beta_\infty)] \\ &= u \cdot \csc\lambda \cdot C_{yc}\, \rho \frac{w_\infty^2}{2} l \cdot dr \cdot \sin(\lambda + \beta_\infty) \end{aligned}$$

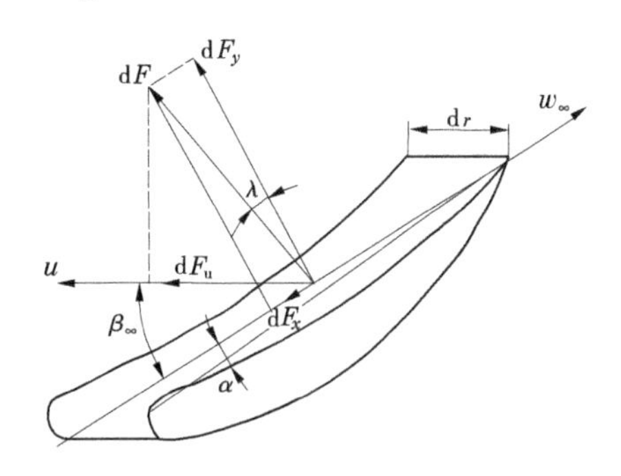

图 2-22　dr 基元叶片对液体的作用力

3)叶栅对液体所做的功

设叶栅有 Z 个翼型,则整个叶栅对液体所做的功为 ZdP。如果以 dQ 表示半径为 r 和 $r+dr$ 的两个同心圆柱面之间的流量,则 $dQ = v_m 2\pi r dr = v_m Zt dr$。

由能量守恒原理,叶栅对在单位时间内流过的液体所做的功等于液体所获得的能量,即

$$ZdP = \rho g dQ H_T \tag{2-29}$$

由式(2-29)可得

$$H_T = \frac{ZdP}{\rho g dQ} = \frac{dP}{\rho g v_m t dr} \tag{2-30}$$

将 dP 的表达式代入式(2-30)后即得轴流式叶轮的理论扬程为

$$H_T = C_{yc} \frac{l}{t} \frac{u}{v_m} \frac{w_\infty^2}{2g} \frac{\sin(\lambda + \beta_\infty)}{\cos\lambda} \tag{2-31}$$

式中　C_{yc}—— 叶栅翼型的升力系数;

l—— 翼弦长;

u—— 叶栅所在半径的圆周速度;

w_∞—— 叶栅内翼型前后相对速度的几何平均值;

t—— 栅距;

v_m—— 叶栅内翼型的轴面分速;

β_∞—— 相对速度w_∞ 与圆周速度反方向之间的夹角;

λ—— 翼型升力角。

通常 λ 很小,约在 1° 左右,若不计 λ 的影响,则理论扬程的表达式可简化为

$$H_T = C_{yc} \frac{l}{t} \frac{u}{v_m} \frac{{w_\infty}^2}{2g} \sin\beta_\infty \tag{2-32}$$

式(2-31)和式(2-32)均为翼型的升力理论导出的轴流式叶轮的基本能量方程,它表明了理想液体通过叶轮后所获得的单位能量。

2. 轴流式叶轮基本能量方程的修正

轴流式叶轮的基本能量方程式是在理想液体假设的基础上导出的,因此必须对式(2-31)和式(2-32)加以修正。与离心式叶轮的方法相同,采用水力效率 η_h 来对理论扬程进行修正,即

$$H = \eta_h H_T$$

3. 轴流泵叶片的叶型分析

1)叶片呈空间扭曲状的分析

由基本能量方程可知,液体经过叶轮所获得的能量和圆周速度 u 及绝对速度的周向分速度v_{u2}的乘积成正比,即$H_T \propto u \cdot v_{u2}$,而在转速一定的情况下,圆周速度$u$又和半径$R$成正比。这样,叶片上离中心越远处液体的圆周速度就越大。为了使轴流泵在设计情况下不产生轴面二次回流且有较高的效率,通常要求不同半径上各圆柱截面的叶栅所产生的扬程相等,即

$$\frac{u_r v_{u2,r}}{g} = \frac{u_{r+dr} v_{u2,r+dr}}{g}$$

式中　u_r、u_{r+dr}——半径为 r 和 $r + dr$ 处的圆周速度;

$v_{u2,r}$、$v_{u2,r+dr}$——半径为 r 和 $r + dr$ 处叶片出口绝对速度在圆周速度方向上的投影。

若半径 $r < r + dr$,则$u_{r+dr} > u_r$。因此,必须使$v_{u2,r+dr} < v_{u2,r}$才能保证上面所列的等式成立。而$v_{u2} = u - v_m \cot \beta_2$,且在流量一定的情况下轴面速度$v_m$不随半径的改变而变化,即半径不同的各圆柱面上的$v_m$值相等,故只有当$\beta_{2,r} < \beta_{2,r+dr}$时,才能满足两圆柱截面扬程相等的条件,达到设计要求。由此可知,在设计流量不变时,即v_m为定值的情况下,半径R越大处的叶片安装角应该越小,即在叶片外缘,应有较小的叶片安装角,而在叶片轮毂表面,必须有较大的叶片安装角,才能保证叶片从内到外各处产生的扬程相等。所以,轴流泵的叶片从内缘到外缘的叶片安装角 β 是不相等的,内缘的叶片安装角$\beta_{内}$大于外缘的叶片安装角$\beta_{外}$,如图 2-23 所示。这就说明了轴流式叶轮应该具有呈空间扭曲状叶片。

由于轴流式叶轮的叶片呈空间扭曲状,导致了轴流泵的高效区窄小。这是因为叶轮的运行工况偏离设计点后,叶片内缘和外缘圆周速度之间的比例被破坏,导致不同半径处叶片产生的扬程不再相等和进水条件恶化,从而使泵内的液体流动紊乱,阻力损失增大,偏离设计点越远,液体流动紊乱的程度越大,阻力损失也越大。所以,轴流泵的高效区相对较窄。

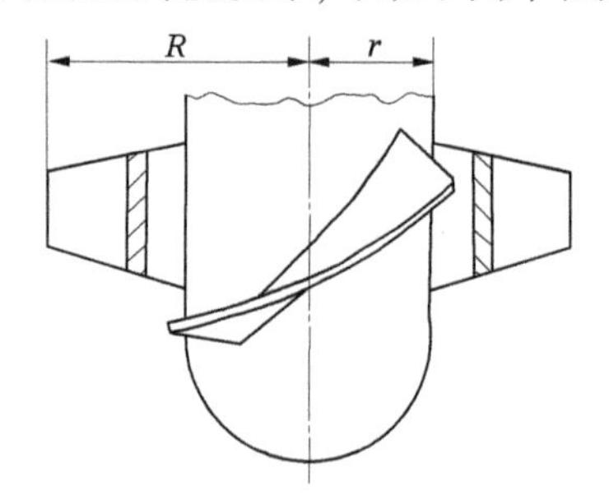

图 2-23　轴流泵的扭曲状叶片

2)叶片出口向前弯曲的分析

由于轴流泵叶轮同一圆柱面上的进、出口圆周速度和进、出口轴面速度相等,即 $u_1 = u_2 = u$ 和$v_{m1} = v_{m2} = v_m$,因此理论扬程H_T的表达式(2-15)可改写为

$$H_T = \frac{uv_m(\cot\beta_1 - \cot\beta_2)}{g} \tag{2-33}$$

由式(2-33)可以看出,在一定的转速和流量下,欲要求 H_T 有较大的值,就必须加大 $\cot\beta_1$ 和 $\cot\beta_2$ 的差值,以及要求叶片出口与进口安装角的差值要大。为此,为了有效地发挥叶片对液流的推动作用,叶片角应从进口的β_1 逐渐增加到出口的β_2。角度差 $\varphi = \beta_2 - \beta_1$ 可以用来度量任意给定截面的叶片曲率。这说明了轴流式叶轮叶片出口向前弯曲的原因。

3)关于叶片前缘修圆加厚的分析

翼型阻力 R_x 包括翼型表面的摩擦力和翼型后方尾流中因漩涡造成的损失,其大小取决于翼型表面光滑度和翼型厚度。当翼型厚度增加时,阻力的第二部分增加,因此翼型的前缘应很好地修圆,并逐渐减小翼型厚度,且后缘应削尖,以减小涡流阻力。另外,前缘加厚可使进口相对速度增大,从而使静压头$\frac{w_1^2 - w_2^2}{2g}$增大,扬程提高,并有利于泵出口能量的转换和降低能量转换损失。

2.1.3　叶片泵的相似理论

欲设计一台好的泵,除应满足结构和工艺上的要求外,还必须满足性能良好、运行可靠、经济和安全的要求。但由于泵内液体流动的复杂性,目前叶片泵的工作性能或参数单纯凭借理论分析是不能准确地求得解答的,多需要依靠模型试验研究来解决。这就需要知道如何进行试验以及如何把试验结果应用到实际问题中去,即如何将原型泵缩小或放大为模型泵以及又如何将模型泵的试验结果换算到原型泵上去。叶片泵相似理论就是泵的模型试验的依据,同时是对泵内液流现象进行理论分析的一个重要手段。

应用叶片泵的相似理论可以解决以下三个方面的问题:

(1)借助模型试验设计新泵。

(2)进行相似泵之间的性能换算。

(3)确定一台泵在某些参数(转速 n、叶轮直径 D 以及液体密度 ρ 等)改变时,泵性能的变化规律。

2.1.3.1　**相似条件**

流动相似是指两个流动的相应点上所有表征流动状况的相应物理量都维持各自的固定比例关系。表征流动的量主要有表征流场几何形状、液体运动状态及动力的物理量等三种,即两个流动系统的相似可以用几何相似、运动相似和动力相似来描述。所以,两台泵内部的流动相似必须要满足几何相似、运动相似和动力相似三个条件。

1. 几何相似

几何相似是指两个流动的边界几何形状相似。对于两台泵的流动系统来说,几何相似就是泵内过流部分任何对应几何尺寸的比值为同一常数,且各对应角度相等、叶轮的叶片数 Z 相同。图2-24所示为两个几何相似的叶轮,存在以下几何关系

$$\frac{D_{1P}}{D_{1M}} = \frac{D_{2P}}{D_{2M}} = \frac{b_{1P}}{b_{1M}} = \frac{b_{2P}}{b_{2M}} = \cdots = \lambda_1 \tag{2-34}$$

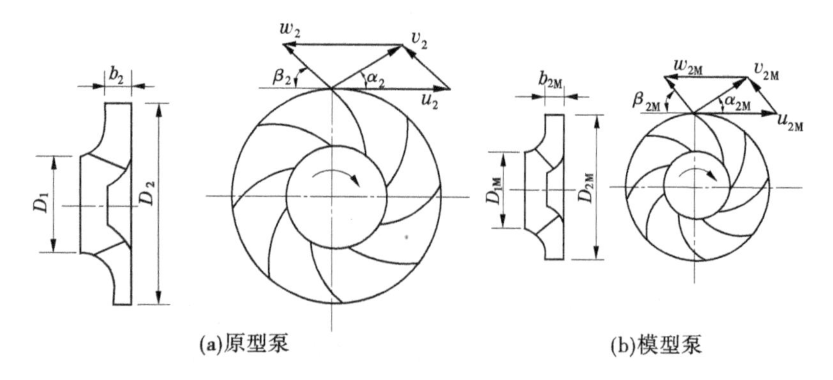

图 2-24　原型泵和模型泵的几何相似

$$\beta_{b1P} = \beta_{b1M} \qquad \beta_{b2P} = \beta_{b2M} \tag{2-35}$$

$$Z_P = Z_M \tag{2-36}$$

式(2-34)~式(2-35)中,下标"P""M"分别表示原型泵和模型泵的各参数;λ_1 为长度比尺。

几何相似的结果必然使任何两个相应的面积 A 和体积 V 也都维持一定的比例关系,即

$$\lambda_A = \frac{A_P}{A_M} = \lambda_1^2 \tag{2-37a}$$

$$\lambda_V = \frac{V_P}{V_M} = \lambda_1^3 \tag{2-37b}$$

泵的过流部件表面粗糙度的相似也是边界相似的条件之一,也属于几何相似的范畴。设 Δ 为泵内过流表面的绝对粗糙度,则应有

$$\frac{\Delta_P}{\Delta_M} = \cdots = \lambda_1 \tag{2-38}$$

在工艺上要做到粗糙度相似是有一定困难的,因此在几何相似中,应首先满足外形相似,然后尽量考虑粗糙度相似。

2. 运动相似

运动相似是指两种流道相应质点的运动情况相似,即相应质点在相应瞬间内做相应的位移。所以,运动状态的相似要求流速相似和加速度相似,或者两个流动的速度场和加速度场相似。对于两台泵的泵内液体流动运动相似来说,就是泵内液流各对应点上的同名速度方向相同,且大小维持固定的比例,即各对应点上的速度三角形相似(见图 2-24),即

$$\frac{v_P}{v_M} = \frac{w_P}{w_M} = \frac{u_P}{u_M} = \lambda_v \tag{2-39}$$

式中　λ_v——速度比尺。

$$\alpha_P = \alpha_M \qquad \beta_P = \beta_M \tag{2-40}$$

由于 $u = \pi Dn/60$, 速度比尺可表达为

$$\lambda_v = \frac{u_P}{u_M} = \frac{D_P n_P}{D_M n_M} = \lambda_l \frac{n_P}{n_M} \tag{2-41a}$$

运动状态相似要求有固定的长度比尺和固定的时间比尺，即速度比尺 λ_v 也可以用长度比尺 λ_l 和时间比尺 λ_t 来表示：

$$\lambda_v = \frac{v_P}{v_M} = \frac{\lambda_l}{\lambda_t} \tag{2-41b}$$

流速相似也就意味着各相应点的加速度相似，因而加速度比尺 λ_a 也取决于长度比尺 λ_l 和时间比尺 λ_t，即

$$\lambda_a = \frac{a_P}{a_M} = \frac{\lambda_l}{\lambda_t^2} \tag{2-41c}$$

3. 动力相似

动力相似是指作用于两个流动中相应点上的各对同名力 F_i 的方向相同，其大小成比例，且比值相等，即

$$\frac{F_{iP}}{F_{iM}} = \lambda_F \tag{2-42}$$

式中　λ_F——作用力比值。

上述几何、运动和动力三种相似是原型和模型保持完全相似的重要特征与属性，是互相联系和互为条件的。几何相似可以理解为运动相似和动力相似的前提与依据，而动力相似是决定两个流动相似的主导因素，运动相似则可认为是几何相似和动力相似的表象。总之，三个相似是一个彼此密切相关的整体，缺一不可。

液体在泵内流动时主要受惯性力 F、黏滞力 f、压力 P 和重力 G 等四种力的作用。

根据动力相似的条件，泵内流动的动力相似必须满足：

$$\frac{F_P}{F_M} = \frac{f_P}{f_M} = \frac{P_P}{P_M} = \frac{G_P}{G_M} = \lambda_F$$

上述各力中，惯性力是企图维持液体原有运动状态不变的力。其余各种力都是企图改变流动状态的力。液体运动的变化就是惯性力和其他各种物理力相互作用的结果。因此，各物理力之间的比例关系应以惯性力为一方，分别以它对其他各物理力的比例来表示。在两种相似的流动里，这种比例应该保持固定不变。

根据牛顿定理有 $\vec{F} = \vec{f} + \vec{P} + \vec{G}$，利用分比和合比的关系得到

$$\frac{f_P}{F_P} = \frac{f_M}{F_M} \qquad \frac{P_P}{F_P} = \frac{P_M}{F_M} \qquad \frac{G_P}{F_P} = \frac{G_M}{F_M} \tag{2-43}$$

经因次分析，各种力在量纲上的因次关系如下：

压力：　$P \propto pL^2$

黏滞力：　$f \propto \mu L v$

重力：　$G \propto \rho g L^3$

惯性力：　$F \propto \rho L^2 v^2$

式中　L——线性长度；

v——流速；

p——压力(压强)；

μ——动力黏滞系数，$\mu=\rho\nu$，ν 为运动黏滞系数；

ρ——密度。

把上述关系式代入式(2-43)可得下列表征液流动力相似的四个无量纲相似准数。

(1)欧拉数 Eu——压力相似准数。欧拉数为流体质点所受到的压力与惯性力的比值，即

$$Eu=\frac{P}{F}=\frac{pL^2}{\rho L^2v^2}=\frac{p}{\rho v^2} \tag{2-44}$$

(2)雷诺数 Re——黏滞力相似准数。雷诺数为流体质点所受到的惯性力与黏滞力的比值，即

$$Re=\frac{F}{f}=\frac{\rho L^2v^2}{\mu Lv}=\frac{vL}{\nu} \tag{2-45a}$$

对于泵，线性长度一般用叶轮外径 D_2 表示，速度用圆周速度 u_2 表示，故雷诺数 Re 的表达式可写成

$$Re=\frac{D_2u_2}{\nu}=\frac{\pi D_2^2n}{\nu} \tag{2-45b}$$

(3)弗劳德数 Fr——重力相似准则。弗劳德数为流体质点所受的惯性力与重力比值的平方根，即

$$Fr=\sqrt{\frac{F}{G}}=\sqrt{\frac{\rho L^2v^2}{\rho gL^3}}=\frac{v}{\sqrt{gL}} \tag{2-46}$$

(4)斯特罗哈尔数 St——非恒定性相似准数。斯特罗哈尔数来源于当地加速度所表示的惯性作用，为某点的当地加速度与迁移加速度之比，即

$$St=\frac{\partial v/\partial t}{v\partial v/\partial s}=\frac{L}{vt} \tag{2-47}$$

泵正常运行的情况下，其内的流动属恒定流，斯特劳哈尔数不起作用，但在非正常运行工况下，如泵的启动和停机过程，泵内将产生非恒定流动，这时斯特劳哈尔数也是动力相似的条件之一。

从理论上讲，上述四个相似准数相等是两台泵动力相似的必要条件。但是要同时满足四个相似准数相等的条件几乎是不可能的，也是没有必要的。对于稳定流动的泵而言，斯特劳哈尔数将不起作用；而欧拉数是表示各点压强的，它并不是相似条件，而是相似的结果；又由于泵内的流动为无自由表面的压力流动，重力对流动的影响可以忽略。因此，在泵内的流动中起主要作用的力是惯性力和黏滞力，而这两种力相似的判据为雷诺数 Re。

要保证模型泵和原型泵的雷诺数 Re 相同，在实践中也是很困难的，但有关试验表明，在雷诺数 $Re>10^5$ 时，流体已处于阻力平方区(自动模拟区)，在该区内液体流速的变化对

阻力系数的影响已甚微,即使模型与原型的雷诺数不同,仍可忽略黏性力的影响。由于泵内液体流动的雷诺数 Re 一般大于 10^5,因此动力相似条件对于泵来说可以自动得到满足。

综上所述,泵的相似只需保证几何相似和运动相似即可。

2.1.3.2　相似律

泵的相似律反映了相似泵各性能参数之间的关系。下面分别讨论两台相似泵在相似运行工况下的流量、扬程、功率与泵叶轮几何尺寸及转速之间的关系。

1. 第一相似律——流量相似律

泵的流量可表示为 $Q=v_{m2}\psi_2\pi D_2b_2\eta_v$,因此两台相似泵的流量比为

$$\frac{Q}{Q_M}=\frac{v_{m2}\psi_2\pi D_2b_2\eta_v}{v_{m2M}\psi_{2M}\pi D_{2M}b_{2M}\eta_{vM}} \tag{2-48}$$

由于几何相似,它们的排挤系数相等,即 $\psi_2=\psi_{2M}$,且 $\frac{D_2}{D_{2M}}=\frac{b_2}{b_{2M}}$,又由于两泵运动相似,所以 $\frac{v_{m2}}{v_{m2M}}=\frac{D_2n}{D_{2M}n_M}$,将两关系式代入式(2-48)得

$$\frac{Q}{Q_M}=\frac{n}{n_M}\cdot\left(\frac{D_2}{D_{2M}}\right)^3\cdot\frac{\eta_v}{\eta_{vM}} \tag{2-49}$$

式(2-49)即为流量相似律的表达式,它指出两台几何相似的泵,在运动相似的条件下,其流量与叶轮直径 D(一般采用叶轮出口直径 D_2)的三次方成正比,与转速 n 和容积效率 η_v 的一次方成正比。

2. 第二相似律——扬程相似律

由叶片泵的叶轮理论已知,泵的扬程为 $H=\eta_hH_T=\eta_h\frac{u_2v_{u2}-u_1v_{u1}}{g}$,故两台相似泵的扬程之比为

$$\frac{H}{H_M}=\frac{(u_2v_{u2}-u_1v_{u1})\eta_h}{(u_{2M}v_{u2M}-u_{1M}v_{u1M})\eta_{hM}}=\frac{u_2v_{u2}(1-u_1v_{u1}/u_2v_{u2})}{u_{2M}v_{u2M}(1-u_{1M}v_{u1M}/u_{2M}v_{u2M})}\frac{\eta_h}{\eta_{hM}} \tag{2-50}$$

由于两台泵运动相似,则有 $\frac{u_1}{u_{1M}}=\frac{u_2}{u_{2M}}=\frac{v_{u1}}{v_{u1M}}=\frac{v_{u2}}{v_{u2M}}=\frac{D_2n}{D_{2M}n_M}$,且可导出 $\frac{u_1}{u_2}=\frac{u_{1M}}{u_{2M}},\frac{v_{u1}}{v_{u2}}=\frac{v_{u1M}}{v_{u2M}}$,则 $1-\frac{u_1v_{u1}}{u_2v_{u2}}=1-\frac{u_{1M}v_{u1M}}{u_{2M}v_{u2M}}$,于是式(2-50)可写为

$$\frac{H}{H_M}=\left(\frac{D_2}{D_{2M}}\right)^2\left(\frac{n}{n_M}\right)^2\frac{\eta_h}{\eta_{hM}} \tag{2-51}$$

式(2-51)即为扬程相似律的表达式,它指出两台几何相似的泵,在运动相似的条件下,其扬程与泵叶轮出口直径 D_2 和转速 n 的平方成正比,与泵的流动效率 η_h 的一次方成正比。

3. 第三相似律——功率相似律

由泵的轴功率 $P=\rho gQH/\eta$,可得两台相似泵的功率之比为

$$\frac{P}{P_M}=\frac{\rho gQH/\eta}{\rho_M gQ_M H_M/\eta_M} \tag{2-52}$$

将流量、扬程相似律公式(2-49)、式(2-51)及泵的效率 $\eta=\eta_m\eta_v\eta_h$ 代入式(2-52)得

$$\begin{aligned}\frac{P}{P_M}&=\frac{\rho}{\rho_M}\frac{n}{n_M}\left(\frac{D_2}{D_{2M}}\right)^3\frac{\eta_v}{\eta_{vM}}\left(\frac{D_2}{D_{2M}}\right)^2\left(\frac{n}{n_M}\right)^2\frac{\eta_h}{\eta_{hM}}\frac{\eta_{mM}\eta_{vM}\eta_{hM}}{\eta_m\eta_v\eta_h}\\&=\frac{\rho}{\rho_M}\left(\frac{n}{n_M}\right)^3\left(\frac{D_2}{D_{2M}}\right)^5\frac{\eta_{hM}}{\eta_h}\end{aligned} \tag{2-53}$$

式(2-53)即为功率相似律的表达式,它指出两台几何相似的泵,在运动相似的条件下,其功率与泵叶轮出口直径 D_2 的五次方成正比;与转速 n 的三次方成正比;与泵的机械效率 η_m 和液体密度 ρ 的一次方成正比。

以上三个相似律反映了相似泵在相似工况下,流量 Q、扬程 H 及功率 P 与叶轮直径 D_2、泵的转速 n、液体密度 ρ 及效率 η 等几何量和物理量之间的关系。需要强调的是,这些关系必须在满足相似工况的条件下才成立,因此在运用相似律时要注意判别它们是否满足相似工况。

经验表明,当原型泵和模型泵之间的模型比 λ_1 不大(通常认为模型比 $\lambda_1\leqslant 3$) 时,可以认为原型泵和模型泵在相似工况下运行时的各种效率近似相等,即 $\eta_m=\eta_{mM}$,$\eta_v=\eta_{vM}$,$\eta_h=\eta_{hM}$。此时,可以得到相似律的简化形式:

$$\frac{Q}{Q_M}=\frac{n}{n_M}\left(\frac{D_2}{D_{2M}}\right)^3 \tag{2-54}$$

$$\frac{H}{H_M}=\left(\frac{D_2}{D_{2M}}\right)^2\left(\frac{n}{n_M}\right)^2 \tag{2-55}$$

$$\frac{P}{P_M}=\frac{\rho}{\rho_M}\left(\frac{n}{n_M}\right)^3\left(\frac{D_2}{D_{2M}}\right)^5 \tag{2-56}$$

通常在模型试验时需要注意以下几点:①模型泵的叶轮直径 D_M 不应小于 300 mm;②原型泵和模型泵之间的模型比 λ_1 不宜大于 10;③考虑到泵的进口和进流流道的状况对泵的特性的影响,尤其是对泵的汽蚀性能的影响,所以原则上希望模型泵的扬程尽量接近原型泵的扬程。若由于设备和条件限制,原型泵、模型泵的扬程不能达到上述要求,则泵能量试验时的模型泵与原型泵的扬程比值应大于 0.5;在做泵的汽蚀试验时,模型泵与原型泵的扬程比值应大于 0.8。

4. 相似泵效率之间的关系

相似律的简化式(2-54)~式(2-56)是在认为大小不同的两台相似泵的各种效率相等的基础上导出的,事实上,由于叶轮扣环的相对间隙和泵内过流部件表面相对粗糙度随尺寸的增大而减小,故泵的容积效率和水力效率将随泵尺寸的增大而提高。同样,泵的机械效率也由于泵的尺寸增大时,填料函和轴承中的损失增加的较小,所以机械效率也随之提高。因此,大小不同的相似泵,特别是当尺寸相差较大时,应用上述相似律简化式将带来较大的误差。所以相似泵之间的效率换算是必要的。

关于效率换算的方法,国内外学者针对水轮机及水泵提出了数十种公式,具代表性的

有柯奈恩(Connon)式、梅迪西(Medici)式、两种穆迪(Moody)式、维斯利赛纳斯(Wislicenus)式、普夫莱德雷尔(Pflelderer)式、阿克莱特(Ackeret)式、胡通(Hutton)式等;国际电工委员会标准 IEC 60193—1999 及日本工业技术标准 JIS B 8327:2002 规定的水泵效率换算公式等。

由于泵内流动的复杂性,截至目前,我们还没有找到模型泵和原型泵效率换算的有效公式。现有各种水泵效率换算公式均存在理论表达不完整或有矛盾,经验性成分重,缺乏通用性。除 JIS B 8327:2002 公式外,均为水力效率换算式。其主要不足分析如下:

(1)早期的 Pflelderer 公式、Medici 公式、Moody(1925)公式等均设定摩阻系数为雷诺数的函数。实际上,水泵特别是低比转数水泵的泵内液体的流动多为过渡区或粗糙紊流区流态,摩阻系数尚与过流壁面粗糙度有关。Fromm 公式和后期 Moody(1942)等公式计及了粗糙度的影响,但仍未区分摩擦损失与其他非摩擦损失的不同作用;Ackeret、Hutton 和 Connon 考虑了不同损失的不同作用,但比例系数 ε、指数 γ 的确定并无充分根据。

(2)现有从摩擦损失出发推导的各公式只适用于水轮机,不完全适用于泵。以光滑紊流或过渡区流态为例,原、模型水轮机效率损失比仅与原、模型水轮机雷诺数之比有关;而原、模型水泵的效率损失的比值除与雷诺数有关外,尚与模型效率数值有关。水泵效率换算采用水轮机公式理论上不严密。

(3)除 JIS B 8327:2002 等个别公式外,其他效率换算公式仅针对最优工况点,未计及“冲击损失”。因此,非最优工况点原型泵效率只能粗略估算,或约定俗成采用“等差增减”法计算,无理论依据。

先对在工程实践中常采用的几种效率换算公式介绍如下:

(1)穆迪(Moody)公式。

穆迪公式为

$$\frac{1-\eta}{1-\eta_{\mathrm{M}}}=\left(\frac{D_{\mathrm{M}}}{D}\right)^{0.25}\left(\frac{H_{\mathrm{M}}}{H}\right)^{0.1} \tag{2-57a}$$

如果在模型试验时的扬程与原型泵相同,则穆迪公式变为

$$\frac{1-\eta}{1-\eta_{\mathrm{M}}}=\left(\frac{D_{\mathrm{M}}}{D}\right)^{0.25} \tag{2-57b}$$

穆迪公式是水轮机效率的换算公式,当用于泵时需要对它进行修正,修正后的穆迪公式为

$$\frac{1-\eta}{1-\eta_{\mathrm{M}}}\frac{\eta_{\mathrm{M}}}{\eta}=\left(\frac{D_{\mathrm{M}}}{D}\right)^{0.25}\left(\frac{H_{\mathrm{M}}}{H}\right)^{0.1} \tag{2-58}$$

实践证明,修正后的穆迪公式(2-58)仍不能很好地适用于水泵,因为它是在假定泵的总效率与水力效率相等,即 $\eta=\eta_{\mathrm{h}}$ 的基础上导出的。对于中小型水泵而言,由于泵内的机械损失和容积损失在泵内总损失中所占的比例较大,所以应采用先分别计算确定各局部损失或效率,再换算出泵的总效率的方法。

目前,模型试验中效率换算通常采用的方法是:①先用穆迪公式由模型泵的效率值 η_{M} 换算出原型泵的效率 η;②再确定模型泵最高效率点的效率值 η_{Mmax} 与原型泵最高效率点的效率值 $\eta_{\max}$ 间的差值 $\Delta\eta=\eta_{\max}-\eta_{\mathrm{Mmax}}$;③以 $\Delta\eta$ 为效率修正值对其余非最高效率点

的效率值进行效率修正。

需要强调的是,上述的效率换算方法都是近似的经验修正法,均有一定的局限性。因此,具体实施时应针对原、模型泵的实际情况参照同类泵型的相关资料进行效率换算。对于重要的工程应通过试验来确定。

(2)IEC 60193—1999 公式。

IEC 60193—1999 规定的公式也是水利部行业标准《水泵模型及装置模型验收试验规程》(SL 140—2006)规定采用的公式。公式的理论出发点是:设定以叶片外缘线速度计算的泵内最大雷诺数达到 7×10^6。根据原、模型泵实际的雷诺数及模型最优工况点效率 $\eta_{hm.opt}$,求原、模型泵水力效率差值 $\Delta\eta_h$。原型泵水力效率 η_h 为模型泵水力效率 η_{hm} 与水力效率差值 $\Delta\eta_h$ 的和:

$$\eta_h = \eta_{hm} + \Delta\eta_h \tag{2-59}$$

其中:

$$\Delta\eta_h = (1-\eta_{hm.opt})\frac{(Re_{ref}/Re_m)^{0.16}-(Re_{ref}/Re)^{0.16}}{(Re_{ref}/Re_{m.opt})^{0.16+2/3}} \tag{2-60}$$

式中 Re_{ref}——用叶轮外缘线速度计算的泵内最大雷诺数,$Re_{ref}=7\times10^6$;

Re、Re_m——原、模型泵的雷诺数;

$Re_{m.opt}$——模型泵最优工况点雷诺数。

IEC 60193—1999 公式存在以下几个问题:①原、模型泵效率差值仅计及水力效率差值,不全面;②计算水力损失差别仅计及雷诺数而不考虑过流壁面粗糙度,不能概括水泵全部运行工况;③雷诺数的表达以叶片外缘线速度而非流动速度,致使所有不同工况点原、模型效率差相同,不合理。

(3)JIS B 8327:2002 公式。

JIS B 8327:2002 标准早期推荐 Moody 1/5 方程式,2002 年版本提出了式(2-61)。具体计算时,先求得泵最优工况点比转速 n_s:

$$n_s = 3.65nQ_{opt}^{1/2}/H_{opt}^{3/4} \tag{2-61}$$

式中 n——水泵转速,r/min;

Q_{opt}——最优工况点流量,m^3/s;

H_{opt}——最优工况点扬程,m。

给定原、模型泵过流壁面粗糙度比值 $\Delta_r=\Delta/\Delta_m$,其中 Δ、Δ_m 分别为原、模型粗糙度,依据式(2-62)~式(2-65),求得原、模型泵效率差值 $\Delta\eta$ 及原型泵效率 η:

$$\Lambda = (0.4+0.6\Delta_r^{0.18})D_r^{-0.18} \tag{2-62}$$

$$\Delta\eta_{opt} = (1.4n_s^{-0.1}-0.07)/10 \tag{2-63}$$

$$\Delta\eta = \left[1.9\left(\frac{Q}{Q_{opt}}-0.6\right)^2+0.7\right]\Delta\eta_{opt} \tag{2-64}$$

$$\eta = [1+\Delta\eta(1-\Lambda)]\eta_m \tag{2-65}$$

式中 Λ——经验系数;

$\Delta\eta_{opt}$——原、模型泵最优工况点效率差;

$\Delta\eta$——原、模型泵效率差;

η、η_m——原、模型泵效率。

JIS B 8327:2002 公式的优点在于:可对最优工况点和其他任意工况点总效率进行换算,同时考虑了原、模型泵的过流壁面粗糙度差别的影响;但是,式中常数、系数、指数过多,其物理意义不清。

2.1.3.3　相似律的特例

1. 仅泵的转速改变时的相似律——比例律

当两台几何尺寸相同的泵在不同转速下输送相同的液体时,式(2-54)~式(2-56)可简化为

$$\frac{Q_1}{Q_2}=\frac{n_1}{n_2} \tag{2-66}$$

$$\frac{H_1}{H_2}=\frac{n_1^2}{n_2^2} \tag{2-67}$$

$$\frac{P_1}{P_2}=\frac{n_1^3}{n_2^3} \tag{2-68}$$

式(2-66)~式(2-68)是一台泵在不同转速下运行时的流量、扬程、功率和转速之间的关系,称为比例律。式中下标"1""2"分别表示两种不同转速所对应的性能参数。

比例律公式表明,当叶片泵的转速变化时,它的流量与转速的一次方、扬程与转速的二次方、功率与转速的三次方成正比。

有关试验表明,泵转速的变化对容积效率和水力效率的影响不大,而对机械效率影响较大。因为机械损失中的轮盘摩擦损失、轴承摩擦损失和填料函损失分别与转速的三次方、二次方和一次方成正比,所以转速增加得越多,机械损失也越大。这样由比例律换算引起的误差也就越大,所以在应用比例律时,要注意转速的变化不能太大,通常转速的变化范围以增速不大于 20%、降速不大于 50%为宜。

2. 仅泵的几何尺寸改变时的相似律

当泵各部分的几何尺寸按长度比尺 λ 相似地放大或缩小时,如果变化后的泵的转速不变,输送的液体相同(变化前后泵的转速比值和输送液体密度的比值均等于 1),则式(2-54)~式(2-56)可简化为

$$\frac{Q_1}{Q_2}=\left(\frac{D_{21}}{D_{22}}\right)^3 \tag{2-69}$$

$$\frac{H_1}{H_2}=\left(\frac{D_{21}}{D_{22}}\right)^2 \tag{2-70}$$

$$\frac{P_1}{P_2}=\left(\frac{D_{21}}{D_{22}}\right)^5 \tag{2-71}$$

式(2-69)~式(2-71)说明,几何相似的两台泵在相似工况下运行时,流量、扬程、功率的大小分别与叶轮出口直径的三次方、两次方和五次方成正比。

2.1.4　比转数

通过相似律的讨论,我们知道所有相似泵的流量 Q、扬程 H 和功率 P 等参数均可由

相似律来进行换算。现在的问题是,对几何相似的泵,根据什么标准来判别泵内流动的运动相似?而在不相似的泵类中,又依据什么标准来进行泵性能的比较?另外,在泵的设计、选型中也往往需要有一个包括流量、扬程和转速在内,能反映叶轮几何形状与性能的综合相似特征数,这个可对种类繁多的泵进行分类、比较的综合特征数称为比转数,又叫比转速或比速,通常用符号 n_s 表示。

2.1.4.1 比转数的定义及其表达式

由于习惯不同,目前世界各国使用的比转数也不同,有动力比转数、运动比转数和无量纲比转数之分。

1. 动力比转数

若用有效功率 P_e 代替轴功率 P,且当模型泵与原型泵都输送常温清水($\rho = 1\ 000\ \text{kg/m}^3$)时,功率相似律的简化式(2-56)可改写为

$$\frac{P_e}{P_{eM}} = \left(\frac{n}{n_M}\right)^3 \left(\frac{D_2}{D_{2M}}\right)^5 \tag{2-72}$$

由扬程相似律简化式(2-55)和式(2-72)可得

$$\frac{H}{(nD_2)^2} = \frac{H_M}{(n_M D_{2M})^2} = \text{const} \tag{2-73}$$

$$\frac{P}{n^3 D_2^5} = \frac{P_M}{n_M^3 D_{2M}^5} = \text{const} \tag{2-74}$$

联立式(2-73)、式(2-74),消去叶轮直径 D_2 后得到

$$\frac{n\sqrt{P_e}}{H^{5/4}} = \frac{n_M\sqrt{P_{eM}}}{H_M^{\ 5/4}} = \text{const} \tag{2-75}$$

式(2-75)表明,相似泵的转速和有效功率(或轴功率)平方根的乘积与扬程 5/4 次方之比恒等于某一常数,用 n_s 表示该常数,则

$$n_s = \frac{n\sqrt{P_e}}{H^{5/4}} \tag{2-76}$$

若功率的单位采用公制马力(ps, 1 ps ≈ 735. 5 W),且由于常温清水的密度 $\rho = 1\ 000\ \text{kg/m}^3$,则有效功率 $P_e = \rho gQH/735.5 = 13.34QH$(ps)。将 P_e 代入式(2-76)中得

$$n_s = 3.65\frac{n\sqrt{Q}}{H^{3/4}} \tag{2-77}$$

式(2-76)、式(2-77)中的 n_s 被定义为水泵的动力比转数,它的物理意义可以这样来理解:将水泵的叶轮按比例律缩放成某一标准叶轮,使其在输送常温清水时产生的扬程 $H_s = 1$ m、有效功率 $P_e = 1$ ps $= 0.735\ 5$ kW(其相应的流量 $Q = 0.075\ \text{m}^3/\text{s}$)。该标准叶轮称为动力比叶轮,动力比叶轮的转速即为水泵的动力比转数 n_s。

式(2-77)是我国和苏联各国习惯采用的水泵比转数计算公式,式中各量规定采用的单位分别是:流量 Q 为 m³/s,扬程 H 为 m,转速 n 为 r/min。

2. 运动比转数

由流量和扬程相似律的简化式(2-54)、式(2-55)可得

$$\frac{Q}{nD_2^3} = \frac{Q_M}{n_M D_{2M}^3} = \text{const} \tag{2-78}$$

$$\frac{H}{(nD_2)^2} = \frac{H_M}{(n_M D_{2M})^2} = \text{const} \tag{2-79}$$

联立式(2-78)、式(2-79),消去叶轮直径 D_2 后得到

$$\frac{n\sqrt{Q}}{H^{3/4}} = \frac{n_M\sqrt{Q_M}}{H_M^{\ 3/4}} = \text{const} \tag{2-80}$$

式(2-80)表明,相似泵的转速和流量平方根的乘积与扬程 3/4 次方之比恒等于某一常数,用 n_{sQ} 表示该常数,则

$$n_{sQ} = \frac{n\sqrt{Q}}{H^{3/4}} \tag{2-81}$$

式(2-81)中的 n_{sQ} 被定义为水泵的运动比转数,它的物理意义可以这样来理解:将水泵的叶轮按比例律缩放成某一标准叶轮,使其在输送常温清水时产生的扬程 $H_s = 1$ m、流量 $Q = 1\text{m}^3/\text{s}$。该标准叶轮称为运动比叶轮,运动比叶轮的转速即为水泵的运动比转数 n_{sQ}。

式(2-81)是各国习惯采用的水泵比转数计算公式,由于各国使用的单位制不同,同一台泵的 n_{sQ} 值也不同。为了方便比较,将有关国家使用的比转数公式、使用的单位及各比转数相互换算关系列入表 2-2 中备查。

表 2-2　一些国家使用的比转数公式、单位及换算关系

国别		中国、苏联	美国	英国	德国	日本		
公式		$n_s = 3.65\frac{n\sqrt{Q}}{H^{3/4}}$	$n_{sQ} = \frac{n\sqrt{Q}}{H^{3/4}}$					
单位	Q	m^3/s	USgal/min	UKgal/min	m^3/s	m^3/min	L/s	ft^3/min
	H	m	ft	ft	m	m	m	ft
	n	r/min	r/min	r/min	r/min	r/min	r/min	r/min
换算系数		1	14.149 4	12.911 5	0.274	2.122 2	8.663 8	5.173 4
		0.070 7	1	0.912 5	0.258	0.15	0.612 3	0.365 6
		0.077 5	1.095 9	1	0.283	0.164 4	0.671	0.400 7
		3.65	3.88	3.53	1	0.581	2.373 9	1.417 5
		0.471 2	6.667 4	6.084	1.722	1	4.082 5	2.437 8
		0.115 4	1.633 2	1.490 3	0.421 2	0.244 9	1	0.597 1
		0.193 3	2.735 1	2.495 8	0.705 5	0.410 2	1.674 7	1

3. 无量纲比转数

由于各国采用不同的比转数,采用的计算单位也不同,造成同一台泵出现了多个不同的比转数值,这在应用上十分不便。因此,国际标准推荐使用无量纲比转数,又称型式数,用符号 K 表示。

将式(2-78)、式(2-79)中的转速 n 用角速度 ω 来代替,则有

$$\frac{Q}{\omega D_2^3} = \frac{Q_M}{\omega_M D_{2M}^3} = \text{const} \tag{2-82}$$

$$\frac{H}{(\omega D_2)^2} = \frac{H_M}{(\omega_M D_{2M})^2} = \text{const} \tag{2-83}$$

式(2-82)中的分子、分母的量纲均为 m^3/s,因此公式右边的常数是一无因次量;而式(2-83)中分子的量纲是 m,分母的量纲是 m^2/s^2,因此公式右边的常数是一量纲为 s^2/m 的有因次量,为了使该常数也成为无因次量,可在等式两侧同乘以加速度 g,即

$$\frac{gH}{(\omega D_2)^2} = \frac{gH_M}{(\omega_M D_{2M})^2} = \text{const} \tag{2-84}$$

将式(2-82)与式(2-83)联立,消去叶轮直径 D_2 后得到

$$\frac{\omega\sqrt{Q}}{(gH)^{3/4}} = \frac{\omega_M\sqrt{Q_M}}{(gH_M)^{3/4}} = \text{const} \tag{2-85}$$

式(2-85)右边的常数亦为无量纲的无因次常数,若用 K 表示该数,则有

$$K = \frac{\omega\sqrt{Q}}{(gH)^{3/4}} = \frac{2\pi}{60} \times \frac{n\sqrt{Q}}{(gH)^{3/4}} = \frac{\pi}{30} \times \frac{n\sqrt{Q}}{(gH)^{3/4}} \tag{2-86}$$

式(2-86)即为无量纲比转数的表达式,式中 Q 的单位为 m^3/s,H 的单位为 m,g 的单位为 m/s^2,n 的单位为 r/min。

无因次比转数 K 与我国目前使用的动力比转数 n_s 之间有如下的换算关系:

$$K = 0.005\ 176n_s \tag{2-87}$$

$$n_s = 193.2\ K \tag{2-88}$$

4. 关于比转数的几点说明

(1)一台水泵的比转数是唯一的。作为相似准则的比转数 n_s 指的是由相应水泵设计转速 n 下的最高效率点参数 Q_d、H_d 代入式(2-77)或式(2-81)或式(2-86)的计算值,其他工况下的性能参数都不能作为计算比转数的依据。同一台水泵在不同转速下运行时,水泵的最高效率点将发生变化,但因其对应的参数值按比例律变化,所以计算所得的比转数仍然不变。

(2)比转数相等是水泵相似的必要条件,这是因为比转数公式是从相似律公式推导而来的,因此相似的水泵具有相同的比转数 n_s。但反过来说,几何不相似的水泵的比转数有可能相等。例如,12HB-50 型混流泵与 40ZLB-50 型轴流泵的比转数 n_s 均等于 500,即这两种泵的比转数相等,但两者叶轮的形状完全不同。因此,比转数相等不是水泵相似的充分条件。

(3)比转数 n_s 虽然具有转速的单位,但它指的是水泵比叶轮的转速,并不反映水泵真实转速的大小。实际上,比转数大的泵一般具有较低的转速;而比转数小的泵,一般转速较高。

(4)比转数公式中的流量 Q、扬程 H 是对单级单吸水泵而言的。对于非单级单吸水泵,在计算比转数时应将其设计流量、设计扬程分别换算成单级单吸的情况。因此,当计

算双吸泵的比转数时，式中的流量 Q 应取双吸泵流量的1/2；而计算多级泵的比转数时，式中的 H 应取单个叶轮的扬程。

对于双吸泵

$$n_s = 3.65 \frac{n\sqrt{Q/2}}{H^{3/4}} \tag{2-89}$$

对于单吸 i 级泵

$$n_s = 3.65 \frac{n\sqrt{Q}}{(H/i)^{3/4}} \tag{2-90}$$

(5)比转数公式是特指泵工作抽送液体为清水的状况。

2.1.4.2　比转数的应用

比转数是叶片泵分类的基础，利用比转数 n_s 可以对水泵进行分类和根据比转数的大小决定叶片泵的泵型。

从比转数表达式可以看出，比转数 n_s 的大小与泵的转速、扬程及流量有关。在一定的转速下，扬程 H 越大，流量 Q 越小，水泵的比转数 n_s 就越低，即高扬程小流量的离心泵，其比转数较低；而低扬程大流量的轴流泵，其比转数就较高。从泵的基本方程已知，在一定的转速下，泵的扬程、流量与叶轮的结构形式及其几何尺寸有关，因此有必要对比转数 n_s 与叶轮几何尺寸间的关系进行分析。

水泵的流量可表达为 $Q = \pi D_1 b_1 \psi_1 v_{m1} \eta_v$，由进口速度三角形可知，当 $\alpha_1 = 90°$ 时，叶轮进口的轴面分速 $v_{m1} = u_1 \tan\beta_{b1} = \frac{\pi D_1 n}{60}\tan\beta_{b1}$，则

$$Q = \pi D_1 b_1 \psi_1 \frac{\pi D_1 n}{60}\tan\beta_{b1}\eta_v = b_1\psi_1\pi^2 D_1^2 \frac{n}{60}\tan\beta_{b1}\eta_v$$

又当 $\alpha_1 = 90°$ 时，泵的扬程为

$$H = \eta_h K H_T = \eta_h K \frac{u_2 v_{u2}}{g} = \eta_h K \frac{u_2(u_2 - v_{m2}\cot\beta_{b2})}{g}$$

因为 $v_{m2} = \frac{Q}{\pi D_2 b_2 \psi_2 \eta_v} = \frac{D_1 b_1 \psi_1}{D_2 b_2 \psi_2}\frac{\pi D_1 n}{60}\tan\beta_{b1}$ 及 $u_2 = \frac{\pi D_2 n}{60}$，则有

$$H = \frac{\eta_h K}{g}\left(\frac{\pi D_2 n}{60}\right)^2\left[1 - \left(\frac{D_1}{D_2}\right)^2 \frac{b_1}{b_2}\frac{\psi_1}{\psi_2}\frac{\tan\beta_{b1}}{\tan\beta_{b2}}\right]$$

将上列的 Q、H 代入比转数的表达式(2-77)可得

$$n_s = 3.65\left(\frac{g}{\eta_h K}\right)^{3/4}\sqrt{\frac{\eta_v}{\pi}}\frac{60\frac{D_1}{D_2}\sqrt{\frac{b_1}{D_2}\psi_1\tan\beta_{b1}}}{\left[1 - \left(\frac{D_1}{D_2}\right)^2\frac{b_1\psi_1\tan\beta_{b1}}{b_2\psi_2\tan\beta_{b2}}\right]^{3/4}} \tag{2-91}$$

由式(2-91)可以看出，n_s 随着叶轮进、出口直径之比 D_1/D_2，进、出口叶槽宽度比 b_1/b_2，进口叶槽宽度和叶轮直径之比 b_1/D_2 及叶片进口安装角 β_{b1} 的增大而增大，随叶片出

口安装角β_{b2}及滑移系数K的减小(叶片数减少)而增大。由此可知,随着比转数n_s的增大,叶轮外形由扁平狭长向粗短变化,叶轮内流道由径向延伸向轴向延伸变化,水流方向由径向向轴向变化,叶片形状由二维圆柱形逐渐向三维扭曲形变化。这些变化都是十分有规律的,随着比转数n_s从小到大的变化,泵型也就从离心泵过渡至混流泵,最终变为轴流泵。因此,按照比转数n_s值的范围,可以对水泵进行分类(见表2-3)。

表2-3　叶片泵分类

水泵类型	离心泵			混流泵	轴流泵
	低比转数	中比转数	高比转数		
比转数 n_s	30~80	80~150	150~300	300~500	500~1 000
叶轮简图	D_0 D_2	D_0 D_2	D_0 D_2	D_0 D_2	D_0 D_2
直径比 D_2/D_0	≈3.0	≈2.0	≈1.8~1.4	≈1.2~1.1	≈1.0
叶片形状	圆筒形叶片	进口处扭曲形 出口处圆柱形	扭曲形叶片	扭曲形叶片	扭曲形叶片

2.2　叶片泵的性能曲线

熟悉水泵的性能,掌握其变化规律,有助于合理、经济地选择水泵及其配套动力机,合理地确定水泵的安装高程以及解决水泵在运行中的各种问题,从而保证水泵装置始终处于安全经济的运行状态。泵的基本性能方程只是在理论上定性地得出水泵性能参数之间的关系,由于泵内流动的复杂性,目前还无法从理论上准确地得出水泵性能参数之间的相互关系及其变化规律。因此,泵的基本方程还不能方便地用于工程实际。目前,对水泵性能的了解主要是通过水泵性能试验测出的性能曲线来实现的。

水泵的基本性能参数有六个,分别为流量、扬程、功率、效率、转速和必需汽蚀余量(或允许吸上高度)。其中,效率是由流量、扬程和功率组成的函数,是一个导出参数。

水泵的性能曲线是指在转速一定的情况下,以流量为横坐标、其他性能参数为纵坐标的直角坐标系表示的水泵流量与其他性能参数之间的关系曲线。根据用途的不同,一般分为理论性能曲线、基本性能曲线、相对性能曲线、通用性能曲线、综合性能曲线(型谱图)和全面性能曲线等。这些性能曲线直观地反映了水泵的工作性能,是用户选泵、用泵的重要依据。

2.2.1　叶片泵的理论性能曲线

叶片泵的理论性能曲线是指在一定的转速下,水泵的理论扬程和理论功率与理论流量之间的关系曲线。理论性能曲线虽然不能准确地反映水泵的实际性能,但能从理论上定性地说明水泵各性能参数之间的关系及其变化规律。

2.2.1.1　**理论流量与无限多叶片理论扬程关系曲线**

将 $v_{m2\infty}=Q_T/A_2$(A_2 为叶轮出口过流面积) 代入式(2-9a) 后，当$\alpha_1=90°$ 时的叶片泵基本方程可写为

$$H_{T\infty}=\frac{u_2^2}{g}-\frac{u_2\cot\beta_{b2\infty}}{gA_2}Q_T=A-BQ_T \tag{2-92}$$

由式(2-92)可知，当转速 n、叶轮几何尺寸及叶片出口安装角$\beta_{b2\infty}$ 一定时，$H_{T\infty}$ 与Q_T 之间的关系为线性关系。在其他参数固定不变的条件下，直线的斜率由叶片出口安装角$\beta_{b2\infty}$ 来决定。

由前面对离心泵叶轮叶片形状的分析可知，后弯式叶轮($\beta_{b2\infty}<90°$)的理论扬程 $H_{T\infty}$ 随理论流量 Q_T 的增加线性地减小，即 $H_{T\infty}$ 与 Q_T 之间的关系为一条下降直线(图 2-25 中 $\beta_{b2\infty}<90°$的直线)，当 $Q_T=0$ 时，$H_{T\infty}=A=u_2^2/g$，当 $Q_T=A/B$ 时，$H_{T\infty}=0$。

径向式叶轮($\beta_{b2\infty}=90°$) 的理论扬程$H_{T\infty}$ 不随理论流量Q_T 的变化而变化，恒有$H_{T\infty}=A=u_2^2/g$，$H_{T\infty}$ 与Q_T 之间的关系为一条平行于横坐标的直线(图 2-25 中$\beta_{b2\infty}=90°$ 的直线)。

前弯式叶轮($\beta_{b2\infty}>90°$) 的理论扬程$H_{T\infty}$ 随理论流量Q_T 的增加线性地增大，$H_{T\infty}$ 与Q_T 之间的关系为一条上升的直线(图 2-25 中$\beta_{b2\infty}>90°$ 的直线)，当$Q_T=0$ 时，$H_{T\infty}=A=u_2^2/g$。

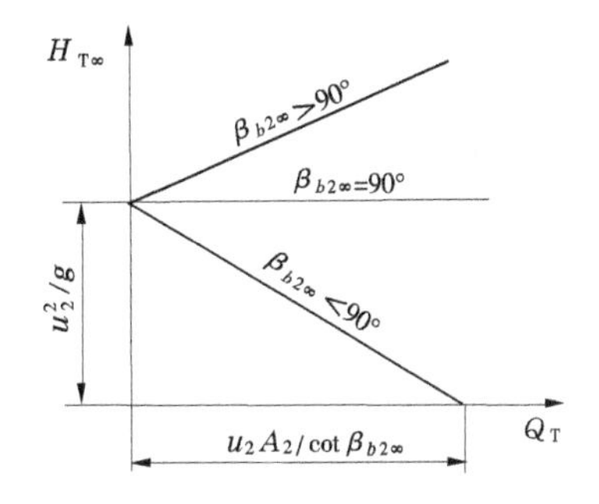

图 2-25　$H_{T\infty}$—Q_T 曲线

由以上分析可知，采用大的叶片出口安装角，在相同流量下可以增大泵的扬程，但必须注意，此时叶轮产生的动扬程所占比例增大，叶轮内流速高，叶道曲折，水力损失大，泵的效率低。当前，离心泵采用的几乎都是后弯式叶片，叶片出口安装角 $\beta_{b2}=15°\sim45°$，常用角度$\beta_{b2}=15°\sim30°$，相应的叶片反作用度 $\tau=0.70\sim0.75$(叶轮产生的势扬程占总扬程的 70% ~ 75%)，美国学者 A. J. Stepanoff 在某种条件下推得叶片出口最佳安装角$\beta_{b2}=22.5°$。

轴流泵叶片的出口安装角 $\beta_{b2}<90°$，其$H_{T\infty}$—Q_T 关系曲线具有与离心泵后弯式叶片叶轮相同的形式。

2.2.1.2　**理论流量与理论功率关系曲线**

叶片泵的理论功率即叶轮传给通过叶轮的理想液体的功率，即水功率 $P_w=\rho gQ_TH_T=\rho gKQ_TH_{T\infty}$。将式(2-92)代入该式后得

$$P_w=AK\rho gQ_T-BK\rho gQ_T^2=A'Q_T-B'Q_T^2 \tag{2-93}$$

当叶轮的转速、几何尺寸及叶片出口安装角一定时，式(2-93)中的 $A'=AK\rho g=K\rho u_2^2$、$B'=BK\rho g=K\rho u_2\dfrac{\cot\beta_{b2\infty}}{A_2}$ 均为常数，在其他参数固定不变的条件下，P_w—Q_T 关系曲线的形状也由叶片出口安装角$\beta_{b2\infty}$ 来决定。

对采用前弯式叶片的离心泵，因 $\beta_{b2\infty}>90°$，故 $B'<0$，其 Q_T—P_w 曲线是一条开口向上

的抛物线,即 P_w 随 Q_T 的增加迅速增大,如图 2-26 中 $\beta_{b2\infty}>90°$的抛物线所示。

采用径向式叶片叶轮的离心泵,$\beta_{b2\infty}=90°$,$B'=0$,$Q_T—P_w$ 曲线是一条通过坐标原点的上升斜直线,即 P_w 随 Q_T 的增加线性地增大,如图 2-26 中 $\beta_{b2\infty}=90°$的直线所示。

采用后弯式叶片叶轮的离心泵和轴流泵,$\beta_{b2\infty}<90°$,故 $B'>0$,其 $Q_T—P_w$ 曲线是一条开口向下的抛物线,即 P_w 随 Q_T 的增加迅速减小,如图 2-26 中 $\beta_{b2\infty}<90°$的抛物线所示。当 $Q_T=0$ 和 $Q_T=\dfrac{A'}{B'}=\dfrac{u_2A_2}{\cot\beta_{b2\infty}}$时,$P_w=0$。

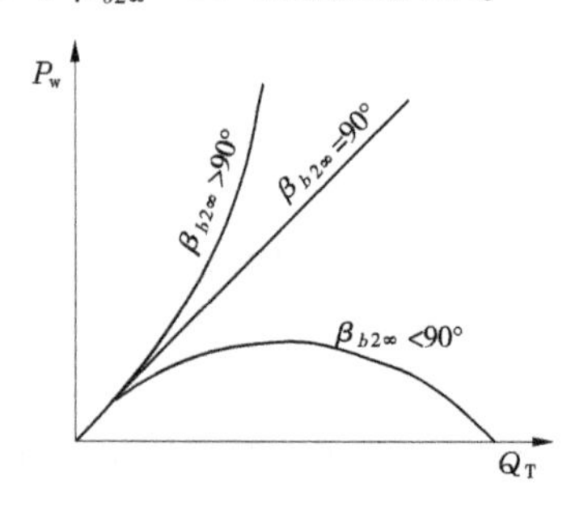

图 2-26 $Q_T—P_w$ 曲线

显然,当离心泵采用前弯式和径向式叶片叶轮时,泵的流量稍有增加,将造成泵的轴功率急剧上升,既不利于动力机的选型配套,也容易引起动力机的过载,这也进一步说明了水泵采用后弯式叶片叶轮的合理性。

2.2.2 叶片泵的基本性能曲线

所谓基本性能曲线,是指水泵的实际性能曲线,即在一定的转速下,泵的实际扬程 H、轴功率 P、效率 η 和汽蚀性能参数(允许吸上高度[H_s]或必需汽蚀余量 Δh_r)随实际流量 Q 而变化的关系曲线。这四条曲线($Q—H$,$Q—P$,$Q—\eta$,$Q—$[H_s]或 Δh_r)通常绘在以流量为横坐标的同一直角坐标中。

虽然水泵的实际性能曲线是通过水泵性能试验得到的,但对水泵性能曲线的理论分析仍然是必要的。通过定性分析,可以了解水泵性能曲线的形状及其变化规律。

2.2.2.1 实际流量与扬程的性能曲线($Q—H$ 曲线)

由于离心泵和轴流泵叶轮的叶片出口安装角均采用$\beta_{b2}<90°$的形式,故下面仅对后弯式叶片叶轮水泵的 $Q—H$ 曲线形状进行分析。

在叶片泵理论分析中已经说明,有限叶片叶轮产生的理论扬程 H_T 可以用滑移系数 K 来修正无限多叶片理论扬程$H_{T\infty}$ 得到,即$H_T=KH_{T\infty}$。由于 K 恒小于 1,且可认为在所有工况下都保持不变,因此$Q_T—H_T$ 曲线也是一条如图 2-27 所示的位于$Q_T—H_{T\infty}$ 直线下方的下降直线。

为了获得水泵实际流量 Q 与实际扬程 H 的关系曲线,还应当从$Q_T—H_T$ 直线的纵坐标上减去因实际液体在泵内流动产生的摩擦损失扬程和冲击损失扬程。

由于摩擦损失与流量的平方成正比,所以摩擦损失扬程与流量的关系可以用起点为坐标原点的抛物线来表示。从$Q_T—H_T$ 直线扣除各相应流量下的摩擦损失扬程后就可得到图 2-27 中的曲线 M。

在设计流量Q_d 下的冲击损失为 0,当偏离设计工况时,冲击损失随流量偏离设计流量大小的平方成正比,即冲击损失按顶点在横坐标轴上Q_d 点的上凹抛物线而变化。从曲线 M 上减去各对应流量下的冲击损失扬程后即可得到在不同理论流量Q_T 下的实际扬程 H 的变化曲线,如图 2-27 中的$Q_T—H$ 曲线所示。

图 2-27 中的 $q—H$ 曲线为泄漏流量与水泵扬程的关系曲线,从$Q_T—H$ 曲线上减去各对

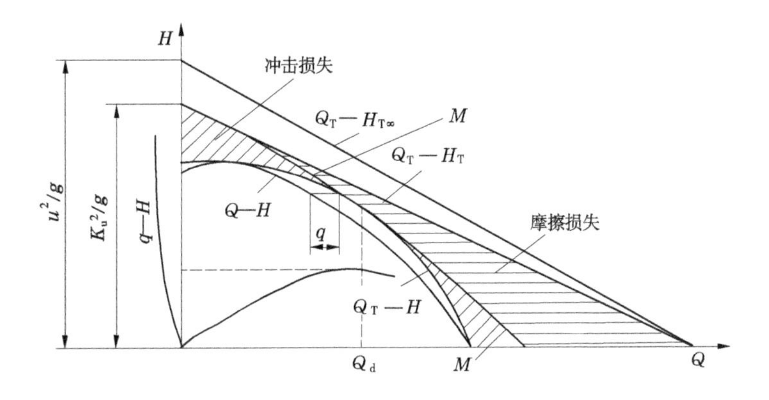

图 2-27　Q—H 曲线理论分析

应扬程下的泄漏流量,最后得到如图 2-27 所示的水泵实际流量 Q 与实际扬程 H 的关系曲线,即 Q—H 曲线。

由以上分析可知,叶片泵 Q—H 曲线是一条下降的曲线,即扬程 H 变化的总趋势是随流量 Q 的增加而下降的。但由于结构形式和叶片出口安装角的不同,叶片泵的 Q—H 曲线也有所不同。

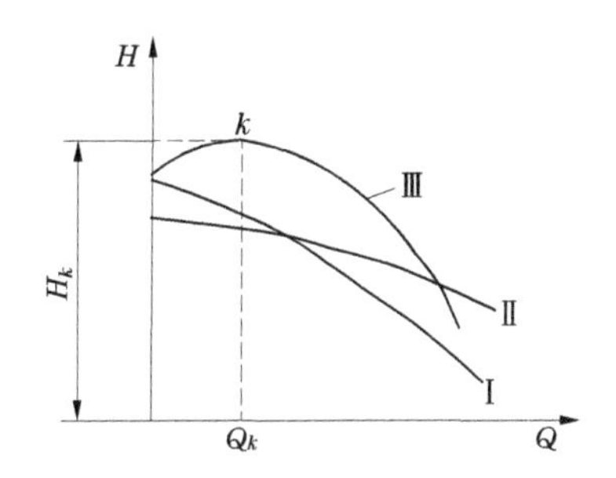

图 2-28　离心泵 Q—H 曲线的三种形式

离心泵的 Q—H 曲线可以大致分为以下三种基本类型:①叶片出口安装角β_{b2}较小,Q—H曲线随流量增加下降的坡度较大,曲线较陡,如图 2-28 中的曲线 Ⅰ 所示。具有这种 Q—H 曲线形式的离心泵的比转数n_s较大,它适用于扬程变化较大而要求流量变化较小的场合,如从水位变幅较大的水源取水的供水泵。② 叶片出口安装角β_{b2} 较大,Q—H 曲线随流量增加下降的坡度较小,曲线平坦,如图 2-28 中的曲线 Ⅱ 所示。具有这种 Q—H 曲线形式的离心泵的比转数n_s 中等,它适用于流量变化较大而要求扬程变化较小的场合,如自来水厂从清水池取水的供水泵。③ 叶片出口安装角β_{b2} 超过某一值后,Q—H 曲线随流量增加先上升后下降,曲线具有驼峰,如图 2-28 中的曲线 Ⅲ 所示。曲线 ⅡⅢ 上的 k 点(Q_k,H_k) 对应于扬程最大值,是离心泵稳定工作区与不稳定工作区的分界点。k 点右侧($Q>Q_k$) 为水泵的稳定工作区,k 点左侧($Q<Q_k$) 为水泵的不稳定工作区,水泵在该区域工作时容易发生流量和扬程的波动,从而影响泵的稳定运行。一般比转数较小的离心泵都具有驼峰形状的 Q—H 曲线,在使用这种水泵时,只允许在 $Q>Q_k$ 的工况下运行。

轴流泵的 Q—H 曲线具有与离心泵 Q—H 曲线相同的变化趋势,但由于工作原理、结构形式与离心泵不同,故 Q—H 曲线也有差异。图 2-29 中的曲线 a 为轴流泵的 Q—H 曲线,它具有比离心泵第一种形式的曲线(图 2-28 中的曲线 Ⅰ)更为陡降的形式,并且在流量为额定流量的 40% ~ 60% 内出现不稳定的马鞍形区。这是因为:当流量小于设计流量时,随着流量的减小,叶片的冲角增大,升力系数C_y 也随之增大,扬程逐渐增高,当流量减小到马鞍形上顶点 k 对应的流量Q_k 时,升力系数达到最大值,点 k 即为失速点。继续减小流量,至马鞍形下顶点 j 对应的流量Q_j 时,使得冲角大于失速冲角,以至于液流在叶片背面完全脱流,升力急剧下降,泵的扬程随之降低,并伴随有强烈的振动和噪声。当流量再继续减小时,分布在叶片上不同半径处翼型产生的扬程出现差别,$v_{u2外}$ 的增率大于$v_{u2内}$ 的增率。因此,叶片内、外缘产生的扬程不等,内、外缘 $Q—H$ 曲线也不相同,如图 2-30 所示。图 2-30 中曲线 a、b 分别为叶片外缘和内缘的 $Q—H$ 曲线,交点 d 为设计工况,对应的流量Q_d 为设计流量。当 $Q<Q_d$ 时,外缘产生的扬程大于内缘产生的扬程,从而产生向心的从生涡流。这种从生涡流一般要经过叶轮好多次,而每通过一次均获得一次能量。因此,泵的扬程又急剧升高,直至流量达到零时,扬程增至最大。

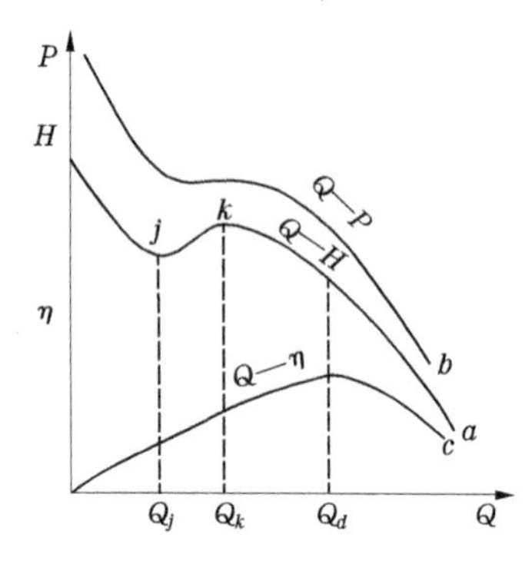

图 2-29 轴流泵叶片内、外缘的 $Q—H$ 曲线

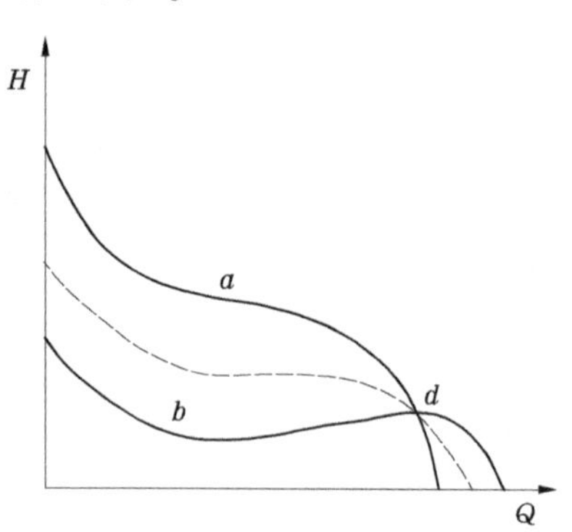

图 2-30 轴流泵叶片内、外缘的 $Q—H$ 曲线

流量为零时的运行点称为关闭工况点,这时水泵扬程最高,功率也最大,且产生剧烈的振动和噪声,因此轴流泵不允许在关闭工况点启动和运行。轴流泵在零流量的扬程、功率一般为设计点的 1.5~2 倍。另外,水泵在马鞍形区内运行时,机组工作极不稳定,振动和噪声甚至比关闭工况点更为剧烈,因此应避免在此区内运行,即轴流泵应在 $Q>Q_d$ 的稳定区运行。

2.2.2.2 实际流量与轴功率性能曲线($Q—P$ 曲线)

由于水泵的轴功率 P 等于水功率 P_w 与机械损失功率 ΔP_m 之和,即

$$P=P_w+\Delta P_m=\rho g Q_T H_T+\Delta P_m=A'Q_T-B'Q_T^2+\Delta P_m \tag{2-94}$$

且由于机械损失功率 ΔP_m 与水泵的流量无关,因此可以采用如图 2-31 所示的分部叠加法,绘出后弯式叶片泵的 $Q—P$ 曲线,其步骤是:

(1)过坐标原点作 $A'Q_T$ 的斜直线,如图 2-31 中的 OA 线。

(2) 从 OA 线上纵坐标扣除相应的 $B'Q_T^2$ 后,即得$Q_T—P_w$ 曲线,如图 2-31 中的 OB 曲线。

(3) 在 OB 曲线上加一等值的机械损失功率 ΔP_m,得$Q_T—P$ 曲线,如图 2-31 中的 CD 曲线。

(4) 在 CD 曲线上所对应的流量Q_T 扣除泄漏流量 q 后,即得 $Q—P$ 曲线,如图 2-31 中的 EF 曲线。

从图 2-31 中得到的 $Q—P$ 曲线可知离心泵的流量与轴功率曲线是一条随着流量的增加先逐渐上升到最大轴功率然后下降的曲线。由于实际的水泵最大流量一般为设计流量

的 1.2 倍左右，所以 $Q—P$ 曲线的有效部分一般为随流量增加功率增大的上升线段，即使是有下降部分，其范围也很小，功率的下降也很有限。

总的来说，离心泵的 $Q—P$ 曲线是上凸曲线的上升段曲线，在流量为零时，功率最小（为机械损失功率 ΔP_m 与容积损失功率 ΔP_v 之和）。因此，大功率的离心泵应在出口阀门关闭的条件下启动（俗称关阀启动），以避免开机时因启动负荷过重，产生过大的启动电流，对电网造成大的冲击。

轴流泵的 $Q—P$ 曲线与离心泵完全不同，如图 2-29 中的 $Q—P$ 曲线所示。它是一条随流量增加而下降的曲线，即在零流量时功率最大，且随流量的增加轴功率迅速减小。这正反映了轴流泵在流量减小时，叶轮内水流紊乱，扬程和能量损失大大增加的不稳定流体。与离心泵相反，轴流泵应开阀启动。这也是轴流泵一般不设出口阀门的原因之一。

2.2.2.3　流量与效率的关系曲线（$Q—\eta$）

流量与效率的关系曲线（$Q—\eta$）是一条由流量与扬程（$Q—H$）曲线和流量与功率（$Q—H$）曲线导出的曲线。效率的计算公式为

$$\eta = \frac{\rho g Q H}{P} \tag{2-95}$$

由式(2-95)可知，水泵的效率曲线有两个零点：当 $Q=0, H\neq 0$ 时，$\eta=0$；当 $Q\neq 0$，$H=0$ 时，$\eta=0$。因此，水泵正常运行工况的效率曲线是一条通过坐标原点，并与横坐标上对应于扬程等于零的流量点相交，开口向下的曲线，如图 2-32 所示。曲线的顶点（最高效率点 η_{max}）对应的流量和扬程为泵的设计流量 Q_d 和设计扬程 H_d，此运行工况即为设计工况。当流量小于设计流量 Q_d 时，水泵效率随流量的增加而增高，而当流量大于设计流量 Q_d 时，水泵效率随流量的增加而降低。实际上由于水泵在正常运行时的扬程不可能等于零，因此效率曲线下降线段也不会与横坐标相交。

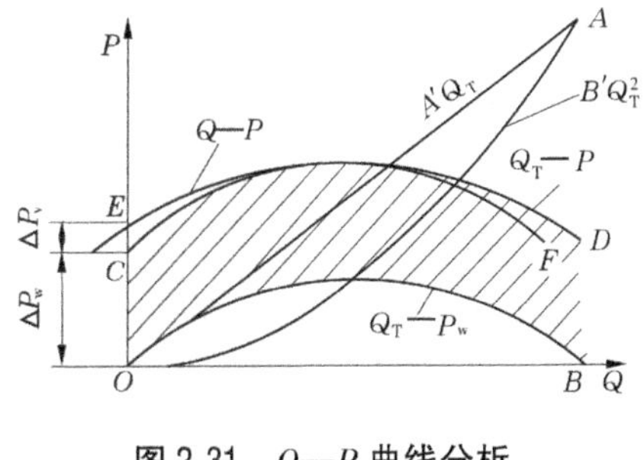

图 2-31　$Q—P$ 曲线分析

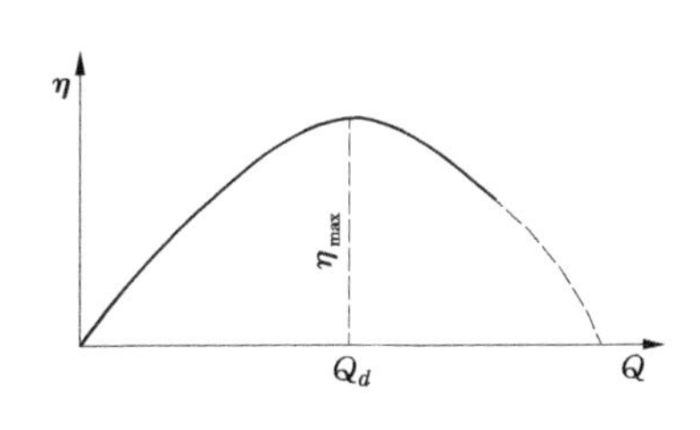

图 2-32　$Q—\eta$ 曲线

水泵偏离设计工况点运行时效率下降的原因是：在设计水泵时，叶轮进口处的水流相对速度与叶轮进口端相切，叶轮出口处的水流绝对速度与蜗壳扩散管内壁或导叶进口端相切，而当流量偏离设计流量时，上述两种速度的方向都发生了变化，从而引起漩涡，增加了流动损失，导致效率下降。

2.2.2.4　流量与汽蚀性能参数关系曲线

流量与汽蚀性能参数曲线是指流量 Q 与水泵允许吸上真空高度 $[H_s]$ 或允许汽蚀余量 $[\Delta_h]$（$NPSH$）之间的关系曲线。关于该曲线的说明详见水泵汽蚀及安装高程确定。

图 2-33 和图 2-34 分别为 8SH－13 型离心泵和 14ZLB－100 型轴流泵的基本性能曲线。图 2-33 中,实线是在叶轮外径 $D_2=204$ mm 时的性能曲线,虚线是在$D_2=193$ mm 时的性能曲线。在 $Q—H$ 曲线上,对应效率最高的点,称为设计点或最佳工况点;标有“$\int$”的点,表示效率较高范围的边界点,由其界定的范围称作高效区。显然,泵只有在高效区运行才是经济的。

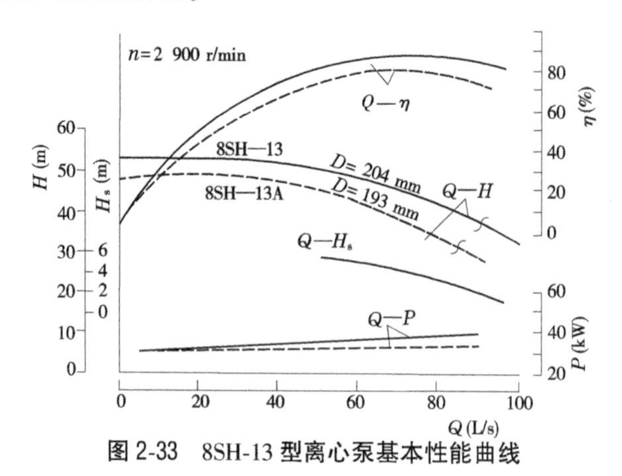

图 2-33　8SH-13 型离心泵基本性能曲线

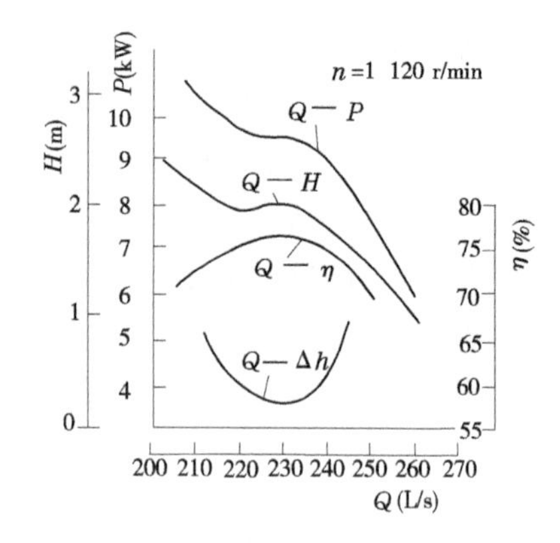

图 2-34　14ZLB—100 型轴流泵性能曲线

2.2.2.5　叶片泵基本性能试验

正如前面所述,虽然我们可以用能量基本方程式定性分析水泵基本性能曲线的变化,但由于泵内液体运动的复杂性,目前适用于这种运动状况的水力计算方法还没有研究到可以计算水泵性能曲线的程度。因此,泵的性能只能通过试验,或在模型试验的基础上通过相似定律换算得到。

进行水泵性能试验时,通常是在恒定的转速 n 下测定水泵的扬程 H、轴功率 P、效率 η 和允许吸上真空高度$[H_s]$或允许汽蚀余量$[NPSH]$随流量 Q 而变化的关系,把这些关系用曲线表示出来,即为 $Q—H$、$Q—P$、$Q—\eta$ 和 $Q—[H_s]$ 或 $Q—[NPSH]$ 曲线(有关水泵汽蚀性能试验将在水泵汽蚀及安装高程确定中阐述)。

下面简述测定离心泵性能曲线($Q—H$、$Q—P$、$Q—\eta$ 曲线)的方法和步骤。

1. 试验装置及试验原理

图 2-35 为一开敞式离心泵试验装置。它由被测试水泵机组、进出水管路、水池、出水堰箱以及各种测试仪器仪表组成。

水泵性能试验需要测定的参数包括每一工况下水泵的流量、扬程和轴功率,然后计算出效率。其原理是,通过改变出水管路上闸阀的开度来控制水泵的流量和扬程,每改变一次闸阀的开度,测量水泵的转速、流量及真空表、压力表、测功机(马达天平)或电功表的读数。根据经过处理后的试验数据,即可绘出水泵的性能曲线。试验中的流量可用出水堰箱中的三角堰或管道流量计测出;扬程利用水泵进口被测断面真空表、出口被测断面压力表测定;轴功率利用马达天平或扭矩仪可直接测定,也可用两瓦特表测出电动机的输入功率,扣除电动机和联轴器的损失功率后,就可得到水泵的轴功率。

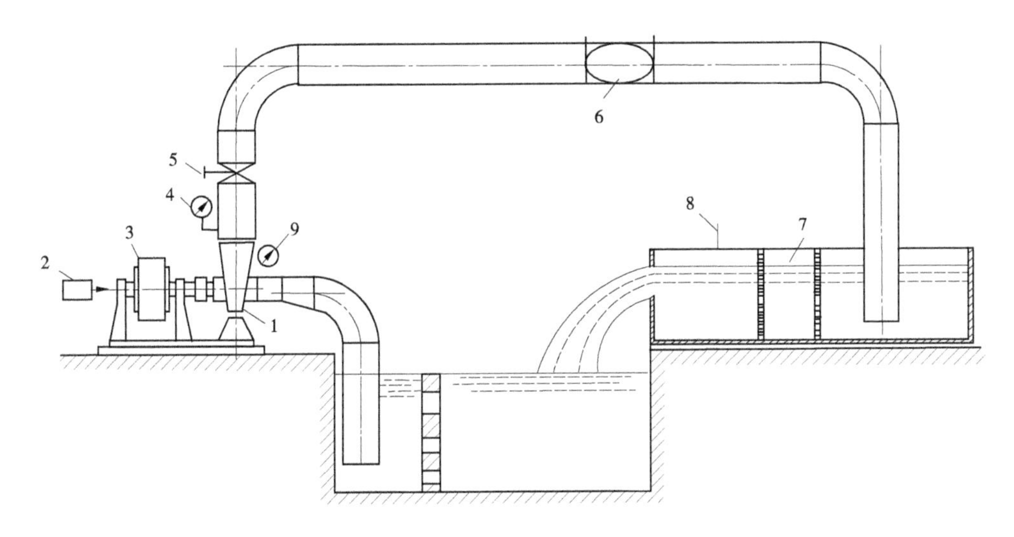

1—被试水泵；2—转速仪；3—测功机（马达天平）；4—压力表；5—闸阀；6—流量计；7—堰箱；8—测针；9—真空表

图 2-35　离心泵基本性能试验装置（开始试验台）

2. 试验步骤

1）试验前的准备工作

（1）熟悉设备的使用方法。

（2）记录必要的数据，如试验水泵和电机的型号，额定参数，水泵进、出口直径，压力表中心与真空表测点的垂直距离，三角堰水深流量曲线及堰底测针读数以及其他使用仪表的率定参数等。

（3）检查真空表、压力表的指针是否对零，拨动联轴器检查转子转动是否灵活，电线是否接好等。

（4）用砝码调平马达天平，并记下砝码重量。

（5）关闭出水闸阀和压力表接管上的旋塞开关。

（6）打开通往水泵抽气管上的闸阀，启动真空泵，泵内充满水后，再关闭抽气管上的闸阀，关停真空泵。

2）启动机组

按电钮启动试验机组，打开真空表、压力表上的开关，并将出水管上的闸阀打开 1~3 圈，检查机组及各种仪表的工作是否正常，无异常，便可进入观测（注意关闭抽气管上的闸阀）。

3）试验数据测量

逐渐打开出水管上的闸阀（流量从零到大，调节次数不少于 10 次），每调节一次闸阀，待系统稳定后，记录真空表、压力表、堰箱水位测针（或流量计二次仪表）、砝码（或电功率表、扭矩仪）和转速仪的读数。如试验中发现某些数据有偏差或异常，则应重测，直到满意为止。

4）数据处理

试验时，泵的实际转速可能与规定转速不同，同时不恒定，为得到额定转速下的泵的性能参数(曲线),以额定转速为准,采用比例律对测得的参数进行换算,并据此绘出额定转速下泵的性能曲线。

试验完备后,首先应关闭真空表、压力表上的开关及出水管路上的闸阀,拿掉马达天平上的砝码后,安全停机。

3. 性能参数计算

1)试验转速 n_t 下的扬程 H_t(m)

按照泵的扬程定义,泵的扬程可按下式计算:

$$H_t = Z + \frac{p_1}{\rho g} + \frac{p_2}{\rho g} + \frac{v_2^2 - v_1^2}{2g} \tag{2-96}$$

式中 Z——压力表中心至真空表测点的垂直高差,m,当压力表中心高于真空表测点时为正值,否则取负值;

p_1、p_2——真空表和压力表的读数,Pa;

v_1、v_2——泵进、出口断面的平均流速,m/s。

2)试验转速 n_t 下的流量 Q_t(L/s)

(1)当采用90°薄壁三角堰测量时,其流量按下式计算:

$$Q_t = 0.015\ 4h^{2.47} \quad (\text{L/s}) \tag{2-97}$$

式中 h——堰上水头,cm。

(2)当采用涡轮流量计测量时,其流量按下式计算:

$$Q_t = f/\xi \quad (\text{L/s}) \tag{2-98}$$

式中 f——涡轮流量计工作时的电脉冲讯号频率,Hz;

ξ——涡轮流量计仪表参数,次/L。

3)试验转速 n_t 下的轴功率 P_t(kW)

(1)当采用马达天平测轴功率时,其轴功率为

$$P_t = FL2\pi n/60 = \frac{\pi}{30}nFL \tag{2-99}$$

式中 F——砝码重量,N;

L——力臂长度,即电机转轴中心线至砝码秤盘吊点的距离,m;

n——泵的转速,r/min。

(2)当采用电功率表测量时,通常采用两瓦特表法,其轴功率为

$$P_t = P_{in}\eta_m \tag{2-100}$$

式中 P_{in}——电动机输入功率,即两瓦特表读数之和,kW;

η_m——电动机效率,由率定的电动机效率曲线查得。

4)试验转速 n_t 下的效率 η_t(%)

$$\eta_t = \frac{\rho g Q_t H_t}{1\ 000 P_t} \times 100\% \tag{2-101}$$

5)额定转速下性能参数换算

额定转速 n 下泵的流量 Q、扬程 H 和轴功率 P 可根据试验测量值由比例律公式换算得出

$$\left.\begin{aligned} Q &= Q_t \frac{n}{n_t} \\ H &= H_t \left(\frac{n}{n_t}\right)^2 \\ P &= P_t \left(\frac{n}{n_t}\right)^3 \end{aligned}\right\} \tag{2-102}$$

4. 性能曲线绘制

根据性能参数换算得到的数据（流量 Q、扬程 H、轴功率 P 和转速 n），在以流量 Q 为横坐标、其他参数为纵坐标的直角坐标系中分别绘制以转速 n 为参变量的 $Q—H$、$Q—P$、$Q—\eta$ 曲线。

2.2.2.6　基本性能曲线的数学表达式

基本性能曲线虽然全面、直观地反映了水泵的特性，但在使用中还不太方便，主要是因为给出的实测点数据比较少，比如大部分厂商只给出三个流量值对应的扬程、轴功率、效率、允许吸上真空高度或允许汽蚀余量数据，有的厂商甚至都不给出效率数据，因此具体使用中经常需要内插工作点数据。

根据实测数据数量和分部情况，选择合理的插值公式进行曲线拟合，对方便使用和提高计算精度非常重要。

1. 多项式拟合

当试验数据比较多，实测数据分部比较均匀时，可以采用多项式来表示水泵的基本特性曲线，即

$$H = \sum_{i=0}^{n} A_i Q^i \tag{2-103}$$

$$P = \sum_{i=0}^{n} B_i Q^i \tag{2-104}$$

$$[H_s] \text{ 或 } [\Delta h] = \sum_{i=0}^{n} C_i Q^i \tag{2-105}$$

$$\eta = \sum_{i=0}^{n} D_i Q^i \tag{2-106}$$

式中　n——多项式的方次数，$n = 1,2,3,4\cdots$；

A_i、B_i、C_i、D_i——流量—扬程、流量—轴功率、流量—允许吸上真空高度或必需汽蚀余量、流量—效率多项式方程中其值为常数的系数，这些系数可以借助实测性能曲线数据，采用最小二乘法来确定，并分别用相关系数 R 和标准残差 S 来表示试验数据的离散程度和拟合程度。

具体计算可以借助计算机软件（如 excel、matlab 等）进行。采用多项式拟合水泵特性曲线比较简单，拟合精度也较高，并且可能消除一部分测量中的误差。但需注意的是必须要有足够多的实测数据，如果数据过少，比如只有三组，拟合的效果可能就比较差，甚至可能出现异常的拟合结果，比如非设计工况点的效率值高于最大效率值等。

2. 其他曲线拟合

对于实测数据组数较少、数据分布不匀的水泵,采用多项式拟合曲线的方式就不合适了。比如水泵只有三组性能参数数据,如果用多项式拟合,那只能是二次多项式了,除非三组数据分部很均匀合理,否则拟合曲线只能保证实测点的拟合精度(残差为零),非实测点数据可靠性一般较差,甚至异常。所以,要拟合出比较符合实际的性能曲线表达式,就必须采取其他措施,做到相对的准确。在此介绍几种解决方法。

1)增加有效数组

如果能够获得所选水泵的产品样本,而且样本中具有水泵的特性曲线,则可将其特性曲线数字化。此种情况下,既可以从其中提取少数关键节点的数组,比如最高效率点、高效区边界点、汽蚀性能明显变化点以及各条曲线的曲率突变区段点等,然后采用多形式拟合获得水泵性能曲线;也可以直接将样本曲线图数字化为水泵的性能曲线。需要注意的是,产品样本中的性能曲线图一般做得比较粗糙,精度难以保证,提取的数据需加以分析。

2)确定最优工况点数组

从已知水泵参数,确定最优工况点数据组(对应最高效率点),据此计算出选用水泵的比转数 n_s。如果能够获得与 n_s 比较接近的水泵模型(或原型泵)的性能参数试验数据,即能获得该比转数水泵的相对性能曲线参数(详见下一小节"叶片泵的相对性能曲线"),结合已知最优工况点参数,就可通过适当的插值计算得到水泵性能曲线的数学表达式。此方法利用了相似水泵性能参数的关系公式(比例律),计算结果比较准确可靠。

3)数据分析外加数学处理

对数据组数很少,又找不到其他可增加数组量的办法时,应首先对已有数组进行分析。一般来讲,在水泵性能参数数据中,一定有一组效率最高的数组,此效率也应该是水泵的最高效率,对应数组也应该是水泵的设计(最佳)工况点数组。

在分析确定了水泵的设计工况点及其数据后,即可选用合适的插值函数,进行插值计算和水泵性能曲线拟合。常用的方法有分段立方埃米尔特插值多项式、三次样条数据插值等。通过反复调试,就可以获得一个比较符合实际的水泵性能曲线,至少要保证:①最佳工况点位置不变,数据拟合偏差很小(或无偏差);②其他已知工况点的拟合残值接近于零;③性能曲线形状符合理论规律,特别是效率曲线在最佳工况点附近要平缓且随着偏离高效点的距离的增加缓慢降低。

2.2.3 叶片泵的相对性能曲线

为了便于对不同比转数水泵的性能进行比较,常常用到相对性能曲线。在介绍相对性能曲线之前,先介绍相对性能参数的概念。

2.2.3.1 相对性能参数

相对性能参数是指在一定的转速下,各叶片泵在非设计工况下的工作参数 Q、H、P、η 和允许吸上真空高度 H_s 或必需汽蚀余量 Δh_r 与设计工况点(最大效率点)各对应参数(Q_d、H_d、P_d、η_d、H_{sd} 或必需汽蚀余量 Δh_{rd})的百分比,即

相对流量 q： $$q = \frac{Q}{Q_d} \times 100\% \tag{2-107}$$

相对扬程 h： $$h = \frac{H}{H_d} \times 100\% \tag{2-108}$$

相对功率 p： $$p = \frac{P}{P_d} \times 100\% \tag{2-109}$$

相对功率 η'： $$\eta' = \frac{\eta}{\eta_d} \times 100\% \tag{2-110}$$

相对允许吸上高度 h_s： $$h_s = \frac{H_s}{H_{sd}} \times 100\% \tag{2-111}$$

相对必需汽蚀余量 $\Delta h'_r$： $$\Delta h'_r = \frac{\Delta h_r}{\Delta h_{rd}} \times 100\% \tag{2-112}$$

2.2.3.2　相对性能曲线

相对性能曲线是指在以相对流量为横坐标的直角坐标系中，水泵的相对扬程 h、相对功率 p 和相对效率 η' 与相对流量 q 之间的关系曲线，如图 2-36 所示。

由水泵相似律很容易证明，比转数 n_s 相等的相似水泵具有相同的相对性能曲线，也就是说，用同一组相对性能曲线便可以代表一系列相似的水泵性能。因此，如把式(2-107)～式(2-112)改写成

$$\left.\begin{aligned} Q &= qQ_d \\ H &= hH_d \\ P &= pP_d \\ \eta &= \eta'\eta_d \end{aligned}\right\} \tag{2-113}$$

就可以根据已知的相对性能曲线计算和绘制出设计点参数已知的叶片泵的性能曲线。这个方法不但非常简易，而且比任何现有理论所给出的结果都可靠。因此，在工程中经常采用这个方法，由模型泵的相对性能曲线来换算原型泵的基本性能曲线。

图 2-36 清楚地表示出叶片泵性能曲线随比转数 n_s 而变化的规律：n_s 越小，泵的 $Q—H$ 曲线越平缓，$Q = 0$ 时的相对轴功率 P 越小，$Q—\eta$ 曲线在效率最高点两侧下降得越平缓，高效区范围越宽；反之，n_s 越大，泵的 $Q—H$ 曲线越陡峻，$Q = 0$ 时的相对轴功率 P 越大，$Q—\eta$ 曲线在效率最高点两侧下降得越快，高效区范围越窄。换句话说，随着比转数 n_s 的增大，$Q—H$ 曲线逐渐变陡；$Q—P$ 曲线由随流量增加轴功率变大的上升曲线变为比较平坦，继而变为轴功率随流量的增加而减小的下降曲线。

图 2-37 表示了叶片泵各种效率与比转数的关系，其中 η_{m1} 为轴承及填料函的功率损失相应的机械效率，η_{m2} 为圆盘损失相应的机械效率。由图 2-37 可以看出，$n_s = 90 \sim 210$ 的离心泵具有最高的总效率。

工程实用中为了方便使用，也将某台水泵在额定转速下的相对性能曲线绘在一起以利随时对比查用，如图 2-38 所示。

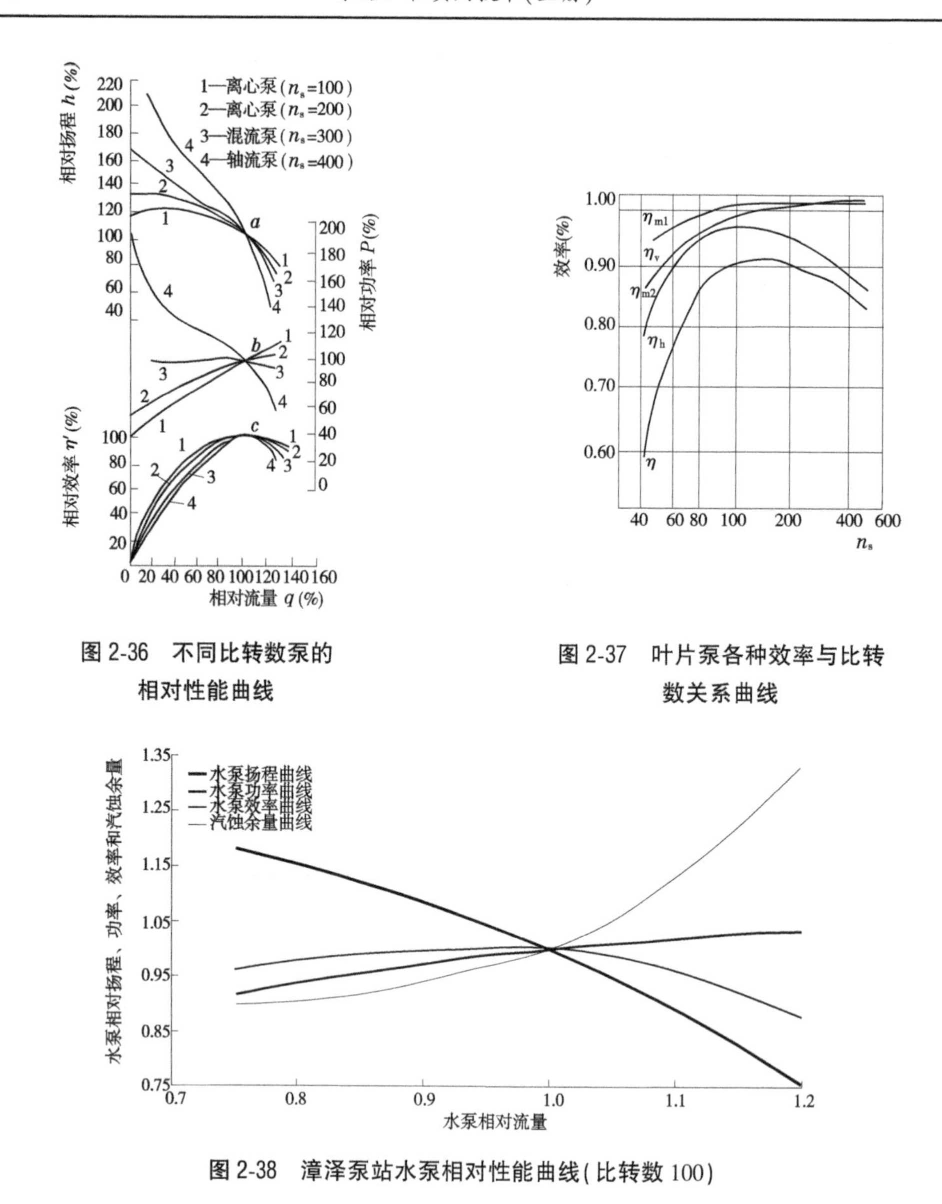

图 2-36　不同比转数泵的相对性能曲线

图 2-37　叶片泵各种效率与比转数关系曲线

图 2-38　漳泽泵站水泵相对性能曲线(比转数 100)

2.2.4　叶片泵的通用性能曲线

基本性能曲线反映了水泵在额定转速和设计叶片安装角下的性能。然而,在实际运行中常常采用改变转速或叶片安装角的办法,来适应工况变化对水泵性能的要求。为此,就需要知道水泵在各种不同转速下或不同叶片安装角时的性能。同一直角坐标系中绘制的一台水泵在不同转速或不同叶片安装角时的一簇性能曲线称为通用性能曲线。

2.2.4.1　变速通用性能曲线

通过对泵的性能试验,可以得到某一转速下泵的基本性能曲线,如图 2-39 所示。但该曲线使用起来不够方便,且转速变化越多,图上线条越密集。为了使用便利,通过将图 2-39 中的曲线变换为仅在图中反映不同转速下的 Q—H 曲线,且用等效率线代替不同转速下的效率曲线,如图 2-40 所示。水泵在不同转速下的功率可由对应点的 Q、H 和 η 计算得出。

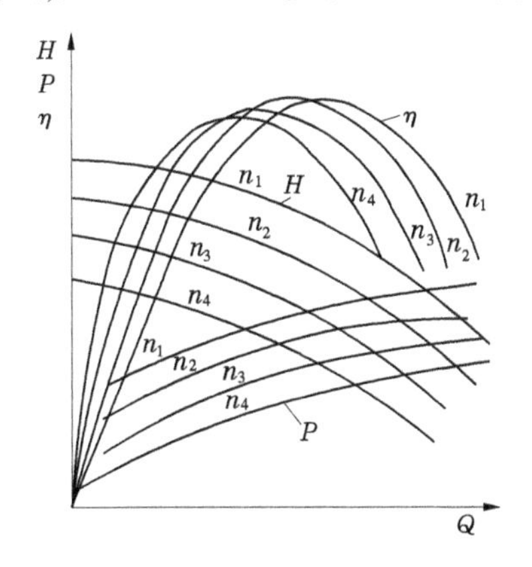

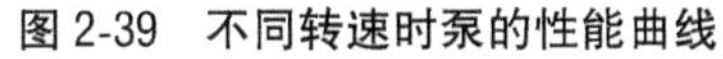
图 2-39　不同转速时泵的性能曲线

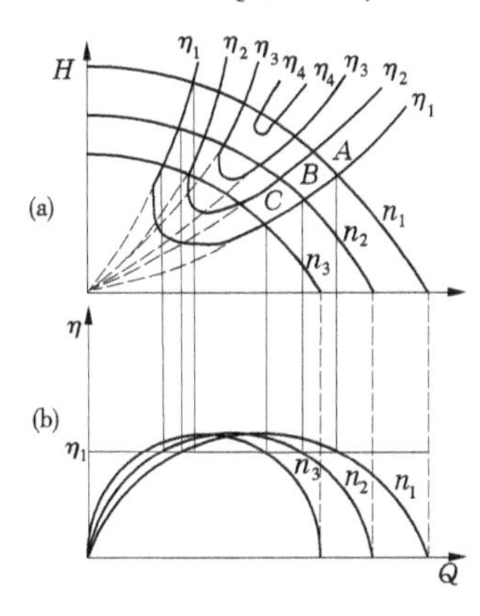

图 2-40　离心泵通用性能曲线

1. 图解法

利用泵性能试验所得到的 $Q—H$ 和 $Q—\eta$ 两条曲线,可采用作图法获得变速通用性能曲线,步骤如下:

(1)保留图中不同转速时泵的 $Q—H$ 曲线。

(2)在不同转速的 $Q—\eta$ 曲线中,取某一等效率值 η_1 作水平线与各效率曲线相交于两点,在图 2-40 中交三条效率曲线共得 6 个点,各点效率值皆等于 η_1。

(3)将所得各点分别投影到与转速相对应的 $Q—H$ 曲线上,再将 $Q—H$ 曲线上这些投影点连成曲线,即得效率为 η_1 值的等效率曲线。

(4)同样地,分别取等效率值 η_2、η_3、η_4…,仿照步骤(2)、(3)的做法,即可得出相应于 η_2、η_3、η_4…的等效率曲线。

2. 计算机数解法

作图法工作量大,作图误差也大,因此可以先将与不同转速相对应 $Q_{ni}—H_{ni}$ 和 $Q_{ni}—\eta_{ni}$ 曲线或数据进行数字化处理,分别得出泵的扬程和效率与转速和流量的关系曲线(公式),即

$$H = F_1(n, Q) \tag{2-114}$$

$$\eta = F_2(n, Q) \tag{2-115}$$

联立式(2-114)、式(2-115),消去转速 n,即可得到

$$\eta = f(Q, H) \tag{2-116}$$

在 Q、H 直角坐标系内,设定不同的等效率值 $\eta = \eta_1$、η_2、η_3…,式(2-116)即为相对应的等效率曲线。

计算机数解法(编程)不仅工作量小、精度高,其最大的优点是可以应用有限的泵性能试验数据(曲线)内插出任意等效率值下的等效率曲线,且在任意一条等效率曲线上插得与任意转速对应的点。使用起来非常方便。

3. 相似律换算法

在转速变化范围较小时,可以近似地认为泵的机械、容积和水力效率不随转速的变化而改变,此时,根据水泵样本中给出的额定转速下的基本性能曲线,利用比例律就能从理

论上换算得到不同转速下泵的基本性能曲线和变速通用性能曲线。

从比例律公式中消去转速项后得到 $\frac{H_1}{H_2}=\left(\frac{Q_1}{Q_2}\right)^2$,即

$$\frac{H_1}{Q_1^2}=\frac{H_2}{Q_2^2}=K \tag{2-117}$$

或

$$H=KQ^2 \tag{2-118}$$

式(2-117)是一以常数 K 为参数,顶点位于坐标原点的二次抛物线方程。K 值可由 Q—H 曲线上任一已知点(如图 2-41 中的工况点“1”或“2”),通过式(2-117)求出。因为式(2-117)是由相似律推导而得,所以同一抛物线上的各点具有相似的工作状况,均为彼此相似的工况点,所以将该抛物线称为相似工况抛物线,也可看成等效率曲线。

根据泵在额定转速 n_1 的基本性能曲线,利用比例律很容易得到转速为 n_2 的基本性能曲线,如图 2-41 所示。点“1”与“1′”,点“2”与“2′”均为相似工况点和等效率点。从已知的(泵样本)泵在额定转速 n_1 的 Q—H 基本性能曲线中,找出与效率 η_1、η_2、η_3… 对应的 (Q_1,H_1)、(Q_2,H_2)、(Q_3,H_3)… 各坐标点,由式(2-117) 可计算得 K_1、K_2、K_3… 等值,代入式(2-118) 就得到了通用性能曲线上对应于效率 η_1、η_2、η_3… 的等值效率曲线,然后利用比例律公式计算出不同转速 n_1、n_2、n_3… 下的 Q—H 曲线,从而最后获得泵的变速通用性能曲线,如图 2-42 所示。

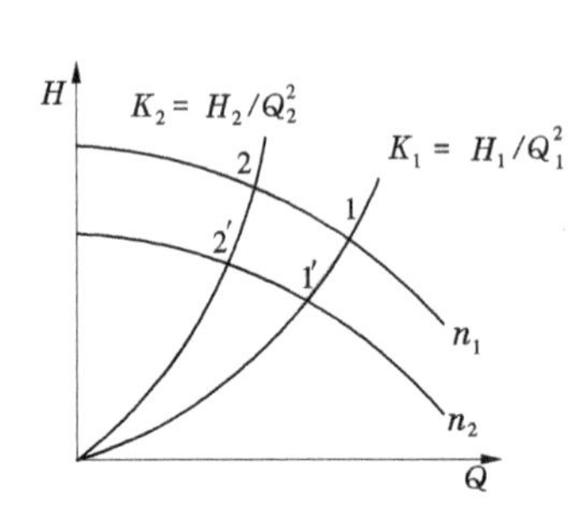

图 2-41 相似工况抛物线(等效率曲线)

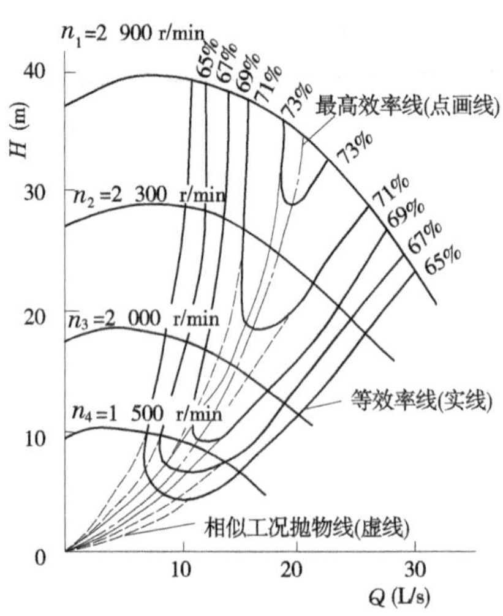

图 2-42 某离心泵变速通用性能曲线

图 2-42 中的实线为性能试验变速通用性能曲线,虚线为相似工况抛物线。可以看出,在转速降低的一定范围内,试验得到的等效率曲线与相似工况抛物线基本吻合,而随着转速的降低,等效率曲线越来越偏离相似工况线,试验等效率曲线偏向效率较高的方向,最后在最高效率线上闭合。图 2-42 说明两点:一是在偏离额定转速的一定范围内(一般认为变化率小于 20%),可以近似地认为相似工况抛物线就是等效率曲线,可以利用比例律进行水泵工况调节计算;二是水泵的效率确实是随着转速的降低而减小的,并且泵的高效区间也会相应地变窄。图中数据显示,当泵的转速从 2 900 r/min 降低到 1 500

r/min 后,泵的最高效率从大于 73%减小到 69%。所以,泵在调速(一般为降速)运行的经济性需要进行综合分析。

通过上述分析,就工程实用而言,可以利用相似律和相似抛物线公式,结合性能试验,用比较少的试验数据(试验工作量),快速地获得泵的变速通用性能曲线。

2.2.4.2 变角通用性能曲线

大中型轴流泵和混流泵的叶轮多为叶片安装角可调的叶轮(半调节式叶轮和全调节式叶轮),故一般采用改变叶片安装角的方法来满足工况变化对水泵性能的要求。变角通用性能曲线是指在直角坐标系中绘制的水泵在额定转速、不同叶片安装角下的一簇流量和扬程 Q—H 曲线、等效率曲线和等功率曲线,如图 2-43 所示。

变角通用性能曲线的绘制可以参照变速通用性能曲线的绘制方法,不同的是,不是按不同的转速而是按不同的叶片安装角绘制。其中的等功率曲线和等效率曲线的绘制方法类似。

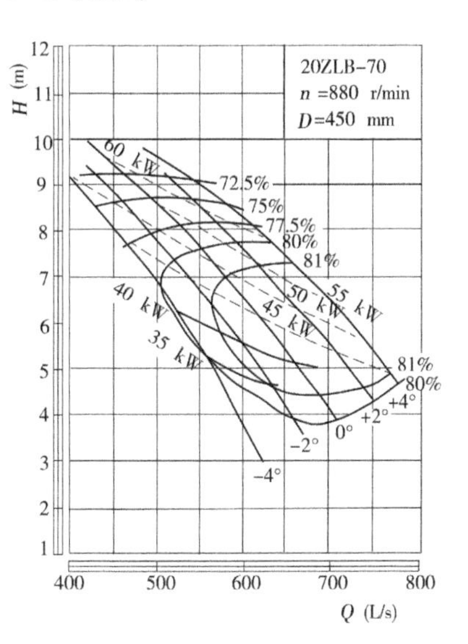

图 2-43 轴流泵的变角通用性能曲线

2.2.5 叶片泵的综合性能曲线(型谱图)

叶片泵根据不同的要求有各种不同的型号,同一型号水泵根据流量和扬程应用范围的不同又有各种不同的规格。所谓叶片泵的综合性能曲线,或称综合型谱图,是指在统一直角对数坐标系中,绘制有统一型号各种不同规格的一系列泵的流量和扬程 Q—H 曲线的工作范围(高效区)线段的性能曲线图。

制定叶片泵的综合性能曲线(型谱图),既使泵类产品系列化、标准化的需要,又方便用户选泵使用。由于轴流泵和混流泵还没有较成熟和完善的综合型谱图,故目前国内应用较多的是离心泵的综合性能曲线。

为了扩大泵的使用范围,各种规格的离心泵大都还有保持泵壳几何形状及其尺寸不变,仅将叶轮沿外径车削使其叶轮外径适当减小的变型规格。由于叶轮外径的减小,泵的流量和扬程都将减小,从而使 Q—H 曲线的位置向下偏移,那么该泵的高效工作范围成为如图 2-44 所示的阴影区域 $ABCD$,图中曲线 1 为泵在标准叶轮外径D_2 时的 Q—H 曲线,点 A 和点 B 为高效区的边界点;曲线 2 为叶轮经过车削后的 Q—H 曲线(叶轮车削后的效率和原泵效率相比有一定的降低,一般按降低幅度不大于7%控制叶轮车削量);曲线3 和曲线 4 分别为通过点 A 和点 B 的等效率曲线(相似工况抛物线);D 和 C 为曲线 2 与曲线 3 和曲线 4 的交点。

因此,离心泵的综合性能曲线是绘有同型号不同规格的所有泵的高效工作区域的性能曲线。图 2-45 是 S 型单级双吸离心泵的型谱图(综合性能曲线)。

2.2.6　叶片泵的全面性能曲线

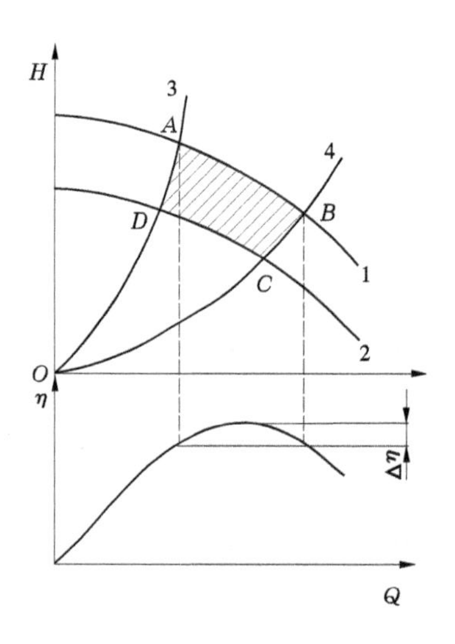

图 2-44　离心泵高效区确定

前面论述的性能曲线都是水泵在正常运行状态下的性能曲线。所谓正常运行状态或者说正常运行工况是指:①叶轮按规定的方向转动;②水从吸水侧流入水泵,从出水侧流出水泵;③水泵出口水流的总能头(能量)大于水泵进口的总能头(能量);④动力机将机械能传递流经水泵的液体,即水流从动力机吸收能量(功率)。由于水泵正常运行时的性能曲线位于 Q—H 直角坐标系的第一象限内,故也称为第一象限性能曲线。

在某些特殊情况,水泵可以在反常的条件下运转。如果把水泵正常运行时的转速 n、流量 Q、扬程 H 和功率 P 或与规定方向相同的转矩 M 定义为正值,那么,

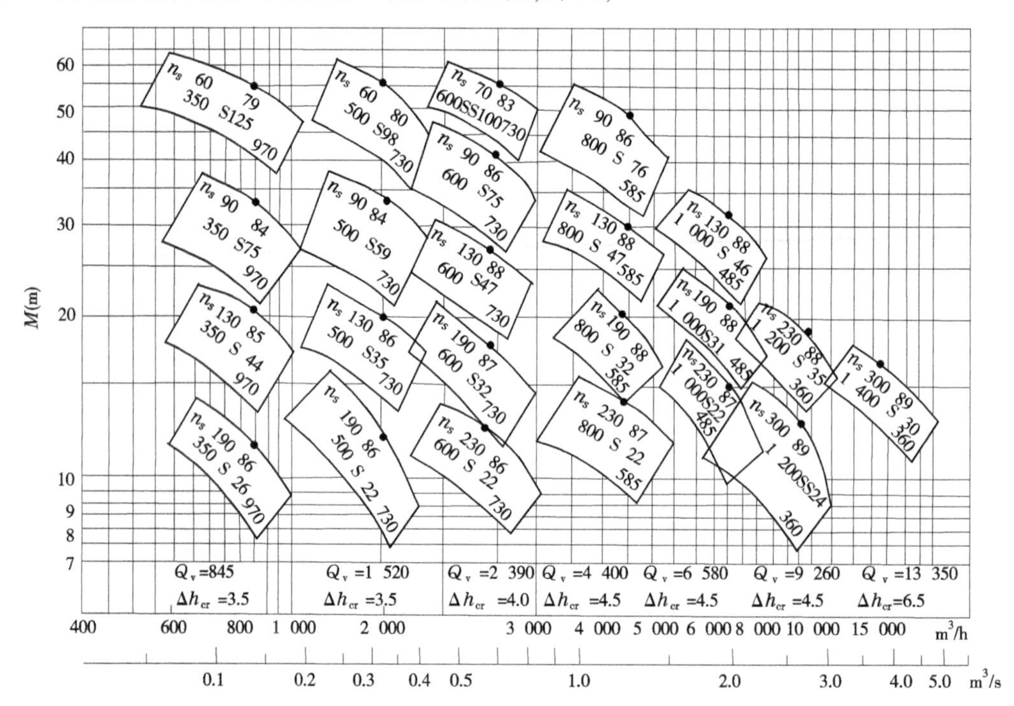

图 2-45　S 型单级双吸离心泵综合性能曲线(型谱图)

叶轮倒转时的转速、水倒流时的流量、水泵进口处的总能头高于出口处的总能头的扬程和水泵向动力机输出的功率或与规定方向相反的转矩就都是负值。把水泵在一个或几个负值工作参数条件下的运行状态称为反常运动工况,如泵站在事故停机过程中水泵所可能经历的正转正流、正转倒流和倒转倒流的反常运行工况;又如抽水蓄能电站中的水泵-水轮机可逆式机组作为水轮机运行时的倒转倒流运行状况等。

水泵反常运行涉及水泵在第一象限以外的工作特性,因此有必要了解泵在所有运行状态下的工作特性。因为水泵的工作特性是用性能曲线来表示的,所以要了解水泵在四个象限的特性变化,就必须借助水泵的四象限性能曲线或全面性能曲线。

2.2.6.1　全面性能曲线试验装置和试验方法

水泵的全面性能曲线与基本性能曲线一样,是通过试验得到的。图 2-46 所示为一水泵全面性能曲线试验装置。该装置对试验泵机组的要求是:运转可逆,转速可调,能双向测力矩;对回路的要求是:流动可逆,流量可调,能双向测流量。图 2-46 中 P 为试验泵,E 为测功电动机,V_1、V_2、V_3 和 V_4 为控制阀门,用于改变试验泵的运行方式,l 为管路,D 为循环水箱,P_1 是向试验泵出口强制逆向供水的辅助泵,其扬程要大于 P 的扬程,使试验泵能在负流量、正扬程下运转;P_2 是向试验泵进口供水的辅助泵,其流量和扬程均要大于试验泵 P 的流量和扬程,使试验泵能在正流量、负扬程下运转。

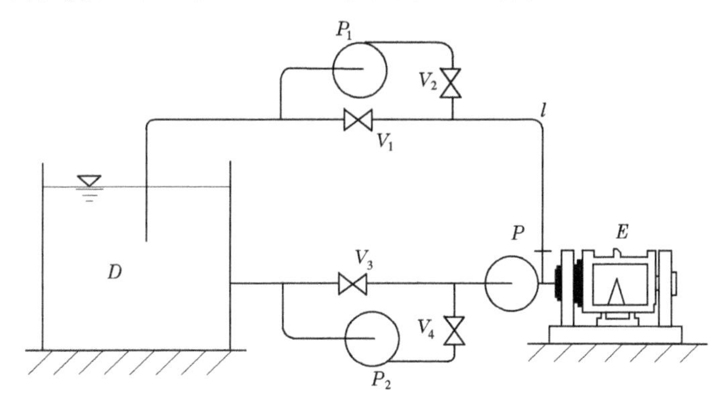

图 2-46　水泵全面性能曲线试验装置

上述试验装置可测出水泵在各种工况下的性能参数及曲线,测试方法和泵的基本性能试验大体相同。根据表 2-4 所列的方法进行试验,便可测定如图 2-47 所示的水泵四象限性能曲线。

表 2-4　试验设备操作状态及其测定的运行工况

P	P_1	P_2	V_1	V_2	V_3	V_4	测定的运行工况
水泵正转	停	停	开	关	开	关	正流量、正扬程、正转矩
	停	开	开	关	关	开	正流量、负扬程、正转矩
	停	开	开	关	关	开	正流量、负扬程、负转矩
	开	停	关	开	开	关	负流量、正扬程、正转矩
水泵反转	停	停	开	关	开	关	正流量、正扬程、负转矩
	停	开	开	关	关	开	正流量、负扬程、负转矩
	开	停	关	开	关	关	负流量、正扬程、正转矩
	开	停	关	开	开	关	负流量、正扬程、负转矩
水泵停转	停	开	开	关	关	开	正流量、负扬程、负转矩
	开	停	关	开	开	关	负流量、正扬程、正转矩

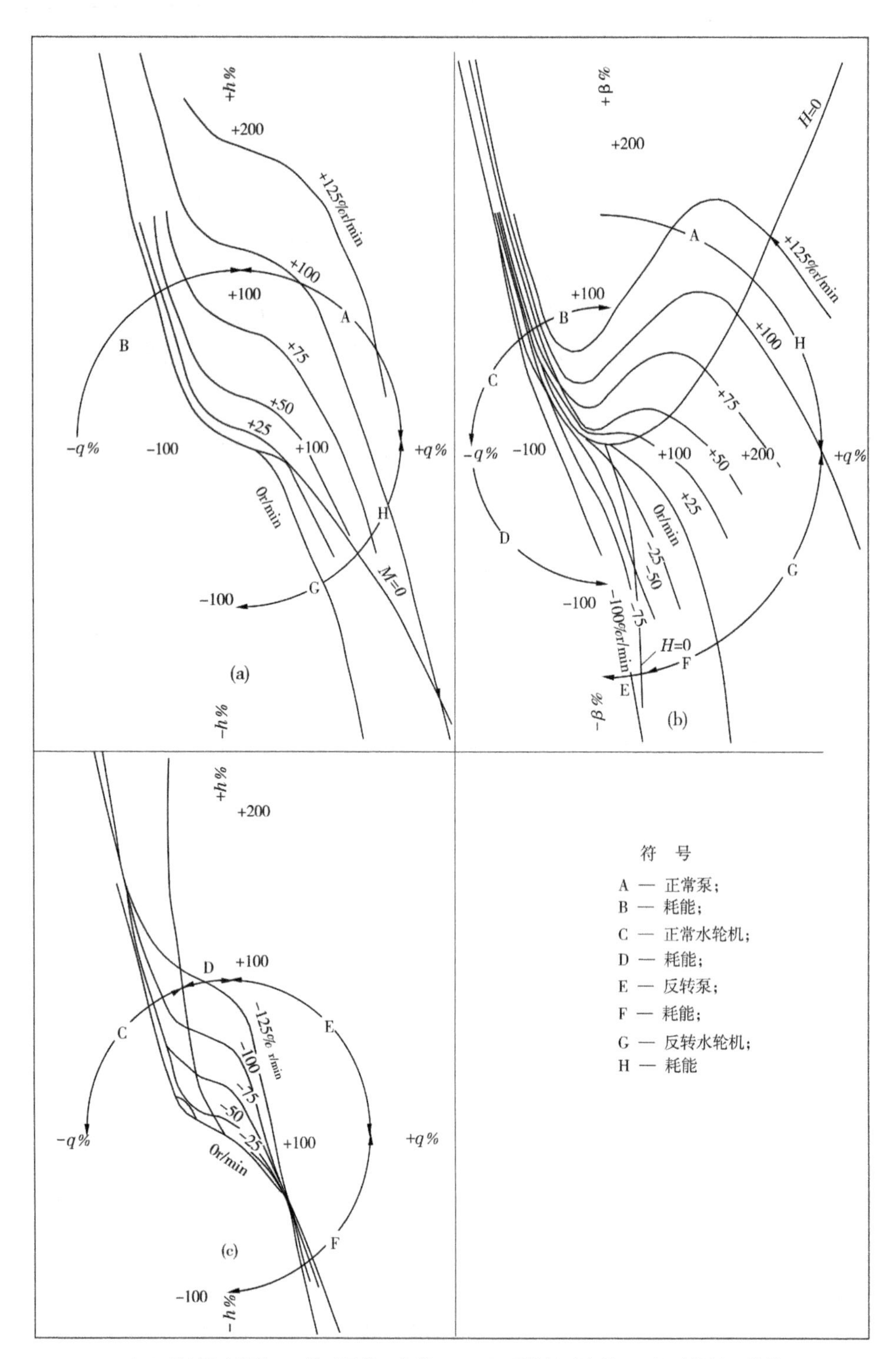

(a)正转相对流量 q—相对扬程 h 曲线；(b)正、反转相对流量 q—相对转矩 β 曲线；
(c)反转相对流量 q—相对扬程 h 曲线

图 2-47　双吸离心泵四象限性能曲线($n_s=90$)

2.2.6.2　水泵运行工况分析

水泵可能出现的各种运行工况可以用图 2-47 来说明。图 2-47(a)、(c)分别为水泵正、反转时,不同转速下的相对流量 q— 相对扬程 h 关系曲线;图 2-47(b) 为水泵正、反转时,不同转速下的相对流量 q— 相对转矩 β 关系曲线。水泵相对转矩为水泵转矩 M 与水泵设计点转矩M_d 比值的百分数,即 $\beta = M/M_d \times 100\%$。

从图 2-47 中可以看出,水泵正转 q—h 曲线被纵横坐标轴和 0 转矩线分为 A、B、G、H 四个区;水泵反转 q—h 曲线被纵横坐标轴和 0 转矩线分为 C、D、E、F 四个区;水泵 q—β 曲线被纵横坐标轴 0 转速线分为 A、B、C、D、E、F、G、H 八个区。

(1)水泵在 A 区运行时,水泵正转,其流量 Q、扬程 H 和转矩 M 均为正值,故其功率为正值,即$\frac{\pi}{30}(+M)(+n) > 0$,表示功率自动力机传给水泵,且有$\rho g(+Q)(+H) > 0$,表示水流通过水泵后其能量增加,所以 A 区为水泵正常运行工况区,或称为正转水泵工况区。

(2)水泵在 B 区运行时,水泵正转,扬程 H 和转矩 M 均为正值,故其功率$\frac{\pi}{30}(+M)(+n) > 0$,表示功率自动力机传给水泵,但此时由于水泵出口的水头超过了流量为零时水泵的工作扬程,水流反向流过水泵,故流量 Q 为负值,则有$\rho g(-Q)(+H) < 0$,表示水流通过水泵后其能量减少,所以 B 区为制动耗能工况区。

(3)水泵在 G 区运行时,水泵正转,此时由于水泵进口水头大于出口,水流被强制通过水泵,故流量 Q 为正值,扬程 H 和转矩 M 均为负值,故其功率$\frac{\pi}{30}(-M)(+n) < 0$,表示功率自水泵传给动力机,而$\rho g(+Q)(-H) < 0$,表示水流通过水泵后其能量减少,所以 G 区为反转水轮机工况区。

(4)水泵在 H 区运行时,水泵正转,同 G 区一样,水泵进口水头大于出口,水流被强制通过水泵,故流量 Q 为正值,扬程 H 为负值,$\rho g(+Q)(-H) < 0$,表示水流通过水泵后其能量减少,但转矩 M 为正值,故其功率$\frac{\pi}{30}(+M)(+n) > 0$,表示功率自动力机传给水泵,所以 H 区为制动耗能工况区。

(5)水泵在 E 区运行时,水泵反转,其流量 Q、扬程 H 为正值,转矩 M 为负值,故其功率$\frac{\pi}{30}(-M)(-n) > 0$,表示功率自动力机传给水泵,且有$\rho g(+Q)(+H) > 0$,表示水流通过水泵后其能量增加,所以 E 区为反转水泵工况区。

(6)水泵在 C 区运行时,水泵反转,其扬程 H、转矩 M 均为正值,故其功率$\frac{\pi}{30}(+M)(-n) < 0$,表示功率自水泵传给动力机,而流量 Q 为负值,故有$\rho g(-Q)(+H) < 0$,表示水流通过水泵后其能量减少,所以 C 区为正转水轮机工况区。

(7)水泵在 D 区运行时,水泵反转,水泵出口的水头超过了流量为零时水泵的工作扬程,水流反向流过水泵,其扬程 H 为正值,流量 Q、转矩 M 均为负值,故其功率$\frac{\pi}{30}(-M)(-n) > 0$,表示功率自动力机传给水泵,且有$\rho g(-Q)(+H) < 0$,表示水流通

过水泵后其能量减少,故 D 区为制动耗能工况区。

(8)水泵在 F 区运行时,水泵反转,水泵进口的水头大于出口,水流被强制通过水泵,其流量 Q 为正,扬程 H、转矩 M 均为负值,故其功率$\frac{\pi}{30}(-M)(-n) > 0$,表示功率自动力机传给水泵,且有 $\rho g(+Q)(-H) < 0$,表示水流通过水泵后其能量减少,故 F 区为制动耗能工况区。

2.2.6.3 全面性能曲线绘制及应用

为使水泵的全面性能曲线能够适用于所有比转数相等的相似泵,而与泵的尺寸大小和转速无关,故用相对性能参数来表示。所考虑的四个相对性能参数——相对转速 α,相对流量 q,相对扬程 h 和相对转矩 β 中,任何两个都可以取作自变数,因此可以有 6 种不同组合的自变数组,但最适宜的是采用相对流量 q 作为横坐标、相对转速 α 作为纵坐标来绘制 h = 常数和 β = 常数的两组曲线。

作图时,先绘出如图 2-47 所示的不同转速下的 $q—h$ 和 $q—\beta$ 曲线,再从不同 h 处画水平线与不同转速下的 $q—h$ 曲线和 $q—\beta$ 曲线相交,然后根据这些交点的数据,将其点绘在 $q—\alpha$ 坐标图中,即可绘出如图 2-48 ~ 图 2-50 所示的水泵全面性能曲线。

在图 2-48 ~ 图 2-50 中各有两条零扬程线、零转矩线,它们与坐标系中的四个半轴都是水泵运行工况的分界线。由前分析可知,这些分界线将平面分成八个区,自第一象限的 $M=0$ 的线开始逆时针方向旋转,按工况定义依次得到的各区工况是:正转水泵工况、制动耗能工况、正转水轮机工况、制动耗能工况、倒转水泵工况、制动耗能工况、倒转水轮机工况、制动耗能工况。

水泵的全面性能曲线表达了水泵在各种运行条件下的所有特性,应用时只需根据水泵所处的工况,并借助其全面性能曲线的有关部分分析解决问题(具体应用见后面有关章节)。

不过,同一台泵在不同工况下运行,其经济性是不一样的。表 2-5 给出了三种比转数泵在不同工况下运行时的效率。从表 2-5 中数据可知:不论哪一种泵,在倒转水泵和倒转水轮机工况下运行,其效率都是相当低的。相对而言,泵做正转水轮机运行是可以的,特别是比转数较高的泵更有优势。实际上,目前水泵-水轮机(可逆式机组)一般都是按照水泵工况设计的,但是为避免两种工况下高效点处转速的不一致(泵的转速大于水轮机的转速),通常对泵的性能和结构做了某些调整,以实现两种工况下高效区具有同一转速。

表 2-5 不同比转数泵在不同工况下运行时的效率 (%)

泵比转数	正转水泵工况	倒转水泵工况	正转水轮机工况	倒转水轮机工况
$n_s=130$(离心泵)	83	9	70	9
$n_s=530$(混流泵)	82	9	78	9
$n_s=950$(轴流泵)	80	34	78	50

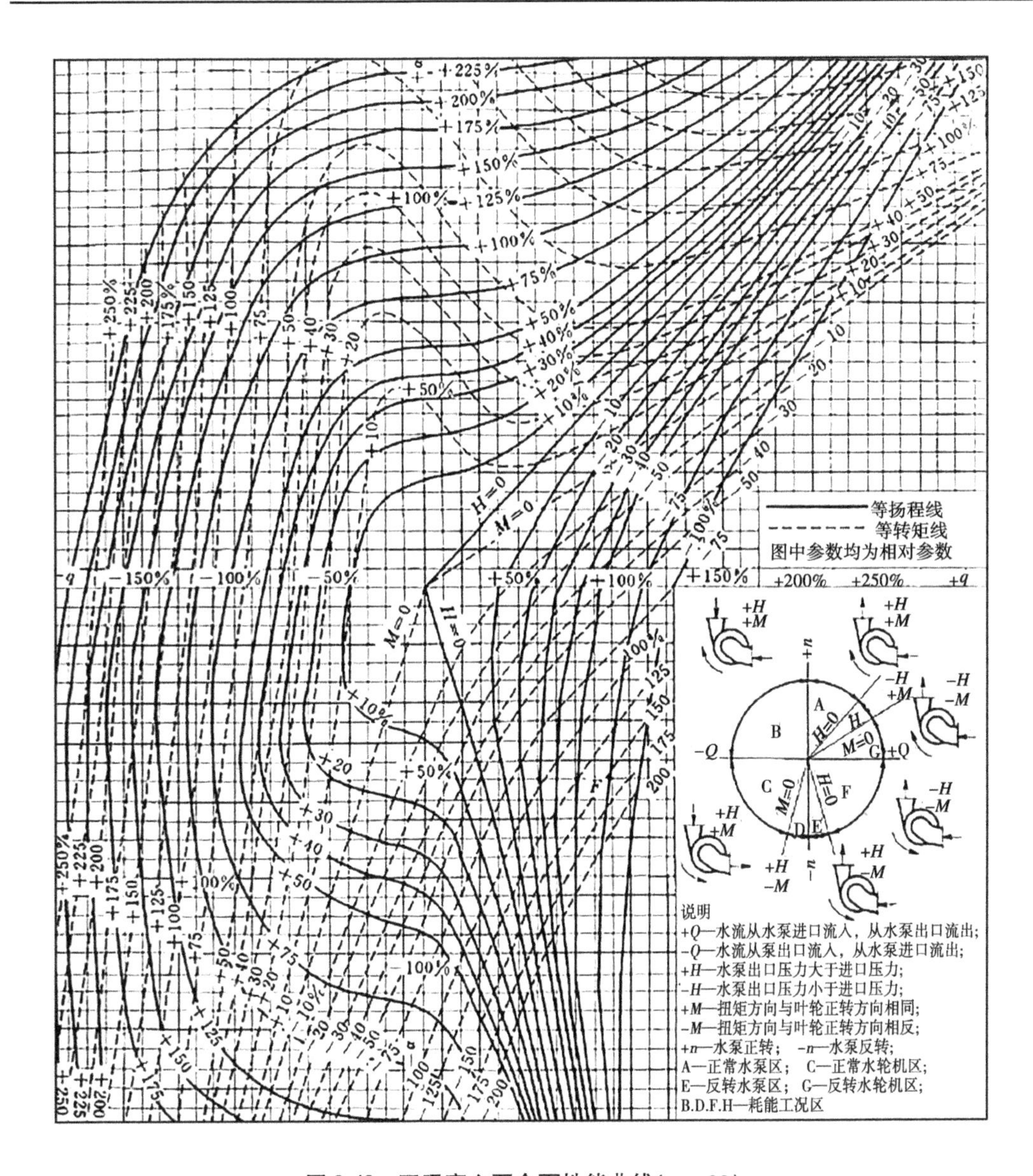

图 2-48　双吸离心泵全面性能曲线($n_s=90$)

2.3　叶片泵的启动特性及要求

大型水泵的启动力矩和启动电流很大,启动过程较长,除要求动力机的功率和转速满足水泵要求外,对其机械特性也有一定的要求,以保证机组能够平稳地启动。

大型水泵的配套动力机一般为三相异步电动机和三相同步电动机。异步电动机的启动性能较好,启动过程较简单;而同步电动机多采用异步启动方式启动,起步分为两个阶段:第一阶段,定子绕组接至交流电网,同步电动机作为异步电动机启动;第二阶段,当电动机的转速达到亚同步转速($n=0.95n_0$,n_0 为同步转速)时,投入励磁系统,使转子励磁,

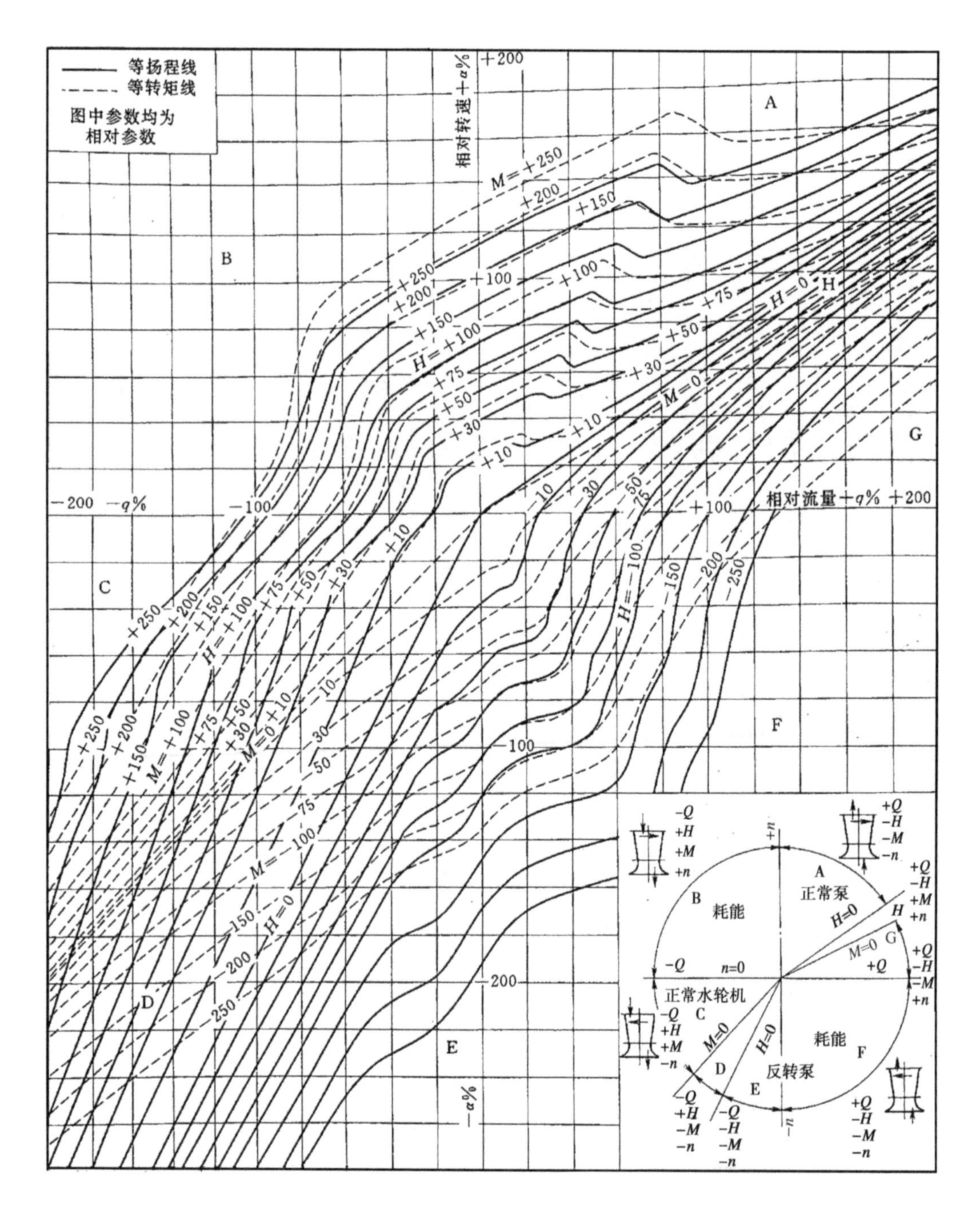

图 2-49　混流泵全面性能曲线($n_s=530$)

并将电动机牵入同步,进入稳定运行。

为了完成机组启动,在启动瞬间,电动机的启动转矩必须大于水泵机组的静摩擦力矩;接近同步转速时,电动机的牵入转矩必须大于该时刻水泵机组的总阻力矩;电动机的最大转矩应大于水泵机组启动和运行过程中可能出现的最大阻力矩,并留有一定的安全余量。

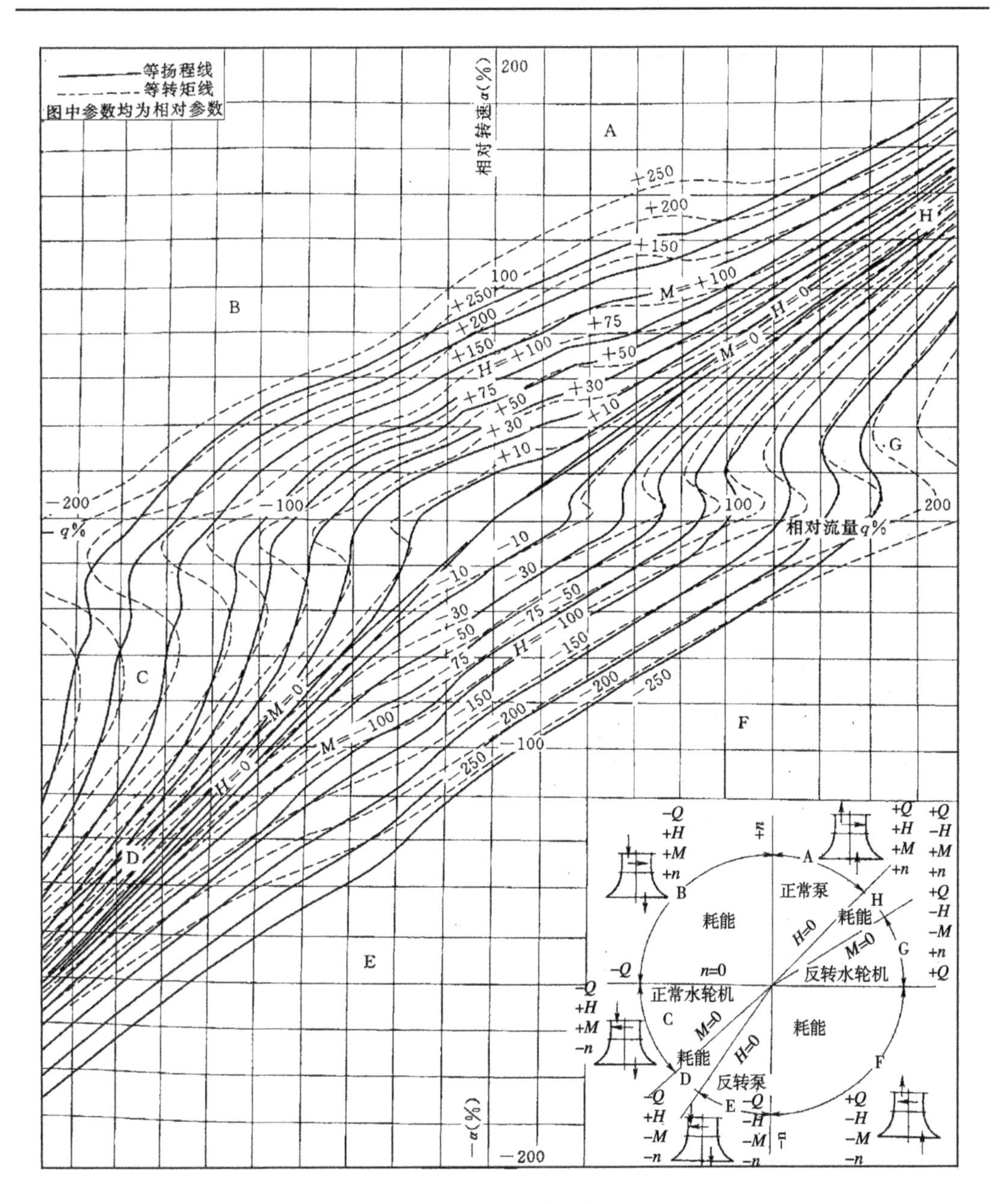

图 2-50　轴流泵全面性能曲线(n_s=950)

2.3.1　水泵机组启动过程的力矩平衡关系

电动机拖动水泵机组,在启动过程中的力矩平衡方程式可用下式表示:

$$M_D - M_Z = J\frac{d\omega}{dt} = \frac{\pi J}{30}\frac{dn}{dt} \tag{2-119}$$

$$M_Z = M_w + M_m + M_s \tag{2-120}$$

式中　M_D—— 电动机电磁力矩,N · m;

M_Z—— 机组负载阻力矩,N · m;

M_w—— 水力矩,N · m;

M_m—— 机组(电机、水泵) 摩擦力矩,N · m;

M_s—— 机组损耗力矩,N · m;

J—— 机组转子转动惯量,包括泵内水体的转动惯量,kg ·m^2;

ω、n—— 角速度和转速,rad/s 及 r/min;

t—— 时间,s。

式(2-119)、式(2-120)中各量的关系可用图 2-51 表示。图中 M_1 是电动机启动转矩,机组启动时要求启动转矩大于机组静摩擦力矩,即$M_1 > M_m$。机组启动后,如电磁转矩大于负载转矩,就能把剩余转矩($M_D - M_Z$) 转给机组转子,使其加速运转,故 $J\frac{d\omega}{dt}$ 或$\frac{\pi J}{30}\frac{dn}{dt}$ 又称为机组的惯性力矩。对于异步电动机,当转速达到某一值时,电磁转矩曲线与阻力转矩曲线交于 A 点,$M_D = M_Z$,$\frac{d\omega}{dt} = \frac{dn}{dt} = 0$,机组进入稳定运行状态。对于同步电机,当转速达到亚同步转速时,投入励磁系统,将机组牵入同步转速,此时的电磁转矩称为牵入转矩M_2,M_2 必须大于负载阻力转矩M_Z。

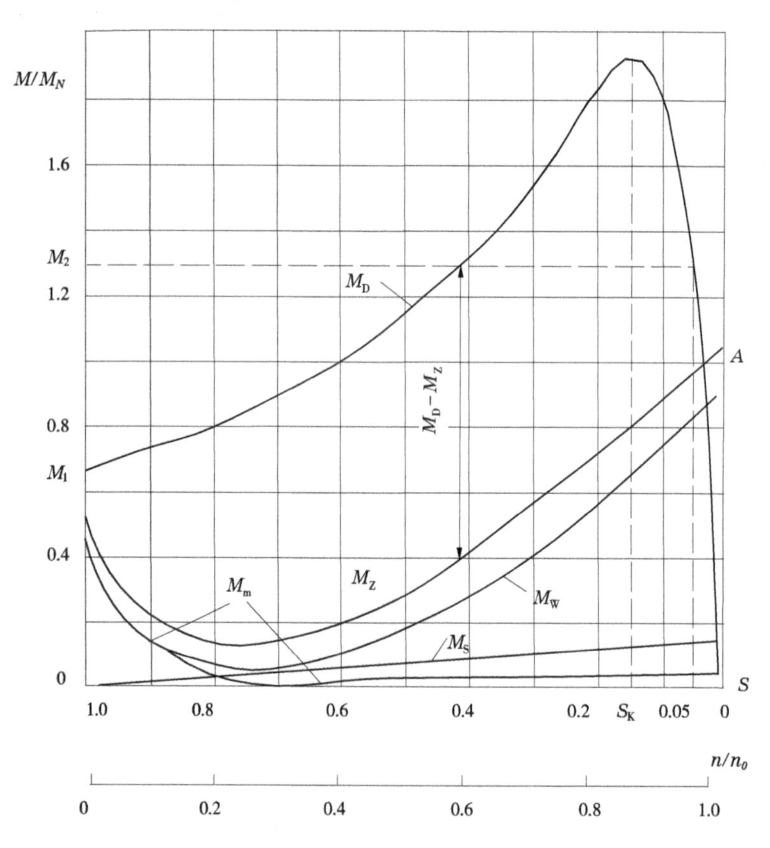

图 2-51 水泵机组启动过程转矩示意图

图 2-51 中电机的电磁力矩随转速增加而上升到最高点时即最大转矩 M_{max}，相应的转差率为临界转差率S_K。知道了电动机的电磁力矩和机组负载力矩曲线，就可以全面掌握机组启动过渡过程特性。电机电磁转矩M_D、机组机械摩擦转矩M_m 和机组损耗转矩M_s 随转速 n 而变化。由于静摩擦系数远大于动摩擦系数，所以机组机械摩擦转矩M_m 在启动瞬间较大，启动后迅速减小；水泵水力转矩M_w 既与水泵特性和管路布置有关，也与启动过程，即转速变化规律有关。

2.3.2　电动机电磁力矩 M_D

2.3.2.1　参数公式

图 2-52 是三相异步电动机的等效电路图，图中 R_1 和X_1 为定子每相绕组的电阻和漏电抗；R_2 和X_2 为折算到定子边的转子每相绕组的电阻和漏电抗；X_m 为激磁相电抗；而R_m 为反映电机铁芯磁滞和涡流损耗的等效相电阻。其中，定子电阻R_1 可以用电桥法或伏安法准确地测定。其他参数则要通过空载、堵转试验方法测定。电动机的电磁转矩可用以下简化公式计算：

$$M_D = 3pU_1^2 \frac{R_2}{S} \Big/ \left\{2\pi f_1\left[\left(R_1 + \frac{R_2}{S}\right)^2 + (X_1 + X_2)^2\right]\right\} \tag{2-121}$$

当 $S=1$ 时，得电机启动瞬间的电磁转矩为

$$M_1 = 3pU_1^2 R_2 / \{2\pi f_1 [(R_1 + R_2)^2 + (X_1 + X_2)^2]\} \tag{2-122}$$

取不同 S(或转速 n)值，可计算出对应 M_D 值，从而得出电磁转矩曲线。

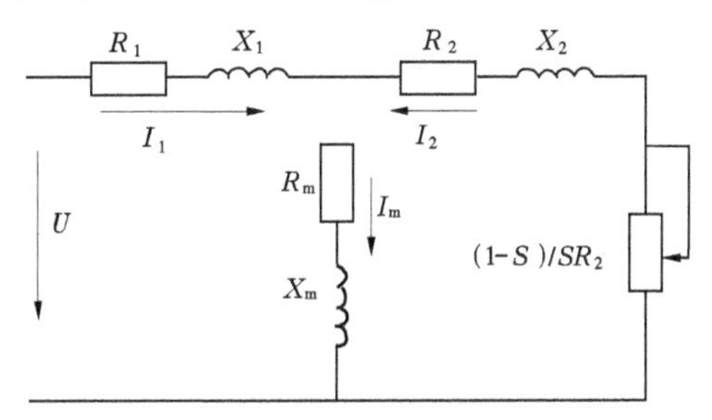

图 2-52　三相异步电动机的等效电路图

2.3.2.2　实用公式

实际应用时，三相异步电机的参数不易得到，所以式(2-121)使用不便。若利用三相异步电动机产品样本中给出的数据，找出它的机械特性公式，即便是粗糙些，但也很有用，这就是如下的实用公式：

$$\frac{M_D}{M_{max}} = \frac{2 + 2S_K}{\frac{S}{S_K} + \frac{S_K}{S} + 2S_K} \text{ 或 } \frac{M_D}{M_{max}} = \frac{2}{\frac{S}{S_K} + \frac{S_K}{S}} \tag{2-123}$$

式中　M_{max}—— 电机最大电磁转矩，N · m；

S_K—— 对应于M_{max} 的转差率；

S ——转差率。

2.3.2.3 实用公式的使用

从实用公式可以看出，只有求出最大转矩 M_{max} 和临界转差率 S_K，才能利用式(2-123)得到不同转差率 S 所对应的转矩 M_D。现介绍 M_{max} 和 S_K 的求法。

1. 利用最大转矩倍数 k_m 计算 M_{max} 和 S_K 值

由电动机额定功率 P_N 和额定转速 n_N，可计算得到电机的额定转矩 M_N 和额定转差率 S_N 为

$$\left.\begin{aligned} M_N &= 9\,550\frac{P_N}{n_N} \\ S_K &= (n_1 - n_N)/n_1 \end{aligned}\right\} \tag{2-124}$$

式中　n_1——同步转速，r/min。

最大转矩倍数 k_m 可由水泵产品样本查得，或从水泵厂家得到，则最大转矩 M_{max} 和 S_K 值为

$$\left.\begin{aligned} M_{max} &= k_m M_N \\ S_m &= \frac{k_m S_N + S_N\sqrt{k_m^2 - 1 + 2k_m S_N - 2S_N}}{1 + 2S_N - 2k_m S_N} \approx S_N(k_m + \sqrt{k_m^2 - 1}) \end{aligned}\right\} \tag{2-125}$$

2. 启动力矩和牵入力矩

电动机启动时，$S = 1$，则启动力矩 M_1 为

$$M_1 = k_m M_N \frac{2 + 2S_K}{1/S_K + 3S_K} \approx k_m M_N \frac{2}{S_K + 1/S_K} \tag{2-126}$$

堵转转矩倍数 k_t 也可由水泵产品样本查得，或从水泵厂家得到，则堵转转矩 M_1 也可用 $k_t M_N$ 算得，相互可以校核验证。

机组转速达亚同步速时，即 $n = 0.95n_1(S = 0.05)$ 时，(同步)电机投励牵入同步，其牵入力矩 M_2 为

$$M_2 = k_m M_N \frac{2 + 2S_K}{0.05/S_K + 22S_K} \approx k_m M_N \frac{2}{20S_K + 0.05/S_K} \tag{2-127}$$

大型同步电动机设计时，根据泵站机组的具体要求，可先确定启动力矩 M_1 和牵入力矩 M_2 的值，则可由下式计算 S_K 的值：

$$S_K = \sqrt{\frac{0.05M_2 - M_1}{M_1 - 20M_2}} \tag{2-128}$$

3. 考虑电压变化时的电磁力矩公式

电磁力矩近似与电机输入电压的平方成正比，为此有：

$$M_D \approx \frac{2k_m M_N}{\dfrac{S}{S_K} + \dfrac{S_K}{S}}\left(\frac{U}{U_N}\right)^2 \tag{2-129}$$

$$M_1 \approx \frac{2k_m M_N}{S_K + 1/S_K}\left(\frac{U_1}{U_N}\right)^2 \tag{2-130}$$

$$M_2 \approx \frac{2k_m M_N}{20S_K + 0.05/S_K}\left(\frac{U_2}{U_N}\right)^2 \tag{2-131}$$

$$\frac{M_2}{M_1} = \frac{1 + S_K^2}{0.05 + 20S_K^2}\left(\frac{U_2}{U_1}\right)^2 \tag{2-132}$$

式中　U、U_1、U_2、U_N—— 机组启动过程中任意时刻、启动瞬间、亚同步速牵入瞬间和额定端电压值。其中启动电压U_1 不应低于额定电压U_N 的 80%。

2.3.3　水泵的阻力矩

2.3.3.1　水泵的有效水力矩 M_w

水泵的水力矩是与水功率对应的有效力矩,其值与流量、扬程、转速的瞬时值有关。理论上可用下式表达:

$$M_w = 30\rho gQH/(\pi n) \tag{2-133}$$

在已知水泵在额定转速 n_N 时的特性曲线 $H = F'(n_N, Q)$ 的前提下,根据水泵相似理论,并假设相似工作点的效率不变,则可得到任意转速下的水泵特性曲线如下:

$$H = F(n, Q) \tag{2-134}$$

则水泵的有效水力矩可以写为

$$M_w = 30\rho gQF(n, Q)/(\pi n) \tag{2-135}$$

水泵的有效水力矩用于克服泵站的装置扬程 H_{st}、管路损失水头 Δh 和管路中水体的惯性水头H_i 所对应的力矩。

对于低扬程、管路较短的泵站工程,当不计水体和管壁弹性变形(按刚性水锤理论)时,惯性水头为

$$H_i = \begin{cases} \dfrac{L}{A}\dfrac{dQ}{dt} & (\text{管路断面不变时}) \\ \displaystyle\int_0^L \dfrac{dx}{A(x)}\dfrac{dQ}{dt} & (\text{管路断面改变时}) \end{cases} \tag{2-136}$$

惯性力矩 M_i为

$$M_i = 30\rho gQH_i/(\pi n) \tag{2-137}$$

则水泵水力矩为

$$M_w = 30\rho gQ(H_{st} + \Delta h + H_i)/(\pi n) \tag{2-138}$$

2.3.3.2　水泵功率损失

泵内功率损失分为机械损失、水力损失和容积损失三部分。

1. 机械损失功率 p_m

机械损失主要是填料函摩擦损失、径向轴承摩擦损失、推力轴承摩擦损失(轴流泵、导叶式混流泵)和轮盘水力摩擦损失(离心泵及蜗壳式混流泵)。

1)填料函损失力矩 M_s 和功率 p_s

填料函损失功率与转速的三次方成正比,对于大功率水泵,常规填料函的摩擦损失占泵轴额定功率的 0.2%~0.5%;随着密封技术的发展,泵密封函部位推广采用一种液体密封设备,基本无功率损失。

2)轴承摩擦损失功率 p_b

径向滚动轴承损失功率与转速的平方成正比;径向滑动轴承的损失功率与转速成正比。

推力轴承的荷载对于立式泵应包括转动部件重量及水推力;对于卧式泵则主要是水推力。转动部件重量引起的推力轴承的损失功率与转速成正比(与径向滑动轴承功率损失相似);而水推力引起的推力轴承的损失功率与转速的三次方成正比(与填料函功率损失相似)。

3)轮盘摩擦损失功率 p_r

轮盘损失与流体的流态(雷诺数)、流体密度、轮盘直径和转速等因素有关。轮盘摩擦损失力矩 M_r 和功率 p_r 可按下式计算:

$$\left.\begin{aligned} M_r &= C_f \rho R^5 \omega^2 \quad (\mathrm{N \cdot m}) \\ p_r &= M_r \omega = C_f \rho R^5 \omega^3 \quad (\mathrm{W}) \end{aligned}\right\} \tag{2-139}$$

式中 C_f—— 系数,$C_f = \dfrac{0.046\,5}{Re^{0.2}}$;

ρ、v—— 流体密度,kg/m^3,运动黏滞系数,m^2/s;

ω—— 角速度,1/s;

R—— 轮盘外圆半径,m。

轮盘损失力矩M_r 和功率p_r 分别与转速的 1.8 次方和 2.8 次方成正比。

2. 水力损失功率 p_h

泵内水力损失包括过流通道的水力摩擦损失和非设计工况点的冲击损失,分别类同于沿程阻力损失和局部阻力损失。泵内摩擦损失 h_f 正比于流量的平方值,冲击损失 h_s 与水泵最优工况点流量偏差值的平方成正比,用公式表示如下:

$$\left.\begin{aligned} h_f &= K_f Q^2 \quad (\mathrm{m}) \\ h_s &= K_s (Q_N - Q)^2 \quad (\mathrm{m}) \end{aligned}\right\} \tag{2-140}$$

式中 Q——过泵流量,m^3/s;

Q_N——水泵最高效率点流量,m^3/s;

K_f、K_s——内摩擦损失和冲击损失系数,m^2/m^5;

g——重力加速度,m/s^2。

水力损失功率

$$p_h = \rho g Q (h_f + h_s) \quad (\mathrm{W})$$

3. 容积损失功率 p_v

容积损失即水量泄漏损失。叶片泵泄漏量可采用水力学中的孔口出流公式进行计算,即泄漏量与泄流压力水头的平方根成正比。泵内泄漏压力水头 H_v 和泄漏量 Q_v 计算公式如下:

$$H_v = H + h_f + h_s = H + K_f Q^2 + K_s (Q_N - Q)^2 \quad (\mathrm{m}) \tag{2-141}$$

$$Q_v = C_v A \sqrt{2gH_v} = K_v \sqrt{H_v} \quad (\mathrm{m^3/s}) \tag{2-142}$$

式中 C_v、K_v——常数;

A—— 环形间隙面积,m^2,$A = \pi D \delta$,D、δ 为口环直径和间隙,m 。

水泵泄漏损失功率为

$$p_v = \rho g Q_v H_v \tag{2-143}$$

2.3.3.3 电机损失功率

三相异步电动机和三相同步电动机做异步启动时,其定子侧输出的电磁力矩主要是异步转矩,其数值与转差率有关。

异步电动机接通三相对称正弦电源后,定子侧输入有功功率为

$$P_1 = \sqrt{3}UI \quad (\text{kW}) \tag{2-144}$$

式中 U——线电压,kV;

I——线电流,A。

输入功率除定子绕组铜损耗 P_{Cu1} 和铁芯损耗P_{Fe} 外,大部分通过气隙传至转子,称为转子电磁功率P_M ,即

$$P_M = P_1 - (P_{Cu1} + P_{Fe}) \tag{2-145}$$

电磁功率扣除了转子铜损耗 P_{Cu2} 后即为电动机转子输出的总机械功率P_m :

$$\left.\begin{aligned} P_m = P_M - P_{Cu2} = P_M(1-S) \\ P_{Cu2} = P_M S \end{aligned}\right\} \tag{2-146}$$

式中 S——转差率, $S = (n_0 - n)/n_0$,n_0、n 为同步和异步转速,r/min。

总机械功率 P_m 扣除电动机本身机械损耗p_m 和附加损耗p_a 后,余下的即为电动机输出功率P_2,即

$$P_2 = P_m - (p_m + p_a) \tag{2-147}$$

电动机机械损耗包括轴承摩擦损耗、风损耗(通风和转子风摩擦),同步电机尚有电刷摩擦损耗。

附加损耗包括基频附加损耗和高频附加损耗。

低频附加损耗主要有:①在定子绕组中由于槽漏磁通所产生的涡流损耗;②由于绕组端部漏磁通在邻近的金属结构件中所产生的磁滞和涡流损耗;③对于斜槽电动机,由于斜槽漏磁通所产生的磁滞和涡流损耗。

高频附加损耗指由于气隙的高次谐波磁通所产生的损耗,包括定转子表面损耗、定转子齿部的脉振损耗以及在笼型转子中的高次谐波电流损耗。高频杂散损耗占总杂散损耗的70%~90%。

2.3.3.4 机组负载力矩近似计算公式

机组损耗力矩很复杂,但所占比例较小,工程上可按恒值处理,且只计算电动机的损耗力矩,忽略惯性力矩后,机组负荷阻力矩可近似按以下各式计算:

$$M_w = 9\,552 k_1 \frac{P_e}{n_e}\left(\frac{n}{n_e}\right)^2 \tag{2-148}$$

$$M_s = 9\,552 k_2 \frac{P_e}{n_e} S^{12.3} \tag{2-149}$$

$$M_s = 9\,552(1-\eta)\frac{P_e}{n_e} \tag{2-150}$$

$$M_z = 9\,552\frac{P_e}{n_e}\left[k_1\left(\frac{n}{n_e}\right)^2 + k_2S^{12.3} + 1 - \eta\right] \tag{2-151}$$

式中 k_1—— 机组启动方式系数,对于离心泵关阀启动过程,$k_1 = 0.3 \sim 0.35$,如果阀门开启比较迅速(联动),静扬程 H_{st} 与水泵扬程 H 的比值较小时,可取 $k_1 = 0.5 \sim 1.0$,对于轴流泵或混流泵站,不能关阀启动,可取 $k_1 = 1.0$;

k_2—— 摩擦力矩系数,一般为 0.05 ~ 0.2;

η—— 电动机效率;

P_e—— 水泵额定轴功率;

n_e ——机组额定转速。

第 3 章　水泵汽蚀及安装高程

3.1　水泵的汽蚀现象

水泵在运行过程中，若进泵水流中含有气或气泡（统称为空泡），或泵内局部压力降低到一定值（相应温度下水的汽化压力）时，流体内的杂质、微小固体颗粒或液体与固体接触面的缝隙中存在的气或汽核（统称为气核），会迅速生成大量空泡，形成气液两相流。从水中离析出来的大量空泡，随着水流往前运动，到达高压区时受到周围液体的挤压而迅速凝结、溃灭，同时空泡四周的液体质点因惯性以高速填充空泡，相互发生猛烈撞击，产生噪声、振动，通常把这种现象称为水泵的汽蚀现象。汽蚀发生时，对应过流部件局部边壁遭受侵蚀而破坏。

3.2　水泵汽蚀破坏的机制

汽蚀破坏的机制很复杂，有许多解释。一般认为，汽蚀对水泵过流部件的破坏作用主要有机械剥蚀、化学腐蚀、电化学腐蚀和固体颗粒磨蚀等。其中，水力冲击引起的机械剥蚀是造成材料破坏的主要因素。另外，当水流中泥沙含量较高时，由于泥沙磨蚀，破坏了水泵过流部件金属表面的保护膜，在某些部位发生汽蚀时，则有加大金属被侵蚀的作用。还有观点认为，水中含有少量泥沙，可以将过流表面磨光，而在泵内发生汽蚀时，减轻或避免了粗糙汽蚀的作用。

3.2.1　汽蚀的机械剥蚀作用

当离析出的空泡被水流带到高压区后，由于空泡周围水流的压力增高，气泡四周的水流质点高速地向空泡中心冲击，水流质点相互撞击，产生强大的冲击力；由于空泡中的气体和蒸汽来不及在瞬间全部溶解和凝结，在冲击力的作用下又分解为小空泡，再被高压水压缩、凝结，多次反复，从而产生高强度、高频率的局部水击（锤）。

观察资料表明，其产生的撞击频率每秒钟可达 2 万～3 万次，瞬时局部压力可达几十兆帕甚至几千兆帕。如此之大的压力，反复作用在微小的金属表面上，将首先引起材料的塑性变形和局部硬化，并产生金属疲劳现象，材质变脆，接着会发生裂纹与剥落，以致使金属表面呈现蜂窝状的孔洞。汽蚀的进一步作用，可使裂纹相互贯穿、孔洞相连，直到叶轮或泵壳被蚀坏和断裂，这就是汽蚀的机械剥蚀作用。

3.2.2　汽蚀的化学腐蚀和电化学腐蚀

水泵发生汽蚀后，水流汽化产生的气泡在进入高压区后，由于体积缩小而温度升高，同时,由于水锤撞击引起水流和流道壁面的变形也会引起温度增高。曾有试验证明,气泡凝结时的瞬间局部温度可达 300 ℃左右。在此高温高压条件下,一方面由于在发生汽蚀后产生的气泡中,夹杂一些活泼的气体(如氧气),对金属起化学腐蚀作用;另一方面,水流在局部高温、高压下,会产生一些带电现象。过流部件因汽蚀产生温度差异,冷热过流部件之间形成热电偶,产生电位差,从而对金属表面产生电解作用(电化学腐蚀),金属的光滑表面因电解而逐渐变得粗糙。

3.2.3　汽蚀的综合破坏作用

在机械剥蚀、化学腐蚀和电化学腐蚀等共同作用下,加快了材料的破坏速度。如果水流中含有泥沙等固体颗粒,当其中某些部位发生汽蚀时,则有加速固体颗粒对过流部件表面的磨蚀作用,而等表面光洁度遭破坏后,机械剥蚀等作用才有效地开始。汽蚀发生后,由于瞬时水锤高压的周期性的变化和水流质点彼此间的撞击以及对泵壳、叶轮的打击,将使水泵产生强烈的振动和噪声,并引起机组基础或机座的振动。当汽蚀振动的频率与机组自振频率相接近时,能引起共振,产生很大的振幅。图 3-1 为离心泵和轴流泵叶轮遭到汽蚀破坏的情况。

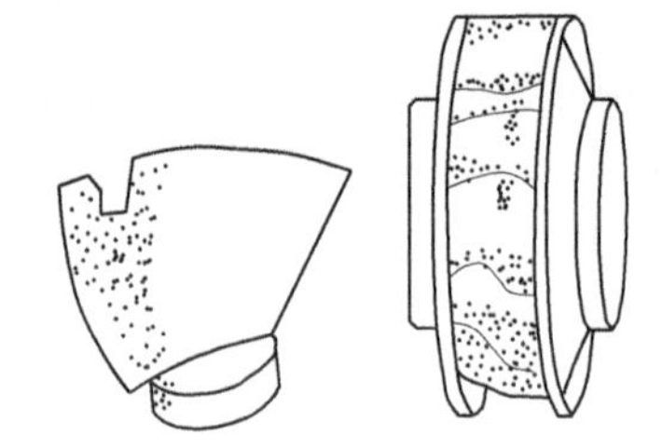

图 3-1　被汽蚀破坏的叶轮

3.3　水泵汽蚀产生的原因

在实际泵站工程中,同样一台水泵在一定的吸水装置条件下运行时会发生汽蚀,而改变吸入装置条件后,就不发生汽蚀现象;相同运行条件下的一种型号的水泵发生了汽蚀,而换了另一型号的水泵就不发生汽蚀现象。由此可见,水泵在运行中是否会发生汽蚀既与水泵的吸入装置条件有关,也与水泵本身的汽蚀特性有关。

汽蚀是由水流中的空泡引起的,如果进泵水流中没有空泡,泵内水流中的最低压力高于该温度下的汽化压力,水不会汽化生成气泡,则水泵就不会发生汽蚀。所以,任何可能导致过泵水流中形成空泡的因素都是水泵发生汽蚀的原因。

3.3.1　水泵有效汽蚀余量(泵入口能头)不够

当水泵在正常工况(设计工况)下运行时,离心泵叶轮背面和轴流泵叶轮进、出口背面的压力较低,如图 3-2 所示。如果水泵的有效汽蚀余量不够,就会造成叶片背面低压区的压力低于水的汽化压力而发生汽蚀,在叶片的背面流速最高的部位出现汽蚀。

引起水泵有效汽蚀余量不够的原因很多,主要有:①水泵安装高程过高;②吸水管路水头损失太大(管路长、管径小、局部损失大等);③进水池运行水位太低;④入泵水温较高或当地实际大气压较低(与设计采用值相比)等。

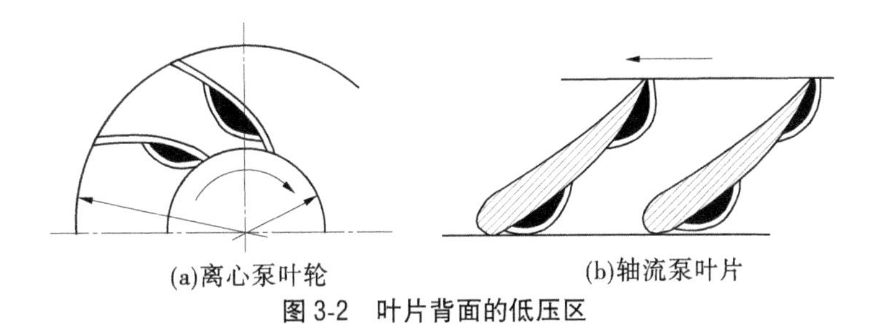

(a)离心泵叶轮　(b)轴流泵叶片

图3-2　叶片背面的低压区

3.3.2　水泵工作点远离设计工况

当水泵流量大于设计流量时,叶轮进口相对速度w_1的方向发生偏离,β_1角增大,叶片前缘正面发生脱流和漩涡,产生负压甚至发生汽蚀,如图3-3所示。

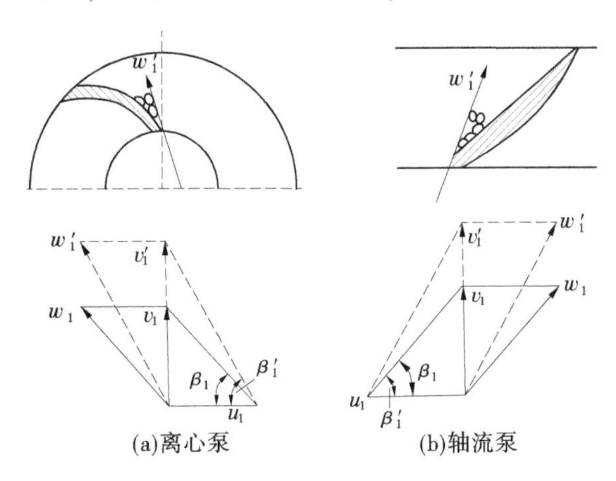

(a)离心泵　(b)轴流泵

图3-3　大于设计流量时叶片正面漩涡区

当水泵流量小于设计流量时,叶轮叶槽进口相对速度ω_1偏向相反方向,β_1角减小,叶片背面产生漩涡区,使叶片背面低压区的压力进一步下降,如果泵在正常工况下已发生汽蚀,则减小流量将加重汽蚀程度。

3.3.3　水泵结构参数不合理

(1)叶轮吸入口的形状、叶片入口边宽度及叶片进口边的位置和前盖板的形状等使泵的入口水力损失过大。

(2)泵内空气没有或不能完全排除。

(3)水封(包括口环和轴封装置)间隙结构设计不合理,当泵内水流通过突然变窄的间隙时速度增加而压力下降,也会产生汽蚀。例如,在轴流泵的叶片外缘与泵壳之间很小的间隙内,叶片正、背两侧很大的压力差作用下,引起很大的回流速度,造成局部压力下降。

(4)水泵过流部件表面加工粗糙而形成的毛刺、砂眼、气孔等,都可引起局部流态突变(产生漩涡和局部压力降低)而造成汽蚀。轴流泵叶轮室连接部位的不平滑的台阶,以及凹入或凸出的螺栓处等,也容易出现汽蚀。

(5)含沙水流对水泵过流部件磨蚀后形成的拉槽、凹凸不平的"鱼鳞坑"等也是汽蚀发生的因素之一。

3.3.4　水泵进水流态差

进水池设计不合理,淹没深度不够,产生了漩涡、偏流,且这些漩涡夹带大量气体进入泵内时,就会产生一种空腔汽蚀。对于采用肘弯形进水流道的立式泵,当流道肘弯部分线型设计不合理时,使得弯道内的流速分布不均匀,同样容易引起汽蚀的发生。另外,当水泵(特别是轴流泵)在非设计工况运行时,在吸水室内可能出现漩涡带,该漩涡带是中间含有蒸汽或气体的空腔,空腔内压力很低。此漩涡带伸入泵内不仅会促进和加重水泵汽蚀,而且会引起机组的强烈振动。

3.4　水泵汽蚀的类型

根据泵内发生汽蚀的部位不同,水泵汽蚀可以分为叶面汽蚀、间隙汽蚀和粗糙汽蚀三种基本类型。

3.4.1　叶面汽蚀

叶面汽蚀是指出现在叶轮叶片表面的汽蚀,包括离心泵叶片进口正面和背面、轴流泵叶片进出口背面和进口正面汽蚀等。其中,叶片进口边的背面是最容易发生叶面汽蚀的部位。

3.4.2　间隙汽蚀

间隙汽蚀是指当液流通过狭小通道或间隙时引起的局部流速升高、压力下降到汽化压力时所形成的汽蚀。

离心泵密封环与叶轮外缘的间隙处,由于叶轮进出水两侧的压力差很大,导致高速回流,造成局部压降,引起汽蚀;轴流泵叶轮外缘与泵壳之间很小的间隙内,在叶片正反面压力差的作用下,也因间隙中的反向流速大、压力降低,在泵壳对应叶片外缘部位引起汽蚀;对于可调式叶片,叶片与轮毂体的结合间隙处也可能出现间隙汽蚀。

间隙汽蚀一般发生在水流方向突变处,比如间隙进口和出口、中间拐弯处等。

3.4.3　粗糙汽蚀

粗糙汽蚀是指水流在经过泵内粗糙过流部件表面时,在凸出物下游产生漩涡,引起局部压力降低所发生的汽蚀。

除以上三种基本汽蚀类型外,还有一种因为进泵水流中含有空腔而引起的空腔汽蚀。

3.5　水泵汽蚀的危害

3.5.1　使水泵性能恶化

汽蚀过程中,由于泵内含有大量的空泡,叶轮和水流之间的能量转换规律遭到破坏,从而引起水泵性能的变坏(流量、扬程和效率迅速下降),甚至达到断流状态,并伴随有强烈的振动和噪声。这种性能的变化,对于不同比转数的泵有着不同的特点。例如,低比转数的离心泵因叶轮的叶槽狭长、叶轮出口宽度较窄,当汽蚀发生后,空泡区很容易扩展到叶槽的整个范围,引起水流断裂,水泵性能曲线呈急剧下降的形状,如图3-4(a)所示。对于中、高比转数的离心泵和混流泵,由于叶槽较宽,空泡不容易堵塞通道,只有在脱流区继续发展时,空泡才会布满整个叶槽,因此在性能出现断裂之前,其性能曲线先是比较平缓地下降,然后迅速呈直线下降,如图3-4(b)所示。对于高比转数的轴流泵,由于叶片间的通道相当宽阔,故汽蚀发生后空泡区不易扩展到整个叶槽,因此性能曲线下降缓慢,以至于没有明显的断裂点,如图3-4(c)所示。

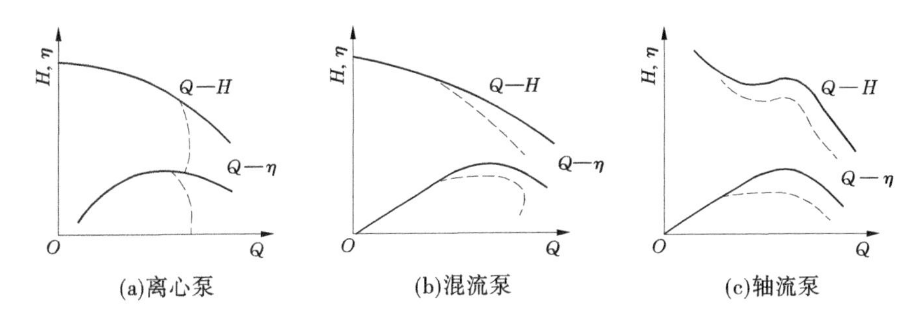

图3-4　不同比转数泵在发生汽蚀时其性能曲线下降的形状

3.5.2　损坏过流部件

如果发生汽蚀现象,汽蚀作用会使水泵过流部件的材料受到破坏,水泵寿命将大大缩短。以下为某水泵发生汽蚀破坏后的形状:

(1)水泵泵壳汽蚀磨损,主要发生在螺旋形压水室中靠近密封环的一周,形成排列方向与水流一致,深度为3~10 mm的密集的汽蚀穴,铸铁表面损失厚度达到3~5 mm,向外逐渐减弱,由较密集的深沟槽逐渐变成较稀疏的浅沟槽,直到泵腔的最深处减轻为鱼鳞坑状。

(2)在水泵中开面铸造结构空腔附近,特别是紧靠密封环处,由于间隙汽蚀的作用,形成高压腔与低压腔贯通的沟槽,深3~5 mm、宽5~15 mm。

(3)泵体隔舌出现沟槽,使隔舌端部变薄缩短,缩短约60 mm。

(4)叶轮主要是叶片边缘出现很多汽蚀孔洞,两侧盖板显著磨损,叶轮叶片端头缺断,叶轮直径变小,密封环磨损,叶轮与密封环配合的径向密封面出现环向深槽。

3.5.3　振动和噪声

在空泡溶解和凝结溃灭时，由于瞬时水锤高压的周期性的变化和水流质点彼此间的撞击以及对泵壳、叶轮的打击，将使水泵产生强烈的振动和噪声，并引起机组基础或机座的振动。当汽蚀振动的频率与机组自振频率相接近时，能引起共振，产生很大的振幅，严重情况下会导致整个机组甚至泵房的振动。

3.6　汽蚀性能参数

目前，对汽蚀问题的研究基本上都是以液体汽化压力作为初生空泡的临界压力。要使水泵内不发生汽蚀，至少应使水泵内水流的最低压力高于该温度下水的汽化压力。

水泵进口断面的水流单位能量的大小是决定泵内(叶轮进口处)压力的主要影响因素，而且水泵进口断面的压力值能够用压力计很方便地测得，其流速水头也可以根据入泵流量和水泵进口断面尺寸计算而得，故可以用水泵进口断面的单位水能作为衡量水泵运行时是否发生汽蚀的指标。

表征水泵汽蚀性能的参数有两个：吸上真空高度和汽蚀余量。前者常用于离心泵、小型混流泵，后者常用于轴流泵和大型混流泵。

3.6.1　汽蚀余量

汽蚀余量是国际上通常采用的标准的水泵汽蚀性能参数，用 *NPSH* 或 Δh 表示。汽蚀余量是指在水泵进口断面，单位重量的液体所具有的超过汽化压力的剩余能量，其大小以换算到水泵基准面上的米水柱来表示。根据该定义，汽蚀余量的表达式可以写为

$$\Delta h = \frac{p_s}{\rho g} + \frac{v_s^2}{2g} - \frac{p_v}{\rho g} \tag{3-1}$$

式中　$\frac{p_s}{\rho g}$——水泵进口断面的绝对压头，m；

$\frac{v_s^2}{2g}$——水泵进口断面的平均流速水头，m；

$\frac{p_v}{\rho g}$——过泵水流在其温度下的汽化压头(饱和蒸气压头)，m，见表 3-1。

表 3-1　水在不同温度下的汽化压力值

水温(℃)	0	5	10	20	30	40	50	60	70	80	90	100
汽化压力$\frac{p_v}{\rho g}$(m)	0.06	0.09	0.12	0.24	0.43	0.75	1.25	2.02	3.17	4.82	7.14	10.33

如前所述，水泵在运行中是否发生汽蚀与水泵本身的汽蚀性能和水泵装置的吸入条件有关。我们用必需汽蚀余量来描述水泵本身的汽蚀性能；而用有效汽蚀余量(又称装

置汽蚀余量)来描述装置吸入条件对水泵汽蚀的影响。

3.6.1.1　**必需汽蚀余量($NPSH$)$_r$ 或 Δh_r**

必需汽蚀余量是指水泵在额定工况条件(额定转速、额定流量)下,保证水泵内不发生汽蚀时水泵进口断面所必须具有的汽蚀余量,用($NPSH$)$_r$ 或 Δh_r 表示。它通常由水泵制造厂规定,故亦称为水泵的汽蚀余量。

水泵进口并不是泵内压力最低的地方。水流从水泵进口流进叶轮,在能量开始增加之前,压力还要继续降低,这是因为:

(1)从水泵进口到叶轮进口,流道的过水面积一般是收缩的,所以在流量一定时,流速沿程增高,因而压力沿程降低。

(2)在水流进入叶轮,绕流叶片头部时,急骤转弯、流速增大,造成叶片背面 K 点的压力急剧降低。之后,由于叶轮对水流做功,使其增加能量,压力逐渐增高。

(3)水流从水泵进口到 K 点的流程中,均伴有水力损失,消耗能量,使水流压力降低。

从理论上讲,水泵运行在额定工况条件下,叶轮进口背面 K 点的压力刚好等于所输送水流水温下的汽化压力,此时水泵进口断面的汽蚀余量即必需汽蚀余量。其实质是水流从水泵进口到叶轮背面 K 点间的水头损失,如图 3-5 所示。

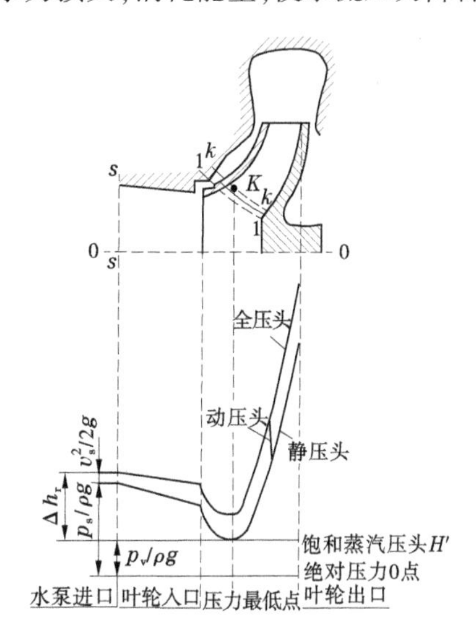

图 3-5　必需汽蚀余量示意图

现以图 3-5 所示的离心泵必需汽蚀余量示意图为例,分析水泵进口 s—s 断面与叶轮内压力最低点所在的 k—k 断面二者之间的能量关系,来进一步说明必需汽蚀余量的物理意义及其数学表达式。该图反映了液体从水泵进口到叶轮出口沿程压力及能头的变化:从水泵进口到叶片进口附近,液体压力随流向而下降,到叶片进口稍后偏向前盖板的 K 点处,压力变为最低,此后,在叶片的作用下,液体能量得到增加,压力很快上升。水泵进口部分压力的下降是由于流动过程中的沿程水力损失、流速水头的增大以及流速方向发生变化和叶片进口端的绕流引起的断面流速分布不均匀等产生的局部阻力损失造成的。

以水泵的基准面 0—0 断面为参考基准面,列出水泵进口 s—s 断面到叶轮进口稍后 k—k 断面的能量方程,以建立必需汽蚀余量的理论公式,即水泵的汽蚀基本方程。

对水泵进口 s—s 断面和叶片进口前 1—1 断面,列水流的能量方程:

$$\frac{p_s}{\rho g} + \frac{v_s^2}{2g} = \frac{p_1}{\rho g} + \frac{v_1^2}{2g} + h_{s-1} \tag{3-2}$$

式中　p_s、p_1——s—s 断面和 1—1 断面的绝对压力,Pa;

v_s、v_1——s—s 断面和 1—1 断面的平均流速,m/s;

h_{s-1}——从 s—s 断面到 1—1 断面的水力损失,m。

对水泵进口 1—1 断面和叶片进口稍后压力最低点所在的 k—k 断面,列水流的相对运动能量方程(假定两断面位置高度相同,即$Z_s = Z_k$):

$$\frac{p_1}{\rho g} + \frac{w_1^2}{\rho g} - \frac{u_1^2}{2g} = \frac{p_k}{\rho g} + \frac{w_k^2}{2g} - \frac{u_k^2}{\rho g} + h_{1-k} \tag{3-3}$$

式中　w_1、w_k——1—1 断面和 k—k 断面的相对速度,m/s;

u_1、u_k——1—1 断面和 k—k 断面的圆周速度,m/s;

p_k——k—k 断面的绝对压力,Pa;

h_{1-k}——从 1—1 断面到 k—k 断面的水力损失,m。

将式(3-2)代入式(3-3)可得:

$$\frac{p_s}{\rho g} + \frac{v_s^2}{2g} = \frac{p_k}{\rho g} + \frac{v_1^2}{2g} + \frac{w_k^2 - w_1^2}{2g} + \frac{u_1^2 - u_k^2}{2g} + h_{s-1} + h_{1-k} \tag{3-4}$$

由于 k—k 断面与 1—1 断面距离很近,可以近似认为$u_1 \approx u_k$,如果用速度水头来表示水力损失,即 $h_{s-1} = \xi_v \frac{v_1^2}{2g}$,$h_{1-k} = \xi_w \frac{w_1^2}{2g}$,那么式(3-4)变为

$$\frac{p_s}{\rho g} + \frac{v_s^2}{2g} = \frac{p_k}{\rho g} + \frac{v_1^2}{2g} + \frac{w_k^2 - w_1^2}{2g} + \frac{u_1^2 - u_k^2}{2g} + \xi_v \frac{v_1^2}{2g} + \xi_w \frac{w_1^2}{2g}$$

即

$$\frac{p_s}{\rho g} + \frac{v_s^2}{2g} = \frac{p_k}{\rho g} + (1 + \xi_v) \frac{v_1^2}{2g} + \left(\frac{w_k^2}{w_1^2} - 1 + \xi_w\right) \frac{w_1^2}{2g} \tag{3-5}$$

移项并令 $\mu = (1+\xi_v)$、$\lambda = (\frac{w_k^2}{w_1^2} - 1 + \xi_w)$,则得

$$\frac{p_s}{\rho g} + \frac{v_s^2}{2g} - \frac{p_k}{\rho g} = \mu \frac{v_1^2}{2g} + \lambda \frac{w_1^2}{2g} \tag{3-6}$$

式(3-6)表示水泵进口断面的单位总能量与 K 点压头之差用来维持液流运动所必需的动能和克服流动过程中的水力损失。如果叶轮内最低压力点的压力p_k 降低到等于汽化压力p_v,则式(3-6)变为

$$\frac{p_s}{\rho g} + \frac{v_s^2}{2g} - \frac{p_v}{\rho g} = \mu \frac{v_1^2}{2g} + \lambda \frac{w_1^2}{2g} \tag{3-7}$$

式(3-7)等号的左边表示当叶轮内最低压力点的压力p_k 等于汽化压力p_v 时,水泵进口断面的单位总能量与 K 点压头之差,也就是当叶轮内最低压力点的压力p_k 等于汽化压力p_v 时,水泵进口断面的汽蚀余量,即必需汽蚀余量 Δh_r,故式(3-7)可写为

$$\Delta h_r = \mu \frac{v_1^2}{2g} + \lambda \frac{w_1^2}{2g} \tag{3-8}$$

式(3-8)即为必需汽蚀余量的理论计算公式,又称泵的汽蚀基本方程。

式中的μ 为因叶片进口处绝对流速变化和水泵进口至叶片进口的水力损失引起的压降系数,一般有 $\mu = 1.1 \sim 1.2$;λ 为因叶片进口处相对流速变化和液体绕流叶片端部所引起的压降系数,其值与入流方向关系密切,在设计工况无冲击入流时,$\lambda = 0.3 \sim 0.4$,在非

设计工况时,λ 值增大且为变数。

对于低比转数的小型离心泵,$\mu\frac{v_1^2}{2g}$项具有决定性的意义,$\lambda\frac{w_1^2}{2g}$项则无重要意义;对于高比转数的水泵,$\lambda\frac{w_1^2}{2g}$项成为主要的影响因素,而 $\mu\frac{v_1^2}{2g}$项位居次要地位。

式(3-8)表明了当叶轮内最低压力点的压力 p_k 等于汽化压力 p_v 时,水泵进口所需的最小能量值。当水泵进口具有的能量大于该值时,泵内压力最低点的压力将高于汽化压力,水泵运行时就不会发生汽蚀;相反,当水泵进口具有的能量小于该值时,泵内压力最低点的压力将低于汽化压力,水泵运行时就会发生汽蚀。因此,必需汽蚀余量 Δh_r 是水泵是否会发生汽蚀的临界判别条件。

从式(3-8)可以看出,Δh_r 的大小只与水泵进口部分的结构和流动特性(水泵吸水室、叶轮进口的几何形状和流速等)有关,而与水泵的吸水装置特性、大气压力、液体的性质等因素无关。Δh_r 反映了水流进入水泵后,在未被叶轮增加能量之前,因流速变化和水力损失而导致的单位总能量降低的程度。Δh_r 越小,说明水泵进口段所需要的能量就越小,也就越容易满足,故水泵的抗汽蚀性能也就越强。

3.6.1.2　有效汽蚀余量 $(NPSH)_a$ 或 Δh_a

必需汽蚀余量 Δh_r 是为保证水泵不发生汽蚀,水泵进口断面所必需的汽蚀余量。应该注意的是,水泵进口断面的能量并不是由水泵提供的,而是由吸水面上的压头提供的。吸水面上的压头提供给水泵进口断面能量的大小不仅与吸水面压头的大小有关,还与水泵的吸水装置特性有关。有效汽蚀余量或者装置汽蚀余量 Δh_a 就是指水泵吸水装置能够提供给水泵进口断面上的单位能量减去汽化压头后剩余的能量(超过与水流温度对应的汽化压力水头的能量)值,即吸水装置提供的汽蚀余量。

当水泵安装于吸水面上方时,如图 3-6(a)所示,列出吸水面 0—0 至 s—s 断面的能量方程:

$$\frac{p_0}{\rho g}+\frac{v_0^2}{2g}-H_{SZ}-h_w=\frac{p_s}{\rho g}+\frac{v_s^2}{2g} \tag{3-9}$$

将汽蚀余量的定义式(3-1)代入式(3-9),并忽略进水池中的流速,即 $v_0\approx 0$,即可得到有效汽蚀余量的计算式:

$$\Delta h_a=\frac{p_s}{\rho g}+\frac{v_s^2}{2g}-\frac{p_v}{\rho g}=\frac{p_0}{\rho g}-\frac{p_v}{\rho g}-H_{SZ}-h_w \tag{3-10}$$

当水泵安装于吸水面下方时,如图 3-6(b)所示,水泵的安装高度 h_{SZ} 为负值,称为淹没深度或灌注水头,这时式(3-10)变为

$$\Delta h_a=\frac{p_s}{\rho g}+\frac{v_s^2}{2g}-\frac{p_v}{\rho g}=\frac{p_0}{\rho g}-\frac{p_v}{\rho g}+H_{SZ}-h_w \tag{3-11}$$

式(3-10)和式(3-11)即为有效汽蚀余量的计算表达式。从式(3-10)、式(3-11)中可以看出,吸水装置提供给水泵进口的有效汽蚀余量的大小只与吸入装置特性,即吸水面压头$\frac{p_0}{\rho g}$、被抽送液体的汽化压头$\frac{p_v}{\rho g}$、水泵的安装高度 H_{SZ} 以及吸水管路系统的阻力损失 H_w

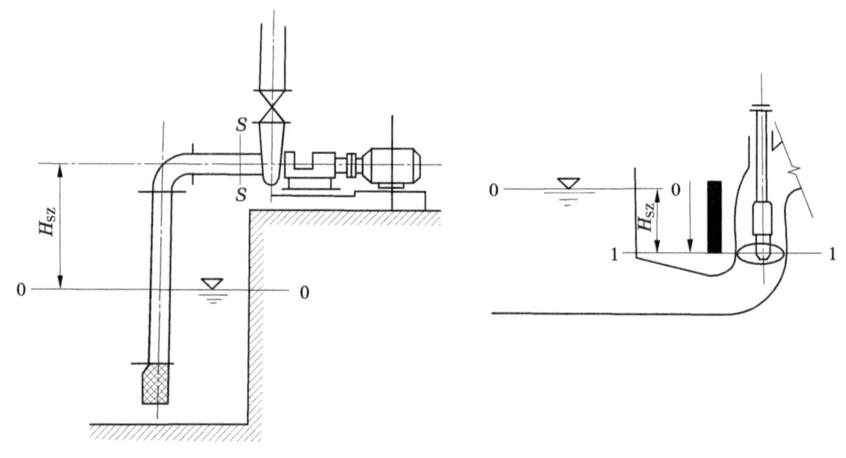

图 3-6　水泵有效汽蚀余量计算图

有关,而与水泵本身的特性无关。

当吸水面压力为大气压时,在 h_{SZ} 及吸水管路系统保持不变的情况下,随着水泵安装地点海拔和被吸液体温度的升高以及流量 Q 的增加,有效汽蚀余量 Δh_a 减小,水泵发生汽蚀的可能性增大;在水泵安装高程、被吸液体温度、吸水管路系统和流量保持不变时,即 $\frac{p_0}{\rho g}$和$\frac{p_v}{\rho g}$以及 h_w 一定的情况下,Δh_a 与水泵的安装高度 H_{SZ} 密切相关,H_{SZ} 越大,即水泵安装的越高,Δh_a 越小,水泵发生汽蚀的可能性也就越大。

一般而言,泵站处的高程和需抽送液体的温度都是确定的,即吸水面的压头(大气压头)和液体汽化压头以及流量 Q 是已定值,而水泵安装高度和吸水管路系统需根据水泵的汽蚀性能要求进行设计确定。水泵安装高度大、吸水管路阻力损失 h_w 越大,Δh_a 越小。

3.6.1.3　必需汽蚀余量 Δh_r 与有效汽蚀余量 Δh_a 的关系

由上面的分析可知,必需汽蚀余量是由水泵进口部分的结构和流动特性决定的,是一个与吸水装置及吸入条件无关的汽蚀性能参数。它说明了水泵开始发生汽蚀时,水泵进口断面上的单位能量减去汽化压头的剩余能量值,Δh_r 越小,表明泵本身的抗汽蚀性能越好。

有效汽蚀余量是吸水面上的压头提供给水泵进口的汽蚀余量,它的大小由吸水装置条件(吸水管路的长短、管径、管路附件的种类及数量,水泵安装高度,水面压力,水温和流量等)决定,而与水泵本身特性无关。Δh_a 越大,水泵运行时越不易发生汽蚀。在水泵吸水装置确定后,可根据式(3-10)或式(3-11)计算得到 Δh_a。

若 $\Delta h_a = \Delta h_r$,则表明水泵运行时,吸水装置提供给水泵进口的能量使叶轮内压力最低点的压力正好等于汽化压力,水泵开始发生汽蚀。因此,要保证水泵运行不发生汽蚀,就必须使有效汽蚀余量大于必需汽蚀余量,即必须满足 $\Delta h_a > \Delta h_r$ 的条件。如此,泵内最低压力才会大于汽化压力,水泵也才不会发生汽蚀。

3.6.1.4　允许汽蚀余量[*NPSH*]或[Δh]

允许汽蚀余量是将必需汽蚀余量适当加大以保证水泵运行时不发生汽蚀的汽蚀余

量,用符号[$NPSH$]或[Δh]表示,即

$$[\Delta h] = \Delta h_r + \Delta h_k \tag{3-12}$$

式中　Δh_k——安全余量值,一般 $\Delta h_k = 0.3$ m。

由于 Δh_r 还不能通过理论计算确定,所以水泵样本中给出的[Δh]值是汽蚀性能试验所得的临界汽蚀余量 Δh_c 值加 0.3 m,即[Δh] $=\Delta h_c + 0.3$。

对于大型泵,考虑到 Δh_c 较大和从模型试验换算到原型泵时比尺效应的影响较大,0.3 m 的安全值尚嫌小,允许汽蚀余量可按下式计算确定:

$$[\Delta h] = (1.1 \sim 1.3)\Delta h_c \tag{3-13}$$

显然,若要泵在运行中不发生汽蚀,必须满足下列条件:

$$\Delta h_a > [\Delta h] \tag{3-14}$$

应当注意,[Δh]和 Δh_r 一样,也是由水泵本身特性决定的汽蚀参数,在泵的流量和转速相同的情况下,其值越小,则表明泵的抗汽蚀性能越好。

3.6.2　吸上真空高度 H_s

所谓水泵的吸上真空高度,是指水泵进口 s—s 断面上的真空度,也就是水泵进口断面的绝对压力小于大气压的数值,用符号 H_s 表示,单位为 m,即

$$H_s = \frac{p_a}{\rho g} - \frac{p_s}{\rho g} \tag{3-15}$$

式中　p_a——大气压,Pa;

p_s——泵进口 s—s 断面的绝对压力,Pa;

ρ——水的密度,kg/m^3;

g——重力加速度,m/s^2;

$\frac{p_a}{\rho g}$——大气压头,m,见表 3-2。

标准状态(纬度45°海平面、0 ℃)下,$p_a = 101.325$ kPa;$\rho = 999.84$ kg/m^3;$g = 9.806\ 72$ m/s^2;$\frac{p_a}{\rho g} = \frac{101.325\ k}{999.84 \times 9.806\ 72} = 10.334$(m)。

表 3-2　不同海拔高度的大气压力

海拔(m)	-100	0	100	200	300	400	500	600	700	800	900	1 000	1 500	2 000
$p_a/\rho g$(m)	10.4	10.33	10.2	10.1	10.0	9.8	9.7	9.6	9.5	9.4	9.3	9.2	8.5	8.1

过去曾广泛使用吸上真空高度来作为水泵的汽蚀参数,尤其是在中小型离心泵中应用较普遍,而近年来已不如汽蚀余量应用的普遍,但吸上真空高度仍有应用。

吸上真空高度与水泵进水侧装置系统的关系可用图 3-6 来说明。假设进水池水面作用的大气压力为p_0,流速 $v_0 \approx 0$,列出进水池水面 0—0 和水泵进口断面 s—s 的能量方程:

$$-H_{SZ} + \frac{p_0}{\rho g} = \frac{p_s}{\rho g} + \frac{v_s^2}{2g} + h_w$$

即

$$\frac{p_s}{\rho g} = \frac{p_0}{\rho g} - H_{SZ} - \frac{v_s^2}{2g} - h_w$$

代入式(3-15)得

$$H_s = \frac{p_a}{\rho g} - \frac{p_s}{\rho g} = \frac{p_a}{\rho g} - \frac{p_0}{\rho g} + H_{SZ} + \frac{v_s^2}{2g} + h_w \tag{3-16}$$

当进水池水面为大气压,即$p_0=p_a$时,吸上真空高度为

$$H_s = H_{SZ} + \frac{v_s^2}{2g} + h_w \tag{3-17}$$

式中符号意义同前。

式(3-16)和式(3-17)均为计算吸上真空高度的数学表达式。当水泵进口 $s—s$ 断面高于进水池水面时,H_{SZ} 取正值;相反,当水泵进口 $s—s$ 断面低于进水池水面时,H_{SZ} 取负值。该两式表明:

(1)吸上真空高度 H_s 的大小与吸水面上的压力水头$\frac{p_0}{\rho g}$、水泵的安装高度 H_{SZ}、水泵进口断面的平均流速 v_s 以及吸水管路中的水力损失 h_w 有关。

(2)在水泵吸水过程中,进水池水面与水泵进口断面之间的压头差用于:水流运动所需要的流速水头、克服水流在吸水管路中流动引起的阻力损失、把水从进水池水面提升到水泵进口断面的高度 H_{SZ}。显然,这三项中任一项的增大,都会引起吸上真空高度 H_s 的增加。H_s 越大,表明水泵进口断面的压力越低,水泵运行时就越容易发生汽蚀。

将式(3-16)与式(3-10)进行比较,得到吸上真空高度 H_s 与有效汽蚀余量 Δh_a 的关系式:

$$\Delta h_a = \frac{p_a}{\rho g} - \frac{p_v}{\rho g} - H_s + \frac{v_s^2}{2g} \tag{3-18}$$

3.6.2.1 临界吸上真空高度 H_{sc}

吸水面为标准大气压、水温为 20 ℃的标准工况下,水泵开始产生汽蚀时的吸上真空高度被称为临界吸上真空高度,用符号 H_{sc} 表示。临界吸上真空高度也是通过水泵的汽蚀试验来确定的,其值是在给定流量(或扬程)下,测得的对应于水泵扬程(或流量)或效率下降(2+K/2)%(K 为水泵的型式数)时的吸上真空高度值。对重要和大型水泵,也有对应于初生汽泡和水泵扬程(或流量)或效率下降 1%时的吸上真空高度值,以便泵站工程设计参考。

临界吸上真空高度 H_{sc} 是水泵运行时是否发生汽蚀的分界点。当 $H_s \geq H_{sc}$ 时,水泵将在汽蚀状态下运行;当 $H_s < H_{sc}$ 时,水泵不会发生汽蚀。

3.6.2.2 允许吸上真空高度[H_s]

允许吸上真空高度是保证水泵运行时不发生汽蚀的吸上真空高度,用符号[H_s]表示。国家标准规定把试验得到的临界吸上真空高度 H_{sc} 减去 0.3 m 的安全余量作为允许吸上真空高度[H_s],即

$$[H_s] = H_{sc} - 0.3 \tag{3-19}$$

因此,要保证水泵不发生汽蚀,必须满足水泵运行时实际的吸上真空高度 H_s 小于或等于允许吸上真空高度$[H_s]$,即

$$H_s \leqslant [H_s] \tag{3-20}$$

允许吸上真空高度$[H_s]$是水泵抗汽蚀性能的又一种表达形式,常用于离心泵和蜗壳式混流泵。

3.6.3　允许汽蚀余量$[\Delta h]$和允许吸上真空高度$[H_s]$的关系

允许汽蚀余量$[\Delta h]$和允许吸上真空高度$[H_s]$都是保证水泵运行不发生汽蚀的控制指标,它们之间的关系可由有效汽蚀余量 Δh_a 和吸上真空高度 H_s 的定义及关系式(3-18)得到。

由前面的分析可知,要保证水泵运行不发生汽蚀,必须满足 $\Delta h_a \geqslant [\Delta h]$ 或 $H_s \leqslant [H_s]$ 的条件。因此,在被抽液体种类、温度和水泵进口断面平均流速相同的情况下,式(3-18)等号右边的 H_s 取最大值$[H_s]$时,等号左边 Δh_a 达到最小值$[\Delta h]$,即

$$[\Delta h] = \frac{p_a}{\rho g} - \frac{p_v}{\rho g} + \frac{v_s^2}{2g} - [H_s] \tag{3-21}$$

或

$$[H_s] = \frac{p_a}{\rho g} - \frac{p_v}{\rho g} + \frac{v_s^2}{2g} - [\Delta h] \tag{3-22}$$

式(3-21)、式(3-22)是反映两种不同形式水泵汽蚀性能参数之间关系的数学表达式,它们可用作允许汽蚀余量$[\Delta h]$与允许吸上真空高度$[h_s]$的相互换算。

3.6.4　流量 Q 与汽蚀性能参数关系曲线

水泵流量与汽蚀性能参数之间的关系曲线是指在标准状态(标准大气压,20 ℃)下、转速一定时的必需汽蚀余量 Δh_r(或允许汽蚀余量$[\Delta h_r]$)和临界吸上真空高度 H_{sc}(或允许吸上真空高度$[H_s]$)随流量 Q 变化的关系曲线。

比转数不同的水泵,其 $Q—\Delta h_r$(或$[\Delta h_r]$)曲线有不同的变化规律。对低比转数的离心泵,汽蚀基本方程式(3-8)右边的第一项 $\mu \dfrac{v_1^2}{2g}$是决定 Δh_r(或$[\Delta h_r]$)大小的主要因素。由于 v_1 随流量的增加而增大,所以 Δh_r(或$[\Delta h_r]$)随流量的变化是一条上升曲线,如图3-7所示。图中还绘出了在水温、吸水面上的压力和水泵安装高度保持不变情况下的有效汽蚀余量随流量变化的关系曲线,它是一条随流量增大而下降的抛物线。$Q—\Delta h_r$ 和 $Q—\Delta h_a$ 曲线的交点横坐标流量Q_k 称为临界流量,它是水泵是否发生汽蚀的分界点。当 $Q>Q_k$ 时,$\Delta h_a<\Delta h_r$,水泵将发生汽蚀,所以水泵不能在 $Q>Q_k$ 的非安全区运行。

对高比转数的离心泵和轴流泵,汽蚀基本方程式(3-8)右边的第二项 $\lambda \dfrac{w_1^2}{2g}$是成为影响 Δh_r(或$[\Delta h_r]$)大小的主要因素。由于相对流速w_1 的影响相对较小,故 Δh_r(或$[\Delta h_r]$)的大小主要由压降系数 λ 决定。压降系数 λ 随水泵的比转数和流量而变化,在设计流量

附近某点,λ 值最小,当运行工况向最高效率点两旁偏离时,λ 值增大,如图 3-8 所示。因此,必需汽蚀余量随流量变化的曲线也是一条与 $Q—\lambda$ 曲线形状相似的曲线;在设计流量附近某点,Δh_r(或[Δh_r])值最小,当运行工况向最高效率点两旁偏离时,Δh_r(或[Δh_r])值增大,如图 2-34 中的 $Q—\Delta h$ 曲线所示。

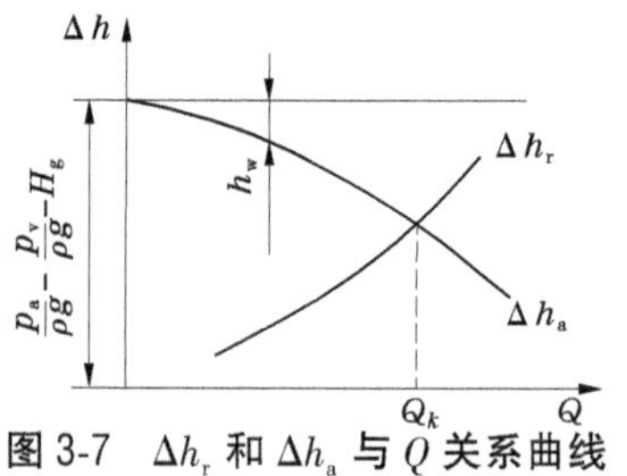

图 3-7　Δh_r 和 Δh_a 与 Q 关系曲线

应该说明的是,许多国外大型离心泵(比转速 130~150)的必需汽蚀余量与流量的关系曲线也具有图 3-8 所示的形状,只是高效区段的 $Q—\Delta h_r$(或[Δh_r])曲线比较平缓。

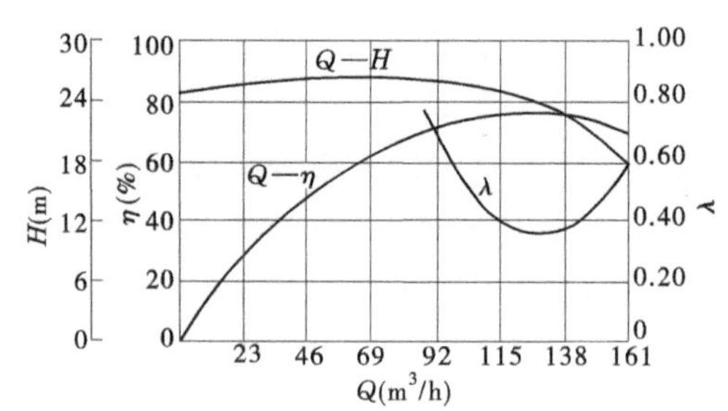

图 3-8　压降系数 λ 与流量关系曲线

3.6.5　水泵汽蚀性能曲线测试

式(3-8)建立了水泵汽蚀参数与水泵内水流运动参数的关系,是水泵必需汽蚀余量 Δh_r 计算和研究的重要理论计算公式之一。但由于目前压降系数 μ 和 λ 还无法用理论计算的方法得到,因而必需汽蚀余量也就不能用计算的方法来确定,故 Δh_r 需通过泵的汽蚀性能试验来确定。

水泵汽蚀性能试验确定的汽蚀余量通常称为临界汽蚀余量,用符号 $(NPSH)_c$ 或 Δh_c 表示,其值是给定的转速和流量(或扬程)下,测得的对应于水泵扬程(或流量)或效率下降 X%时的汽蚀余量 Δh 值。X 可以取 0(初生气泡)、1 和(2+K/2)(K 为型式数)。

汽蚀试验的目的在于确定水泵在工作范围内临界吸上真空高度 h_{sc} 或临界汽蚀余量 Δh_c 随流量 Q 而变化的关系。通过对 $Q—H_{sc}$(或 Δh_c)、$H—H_{sc}$(或 Δh_c)、$P—H_{sc}$(或 Δh_c)、$\eta—H_{sc}$(或 Δh_c)曲线的测绘,观察汽蚀现象,了解汽蚀对水泵工作性能的影响,进一步掌握水泵汽蚀性能的理论。

3.6.5.1　试验装置及试验原理

泵的汽蚀试验是通过改变水泵装置的吸上真空高度 H_s 或有效汽蚀余量 Δh_a,使 $H_s = H_{sc}$ 或 $\Delta h_a = \Delta h_c$,造成水泵汽蚀,从而找到临界吸上真空高度 H_{sc} 或临界汽蚀余量 Δh_c。

由式(3-16)和式(3-10)可知,泵的 H_s 和 Δh_a 与吸水池上面的压力 p_0、水泵的安装高度 H_{SZ} 以及吸水管路的水力损失的大小有关,故通过以下三种方法就可以实现对吸上真空高度或有效汽蚀余量的调节:①改变吸水池的水位;②调节吸水管路上的阀门开度;③在闭式试验装置中用真空泵抽真空来改变封闭式水箱内的压力。下面以第三种方法为例来说明试验的具体步骤。

图3-9为一封闭式离心泵汽蚀试验装置示意图。它由被测试水泵机组,进、出水管路,封闭水箱,真空泵机组以及各种测试仪器仪表组成。

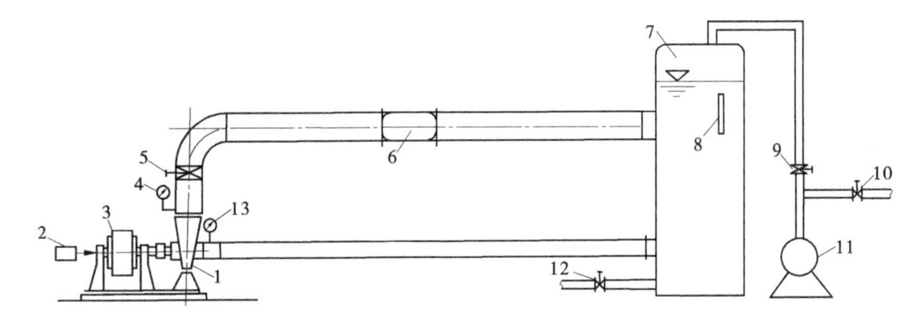

1—被测水泵;2—转速仪;3—电动机;4—压力表;5—出水阀;6—流量计;7—封闭水箱;
8—水温计;9—吸气阀;10—进水阀;11—真空泵;12—放水阀;13—真空泵

图3-9　离心泵封闭式汽蚀试验装置示意图

水泵汽蚀性能试验需要测定的参数包括每一工况下的流量 Q、扬程 H、轴功率 P、与水泵进口处的真空值 H_s。其原理是,通过控制出水管路上的闸阀开度保持水泵在某一特定流量值(水泵工作范围以内),测出此流量与不同水泵进口真空压力 H_s 对应的水泵扬程 H、轴功率 P 值,点绘成 $Q—H_s$、$H—H_s$、$P—H_s$ 曲线。按扬程 H 或效率 η 下降(2+$K/2$)%来确定该流量下的临界吸上真空高度 H_{sc} 值或临界汽蚀余量 Δh_c 值。如此继续测定出5个及以上不同流量下的 H_{sc} 值或临界汽蚀余量 Δh_c 值,即可点绘出该水泵的 $Q—H_{sc}$ 或 $Q—\Delta h_c$ 曲线。

3.6.5.2　试验步骤

(1)试验前准备工作:①熟悉设备的使用方法;②记录必要的数据,如试验水泵及电动机型号、额定参数,水泵进、出口直径,压力表中心与真空表测点的高差以及其他使用仪表的率定参数等;③检查真空表、压力表的指针是否对零,拨动联轴器检查转子转动是否灵活,电线是否接好等;④用砝码调平马达天平,并记下砝码重量;⑤对封闭水箱灌水,箱内应充满4/5的体积,灌水时应打开真空泵吸气管路上的吸气阀和进气阀;⑥对真空泵循环水箱灌水。

(2)启动离心泵,开启水泵出水管路上的出水阀至某一开度,待系统运行稳定后,记录真空表、压力表、流量计二次仪表、砝码(或电功率表、扭矩仪)、水温计和转速仪的读数,此即第一点。如试验中发现某些数据有偏差或异常,则应重测,直到满意为止。

(3)关闭真空泵吸气管路上的进气阀,启动真空泵,直至真空表读数较第一测点读数降低约10 kPa,然后关闭吸气阀,读取真空表、压力表、流量计二次仪表、砝码(或电功率表、扭矩仪)、水温计和转速仪的读数,此即第二点。然后打开吸气阀,使真空表读数再继续降低约10 kPa,关闭吸气阀,进行第三测点观测记录。

(4)重复以上步骤,在流量、扬程、功率开始下降后,真空表读数每降约2.5 kPa,进行一次观测记录。以上的观测直到发生汽蚀以后停止。每一流量时的试验测点数不得少于12个。

(5)打开吸气阀和进气阀,使封闭箱内水面受大气压作用,改变出水阀的开度,重复

(2)~(4)步骤至少5次以上。

(6)通过计算,绘制每一流量下的 $Q—H_s$、$H—H_s$、$P—H_s$ 曲线。流量、扬程、功率开始陡降时的真空值即为 $Q—H_{sc}$ 曲线上的一点,获得5个以上这样的点以后,即可绘制 $Q—H_{sc}$ 曲线,如图3-10所示。

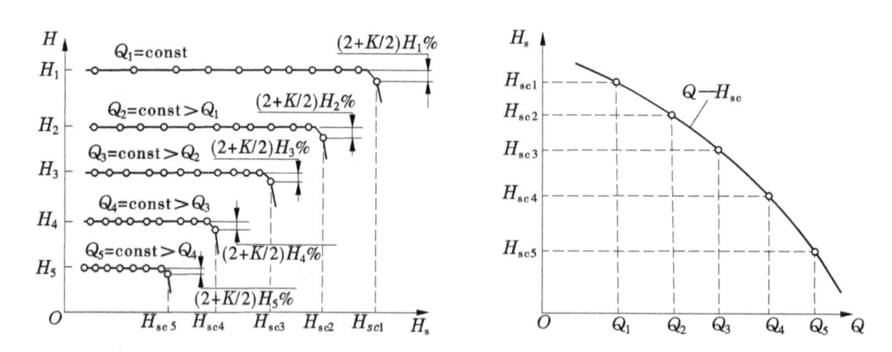

图3-10　按 $\Delta H/H=(2+K/2)\%$ 确定的临界吸上真空高度绘制 $Q—H_{sc}$ 曲线

3.7　汽蚀相似定律与相似判据

3.7.1　汽蚀相似律

如前所述,必需汽蚀余量 Δh_r 表示某一台泵的汽蚀性能。在此基础上,可以找出一系列进水侧几何相似的水泵,在运动相似的条件下工作,其汽蚀性能之间存在一定的关系。

根据式(3-8),对两台进水侧几何相似的水泵,可以列出下式:

$$\frac{\Delta h_{rm}}{\Delta h_{rp}}=\frac{\mu_m v_{1m}^2+\lambda_m w_{1m}^2}{\mu_p v_{1p}^2+\lambda_p w_{1p}^2} \tag{3-23}$$

式中　下标m、p——代表第一台泵(或模型泵)和第二台泵(或原型泵);

　　其他符号意义同前。

在几何和运动相似的条件下,有

$$\mu_m=\mu_p\quad \lambda_m=\lambda_p \tag{3-24}$$

$$\frac{v_{1m}}{v_{1p}}=\frac{w_{1m}}{w_{1p}}=\frac{u_{1m}}{u_{1p}}=\frac{n_m D_m}{n_p D_p} \tag{3-25}$$

式中　D_m、D_p——第一台泵(模型泵)和第二台泵(原型泵)的叶轮进口直径。

由式(3-23)~式(3-25)可得

$$\frac{\Delta h_{rm}}{\Delta h_{rp}}=\left(\frac{n_m}{n_p}\frac{D_m}{D_p}\right)^2 \tag{3-26}$$

表明进口部分相似水泵的必需汽蚀余量与转速平方和叶轮进口直径的平方均成正比。特殊情况下,对转速变化的同一台水泵,则有

$$\frac{\Delta h_{rm}}{\Delta h_{rp}}=\left(\frac{n_m}{n_p}\right)^2 \tag{3-27}$$

式(3-27)说明,同一台泵的必需汽蚀余量与转速的平方成正比,当转速增加时,必需汽蚀余量成平方地增大,从而泵的抗汽蚀性能下降很快。

汽蚀相似定律可以用来解决进口部分几何相似泵之间和模型泵与原型泵之间以及同一台泵在非额定转速下的汽蚀性能换算问题。但需要注意的是,两台泵的汽蚀性能相似,除应满足几何相似和运动相似条件外,还必须保持二者的动力相似,然而间隙、粗糙度、气核和空泡都无法按照比例缩放,首先空泡的形成和破灭过程就无法按比例模拟。另外,现代汽蚀机制研究证明了汽蚀过程的复杂性,它具有气液两相流的特性,气泡的初生还与热力学、液体中杂质(包括所溶气体)的含量等因素有关。因此,采用式(3-26)和式 3-27)进行汽蚀性能换算时,存在尺寸效应问题等,当几何尺寸和转速相差较大时,计算结果的误差也较大。

经验表明,当转速在额定转速的 75%~125%时,用式(3-27)换算的结果误差不大。

对于允许吸上真空高度$[H_s]$,当水泵转速变化时,可用下列近似公式进行换算:

$$\frac{10.33-[H_s]_m}{10.33-[H_s]_p}=\frac{n_m^2}{n_p^2} \tag{3-28}$$

3.7.2 汽蚀比转数

水泵抗汽蚀性能的好坏,只有在流量和转速相等的情况下才能用汽蚀余量和吸水真空高度的大小来衡量,由于不同水泵的流量和转速均不相同,因此汽蚀余量或吸上真空高度不能用来对不同泵的抗汽蚀性能进行比较。为此,需引入一个包括流量、转速和必需汽蚀余量等设计参数在内的汽蚀性能相似特征参数——汽蚀比转数。汽蚀比转数应该是衡量各种水泵抗汽蚀性能的参数,它既可作为水泵汽蚀相似律的判据,又可以其数字大小表明水泵抗汽蚀性能的好坏。

对于汽蚀比转数,目前国内外普遍使用的有量纲数,我国用符号 C 表示,国外用符号 S 表示。

由流量相似律和汽蚀相似律公式,$\frac{Q_m}{Q_p}=\frac{D_m^3 n_m}{D_p^3 n_p}$, $\frac{\Delta h_{rm}}{\Delta h_{rp}}=\frac{D_m^2 n_m^2}{D_p^2 n_p^2}$,在消除直径项后可得

$$\frac{n_m\sqrt{Q_m}}{\Delta h_{rm}^{\frac{3}{4}}}=\frac{n_p\sqrt{Q_p}}{\Delta h_{rp}^{\frac{3}{4}}}=\frac{n\sqrt{Q}}{\Delta h_r^{\frac{3}{4}}}=\text{const} \tag{3-29}$$

式(3-29)中的常数用 S 表示,即

$$S=\frac{n\sqrt{Q}}{\Delta h_r^{\frac{3}{4}}} \tag{3-30}$$

式(3-30)是美、英、日等国家习惯采用的汽蚀比转数的定义式。计算中,由于各国使用的单位制不同(见表 3-3),所以计算得到的同一台泵的汽蚀比转数值也不相同。

表 3-3　各国汽蚀比转数换算表

国别	中国、俄罗斯	日本	英国	美国
计算公式	$C=5.62\frac{n\sqrt{Q}}{\Delta h_r^{\frac{3}{4}}}$	$S=\frac{n\sqrt{Q}}{\Delta h_r^{\frac{3}{4}}}$		
单位	Q:m³/s; n:r/min; Δh_r:m	Q:m³/min; n:r/min; Δh_r:m	Q:UKgal/min; n:r/min; Δh_r:ft	Q:USgal/min; n:r/min; Δh_r:ft
换算值	1	1.378	8.386	9.210
	0.726	1	6.084	6.667
	0.119	0.164	1	1.096
	0.109	0.150	0.913	1

我国是将式(3-30)的右边乘以 $10^{\frac{3}{4}}$(即 5.62)后的表达式作为汽蚀比转数的定义式,即

$$C=5.62\frac{n\sqrt{Q}}{\Delta h_r^{\frac{3}{4}}} \tag{3-31}$$

式中　n——泵的额定转速,r/min;

Q——对应于单吸泵最高效率点的流量,m³/s;

Δh_r——对应于泵最高效率点的必需汽蚀余量,m。

从比转数的表达式及其推导过程,可以得出以下几点结论:

(1)汽蚀比转数 C 或 S 的表达式与比转数 n_s 的表达式具有类似的数学表达形式。

(2)进口部分几何相似的水泵,在相似工况下的汽蚀比转数相等,即具有相同的抗汽蚀性能,因此可以把它作为水泵汽蚀性能相似的判据。与比转数不同的是,只要水泵进口部分相似(包括几何相似、运动相似和动力相似),其汽蚀比转数就相等,而只有整体相似的水泵,它们的比转数才相等。

(3)汽蚀比转数中的流量 Q 是以单吸叶轮为标准的,对于双吸式叶轮,应用额定流量的一半代入公式进行计算。因此,在相同的流量下,双吸式离心泵的抗汽蚀性能好于单吸式离心泵。

(4)汽蚀比转数可用于判别不同泵的抗汽蚀性能好坏。从汽蚀比转数的定义式(3-30)和式(3-31)可以看出,C 或 S 值越大,表明泵的汽蚀性能越好。汽蚀性能差的泵(如有粗大泵轴穿过进水口的小型离心泵),$C=600\sim700$;汽蚀性能一般的泵(如卧式双吸泵和口径较大的 IS 型泵),$C=800\sim1\ 000$;汽蚀性能较好的泵(如高比转数泵),$C=1\ 000\sim1\ 500$;采取某些特殊措施的泵,如加装诱导轮的离心泵,C 值可达 3 000 以上。对于$n_s=800\sim1\ 000$ 的轴流泵,C 值可取 1 200,这个数据表明,轴流泵具有较好的抗汽蚀性能,至于轴流泵的允许吸上真空高度较小,完全是因为 $n\sqrt{Q}$ 值较大的缘故。

(5)水泵的汽蚀比转数与效率是一对互相矛盾的指标,汽蚀比转数较大的水泵具有较好的抗汽蚀性能,但效率一般较低,因此应根据主要矛盾来选择合适的水泵。对抗汽蚀性能要求较低、主要追求效率的场合,可在汽蚀比转数 $C=600\sim800$ 的范围内选择水泵;对兼顾抗汽蚀性能和效率的场合,可在汽蚀比转数 $C=800\sim1\ 000$ 的范围内选择水泵;对抗汽蚀性能要求较高的场合,所选水泵的汽蚀比转数可控制在 $C=1\ 000\sim1\ 600$。

(6)在水泵设计中根据所选模型泵的汽蚀比转数 C 值,可用下式来估算原型泵的必需汽蚀余量:

$$\Delta h_{r} = \left(\frac{5.62n\sqrt{Q}}{C}\right)^{\frac{4}{3}} \tag{3-32}$$

也可以根据所选泵的使用条件,用下式确定水泵不发生汽蚀的允许最大转速,即

$$n_{\max} = \frac{C\Delta h_{r}^{\frac{3}{4}}}{5.62n\sqrt{Q}} \tag{3-33}$$

(7)由于各国用来计算汽蚀比转数的公式及所用的单位不同,因而对同一台泵计算得出的 C 或 S 值也不相同,为了方便比较,可利用表3-3进行换算。

由于各国采用的汽蚀比转数计算公式和计量单位不同,在应用上十分不便,也不利于国际间的交流,因此国际标准推荐使用无量纲汽蚀比转数,用符号 K_{s} 表示。

无量纲汽蚀比转数可由流量相似律和汽蚀相似律公式导出,其表达式类似于水泵型式数(无量纲比转数) K 的表达式。无量纲汽蚀比转数 K_{s} 的表达式为

$$K_{s} = \frac{2\pi}{60}\frac{n\sqrt{Q}}{(g\Delta h_{r})^{3/4}} \tag{3-34}$$

无量纲汽蚀比转数 K_{s} 与我国目前使用的汽蚀比转数 C 的换算关系为

$$C = 297.5K_{s} \tag{3-35}$$

3.7.3 托马汽蚀系数

除汽蚀比转数外,工程实际中常使用托马汽蚀系数 σ 作为水泵的汽蚀相似特征数。

在相似工况下,叶轮内对应点流速平方之比等于扬程之比,所以式(3-26)可改写为

$$\frac{\Delta h_{rm}}{\Delta h_{rp}} = \left(\frac{n_{m}}{n_{p}}\frac{D_{m}}{D_{p}}\right)^{2} = \frac{u_{m}^{2}}{u_{p}^{2}} = \frac{H_{m}}{H_{p}}$$

或

$$\frac{\Delta h_{rm}}{H_{m}} = \frac{\Delta h_{rp}}{H_{p}} = \frac{\Delta h_{r}}{H} = \text{const} \tag{3-36}$$

式(3-36)说明,在相似工况下,泵的必需汽蚀余量与扬程之比为常数,令式(3-36)中的常数为 σ,则

$$\sigma = \frac{\Delta h_{r}}{H} \tag{3-37}$$

式(3-37)为托马汽蚀系数的定义式,式中 Δh_{r} 为第一级叶轮对应于最高效率点的必需汽蚀余量;H 为第一级叶轮对应于最高效率点的扬程。

式(3-37)是德国学者托马在1924年提出供水轮机用的,故称托马汽蚀系数,后来在

叶片泵方面也得到了广泛的应用。从式(3-37)中可以看出,σ 与扬程和必需汽蚀余量有关,但对叶片泵,特别是离心泵,扬程主要取决于叶轮出口条件,与进口条件关系较小。因此,托马系数用作离心泵的汽蚀相似判据似乎不大合适。但由于托马汽蚀系数公式简单,在长期的使用中也积累了较多的资料,而且出于习惯,目前各国仍广泛采用托马汽蚀系数作为叶片泵汽蚀相似的判据或作为计算必需汽蚀余量的依据。

托马汽蚀系数与汽蚀比转数具有相同的性质,即它的大小与泵的几何尺寸无关,只要工况相似,σ 就相等。σ 越小,表明泵的抗汽蚀能力越强。

托马汽蚀系数与比转数都是由水泵相似律导出的,所以从理论上讲,可以确定 σ 与 n_s 之间的关系。由比转数公式可得:

$$\frac{1}{H} = \left(\frac{n_s}{3.65n\sqrt{Q}}\right)^{\frac{4}{3}} \tag{3-38}$$

将式(3-38)代入式(3-37),则有

$$\sigma = \frac{\Delta h_r}{H} = \frac{\Delta h_r}{(3.65n\sqrt{Q})^{\frac{4}{3}}} n_s^{\frac{4}{3}} = k_\sigma n_s^{\frac{4}{3}} \tag{3-39}$$

由于式(3-39)中的 Δh_r 和 Q 均为对应于额定转速下最高效率点的(额定)值,故对每一台泵而言,k_σ 为常数。因此,托马汽蚀系数 σ 是比转数 n_s 的单值函数。

对于一系列结构类似的泵,美国水力协会根据经验数据做出了表示 σ 与 n_s 关系的连续曲线,如图 3-11 所示。图 3-11 中的 σ 与 n_s 曲线可用下列拟合公式表示。

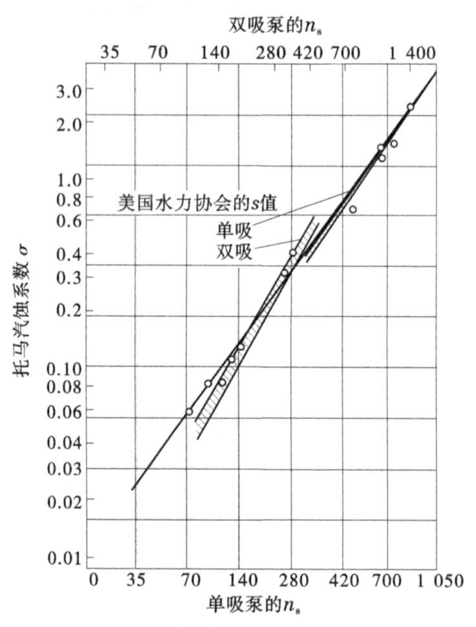

图 3-11　托马汽蚀系数与比转数关系曲线

对于单吸式离心泵:

$$\sigma = 216 \times 10^{-6} n_s^{\frac{4}{3}} \tag{3-40}$$

对于双吸式离心泵：

$$\sigma = 137 \times 10^{-6} n_s^{\frac{4}{3}} \tag{3-41}$$

在缺乏试验资料时，可根据n_s值在图3-11中查得对应的σ值，或由式(3-40)或式(3-41)计算出σ值。再由式(3-39)计算出必需汽蚀余量值，即$\Delta h_r = \sigma H$。

由汽蚀比转数C、托马汽蚀系数σ以及比转数n_s的表达式很容易得到它们之间的关系表达式：

$$C = \frac{1.54 n_s}{\sigma^{\frac{4}{3}}} \quad 或 \quad \sigma^{\frac{4}{3}} = \frac{1.54 n_s}{C} \tag{3-42}$$

3.8　水泵安装高程的确定

水泵安装高程的确定，既要受到水泵自身汽蚀性能的制约，又要受到当地自然条件(大气压、水温、地形等)的限制，还需考虑设计管路系统特性(尤其是吸水管路系统)的影响。必须保证水泵在设计规定的任何工况条件下都不产生汽蚀，同时要尽量改善施工条件、降低土建工程费用。

水泵安装高程∇_{ins}是指水泵基准面的海拔高程，它等于吸水面(进水池水面)的海拔∇_{suc}与水泵安装高度H_{SZ}之和，即

$$\nabla_{ins} = \nabla_{suc} + H_{SZ} \tag{3-43}$$

当水泵安装在吸水面及以上时，H_{SZ}取正值；反之，当水泵安装在吸水面以下时，H_{SZ}取负值。水泵安装高程的确定，归结于合理地确定水泵安装高度H_{SZ}。水泵安装高度可以通过水泵的允许吸上真空高度或允许汽蚀余量的表达式计算得出。

3.8.1　用[H_s]表达的水泵安装高度计算公式

由式(3-16)可得

$$H_{SZ} = H_s - \left(\frac{p_a}{\rho g} - \frac{p_0}{\rho g}\right) - \frac{v_s^2}{2g} - h_w \tag{3-44}$$

由前面分析已知，要保证水泵运行不发生汽蚀，泵进口断面的吸上真空高度应不大于泵的允许吸上真空高度，即$H_s \leqslant [H_s]$。当式(3-44)中的H_s取最大值[H_s]时，安装高度达最大值。该安装高度的最大值称为允许安装高度，用符号[H_{SZ}]表示。

由于水泵产品样本或说明书中给出的[H_s]是标准状态下的数字，如果泵的使用条件与标准状态不同，则：

(1)当吸水面上的实际压头不等于标准大气压头(10.33 m)时，水泵的允许安装高度为

$$[H_{SZ}] = [H_s] - \left(10.33 - \frac{p_0}{\rho g}\right) - \frac{v_s^2}{2g} - h_w \tag{3-45}$$

式中　$\frac{p_0}{\rho g}$——水泵使用条件下吸水面上的实际压头，当吸水面上的压力为大气压时，由

于大气压力与海拔有关,故$\frac{p_0}{\rho g}$值应根据当地的海拔来确定,见表 3-2;

g——当地重力加速度,m/s^2,g 是当地纬度和海拔的函数,其表达式见式(3-46)。

$$g = 9.7803 \times [1 + 0.0053(\sin\phi)^2] - 3 \times 10^{-6}E \tag{3-46}$$

式中 ϕ——当地纬度;

E——当地海拔,m。

(2)当吸水面上的压头为标准大气压头(10.33 m),而水温不是 20 ℃时,应将$[H_s]$换算到实际水温下的$[H_s]'$值,其换算公式为

$$[H_s]' = [H_s] - \frac{p_v}{\rho g} + 0.24 \tag{3-47}$$

式中 $\frac{p_v}{\rho g}$——泵所输送水流温度下的汽化水头,m,$\frac{p_v}{\rho g}$值与水温有关,见表 3-1。

此种情况下,水泵的允许安装高度为

$$[H_{SZ}] = [H_s]' - \frac{v_s^2}{2g} - h_w = [H_s] - \frac{p_v}{\rho g} + 0.24 - \frac{v_s^2}{2g} - h_w \tag{3-48}$$

(3)当吸水面上的压头不是标准大气压头(10.33 m)且水温也不是 20 ℃时,综合式(3-45)和式(3-47)两式,可得水泵的允许安装高度为

$$[H_{SZ}] = [H_s] - \left(10.33 - \frac{p_0}{\rho g}\right) - \frac{p_v}{\rho g} + 0.24 - \frac{v_s^2}{2g} - h_w$$

即

$$[H_{SZ}] = [H_s] + \frac{p_0}{\rho g} - \frac{p_v}{\rho g} - \frac{v_s^2}{2g} - h_w - 10.09 \tag{3-49}$$

式中 v_s——泵进口断面上的平均流速,m/s;

h_w——吸水管路系统中的水力损失,m。

式(3-49)就是用$[H_s]$表达的水泵允许安装高度的综合计算公式。

3.8.2 用$[\Delta h_r]$表达的水泵安装高度计算公式

由式(3-10)可得

$$H_{SZ} = \frac{p_0}{\rho g} - \frac{p_v}{\rho g} - \Delta h_a - h_w \tag{3-50}$$

由前面的分析已知,要保证水泵不发生汽蚀,泵进口断面上的有效汽蚀余量应不小于泵的允许汽蚀余量,即 $\Delta h_a \geq [\Delta h]$。当式(3-50)中的 Δh_a 取最小值$[\Delta h]$时,安装高度达最大值,即

$$[H_{SZ}] = \frac{p_0}{\rho g} - \frac{p_v}{\rho g} - [\Delta h] - h_w \tag{3-51}$$

式中 $\frac{p_0}{\rho g}$——吸水面上的实际压头,m;

$\frac{p_v}{\rho g}$——被抽水实际温度下的汽化压头,m。

式(3-51)即根据已知的允许汽蚀余量确定允许安装高度的计算公式。比较式(3-49)和式(3-51)可以看出,使用[Δh]来计算水泵的安装高度比使用[H_s]方便,因为式(3-51)中没有$\frac{v_s^2}{2g}$项,可以减少计算。

3.8.3　水泵最大安装高度

如上所述,已知水泵允许吸上真空高度[H_s]或允许汽蚀余量[Δh],就可利用式(3-49)或式(3-51)计算得到水泵的允许安装高度[H_{SZ}]。为了保证在任何情况下水泵都不会发生汽蚀,还应考虑以下因素:

(1)应在水泵设计运行工况范围内选择至少三点(一般选设计工况和两极端工况)分别计算允许安装高度,最后取其最小值作为水泵的最大允许安装高度值。

(2)当水泵的实际转速不同于额定转速(一般情况下机组转速要高于水泵和配套电动机的额定转速)时,须按式(3-28)对[H_s]或按式(3-27)对Δh_r及[Δh]进行修正,并将修正后允许吸上真空高度值调入式(3-49)或将修正后的[Δh]值代入式(3-51),计算水泵最大允许安装高度[H_{SZ}]值。

(3)当计算出的[H_{SZ}]为正值时,表示该泵可以安装在吸水面以上不超过[H_{SZ}]高度的位置。对于立式轴流泵,即使是计算出的[H_{SZ}]大于零,为了启动方便和省去抽气充水设施,也应将叶轮淹没于水下0.5~1.0 m;若计算得到的[H_{SZ}]为负值,则表示该泵的叶轮必须安装在吸水面以下不小于[H_{SZ}]深度的位置,此时,如果计算的淹没深度值不足0.5~1.0 m,应当采用0.5~1.0 m。

(4)大中型水泵的汽蚀性能参数一般需要借助模型泵汽蚀试验结果,利用汽蚀相似律换算得出。但是,由于汽蚀试验代价较高,加上尺寸效应的影响,故许多厂家提不出泵的允许汽蚀余量,只给出叶轮淹深的推荐值,在泵站工程设计及水泵安装时,应保证叶轮的淹没深度不小于该推荐值。

3.8.4　水泵设计安装高程确定

确定了水泵的最大允许安装高度[H_{SZ}]后,即可利用式(3-43),求得水泵的安装高程。此安装高程是保证水泵在任何设计运行工况下不发生汽蚀的最大安装高程∇_{max},一般也是对应泵站厂房等土建工程费用最小的安装高程。考虑到以下因素:①水泵进水管路进水口流态不稳定,比如前池、进水池在低水位运行时流态变差;边侧机组进水流态较差等。②前池、进水池设计不合理,或者受地形限制,尺寸不够,导致进水流态不佳。③水流含有泥沙,淤积进水流道,影响水泵进水流态,甚至产生严重的涡流等。所以,在施工难度和土建工程增加不太大的情况下,设计中应尽量降低水泵的安装高程,使水泵进口得到较富裕的单位能量值。

实践证明,对提取含沙水流的泵站,增大有效汽蚀余量值,不但可以改善水泵进水流态,减少泥沙对水泵过流部件的磨蚀,还可以提高机组的运行效率,降低能耗指标和减少运行费用。

3.9　预防和减轻水泵汽蚀的措施

由以上分析可知,水泵在运行中是否会发生汽蚀,不仅取决于水泵自身抗汽蚀性能的好坏,还取决于管路系统,特别是吸水管路系统特性的优劣,同时与运行的工况和边界条件有密切的关系。所以,可重点从以下几方面采取预防和减轻水泵汽蚀措施:①提高水泵的抗汽蚀性能;②设计良好的吸水装置;③控制水泵运行工况条件和其他辅助措施。

3.9.1　提高水泵本身的抗汽蚀性能

提高水泵本身抗汽蚀性能,一是改进水泵进口的结构参数,使水泵具有尽可能小的必需汽蚀余量 Δh_r;二是在空泡不可避免的情况下,对叶轮或容易被汽蚀的过流部件(或部位)采用耐汽蚀的材料,以提高水泵的使用寿命。具体可以采取以下几个方面的措施。

3.9.1.1　设计和选用适宜的进水部分形状及参数

泵的基本汽蚀方程式(3-8)表明,水泵进口部分的几何形状和参数直接影响进口水流速度的沿流程变化幅度和水力损失量,从而影响必需汽蚀余量 Δh_r 的大小。因此,可以采用如下方法来降低 Δh_r 值:①合理设计和选择水泵吸水室的形式及参数,使水流沿流程变化均匀,避免过流断面面积和水流方向的急变;②降低叶轮进口部分流速,减小进口水力损失:适当加大叶轮进口直径,加大叶轮前盖板的曲率半径,增大叶片进口宽度,减小叶片进口厚度;③合理选择叶片进口冲角,改善极端工况(极端流量)下的运转特性,如采用1°~15°的正冲角来改善大流量工况的运转特性;④叶片进口边适当向叶轮进口延伸,以提早让水流增加能量;⑤改进工艺,提高流道加工的光洁度,减小过流表面的粗糙度,降低水力损失,减小空泡初生概率。

3.9.1.2　采用双吸式叶轮或降低转速运行

采用双吸式泵或低转速泵,虽不能提高汽蚀比转数值,但可以有效地降低水泵的必需汽蚀余量。因此,在水泵的设计中,当采取提高汽蚀比转数 C 值的措施仍不能满足要求时,常采用双吸式泵或降低转速的办法来解决水泵的汽蚀问题。

3.9.1.3　采用抗汽蚀性能好的材料和涂层

对容易发生汽蚀破坏的过流部件或部位采用抗汽蚀性能优良的材料或采取抗磨蚀涂层措施,以延长水泵的使用寿命。抗汽蚀材料应具有韧性强、硬度高、抗拉力强、疲劳极限高、应变硬化好、晶格细、好的可焊性等综合性能。

如选择铸锰、青铜、不锈钢、合金钢等材料制造叶轮,用聚合物涂敷或喷镀过流部件的表面,均可抵抗汽蚀的冲击,减轻汽蚀危害。

3.9.2　设计良好的吸水装置

吸水装置的特性决定了有效汽蚀余量 Δh_a 的大小,设计良好的吸水装置(管路系统),尽可能地提高有效汽蚀余量 Δh_a 值,可以防止汽蚀和减轻汽蚀危害。

3.9.2.1　合理确定水泵安装高程

首先要充分考虑水泵运行中可能遇到的各种工况,选择最不利工况条件来计算水泵的最大允许安装高度和高程;其次要尽可能地降低水泵的安装高程,水泵的实际安装高程相对于允许最大安装高程越低,水泵装置的抗汽蚀能力越强。降低水泵安装高程是防止汽蚀发生的关键手段。

3.9.2.2 合理设计进水流道(管道)

优良的进水管路系统应该是水力损失较小,过流断面尤其是水泵进口断面的流速分布较均匀。为此可适当加大进水管径,尽量减少不必要的管路设备及管件(如弯头、短管等);水泵进口前需装置检修阀等设备及管件时,应与进口断面保持一定的距离,以免影响水泵进口水流的流态;对大型水泵,更应关注进水流道特别是水泵进口弯道的形状设计。

3.9.2.3 设计良好的前池、进水池

如果泵站的前池、进水池的水流流态不好,不仅影响进水管进口水力损失,还可能产生漩涡流,并增大管口的进水难度,特别是高含沙水流泵站,很容易引起前池、进水池淤积,池内流态恶化,严重时产生较大的漩涡流,一旦形成涡带并进入水泵,就可能引起空腔汽蚀。

因此,设计良好的前池、进水池,稳定池中的水流流态,是保证进水管路有良好的水流流态、防止水泵发生汽蚀的前提,特别是对大口径、短进水管(或流道)的水泵尤为重要。

前池、进水池设计的主要技术参数是淹没深度、进水管口悬空高度和水流自由度等,其中管口淹没深度最重要,宜采用较大的淹没深度,防止管口进气;进水池的流态,尤其是边侧机组进水口的流态也是影响水泵汽蚀性能的重要因素,设计中应力求避免在进水管口产生漩涡流。

3.9.3 控制水泵运行工况和其他辅助措施

3.9.3.1 设计合理的水泵工作范围

对于多机并联的高扬程,长距离输水,且进、出水池水位变幅较大的提水泵站工程,水泵的工况比较复杂,在设计时,必须使水泵的极端工况点落在水泵的高效、稳定运行范围。

水泵的极端工况一般对应于:①净扬程最高,泵站满负荷运行,水泵扬程,最大流量最小;②净扬程最低,单机运行,水泵流量最大,扬程最小。

设计中可以通过适当加大输水管道的直径,减小管路系统水力损失,缩小水泵极端工况点的区间范围,同时在运行管理中,应通过合理调度,尽量使水泵运行在设计(额定)工况附近。当极端工况范围过大时,可以考虑采用变频调节运行或装置不同扬程水泵等办法使水泵工作范围得到有效控制。

3.9.3.2 加设诱导轮

在离心泵叶轮前面装一个类似于轴流式的叶轮,称为诱导轮,如图 3-12 所示。在 20 世纪 40 年代,首先在德国的火箭发动机上采用诱导轮,以使泵能在 2 000 r/min 左右的高转速下正常供给燃料。60 年代后期被逐渐应用到一般离心泵中,以提高叶轮进口处的压力,从而大幅度地提高泵的吸入性能。带有诱导轮的离心泵,汽蚀比转数 C 可达到 3 000 以上。诱导轮是一个叶轮负荷很低(最大只有几米扬程)的轴流式叶轮,但它与通常的轴流泵叶轮又有明显不同:轮毂小、叶片安装角小、叶片数少、叶栅稠密度大。这些特点使它

具有高的吸入性能。利用诱导轮产生的扬程,对后面的离心泵叶轮起增压作用。而诱导轮只需要很低的吸入汽蚀余量,从而相当于提高了整个泵的吸入性能。

诱导轮的水力效率不很高,因此加装诱导轮后,离心泵的整体效率有所降低,但对高扬程泵站,尤其是多级高扬程泵站工程,诱导轮的扬程所占比例很小,故对泵站的装置效率影响不大。

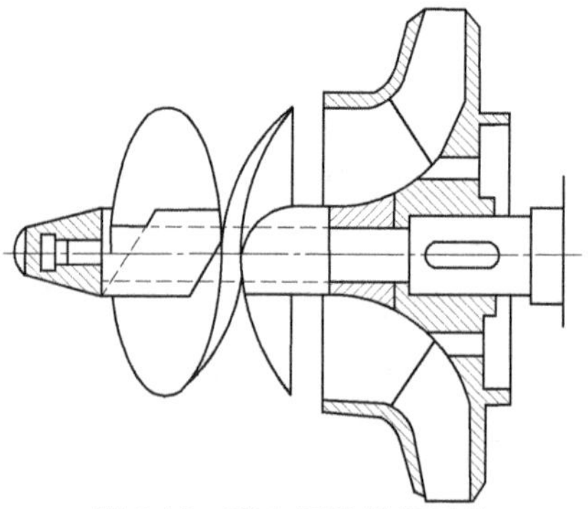

图 3-12 离心泵前的诱导轮

3.9.3.3 设置前置泵

大型水泵的必需汽蚀余量很大,一般需要较大的灌注水头,在地下水位比较丰富的地区,给泵站工程的建设增加很大的施工难度,并使土建工程量的投资增加很多。

为了提高水泵的抗汽蚀性能,提高其安装高程,一般可在主水泵前配置流量与其相匹配的低速前置泵。因为前置泵转速低,一般采用双吸式叶轮,抗汽蚀性能好,吸水管道的水经前置泵增压后进入主水泵,保证了主水泵所需的足够的汽蚀余量,从而大大改善了主水泵抗汽蚀的性能。

除以上所述的各种防止水泵汽蚀和减轻汽蚀危害所常用的一些措施外,还有其他一些方法措施,比如采用双翼叶轮、制造超汽蚀泵等,有些方法和措施还有待于进一步研究和完善。其中,合理确定水泵的安装高程、设计良好的吸水装置和控制水泵极端工况范围等是主要和最有效的方法和措施。

应该注意的是,各种方法和措施都有优缺点,尤其是对水泵效率有影响的措施,实践中必须综合分析,谨慎采用。

第4章　水泵的运行工况及调节

4.1　水泵的运行工况

水泵工况是指在一定条件下水泵的工作状况,即各个参数之间的相互关系。

从前面的讨论可以知道,叶片泵的基本参数有流量、扬程、功率、效率、转速和必需汽蚀余量(或允许吸上真空高度)等6个。一般来说,水泵的转速是由设计确定的,并与配套动力机的转速相匹配或一致。在转速一定的情况下,水泵的其他5个工况参数具有确定的数量关系,一般以转速为参变量,流量为自变量,以扬程、功率、效率、必需汽蚀余量或允许吸上真空高度为因变量,组成四条关系曲线,即水泵的性能曲线。水泵的性能曲线反映了水泵各个性能参数之间的一种确定关系。性能曲线上的点,表明了水泵的运行工况,性能曲线上不同的点反映了水泵不同的运行工况。水泵的性能曲线同时表明水泵能在性能曲线上任一点所对应的工况下运行。

在泵站设计中,需要根据设计边界条件,选择合适的水泵机组,配置合理的管路系统,然后计算水泵及水泵装置的设计工况参数(技术经济指标),用以检验设计成果的优劣,如不理想,加以修正,直至满意。

在泵站建成后的运行过程中,往往需要知道水泵在特定边界条件下的实际运行工况,即需要知道水泵究竟工作在其性能曲线上的哪一点,借此来检验或评价水泵和动力机的选择是否恰当,泵的流量能否满足要求,水泵及其装置是否运行在高效状态,水泵的安装高度合理与否,泵站规划的技术经济指标是否得以实现,是否具有先进性以及设备制造和安装、工程建设质量的好坏等。

水泵与水泵装置是一个整体。离开装置讲水泵工况是没有意义的。水泵装置包括水泵、动力机及其附属设备、进出水管路、管路设备及管件、进出水池等。水泵的运行工况不仅取决于水泵本身的性能优劣,而且与水泵装置的性能有很大的关系。管道直径、长度以及布置形式、阀门等管路设备及管件的类型和数量等都将对管路中的水力损失构成影响,而管路水力损失不仅对水泵的扬程产生影响,还是影响管路及泵站装置效率的主要因素;进、出水池水面的高程决定了泵站静扬程的大小,是影响水泵扬程的主要因素;动力机的转动特性(尤其是变速调节特性)对水泵的工作特性亦有较大的影响。因此,要确定水泵的运行工况,除要了解和掌握水泵的基本性能特性外,还必须了解水泵装置性能和动力机的机械特性。要对泵站工程进行技术经济评价,只考核水泵的工况是不够的,还需对水泵装置的运行工况进行评估。

4.1.1　管路阻力损失计算

要获得水泵装置特性曲线,就必须确定管路系统的阻力损失曲线。从水力计算角度分析,与计算水泵工作点有关的管路系统工程大体上可分为两类:一类是压力管路工程,另一类是无压输水工程。

泵站的无压输水工程主要是指泵站前、前后级泵站之间和泵站后无压引水明渠(包括无压隧洞)工程及其附属建筑物(如进水闸、节制闸等)。

泵站压力管路工程按照其功能和工作特点,一般可分为压力引水工程、泵站管道和压力总管三部分。压力引水工程是指从取水口到泵站进水分岔管入口的压力输水工程,包括压力引水管道工程和压力隧洞(涵洞)工程等;泵站管道包括水泵进水分岔管、进水支管、出水支管和出水合岔管等;压力总管为泵站合岔管末端至出水池的压力管路(或隧洞)工程。各段压力工程均包含输水线路附属建筑物、设备及管件。有进水池的泵站工程不存在压力引水工程和进水分岔管。

黄河提水泵站工程的特点是扬程高,输水管路长。随着工程规模的不断增大,输水流道(或管道)断面尺寸日益增大、输水管路也越来越长,距离超过 10 km、直径达 1.4 m 以上的长距离、大规模压力输水工程已非常普遍。例如,南水北调中线北京段的惠南庄泵站至大宁调压池段,采用 DN4000 的预应力钢筒混凝土管(PCCP),双线敷设,管道长度 56 km,单管输水能力 10~30 m^3/s;山西小浪底库区提水泵站工程的引水隧洞长 6 km,断面直径为 4.0 m,设计输水能力 20 m^3/s 等。

供水泵站输水线路工程不仅投资占比很大,而且管内水流流态范围广,尤其是多机组并联的泵站压力管路在少机组或单机运行时管内流速很低。由于管内流速较小,管内水流的流态一般处于水力光滑区和过渡粗糙区,阻力损失计算较复杂;另外,阻力损失计算结果的准确性对确定水泵机组的运行工况起关键作用。因此,结合工程的具体情况,选择恰当的水力计算公式来计算水头损失,对于保障泵站工程运行稳定经济、高效节能、安全可靠等具有重要意义。

泵站管路系统阻力损失计算详见 14.2 和 14.3。

4.1.2 泵的不稳定运行工作点判别及解决方法

某些低比转数、高效率的离心泵具有驼峰形状的 $Q—H$ 曲线,如图 4-1 所示。驼峰顶点 K 为区分稳定和不稳定的临界点。

水泵在运行过程中经常受到一些外界因素的干扰,如电动机输入电压的波动,电网频率变化引起的转速变化,进、出水池水位的波动以及机组振动等,这些干扰足以导致水泵工作点有所偏离。

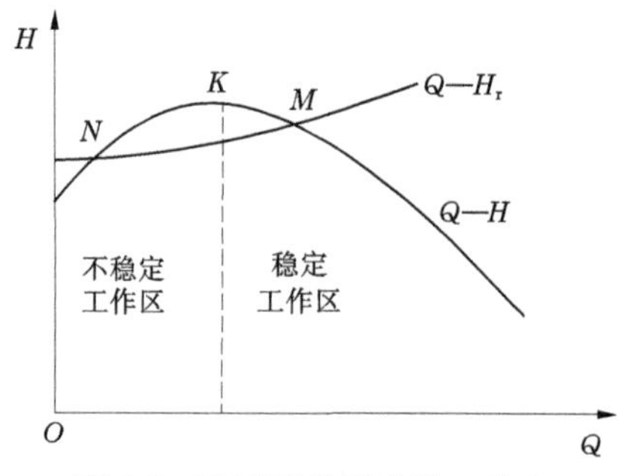

图 4-1 驼峰形性能曲线工作点

如果水泵工作点处于 K 点右侧的下降区段,如 M 点,当泵的工作点向右偏移时,泵的扬程小于装置需要扬程,水泵流量减小,从而抑制了工作点进一步右移;当泵的工作点向左偏移时,泵的扬程大于装置需要扬程,水泵流量加大,阻止了工作点继续左移。

如果水泵工作点处于 K 点左侧的上升区段,如 N 点,当泵的工作点向右偏移时,泵的扬程大于装置需要扬程,水泵流量增大,使工作点继续右移,直达 M 点;当工作点向左偏移时,泵的扬程小于装置需要扬程,水泵流量进一步减小,导致工作点继续左移,终使水泵进入流量为负值的反常运行工况。

总之,M 点受干扰偏移原位后,其位移量会受到一定的抑制,等干扰因素消除后,它会自动恢复到原来的位置,故 M 点称为泵的稳定工作点,K 点以右下降区段称为泵的稳定工作区。而 N 点一旦受干扰偏移原位后,其位移量会继续增大,即使是干扰因素消除后也不会再回到原来的位置,所以 N 点称为泵的不稳定工作点,K 点以左上升区段称为泵的不稳定工作区。

设计中应将水泵的工作范围控制在稳定工作区域内,即 $Q—H$ 曲线的下降段,以避免泵在不稳定工作区运行。

水泵不稳定工作点的判定比较简单,如果具有驼峰形的水泵特性 $Q—H$ 曲线与管路装置特性 $Q—H_r$ 曲线具有两个交点,则右侧点为稳定工作点,而左侧点为不稳定工作点;只有一个交点时,一定是稳定工作点;而两曲线相切时,其切点也是不稳定工作点。

驼峰曲线形状对水泵的运行是相当不利的。为了避免出现不稳定的水泵工况,一般可采取以下措施:

(1)选择没有驼峰曲线的泵型或驼峰高度较小的泵型。

(2)适当提高水泵的设计扬程,使泵的关死点扬程不小于装置的静扬程。

(3)水泵工作点调节运行时,保持工作点处于稳定工作区。尤其对变频调速运行的机组,应严格控制调速频率范围。

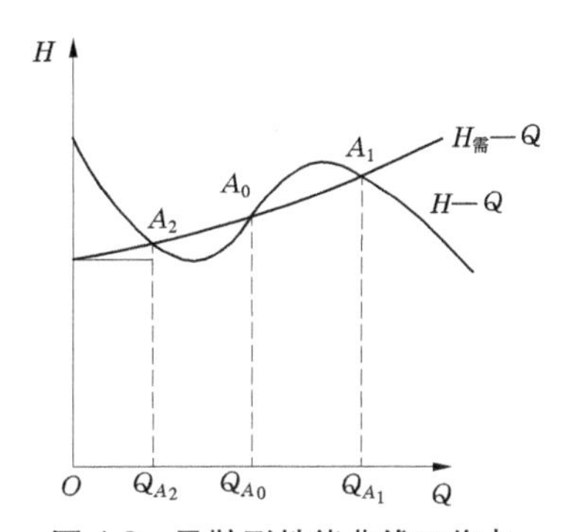

图 4-2　马鞍形性能曲线工作点

轴流泵具有马鞍形的 $Q—H$ 曲线,如果与管路特性曲线的交点位于轴流泵曲线的下降段,则是稳定的,而相交于上升段的工作点是不稳定的,如图 4-2 所示,工作点A_0 是不稳定的,工作点A_1、A_2 是稳定的。

经以上分析,水泵工作点稳定性的判别式为

$$\frac{\partial H_r}{\partial Q} > \frac{\partial H}{\partial Q} \quad \text{稳定} \tag{4-1}$$

$$\frac{\partial H_r}{\partial Q} < \frac{\partial H}{\partial Q} \quad \text{不稳定} \tag{4-2}$$

4.1.3　装置特性曲线(需要扬程曲线)

泵站装置必须获得一定的能量,才能把水从低水位的进水池提升到高水位的出水池。如图 4-3 所示,水泵从进水池水面 $s—s$ 吸水,被吸入的水在水泵的作用下流经进水管、水泵和出水管,最后到达出水池水面 $d—d$。现在来分析被输送的水所需要的能量。

以进水池水面为基准面,列出水面 $s—s$ 与水泵进口断面 1—1、水泵出口断面 2—2 与出水池水面 $d—d$ 的伯努利方程(能量方程),整理后得到水泵进、出口断面单位总能量

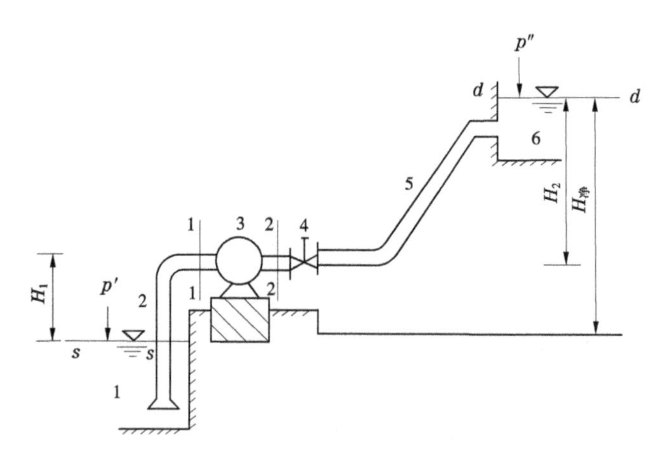

1—进水池;2—进水管;3—水泵;4—闸阀;5—出水管;6—出水池

图 4-3　水泵装置示意图

E_1、E_2 的表达式分别为

$$E_1 = \frac{p_s}{\rho g} + \frac{v_s^2}{2g} - H_1 - h_{s-1} \tag{4-3}$$

$$E_2 = \frac{p_d}{\rho g} + \frac{v_d^2}{2g} + H_2 + h_{2-d} \tag{4-4}$$

装置需要的能量 H_r(装置扬程)为

$$H_r = E_2 - E_1 + \Delta Z = H_1 + H_2 + \Delta Z + \frac{p_d - p_s}{\rho g} + \frac{v_d^2 - v_s^2}{2g} + h_{s-1} + h_{2-d} \tag{4-5}$$

$$H_t = H_1 + H_2 + \Delta Z = Z_d - Z_s$$

$$H_{st} = H_t + \frac{p_d - p_s}{\rho g}$$

$$h_w = h_{s-1} + h_{2-d}$$

式中　h_{s-1}、h_{2-d}——进、出水管路的阻力损失,m;

Z_s、Z_d——进、出水池水面高程,m;

h_1、h_2、ΔZ——水泵进水口断面与吸水面、出水池水面与水泵出口断面、水泵出口断面与进口断面的高差,m;

H_t——装置出水池与进水池的水位差,即提水高度,m;

H_{st}——装置的静扬程,m,扬程较低的泵站,$H_{st} \approx H_t$;

$\frac{p_d - p_s}{\rho g}$——上下水面压头差,m,$\frac{p_d - p_s}{\rho g} \approx -H_t/1\ 000$ m;

$\frac{v_d^2 - v_s^2}{2g}$——上下水面的流速水头差,m,一般可以忽略;

h_w——管路系统的阻力损失扬程,m。

因此,装置需要扬程式(4-5)可写为

$$H_r = H_{st} + h_w \tag{4-6}$$

式(4-6)表明,抽送装置的需要扬程等于装置静扬程加上管路阻力损失扬程。在进、出水池水位一定,即泵站扬水高度 H_t 确定的情况下,泵站装置的静扬程就是一个定值,因此装置需要扬程取决于管路阻力损失扬程 h_w。

由水力学(流体力学)可知,管路阻力损失包括沿程摩擦损失和局部阻力损失两部分,即

$$h_w = h_f + h_l \tag{4-7}$$

式中 h_f、h_l——沿程阻力损失和局部阻力损失,m。

在管路的长度、过水断面尺寸、管材、节点参数确定的条件下,管路损失将唯一地取决于管内的流量或流速,即管路特性曲线也是流量或流速的单一函数:

$$h_w = h_f + h_l = F_1(Q) + F_2(Q) = F(Q) \tag{4-8}$$

式(4-8)被称为泵装置的管路阻力曲线方程,如图4-4(a)所示。将式(4-8)代入式(4-6),得到

$$H_r = H_{st} + F(Q) \tag{4-9}$$

式(4-9)即为泵装置特性曲线方程或称装置性能曲线,即装置需要扬程与流量的关系曲线,它是将管路阻力曲线画在代表静扬程 H_{st} 的横线之上的,如图4-4(b)所示。

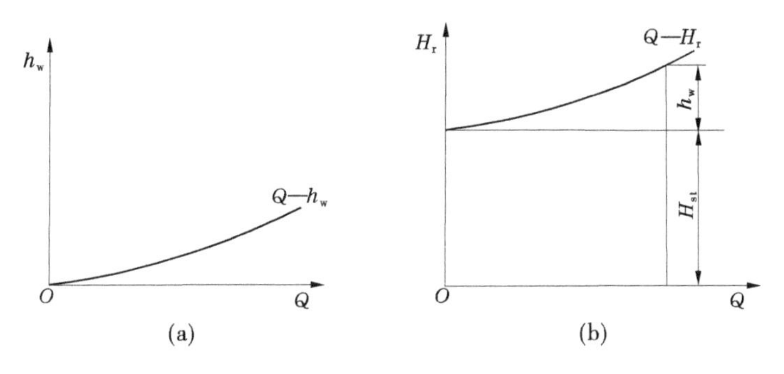

图4-4 管路阻力曲线和装置特性曲线(需要扬程曲线)

4.1.4 水泵装置运行效率

水泵在运行过程中,要求水泵装置既能满足供水流量的需要,又要尽量节约能源,达到高效、经济的运行目的。在水泵机组的选型中,首先应选用效率较高的产品,并考虑使水泵运行在高效区间,同时要求管路系统配置得当,既要保证管路投资不太大,又要使其阻力损失较小。

水泵装置运行的经济性可用各种技术经济指标进行评价,其中效率指标是评价泵站能源转换程度的主要指标,它包括管路效率、水泵装置效率、机组装置效率、泵站装置效率、泵站效率等。

4.1.4.1 管路效率

管路效率是衡量管路配置是否得当,判定管路能耗大小的重要指标之一。管路效率 $\eta_{管}$ 是指水功率 P_w(水流从进水池到出水池所获得的能量)与水泵输出功率 P'(水流经过

水泵所获得的能量)之比,如果管路没有水量泄漏,则管路效率等于静扬程与水泵扬程之比,即

$$\eta_{管} = \frac{P_w}{P'} = \frac{\rho g Q H_{st}}{\rho g Q H} = \frac{H_{st}}{H} = \frac{H - \Delta h}{H} = \frac{H_{st}}{H_{st} + \Delta h} \times 100\% \tag{4-10}$$

式中 H_{st}——泵站静扬程,当进、出水池均为大气压且扬程较小时,可认为 H_{st} 等于出水池和进水池的高差,m;

P'——水泵输出功率,kW,$P'=\rho g Q H$;

H——水泵工作扬程,m;

Δh——管路阻力损失,m。

对于大中型离心泵泵站,管路效率一般为95%~99%,而对水位或静扬程变幅较大的高扬程泵站,为了控制极端工况的偏离幅度,保证水泵及泵站具有较高的运行效率,管路的效率可达98%以上。

4.1.4.2 水泵装置效率

水泵装置是由水泵和进、出水管路(或流道)组成的系统。水泵装置效率η_{st}是指水功率P_w与水泵轴功率P的比值。

$$\eta_{st} = \frac{P_w}{P} = \frac{\rho g Q H_{st}}{\rho g Q H/\eta} = \frac{H_{st}}{H}\eta = \eta_{管}\ \eta \times 100\% \tag{4-11}$$

式中 η——水泵效率。

水泵装置效率是管路效率和水泵效率的乘积,综合反映了泵及管路系统对输入功率的有效利用程度。

4.1.4.3 机组装置效率

这里的机组装置是指由水泵装置、传动装置、动力机共同组成的系统。机组装置效率$\eta_{机}$是指水流通过水泵装置所获得的水功率P_w与动力机输入功率P_m的比值,亦等于水泵装置效率、传动装置效率、动力机效率的乘积,即

$$\eta_{机} = \frac{\rho g Q H}{P_m} = \eta_{st}\eta_{传}\eta_m \times 100\% \tag{4-12}$$

式中 $\eta_{传}$——传动装置效率,直接传动时$\eta_{传} \approx 100\%$;

η_m——动力机效率;

P_m——动力机输入功率,kW。

4.1.4.4 泵站装置效率

泵站装置是由水泵装置、动力及辅助设备(动力机、传动、调速、励磁装置等)组成的系统。泵站装置效率$\eta_{装}$是指泵站输出有效功率(水功率P_w)与动力机及辅助设备输入的总功率的比值,亦等于机组装置效率和动力机辅助装置效率的乘积。

$$\eta_{装} = \frac{P_w}{P_s} = \eta_{管}\ \eta\eta_{传}\eta_m\eta_s = \eta_{机}\eta_s \times 100\% \tag{4-13}$$

式中 P_s——动力机及辅助设备的输入有功功率之和,kW,有变频器时为变频器的输入功率,否则为动力机输入功率P_m,对采用同步电机的泵站,还应计入励磁系统能耗功率;

η_s——辅助设备(变频器、励磁装置等)效率,没有时$\eta_s=1$。

泵站装置效率综合反映了水泵装置和动力系统的能源利用程度,是泵站工程设计和管理考核的一个重要指标。

4.1.4.5　泵站效率

泵站效率$\eta_{站}$是指水流经过泵站工程后所获得的能量与泵站工程消耗的总能量之比。泵站效率是在泵站装置效率的基础上,进一步考虑了进、出水池的阻力损失和泵站其他附属设备及装置(技术供水、油、气系统,阀门操作系统,无功补偿装置,监控保护系统以及馈电线路设备等)能源损失影响的一个综合性指标。

$$\eta_{站}=\frac{\eta_{池}P_w}{P_z}=\eta_{池}\eta_{管}\eta\eta_{传}\eta_{动}\eta_s\eta_e=\eta_{池}\eta_{装}\eta_e\times 100\% \tag{4-14}$$

式中　$\eta_{池}$——进、出水池效率,$\eta_{池}=\frac{H_{st}-\Delta h'}{H_{st}}$;

$\Delta h'$——进、出水池水头损失之和,m;

P_z——泵站进线柜平均输出有功功率,kW;

η_e——泵站其他附属设施平均损耗功率与进线柜功率P_z的比值。

根据以上所述,各种效率具有以下关系:

水泵装置效率η_{st}>机组装置效率$\eta_{机}$≥泵站装置效率$\eta_{装}$>泵站效率$\eta_{站}$。

由于泵站的其他附属设备大都是间歇式运行,进线柜的输出功率也不是恒定的,故在计算泵站效率时一般忽略(或不计入)此部分能耗,或者采用泵站平均能源单耗指标来代替泵站效率指标。

对于大型泵站工程,电动机的效率$\eta_{动}$可达 94%~96%;直接传动时,传动效率$\eta_{传}$可达 99%以上;对高扬程泵站,进、出水池的损失可以忽略,管路效率也较高;如采用变频调速,变频器的效率在 95%~97%;所以,影响泵站效率的主要因素是水泵的效率 η。需要注意的是,大型水泵的效率已经达到 90%以上,甚至超过 92%,故影响泵站效率的其他因素(如管路效率$\eta_{管}$、动力机效率$\eta_{动}$、调速设备效率η_s 等)也应重视,尽量设计高效的动力装置,比如要对是否采用变频调速装置进行认真的技术经济比较。

4.2　水泵工作点确定

所谓泵的运行工作点,简单地说,就是指运行在某一装置中的水泵,在转速一定的条件下,水泵的流量和扬程。

4.2.1　水泵工作点的确定方法

对于已建成投入运行的泵站,可通过测量水泵进、出口压力和过泵流量来确定水泵的工作点。对要规划设计的泵站或检测设备不齐全的泵站,可利用理论分析计算的手段来确定水泵的工作点,具体有图解法和数解法。

由前面的分析可知,在某一装置中运行的水泵为了把水从进水池抽送到出水池,就必须提供给该装置所需要的能量,即水泵的扬程刚好等于装置的需要扬程,这就是说,水泵的运行工作点只可能在装置特性曲线上;同时,水泵的运行工作点还必须在水泵的扬程和流量关系曲线上,故水泵的工作点必然是水泵流量与扬程关系曲线 $H=f(Q)$ 和装置特性曲线 $H=f_r(Q)$ 的交点。

4.2.1.1 图解法

将水泵扬程曲线 $H=f(Q)$ 和装置特性曲线 $H=f_r(Q)$ 画在同一坐标系中。前者是一单调下降曲线,而后者是一条单调上升曲线,两条曲线必有一交点 A,此交点 A 即为所求的水泵工作点,交点 A 的横坐标为水泵的流量,交点 A 的纵坐标为水泵的扬程。

4.2.1.2 数解法

数解法就是联立水泵的流量—扬程曲线方程 $H=f(Q)$ 和装置特性曲线方程 $H=f_r(Q)$,求解得出水泵工作点参数值,即

$$\left.\begin{aligned}H&=f(Q)\\H&=f_r(Q)\end{aligned}\right\}\tag{4-15}$$

与图解法相比,数解法具有方便、计算速度快、计算精度高等优点,尤其是对多机组串、并联,多出口或多入口的复杂水泵装置系统,用数解法都能迅速获得满意的结果;图解法能直观地表示出物理概念,但对较复杂的泵站系统是无能为力的。一般在求解水泵工作点时,两种方法可结合使用,用图解法定性分析,用数解法定量计算,可以达到相辅相成的目的。

4.2.2 单泵的运行工作点

4.2.2.1 水泵装置进、出水池水位不变(扬水高度不变)

(1)如图 4-5 所示。与 A 点对应的流量 Q_A、扬程 H_A 即为水泵的工作点参数,与工作点参数对应的轴功率 P_A、效率 η_A、允许吸上真空高度 $[H_s]_A$ 或必需汽蚀余量 $[\Delta h]_A$ 等工作点参数可从相应的水泵性能曲线中查得。

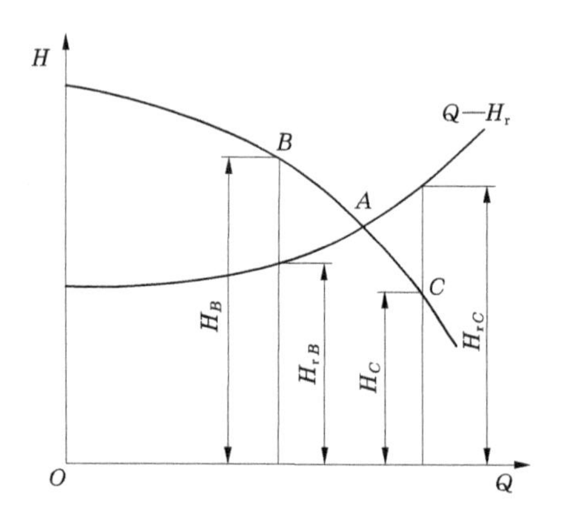

图 4-5 水泵工作点的确定

工作点 A 表明了水泵在装置中运行时,水泵所提供的能量与装置为将单位重量的水提升到静扬程 H_{st} 高度和克服管路系统阻力损失需要的能量正好处于平衡状态,即 A 点为水泵装置的供需能量平衡点。其稳定性可简要证明如下:

若水泵工作点不在 A 点,而在左侧某一位置 B,从图 4-5 可以看出,此时流量比 A 点小,水泵供给的能量 H_B 大于装置需要能量 H_{rB},供需失去平衡,多余的能量会使管中的水流加速,流量增大,直到工作点重新移至 A 点,达到能量供需平衡为止;反之,若水泵工作点在右侧某一位置 C,其流量比 A 点大,水泵供给的能量 H_C 小于装置需要能量 H_{rC},供需也是失去平衡,由于水泵提供的能量不足,将使流量减小,工作点会从 C 点移动至 A 点,达到能量供需平衡。由此可见,只有 A 点才是稳定的工作点。

(2)工程上为了简单,常采用所谓的装置性能曲线来确定水泵的工作点,作图时将泵的流量、扬程 $Q—H$ 曲线减去管路系统的阻力损失曲线,得到如图 4-6 所示的水泵装置的 $Q—H_z$ 曲线(图 4-6 中虚线),它与装置静扬程 H_{st} 的横线的交点A'定出了水泵在此静扬程下的流量Q_A,再过A'点作垂线,与泵的 $Q—H$ 曲线的交点 A 即为水泵运行的工作点。利用这种方法,由于画出了 $Q—H_z$ 曲线,当装置静扬程 H_{st} 或上下水位差发生变化时,不必重画装置扬程曲线,适用于上下水位多变的场合。

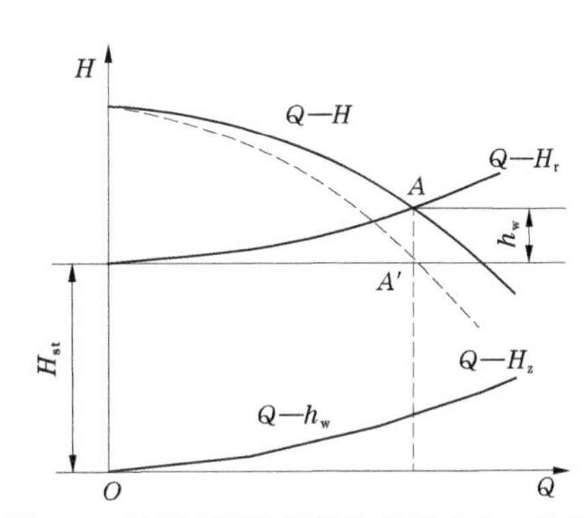

图 4-6　利用水泵装置性能曲线确定工作点

(3)联立求解式(4-16)即可得到水泵工作点流量和扬程。

$$\left.\begin{aligned} H &= f(Q) \\ H_r &= H_{st} + g_r(Q) \\ H &= H_r \end{aligned}\right\} \tag{4-16}$$

式中　$g_r(Q)$——管路阻力损失函数。

4.2.2.2　单泵向多水池供水时的工作点确定

当单台水泵向多个高低不同的出水池同时供水时,需要将水泵出水管路分成几支。图 4-7(a)为单台水泵向高低不同的两个出水池同时供水的示意图。图 4-7(a)中 A 点为水泵吸水管的进口,B 点为水泵压力出水管的分支点,BC 为低位水池 C 的供水支管,BD 为高位水池 D 的供水支管;对应于低位水池 C 和高位水池 D 的静扬程分别为 h_{stC}、h_{stD};Q 为通过水泵和输水总管路 AB 的流量,Q_C、Q_D 分别为低位水池和高位水池的供水流量(通过 BC、BD 支管段的流量)。应用连续性原理可得:

$$Q = Q_C + Q_D \tag{4-17}$$

供水到低位水池的装置需要扬程:

$$H_{rC} = H_{stC} + g_{AB}(Q) + g_{BC}(Q_C) \tag{4-18}$$

供水到高位水池的装置需要扬程:

$$H_{rD} = H_{stD} + g_{AB}(Q) + g_{BD}(Q_D) \tag{4-19}$$

由于在该装置中运行的水泵只能有一个扬程 H,因此有

$$H = H_{rC} = H_{rD} \tag{4-20}$$

显见,用数解法来确定水泵的工作点,只要联解方程式(4-17)~式(4-20)和水泵的性能曲线 $H=f(Q)$ 等就可得到水泵的工作流量 Q、扬程 H 以及高、低位水池的供水流量

Q_D、Q_C。

图 4-7(b)为水泵工作点的图解确定方法。首先,运用纵坐标相减法,用水泵 $Q—H$ 曲线减去 AB 管段的阻力损失 $h_{AB}=g_{AB}(Q)$,得到图 4-7(b)中的虚线 B。这相当于将水泵的出口移到了 B 点,管段 AB 成为这台虚拟水泵的内部流道,而虚线 B 则是这台虚拟水泵的性能曲线。

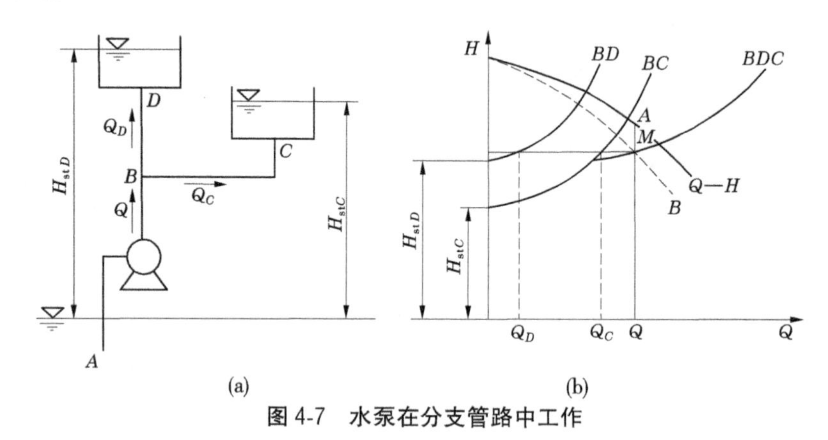

图 4-7　水泵在分支管路中工作

接着,按下列公式画出 C、D 两点位置的需要扬程曲线 BC 和 BD:

$$H_C = H_{stC} + g_{BC}(Q_C) \tag{4-21}$$

$$H_D = H_{stD} + g_{BD}(Q_D) \tag{4-22}$$

最后,因为水泵同时向 BC 和 BD 管段供水,水泵流量为流过 BC 和 CD 两条支管的流量之和,可再运用横加法,把 BC、BD 两条支管路的扬程与流量关系曲线加起来,得到 BDC 曲线,其与虚线 B 的交点 M 就确定了水泵的流量 Q,过 M 点作垂线与水泵的 $Q—H$ 曲线相交于 A 点,A 点就是水泵运行的工作点。过 M 点作水平线,其与 BC、BD 曲线的交点就确定了流过 BC、BD 支管段的流量 Q_C、Q_D。

4.2.2.3　单泵在动水位(静扬程变化)下供水时的工作点确定

当水泵进、出水池水位随着流量而发生变化时,水泵装置的静扬程也就跟着发生变化,如井泵的工作情况。由于井筒的表面积较小,所以在水泵工作时,水井的水面会随着井的出水量(或水泵的抽水量)的大小而改变。水井在抽水前的稳定水位称为静水位,当井泵开始抽水后,井中水位开始下降,井的涌水量随之增大,同时泵的静扬程逐渐增大,泵的抽水量随之减小,在某一井中水位时,井的涌水量正好等于泵的抽水量,此水位称为动水位。

当井水位高于动水位时,井的涌水量减小,而泵的扬程减小,抽水量增大,这样就迫使井水位趋向动水位;当井水位低于动水位时,井的涌水量增大,而泵的扬程增高,抽水量加大,也会迫使井水位趋向动水位。所以,动水位是个相对稳定的水位。

由水井的抽水试验可知,井水位的降深 S 和井的涌水量 Q 的关系为一上升曲线,称为井的降深曲线,用 $S—Q$ 表示,如图 4-8 所示。动水位 Z 与井的涌水量 Q 的关系为一下降曲线。

从图 4-8 中可以看出,水泵装置的静扬程 H_{st} 是一条上升曲线,它是在对应于井水位

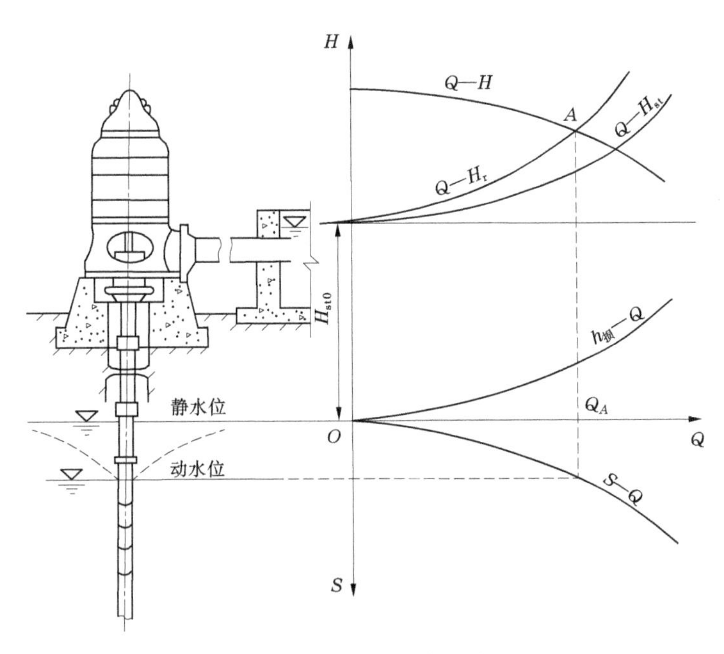

图 4-8　井泵工作点确定

的静扬程 h_{st0} 的基础上，叠加了 S—Q 降深曲线，得到图 4-8 中的 $Q—H_{st}$ 曲线，将图 4-8 中 $Q—H_{st}$ 与阻力损失曲线$h_{损}—Q$ 纵向相加即得装置需要扬程曲线 $Q—H_r$，其与水泵的流量与扬程曲线的交点 A 即为水泵的工作点。

4.2.3　叶片泵的串联、并联和串并联运行

当一台泵的流量或扬程不能满足要求时，工程上常采用多台水泵联合工作。水泵的联合工作分为串联、并联和串并联三种运行方式。

4.2.3.1　串联运行

水泵的串联运行是指将多台水泵顺次连接，前一台水泵出口与后一台水泵进口相连，第一台水泵的进口与水泵进水支管相接，最后一台水泵的出口与水泵出水支管相接的多机运行方式。水泵串联运行常用于下列场合：①一台水泵扬程不能满足所需扬程；②主水泵的汽蚀性能较差，串联汽蚀性能较好的前置泵以提高主水泵安装高程，降低土建工程投资；③解决装置静扬程变幅较大情况下的水泵工作点相对稳定问题和需水量峰谷相差较大时的短时加大供水流量问题；④不同高度的供水出口供水时，水泵可串联运行。

在水泵串联工作系统中，通过每台水泵的流量均相等，而串联系统的总扬程为各台水泵的扬程总和，即水所获得的能量为各台水泵所供给能量之和。

串联泵组的总流量与扬程曲线可以用纵加法得到，即把同一流量 Q 值时的各台水泵的扬程值相加，就得到与该流量 Q 对应的泵组总扬程。如图 4-9 所示，两泵串联运行时的总扬程曲线Ⅰ+Ⅱ由两泵的 Q—H 曲线Ⅰ和Ⅱ相加而得，总扬程曲线与装置需要扬程曲线Ⅲ(h_r=Q)的交点 A 即串联时的工作点。过 A 点作纵坐标的平行线分别与两泵的 Q—H 曲线Ⅰ、Ⅱ相交，交点A_1、A_2 即串联运行时每台水泵的工作点。

图 4-10 也是两台水泵串联运行的示意图,其中泵Ⅱ的扬程大于装置静扬程 H_{st},泵Ⅰ的扬程则低于静扬程 H_{st},交点 B 为泵Ⅱ单独运行时(泵Ⅰ停机)的工作点,交点A_1、A_2 仍为串联运行时每台水泵的工作点。从图 4-10 中可以看出:

$$Q_A = Q_{A1} = Q_{A2} \tag{4-23}$$

$$H_{A2} + H_B > H_A = H_{A1} + H_{A2} < H_{A1} + H_B \tag{4-24}$$

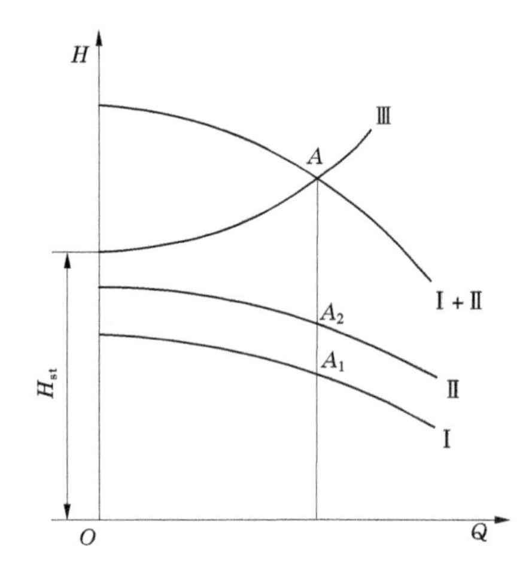

图 4-9　两台泵串联运行工作点确定

(泵的最大扬程小于装置静扬程)

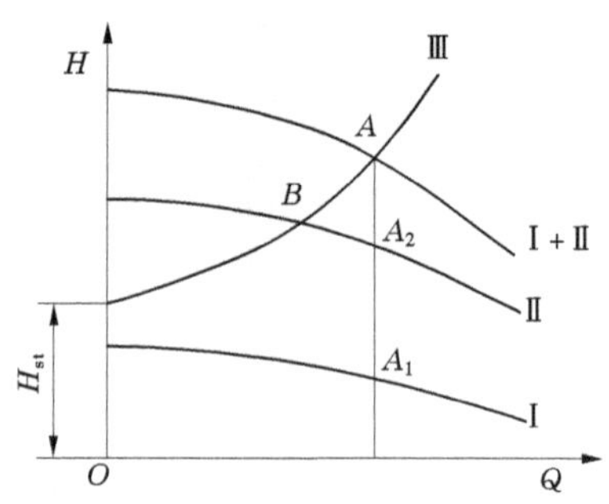

图 4-10　两台泵串联运行工作点确定

(泵Ⅱ的最大扬程大于装置静扬程)

用数解法确定水泵串联运行的工作点只需联立解下列方程组即可:

泵Ⅰ的扬程流量曲线　　$H_1 = f_1(Q)$

泵Ⅱ的扬程流量曲线　　$H_2 = f_2(Q)$

$\vdots$

泵 n 的扬程流量曲线　　$H_n = f_n(Q)$

装置特性曲线　　$H = f_r(Q)$

$$\sum H_i = H \quad (i = 1、2、\cdots、n)$$

水泵串联运行时,越是后面的泵(梯级串联除外)承受的压力越大,故水泵的结构(包括轴封)需做加强设计。采用梯级串联的方式,可抬高后级水泵的安装高程,减小水泵和管路的压力。对性能不同的水泵进行串联时,应将扬程高的泵放在前面,因为扬程较高的泵能够承受的压力也较大。

串联泵组的总功率为

$$P = \frac{\rho g Q(H_1 + H_2 + \cdots + H_n)}{\eta_{平均}} = \rho g Q\left(\frac{H_1}{\eta_1} + \frac{H_2}{\eta_2} + \cdots + \frac{H_n}{\eta_n}\right) \tag{4-25}$$

所以,串联泵组的平均效率为

$$\eta_{平均} = \frac{H_1 + H_2 + \cdots + H_n}{\frac{H_1}{\eta_1} + \frac{H_2}{\eta_2} + \cdots + \frac{H_n}{\eta_n}} \tag{4-26}$$

4.2.3.2　并联运行

水泵的并联运行是将两台或多台水泵并接一条压力管道输水的运行方式。对于大中型供水泵站，为了满足不同供水流量的要求和节省管路工程投资，常采用两台或多台机组合用一条管道的布置方式。

图 4-11 所示为两台水泵并联运行工作点的确定。图 4-11 中的 C 点为两台水泵出水管的并联点，A、B 两点分别为泵Ⅰ和泵Ⅱ吸水管的进水口，D 点为共同出水管的出水口。

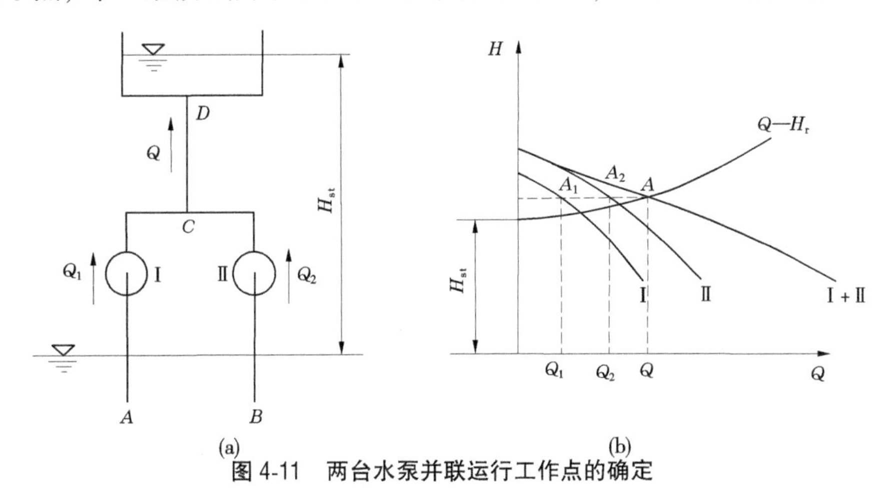

图 4-11　两台水泵并联运行工作点的确定

图 4-11 显示，当两台水泵并联运行时，并联点 C 以前两台水泵进、出水管段 AC、BC 的流量Q_1、Q_2 分别为泵Ⅰ和泵Ⅱ的工作流量，通过 CD 管道的流量 Q 等于泵Ⅰ和泵Ⅱ的工作流量之和，即 $Q=Q_1+Q_2$，该流量也就是水泵并联装置的总流量。

两台水泵并联运行时的特点是：①各管段在并联点处的压力相等、流量连续；②并联点前各支路的水泵扬程与管路损失扬程之差相等，即各水泵扬程差与对应支路损失扬程差的和为零。

水泵的工作扬程应等于装置的需要扬程。通过管路 ACD 的水流需要泵Ⅰ提供的扬程为

$$H_{r1}=H_{st}+h_{AC}+h_{CD} \tag{4-27}$$

同理，通过管路 ACD 的水流需要泵Ⅱ提供的扬程为

$$H_{r2}=H_{st}+h_{BC}+h_{CD} \tag{4-28}$$

式中　H_{st}——装置静扬程，即上下水面高差，m；

h_{AC}、h_{BC}、h_{CD}——管段 AC、BC、CD 的阻力损失，m。

以下分三种情况分析叙述两并联水泵工作点的确定方法：

(1)并联点前的管路相对很短，阻力损失相对很小。

由于并联前管路阻力损失占整个管路阻力损失的比例非常小，一致可以忽略不计(即 $h_{AC}\approx0$，$h_{BC}\approx0$)，这样可舍去式(4-27)、式(4-28)右边的第二项后有 $H_{r1}=H_{r2}$，两泵在并联运行时具有近似相等的扬程。在这种情况下，两泵并联运行时的总流量—扬程曲线可以用横加法获得，也就是将各泵 $Q—H$ 曲线同一扬程下的各个流量值相加。由横加法得到的总流量—扬程曲线Ⅰ+Ⅱ与装置需要扬程曲线 $Q—H_r$ 的交点 A 所对应的流量即为

两泵并联运行的总流量。过点 A 作横坐标的平行线,分别与两泵的性能曲线相交的A_1、A_2两点即是泵Ⅰ和泵Ⅱ在并联运行时的工作点。

(2)相同性能的水泵并联,且并联前的管路布置对称。

管路布置对称就是管路的长度、大小、材质以及管路附件均相同。图 4-12 为并联点前管路布置对称的两台相同性能水泵并联工作点确定,图中曲线Ⅰ(Ⅱ)为泵的 $Q—H$ 曲线。

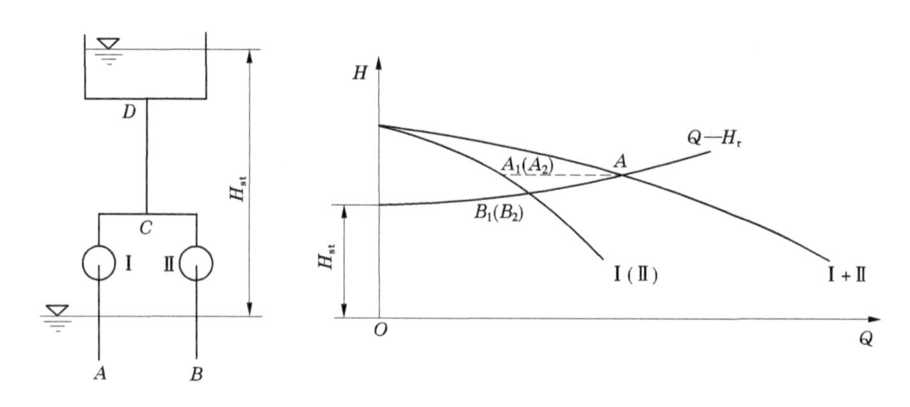

图 4-12　相同性能水泵并联工作点确定(并联点前的管路布置对称)

两泵具有相同的扬程。此时,仍可用横加法(等扬程下的流量相加)得到两泵并联运行时的流量—扬程曲线Ⅰ+Ⅱ。装置扬程为

$$H_r = H_{st} + f_{AC}(Q/2) + f_{CD}(Q/2) = H_{st} + f_{BC}(Q/2) + f_{CD}(Q/2) \tag{4-29}$$

在图 4-12 中画出装置需要扬程曲线,其与综合流量—扬程曲线Ⅰ+Ⅱ的交点 A,即为两泵并联运行时的工作点,其对应的流量 Q 为两泵并联运行时的总流量,对应的扬程 H 为两泵的工作扬程。过点 A 作水平线交单泵 $Q—H$ 曲线Ⅰ(Ⅱ)与$A_1(A_2)$点,即为每台泵并联运行时的工作点。

另外,也可将装置需要扬程曲线方程改写为

$$H_r = H_{st} + f_{AC}(Q) + f_{CD}(2Q) = H_{st} + f_{BC}(Q) + f_{CD}(2Q) \tag{4-30}$$

式(4-30)曲线(图 4-12 中虚线所示)与单泵 $Q—H$ 曲线Ⅰ(Ⅱ)相交,其交点$A_1(A_2)$即为每台泵并联运行时的工作点。交点 $B_1(B_2)$即为单泵运行时的工作点。

(3)图 4-13 为两台性能不同水泵并联工作时的布置及性能曲线。图中的曲线Ⅰ、Ⅱ为两泵各自的 $Q—H$ 曲线。由于并联的水泵性能不同,且并联点前的管路布置也不对称,因此两台水泵在并联运行时的流量也不相等($Q_1 \neq Q_2$)。由式(4-27)和式(4-28)可以看出,两泵在并联运行时的扬程一般不会相等。所以,前面介绍的为了得到两泵联合运行时的总流量—扬程曲线,采用等扬程下的流量横加法已不适用。

将式(4-27)和式(4-28)改写为

$$H'_{r1} = H_{r1} - h_{AC} = H_{st} + h_{CD} \tag{4-31}$$

$$H'_{r2} = H_{r2} - h_{BC} = H_{st} + h_{CD} \tag{4-32}$$

由式(4-31)、式(4-32)可以看出,$H'_{r1} = H'_{r2} = H'_r$。这样处理,相当于把两泵放大,把水

泵吸水管的进口看成泵的进口，把泵的出口延伸到并联点，也就是将并联点前的管路阻力损失当成泵内的水力损失，H'_{r1} 和 H'_{r2} 即为两假想大泵在并联运行时的扬程。这样就可以运用前述的装置性能曲线法，从水泵的性能曲线减去并联点前的管路阻力损失得到如图 4-13 中虚线Ⅰ′、Ⅱ′所示的假想大泵的 $Q—H$ 曲线。

由于两假想水泵具有相同的扬程，因此可以采用等扬程下的流量横加的方法来得到两泵联合运行时的总 $Q—H'$ 曲线，如图 4-13 中的曲线Ⅰ′+Ⅱ′所示。

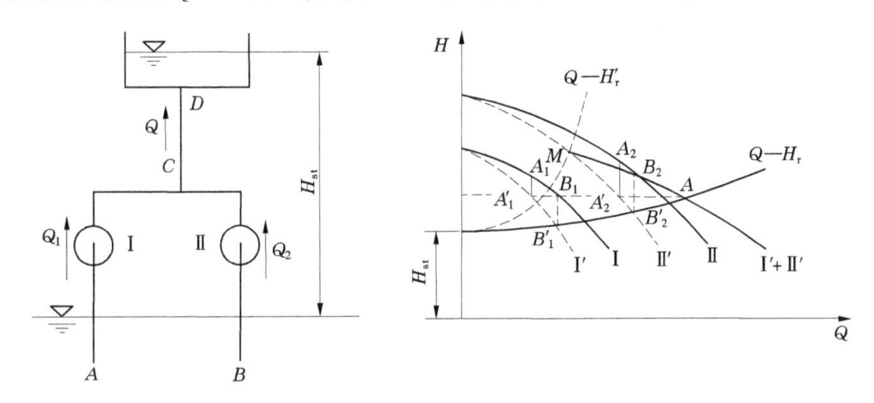

图 4-13　不同性能水泵并联工作点确定（并联点前管路布置不对称）

接着再按方程 $H'_r=H_{st}+h_{CD}$ 绘出装置需要扬程曲线（$Q—H_r$ 曲线），得到与曲线Ⅰ′+Ⅱ′的交点 A，该点所对应的流量 Q_A 即为两泵并联运行时的总流量。过点 A 作水平线得到与虚线Ⅰ′、Ⅱ′的交点 A'_1、A'_2，再分别过 A'_1、A'_2 点作垂线，与两泵的性能曲线Ⅰ、Ⅱ分别交于 A_1、A_2 点，该两点即为两泵各自在并联运行时的工作点。图中 B_1、B_2 点为两泵单独运行时的工作点。

数解法确定两台水泵并联运行时的工作点，需联立解以下 7 个方程：

泵Ⅰ的 $Q—H$ 曲线方程：　$H_1=f_1(Q)$

泵Ⅱ的 $Q—H$ 曲线方程：　$H_2=f_2(Q)$

水流通过管路 ACD 的需要扬程：　$H_{r1}=H_{st1}+f_A(Q_1)+f_{CD}(Q)$

水流通过管路 BCD 的需要扬程：　$H_{r2}=H_{st2}+f_B(Q_2)+f_{CD}(Q)$

$$H_1=H_{r1}$$

$$H_2=H_{r2}$$

$$Q=Q_1+Q_2$$

式中　H_{st1}、h_{st2}——泵Ⅰ、泵Ⅱ的静扬程，当进水池与出水池的水面压力相同时，它等于出水池水面与两泵进水池水面的高程，一般并联工作的水泵都在同一个进水池取水，因此每台泵的静扬程均相等，即 $H_{st1}=H_{st2}=H_{st}$。

从前面分析可知，并联运行各台水泵的流量、扬程和功率分别小于、大于和小于水泵各自单独运行时的流量、扬程和功率，因此要根据水泵单独运行时可能出现的最大功率来选配动力机，以防水泵单独运行时过载；另外，还应特别注意的是，大小不同水泵并联运行时，扬程较低且流量较小的水泵出水量可能很小，当装置特性曲线（或管路损失曲线）较陡时甚至出现不出水或倒灌水的现象,此时,水泵并联运行不但不能增加流量,反而有可能会减小输出流量。为了避免出现这种情况,应尽量选用性能接近,尤其是额定扬程接近的水泵并联。

并联泵组的总功率为

$$P = \frac{\rho g(H_1Q_1 + H_2Q_2 + \cdots + H_nQ_n)}{\eta_{平均}} = \rho g\left(\frac{H_1Q_2}{\eta_1} + \frac{H_2Q_2}{\eta_2} + \cdots + \frac{H_nQ_n}{\eta_n}\right) \tag{4-33}$$

所以,并联泵组的平均效率为

$$\eta_{平均} = \frac{H_1Q_1 + H_2Q_2 + \cdots + H_nQ_n}{\frac{H_1Q_2}{\eta_1} + \frac{H_2Q_2}{\eta_2} + \cdots + \frac{H_nQ_n}{\eta_n}} \tag{4-34}$$

4.2.3.3 串并联运行

1. 水泵运行方式选择

图 4-14 为两台水泵串联和并联运行效果比较示意图。从前面的分析可知,当采用两台水泵联合运行来增加流量时,既可采用两台水泵并联的运行方式,又可采用两台水泵串联的运行方式。究竟哪种方式有利,要根据装置需要扬程的特性来决定。现以两台性能相同的水泵联合运行为例来加以说明。图 4-14 中曲线Ⅰ是水泵装置(包括进出水支管)的 Q—H 曲线,曲线Ⅱ是两台水泵装置串联运行时的综合 Q—H 曲线,曲线Ⅲ是两台水泵装置并联运行时的综合 Q—H 曲线,曲线 1、2、3 是三条管路阻力损失大小不同的装置需要扬程曲线,其中曲线 3 通过曲线Ⅱ和曲线Ⅲ的交点 M。

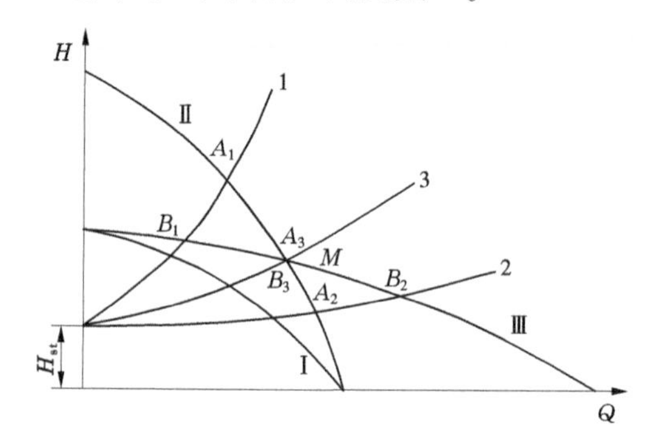

图 4-14　两台相同性能水泵联合工作方式比较

装置需要扬程曲线 1、2、3 与串联时的总装置 Q—H 曲线Ⅱ的交点分别为 A_1、A_2、A_3,与并联时的总装置 Q—H 曲线Ⅲ的交点分别为 B_1、B_2、B_3。显而易见,$Q_{A3}=Q_{B3}$,$Q_{A1}>Q_{B1}$,$Q_{A2}<Q_{B2}$。由此可以看出,当管路阻力特性符合装置需要扬程曲线 3 的情况时,无论采用串联还是并联的方式,两者具有相同的输出流量。在此种情况下,既可采用串联的工作方式也可采用并联的工作方式来增加流量。因此,曲线 3 就是选择何种水泵联合工作方式来增加流量的界限。当管路阻力损失曲线比较平缓,装置需要扬程曲线位于曲线 3 的右侧(如图 4-14 中的曲线 2)时,并联运行时的流量大于串联运行时的流量。这时,为了获得大的供水流量,应采用水泵并联的工作方式。一般提水工程的装置需要扬程曲线比较

平缓，故大都采用并联运行的方式来增加流量。对个别特殊工程，如某些城市供水管网工程，供水流量变幅较大，管网阻力损失曲线较陡，在用水高峰时段，采用水泵串联的工作方式来增大短时供水流量可能比并联水泵更加有效。

2. 复杂系统的水泵工作点确定

有些大中型供水工程，可能涉及多台水泵的串、并联混合运行方式，比如，多级供水的泵站工程，各级站都需并联装置多台水泵，以满足对不同供水流量的要求，如各级站用一根（或两根）管道直联以节省管路及级间连接工程投资，则就构成了典型的多级串、并联结构。

对于较简单的水泵管路系统，仍可采用绘制泵装置特性曲线的办法，用图解法确定水泵的工作点。首先绘出各台水泵和其进出支管的泵装置特性曲线，然后逐步采用横加法或纵加法将各泵装置特性曲线合成在一起，最后绘出总管路特性曲线，其与合成泵装置特性曲线的交点 A 即为多泵联合工作的总流量。之后再通过 A 点作水平或垂直线，获得各泵装置特性曲线上的交点A_1、A_2、…、A_n，最后过 A_1、A_2、…、A_n 各点作垂线，得到与各台水泵特性曲线的交点B_1、B_2、…、B_n，此即为所求各台水泵的工作点。

对于复杂泵站系统[装机多，机组型号不尽相同，部分机组还可能装置有调速机构（如变频器等），管路节点和叉点多，具有若干个供水出口等]，采用图解法确定水泵工作点的工作量非常大，故一般采用数解法，须借助等效水泵和等效管路特性曲线的概念，采用计算机编程来求解水泵工作点。

4.2.4 反常运行条件下水泵工作点的确定

4.2.4.1 水泵并联运行时一台和全部失电情况

两台水泵并联运行时，其中一台水泵动力中断，而另一台水泵继续工作，这种情况下必须了解以下有关问题：

(1)继续运行水泵的工作点，水泵的稳定性及动力机负荷情况。

(2)管路中的流量和倒转水泵的流量值。

(3)倒转水泵的转速是多少。

现以分析两台同性能水泵并联运行的情况来说明解决此类问题的方法。图4-15中，曲线Ⅰ、Ⅱ为水泵在额定转速下的无因次流量(q)—扬程(h)曲线，曲线Ⅲ为装置需要扬程曲线，即 $q—h_r$ 曲线。应用横加法(将曲线Ⅰ、Ⅱ在相同扬程值下的流量进行叠加)求得并联水泵机组的流量—扬程曲线Ⅰ+Ⅱ，其与装置实际需要的扬程曲线Ⅲ的交点 A，即为水泵并联稳定运行时的工作点：扬程 $h=100\%$，流量 $q=200\%$。两水泵均工作在最高效率点。

假设泵Ⅰ突然断电停机，泵Ⅱ继续工作。此时，失去动力的泵Ⅰ在反向水流作用下最终将与水轮机甩负荷的情况相似，以飞逸转速运行，转矩 $\beta=0$，其运行特性由水轮机工况(C 区)$\beta=0$ 的零转矩曲线决定。根据泵的全面特性曲线查得的 C 区零转矩曲线对应的相对流量—相对扬程关系（见表4-1），可在图4-15中绘出该 $q—h$ 曲线，即图中的曲线Ⅰ′。

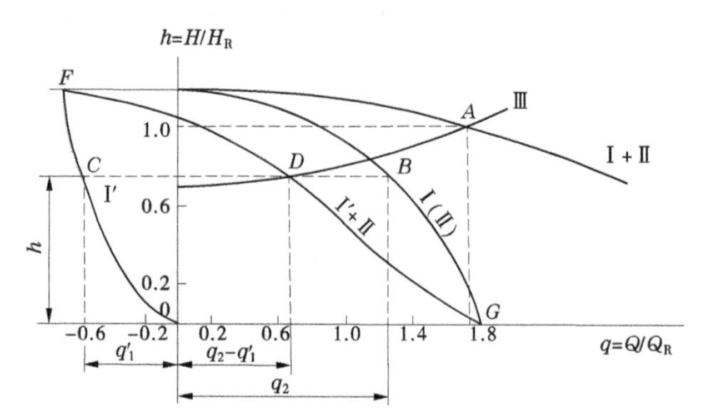

图 4-15　两泵并联,一台泵停机后的运行状态(飞逸旋转)

表 4-1　某水泵 C 区零转矩曲线对应的相对流量、相对扬程

h	0	0.1	0.2	0.3	0.4	0.5	0.75	1.00
q	0	−0.21	−0.29	−0.36	−0.42	−0.47	−0.57	−0.66

将工作泵的曲线Ⅱ与倒转泵的曲线Ⅰ′在同扬程下进行流量的叠加,即得其并联相对流量—相对扬程曲线Ⅰ′+Ⅱ,该曲线与管路特性曲线Ⅲ的交点 D 即为这种反常运行条件下的工作点。过 D 点作水平线与工作泵的 q—h 曲线交于 B 点($q=130\%$,$h=74\%$),与倒转泵的 q—h 曲线交于 C 点($q=-58\%$,$h=74\%$)。由此可见,工作泵的流量、倒转泵流回进水池的流量和继续向出水池供水的流量分别为单泵额定值的 1.3 倍、58%和 72%。

再由水泵全特性曲线中的 A 区,查得对应于 $\alpha=100\%$,$h=74\%$,$q=130\%$的泵轴转矩为 101%;再由水轮机工况(C 区)零转矩曲线,查得对应于 $h=74\%$,$q=-58\%$的反转飞逸转速为额定转速的−99%。

若将动力中断泵的转子固定,即 $\alpha=0$,此时该泵的特性曲线可从水泵全特性曲线中 q 为负值的横坐标(即 $\alpha=0$)所对应的 q 和 h 查得,如表 4-2 所示。

表 4-2　水泵零转速对应的相对流量、相对扬程

h	0	0.1	0.2	0.3	0.4	0.5	0.75	1.00
q	0	−0.42	−0.60	−0.73	−0.85	−0.95	−1.16	−1.34

将上述关系绘于图 4-16 中,得到转子固定、水倒流时水泵的阻力特性曲线的 CO 曲线(Ⅰ′)。运用前述相同的方法绘制两台水泵并联运行时的综合流量—扬程曲线 DG(Ⅰ′+Ⅱ),继而求得在工作泵和固定转子泵的工作状态:工作泵的工作点为 B 点($q=132\%$,$h=70\%$),转子固定泵的工作点为 C 点($q=-112\%$,$h=70\%$)。

由此可见,离心泵转子固定时的阻力比转子飞逸时的阻力小,其倒泄流量比转子飞逸时大。

需要说明的是,与离心泵相反。因为混流泵及轴流泵不产生(或产生很小)由于离心力引起的扬程,旋转的叶轮促使水质点在绝对运动中的距离缩短,所以流量增大,故对混流泵及轴流泵而言,其转子飞逸情况的阻力比固定转子时小,流回进水池的流量较大。

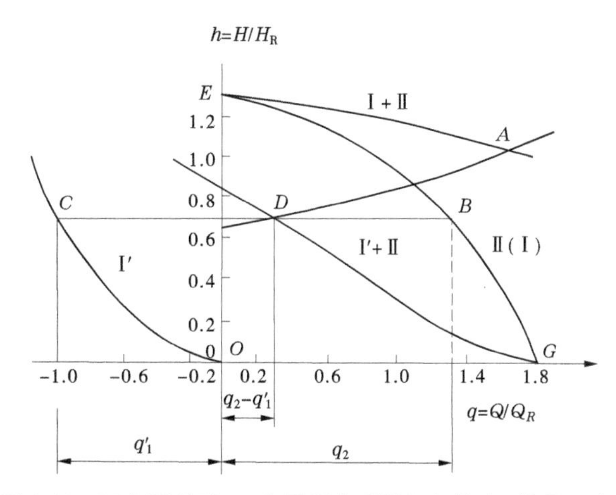

图 4-16　两台泵并联,一台泵断电后的运行状态(转子固定)

综合以上分析,只要联解下列方程,就可以用数解法计算得到两台水泵并联运行时,当其中一台水泵断电后两台水泵的运行工作点。

正常运行泵的无因次流量—扬程方程:

$$h = f_1(q) \tag{4-35}$$

事故断电泵的无因次流量—扬程方程:

$$h' = f_2(q') \tag{4-36}$$

无因次装置需要扬程方程:

$$h_r = f_3(q) \tag{4-37}$$

$$h = h' = h_r \tag{4-38}$$

$$q_r = q + q' \tag{4-39}$$

当两台并联运行的水泵同时事故停机时,在静水头的作用下,最终都将在飞逸情况下反转,如图 4-17 所示。将 $\beta=0$ 时两台泵在水轮机工况下的 q—h 曲线在相同扬程下进行流量横加,得到机组飞逸反转的特性曲线 AO,此时管道阻力损失水头随着倒泄流量的增加而增大,其作用与静水头的作用相反,如图 4-17 中曲线 AC 所示。曲线 AO 与 AC 的交点 A 即为两台水泵的工作点,其对应于一台泵的倒泄流量 $q=-51\%$,阻力损失 $h=60\%$,倒转转速 $\alpha=85.4\%$。

用数解法确定水泵工作点的原理与上相同,需联解水泵动力中断后的性能方程、水倒流情况下的装置性能方程,以及倒流总流量等于水泵倒流流量之和、装置需要扬程等于水泵扬程等方程。

$$h' = f_2(q') \tag{4-40}$$

$$h_r = f_3(q_r) \tag{4-41}$$

$$h' = h_r \tag{4-42}$$

$$q_r = 2q' \tag{4-43}$$

上述方法可以推广到多台相同型号和不同型号水泵并联运行的计算分析中去。

4.2.4.2　水泵串联运行时一台和全部断电情况

串联运行的两台水泵当一台泵动力中断之后,另一台继续工作,需要确定其扬程、流

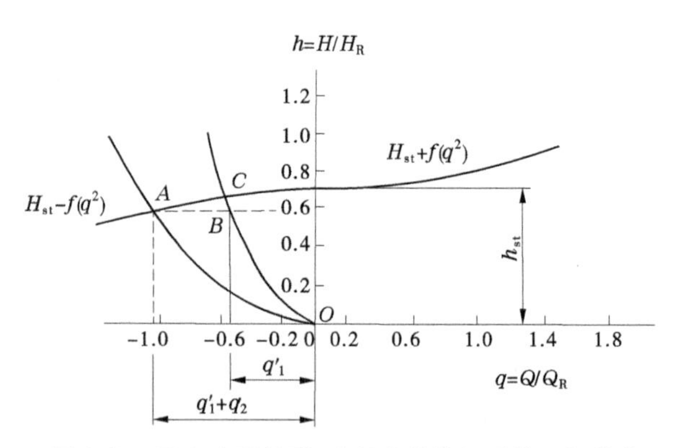

图 4-17　两台水泵并联,全部事故停机后的运行状态

量、转矩各为多少,是否会产生危险的过载;第一台泵在水流的作用下处于倒转水轮机工况(C 区),以飞逸转速继续旋转,需确定其转速;两台水泵同时断电停泵,也需确定其倒转转速。

图 4-18 为两台同型号离心泵串联工作时的计算实例。EB 为水泵在额定转速下的无因次流量—扬程曲线,DE 为两台水泵串联正常运行时的合成无因次流量—扬程曲线,AC 为无因次装置需要扬程曲线,交点 A 为两台水泵串联正常运行的工作点($q=100\%,h=200\%$)。

一台泵断电停机后,另一台泵继续工作,失去动力后的水泵将以飞逸转速旋转,该水泵运行在倒转水轮机工况(G 区)零转矩($\beta=0$)曲线上,该曲线对应的 $q—h$ 关系如表 4-3 所示。

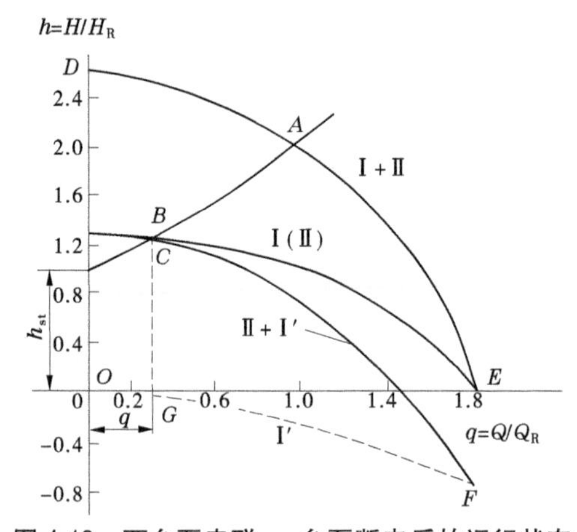

图 4-18　两台泵串联,一台泵断电后的运行状态

表 4-3　水泵 G 区零转矩曲线对应的相对流量、相对扬程

h	0	-0.1	-0.2	-0.3	-0.4	-0.5	-0.75	-1.00
q	0	0.65	0.92	1.13	1.30	1.45	1.78	2.05

图 4-18 中的 OF 为失去动力泵的性能曲线。将 OF 和 EB 作相同流量值的扬程纵向叠加,得到这种非正常运行工况的机组性能曲线 FC,其与装置特性曲线交于 C 点,过 C 点引垂线分别交曲线 EB、OF 于 B、G 两点,B 点即为正常运行水泵的工作点($q=32\%,h=126\%$),G 点为飞逸泵的工作点($q=32\%,h=-5\%$)。飞逸泵的转速为 $\alpha=11\%$。

若两台水泵同时失去动力,在静水头的作用下反转,其工作点的确定方法与串联情况相似,即在同一流量值下作扬程纵向叠加,如图 4-19 所示。由图中可见,其倒泄流量 $q=-40\%$,阻力损失 $h=77\%$。

两台同型号离心泵串联运行,且单泵最大扬程小于装置静扬程,若管路系统的摩擦阻

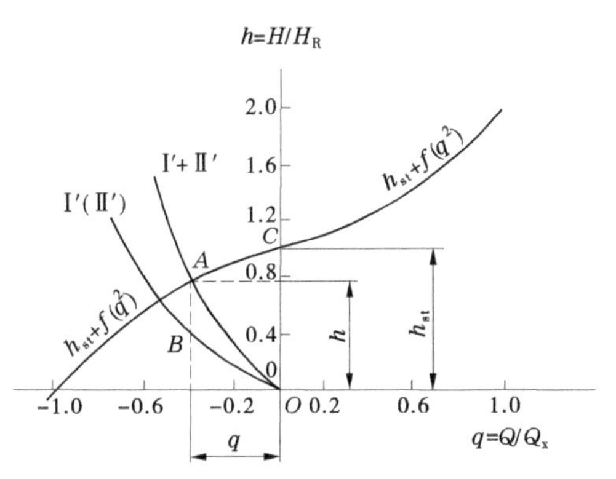

图 4-19　两台泵串联,同时断电后的运行状态

力较小,则当一台水泵断电后,在静水头的作用下,工作水泵将在制动工况(B 区内)以 $\alpha=100\%$的转速继续旋转,其 q—h 特性曲线可由泵的全特性曲线查得,如表 4-4 所示。

而断电水泵在反向水流的作用下,在水轮机工况(C 区内)做飞逸旋转($\beta=0$),其运行特性参数如表 4-1 所示。

表 4-4　水泵 B 区全速运行对应的相对流量、相对扬程

h	1.23	1.27	1.54	1.79	1.99	2.23	2.48
q	0	-0.30	-0.68	-0.90	-1.05	-1.20	-1.34

图 4-20 中,EG(Ⅱ′)为全速正转工作泵处于制动工况的相对流量—相对扬程曲线;Ⅰ′为飞逸转速下的断电水泵在正转水轮机工况条件下的相对流量—相对扬程曲线。将两台水泵的 q—h 曲线在相同流量情况下进行扬程纵向叠加,得到串联运行时的合成特性曲线 BD(Ⅰ′+Ⅱ′),其与装置需要扬程曲线交于 B 点,此即为两台水泵在这种特殊运行条件下的机组工作点。过 B 点作垂线,分别交于两台水泵的 q—h 曲线于 E、F 点,该两点即为两台水泵的工作点。从水泵全特性曲线可以看出,水泵在反转水轮机工况(制动工况)下有可能出现危险的过载,也可能由于过负荷保护动作而停机。

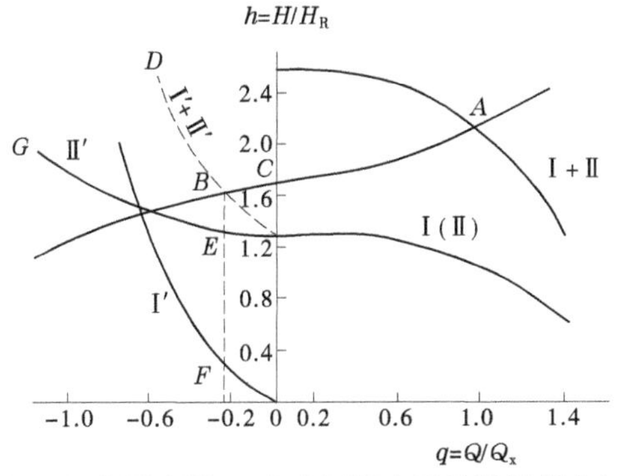

图 4-20　两台泵串联,一台水泵断电后的运行状态(q<0)

采用数解法确定两台串联水泵反常运行工作点的方法与并联水泵相类似,在串联情

况下,两台水泵的流量相同,但扬程不相等,而且联合运行的总扬程等于两台水泵运行扬程之和。

在一台水泵断电情况下,数解法联立求解的方程组为

正常运行泵的无因次流量—扬程方程:

$$h = f_1(q) \tag{4-44}$$

突然失去动力泵的无因次流量—扬程方程:

$$h' = f_2(q) \tag{4-45}$$

无因次装置特性曲线方程:

$$h_r = f_3(q) \tag{4-46}$$

$$h_r = h + h' \tag{4-47}$$

两台不同性能水泵同时事故断电情况,联立求解的方程组为

失去动力泵的无因次流量—扬程方程:

$$h' = f_1(q) \tag{4-48}$$

$$h'' = f_2(q) \tag{4-49}$$

无因次特性曲线方程:

$$h_r = f_3(q) \tag{4-50}$$

$$h_r = h' + h'' \tag{4-51}$$

4.3　水泵工况调节方法

泵站在实际运行过程中,由于外界条件的改变,如进、出水池水位或供水量的变化等,水泵的工作点经常会偏离设计点,当外界条件变化较大时,可能使水泵的工作点发生较大偏移,引起泵站效率降低、能耗指标变差,甚至引起动力机超载、汽蚀发生和机组振动等问题,这时就需要对水泵的工况进行适当的调节,以适应外界条件的变化,达到节能、经济和安全的目的。

为适应外界条件变化而人为地改变水泵运行工作点的措施,称为泵的工况调节。水泵工况调节主要是通过改变装置需要扬程曲线($Q—H_r$ 曲线)或水泵性能曲线的方法来变动水泵的工作点。

水泵工况调节的目的主要有以下几方面:①调整水泵工作点,提高水泵和泵站装置效率;②多口分级供水,降低综合提水高度;③调节泵站供水流量,满足特殊用户需求;④改变水泵极端工作点,保证水泵始终处于稳定和安全运行状态等。常用的水泵工况调节方法有节流调节、分流调节、变速调节、变径调节等,其中前两项通过改变管路特性曲线的方法来调节水泵工作点,后两项则通过改变水泵性能曲线的方法来调节水泵的工作点。现分述如下。

4.3.1　节流调节

在离心泵和低比转数的混流泵的出水管道上一般都装有阀门,改变阀门的开度,就会引起局部阻力损失的变化,从而使装置特性曲线发生改变。如果减小阀门的开度,阀门和

管路的阻力损失增大,装置特性曲线变陡,于是水泵的工作点就会沿着水泵的 $Q—H$ 曲线朝着流量减小的方向移动。反之,加大阀门的开度,阀门和管路的阻力损失减小,装置特性曲线变缓,水泵的工作点将会沿着水泵的 $Q—H$ 曲线朝着流量增大的方向移动。这种通过调节阀门开度的工况调节方法称为节流调节。显然,节流调节方式技术简单易行、运行可靠,不需增加任何调节设备,但不节能。下面对节流调节的技术经济性加以说明。

如图 4-21 所示, 曲线 $Q—H$、曲线 $Q—P$ 和曲线Ⅰ分别为水泵的扬程曲线、功率曲线和阀门全开时的装置特性曲线。阀门全开时水泵的工作点为 M,流量为 Q_M,扬程为 H_M。当关小阀门时装置特性曲线变为曲线Ⅱ,水泵的工作点也从 M 点变为 A 点,对应的工作点流量从 Q_M 改变为 Q_A,扬程从 H_M 变为 H_A,且有 $Q_A<Q_M$,$H_A>H_M$。阀门关得越小,其附加阻力越大,工作点向左边移动距离越大,水泵的扬程越高,流量也越小。

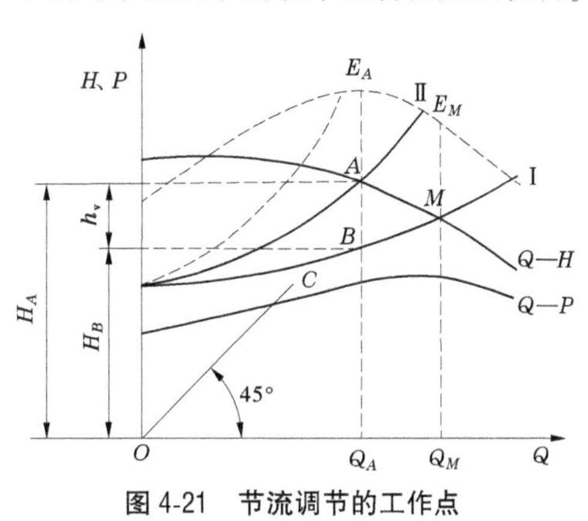

图 4-21　节流调节的工作点

从图 4-21 可以看出,调节水泵出口阀门的开度,使其减小时,水泵的静扬程并没有发生改变,但水泵的扬程却增大。这是由于水泵所供应的能量有一部分消耗于克服阀门的附加阻力,造成额外损失,管路效率下降。

从能耗角度分析,节能调节除增加阀门和管路的阻力损失外,还将对水泵内的能量损失,即水泵效率产生影响。如果在阀门开度调节前水泵工作点的位置就对应于水泵最高效率点,或在最高效率点的左侧,则节流调节将使水泵效率 η 下降,泵站提水效率降低。如果水泵的原始工作点位于水泵最高效率点的右边,适当关小阀门可使水泵效率 η 上升,如果水泵效率升高的节能效果足以弥补因管路效率下降引起的能耗增加,则节能调节是节能和经济的。定量计算节流调节的节能和经济效果,必须同时考虑节流调节前后管路效率、水泵效率或水泵轴功率的变化情况。用泵站装置效率或能源单耗指标的变化来判断节流调节的节能及经济性。

节流调节前泵站装置效率为

$$\eta_{st}=10^{-2}\eta_p E_M=\frac{H_{st}}{H_M}E_M=\frac{100gH_{st}Q_M}{P_M} \tag{4-52}$$

节流调节的泵站装置效率为

$$\eta'_{st}=\frac{H_{st}}{H_A}E_A=\frac{100gH_{st}Q_A}{P_A} \tag{4-53}$$

式中　η_{st}、η_p、η'_{st}——初始泵站装置、管路效率和节流调节后的泵站装置效率(%);

E_M、E_A——节流调节前、后的水泵效率(%);

H_{st}——泵站装置静扬程,m;

H_M、H_A——节流调节前、后的水泵工作扬程,m。

节流调节节能量为

$$\Delta E = 273/\left(\frac{1}{\eta_{st}} - \frac{1}{\eta'_{st}}\right) \quad [\mathrm{kW \cdot h/(kt \cdot m)}] \tag{4-54}$$

由式(4-54)可知,当$\eta'_{st} > \eta_{st}$ 时,即

$$\frac{H_M E_A}{H_A E_M} > 1 \text{ 时} \quad \text{或} \quad \frac{Q_A P_M}{Q_M P_A} > 1 \text{ 时} \tag{4-55}$$

式(4-55)即为节流调节节能及经济性的判断关系式。如该式关系成立,则可按式(4-54)计算节能量。

从叶片泵的基本理论中可知,高比转数的混流泵和轴流泵的轴功率 P 随流量的减小而增大;而离心泵的轴功率 P 随流量的减小而减小;从已知水泵产品曲线可知,所有水泵的流量 Q 与轴功率 P 的比值都随着流量的减小而减小,由此可以得出结论:节流调节的水泵装置的效率一律随流量的减小而减小,比转数越大,减小率越大。因此,对于已建成的水泵装置来说,即使是水泵的工作点位于最高效率点的右侧,节流调节仍将使能耗增加,不经济。

由于节流调节既不节能,也不经济,故泵站工程实践中一般不会运用,但在一些不考虑节能效果的场合,仍得到较广泛的应用,如在水泵性能试验中,就常采用节流调节的方法调节水泵工况,有时也用来防止动力机过载和水泵汽蚀。

进水管上装设的阀门,在阀门关小时将会使水泵进水流态变差,引起水泵效率下降甚至发生汽蚀和机组振动等危害。因此,不能利用进水管上的阀门来进行工况调节。

水泵的比转数越大,节流调节时泵站装置效率下降越多,故节流调节不适用于比转数较大的叶片泵。

4.3.2 分流调节

在水泵出水管上分接一条或多条支管或旁通管,引去部分水流来改变管路特性曲线,进而达到改变水泵工作点的目的,称为分流调节。

分流调节在原理上和叶片泵在有分支管路装置中的工作原理完全相同。图 4-7 也可以视为分流调节的一个例子。起初水泵经过 *ABD* 管路向 *D* 池供水,运行中发觉其工作点偏左,水泵效率偏低,水泵必需汽蚀余量或允许吸上真空高度和动力机功率均有富余,于是增设一条 *BC* 支管向另一需水的 *C* 池供水,从而变缓了管路特性曲线,致使水泵工作点右移。这样不仅发挥了机械的潜力,而且降低了能源单耗。

4.3.2.1 分流调节的经济性

先对分流调节的经济性予以分析。如图 4-22 所示,水泵单独给 *D* 池供水时工作点为 *N*,加接 *BC* 管路向 *C* 池分流调节运行时水泵工作点为 *M*,分流供水能耗变化有两部分:一部分是由水泵扬程变化引起的,如果总供水量 W 不变,则总耗能量变化将与水泵扬程变幅 Δh 成正比;另一部分是由水泵效率变化引起的,总耗能量变化与水泵效率倒数的变化成正比。分流调节能耗变化量(节能量)ΔE 为

$$\Delta E = \frac{\rho g W H}{\eta} - \frac{\rho g W H'}{\eta'} = \rho g W\left(\frac{H}{\eta} - \frac{H - \Delta h}{\eta'}\right) = \frac{\rho g W H}{\eta}\left(\frac{\Delta\eta}{\eta'} + \frac{\eta \Delta h}{\eta' H}\right) \tag{4-56}$$

即

$$\Delta E = E_0 K = E_0(K_1 + K_2) \tag{4-57}$$

式中　W——供水总量，m^3；

η、η'——分流调节前、后水泵效率；

H、H'——分流调节前、后水泵扬程，m；

$\Delta\eta$、Δh——分流调节后水泵效率增量和水泵扬程下降值，m。

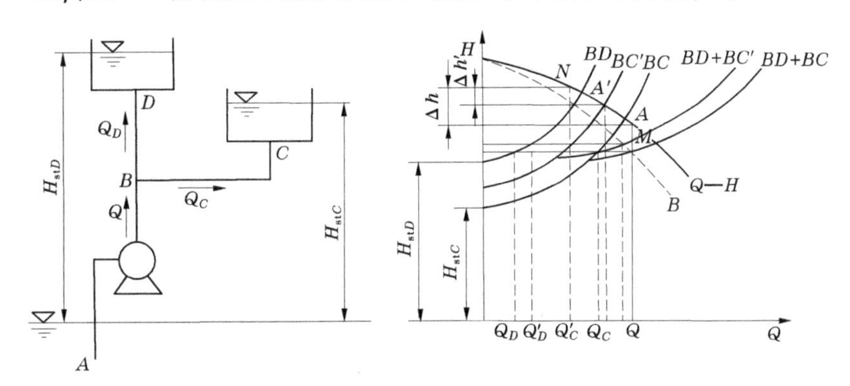

图4-22　分流调节经济性分析示意图

由式(4-57)可以看出，如果系数 K 值大于零，则分流调节是节能的。$K_2=\dfrac{\eta\Delta h}{\eta' H}>0$；$K_1=\dfrac{\Delta\eta}{\eta'}$，如果分流调节后水泵效率变大，则$K_1>0$，$K>0$，分流调节一定是节能的；如果分流调节后水泵效率变小，即 $K_1<0$，但其绝对值小于 K_2，即 $K=K_1+K_2>0$，则分流调节也是节能的；只有在分流调节后水泵效率下降较大，使 $K<0$ 时，分流调节将使供水能耗增加。因此，分流调节一般适用于水泵工作点偏左的情况。

4.3.2.2　分流调节的供水流量

分流水池高度和分流管路特性曲线对分流后的水泵工作点影响很大。如图4-22所示，分流水池抬高后，分流支线管路特性曲线由 BC 变为BC'，合成装置需要扬程曲线也由 $BD+BC$ 变为 $BD+BC'$，水泵工作点由 A 变为A'，水泵扬程降幅由 Δh 变小为 $\Delta h'$，水泵流量也变小，但 D 池供水流量由Q_D 增大到 Q'_D，而 C 池供水流量由Q_C 减小到 Q'_C。分水池的静扬程越大，支管阻力损失曲线越陡，分流调节后水泵工作点偏移的距离越小。

分流调节后，水泵的供水流量必然增大，而且分流支路的装置特性曲线越平坦，分流水池静扬程越小，则流量增幅越大。因此，对离心泵装置进行分流调节时要特别注意动力机的负荷率。

通常分流调节设计是在确定了分流水池高度(静扬程)和支线线路后，首先确定合适的分流调节后的水泵流量和分流流量，原则是保证原出水池要有足够的供水流量；水泵要有较高的运行效率。然后由水泵扬程与分水池静扬程的差值计算支线管路的阻力参数。最后根据计算的阻力参数选择支线管径。

4.3.2.3　分流调节技术运用

对于有多个高程相差不大的供水点，分级建站投资较大且运行管理费用较大，经济上划不来时，就可以采用一根主管道、多个分水支管分别向各个供水点供水的建站模式，只要设计合理，不仅能够解决各供水点的需水，而且能提高泵站运行效率，降低供水成本。

对比转数较大的混流泵和轴流泵机组,由于其功率随流量的增大而降低,所示机组在启动时利用分流调节可以避免动力机过载和振动。此种情况下分流调节常用的做法是把一部分流量通过装有阀门的支管(或旁通管)排回进水池或进水管,如图 4-23 所示。

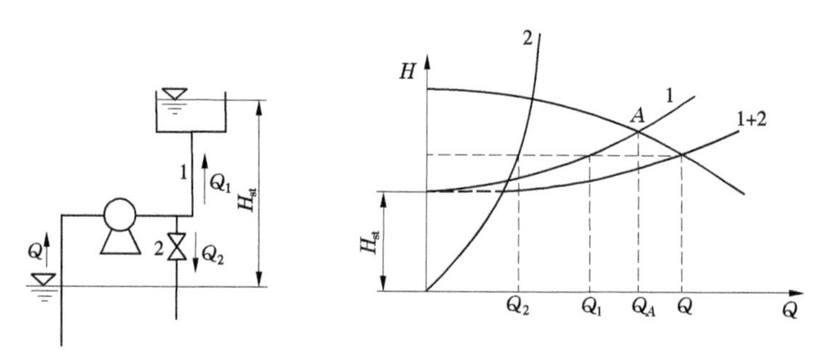

图 4-23　分流调节工作点示意图

水泵工作点不作调节时,只需关闭支管上的阀门即可;要对水泵工作点进行调节时,可根据需要打开阀门就可以了。

需要注意的是,这种将水排回进水池或进水管的分流调节方式实际上相当于降低了水泵的容积效率,是很不经济的。

4.3.3　变速调节

水泵的性能曲线与其转速有关。改变水泵的转速,即可改变水泵的性能曲线,从而达到调节水泵工作点的目的。

变速调节只改变了水泵的性能曲线,不改变管路特性曲线,如图 4-24 所示。图 4-24 中曲线 1、2 分别代表转速为 n_1 和 n_2 时的水泵流量 Q—扬程 H 曲线,曲线 3 为管路特性曲线。由图 4-24 可知,当水泵以转速 n_1 运行时,其工作点为 A,对应的流量为 Q;转速减小到 n_2 时,工作点由 A 变到 A_1,流量、功率和效率也分别从原来的 Q,P,η 变到 Q_1,P_1,η_1。

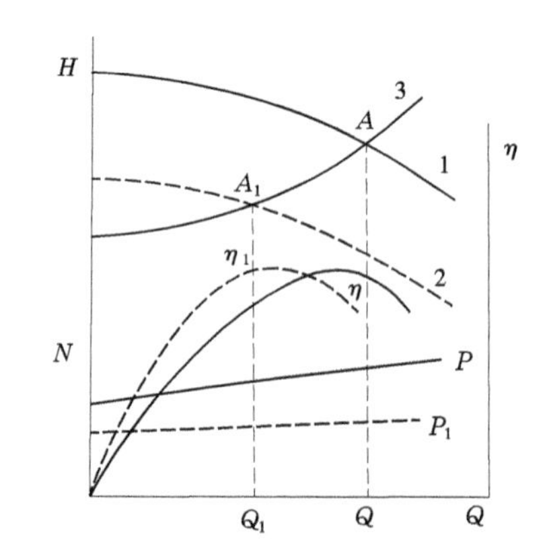

图 4-24　变速调节示意图

4.3.3.1　变速调节基本关系

变速调节的基本关系有三个:一是水泵的特性曲线与转速的关系;二是转速改变前后特性曲线上参数的对应关系;三是变速调节的水泵工作点。

1. 水泵性能曲线

水泵的参数主要有流量 Q、扬程 H 和轴功率 P 三个,效率可由三个参数导出。根据比例律公式,水泵的流量、扬程和轴功率分别与转速 n 的一次方、两次方和三次方成正比,即有

$$\frac{Q_1}{Q_2}=\frac{n_1}{n_2};\quad \frac{H_1}{H_2}=\frac{n_1^2}{n_2^2};\quad \frac{P_1}{P_2}=\frac{n_1^3}{n_2^3}$$

如果水泵在其额定转速n_r下的特性曲线为

$$H=f(Q) \tag{4-58}$$

则根据比例律水泵在任意转速 n 下的特性曲线应为

$$H=f(tQ)/t^2 \tag{4-59}$$

式中　t——转速比值,即 $t=\dfrac{n}{n_r}$。

2. 变速调节水泵工作点

水泵在做变速调节时,其工作点是沿着管路特性曲线移动的,降速调节向左移动,升速调节向右移动。

管路特性曲线可表示为

$$H=H_{st}+\psi(Q) \tag{4-60}$$

水泵的工作点(Q_2,H_2)为管路特性曲线和水泵调速运行时的特性曲线交点,有

$$H_2=H_{st}+\psi(Q_2) \tag{4-61}$$

$$H_2=f(tQ_2)/t^2 \tag{4-62}$$

3. 相似工作点及相似工况抛物线

水泵调速运行工作点(Q_2,H_2)在水泵特性曲线 $H=f(Q)$上的对应点(Q_1,H_1)由相似工况抛物线方程来界定,即点(Q_1,H_1)和点(Q_2,H_2)在同一条相似工况抛物线上,亦即

$$H=KQ^2\quad K=\frac{H_1}{Q_1^2}=\frac{H_2}{Q_2^2} \tag{4-63}$$

相似工作点(Q_1,H_1)为曲线 $H=f(Q)$和相似工况抛物线的交点,即有以下关系:

$$H_1=f(Q_1) \tag{4-64}$$

$$H_1=KQ_1^2 \tag{4-65}$$

4.3.3.2　变速调节技术经济参数计算

以下是在已知机组在额定转速n_r下的水泵特性曲线和管路特性曲线的条件下,常见的与转速 n 有关的几个问题。

1. 已知转速,求解调速运行工况

如图 4-25 所示,在已知调速后的转速 n 时,可先绘制转速为 n 时的水泵特性曲线和管路特性曲线 Q—H_r,得到水泵工作点 $A_1(Q_{A1},H_{A1})$,而后令:$K=\dfrac{H_{A1}}{Q_{A1}^2}$,绘制相似工况抛物线 $H=KQ^2$ 和转速为 n_r 时的水泵特性曲线,得到与工作点 A_1 对应的相似工作点 $A_2(Q_{A2},H_{A2})$。根据已知水泵的特性曲线,查得与点 A_2 对应的水泵效率 η_{A2} 和轴功率 P_{A2},则认为对应调速后工作点 A_1 的水泵效率近似地等于 η_{A2},水泵轴功率 P_{A1} 等于 P_{A2} 乘以 t^3($t=\dfrac{n}{n_r}$),或按公式 $P_{A1}=\dfrac{\rho g Q_{A1}H_{A1}}{\eta_{A1}}$计算而得。

如采用数解法,则可解方程组(4-66)得到调速后的水泵工作点$A_1(Q_{A1},H_{A1})$;解方程

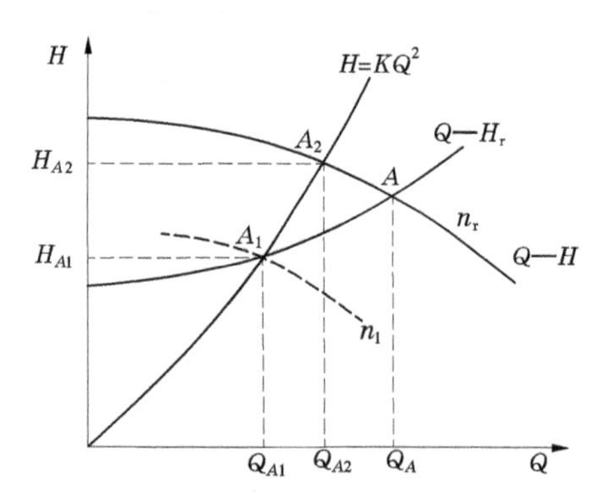

图 4-25　转速确定情况下的调节工况

组(4-67)得到与工作点 A_1 对应的相似工作点 $A_2(Q_{A2},H_{A2})$。

$$\left.\begin{aligned} H &= \frac{f(tQ)}{t^2} \\ H &= H_{st} + \psi(Q) \\ t &= \frac{n}{n_r} \end{aligned}\right\} \tag{4-66}$$

$$\left.\begin{aligned} H &= f(Q) \\ H &= KQ^2 \\ K &= \frac{H_{A1}}{Q_{A1}^2} \end{aligned}\right\} \tag{4-67}$$

根据Q_{A2}、H_{A2},从已知水泵的特性曲线中查得水泵效率 η_{A2} 和轴功率 P_{A2},则 $\eta_{A1}=\eta_{A2}$,$P_{A1}=t^3P_{A2}$ 或 $P_{A1}=\dfrac{\rho gQ_{A1}H_{A1}}{\eta_{A1}}$。

最后,用图解法或求解方程组(4-68),得到调速前水泵的工作点 $A(Q_A,H_A)$。

$$\left.\begin{aligned} H &= f(Q) \\ H &= H_{st} + \psi(Q) \end{aligned}\right\} \tag{4-68}$$

2. 变速调节节能效果

水泵调速运行的泵站装置效率η_{st} 可写为

$$\eta_{stA1} = \frac{H_{st}}{H_{A1}}\eta_{A1}\eta_m\eta_s \tag{4-69}$$

式中　η_s——调速装置的效率;

η_m——动力机的效率;

η_{A1}——水泵效率。

泵站装置效率变化 $\Delta\eta_{st}$ 为

$$\Delta\eta_{st} = \eta_{stA1} - \eta_{stA} = \frac{H_{st}}{H_A}\eta_A\eta_{mA}\left(\frac{H_A}{H_{A1}}\frac{\eta_{A1}}{\eta_A}\frac{\eta_{mA1}}{\eta_{mA}}\eta_s - 1\right) \tag{4-70}$$

式中　η_{mA}、η_{mA1}——A、A_1 点对应的动力机的效率。

式(4-70)中，$\frac{H_A}{H_{A1}}>1$，$\eta_s<1$，而 η_{A1} 可能大于 η_A，也可能小于 η_A，η_{mA1} 略小于 η_{mA}（$\eta_{mA1}\approx\eta_{mA}$），只有$\frac{H_A}{H_{A1}}\frac{\eta_{A1}}{\eta_A}\frac{\eta_{mA1}}{\eta_{mA}}\eta_s>1$，调速运行才是节能的。

由于调速装置的效率η_s 的影响较大，故一般情况下水泵装置的调速运行是不节能的。

应该提到的是，有些资料将通过水泵流量—扬程曲线上与最高效率对应点的相似工况抛物线与管路特性曲线交点确定的转速称为水泵的最佳转速，但水泵的最佳转速仅是能够获得水泵最大效率的转速，并不是水泵装置的节能转速，而只有对应于泵站装置效率增量 $\Delta\eta_{st}$ 最大的转速才是最佳节能转速，而且 $\Delta\eta_{st}$ 有可能小于零，此种情况下，调速前的转速就是节能转速，即从节能的角度讲没必要进行调速运行。

3. 已知水泵工作点流量或扬程，确定转速

采用数解法，根据已知水泵工作点流量Q_{A1} 或 H_{A1}，由装置需要扬程方程 $H=H_{st}+\psi(Q)$计算得到 H_{A1} 或 Q_{A1}，并计算 $K=\frac{H_{A1}}{Q_{A1}^2}$。

联解相似工况抛物线和水泵特性曲线方程组，即得到与工作点 A_1 对应的相似工作点 $A_2(Q_{A2},H_{A2})$。

所求转速为 $n=\frac{Q_{A1}}{Q_{A2}}n_r$ 或 $n=\sqrt{\frac{H_{A1}}{H_{A2}}}\ n_r$。

4. 变速调节最小供水流量

变速运行对水泵的效率和汽蚀性能影响较大，尤其是汽蚀性能，它与转速的平方成正比，因此调速运行中必须保证在任何情况下都要使装置的有效汽蚀余量大于水泵的必需汽蚀余量。

从理论上讲，变速调节包括升速调节和降速调节。但考虑到在确定水泵安装高程时已对水泵的汽蚀性能做了充分的利用，而且升速运行可能带来动力机过载，机械和水力摩擦损失增加，机械强度余量减小等诸多不利因素，故一般不进行升速调节。

在降速调节时，水泵的抗汽蚀性能提高，故只需考虑效率的变化。对于具有呈单调下降趋势的流量—扬程曲线的离心泵装置，最小供水流量可以调节到接近零，但此时水泵的效率也接近零，故最小调节流量不能太小，一般可用水泵效率下降 3~5 个百分点，特殊情况可达 5~8 个百分点来确定变速调节的最小流量和转速值。而对于具有驼峰形状特性曲线的水泵，还要保证水泵的工作点要离开驼峰顶点一定的距离。

如图 4-26 所示，不变速时水泵的工作点为 A，此时流量、扬程和效率分别为 Q_A、H_A 和 η_A。变速运行时流量、扬程和效率分别变为 Q_2、H_2 和 η_B'（注意：变速运行时的水泵效率与工作点 B 的相似工作点 B'相对应）。

在确定了水泵的左侧极端工作点 $B'(Q_1,H_1)$后，即可绘制相似工况抛物线 $H=KQ^2(K=\frac{H_1}{Q_1^2})$和装置需要扬程曲线 $H=H_{st}+\psi(Q)$，其交点 $B(Q_2,H_2)$即为调速运行时水泵

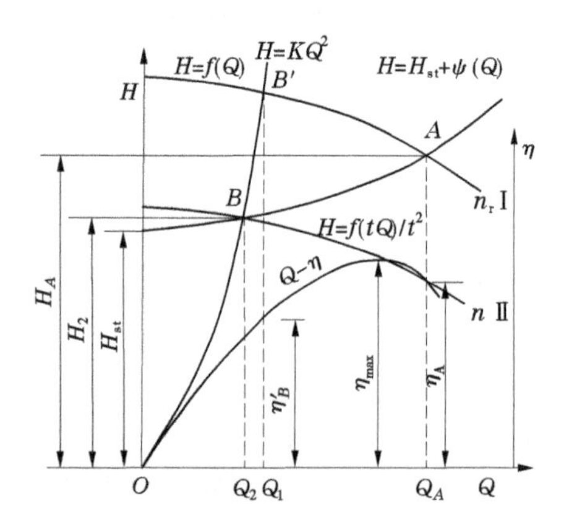

图 4-26　变速调节示意图

的工作点。如用数解法,可联立求解如下方程组:

$$\left.\begin{aligned} H_2 &= KQ_2^2 \\ H_2 &= H_{st} + \psi(Q_2) \\ K &= \frac{H_1}{Q_1^2} \end{aligned}\right\} \tag{4-71}$$

Q_2 就是调速运行的最小流量值,由此可得最低转速n_{min} 为

$$n_{min} = \frac{Q_2}{Q_1} \tag{4-72}$$

对应于调速运行最小流量的泵站装置效率η_{st} 应等于管路效率、水泵效率、动力机效率和调速装置效率四者的乘积,即

$$\eta_{st} = \frac{H_{st}}{H_2}\eta_B{'}\eta_m\eta_s \tag{4-73}$$

从图 4-26 可以看出,降速运行后水泵扬程降低,故管路效率$\frac{H_{st}}{H_2}$增大,但水泵效率 $\eta_B{'}$ 降低,再计入调速装置的损耗,可以断定水泵装置的效率一般是下降的,也就是说变速调流一般是不节能的。

5. 静扬程变化情况的变速运行

泵站工程在运行过程中,其进、出水池水位及泵站静扬程是经常发生变化的。水泵的工作点也是随着静扬程的变化而沿着其特性曲线在不停地左右移动的。当静扬程的变化不大时,水泵的工作点偏移量也较小,水泵及泵装置的运行处于动态的稳定状态,但当静扬程变幅较大时,水泵的工作点可能发生很大的偏移,水泵的效率下降较多,水泵的抗汽蚀性能变差,严重时可能使水泵发生汽蚀及振动现象,影响水泵装置的安全运行。

在泵站的静扬程发生较大变化的情况下,可以通过调速运行,使水泵和水泵装置的工况始终处于稳定、高效和安全的运行状态。

如图 4-27 所示,水泵设计工作点为 A,由于静扬程由 H_{st} 变小为 H'_{st},使水泵工作点偏

移到 B,水泵的效率由 η_{max} 下降到 η_B。采取变速调节运行的方法,将过点 A 的相似工况抛物线和变化后的装置需要扬程曲线的交点 C 作为变速调节的水泵工作点,可使水泵的效率恢复到 η_{max},亦可以联立求解以下方程组:

$$\left.\begin{aligned} H_C &= KQ_C^2 \\ H_C &= H'_{st} + \psi(Q_C) \\ K &= \frac{H_A}{Q_A^2} \end{aligned}\right\} \tag{4-74}$$

得到工作点 C 的参数 Q_C 和 H_C,水泵转速可由 $n=\dfrac{Q_C}{Q_A}n_r$ 计算而得。

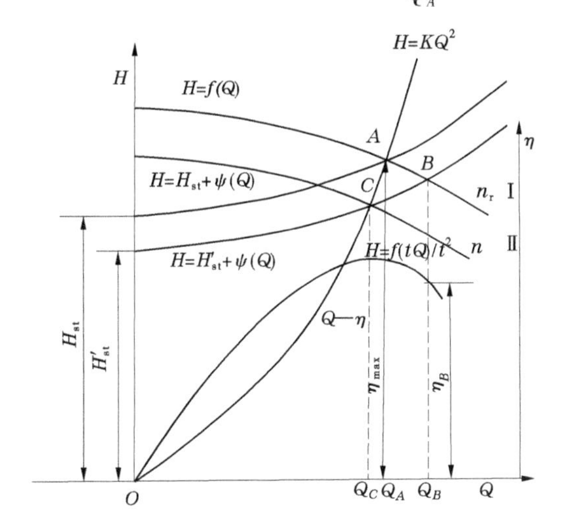

图 4-27　静扬程变化时变速调节示意图

通过变速调节,水泵的效率可达到最大值,再从图 4-27 可以看出,减速后的水泵供水量减小,但水泵扬程降低,故管路效率有所提高,如果管路效率和水泵最高效率的乘积大于调速装置的效率,则调速运行是节能的。

另外从图 4-27 中还可以看出,如果 B 点已经进入了水泵的不稳定工作区(产生汽蚀破坏),则采用变速调节也是使水泵恢复到稳定安全工作区的一种有效方式。

理论上对静扬程增大后使水泵的偏向左侧的情况可以采用升速调节的方式来改善水泵的工况,但正如前述,升速运行带来水泵的汽蚀性能变差、动力机负荷和机械应力加大等问题,不提倡运用,特殊情况下可考虑小幅度升速运行,但必须进行相关的技术分析论证。

4.3.3.3　机组调速方法

机组调速的方法较多,可分动力机调速和传动设备调速两类。调速用动力机主要有直流电动机、三相交流异步电动机和内燃机,调速的传动设备有齿轮变速箱、皮带轮、液力联轴器和电磁联轴器、油膜转差离合器和电磁转差离合器等(见图 4-28)。

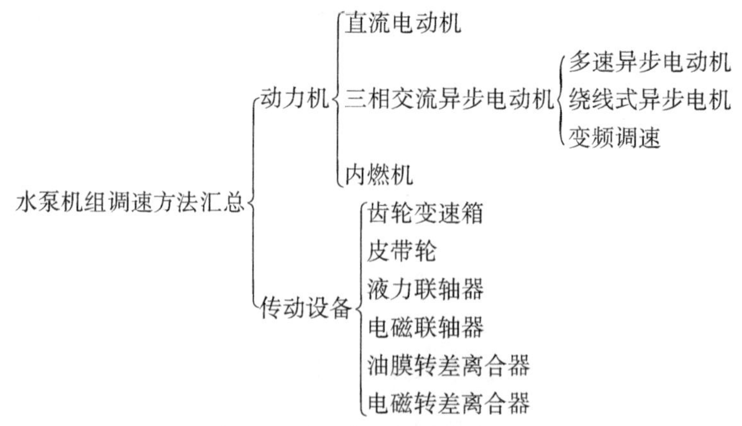

图 4-28　水泵机组调速方法汇总

从调速特点划分，多速异步电动机、变速齿轮箱和皮带轮属于有极调速，其他调速方式为无极调速。

直流电动机的变速简单，但除本身的价格较贵外，还需配备相应的变流系统，设备投资较大。因此，只用在试验装置中，泵站工程很少采用。内燃机是最适合于调速的动力机，只要根据需要改变油门开度，控制供油量的大小，就可获得所需的转速。在早期的泵站工程中多有使用，但由于环境污染较大，管理上也不方便，已逐渐被淘汰。以下仅介绍电动水泵机组的调速方法。

电动水泵机组的调速方法从原理上可分为改变和不改变交流电动机的同步转速两种。不改变同步转速的调速方法有绕线式电动机的转子串电阻调速、斩波调速、串级调速以及应用液力和电磁联轴器调速、油膜和电磁转差离合器调速等。改变同步转速的调速方法有变极调速、变频调速等，齿轮调速具有固定的转差，也可视为变极调速。

从调速时的能耗观点来看，转差率不变，因此无转差损耗的调速属于高效调速方法，如齿轮调速、变极调速、变频调速以及能将转差损耗回收的调速方法(如串级调速等)。有转差损耗的调速方法属于低效调速方法，如转子串电阻调速的能量损耗在转子回路中；电磁离合器调速的能量损耗在离合器线圈中；液力偶合器调速的能量损耗在液力偶合器的油中。一般来说，转差损耗随调速范围扩大而增加，如果调速范围不大，能量损耗是很小的。

1. 变极调速

变极调速就是通过改变电动机绕组的磁极对数来实现其转速的调节。目前变极调速常用于鼠笼式异步电动机，因为鼠笼式异步电动机转子的磁极对数只随定子磁极对数的改变而改变，所以变换磁极时只需改变定子绕组接线就可实现。而同步电动机和绕线式异步电动机改变磁极对数时必须将定子、转子绕组同时换接，结构和技术非常复杂。

采用变极调速的大中型异步电动机一般为双速电动机，三速、四速电动机仅在小型异步电动机中应用。双速电动机改变磁极对数的方法有两种：①在定子线槽内放置两组互相独立的绕组，每组绕组对应一种磁极对数及转速；②在定子线槽内只有一组绕组，通过改变绕组线圈端部的接线方式来改变定子磁场的磁极对数，从而实现转速的变更。双绕组电动机要求定子有较大的线槽，以容纳两组绕组，且需较大的定子铁芯，故电动机的重量大、价格高。因此,用于水泵调速的双速电动机多为单绕组双速电动机。

电动机采用不同的绕组接线方式,可以构成转矩与转速平方成正比、恒转矩、恒功率三种不同负载特性的电动机,由于水泵的转矩与转速的平方成正比,故为使双速电动机在高、低速运行时都具有较高的效率,水泵应采用具有转矩按转速平方变化特性的电动机。

变极调速没有传动损失,具有调速效率高、控制设备简单(仅需转换开关或接触器)、投资低和维护方便、可靠性高和实用性强等优点。但由于变极调速是有级调速,存在不能进行连续调速,并且变速时必须瞬间中断电源,不能进行热态变换,变速级差较大等缺点,所以其应用范围受到了一定的限制。

2. 齿轮调速

根据主、从轴线的位置不同,可采用不同形式的传动齿轮,当两轴线平行时,采用圆柱形齿轮;当两轴线相交时,采用伞形齿轮。上述两种齿轮占地面积小,操作安全,传动效率高,因此在中小型机组中采用得较多。

大型机组中多采用变速箱。变速箱工作较为平稳,可减小机械噪声对环境的污染。齿轮箱中注入润滑油,以减小齿轮间的摩擦损失,提高齿轮传动的机械效率。

齿轮调速具有效率高(可达 97%~98%)、结构紧凑、可靠耐久、传递功率大,适用于水泵和动力机的转速不一致或两者轴线不一致的场合,但齿轮制造工艺要求高,价格较贵。齿轮因加工精度或材质原因磨损后噪声大。

3. 转子串电阻调速、斩波调速、串级调速

(1)转子串电阻调速是在绕线式异步电动机的转子回路串入不同数值的可调电阻,从而获得电动机不同的机械特性,以实现电气传动的转速调节。这种调速方法具有设备简单、初次投资低、启动和调速设备合二为一、不产生高次谐波等优点。但从调速的技术经济性能来看有较多的不足之处,主要缺点有:①存在转差损失,转速越低,效率越低,属于低效的调速方法;②电动机机械特性随着转子回路串接电阻的增大而变软,调速的精度差;③由于串入电机转子回路附加电阻的级数受限,无法实现平滑的调速。

(2)串级调速是在鼠笼异步电动机转子回路串接一个与转子电动势同频率的附加电动势,通过改变附加电动势的大小和相位来改变电动机的转差,从而实现调速的目的。当转子上串入的附加电动势与转子电动势同频率、反相位时,可使电动机在同步转速以下调速,称为低同步串级调速,这时,提供附加电动势的装置从转子电路中吸收电能并回馈到电网或转化为机械能送回到电动机轴上。当附加电动势与转子电动势同频率、同相位时,可使电动机朝着同步转速的方向加速,当附加电动势足够大时,电动机的转速将达到甚至超过同步转速,称为超同步串级调速,此时,提供附加电动势的装置向转子电路输入电能,同时电源要向定子电路输入电能,因此又称为电动机的双馈行为。根据转差功率吸收利用方式,串级调速可分为电机串级调速、机械串级调速及晶闸管串级调速形式,多采用晶闸管串级调速。

晶闸管串级调速的最大优点是利用提供附加电动势的装置回收转差功率,即不产生转差损失,只产生少量的变换损失,故具有高的调速效率,是一种经济的高效调速方式。晶闸管串级调速系统还具有结构简单、可靠、维护方便等优点,但普通晶闸管串级调速系统的功率因素低,产生的高次谐波对电网的污染较大,抗干扰能力差。

(3)斩波调速是在传统串级调速的直流回路加入升压式斩波器。晶闸管斩波调速使用晶闸管斩波调速器(内反馈电机+斩波串级调速),克服了许多传统串级调速的缺点。内反馈电机就是在电动机定子绕组中加一套辅助电源绕组,由它向逆变器提供电源,接受由转子返回来的能量,将电动机和变压器合为一体,去掉了庞大的变压器,简化了串级调速的主电路。

高频斩波串级调速系统是在传统串级调速理论基础上,应用现代电机技术、电力电子技术和计算机控制技术的先进成果而产生的新一代高效调速技术。该技术以控制转子低电压回路进而控制高压电机,以控制转差功率进而控制大功率电机,并以高频斩波器实现PWM 脉宽调制替代传统串级调速系统的逆变角调节,具有控制容量小、控制电压低,调速性能优良和节能效率高、谐波功率小,装置尺寸小,运行条件宽松等优点,在高压大容量电机节能调速上具有突出的优势。

4. 液力联轴器调速

液力联轴器的结构和工作原理详见第 6 章 6.5 传动装置部分。采用液力联轴器来实现转速的调节的有以下优点:①工作平稳、可靠,能够在较宽的范围内实现无级调速;②它可自行润滑,能使动力机无负荷启动;③若忽略液动偶合器的机械损失和容积损失,则液力偶合器的传动效率总是等于转速比,即液力偶合器工作时的转速比越小,其传动效率也越低。当动力机的转速等于水泵的转速时,传动效率最高可达 95%~98%,当水泵的转速减低为 25%~30%时,传动效率为 68%~70%;其缺点是液力联轴器价格较贵,另需配有充油的油泵(或充水的水泵)机组设备,系统比较复杂。

5. 电磁联轴器调速

可调速盘式磁力联轴器主要由主动铜盘转子、从动磁盘转子、机械调速装置及自动化控制装置组成。它可传递较大转矩,在运行工作中通过调速装置调节主、从动盘间气隙,输出不同转矩,以实现速度的调节。其优点是构造简单,运转时不产生轴向力,动作迅速准确,能在极大范围内实现无级调速和有级调速;电路的闭合、切断及换向等均有良好的控制性,便于手控,也可远控;在运行时虽然要经常不断地供给电磁联轴器的电流,但所需电流消耗的功率仅为电动机功率的 0.7%~1.0%;能实现平稳和渐进的柔性启动或停机;有过载保护功能。缺点是在传动转矩较大的情况下,所需传动装置的外形尺寸、重量及制造成本都较大,因此设备价格较贵。

6. 油膜转差离合器调速

油膜转差离合器是一种以油为工作介质,依靠油膜的黏滞性摩擦阻力传递功率的变速传动装置,又称液体黏滞性传动装置,它是一种新型的液力无级变速装置。与液力联轴器正常工作时转速比必然小于 1(97%~98%)不同,油膜转差离合器既能实现无级调速,又能完全离合。所以,它同时具有无级变速器和离合器这两种装置的功能。

在忽略油泵耗功、轴承、密封及风阻损失时,油膜转差离合器传动效率等于输出轴与输入轴的转速比。

此外,油膜转差离合器除具有许多和液力偶合器相同的优点外,还具有一些优于液力偶合器的特点,如一般最大传动效率比液力偶合器高 3%左右;控制转速的响应时间比液力偶合器短得多。此外,对于低转速、大容量机组的调速,其装置的尺寸和重量比液力偶合器要小得多,从而降低了成本。油膜转差离合器的结构和工作原理详见第6章6.5.2间接传动部分。

7. 电磁转差离合器和电磁联轴器调速

电磁转差离合器的基本部件为电枢和磁极,两者之间存在气隙,没有机械联系,各自可以自由旋转。电枢直接与电动机的输出轴刚性连接;磁极与离合器的输出轴硬性连接,进而与负载轴硬性连接。磁极由铁芯和励磁绕组两部分组成,绕组和部分铁芯固定在机壳上,不随磁极一起转动。励磁绕组接入直流电后,沿气隙圆周面形成若干对N、S极性交替的磁极,当电动机带动电枢旋转时,电枢与磁极之间存在相对运动,从而产生感应电动势,这个感应电动势将在电枢中形成涡流,此涡流又与磁场的磁通相互作用,产生力和力矩,这个力和力矩作用在磁极上,使磁极沿电枢方向旋转,并拖动负载旋转。磁极转速的高低由磁极磁场的强弱而定,即由励磁电流的大小而定,改变励磁电流的大小就可达到负载调速的目的。

工程中常把电动机和电磁转差离合器组装成一个整体,总称为电磁调速电动机或滑差电动机。

电磁调速电动机的主要优点是:①可靠性高,只要绝缘层不被破坏,就能实现长期无检修运行;②控制装置的容量较小;③结构简单,制造容易,价格便宜。其缺点是:①存在转差损失,转速比越小,效率越低;②调速时相应时间较长;③运行时噪声较大。④因为电枢和磁极之间一定存在转速差,故负载转速将低于电动机转速。

电磁转差离合器与液力联轴器在装置成本上比较,对小容量低转速电动机,采用电磁转差离合器要便宜得多;而对大容量高转速电动机,采用液力联轴器的成本较低。

电磁联轴器由主动轴上的摩擦圆盘和从动轴上的摩擦环组成。当电流通过主动轴上圆盘的内部线圈时,在摩擦环中产生吸引力,从而将从动轴上的摩擦环吸住,使之一起旋转。电磁联轴器的优点是构造简单,运转时不产生轴向力,动作迅速准确,能在极大范围内实现无级调速和有级调速;电路的闭合、切断及换向等均有良好的控制性,便于手控,也可以远动;缺点是在运转时要经常不断地供给电磁联轴器的电流(为动力机功率的0.7%~1.0%),所需传动装置的外形尺寸、重量及制造成本都较大,因此设备价格较贵。

8. 变频调速

变频调速就是利用变频器将50 Hz额定频率的交流电源变换成频率和电压均可调的交流电后,输出到交流电动机,从而实现其转速的调节。

变频调速具有调速效率高(可达96%~98%)、调速范围宽、调速精度高(一般0.1%~0.01%)、变频装置运行可靠和变频器可兼作启动设备等突出优点。但也存在变频装置投资大、其产生的高次谐波对电源和电动机影响较大的缺点。高次谐波使电动机的损耗增加(主要是转子铜耗)、效率降低;发热量加大,温升提高,绝缘老化加速;电磁噪声和电磁振动变大;低速运行时电动机可能因通风量减小、热量散发不出去而发热。

然而近年来随着变频技术的进步和电子器件的大批量生产,变频装置的价格在逐渐降低,变频器输入输出电流和电压波形已经非常接近正弦波形,高次谐波量很低。所以,变频调速已成为机组调速最理想的方法之一。

4.3.3.4 变频调速技术概述

1. 电压型变频器和电流型变频器

变频器的种类很多。用于水泵调速的变频器多为交流-直流-交流变频器,它由整流电路、中间直流环节和逆变电路三部分组成。先通过整流器将工频交流电变为直流电,再经逆变器把直流电变成频率和电压可调的交流电。交流-直流-交流变频器按中间环节的滤波方式又可分为电压型变频器和电流型变频器。

电压型变频器的主要特点是:①中间直流环节并联有大电容,以缓冲无功功率和进行滤波,电压基本无脉动,直流回路呈现低阻抗,相当于电压源。②输出电压波形为矩形或阶梯形,输出电流为近似正弦波。③当负载呈感性时需要提供无功功率,直流环节的电容为储能元件,起缓冲无功能量的作用。为了给反馈的无功能量提供通道,逆变桥各臂都并联有反馈二极管。④电压型变频器在负载发生短路时会产生过电流,开环电动机也可能稳定运转。电压型变频器不具有四象限运行功能,制动时需另行安装制动单元。功率较大时,输出还需要增设正弦波滤波器。

电流型变频器的主要特点是:①中间直流环节采用串联大电感的方式来缓冲无功功率和进行滤波,电流基本无脉动,直流回路呈现高阻抗,相当于电流源。②输出电流波形为矩形或阶梯形,输出电压为近似正弦波。③当负载呈感性时需要提供无功功率,直流侧电抗器为储能元件,起缓冲无功能量的作用。因为反馈无功能量时直流电流并不反向,因此不必像电压型逆变电路那样要给开关器件反并联二极管。④电流型变频器在负载发生短路时能抑制过电流,逆变器工作也很可靠,保护性能良好。具有四象限运行能力,能很方便地实现电机的制动功能。缺点是负载不稳定时需要反馈控制,即需要对逆变桥进行强迫换流,发热量也比较大,需要解决器件的散热问题,其装置结构复杂,价格较贵,调整较为困难。另外,由于较低的输入功率因数和较高的输入输出谐波,故需要在其输入输出侧安装高压自愈电容,解决对电网和电动机产生的影响。

2. 高-低-高变频器

采用升降压的办法,将低压或通用变频器应用在中、高压环境中。原理是通过降压变压器,将电网电压降到低压变频器额定或允许的电压范围内,经变频器的变换形成频率和幅度都可变的交流电,再经过升压变压器变换成电机所需要的电压等级。这种方式,由于采用标准的低压变频器,配合降压、升压变压器,故可以任意匹配电网及电动机的电压等级。

高-低-高变频器也有电流型和电压型之分。电流型变频器输出侧为强迫换流方式,控制电动机的频率和相位;电压型变频器在直流电路至升压变压器之间还需要置入正弦波滤波器,否则升压变压器会因输入谐波或电压变化率过大而发热,或破坏绕组的绝缘。该正弦波滤波器成本很高,一般相当于低压变频器价格的 1/3 到 1/2。

3. 高-高变频器

高-高变频器无须升降压变压器,功率器件在电网与电动机之间直接构建变换器。由于功率器件耐压问题难于解决,目前国际通用做法是采用器件串联的办法来提高电压等级,其缺点是需要解决器件均压和缓冲难题,技术复杂,难度大。但这种变频器由于没有升降压变压器,故其效率较高-低-高变频器高,而且结构比较紧凑。高-高变频器也可分为电流型和电压型两种。

高-高电流型变频器采用GTO、SCR或IGCT元件串联的办法实现直接的高压变频，目前电压可达10 kV。均压和缓冲电路的技术复杂、成本高。由于器件较多，装置体积大，调整和维修都比较困难。

高-高电压型变频器电路结构采用IGBT直接串联技术，也叫直接器件串联型高压变频器，其优点是可以采用较低耐压的功率器件，串联桥臂上的所有IGBT作用相同，能够实现互为备用，或者进行冗余设计。缺点是电平数较低，仅为两电平，输出电压的变化率也较大，需要采用特种电动机或增加高压正弦波滤波器，其成本会增加许多。这种变频器同样需要解决器件的均压问题，一般需特殊设计驱动电路和缓冲电路。对于IGBT驱动电路的延时也有极其苛刻的要求。一旦IGBT开通、关闭的时间不一致，或者上升、下降沿的斜率相差太大，均会造成功率器件的损坏。

4. 嵌位型变频器

一般可分为二极管嵌位型和电容嵌位型。二极管嵌位型变频器既可以实现二极管中点嵌位，也可以实现三电平或更多电平的输出，其技术难度较直接器件串联型变频器低。由于直流环节采用了电容元件，因此它仍属于电压型变频器。这种变频器需要设置输入变压器，它的作用是隔离与星角变换，能够实现12脉冲整流，并提供中间嵌位零电平。通过辅助二极管将IGBT等功率器件强行嵌位于中间零电平上，从而使IGBT两端不会因过压而烧毁，又实现了多电平的输出。这种变频器结构，输出可以不安装正弦波滤波器。电容嵌位型变频器采用同桥臂增设悬浮电容的办法实现功率器件的嵌位，目前这种变频器应用得比较少。

5. 单元串联型变频器

单元串联型变频器是近几年才发展起来的一种电路拓扑结构，它主要由输入变压器、功率单元和控制单元三大部分组成。采用模块化设计，由于采用功率单元相互串联的办法解决了高压的难题，可直接驱动交流电动机，无须输出变压器，更不需要任何形式的滤波器。变频器的输入变压器为一台移相变压器，原边Y形连接，副边采用沿边三角形连接。该变频器的特点如下：①采用多重化PWM方式控制，输出电压波形接近正弦波；②整流电路的多重化，脉冲数多，功率因数高，输入谐波小；③模块化设计，结构紧凑，维护方便，增强了产品的互换性；④直接高压输出，无须输出变压器；⑤极低的电压变化率输出，无须任何形式的滤波器；⑥采用光纤通信技术，提高了产品的抗干扰能力和可靠性；⑦功率单元自动旁通电路，能够实现故障不停机功能。

4.3.4 变径调节

通过改变叶轮外径的大小以改变水泵的性能，从而达到改变水泵工作点的目的。这种调节方法称为变径调节，亦称为车削调节。

4.3.4.1 叶轮车削定律

经切削直径变小后的叶轮，与之前的叶轮在几何形状上是不相似的，所以用相似律来对切割前后的叶轮特性进行换算是不合适的。但当切割量较小时，可做以下假设：①车削后叶轮出口过流面积及叶片出口安放角和原叶轮相同；②叶轮车削前后各种对应效率相等;③车削前后出口速度三角形相似。因此,可以借用相似律来计算叶轮车削前后的性能参数。

叶轮车削前后的流量、扬程及功率关系可用下列各式表示:

$$\frac{Q_c}{Q}=\frac{\pi\psi_{2c}D_{2c}b_{2c}v_{m2c}\eta_{vc}}{\pi\psi_2 D_2 b_2 v_{m2}\eta_v} \tag{4-75}$$

$$\frac{H_c}{H}=\frac{\eta_{hc}(v_{u2c}u_{2c}-v_{u1c}u_{1c})}{\eta_{hc}(v_{u2}u_2-v_{u1}u_1)} \tag{4-76}$$

$$\frac{P_c}{P}=\frac{\rho gQ_cH_c/\eta_c}{\rho gQH/\eta} \tag{4-77}$$

上列各式中,c 表示叶轮车削后的参数。显然 $v_{u1c}u_{1c}=v_{u1}u_1$,一般 $v_{u1}=0$,故有 $v_{u1c}u_{1c}=v_{u1}u_1=0$, 即

$$\frac{H_c}{H}=\frac{\eta_{hc}v_{u2c}u_{2c}}{\eta_{hc}v_{u2}u_2} \tag{4-78}$$

因为假设叶轮切割前后的出口速度三角形相似,则有

$$\frac{v_{m2c}}{v_{m2}}=\frac{v_{u2c}}{v_{u2}}=\frac{u_{2c}}{u_2}=\frac{D_{2c}}{D_2}=t \tag{4-79}$$

对于低比转数(n_s<60)的水泵,当叶轮外径变化不大时,其出口宽度b_2 的变化很小,可以认为叶轮的出口宽度不变,即$b_{2c}=b_2$,假定叶轮车削前后的效率相等及叶轮出口水流排挤系数不变,那么在转速保持不变的情况下,式(4-75)~式(4-77)可改写为

$$\frac{Q_c}{Q}=\left(\frac{D_{2c}}{D_2}\right)^2\quad \frac{H_c}{H}=\left(\frac{D_{2c}}{D_2}\right)^2\quad \frac{P_c}{P}=\left(\frac{D_{2c}}{D_2}\right)^4 \tag{4-80}$$

对中高比转数的离心泵,叶轮切割后,其出口宽度 b_2 变化稍大,但可以认为叶槽内过水断面具有基本上相等的过流面积,即 $\psi_{2c}D_{2c}b_{2c}=\psi_2D_2b_2$,同样,在假设叶轮车削前后的效率相等及转速保持不变的情况下,式(4-75)~式(4-77)可改写为

$$\frac{Q_c}{Q}=\frac{D_{2c}}{D_2}\quad \frac{H_c}{H}=\left(\frac{D_{2c}}{D_2}\right)^2\quad \frac{P_c}{P}=\left(\frac{D_{2c}}{D_2}\right)^3 \tag{4-81}$$

式(4-80)、式(4-81)称为叶轮的车削定律,它们可用于叶轮切割前后工作参数的换算。

水泵使用中经常会遇到所需工作点 $A(Q_A,H_A)$ 位于水泵 Q—H 曲线下面的问题,如图 4-29 所示。若采用切割叶轮的方法使新的 Q—H 曲线经过 A 点,叶轮的外径应是多少,即需要求出叶轮的切割量 ΔD_2 及叶轮切割后的直径 D_{2c},在应用车削定律时,必须在原 Q—H 曲线上找到与 A 点对应的 B 点。

消去式(4-80)与式(4-81)中的D_{2c}/D_2 项,就得到

$$\begin{cases} H=KQ\quad K=\dfrac{H}{Q}=\dfrac{H_c}{Q_c}\quad (n_s<60)\\ H=KQ^2\quad K=\dfrac{H}{Q^2}=\dfrac{H_c}{Q_c^2}\quad (n_s\geqslant 60)\end{cases} \tag{4-82}$$

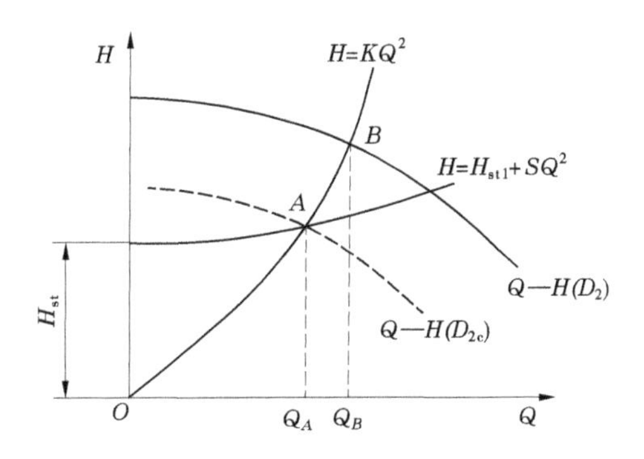

图 4-29　车削调节及车削抛物线

方程(4-82)被称为车削抛物线,它是顶点位于坐标原点的抛物线族。

将 A 点坐标值代入式(4-82),可求出 K 值,并按式(4-82)画出抛物线,其与水泵原有的 $Q—H$ 曲线的交点 $B(Q_B,H_B)$ 就是要找的点。

另外,可采用数解法,联立求解水泵的流量—扬程曲线方程和车削抛物线方程,即可解得 Q_B 和 H_B 值,计算方程组如下:

低比转数泵($n_s<60$)

$$\left.\begin{aligned} H_B &= f(Q_B) \\ H_B &= KQ_B \\ K &= H_A/Q_A \end{aligned}\right\} \tag{4-83}$$

中、高比转数泵($n_s \geqslant 60$)

$$\left.\begin{aligned} H_B &= f(Q_B) \\ H_B &= KQ_B^2 \\ K &= H_A/Q_A^2 \end{aligned}\right\} \tag{4-84}$$

叶轮车削率

$$t_c = \frac{D_{2c}}{D_2} = \begin{cases} \sqrt{\dfrac{Q_A}{Q_B}} = \sqrt{\dfrac{H_A}{H_B}} & (n_s < 60) \\ \dfrac{Q_A}{Q_B} = \sqrt{\dfrac{H_A}{H_B}} & (n_s \geqslant 60) \end{cases} \tag{4-85}$$

切割后叶轮直径的计算值为

$$D_{2c} = t_c D_2 \tag{4-86}$$

以上分析了所需工作点 $A(Q_A,H_A)$ 位于水泵 $Q—H$ 曲线下面时,可采用车削叶轮直径的方式来调节水泵的工况。同理,如果所需工作点 $A(Q_A,H_A)$ 位于水泵 $Q—H$ 曲线的上面,亦可采用加大叶轮直径的方式达到调节水泵工况的目的。外径增加量仍按车削定律计算,但需考虑叶轮与泵壳之间的间隙,并应满足水泵零件的强度要求和不得使动力机超载。

4.3.4.2　车削量的修正

车削定律和车削抛物线类似于比例律和相似工况抛物线,但两者是有本质区别的。

比例律是根据相似理论推导出来的,车削定律是在本来并不相似的叶轮之间做了一些假定之后得到的。因此,按车削定律计算的结果与试验结果具有一定的误差。

用车削定律计算出的车削量一般偏大,应按以下校正图4-30换算出实际车削量。方法是根据计算的车削比 t_c,从图中查得实际车削比 t'_c,再计算出实际的叶轮直径 $D_{2c}=t'_cD_2$。

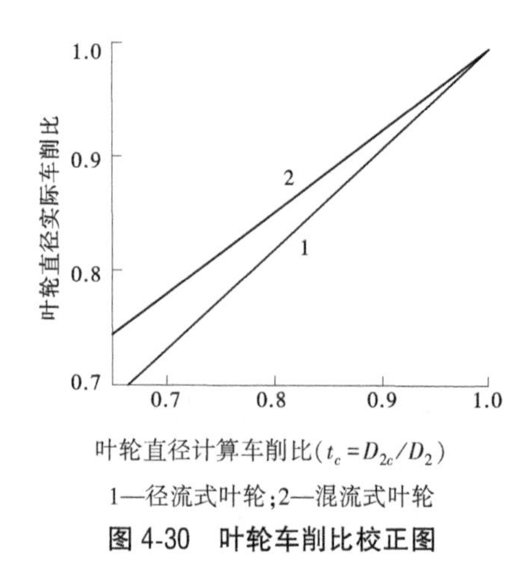

1—径流式叶轮;2—混流式叶轮

图4-30　叶轮车削比校正图

这种方法仍然不够精确,其精度随叶轮的比转数增加而降低。目前国内外水泵研究人员对叶轮切割后的性能预测做了很多试验,提出了不同形式的性能预测公式,但基本上都没有理论推导,多数是以统计规律为依据。有的精度很差,有的与实际数据出入较大,所以对叶轮切割后的性能预测仍需进一步探讨。

4.3.4.3　叶轮车削量允许值及车削后的效率

比转数大于350的叶片泵不宜采用变径调节。轴流泵的叶轮变径后就需要更换泵壳或者在泵壳内壁加衬里,这是不经济的。

叶轮车削量超出某一范围,就会破坏原来的构造,增大叶轮和泵壳的间隙,降低水力效率。轴承和填料函中的摩擦阻力损失不会因叶轮车削而变,有效功率则会随着叶轮直径变小而减小,故机械效率也会降低。各种水泵的允许车削量与其比转数有关,见表4-5。

表4-5　叶片泵叶轮最大允许车削量与车削后的效率值

泵的比转数	60	120	200	300	350	>350
最大允许车削量(%)	20	15	11	9	7	不允许
效率下降值	每车削10%下降1%		每车削4%下降1%			

4.3.4.4　叶轮车削方法

如图4-31所示,对于不同的叶轮应当采用下列不同的车削方式:①切割比转数 $n_s<140$ 的离心泵叶轮时,其两个圆盘和叶片上的车削量是相等的(对出口与导叶连接的叶轮,为了不改变叶轮外缘与导叶之间的间隙,以利于水流的引导,应只切割叶片,不车削圆盘);②对高比转数的离心泵,叶片两边应车削成两个不同的直径,即内缘的直径 D'_{2c} 要大于外缘的直径 D''_{2c},且保持 $(D'_{2c}+D''_{2c})/2=D_{2c}$;③对混流泵叶轮,应将它的内缘直径车削到 D_{2c},在轮毂处的叶片不作车削。

低比转数离心泵叶轮车削后,可按照图4-31(d)中的虚线把叶片末端锉尖,以使水泵的流量和效率略为增大。另外,叶轮切削后应做平衡试验。

4.3.4.5　变径调节的优缺点及应注意事项

叶轮经切削后就不能再恢复原有的尺寸和性能,因此从技术上讲不如变速调节。但

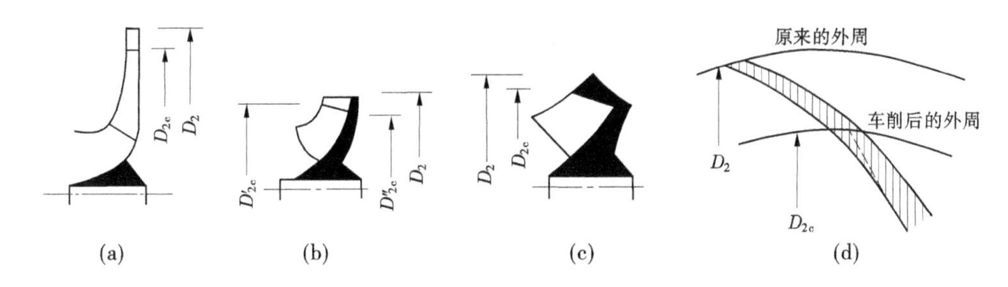

图 4-31　叶轮和车削方式及车削前后叶片示意图

是变径调剂简单易行,省投资,并且叶轮被切削并不影响水泵进水侧的构造,水泵的汽蚀性能不会变,这是变径调节的一大优点。对于中、高比转数离心泵,变径调节可以有效防止或减轻水泵汽蚀,减少功率的损耗。

变径调节必然引起水泵效率下降。对大型泵站,可采用更换叶轮的方法,在相似工况下可使水泵效率几乎保持同一水平,以获取较大的经济效果。

4.3.5　变角调节

通过改变叶片安装角的大小来改变水泵的性能,从而达到改变水泵工作点的目的,这种调节方法称为变角调节。变角调节适用于叶片可调的轴流泵和混流泵。

如前所述,轴流泵不能采用节流调节和车削调节。由于轴流泵的扬程低、高效区窄,其工作扬程稍有变化就会引起工作效率的大幅下降,但轴流泵一般流量和功率较大,因此对轴流泵的工作点进行调节,对泵站节能和经济又是很必要的。

考虑到轴流泵具有较大的轮毂,便于安装可以调节的叶片,故轴流泵一般采用改变叶片安装角的方式来调节其工作点。

4.3.5.1　变角调节原理

叶片安装角变化后,其性能随即发生变化。如图 4-32 所示,当叶片安装角由 β 变为 β'后,在相同流量下,v_{u2} 变为 v'_{u2},因而扬程增高。但叶轮安装角改变后,其出水速度 v'_2的方向偏离导叶进水端的方向,产生漩涡,引起效率下降。延长 v_2 和 w'_2使之相交,就可以看出,叶片安装角增大后,只有在流量较大的情况下,出水流速的方向才与设计出水方向一致。流量增大后,w'_2增大而 v'_{u2}有所减小,但仍大于 v_{u2},故扬程加大,功率必然增大。从而,随着叶片安装角 β 的增大,$Q—H$ 曲线、$Q—P$ 曲线向右上方移动,$Q—\eta$ 曲线几乎以不变的数值向右水平移动;反之,当叶片安装角减小时,各曲线则向相反的方向移动,如图 4-33 所示。

为了使用上的方便,一般不绘制图 4-33 所示的曲线,而是将 $Q—\eta$ 曲线和 $Q—P$ 曲线用数值相等的几条等效率曲线和等功率曲线,绘在 $Q—H$ 曲线上,绘成如图 4-34 所示的通用性能曲线。

4.3.5.2　变角工况调节

图 4-34 中画了三条假定的装置需要扬程曲线,中间的一条对应于设计静扬程 $h_{st,d}$,上面的一条和下面的一条分别对应于较高静扬程 $h_{st,h}$ 和较低静扬程 $h_{st,l}$。

从图 4-33 可以明显看出,在静扬程或装置需要扬程一定的情况下,改变叶片安装角,

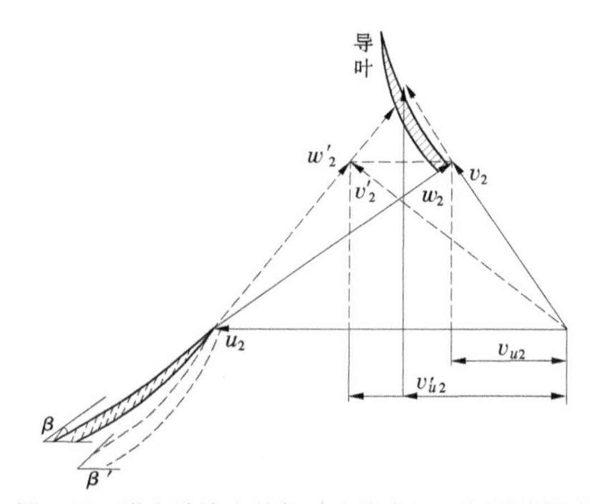

图 4-32　增大叶片安装角对叶片出口三角形的影响

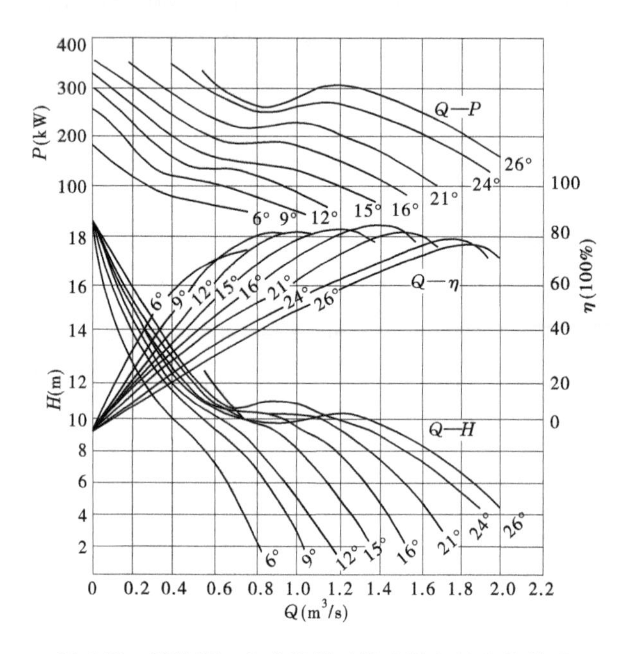

图 4-33　轴流泵工作参数随叶片安装角的变化关系

对水泵的效率影响较小,而对水泵的流量、扬程和轴功率影响较大。因此,就出现了以下变角调节的两种方式。

1. 控制轴功率的调节方式

对于大、中型水泵装置,动力机配套功率已定,而且富余量也较小,故需要保证在任何情况下不能使动力机过载。

在设计扬程时,将叶片安装角定位 0°,以获得相对高一点的效率。当水位变化使静扬程变小时,将叶片安装角调大,在保持较高效率的情况下增大出水量,更多地抽水,并使动力机满载运行;而当水位变化使静扬程变大时,把叶片安装角调小,在维持高效率的情况下,适当地减小出水量,使动力机不致过载。总之,通过调节叶片的安装角,就能使水泵在最有利的工作状态下运行,达到效率高,抽水多,动力机保持或接近满负荷,提高其效

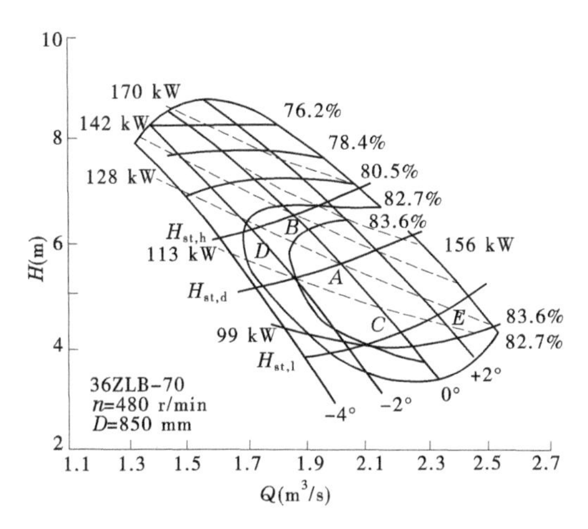

图4-34　轴流泵通用性能曲线及工况的变角调节

率,发挥其机组的最大潜能。

2. 稳定流量的调节方式

对供水流量需要相对稳定的工程(比如多级供水泵站的水源泵站),则需要采用与上述相反的调节方式。

当水位变化使静扬程变小时,水泵的出水量增大,此时需将叶片安装角调小,在保持较高效率的情况下减小出水量,以维持出水量基本稳定不变;而当水位变化使静扬程变大时,水泵出水量减小,要维持流量基本不变,就要调大叶片的安装角。

稳定流量的调节方式虽然也能保持水泵的较高效率,但动力机的负荷率变化幅度很大,而且需按照最高静扬程条件配套动力机功率,故机组投资较大,动力机运行效率较低一些。但对于多级供水的水源站,由于扬程较低、装机相对较小,这种配置和调节是必要的。

以上是改变水泵叶片安装角的两种主要调节方式,其中第一种是变角调节的基本调节方式,在水位或静扬程变化较大时,通过变角调节可充分发挥工程及设备的功能。此外,在机组启动时,将叶片安装角调小,可以降低启动力矩,减小动力机的启动负荷;在停机前,先把叶片安装角调小,可以减小倒流流量和降低机组倒转转速。

水泵叶片的调节方式有全调节式和半调节式。所谓全调节式,是指叶片角度可以在正常运行状态下通过一套自动调节机构,随时进行调节。调节机构可分为油压式和电动机械式两大类。大型轴流泵或高比转数混流泵常采用全调节式。所谓半调节式,是指叶片借螺栓紧固在轮毂上,只能在停机后松开叶片的固定螺母进行调节,中、小型轴流泵或高比转数混流泵多采用半调节式。也有轴流泵或高比转数混流泵采用固定式叶片,即叶片安装角不可调节。

4.3.6　其他调节方式

除前述的节流、分流、变速、车削和变角调节外,还有掺气调节和变级调节等。

掺气调节是从水泵进水口向泵内通入适量的空气,目的是使水的密度减小,从而降低其扬程,使工作点发生变化。由于掺气调节涉及两相或多相流泵的理论,目前国内还处于研究阶段,故泵站工程上还没有应用实例。

变级调节用于多级水泵,常见的是在多级泵的中间分出一个或两个分水口,根据不同的扬程采用不同的分水口供水。这种调节方式相当于多级泵串联调节,主要优点是效率高、扬程调节幅度大而流量基本保持不变、调节控制简单。其缺点是水泵结构较复杂,动力机负荷率变化较大,泵房内管路也较复杂。

变级调节在丘陵区的农业供水工程中已有应用,运用效果良好。

4.3.7 工程中常见的工况调节问题

水泵工况调节问题贯穿于泵站工程的整个建设和运行期间。工况调节的主要目的是节能、调流和安全运行。

泵站工程是一个耗能大户,因此节能调节是工况调节的一项主要任务。规划设计阶段,通过分析计算选择合适的节能工况调节方式,为泵站后期运行打下良好的硬件基础。在运行期间,根据不同的外界运行条件,制订详细的节能工况调节方案和具体工作措施,实现高效提水、节约能源的目的。

流量调节也是工况调节的一项重要任务。流量调节可区分为稳定供水流量的调节、加大或减小供水流量的调节等。例如多级供水泵站工程,就需要相对稳定各级站和机组的出水量,以便实现各级泵站及其机组之间的流量匹配;又如排水泵站,希望在洪峰期间加大排水能力;再如在大中型供水泵站中,个别需水量较小的用水户需要较小的供水流量等;这些要求都可以通过流量调节予以解决。

个别泵站工程在极端工况(静扬程变幅过大)条件下,水泵的工作点由于接近或处于不稳定区,出现机组振动、汽蚀等不安全现象,这种情况下,就需要进行稳定调节,使机组恢复稳定运行状态。

现就工程实践中有关工况调节问题的一些常规做法和思路简述如下。

4.3.7.1 **节能调节**

1. 节能车削调节

一般情况下,对于大、中型离心泵站,车削调节方式既简单、适用,又非常有效,是一种比较理想的节能调节方式。该调节方式被水泵制造厂商广泛采用,开发出众多的系列产品,并可根据用户需要增加新产品。

因此,在确定了泵站工程的设计静扬程 $h_{st.d}$(应该是年内供水量加权平均提水高度)、管路阻力损失曲线 $H=\psi(Q)$、选定泵型(非车削泵)并获得水泵或泵组的特性曲线 $H=f(Q)$ 以及需要的工作点流量和扬程参数后,首先需要考虑的就是车削调节的问题。

车削调节的特点是一旦确定了叶轮的车削尺寸后,水泵的性能曲线就不再改变,水泵的效率曲线则根据车削比和比转数的大小有所降低,当静扬程变化时,水泵的工作点将沿着车削后的水泵特性曲线移动。

如图 4-35 所示,设计工作点位于水泵特性曲线下方,如不调节,水泵实际运行的工作点为 B,虽然 $Q_B>Q_A$,但水泵效率较低,管路效率也较小。采用车削调节,使水泵的工作点位于 A,水泵的效率已接近最高效率,管路效率也有所提高。

如原泵的效率曲线方程为 $\eta=\psi(Q)$,则车削后的效率为

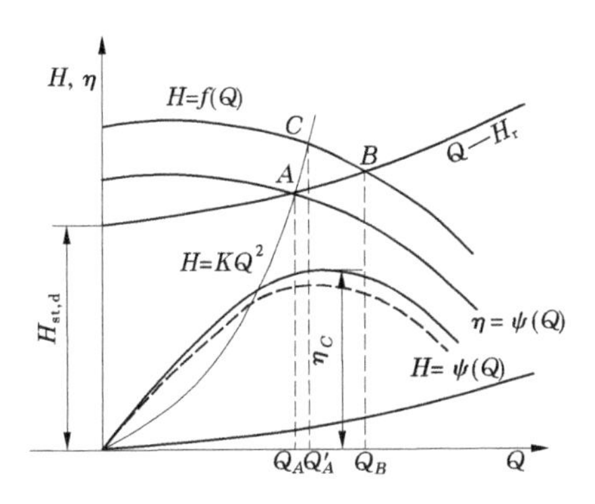

图 4-35　水泵工况车削调节示意图

$$\eta = \psi(Q/t) - \Delta\eta \tag{4-87}$$

$$\Delta\eta = \begin{cases} \dfrac{1-t}{1\,000} & (n_s < 120) \\ \dfrac{1-t}{1\,000 - 7.5(n_s - 120)} & (120 \leqslant n_s \leqslant 200) \\ \dfrac{1-t}{400} & (n_s > 200) \end{cases} \tag{4-88}$$

式中　t——叶轮车削比，$t=\dfrac{D_2'}{D_2}$（叶轮车削后与车削前外径之比）；

n_s——水泵比转数。

工程中遇到的问题是将工作点切割到 A 点是否最好？为此，我们可以用水泵装置效率最大的方法解决这个问题。

将式(4-87)～式(4-89)联立求解，即可得到对应于水泵装置效率最大时的叶轮车削比 t、H_{st} 和对应于水泵装置效率最高的工作点参数等。

$$\left.\begin{aligned} H &= t^{-2} f(tQ) \\ H &= H_{st} + \psi(Q) \\ \eta_{st} &= \psi(Q/t)\,\frac{H_{st}}{H} \\ \frac{\partial \eta_{st}}{\partial t} &= \frac{\partial\,\dfrac{t^2\psi(Q/t)}{f(tQ)}}{\partial t} = 0 \end{aligned}\right\} \tag{4-89}$$

再解方程组：

$$\left.\begin{aligned} H &= f(Q) \\ H &= H_{st} + \psi(Q) \\ \eta'_{st} &= \psi(Q)\,\frac{H_{st}}{H} \end{aligned}\right\} \tag{4-90}$$

得到η'_{st}。如果$\eta_{st} \leqslant \eta'_{st}$时，说明不必车削叶轮；如果$\eta_{st} > \eta'_{st}$时，由解得的 t 值算得叶轮尺寸 D_2'（$D_2' = tD_2$）。

以上计算得到的是最节能的车削调节结果,但需说明的是最佳工作点一般不是设计工作点。

上述计算比较复杂,实际工程规划中可以采用较简单的设计计算方法。其计算步骤如下:

(1)在初步确定了设计工作点后,选择合适的水泵(非车削水泵),使水泵的额定参数大于设计工作参数,并用图解法或数解法求得水泵工作点 B。

(2)如果 B 点已经位于最高效率点附近,效率已接近最高值,则不再需要进行车削调节。

(3)如果 B 点偏离设计和最高效率点右侧较大,则可利用切削抛物线求得与工作点 A 对应的原泵曲线上 C 点,如果 C 点位于最高效率点附近,则认为设计工作点 A 即为所求的节能工作点。

(4)如果 C 点仍然偏离最高效率点较大,则需适当调整工作点的位置(沿管路特性曲线),重复以上过程,直到满意为止。

(5)确定了车削比及水泵车削后的特性曲线位置后,与设备厂家提供的该泵车削系列产品对比,选择比较接近的车削产品。如果对车削系列产品仍不满意,可要求厂家根据计算确定的叶轮切削率(理论计算值)进行加工,生产厂家会按修正的车削参数来加工叶轮尺寸。

2. 节能变速调节

节能变速调节最适合于静扬程变幅和管路损失扬程变幅较大的情况。

如图 4-36 所示,已知工程规划需求的工作点 A,水泵运行的最高、设计和最低静扬程分别为 $h_{st.h}$、$h_{st.d}$ 和 $h_{st.l}$,管路损失曲线 $H=\psi(Q)$,水泵的扬程曲线 $H=f(Q)$ 和效率曲线 $\eta=\psi(Q)$。

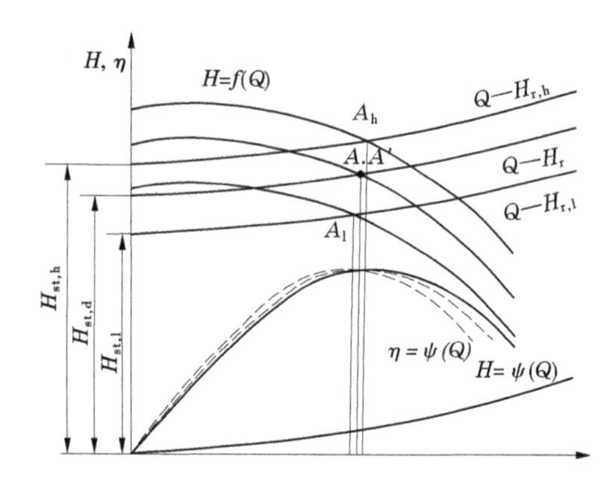

图 4-36　规划设计阶段水泵节能工况调节示意图

如采用变速调节,就能在泵站出现最高、设计和最低静扬程时,将水泵的工作点分别调节到效率较高的 A_h、A' 和 A_l 点。

采用数解法进行定量计算,在一定的静扬程 H_{st} 下,联立求解以下两个方程组可分别获得变速调节和不调节情况下的水泵工作参数。

$$\left.\begin{aligned}H&=t^{-2}f(tQ)\\H&=H_{st}+\psi(Q)\\\eta_{st}&=\psi(Q/t)\frac{H_{st}}{H}\eta'_{m}\eta_{s}\\\frac{\partial\eta_{st}}{\partial t}&=\frac{\partial\dfrac{t^{2}\psi(Q/t)}{f(tQ)}}{\partial t}=0\end{aligned}\right\}\tag{4-91}$$

$$\left.\begin{aligned}H&=f(Q)\\H&=H_{st}+\psi(Q)\\\eta'_{st}&=\psi(Q)\frac{H_{st}}{H}\eta_{m}\eta_{s}\end{aligned}\right\}\tag{4-92}$$

式中　η_{m}、η'_{m}——不调速和调速时的动力机及传动设备效率，η'_{m}等于或稍小于η_{m}，一般可取$\eta'_{m}\approx\eta_{m}$。

如果$\eta_{st}<\eta'_{st}$，则说明调速运行并不节能；而如果$\eta_{st}\geqslant\eta'_{st}$，则说明调速运行可以节能。此时转速$n=tn_{r}$，解方程组(4-91)得到水泵的工作点$A(Q,H)$，进而可求得水泵效率$\eta=\psi(Q/t)$和轴功率$P=\dfrac{\rho gQH}{\eta}$。

变速调节年节能量为

$$E=2.73\times10^{-3}\sum W_{i}H_{sti}\left(\frac{1}{\eta_{sti}}-\frac{1}{\eta'_{sti}}\right)\tag{4-93}$$

式中　h_{sti}——年内第i时段平均静扬程，m；

W_{i}——年内第i时段供水量，万m^{3}；

η_{sti}、η'_{sti}——年内第i时段变速调节和不调节运行的泵站装置效率(%)。

3. 节能分级分流调节

对供水点较多、各个供水点高度不一致的大、中型泵站工程，比如地面坡度较大的灌溉工程，一般采用分级建站的方式来降低平均供水高度和供水能耗。采用分级建站与分流调节相结合的方式可进一步降低供水高度和节约能源。

1) 分级分流调节

对流量不大的高扬程泵站，利用单台水泵的多个高低扬程出水口，结合一定数量的高低分水口，可以实现降低扬程、节约能源的目的，是一种非常有效的节能调节措施。不过由于国内多级泵的级间衔接技术较差，其效率不是很高，使其应用受到了一定的限制。随着多级泵效率的提高，此种分级分流节能调节方式或许很有应用前景。

对于单机流量较大的泵站工程，一般会选用效率较高的单级水泵来实现分级分流调节的目的，如图4-37所示。多泵分级分流的调节方式虽然装机有所增加，但因其节能降耗明显，也不失为一种很好的节能调节方式。

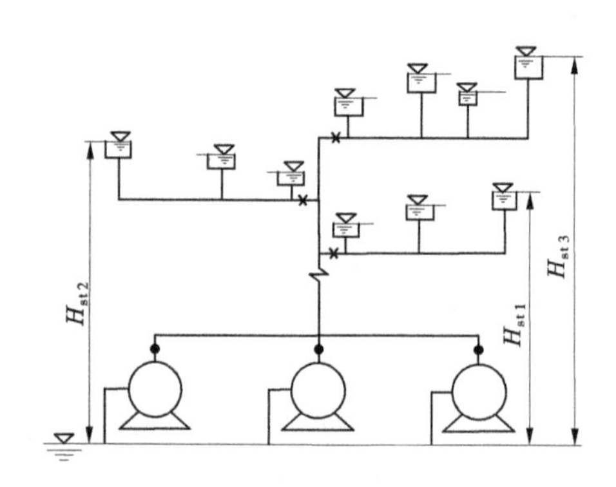

图 4-37　分级分流节能调节示意图

2)变速分流调节

由于水泵的流量与转速成正比,而水泵的扬程与转速的平方成正比,所以水泵转速对水泵扬程的影响远大于对水泵流量的影响。利用水泵的这一特性,对水泵机组进行有控制的调速运行,再与分流调节方式结合,用变速的方法实现分级分流调节的目标。

变速分流调节有两种运行方式:一种是维持其供水流量不变或基本不变。这种运行方式的优点是利于多级泵站的流量匹配,缺点是水泵的运行效率较低,而且转速调节幅度越大,水泵效率越低;另一种是允许供水流量有一定的变化,其优点是可以使水泵及水泵装置始终处于效率较高的工作状态,缺点是各个分级的供水流量不相同,高位分级口流量大,低位分级口供水流量小,用在多级泵站会出现流量匹配困难,在此情况下,增建一定的调节蓄水工程是必要的。

4. 节能调节方式选择

从节能的角度考虑,可按下述思路选择调节方式:

(1)水泵设计工作点与水泵产品额定工作点相差较大时,可考虑叶轮切削调节方式,选择最合适的水泵变形产品。

(2)在工程规划阶段,对供水点较多、供水高程不一的泵站工程,需考虑节能调速方式,包括多级分流调节方式。

(3)大、中型引黄工程的水源泵站应考虑节能变角调节方式。

应该强调的是,设计合理的高扬程引黄泵站工程的静扬程较大,管路效率相对较高,水泵扬程变幅不会很大,离心泵的高效率区间也较宽,除分流供水外,一般节能调节的效果不佳。而泵站变速调节的工程投资较大,故必须通过技术经济比选的方法来确定是否需要采用节能调节措施、采用何种节能调节方式。

5. 大型离心泵站节能调节设计的新思路

对大型和特大型(单级或多级)离心泵,由于没有现成的水泵产品可供选择,需要进行模型试验,按照试验成功的水泵模型放大制造原型水泵。此种情况下就不存在车削调节一说。一般应按照规划设计的静扬程 $h_{st.d}$ 和设计工作点 A,由模型泵参数直接获得最理想的水泵特性曲线。

图 4-38 所示为水泵节能调节设计的示意图。已知设计静扬程 $h_{st.d}$、管路阻力损失曲线 $H=\psi(Q)$、规划水泵工作点 A 和模型泵参数,求解最理想的原型泵特性曲线参数。

从模型泵获取原型泵的特性曲线与改变转速和车削叶轮来获得新的水泵特性曲线在方法上非常类似,只是所遵循的原理不是比例律和车削定律,而是相似率,利用的不是相似工况抛物线和车削抛物线,而是相似曲线。

为了简化计算,首先把原型水泵的额定转速n_r 确定下来,再把模型泵的参数换算成转速n_r 的数值。这样处理后,计算中就只有比尺 λ 一个参数了。

根据相似律,相似工作点具有如下关系:

$$\frac{H^3}{Q^2}=\frac{H_m^3}{Q_m^2}=\lambda \quad 或 \quad H^3=\lambda Q^2 \tag{4-94}$$

式中　H_m、Q_m——模型泵的扬程和流量。

式(4-94)即为相似工况曲线,如图 4-38 所示。

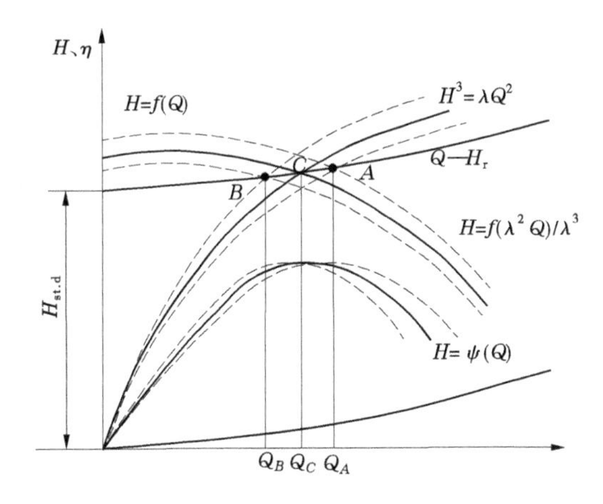

图 4-38　利用相似律的水泵性能曲线确定示意图

如果Q_m、H_m 为模型泵最高效率点下的流量和扬程值,则相似工况曲线$H^3=\lambda Q^2$($\lambda=H_m^3/Q_m^2$)上的点都对应于额定转速 n_r 条件下所有与模型泵相似的原型泵的最高效率点,即该曲线为同转速相似泵的最高效率对应曲线。

由于叶片泵到目前为止还是一种半理论半试验性产品,所以模型泵涵盖的比转数范围不全,高效泵模型更是较少,任何厂家都是根据用户提出的要求(设计流量和扬程),套用自家现有的模型,或稍加修正就用来放大制造原型泵。这样就带来一个问题,规划设计的水泵工作点很难正好位于最高效率的相似工况曲线上,非左即右。

从节能的角度,我们希望工作点位于相似工况曲线$H^3=\lambda Q^2$ 上,这样可使水泵在运行中获得最高效率。但由图 4-38 可以看出,实际上无法同时满足设计流量和最高水泵效率的要求。满足流量,水泵工作效率必然下降;而要得到水泵最高效率,就不能实现要求的流量。

当设计工作点位于相似工况曲线左侧时,如图 4-38 中 B 所示,满足流量条件下的结果是工作点偏左;而当设计工作点位于相似工况曲线右侧时,如图 4-38 中 A 所示,满足流量条件下的结果是工作点偏右;只有放弃设计流量Q_A 或 Q_B 的要求,将设计流量调整为Q_C,就可以使水泵工作点位于最高效率下。就节能考虑,这是最合适的做法。

实践中许多设计时只满足流量的要求,导致某些非常先进的进口水泵的效率指标较低。

4.3.7.2 流量调节

为满足需水流量的要求,一般大、中型供水泵站工程装机数量较多,供水流量的大小是由开机数量的多少来调节的,鲜有采用调节水泵工作点来改变供水流量的。利用水泵工况变化进行流量的调节主要在以下几个方面。

1. 级间流量配合(稳流调节)

对于多级泵站,存在级间、前后机组间的流量配合问题,尤其是当进、出水池水位变幅较大时,流量的配合非常重要。

级间流量配合的解决方式很多,比如利用连接渠道的水位补偿自动调节、大小机组配合调节、修建调蓄水池调节等。此处主要讨论采用调节水泵工况的办法来解决级间流量配合问题。

对于进水池水位变化不大、扬程较低的轴流式水源泵站或混流式水源泵站,可考虑采用变角调节的方式来调节水泵的工作点。由前述可知,变角调节时水泵的效率变化较小,它是一种高效的级间流量配合调节方式。

对于静扬程变幅较大的大型多级泵站工程,固然可以采用变频等变速调节的方式来稳定水泵的出水量,但考虑到变速调节并不节能,所以一般应考虑采用其他的调节方式,比如可将各级泵站直接串联起来运行的方式等。

2. 调节供水流量

离心泵站常用的流量调节方式有节流调节和变速调节两种。

如前所述,离心泵的流量—扬程曲线是一条随流量增大而下降的曲线。理论上讲,水泵的出水流量可以调到很小,从而达到调节流量的目的。但一般大型高效离心泵的流量—扬程曲线大都具有驼峰形状,使水泵流量的调节受到一定的限制;另外,受水泵调速范围限制(25%以内),水泵的变速调流范围为56%~100%。

如前所述,节流调节属于耗能调节;变速调流一般也是既不节能也不经济的。除非特别重要,一般泵站工程不考虑流量调节。

4.3.7.3 安全调节

在静扬程变幅很大的情况下,泵站运行时,水泵的两侧极端工作点可能进入不稳定区间,其中左侧极端工作点可能靠近或进入驼峰点左侧,而右侧极端工作点进入水泵汽蚀性能突变区,水泵可能发生汽蚀。这不仅可能使水泵的运行效率下降和动力机超载,而且可能引起机组运行的噪声和振动加大,甚至不能正常运行。

碰到这种情况,可以采用变速调节的方式调整水泵的工作点位置,使水泵的极端工作点向额定工作点靠拢,保证水泵在极端工况下稳定、高效和安全地运行。

一般只采用降速调节方式。因此,泵站设计时可将左侧极端工作点(对应最大静扬程和最小流量)控制在水泵最高效率点左侧,并离开驼峰点一定距离;静扬程变小后,水泵工作点右移,水泵汽蚀性能向右侧突变区靠近,当水泵的必需汽蚀余量达到一定值(设计值)时,启动调速装置,进行变速调节,使水泵工作点恢复到最高效率点附近。

变速调节固然可以解决极端工况条件下的水泵安全稳定运行问题,但调速装置投资较大,本身也要耗能,既不节能,又不经济,故碰到静扬程变幅很大的情况,还可以考虑采用其他方法来解决机组的安全运行问题。以下为几种适用的方式:

(1)选择叶轮出口安放角较小,比转数较大,流量—扬程曲线较陡且高效区间较宽的水泵产品。对于大型水泵,直接要求厂家来做。

在静扬程变幅高达泵站最大静扬程 20%左右的情况下,采用此种方法,可以使水泵始终运行在安全稳定、高效和经济的工况状态。此种方法尤其适用于大型离心泵工程。

(2)增设前置泵。

在主泵前增设前置泵,在静扬程较大时,启动前置泵与主水泵串联工作,而在静扬程较小时,由主水泵单独提水。

这种方法的出发点是将静扬程的变幅分成两部分,分别由主水泵和前置泵承担。

(3)增设前置泵站。

对进水水位变幅很大的情况,如在水库中取水的泵站,可以增设一级泵站专门解决水位的变化问题,使主站水泵处于较稳定的工况下。

前置站(水源站)可考虑采用全调节式轴流泵或混流泵。

第 5 章　黄河泵站工程规划

泵站工程也称提水工程,其特点是通过消耗一定的能量把一定量的水提升到一定高度、输送一定的距离到用水地点,解决自流方式不能满足地区的用水问题。

5.1　规划的原则和任务

5.1.1　泵站工程规划的基本原则

(1)以流域和区域水利规划为主要依据。

(2)以实地查勘区域自然地理条件,统计分析已有水利工程设施的建设与运行管理资料,收集有关行政区划、水文气象和社会经济状况等资料为基础。

(3)了解和掌握与泵站工程有关的机电设备生产、工程建设等各方面的技术发展动态。

(4)分析总结相关工程建设的先进经验。

(5)兼顾近期和远期发展目标,处理好局部和整体利益。

(6)充分利用当地自然条件(地形地貌、地质、气象、水源等)、经济、能源等方面的优势。

(7)因地制宜地进行泵站站点和泵站枢纽的布置;合理确定泵站建设的规模和布局;力求做到规划的提水工程经济效益指标优良,技术先进,运行管理自动化程度高且费用较低。

5.1.2　泵站枢纽工程规划的主要内容和任务

5.1.2.1　泵站枢纽工程主要内容

(1)取水工程。包括取水口工程(引水排沙、柴草处理工程等)或取水泵站(如浮船泵站)等。

(2)泵站工程。包括主、副厂房,机电设备,水泵进出水支、岔管(或流道)和设备及管件,输电及变配电工程等。

(3)进出水建筑物和连接工程。包括前池、进水池、出水池、调蓄水池,引、输水渠道,涵洞,隧洞工程,泥沙处理工程等。

(4)压力管路工程。包括压力管道,检修、排水、排气阀井及设备等。

(5)泵站安全防护工程及设备。包括泵站断流装置,调压塔(池)及设备、调压罐、旁通阀等水锤防护工程及设备。

5.1.2.2　规划的主要任务

(1)确定泵站枢纽规模和设计标准。

(2)确定泵站工程总体布置方案。

(3)确定装机台数,选择主要机电设备,输水管路的管材、管径,输电电压等级等。

(4)经济效益分析。

(5)工程环境评价。

5.1.2.3 泵站规划工作的重要性

泵站工程规划是泵站工程建设的核心工作,它不仅对所建工程的经济和先进性起决定性作用,而且是影响工程投资的决定性环节,因此对泵站工程规划工作应给予足够重视,必须进行多方案反复论证最后确定推荐方案。

5.2 泵站等级划分和设计标准

泵站设计标准是确定泵站工程规模和泵站设计的重要依据。泵站的建设规模是依据设计标准,结合流域或地区经济发展规划的任务和目标,以近期目标为主,综合考虑远景发展要求而确定的。设计标准的问题实际上是一个技术经济问题,由国家统一编制的规范来确定。泵站规划工作中必须采用最新泵站设计规范的设计标准。

5.2.1 泵站工程等级划分

《泵站设计规范》(GB 50265—2010)中根据泵站规划流量或装机容量分为五个等级,见表5-1。对工业、城镇供水泵站的等级划分,应该根据供水对象、供水规模和供水重要性来确定。特别重要且供水规模较大的城市或工矿企业供水泵站,可定为Ⅰ等泵站;重要的乡镇供水泵站,一般可定为Ⅲ等泵站。对建于堤身且泵房直接挡水的泵站,其等别应不低于防护堤的等别,且在确定该类泵站的等别时要考虑堤防规划和发展的要求,力求避免泵站建成后因堤防标准提高,又需对泵站进行加固或改建。

表5-1 泵站等别指标

泵站等别	泵站规模	灌溉、排水泵站		工业、城镇供水泵站
		设计流量(m^3/s)	装机功率(MW)	
Ⅰ	大(1)型	≥200	≥30	特别重要
Ⅱ	大(2)型	200~50	30~10	重要
Ⅲ	中型	50~10	10~1	中等
Ⅳ	小(1)型	10~2	1~0.1	一般
Ⅴ	小(2)型	<2	<0.1	

注:1.装机功率是指单站指标,包括备用机组在内。
2.由多级或多座泵站联合组成的泵站工程的等别,可按其整个系统的分等指标确定。
3.当泵站按分等指标分属两个不同等别时,应以其中的高等别为准。

5.2.2 泵站建筑物等级划分

泵站建筑物的级别是根据泵站所属等别及其在泵站中的作用和重要性进行划分的,级别划分见表5-2。表5-2中永久性建筑物是指泵站运行期间使用的建筑物，按其重要性分为主要建筑物和次要建筑物。主要建筑物是指失事后可能造成灾害或严重影响泵站运行的建筑物，如泵房，进水闸，引渠，进出水池，进出水管道，安全防护措施和输、变、配电设施等。次要建筑物是指失事后不致造成灾害或对泵站运行影响不大且易于修复的建筑物，如挡土墙、导水墙、护岸等。临时性建筑物是指泵站施工期间的建筑物，如导流建筑物，施工围堰等。

表5-2　泵站建筑物级别划分

泵站等别	永久性建筑物级别		临时性建筑物级别
	主要建筑物	次要建筑物	
Ⅰ	1	3	4
Ⅱ	2	3	4
Ⅲ	3	4	5
Ⅳ	4	5	5
Ⅴ	5	5	—

泵站建筑物级别划分是泵站工程设计的主要依据。将泵站建筑物划分成不同级别，是为了确定其防洪标准、安全超高和各种安全系数等。

5.2.3　泵站建筑物防洪标准

从河流、湖泊或水库取水的泵站，建于沟道、山坡前等易于遭受洪水危害的泵站，其建筑物都有防洪的问题。泵站水工建筑物的稳定需要分别按照设计洪水位和校核洪水位进行核算。因此，泵站建筑物的防洪标准是决定泵站防洪水位的重要依据。防洪标准的高低不仅影响泵站建筑物的安全，也直接影响工程的造价。

泵站建筑物的防洪标准可根据已确定了的泵站建筑物的级别确定，见表5-3。建于河流、湖泊或平原水库边的堤身式泵站，其建筑物的防洪标准不应低于堤坝的防洪标准。

表5-3　泵站建筑物防洪标准

泵站建筑物级别	防洪标准[重现期(年)]	
	设计	校核
1	100	300
2	50	200
3	30	100
4	20	50
5	10	30

对于泵站等别略低于某等的泵站建筑物，如果区域经济比较发达，经过论证和适当调整规划，使泵站等别及泵站建筑物级别抬高一等和一级，相应地泵站建筑物的防洪标准也提高一级。

5.2.4　泵站供水设计标准

泵站供水设计标准是泵站工程提供用水保证程度的一项指标，它是确定泵站工程规模和进行效益分析的重要依据。泵站供水设计标准可以采用供水设计保证率的方式来表达。一般分城乡及工矿企业供水保证率和农业灌溉保证率。城乡及工矿企业供水保证率可根据城市和工矿企业性质和规模确定，供水保证率为 90%～97%，一般可取 95%；北方干旱地区农业灌溉保证率为 50%～75%，可按一般干旱年(75%)的需水量确定泵站的规模。

5.3　供水点或供水区块划分

5.3.1　城市及工矿企业供水

城市及工矿企业用水的供水点根据用水规划确定，供水点可能有一个或多个。

5.3.2　农业灌溉供水

农业灌溉供水点可根据灌区形状和田块地理分布，结合行政区划等分成若干个供水区块(多方案比较)，各个区块的面积和供水高度(或高程)可依据灌溉面积的高程分布曲线，按照平均提水高度最小的原则确定，计算公式如下：

$$H = f(A) = \begin{cases} H_2 - H_1 = A_1 \dfrac{\partial H_1}{\partial A_1} \\ H_3 - H_2 = (A_2 - A_1) \dfrac{\partial H_2}{\partial A_2} \\ H_i - H_{i-1} = (A_{i-1} - A_{i-2}) \dfrac{\partial H_{i-1}}{\partial A_{i-1}} \\ H_n - H_{n-1} = (A_{n-1} - A_{n-2}) \dfrac{\partial H_{n-1}}{\partial A_{n-1}} \\ H_n = f(A_n) \end{cases} \tag{5-1}$$

式中　n——灌区分区数量；

H_i、A_i——灌区第 i 分区的最大高度和对应控制灌溉面积；

H_n、A_n——灌区最大高度和最高分区的灌溉面积。

联立求解以上 n 个方程可得各个分块的面积和提水高度。

灌区的平均高度 $\overline{H}$ 可按下式计算：

$$\overline{H} = \sum H_i(A_i - A_{i-1})/A \tag{5-2}$$

结合公式(5-1)，令 $\dfrac{\partial \overline{H}}{\partial A_i} = 0$ 可解得灌区分 n 个区块时的最佳分区面积、分级高度和最

小平均高度 $\overline{H}_{\min}$。

灌区的分区数量 n 越大时，$\overline{H}$ 越低，泵站总装机容量、提水功率越小，供水能耗和电费也就越少；当然，分级越多，泵站数目、机组台数、泵站建筑物增多，运行管理变得困难，投资和管理费用加大。因此，要合理地确定分级数目和站址高程，就必须进行技术经济比较。

5.4 提水泵站布局方式

根据初步拟定的各个供水点的地理位置，年供水量，供水高度(相对于水源)，水源、能源、地形地貌、泵站及管路地质、行政区划等自然和社会经济条件，综合考虑集中、分片和分级建站的多种泵站枢纽方案，按照泵站总运行费用或提水成本最低的原则，确定集中、分片和分级建站的方式和数量。

采用集中建站还是分散建站的方式主要取决于供水点分布和供水区域内的水源、能源、地形和行政区划等条件。一般地，对只有一个供水点或供水点数量不多，分布较集中，只有一个水源，输水管路较长的供水区域宜采用集中建站控制；对有多个供水水源，供水点较多且分散、高差大，输水线路长且线路节点高差悬殊的供水区域宜采用分散建站控制。

集中建站的优点是机组大、效率高、单位容量投资低，输电线路短，占地少，管理人员少、费用低，最大缺点是地形损失能量较大(针对多个供水点且其提水高度不同情况)；分散建站的好处是可充分利用各个水源和供水点地形条件，综合提水高度低，建设工期短，收效快，其缺点是站多、设备多、占地多，输电线路和输水管路长，管理人员多、管理费用较大。

5.4.1 单站集中供水

此布局方式是集中建一座泵站向整个供水点和供水区域供水。泵站根据地形条件可以设在水源附近，站前设置引水工程。根据供水点数量和高程分布情况，单站集中供水可分为单级供水或分级供水，见图 5-1。

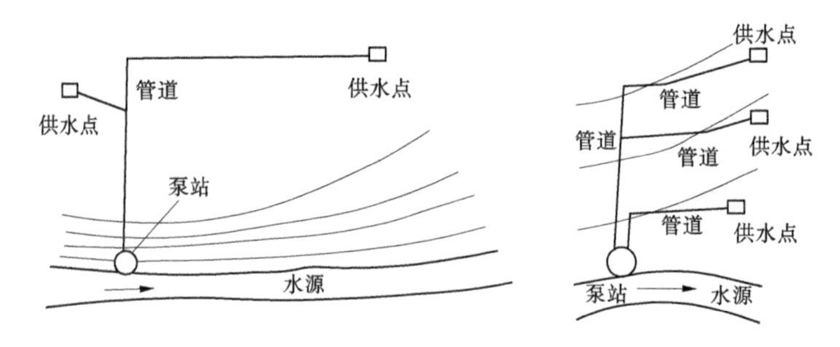

图 5-1　单站集中一级供水和单站集中分级供水

5.4.1.1 单站单管供水

单管就是只铺设一根主管道的供水系统。供水点多于一个时，可从主管道上分接多个支管道向各个供水点供水。当各个供水点高差不大时，可同时向各个供水点分流供水；当各个供水点高差较大时，为了降低提水高度，可以在泵站内配置扬程高低不同的机组，但机组类型不宜太多，一般1~3种较宜，并将各个供水点按高程合理分组，轮流供水。

多台扬程不同的机组共用一根输水管道时，机组容量要加大，非农供水点需增设调蓄水池工程，以解决在供水间断期间的用水问题。

5.4.1.2　单站多管供水

当供水区域不大，供水线路较短，而各供水点高差较大时，可以采用单站多管供水的方式，尤其是对距离泵站较近的供水点，可单独铺设管道直接供水。这种布局方式相当于将多个泵站的设备布置在一个厂房内，便于集中管理，且相对地降低了提水的高度。

在多管供水管路系统中的每根管道也可带有分支管道，以便向更多供水点供水和进一步降低提水高度。

5.4.2　多站单级分区供水

这种布局方式是在不同水源或同一水源的不同地点分别建站，分别向不同供水点和不同供水区域供水。

各个供水点或供水区域分布较散，其间沟壑纵横，地形等高线与水源流向垂直或较大角度斜交，并且具有多个水源或多处取水口条件，为了减少横跨大沟的水工建筑物，节省投资，宜以大沟为界分区建站供水，见图5-2。

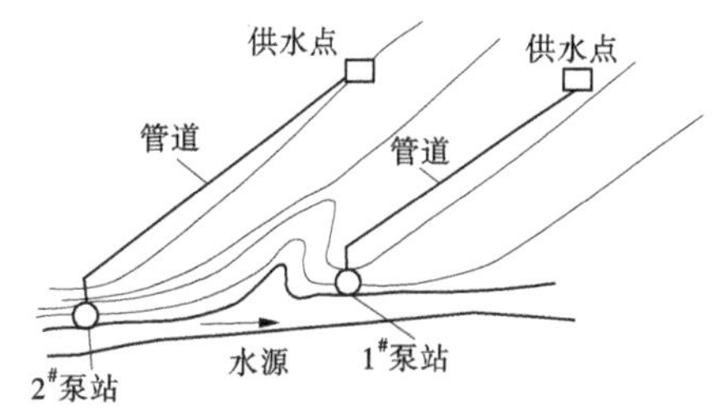

图5-2　多站单级分区供水

黄河小北干流晋、陕黄河两岸临河低山区的黄土残垣沟壑区和黄河三门峡—小浪底水库之间的山前台、塬和深涧地区为此类地形的典型区域。

当分散建站分区供水的各个取水口距离较近时，也可以考虑集中建站，分片供水，以利于集中控制，减少运行管理费用。

5.4.3　多站分级供水

此种布局方式也称为梯级泵站，如图5-3所示。按照综合提水高度最小的原则将所有的供水点按高程划分成若干级，采用运行费用最小的方法确定分级提水高度。

梯级泵站工程具有以下主要特点：

(1)每一级泵站除要给划分的供水点或区域供水外，还要负责向下一级泵站提供水源。

(2)梯级泵站的前级站的可靠性要大于后级，因为前级泵站工程失事后必将影响后级泵站的正常运行。

(3)梯级泵站除一级站外，各级都可能有一个或多个泵站。

(4)梯级泵站工程的前后级站甚至机组间的提水流量必须严格匹配，并且应有自平衡措施，即某站或某台机组提水流量发生微量变化时，其他泵站和机组能够自动调整，稳

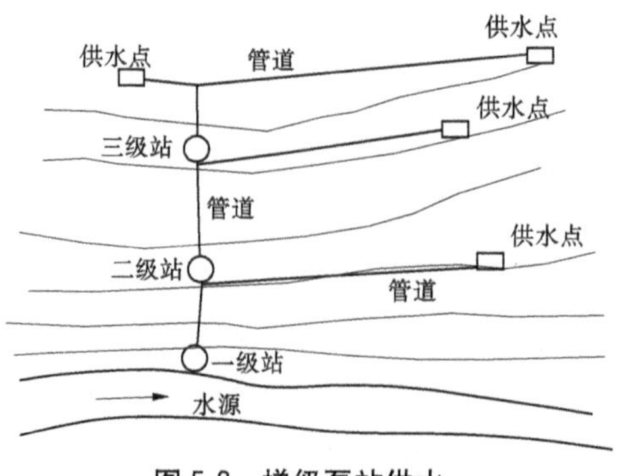

图 5-3　梯级泵站供水

定运行在一个新的平衡工作点。

梯级泵站工程规划应注意的几个问题如下：

(1)各级泵站均应有划分的供水点和供水区。

当最低的供水点或供水区域相对于水源的高度较大时，一级站的扬程很高，有的达到250~300 m 甚至更高。以前受水泵等设备技术性能的限制，不得不分成多级串联提水，故有的泵站三级甚至四级以下都不供水，近几年随着提水机械设备生产技术的进步，大流量、高扬程的提水水泵等设备已经广泛采用，所以在泵站工程规划中就应使一级站直接向一部分供水点或供水区域供水。

(2)梯级泵站可规划分级供水。

为了进一步降低综合提水高度，减小装机规模和节约能源，应考虑在扬程较低的梯级泵站中铺设两根出水管道，一根主要用于向后级泵站供水，另一根主要负责向本级大部分较低供水点供水。本级供水点亦可设置不同扬程机组分级供水，如图 5-4 所示。

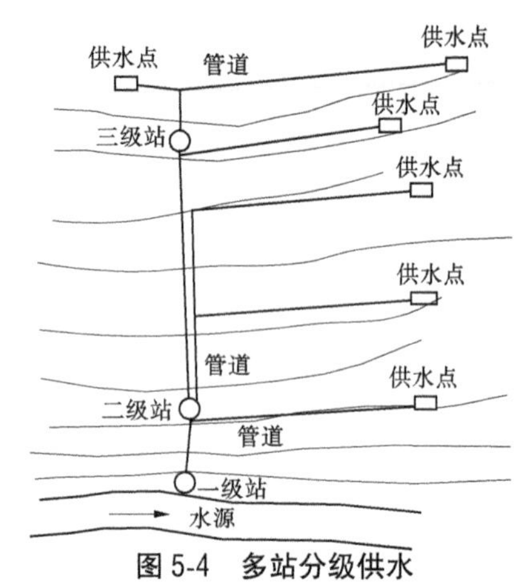

图 5-4　多站分级供水

(3)尽量均分提水泵站的扬程。

对提水高度比较接近的梯级泵站应适当修改规划，使各级水泵的扬程基本相等，以便统一机组和配套设备的型号，利于减少备品备件数量，也便于管理。这样做可能使平均提水高度有所增高，应从技术、经济多方面综合分析比较后确定。

5.4.4　分区分级供水

对于供水点较多和供水区域较大、高差悬殊、提水高度大、地形复杂、行政区划不一的地区，应该考虑分区分级的供水方案，如图 5-5 所示，其最大优点是便于行政管理。

以上是几种典型的泵站布局方式，再复杂的提水工程的泵站布局方式也不外乎是这几种典型泵站布局方式的组合。在最后确定提水工程泵站布局方式时，除必须进行技术、经济比较外，还要注重使整个工程简单、实用、可靠、安全和管理方便。

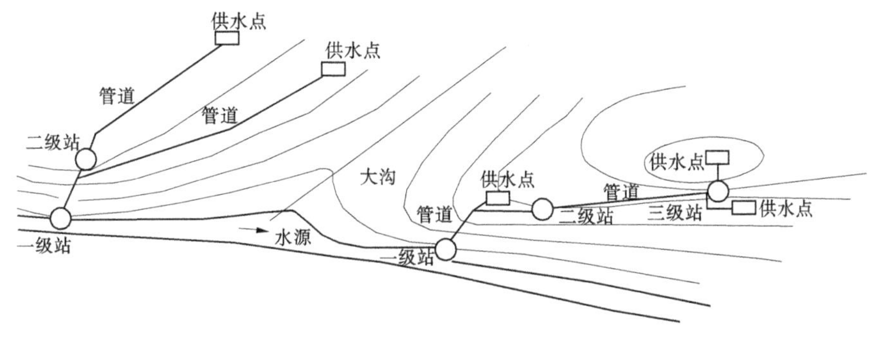

图5-5　分区分级供水

5.5　取水枢纽工程规划

5.5.1　黄河水沙特征

5.5.1.1　径流

黄河多年平均天然径流量581.6亿 m^3,其中上、中、下游来水量分别为324.5亿 m^3、236.3亿 m^3 和20.8亿 m^3,各占径流总量的55.8%、40.6%和3.6%(见表5-4、表5-5)。

表5-4　黄河各水文站天然径流量统计

断面位置	径流量	占比	年内分配(%)	
	亿 m^3	%	汛期	非汛期
总计	581.6	100	54.1	45.9
兰州	328.7	56.5	54.9	45.1
头道拐	324.5	55.8	56.7	43.3
龙门	390.0	67.1	55.7	44.3
三门峡	503.4	86.6	54.1	45.9
花园口	560.8	96.4	53.9	46.1

表5-5　黄河河段天然来水占全河比

河段	河口镇以上	河口镇—龙门	龙门—潼关	三门峡以下
来水量(亿 m^3)	324.5	65.5	113.4	78.2
占比(%)	55.8	11.3	19.5	13.4

5.5.1.2　泥沙

黄河年均输沙量约16亿t,主要来自中游地区,黄河北干流来沙量约占全流域来沙量的89%,其中,晋陕峡谷来沙量约占55%,黄河小北干流占34%;黄河上游来沙量占9%;潼关以下来沙量只占2%。

年输沙量变幅大于年径流量的变幅。年径流量最大值与最小值相差 3.3 倍；而年输沙量最大值与最小值相差 8 倍。

黄河泥沙粗细分布具有明显的分带性：西北地区的泥沙较粗，东南地区的泥沙较细。粒径大于 0.05 mm 的粗泥沙占总沙量的比例，各水文测站不同：河口镇为 20%，吴堡为 37%，龙门为 32%，渭河为 23%。约有 74%的粗泥沙来自河口镇至龙门河段。

5.5.1.3 水沙变化趋势

黄河水沙特征受人类活动影响极大，刘家峡、龙羊峡、三门峡和小浪底等干流大型水库的联合调水调沙运行，水土保持综合治理措施逐渐发挥减沙作用，大量引水灌溉等，使黄河水沙特性发生了很大变化。主要表现在：实测年输沙量减少，年际变化仍较大，同时年内分配更不均匀。沙量的减少并不稳定，在一般降雨条件下，减沙作用较明显，遇强暴雨条件，沙量仍较大，其中 9 月下旬至 10 月沙量减幅较大，已接近非汛期特征，汛期进入下游的沙量可占年沙量的 90%以上。由于沙量的减少，使悬移质泥沙组成发生细化，中数粒径略微变细。

根据最近 10 年黄河干流水、沙资料统计结果(摘自《中国河流泥沙公报》2016)，兰州站年均径流量为 301.6 亿 m^3，头道拐站的年均径流量只有 180.4 亿 m^3，消耗水量超过 40%；晋陕峡谷年均提供下游的水量只有 15.2 亿 m^3，输出沙量约 0.51 亿 t；三门峡水量 241.6 亿 m^3，出库沙量 1.52 亿 t；花园口水量 267.6 亿 m^3，泥沙量 0.659 亿 t；黄河下游年均引用水量约 110 亿 m^3，年均入海水量约 158 亿 m^3，枯水年不到 100 亿 m^3。

表 5-6　黄河近 10 年(2007~2016 年)输水、沙量

河段	上游		河口镇—龙门	龙门—潼关	三门峡—花园口
	兰州	河口镇			
年均径流量(亿 m^3)	301.6	180.4	15.2	46.0	26.0
年均输沙量(亿 t)	0.163	0.475	0.509	0.536	-0.861

按照黄河干流工程规划布局，在黄河干流总共布置 46 座梯级工程，其中龙羊峡以上河段 10 座，龙羊峡—桃花峪河段 36 座。目前，干流已经建成、在建梯级工程 28 座，并形成以龙羊峡、刘家峡、黑山峡、碛口、古贤、三门峡和小浪底等 7 大骨干水利枢纽为主体，以干流的海勃湾、万家寨及支流的陆浑、故县、河口村、东庄等控制性工程为补充的黄河水沙调控体系。其中，龙羊峡、刘家峡、黑山峡和海勃湾水利枢纽构成上游水量调控系统，其余枢纽工程构成中下游洪水泥沙调控系统。

随着黄河中上游流域内日益增加的水利、水土保持等工程的建成运行，尤其是黄河水沙调控体系工程的逐步建成和联合调度运行，黄河水沙规律将会发生很大的变化，虽然其变化规律难以准确预测，但总的变化趋势是明确的，即在非汛期黄河水日渐变清，汛期初黄河干流各骨干水库联合放水冲沙期间水流含沙量很大，且以河床沙为主，泥沙颗粒较粗，在冲沙期过后的整个汛期，水流含沙量仍然较大，但颗粒较细，含黄土黏粒较多，很难沉淀，但对泵站过流部件的磨蚀相对较轻。

5.5.2　河流水系及河道特征

黄河全长 5 464 km,总流域面积 79.5 万 km^2,汇流面积 75.2 万 km^2。其中,内蒙古河口镇以上为上游河段,河口镇—桃花峪为中游河段,桃花峪以下为下游河段。

5.5.2.1　上游河段

上游河段长 3 471.6 km,流域面积 42.8 万 km^2,总落差 3 496m,平均比降 10‰,较大支流(>1 000 km^2)有 43 条。其中,龙羊峡(贵德)以上为河源段,位于青海高原,控制流域面积 13.1 万 km^2;龙羊峡—青铜峡为峡谷河段,流域面积 12.3 万 km^2。期间 20 个峡谷的两岸均为悬崖峭壁,河床狭窄,河道比降大,水流湍急;下河沿—河口镇河段位于沙漠之间,流域面积 17.4 万 km^2,河道长 990 km,黄河出青铜峡后,沿鄂尔多斯高原的西北边界向东北、向东直抵河口镇。该河段属黄河上游二级阶地,沿河区域多为荒漠和荒漠草原,干流河床平缓,水流缓慢,两岸有大片冲积平原,即银川平原和河套平原。平原西起下河沿,东至河口镇,长约 900 km,宽 30~50 km,是著名的引黄灌区,灌溉历史悠久,自古有"黄河百害,唯富一套"的说法。青铜峡—石嘴山—巴彦高勒两河段为游荡型河道,总长约 416 km,平均河宽 3~3.5 km,最宽处达 5 km 以上,河道比降 0.15‰~0.18‰,河道冲淤变化较大,顶冲点不定,河岸侵蚀坍塌严重,主流游荡频繁,摆动剧烈,年均摆幅可达 18 m 以上,摆动范围达 2.5 km。河口镇以上约 180 km 河段为弯曲型河道,比降较小,约为 0.1‰,河床演变主要表现为凹岸的冲刷和凸岸边滩的淤长,常造成防洪堤冲垮,险情不断。

5.5.2.2　中游河段

河口镇—河南郑州桃花峪为中游河段,总长 1 206.4 km,流域面积 34.4 万 km^2,占全流域面积的 43.3%。主要支流有窟野河、无定河、汾河、渭河、洛河、沁河、大汶河等。

1. 晋陕峡谷(黄河大北干流)

托克托(河口镇)—禹门口河段,流经蒙、晋、陕三省边区,是黄河干流最长的连续峡谷段,俗称晋陕峡谷,也叫黄河大北干流。区间流域面积 12.9 万 km^2,河段长 725 km,水面跌落 607 m,比降 8.4‰。

该河段位于鄂尔多斯地台向斜与山西地台背斜交界,构造较简单。河谷出露的基岩,除上段万家寨至天桥和下段禹门口附近为寒武、奥陶系灰岩外,其余多为二叠、三叠系砂页岩。峡谷两岸是广阔的黄土高原,土质疏松,水土流失严重。水系特别发育,大于 100 km^2 的支流有 56 条,高密度的支流、溪沟将黄土高原切割成各种塬、梁、峁等地形,塬高沟深,支离破碎,俗称黄土高塬沟壑区,是黄河泥沙特别是粗颗粒泥沙的主要来源地。黄河年均输沙量 16 亿 t,其中 9 亿 t 来源于此区间。

1) 河道纵横断面

黄河两岸多属由砂岩组成的丘陵地带,抗冲性能强;河流的挟沙能力具有"多来多排,少来少排"的特点。河谷宽 200~800 m,绝大部分在 400~600 m,宽谷而无大的川盆地。河道纵剖面较平缓,河床沿程起伏较小。河床比降与河道宽度相对应,即河宽大的河段比降小,而河宽小的河段比降较大。

2)支口、溪沟口滩及沙洲

晋陕峡谷支流、溪沟众多,沟床坡度一般为20‰~70‰,大量的洪积物堆积于支流出口、溪沟口,形成洪积扇,洪积扇在宽谷河段常常伸入河心,形成较大的边滩,顺流长度可达数千米。支流、溪沟产物是卵块石的河漫滩高大稳定,占据干流河宽的2/3~4/5,挤压干流流道,形成急流滩;支流、溪沟产物是泥沙的河漫滩因受干流洪水冲蚀,滩面低且不稳定,时大时小,时失时复,或被洪水切割的支离破碎,洲滩众多,形成连绵数千米的散乱型浅滩。在窄河段一般不存在沙质溪口滩,仅有狭长的卵石溪口漫水滩存在。不少河段有明显的枯水漫水滩存在,漫水滩发育程度与河型有着密切的关系。弯曲河段的漫水滩通常发育良好,顺直河段的漫水滩则低平而欠完整,发育不充分。

卵石支口、溪口漫水滩侵占洪水河槽,挤逼中、枯水紧贴对岸石壁通过(见图5-6)。急流漫水滩一般可分为三段:下段为弯、窄、急段;中段为单边上宽下窄喇叭形河段,坡陡、水浅、流急,常伴有卵石鸡心滩,使中、枯水流分汊;上段为漫水滩上游的浅碛段,水浅、流缓,为卵石和泥沙淤积的浅滩区。

图5-6　支口、溪口漫水潭

晋陕峡谷除支口、溪沟出口急流滩或由于地质构造形成的急流滩外,大多河段属于沙质浅滩和卵石滩。沙质浅滩主要集中在支口、溪沟口下游,河面宽阔,主流摆动频繁,河床极不稳定。

3)弯曲河段

晋陕峡谷河段总体上相对顺直,但局部弯道很多(100余处),其中,转角达150°~180°的弯道22处,S形弯道很多(见图5-7)。弯道河段河槽相对稳定,主流平稳。较大弯道顶点和卵石急流滩形成了晋陕峡谷河段较稳定的控制性节点。

4)河床特性及其演变

一般山区河流均以卵石或基岩河床为主,只是在局部或季节性地存在着沙质河床,而晋陕峡谷河道常年存在着众多连续的沙质河段,长度可达几十千米。

由于卵石支口、溪沟口漫水滩上段的堆积,形成卵石浅碛,局部河床抬高,沿程水面线呈多折点的阶梯状,相邻两浅碛间的水流,上急下缓,急缓相间,非汛期尤为显著。缓流河段在汛期有卵石堆积,非汛期则有泥沙堆积。

卵石浅碛相当于临时侵蚀基面,基面越高,两碛间缓流段的比降就越小,而当河段的平衡比降较大时,淤积的范围也就愈大。随着上游来水来沙的变化,会出现中、枯水淤积

图5-7 弯曲河道和S形河道

上延,洪水冲刷下移的现象,于是两碛间通常出现三种不同河段:上游为急流段,河床组成为基岩或卵石;下游为缓流段,河床为沙质;中间为过渡段,河床组成为卵石夹沙,或时而卵石,时而泥沙,随季节或水文周期而变易。

当平衡比降大于两碛基面间的平均坡度时,上碛通常被沙质所覆盖,甚至相邻数碛间形成连续的大范围的沙质河床。

5)河床冲淤变化

河道断面冲淤变化有以下三个特点:一是汛期以冲为主,非汛期以淤为主,常常出现年内冲淤平衡;二是大水大冲,大冲之后必有大淤,冲淤常常相互抵消。高含沙小水也可能发生较大冲刷;三是多年平均冲淤基本平衡。

沙质河段的河床横断面变化十分剧烈,主流摆动、沙滩横向搬家、滩槽易位非常频繁。卵石和卵石夹沙河段变化较小,主流集中,主槽位置固定,但槽深在来水较小时也会发生较大淤积,使卵石河床沙质化。

综合以上所述,晋陕峡谷既具备山区河流的特征,又具有平原游荡型河道的某些特点。该河段水流含沙量大,泥沙颗粒粗,泥沙主要来源于区间暴雨洪水,但河流挟沙、输沙能力强,冲淤平衡且平衡时间较短。河道多年平均深泓线和水位线基本不变,即河床处于相对平衡状态。局部卵石河段和发育较好的弯道河段横向摆动很小,主流位置固定,宛如山区河道的峡口节点,但河床高程随着河流水沙的变化,时冲时淤。众多沙质河段的河床冲淤变化大,不稳定,主流横向摆动较频繁,滩槽易位常有发生,具有一定的游荡性。

2.黄河小北干流

禹门口至潼关河段称为黄河小北干流,河道长132.5 km,落差52 m,平均比降4‰,平均河宽8.5 km,干流河道面积1 107 km^2,区间流域面积18.5万 km^2。沿程有汾河、涺河、涑水河、渭河、洛河等支流汇入。黄河小北干流地处汾—渭地堑,北为吕梁背斜,西为鄂尔多斯中坳陷,南为秦岭地轴,东南部为中条山隆起,为切入黄河台塬阶地的谷内式河流。

1)河势特性

黄河出禹门口由不足百米的峡谷水流骤然扩宽为数千米,呈南偏西20°流向潼关。受禹门口、大小石嘴、庙前、夹马口、潼关等天然节点控制,沿程河谷呈现两头宽、中间窄的地貌形态。上段禹门口—庙前段,河长42.5 km,河宽一般在3.5 km以上,汾河口处宽度约 13 km,河势摆动较强。中段庙前—夹马口段,长约 30 km,河段较窄,河宽 3.5~6.6 km,河势较平稳。下段夹马口—潼关段,长 60 km,河宽一般为 0.85~18.8 km,平均约 10 km,主流摆幅较大。

黄河小北干流河道上陡下缓,比降 3‰~6‰,主流摆幅一般为 3~13 km,上段最大达 10.4 km,下段最大达 14.8 km。河谷宽 3~15 km,河道滩槽明显,滩面宽阔,滩地面积达 600 km²,滩面高出水面 0.5~2.0 m。本段河道冲淤变化剧烈,主流摆动频繁,俗有"三十年河东,三十年河西"之说,属游荡型河道。

2)河岸地形地貌

黄河小北干流两岸为黄土塬,台缘高出河床 50~200 m。黄土塬面高程 380~780 m,间断发育三级阶地,左岸发育好于右岸;两岸地貌单元:右岸的禹门口—林皋段属山前洪积扇,芝川—太里、申都—雷村为黄土塬,左岸的屈村—夹马口段为黄土塬,其余皆为Ⅰ、Ⅱ、Ⅲ级阶地。

黄河小北干流两侧分别为富饶的晋南平原和关中平原,是黄河流域最大的高扬程提黄灌区,总灌溉面积达 530 万亩,最大提水高度接近 350 m。

3)河床淤积

黄河小北干流为堆积性河道。三门峡建库前,该河段年淤积量为 0.5 亿~1.5 亿 t;三门峡建库后,1960~1973 年的 13 年中淤积 18.543 亿 m³,年均淤积约 1.43 亿 m³;1973~1986 年的 13 年中,由于三门峡水库采用蓄清排浑的运用方式以及有利的来水来沙条件,仅淤积 0.093 亿 m³;到 2002 年,该河段淤积量达到峰值,累计淤积量达到 25.09 亿 m³。2002 年以后,由于干流水库联合调水调沙运行,加上上游来沙量锐减,黄河小北干流处于轻微冲刷状态,并呈现汛期冲刷、非汛期淤积的变化规律。2016 年汛后河段累计淤积量为 22.27 亿 m³(见图 5-8)。

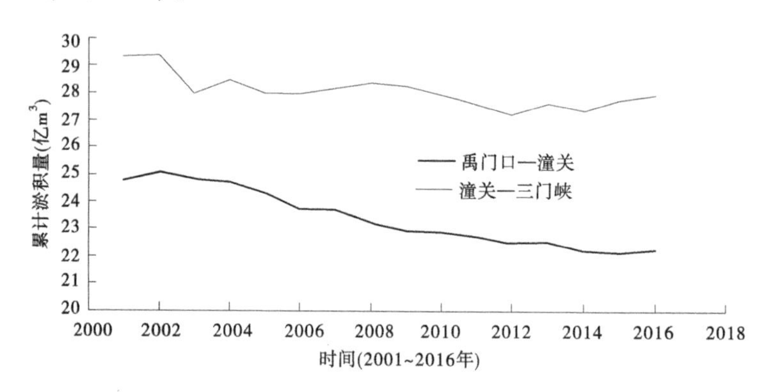

图 5-8　黄河河段淤积曲线

黄河小北干流一直处于缓慢的淤积趋势,逐渐淤高使河道滩槽不分,河道宽浅,分流串沟增多,河心洲众生,比降渐小,到了一定程度,遇到高含沙洪水时便产生"揭河底"冲刷,于是河床和水流突然变得顺直,之后河床进入新的一轮演变过程。

3. 潼关—桃花峪河段

黄河过潼关折向东流 356 km 至河南郑州市桃花峪,落差 231 m,平均比降 6‰。其

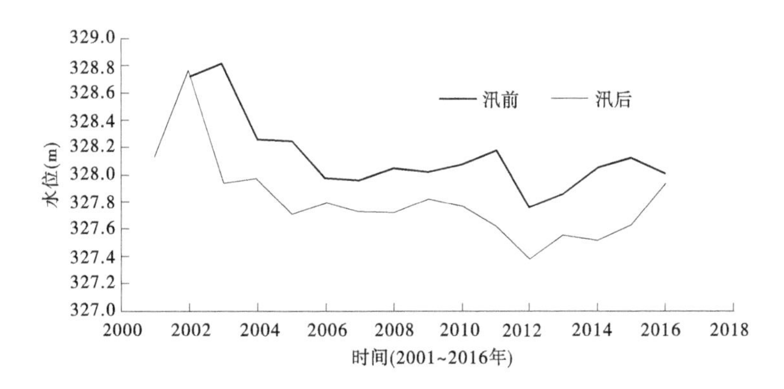

图 5-9　潼关断面水位

中,三门峡以上 113 km,为黄土峡谷,河谷较为开阔,黄河左岸为黄土塬和山前洪积扇,土地较平整肥沃,也是重要的提黄灌区。三门峡以下至孟津 151 km,河道穿行于中条山与崤山之间,是黄河最后的一个峡谷段,即晋豫峡谷。谷底宽 200~800 m。三门峡至桃花峪区间大支流有洛河和沁河,区间流域面积 4.2 万 km^2,是黄河流域常见的暴雨中心。暴雨强度大,汇流迅速集中,产生的洪水来势猛、洪峰高,是黄河下游洪水的主要来源之一。

5.5.2.3　下游河段

黄河下游河段长 786 km,流域面积仅 2.3 万 km^2,总落差 93.6 m,平均比降 0.12‰。下游河段长期淤积形成举世闻名的地上悬河,河床滩面一般高出背河地面 3~5 m。黄河大堤成为海河流域和淮河流域的分水岭。除大汶河由东平湖汇入外,无较大支流汇入。

5.5.3　泥沙危害及处理

在黄河沿岸兴建提水泵站,首先面临的是泥沙问题。泥沙的危害是多方面的:首先是含沙水流引入泵站后,造成设备过流部件的磨蚀损坏,降低泵站的运行效率,缩短了水泵等设备的使用寿命,加大了供水成本;其次是引起水工建筑物的淤积堵塞,使大多水工建筑物(尤其是进出水池,输水渠道等)不能发挥其应有的作用;再次是长期利用含沙水流灌溉,使农田受到沙化威胁;最后是引渠清淤使大量泥沙堆积取水口河段,赶跑河道主流,引起取水困难。

黄河泥沙对工程的影响主要反映在含沙量、泥沙粒径及沙粒质地三个方面。规避泥沙危害的基本做法是:取“清”避“浑”,沉“粗”提“细”。

所谓取“清”避“浑”,就是采用合理的取水方式尽量取到含沙量较低的水流,并且要避免在含沙量高峰期(冲沙期间)取水。沉“粗”提“细”的意思是对含沙水流中的粗颗粒泥沙进行适当的沉淀处理后,再送入泵站提升。这样既可减少水泵和过流部件的磨蚀,又不致沉沙工程太大。

不同泵站和水泵抵抗泥沙磨蚀的能力不等,扬程越高,泥沙对水泵的磨蚀越严重。一般应根据供水用户的要求、水泵等抵抗含沙水流磨蚀的能力来确定对含沙水流的沉淀处理程度。工程实践经验是通过修建沉沙池或利用引水条渠,将水流中 0.05 mm 的大部分泥沙颗粒沉掉后再提升。对特大型泵站工程,最好通过泥沙磨损试验来确定泥沙参数

(含沙量、粒径、硬度等)与过流部件的磨损关系,以便确定泥沙的沉淀处理程度。

对城市和工矿企业供水,应在用水区域修建一定容积的沉沙工程以沉淀水流中的剩余泥沙,并应规划合适的地点,处置沉淀下来的泥沙;而对于农业灌溉供水,可不再处理,水沙一起进入田间,较细颗粒(黏粒为主)泥沙不致造成土壤沙化,但输水工程(包括前池、进水池、渠道及其建筑物)要按照浑水条件设计,以减少淤塞和清淤工作量。

5.5.4　取水枢纽形式

根据前面所述的黄河水沙和河道特征及干流水利工程规划、建设、运行情况,黄河泵站的取水枢纽工程大致可以分为三种类型,即库区型、峡谷河道型和宽浅游荡河流型。其中,库区型又分为低坝库区型(径流式水电站库区)和高坝库区型(控制型骨干水电站库区)。

5.5.4.1　黄河干流库区提水泵站

在黄河晋陕峡谷和晋豫峡谷规划布置有万家寨、龙口、天桥、碛口、古贤、甘泽坡、三门峡和小浪底等8座梯级水电站,其中碛口、古贤、三门峡和小浪底等4座水电站均属于黄河七大控制性骨干工程。目前,万家寨、龙口、天桥、三门峡和小浪底等5座水电站已建成。

1. 低坝库区型取水枢纽

调节库容较小的径流式水电站(如龙口、天桥等)库区具有如下特点:①库水位变化不是很大,但库区较窄,防洪水位较高;②冲沙期间(每年大约一个月)水流含沙量很大,不宜取水;③库岸多为基岩裸露、陡峭直立;④库岸较高,取水枢纽规模较大,等级较高。鉴于上述特点,取水枢纽规划应考虑以下各种因素:

(1)汛期冲沙期间和行洪期间不取水。可在供水区或适当的地理位置修建一定容积的蓄水工程,解决冲沙和行洪期间的必需供水,也可由用水户分散建池贮水。

(2)在径流式水电站库区取水的提水工程宜采用单站集中供水、单站分级供水或单站多级供水方式。主泵站(一级站)应建在库岸地下(地下泵站)或大坝下游岸边较开阔地带,取决于库岸工程地质和水文地质情况,施工条件、引渠长短及投资等应做方案比较。

(3)取水口应尽量布置在靠近大坝附近,但不宜距离大坝太近,以确保大坝安全和有利于施工。进水闸底板高程应略高于泥沙淤积高程,既要保证在较低水位时能取到水,增加泵站年运行时间,又要尽量减少取水口及引水隧洞的泥沙淤积量。

(4)进水闸前应设置叠梁门或其他控制泥沙进入的设施;引水隧洞应为平坡或小倒坡(倒坡的大小以不影响最低水位取水为限),并具有足够的容积来沉淀泥沙,在引水隧洞的适当位置应建排沙口和排沙洞,将进入闸后的泥沙冲入坝下河道。引水隧洞排沙口段宜利用弯道水流原理修筑,以增加引水排沙效果。

(5)利用引水洞或洞内沉沙池进行泥沙处理的取水方案工程经验不多,设计中应进行水工模型试验以获取有关参数。

2. 高坝库区型取水枢纽

控制性骨干水电站工程的特点是库容(总库容、泥沙库容)大、水库回水长、有较多支流汇入、库岸区地形复杂等。现以小浪底水库为例予以概述:

小浪底水库的总库容为120亿 m^3,其中泥沙库容80亿 m^3,回水长度约123 km,库区有较大支流18条,多数分布在库区前、中部,如北岸的西阳河、沇西河、亳清河和南岸的畛河、青河、北涧河等。此外,还具有如下明显的特征。

1)库区淤积形态

水库库区的大部分库段形成高滩深槽的淤积形态,深槽深度和断面尺寸自大坝至库尾由大渐小,槽底和槽缘外滩面高程逐渐增高,形成带槽的凹型断面;库区中后段淤积成无槽的凹型断面,较宽处形成老滩和嫩滩;深槽的长度和滩面高程自水库建成蓄水开始,逐年延长和抬高;深槽和嫩滩具有一定的游荡性,库面越宽,游荡性越大。

2)水位变幅

库前段运行水位变幅很大,库尾段洪水位很高,比如小浪底水库,库前最高水位275 m,最低水位230 m,高差45 m;末端的三门峡槐扒提水工程取水口处,原河底高程241 m,泥沙年淤积高程变化在249~271 m,泥沙高度8~30 m,校核洪水位284 m,最高蓄水位275 m,取水水位变幅约29 m,防洪水位变幅38 m。

3)水库运用方式

黄河中游控制性骨干水电站均采用蓄清排浑,联合调水调沙的运行方式。非汛期一般为高水位蓄水,库水含沙量很小,基本上为清水;汛初水库开始放水冲沙,期间库水位较高时,出库水含沙量很大,但库区水含沙量还较小,库水位接近库底滩面高程时,库水含沙量骤增,在各个水库调水调沙结束后的一段时间内,库水仍含有大量河床泥沙,含沙量多且粒径大,之后,库水含沙量恢复到天然河道含沙量状态,含沙量仍然较大但泥沙颗粒较细;最后整个汛期库水与河水基本相同,主流进入库区嫩滩和深槽。

深槽和嫩滩的断面形状和尺寸随着年度入库水沙条件的变化而不同。非汛期入库泥沙堆积于深槽内和库区嫩滩。汛期大水冲沙,维持库区滩面冲淤平衡。

3.取水与泥沙处理难题的解决方案

综上所述,在大型水电站库区取水必然要遇到泥沙冲淤、水位变幅大、汛期取水难等问题。对于水位变幅较大时机组的稳定高效运行问题留在机组选型一节讲述,此节只涉及取水与泥沙处理难题的解决方案。

1)泵站布局方式

复杂的库区淤积形态使取水比较困难,加上很大的水位变幅,导致水源工程的投资较大,一般宜采用单站供水的泵站布局方式,使泵站扬程较高,有利于适应高水位变幅。

2)非汛期取水

非汛期库水含沙量很小,不考虑泥沙处理问题。取水口宜建在地形、地质、着流等条件较好的库岸处。通常宜建进水塔取水,进水闸前宜设置叠梁门拦沙取表层水;并设置拦污栅和柴草疏导设施,防止柴草进入闸门;同时应设置检修门或叠梁检修门槽合二为一。取水工程(进水塔)要保证非汛期(库水位略高于滩面)的安全、可靠取水。

3)汛期供水

汛初冲沙期间,水流含沙量大和泥沙颗粒粗,不宜取水,期间重要的供水只能靠修建蓄水工程予以解决;汛期黄河主流归槽和嫩滩,槽深而边岸松软,且主槽还具有游荡性,从主槽中或嫩滩内取水难度非常大,如何解决汛期供水是个难题,可考虑以下几种方案:

(1)修建蓄水工程,解决汛期供水。

如果工程区(不限于供水区)具有合适的地形地质条件,可规划修建一定规模的蓄水工程,非汛期储水汛期用。

蓄水工程建在提水泵站的出水池之后,当其死水位高于最高供水点高程时,可自流供水,但提水泵站扬程和装机规模需增大;当其死水位低于供水点高程时,需要在蓄水工程处增建提水泵站;蓄水工程建在较低处,比如建在水库支流入库口段,主泵站可兼作蓄水工程提水泵站。当蓄水工程蓄水位低于水库最高水位时,可在汛前库水位较高时,自流将蓄水工程充满水以备汛期用。而当蓄水工程较高,不能自流充满水时,就需增建补水泵站。

增加蓄水工程解决汛期供水方案的优点是泵站基本上不用提引含沙水流,免除了泥沙对设备的磨蚀以及需要对泥沙进行处理所带来的各种难题。但缺点也是明显的,首先是必须要有修建较大蓄水工程的地形地质条件;其次,修建蓄水工程要增加占地和工程投资,延长建设工期;再次,修建高位蓄水工程时,提水泵站由于年运行时间缩短,装机和工程规模需加大,而且一般蓄水工程供水时需要二次提水,水量还有蒸发渗漏损失,供水成本要提高。

虽然修建蓄水工程解决汛期供水方案有很多缺点,但在形成高滩深槽的大部分库区段,它可能是解决汛期供水的最好办法。

(2)增建零级站和沉沙池,提水沉沙解决汛期供水。

①零级站工程规划。

在没有深槽淤积形态的库尾段选择库面狭窄、没有老滩、汛期水流紧靠岸边且地形地质条件较好的节点处,修建零级站取水。

零级站可以是浮体站,也可以是岸边固定站。浮体站的好处是简单、投资省、见效快,且可以上下移动,利于防汛避险,而且容易取到表层水,缺点是设备,尤其是供电和管道设备难以管理维护。取水口位置易变的可考虑建临时性浮船站;规模较大的提水工程,应首选岸边固定式零级站;也可以考虑建设半固定式零级浮船站(浮船只能随水位上下浮动而不做上下游迁移;供电设施固定;利于防汛);如果库区建有多处提水泵站工程,最好在库尾段狭窄处统一建设固定式零级站分送各个提水泵站。

汛期库区水流为河流形态,非洪水期水位变幅不大,因此非固定式零级站的扬程不宜太高,以尽量降低其规模,减小装机,以利于防汛管理。

②沉沙工程规划。

如果取水枢纽附近具有出口狭窄的支流,最好在此支流内处理泥沙。在支流入库狭窄断面处建塌落式橡胶坝,汛期充水形成沉沙库容,非汛期橡胶坝塌落并利用支流清水冲掉淤积泥沙。如果建坝挡水的条件不成熟,可在汛初水库水放空后,利用河滩泥沙堆起临时沙坝,坝内侧铺设土工布,形成一定的沉沙容积,汛后库水位上来前,将沙坝推开一个缺口,以利支流清水冲掉淤积泥沙,待来年汛期再堆好沙坝,沉沙取水。

沉沙池的底部高程应略高于黄河滩面高程,以利冲淤。沉沙池应有足够的容积以满足汛期沉沙和容沙的需求。

沉沙工程也可以临时建在黄河滩涂,汛期库水进入滩槽后,可用滩涂挖掘机在黄河滩涂(老滩)堆积一定容积的条形渠道来沉淀泥沙。汛后库水位上来后沉沙条渠自动消失,来年汛期重新做起。

③连接输水工程规划。

零级站—沉沙池—取水枢纽之间的连接输水工程可根据具体工程条件选用水工隧洞、涵洞、管道、临时明渠等形式。固定式零级站—支流沉沙池—取水枢纽间的连接工程一般应建设固定式的输水工程(隧洞、涵洞、管道等);浮体式零级站—滩涂临时性沉沙渠(池)—取水枢纽间的连接工程一般为临时明渠工程。

5.5.4.2　游荡型河段提水泵站

1. 水源及工程特点

(1)游荡型河段的河宽、水浅、汊道多、流速较小,没有或少有可靠的控制性节点,主流摆动频繁,靠岸点不固定。

(2)洪水的水位较低,水位变幅较小。

(3)汛期初上游枢纽工程冲沙期间含沙量很大,泥沙颗粒粗,短时间内不宜取水。

(4)供水需求量和提水流量较大,提水工程的规模很大。

(5)由于提水流量很大,需要处理的泥沙量也很大,泥沙的堆积成为大型提水工程的一大难题。

2. 取水方式

游荡型河段找不到非常稳定的取水口位置。试图将取水口前移,提高取水可靠性的尝试是失败的,因为工程"赶水",即取水口越往前伸,主流跑的就越远,这已被工程实践所证实。在黄河游荡型河段建站提水,比较可行的取水方式是集中取水和浮体多点取水。

集中取水是在游荡型河段上游可靠节点处布置取水枢纽,并在下游合适的岸边布置沉沙工程处理泥沙,或者直接从上游干流枢纽工程中取水,然后分送两岸各个泵站;浮体多点取水是在分析主流靠岸点的上下移动范围的基础上,选择相对较可靠的多个靠岸点,修建浮体泵站或浮体取水口取河水,并利用沉沙工程处理掉粗颗粒泥沙后,用明渠输水到泵站。浮体取水不仅能较好地解决靠岸点上下摆动的难题,还能较好地解决因水浅引起的取水防沙难题(取表层水)。

集中取水方案是比较理想的取水方式,可一劳永逸地和较彻底地解决游荡型河段的取水问题。但工程规模和投资很大,应该与放淤工程相结合,进行总体规划,待条件成熟时分期、分段实施;多点分散取水方案虽可通过增加取水口数量而提高取水的可靠性,但取水口增加必然带来工程造价高,管理费用和难度加大的问题,也不能完全解决取水口脱流问题。目前,由于技术经济条件尚不成熟,游荡型河段取水仍应采用多点分散取水方案,为了防止因主流摆动而频繁更换取水位置,配备滩地挖泥设备(滩地专用挖掘机等)是必要的。

3. 多点分散取水工程规划原则

1)采用移动式取水枢纽

由于游荡型河段主流不稳定,脱流是常态,所以不宜建设固定式取水工程。

2)取表层河水

由于河流水深较浅,取水口淹没深度较大时,就可能吸入床沙,而表层河水含沙量少,泥沙粒径小,故应尽量抽取表层河水。浮体泵站有利于控制取水口入水深度。设计时可将水泵取水口置于浮体的底部或增加面罩,以尽量减小淹没深度,抬高取水口高度。准确计算和控制浮体泵站取水口的入水深度,即可保证取到表层水流。

3)柴草以疏导为主

水流中柴草对取水泵站的运行影响较大,由于柴草量很大,不宜采用打捞柴草的方式,应在设计浮体泵站结构时,考虑柴草疏导设施,尽量利用水力将水中柴草疏导到水泵进水口下游。

4)总结利用工程经验

浮体泵站的结构及固定方式应根据工程的规模大小,参考已成工程,并结合护岸工程设计。

5)远近结合

输水渠道应结合规划的集中取水方案来建设,并与沿黄道路、岸边绿化以及景观工程相协调。

6)粗颗粒泥沙在站前处理

利用沉沙池或输水渠道沉淀粗颗粒泥沙,以减轻机组磨损。采取提取表层水措施后,入渠的粗颗粒泥沙量较少,可以规划合适的堆放地点,以免流入河滩,赶跑水流。

7)细颗粒泥沙上塬

细颗粒泥沙对水泵等设备的过流部件磨损较小,故应随水流提上塬面。对于农业灌溉用水不再进行处理,水沙一起进入田间;而用于非农的供水,可在塬面适当位置再建沉沙池沉淀,沉淀的泥沙可填入规划的沟壑或低洼地区。

4. 浮体式零级站(不只适用于游荡型河段)

浮体式零级站是将泵房建在浮体之上,随着水源水位的涨落而升降的活动式取水泵站。浮体式零级站的浮体一般有浮船、浮筒两种形式。浮船结构较复杂,而浮筒重量轻,更适于设备布置和固定。

浮体零级站是在黄河小北干流提水泵站中应用较多、相对可靠的一种取水防沙方式,技术成熟,运行经验丰富。其最大优点是提水含沙量低,能够挪动以适应主流的上下游荡。由于安装设备较多,管路较笨重,每次移位还是很费事,故有的工程干脆采用多装备用机组和修建多个浮体零级站的办法,并配备挖泥设备,基本做到零级站不移动、少移动或移动范围很小。

1)浮体结构与布置

浮体结构有趸船式结构、浮筒加梁肋结构、两船加梁肋结构等。浮体一般分为首、尾和中间三段。首、尾段应根据浮体的锚固和移位的方法,以及操作要求,布置绞盘、系缆桩、导缆钳等设施;中间段为设备布置段,设备布置分上承式和下承式:

(1)上承式是将水泵机组及进出水管道都安装在甲板上面。这种布置方式便于安装、检修和操作,缺点是基础和重心高、稳定性差、振动大。

(2)下承式是将水泵机组及进出水管道都安装在浮体舱底的骨架上,所以重心低、稳定性好、振动小,但管理、操作难、通风条件较差。

2)活动接头

活动接头是浮体的关键接头,它必须满足转动灵活、密封好不漏水和不漏气的要求。活动接头形式一般有球形万向接头、套筒旋转接头和橡胶软接头三种。

(1)球形万向接头。

如图 5-10 所示,球形万向接头由球心、压盖和外壳三零件组成。填料用油麻盘根或橡胶绳。使用时将压盖螺栓旋好,使其松紧适度,既要达到不漏水,又要转动灵活,不致使摩擦转矩太大。DN400 以下的球形万向接头采用铸铁制造,DN600 及以上的球形万向接头采用铸钢制造。因为要求较高的同心度,故加工较复杂。球形万向接头的最大允许转角为 22°,一般使用 11°~15°,工作压力可达 1.0 MPa。

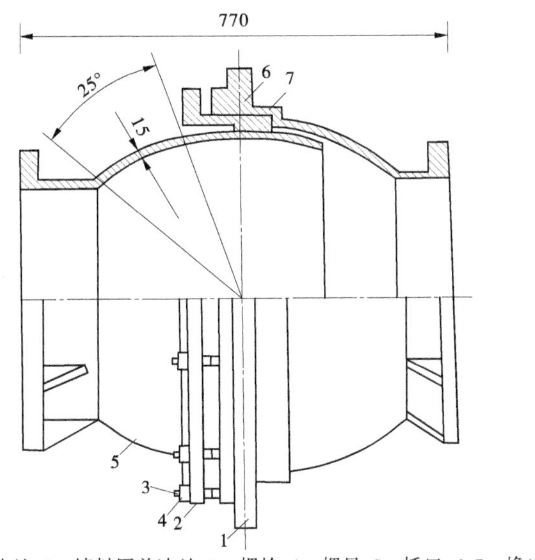

1—承口法兰;2—填料压盖法兰;3—螺栓;4—螺母;5—插口;6、7—橡皮圈

图 5-10　球形万向接头　(单位:mm)

(2)套筒旋转接头。

如图 5-11 所示,套筒旋转接头制造比较简单,用钢板卷焊。由于它只能在一个平面上旋转,为了适应三个方向移动摇摆的需要,必须由多个套筒接头组合成摇臂式联络管。在使用套筒接头时,必须注意各接头受力均匀,防止扭曲变形,为此要合理组合其安装位置。此外,还要保证接头的加工质量,合理选择填料,在运行中用机油防腐润滑,避免失灵。目前,常使用的套筒旋转接头为 DN200~DN700,用 8~12 mm 厚的钢板卷焊。工作压力接近 1.0 MPa。

(3)橡胶软接头。

橡胶软接头俗称可曲挠橡胶接头,是一种高弹性、高气密性,耐介质性和耐气候性的管道接头。按连接方式分松套法兰式、固定法兰式和螺纹式 3 种;按结构可分为单球体、双球体、异径体、弯球体及风压盘管等 5 种。由内外层胶、帘布层和钢丝圈组成管状橡胶件,经硫化成型后再与金属法兰或平行接头松套组合而成。

橡胶软接头的口径可达 DN4 000,压力达 2.5 MPa,单球橡胶接头的偏向角度:小管径为 15°,大管径为 10°,双球橡胶接头可达 20°~30°。橡胶软接头的球体是由内胶层、有

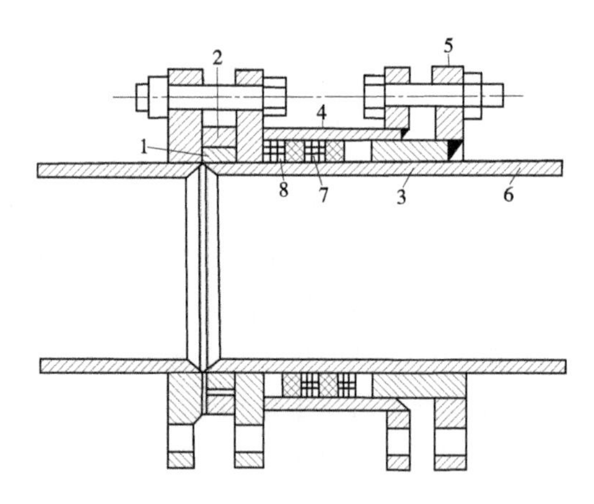

1—橡皮垫圈;2—挡圈;3—短管;4—套管;5—法兰盘;6—钢管;7—方橡皮盘根;8—牛油石棉盘根

图 5-11　套筒旋转接头

多层刮胶锦纶帘子布的增强层、防拉脱钢丝圈、增压环钢丝、外胶层等组成的橡胶元件(见图 5-12),减震和韧性非常好,在应用中对于位移的补偿有很显著的效果,双球体比单球体的减震效果和位移补偿更加突出。

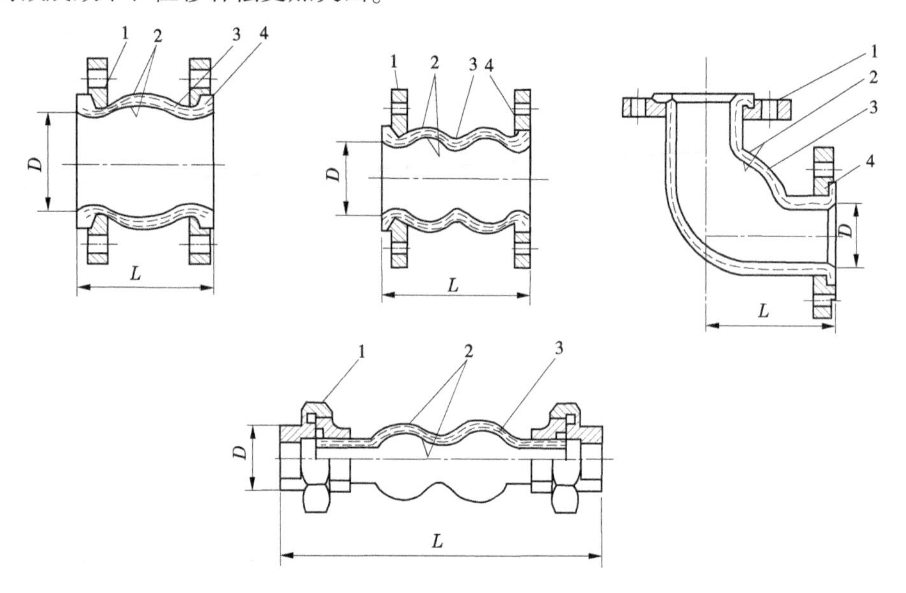

1—法兰或平行活接头;2—内、外胶层;3—增强层;4—法兰

图 5-12　端面用钢丝圈加固的橡胶软接头结构示意图

橡胶软接头的最大缺点是使用寿命较短,一般使用年限在 3~5 年,使用环境恶劣的在一年后就要进行维修和更换。橡胶接头是一种消耗品,橡胶会慢慢地腐蚀和老化,所以橡胶接头最好定期更换。不要抱着还没坏掉,再用一段时间的想法,这样会造成更大的损失。

橡胶制品由天然橡胶和其他合成橡胶按照比例配方制成,时间长了会氧化腐蚀,橡胶接头制品中含有挥发物质,无论是在潮湿还是在干燥的空气中,都会缩短它的寿命。所以对备用橡胶软接头,一定要用塑料袋装起来,不能暴露于空气中。

3)管道连接方式

浮体泵站管道除安装于浮体上的水泵进出水支、岔管道外,还有岸上输水管道和联络管道。岸上输水管道一般与出水池连接,管道出口设置拍门、虹吸管等断流设施;联络管是浮体上水泵出水支、岔管与岸上输水管的联络管。联络管有阶梯式、摇臂式和钢引桥三种连接方式。其中,阶梯式连接适用于水位变幅较大、高低水位岸边线水平距离较大的峡谷型河段取水。

(1)阶梯式连接。

在钢联络管的两端各有一个球形万向接头或套筒旋转接头,一端与水泵出水管连接,另一端与岸上输水斜管连接。由于钢管重量较大,不利于浮体平衡和位移操作,因而管径不能过大,长度宜小。目前,阶梯式联络管的管径用到 DN600 以上,长度一般为 6~12 m。

(2)摇臂式连接。

带球形万向接头或套筒旋转接头的联络管一头与水泵出水管连接,一头接于岸边支墩上的输水管道。由 7 个套筒组合而成的套筒旋转接头具有管路布置对称、没有悬臂扭曲力、结构受力较均匀的特点。

摇臂式连接与阶梯式连接相比较的最大优点是不因水位涨落而拆装接头,可以连续供水、方便管理;在洪水期间,浮体可做水平移动,便于靠岸锚固。多套筒旋转接头的缺点是转动摩擦力大、易漏水。

目前,摇臂式连接都采用单管(多机并管)连接,适应水位变幅可达 18~20 m。在洪枯水位之间,摇臂联络管轴线的夹角一般在 60°左右,最大不超过 70°。在流速急湍、水位变速大时采用较小角度比较安全。岸边活动接头的中心高程应高出正常水位,并使洪水期时联络管的上涨角 α_1 略小于枯水期的下降角 α_2,平时有较多的机会在下降角情况下工作。套筒接头摇臂式联络管的长度按照水位最大变幅确定,一般为 20 m 左右,其最大扰度不得大于其长度的 1/200~1/300。

(3)钢引桥连接。

钢引桥连接是将钢联络管的两端用带法兰盘的橡胶软管连接,固定在钢结构的引桥上,而钢引桥两端,一端是用岸边高出洪水位的支墩或框架上的悬挂结构进行连接,另一端位于浮体侧面的球形支座上,并在球形支座上装有能受拉、受压两套弹簧以缓冲浮体受风浪造成离岸或靠岸移动的影响。这种连接方式适用于取水量较大、河水流速较急、河岸较陡的情况。其特点也是不需要更换接头,即可使用浮体的移动和升降;岸上接头在最高水位以上,引桥兼作交通桥,因而操作管理方便。但引桥用钢材较多是其缺点。

可以采用单引桥或多引桥布置形式。每个引桥上铺设 1~3 根联络管,橡胶管接头的直径已达 DN600,长度约 3 m,联络管长度可根据需要而定。

4)岸上输水管道

岸上输水管道包括岸坡斜管和岸上出水管。岸坡斜管设有叉管口,与联络管连接;岸上出水管主要包括虹吸出口管段或拍门出口管段。

在峡谷河段,洪、枯水岸线相距较远,水位变幅较大,为了缩短联络管长度,宜设岸坡斜管。斜管敷设坡度以 20°~30°为宜,且可按不同坡度分段敷设,还可以有转角。当岸坡比较规则、地质条件较好时,可将斜坡管沿地面敷设。当岸坡不太规则,可设支墩,将管道固定在支墩上,斜坡管旁边应设置阶梯或走道板,以便于检修操作。

斜坡管上的叉管口应根据水位的变速及管道的坡度来定。叉管分布不必均匀,水位变速较大的管段,叉管垂直间距可大些。至少应保证相邻两个叉管口间最短的水位上升或降落时间要大于一次拆装时间。相邻叉管口高差一般为0.6~2.0 m。最高和最低的叉管口应能满足最高、最低水位时的取水要求。斜坡管道一般只需敷设一根,如要敷设两根,叉管口应错开布置,以便交替拆换接头。

斜坡管道较长时,可在设计水位和防洪水位设置闸阀,以缩短泄水及更换接头的时间。

5.5.4.3　黄河大北干流提水泵站

黄河大北干流河段的河面宽度不是很大,两岸和主流稳定,基本上没有脱流问题,取水较容易。但洪水位较高,取水工程防洪难度较大。受干流水电站的控制,非汛期水流含沙量较小,汛初冲沙期间水流含沙量大,颗粒粗,不能取水。汛期水库非调水调沙期间河水含沙量虽大但颗粒较细。

由于两岸没有较大的城市及工矿企业供水需求,能够灌溉的塬面高度大而面积较小,农业灌溉用水量也不大,故在该段河道所建泵站工程的特点是扬程高、规模大、流量较小。由于扬程很高,宜将大部分泥沙处理在河两岸,提水流量较小,使泥沙处理难度减小。

在黄河大北干流河段建站提水,一般采用岸边固定式取水枢纽,包括进水闸、排沙闸、引水渠、排沙渠、导流堤或导流堰、导沙坎和挡沙坎、挑流丁坝、护岸工程等。另外,可以采用浮体式取水零级站取水,将水提升送至岸后开阔地段,建站提升。零级站的扬程可以高一些,以便将主泵站建在洪水位以上,节省其土建投资。

1. 取水口位置选择

取水口的选择应在充分分析河床演变和泥沙运动规律的基础上进行。在顺直微弯河段,应着重分析边滩移动的规律;蜿蜒型河段,分析凹、凸岸冲淤强度;分汊河段,分析各股汊道发展衰亡的规律,防止汊道衰亡而使取水口堙废。此外,还应充分估计取水口工程和引水可能对河势造成的影响。

峡谷型河段的河床冲淤变化较小,河势较稳定,但河流比降和流速较大,河床形态及岸线不规则,流态紊乱,常有回流、漩涡、剪刀水、横流和波浪等出现,流势较险恶,对取水防沙不利。另外,每建一处控制性工程,都会引起河势的变化。游荡型河段的河道比降缓,边滩、沙洲等成型淤积体发育,河流的横向摆动较频繁,河势(纵向水流及其主流线的走势)变动对取水口的取水防沙影响很大。修建取水工程前,对河段河势及河床演变等进行深入细致地研究,将取水口布置在有利的河势处,对于其取水防沙,保证工程的正常运行是非常重要的。

在晋陕峡谷等峡谷型河道取水可充分利用弯道、卵石或基岩浅碛、峡口及顺直河段等天然节点的有利条件,将取水口选在岸线稳定顺直、流势平稳的主流深槽稍下游处,不宜布置在急弯、沙洲、河汊、汇合口附近以及可能遭受漂木、流冰冲撞的地点。取水口还要有利于引水防沙、工程布置及防洪安全。

1) 弯曲河道凹岸取水口

在弯道河段上,水流存在环流结构,即含沙少的表层流趋向凹岸,含沙多的底层流趋向凸岸。水流的环流结构和与之相应的泥沙运动,使弯曲河段凹岸一侧被冲刷出现深槽,而凸岸一侧因泥沙淤积出现边滩和心滩。弯道顶点以下处的水流较集中,环流强度和水深较大,水流悬移质含沙量小,推移质输沙率低,有利于防止床沙进入取水口,引水保证率高。

取水口应布置在主流靠近岸边且不宜摆动的凹岸顶点偏下游的(0.3~0.4)L 段,如图 5-13 所示。

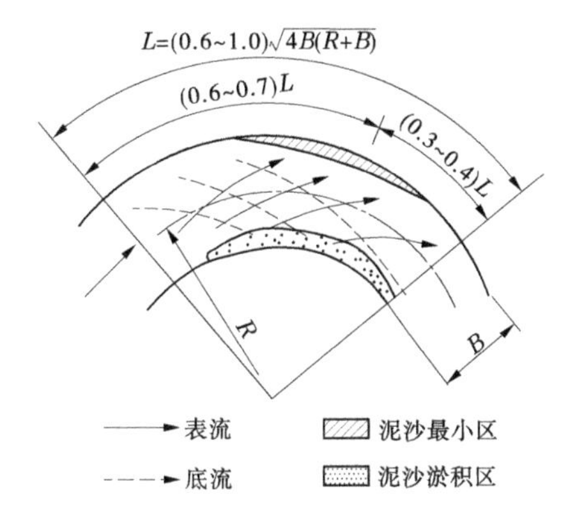

图 5-13　弯道取水口位置

$$L = (0.8 \sim 1.0)\sqrt{4B(B+R)} \tag{5-3}$$

式中　B、R——弯道河段平均河道宽度和河道中心线的曲率半径。

2) 弯曲河段凸岸取水口

虽然弯曲河段的取水口应尽量布置在弯曲河段的凹岸,但有时由于地质条件、施工场地或建筑物布置等其他原因,要求把取水口布置在弯道凸岸,此时应首先考虑将取水口布置在弯道进口,因为此处流线大体上是平行的,环流未充分发展,且水流动力轴线一般也是偏向凸岸的,可以使凸岸一侧保持一个深槽,比较有利于取水防沙。当受某些条件限制时,将取水口布置在弯道凸岸一侧的下端也是有的,此处环流强度较弯顶处明显减弱,水流动力轴线逐渐向河心和弯道凸岸一侧偏移,弯道下端的取水条件不如弯道进口,但通过一些工程措施,也可以解决取水防沙问题。

3) 浅碛缓流河段取水口

卵石或基岩急流滩上游的浅碛河段水流相对平缓、稳定,水深较大,在两侧主流靠岸处可以选择取水口。取水口应离开急流滩上缘一定距离,以适应河床汛期冲刷、汛后淤积的变化。如图 5-14、图 5-15 所示。

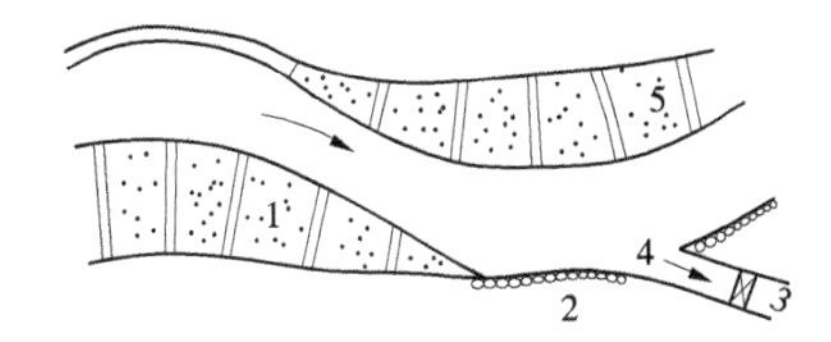

1—丁坝;2—护岸;3—进水闸;4—引水渠;5—边滩

图 5-14　整治后形成的弯道引水口

图 5-15　浅碛缓流河段取水口示意图

4)游荡型河岸取水口

游荡性河段河道宽浅,主流多变,河势不稳,但游荡性河流多由宽窄相间的河段组成,位于河段之间的窄段,水流较集中,沙滩较少,主流摆动的幅度也较小,犹如镶嵌在河道中间的节点,对河势变化有控制作用。这种节点一般由河段中较难冲刷的土层组成(如凸出的崖坎和不易冲动的老滩),坚实的人工建筑物也能形成节点(如险工和护滩工程等)。在变形强烈的游荡性河段上,应尽可能将取水口布置在节点上游附近,以保证取水口的取水条件,如图 5-16 所示。

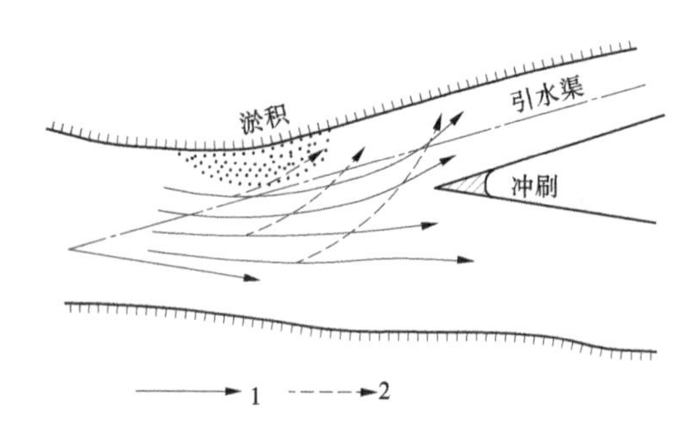

1—表层水流;2—底层水流

图 5-16　引水口冲淤示意图

在分汊河段修建取水口时,应根据泥沙运动和河道演变的规律,选择比较稳定的支汊设置取水口,或将另一支汊堵死,固定河势,以利取水。

2. 取水口前河道整治以保证良好的河势

河床演变是经常发生的。在取水口上下游修建一定的河道整治工程,以保证取水口前河床稳定,水流集中,引水排沙顺畅。

河道整治工程种类繁多,应用中须根据工程和河道具体情况而定。通常采用的工程措施有:

(1)修建人工弯道,创造良好的弯道环流,有效引水防沙。

(2)在取水口上下游修建导流堤及防冲设施,使上游水流平顺进入取水口,而泥沙通过冲沙闸排往下游,使下游河道不发生严重淤积和过度冲刷。

(3)取水口附近修建护岸工程,防止水流顶冲淘刷,引起河势变化。

(4)利用各种形式的丁坝将主流挑至取水口,而将底流泥沙挑离取水口,如图5-17所示。

(5)修建潜坝,堵塞支汊,增加主汊流量,或采取措施疏通汊道,使取水口能够顺利引水,如图5-18所示。

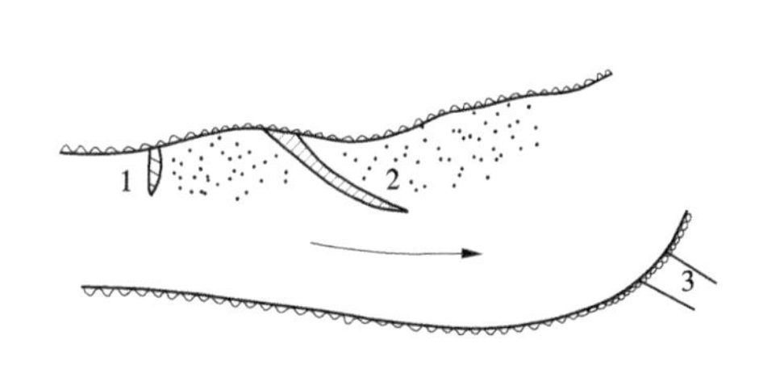

1—上挑丁坝;2—下挑丁坝;3—引水口

图5-17　某引水口整治工程

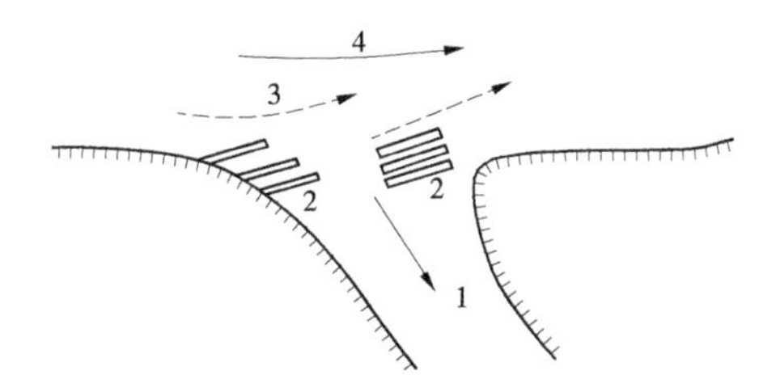

1—渠道;2—导流坎;3—低沙运动方向;4—河道主流

图5-18　导流坎示意图

3.峡谷河道取水枢纽工程布置

取水枢纽分有坝引水和无坝引水两种类型。无坝引水在江河下游应用较多,适用于在枯水期水量和水位能够满足要求的情况;有坝引水适用于水量较大,但水位不能满足要求的情况。对黄河提水工程来讲,主要采用无坝取水的方式。

峡谷河段河床相对较窄,洪水位较高,引水枢纽工程的布置要考虑防洪安全和泥沙淤积。由于峡谷河段一般存在枯水边滩,即枯水期河面较窄,而洪水期河面较宽。如进水闸布置在枯水岸边线,引渠较短,闸前淤积量较小,易于处理,但防洪难度较大,交通桥较长,而且进水闸挤占高水位流路,可能影响上下游河势;进水闸靠近洪水岸边线布置或布置在洪水岸边线以外,则交通较便利,洪水期间操作安全,但引渠较长,进水闸埋深大,一旦发生淤积,处理较困难。

峡谷河段取水枢纽工程布置应该根据有利的地形、河势等自然条件,充分利用弯道水流等原理,引水防沙。为防止柴草、冰凌堵塞,排沙渠中一般不宜设置排沙闸,而进水闸前需设置挡沙坎、导沙底坎和必要的柴草引导设施,如图5-19所示。枯水期河水较浅,取水困难,可在引水口上游修建导流堤引流。

1)进水闸

进水闸的基本功能有引水拦沙、阻挡柴草和冰凌、在检修和非供水期间断流等。因此,进水闸一般应设置拦污栅、叠梁门、检修门、工作门。

2)引水喇叭口

引渠首端宜设喇叭口,扩大引水宽度,抬高引渠进口高程。喇叭口宽度不小于渠道水面宽度的两倍;喇叭口段长度不小于渠道水面宽度。

3)引水渠、排沙渠纵坡

引水渠的纵坡不宜太大,一般取1/5 000~1/3 000。排沙渠的纵坡要大,以便于冲沙,其坡度视河道比降而定,排沙渠末端底部高程与河底衔接(河道深泓线高程)。

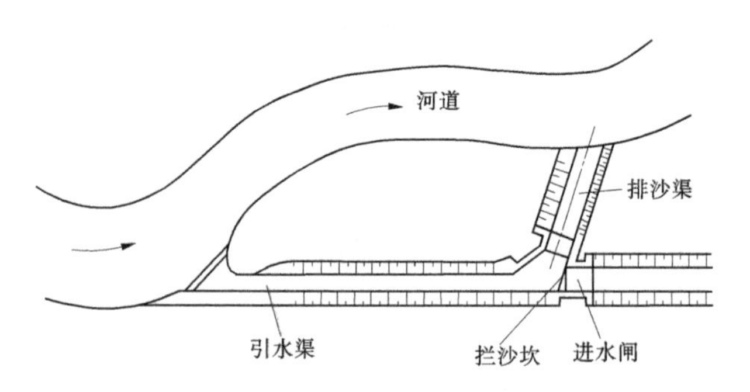

图 5-19 弯道取水口工程布置示意图

4)引水角度

河道主流线随流量大小而变化,引水角也有一定的变化幅度。应选择河道中低水位时的主流线来设计引水角。引水角一般取 30°~45°,此角度比较符合正面引水侧面排沙的原则。

5)拦沙、导沙建筑物

为了防止和减少泥沙引入量,在引水口前和进水闸前需要设置拦沙、导沙建筑物。拦沙、导沙建筑物多种多样,常采用的方法是加设导沙坎。导沙坎的条数、长度、高度以及其轴线与水流方向的夹角大小可参考已成工程和有关试验资料确定。

6)关键节点高程

(1)引水喇叭口及挡沙坎顶部高程根据设计最低水位时的设计引入流量(包括冲沙流量)确定,并应与喇叭口宽度综合考虑。

(2)引水渠首段底部高程宜结合引水渠纵横断面设计确定,略低于设计最低河水位与引渠设计水深的差值(进口损失水头)。

(3)排沙渠的进口底部高程应与其前引水渠底部齐平。

(4)进水闸底板高程应比引渠末端底部高程略高一些,一般可取 20~50 cm,视泥沙情况而定。

7)排沙渠断面设计原则

由于河道水位是变化的,故引水渠道和排沙渠道的过水流量也是变化的,由于供水流量基本固定,故引水渠道和排沙渠道的流量差也是固定的。为了在各种水位下尽量使渠道不产生壅水和跌水现象,排沙渠道的断面尺寸(边坡系数、底宽等)应通过试算确定。

4. 引水渠道设计

随着泵站和引渠工程规模的日益扩大,必须按照浑水的理论来设计引黄渠道,即需考虑渠道不冲不淤或泥沙冲淤平衡和比较经济的要求。引黄渠道设计的主要任务是确定渠道纵坡和断面几何尺寸,详见附录 1。

5.6 泵站工程规划

5.6.1 站址选择

泵站的站址选择是根据拟定的供水点和供水区域的分布情况、供水点的高程、泵站供水方式和取水工程布置方案等,确定各个泵站的位置。泵站站址选择的合理与否,将直接关系到整个泵站工程的安全运行、建设投资、工程管理以及工程经济和社会效益发挥等问题。因此,在规划设计时必须予以足够重视。

5.6.1.1　一般规定

(1)泵站选址应与供水点的分布(位置、高程)、泵站布置方式和取水工程布置协调一致。

(2)泵站选址不仅应考虑地形、地质、供电电源、对外交通等条件;还要考虑占地、拆迁、施工、行政区划和管理方便等社会环境因素;同时必须考虑泵站枢纽的布置、输水线路工程的铺设以及整体工程规划的系统性。经技术经济比较确定。

(3)站址应选择在地形开阔、地面平整,利于泵站枢纽及其附属工程布置的地点。

(4)站址应选择在岩土坚实、承载力大、抗渗性能良好的天然地基上,不应设在大的或活动性的断裂构造带及其他不良地质地段,尽量避免选在淤泥、流沙、湿陷性黄土、膨胀土等地带,如不能避开,应慎重确定基础类型和地基处理措施。

(5)站址应选在交通方便,供电线路短的地方,以便机械设备、建筑材料的运输,减少输电距离和投资,方便施工和运行管理。

(6)因为大型提水工程的输水线路工程投资很大,故泵站站址选择应使输水线路短、投资少。应采用网格图法进行规划。

(7)选址时还要特别注意水流方向,尽量做到正向进出水,以免在流道中发生回流、漩涡等对机组运行不利流态。

5.6.1.2　分类泵站选址

主提水泵站是提水工程的核心泵站,泵站规模和投资最大。站址的选择应予以特别重视。多级泵站工程前后级关联密切,站址选择时要综合考虑。

1. 主泵站选址

主泵站主要有三类:一类是建于黄河峡谷段(包括低坝库区),直接从河道或库区取水提升的泵站;二类是建于黄河干流水电站库区,非汛期直接从库区取水提升,汛期不取水或要靠零级站辅助取水的泵站;三类是建于游荡性河段,完全靠零级站辅助取水的泵站。

1)一类(峡谷河段和低坝库区)主泵站选址

一类主泵站一般采用地下和半地下厂房,直接从河库中取水。泵站的站址应选择在地质条件较好、无大的断裂破碎带、岩体坚硬、裂隙不发育的地带,尽量避免选在地下水丰富的地下泉域。站址和取水口之间要有足够的距离以便布置进水闸、沉沙池、排沙工程、前池、进水池等水工建筑物。

2)二类(大型枢纽水电站库区)主泵站选址

二类主泵站的选址与一类主泵站选址的要求基本上相同,其最大的不同是二类主泵站一般有汛期和非汛期两个取水口,汛期取水口到主泵站之间设有沉沙工程,主泵站前到非汛期取水口之间不设置泥沙处理工程,故主泵站可尽量靠近非汛期取水口。

3)三类(游荡性河段)主泵站选址

完全靠零级站取水的主泵站的站址应选择在距离河岸防护堤或沿河道路之后的开阔

地带,最好选在山梁末端,避免选择在山沟口区、地下水出露、山体潜在滑塌区。站址的选择要与取水工程、主泵站枢纽工程的布置一并考虑。

2. 后级泵站选址

梯级泵站后级泵站的站址应该尽量选择在规划输水线路沿线或两侧附近,一般选在塬面、梁脊、峁边、山坳等地形较平坦开阔区,尽量位于阳坡地,利于通风采光,特别注意水流流向,避免选在塬缘、梁边、峁顶、沟底、滑坡体前,不应使水流发生较大转折,弯曲。

5.6.2 泵站设计流量

提水工程的设计流量包括非农供水流量和农业灌溉流量。

5.6.2.1 非农供水流量

非农供水包括居民生活用水,公共建筑用水,工业企业用水,城市消防、道路和绿地用水,未预见用水等。

1. 城市及工矿企业用水量

(1)居民生活用水根据人口总数与用水定额计算,其用水定额按《室外给水设计标准》(GB 50013—2018)或《城市居民生活用水量标准》(GB/T 50331—2002)中的规定选取。

(2)公共建筑用水量定额按照国家标准 GB 50013—2018 中的综合用水定额扣除居民日常生活用水定额后得到。

(3)工业企业用水包括工业企业生产过程用水和职工生活所需用水,其用水量应根据生产工艺要求确定。大工业用水户或经济开发区宜单独进行用水量计算;一般工业企业的用水量可根据国民经济发展规划,综合现有工业企业用水资料分析确定。

(4)城市道路洒水和绿地用水量可根据路面、绿化、气候和土壤等条件确定。一般道路洒水可按 2.0~3.0 L/(m^2 · d)计算,绿化用水可按 1.0~3.0 L/(m^2 · d)计算。

(5)消防用水量、水压及延续时间应按现行国家标准《建筑设计防火规范(2018 年版)》(GB 50016—2014)等设计防护规范中规定确定。

(6)未预见用水量一般为可计算用水量总和的 8%~12%。

虽然可按照国家对城市及工矿企业用水定额相关规范计算确定各种用水量,但由于城市、企业始终处于发展变化中,各种影响用水量的因素都是变数,比如城市人口、面积、绿地的发展速度,现代化程度,尤其是企业的发展(包括新生与消亡)等更是变化无常。另外,大型供水工程涉及的城市、乡村数量较多,大小企业很难统计清楚,而且时刻都在变化中,所以在提水工程规划中,很难准确地计算出用水量,也没有必要。建议参考地区用水规划,用统计的方法分析目前城市、企业综合用水情况,考虑发展留有余地,确定用水总量。

2. 城市及工矿企业供水流量

城市及工矿企业用水量一般为最高日用水量,加上净水厂自用水量和输水管路损失水量(5%~10%)即为城市及工矿企业供水流量,不考虑蓄水工程调节时,即为提水工程的设计供水流量(每天的供水量)。

如果规划修建有较大蓄水工程,在分析日用水变化规律的基础上,可适当减小提水工程的设计流量,不过,日用水量过程曲线必须要有可靠的统计资料支持,否则,宁可有点富余也不要轻易减小设计流量值。

5.6.2.2　农业灌溉供水流量

农业灌溉供水流量是在水源满足一定的灌溉设计保证率的情况下,供给灌区内农作物生长所必需的流量及输配水过程中渠系和田间所损失的流量。通过设计灌溉制度或制定灌水率、灌水模数,计入渠系和田间损失系数得到。

1.灌溉制度法

对于大中型灌区,宜采用设计灌溉制度的方法来确定提水工程的设计灌溉供水流量。设计灌溉制度需要确定作物的灌溉需水量、灌溉定额、灌水定额、灌水次数、灌水周期,计算作物的灌水率,确定各种作物种植比例,最终计算灌区作物的综合灌水率等。

1)作物需水量

作物需水量是指其生育过程必须消耗的水量。一般分为各个生育阶段需水量和全生育期需水量。作物需水量分株间蒸发量、植株蒸腾量和株体需水量,生育初期以田面蒸发为主,生育后期叶面蒸腾量较大。作物需水量与作物种类、产量指标、生育阶段以及土壤肥力等因素有关,可通过灌溉试验获得。

2)灌溉定额

灌溉定额为单位面积的农作物在其整个生育期内所需灌溉补充的总水量,包括播种前灌溉水量,一般用 m^3/hm^2 或 m^3/万亩计。灌溉定额与农作物生育期内有效降雨量、播种前和收获后土壤耕作层的含水量有关,其值等于农作物需水量减去生育期的有效降雨量、前期土壤水和地下水(如有)的利用量,一般采用水量平衡的方法确定。有效降雨量按照干旱年考虑,降水保证率一般取75%。

有效降雨量是指农作物生产直接或间接利用的用于作物腾发的降水量,不包括地表径流和深层(作物根系以下)渗漏水量。一般认为小于5 mm的降水对作物无实际意义,为无效降水。有效降雨量与作物种类、生育阶段、雨型、土壤类型与结构等因素有关,可用土壤水量平衡法或经验公式计算法计算。

有效降雨量

$$P_0 = \alpha \cdot P \tag{5-4}$$

式中　α——降雨入渗系数,其值与降水量、降水强度、降水延续时间、土壤性质、作物生长状况、地面坡度及覆盖情况以及计划湿润层深度等因素有关,应根据具体条件通过试验确定:$P<5$ mm 时 $\alpha=0$,5 mm$<P<50$ mm 时 $\alpha=0.8\sim1.0$,50 mm$<P<100$ mm 时 $\alpha=1.0\sim0.8$,100 mm$<P<150$ mm 时 $\alpha=0.8\sim0.7$,$P>150$ mm 时 $\alpha=0.7$;

P——设计频率降水量,即75%保证率的降水量,由于用选典型年的方法确定的降水量年内(作物生育期)分配过程往往不符合实际,建议:采用频率分析的方法确定设计频率下(75%)的年、月或旬降水量,因为计算的各月或旬降水量之和不等于年降水量,应以年降水量为基础,调整月或旬的降水量,并用内插法计算各种作物生育期的降水量过程线。

3)灌水定额和灌水次数

灌水定额是依据土壤持水能力和灌溉水资源量确定的单次灌溉水量。在灌溉水资源充足情形下的灌水定额取决于土壤持水能力和时段有效降雨量,计算公式为

灌水定额=计划湿润层深度×(田间持水量-实际含水量)-时段有效降雨量

其中,计划湿润层深度与作物种类、生育阶段和土壤等有关。一般作物生长初期为30~40 cm,作物生长末期为80~100 cm(见表5-7)。

表5-7　北方几种主要作物计划湿润层深度　(单位:cm)

冬小麦	生育期	幼苗期	分蘖期	拔节期	抽穗期	灌浆期
	湿润层深度	30~40	40~50	50~60	60~80	80~100
棉花	生育期	幼苗期	现蕾期	花铃期	吐絮期	
	湿润层深度	30~40	40~60	60~80	60~80	
玉米	生育期	幼苗期	拔节期	孕穗期	抽穗期	灌浆期
	湿润层深度	30~40	40~50	50~60	60~80	80

田间持水量指在地下水较深和排水良好的土地上充分灌水或降水后,允许水分充分下渗,并防止蒸发,经过一定时间,土壤剖面所能维持的较稳定的土壤水含量。田间持水量长期以来被认为是土壤所能稳定保持的最高土壤含水量,也是土壤中所能保持悬着水的最大量,是对作物有效的最高的土壤水含量,且被认为是一个常数,常作为灌溉上限和计算灌水定额的指标。但它是一个理想化的概念,严格说不是一个常数。虽在田间可以测定,但却不易再现,且随测定条件和排水时间而有相当的出入(见表5-8、表5-9)。因此,至今尚无精确的仪器测定方法。

表5-8　各种土壤的田间持水量(一)

土壤类别	容重(t/m^3)	重量比(%)	体积比(%)
紧沙土	1.45~1.60	16~22	26~32
沙壤土	1.36~1.54	22~30	32~42
轻壤土	1.40~1.52	22~28	30~36
中壤土	1.40~1.55	22~28	30~35
重壤土	1.38~1.54	22~28	32~42
轻黏土	1.35~1.44	22~32	40~45
中黏土	1.30~1.45	25~35	35~45
重黏土	1.32~1.40	30~35	40~50

表5-9　各种土壤的田间持水量(二)

土壤类别	孔隙率(%)	田间持水量(%)	
		占体积	占空隙
沙土	30~40	12~20	35~50
沙壤土	40~45	17~30	40~65
壤土	45~50	24~35	50~70
黏土	50~55	35~45	65~80
重黏土	55~65	45~55	75~85

土壤适宜含水量:最适宜作物生长的土壤含水量。由于作物需水的持续性和农田灌水、降水的间歇性,计划湿润层内的含水量不可能经常维持在最适宜含水量水平,为了保

证作物生长,应将土壤含水量控制在适宜的上限与下限之间。土壤适宜含水量与作物种类及生育阶段、土壤性质等因素有关(见表 5-10)。

表 5-10　北方几种主要作物适宜含水量　(%)

作物	项目					
冬小麦	生育期	出苗期	分蘖期	越冬期	返青拔节	拔节期后
	含水量	稍>70	稍>70	70 左右	60~70	70~80
棉花	生育期	播种期	苗期	现蕾期	开花结铃	成熟期
	含水量	>70	55~70	60~70	70~80	55~70
玉米	生育期	播种期	苗期	拔节孕穗	抽穗开花	灌浆成熟
	含水量	60~80	55~60	60~70	70~75	70 左右

上限含水量:不产生深层渗漏和满足作物对土壤空气含量的要求。一般取为田间持水量。

下限:作物生长不受抑制,大于凋萎系数。以占田间持水量的百分数计。

灌溉量若小于灌水定额计算值,则灌溉深度不够,既不利于深层根系的生长发育,又将增加灌溉次数。灌溉量若大于计算值,则将出现深层渗漏或地表径流损失。当实际含水量为凋萎系数时,最大灌水定额则称为极端灌水定额。

4)设计灌水周期

两次灌水之间的时间间隔又称为灌水周期,它取决于作物、水源和管理情况。蔬菜的灌水周期为 1~3 d,果树的灌水周期 3~5 d,大田作物的灌水周期 7 d 左右。一次灌水所能维持作物正常生长的最大天数为最大灌水周期。灌水周期与灌水定额、作物的腾发量、时段有效降水等因素有关。一般可按照临界期作物日最大腾发量等于土壤可供水量的原则确定。

5)灌水率和农业灌溉供水流量

作物的灌水率是指作物单位面积的灌水流量,根据作物的灌水定额和灌水周期(灌水延续时间)计算。根据各种作物的种植面积比,用加权的方法将各种作物的灌水率进行合成就得到作物的计算灌水率。

灌水定额、灌水次数、灌水周期和灌水率可根据水源和工程的供水条件进行适当调整,可调整的参数主要包括计划湿润层深度、下限土壤持水率等。对建在黄河两岸的提水工程,灌溉用水流量原则上不受水源的制约,但如果没有规划足够的蓄水工程以解决汛期初冲沙期间的灌溉供水,就需要将冲沙期间的灌溉水量按蓄水工程可供水能力确定,不足部分调整到前期供给。

为了减小供水工程规模,须对计算灌水率进行适当的修正,使作物灌水率曲线分布较平坦、均匀。在修正灌水率时,要以不影响作物需水要求为原则,尽量不要改变主要作物关键用水期的各次灌水时间,若必须调整移动,则以向前移动为主,前后移动不超过 3 d;最小灌水率不应小于最大灌水率的 40%,以延长泵站运行时间、减小供水工程规模和投资。

修正后的灌水率的最大值乘以灌溉总面积,除以灌溉水利用系数即为农业灌溉供水流量。

2. 综合灌水率或灌溉模数法

综合灌水率和灌溉模数是指灌区历年灌溉供水期间实际发生的最大灌水率及对应的灌溉模数值,其值包括灌溉水的损失。可通过统计已成灌区历年的最大一次灌溉供水流量和灌溉面积,分析计算而得。

综合灌水率和灌溉模数与灌区面积关系密切,大型灌区的灌溉模数大而灌水率小,小型灌区则相反。根据已成灌区的灌溉资料的统计结果,北方干旱、半干旱灌区的综合灌溉模数一般为1万~3万亩/(m^3/s),对应的综合灌水率为0.33~1 (m^3/s) /万亩。

依据提水工程规划的灌溉面积,选择合适的灌溉模数值,直接计算得到农业灌溉供水流量。

3. 综合方法

用灌溉制度法确定农业灌溉供水流量涉及土壤性质、气象、作物种类及其生育阶段、耕作技术等因素,并可充分利用灌溉试验成果和丰产灌水经验,工作量也很大。但许多影响结果的关键因数是变化的,且不可或难以预见,如作物种类和种植比例、气象条件(如有效降雨量及其分布等)、土壤肥力及耕作技术等。尤其对于大型灌区,其中各个区块的条件千差万别,很难统计清楚,所以灌溉制度法貌似很精确,实际不然。

用统计综合灌溉模数或灌水率的方法确定农业灌溉供水流量比较简单,也较符合实际,但目前对已有灌区灌溉模数的统计分析工作做得较少,对灌溉模数的影响因子及其相关系数的大小缺少定量的分析,比如灌区规模、作物类别、产量指标、种植比例、土壤类别及肥力状况、气象参数(降水量、蒸发量、气温等)、灌区其他水源供水情况(如井灌面积及供水量)等因素与灌溉模数的相关程度的定量分析。由于已经建成的大、中、小型灌区工程数量非常大,应该能够涵盖各种自然、社会经济条件,采用统计的方法确定灌溉模数及灌溉供水流量是可行和可靠的。

划分轮灌组的实质是反映灌溉模数/灌水率随着灌区规模的增大而增大/减小的规律。应该根据控制灌区规模的大小将灌溉模数/灌水率进行合理分级,以代替以前设计中人为设计轮灌组的方法。

提水工程灌溉供水流量的确定方法为:

(1)控制灌区面积5 000亩及以上的灌溉工程用统计综合灌溉模数或灌水率的方法确定工程(泵站和输水工程)的灌溉供水流量(见表5-11)。

表5-11 提水枢纽工程灌溉供水流量

灌区规模(万亩)	综合灌溉模数[万亩/(m^3/s)]	设计流量(m^3/s)
0.5~1.0	1~1.5	0.5~0.7
1.0~5.0	1.5~2.5	0.7~2.0
5.0~10.0	2.5~3.0	2.0~3.3
10.0~50.0	3.0~3.5	3.3~14.3
50.0~100.0	3.5~4.0	14.3~25.0

注:表中数字仅供参考,应该通过统计灌溉资料确定。

(2)对小于5 000亩的灌区仍应采用制定灌溉制度的方法确定灌溉工程规模,并考虑地块分布、行政区划等因素合理划分轮灌组,适当加大配水工程规模。

5.6.2.3　提水工程设计流量

以上非农供水流量和农业灌溉供水流量之和为提水工程设计流量。

对于多级提水泵站工程,各级站的设计流量及其供水分流流量必须与前级站的提水流量相协调,做到站—站、站—渠、渠—机、机—机之间的设计流量完全匹配,防止溢流和压流运行情况。

5.6.3　泵站特征水位和特征扬程

提水工程的特征水位是计算各种特征扬程的基础数据,特征扬程包括水泵总扬程、静扬程、泵站(有效)扬程、损失扬程等。其中,水泵总扬程是确定泵站规模和机组选型的重要依据,静扬程(或泵站扬程)和损失扬程与水泵总扬程的比值反映了泵站管路系统的输水效率和能量损失比率的大小。

5.6.3.1　特征水位

提水工程的特征水位一般有水源水位、供水水位和泵站工程的各种设计水位三部分。

水源水位取决于河流的自然属性,还取决于人类对河流的干预程度;供水水位与供水点蓄水工程的规模、结构尺寸及运用方式等有关;工程设计水位包括进、出水池水位和引、输水工程起点和终点水位等,由工程的规划、设计以及运行方式决定。

对于高扬程提水泵站工程,进水池和出水池水位的变化相对泵站扬程较小,一般可以按照以下所述方法确定各种特征水位初值,在工程设计阶段,再利用系统分析的方法计算准确的特征水位,并对初定的特征水位和特征扬程等指标进行适当的修正。

1. 取水口(水源)特征水位

1)防洪水位

黄河提水泵站的取水口工程一般为固定式进水闸或浮体泵站取水工程,应按照提水工程等级和建筑物的等别来确定防洪标准和设计、校核洪水水位。防洪水位是确定取水枢纽工程的防洪高度,分析其安全稳定的重要参数,是设计安全防护措施的重要依据。

2)最高取水水位

最高取水水位是计算泵站最低运行扬程的依据。从干流水库取水的提水工程,最高取水水位可采用水库的最高蓄水水位;从河道取水的提水工程,最高取水水位采用 10 年一遇洪水位或非汛期多年平均最高水位。

3)设计取水水位

设计取水水位是计算泵站设计扬程的依据。根据水源各月(或旬)的多年平均水位和规划的同期设计供水流量或供水量,取水源多年供水流量或供水量的加权平均水位为泵站设计取水水位。

4)最低取水水位

最低取水水位是确定水泵安装高程和计算泵站最大扬程的依据。纯灌溉泵站,取灌溉期保证率为 95%~97%的水源最低日平均水位作为最低取水水位;有非农供水的泵站,取保证率为 97%~99%的水源最低日平均水位作为最低取水水位。缺少资料的河段,或有资料的河道断面距离取水口较远,用水面坡度推求取水口水位误差较大时,可通过调查取水口历年枯水位,与从有资料断面按照水面坡度推求来的水位进行对比,分析确定泵站的最低取水水位(见表5-12)。

表5-12　泵站工程特征水位(取水口)

<table>
<tr><th colspan="2">特征水位</th><th colspan="2">标准</th><th>说明</th></tr>
<tr><td rowspan="4">取水口</td><td>防洪水位</td><td>设计</td><td>校核</td><td>依据泵站规模等级</td></tr>
<tr><td>最高</td><td colspan="2">10年一遇或非汛期平均</td><td></td></tr>
<tr><td>设计</td><td colspan="2">多年月(旬)供水量平均</td><td></td></tr>
<tr><td>最低</td><td colspan="2">农业95%~97%供水保证率
非农97%~99%供水保证率</td><td>参考枯水位调查资料</td></tr>
</table>

2. 工程设计水位

1)进水池

进水池的特征水位与取水工程的类型、引输水工程的损失水头等有关,一般有最高、设计和最低运行水位。引输水工程损失水头包括取水枢纽损失水头、引输水工程损失水头和进水池的入池段工程(进口闸、前池和进水池)损失水头三部分。

对直接从水源引水的泵站工程,其进水池水位等于取水口特征水位减去取水口至进水池间的输水工程的损失水头。其中,进水池最高水位可取取水口的最高水位;进水池的设计水位等于取水口设计水位减去设计流量条件下引输水工程的损失水头;进水池的最低水位等于取水口最低水位减去加大流量条件下引输水工程的损失水头。

采用浮体式零级站取水的泵站和多级提水的后级泵站,其进水池水位等于前级站(包括零级站)出水池水位减去前后级站之间输水工程的损失水头,其中与最高、设计、最低水位对应的流量分别为加大、设计和最小供水流量值(计算损失水头)。

需要注意的是,前后泵站之间输水明渠工程兼有水位、扬程和机组工况自动调节的功能,对有自调节能力的引渠工程,在机组进行工况调节运行和停机过程中,进水池最高水位可能等于甚至高于引渠首端水位,工程设计时应留有足够的调节水深。

2)出水池

出水池的特征水位取决于供水点水位和泵站运行工况。其值等于供水水位加上出水池至供水点之间输水工程的损失水头。

农业灌溉泵站的出水池水位也有最高、设计和最低之分,一般对应于泵站的加大、设计和最小供水流量;非农供水泵站的出水池水位等于蓄水工程的特征水位。

3. 供水水位

农业供水水位一般就是规划的农业灌溉供水点水位。根据供水流量(加大、设计和最小流量)也分为最高、设计和最低水位。

一般非农供水常设有蓄水工程,并且常与泵站出水池合建。此种情况下,出水池的最高、最低水位与蓄水工程相同,而出水池(或蓄水池)的设计水位应该是泵站供水量最大的水位,一般可取供水量的加权平均水位。由于供水量和供水时间的不确定性,设计中可取容积的2/3对应的水位,泵站运行期间,根据实际供水情况进行优化调整(见表5-13)。

表5-13 泵站工程特征水位(工程)

特征水位		参考水位	输水损失			计算公式	计算流量
序号		①	②	③	④	⑤	⑥
进水池	最高	取水口 出水池	取水枢纽	引水工程	末端工程	①-②-③-④	零/加大
	设计						设计
	最低						加大/最小
出水池	最高	农业灌溉供水点	出水池	输水工程	末端工程	①+②+③+④	最大
	设计						设计
	最低						最小
出水池	最高	非农供水点				①	最小
	设计						设计
	最低						最大

注:前后级泵站之间的连接工程的调节水深可以通过在极端工况(最高、最低水位或最大、最小扬程)条件下的机组工况计算确定。

5.6.3.2 特征扬程

泵站工程特征扬程(单位为液体柱)包括静扬程、水泵扬程、需要扬程和损失扬程等。静扬程是指上、下两个液面上单位重量的液体所具有的能量差值;水泵扬程为单位重量的液体流过水泵后所获得的能量;需要扬程是指泵站工程将单位重量的液体从一个液面提升到另一个液面所必须提供给液体的能量,它等于静扬程和损失扬程之和;损失扬程则是单位重量的液体流经各种建筑物、管路的节点和流道所产生的能量损失,包括沿程阻力损失和局部阻力损失。

1. 静扬程

根据选择的液面位置不同,有泵站装置静扬程、泵站静扬程、有效静扬程等。泵站装置静扬程是对应于出水池和进水池水面的静扬程;泵站静扬程是对应于出水池后和引渠末端(池外)液面的静扬程;而有效静扬程则是对应于供水点水面和取水口水面的静扬程。

从理论上讲,静扬程等于上下液面位置高差、液面压头(液柱)差和流速水头差三项之和。由于后两项相对很小,一般可忽略不计,故静扬程约等于液面高程差,也就是扬水高度。

1)设计装置静扬程

设计装置静扬程是选择水泵的主要依据,也是泵站运行历时最长的泵站装置静扬程。对农业灌溉供水泵站和不设蓄水工程的非农供水泵站,设计装置静扬程等于进、出水池设计水位差;而建有蓄水工程的非农供水泵站,设计装置静扬程应为年内各时段供水量的加权平均提水高度,计算公式如下:

$$\overline{H} = \sum H_i W_i / W \tag{5-5}$$

式中　$\overline{H}$——加权平均提水高度；

W——设计年供水量；

H_i——年内第 i 时段的提水高度，按照第 i 时段进、出水池平均水位计算；

W_i——年内 i 时段的设计供水量。

如果计算的加权平均提水高度与设计进、出水池水位差相差不大，则设计装置静扬程以及特征水位可仍采用原设计值；如果计算的加权平均提水高度与设计进、出水池水位差相差较大，则设计装置静扬程按加权平均提水高度确定，并调整相关的特征水位。

2)最高装置静扬程

最高装置静扬程是泵站运行的上限提水高度，是计算水泵工作点左侧边界、分析水泵稳定性的主要依据。最高装置静扬程等于最高出水池水位与最低进水池水位之差。

3)最低装置静扬程

最低装置静扬程是泵站运行的下限提水高度，是确定水泵工作点右侧边界、评价水泵汽蚀安全性的主要依据。最低装置静扬程等于最低出水池水位与最高进水池水位之差。

2.损失扬程及其影响

泵站损失扬程包括输水明渠、隧洞，压力隧洞、涵洞和管道，水泵进、出水支、岔管等线路段的沿程水头损失和进水口、拦污栅、叠梁门、闸门、拐弯点、各种管件(喇叭口、弯头、阀门、分岔口、汇流口等)等的局部水头损失，还包括前池、进水池、出水池、沉沙池等工程的阻力损失。

黄河提水工程通常为高扬程、长距离的输水泵站工程，沿程水头损失占的比例较大，设计较好时，局部水头损失占比不到10%。在工程规划阶段，应该比较详细地计算沿程水头损失，而按5%~10%估算局部损失和总的损失扬程。

损失扬程的大小对泵站工程的影响主要反映在以下三个方面：

(1)投资与运行费用。

在高扬程、长管路、大容量的泵站工程中，输水线路工程的投资在总投资中所占比例很大。损失扬程主要取决于输水工程的过流断面尺寸，所以损失扬程对泵站线路工程和泵站工程总投资影响很大。

从工程投资的角度来看，输水线路工程过流断面尺寸越小越有利，即损失扬程越大投资越小。另外，在泵站建成后的长期运行中，水泵需要为损失扬程提供额外的能量，相应地运行费用将随着输水线路工程过流断面面积的增大而减少，即从建成后运行的角度来看，损失扬程越小，对运行越有利。这两个方面存在着矛盾，因此在设计中，需要从投资和运行费用两个方面综合考虑来合理地确定输水线路工程过流断面尺寸。

(2)水泵极端工作点及其稳定性。

为了节省投资，压力管路较长的泵站工程一般采用多机并联一根管道的布置方式。水泵的左侧极端工作点对应于最大装置静扬程和泵站最大提水流量的运行工况；右侧极端工作点对应于最小装置静扬程和泵站最小提水流量(单机运行)的运行工况。

泵站管路损失扬程大体上与流量的1.7次方至2次方成正比。如果设计的管路损失扬程比较大，则在不同运行工况(最大流量、最小流量)时的损失扬程相差就很大，比如一座装机4台相同机组的泵站，4台机组同时运行和1台机组单独运行时的管路损失扬程的比值约为 16。所以,对于进、出水池水位或装置静扬程变幅较大,装机较多的泵站,水泵极端工作点的偏移幅度就较大,极端工作点的效率也相对较低。

为了使泵站在各种工况下都能高效、稳定运行,设计中应该使设计运行工况时的水泵工况点尽量位于水泵最高效率点附近,左右侧极端工作点都位于水泵特性曲线的高效、稳定区。由于高效率离心泵的高效、稳定区宽度有限,左侧小流量区域一般还有驼峰不稳定区域,右侧偏离最高效率点越大,汽蚀性能越差,因此为了保证在极端工况条件下水泵能够稳定、高效和安全地运行,管路损失扬程不宜过大。

由于损失扬程约与过流断面直径的 5.33 次方成反比,适当加大过流断面尺寸,可以大大减小损失扬程,投资增加也不会很大,而且对一般泵站工程,采取此措施减小损失扬程后,一般足以将水泵的极端工作点控制在稳定、高效的运行范围。

当泵站的装置静扬程变幅很大,采用减小损失扬程的方法仍难以使水泵极端工作点位于水泵的高效、稳定运行区域时,需采取其他措施,如调整泵站装置静扬程、采用变频调节、重新规划装机方案等。

(3)泵站过渡过程安全与防护。

泵站管路系统的水锤压力与管路流速变幅成正比,即与管路过流断面尺寸相关。加大管道过流断面尺寸,减小流速,既可减小损失扬程,又能减小流速变化和水锤压力增幅。如此理解,损失扬程与泵站水锤压力升值成正向相关。

在黄河岸边建设高扬程、长距离提水工程,为了节省投资,管线就难免出现“膝部”“驼峰”“秃顶”等部位段,管线很难全部铺设在最低压力包络线以下,这些部位在机组启动和停泵的水力过渡过程中极易发生水柱被拉断,产生较大的二次弥合水锤压力的现象。所以,适当地加大管路过水断面尺寸,可以有效减小流速和水锤压力幅值,尤其是可以减小停泵水锤的负压波幅度,减小或消除二次弥合水锤,有利于泵站工程的安全防护工程措施的设计。

3. 阻力损失的特性

如上所述,由于黄河提水工程大多是长距离输水的高扬程、多机组并联泵站工程,为了使其在各种极端工况条件下均能高效、稳定和安全地运行,工程设计中一般要采取增大工程尺寸以减小管路阻力损失、稳定机组工作点等措施,故而从水力学角度分析,泵站工程的阻力损失具有以下一些明显的特征:

(1)流速小,阻力损失与流态相关。

输水线路工程的过水断面尺寸一般较大,平均流速较小,尤其在少机组和小流量运行时,断面平均流速更低,水流的流态多处于水力光滑区和过渡区,阻力损失的大小不仅与过流断面尺寸和过流表面相对粗糙度有关,还与水流的流态,即雷诺数有关。

(2)各段阻力损失相互关联。

泵站输水明渠具有传递能量和减小能量损耗的作用,通过其水位和流量的传递,在水源—泵站、前级泵站—后级泵站、泵站—供水池之间起着水位衔接和“稳流器”的作用。

引渠入口水位的升高,将导致入渠流量加大(如有水源泵站则其扬程降低,出水量增大),引水明渠及泵站前池、进水池的水位随之升高,泵站的扬程降低,出水量增大,依次后传,反之亦然;同理,供水水位的变化也会导致泵站提水流量和输水明渠水位及流量的相应变化;泵站调度方案(开机台数、流量调节等)的改变也将引起泵站提水流量和输水明渠水位、流量的变化。总之,泵站工程运行工况条件(水位、开机台数、流量等)是时常变化的,任何一个或多个运行工况条件变化,都会引起泵站流量、明渠水位等运行参数的变化,并且各段阻力损失值相互关联,必须采用系统分析计算的方法求得。

(3)需要推求水面线解得明渠阻力损失。

在泵站输水明渠设计时,为了保证在最低(枯)水源水位时能取到设计甚至加大流量的水,一般按照最低水位流量、设计或加大流量,采用均匀流公式来设计明渠,实际工程基本都是运行在非设计工况条件下(一般运行水位高于设计值、实际流量小于设计值、水面线多为壅水曲线)的,明渠中很少发生恒定均匀流流态,故必须通过推求出水面线才能计算出水位降(损失扬程)。

(4)淹没出流居多。

泵站明渠中的堰、闸、桥、涵等建筑物的结构尺寸(宽度)一般是根据明渠断面确定的,为了减小水流的局部阻力损失,不仅其过水断面尺寸较大,且水流多为淹没出流形式,如淹没堰流、闸孔淹没出流等。

4. 泵站引输水线路工程阻力损失计算

泵站引输水线路工程阻力损失计算包括:水泵进、出水支管,压力引、输水管道(包括圆形隧洞)和泵站分岔管,有压隧洞、涵洞等非圆形线路,无压输水工程(引输水明渠、隧洞等)及其建筑物等。其损失扬程(水力)计算详见附录2和附录3。

5.6.4　泵站装机容量与装机数量

5.6.4.1　装机数量和单机容量

在基本维持设计供水流量不变的前提下,提水工程各泵站的装机数量和单机容量与工程建设投资、建成后运行管理的方便性及其运行费用的高低、满足供水需求的程度和供水的保证率、选择机组设备的难易或能否选到满意的主机产品以及提水泵站工程技术经济指标的高低和先进性等很多因素密切相关,必须全面、综合地考虑和分析各种因素,通过必要的技术经济分析,最终确定泵站装机数量和单机容量。

1. 确定泵站装机数量应该考虑的因素

1)工程投资和运行管理费用(经济因素)

一般地,装机台数少,机电设备(水泵、电机、阀门等)和水泵进出水支、岔管数量少,厂房面积也小,故土建和机电设备及金属结构的投资都会减少。另外,由于机电设备少,单机容量大,机电设备的效率一般较高,运行管理费用较低。总之,从经济角度看,减少装机数量是有利的。

2)供水保证率和适应性

泵站装机台数越多,单机流量越小,可较好地满足供水流量的需求。另外,一旦水泵机组出现故障,对供水的影响也较小,故具有较高的供水保证率。所以,从供水保证率和适应性看,泵站装机台数越多越有利。

3)级间流量配合

多级提水工程前后级泵站的装机台数必须满足级间流量配合的要求。最佳的配合方式是各泵站选用同流量机组，且前后级泵站的单机流量尽量相等。为此，除要合理确定前后级站的装机台数外，还须对泵站的设计流量做适当的调整。

举例：某前后级泵站设计提水流量分别为 4.3 m^3/s 和 3.5 m^3/s，如果后级泵站装机 3 台，单机流量约为 1.2 m^3/s，则前级泵站须装机 4 台，前后级泵站的设计流量分别调整为 4.8 m^3/s 和 3.6 m^3/s；如果后级泵站装机 4 台，单机流量约为 0.9 m^3/s，则前级泵站须装机 5 台，前后级泵站的设计流量分别调整为 4.5 m^3/s 和 3.6 m^3/s。前后级泵站装机台数选用 4 台、3 台还是选用 5 台、4 台，要根据可选水泵参数、供水要求等其他因素确定。

4）可选水泵产品

可选水泵产品是确定泵站装机数量的重要因素，甚至是决定性因素，因为单机流量的大小不仅关系到所选水泵性能参数的好坏，更重要的是关系到能否选到合适的水泵产品。所以，泵站装机数量的确定一定要结合泵站规划扬程，统筹考虑单机流量和可选水泵产品性能参数。为了选得较好的水泵产品，亦可对规划的单机流量和泵站流量再进行适当的调整。

再如上例，如果泵站扬程约为 70 m，前后级泵站选用 5 台、4 台（单机流量 0.9 m^3/s）的装机方案，则可选水泵的效率就比较高（接近 87%），但要是前后级泵站选用 4 台、3 台（单机流量 1.2 m^3/s）装机方案，则水泵就不好选了。另外，如将单机流量加大到 0.95 m^3/s，前后级泵站设计流量加大到 3.8 m^3/s 和 4.75 m^3/s，则所选水泵效率将接近 90%。

5）技术条件限制

对于高扬程、大流量的大型提水工程，一方面，如前所述，泵站装机数量少在经济上是有利的；另一方面，当装机台数太少，单机容量大到接近或超过市场上现有的泵站主要机电和管路设备的最大容量时，就必须增加超标设备制造的模型和产品试验、验收等费用，工程建设工期将延长，并且可能引起机组启动、泵站断流、作用力平衡等一系列技术难题。虽然这些难题的解决有利于泵站技术的发展，甚至可能带来某种设计理念和设计领域的技术革新，但投资大、工期长对工程建设肯定是不利的，甚至还要承担一定的风险。因此，对是否选用超标设备需要认真对待。

2. 泵站装机数量确定

在对以上各种因素做了充分分析之后，泵站的装机数量也就大体上确定下来了，或者已经框在一个较小的选择范围内。泵站主泵台数的确定主要考虑经济性和调度的灵活性，一般泵站主泵数量宜为 3~8 台，较大规模泵站通常以装机 4~6 台为宜。供水流量变幅大的泵站，台数宜多；供水流量比较稳定的泵站，台数宜少。

多级提水工程应以末级泵站单机流量为基准流量，前级泵站的单机流量尽可能等于基准流量或等于 2~3 倍的基准流量，以利前后级泵站流量匹配。加倍的单机流量可减少装机数量，有利于减少工程投资和降低运行管理费用，但机组类型的增加又不利于管理，且备用机组的容量有可能因而加大，故应综合分析确定。

备用机组的台数应根据供水的重要性及年利用小时数确定，并应满足泵站加大流量及机组正常检修要求。一般工作机组 3 台及 3 台以下时，应增设 1 台备用机组；对于重要的或提取黄河含沙水流的泵站，工作机组多于 3 台时，宜增设 2 台备用机组；对于年运行时间较短的泵站，亦可不增设备用机组。

5.6.4.2 提水工程总装机容量

提水工程总装机容量为各泵站装机容量的总和,泵站的装机容量为各台水泵配套电机容量的总和(包括备用机组),而水泵配套电机的容量等于水泵的轴功率乘以安全备用系数,水泵的轴功率与水泵的流量和设计扬程成正比,与水泵效率成反比。

1. 机组设计流量

对于独立(如单站单级、单站分级、多站一级等)提水工程,由于没有流量匹配的问题,对各机组的设计流量也没有限制,可根据供水流量需求确定。但为了运行管理方便,相互备用以减少运行管理费用,泵站内机组类型不宜太多,通常机组可有 1~3 种,即机组的设计流量可有 1~3 个值。

多站分级提水工程存在级间流量配合问题,一般是在上述初步确定的装机台数的基础上,根据供水需求确定一个最小的机组流量值,即机组基准流量值。各机组的设计流量应为 1~3 倍的基准流量值。对于中小型泵站工程,宜选用一种机组,以利相互备用,方便管理;对于大型泵站工程,宜配置 1~2 种机型,最多不超过 3 种。

2. 机组配套功率

机组配套功率即电动机的功率,可依据机组设计流量和设计扬程等指标计算而得

$$P_i' \approx 1.05gQ_iH_{st}/\eta_{管}/\eta_{泵} \tag{5-6}$$

式中 P_i'——泵站 $i^{\#}$机组配套电动机的计算功率,kW;

g——重力加速度,取 9.806 m/s^2;

Q_i——泵站 $i^{\#}$机组设计流量, m^3/s;

H_{st}——泵站装置静扬程,m;

$\eta_{管}$——泵站管路效率,一般为 95%~98%;

$\eta_{泵}$——水泵效率,一般为 80%~93%。

在计算出 P_i'之后,查阅电机产品样本,按照 $P_i \geq P_i'$关系,最后确定每台机组的配套电机功率 P_i。

3. 泵站及提水工程总装机容量

在确定了各泵站中每台机组的配套功率后,即可按下式计算得到各泵站和提水工程的总装机容量

$$\left.\begin{aligned} P &= \sum P_i \\ P_i &= \sum P_{ij} \end{aligned}\right\} \tag{5-7}$$

式中 P——提水工程的总装机容量,kW 或 MW;

P_i——提水工程第 i 座泵站的装机容量,kW 或 MW;

P_{ij}——提水工程第 i 座泵站第 $j^{\#}$机组的装机容量,kW 或 MW。

需要说明的是,由于电动机产品的额定功率值存在一定的量级,通过查样本选配的电动机功率都有一定的富裕量,所以设计阶段通过详细设计和计算后的提水工程及各泵站的装机功率一般不会改变规划的数字,这也是本章用简化方法确定装机容量的主要原因。

5.7　泵站工程经济分析

泵站工程建设必须满足两方面的要求:其一是技术上先进、合理;其二是经济上可行,即工程投资的经济效果要好。经济分析工作贯穿于泵站工程建设(规划、设计、施工)和运行管理阶段,经常需要通过若干方案的技术经济比较分析来选择最优方案。

5.7.1　泵站技术经济指标

5.7.1.1　工程投资和造价

1. 工程投资

工程投资是指泵站工程达到设计效益时所需的全部建设资金,由以下三部分构成:

(1)永久性工程投资:包括主体工程投资、必要的附属工程和配套工程投资、设备购置费等。

(2)临时建筑工程(如施工围岩、施工排水、施工道路等)投资和施工辅助企业的投资。

(3)其他费用:包括移民费、占地补偿费、施工管理费和前期工作费(勘测、规划、设计、科研等)等。

工程投资的计算深度根据工作阶段的不同而定。工程规划阶段一般按照扩大指标法进行估算,所采用的扩大指标可依据不同地段的典型设计资料或类似工程的调查资料分析确定;可行性研究和初步设计阶段,应按概算定额进行估算;技施设计阶段则要进行工程预算。

2. 工程造价

工程造价(或称工程净投资)是指构成固定资产和流动资产的价值。从工程投资中扣除以下三项投资后得到:

(1)回收金额。临时工程余值和施工机械设备购置费。

为主体工程建设而修建的临时工程,在施工结束后须进行拆除处理,其余值可以回收,并未形成固定资产。工程建设过程中购置的施工机械设备为施工单位的固定资产,其在使用过程中的设备折旧费也以台班费的形式进入了工程投资,因此施工机械的购置费用应全部扣除。

(2)应核销的投资支出。一般包括生产职工培训费,施工机构转移费,劳保支出,不增加工程量的停、缓建维护费,拨付给其他单位的基建投资,移交给其他单位的未完工程,报废工程的损失等。

(3)与本工程无直接关系的工程投资。指在工程建设阶段列入本工程投资项目下,而工程完工后移交给其他单位或部门使用的固定资产价值,如永久道路、桥梁、铁路专用线等。

5.7.1.2　年运行费用

泵站工程年运行费用是指在正常运行中所需的年经常性支出,通常包括以下费用。

1. 动力费

泵站运行期间每年所需消耗的电能或燃料等费用,它与各年实际运行情况有关。对于已建成的泵站,年动力费按实际支付的电费或燃料费计算;对于拟建泵站,年动力费可按下列公式计算得到:

动力为电动机的泵站

$$C_E = f_E \sum \frac{\sigma g Q_i H_{st} t_i}{1\,000\eta_{sti}} + C_{EA} \approx \sum \frac{g Q_i H_{st} t_i}{\eta_{sti}} + C_{EA} \tag{5-8}$$

动力为内燃机的泵站

$$C_F = f_F \sum \frac{g_{ei} \rho g Q_i H_{sti} t_i}{1\,000\eta_{sti}} + C_{FA} \approx f_F \sum \frac{g_{ei} g Q_i H_{sti} t_i}{\eta_{sti}} + C_{FA} \tag{5-9}$$

式中　C_E、C_F ——年运行电费和燃料费,元;

f_E、f_F ——单位电价,元/(kW · h)和单位燃料价,元/kg;

C_{EA} , C_{FA} ——泵站附属设备年运行电费和燃料费,元;

H_{sti} ——年内第 i 时段泵站运行的平均装置静扬程,m;

Q_i ——年内第 i 时段泵站运行的平均流量,m^3/s;

t_i ——年内第 i 时段泵站运行历时,h;

η_{sti} ——年内第 i 时段泵站运行平均装置效率;

g_{ei} ——年内第 i 时段泵站运行的内燃机平均油耗率,g/(kW · h);

ρ、g ——水的密度,kg/m^3 和重力加速度,m/s^2。

2. 维修费

维修费是指维修、养护泵站工程设施和机电设备所需的费用,包括土建工程例行的岁修和日常养护、机电设备的定期大修和经常性维修以及易损设备的更新等费用。上述费用应按经济计算期平均分摊到各年的年平均费用计算。

工程维修费与工程规模及设施类型等有关,通常可按费率,即维修费占工程投资的百分比进行估算。年维修费率可根据各地的有关规定或参照类似工程的资料分析确定。当缺乏资料时,可参照表 5-14 所列的费率酌情使用。

表 5-14　工程设施年维修费率(%)

工程设施类型		岁修费率	年大修费率	总维修费率
土建工程	大型枢纽、河道、引蓄水工程	0.5~1.0	0.3~0.5	0.8~1.5
	中型枢纽、河道、灌溉渠系	1.0~1.5	0.5~1.0	1.5~2.5
金属结构	大型水电站、灌溉站及枢纽	0.8~1.3	0.7~1.2	1.5~2.5
	中型水电站、灌溉站及枢纽	1.0~1.5	1.0~1.5	2.0~3.0
机电设备	大型水电站、排灌站	1.5~2.0	1.0~1.5	2.5~3.5
	中型水电站、排灌站		1.5~2.0	3.0~4.0

3. 管理费

管理费包括管理机构职工工资、行政费以及防汛、日常观测、科研试验等费用。管理费与工程规模、设施类型及管理机构人员编制有关。

4. 其他支出费用

其他支出费用主要指工程设施建成后需要支出的补偿、赔偿等费用。

5.7.1.3　年费用

静态经济分析时不考虑时间价值，年费用包括年运行费和基本折旧费两部分构成。其中基本折旧费是指固定资产在使用过程中随着逐渐磨损、消耗而转移到成本中的那部分价值，通常按固定资产的使用年限平均提成计算，即

基本折旧费 = 固定资产×折旧率　（元/年）

通过逐年提取基本折旧费形成的基本折旧基金，在工程经济寿命期（经济使用年限）结束时可用于重新建造同等规模的工程，以满足实现简单再生产的要求。

在动态经济分析中须计入时间价值，年费用除包括年运行费和基本折旧费外，还应计入每年应支付的占用基金（包括固定资金和流动资金）的利息，即

年费用 = 年运行费 + 本利摊还值

5.7.1.4　工程年限

（1）施工年限，又称施工期。指工程开始建设至工程完工并投入正常运行的年数。

（2）正常运行年限，又称正常运行期。工程正常运行的年数。

（3）物理使用年限。工程建成交付使用后至终止发挥效益的年限，即工程实际寿命。

（4）经济使用年限，又称经济寿命。是经济分析采用的有效计算年限。经济使用年限应小于物理使用年限。各类水利工程的经济使用年限如表 5-15 所示。

表 5-15　各类水利工程的经济使用年限（经济寿命）

工程类别	经济寿命	工程类别	经济寿命
防洪、灌溉工程	40～50	火电站	25
机电排灌站	20～25	核电站	25
水电站土建部分	50	输变电工程	20～25
水电站机电设备	25		

5.7.1.5　其他指标

（1）反映泵站工程效益的指标。例如，防洪、灌溉面积，年供水量等。

（2）反映工程量及工期的指标。例如，土石方开挖及填埋量、混凝土浇筑量、总工日、总工期等。

（3）反映主要材料消耗的指标。例如，钢材、木材、水泥等主要建筑三材的总消耗量及单位消耗指标，如每立方米混凝土的三材用量、每万元投资的三材占用量等。

（4）单位综合技术经济指标。例如，泵站单位装机容量投资、单位流量投资、提水效率和能源单耗、单位投资效益（如年供水量、灌溉面积等）。

5.7.2　泵站工程效益计算

大中型泵站的效益计算，除多年平均效益外，对农业供水部分还应计算丰水年和干旱

年的效益,供经济评价和工程决策时参考。

5.7.2.1 农业灌溉经济效益

灌溉经济效益是指灌溉和旱地情况相比所增加的农产品产值。灌溉经济效益计算方法有:①分摊系数法;②缺水损失法;③影子水价法;④扣除农业生产费用法;⑤灌溉保证率推求法等。

其单位面积的增产效益,可采用以下方法确定。

1. 分摊系数法

通过对比灌溉和旱地总增产值,扣除农业技术措施增加投资额来计算,具体可采用以下做法:

(1)在农业技术措施基本相同的情况下,按不同干旱年的灌溉与不灌溉对比试验或调查资料,分析确定其多年平均效益。

(2)根据农业生产条件相似地区已建灌溉设施,兴建前与兴建后多年平均的单位面积产量相减所求得的增产量,折算为增产值后确定。

方法一是乘以灌溉分摊系数。根据调查资料,灌溉效益分摊系数在补水灌溉的半干旱地区一般为0.2~0.6,丰、平水年和生产水平较高地区,应取较低值,反之,取较高值。

方法二是从增产中扣除其他农业技术措施的生产成本(考虑合理的增产报酬率)。

求得单位面积的灌溉效益后,对于补水性质的灌区,还应根据较长系列的水文资料逐年进行供需水量平衡计算,推求多年平均的灌溉面积和灌溉效益。

2. 影子水价法

影子水价法按灌溉供水量乘以该地区的影子水价计算。

3. 缺水损失法

缺水损失法按缺水使农业减产造成的损失计算。

5.7.2.2 供水效益

供水效益是指由于缺水造成的工业企业产量、产值降低的损失。其年效益 B_s 可用下式计算:

$$B_s = \lambda \frac{W}{W_0} \tag{5-10}$$

式中 λ——供水区工业企业净产值与总产值的比例系数;

W——工业企业年缺水量,m^3;

W_0——综合万元产值耗水量,m^3/万元。

5.7.2.3 效益计算所采用的价格

原则上应采用理论价格,并尽可能接近产品的价值来计算效益。

5.7.3 工程经济分析原理及方法

5.7.3.1 工程方案比较的可比性条件

为了正确反映各方案在经济效果上的优劣程度,参与方案要具备以下的可比性条件:

(1)各方案所采用的基础性资料、设计参数、设计的深度和精度,应具有一致性和可靠性。

(2)各方案所采用的设计标准、收益部门和综合利用效益、工程建设工期等,应能满足要求。如参与比较的各方案存在差异,则在经济效益计算时,应能真实反映其不同差异,并计及其影响。

(3)参与比较的各方案均应按选定的统一基准年,折算其资金的时间价值,而不管其施工期和经济使用期是否相同。

(4)参与比较的各方案应采用统一合理的价格指标和标准,计算所使用的同类规格品种的材料设备和其他物质的单位价格和劳动工资定额。

此外,各个比较方案均能同等程度地满足国民经济对自然资源利用、环境保护和生态平衡等方面的要求,并符合国家的有关规定。

5.7.3.2　资金时间价值计算

资金的时间价值对方案选择的影响很大。其研究和计算主要有两个目的:①对不同时间发生的资金运动进行比较;②评价由于时间因素的差异对各方案经济效果所发生的影响。

考虑时间因素,必须统一折算到统一的基准年份,且按复利方式计算各方案投资、效益、费用、成本等。折算基准年可以任意选定,但通常选取主体工程完工,工程投入运行、开始收益的年份。折算按以下原则进行:工程分年投资均按每年年初一次性投入,当年计算时间价值;而各年的效益和运行费均按年末一次结算,当年不计时间价值。

经济分析中的经济报酬率,原则上应高于银行长期贷款的利率,以体现工程的社会平均效益。一般,水电工程可采用8%~10%的经济报酬率,其余工程采用7%。

参与比较的各方案,不管其经济寿命是否相同,均应按统一经济计算期(经济使用年限)进行折算。工程经济寿命长的,应减去其使用残值。折算到基准年的所得和所费的资金,根据经济分析方法的要求,可用折算总值,又称现值,也可以用折算的年值表示。

1. 工程投资折算总值 K_0

$$K_0 = \sum_{0}^{m} K_i(1+r)^{T_i} + \sum_{0}^{n} \frac{K_j}{(1+r)^{T_j} - 1} \tag{5-11}$$

式中　m、n——基准年之前和之后的年数;

K_i、K_j——基准年之前第 T_i 年和基准年之后第 T_j 年的投资额;

r——经济报酬率(或利率)。

2. 工程年运行费折算总值 C_0

$$C_0 = \sum_{0}^{m} C_i(1+r)^{T_i} - 1 + \sum_{0}^{n} \frac{C_j}{(1+r)^{T_j}} \tag{5-12}$$

式中　C_i、C_j——基准年之前第 T_i 年和基准年之后第 T_j 年的年运行费;

其余符号意义同前。

3. 工程效益折算总值 B_0

$$B_0 = \sum_{0}^{m} B_i(1+r)^{T_i} - 1 + \sum_{0}^{n} \frac{B_j}{(1+r)^{T_j}} \tag{5-13}$$

式中　B_i、B_j——基准年之前第 T_i 年和基准年之后第 T_j 年的年效益;

其余符号意义同前。

4. 折算系数 α

工程投资、运行费和效益的折算年值,可根据式(5-11)~式(5-13)求得的总值乘以换算系数 α 来计算:

$$\alpha = \frac{r(1+r)^t}{(1+r)^t - 1} \tag{5-14}$$

式中　t——经济计算期,年。

式(5-11)~式(5-14)均为计算通式,如资金为按时序均匀投入或支出,则无须按式(5-11)~式(5-14)逐年计算后累加,而可采用相应的有关计算公式直接求出。资金均匀存取的公式,可参阅有关文献。

5.7.3.3　**计算方法**

工程经济分析有两类不同的计算方法,即静态分析法和动态分析法。静态与动态分析的基本区别,在于是否考虑资金的时间价值,不考虑时间价值的方法称为静态分析法,考虑时间价值的方法称为动态分析法。下面介绍动态分析法中的一些常用方法。

1. 效益费用比法

效益费用比法亦称益本比法(简称 BCR 或 B/C),是指获得效益与所支付的费用(成本)两者之比,可以是在经济寿命期内总效益与总费用的比值,也可以是年平均效益与年平均费用的比值。

$$B/C = \frac{B_0}{K_0 + C_0} \tag{5-15}$$

或

$$B/C = \frac{\overline{B}_0}{\overline{K}_0 + \overline{C}_0} \tag{5-16}$$

式中　$\overline{B}_0$、$\overline{K}_0$ 和 $\overline{C}_0$——效益、投资和运行费的折算年值。

一般情况下,当 $B/C \geqslant 1$ 时,工程方案是经济可行的。对于各自独立的不同方案的比较,B/C 越大是经济效果越好的方案。进行同一工程的不同规模(或不同设计标准)比较时,还要注意根据不同规模增加的效益 ΔB_0 和增加的投资 ΔK_0 及增加的运行费用 ΔC_0 分析增值的费用比 $\Delta(B/C)$,即边际效益。只有当 $\Delta(B/C) \geqslant 1$ 时,投资大的方案才是经济上合理可行的。当 $\Delta(B/C) \approx 1$ 时,是工程规模(或资源利用)的上限。

对于具有较大的间接效益或一部分直接效益难以定量计算的工程,当 $\Delta(B/C) \approx 1$ 时,有时在经济效果上也是可取的。

2. 内部回收率法

当工程资金的来源不明确,所采用的利率 r 值不确定,不能采用效益费用比法来分析计算时,可采用内部回收率法(简称 IRR)。所谓内部回收率,是指工程在经济寿命期 n 年内,效益现值 B 与费用现值 C 两者相等时的回收率,亦即效益费用比 $B/C=1$ 时的 r 值。

如图 5-20 所示,当费用现值 C 等于效益现值 B,且在施工期内没有初始运行阶段,施工期结束后即进入正常运行期,并假设 $C_t = C_0$, $B_t = B_0$ 均为常数时,有

$$\sum_{t=1}^{t=m} K_t (1+r)^{m-t} \left[\frac{r(1+r)^n}{(1+r)^n - 1} \right] + C_0 = B_0 \tag{5-17}$$

式(5-17)等号左边部分即为费用 C 的现值,等号右边部分为效益 B 的现值。由式(5-17)求出的 r 值即为内部回收率,表示工程靠本身效益回收投资的能力,或本工程内在的通过投资取得报酬的能力。也就是说,在这样投资回收率(经济报酬率)下,该工程在整个经济寿命期内的效益恰好等于同时期内的全部费用(均折算成现值),即 $B=C$ 或 $B/C=1$。

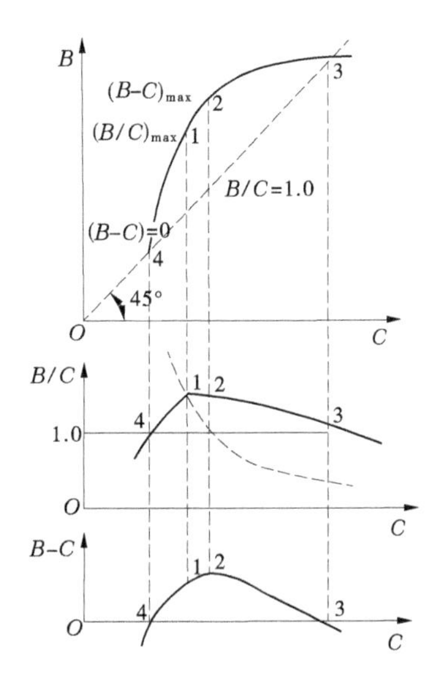

图 5-20　效益 B 与费用 C 之间的关系

用内部回收率法进行经济评价时,衡量本工程或本方案在经济上是否有利,其标准为所求的 *IRR* 是否大于银行贷款利率或投资标准收益率 r(西方国家称为具有吸引力的最小利润率,简称 *MARR*)。

由上所述,内部回收率法与效益费用比法的理论基础是完全一致的,只是计算方法与步骤稍有不同。效益费用比法是在已知 K_t、C_t、B_t、m、n、r 等值的条件下,求 B/C 的值;而内部回收率法则是在已知 K_t、C_t、B_t、m、n、$B/C=1$ 的条件下,反求 r 值。

效益费用比法多用于欧美各国国内工程的经济分析中,这是由于美国等一些国家每年根据一定的方法计算出年利率后通知有关部门,利率确定之后采用效益费用比法十分方便。近年来,时常利用国际上的资金兴修水利工程,这些资金可能来自世界银行或地区性开发银行,或政府间的贷款等。由于资金来源的不同,利率也都不同,因此在进行经济分析时,广泛采用内部回收率法。

用内部回收率法进行经济分析时,衡量本工程或本方案在经济上是否有利,其标准是看求出的 *IRR* 是否大于银行贷款利率或投资基准收益率。在进行同一工程不同规模比较时,如采用益本比法,除求出各方案的 B/C 值外,还要求出相邻方案的边际益本比 $\Delta B/\Delta C$ 值,只有当 $\Delta B/\Delta C$ 大于 1 时,费用较大的方案(B/C 值并非最大)在经济上才是合理可行的。同理,如采用内部回收率法,除求出各方案的 *IRR* 值外,也要求出相邻方案的边际内部回收率 ΔIRR 值,只有当 ΔIRR 大于 r_0(投资标准收益率)时,费用较大的方案(*IRR* 值并非最大)在经济上才是合理可行的。当 $\Delta IRR = r_0$,费用较大的方案可以使水利资源获得较充分的开发,只要资金允许,该方案也是合理可行的,且是净效益($B-C$)最大的一个方案。

3. 现值法与年值法

现值法和年值法都是把各方案资金流程中各年的收支净值折算至计算基准年。净效益现值最大的方案就是经济上最有利的方案。两者的区别在于:现值法要求计算经济寿命期内总净效益现值;而年值法要求计算平均分摊在经济寿命期内的年净效益的现值。当各方案的经济寿命期不一致时,用现值法比较麻烦。当某方案的经济寿命期长于计算分析期时,须考虑该方案在计算分析期末的残值;而当某方案的经济寿命期短于计算分析期时,须在该方案经济寿命结束时,重置资金更新设备,修建同等规模的工程。至于年值法,则无此问题,所以年值法优于现值法。现分别加以说明。

1)现值法

净效益现值 NPW 是指工程在计算分析期 n 年内,每年年末的现金流入 B(指产品的销售收入,即效益)与现金支出($K+C$)(投资 K,年运行费 C)的差额,按一定的利率或标准收益率 r 折算至基准年的现值的总和,可用下式表示,设基准年在计算分析期的开始年份($t=0$),则

$$NPW = \sum_{t=1}^{t=n} \frac{(B_t - K_t - C_t)}{(1+r)^t} \tag{5-18}$$

在经济比较中,$NPW=\max$ 的方案,即认为是经济上最有利的方案。

设在经济寿命期 n 年内,年效益($B_t=B_0$)与年运行费($C_t=C_0$)均为常数,基准年在施工期末时,净效益现值最大的方案为

$$NPW = (B_0 - C_0)\left[\frac{(1+r)^n - 1}{r(1+r)^n}\right] - \sum_{t=1}^{t=m} K_t(1+r)^{m-t} = \max \tag{5-19}$$

各方案的效益均相同时,求总费用(PWF)最小的方案,即

$$PWF = C_0\left[\frac{(1+r)^n - 1}{r(1+r)^n}\right] + \sum_{t=1}^{t=m} K_t(1+r)^{m-t} = \min \tag{5-20}$$

当各方案的经济寿命不一致时,计算分析期应尽可能与经济寿命较长的方案一致。

2)年值法

年净效益值 NPV 是指工程总净效益现值平均摊分在本身经济寿命期 n 年内的等额年金,其计算步骤为:先把施工期 m 年内的历年投资 K_t 对基准年求出折算总投资:

$$K = \sum_{t=1}^{t=m} K_t(1+r)^{m-t} \tag{5-21}$$

然后把 K 平均分摊在 n 年内,求出相应的本利年摊还值:

$$R = K\frac{r(1+r)^n}{(1+r)^n - 1} \tag{5-22}$$

根据经济寿命期内的年效益 B_t 和年运行费 C_t,求出年净效益值 $NPV = B_t - C_t - R$,即

$$NPV = K\frac{r(1+r)^n}{(1+r)^n - 1}\sum_{t=1}^{n}\frac{(B_t - C_t)}{(1+r)t} - \sum_{t=1}^{n} K_t(1+r)^{m-t}\frac{r(1+r)^n}{(1+r)^n - 1} \tag{5-23}$$

当在经济寿命期 n 年内,$B_t=B_0=\text{const}$,$C_t=C_0=\text{const}$,则由式(5-23)可得

$$NPV = K(B_0 - C_0) - \sum_{t=1}^{n} K_t(1+r)^{m-t}\frac{r(1+r)^n}{(1+r)^n - 1} \tag{5-24}$$

在方案比较中,$NPV=\max$ 的方案,即认为是经济上最有利的方案。

若拟建泵站的各个方案的供水量均能满足同等规定的要求,即可认为各方案的年效益均相同,则年费用(包括投资的利息、基本折旧费和年运行费)最小的方案,即被认为是经济上最有利的方案。

4. 抵偿年限法

抵偿年限,又称投资回收年限 T,是指工程建成投产后,通过净效益的积累回收全部工程投资的年限。在进行工程方案比较时,这种方法同时综合考虑了投资与年运行费两个因素,以便选择经济上最有利的方案。抵偿年限 T 可用下式计算:

$$T=\frac{\lg(\overline{B}-\overline{C})-\lg(\overline{B}-\overline{C}-K_0r)}{\lg(1+r)} \tag{5-25}$$

式中 $\overline{B}$、$\overline{C}$——工程的年平均效益和年平均运行费;

K_0——工程投资折算年值(现值);

r——利率或贴现率。

对于投资回收年限 T 小于国家部门额定的或标准的抵偿年限 T_H 的方案,在经济上才是合理的。在进行不同方案比较时,T 最小的方案是经济效益最好的。泵轴工程的额定或标准抵偿年限一般可取 8~12 年。

5.7.3.4 计算举例

1. 基本资料

(1)工程总投资 2 100 万元,其中泵站枢纽土建投资 650 万元,机电设备投资 750 万元,渠系及配套建筑物投资 700 万元。

(2)经济计算期,主泵房、渠系及配套工程按 50 年计算,机电设备按 25 年计算。为了使两者的经济计算期同步,机电设备运行 25 年后需要进行设备更新,考虑将来的物价影响和拆卸安装费用,机电设备第二次投资按原值增加 100 万元计算,即更新投资为 850 万元。

(3)施工期为 3 年。

(4)年平均运行费 75 万元,其中泵站年运行费 55 万元(包括油电费、维修费、人员工资、管理费等),渠系工程维修管理费 20 万元。

(5)多年平均灌溉收益面积 2. 667 万 hm^2,建站前多年平均单位面积产量 3 000 kg/hm^2,建站后平均单位面积产量 4 875 kg/hm^2,年增产量 1 875 kg/hm^2,效益分摊系数采用 0. 4,稻谷超购价格 0. 348 元/kg。泵站年平均效益为

$$B=0.4\times2.667\times1\,875\times0.348=696(\text{万元})$$

(6)资金时间价值计算采用的经济报酬率为 7%。

2. 工程投资、年运行费、年效益折算总值

(1)投资折算总值。

按施工期每年等额投资计算。

第一次投资折算到基准年的总值(本利和):

$$K_{01}=\frac{K}{m}\left[\frac{(1+r)^m-1}{r}\right]=\frac{2\,100}{3}\times\left[\frac{(1+0.07)^3-1}{0.07}\right]=2\,250.43(\text{万元})$$

式中 K——工程第一次总投资,万元;

m——施工期;

r——利率。

第二次投资,机电设备运行25年后的更新改造费用折算到基准年的总值(现值):

$$K_{02} = K'\left[\frac{1}{(1+r)^t}\right] = 850 \times \left[\frac{1}{(1+0.07)^{25}}\right] = 156.61(\text{万元})$$

式中　K'——机电设备第二次总投资,万元;

t——机电设备经济使用寿命,年。

则有　$$K_0 = K_{01} + K_{02} = 2\ 250.43 + 156.61 = 2\ 407.04(\text{万元})$$

(2)年运行费折算总值(分年等付):

$$C_0 = \overline{C}\left[\frac{(1+r)^n - 1}{r(1+r)^n}\right] = 75 \times \left[\frac{(1+0.07)^{50} - 1}{0.07 \times (1+0.07)^{50}}\right] = 1\ 035.06(\text{万元})$$

式中　$\overline{C}$——年平均运行费,万元;

n——泵站的经济计算期,年。

(3)年平均效益折算总值(分年等收):

$$B_0 = \overline{B}\left[\frac{(1+r)^n - 1}{r(1+r)^n}\right] = 696 \times \left[\frac{(1+0.07)^{50} - 1}{0.07 \times (1+0.07)^{50}}\right] = 9\ 605.32(\text{万元})$$

式中　$\overline{B}$——年平均效益,万元。

3. 经济效果分析

(1)效益费用比。

$$B/C = \frac{B_0}{K_0 + C_0} = \frac{9\ 605.32}{2\ 407.04 + 1\ 035.06} = 2.79 > 1.0$$

(2)净效益。

$NPW = B_0 - K_0 - C_0 = 6\ 163.32$ 万元,即工程在经济计算期内可获得的最大净效益。

(3)按效益与费用年值相等的条件计算。

$$\overline{C} + K_0\left[\frac{r_0(1+r_0)^n}{(1+r_0)^n - 1}\right] = \overline{B}$$

即　$$75 + 2\ 407.04 \times \left[\frac{r_0(1+r_0)^{50}}{(1+r_0)^{50} - 1}\right] = 696$$

计算得 $r_0 = 0.258\ 0 > r = 0.07$。

(4)投资回收年限 T。

$$T = \frac{\lg(\overline{B} - \overline{C}) - \lg(\overline{B} - \overline{C} - K_0 r)}{\lg(1+r)}$$

$$= \frac{\lg(696 - 75) - \lg(696 - 75 - 2\ 407.04 \times 0.07)}{\lg(1+0.07)} = 4.68(\text{年})$$

通过以上四种方法的计算,各项经济指标都在合理的范围以内,故说明该泵站的经济效果是较显著的。

5.7.4　财务与敏感性分析

5.7.4.1　财务分析

水利工程的经济分析,是站在国家的角度,通过计算水利工程各个比较方案的费用和效益,为选择最优方案提供依据,财务分析则是从企业或工程本单位的利益出发,在经济分析选择方案的基础上,评价本工程在财务上的可行性。

在工程规划阶段,由于资金来源未定,基本资料的精度相对较差,一般可不进行工程的财务分析。对于没有财务收入或财务收入较小的属于国家公益性事业的水利工程项目(如防洪、除涝、治碱、治渍等),在可行性研究和初步设计阶段中也不进行工程的财务分析。

对于水电、灌溉、供水等有财务收入的工程,应根据工程建设的资金来源、利息支付、生产成本和产品收益等,对工程在施工期和运行期的财务收支流程和各项财务指标进行具体计算。

1. 财务分析与经济分析的区别

(1)折算率(折现率)是不同。在水利工程经济分析中,采用标准经济报酬率,即 $r_0=0.06\sim0.07$,在水电工程经济分析中,采用电力工业投资回收率,即 $r_0=0.08\sim0.10$;财务分析则采用银行贷款利率,其中国家财政拨款不计利息。利用国外贷款的工程项目,按合同规定的利率计算。

(2)理论上经济分析应采用能反映价值的影子价格,以避免价格与价值的背离而影响经济评价的效果。目前多采用国际或国内市场价格以代替真实价格(影子价格)。财务分析中所采用的价格,均按各地现行价格或政府规定的价格。

(3)经济分析中的年运行费有:大修理费、动力费、材料费、工程维修费、管理费和其他费用等;财务分析中的年运行费除上述各项费用外,还包括上交的税金、保险费、利息以及固定资产占用费等。

一个工程项目在经济上合理,并不等于财务上可行,不论其经济效益有多大,如果没有单位(人)愿意负担其投资,该项工程也是无法实现的。因此,在实际的工程评价中,经济上最优的方案并不一定就是所选定的方案,但选定的方案在财务上一定是可行的方案。

2. 财务分析的主要内容

财务分析的主要内容有生产成本、利润、财务效益费用比、财务内部回收率、贷款偿还年限、投资收益率、财务年净效益、投资回收年限等。

1)生产成本

生产成本包括基本折旧费、运行费、水资源费和其他费用等,即

生产成本=年运行费(不包括上交税金)+水资源费和其他费+
年基本折旧费(当年折旧提成)+利息

2)利润及资金利润率

对企业和经营单位而言,利润为销售收入扣除生产成本和工商税以及其他费用之后的净收益,即

利润=销售收入-生产成本-税金-固定资产和流动资产的占用费等资金利润率
=利润/(固定资金+流动资金)

3)财务效益费用比

财务效益费用比 R 是指财务分析期内的财务总效益 B 与财务总费用 C 的现值之比，或年效益 $\overline{B}$ 与年费用 $\overline{C}$ 之比。当 $R>1$,即认为财务上是可行的。

$$R = B/C = \overline{B}/\overline{C} \tag{5-26}$$

4)财务内部回收率

在方案比较阶段进行经济分析所求出的回收率是经济内部回收率,在方案选定之后进行财务分析所求出的回收率是财务内部回收率。财务内部回收率 r_j 也是衡量工程在财务上是否可行的一个重要指标,当 r_j 大于资金来源的利率 r 时,该工程方案在财务上才算是可行的,否则是不可行的。

使财务分析期内的总效益减去总费用的净效益现值等于零,或是效益费用比 $R=1.0$ 时的 r_j 值即为所求的财务内部回收率,其计算公式如下:

$$\sum_{t=1}^{t=m} K_t(1+r_j)^{m-t} + \sum_{t=m+1}^{t=m+n} \frac{C_t}{(1+r_j)^{t-m}} = \sum_{t=m+1}^{t=m+n} \frac{S_t}{(1+r_j)^{t-m}} \tag{5-27}$$

式中 S_t——第 t 年的年收入;

K_t 、C_t——各年的投资和年运行费支出;

m、n——施工期和正常运行期,年。

5)贷款偿还年限

贷款偿还年限也是财务分析的一个重要指标。按照我国早些时候的有关规定,贷款偿还年限(包括施工期在内)最长不超过15年,否则银行不予贷款,这也是工程项目在财务上是否可行的一个界限。另外,按以前财政部门规定,偿还贷款来源包括企业上交的利润和一部分基本折旧基金以及应上交财政的其他收入。

在可行性研究阶段,可按下式计算近似的贷款偿还年限T_1:

$$T_1 = \frac{\text{工程方案总贷款}}{\text{应上交的利润} + \text{年基本折旧} \times 50\%} + m \tag{5-28}$$

式中 m——工程基本建成开始收益前的施工期。

6)投资收益率 r

财务的投资收益率,通常采用静态分析法,其计算公式如下:

$$r = (\text{年收入}-\text{年成本}-\text{年税金})/\text{总投资} = (S-C-Q)/K$$

式中 S——销售收入;

C——年运行费;

Q——年税金;

K——项目总投资。

7)投资回收年限

对于已定工程规模的设计方案,根据其建设资金的来源、利息支付、年运行费支出、年收入、税金等预测值,利用财务报表形式,对工程逐年进行现金流程平衡计算,求出本工程的投资回收年限。投资回收年限是财务测算的一项很重要的内容。投资回收年限应从工程建成投产之后起算。

(1)静态投资回收年限 T_j。

不考虑时间因素对费用、效益的影响,静态投资回收年限 T_j 的计算公式为

$$T_j = K/(S - C - Q) \tag{5-29}$$

(2)动态投资回收年限 T_d。

根据工程在运行期内的现金流程是否确定,动态投资回收年限的计算方法亦不同。如果已知工程在施工期内的历年投资 K_t、投入运行后的历年运行费 C_t、上交税金 Q_t 和年收入 S_t,那么就可以求出历年的净现金值 $N_t = S_t - K_t - C_t - Q_t$。已知贷款年利率 r,并假设折现率亦为 r,则可求出任何一年 t 的净现值 PWN_t,当其累计值等于零时,即 $\sum_{t=1}^{t=T} PWN_t = 0$,即可求出从施工期开始年份算起的动态投资回收年限 T,从 T 中减去施工期后即得到从工程投入运行后算起的动态投资回收年限 T_d。

【**例 5-1**】　已知某水利工程施工期为 4 年,总投资 $K_0 = 1.1$ 亿元,在施工期最后一年回收资金 1 000 万元,银行贷款年利率 $r = 7\%$;在初始运行期两年内效益逐渐增加,年运行费及税金亦相应增加,当进入正常运行期后,年收入及年支出则均可认为是常数。在运行期内的年收入指产品销售收入(水费、电费等收入),年支出包括运行费及税金等。假如施工期内投资、回收资金均在各年的年初,投入运行后的年收入与年支出均在各年的年末,基准年选择在施工期末。现用财务报表形式推求投资回收年限,如表 5-16 所示。

表 5-16　某水利工程动态投资回收年限计算表

年份	投资	年支出	年收入	净现金	折算因子	净现值	累计值	说明
	K_t	$C_t - Q_t$	S_t	N_t	$(1+r)^{t-m}$	PWN_t	$\sum PWN_t$	
1	-3 000			-3 000	1.311	-3 932	-3 932	施工期
2	-4 000			-4 000	1.225	-4 900	-8 832	
3	-2 000			-2 000	1.145	-2 290	-11 122	
4	-2 000		1 000	-1 000	1.070	-1 070	-12 192	
5		-150	1 500	1 350	0.934 6	1 262	-10 931	投资回收年限 7.8 年
6		-180	2 000	1 820	0.873 4	1 590	-9 341	
7		-200	2 500	2 300	0.816 3	1 877	-7 464	
8					0.762 9	1 755	-5 709	
9					0.731 0	1 640	-4 069	
10					0.666 3	1 533	-2 536	
11					0.622 8	1 432	-1 104	
12					0.582 0	1 339	+235	

由表 5-16 的计算结果可知,本工程的动态回收年限 $T_d = 7.8$ 年。

如果在规划阶段难以确定运行期内的现金流程,则可以采用下面例子中计算方法近似定出动态投资回收年限。

【**例 5-2**】　某水利工程在施工期末 t_a(基准年)的折算净投资为 K_0。

$$K_0 = \sum_{t=t_0}^{t=t_a-1} Kt(1+r)^{t_a-t}$$

工程投入运行后平均年净收入 $N=S-C-Q$,折现率为 r,则

$$K_0 = N\left[\frac{1}{(1+r)} + \frac{1}{(1+r)^2} + \cdots + \frac{1}{(1+r)^n}\right] = \alpha N$$

$$\alpha = \frac{(1+r)^T - 1}{r(1+r)^T} = K_0/N$$

$$(1+r)^T(1-\alpha r) = 1$$

因此,可解得:$T = -\ln(1-\alpha r)/\ln(1+r)$。

为与列表法的计算结果进行比较,现将表 5-16 的数据代入进行计算。已知

$$K_0 = \sum_{t=t_0}^{t=t_a-1} Kt(1+r)^{t_a-t} = 12\ 913 \text{ 万元}, \quad r = 0.07$$

$$N - S - C - Q = (1\ 350 + 1\ 820 + 2\ 300 \times 6)/8 = 2\ 121(\text{万元})$$

则
$$\alpha = K_0/N = 12\ 193/2\ 121 = 5.749$$

故 $T = -\ln(1-\alpha r)/\ln(1+r) = -\ln(1-5.749\times 0.07)/\ln(1+0.07) = 7.6$(年)

如果按正常运行期的净收入 N=2 300 万元计,则近似值 α' =12 193/2 300=5.3。那么 T' =6.9 年。

5.7.4.2 敏感性分析

在经济分析和财务分析中,大部分参数和经济数据都是预测的,包含有一定的误差和不确定性。敏感性分析就是针对这些可能存在的不确定因素和数据误差进行的分析。当用投资额、经济效益、施工期长短、工程达到设计效益年限等可能浮动的幅度,来验证各项影响现金流程的主要参数发生变化时,整个工程项目的经济或财务指标随之发生变化的程度,就称为敏感性。在考虑了各项因素的敏感性大小后,就可以做出更加合理的决策。

进行敏感性分析时,一般先计算出在基本情况下的内部回收率,然后使含有不确定性因素的指标(如总投资额、年效益、产品销售价等)发生某一百分率的变化,按这些变化分别计算现金流程,求出新的内部回收率,最后检验这两者之间的差值。

表 5-17 列出了某工程项目两个方案的敏感性分析结果,可以看出:方案一在产品的成本、售价发生变化时最为敏感,这些因素是该方案的致命弱点;方案二的敏感性较小,因此方案二优于方案一。

表 5-17 某水利工程项目的敏感性分析成果

各种因素的变化	方案一		方案二	
	内部回收率 *IRR*(%)	内部回收率变化 Δ*IRR*(%)	内部回收率 *IRR*(%)	内部回收率变化 Δ*IRR*(%)
基本情况	23.6	0	26.7	0
投资增加 10%	21.6	-2.0	24.5	-2.2
成本费用增加 10%	12.4	-11.2	25.8	-0.9
产品售价减少 10%	6.4	-17.2	22.2	-4.5
生产能力减小 10%	19.8	-3.8	23.3	-3.4
投产拖后一年	16.2	-7.4	19.5	-7.2

另外,从表 5-17 还可以看出,这两个方案对施工期都十分敏感,施工期增加一年或投产拖后一年对经济效果的影响都很大,所以必须合理安排施工进度,提高施工管理水平,尽量缩短施工期。

水利工程的经济分析和财务分析涉及的因素很多,在进行敏感性分析时,应视工程的具体情况,选择单一因素浮动或多因素同时浮动的几种方案进行分析比较,列出主要因素变动后的效果指标,供决策时参考。

需特别注意的是,参与敏感性分析的因素必须具有一致性,即对各方案来说具有同等的不确定性,否则,分析结果就没有参考价值。

就上述的两个方案,如果方案二为引水灌溉工程,而方案一为高扬程提水灌溉工程,那么对方案一来说,年运行费的大头是电费,而电费价格是不变的,也就是说,在方案二的成本增加 10%的情况下,方案一的成本根本就不会有 10%增幅,即这种比较是不对等的,也是没有价值的。正确的做法是将各方案的成本中基本不变的部分剔除掉,而让剩余的不确定性基本一致的部分产生一定的变化,进行敏感性分析。

有关经济指标浮动的幅度,需根据调查的市场价格等因素变化情况来确定,一般可在下列范围内选择采用:

(1)投资额:±10%~20%。

(2)效益:±15%~25%。

(3)施工年限:提前或推后 1~3 年。

(4)达到设计效益的年限:提前或推后 1~3 年。

5.8　泵站枢纽布置

泵站枢纽布置就是根据泵站的性质和任务,综合考虑现状条件和长远发展的需要,选择确定泵站主体工程建筑物的种类和形式,并按照工程安全、运行管理方便的原则对各种建筑物进行合理的布置,确定其位置和高程。

泵站主体建筑物一般包括取水建筑物、泵站建筑物和附属建筑物等。

(1)取水建筑物:取水口工程(浮船泵站、进水闸、导流排沙堰坎、护岸工程等)、引水建筑物(引水渠、涵洞、管道、隧洞等)。

(2)泵站建筑物:泵房(主副厂房)、进水建筑物(进水闸、前池、进水池、进水流道)、出水建筑物(出水流道、镇墩、出水池等)。

(3)附属建筑物:与主体工程配套的节制闸、变电站、检修车间以及办公、生活房,道路,桥梁等。

泵站枢纽的布置形式取决于建站的目的、水源种类(河、库、渠道等)和水位、站址地形、地质和水文地质条件等因素。枢纽布置设计中,应根据初步拟定的取水方式和初选泵型,首先确定泵房的类型及其位置,然后以泵房为中心,按其他主体建筑物和附属建筑物与泵房的关系和用途,将其分别布置在适当的地方。应进行多方案的技术经济比较,尽量做到总体布局合理、容易施工、工程安全、投资节省、运行管理方便,并兼顾站区内环境美化和道路交通的要求。

5.8.1 有引水建筑物的布置形式

5.8.1.1 引水建筑物为引水渠的布置形式

对水源岸边坡度较缓、水源与供水点相距较远,且岸边地面高程与供水点的高程相差较大的泵站工程,为了缩短出水压力管路或避免将出水池建在过高的填方上,常在进水闸(如设)后设置引水渠,将泵房建在尽量靠近供水点,地形地质条件较好的挖方中,如图5-21所示。

1—水源;2—进水闸;3—引水渠;4—前池和进水池;5—进水管道;
6—泵房;7—出水管道;8—出水池;9—输水渠

图5-21 有引水渠的泵站枢纽布置图

当水源水位变化不大时,可不设进水闸控制。这种布置方式在平原和丘陵地区从河流、渠道或湖泊取水的泵站中采用较多。其主要有以下优点:

(1)可以通过调节进水闸开度,控制进水池水位,从而降低泵房的防洪标准。

(2)引水渠可以为泵站提供良好的正向进水条件。

(3)泵站压力管道缩短,管路工程投资降低,泵站运行效率提高。

(4)对于从多泥沙河流中取水的泵站,必须解决好取水口的引水导沙问题,如采用修建导沙坎、用浮体零级站取水等措施,防止大量的泥沙进入引渠,造成大量淤积,增加清淤费用和泵站运行费。在解决好取水排沙问题的前提下,利用较长的引渠,将大部分粗颗粒泥沙沉淀在渠内,由于粗颗粒泥沙总量较小,不会引起很大的清淤工作量,但能大大减轻泥沙对水泵等设备过流部件的磨损。

图5-21所示的泵站枢纽布置形式在黄河小北干流两岸提水泵站工程中应用非常普遍,但这种布置方式也有一些缺点:一是开挖工程量很大;二是占地多,占地补偿费很高;三是自然通风散热条件差,尤其是夏季高温季节,厂房温度较高。近年来随着国民经济的发展,一方面输水管道的尺寸和压力等级已能够满足各种泵站工程的要求,管道价格也大大地降低;另一方面土地占用费标准提高很多,占地补偿费在泵站工程投资中的占比增大。因此,用大型管道或隧洞替代大开挖引渠和高填方渠道输水是大势所趋。反映在有引渠的泵站枢纽工程布置上就是不再要求距离供水点较近,而是适当缩短引渠长度,将泵房建在地质条件较好、地面开阔、自然通风条件较好的岸边处。

5.8.1.2　引水建筑物为压力管道、涵洞或隧洞的布置形式

在主流离岸边或泵站处较远，无法开挖引渠的场合，可采取以下两种布置形式：

(1)对水源正常水位变幅较小，而防洪水位较高的情况，可在靠近主流的河床中布置取水枢纽，取水枢纽与泵站进水建筑物之间采用无压隧洞连接。这种布置形式也可以用在泵站从水位变幅较小的径流式水电站的库区取水，也可用在大型水电站库区的库尾段取水。

(2)对水源正常和防洪水位变幅较大的情况，可在靠近主流的河床中布置取水枢纽，取水枢纽与泵站进水建筑物之间采用有压隧洞(管道)、涵洞等连接。这种布置形式也可以用在泵站从水位变幅较大的大型水电站枢纽水库的库前和库中段取水。

水位变化较大的取水枢纽一般均设有进水闸，所以泵房无须挡水，可以降低泵房建设标准。另外，引取含沙水流的工程中，还须采取引水排沙措施。

5.8.2　无引水建筑物的布置形式

当岸坡较陡、水源水位变幅较大时，可不设引水建筑物，而在进水闸后接泵房(一般将取水建筑物与泵房合建)。这种进水形式要求进水建筑物有较高的防洪标准，以保障泵站泵房的安全，如图5-22所示。

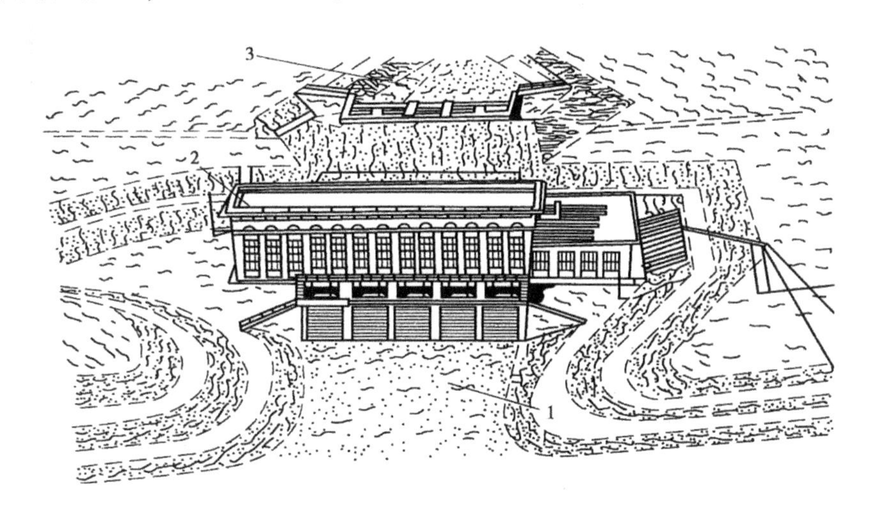

1—进水池；2—泵房；3—出水池

图5-22　无引水建筑物的泵站枢纽布置图

这种布置形式的泵房的底板必须设在较低的位置，以保证最低水位时的取水，同时泵房的挡水墙又必须高于最高洪水位，以确保防洪安全，使泵房的高度较大。这不仅会增加施工难度、加大工程造价，同时会因泵房内的通风、采光条件差，在夏季的温度和湿度较大，而高温高湿环境影响机电设备的使用寿命，也给运行管理带来诸多不便。

为了克服以上缺点，可以考虑采用立式机组和湿式泵房的方式，即将泵房建在进水建筑物之上，配置立式机组(如长轴泵等)抽水，以抬高泵房高度，减少泵房投资，改善泵房内的通风散热条件，如图5-23所示。

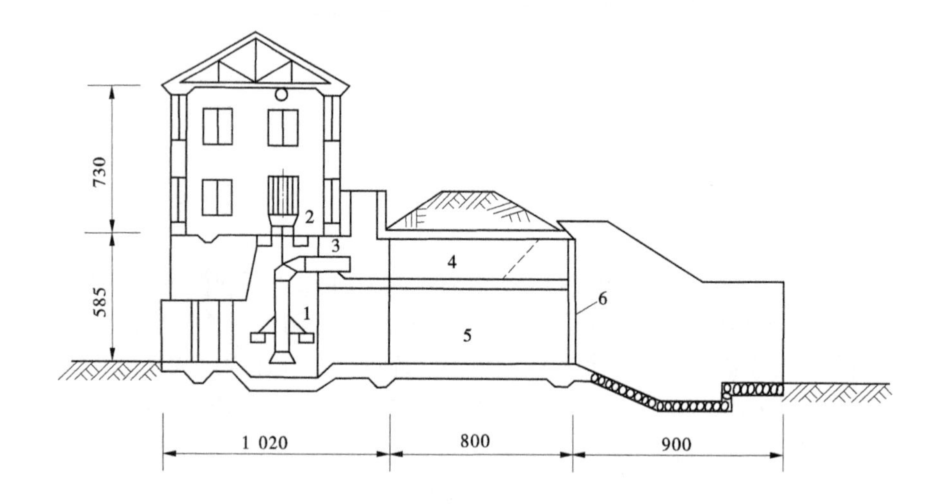

1—立式水泵;2—电动机;3—出水管;4—进水池;5—闸室;6—闸门

图 5-23　进水建筑物与泵房合建泵站剖面图　(单位:cm)

第 6 章　机组设备选型与配套

泵站中的机电设备,根据它们在工程中所处的地位不同,通常分为主要机组和辅助设备两大类。水泵、动力机及其传动设备称为主机组,为主机组服务的设备称为辅助设备,包括技术供水、供气和供油设备,机组启动和变配电设备以及通风、采暖、照明设备等。

机组设备选型、配套是否合理,不仅关系到泵站工程的效益能否正常发挥,而且对泵站工程的投资、能源消耗、运行成本等技术经济指标以及泵站的稳定安全运行等的影响也很大。因此,在泵站规划和设计中应特别予以重视。

6.1　水泵选型

水泵是泵站工程的核心设备,水泵选型直接影响动力机和传动装置的配套,同时是泵站辅助设备、电气设备、控制设备、泵房、进出水管道或流道(包括管路设备、管件等)、进出水池等的设计依据。因此,水泵的选型是泵站工程规划设计中的重要和核心环节,它对工程造价、运行安全和运行费用等具有决定的作用。

6.1.1　水泵选型的原则

(1)必须满足泵站设计流量和设计扬程的要求。

(2)在设计的各种工况(包括极端工况)条件下,均能安全稳定地运行,即不允许发生汽蚀、振动和噪声增大等现象。

(3)平均运行效率较高,节约能源。

(4)运行成本低,经济指标好。

(5)便于安装、维修和运行管理。

(6)从多泥沙水源取水的水泵,应具有抗磨措施,使用寿命较长。

6.1.2　水泵的类型和规格

泵站工程中采用的水泵一般均为叶片泵。按其工作原理,叶片泵的类型有离心泵、轴流泵和混流泵;按其安装形式可分为立式、卧式和斜式;按叶轮的数量可分为单级泵和多级泵等。各种类型的泵都具有不同的规格,表示规格的参数除水泵的基本性能参数[流量、扬程、功率、效率、必需汽蚀余量(或允许吸上真空高度)和转速]外,还有水泵的进出口径、重量及安装尺寸等。水泵选型就是在规划阶段初步确定的泵站规模(装机容量、装机台数、水泵流量和扬程等)基础上,最终确定水泵的类型和各种规格参数。

水泵的类型通常根据泵站的扬程、地形地质等建站条件、水源情况以及安装和维护管理等因素来选择。对提取黄河水的泵站,除取水零级站因扬程低而宜选用轴流泵和混流泵外,其他泵站一般采用离心泵。

6.1.2.1　浮体式零级站

建于游荡性河段的取水浮体泵站,由于水位变幅较小,宜根据扬程的高低选用立式轴流泵或混流泵,另外在游荡性河段,零级站至主泵站间一般具有较长的输水工程(明渠较多),当水源水位变化时,可利用输水工程中的水深的相应改变,加上开机数量的调节措施,足可维持流量的稳定,故不需进行叶片调节,宜选用固定叶片泵,以减少水泵投资。

建于峡谷河段的取水浮体泵站,为了适应高水位变幅,稳定出水流量,并提高平均提水效率,最好选用叶片可调的半调节或全调节式的轴流泵或混流泵。

6.1.2.2　高扬程泵站

单级双吸卧式离心泵是在提取黄河含沙水流的泵站中应用最广泛的一种泵型,它最大的优点是泥沙磨损对称,不产生轴向力;另外,水泵效率较高,检修比较方便。然而受泥沙磨蚀影响,水泵的扬程不能太高,工程实践中,抗磨性能较好,寿命较长和效率较高的单级双吸卧式离心泵的扬程多在 80 m 以下。因此,许多高扬程供水工程不得不采用多级提水的方式,这样不仅建站数量多、投资大,而且还给运行管理带来了很多麻烦。

近年来已有多家水泵厂商开发出两级双吸卧式离心泵,单泵扬程达到 150 m 左右。为了提高水泵效率,泵的比转数不能太小,即要求水泵的流量较大,这样就大大限制了此泵的应用范围。另外,为了做成对称的双吸结构形式,泵内叶轮个数较多(两级泵有 5 个叶轮),由于泵轴相对较长、挠度较大,也限制了卧式双吸多级泵的进一步发展。

随着大型高扬程供水工程的发展,急需要一种结构合理、扬程较高的浑水水泵。从理论上讲,立式多级泵从受力结构和性能指标等方面都是比较理想的泵型,国际上大型、高扬程、高效率水泵多以立式多级泵为主,但国内对立式多级泵的开发还较少,主要技术难点是多级泵的级间衔接和水泵加工精度。随着国内水泵制造技术的提高,可以预测,立式多级水泵有可能成为大中型高扬程浑水泵站的主要泵型。

目前,高扬程浑水泵站的水泵仍应以单级(或两级)双吸卧式离心泵型为主,可以采用水泵和泵站串联的方式解决扬程的问题。

6.1.3　水泵选型的方法和步骤

所谓水泵的选型方法和步骤,就是根据工程规划中初步确定的水泵流量、扬程以及技术性能和结构方面的要求,从水泵市场中选出最适合的水泵。

6.1.3.1　确定泵型及结构

1. 零级站

零级站:一般 10 m 以下扬程的泵,应主选立式轴流泵;而 10 m 以上扬程的泵,应选立式混流泵。

2. 主泵站

主泵站以离心泵为主。

(1)对于浑水泵站,水泵形式及结构的确定主要考虑泥沙磨损对水泵寿命的影响,一方面要控制水泵单级叶轮的扬程,另一方面宜采用双吸式水泵结构,宜避免水泵发生偏磨现象,使卧式泵产生轴向力,当然,水泵的转速也应尽量低一些。目前,仍应选用单级或两级双吸卧式离心泵,其中扬程在 75~80 m 以下时用单级泵,而扬程在 80~160 m 时采用两级泵。

(2)对于清水泵站或过泵水流含沙量很小、泥沙颗粒很细的泵站,水泵的选型范围要广得多,各种单吸、双吸以及卧式、立式、斜式水泵均可以选用,选择水泵形式和结构的主要依据不是扬程,而是水泵的比转数和土建工程造价。

高扬程水泵选型还应注意以下几点:

①水位变化较大的岸边泵站,可以考虑立式水泵方案,以节省土建工程投资;其余泵站可选用卧式中开式水泵,以便安装和维修。

②考虑效率指标,水泵的比转数不能太高或太低,一般应为 90~300,最好为 110~220。

③由于国产单级泵的性能指标比较好,加工技术比较成熟,故一般泵站应以选用单级水泵为主。对一些小流量的高扬程泵站,采用单级叶轮时水泵的比转数较低、效率指标不高,可选用多级水泵。国产多级水泵效率较低,但价格较便宜,而国际上最好的立式多级泵的效率指标可达 90%~93%。对一些重要和大型的高扬程供水泵站,从节能的角度,可考虑进口立式多级水泵。

6.1.3.2 水泵选型方案

根据规划中初步确定的泵站扬程、装机数量、单机流量等,确定 2~3 个装机方案,进行比较详细的水泵选型和设计计算,经过技术经济比较,最后确定最理想的水泵选型方案。各比选方案既可以是装机数量不同,也可以是水泵类型(如立式泵或卧式泵)不同。

1. 估算水泵扬程

根据泵站规划静扬程 H_{st},先估算管路阻力损失 h_{pi}。对于离心泵站,一般可取 $h_{pi}=3+0.04H_{st}$,水泵的估算扬程 $H=3+1.04H_{st}$;对于轴流泵或混流泵(零级站),一般可取 $h_{pi}=1.4+0.05H_{st}$,水泵的估算扬程 $H=1.4+1.054H_{st}$。

根据规划的泵站设计流量值,按照经济流速初步确定引水管路(如有)和压力管路的管径,计算管路损失扬程,如与上述估算值相差较大,可调整管径,直至相近,并对估算水泵扬程进行修正。

2. 各方案水泵选型

在确定水泵类型和结构的基础上,根据估算的水泵扬程和各装机方案的水泵规划流量值,根据水泵综合型谱图和水泵性能表(产品样本)选择各个方案的水泵型号。需要注意的是,应尽量选择原型水泵,因为水泵的各种变形产品的性能指标的可靠性不如原型泵。

3. 拟定泵房形式和泵站管路尺寸

依据水源水位、地形和地质、选定的泵型和台数,拟定泵房形式,并根据水泵汽蚀性能指标和进水管路尺寸,计算水泵安装高程,最终确定泵房的平面和立面建筑和结构尺寸。依据所选水泵确定配套进出水支、岔管道直径及其管路设备和管件等。

4. 技术经济指标计算和校核

结合规划确定的压力管路参数,计算泵站管路特性曲线,确定设计工况条件下的水泵工作点和泵站运行技术经济指标(包括流量、扬程、轴功率、效率、汽蚀余量、能源单耗、年耗电量等)。同时校核水泵在极端工况条件下的安全稳定性和性能参数变化幅度。

5. 推荐方案确定

根据所选水泵确定配套动力机容量,参考类似工程项目,按照装机容量来估算各方案的工程总投资。从节能和经济(工程成本或年费用)角度对各个方案的优劣进行评价,并综合考虑满足供水需求程度、节能和经济、泵站运行安全稳定和可靠性等因素,最终确定水泵的最佳选型方案。

6.2 动力机选型

泵站最常用的动力机有电动机和采油机。因为电力泵站成本较低、操作方便、故障较少、便于自动化和环境污染小,故目前泵站工程基本上都选用电动机作为动力机。

6.2.1 电动机电压等级

三相交流电动机的额定电压有 220/380 V、3 kV、6 kV 和 10 kV 等。泵站工程常用电动机的额定电压有 220/380 V 和 10 kV 两种。一般电动机容量不大于 250 kW 时,其额定电压为 220/380 V,称为低压电动机;大于 250 kW 电动机的额定电压为 10 kV,称为高压电动机。

6.2.2 电动机类型

用于泵站工程的电动机类型均为三相交流电动机,分异步电动机和同步电动机。异步电动机又有鼠笼型和绕线型之分。另外,水泵机组有调速运行要求的还可选用变频电动机。

同步电动机与异步电动机的工作原理不同。前者是在转子的励磁绕组中通入直流电,形成与定子有相同数量的固定的磁极,该磁极被定子旋转磁场吸住并拖动转子以同步转速旋转;异步电动机的转子与定子旋转磁场存在一定的转差,使闭合的转子导体与旋转磁场之间存在着相对运动,因切割磁力线而在闭合绕组中产生感应电动势、电流,转子电流又与旋转磁场相互作用,便产生电磁力。该力对转轴形成了电磁转矩,使转子按旋转磁场方向转动,即异步电动机的定子和转子之间能量的传递是靠电磁感应而完成的,故异步电动机又称感应电动机。

6.2.2.1 异步电动机

异步电动机的主要优点是结构简单、容易制造、价格低廉、运行可靠、坚固耐用、运行效率高和具有适用的工作特性;缺点是功率因素较低。异步电动机运行时必须从电网里吸收滞后的无功功率,它的功率因素总是小于 1,由于电网的功率因数可以用别的办法进行补偿,比如调相机、电容器补偿柜等,故并不妨碍异步电动机的广泛使用。

鼠笼型异步电动机和绕线型异步电动机的主要区别是转子绕组。笼式转子绕组是在转子铁芯小槽中放入金属导条,再在铁芯两端用导环将各导条连接起来,这样任意两根相对应的导条通过转子两端的导环构成一个闭合的绕组,由于这种绕组形似笼子,因此称为笼式转子绕组。国内笼式转子绕组有铜条转子绕组和铸铝转子绕组两种,国外还有铸铜转子绕组。铜条转子绕组是在转子铁芯的小槽内放入铜导条,然后在两端用金属端环将它们焊接起来;而铸铝或铸铜转子绕组则是用浇铸的方法在铁芯上浇铸出铝或铜导条、端环和风叶。

绕线式转子绕组的结构是在转子铁芯中按一定的规律嵌入用绝缘导线绕制好的绕组,然后将绕组按三角形或星形接法接好(大多按星形方法接线)。绕组接好后引出三根输入线,通过转轴内孔接到转轴的3个铜制集电环(又称滑环)上,集电环跟随转轴一起旋转,集电环与固定不动的电刷摩擦接触,而电刷通过导线与变阻器连接,这样,转子绕组产生的电流通过集电环、电刷、变阻器构成回路。

鼠笼型异步电动机结构具有物美价廉的显著特点,在泵站工程中应用最多。绕线型异步电动机通过调节变阻器来改变转子绕组回路的电阻,从而可以实现以下两个功能:①增大电动机的启动转矩和降低启动电流值;②微调电动机的转速,小范围进行水泵机组调速。由于水泵属于轻型负载,启动转矩较小,而且目前电网容量一般足够大,因此第①个功能的必要性不大;微调转速可以适当调节水泵工作点,改善水泵的运行指标,但此种调速方式属于有转差损耗的调速方式,调速的代价是转子铜损耗加大,而转子铜损耗的增加一般会大于由于调节水泵工作点,提高水泵效率所减少的能耗量,得不偿失,故对水泵机组来讲,第②个功能也是不必要或多余的。此外,绕线型异步电动机较鼠笼型异步电动机结构件多,故障率高,经久耐用性差,所以目前除在个别电网容量较小或输电线路较长,导线较细(线损较大)的泵站工程中,可选用绕线型异步电动机外,其他泵站工程原则上应采用鼠笼型异步电动机。

6.2.2.2　同步电动机

大容量同步电动机与同容量异步电动机相比较,同步电动机通过控制励磁来调节其功率因数,可以使功率因数 $\cos\varphi=1$ 或超前,因此同步电动机运行时不仅不使电网的功率因素降低,相反地,却能改善电网的功率因数,这点是异步电动机做不到的,也是其最主要的优点。

另外,对大功率低转速的电动机,同步电动机的体积比异步电动机要小些。但对建于黄河上的泵站工程,水泵转速一般比较高,故此特点并不明显。

有些资料说同步电动机的效率较高,但从原理上分析,理由不充足:同步电动机和异步电动机的定子铜损、铁损、机械损耗和附加损耗差别不大,异步电动机多一项转子铜损耗,而同步电动机有励磁系统损耗(励磁变压器及直流系统等),其值并不比异步电动机的转子铜损耗小。另外,同步电动机的转子上有明显的磁极,定转子气隙不均匀,当定子磁动势是正弦分布时,气隙磁通密度就不是正弦分布,除基波外,还有一系列谐波,这些谐波会在转子启动绕组中产生一定的附加损耗。这样分析后,认为同步电动机效率较高的原因可能是不计入励磁系统的能源损耗,因为此部分损耗功率不是来源于定子输入功率,而是单独输入的。

同步电动机与异步电动机相比,还有几个较大的劣势:其一是结构复杂,多了一套励磁系统,价格较昂贵,运行管理费用高;其二是转子结构强度较低;其三是同步电动机的启动性能差。同步电动机在进行异步启动的过程中,定子旋转磁场会在励磁绕组中产生感应电动势和电流,其与气隙磁场作用后,要产生单轴转矩,使同步电动机的机械特性曲线上出现凹坑,如图6-1所示。虽然可以采用变频启动的方式,改善其启动性能,但变频设施价格较昂贵。

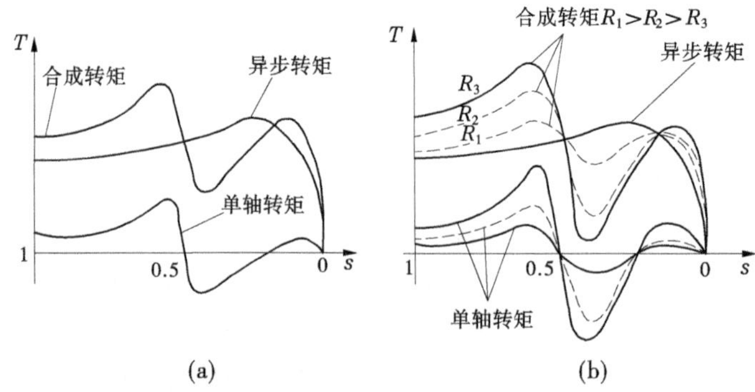

图 6-1　三相交流同步电动机启动过程中的转矩

6.2.2.3　变频电动机

某些泵站工程的全部或部分水泵需要进行变速调节运行,以适应时常变化的运行工况。比较可靠和高效的方法是通过改变供电电源的频率使三相交流电动机的转速发生变化,从而达到变速调节的目的。采用变频器供电的电源并非正弦波电源,它含有很多谐波成分。普通三相交流电动机是按照正弦波电源设计的,在设计时主要考虑的性能参数是过载能力、启动性能、效率和功率因数等。要适应非正弦波电源,需要采用特制的变频电动机。

1. 变频器对电动机的主要影响

1)电动机的效率和温升问题

不论那种形式的变频器,在运行中均产生不同程度的谐波电压和电流,使电动机在非正弦电压、电流下运行。高次谐波会引起电动机定子铜耗、转子铜(铝)耗、铁耗和附加损耗的增加,最为显著的是异步电动机的转子铜(铝)耗。因为异步电动机是以接近于基波频率所对应的同步转速旋转的,因此高次谐波电压(磁动势)以较大的转差切割转子导条,产生很大的转子电流和损耗。此外,还有因集肤效应所产生的附加损耗。当异步电动机为了改善启动性能而在转子中采用了深槽、双槽、刀形或瓶形槽时,转子铜(铝)耗增加得更大。这些损耗都会使电动机额外发热,效率降低,输出功率减小。如果将普通三相交流异步电动机用于变频器输出的非正弦电源条件下,其温升一般要增加10%~12%。

2)电动机绝缘强度问题

目前,中小型变频器有不少是采用WPM的控制方式。它的载波频率为几千赫到十几千赫,这就使得电动机定子绕组要承受很高的电压上升率,相当于对电动机施加陡度很大的冲击电压,使电动机的匝间绝缘承受严酷的考验。另外,由WPM变频器产生的斩波冲击电压叠加在电动机运行电压上,会对电动机对地绝缘构成威胁,对地绝缘在高压的反复冲击下会加速老化。

3)谐波电磁噪声与振动

普通电动机采用变频器供电时,会使由电磁、机械、通风等因素所引起的振动和噪声变得更加复杂。变频电源中含有的各次时间谐波与电动机电磁部分的固有空间谐波相互干涉,形成各种电磁激振力。当电磁力波的频率和电动机机体的固有振动频率一致或接近时，将产生共振现象，从而加大噪声。当电动机工作频率范围较宽，转速变化幅度较大时，各种电磁力波的频率很难避开电动机各构件的固有振动频率。普通电动机用变频器供电时的噪声比用电网供电时一般增加 10~15 dB。

4）低转速时的冷却问题

首先，当电源频率较低时，电源中高次谐波引起的损耗较大。其次，普通电动机在转速降低时，冷却风量与转速的三次方成比例减小，致使电动机的低速冷却状况变坏，温升急剧增加，难以实现恒转矩输出。但是对于泵类负荷，负载转矩是与转速的平方成比例减小的，并不需要电动机恒转矩输出，故电动机低速运行时的温升和冷却问题并不严重。

2. 变频电动机的电磁和结构特点

为了提高谐波电源的适应能力，变频电动机在电磁设计和结构设计方面采取了一些应对措施。

电磁方面采取的措施主要有：①减小定子、转子绕组电阻，减小基波铜（铝）耗，以弥补高次谐波引起的铜（铝）耗增加；②考虑高次谐波会加深磁路饱和，故适当降低主磁路的磁通密度；③适当增加电动机的电感，以抑制电流中的高次谐波，但电动机转子槽漏抗较大，其集肤效应也大，高次谐波引起的铜耗也大，所以电动机槽漏抗的大小要兼顾到整个调速范围内阻抗匹配的合理性。

结构方面采取的措施主要有：①提高电动机绝缘等级，一般采用 F 级或更高级，以加强其对地绝缘和线匝绝缘强度，特别要考虑绝缘耐冲击电压的能力；②同功率的变频电动机比普通电动机的铁芯截面和线槽尺寸要大，线圈匝数要多和线径要大，以达到降低磁路饱和程度和减小铜（铝）损耗的目的；③变频电动机构件及整体的刚性大，尽力提高其固有频率，以避免与各次电磁力波产生共振现象；④变频电动机一般采用强迫通风冷却，即主电机散热风扇采用独立的电机驱动。

6.2.2.4　电动机形式确定

泵站工程所用的三相交流电动机的形式需根据所选水泵的类型、水泵的设计运行方式以及其工作的工况条件等因素，结合上述各种电动机的优缺点，通过综合分析后确定。

（1）电动机的安装方式完全与水泵对应，即立式水泵选用立式电动机，卧式水泵选择卧式电动机。

（2）对规划只做恒速运行的大部分泵站的水泵可以按照以下方式选配电动机类型：①选用异步电动机，配套安装无功补偿装置以解决无功消耗和功率因素低的问题；②直接选用同步电动机，通过调节励磁电流使功率因数达到需要值；③同步电动机和异步电动机配合使用，用同步电动机解决无功消耗问题，同时发挥异步电动机经济耐用、价格低廉、管理方便等优点。

方案①为异步电动机方案，是目前在泵站工程中采用的最广泛的电动机配套方式，由于电容补偿柜有成套、成熟产品，价格较便宜，工作较可靠，而且无功补偿设施能耗很小，故该方案设备简单、投资较小、管理最方便，推荐广泛采用。

方案②为同步电动机方案，它省去了无功补偿装置，但增加了励磁装置。由于同步电动机存在价格昂贵、系统较复杂、管理费用高、启动性能差等缺点，在泵站工程实践中很少采用，所以不推荐采用。

方案③是同步电动机和异步电动机相结合的方案,其充分发挥了同步电动机和异步电动机各自的优势,适用于装机台数较多的泵站工程。某些大中型泵站工程中采用了此电动机配套方案(如东深供水工程等)。需要注意的是,从工程实用的角度考虑,由于大型异步电动机的功率因数已接近0.9(供电部门要求指标),故并不需要太多的同步电动机来进行无功补偿。假如异步电动机的功率因数为0.88,同步电动机按照 $\cos\varphi=1$ 的控制方式运行,则相同容量的一台同步电动机与多台电动机同时运行时的泵站功率因数见表6-1。

表6-1　单台同步电动机运行时的泵站功率因数

运行异步电动机数量(台)	1	2	3	4
泵站功率因数	0.973	0.953	0.942	0.935

由表6-1可知,一般每2~4台异步电动机配套一台同步电动机,即可满足无功损耗指标的需求。

(3)规划需做变速调节运行的水泵可以选用异步变频电动机,根据泵站工程的特点,需要注意以下几点:①泵站机组一般只做降速运行,由于水泵的轴功率和转矩分别与转速的立方和平方成比例减小,电动机的损耗、发热量和温升值从量上分析不会过大,故不需设置独立的风机强迫通风冷却,以简化设备结构,减小通风损耗量。②电动机在变频器供电运行时损耗增加、效率下降,变频装置也要损耗一定的能量,故机组在变速运行时的电力系统效率较低。考虑到泵站工程设计中,一般机组在接近工频转速时运行时间较长,为了节省能耗,降低供水单位能耗指标,故变速运行的机组必须能够转入工频运行。③水泵的扬程与转速的平方成比例变化,故许多需要调速运行的水泵机组并不需要很大的变速幅度。对于调频范围较小的泵站,在经过技术经济比较后,可以直接采用普通电动机进行变速运行。另外,普通电动机应在低速工况下运行,当需要在接近工频转速的工况下运行时,应立刻转入工频运行。

6.2.3　大型立式电动机的结构

立式多级水泵由于受力结构合理、流量大、效率高等优点,随着泵站工程技术的发展,可以预见,将成为大型、高扬程泵站工程的主要泵型。大型立式直联传动水泵机组一般采用大型立式电动机,故其也将成为大型泵站工程的主要动力设备。大型立式电动机结构较复杂,辅助设备较多,包括大型三相交流同步电动机和异步电动机,两者主要结构区别不大,现以大型立式同步电动机为例做介绍,大型立式同步电动机外形见图6-27所示。

大型立式电动机为分散式结构,需在泵站现场安装组合。由于机组转动部分的重量和作用在叶片上的轴向水推力全部靠电动机上机架中的推力轴承支撑,故又称悬吊式电动机。

电动机运转时定子和转子所产生的热量,靠转子上下的风扇,把定子上下进风道外的冷空气吸入来消散,再通过定子外壳上的出风洞排出,把热空气散失泵房内或定子四周环形风道内,再由拔风机把热空气排出室外,故称空气自冷却式。此冷却方式的缺点是容易把空气中尘埃带入电动机内部,聚集在定子铁芯的散热面上,影响电动机的通风和散热,严重时会使定子硅钢片发生波浪形变形,引起异常响声,个别电动机甚至会发出尖叫声。为此,5 000 kW 以上的电动机,在定子四周设有空气冷却器,其内通入冷却水,把环形风道做成全封闭式,防止外面含有大量灰尘的空气进入。

图 6-2 大型立式同步电动机外形

大型立式同步电动机(见图 6-3)由定子、转子、机架、轴承、油槽等组成。其中,定子和转子是产生电磁作用的主要部件,上、下机架,推力轴承,上、下导轴承,碳刷和滑环,顶盖等是支持或辅助部件。转子及主轴是转动部件,它与泵轴用刚性联轴器连接,带动叶轮旋转做功。

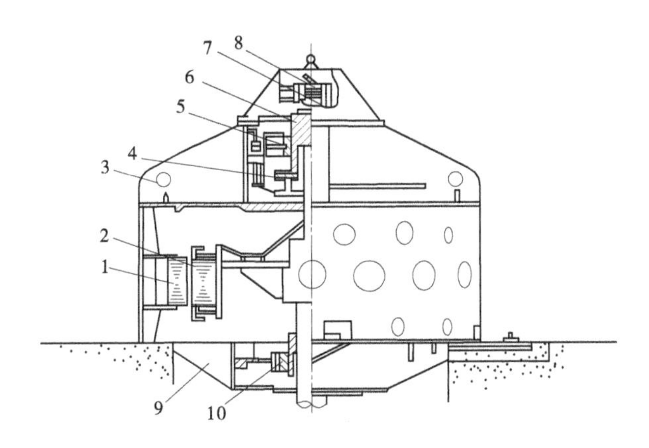

1—定子;2—转子;3—上机架;4—推力瓦;5—上导轴承;
6—推力头;7—碳刷架;8—集电环;9—下机架;10—下导轴承

图 6-3 800 kW 立式同步电动机

6.2.3.1 定子

定子由机座、铁芯和线圈等组成,如图 6-4 所示。机座是固定铁芯的部件,也是支持机组转动部分的部件。铁芯和线圈是产生旋转磁场的部件。

1. 机座

机座是定子的外壳,一般由钢板焊接而成。当外径较大时(4 m 以上),一般做成分瓣组合式。机座应有一定的刚度,以避免定子变形和振动,并能承受一定的短路扭矩。机座的上法兰面(上环)支撑着上机架传来的全部机组转动部分的重量和水推力;下法兰面

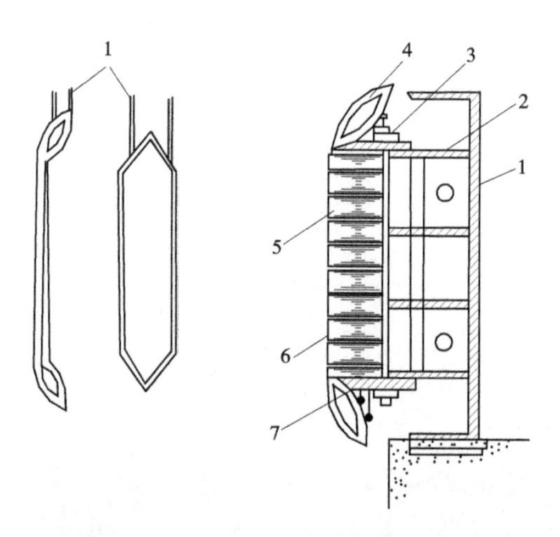

1—机座;2—脱板;3—拉紧螺栓;4—线圈;5—铁芯;6—Ⅰ形垫条;7—齿压板

图 6-4　定子结构示意图

(下环)是整个电动机的基础,将全部机组的垂直作用力传递给电动机的基础;四周筒壁是定子铁芯等部件的支承部分,筒壁上开有若干圆孔,供电动机散热用。

2. 铁芯

铁芯由 0.35~0.5 mm 厚的两面涂有绝缘漆的扇形硅钢片叠压而成。铁芯沿高度分成若干段,段与段之间用Ⅰ形垫条隔成通风沟,以便通风散热。铁芯上下端有齿压板通过定位拉紧螺栓将叠片压紧。铁芯外缘有燕尾槽,通过定位筋和托板将整个铁芯固定在机座上。铁芯内圆有矩形嵌线槽,用于嵌放绕组线圈,如图 6-5 所示。

3. 线圈

线圈用带有绝缘的扁铜线绕制而成,在外面包扎绝缘,一般采用叠绕线圈。在定子铁芯槽内放有上、下两层线圈。下线时,把叠绕线圈的两边分别嵌入相邻两极指定槽内的上层和下层,依次叠装并连成一体。

线圈嵌入定子铁芯后,再用层压板或酚醛压合塑料制成的槽楔打紧。线圈的端部用绝缘绳绑扎在支持环上。为便于测量电动机运行时的线圈温度,在某些线圈的底层或层间埋有电阻温度计。

6.2.3.2　转子

转子由主轴、支架(或轮辐)、磁轭、磁极等部件组成,见图 6-6、图 6-7。

(1)主轴通常用 35 号钢锻成,它用来传递转矩并承受转子部分的轴向力。大型电动机的转轴是空心轴,可用于叶片调节设施等。

(2)转子支架(或轮辐)主要用于固定磁轭并传递扭矩,一般采用铸钢件,并将支架与磁轭铸成一体。对于直径较大的电动机,也有将转子支架做成轮辐与轮臂结构的。

(3)磁轭主要是增大转动惯量和固定磁极,同时是磁路的一部分。一般用热套的方法套在主轴上,磁轭外圈上设有 T 形槽或螺孔,供固定磁极用,如图 6-8 所示。

(4)磁极是产生磁场的主要部件,由磁极铁芯、励磁线圈和阻尼条三部分组成,用 T 形或螺杆式接头固定在磁轭上。通过改变磁极与磁轭之间木垫板厚度调整磁极外缘的不

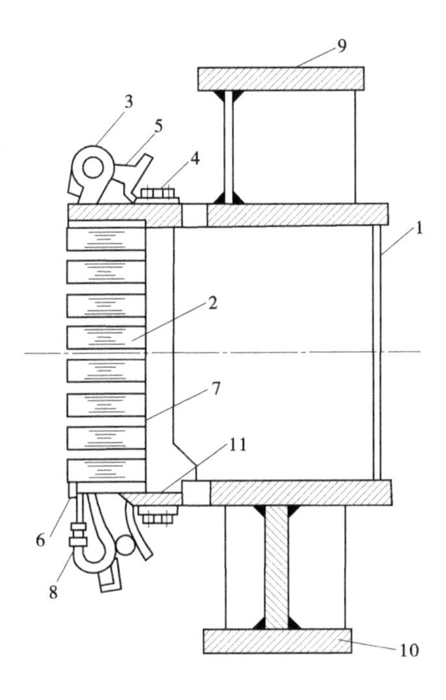

1—机座;2—铁芯;3—线圈;4—支架;5—端箍;6—槽楔板;7—Ⅰ形垫条;
8—绝缘片;9—上环;10—下环;11—齿压板

图 6-5　定子结构图

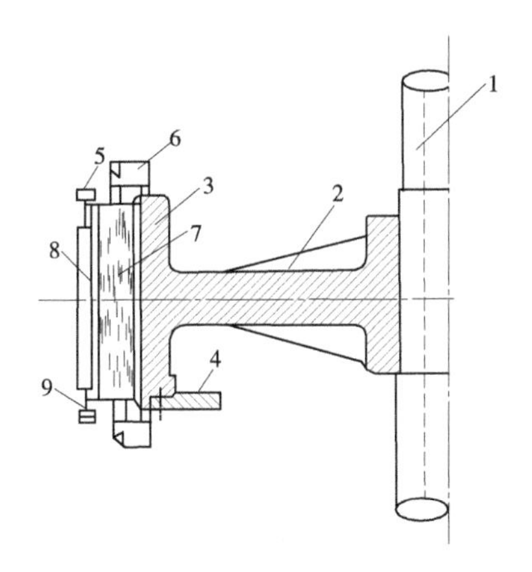

1—主轴;2—机架;3—磁轭;4—制动板;5—阻尼环;6—风扇;7—铁芯;8—线圈;9—阻尼条

图 6-6　转子结构图

圆度。磁极铁芯是用 1~1.5 mm 厚的硅钢片,经冲压成形后叠压而成,上下加极靴压板,并用双头螺栓拉紧,铁芯励磁线圈用扁铜条匝在磁极铁芯上,匝层间用粘贴石棉纸或玻璃丝布作为绝缘隔层,如图 6-9 所示。

6.2.3.3　上机架

立式电动机的上机架一般为辐射式荷重机架。它安装在定子机座上环上,用于承担全部机组转动部分的重力及水推力。上机架按机组容量和直径大小,一般为 4~6 条支

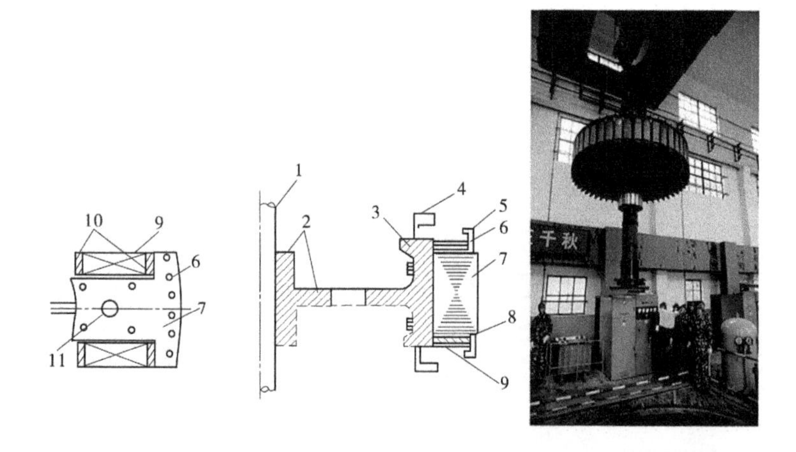

1—电机轴;2—轮辐;3—磁轭;4—风扇;5—阻尼环;6—阻尼条;7—铁芯;8—极靴压板;
9—磁极线圈;10—磁极衬垫;11—双头螺栓

图 6-7　转子结构示意图

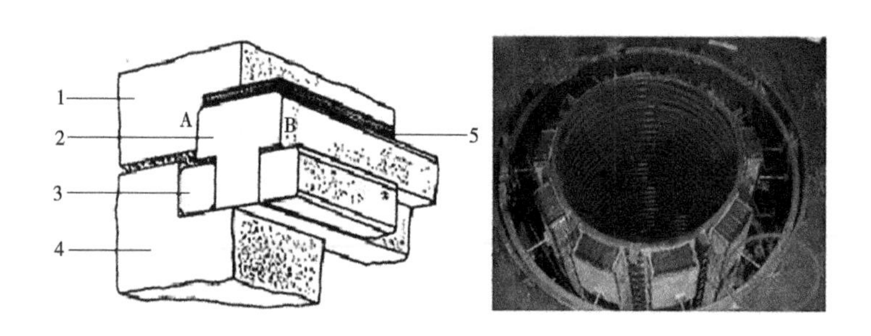

1—磁轭;2—T 形键(固定);3—传动键;4—转子中心体;5—垫片

图 6-8　磁轭结构图

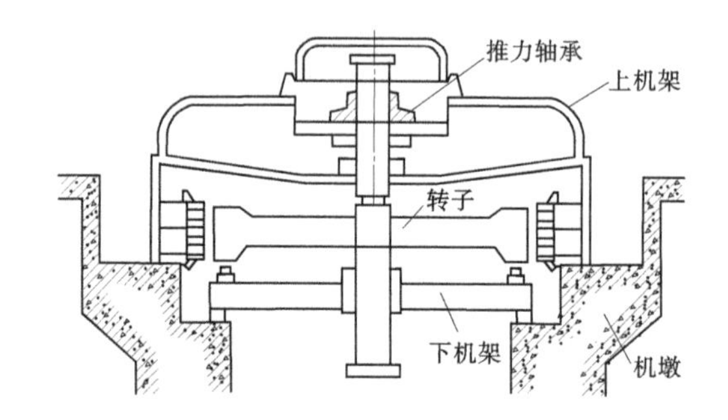

图 6-9　立式电动机支撑结构示意图

腿,中间为上油槽,内装上导轴瓦、推力轴瓦及轴承座、油冷却器等,如图 6-10 所示。

6.2.3.4　**下机架**

下机架由外伸支腿和圆形油槽组成。有的与定子直接连接在一起,有的与定子分开。大型电动机一般是分开的。下机架固定在混凝土基础上。油槽内装设下导轴瓦、瓦架、油冷却器等,如图 6-11 所示。制动器安装在支腿上。

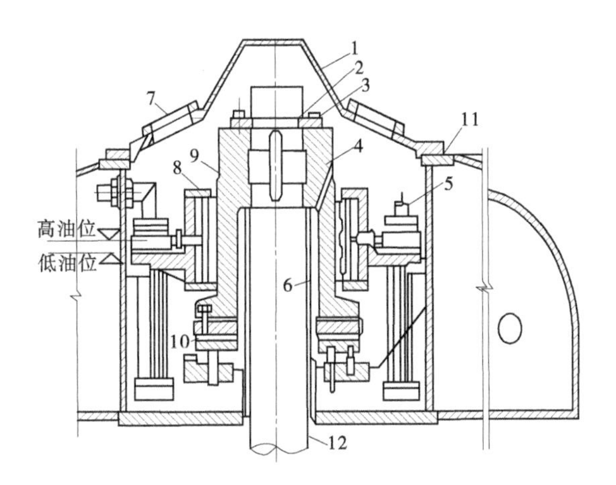

1—罩壳;2—键;3—分半式卡环;4—推力头;5—油冷却器;6—挡油筒;7—观察窗;
8—上导轴瓦;9—回油孔;10—推力轴瓦;11—耐油橡胶绳;12—电机轴

图 6-10　上机架结构

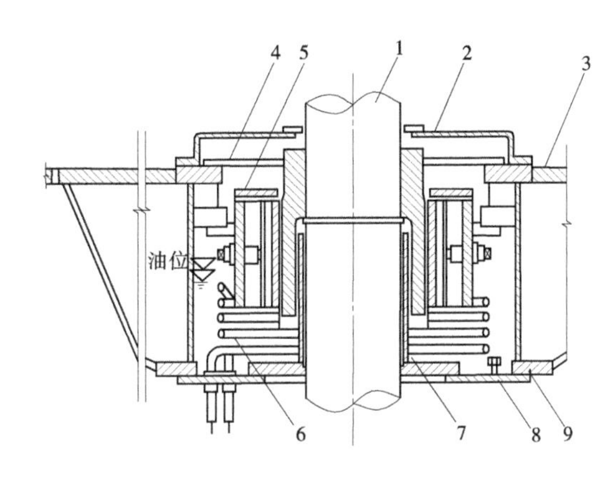

1—电机轴;2—挡板;3—下机架;4—盖板;5—下导轴瓦;6—油冷却器;
7—挡油筒;8—底环;9—耐油橡胶绳

图 6-11　下机架结构

6.2.3.5　轴承

轴承分为推力轴承和导轴承两种。导轴承又分为上导轴承和下导轴承。

1. 推力轴承

推力轴承是立式水泵机组关键的支撑部件,不仅对机组的运行效率影响很大,而且关系其安全、稳定运行。推力轴承承受的轴向力较大,随着设计和加工技术进步,目前推力轴承不仅能够在无须顶转子的情况下直接启动电动机运转,而且能保证水泵机组在停机过程中低速(正反向)安全运行,不再设置顶转子和刹车装置。

推力轴承的作用是把承受的全部转动部分的轴向力(重力和水推力)传递给上机架,并影响机组电动机的出力和机组效率。推力轴承由推力头、镜板、推力瓦、导向瓦等组成,如图 6-12 所示。

推力轴承分刚性支承推力轴承和弹性支承推力轴承两种。刚性支承推力轴承结构主要由推力头、镜板扇形推力瓦、抗重螺栓、推力瓦架等部件组成。弹性支承推力轴承结构主要由推力头(包括镜板)、圆形推力瓦、蝶形弹簧、承板等部件组成。

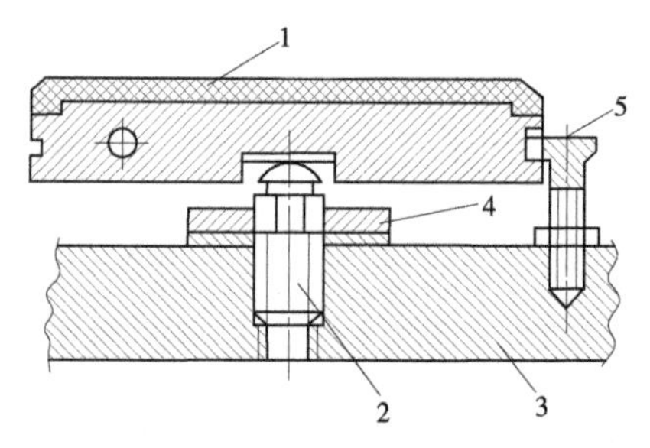

1—推力瓦;2—支撑螺栓;3—轴承座;4—锁片;5—限位螺钉

图 6-12　刚性支柱性推力轴承

刚性支承推力轴承的结构简单、制造成本低,在国内的应用非常广泛。弹性支承推力轴承的优点是推力瓦块受力比较均匀。弹性支承吸振作用较好,在电动机振动过大或出现冲击荷载时,蝶形弹簧可以起到良好的缓冲作用,极大地减少了推力瓦面的疲劳损坏。弹性支承推力轴承安装简单方便,推力瓦在工作中互相可自动调整高度,而刚性支承巴氏合金瓦在安装前需要研刮推力瓦,调平镜板,调试维护时间较长。

2. 导轴承

立式电动机有上下两个导轴承。装在上机架内的为上导轴承,装在下机架内的为下导轴承。上导轴承与推力头和轴颈组成圆形摩擦副,一般有 4 块、6 块和 8 块三种,可限制主轴的水平运动或摆动,使运转均匀,如图 6-13 所示。

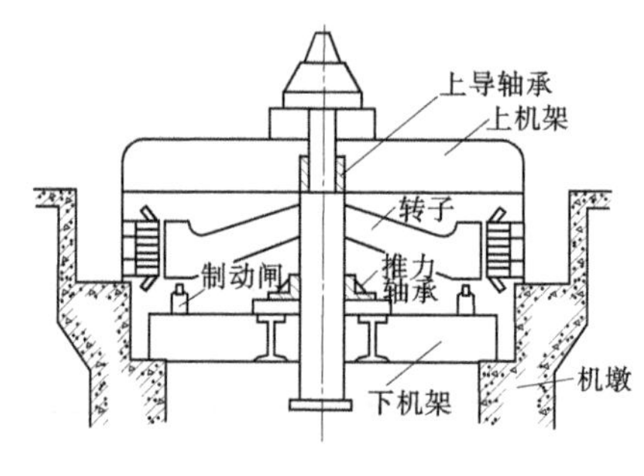

图 6-13　导轴承

6.2.3.6　冷却器

电动机的冷却器有油冷却器和空气冷却器两种。油冷却器安装在上下机架油槽内,由油铜管组成,有环形和箱形两种。管内通入冷却水,借助管壁与油进行热交换,达到冷却润滑油的目的。空气冷却器用于大容量密闭循环式电动机,装在定子上,由多根铜管组成,管内通有冷却水,带走电动机运行时铁芯和线圈产生的热量。

6.2.4　机组启动方式

三相交流电动机的启动方式有直接启动、降压启动、转子串阻抗启动、变频启动等,其中降压启动又包括自耦变压器降压启动、Y-Δ 降压启动、用软启动器启动等。

转子串电阻或频敏变阻器启动性能好,用于绕线式三相交流异步电动机,可以重载启动,只在启动控制、速度控制要求较高行业使用。由于绕线式三相交流异步电动机价格昂贵、结构复杂,泵站工程很少选用,故也不会采用此种启动方式。

由于较大电动机大都采用 Y 形接线方式,故 Y-Δ 降压启动不适用;自耦变压器降压启动虽然具有经久耐用,维护成本低,适合所有的空载、轻载电动机的启动,但人工操作要配置自偶变压器箱(自偶补偿器箱),自动控制要配置自偶变压器、交流接触器等启动设备和元件,价格较昂贵,运行管理不便。

综上所述,适合于泵站工程电动机启动的方式主要有直接启动、软启动、变频启动三种方式。

6.2.4.1　直接启动

1. 直接启动的优点

电动机直接启动是将定子绕组直接接入额定频率的额定电压启动，因此也称为全压启动。直接启动具有启动转矩大、启动时间短、启动设备简单、操作方便、易于维护、投资省、设备故障率低等优点。为了能够利用这些优点，目前设计制造的笼型感应电动机和水泵都是按全压启动时的冲击力矩与发热条件来考虑其机械强度与热稳定性的。所以，只要被拖动的设备能够承受全压启动的冲击力矩，启动引起的压降不超过允许值，就应该选择直接启动方式。

电动机直接启动可以用胶木开关、铁壳开关、空气开关（断路器）等实现电动机的近距离操作、点动控制、速度控制、正反转控制等，也可以用限位开关、交流接触器、时间继电器等实现电动机的远距离操作、点动控制、速度控制、正反转控制、自动控制等。

2. 直接启动条件

大型电动机启动电流很大，若电网容量较小，巨大的启动电流将给电网带来冲击，引起严重的线路压降，使电网中的其他电气设备无法正常运行，供电质量也无法得到保障。同时，如果启动荷载较轻，启动时间较短，会对机械和管路系统造成较大的冲击。

经常启动的水泵机组，提供电源的线路或变压器容量应大于电动机容量的 5 倍以上；不经常启动的电动机，向电动机提供电源的线路或变压器容量应大于电动机容量的 3 倍以上。如果由多台变压器并联供电，允许直接启动的单台电动机的容量也可用下列公式计算：

$$P_M = \frac{P_T}{4(k_t - 1)} \tag{6-1}$$

式中　P_M——电动机容量，kW；

P_T——变压器总容量，kW；

k_t——电动机的堵转电流倍数。

从线路电压降方面考虑，在经常有异步电动机直接启动的场合，电压降应小于额定电压的 10%；对于架设有专用供电线路的泵站工程，电压降应小于额定电压的 15%；如泵站供电线路没有其他重要负荷，也允许电压降达到额定电压的 20%；当电动机启动次数较少时，甚至还允许电压降略大于额定电压的 20%。

3. 直接启动的负载（泵站工程）条件

从负载方面考虑，电动机的启动转矩必须大于负载阻力矩，这对像水泵这样的轻负载不是问题。直接启动对泵站设备的冲击主要表现在以下三个方面：

（1）对水泵应力的冲击。一般水泵的结构强度足够大，完全能承受全压启动的冲击力。

（2）机组启动引起的水锤压力对管路及其设备的冲击。由于机组启动水锤压力一般小于事故停机过程的水锤压力，而管路及设备是按事故停机水锤压力设防的，故也没问题。

（3）对电动机的受力冲击。如上所述，鼠笼型异步电动机的强度是满足的；有变速调节的泵站工程必然选用变速电动机，一般变速电动机均需配置变频器，一定会采用变频器启动;大型同步电动机转子结构强度较低,直接启动时电流和冲击力很大,影响电动机的寿命,除特别加强,一般不进行直接启动。

6.2.4.2 软启动

1. 软启动的作用

运用串接于电源和被控电动机之间的软启动器,控制其内晶闸管的导通角,使电动机输入电压从零以预设函数关系逐渐上升,直至启动结束,赋予电动机全压,即为软启动。

软启动器是一种集电动机软起动、软停车、轻载节能和多种保护功能于一体的新颖的电动机控制装置。软启动不仅能够大幅度减轻机组所受到的启动冲击,延长转动零部件和电动机的使用寿命,同时能大大缩短电动机启动电流的冲击时间,减小对电动机的热冲击负荷及对电网的影响,节约电能。软启动器适合所有的空载、轻载异步电动机的使用。

软启动器与变频器相似,同样以电子和可控硅为基础。可以说它填补了其他降压启动装置和变频器在功能实用性和价格之间的鸿沟。采用软启动器,可以控制电动机的电压,使其在启动过程中逐渐地升高,很自然地限制启动电流。这就意味着电动机可以平稳地启动,机械和电应力也降至最小;该装置的附带功能是可用来“软”停机。

2. 软启动的优点

(1)由于软启动器采用了电子式电路,可以相对比较容易地通过安全和事故指示灯增强其基本功能,改善电动机的保护,简化故障查找,如缺相、过电流和超高温保护,以及正常运行、电动机满电压和某些故障指示。像斜坡电压和初始电压等所有设定值都可以很容易地在启动面板上设定。

(2)软启动器除完全能够满足电动机平稳启动这一基本要求外,还具有很多优点,比如可靠性高、维护量小、电动机保护良好以及参数设置简单等。

(3)软启动器中的软停机功能对泵站工程很有用。高扬程泵站工程如果直接关闸停机,将发生停机水锤,通常是利用缓闭阀门来控制水锤压力的。软启动器可使机组实现缓慢停机,就可基本避免水锤压力的发生。软停机功能是,晶闸管在得到停机指令后,从全导通逐渐地减小导通角,经过一定时间过渡到全关闭的过程。停机的时间根据实际需要可在 0~120 s 调整,这足以满足消除停机水锤的需要。

3. 软启动的启动方式

(1)斜坡升压启动。这种启动方式最简单,不具备电流闭环控制,仅调整晶闸管导通角,使之与时间成一定的函数关系增加。因为不限流,电动机启动过程中有时会产生较大的冲击电流,损坏晶闸管,对电网影响较大,实际很少应用。

(2)斜坡恒流软启动。这种启动方式是在电动机启动的初始阶段启动电流逐渐增加,当电流达到预先所设定的值后保持恒定,直至启动完毕。启动过程中,电流上升率是根据电动机负载设定的。电流上升速率大,则启动转矩大,启动时间短。此启动方式应用最多,尤其适用于风机、泵类负载的启动。

(3)阶跃启动。开机即以最短时间使启动电流迅速达到设定值,即为阶跃启动。通过调节启动电流设定值,可以达到快速启动效果。

(4)脉冲冲击启动。在启动开始阶段,让晶闸管在极短时间内以较大电流导通一段时间后回落,再按原设定值线性上升,连入恒流启动。该启动方式适用于重载并需要克服较大摩擦的启动场合,在一般负载中应用较少。

6.2.4.3　变频启动

变频器是利用电力半导体器件的通断作用将工频电源变换为另一频率的电能控制装置。变频器启动平稳、运行可靠,是一种较理想的启动装置。

变频器可以在电动机启动—运行—停机的每一次运行循环中,对转速、扭矩和功率等所有相对变量进行精确控制;另外,其控制设备为静态,即没有移动部件,因而可靠性高,维护工作量很小。缺点是前期投资成本相对较大。

变频器通过改变电动机输入电源的频率和电压,使电动机实现平滑地启动。变频器价格昂贵,但作为启动装置,其容量只需电动机容量的 $\frac{1}{5} \sim \frac{1}{4}$ 即可,启动加速时功率消耗小,并且可以用在多台电动机的场合,用一台启动装置顺次启动数台电动机,以便节省投资。电动机从零电流启动,逐渐加大,对电网和机械系统不会产生冲击。

6.2.4.4　变频器与软启动器的区别

1. 用途

软启动器和变频器是两个完全不同用途的产品。变频器是用于需要调速的场合,软启动器实际上是个调压器,用于需要降压启动和停机的场合。

变频器具有所有软启动器的功能,但它的价格比软启动器贵得多,结构也复杂得多。

2. 原理

变频器同时改变输出频率与电压,可以任意设定运行频率,频率决定转速,也就是改变了电动机运行曲线上的转速,使电动机运行曲线平行下移。因此,变频器可以使电动机以较小的启动电流,同时使电动机启动转矩达到其最大转矩,即变频器可以启动重负载。

软启动器只能改变输出电压,不改变频率,也就是不改变电动机运行曲线上的转速值,而是加大该曲线的陡度,使电动机特性变软。当转速不变时,电动机的各个转矩(额定转矩、最大转矩、堵转转矩)均正比于其端电压的平方,因此用软启动器大大降低电动机的启动转矩,所以软启动器不适用于重载启动的电动机。

3. 功能

变频器在功能上是软启动器所不能替代的,变频器可以实现恒转矩启动,就是说在低速下可以有和高速相同的转矩,而软启动器是无法实现的。

6.2.4.5　泵站工程机组启动方式

泵站工程机组启动方式应该根据其性能特点和机组设计工作条件综合分析确定。由于大中型泵站工程一般架有供电专线,电网容量一般是足够的,而且机组启动负载较小,所以可按以下原则选择机组启动方式:

(1)对选用三相交流异步鼠笼型电动机的泵站工程,在电源容量和启动压降满足要求的情况下,应采用直接启动方式。

(2)对选用三相交流异步鼠笼型电动机的泵站工程,在电源容量和启动压降不能满足直接启动要求时,可采用软启动方式。

(3)选用同步电动机的泵站工程,为了降低启动时的冲击力矩,延长机组(主要是电动机)的寿命,应选用软启动或变频启动方式。选用软启动时必须对机组启动过程进行计算分析,确保机组能够顺利启动,防止因同步电动机启动性能差而使启动时间过长甚至不能启动的状况发生。两种启动方式需通过技术经济比较后确定。

(4)有变速调节运行要求的泵站一般会选择变频调速方案,机组自然就采用变频启动方式了。

6.3　电动机配套功率和转速的确定

6.3.1　电动机配套功率

对于小型泵站工程,在水泵选定后,可从水泵样本上直接查得配套电动机的功率。对于大中型泵站工程,需按下式计算最小配套功率:

$$P_{min} = K\frac{\rho g Q H_{st}}{1\,000\eta_{unit}} \tag{6-2}$$

式中　P_{min}——电动机最小配套功率,kW;

ρ——水的密度,kg/m^3;

g——重力加速度,m/s^2;

H_{st}——水泵最大轴功率对应的泵站装置静扬程,m,对高扬程泵站,它等于进、出水池水位高差(提水高度)与水面压力差之和,扬程较低时,近似等于提水高度,离心泵应取最小装置静扬程,轴流泵应取最大装置静扬程;

Q——对应于装置静扬程 H_{st} 的水泵工作点流量,m^3/s;

η_{unit}——水泵机组效率;

K——电动机功率储备系数,K=1.05~1.10。

$$\eta_{unit} = \eta_{pipe}\eta_p\eta_T = \frac{H_{st}}{H}\times\eta_p\eta_T \tag{6-3}$$

式中　H——水泵扬程,m;

η_p、η_T——水泵和传动装置效率,直接传动时 $\eta_T\approx 1.0$,见表 6-2。

表 6-2　传动装置效率

传动方式	直接传动	齿轮传动			液力联轴器
		斜齿轮 1 级	伞齿轮 1 级	行星齿轮 1 级	
传动效率	1.0	0.95~0.97	0.93~0.96	0.95~0.98	0.95~0.97

电动机功率储备系数 K 是对一些非恒定因素对功率影响的考虑。例如,水泵填料的松紧、电动机和水泵额定转速之差、水泵和电动机性能参数(曲线)的误差以及机组在运行中可能出现的外界干扰力等。准确计算这些非恒定因素的大小非常困难,但能肯定的是,它的影响是随着机组功率的增大而减小的。如果 K 值选得太大,不仅造成动力的积压,而且电动机经常在欠载情况下运行,其功率因素和效率可能会降低;如果 K 值选得过

小,电动机又有超载的危险。表6-3可供选择 K 值时参考。

表6-3　电动机功率备用系数 K 值

功率(kW)	< 1	1~2	2~5	5~10	10~50	50~100	> 100
K 值	2.5~2.0	2.0~1.5	1.5~1.3	1.3~1.15	1.15~1.1	1.1~1.05	1.05

计算出电动机最小配套功率 P_{min},查电动机样本,按照电动机额定功率 $P \geqslant P_{min}$ 的关系,最后确定电动机额定功率。

6.3.2　电动机转速

异步电动机的转速与电网交流频率 f、电动机的磁极对数 p 和转差率 s 有关。可用下式表示:

$$n = \frac{60f}{p}(1 - s) \tag{6-4}$$

同步电动机的转速仅与电网交流频率 f 有关,相当于 $s=0$ 的情况,我国电网交流频率 $f=50$ Hz。由于交流电网频率波动很小,异步电动机的转差率 s 也很小,故电动机的转速主要取决于电动机的极对数 p,而 p 只能取整数,因此电动机的转速变化不是连续的,电动机产品的转速变化很小。

电动机的转速与水泵的转速和传动方式有关,如为直接传动,电动机与水泵的转速相等;如为间接传动,电动机与水泵的转速有一定的转速比关系。

通常,水泵的设计转速是根据电动机的额定转速而定的。为此,在选择电动机时,不仅要求满足功率的要求,而且应该尽量使电动机和水泵的转速一致,这样就可以采用直接传动,从而减少设备投资,提高传动效率。应该指出,相同容量的电动机,额定转速越高,体积会越小,效率和功率因素越高,也越经济。因此,对于转速很低的大型水泵,若采用直接传动,则需要选择磁极对数多的电动机,不仅使电动机的体积和投资增大,也使电动机的性能指标变差,反而可能不经济。这时,也可以选择高于水泵转速的电动机,但需要增加降低转速的传动设备,以保证水泵转速接近额定值。

需要注意的是,不能用减小电源频率等方法来降低电动机的转速,因为电动机的额定功率也随之减小,要满足水泵轴功率要求,必须选用更大功率的电动机,这在经济上是不可行的。

选择与水泵额定转速接近的电动机,采用直接传动方式,或选择较高转速的电动机,采用间接传动方式两种方案需进行技术经济比较后确定。另外,对于运行工况变化较大、需要进行调节的泵站,应该考虑采用调速电动机,但也要与叶片调节等其他方案进行比较。

对于黄河上的泵站工程,机组转速相对较高,电动机的转速一般均应按接近水泵的额定转速确定。此外,一般水泵的额定转速与所选电动机的转速是有偏差的,有的偏差还较大,应根据电动机和水泵的转矩特性计算确定机组转速,并对水泵的特性曲线进行必要的修正。

6.4 电动水泵机组的启动校核

对于电动机来讲,水泵的启动多属于轻载启动。与中小型水泵配套的电动机,一般采用全压启动,只要其额定功率值不小于式(6-2)计算出的最小配套功率 P_{min},水泵机组的启动不会发生问题。对于大型水泵机组,直接启动时瞬间电流很大,会对电网产生一定的冲击,引起较大的瞬时电压降,故一般采用降压启动(软启动)方式。然而,正如前述,降压启动时电动机的启动力矩是按电压的平方成比例减小的,所以启动过程会延长。由于大型水泵机组转动惯量和阻力矩大,启动较困难,若启动时间过长,发热量就较大,可能影响到电动机的寿命。为此,对于大功率异步电动机,为了保证其顺利启动并投入正常运行,需对其启动过程中的转矩和启动历时进行复核计算。

6.4.1 电动机的启动特性

电动机的启动特性主要是指电动机的转矩和电流随转速而变化的关系曲线,如图 6-14 所示。

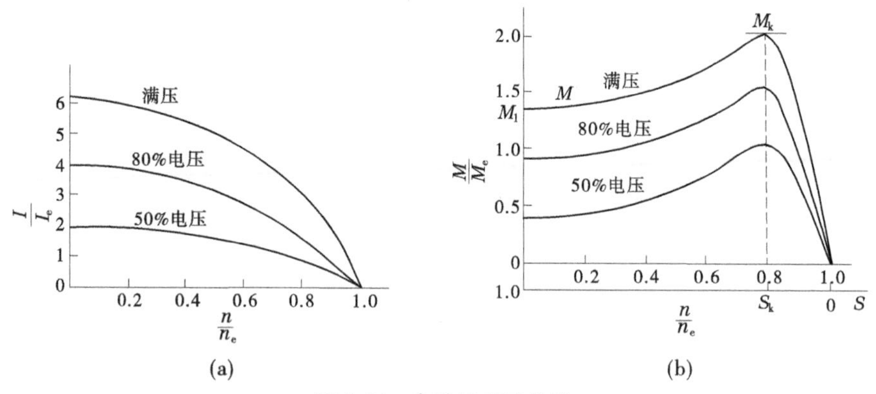

图 6-14 电动机启动特性

由图 6-14(a)可知,电动机启动瞬间需要的电流最大,随着转速的逐渐增大,电流随之减小。当转速达到正常工作的异步转速 n_e(机组转速)时,电动机的电流减小到额定值 I_e。根据图 6-14(b),电动机的转矩特性则有所不同,尽管启动瞬间的转矩 M_1 较大,但并不是转矩 M 的最大值,电动机转矩 M 随着转速增大而逐渐增大。当转速增大到某一定值(此时转差率等于临界转差率 S_k)时,电动机的转矩达到某一最大值(临界转矩 M_k)。此后,随着转速的增大(接近于同步转速 n_1),其转矩又迅速减小。

对异步电动机或同步电动机异步启动时,在启动瞬时,电动机所能提供转子的力矩(启动转矩) M_1 一般由电机厂提供,也可按下述经验公式计算:

$$M_1 = \frac{0.98U_x^2R'_2}{(R_1 + R'_2)^2 + (X_1 + X'_2)^2} \quad 或 \quad M_1 = \frac{2M_k}{\frac{1}{S_k} + S_k} \tag{6-5}$$

式中 M_1——电动机所能提供的启动瞬时转矩,kN · m;

U_x——启动瞬时电动机的端电压,V;

R_1、X_1——定子有效电阻与定子绕组漏抗,Ω;

R'_1、X'_2——转子折合到定子的有效电阻与漏抗,Ω。

M_1 用式(6-5)计算比较麻烦,可按电动机额定转矩的 40%~75%估算。

转子从静止状态启动后,逐渐加速,直到额定转速。在这一过程中,电动机所能提供的转矩 M 可用以下实用机械特性公式计算:

$$M_d = \frac{2M_k}{\frac{S}{S_k} + \frac{S_k}{S}} \tag{6-6}$$

$$M_k = \frac{M_1(1 + S_k^2)}{2S_k} \tag{6-7}$$

$$S = \frac{n_1 - n}{n_1} \tag{6-8}$$

$$S_k = \sqrt{\frac{0.05M_2 - M_1}{M_1 - 20M_2}} \tag{6-9}$$

$$M_e \approx 9\ 552\frac{P_e}{n_e} \tag{6-10}$$

式中　M_k——临界转矩,N·m;

S——转差率,随转速 n 而变;

S_k——临界转差率;

M_2——对于异步电动机, $M_2 = M_e$(额定转矩),对于同步电动机, M_2 为牵入转矩,同步电动机在异步启动后,在异步状态下加速,当其转速达到同步转速的 95%(转差率 $S=0.05$)时的转矩即为牵入转矩,在求临界转差率 S_k 时, M_2 可按(1.0~1.1) M_e 估算,N·m;

n_1、n_e、n——同步转速、额定转速、转速,r/min;

P_e——额定功率,kW。

另外,从图 6-14 还可以看出,电动机的启动特性与电源的额定电压有密切关系。当电源电压低于电动机的额定电压时,电动机的启动电流曲线和转矩曲线都会下降。

6.4.2　水泵机组启动阻力矩

当电动机带动水泵启动时,机组的阻力矩 M 包括水泵的水力矩 M_p、机组填料和轴承等摩擦力矩 M_c 及电动机在风、声、热等方面损耗力矩 M_s 等。

6.4.2.1　水力矩 M_p

水泵启动时的水力矩 M_p 的计算比较复杂,目前尚无精确理论计算公式。根据 $P = M\omega$ 和比例律 $M \propto \frac{P}{n} \propto n^2$ 可知,可以认为水泵转矩随转速而变化的曲线是一条抛物线,可按下式近似计算:

$$M_p = 9\ 552\xi\left(\frac{n}{n_e}\right)^2\left(\frac{P_e}{n_e}\right) \tag{6-11}$$

式中　ξ——机组启动方式系数。

对于离心泵关阀启动过程,$\xi=0.3\sim0.35$;如果阀门开启比较迅速(联动),静扬程 H_{st} 与水泵扬程 H 的比值较小时,可取 ξ 为 $0.5\sim1.0$;对于轴流泵或混流泵,不能关阀启动,可取 $\xi=1.0$。

依据式(6-11),可绘出水泵的水力矩 M_p 随转速的变化曲线,如图 6-15 所示。

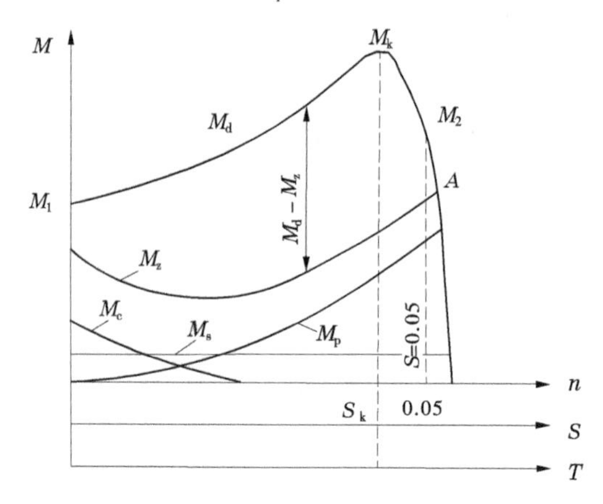

图 6-15　机组启动过程的电动机转矩、机组阻力矩(水力矩、摩擦力矩、电动机损耗力矩)与转速关系曲线

6.4.2.2　**摩擦力矩 M_c**

水泵机组从静止状态启动的瞬间,轴承(特别是处于半干摩擦状态的滑动轴承)和填料具有较大的摩擦阻力。在启动瞬间,摩擦力矩具有最大值,可达到水泵额定转矩的5%~20%。机组启动后,随着转速的增大,轴承和填料的摩擦阻力迅速减小,当转速增大到额定转速的10%~20%时,摩擦阻力达到最小。对立式泵的摩擦力矩可用下式表示:

$$M_c = \mu WRS^2 \tag{6-12}$$

式中　W——机组转子重量,N;

R——电动机转子半径,m;

μ——轴承摩擦系数,$\mu=0.10\sim0.20$;

S——转差率,启动瞬间的 $S=1$。

由式(6-12)可以绘出摩擦力矩随转速(或转差率)变化的曲线,如图 6-15 中的 M_c 曲线所示。

6.4.2.3　**机组损耗力矩 M_s**

机组损耗是指电机的风耗、定转子铜(铝)耗、铁耗及附加损耗和水泵的水力及容积损耗等。定、转子铜(铝)耗随转速增加而减小,风耗则随转速的增加而增大,铁损和附加损耗近似与电压的平方成正比,但与转速无关,而水泵内损耗则与流量和扬程有关。

由于机组损耗力矩比较复杂,难以精确计算,从工程实用角度出发,考虑其在机组阻力矩中的占比较小,一般假定机组的综合阻力矩为常数,计算公式为

$$M_s = (1 - \eta) M_e \tag{6-13}$$

式中　η——机组额定效率；

M_e——电动机额定转矩，由式(6-10)计算。

根据式(6-13)，可在图6-15中绘出一条与坐标轴n平行的直线M_s。

6.4.2.4　水泵机组的阻力矩 M

水泵机组的阻力矩可用下式表示：

$$M_z = M_p + M_c + M_s \tag{6-14}$$

在图6-16中将M_p、M_c、M_s相加，即可以得到机组阻力矩M_z与转速的关系曲线。

6.4.3　水泵机组启动特性及启动校核计算

6.4.3.1　水泵机组启动力矩平衡方程

水泵机组启动特点是由电动机的启动特性和机组阻力矩特性共同决定的。启动过程中力矩平衡方程为

$$M_d - M_z = J\frac{d\omega}{dt} \tag{6-15}$$

式中　M_d、M_z——电动机的电磁转矩和机组总阻力矩，N·m；

J——机组转子转动惯量，kg·m²，$J=\frac{GD^2}{4g}$，GD^2为机组转子的飞轮惯量，N·m²，为水泵与电动机转子飞轮惯量之和，由于水泵的飞轮惯量比电动机小得多，所以中小型水泵机组转子飞轮惯量一般可取电动机转子飞轮惯量的1.08~1.1倍，而大型水泵机组最好由厂家分别提供，目前电动机和水泵的产品样本中一般提供的是转动惯量J值，可直接代入式(6-15)中，不必再计算飞轮惯量GD^2（$GD^2=4gJ$）；

ω——机组转动角速度，s^{-1}，$\omega=\frac{\pi}{30}n$，n为转速，r/min，；

t——时间，s。

由式(6-15)和图6-15可知，机组启动时，如果电动机的转矩M_d大于机组阻力矩M_z（负载转矩），就能把剩余转矩M_d-M_z（加速转矩）传给机组的转子，使它加速运转。当转速加大到某一值n'时，电动机转矩曲线和机组的阻力矩曲线相交于A点，在该点$M_d - M_z = 0$，$dn/dt=0$，即$n=$常数n'，机组进入稳定运行状态。式(6-15)还表明，M_d-M_z越大，J或GD^2越小，dn/dt就越大，加速就越快，启动时间越短。中小型水泵机组的M_d-M_z与J或GD^2的比值较大，启动时间较短，一般只需几秒钟。

在电动水泵机组的启动过程中，对于异步电动机，只有一个阶段，即从开始启动并逐渐加速，直到转速稳定，机组进入正常运行。对于同步电动机，启动过程分为两个阶段。当定子绕组接至交流电源后，同步电动机进入异步启动阶段；当电动机转速达到同步转速的约95%时，向转子绕组输入直流电，将电动机牵入同步转速，并转入稳定运行。

6.4.3.2　水泵机组启动阻力矩特性

如前所述，叶片泵启动过程中的阻力矩由水力矩、摩擦力矩和机组损耗力矩组成，阻

力矩曲线的特征取决于叶片泵的类型(比转数)、泵站静扬程 H_j 与水泵扬程的比值 H_j/H 以及闸阀的启闭情况。

图 6-16 绘出了低(中)比转数离心泵启动过程 Q—H 曲线和 Q—P 曲线。大中型离心泵站工程的管路损失与静扬程相比很小,机组启动过程很短,如果开阀空管启动,则流量会很大,水泵会发生汽蚀现象。因此,对于高扬程离心泵站,尤其是多泵并联管道出水的泵站一定要关阀启动,而且机组启动前还要将压力管道注满水(注水高度至少要达 80% 以上)。

如果水泵是在闸阀关闭情况下启动的,那么工作点的位置沿着图 6-16 中的 0—1—2—3—4 点而移动,水泵轴功率对应于 0′—1′—2′—3′—4′ 各点;当转速达到稳定值时,水泵轴功率和转矩只有稳定运行功率的 30%~50%。之后随着阀门的逐渐开启,水泵工作点和轴功率沿 n_4 曲线移动,水泵流量、轴功率和转矩随之增大,待阀门全开后分别达到设计的流量、轴功率和转矩值(d、d' 点)。机组关阀启动的阻力矩曲线如图 6-17 中的曲线 A 所示,转速达到稳定值时的转矩只有额定值的 30%~50%。曲线 A 随转速的增大先降后升的原因是:在机组从静止启动的瞬间,轴承(特别是处于半干磨状态的滑动轴承)和填料的摩擦力很大,水泵转矩可达其额定转矩的 5%~20%,转速逐渐增大后,摩擦阻力迅速减小,在转矩增加到额定值的 10%~20%时,转矩的变化开始符合抛物线的规律。

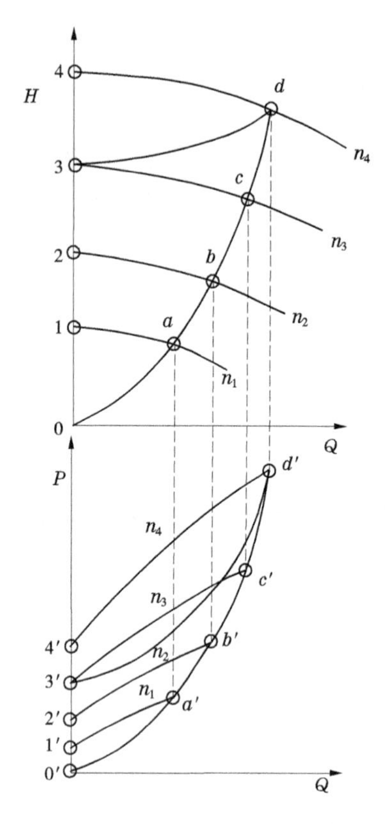

图 6-16　低(中)比转数离心泵启动过程扬程和功率特性曲线

如果水泵是在开阀的情况下启动的,并且 $H_j/H = 0$,即水泵的扬程全部用于克服管路阻力,则工作点的位置将沿着图 6-16 中的 0—a—b—c—d 及 0′—a'—b'—c'—d' 点移动,此种情况下,机组阻力矩曲线接近于抛物线,如图 6-17 中的曲线 B 所示。高比转数的离心泵在零流量点的功率接近于额定值,机组阻力矩曲线接近于曲线 B,与阀门开关关系不大。

图 6-16 中 0—a—b—c—d 与 0—1—2—3—4 和 0′—a'—b'—c'—d' 与 0′—1′—2′—3′—4′ 两对工作点移动曲线和图 6-17 中 A、B 两条机组阻力矩曲线表示两种极端情况,其他情况下(如机组启动和阀门开启联动、$H_j/H \neq 0$ 等)的工作点移动轨迹和机组的阻力矩曲线都不会超出上述各对曲线所限制的范围。

6.4.3.3　机组启动历时计算

机组启动历时可按下式计算:

$$T=\int_0^T \mathrm{d}t=\frac{GD^2}{375}\int_0^{n_e}\frac{1}{M_d-M_z}\mathrm{d}n \qquad (6\text{-}16)$$

计算求出的机组启动历时 T 应不大于电动机制造商要求的启动历时。对于同步电动机,该计算历时 T 也就是牵入同步的时间。通常,对牵入同步的时间是有规定的,如果在规定的时间内机组的阻力矩 M 大于电动机的牵入力矩 M_2,异步启动运行时间必然超过规定时间,这时继电保护系统动作,切断交流电源,使电动机无法牵入同步。

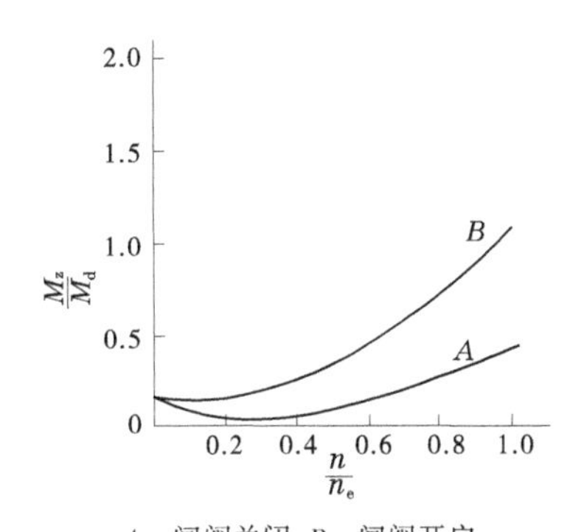

图 6-17　低(中)比转数离心泵启动时的转矩曲线

通常将电动机的转矩 M_d 曲线和机组阻力矩 M_z 曲线绘制在同一个图中,如图 6-18 所示,图中虚线为同容量同步电动机的 M_d 曲线。两条曲线满足以下条件时,则认为电动机满足机组的启动要求:

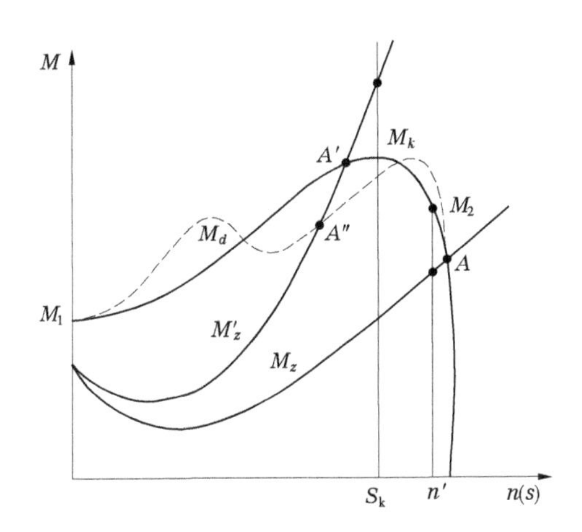

图 6-18　机组启动过程

(1)电动机的启动转矩 M_1 必须大于机组启动瞬间需要克服的机组阻力矩。

(2)在启动过程中,M_d 曲线应在 M_z 曲线之上,即 $M_d > M_z$。

(3) M_d 曲线和 M_z 曲线的交点 A 应在牵入同步以后,即在临界转差率 S_k 之后,且临界转矩和牵入转矩都必须大于阻力矩。

如图 6-18 所示,M_d 曲线 和 M_z 曲线的配合能满足上述要求,机组可正常启动。M'_z 曲线与 M_d 曲线交于 A'',当转速达到临界转差率 S_k 时,阻力矩大于电动机临界力矩 M_k,电动机无法启动。

不满足机组启动条件时,必须采取适当措施,包括减小阻力矩和提升电动机的启动力矩。减小阻力矩的措施有离心泵关阀启动、轴流泵分流启动等;提升启动转矩的措施:①对采用降压启动的机组,适当减小降压幅度,即提高启动电压或全压启动;②选用启动转矩较大的电动机产品,如深槽或双鼠笼型异步电动机,绕线式异步电动机转子转接频敏电阻启动等;③采用变频启动等。

6.4.3.4　机组降压启动应注意的两个问题

1. 离心泵降压启动

对于低(中)比转数离心泵,如采用关闭阀门的启动方式,机组启动阻力矩是比较小的,如图 6-19 中的曲线 A 所示;对于高比转数离心泵,关阀启动的作用较小,机组启动的阻力矩较大,如图 6-19 中的曲线 B 所示。机组采用降压启动减小了启动电流和对电网及机组的冲击力,但降压后电动机启动转矩减小,延长了启动过程。

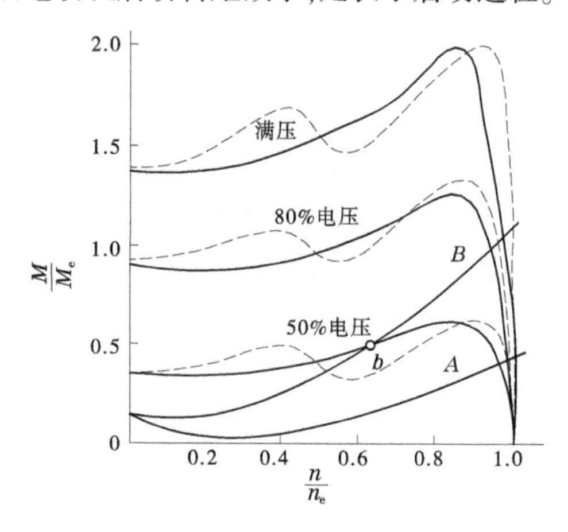

图 6-19　离心泵降压启动

要使机组顺利启动,转入稳定运行,首先必须使电动机的启动转矩大于机组启动阻力矩,其次使启动时间满足要求。为此,降压启动的降压幅度不能太大。如图 6-19 所示,机组阻力矩如曲线 A 所示,则降压幅度可达 50%;而像曲线 B 所示的机组,降压幅度就要小于 50%。

图 6-19 中虚线表示同步电动机的异步启动转矩曲线,由于有单轴效应,同容量同步电动机的启动性能不如异步电动机,故降压的幅度更小一些。

如采用软启动方式,由于在启动过程中电压是逐渐加大的,故只要电动机在降压启动开始瞬间的转矩大于机组阻力矩,应能顺利完成启动。

2. 轴流泵降压启动

对于轴流泵,也可以画出其降压启动时的电动机转矩曲线和机组阻力矩曲线,如图 6-20 所示。轴流泵在 $Q=0$ 时的转矩可达到额定转矩的两倍以上,因此轴流泵的关阀启动会使电动机过载(见图 6-20 中曲线 A)。

为了启动机组并防止水倒流,一般需在轴流泵出水管的末端安装拍门。在这种条件下启动,可能出现两种情况:一种是水泵停止抽水时间不久,水泵和出水管内充满了水,机组阻力矩曲线与曲线 A 重合。如果出水管不长,在转速增加到一定程度,水泵扬程超过静水头之后,水泵开始抽水,阻力转矩曲线就离开曲线 A,如图 6-20 中的曲线 B。另一种是水泵出水管中没有水,水泵启动后立即开始抽水,这时机组阻力矩的变化可以用图 6-20 中的曲线 C 来表示。

必须指出,在上述第一种情况下,曲线 B 对应的时间非常短,如果出水管较长,加速

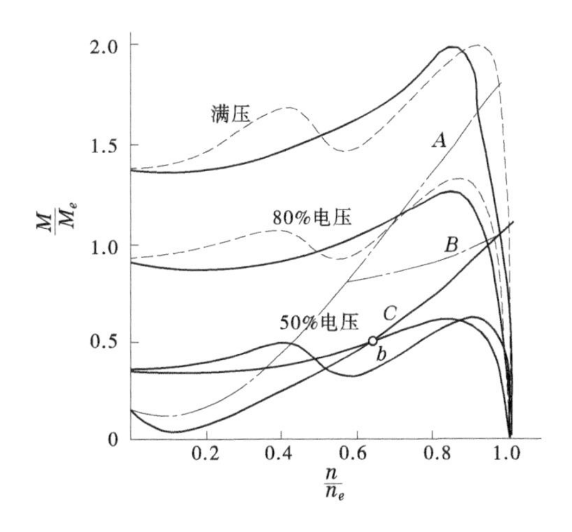

图6-20　轴流泵降压启动

其中水柱需要一段时间,或者拍门的开启不够迅速,那么在转速较高的阶段机组阻力矩仍然沿着曲线 A 上升,从而使水泵启动出现问题。

对采用虹吸式出水管的轴流泵站,如果虹吸管顶部的位置较高,启动时的机组阻力矩曲线基本上具有图6-20中曲线 A 的形状,这时也会引起机组启动困难。

6.5　传动装置

动力机与水泵之间的传动方式可分为直接传动和间接传动两类。

当水泵和动力机的额定转速相等或接近,转向相同,两轴线重合,且都为立式或卧式结构时,可采用直接传动。如果二者转速不等或转向不同,且一台为卧式,另一台为立式时,就要采用间接传动方式。

6.5.1　直接传动

用联轴器把水泵和动力机的轴连接起来,借以传递能量,称为直接传动。直接传动结构简单,传动平稳,安全可靠,结构紧凑,传动功率大,传动效率接近100%。缺点是不便于转速调节,要求有稳固的基础,以防止因变形而造成偏心、引起轴承发热或产生振动、效率降低甚至扭弯和折断泵轴。

目前,大部分水泵的额定转速是按照电动机额定转速的档次设计的,所以大部分电动水泵机组都采用直接(联轴器)传动的方式。联轴器结构分为刚性和弹性两种。

6.5.1.1　**刚性联轴器**

刚性联轴器有多种结构形式,图6-21所示的凸缘联轴器应用较广。它由两个带凸缘的半联轴器和连接它们的螺栓组成,轴和半联轴器用键连接。用于立式机组的凸缘联轴器与轴的连接除用键外,还用拼紧螺母拧紧,如图6-21(b)所示。

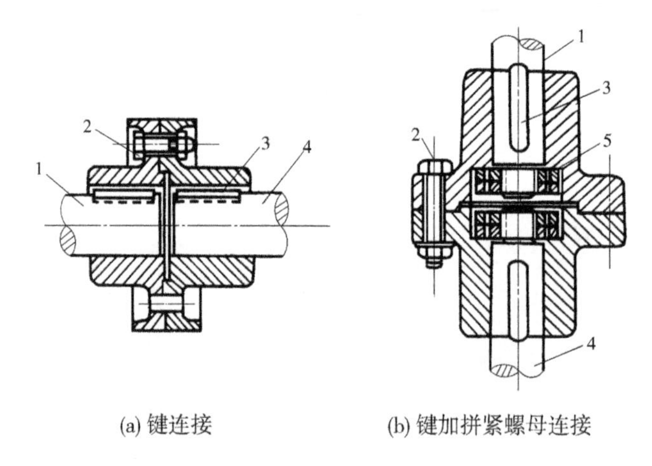

1—动力机轴;2—连接螺栓;3—键;4—承轴;5—拼紧螺母

图 6-21　刚性凸缘联轴器

刚性联轴器结构简单,传递功率不受限制,而且能承受轴向力,在立式机组中常被采用。但由于刚性连接对安装精度(两轴同心度)要求特别高,无法补偿运行中产生的两轴偏斜和位移,并且缺乏缓冲和吸振的能力,在卧式机组中很少采用。

6.5.1.2　弹性联轴器

弹性联轴器具有较好的弹性和缓冲减震功能,常用的弹性联轴器有圆柱销弹性联轴器和爪型弹性联轴器两种,如图 6-22 所示。圆柱销弹性联轴器由半联轴器、圆柱销、挡圈和用橡胶或皮革制成的弹性圈组成。圆柱销材料常为 MC 尼龙,具有一定弹性,可缓和冲击,但对温度比较敏感,不宜用于温度较高的场合。圆柱销弹性联轴器在安装中要求两轴严格对中,运行时允许一定的变形。

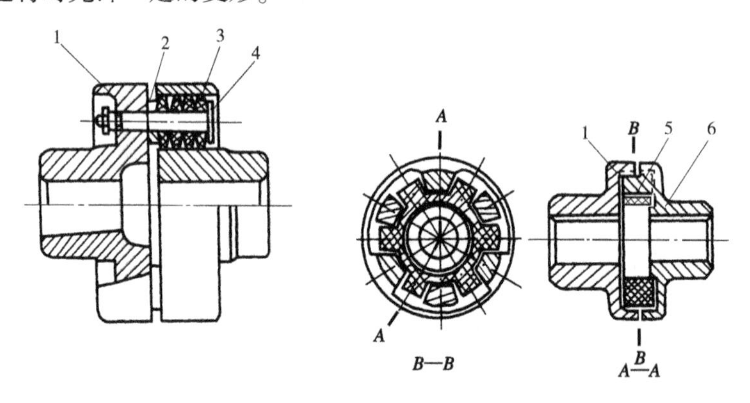

1—水泵半联轴器;2—挡圈;3—弹性圈;4—柱销;5—弹性块;6—动力机半联轴器

图 6-22　弹性联轴器

爪型联轴器由两半爪型联轴器和用橡胶制成的星形弹性块组成,结构简单,拆装方便。对机组安装要求不高,但联轴器本身的制造精度要求较高,而且传递力矩较小,适用于小型卧式机组。

弹性联轴器具有缓冲和减震作用,因此在卧式机组中被广泛采用。装配后两个联轴器对轴心线的偏移值按表 6-4 规定。弹性联轴器已标准化,可按所需直径和传递的扭矩从标准产品中选用。圆柱销和爪型联轴器的性能见表 6-5。

表 6-4　弹性联轴器两轴轴心线偏移值允许误差

联轴器外径(mm)	90~170	190~260	290~360	410~640
轴心线偏移值允许误差(%)	0.07	0.08	0.09	0.10

表 6-5　弹性联轴器的性能特点比较

项目		圆柱销弹性联轴器	爪型弹性联轴器
允许扭矩范围(N·m)		60~15 000	20~600
轴径范围(mm)		25~180	15~55
最大转速范围(r/min)		1 100~5 400	3 800~10 000
允许偏差	两轴偏角	≤40′	≤40′
	轴对中偏差(mm)	0.14~0.20	0.10d+0.25(d 为轴径)
使用条件		正反转变化多,启动频繁,高转速(低转速不宜使用),使用温度为 20~50 ℃	小功率、高转速;一般油泵及控制器使用;没有急剧的冲击荷载,轴的扭矩应力在 25 MPa 以下
优点		弹性较好,能缓冲减震,不需润滑	外形尺寸小,飞轮力矩小,结构简单,拆装方便
缺点		施工要求和造价较高	星形橡胶垫易损

6.5.2　间接传动

当水泵与动力机转速不同,或转向不一致,或两轴平行但不同线,或两轴正交但不同面时,就必须采用间接传动方式。

6.5.2.1　**皮带传动**

皮带传动又称带传动,分平皮带和三角皮带两种,由皮带轮和张紧在皮带轮上的环形皮带所组成,依靠皮带和轮之间的摩擦传递功率。

皮带传动具有结构简单、成本低、皮带磨损后易拆换、运行平稳无噪声、能缓和载荷冲击、制造和安装精度低、可增加带长以适应中心距较大的工作条件等优点;但缺点是传动比不易严格控制、占地面积大、两轴均受一定的弯曲应力、皮带的寿命较短等。

1. 平皮带传动

平皮带传动布置方式见图 6-23。

1) 开口传动

这种传动布置简单、应用广泛。使用于两轴平行、旋转方向一致的情况。平皮带主动边(紧边)在下面,皮带轮轮缘宽度 $B=1.1b+(5\sim10)$ mm(b 为皮带宽度)。

2) 交叉传动

这种传动适用于两轴相互平行、转向相反的情况。优点是包角比开口传动大,但传递

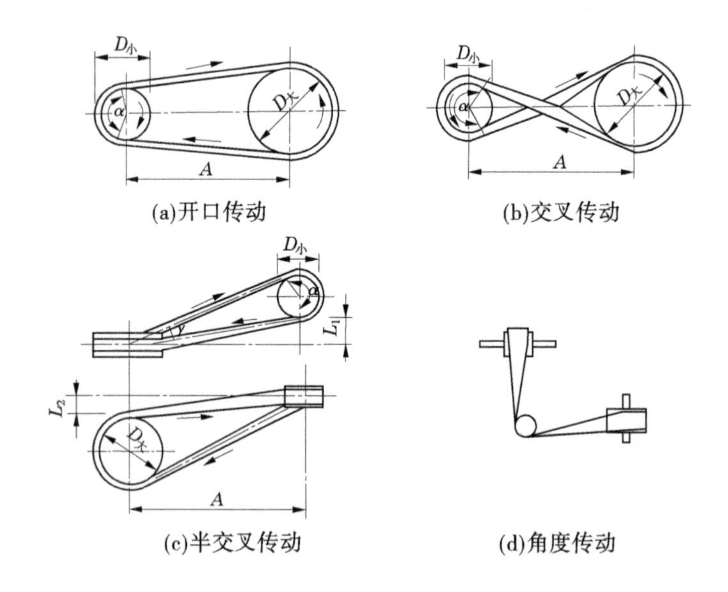

图 6-23　平皮带传动

功率要小一些。

3)半交叉传动

这种传动适合于两轴交叉成 90°的定向旋转、皮带轮不能倒转的情况。为使皮带轮能自动合位,不从轮上脱落,主动轮与从动轮在垂直和水平方向的距离 L_1 和 L_2 均应控制在规定范围内。

平皮带传动的技术指标与比较见表 6-6。

表 6-6　平皮带传动的技术指标与比较

布置方式	传动功率(kW)	传动速度(m/s)	传动比 i
开口传动	≤75	5~25	1/5~5
交叉传动	≤55	≤15	1/6~6
半交叉传动	≤55	≤15	1/3~3

4)角度传动

这种传动适用于传递位于同一平面内或相距很近的两平行面内的两个交错轴间的旋转运动(多数是交错成 90°角)。此种传动在水泵机组中很少见。

2. 三角皮带传动

三角皮带传动可分为开口传动和交叉传动两种。与平皮带不同之处在于:三角皮带为梯形断面,安装在梯形的皮带轮槽中;皮带紧嵌在皮带轮缘的梯形槽内,由于两侧与轮槽接触紧密,摩擦力比平皮带大得多,因此皮带滑动小,传动平稳,传动比较大,可达 1/10~10;但两轴间距比平皮带小,而且三角皮带磨损快、寿命短。三角皮带传动见图 6-24。

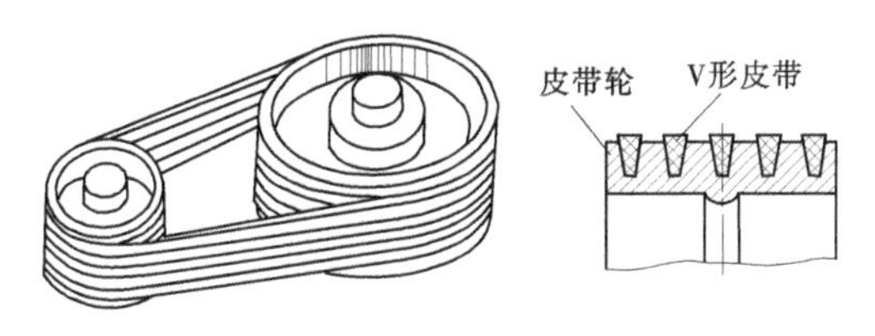

图6-24　三角皮带传动

直接传动和皮带传动的技术经济指标和优缺点见表6-7。皮带传动由于传动功率较小,目前在泵站工程中很少应用,只在个别的中小型水泵机组或附属设备上还有应用。

表6-7　直接传动和皮带传动的技术经济指标和优缺点

传动方式		传动效率	传动功率	传动比	占地	平稳性	加工难度
皮带传动	平皮带	0.90~0.98	30~75 kW	1:5以内 最好1:3	较大	有振动	容易
	三角带	0.90~0.96		1:7以内 可达1:10	较大	振动小	较难
联轴器		1.0	不限	1:1	小	平稳	容易

6.5.2.2　**齿轮传动**

齿轮传动是靠两个齿轮的轮齿啮合运行来传递功率的。齿轮传动的实用范围广,传递功率可高达几十兆瓦,圆周速度可达150 m/s,单级传动比可达8或更高。齿轮传动具有传递效率高、瞬时传动比精确、结构紧凑、安全可靠、功率和速度适用范围广等优点。但制造工艺复杂、价格昂贵。常用的有圆柱形齿轮、伞形齿轮和齿轮变速箱等。根据水泵和动力机的位置或转速不同,可采取不同形式的传动齿轮;当两轴线互相平行时,宜采用圆柱形齿轮;当两轴线相交时,宜采用伞形齿轮;当两轴线在一直线上,但转速或转向不同时,可采用行星齿轮或星形齿轮,如图6-25、图6-26所示。

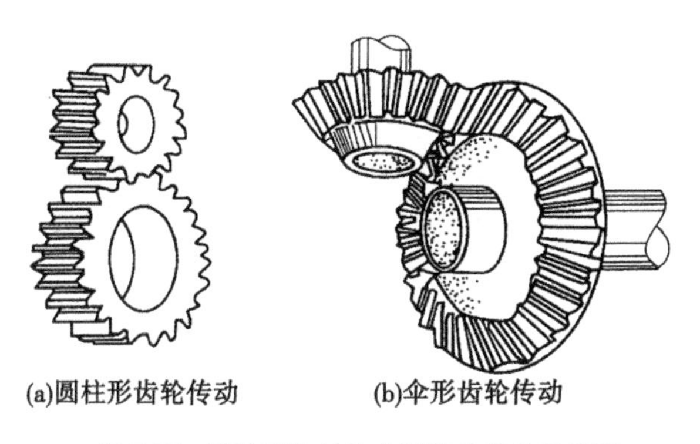

(a)圆柱形齿轮传动　(b)伞形齿轮传动

图6-25　圆柱形齿轮和伞形齿轮传动示意图

根据齿线相对于齿轮母线的方向,齿轮又可分为直齿轮、斜齿轮、锥齿轮、人字齿轮等。

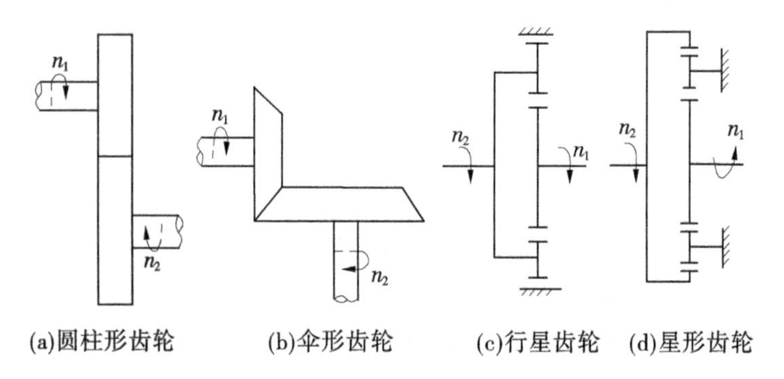

图 6-26　齿轮传动方式

国外大型水泵机组中多采用变速箱,如图 6-27 所示。变速箱工作较为平稳,可减少机械噪声对环境的污染。为了减小齿轮间的摩擦损失,通常应将润滑油注入变速箱内,以提高齿轮传动的机械效率。

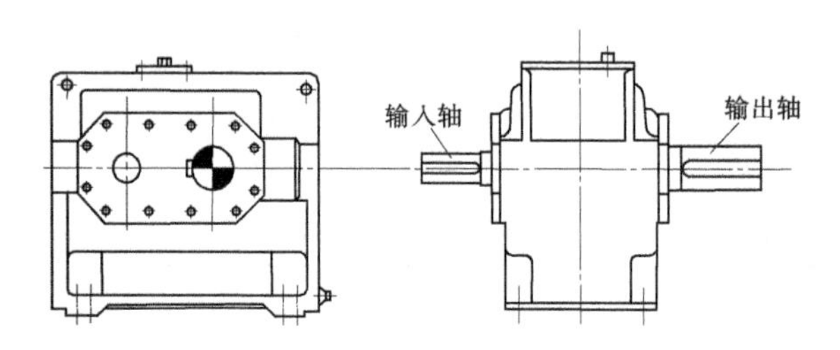

图 6-27　单级斜齿轮减速箱外形

齿轮传动中两个齿轮的齿数与转速之间的关系符合:在同一时间内两轮通过的齿数相等。设主动轮的齿数为 Z_1,其转速为 n_1;从动轮的齿数为 Z_2,其转速为 n_2,则

$$Z_1 n_1 = Z_2 n_2$$

两轮的传动比为

$$i = \frac{n_1}{n_2} = \frac{Z_2}{Z_1} \tag{6-17}$$

由式(6-17)可以看出,两齿轮的转速和它们的齿数成反比,即齿数少,转速高;反之,齿数多,转速低。

齿轮传动在国内大中型泵站工程中应用很少,主要原因是国内对大功率齿轮变速箱的制造质量不过关,齿轮的强度和噪声难以满足要求。然而,由于齿轮传动可使配套电动机转速提高,从而使电动机的体积变小,降低电动机制造成本,提高电动机的效率,因此在国外,齿轮传动在大型泵站非常普遍。只要齿轮制造技术过关,齿轮传动装置应该在大型低速水泵机组配套中予以考虑。

6.5.2.3　其他传动

1. 液力联轴器

液力传动主要是通过液力联轴器内的液体压力将动力机轴上的转矩传递给泵轴。使用时,只需改变液力联轴器内的液体容积,便可调节水泵转速。

液力联轴器主要由传动泵轮、传动透平轮和勺管组成,其外形、结构及工作原理如图6-28所示。

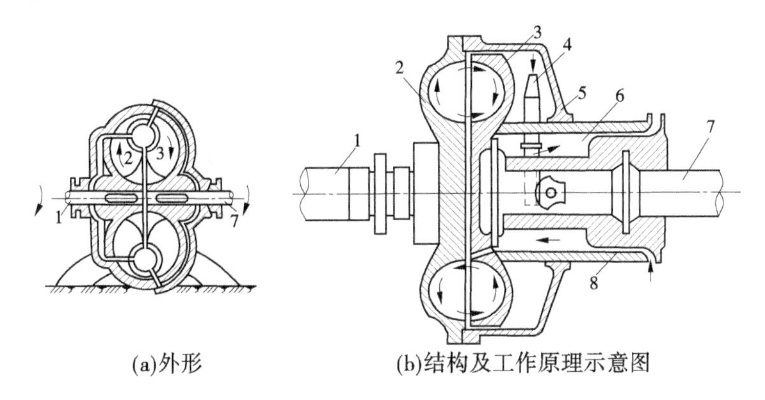

(a)外形　(b)结构及工作原理示意图

1—动力机轴;2—传动泵轮;3—传动透平轮;4—勺管;5—旋转内套;6—回油道;7—泵轴;8—控制油入口

图6-28　液力联轴器

传动泵轮和传动透平轮是两个形状相同、均具有径向直叶片的工作轮,两者不直接接触。传动泵轮与动力机轴联结,传动透平轮与泵轴联结,传动泵轮和传动透平轮中充满控制液体(油或水)。动力机运转后带动传动泵轮一起旋转,这时传动泵轮内的液体由于离心力的作用被甩向传动泵轮的外圆周侧,形成高速的油流,该油流进入传动透平轮并沿其径向流道推动传动透平轮旋转,从而带动泵轴旋转。同时透平轮的叶片又将油重新压入传动泵轮的内侧,这样,液体就在空腔内循环,并不停地传递能量。

转速的调节可通过液力联轴器中控制油量的调节来实现。增加控制油量,传动泵轮传递给传动透平轮的能量就增多,使得传动透平轮轴的转速增高,反之,减少控制油量,传动泵轮传递给传动透平轮的能量减少,传动透平轮轴的转速降低。传动泵轮和传动透平轮中的控制油量可通过改变油泵调节阀的开度,从而调节进油量或通过调节勺管的位移,从而使出油量发生改变的方法来实现。

采用液力联轴器传动的主要优点是工作稳定可靠,主要缺点是价格高、控制系统复杂。

2. 油膜转差离合器

油膜转差离合器的工作原理和主要部件如图6-29所示。其主要部件为若干主动和从动圆盘摩擦片。主动摩擦片固定在与动力机输出轴相连接的离合器的输入轴上;从动摩擦片固定在与水泵输入轴相连接的离合器端部的密封转鼓内。由油泵供给的压力箱,经离合器从动轴的转鼓端部中心导入油管,将油注入转鼓内的主、从动摩擦片之间,使主从动摩擦片之间的缝隙充满工作油。当动力机驱动油动膜转差离

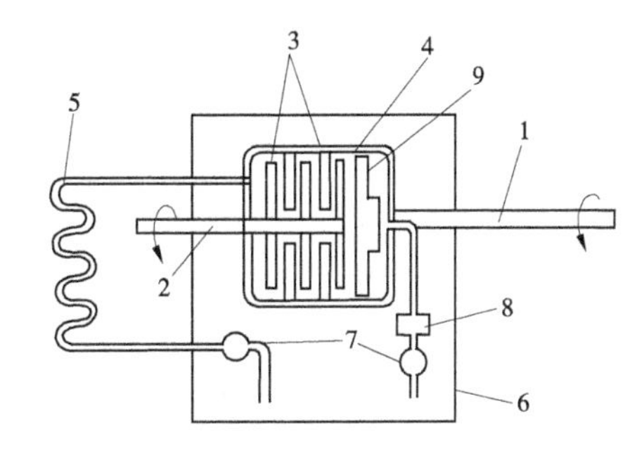

1—从动轮;2—主动轮;3—圆盘摩擦器;4—转鼓;
5—热交换器;6—油箱;7—油泵;8—阀门;9—控制活塞

图6-29　油膜转差离合器工作原理示意图

合器的主动轴旋转时,固定于其上的主动摩擦片也以相同的速度旋转。当主从动摩擦片之间产生相对运动时,主从动摩擦片之间也将产生内摩擦阻力,从而带动从动摩擦片及水泵的轴旋转。

由于主从动摩擦片之间存在一定的相对转速差,故离合器的输入轴与输出轴之间也有一定的转速差。由流体力学的内摩擦定律可知,摩擦片所传递转矩的大小与主从动摩擦片之间的转速差及油膜间隙的大小有关,通过控制油泵输出油压的变化,可使装在从动摩擦片右侧的控制活塞沿轴向移动,进而带动离合器的输入轴沿轴向移动,从而使得主从动摩擦片之间的油膜间隙的大小发生变化。也就是通过改变油泵的输出油压来控制活塞的轴向位置,进而改变离合器所传递的转矩和主从动摩擦片之间的转速差,从而实现离合器的无极调速。

需要说明的是,主从动摩擦片之间的间隙非常小时,离合器功率的传递将由油膜的内摩擦力传递功率转变为主从动摩擦片之间的固定表面摩擦力传递功率。此时,油膜转差离合器的作用已相当于一个普通的湿式离合器。因此,油膜转差离合器既可以无极调速,又可实现无转差的同步运行。

油膜转差离合器除具有液力联轴器相同的优点外,其最大传动效率高于液力联轴器,控制转速的响应时间也小于液力联轴器。此外,对于低速、大容量机组,其装置的尺寸、重量和价格均比液力联轴器要小得多。

3. 电磁转差离合器

电磁转差离合器又称电磁离合器,主要由电枢与磁极组成。电枢是离合器的主动部件,直接与电动机的输出轴连接,并由电动机带动其旋转;磁极为从动部件,与离合器的输出轴及水泵硬性连接。磁极由铁芯和励磁绕组组成,绕组与部分铁芯固定在机壳上,不随磁极一起旋转,如图 6-30 所示。电枢与磁极之间有间隙,当有直流电通过励磁绕组时,沿气隙圆周面的各磁极将形成若干对 N、S 极性交替的磁极,如图 6-30 中的虚线所示。当电动机带动电枢旋转时,电枢与磁极之间存在相对运动,从而产生感应电动势,这个感应电动势将在电枢中形成涡流,此涡流又与磁场的磁通相互作用,产生力和力矩。这个力和力矩作用在磁极上,使磁极沿电枢方向旋转,并拖动水泵旋转。

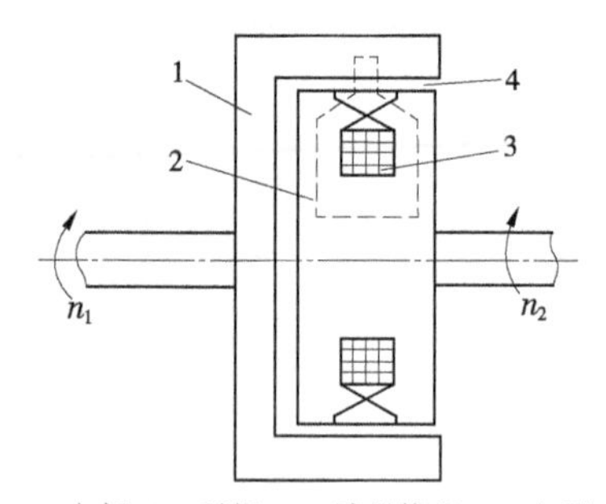

1—电枢;2—磁极;3—励磁绕组;4—气隙

图 6-30　电磁转差离合器示意图

电磁转差离合器与普通联轴器的不同是:磁极转速 n_2 是连续可调的,且 n_2 小于电枢转速 n_1,这是因为若 $n_2 = n_1$,则电枢与磁极之间就不存在相对运动,也就不可能在电枢中产生感应电动势。因此,电磁转差离合器的主动轴与从动轴之间必定存在一个转速差,其原理和异步电动机的原理相似。磁极(离合器输出)转速 n_2 的高低由磁极磁场的强弱而定,即由励磁电流的大小而定,所以改变励磁电流的大小就可达到水泵调速的目的。

过程中通常把电动机和电磁转差离合器组装成一个整体,总称为电磁调速电动机或滑差电动机,如图 6-31 所示。

4. 电磁联轴器

电磁联轴器由主动轴上的摩擦圆盘和从动轴上的摩擦环组成。当电流通过主动盘的内部线圈时，在摩擦环中产生吸引力，从而将从动轴上的摩擦环吸住，使之一起旋转。电磁联轴器构造简单，运转时不产生轴向力，动作迅速准确，能在极大范围内实现无极调速和有极调速；电路的闭合、切断及换向等均有良好的控制性，便于手控，也可以远动；在运转时虽然要经常不断地供给电磁联轴器的电流，但需要电流消耗的功率仅为动力机功率的0.7%~1.0%。其缺点是：在传动转矩较大的情况下，所需传动装置的外形尺寸、重量及制造成本都较大，因此设备价格较贵。

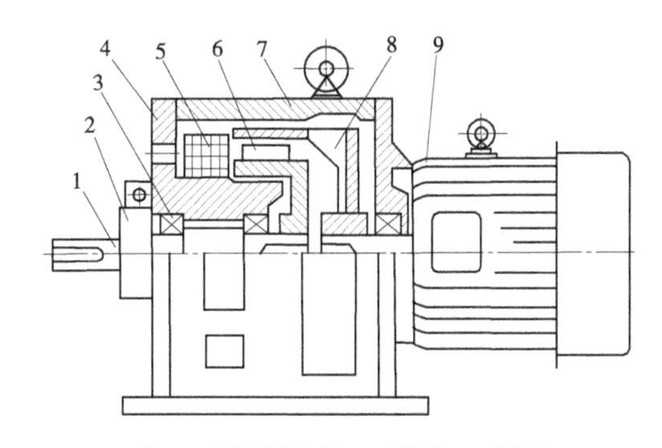

1—轴；2—测速发电机；3—轴承；4—托架；
5—励磁绕组；6—磁极；7—机座；8—电枢；9—电动机

图6-31　电磁调速电动机结构图

6.6　辅助设备及设施

在泵站中，保证主机组正常运行和检修所必需的设备和设施称为辅助设备及设施，包括为主机组及泵房供油、供气、供水、排水、起重、通风、采暖的设备和设施等。对于中小型泵站，辅助设备比较简单，但对于大型泵站，因轴承等所受的荷载较大，密封等要求较高，因此辅助设备及设施也较复杂，如果设计和管理不当，将影响主机组的正常运行，甚至可能引发事故。所以，认真设计和管理好辅助设备及设施也很重要。

此外，泵站还有闸门及启闭设备、拦污栅及清淤设备、管道阀门及水锤防护设备、拍门及断流设备等。这些设备将分别在有关章节中讲述。

6.6.1　充水设备

在水泵的安装高程高于进水池水面，即水泵叶轮高于进水池最低水位的情况下，机组启动前必须排气充水，否则水泵无法启动。充水的方法很多，在泵站工程中常用的充水方法有真空水箱充水和真空泵抽真空充水两种。

对采用虹吸式出水的大型立式轴流泵站或混流泵站，在机组启动过程中由于虹吸管顶部的空气排除困难，延长了虹吸的形成时间；流道内的空气被压缩后，会出现压缩膨胀现象，引起压力脉动，增大水泵的启动扬程；因为轴流泵具有小流量运行不稳定的特性，所以较长的启动时间也会进一步加剧机组振动、增加启动阻力矩，使机组启动更加困难；如果配套的是同步电动机，在其牵入同步转速的允许时间内机组的转速达不到亚同步转速，电动机将无法启动；另外，机组长时间的振动会缩短其寿命，也会影响机组的安全运行。为此，为了改善机组的启动条件，虹吸式出水流道顶部应设置抽真空设备，以缩短启动和虹吸形成时间。

6.6.1.1 真空水箱充水

真空水箱充水是通过进水管先把水吸入到具有一定高度的密闭水箱中,而水泵则从水箱中吸水,如图6-32所示。

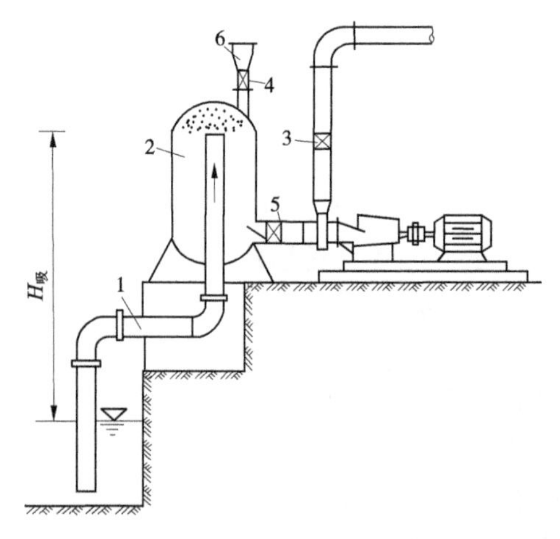

1—进水管;2—密闭水箱;3、4、5—闸阀;6—漏斗

图6-32 真空水箱充水装置

初次利用真空水箱进行充水时,首先要打开密闭水箱顶部的阀门,从漏斗中灌水入水箱,待水灌到与箱中进水管管口齐平后,关闭阀门,这时即可启动水泵抽水。在水泵启动后,箱中水位很快下降,箱的上部形成真空,在进水池水面与真空水箱水面的压差(真空度)作用下进水池中的水沿着进水管不断地流入水箱,进而被吸入水泵,从而保证水泵工作期间水流的连续性。停泵时,因水泵不再从箱中吸水,所以箱中水位上升,直到恢复到进水管管口高度为止。以后,可随时启动水泵,无须再进行充水。

密闭水箱内最低运行水位以上部分的容积 V 可按下式估算:

$$V = KK_1V_1 \tag{6-18}$$

式中 V_1——进水池水面以上的进水管管内容积;

K——容积储备系数,一般可取1.3左右;

K_1——与密闭水箱吸程有关的系数。

$$K_1 = \frac{10}{10 + H_{吸}} \tag{6-19}$$

式中 $H_{吸}$——进水池水面至水箱中进水管管口的垂直高度,m。

水箱高度一般取其直径的两倍。水箱用钢板焊制,钢板厚度采用3~5 mm,具体数值经计算确定。水箱的位置应靠近水泵,其底部应略低于泵轴线,太低会使水箱的有效容积减小,太高又会增加水泵进水管的长度和水箱的容积。

伸入水箱的进水管管口距离水箱顶部的高度必须大于进水管出口的流速水头 $v^2/2g$ (v 为管口流速,m/s),其高度过大,将减小水箱有效容积,过小则会增加管口水力损失。

真空水箱充水方式的最大优点是使水泵经常处于充水状态,可随时启动抽水,水箱制作简单、投资少;缺点是水力损失有所增加。一般应用于口径在200 mm以下的小型水泵机组中,比如泵站技术供水、排水泵等。

6.6.1.2 水环式真空泵抽真空充水

目前,泵站工程中多采用水环式真空泵作为抽真空设备。为了保证工作可靠,真空泵一般装设两台,互为备用。图6-33为水环式真空泵装置及其抽气原理示意图。

1. 水环式真空泵工作原理

水环式真空泵的关键部件是在泵轴上安装了偏心于圆柱形泵壳的星形叶轮,其工作原理如图6-33(b)所示。在启动真空泵之前,向泵内注入规定高度的水,当叶轮旋转时,

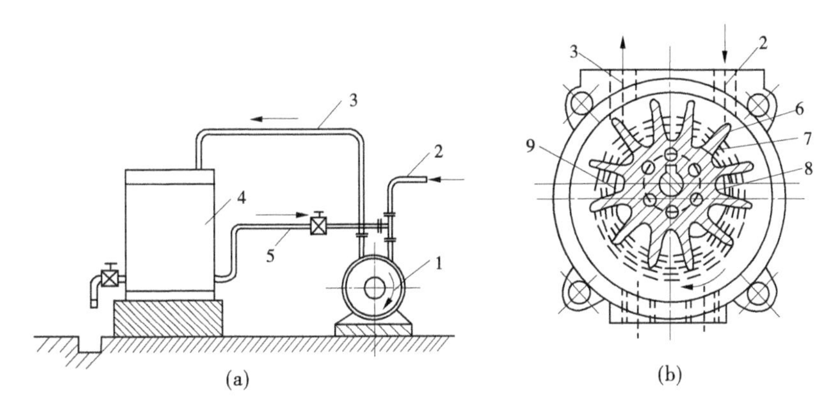

1—真空泵;2—抽气管;3—排气管;4—水气分离箱;5—循环水管;6—叶轮;7—水环;8—进气孔;9—排气孔

图6-33　水环式真空泵装置及其抽气原理示意图

形成一个和转轴同心的水环,水环上半部的内表面与轮毂表面相切,水环下半部的内表面则与轮毂之间形成一个气室,这个气室的容积在右半部是递增的(气体进入后膨胀,压力降低),于是在叶轮旋转的前半圈中随着轮壳与水环间容积的增加而形成真空,气体通过抽气管及真空泵端盖上的月牙形进气口被吸入真空泵内。其后,在叶轮旋转的后半圈中,随着轮壳与水环间容积的减小而空气被压缩(气体压力升高),因此气体经过泵壳端盖上的另一月牙形排气口被排出。叶轮每旋转一圈,气体都要经过上述膨胀(进气)、压缩(排气)两个过程。随着真空泵叶轮不断地旋转,水环式真空泵就能把被抽容器中的气体不断带走,从而达到抽真空的目的。

2. 水环式真空泵的选型

真空泵的抽气性能表明,抽气量随着真空度的增加而减小。真空泵是根据被抽容器的抽气流量来选择的,而抽气流量又与造成真空所要求的时间和被抽容器内空气的体积有关。根据计算所得的抽气流量值,查真空泵样本选择合适的真空泵。

1)水泵启动充水抽气流量

水泵启动前应关闭出水管路上工作阀门,只有在阀门以前的泵内和进水管内全部充满水才能启动水泵机组。抽气量按下式计算:

$$Q_{气} = kK_1V/T \tag{6-20}$$

式中　$Q_{气}$——装置所需抽气流量,m^3/min;

k——考虑缝隙及填料函泄漏的安全系数,一般可取1.5左右;

K_1——真空或吸程变化系数,可按式(6-19)计算;

V——进水池最低水位以上至水泵出口阀之间的水泵进出水支管内容积和泵体内腔容积之和,m;

T——形成真空所需要的抽气时间,一般控制在5 min以内。

2)虹吸式出水流道抽气流量

虹吸式出水流道抽气流量可按下式计算:

$$Q_{气} = \left(\frac{p_1V_1}{p_2} - V_2\right)/T \tag{6-21}$$

式中 p_1——抽气前的真空压力,虹吸管顶部与大气相通时,$p_1 \approx 10$ m;

p_2——抽气后的真空压力,m,按流道内水面上升高度计;

V_1——抽气前流道内的空气体积,m^3;

V_2——抽气后流道内的空气体积,$V_2 = V_1 - V_3$,m^3,V_3 为产生负压后,流道内水面上升的充水部分体积,m^3。

需要注意的是,对抽取黄河水的泵站工程,因为气流量相对较小,扬程也较低,零级站机组容量不是很大,机组启动相对较容易,故一般不对虹吸管抽真空;另外,为了加大水泵的灌注水头,改善其汽蚀性能,减小水泵的磨损,泵站机组多采用负吸程安装,也就省去了抽真空充水系统,简化了运行管理。

6.6.2 水系统设计

泵站水系统包括供水系统和排水系统。供水系统又包括技术供水(生产供水)、消防供水和生活供水。排水系统主要是排除机组运行检修期间进水流道和水泵进出水管道内的积水,各种使用过的废水和检修阀门的漏水,机组运行时的封水部分的漏水,机组检修期间水工建筑物渗水,以及室内积水等。

6.6.2.1 供水系统设计

1. 供水系统的供水对象

技术供水主要是供给主机组和某些辅助设备的冷却水、润滑水、泵站初次运行和检修后的管道充水等。技术供水是泵站供水的主要部分,其供水量占全部供水量的85%左右。其次是供给机房和设备的消防、清洗和生活用水,水量较少,占供水总量的15%左右。

泵站供水系统必须满足对水质、水量、水压的要求。水源含沙量较大或水质不满足要求时,应进行净化处理,或采用其他水源。生活用水应符合现行国家标准的规定。

1)电动机空气冷却用水

电动机在运行中会产生电磁和机械损失。这些损失均转化成热量,如不能及时散发出去,必然会使电动机的温度升高,轻则会降低电动机的出力,使其运行效率下降,并影响电动机的使用寿命,重则可能会烧坏线圈的绝缘,甚至发生事故。因此,电动机必须采取一定的冷却措施。

对于3 000 kW及以下的中小型电动机,一般采用机械通风和空气冷却方式,并不需要提供冷却用水。但对于3 000 kW以上的大型电动机,其冷却一般采用密闭的自循环方式,在电动机定子外围加以封闭,形成一定空间。在该空间内装有几个空气冷却器。热风经过冷却器后变为冷空气,再被吸入电动机,如此循环,即可达到冷却电动机的目的。空气冷却器主要由铜合金管组成。铜管四周绕有弹簧形细铜丝,以增大吸热面积。管内通冷却循环水,使热空气冷却。

2)推力轴承和上、下导轴承冷却器用水

大型立式水泵机组配有推力轴承和上、下导轴承。为了减小摩擦力矩和损失,提高机组效率,需要有润滑油。机组运行中,轴承摩擦所产生的热量会使润滑油温升高,不仅会影响轴承的寿命和安全,还会加速润滑油(透平油)的劣化。因此,在电动机油缸内安装一组由铜合金管制造的水冷却器。冷却水从冷却器的一端进入,从另一端排出,并吸收润滑的热量降低轴承及油的温度。冷却水不能中断,冷却水的温度也不能太高,否则会引起轴承温度上升,油质变坏。

3)橡胶导轴承的润滑用水

大型水泵导轴承多采用水润滑的橡胶轴承。润滑水通过水管引入轴承上端,在流经轴承与轴之间的间隙时形成水膜,维持轴与轴瓦之间相互运动时的液体摩擦,最后由轴承下端流出,完成润滑和冷却任务。橡胶轴瓦在供水中断时,会产生大量热量,将导致橡胶轴瓦烧毁,致使机组无法工作。因此,橡胶轴承的供水必须非常可靠。

为确保机组正常运行,必须保证不间断地提供有足够水量和水压的润滑水,并且水质和水温要符合要求。在水质方面,要求其含沙量低于0.03~0.05 kg/m³。最大粒度不大于0.06~0.10 mm。润滑水的暂时硬度不大于60~80,且不允许含有油脂及其他对轴承及主轴有腐蚀性的杂物。

4)水冷式空气冷却器气缸的冷却用水

空气被压缩时,温度可能升上至200 ℃左右。因此,空气压缩机的气缸需要冷却。同时,润滑油发热达到燃烧程度时,活塞将会被烧毁。气缸的冷却也可以起到冷却润滑油的作用。

5)水环式真空泵的供水

水环式真空泵需要一定的水流量以形成水环,如此才能连续不断地抽吸气体。真空泵的用水可以设立独立的水循环系统,也可以由同一供水系统供给。

6)消防、清洗和生活供水

泵站的消防供水包括室外消防供水和室内消防供水。室内消防主要是为主、副厂房的消防。另外,在检修和清洁卫生时需要用水,泵站内还应考虑生活用水。消防、清洗和生活供水虽然用水量不大,但很重要。至于泵站生活区的供水,一般另成系统,不与泵站的技术供水直接相连,以免影响泵站的安全运行。但在泵站距生活区较近的场合,可在泵房顶部等位置设置专供生活用水的水箱或蓄水池,用管路接入泵站供水系统。连接管用闸阀控制,并令其处于常闭状态。池内设水位信号装置,以反映池中水位和水量。当技术供水有余裕时,手动切换闸阀向池中供水,这样可以使技术供水和生活供水适当兼顾。

2.供水系统的供水量

主机的冷却和润滑是供水系统的主要供水对象,是供水系统设计的主要依据。

1)技术供水量

泵站工程的技术供水量主要有电动机冷却水、推力轴承和上、下导轴承冷却器用水、水冷式空气压缩机冷却用水等。

(1)大型电动机冷却器用水流量 Q_1,可按电动机的损耗功率进行计算,而损耗功率可由电动机的额定功率和额定效率进行近似估算。

(2)推力轴承的冷却器用水流量 Q_2,亦可按轴承摩擦损耗的功率进行计算,而摩擦损耗功率等于轴向力、摩擦系数和摩擦速度(一般取轴瓦2/3直径处的值)三者的乘积。一般认为上、下导轴承所需的冷却用水相等,且为推力轴承冷却用水的10%~20%。因此,推力轴承和上、下导轴承冷却器总的用水流量为(1.2~1.4) Q_2。

(3)水泵橡胶导轴承的润滑用水量与橡胶导轴承内径、轴瓦长度、主轴圆周速度等因素有关。在运行中,水泵的下导轴承浸入水中,如果水质较好,可用泵中被抽的水直接润滑。上导轴承的润滑也可以利用电动机冷却的回水润滑。

以上三项的具体计算公式和参数含义及取值等见表 6-8。

表 6-8　技术供水量计算

序号	用途	用水量计算公式	参数意义及单位
1	空气冷却器用水 Q_1 (m^3/h)	$Q_1=\frac{3.6\times10^3\Delta P}{\rho c\Delta t}$ $\Delta P=\Delta P'-p'_m$ $\Delta P'=P_N\frac{1-\eta_N}{\eta_N}$	ΔP —电动机散热功率,kW; $\Delta P'$— 电动机损耗功率,kW; p'_m —电动机轴承机械损耗功率,kW; P_N —电动机额定功率,kW; η_N —电动机额定效率; c—水的比热,取 c=4. 187 kJ/(kg·℃) ρ— 水的密度,kg/m^3; Δt —空冷器进、出口水温差,一般取 Δt =2~4 ℃
2	推力轴承冷却器用水 Q_2 (m^3/h)	$Q_2=\frac{3.6\times10^3\Delta P_{tb}}{\rho c\Delta t}$ $\Delta P_{tb}=Pfu/1\,000$	ΔP_{tb} —推力轴承损耗功率,kW; P—轴向总推力,为轴向水推力和机组转子部分的总重量之和,N; f—推力轴承镜板与轴瓦间的摩擦系数,运转时一般取 f = 2‰ ~ 1‰,油温在 40 ~ 50 ℃ 时,取f=3‰~4‰; u ——推力轴瓦上 2/3 直径处的圆周速度,m/s
3	上、下导轴承冷却器用水 Q_3 (m^3/h)	$Q_3=(0.1\sim0.2)\,Q_2$	
4	水泵橡胶导轴承润滑用水 Q_4 (m^3/h)	$Q_4=\frac{35.28klD_pu^{3/2}}{\rho c\Delta t}$ 初估用下式: $Q_4=(3\,600\sim7\,200)H\,d^3$	k—与主轴圆周速度有关的系数,一般取 0. 18 左右; l —轴瓦长度,m; D_p —橡胶导轴承内径,m; u —主轴圆周速度,m/s; Δt —润滑水温升,一般取 Δt =3~5 ℃ H—导轴承入口处的水压力,应大于或等于水泵的最大扬程,mH_2O; d —导轴承处的轴径,m
5	水冷式空气压缩机冷却用水 Q_5 (m^3/h)	按厂家资料确定	

大型泵站常用大型电动机冷却用水量、大型轴流泵润滑用水量分别列于表 6-9、表 6-10;水冷式空气压缩机冷却用水量和水环式真空泵供水量与抽气量的关系分别列于

表 6-11、表 6-12，均可供使用时参考。

表 6-9　大型电动机冷却用水量　（单位：m^3/h）

电动机型号	上轴承油槽冷却	下轴承油槽冷却	空气冷却器冷却
TL800—24/2150	10		无
TL1600—40/3250	17		无
TDL325/56—40	17		无
TL3000—40/3250	15.5	1.0	无
TDL535/60—56	15	1.3	100
TDL550/45—56	7	0.5	200
TL7000—80/7400	2.5	40	184

表 6-10　大型轴流泵润滑用水量　（单位：m^3/h）

水泵型号	64ZLB-50 16CJ80	28CJ56	ZL30-7	28CJ90	40CJ95	45CJ70
填料、导轴承密封润滑用水	1.8			7.2	3.6	

表 6-11　水冷式空气压缩机冷却用水量

型号	规格	排气量（m^3/min）	排气压力（$\times 10^5$ Pa）	冷却用水量（m^3/min）
A-0.6/7	立式单级双缸单动	0.6	7	0.9
A-0.9/7		0.9	7	0.9
V-3/8-1	V 型两级双缸单动	3	8	≤0.9
V-6/8-1	V 型两级四缸单动	6	8	≤1.8
1-0.433/60	立式双极双缸单动	0.433	60	0.5
CZ-60/30	立式双极单缸单动	1	30	1

表 6-12　水环式真空泵供水量与抽气量的关系

气量（m^3/min）	0.1	0.22	0.35	0.63	1.00	1.40	2.24	3.15	4.0	5.0	7.1	9.0
供水量（L/min）	2	3.6	5	8	11	15	21	28	34	40	51	60

2）消防水量

室外消防管道压力应保证在灭火时从地面算起的水枪充实水柱不少于 10 m。计算水压时,应采用喷嘴口径为 10 mm 的水枪和直径为 65 mm 的麻质水带。水龙带的长度应使建筑物能在其保护范围之内,每股水流的计算流量 q 不应小于 5 L/s。室内消防栓充实水柱长度不应小于 7 m,应能达到室内任何部分。

消防水带的水头损失可按下式计算:

$$\Delta h = \zeta L Q^2 \tag{6-22}$$

式中　ζ——阻力系数,直径为 50 mm 和 65 mm 的 ζ 值分别为 1.5×10^{-2} 和 3.85×10^{-3};

L——水带长度,m;

Q——流量,L/s。

水枪入口所需供水压力为

$$H = \frac{Q^2}{\beta} \tag{6-23}$$

式中　β——与水枪直径有关的系数,19 mm 口径的水枪,取 $\beta = 1.577$。

消防栓出口所需要的压力为消防带的水头损失 Δh 与水枪入口处水压力 H 之和。只有保证消防栓出口有足够的压力,才能确保消防水枪有足够的流量和喷射高度。

3. 供水系统

1) 供水方式

供水方式分直接供水和间接供水。直接供水是指由供水泵抽水,通过供水主、支管直接向用水设备供水的方式。间接供水是指由供水泵先向水塔或蓄水池供水,再由水塔或蓄水池通过供水主、支管向用水设备供水的方式。直接供水的供水泵是连续使用的,为了保证供水的安全可靠,备用水泵应能自动切换投入。直接供水投资省、使用方便,但供水泵使用时间长,必须连续工作,须考虑备用机组。采用间接供水方式的供水泵规模较大,其为间歇使用,安全可靠。水通过蓄水池能沉淀一部分泥沙杂质,提高了供水质量,水泵运行工作点稳定,运行效率高。但间接供水投资较大。

另外,还有一种自流供水方式,即可直接从水泵出水管取水的供水方式。自流供水简单、可靠、省投资,但只适合于部分扬程合适的泵站工程。泵站扬程太低,自流供水的水压不够;高扬程泵站;自流供水时需泄压,不仅增加价格昂贵的减压阀等设施,还浪费水能。

在直接供水方式中,又有混合供水和单独供水之分。混合供水是指使用一台泵同时提供冷却水、润滑水。单独供水就是冷却水和润滑水分开供给,各自使用单独的供水泵。

图 6-34 和图 6-35 为直接混合供水和直接单独供水的常用供水系统简图。

2) 供水泵选择

泵站供水系统普遍采用水泵供水的方式。不论是直接供水,还是间接供水,为了供水安全可靠,供水泵必须选用两台或两台以上,互为备用。供水泵的台数可参照泵站总用水量和主机台数经比较后确定。一般,总用水量较少,供水泵容量不大的泵站,台数宜少;反之可增加台数,但不应超过主机台数。

泵站供水泵采用价格低廉、安装维护方便、结构简单、运行可靠的卧式离心泵或潜水

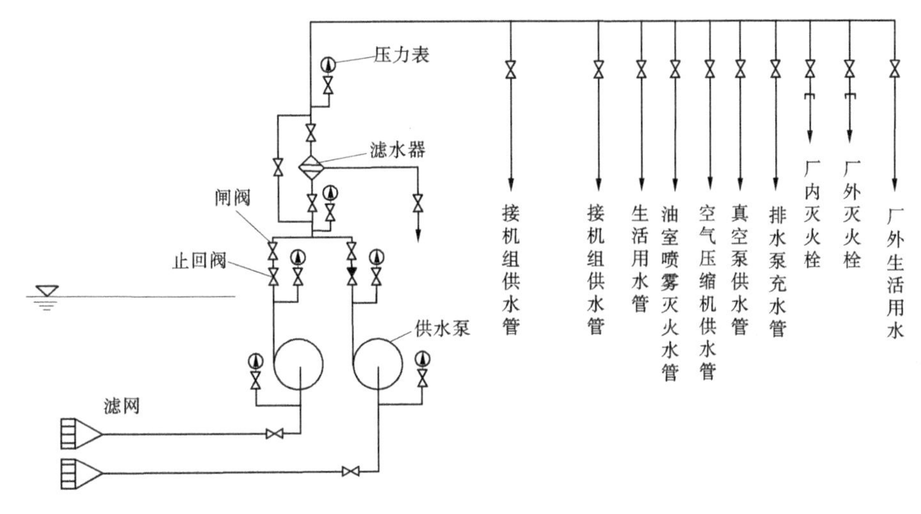

图6-34 直接混合供水系统简图

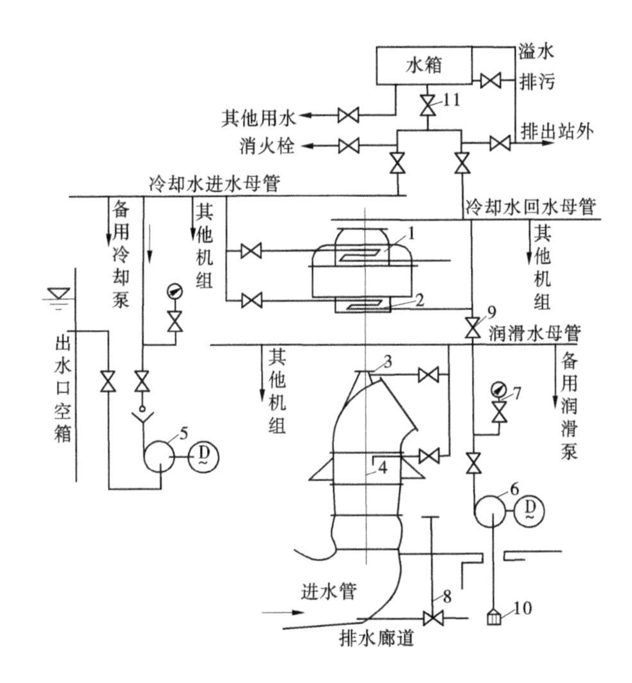

1、2—上、下油槽冷却器；3、4—上、下橡胶轴承；5—冷却泵；6—润滑泵；7—压力表；
8—检修闸阀；9—冷却水回水主管及润滑水管联通阀；10—进水滤网；11—水箱进水总阀

图6-35 直接单独供水系统简图

泵。一般宜采用负吸程安装，正吸程安装时，最好采用真空水箱等充水方式，以满足水泵可随时启动的要求。

供水泵的流量和扬程在任何工况下都应满足各用水设备的用水要求，并力求运行在高效工况下。同时应考虑至少有一台备用泵能够自动投入，以保证供水系统的安全可靠。供水泵的扬程，应同时满足冷却、润滑和消防水压的要求，应按照通过最大流量时保证最远处最高处的用水设备所需的压力来考虑。

供水泵的总扬程：

$$H_g = (\nabla_{out} - \nabla_{in}) + \Delta H + \Delta h \tag{6-24}$$

式中 H_g ——供水泵扬程，m；

∇_{in} ——供水泵吸水池水面高程，m；

∇_{out} ——设计供水设备出水口水位，m；

ΔH ——设计供水设备(冷却器等)进出口压差，水泵导轴承润滑水压为 10~20 m，冷却器压差不超过 20 m；

Δh ——供水管路阻力损失，m。

供水泵的设计流量 Q 为

$$Q = \frac{Z_1Q_1 + Q_2 + Q_3}{Z} \tag{6-25}$$

式中 Q——供水泵设计流量，m^3/h；

Z_1——泵站设计运行机组台数；

Q_1——同时工作的辅机用水量，m^3/h；

Q_2——间歇工作的辅机用水量，m^3/h；

Q_3——泵站室内外一次消火用水量，m^3/h；

Z——供水泵同时工作台数。

高扬程泵站工程的管路初次运行前或检修后投运前的管道充水，应单独选泵，一般是利用施工或检修单位的设备完成注水。

3)供水系统布置

供水泵一般布置在水泵层。水泵安装高程低于进水池水位，不设置充水设施，但电动机易受潮。当安装在较高位置时，应注意安装高度不能大于其有效吸程，并应采用可靠的充水方法，确保随时启动。每台供水泵应设单独的进水管，进水管口应设置在最低水位 1 m 以下，并应设置进口拦污网，以防杂物进入。水源杂物较多时，宜设备用进水管。供水管道一般采用焊接钢管，进水管流速为 1.5~2.0 m/s，出水管流速为 2.0~3.0 m/s。

采用水塔或水池供水时，其有效容积应满足：①轴流泵站、混流泵站取全站 15 min 的用水量；②离心泵站取全站 2~4 h 用水量；③停机期间生活用水量。水塔或水池应设有排沙清污设施，在寒冷地区还应有防冻保温措施。

供水系统应装设滤水器，在密封水和润滑水管路上还用加设细网滤水器，滤水器清污时供水不应中断。

消防设施的布置应符合下列规定：①同一建筑物内应采用统一规格的消防栓、水枪和水带，每根水带的长度不应超过 25 m。②一组消防水泵的进水管不应少于 2 条，其中一条损坏时，其余的进水管应能通过全部用水量。消防水泵宜用自灌式充水。③室内消防栓应设于明显的易于取用的地点，栓口离地面高度应为 1.1 m，其出水方向与墙面成 90°。

消防栓的布置还应保证2支消防枪的充实水柱同时到达室内的任何部位。④主泵房电机层应设消防栓,其间距不宜超过30 m。⑤单台储油量超过5 t的电力变压器、油库、油处理室应设水喷雾灭火设备。⑥室外消防给水管道直径不应小于100 mm,消防栓的保护半径不宜超过150 m,消防栓距离路边不应大于2 m,距离房屋外墙不宜大于5 m。

6.6.2.2 排水系统设计

1. 泵站排水内容

泵站内排水包括检修排水、调相排水、生产污水和泵房渗漏水排水等几部分。检修排水是在机组检修时,排除进出水流道内的积水及闸门渗漏水,以便工作;调相排水是用排水的方式降低进水流道水位,使水泵叶轮脱离水面后进行调相运行;生产污水和泵房渗漏水排水包括排除主电动机冷却水,主泵填料函密封漏水,主泵采用油导轴承时的密封漏水,水冷压缩机排水,水环式真空泵排水,人孔、闸阀、管道及管件的漏水,冲洗水过滤器污水,泵房水下部分渗漏水和其他污水等。

2. 泵站排水量

泵站排水量主要有三大部分:过流建筑物及设备积水、冷却和润滑排水、工程建筑物和设备渗漏水。

1)过流建筑物及设备积水

大中型泵站工程的过流建筑物及设备积水的体积较大,其积水量也很大,但只有一部分积水构成排水工程的排水量。高于进水闸前最高水位或进水池最高水位以上的积水可自流排除,只有低于进水闸前最高水位或进水池最高水位的积水才需要用泵来排除。

过流建筑物及设备积水可分为以下几部分:

(1)引水工程积水:包括进水闸之后的引水隧洞、明渠、建筑物(前池、进水池等)积水;轴流泵或混流泵内积水,离心泵站水泵进水侧检修阀之前的进水支管的积水等。

(2)集水廊道或集水池(井)积水。

(3)离心泵站水泵进、出水侧检修阀之间的管道及水泵内积水。

(4)离心泵站水泵出水侧检修阀之后、进水池最高水位以下的管道积水。

对于大型泵站工程,尤其是取水口与泵站相距较远的泵站工程,引水工程的积水量非常大。比如山西小浪底引黄泵站工程的引水隧洞长达6 km以上,直径4.0 m,积水量达7.5万 m^3 以上。如此大的积水量,按60多m的排水高度计算,排水工程的规模是很大的。

对于积水量较大的泵站工程,可以考虑尽量利用泵站主机抽水,利用主机抽不走的积水,作为排水工程的排水量。

2)冷却和润滑排水

冷却排水量等于冷却器供水量。润滑排水量等于润滑供水量减去其排入泵内的部分。

3)工程建筑物和设备渗漏水

工程建筑物和设备渗漏水包括闸门漏水、设备及管道水封漏水、地下厂房渗水等。

闸门漏水量按下式计算：

$$q_1 = qL \tag{6-26}$$

式中　q_1——闸门漏水量,L/s；

L——闸门橡胶止水长度,m；

q——单位长度止水泄漏量,闸门漏水量与闸门止水形式和制造安装质量有关,一般进水口检修闸门常用P形橡皮或平板形橡皮止水,如闸门和门槽的制造和安装质量均符合要求,漏水量是很少的,其漏水量有小到0.1 L/(s·m)的实例,但一般难以达到这一标准,工程上按普通施工水平,漏水量采用 q = 1.25~1.5 L/(s·m)。

厂房渗漏量 q_2 按下式计算：

$$q_2 = kV \tag{6-27}$$

式中　q_2——厂房渗漏量,L/s；

V——在设计最高水位(洪水位)以下的泵房体积,m^3；

k——与泵房建筑质量和地质等条件有关的综合渗漏系数,按好、中、差三等分别取值 5×10^{-4} L/(s·m^3)、1×10^{-3} L/(s·m^3)、2×10^{-3} L/(s·m^3)。

其他渗漏量,如填料函、伸缩节、阀门等都很小,可以忽略。

3. 排水工程规划布置

1) 泵站排水系统

泵站应设机组和流道检修及泵房渗漏排水系统,有调相运行时,应兼顾调相运行排水。机组检修、调相运行、闸门漏水、泵房渗漏等排水宜合成一个系统,综合考虑。

2) 排水系统水泵选型及布置

(1) 排水泵的流量可按下式计算。

$$Q_{\mathrm{I}} = \frac{V_1}{T_1} + 3.6q_1 \tag{6-28}$$

式中　Q_{I}——排水系统Ⅰ的排水泵的设计流量,m^3/h；

V_1——流道(管道)积水,m^3；

T_1——设计排水时间,轴流泵站或混流泵站一般取 T_1 = 4~6 h,离心泵站一般取 T_1 = 1/4~1/3 h；

q_1——地下厂房和其他(可以忽略)渗漏量之和,L/s。

对无调相运行的轴流泵站或混流泵站,V_1 等于单泵积水和上、下游闸门漏水量之和。采用叶轮脱水方式做调相运行的泵站,按一台机组检修,其他机组调相运行的情况计算积水和闸门漏水量,调相运行时流道内的水位低于叶轮下缘0.3~0.5 m。对于离心泵站,V_1 等于水泵进、出水侧检修阀之间的管道及水泵内积水和集水廊道或集水池(井)积水之和。

(2) 排水泵选型及安装。

排水泵不应少于2台,但不考虑备用容量。一般布置在集水廊道或集水池(井)顶板水泵层平面上,因其吸程较大,故多选用允许吸上高度较大的卧式单级单吸离心泵。

随着潜水泵的发展,目前泵站工程的排水主要选用潜水泵,直接安装于集水廊道或集水池(井)内,使排水泵的布置、安装、检修、启动和运行控制更加方便。图6-36和图6-37为典型的潜水泵外形、结构及安装图。

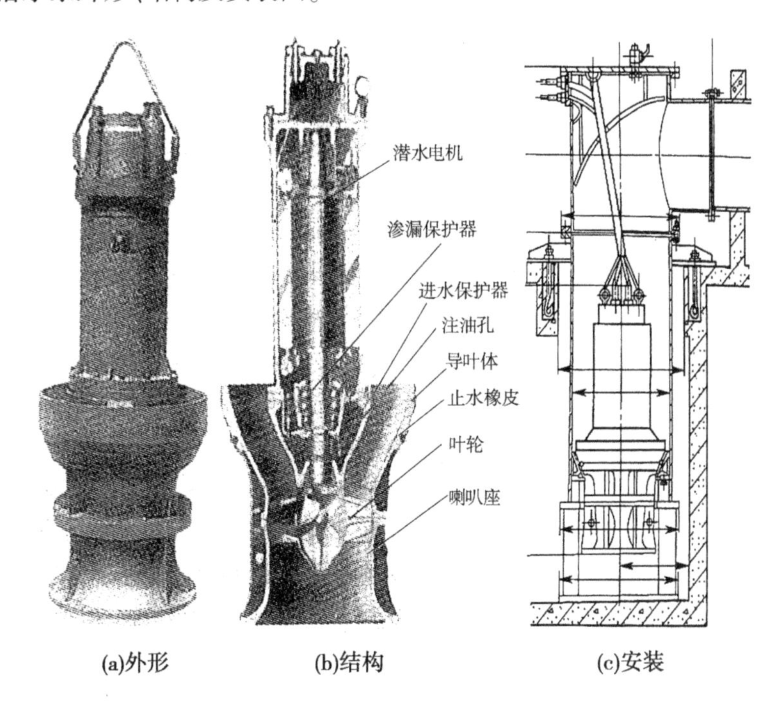

图6-36　自耦式井筒形立式潜水轴流泵外形、结构及安装

(3)排水系统布置。

室内排水可排往泵站出水侧,也可排入进水侧。出水侧扬程较高,进水侧扬程一般较低。地下厂房可以考虑将排水打入进水管道。管网的布置应进行方案比较确定。

排水管道的直径可参考供水管道确定。由于排水运行时间较短,管内流速可以取大一些,以使管径适当小一点。

采用集水廊道时,其尺寸应满足人工清淤的要求,廊道出口不应少于两个。采用集水井时,井的有效容积按6~8 h的漏水量确定。

应按水位变化实现自动化排水。在主泵进、出水管的最低点应设置放空阀,排水管应有防止水生生物堵塞的措施。

室内水下部分各层地面四周及水上部分布置有水机管路的场所,均应布置排水沟,主泵外壳四周亦应布置排水沟,汇集至排水廊道或进水池(井)内。

6.6.3　气系统设计

泵站气系统包括压缩空气系统和真空系统。

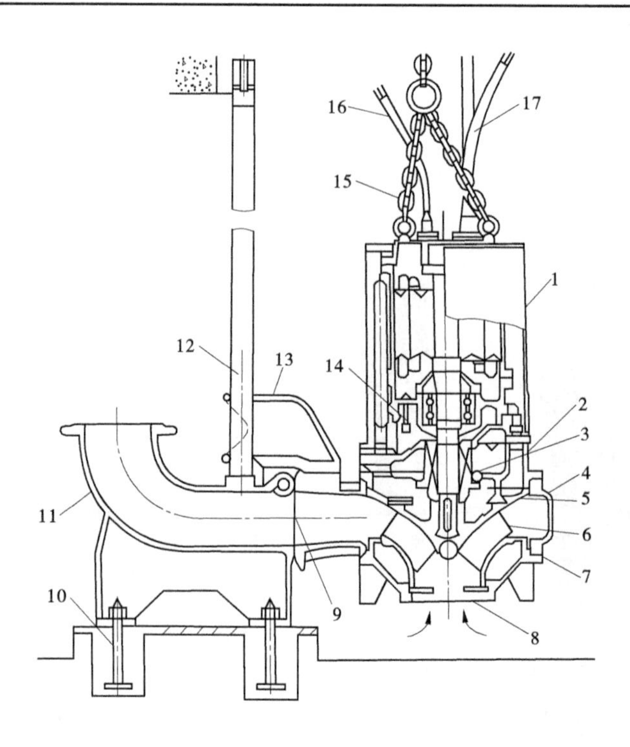

1—潜水电机;2—泵壳衬盒;3—机械密封;4—泵壳;5—泵壳端盖;6—叶轮;
7—吸入端盖;8—吸入口;9—耦合面;10—地脚螺栓;11—出水弯管;12—导向杆;
13—滑块;14—测漏传感器;15—起吊链条;16—信号线;17—电缆线

图 6-37　自耦式立式潜水蜗壳泵

6.6.3.1　压缩空气的用途

压缩空气系统根据用气对象工作性质的不同又可分为高压和低压两类。高压系统的压力一般为 2.5~4.0 MPa,低压系统的压力为 0.8~1.0 MPa。在安装全调节水泵的泵站时,若叶片调节机构采用油压操作方式,则高压空气系统主要用来为油压装置的压力油管补气,以保证叶片调节机构所需要的压力。此外,高压空气系统还常用于进水流道(进水室)以及检修闸门槽的清淤。低压空气系统主要用于:①机组停机时,给气动制动闸供气,进行机组制动;②采用虹吸式出水流道的泵站,机组停机时,给装在驼峰顶部的真空破坏阀供气,使其打开,以破坏真空,实现安全断流;③供给泵站内风动工具及清扫设备用气。

真空系统装设于机组启动需要抽真空的泵站。

6.6.3.2　压缩空气系统设计

压缩空气系统设计应符合下列规定:

(1)压缩空气系统应满足各用气设备的用气量、工作压力及相对湿度的要求,根据需要可分别设置低压系统和高压系统。压缩空气系统的用途、工作压力及用气量计算公式见表 6-13。

表 6-13　压缩空气系统的用途、工作压力及用气量计算公式

序号	用途	工作压力（MPa）	用气量（m^3/min）	参数意义及单位
1	油压装置充气加压	2.5~4.0	$Q_{k1}=\dfrac{V_y(p_y-p_a)}{Tp_a}$	V_y—压力油罐中空气容积，m^3，一般为油罐容积的 60%~70%； p_y—压力油罐额定工作压力，MPa； p_a—大气压力，MPa； T—压力油罐充气延续时间，min，按照泵站设计规范取 120 min
2	机组制动	0.6~0.8	$Q_{k2}=Zq_bp_b/p_a$ 或 $Q_{k2}=KV(p_b/\Delta_t)p_a$ $V=V_b+AV_m$	Z—同时制动的机组台数； q_b—工作压力下一台机组制动一次耗气流量，由机械制造厂提供，一般 q_b=0.12~0.24 m^3/min； p_b—制动绝对压力，一般取 p_b=0.6 MPa； V_b—制动闸活塞行程容积，m^3； V_m—电磁空气阀后管道容积，m^3； A—与制动压力有关的供气管道充气容积修正系数，当制动压力等于 0.4 MPa、0.5 MPa 和 0.6 MPa 时，A 分别为 0.75、0.8 和 0.83； K—漏气系数，一般取 1.2~1.4； Δ_t—制动时间，一般取 2 min
3	真空破坏阀	0.6~0.8	$Q_{k3}=\dfrac{V_2}{t}$ $V_2=\dfrac{2Kp_1V_1}{p_2-p_1}$	V_2—储气罐容积，m^3； V_1—全站所有真空破坏阀全开后气缸下腔的容积，m^3； t—储气罐恢复工作压力时间，一般取 20~40 min； K—储气安全系数，一般取 K=1.5； p_1—真空破坏阀设计相对工作压力，MPa，取与制动气压相同值； p_2—储气罐压力下限值（相对压力），一般取 p_2=0.6 MPa
4	风动工具	0.6~0.8	0.7~2.6	利用已有低压空气系统，不另设专用空压机
5	拦污栅、滤网等设备吹扫用气	0.6~0.8	1~3	利用已有低压空气系统，不另设专用空压机

（2）低压系统应设储气罐，其容积可按全部机组同时制动的总耗气量及最低允许压力确定。低压系统宜设 2 台空气压缩机，互为备用，或以高压系统减压作为备用。

(3)高压系统宜设 2 台高压空气压缩机,总容量可按 2 h 将一台油压装置的压力油罐充气至额定工作压力值确定。

(4)低压空气压缩机宜按自动操作设计,储气罐应设安全阀、排污阀及压力信号装置。

(5)空气压缩机和储气罐宜设于单独的房间内。主供气管道应有坡度,并在最低处装设集水器和放水阀。空气压缩机出口管道上应设油水分离器,自动操作时应装卸载阀和温度继电器以及监视冷却水中断的示流信号器。

(6)供气管直径应按空气压缩机、储气罐、用气设备的接口要求,并结合经验选取。低压系统供气管道可选用煤气管道,高压系统应选用无缝钢管。

压缩空气系统布置如图 6-38 所示。

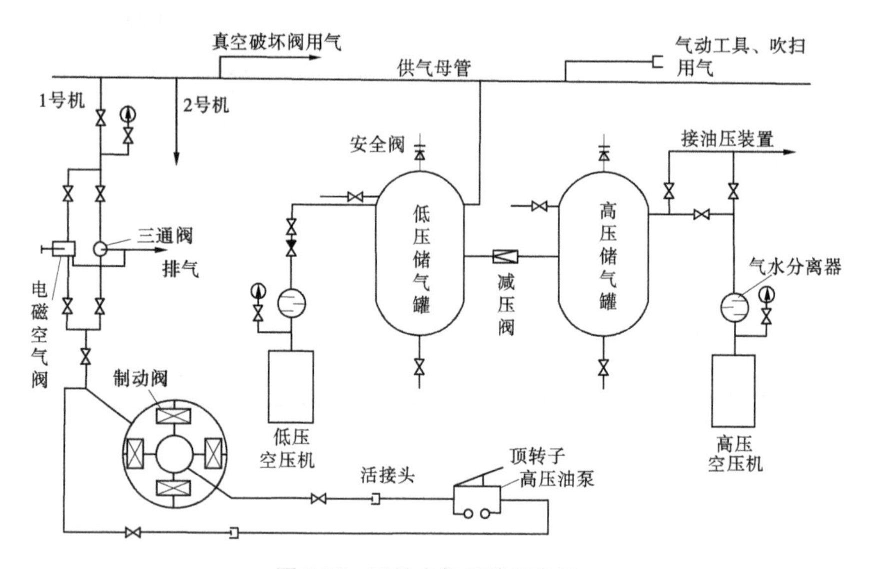

图 6-38 压缩空气系统示意图

6.6.3.3 真空系统设计

真空系统设计应符合下列规定:

(1)当卧式水泵的叶轮的淹没深度低于叶轮直径的 3/4,或虹吸式出水流道不预抽真空不能顺利启动时都应设置真空系统。各种水泵都要求叶轮满足一定的淹没深度才能正常启动。如果经过技术经济比较,认为用降低安装高程的方法来实现水泵的正常启动不经济,则易设置真空系统。虹吸式出水流道设置真空系统。目的在于缩短虹吸形成时间,减小机组启动力矩。如果经过论证,在不预抽真空仍能顺利启动时,也可以不设真空系统,但形成真空的时间不宜超过 5 min。

(2)真空泵宜设两台,互为备用,其容量确定应满足下列要求:

①轴流泵或混流泵抽出流道内最大空气容积的时间宜为 10~20 min。最大空气容积是指虹吸式出水流道内由出口最低水位升至离驼峰底部 0. 2~0. 3 m 时所需要排除的空气体积,即驼峰两侧水位上升的容积加上驼峰部分形成负压后排除空气的体积。

②离心泵单泵抽气充水时间不宜超过 5 min。

(3)采用虹吸式出水流道的泵站,可利用已运行机组的驼峰负压,作为待起动机组抽真空之用,但抽气时间不宜超过10~20 min。

(4)抽真空系统应密封良好。

6.6.4　油系统设计

大型泵站用油设备很多。其油系统主要包括润滑油、压力油、绝缘油及油处理系统等部分。

6.6.4.1　泵站用油种类

油的种类很多,但就泵站机组用油来讲,大体上可分为润滑油和绝缘油两大类。

1. 润滑油

润滑油包括透平油、机械油、压缩机油、润滑油脂(黄油)等。

泵站大容量机组常用的透平油有HU-22#、HU-30#、HU-45#三种。主要供给主机组轴承润滑、叶轮调节机构和液压启闭机等。透平油应满足主机组制造厂的要求,一般采用HU-30#较多;机械油常用的有HJ-10#、HJ-20#、HJ-30#三种,主要用于辅助设备轴承、吊车和小型机组的润滑;压缩机油是为空气压缩机提供润滑的;润滑脂(黄油)则是为滚动轴承提供润滑的。透平油用量较大。

2. 绝缘油

绝缘油包括变压器油、开关油和电缆油。泵站常用的变压器油有DB-10#和DB-25#两种,数字10、25表示油的凝固点为-10 ℃和-25 ℃;开关油有DU-10#、DU-45#,数字10、45表示油的凝固点为-10 ℃和-45 ℃;电缆油有DL-38、DL-66、DL-110,字符后数字表示以千伏计的电压值,供不同电压等级的电缆使用。变压器油用量最大。

6.6.4.2　油的作用

1. 透平油的作用

透平油的作用主要有润滑、散热和传递能量。

1)润滑

油在相互运动的零部件间隙形成油膜,以液体摩擦来代替金属固体之间的干摩擦,减小机件相对运动的摩擦阻力,减少设备的摩擦发热量和磨损量,延长设备的使用寿命,保证设备的功能和安全。

2)散热

相互运动的零部件经油润滑后减少了摩擦损耗,但仍有摩擦(如分子间的摩擦等)。摩擦消耗的能量变为热量,会使油和金属接触面的温度升高。油温过高会加速油的劣化变质,影响设备功能。机组内的透平油不仅可以起到润滑作用,还可以将热量带走,使油和设备的温度不至于超过规定值,保证设备高效、安全运行。

3)传递能量

全调节轴流泵或混流泵的叶片调节机构、液压启闭闸门的启闭、机组启动前的顶转子、机组停机过程中的刹车、液压联轴器等都是通过透平油传递能量的。

2. 绝缘油的作用

绝缘油的作用是绝缘、散热和消弧。

1) 绝缘

由于绝缘油的绝缘强度比空气大得多,用油作为绝缘介质可提高电气设备运行的可靠性,缩小设备尺寸。同时,绝缘油还对纤维素的绝缘材料起到一定的保护作用,使之不受空气和水分子的侵蚀而很快变质。

2) 散热

变压器因线圈通过电流而产生热量,此热量若不能及时排出,温升过高将会损害线圈绝缘,甚至烧毁变压器。绝缘油可以吸收这些热量,再经冷却设备将热量传递给水或空气带走,保持温度在一定的允许值内。

3) 消弧

当用开关切断电力负荷时,在触头之间产生电弧,电弧的温度很高,如不设法将电弧消除,就可能烧毁触头和设备。此外,弧的继续存在,还可能使电力系统振荡,引起过电压击穿设备绝缘。绝缘油的作用原理是在受到电弧作用时,油发生分解,产生约70%的氢。氢是一种活泼的消弧气体,它一方面在油被分解过程中,从电弧中带走大量的热,同时直接钻入弧道,将弧道冷却,限制弧道分子离子化,并使离子结合成不导电分子,使电弧熄灭。

6.6.4.3　油系统的组成

油系统应力求简单(连接简便、管道和阀件少、操作程序清楚),操作方便。

1. 润滑油系统

润滑油系统主要是为润滑水泵和电动机轴承,包括电动机的推力轴承、上下导轴承和水泵导轴承。图6-39为大型立式泵导轴承润滑油系统。

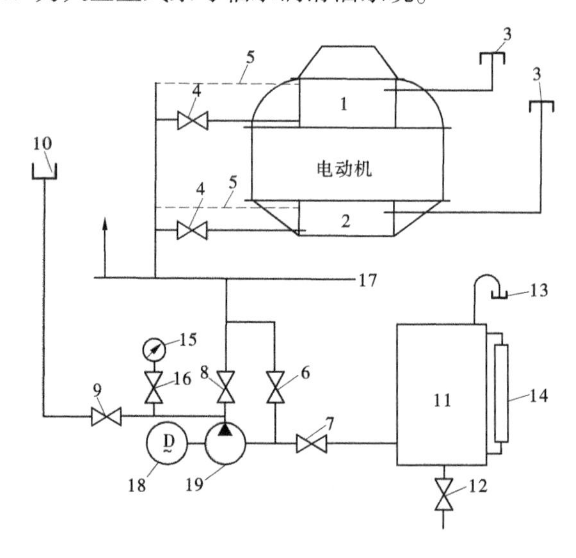

1—上油槽;2—下油槽;3—注油口及盖;4—排油阀;5—溢油管;6~9—主管闸阀;10—污油出口;11—污油桶;12—事故排油;13—呼吸器;14—油位指示器;15—油压表;16—压力表开关;17—回油主管;18—电动机;19—油泵

图6-39　大型立式泵导轴承润滑油系统图

1) 推力轴承润滑

推力轴承担负着机组转子的全部轴向力(转动部分的重量和水的轴向推力),大多采用刚性支柱式推力头和主轴紧密配合在一起转动。推力头把转动部分的荷重通过镜板直接传给推力轴瓦，然后经托盘、抗重螺栓、底座、推力油槽、机架等最后传递给混凝土基础。

镜板和推力轴瓦无论在停机或运转状态都是被油淹没的。由于推力轴瓦的支点和其重心有一定的偏心距，所以当镜板随机组旋转时，推力轴瓦会沿着旋转方向轻微地波动，从而使润滑油顺利地进入镜板和推力轴瓦之间，形成一个楔形油膜，这样就增强了摩擦油的润滑和散热作用。

2）上、下导轴承润滑

大轴和轴颈一起旋转时，弧形导轴瓦分块分布在轴颈外的圆周上，大轴转动时的径向摆动力由轴颈传递给导轴瓦、支柱螺栓、油槽、机架。停机时油槽油位应到支柱螺栓的一半。机组运行时，一方面把因摩擦而产生的热量传给油，热油也随之做圆周运动。又由于导轴瓦面和轴颈的间隙经常变化，造成一定的负压，使油槽中心部分的冷油经挡环和轴颈内圈之间隙而上移，再经轴颈上导油孔喷射到导轴瓦面上，使热油和冷油形成对流，起到润滑和散热作用。

3）水泵导轴承润滑

水泵导轴承有橡胶轴承和稀油筒式轴承等几种。橡胶轴承是用一定压力水润滑或直接在水中自行润滑，因其抵抗横向摆动能力较差，间隙磨损较快，若不及时更换，机组的摆动和振动会增大，影响机组稳定和安全。

稀油筒式轴承用巴氏合金浇铸、稀油润滑。图6-40为水泵润滑系统图。因导轴承长期浸在水中，故需设置密封装置将油与水分开。水泵导轴承的油存在转动油盆和固定油盆内，油的循环使用是依靠转动油盆旋转时的离心力完成的，具体有两种方式：一是转动

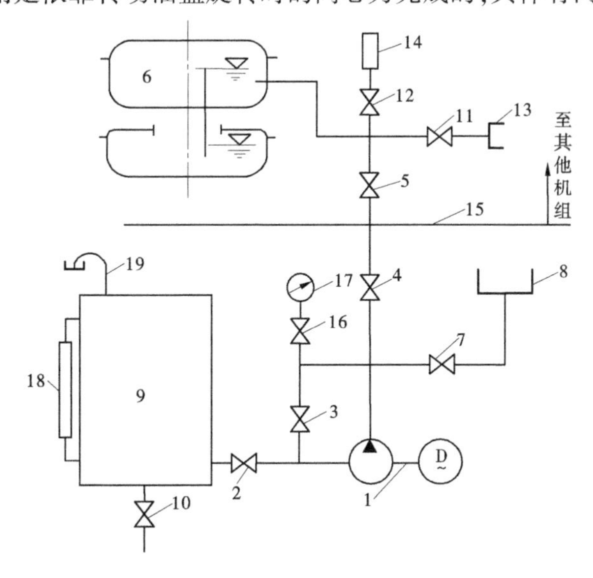

1—电动油泵；2、3、4、7—主管闸阀；5、11、12—支管闸阀；6—水泵导轴承上油箱及转动油盆；8—注油口；19—油箱；0—事故放油闸阀；13—手压加油口；14—油位指示器；15—加油主管；16—油压表开关；17—油压表；18—油位计；19—呼吸器

图6-40　水泵润滑系统图

油盆内的油在离心力作用下,形成中间低、边缘高的球面,经毕托管上升到固定油盆、润滑轴和轴承后,再返回转动油盆。另一种是采用60°的螺旋槽式,油在离心力作用下经60°螺旋槽,润滑轴和轴承后,上升到固定油盆内,再经回油管返回到转动油盆。

水泵导轴承的密封装置运行一定时间后,可能因变形、老化、损坏而漏水,当发现导轴承浸水和有泥沙浸入时,必须停机修理,防止磨坏轴径和导轴承。

2. 压力油系统

压力油系统是用来为全调节水泵叶片调节机构和液压启闭机闸门的启闭、顶转子、液压联轴器等传递所需要能量的系统,它主要由油压装置和调节器等组成。

1) 油压装置

油压装置主要由回油箱、压力油箱、电动油泵及管道、阀门等组成。大部分部件都安装在回油箱顶盖上,如图6-41所示。回油箱呈矩形,钢板焊成,内储一半无压透平油,油箱内由钢丝滤网分开,一边是回收的脏油,一边是过滤过的干净油,箱盖上装置油压装置的大部分部件,其中两台螺杆或齿轮油泵互为备用。工作时从回油箱中将清洁的油打入压力油箱,向叶片调节等机构输送压力油。用过的油经回油管回到回油箱的脏油区,经滤网到净油区,完成循环。管路上装有安全阀,以保安全。

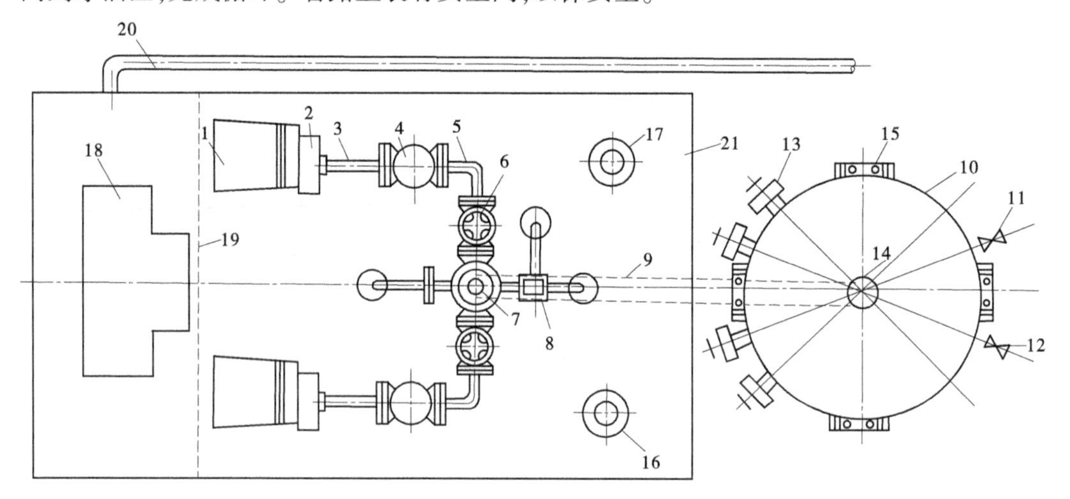

1—电动机;2—压力油泵;3—连接管道;4—逆止阀;5—弯管;6—截止阀;7—安全阀连接法兰;8—溢流阀;9—压力油输油管;10—压力油箱;11—压缩空气进、放气阀;12—放油截止阀;13—电接点压力表;14—压力油箱吊环;15—压力油箱底角;16—空气过滤器;17—回油箱油位指示器;18—进人孔盖;19—滤油网;20—回油管;21—回油箱

图6-41　油压装置平面布置示意图

压力油箱为封闭圆筒形,由钢板焊成,储存压力油,按承受压力确定壁厚。筒上装置透明油位计、压力表等,并由管道与油泵和高压压缩空气连接。筒内储油1/3左右,另2/3充满压缩空气。工作时,压力油从压力油箱中送到叶片调节等系统。油位高时,要补充压缩空气;油位低时,则用空气阀放出多余的压缩空气,但压力要保证在工作压力范围之内,压力表是监视油压的。电接点压力表除可监视油压外,还能自动控制油泵开启,以保持一定的压力范围。压力油箱是高压设备,必须经过检验合格后方可使用。

油泵是油压装置的心脏,常采用螺杆和齿轮油泵,其作用是将无压力油加压输送到压力油箱中。油压装置附件包括逆止阀、安全阀、压力信号装置、压力表、滤网等。油压装置回油箱中的干净油经油泵打入压力油箱,再经管路(主支管道及附属设备、管件)送入每台机组的受油器,受油器的回油均通过回油支管、主管,流向回油箱,经滤网后继续使用。

压力油箱上装有压力表和自动控制装置。在主机组运行过程中,压力油箱向机组供油后,油压将逐渐降低。当油压降到正常工作压力的下限时,油泵启动,向压力油箱补油,如油泵发生事故,则备用泵启动,并同时发出报警,通知值班人员处理;当油压升到正常工作压力上限值时,油泵停止运转,当有故障不能正常停泵时,控制装置会自动切断电源,使油泵停转,同时发出报警信号。

回油箱有油位计,也可发出油位过低或过高的信号。回油箱的正常油位一般为容器的 50%~60%。正常情况下,压力油系统在工作过程中的耗油量是不大的。

图 6-42 为压力油系统的一种形式。油压装置必须满足下列要求:透平油应清洁无水分、杂质、酸性等。吸入油泵的油要经过过滤,滤网要定期清洗,尤其要注意金属粉末和机械杂质,防止磨损配压阀等精密部件。

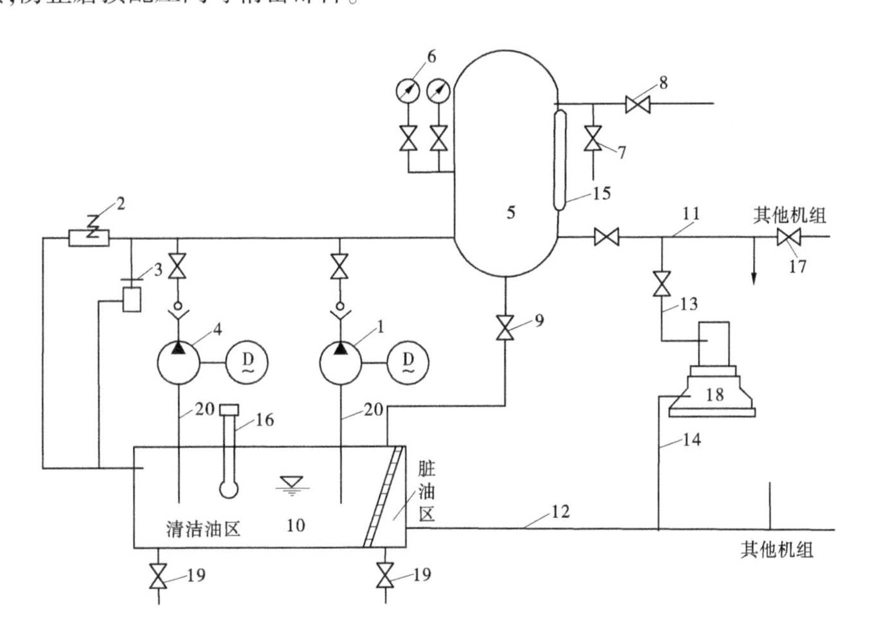

1、4—工作、备用油泵;2—安全阀;3—溢流阀;5—压力油箱;6—电接点压力表;7—放气阀;
8—进气阀;9—放油阀;10—回油箱;11—压力油主管;12—回油主管;
13—压力油支管;14—回油支管;15—压力油箱油位指示器;16—回油箱油位指示器;
17—压力油主管联络闸阀;18—受油器;19—回油箱放油阀;20—油泵进油管

图 6-42　压力油系统

一般选用 22# 或 30# 透平油为宜,尽量与机组润滑油统一。油泵出口必须装有安全阀、溢流阀。与压力油箱连接管道应安全可靠,各部件性能也应灵敏。

2) 刹车制动与启动顶车系统

机组在停止运转过程中,由于流道(管道)中水的压力和惯性力,会使机组维持一定时间的惰转,惰转时间较长时,可能破坏镜板与推力轴瓦之间的油膜,特别是单向进油的推力轴瓦,不允许长时间低速惰转或倒转。因此,要输入一定压力的压缩空气,用制动器装置顶起制动块,顶牢电动机转子下面的制动环,产生足够的制动转矩,使惰转的转子很快地停止旋转。一般在机组停机后,转速降低到额定转速的 1/3 时,立即输入压缩空气,予以制动。

停机期间,机组转动部件的荷重全部通过镜板紧紧压在推力轴瓦上,时间越长,镜板和推力轴瓦之间的油膜就被挤得越薄,甚至干燥无油膜。因此,一般规定,停机 48 h 后均需顶起转子(顶起高度 3~5 mm)后才能启动机组。这就是所谓的"启动顶车"。

立式电动机下机架下装了 4 只制动器,制动器活塞下腔接到高压油管和压缩空气的管道上,通过截止阀和电磁阀的动作,使制动器按人为控制分别执行顶转子或刹车制动的动作。顶转子是将整个转动部分的重量全部支撑起来,所需压力较大。高压油泵或手动高压油泵提供高压油,在高压油泵的出口上装有溢流阀、安全阀及压力指示装置,保证输油安全。刹车制动时,是将制动器与压缩空气管道接通,向制动器输送一定的压缩空气,刹住正在惰转的转子。图 6-43 为某泵站制动及顶车系统图。

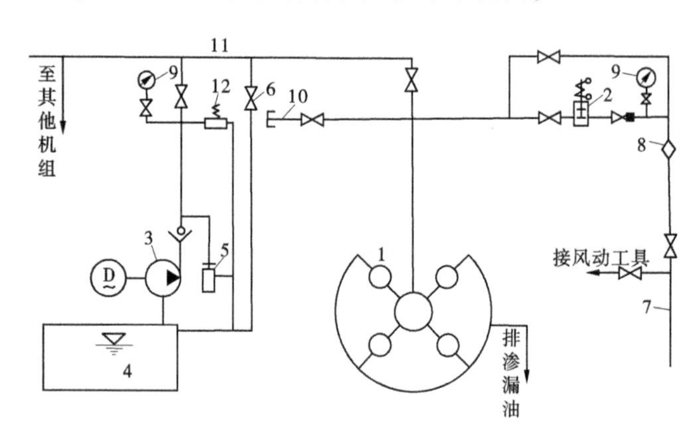

1—制动器;2—电磁阀;3—高压油泵;4—回油箱;5—溢流阀;6—回油阀;
7—压缩空气管道;8—空气过滤器;9—压力表;10—手动高压油泵;11—高压油主管;12—安全阀

图 6-43　制动及顶车系统图

如前所述,随着推力轴承技术的发展,其高新产品已经允许在不顶转子的情况下直接启动机组,而且能保证水泵机组在停机过程中低速(正反向)安全运行,故不需要再设置顶转子和刹车装置。

3. 油的净化处理方法

轻度劣化或被水分和机械杂质污染的油,称为污油。污油经净化处理仍可使用,处理的方法可根据油的污染程度采用不同的方法。对于深度劣化变质的废油,只有采用物理化学方法使油再生,这就必须用专用设备集中处理,一般泵站不予考虑。泵站常用的简单净化方法如下。

1)澄清

将油存放在油槽(或桶)内长期处于静止状态,相对密度较大的水和机械杂质便沉淀到底部。这种方法设备简单、便宜、方便,对油没有危害;但处理所需时间长,净化不完全,酸质和可溶性杂质不能除净。

2)压力过滤

利用压力滤油机把油加压,通过具有能吸收水分和阻止一切机械杂质通过的过滤层(通常是滤纸)进行过滤,使油质净化,这是泵站常用的净化处理方法。

压力滤油机由齿轮油泵、滤清器、安全阀、回油阀、油样阀压力表、滤床(包括滤板、滤柜、滤纸、油盆)、支架、弹性联轴节及电动机等部件组成。被过滤的油从进口吸入,经粗滤器除去较大颗粒尘埃杂质,再进入齿轮泵,受挤压迫使其经滤床,渗过滤网,从而除去水分和杂质,然后从出油管溢出。

绝缘油净化后必须按规定进行检查,如耐压试验、电气强度试验、介质损失角试验等。

3)真空分离

真空分离的原理是根据油和水的沸点不同进行的。沸点与压力大小有关,压力增大,沸点升高;压力减小,沸点降低。真空滤油机就是把具有一定温度(50~70 ℃)的油,压向真空罐内,再经过喷嘴扩散成雾状,此时油中的水分和气体在一定温度和真空下汽化,形成减压蒸汽,油与水分和气体得到分离,再用真空泵经油气分离板,将水蒸气和气体抽出来,达到从油中除水脱气的目的。

真空滤油原理如图6-44所示。其操作程序:①将污油通过压力滤油机初步在储油罐内循环,过滤除掉油中杂质;②将油输入加热器,压向真空罐进行喷雾;③待真空罐的油位达到1/2的油量时,用另一台滤油机或油泵,将罐内的油抽出至储油罐,如此不断循环,并控制真空罐进油压力为(2~3) $\times 10^5$ Pa,同时调节出油,达到进出油量平衡;④待加热器出油温度达到50~70 ℃时,开启真空泵,使罐内真空度逐渐提高至额定值,油循环趋于正常运行,直至污油中的除水、脱氧达到合格。

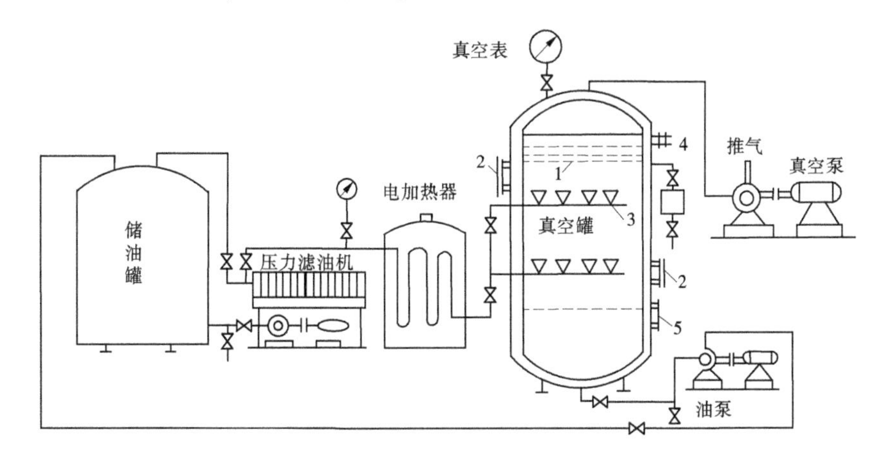

1—油分离板;2—观察孔;3—喷嘴;4—法兰;5—油位计

图6-44 真空过滤原理图

真空分离方法速度快(比压力滤油机快20多倍),质量好,除去油中水分和气体能力强,无油耗、能耗少,不受气候条件影响,对用油量较大的设备的注油、换油很有利,但不能清除机械杂质。

6.6.4.4 油系统规划设计一般规定

(1)透平油和绝缘油供油系统均应满足泵站设备用油量及储油、输油和油净化的要求。泵站透平油用油量计算公式见表 6-14。

表 6-14 泵站透平油用油量计算公式 (单位:m^3)

<table>
<tr><th>序号</th><th colspan="2">用途</th><th>用油量</th><th>参数意义及单位</th></tr>
<tr><td rowspan="4">1</td><td rowspan="4">运行用油量
$V_{运行}$</td><td>油压装置 V_1</td><td>见表 6-15</td><td rowspan="4">d—接力器直径,m,一般为转轮直径的 35%~45%;
S—接力器活塞行程,m,一般为接力器直径的 12%~16%</td></tr>
<tr><td>转轮接力器 V_2</td><td>$V_2=\frac{\pi}{4}d^2S$</td></tr>
<tr><td>受油器 V_3</td><td>$\approx 0.2V_2$</td></tr>
<tr><td>油管充油量 V_4</td><td>0.05~0.1</td></tr>
<tr><td>2</td><td colspan="2">事故备用油量 $V_{事故}$</td><td>$1.1V_{运行}$</td><td></td></tr>
<tr><td>3</td><td colspan="2">补充备用油量
$V_{补充}$</td><td>$\frac{45}{365}aV_{运行}$</td><td>a—年内需补充油量的百分比,轴流泵可按 10%/年计</td></tr>
</table>

表 6-15 大型水泵配套油压装置参数

水泵型号	回油箱(m^3)		压力油箱(m^3)		最高工作压力(MPa)	油泵输油量(m^3/h)	油泵台数
	总容积	油容积	总容积	油容积			
ZL13.5-8	2.5	1.37	1	0.35	2.5	7.5	2
28CJ56	2.5	1.25	1	0.35	2.5	10.8	2
28CJ90	1.4	—	1.2	0.4	2.5	5.0	2
ZL30-7	2.5	1.37	1	0.35	2.5	7.5	2
45CJ70	2.5	2	2	0.7	2.5	7.5	2
40CJ95	2.5	2	2.7	1.56	4.0	8.5	2

(2)透平油和绝缘油供油系统均应设置不少于 2 只容积相等的油桶,分别用于贮存净油和污油。每只透平油桶的容积,可按最大一台机组、油压装置或油压启闭设备中最大用量的 1.1 倍确定;每只绝缘油桶的容积,可按最大一台变压器用油量的 1.1 倍确定。

(3)油处理设备的种类、容量及台数应根据用油量选择。泵站不宜设置油再生设备和油化验设备。

(4)梯级泵站或泵站群宜设中心油系统,配置油分析与油化验设备,加大贮油及油净化设备的容量和台数,并根据情况设置油再生设备。每个泵站宜设能贮存最大一台机组所需要油量的净油容器一个。

(5)机组台数在 4 台及 4 台以上时,宜设供、排油总管。机油充油时间不宜大于 2 h。机组少于 4 台时,可通过临时管道直接向用油设备充油。

(6)装有液压阀门的泵站,在低于用油设备的地方设漏油箱,其数量可根据液压阀的数量确定。

(7)油桶及变压器事故排油不应污染水源及环境。

图6-45为透平油系统的示意图。

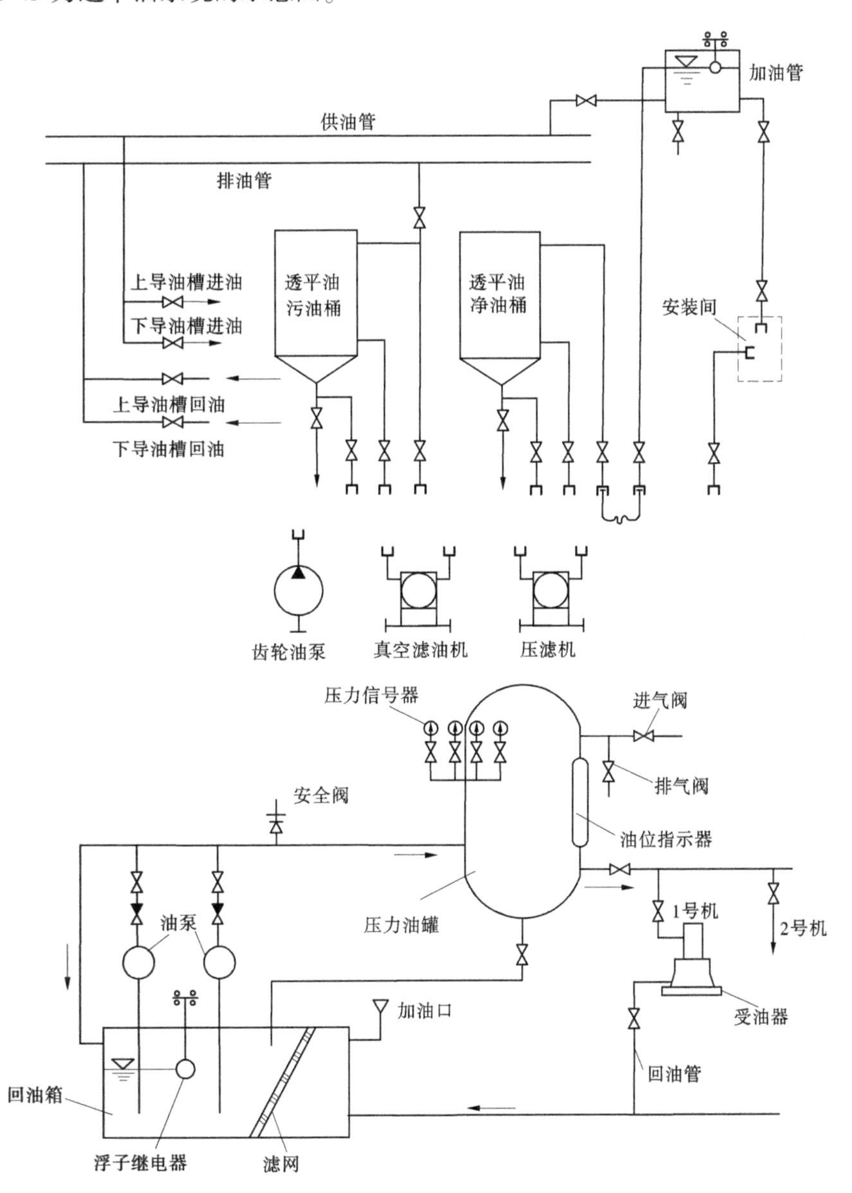

图6-45　透平油系统示意图

6.6.5　通风与采暖设备

泵站通风主要有主电动机冷却通风和主副厂房通风。采暖有设备防冻采暖和维持工作温度采暖。

6.6.5.1 主电动机通风

大型泵站的大部分主电动机是采用空气冷却的,在电动机转子周围的两端装有特制的风扇。运行时,利用风扇将空气从辐射方向吹入电动机内,冷却电动机的铁芯和线圈,使电动机的温度维持在允许值以下。

用空气冷却电动机的通风方式一般有开敞式、管道式和密闭循环式三种。开敞式通风效果差,已逐步改造为管道式通风,而大于 5 000 kW 的大型电动机均采用密闭循环式。

1. 开敞式通风

开敞式通风是以泵房内的空气来冷却电动机的。泵房内的空气在风扇的作用下,从电动机外壳上带走由线圈和铁芯传导出来的热量;或者进入电动机内部,直接从电动机铁芯和线圈表面带走热量,大型立式机组冷却空气是直接从电动机上机架的进风口及电机层以下的电动机下部进入,冷却电动机线圈和铁芯后,经定子外壳出风口孔排入泵房的电机层,如图 6-46 所示。

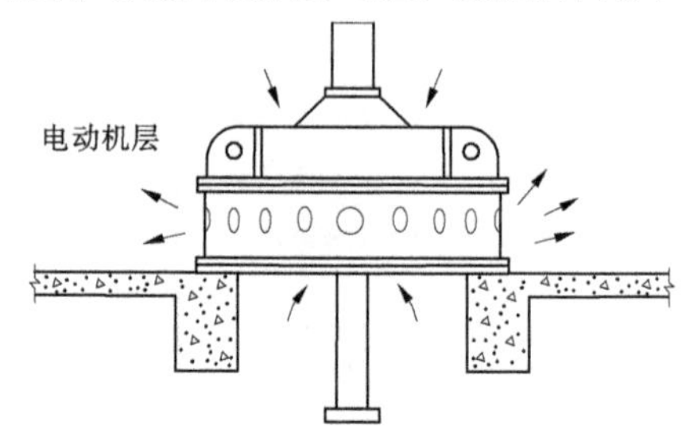

图 6-46 立式电动机开敞式通风

开敞式通风虽然结构较简单,造价低廉,但由于电动机的热量全部排除在泵房内,使室内外气温差较大,室内环境温度较高,冷却效果较差。尤其是对容量较大的泵站和机组,由于泵房的通风能量不能无限增大,夏季泵房的温度就会很高,个别泵站的实际运行温度竟高达 50 ℃左右,运行条件非常恶劣。

2. 管道式通风

管道式通风也是利用泵房内的空气作为冷却介质,与开敞式通风不同的是从电动机出来的热空气不是排在泵房内,而是通过管道引出室外。因此,不会升高泵房内的空气温度,如图 6-47 所示。

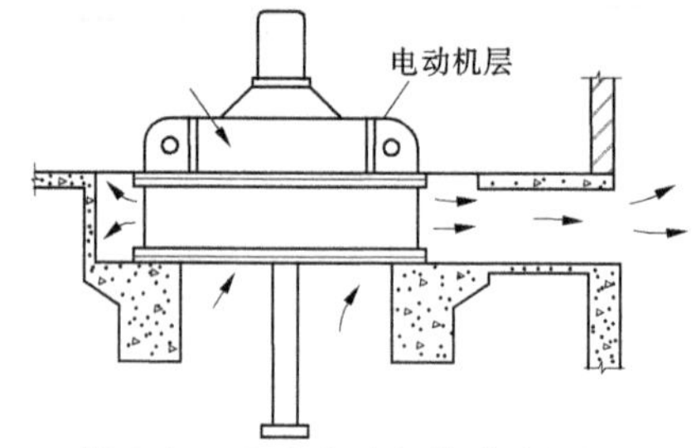

图 6-47 立式电动机管道式通风

风道为环形,其断面尺寸可根据电动机的通风量和风速的大小确定。风速一般为 4~6 m/s,通风量 Q 可按下式估算:

$$Q = \frac{\Delta P}{C\Delta t} \tag{6-29}$$

式中 Q——电动机冷却气体流量,m^3/s;

ΔP——电动机的散发热量,kW(kJ/s),$\Delta P = P_N\left(\frac{1}{\eta} - 1\right) - P'_m$,$P_N$ 为电动机额定功率,kW,η 为电动机额定效率,P'_m 为电动机轴承损耗功率,kW,估算时可以忽略不计;

C——空气定压比热容,其值与空气温度、压力有关,10~70 ℃(一个标准大气压)时,C=1.0~1.2 kJ/(m^3 · ℃);

Δt——冷却空气有效温升,一般根据经验可选取绕组温升的 1/5~1/4,或取 15 ℃。

计算出电动机冷却通风流量之后，考虑一定的安全余量（可取 20%），作为通风系统的设计依据，进而规划通风系统，计算通风系统阻力特性曲线，选用风机和确定其工作参数（如风压、通风量、通风功率和效率）等。

风道出水口一般布置在泵房的进水侧，热风沿水平方向排除到室外，但应避免风口正对室外方向，以免影响排风效果；也可以将出风口在室外部分做成 T 形，以减小逆风时的出风阻力；或者增设垂直风道，将热风引向高处（如屋顶）排除，以增大自然通过能力，减小通风动力，节省通风能耗。

一般采用轴流式风机作为风道内的风机，通常安装在风道内。如果将风机安装于热风风道段内，由于温度较高，驱动电动机温度较高，影响其出力，严重时可能停转，影响通风效果。解决的办法是：①将驱动电动机安装在风道外，但这样会使通风系统更加复杂；②选用绝缘强度高、耐高温的驱动电动机，但价格会高一些；③将风机安装在冷风风道段内（进风口段），这样风机的工作条件较好，但大型立式电动机一般有上下两个进风口，故一般需要上下两个风机，结构较复杂，应与主电机厂商配合实施。

3. 密闭循环通风

在电动机定子外围加以封闭，形成一定的空间。设密闭的循环风道，将冷却用的空气与外界隔绝。在密闭空间内装有几个空气冷却器。

热风从电动机定子外壳出风口排出后，经过冷却器后变为冷空气，再被吸入电动机，如此循环，即可达到冷却电动机的目的，见图 6-48。

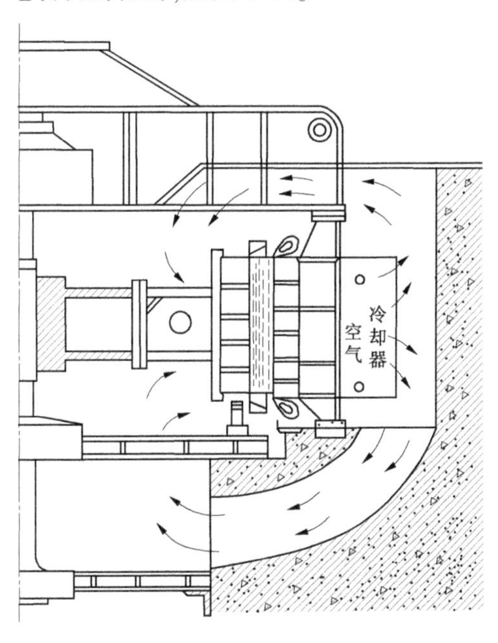

图 6-48　立式电动机密闭循环通风

空气冷却器主要由一定数量的黄铜管组成，铜管四周绕有弹簧形细铜丝，以增加吸热面积。铜管的两端嵌入上部和下部的水箱内，冷却水在管内连续流过，空气则在管子之间流动，利用温度较低的水将热风中所含的热量带走。一般规定一定的冷却空气吸热后，其温度不超过 60 ℃,经过冷却后不超过 35 ℃。而空气冷却器进出水温差要求达到 2~4 ℃,因此冷却水的进水温度不允许超过 30 ℃。

冷却水一般可由技术供水系统供给。在水质不太好、容易发生堵塞的情况下,亦可以采用密闭的水冷却器系统,即利用水质较差的水源来冷却密闭循环中作为冷却介质的水。

密闭循环通风方式的优点是可使电动机的进风温度低于泵房空气温度(夏季),从而使电动机温升也降低,改善其工作性能参数,结构紧凑,运行可靠,缺点是系统较复杂。

泵站机组冷却通风系统的设计应根据电机冷却方式(水冷式等)和冷却参数进行。

6.6.5.2 主副泵房通风

在夏季泵站运行期间,电动机、变频器等电气设备以及太阳的辐射而发出大量的热量,往往造成泵房内的温度很高,从而影响工作人员的身体健康,降低电动机和电气设备的工作效率,并加快其绝缘老化。因此,必须解决泵房的通风问题。

泵房的通风方式有自然通风和机械通风两种。机械通风根据进、排风方式又可分为:①机械送风、自然排风;②自然进风、机械排风;③机械送风、机械排风等几种。选择泵房的通风方式,应根据当地的气候条件、泵房的结构形式、泵房内的设备通风散热情况以及对空气参数的要求来确定,并力求经济实用,有利于泵房设备布置和便于通风设备的运行维护。

1. 泵房通风设计应符合的规定

(1)大中型泵站的主电动机应采用管道式、半管道式或空气密闭循环通风方式,以减少泵房通风量。风沙较大的地区,进风口宜设防沙滤网。

(2)由于自然通风比较经济,故在进行泵房通风降温设计时,宜优先采用自然通风。只有在自然通风不能满足要求时,才采用机械通风,且先考虑自然进风、机械排风的通风方式。中控室和微机室宜设可调装置。

(3)变频器室、变压器室、蓄电池室、贮酸室和套间应设独立的通风系统。为了防止有害气体进入相邻的房间或重新返回室内,其独立配间应通过经常换气使室内保持负压,并使排风口高出泵房屋顶 1.5 m,通风设备应有防腐措施,配套电动机应选用防爆型。

(4)泵站水泵层和检修间的通风一般采用风机和通风管道从进水侧送入新鲜空气,然后在出水侧排出室外,以达到对流和换气的目的。

(5)主副厂房夏季室内空气参数应符合表 6-16 和表 6-17 的规定。

表 6-16　主厂房夏季室内空气参数

部位	室外计算温度(℃)	地面泵房			地下水泵房		
		温度(℃)	相对湿度(%)	平均风速(m/s)	温度(℃)	相对湿度(%)	平均风速(m/s)
电机层	<29	<32	<75	不规定	<32	<75	0.2~0.5
	29~32	比室外高 3	<75	0.2~0.5	比室外高 2	<75	0.5
	>32	比室外高 3	<75	0.5	比室外高 2	<75	0.5
水泵层		<33	<80	不规定	<33	<80	不规定

表 6-17　副厂房夏季室内空气参数

部位	室外计算温度(℃)	地面泵房			地下水泵房		
		温度(℃)	相对湿度(%)	平均风速(m/s)	温度(℃)	相对湿度(%)	平均风速(m/s)
中控室	<29	<32	<75	不规定	<32	<70	0.2~0.5
	29~32	比室外高 3	<75	0.2~0.5	比室外高 2	<70	0.5
	>32	比室外高 3	<75	0.5	<33	<70	0.5
站变室		≤40	不规定	不规定	≤40	不规定	不规定
蓄电池室		≤35	≤75	不规定	≤35	不规定	不规定

注:变频器室可参考站变室值。

2. 自然通风

根据造成空气对流动力(压差)成因的不同,自然通风分为热压通风和风压通风两种:①由于冷热两部分空气自身重力,使空气产生对流的叫热压通风;②借外界风力的作用,使空气产生对流的叫风压通风。风压通风随季节、时间而变,无风时则风压不能保证。因此,在计算通风时,往往只做热压通风计算。

热压通风原理图如图 6-49 所示。当泵房内的空气温度比泵房外高时,室内的空气容重比室外的要小,因而在建筑物的下部,泵房外的空气柱所形成的压力大,于是在这种由于温度差而形成的压力差作用下,泵房外的低温空气就会从建筑物的下部窗口流入泵房内,同时泵房内温度较高的空气就会上升,在热力作用下就会从建筑物的上部窗口排至泵房外,这样,泵房内外就形成了空气的自然对流。图中 A—A 断面为等压面(泵房内、外空气压差等于零的水平面),h_w 为进、排气风口中心之间的垂直距离,h_1、h_2 分别为进、排风口中心与等压面之间的垂直距离。

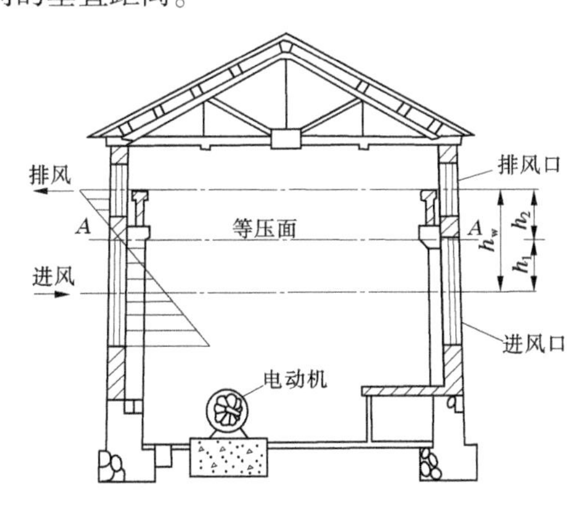

图 6-49　热压通风原理图

自然通风设计的基本任务是:根据泵房的散热量和内外温差来计算通风所需空气量,或根据通风所需空气量来计算泵房所需的进、出风口面积。将计算得出的面积与实际所开门窗的面积相比较,如果所需面积小于所开门窗面积,则自然通风能满足要求;否则,要调整门窗面积和高度,或者增设机械通风。

1)泵房热源散热量

泵房中的主要热源是主电动机。其他设备的散热量以及太阳的辐射热量等,可以按主电动机散热量的10%考虑。泵房总散热量按下式计算:

$$H_t = (0.1 + \alpha)\left(\frac{1}{\eta} - 1\right) P_N Z \tag{6-30}$$

式中 H_t——泵房总散热量,kW;

Z——同时运行最多机组数量,台;

α——与主电动机通风形式有关的系数,开敞式通风时,$\alpha=1$,密闭循环通风时,$\alpha=0$,管道式通风时,$\alpha=0\sim1$,根据风道散热情况而定,α 等于风道散热量与主电动机发热量的比值;

其他符号意义同前。

2)通风所需的空气量

由热量平衡原理可知,进入泵房内的冷空气中带入室内的热量与泵房内的散热量之和,应等于排出的热空气中所带走的热量,用下式表示:

$$QCT_{out} + H_t = QCT_{in}$$

即

$$Q = \frac{H_t}{C\Delta T} \tag{6-31}$$

式中 Q——通风所需的空气量,m^3/s;

ΔT——泵房内外温差,$\Delta T = T_{in} - T_{out}$,一般采用3~5 ℃;

其他符号意义同前。

需要特别注意的是,对主电动机采用密闭循环通风和管道式通风,且风道散热量较小的主泵房或其他附机泵房等,原则上都可以按照排除余热或余湿的方法计算通风量,但由于发热设备不多,余热不是很大,而余湿又往往与厂内防潮排水和混凝土施工质量的好坏有很大关系,很难估算准确,从工程实用角度出发,其各系统的通风量可简单地按其所控制的建筑物体积的每小时换气量次数来计算,即

$$Q = VN \tag{6-32}$$

式中 V——系统所控制的建筑物内净空间体积,m^3;

N——每小时换气量次数,常采用3~10次,对于运行人员工作和巡视较多的场所选用大值,具体取值可查阅相关规范规定。

3)进出风口所需的面积

如图6-49所示,泵房墙上开有进风口1和排风口2。当泵房外无风时,由于泵房内、外温差而形成空气柱的压差,冷空气从下部进风口1进入、热空气从上部排风口2排出。设进风口和排风口的面积分别为 F_1 和 F_2,则 F_1 和 F_2 可按下列公式计算:

进风口面积
$$F_1 = \frac{Q}{3\,600\mu_1}\sqrt{\frac{1}{2gh_1\rho_1(\rho_1 - \rho_2)}} \tag{6-33}$$

排风口面积
$$F_2 = \frac{Q}{3\ 600\mu_2}\sqrt{\frac{1}{2gh_2\rho_2(\rho_1 - \rho_2)}} \tag{6-34}$$

等压面与面积关系
$$\frac{h_1}{h_2} = \left(\frac{F_2}{F_1}\right)^2 \tag{6-35}$$

等压面与进、排风口中心距关系
$$h_1 + h_2 = h_w \tag{6-36}$$

式中　h_w——进、排风口中心垂直距离，m；

ρ_1、ρ_2——进、排风口的空气密度，kg/m^3；

h_1、h_2——进、排风口中心至等压面的距离，m；

μ_1、μ_2——进、排风口的流量系数。

试验证明，窗户流量系数μ与窗户的类型、窗户面积、窗户高宽比、窗户开度以及窗口两侧温差等参数有关。对于平开窗，窗户开度和高宽比影响较显著；对于推拉窗和悬窗，窗户开度、面积和高宽比影响较显著；忽略窗户内外温差的影响，流量系数可近似按下式计算：

$$\left.\begin{aligned} &\text{平开窗}\quad \mu = -0.053\ln(L) + 0.238\ln(\theta) - 0.25 \\ &\text{推拉窗}\quad \mu = 0.01\ln(L) + 0.849\theta + 0.006A - 0.04 \\ &\text{悬窗}\quad \mu = 0.007\theta + 0.014AL + 0.185 \end{aligned}\right\} \tag{6-37}$$

式中　L——窗口高宽比；

θ——对于平开窗和悬窗为开度，对于推拉窗为开启率；

A——窗户面积，m^2。

需要说明的是，利用建筑物外墙窗户进行热压通风经济、实用，但可能影响建筑物内部的空气质量，尤其是碰到沙尘天气，会有大量尘埃进入室内。为此，可以考虑在建筑物外墙上设置专用通风孔口，并设置滤网等空气净化设施，以保证室内干净、卫生。

3. 机械通风

机械通风需要通风机和另设通风管道（风道）。当自然通风不能满足泵房降温要求时，可采用以机械通风为主、自然通风为辅的通风系统。

1）通风方式

泵房机械通风一般采用以下几种方式：

（1）高窗机械排热风、自然补凉气。

该方式是将风机安装在泵房上层窗户的顶上，通过接到电动机排风口的风道将热风抽至室外，冷空气靠自然补给。当风道内的风压损失在 2 m 水柱以内时，可直接利用电动机本身的风扇和风道与室外由于温差而形成的风压来排风，省去风机。

（2）机旁机械排热风、自然补凉气。

该方式是在泵房内主电动机附近安装风机，将电动机散发的热气通过风道排至室外，冷空气也靠自然补给。

（3）机械补凉气、自然排热风。

泵房较深、机组容量较大、散热量较多时，只采用排除热空气、自然补给冷空气的办法，其运行效果不明显时，可采用机械补冷空气的方式，即用风机将冷空气直接送至主电动机下方，热空气自然排出。

(4)机械补凉气、机械排热风。

在上述(3)的基础上,增加一套排出热风的通风系统,以及采用进、出两套机械通风系统。除用风机将冷空气送至主电动机以下外,再用风机及热风道将热风排出泵房,以进一步提高通风效果。

(5)自然补凉气,多风机排热风。

对水泵层冷空气补给条件较好、主电动机设有环形风道的大中型泵站工程,可在每台主电动机的风道出口处加装一台轴流式通风机,以增强其通风效果。也可将风机安装在主电机进风口或加大主电动机的上下两端风扇的抽风能力,以解决风道高温对风机驱动电动机的影响。

2)通风计算

主要计算通风所需要的风量和风压,以决定是否需要设置机械通风,并据以选择通风机。

(1)通风量计算。

风量的计算有两种方法:一是按泵房有效容积和每小时换气次数计算,如式(6-32)所示,其中 $Z=8\sim10$ 次/小时;二是按消除室内余热所需的通风空气量计算,计算方法与自然通风相同。

另外,在电动机样本中,一般都给出电动机的冷却空气量,可与所计算的通风空气量相比较,选用其中大者。

(2)风压计算。

通风所需要的风压,实际上就是计算空气在风道中流动的阻力损失。当该损失比较小时,可以靠电动机本身的风扇来散热;当该损失较大时,必须靠风机来克服。因此,风压也是选择风机的依据之一。

在设计风道时,可初选风道截面,根据需要的排风量计算空气流速,然后根据风道系统布置情况分别计算沿程阻力和局部阻力。

沿程阻力损失为

$$h_f = \lambda \frac{l}{4R}\frac{\rho v^2}{2} = \lambda \frac{l}{8R}\frac{\rho Q^2}{A^2} = \lambda \frac{l}{d}\frac{\rho v^2}{2} = \lambda \frac{8l}{\pi^2}\frac{\rho Q^2}{d^5} \tag{6-38}$$

式中 h_f——风道沿程阻力,Pa;

λ——风道沿程摩阻系数,查通风设计手册得;

ρ——空气密度,kg/m^3;

v——风道流速,m/s;

A——风道断面面积,m^2;

l——风道的长度,m;

Q——风量,m^3/s;

R——风道水力半径,m;

d——风道当量直径,m,对于圆形风道,$d=4R$,对于矩形风道,$R=\dfrac{ab}{2(a+b)}$,流

量当量直径 $d_Q = 1.2652(ab)^{0.6}/(a+b)^{0.2}$,流速当量直径 $d_v = \frac{2ab}{a+b}$,其中:a 为风道宽,m,b 为风道高,m。

风道局部阻力损失为

$$h_j = \sum \zeta \frac{\rho v^2}{2} \tag{6-39}$$

式中　h_j——风道局部损失,Pa;

ζ——风道局部阻力系数,查通风设计手册得。

所以,风道总的损失 h 为

$$h = h_f + h_j \quad (\text{Pa}) \tag{6-40}$$

通风机根据其产生的风压大小,分低压风机(全风压小于 0.1 m 水柱或 0.98 kPa)、中压风机(全风压在 0.1~0.3 m 水柱或 0.98~3 kPa)和高压风机(全风压在 0.3 m 水柱或 3 kPa 以上)。泵房通风要求的风压不大,大多采用低压风机,即轴流式风机。

3)风道布置及构造

风道布置时,应尽量缩短风道长度和不必要的弯道,不占或少占泵房的有效面积。一般一台主电动机布置一个风道,且位于泵房的进水侧或出水侧;也可以布置一根或两根干管,用支管接至主电动机,干管一般从泵房的两端通向室外。装排风管的通风机一般放在出口处,风机装得越高,通风效果越好。

风道要求严密不漏气,材料一般为铁皮或薄钢板,也可采用砖、石、混凝土结构。在铁皮通风管中,接缝用咬口。为保护金属不被锈蚀,面上可涂油漆。为了调节排风量,可在排风道靠近主电动机处设置活动风门。

6.6.5.3　泵房采暖

1. 采暖方式

泵房采暖方式有利用主电动机热风采暖、电辐射板采暖、电炉采暖、热水锅炉采暖等。由于各地区气温差别较大,需根据各地实际情况以及设备的要求,合理选择采暖方式。

2. 采暖设计应符合的规定

(1)直流系统的室温宜保持在 10~35 ℃。室温低于 10 ℃时,可在旁室的进风管上装设密闭式电热器。电热器与通风机之间应设电气连锁装置。不设采暖设备时,室内最低温度不得低于 0 ℃。

(2)中控室、微机室和载波室的温度不宜低于 15 ℃。当不能满足时,应有采暖设施,且不得用火炉采暖。

(3)电动机层应优先利用电动机热风采暖,其室温在 5 ℃及其以下时,应有其他采暖设施。严寒地区的泵站在非运行期间可根据当地情况设置采暖设备。冬季不运行的泵站,当室内温度低于 0 ℃时,对无法排干放空积水的设备应采取局部采暖。

6.6.6　起重设施

6.6.6.1　起重设备的选择

泵房中主机组、阀门及管路附件等设备的安装和检修都需要起重设备。常用的起重设备有移动式吊架(手拉葫芦配三脚架)、单轨吊车和桥式行车(包括悬挂式起重机)三种。除移动式吊架为手动外,其余两种既可手动,也可电动。起重设备的选择,既要考虑最重设备或部件的重量,也要考虑泵房内机组的台数,还要顾及必需的起吊高度。

(1)当最大起吊设备或部件的重量不超过1 t、机组不超过4台时,一般不设置固定起重设备。

(2)当最大起重设备或部件的重量在5 t以下,或虽然不超过1 t但机组数量较多时,宜设置手动或电动单轨吊车,它构造简单,价格低廉,对泵房的高度、宽度及结构要求都比起重机小。

(3)由于泵房内起重设备仅用于安装和检修,利用率不高,因此有些泵站的设备最大重量已超过5 t,但也可设置单轨小车,配手拉或电动葫芦。当起重量较大时,可用两个单轨吊车同时起吊同一设备或部件。

(4)对于大中型泵站工程,由于起重量大,而且泵房的跨度也大,所以多采用电动双梁桥式起重机。可根据起重量、行车跨度等要求,参照有关样本选择合适的产品即可。

图6-50～图6-54为常用的起重设备外形。

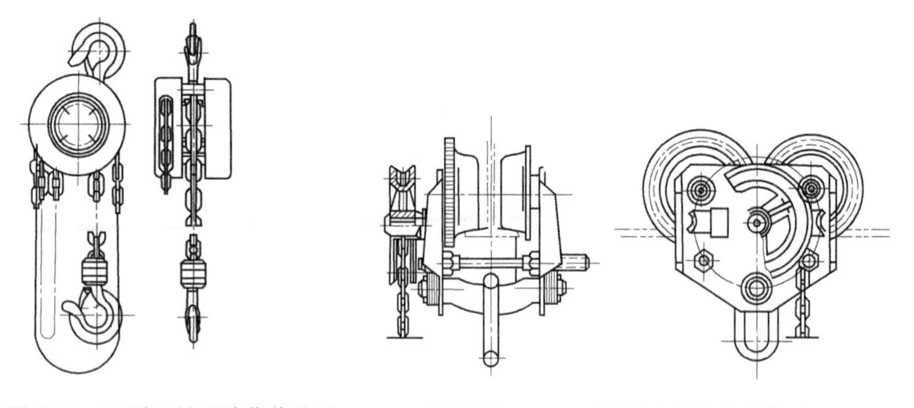

图6-50　Sh型环链手动葫芦外形　　图6-51　SDX-3型手动单轨小车外形

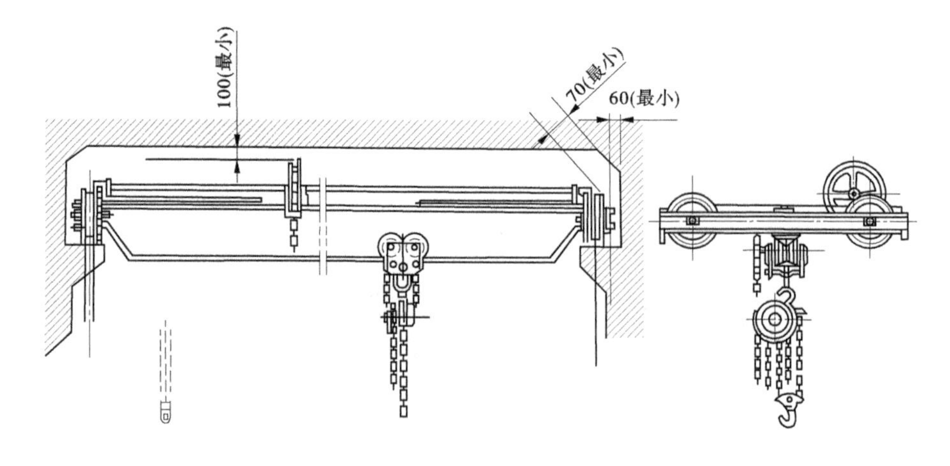

图6-52　SDQ型手动单梁桥式起重机外形　(单位:mm)

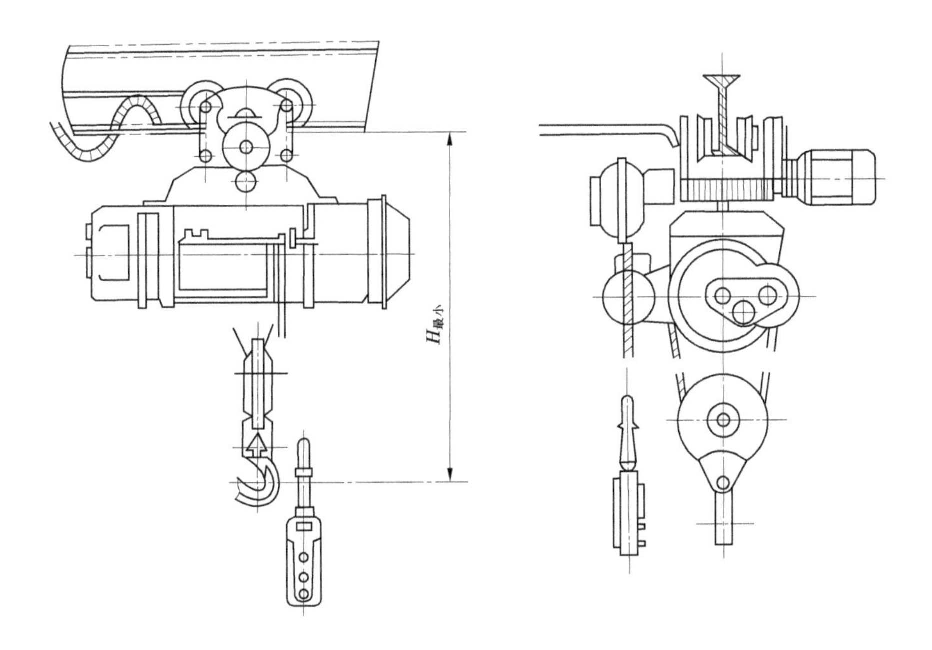

图 6-53　MD_1 型电动葫芦外形　（单位：mm）

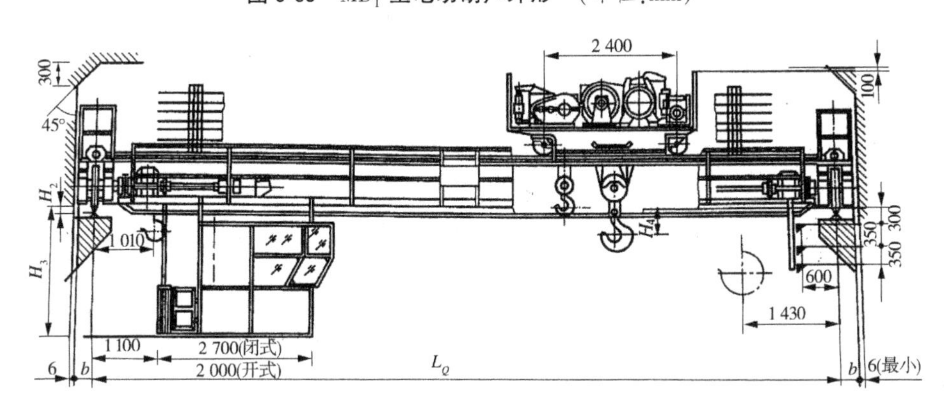

图 6-54　电动双梁桥式起重机外形　（单位：mm）

6.6.6.2　吊车及轨道的布置

吊车及轨道布置，需要考虑的是吊车设置高度和吊车作业面问题。泵站中，吊车的设置高度和屋面大梁高度应结合起来一并考虑，下面主要讨论吊钩作业面问题。

所谓作用面，是指起重吊钩服务的范围。显然，固定吊钩配葫芦只能做升降运动，服务对象为一台机组，故作业面为一点。单轨吊车的运动轨迹为一条线，它与吊车梁的布置有关。横向排列的机组，在对应于机组轴向的上空设置单轨吊车梁；纵向排列的机组，单轨则应设置于水泵和电动机之间的上空。为了扩大单轨吊车梁的服务范围，可以采用如图 6-55 所示的 U 形布置方式。轨道转弯半径 R 可按起重量确定，与电动葫芦型号有关，见表 6-18。

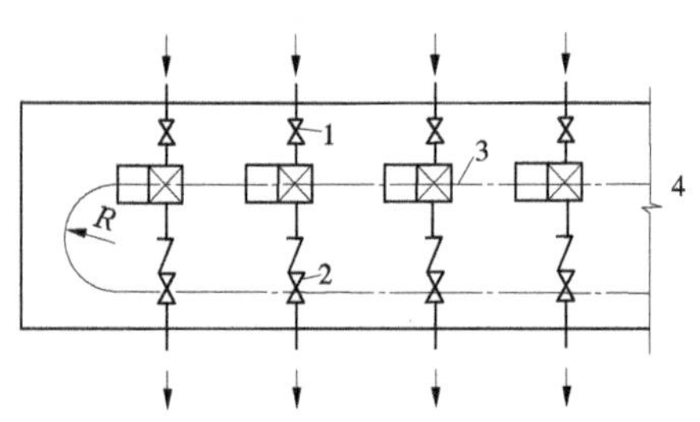

1—进水阀门;2—出水阀门;3—单轨吊车梁;4—大门

图 6-55　U 形单轨吊车梁布置图　(单位:mm)

表 6-18　U 形单轨吊车梁轨道转弯半径 R

电动葫芦起质量(t)(CD_1 型及 MD_1 型)	最小转弯半径 R(m)
≤1.5	1.0
1~2	1.5
3	2.5
5	4.0

U 形轨道布置具有选择性。离心泵出口阀门操作较频繁,容易磨损,检修次数多,所以一般选择出口阀门为吊运对象,并将单轨弯向出口阀门上方(要求一列布置)。但在轨道转弯处,应与墙壁或电气设备保持一定的安全距离。

桥式行车具有纵、横两向移动功能,因此它的服务范围为一个面。由于吊钩落点距泵房墙壁有一定距离,故沿墙四周存在行车不能工作的死角区,如图 6-56 所示。通常进水侧阀门很少启闭,允许放在死角区。当泵房为干室型时,可以利用死角区域建筑平台或走道。

6.6.7　拦污及清污设施

为了拦截水面漂浮物及水中污物,以保证泵站安全运行,通常应在泵站进水侧设置拦污栅并配置清污机。

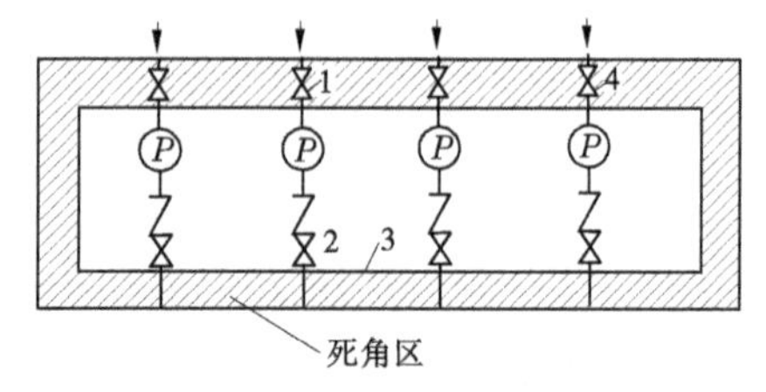

1—进水阀门;2—出水阀门;
3—吊点边缘轨迹;4—死角区

图 6-56　桥式行车工作范围及死角区

拦污栅的位置,如仅考虑投资,则与泵站进水建筑物结合最为经济。但是,它因靠近进水口,对进水流态、水泵性能,特别是对水泵汽蚀的安全性影响很大,因而一般都不希望靠近泵房,且距离泵房越远越好。按照经济合理的原则,小型抽水装置因流量很小,一般不设拦污栅。当杂草特别多,且有可能危及水泵的安全运行时,才在管口处设置人工清污的防护罩。流量不大、单独进水的湿室型泵房因进水室中流速很小,可在泵房前部闸墩处设置拦污栅。大中型泵站因流量较大,最好将拦污栅设在远离泵房、断面开阔、流速较小的引水渠内。

拦污栅通常由底板、栅墩、工作桥等钢筋混凝土建筑物和钢制栅体及预埋件组成。配置清污机的,还应在桥面上加设清污机行车轨道及岸边库房。拦污栅的钢筋混凝土结构,包括其稳定性,与一般水工建筑物设计要求没有太大的差别。下面主要介绍栅体的制作及布置要求。

拦污栅栅体通常用长 4~16 mm、宽 50~80 mm 的扁钢焊成(栅条竖向放置,迎水面最好为半圆形,也可用圆钢代替)。为保证栅条刚度,一般每隔 1.0~1.5 m 的高度加设一根横梁。拦污栅的跨度(栅墩间距)不宜过大,一般小于 3 m,且要求栅体和建筑物能够承受被杂草完全堵塞情况下栅前、栅后水位差为 1.0~2.0 m 时的水压力。

对靠近水泵的拦污栅,其栅条净距 S 一般随水泵的性能而异。对于离心泵和混流泵,可取 $S=D_2/30$(D_2 为水泵叶轮直径);对于轴流泵,可取 $S=D_2/20$。栅条最小净距不得小于 50 mm。拦污栅的过栅流速,当采用人工清污时,宜取 0.6~0.8 m/s;采用机械清污或提栅时,可取 0.6~1.0 m/s。

为增大水流过栅面积,且便于人工和机械清污,拦污栅栅体与水平面倾角宜按 70°~80°设置。当栅体高度小于 4.5~5.0 m 时,亦可人工清污;高度大于 5.0 m 的,最后配有冲洗设备,或用压缩空气进行清理。

有时为了降低拦污栅高度,并预防冰凌堵塞拦污栅,可考虑将拦污栅装至最低水位以下 0.5~0.7 m 处,并且在栅墩上部加建挡水胸墙。

对来流中漂浮物较多的水源泵站,可以考虑设置两道拦污栅。第一道做成粗格的,第二道做成细格的。第一道拦污栅可配用带有轮轨的移动式清污机,第二道可在每个流道进口处单独设置一台连续上扒的固定式清污机。

清污机械(机爬)能自动清除截留在栅格上的杂物,并将其倾倒在翻斗车或其他集污设备内,有的还配有皮带运输机将污物及时地运至岸边,从而大大地减轻了劳动强度,减少了过栅水头损失,降低了能耗。

好多泵站已经采用机械手段来清污。随着技术的不断进步,机械清污也将不断完善。

第 7 章　进出水建筑物

泵站进水建筑物包括取水建筑物、引水建筑物、前池、进水池或进水间以及附属设施等。泵站出水建筑物包括出水池和压力水箱等。取水口的选址及工程布置见第 5 章中的有关内容。

7.1　取水建筑物

7.1.1　岸边式进水闸

利用岸边式进水闸取水适用于宽浅河道,一般与堤防工程相结合。库区取水的泵站工程也多采用进水闸取水的方式。

进水闸是泵站直接从水源取水的控制性工程,其作用是引水、排沙和防洪。进水闸工程既要保证在任何情况下都能引到所需要的流量,又要通过合理布置,尽量减少引入水流中的含沙量,还要能排除闸后淤积的泥沙,防止进水口前泥沙的淤积等。

7.1.1.1　**闸址选择**

闸址的选择与取水口的选择基本相同,亦应在充分分析河床演变和泥沙运动规律的基础上进行,结合地形、地质等条件,经综合分析论证确定。取水口的选择在第 5 章中做了较详细的叙述,故在此不再赘述。

7.1.1.2　**取水枢纽布置**

1. 无坝取水枢纽

无坝取水枢纽一般由进水闸,闸前引水导沙坎、排沙渠及河岸整治工程,闸后泥沙沉淀和排沙工程等组成。

枢纽工程布置应根据闸址地形、地质、水沙等条件及枢纽各建筑物的功能、特点、运用要求等确定。首先考虑的是要能引到足够的流量,并尽量减少进闸水流所挟带的泥沙含量;其次要兼顾取水排沙安全可靠、结构简单、运用方便和协调美观等。

根据水工模型试验和原型观测资料分析,进闸水沙状况主要与引水角(进闸水流方向与河流水流方向的夹角)的大小有关。引水角越小,进水口前沿宽度越长,进水口水流转弯越平缓,对引水越有利,但土建工程量越大;反之,引水角越大,进水口水流转弯越急,水流的收缩程度越剧烈,进口水流流速分布越不均匀,进闸水头损失越大。同时,引水角越大,进水口附近由于横向比降引起的横向环流越显著,使推移质泥沙带进口门前越多,进水口上端的淤积情况也越严重。

另外,引水角与过闸水位差有关。据有关资料和规范建议,对于过闸水位差大于 0.2 m 的进水闸,其引水角不宜大于 30°,并尽可能将引水角定得小一些。对于过闸水位差小于 0.2 m 的进水闸,其引水角可按下式计算:

$$\delta = \arccos \frac{v_0}{v_1} \tag{7-1}$$

式中　δ——引水角,(°);

v_0——引水口外的河道流速,m/s;

v_1——引水口内的渠道流速,m/s。

通常取 $v_1 > v_0$,即 $0 < \frac{v_0}{v_1} < 1$,则 $0° < \delta < 90°$,因此引水角通常为锐角。

仅从引水角度考虑,引水角越小越有利于引水,但引水角小,则将使工程投资加大,故引水角的确定应进行技术经济比较。,此外,还应注意闸前引渠不宜过长。

2. 有坝取水枢纽

有坝取水枢纽一般由进水闸,泄洪闸,冲沙闸,进水闸前引水、导沙坎及河岸整治防护工程,闸后泥沙沉淀和排沙工程等组成。

当建拦河闸坝壅高闸前水位引水时,宜采用正向布置泄洪闸和冲沙闸,侧向布置进水闸的方式,泄洪闸的轴线宜与河道中心线正交,其上下游河道直线段长度不宜小于5倍闸室进口处水面宽度。位于弯曲河段的泄洪闸,宜布置在河道的深泓部位。

在多泥沙河流上,宜在进水闸附近下游布置冲沙闸或泄洪闸,以冲排进水闸前面的沉积泥沙。根据已建工程经验,宜按正向泄洪、冲沙,侧向取水的格局进行枢纽布置。在进水闸前设置束水墙、导沙坎等工程设施,并与冲沙闸一道组成引水防沙、排沙的方式,以解决进水闸前泥沙沉积带来的淤堵问题。

有资料证实,当引水比小于25%时,可以完全防止推移质泥沙进入引水渠道。另有一些引水工程试验研究证实,当清水河流上引水工程的引水比超过50%或多泥沙河流上引水比超过30%时,即使将引水工程布置在河流弯道的凹岸,仍不能完全防止推移质泥沙被挟带入渠。在此情况下,宜在引水工程前设置拦沙坎,并在其相邻位置设置冲沙闸,这样既可保证引水工程有足够的引水流量,又可防止推移质泥沙被挟带入渠。

在建拦河闸坝引水时,引水角一般取70°~75°。

3. 闸室

1)闸室形式

闸室有开敞式、胸墙式、涵洞式和双层式等。开敞式闸室也称堰流式闸室,其特点是闸门全开时,过闸水流具有自由水面;胸墙式闸室的特点是闸门以前为有压流,闸门以后可能为有压流,也可能为无压流(孔口出流);涵洞式闸门与胸墙式闸门相似,不同之处是闸前、闸后均为有压流;双层式闸门的上层具有开敞式特点,下层具有涵洞式(或胸墙式)特点。

水闸结构形式应根据水闸挡水、泄水和运用条件和运行要求,结合地形、地质、水流流态等选用。整个闸室结构重心应尽可能与闸室底板中心相近,且偏向高水位一侧。

泵站工程的进水闸在洪水位较低的情况下(如位于游荡性宽浅河段的泵站),可采用开敞式闸室,以节省投资,方便运行管理;但在挡水位较高时(如位于峡谷河段或库区取水的泵站),一般采用胸墙式闸室或涵洞式闸室。

2) 闸室结构

闸室结构有整体式和分离式。整体式闸室结构是在闸墩中间设顺水流方向的永久沉降缝,将多孔水闸分成若干闸段,每个闸段一般由1~4个完整的闸孔组成。地质条件较差,可能产生不均匀沉降的地基宜采用整体式结构。分离式闸室结构是在闸室底板上设置顺水流方向的永久沉降缝,将多孔分水闸分为若干闸段,每个闸段呈倒T形或倒Π形,其优点是可以减小闸墩的厚度,适用于条件较好的地基(如岩石地基)。

一般开敞式闸室结构可根据地基条件和受力情况等选用整体式或分离式,而胸墙式闸室、涵洞式闸室和双层式闸室不宜采用分离式闸室结构。

闸室结构垂直水流方向分段长度应根据闸室地基条件和结构特点,结合施工方法和措施确定。岩石地基上的分段长度不宜超过20 m,土基上的分段长度不宜超过30 m。永久缝的构造形式可采用铅直贯通缝、斜搭接缝或齿形搭接缝,缝宽为2~5 cm。

3) 闸(门)顶高程和闸槛高程

闸(门)顶高程通常指闸室胸墙或闸门挡水线上游闸墩和两岸导墙的顶部高程。泵站进水闸作为一个挡水建筑物,其闸顶高程应分别按正常蓄水位+波浪壅高+安全超高,或按洪水位(设计或校核)+安全超高计算,并取其大者。进水闸安全超高见表7-1。

表7-1　进水闸安全超高　　(单位:m)

进水闸级别		1	2	3	4、5
计算基准水位	正常蓄水位	0.7	0.5	0.4	0.3
	设计洪水位	1.5	1.0	0.7	0.5
	校核洪水位	1.0	0.7	0.5	0.4

闸顶高程的确定还应考虑:①在软弱地基上闸基沉降的影响;②多泥沙河流上下游河道的冲淤变化对水位升降的影响;③上游两侧防洪堤可能加高的影响。

露顶式闸门顶部应保证在可能出现的最高挡水位情况下不让水从顶部翻进闸后,故露顶式闸门顶部高程也应按上述的方法计算而得,并且要高于可能出现的最高挡水位0.3~0.5 m。

闸槛高程不仅对闸孔的形式、尺寸和闸室的稳定性有影响,而且直接关系到整个水闸工程投资。闸槛低可以加大过闸水深和单宽流量,减小闸室总宽度,有利于引水,但将增加闸身挡水高度和两岸结构高度,可能增加工程投资和带来泥沙淤积。因此,闸槛高程应综合考虑闸址地区的天然河床高程、水沙、地形、地质、施工、运行等条件,结合堰型和门型选择,经技术经济比较后确定。一般闸槛高程不宜低于闸址处枯水期河槽的河床平均高程,推移质泥沙较多时要略高。

4) 闸室总净宽和闸室孔口尺寸

泵站进水闸一般采用平底的宽顶堰。其闸室总净宽见图7-1,按以下各式计算:

$$B_0 = \frac{Q}{\sigma_s m \sqrt{2g} H_0^{3/2}} \tag{7-2}$$

$$m = \frac{m_z(n-1) + m_b}{n} \tag{7-3}$$

$$\sigma_s = 2.28\frac{h_s}{H_0}\left(1-\frac{h_s}{H_0}\right)^{0.4} \tag{7-4}$$

$$H_0 = H + \frac{v_0^2}{2g} \tag{7-5}$$

式中　B_0——闸室总净宽,m;

H、H_0——堰上水头和总水头,m;

Q——过闸流量(最大引水量),m^3/s;

v_0——行近流速,m/s;

g——重力加速度,取 $g=9.81\ m/s^2$;

m——堰流流量系数,可由表 7-2 查得,多孔闸的流量系数可按式(7-3)计算;

n——闸孔数;

m_z——中孔的流量系数,由表 7-2 查得,表 7-2 中 B 取值 $b+d_z$;

m_b——边孔的流量系数,由表 7-2 查得,表 7-2 中 B 取值 $b+\frac{d_z}{2}+b_b$,b 为闸孔净宽,m,b_b 为边闸墩顺水流边缘线至上游河道水边线之间的距离,m;

σ_s——堰流淹没系数,可按式(7-4)计算;

h_s——由堰顶算起的下游水深,m。

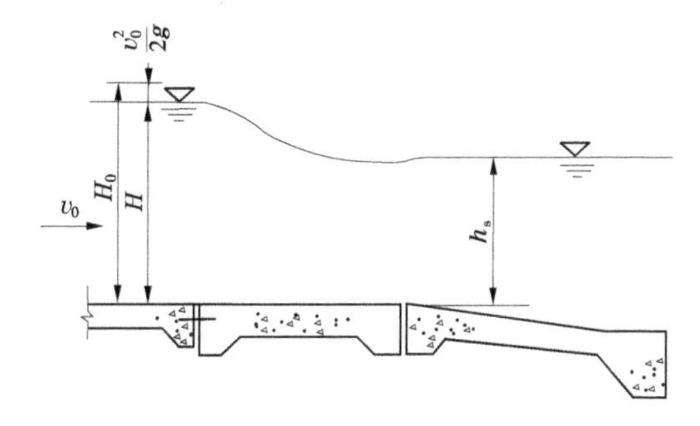

图 7-1　平底闸计算示意图

表 7-2　圆弧形导墙进口的平底宽顶堰流流量系数 m 值

r/b	b/B										
	0	0.1	0.2	0.3	0.4	0.5	0.6	0.7	0.8	0.9	1.0
0	0.320	0.322	0.324	0.327	0.330	0.334	0.340	0.346	0.355	0.367	0.385
0.05	0.335	0.337	0.338	0.340	0.343	0.346	0.350	0.355	0.362	0.371	0.385
0.10	0.342	0.344	0.345	0.347	0.349	0.352	0.354	0.359	0.365	0.373	0.385
0.20	0.349	0.350	0.351	0.353	0.355	0.357	0.360	0.363	0.368	0.375	0.385
0.30	0.354	0.355	0.356	0.357	0.359	0.361	0.363	0.366	0.371	0.376	0.385
0.40	0.357	0.358	0.359	0.360	0.362	0.363	0.365	0.368	0.372	0.377	0.385
≥0.50	0.360	0.361	0.362	0.363	0.364	0.366	0.368	0.370	0.373	0.378	0.385

注:1. r 为圆弧形导流墙的进口半径。

2. B 为上游引渠宽,$B=b+d_z$,d_z 为中闸墩厚度。

闸孔尺寸应根据闸门结构形式、启闭形式、启闭机容量以及闸门的制作、运输、安装等因素,进行综合分析确定。

闸孔宽度与闸孔数量的乘积应不小于闸室总净宽;闸孔高度应保证在最低设计引水水位下引入设计流量时,能够形成自由水面流态。

5)闸室底板

闸室底板是整个闸室结构的基础,是承受上部结构的重力及荷载,并向地基传递的结构,同时兼有防渗及防冲的作用。因此,闸室底板必须具有足够的整体性、坚固性、抗渗性和耐久性。

闸室底板一般采用平底板,采用钢筋混凝土结构。对高压缩性软黏土地基,为了减小地基的不均匀沉降量而需要增大闸室横向刚度,或因承载力不足需加大闸室底板埋置深度时,可以考虑采用箱式平底板。箱式平底板具有很好的整体性,对地基的不均匀沉降的适应性和抗震性能都很好;缺点是工程量大,结构较复杂,施工难度较大。

闸室底板厚度应根据闸室地基条件、作用荷载及闸孔宽度等因素,经闸室稳定性和结构强度计算,并结合布置要求确定。

闸室底板顺水流方向的长度可根据地基条件和上部结构(闸门、交通桥等)的布置要求,以满足闸室整体稳定性和地基允许承载力(应力条件)为原则,经过综合分析确定,一般底板与闸墩长度相等。当需要调整闸室的重心位置以满足地基应力均匀或需要利用上游水重以增加闸室的抗滑稳定性时,其长度可向闸墩的上游端或下游端延伸,但伸出闸墩的悬臂长度一般不宜超过闸室底板厚度。

6)闸墩与门槽

闸墩是闸门和各种上部结构的支撑体,由闸门传来的水压力和上部结构的重力及荷载都通过闸墩传至闸室底板。闸墩的结构形式应根据闸室结构、抗滑稳定性和闸墩纵向刚度要求确定,一般宜采用实体式。闸墩的外形轮廓设计应能满足过闸水流均匀平顺、侧向收缩损失小及过流能力大的要求。上游墩头可做成半圆形或流线形,下游墩头宜采用流线形。

闸墩厚度应根据闸室孔口尺寸、受力条件、结构要求和施工方法等确定。

由于弧形闸门的闸墩没有门槽,其厚度较小;平板闸门的厚度往往受到门槽深度控制,并由门槽处的结构强度和刚度的需要来确定。平面闸门门槽处闸墩的最小厚度不宜小于0.4 m。如采用液压式启闭机,门槽处闸墩的最小厚度还要考虑油缸布置的需要和施工的要求;兼作导墙的边闸墩厚度的确定必须考虑承受侧向土压力的作用力;大型水闸采用弧形闸门时,当推力过大,普通钢筋混凝土结构不能满足结构强度要求,而闸墩厚度又不能做得太大时,可考虑采用预应力闸墩结构。

工作闸门的门槽应设在闸墩水流较平顺部位,这样可以避免产生因水流流态不好对闸门运行带来的不利影响。门槽的宽深比宜取1.6~1.8。检修门槽与工作门槽之间的净距的确定,应满足安装和检修的需要,同时应方便启闭机的布置与运行,且不宜小于1.5 m。

7)胸墙

在闸室顶部可设置胸墙结构,其作用主要是为了减小闸门高度,从而减轻闸门重量和启闭机吨位。胸墙在闸室中的位置总是与闸门位置配合在一起的,一般布置在闸门的上游侧。

胸墙结构可根据闸室孔口尺寸大小和泄流要求选用板式或板梁式。孔宽不大于 6 m 时可采用板式;孔宽大于 6 m 时宜采用板梁式。胸墙顶应与闸顶齐平,胸墙底高程应根据孔口过流量要求计算确定。为了使水流平顺地通过闸孔,减小局部阻力,增大过流能力,胸墙上游面底部宜做成流线形。胸墙厚度应根据受力条件和边界支撑情况计算确定。

胸墙采用板式结构时,直接支撑在闸墩上;采用板梁式结构时,顶梁和底梁支撑在闸墩上,板支撑在顶梁和底梁上。

胸墙与闸墩的连接方式可根据闸室地基、温度变化条件、闸室结构横向刚度和构造要求等采用简支式或固支式。当永久分缝设置在底板上时,不宜采用固支式。

4. 闸门

闸门的作用是封闭闸孔,并能够按需要全部或局部开放闸孔,以调节上下游水位和过闸流量。

1) 闸门的组成

一般闸门由活动部分、埋设部分和启闭设备等组成。活动部分称为门叶,为可启闭孔口的堵水体;埋设部分为设于闸墩内部及表面的部件,其作用是配合支撑及止水部分把活动部分承受的荷载传给闸墩;启闭设备是控制门叶在孔口中位置的操作机构。

门叶由面板、梁系、支撑及行走部件、止水和吊头等组成;面板是封闭孔口的挡水板,它直接承受水压力,并传给梁系。梁系起支撑面板的作用,并把面板传来的水压力传到支撑部件上;支撑及行走部件的作用一方面是把门叶传来的力传给闸墩,另一方面是保证门叶移动时灵活可靠;止水是用来堵塞门叶与埋设部件间隙缝的部件,它使闸门在封闭孔口时不漏水或少漏水;吊头是门叶与启闭设备相连接的部件。

埋设部分由支撑及行走埋设件和止水埋设件组成;启闭设备由动力装置、传动装置、制动装置、连接装置和支撑及行走装置等组成。

闸门的组成见图 7-2 和图 7-3。

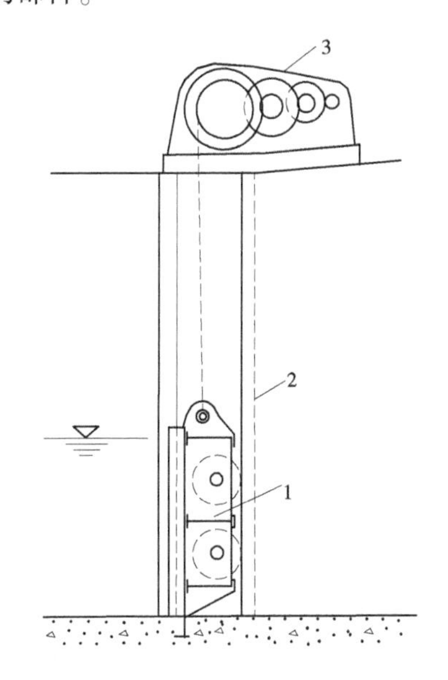

1—活动部分;2—埋设部分;3—启闭设备

图 7-2　闸门的组成

2) 常用闸门类型及特点

按照闸门的作用可为工作闸门、检修闸门和事故闸门三类。按闸门在孔口中的位置可分为漏顶闸门和潜孔闸门。按闸门的结构形式分为平面闸门、叠梁闸门、立拱闸门、弓形闸门,见图 7-4。按闸门的材料分为平面钢闸门、钢筋混凝土平面闸门、钢丝网平面闸门。

工作闸门也称主闸门,是进水建筑物正常运用的闸门,要求每个孔口设置一扇。当水泵运行时,开启闸门以放泄水流,有时部分开启以调节水位和流量。当水泵不运行时,关闭闸门以防止泥沙进入造成淤塞。由于启闭次数较多,而且要在动力条件下运行,所以要求其结构牢固,挡水严

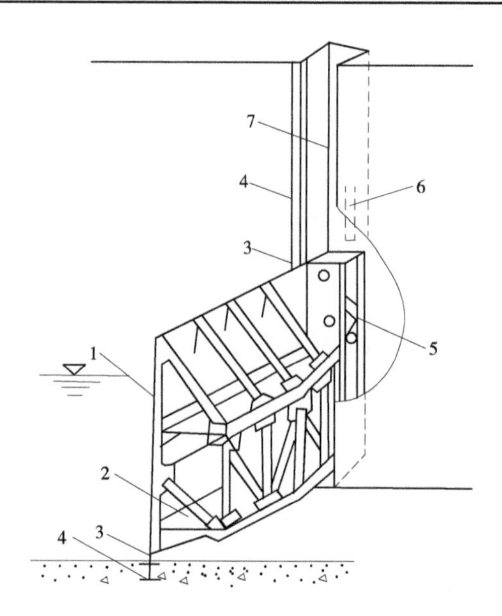

1—面板;2—构架;3—止水部分;4—止水埋设件;5—支撑行走装置(滚轮);
6—支撑行走装置埋设件;7—吊具

图 7-3　平面闸门的门叶

密,启闭灵活,运用可靠;检修闸门是在工作闸门或水工建筑物某一部分或某一设备需要检修时用来挡水的,因此必须设置在这些被保护部件的前面。门扇应根据闸孔的数量、重要性和维护条件等因素综合考虑设置。检修闸门常在检修前,在静水的情况下放下,检修期间截断水流,检修后在静水中开启。因此,检修闸门的门体部分,一般按检修时的水位及荷载设计,支撑和埋设部分由于静水启闭而大为简化。同时使用次数少,其启闭设备也简单。检修闸门,有时采用分块的叠梁,特别在露顶式的孔口,采用叠梁式较为普遍;当工作闸门或水工建筑物或设备等发生故障时,使用事故闸门。要求能在动水中关闭,有时甚至要求在动水中快速关闭(快速闸门)以切断水流,防止事故扩大,待事故处理后再开放孔口。

漏顶闸门的门叶上缘高出上游水位,一般适用于低水位;潜孔闸门的门叶上缘低于上游水位,一般在高水位下使用较经济。

平面钢闸门是一种可以支撑很大水压力、结构坚固的闸门。但其管材用量大,维护也比较麻烦,一般用在门跨较大的大中型机组的泵站中。钢筋混凝土闸门的门体是钢筋混凝土构件。这种构件可以节约管材,用在门跨不大、水头较低的工程中。钢筋混凝土闸门比钢闸门造价低,施工技术简单,维护费用少,但自重大为钢闸门的 1.5~2.0 倍,要求有较大的启闭力,因此启闭设备投资大。为了减轻门重,可用钢丝网水泥闸门,其面板是由多层重叠的钢丝网及高强度等级的水泥浆抹制而成,梁系仍用钢筋混凝土或预应力钢筋混凝土结构。其缺点是面板抗弯能力较差,横梁间距小。

3) 闸门的充水装置

闸门除上述的基本组成外,常在门叶上加设充水阀,对门后充水,使闸门上、下游面受到的压力相等,以便提升闸门。

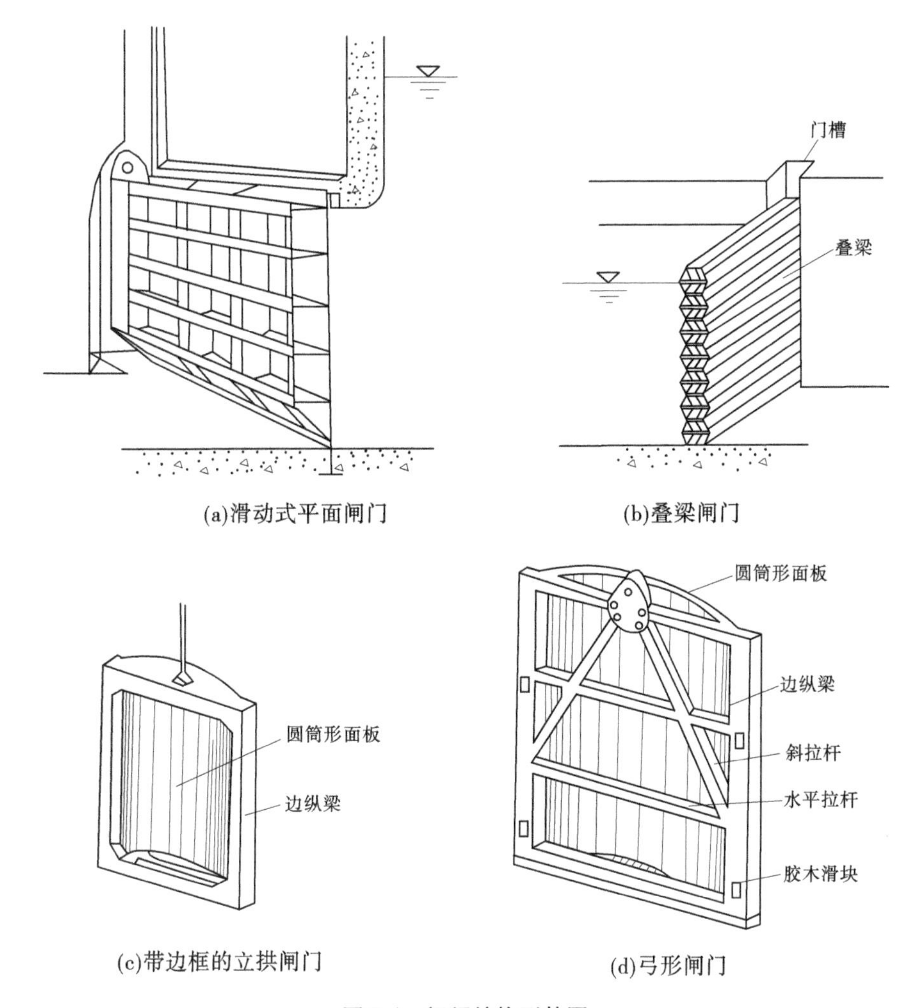

(a)滑动式平面闸门　(b)叠梁闸门

(c)带边框的立拱闸门　(d)弓形闸门

图7-4　闸门结构形势图

充水阀的孔口尺寸大小要根据门后的充水空间体积、选定的充水时间和闸门结构布置以及所选启闭机的形式来综合考虑确定，充水管的布置及形状应尽量符合流态要求，对充水的水道应考虑设置排气管。

4）闸门选择

在满足建筑物工作要求的前提下，应选择结构较简单、便于制造安装和维修、止水性能较好、操作灵活、启门力较小、经济可靠的闸门。

泵站进水闸的工作闸门一般选用平面闸门。检修闸门应选择平面闸门或叠梁式闸门。泵站进水闸一般不设事故闸门。

5. 闸门启闭设备

闸门启闭设备也是一种起重设备，但在使用时荷载变化大，启动速度低。常用的闸门启闭机主要有卷扬式、螺杆式、液压式三种。

1）卷扬式启闭机

卷扬式启闭机是以钢丝绳作为牵引方式的卷扬式启闭机。由人力或电力驱动减速齿轮,进而驱动缠绕钢丝绳的绳鼓,借助绳鼓的转动而收放钢丝绳,使闸门提升或下降。这种启闭机具有较大的启闭力和较大的启动行程,适用于闭门时不需施加压力、孔口较大、深孔且要求在较短时间内全部开启的闸门。

卷扬式启闭机有固定式和移动式两种。固定卷扬式启闭机是应用最广泛的一种,其定型产品有两种:一种是卷扬式平面闸门启闭机,另一种是卷扬式弧形闸门启闭机。固定卷扬式启闭机一般每孔布置一台。

移动卷扬式启闭机有两种:一种是移动平车式,即将卷扬式启闭机安放在移动的平车上,借助平车的移动逐步启闭多孔闸门,依检修先后次序启动闸门;另一种是单轨吊车式(又称猫头吊),其滚轮沿单根工字钢下翼缘行走,与手动或电动葫芦配套使用。移动卷扬式启闭机常用于检修门的启动。图 7-5 为卷扬式启闭机示意图。

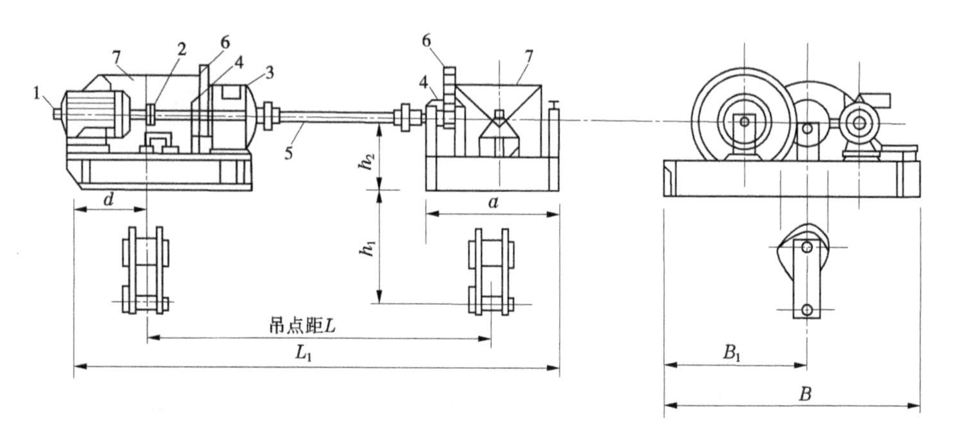

1—电动机;2—电磁制动装置;3—减速箱;4—小齿轮;5—刚性轴;6—大齿轮;7—绳鼓

图 7-5　卷扬式启闭机

2)螺杆式启闭机

螺杆式启闭机是既能产生启门力又能对闸门施加闭门力的一种简单可靠的启闭设备,如图 7-6 所示。其螺杆的下端与闸门相连接,螺杆上端支撑在承重螺母内,螺母固定在齿轮箱内的伞形齿轮或涡轮上,当摇动手摇把时,通过齿轮或蜗轮传动而转动承重螺母,从而升降螺杆和闸门。

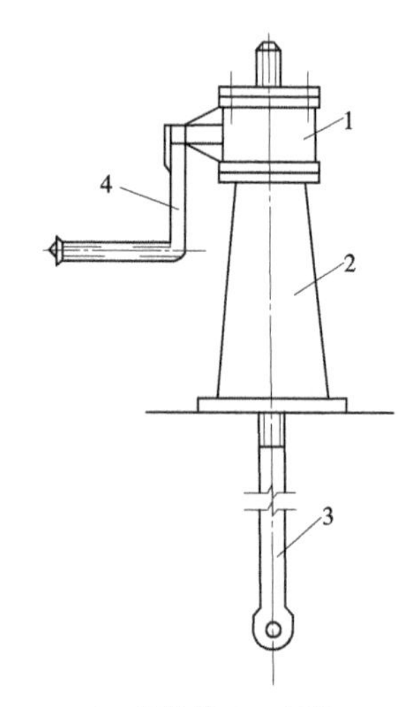

1—齿轮箱;2—支座;
3—螺杆;4—手摇把

图 7-6　螺杆式启闭机

螺杆式启闭机一般只适用于闸门尺寸和所需启闭力都较小的小型水闸,它有自锁装置,结构简单,维护方便,价格低廉。

3)液压式启闭机

液压式启闭机是一种比较理想的启闭设备(见图 7-7),其优点是利用液压原理,可以用较小的动力获得很大的启闭力,同时体积小、质量轻,不需要很大的排架机房,其机房、管路及工作桥的工程造价较低;此外,其液压传动比较平稳和安全,并较容易实现遥测遥控和自动化。液压启闭机的缺点是加工精度要求较高,加工质量对液压启闭机的使用效果影响较大,闸门起吊时容易出现不同步,导致闸门歪斜卡阻现象。

4)自动抓梁

当采用移动式平车或单轨吊车启闭闸门时,必须对闸门进行挂钩和脱钩;采用油压式启闭机启闭闸门而需长期悬挂时,为了使油压系统卸荷,有时也要挂钩和脱钩,因此需要设置自动抓梁。

自动抓梁是一根与移动启闭机吊点相连接的钢梁,钢梁的两端相应于闸门吊头处安设能自动接合和脱钩的挂钩,当启闭机的吊点连同抓梁升降时,能自动地对闸门进行挂钩和脱钩操作。自动挂钩通常安设于自动抓梁下面以进行操作,如图7-8所示。

5)闸门启闭机选型

选择启闭机的主要依据是门型及尺寸、启闭门力、启闭行程、启闭速度、吊头数目和间距、动力情况、安装地点的空间尺寸及其运用条件等。

所选启闭机应工作可靠,机械效率高,自重轻,体积小,结构简单,操作维护方便。所选用启闭机应符合DL/T 5167启闭机系列标准的规定。

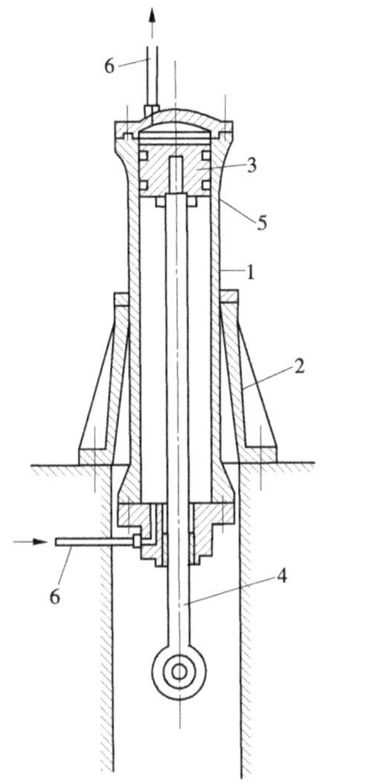

1—活塞筒;2—支座;3—活塞;
4—连杆;5—油封换;6—油管通往油泵

图7-7　液压式启闭机

6. 沉沙及排沙工程

在多泥沙河流建闸引水,或多或少都要挟带一些泥沙进闸,因此有必要在闸后适当位置进行沉沙处理。

有关泥沙量和处理程度以及工程措施等,可参见第5章有关内容。

7. 其他部分

闸室上部工作桥、检修便桥、交通桥、电缆沟梁、油管沟梁、观测沟梁等可根据闸室孔口尺寸、闸门启闭机形式及容量、设计荷载标准等分别选用板式、梁板式或板拱式。其与闸墩的连接形式应与底板分缝位置及胸墙支撑形式统一考虑。有条件时,可采用预制构件,现场吊装。工作桥的支撑结构可根据其高度及纵向刚度选用实体式或钢架式。工作桥、检修便桥和交通桥的梁(板)底高程均应高出最高洪水位或最高静水位0.5 m以上。

7.1.2　取水头部

在河流的主流距离岸边较远,泵房又不可能直接建于主流当中的场合(比如在黄河干流水电站库尾段取水的泵站),常常需要在主流河床中设置取水头部,以保证泵站在各种运行工况下都能提取水质良好的足够的水量。取水头部除位置选择非常重要外,如何防止泥沙、各种漂浮物以及水生物滋生等引起取水头部的淤塞也是十分重要的。

作为特种水下结构的取水头部,其结构形式繁多,应根据水源的水文、地形地质、施工条件以及泥沙含量等具体情况而定。

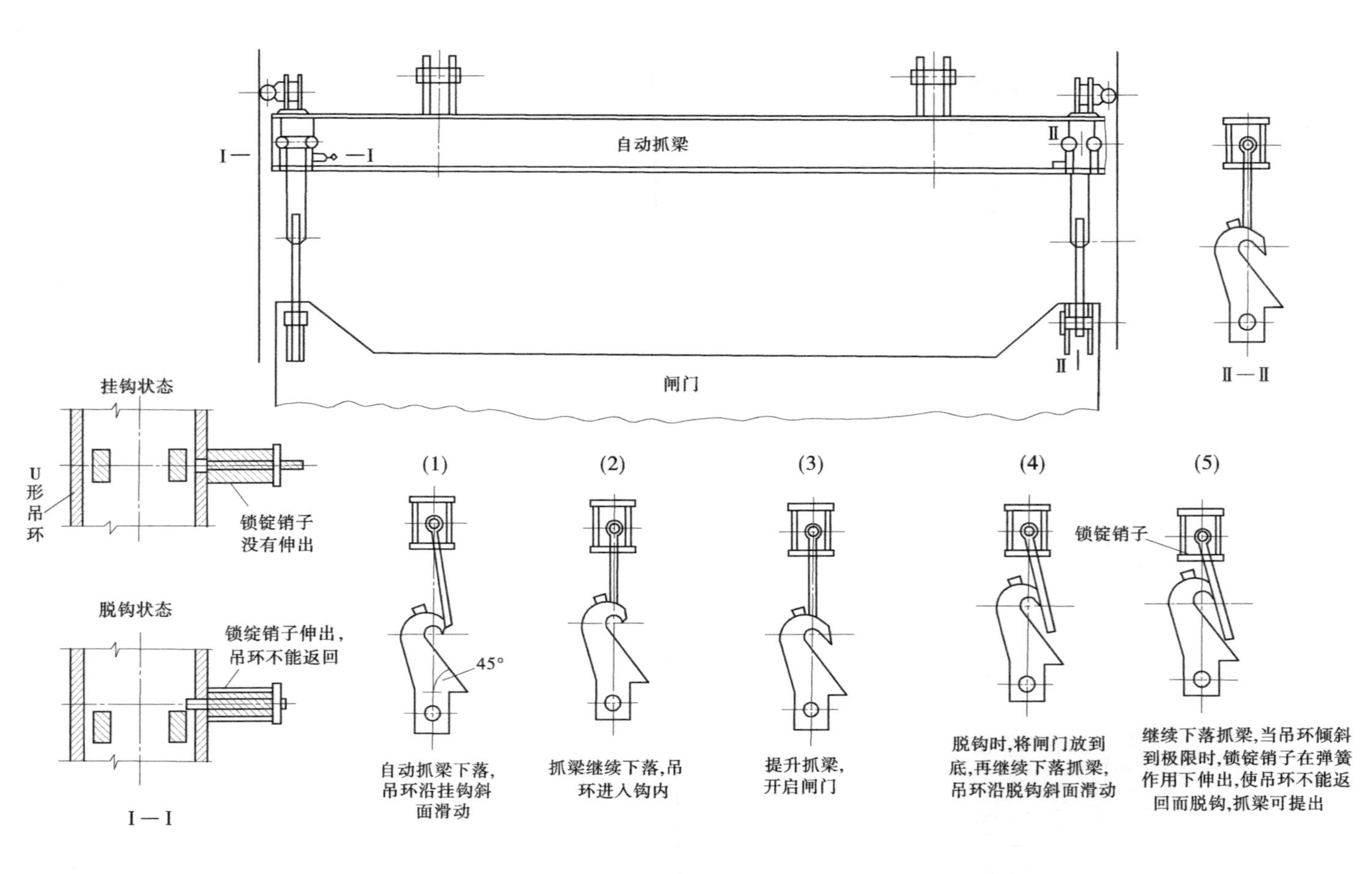

图 7-8　自动抓梁的挂脱过程

7.1.2.1　墩式取水头部

墩式取水头部的墩体一般为混凝土或圬工实体结构,其迎水面做成流线形,基础埋入河床,埋入深度可视河床地质和冲刷情况而定,如图 7-9 所示。墩式取水头部整体稳定性较好,施工简单,且由于局部冲刷,泥沙不易淤积,能保持一定的取水深度。适合于取水量和河水流速较大、水深较浅、地基较好(岩石、砂土或较硬的黏土、砂黏土)的河段。

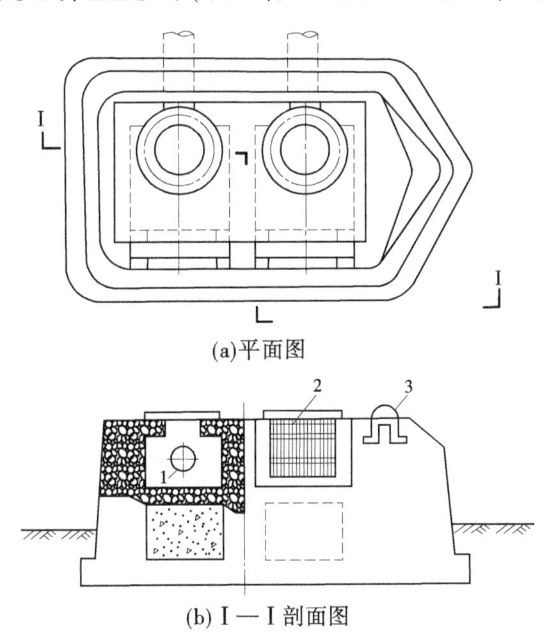

(a)平面图

(b) I — I 剖面图

1—进水口;2—滤网;3—浮标锚系环

图 7-9　墩式取水头部

图 7-10 为椭圆形桥墩式取水头部实例。其内外部均为钢壳体,中间浇灌实体混凝土压重,四周的河床回填大卵石,以防局部冲刷。取水头部底部为锅底形,顶部为盖板,上部的侧面为格栅。桥墩式取水头部根据其顶部是否露出水面分为淹没式和半淹没式两种。

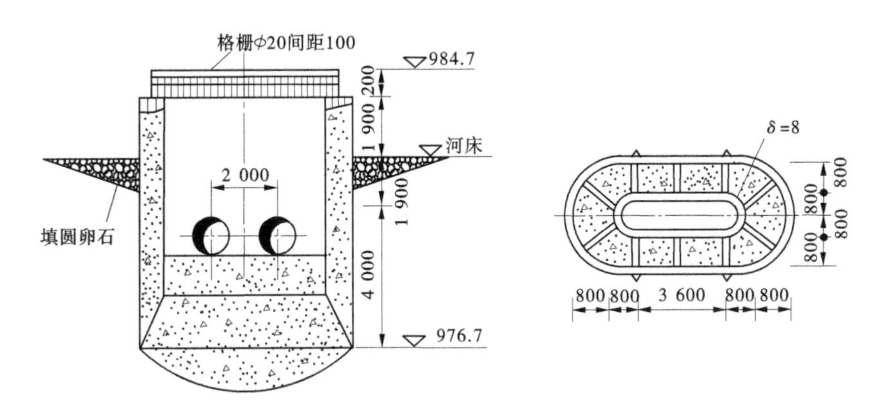

图 7-10　椭圆形桥墩式取水头部　(单位:高程,m;尺寸,mm)

图 7-11 为淹没桥墩式取水头部。先用钢板将喇叭管和外壳焊好,整体在水上吊装定

位,然后浇筑混凝土,使用效果良好。

图 7-12 为半淹没桥墩式取水头部。在低水位时上部结构漏出水面,便于检修清理。高水位(尤其是汛期水流含沙量大)时,可以利用上层进水,减少泥沙进入。每个取水头部的取水量达 22.75 m^3/s,用中格隔墙分为两格,每格顺进水方向又用闸门和胸墙分隔成两部分。平面尺寸长 13 m、宽 7 m。进水窗口底坎至顶板高度为 10 m。采取单面进水形式,设置了两层进水窗口,窗口高均为 2.6 m,其中:下层窗口底部标高为 5.0 m,窗顶标高为 7.6 m;上层窗口底部标高为 11.0 m,窗顶标高为 13.6 m。当河水位低于 11.0 m 时,水流从下窗口进入;当水位高于 11.0 m 时,水流从上窗口或上下窗口进水。设计采用油压装置控制平板闸门的开度,即使在淹没条件下也能通过遥控系统进行控制。

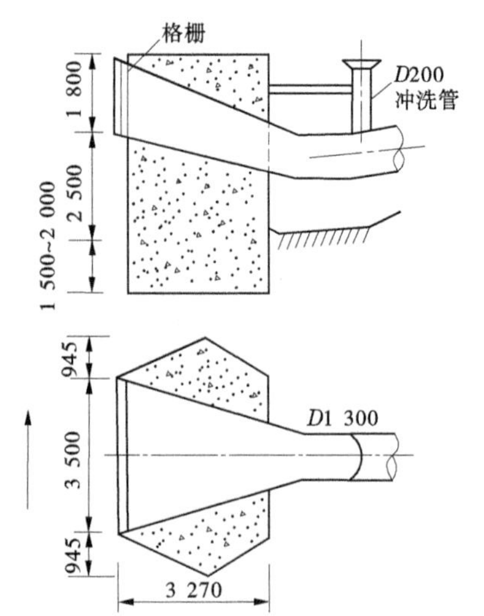

图 7-11　淹没桥墩式取水头部　(单位:mm)

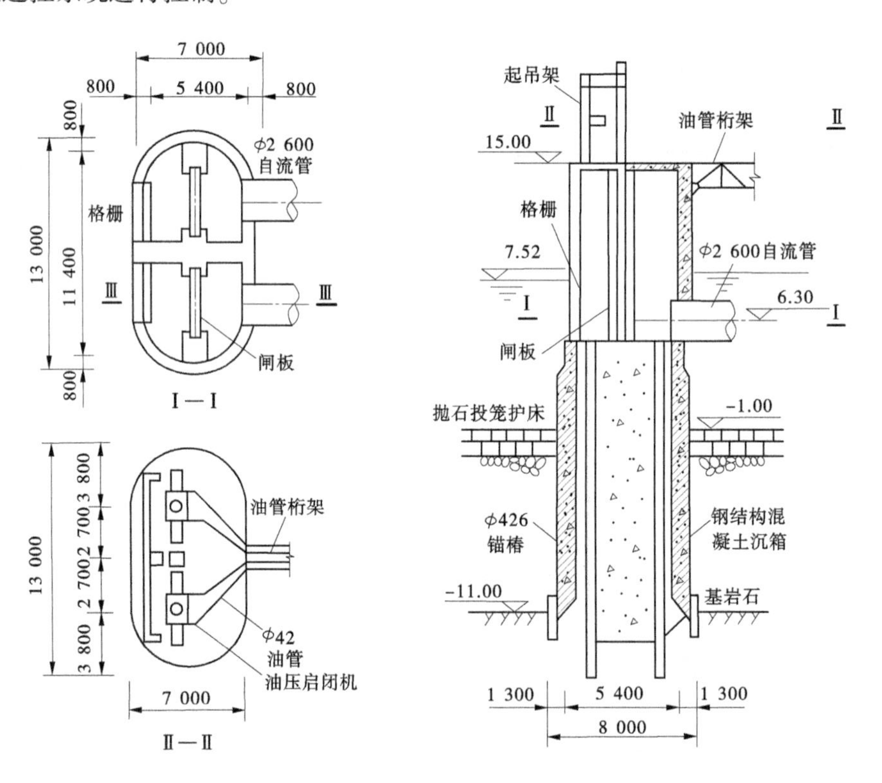

图 7-12　半淹没桥墩式取水头部　(单位:高程,m;尺寸,mm)

7.1.2.2　箱式取水头部

图 7-13 为箱式取水头部。其常用于地基较好、中等流速和水流含沙量较少的河流

段,主要特点是:①箱体为钢筋混凝土结构,安装在河底,常用抛石护基,整体性和稳定性均较好。②箱体形状有圆形、棱形、矩形、沉船形等。进水喇叭口设在箱壁四周,与箱体合二而一,孔口面积为进水管断面面积的 10~15 倍,进水窗口设钢制或钢筋混凝土格栅。③根据施工条件,箱体可做成整体浮运下沉,或分成几部分在水下拼装。

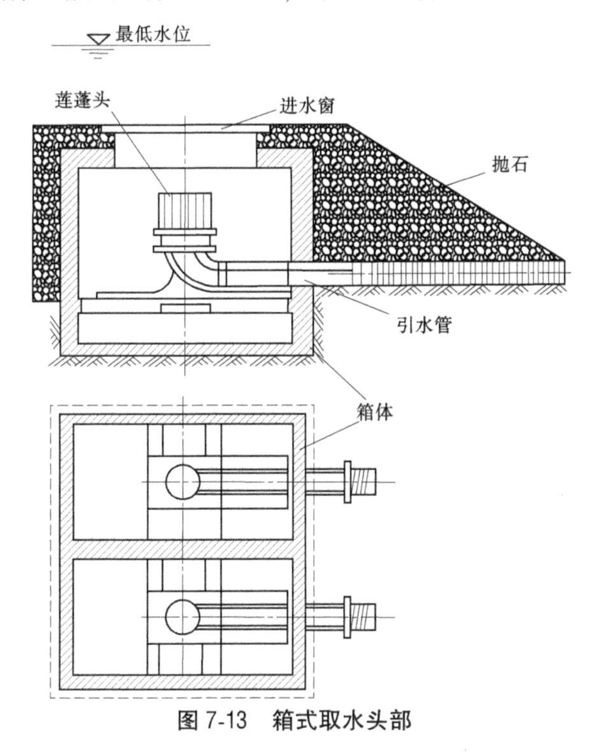

图 7-13　箱式取水头部

图 7-14 为圆形箱式取水头部,一般由三节装配而成。四周或顶部设进水窗口,常采用吊装就位、然后上下夹牢的施工方法,制作施工比较简单。

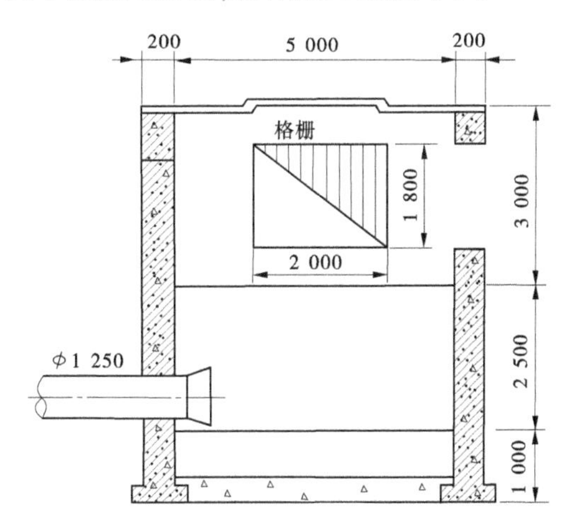

图 7-14　圆形箱式取水头部　(单位:mm)

图 7-15 为棱形箱式取水头部,多为两面进水,一般分成三节预制,水下拼装。

图 7-16 为矩形箱式取水头部,为了减少水下施工量,全部构件可以预制,底板为四块

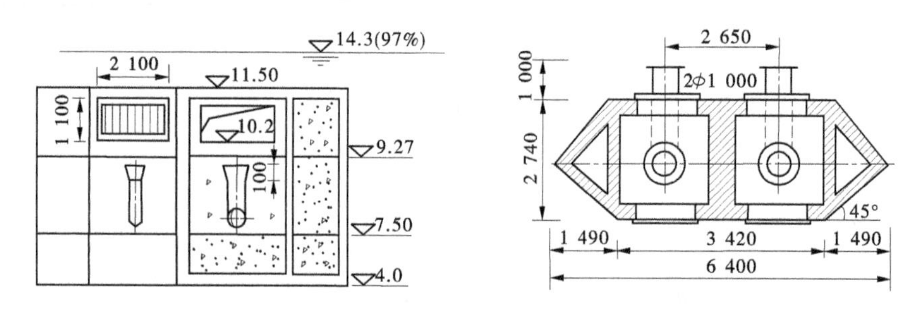

图 7-15　棱形箱式取水头部　(单位:高程,m;尺寸,mm)

预制的钢筋混凝土板,用 150 mm 铸铁管做支柱,格栅的竖条为 12 mm 的圆钢,横条为∟60 mm×60 mm×6 mm 的角钢,间距约 30 mm。这种取水条件较差,杂草进入较多。

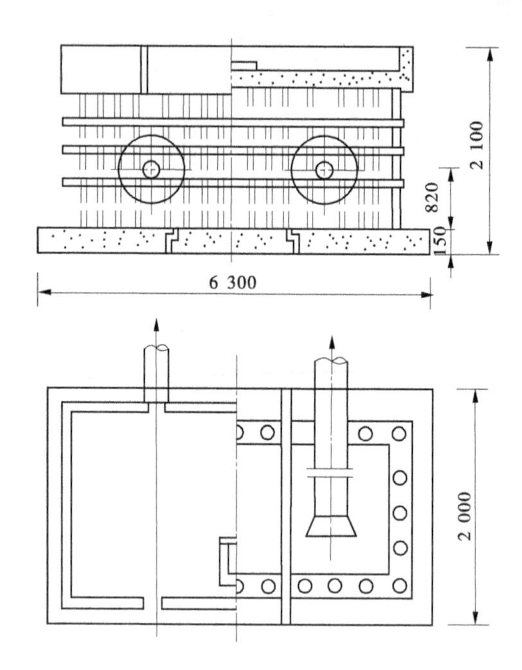

图 7-16　矩形箱式取水头部　(单位:mm)

图 7-17 为沉船式取水头部,一般采用双层钢丝网水泥船形结构。船体虽然较大,但呈流线形,对水流影响不大。因自重小、吃水浅,可采用浮运沉放法施工。沉船比钢筋混凝土沉箱可省去拖船和浮吊设备。具有设备简单、投资省、施工方便等优点。该取水头部长 27.5 m、宽 5.0 m,设计取水流量为 2 m^3/s,运行效果良好。

7.1.2.3　桩架和框架式取水头部

图 7-18 为桩架式取水头部,图 7-19 为框架式取水头部。桩架式取水头部和框架式取水头部用桩架或框架支承取水头部和引水管道的重量,一般采用钢筋混凝土桩、木桩或内填混凝土的钢管桩。可用栈台法沉桩,以省去水下施工的麻烦。采用打入桩的取水头部多用于流速不大的平原河段,钻孔桩适用于各类地基,但应考虑水深和流速对护筒的影响。

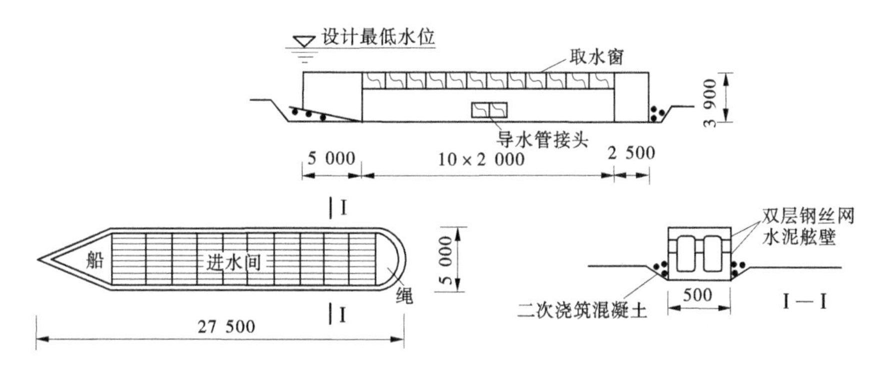

图 7-17　沉船式取水头部　（单位：mm）

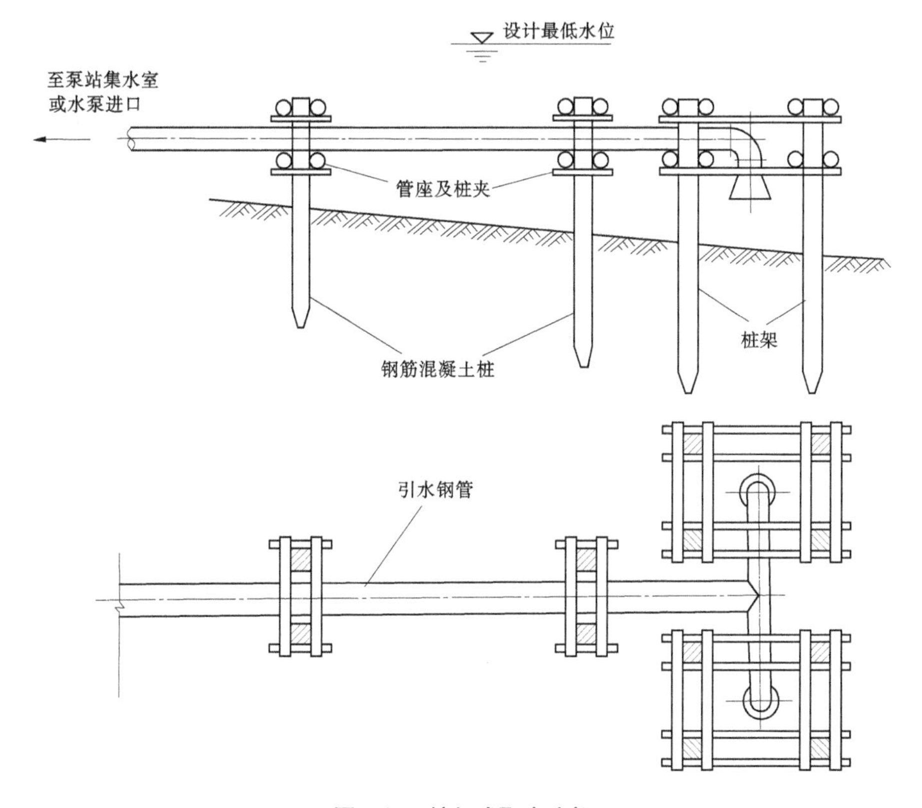

图 7-18　桩架式取水头部

桩架式取水头部和框架式取水头部的阻水面积小，对河道冲淤影响较小。为了防止冲刷，通常在周围河床用抛石护底。为了防止漂浮物进入取水头部，可设置围护或导引柴草设施。

7.1.2.4　悬臂式取水头部

悬臂式取水头部具有结构简单、工程量小、施工方便、无水下作业等特点，多用于主流靠岸、岸坡较陡且地质条件较好的中小型泵站工程，如图 7-20 所示。图中墩体尺寸由稳定计算而定，水平悬臂长度 L_1、管壁厚度 δ 等由强度和刚度计算而定，L_2、h_0、d_0 等由进水

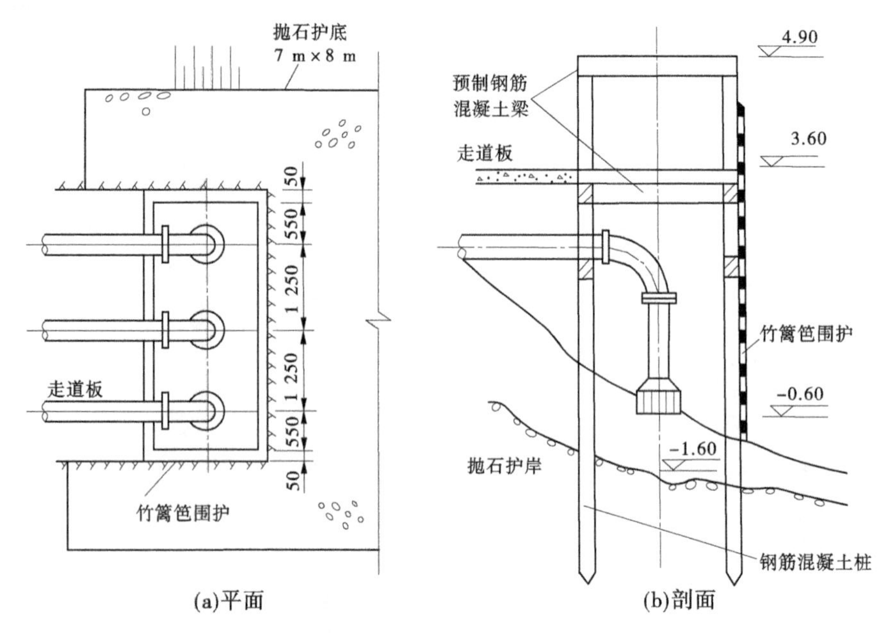

图 7-19 框架式取水头部 (单位:高程,m;尺寸,mm)

流态要求确定。

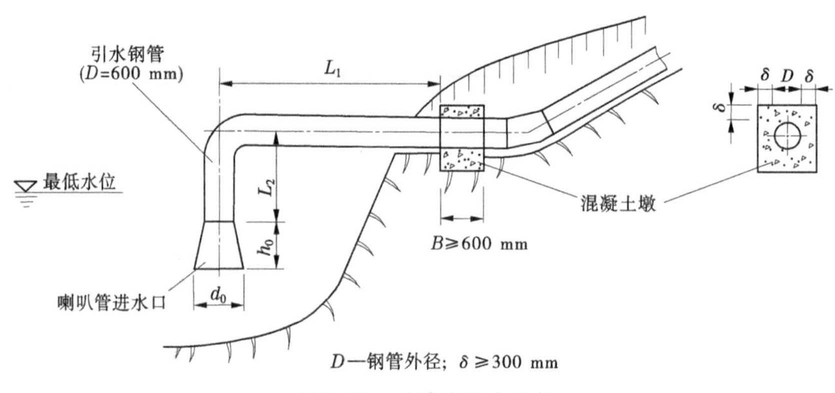

图 7-20 悬臂式取水头部

7.1.2.5 岸边隧洞式取水头部

对于主流近岸、岸坡较陡且为基岩的河段,可采用岸边隧洞式取水头部来取水,如图 7-21 所示。施工时可采用隧洞掘进施工法,在挖掘到接近水边时,预留一定厚度的岩石(称为岩塞),最后采用爆破法一次炸除预留的岩塞形成取水口,从而可以减少大量的水下施工,具有节约投资、施工方便的优点。

7.1.2.6 活动式取水头部

活动式取水头部的进水口可以随水位的涨落而升降,适合于从枯水期水深较浅,洪水期河床推移质泥沙较多的河流中取水的取水工程。因为活动式取水头部可以取到表层水流,而表层河水的含沙量和泥沙粒径较小,这有利于减轻泥沙对过流部件的磨蚀和对建筑物的淤塞。

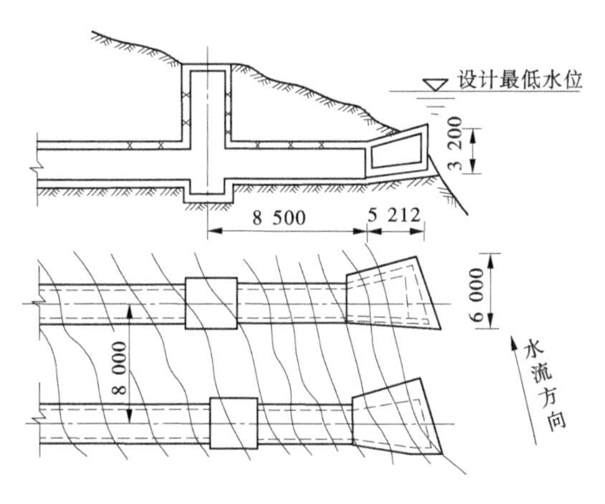

图7-21 岸边隧洞式取水头部 （单位:mm）

图7-22是软管式取水头部。软管一端接入钢制叉管三通,并焊接在取水喇叭管的支座上。另一端接进水头部,并与浮筒相连。利用浮力将取水头部吊起。从而达到减少进入引水管道水流的泥沙含量和泥沙粒径的目的。

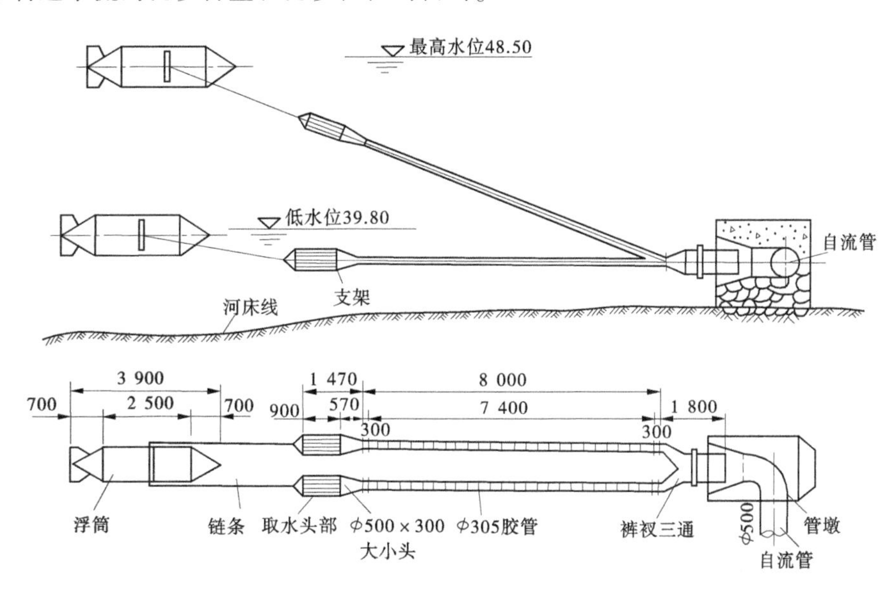

图7-22 软管式取水头部 （单位:高程,m;尺寸,mm）

图7-23是一种伸缩罩式取水头部。进水喇叭口向上,喇叭口外有一个可以伸缩的活动罩。为了防止漂浮物进入,在活动罩的上部设有格栅。用钢丝绳将活动罩和钢浮筒连接起来。随着水位的涨落可以使进水口位置发生改变。这种形式的取水头部适用于枯水期水深大于1 m、河床流速较小的场合。

图7-24是摇臂式取水头部。在引水管前有一个转动套筒,套筒上有一个90°摇臂管取水头,并用绳索与钢浮筒连接,随着水位变化,钢浮筒位置做相应变化,因此取水头部也随之转动。为了不使套筒处受力,可用尼龙绳穿过摇臂管法兰上的孔眼固定在支墩上,这样可使摇臂转动灵活。

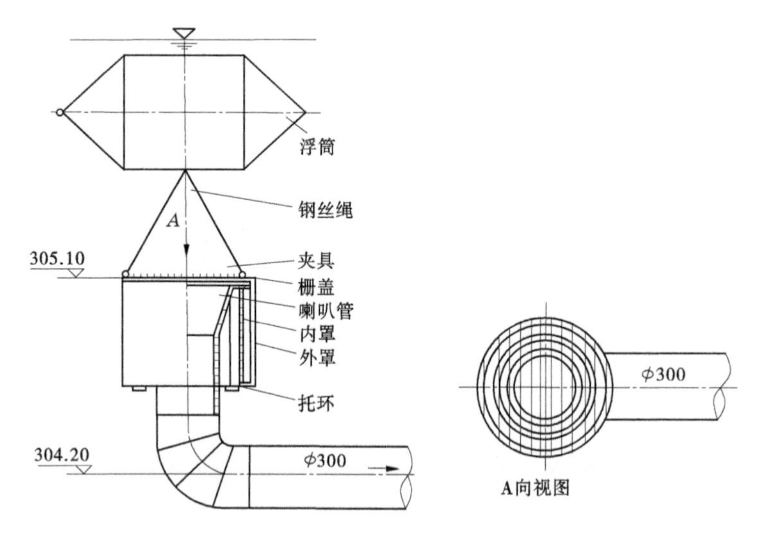

图 7-23 伸缩罩式取水头部 (单位:高程,m;尺寸,mm)

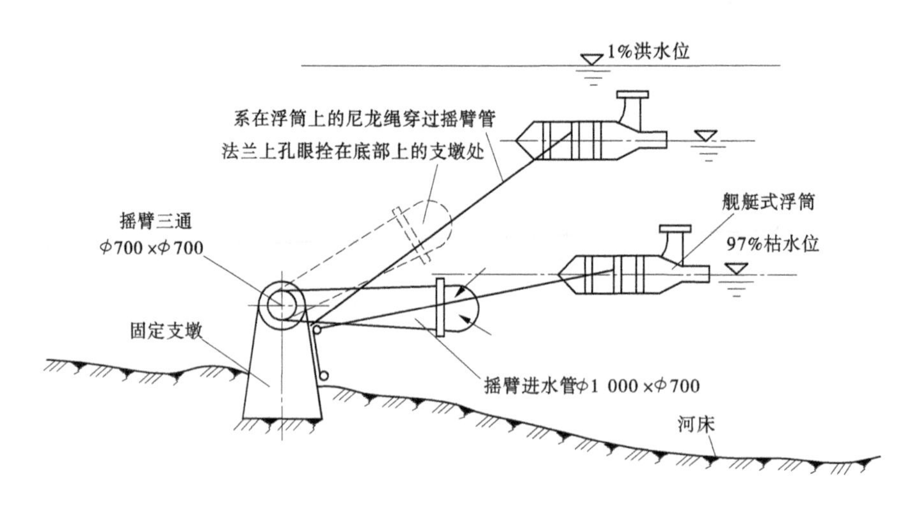

图 7-24 摇臂式取水头部 (单位:mm)

图 7-25 是另一种活动式取水头部——浮吸式取水头部。吸水头由钢管制成,钢管上有 8~12 mm 的孔眼,孔眼流速一般为 0.7~1.0 m/s,孔眼率不宜大于 16%。吸水管采用法兰连接的胶管,浮筒与胶管连接。

7.1.2.7 其他取水头部

除以上各种形式的取水头部外,还有管式、蘑菇式、鱼罩式等几种形式的取水头部。

1. 管式取水头部

管式取水头部一般采用钢管结构,具有结构简单、造价低廉、施工方便等优点。常用于水质较好的中小型取水工程。管式取水头部按其外形分为喇叭管式和莲蓬头式两种。

图 7-26 为喇叭管式取水头部的几种形式。在泥沙和漂浮物较多的河流比较适宜。但因为水流在头部下游端产生漩涡和回流,有可能使部分已流向下游的漂浮物被重新吸

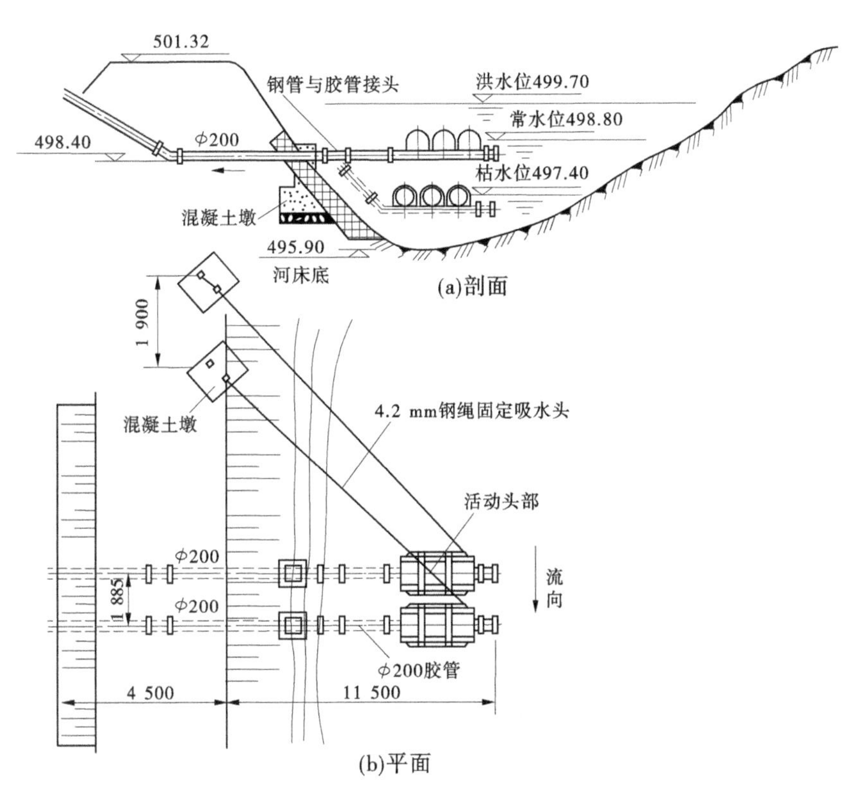

图 7-25　浮吸式取水头部　(单位:高程,m;尺寸,mm)

入取水头部。顺水流式水平式主要用于河床较浅、纵坡较小的河流。垂直水流向上式一般用于河床较陡、河水较深、冰凌和漂浮物较少而推移质泥沙较多的河流。垂直水流向下式主要用于直吸式取水泵房,河流中的漂浮物较多而推移质泥沙较少的场合。

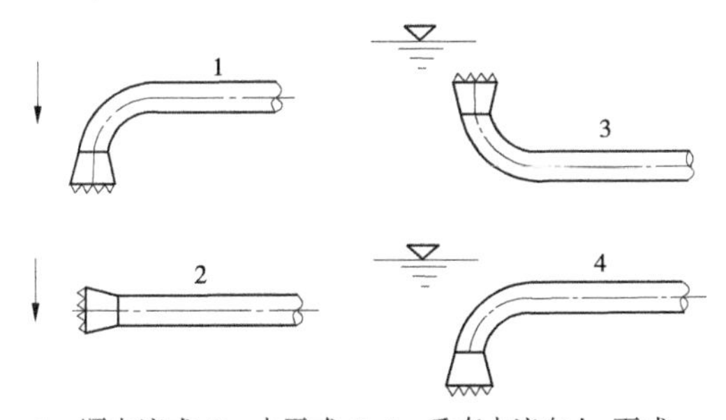

1—顺水流式;2—水平式;3、4—垂直水流向上、下式

图 7-26　喇叭管式取水头部

图 7-27 是莲蓬式取水头部。这种形式在漂浮物和青苔较多的河流中容易堵塞,因此取水头部的进水流速不宜太大,而且应有良好的反冲或清洗装置。图中孔眼直径为 15 mm,堵塞系数比其他形式小,采用了三个莲蓬头,为了保证不被堵塞,增设了反冲洗装置。

2. 蘑菇式取水头部

图 7-28 是蘑菇式取水头部。水流从帽盖底下曲折流入。这种形式要求的淹没深度

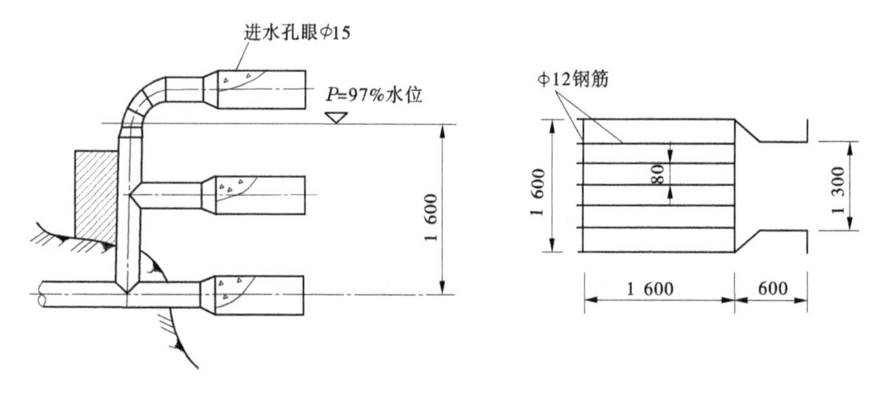

图 7-27　莲蓬式取水头部　(单位:mm)

最小,泥沙和悬浮物不容易进入引水管道,与喇叭口形式对比,蘑菇式的进草量要少很多。因为其头部高度较大,故适用于枯水期仍有较大水深的河段。

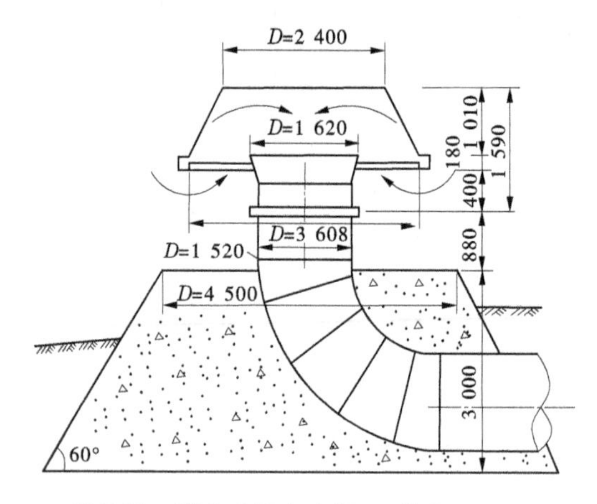

图 7-28　蘑菇式取水头部　(单位:mm)

3. 鱼罩式取水头部

鱼罩式取水头部是一种改进的莲蓬头式,洞身及其尾部圆锥头部钻有孔眼,具有外形圆滑、水流阻力小等优点。由于进水流速小于河流流速,漂浮物不宜吸附在罩面上。这种取水头部适合于中小型取水工程。图 7-29 为鱼罩式取水头部。圆柱直径 1.2 m,圆锥夹角 $\alpha=90°$,用 8 mm 钢板制作。整个圆柱和圆锥罩上钻有直径为 13 mm 圆孔,孔中心距为 25 mm。设计进水流量为 612 m^3/h,孔眼流速为 0.46 m/s,小于河道流速。运行中对减少杂草堵塞有一定效果,但仍难以彻底免除堵塞。因此,需要设置反冲系统,水下清赌比较困难。

7.1.2.8　取水建筑物选择原则

(1)取水建筑物在河床上的布置及其形状的选择,应考虑取水工程建成后,不致因水流情况的改变而影响河床的稳定性。

(2)取水建筑物的防洪标准应按泵站工程的等级而定;设计库水位的保证率应根据水源情况和供水重要性选定,一般可采用 90%~99%。

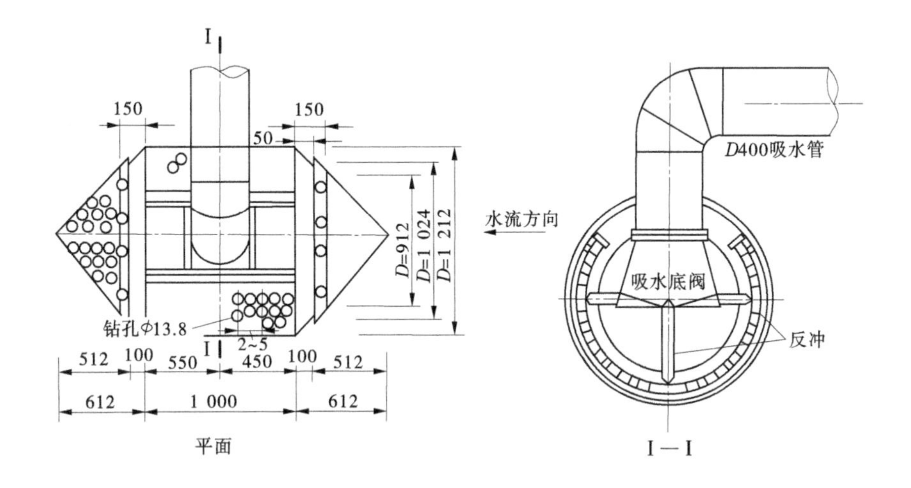

图7-29 鱼罩式取水头部 (单位:mm)

(3)取水建筑物应根据水源情况,采取相应的防护措施防止下列情况的发生:①漂浮物、泥沙、冰凌、冰絮和水生物的阻塞;②洪水冲刷、泥沙淤积、冰冻层挤压等破坏;③冰凌、漂浮物等的撞击。

(4)位于江河上的取水头部最底层进水孔下缘距河底的高度,应根据河流的水文和泥沙特性以及河床的稳定程度等因素确定,一般不得小于0.5 m,当水深较浅、水质较清、河床稳定、取水量不大时,其高度可减至0.3 m。

(5)位于湖泊或水库边岸的取水头部最底层进水孔下缘距水体底部的高度,应根据水体底部泥沙沉积和变迁情况等因素确定,但一般不宜小于1.0 m,当水深较浅、水质较清、取水量不大时,其高度可减至0.5 m。

(6)取水建筑物淹没进水孔上缘的最小淹没深度,应根据河流的水文、冰情和漂浮物等因素通过水力计算确定,顶面进水的最小淹没深度不得小于0.5 m,侧面进水的最小淹没深度不得小于0.3 m。在水体封冻情况下,最小淹没深度应从冰层下缘起算。

(7)取水建筑物的取水头部宜分设两个或分成两格,漂浮物多的河道,相邻头部在水流方向宜有较大间距。

(8)取水建筑物进口应设置格栅,栅条间净距应根据取水量大小、冰絮和漂浮物等情况确定,小型取水建筑物一般为30~50 mm,大中型取水建筑物一般为80~120 mm。当江河中冰絮或漂浮物较多时,栅条间净距宜取较大值。必要时应采取清除栅前淤泥、漂浮物和防止冰絮阻塞的措施。

进水口的过栅流速,应根据水中漂浮物数量、有无冰絮、取水地点的水流速度、取水量大小、检查和清理格栅是否方便等因素确定,一般宜采用下列数据:

(1)岸边式取水建筑物,有冰絮时为0.2~0.6 m/s,无冰絮时为0.4~1.0 m/s。

(2)河床式取水建筑物,有冰絮时为0.1~0.3 m/s,无冰絮时为0.2~0.6 m/s。

格栅的阻塞面积应按25%考虑。

7.1.3　拦污栅及清污装置

7.1.3.1　拦污及清污装置设计

拦污栅一般设在泵站引水渠末端或进水流道前,用以拦阻水流挟带的污物,如柴草、木块、浮冰、塑料筒等,不使污物进入以保护水泵、阀门、管道等不受其损害,保证水泵机组正常运行。因此,拦污栅也是泵站不可或缺的一种附属水工建筑物。

拦污栅由直立的栅条连接而成,栅条一般由扁钢做成,栅面四周镶有角钢或槽钢,沿高度方向可设二层或多层;对于重型拦污栅栅片后的构架,与平面闸门一样,是由主梁、端柱、纵向和横向联结梁系组成的型钢组合结构,如图 7-30 所示。

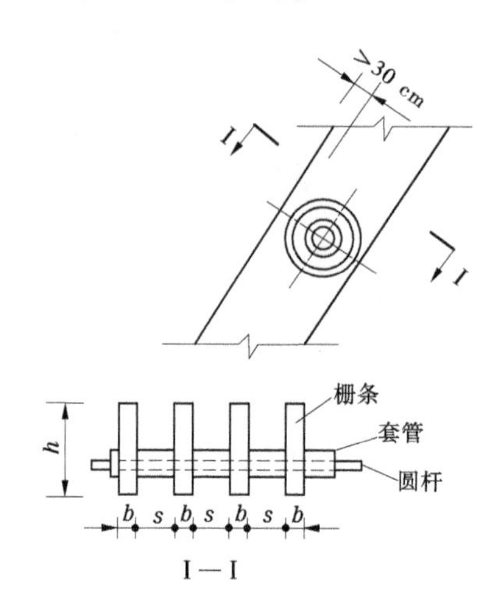

图 7-30　拦污栅栅条结构图

目前国内已建拦污栅,大都是垂直设在进水闸或进水流道闸门前的进口处,(还有设在进口内的)。这种布置形式可以利用闸墩或流道隔墩做拦污栅支墩,节省投资,但垂直设置的拦污栅不便清污,易于使污物在栅前堆积或堵塞拦污栅,减少了进水断面的有效过流面积,并使过栅水流的阻力损失加大。特别是对设置于轴流(或混流)泵站进水流道闸门前的拦污栅,在发生堵塞之后,影响流道内的流态,恶化水泵进水条件,有可能使水泵汽蚀性能变坏,效率降低。

倾斜式机械清污机已有采用,有时还采用前后两道粗细不同的拦污栅,如图 7-31 所示。这种形式的水工建筑和设备投资较大,但清污效果较好,可以避免由于清污不及时而引起的水头损失、流态不稳、水泵效率下降等问题。

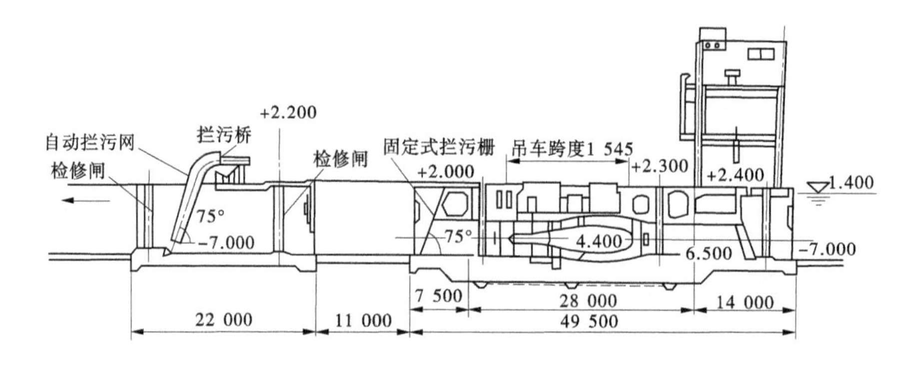

图 7-31　两道拦污栅　(单位:高程,m;尺寸,mm)

影响拦污栅水头损失的因素很多,除拦污栅的形式、倾角、栅条形状、厚度及间距等因素外,还与通过拦污栅的流速有关,而栅前堆积的污物是否便于清除又对过栅流速有影响。

7.1.3.2　拦污栅的形式及其布置

泵站常用的拦污栅一般为平面拦污栅,当孔口较大或过栅流速要求较低时,可采用曲面拦污栅。拦污栅的位置要求与进水流道有一定的距离,且过栅流速为0.5~0.8 m/s较好,又要便于清污。拦污栅的形式及布置与下列因素有关。

1. 污物种类、性质、数量

从河道上取水的泵站,往往污物较多,有的还有较大的漂浮物或浮冰,对这样的取水条件可设置粗、细两道拦污栅。第一道粗拦污栅主要拦截浮木、浮冰、死畜等较大的漂浮物,要求刚度大,栅体间距可大一些,一般取100~200 mm;第二道拦污栅主要是拦截水草或较小的漂浮物,栅条间距与水泵最狭处的间隙有关,一般取50~100 mm。拦污栅设在检修闸门的上游,有时检修闸门槽也可作为一道拦污栅槽,当需要检修时可提取拦污栅,放下检修闸门。

对于从渠道上取水的泵站,进口污物一般为水草、树叶等,数量也少,可设一道拦污栅,栅条间距一般为70~100 mm。

对于平原湖区或库区的大型泵站,由于污物种类较多,可以设置粗、细两道拦污栅。当污物较小,水泵最狭处间隙更小时,由于过栅流速也要求较小,平面拦污栅就满足不了过网流速的要求,此时可做成曲线形拦污栅。

2. 水位、荷载条件

对于水深较大的露顶拦污栅,可做成上、下两层或多层结构,但每层高度要适宜,一般不小于宽度的1/3,也不宜大于4.0 m,以便制造、安装和检修。对于承受荷载较大、平面尺寸较大的情况,可采用重型拦污栅(有梁、柱、支承联结系)或拱形拦污栅,以免工作时变形脱槽。

3. 清污方式

对于人工清淤的拦污栅,倾角为45°~70°,高度在5.0 m以上时,要设置中间作业层;机械清污时,倾角可达70°~80°。对需要起吊拦污栅清污的情况,拦污栅可做成活动式,也设支承行走与导向装置;对于水力冲洗清污的拦污栅,常做成旋转滤网式拦污栅结构。

7.1.3.3　清污装置

目前,许多泵站采用人工清污齿耙进行清污,即由人工站在便桥上进行清污工作,这种方式工作效率低,对于污物较多的地方,远远不能满足泵站的清污要求。还有的泵站是用起吊拦污栅清污,即将挂有污物的拦污栅用起吊设备吊至工作桥或河、渠岸边进行清理,将备用或清理好的拦污栅再放下拦污,这种方式清理场面较大,需要较宽的工作桥,而且清污效率也不高。

当栅面较大、污物较多时,有条件的地方可采用机械清污,如耙斗式清污机,如图7-32所示。耙斗式清污机有固定、移动、单轨悬吊式三种形式。由机架、驱动机组、耙斗等部件组成。可用在深式取水口上。

图7-32中齿耙由吊索*A*、*B*所支持,运用时将*A*索拉紧,此时齿耙就离开栅面,然后放松*B*索,整个齿耙借自重下降,使其达到底部时将*A*索放松,齿耙就嵌入栅面的栅片间,然后提升*B*索,即可将滞留在栅面上的污物随同齿耙一起带上岸。*A*、*B*索由绞车来操

作,齿耙机可沿轨道升降,也可没有轨道而沿栅面滑动。

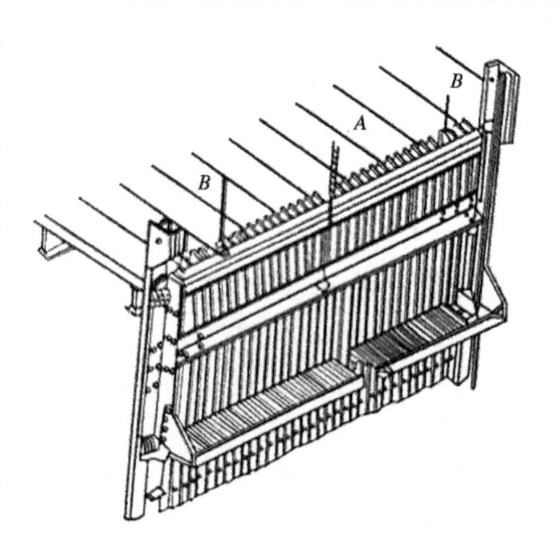

图 7-32 耙斗式清污机的清污齿耙

回转耙式清污机由驱动传动机构、回转链条、齿耙、主从动链轮等四部分组成(见图 7-33),它适用于污物为水草、枝叶、菜皮等体积较小,但数量较多的情况,清污维护方便。

抓斗式清污机适用于栅前堆积或漂浮粗大的树根、石块、泥沙、树干或其他潜沉物的情况。工作原理与抓斗式挖土机基本相同。

此外,还有栅链回转式清污机,其本身具有拦污栅的作用,适用于水流中挟带大量的各种较大的脏污物,如树根、漂木、垃圾等情况。

7.1.3.4 传送装置

清污机捞起的水草等污物需要用传送装置运出泵站外进行处理。对于水草较多的大型泵站,应该预先考虑运送方式。针对处理和利用的问题,通常可以采用以下几种传送装置(见图 7-34)。

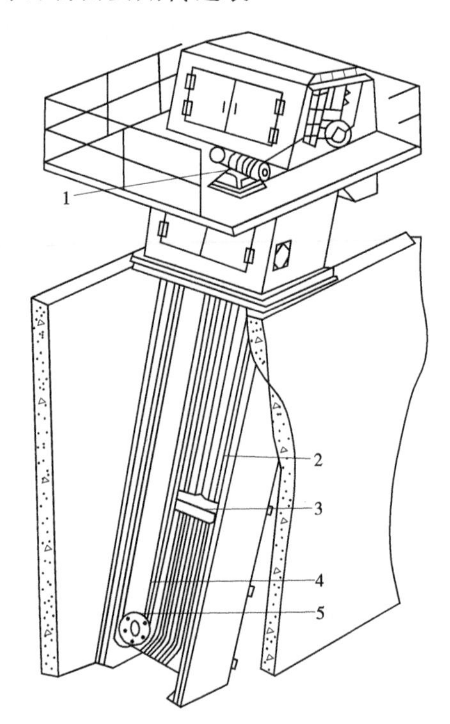

1—电动机;2—拦污栅;3—齿耙;4—链条;5—主从动链轮

图 7-33 回转耙式清污机

1. 可动式皮带运输机

将清污捞起的水草等污物通过传送带水平运出,并通过倾斜传送带向车辆输送,或存

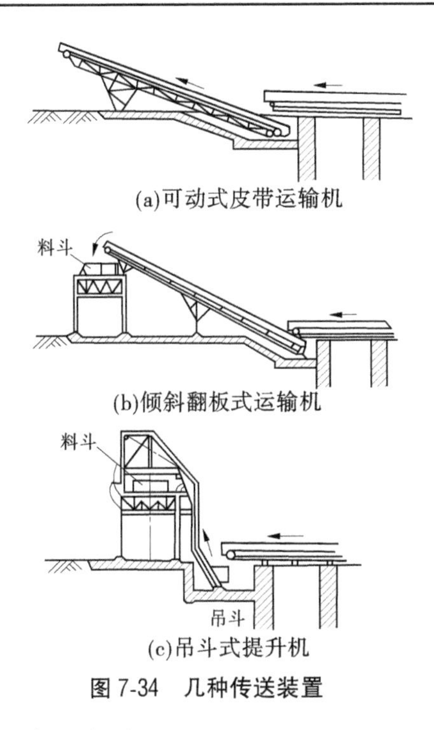

(a)可动式皮带运输机

(b)倾斜翻板式运输机

(c)吊斗式提升机

图7-34 几种传送装置

放在斜斗内,传送带的仰角一般不超过30°。

2. 倾斜翻板式运输机

在循环链上安装钢制平板,随着循环链的运动,平板上的污物将被送往渠道两侧,这种形式适用于大型泵站。

3. 吊斗式提升机

将皮带或传送带运送来的污物放入大型吊斗内,吊斗沿着支架大致按垂直向提升,并将污物投入料斗,然后由车辆运走。与倾斜运输机相比,它占地面积小,但不适合处理粗大的污物。

7.2 引水建筑物

泵房与水源之间通常设置引水建筑物,将水从水源引至泵站的前池和进水池、进水间或直接引向水泵进口。合理地设计引水建筑物,可节省工程投资、降低运行费用、保证泵站的稳定安全运行。

引水建筑物的主要结构形式有管式、涵洞式和明渠式。引水建筑物的结构形式主要取决于水源水位变幅、水流含沙量、河岸坡度等地形、地质、水文等条件,同时和技术、经济等条件有关。

7.2.1 有压式引水建筑物

有压式引水建筑物是指连接各类取水建筑物和泵站集水室、进水池或水泵进口的压力引水建筑物,包括引水管道、有压隧洞和涵洞等。

7.2.1.1　管式引水建筑物

根据引水方式的不同,管式引水建筑物有重力自流式引水管和虹吸自流式引水管两种。

1. 重力自流式引水管

重力自流式引水管是将引水管道铺设在最低水位以下,有的坡向取水头部,有的坡向泵房,也有的兼有正负坡度。它是靠取水头部和集水井(室)之间的水位差,使水流从取水头部自流至集水室。重力自流式引水管道结构简单,对河床及岸坡地形和地质构造有着广泛的适应性,故得到了广泛的应用。图7-35是重力自流引水管的形式之一。

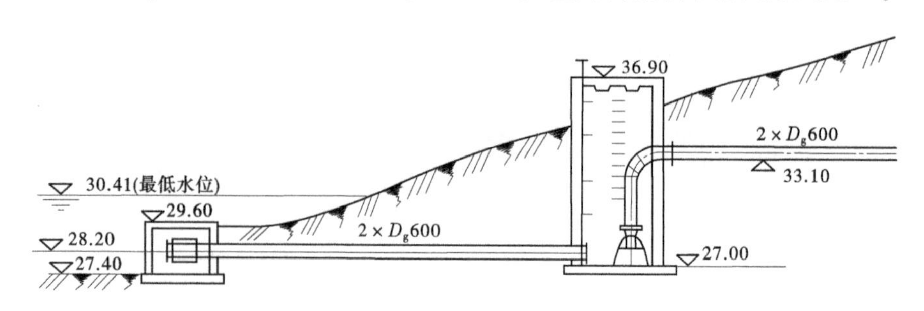

图7-35　重力自流式引水管　(单位:高程,m;尺寸,mm)

重力自流式引水管在停用期间容易引起管内淤积,因此在原水浊度较大时,应特别注意停用时的淤积问题。可在取水端装设闸门,停用时预先关闭。冲洗的方法分为顺冲和反冲两种。顺冲是在河流水位较高时,先关闭进水闸门,将进水池(室)的水位抽至最低,然后迅速打开闸门,利用较大的水位差形成较大的流量和流速,对管内进行冲洗;反冲法则是在河流水位较低时,利用出水池、泵站压力管路等高位水量,反向冲洗自流引水管。反冲法的水量充足、压力高,使用灵活方便,效果较好,冲洗速度一般可取1.5~2.0 m/s。

重力自流管的根数主要取决于取水量、管材、施工条件、操作方式等因素,应通过技术经济比较确定。对于一般取水工程,至少应设置两根引水管,当发生事故或检修时停用一根时,其余的应能通过70%~100%的设计流量,视供水可靠性要求而定。对于可靠性要求不高而允许短时间停水的工程,可以只用一根引水管。另外,对于大型长距离引水工程,为了节省投资,也可以考虑采用一根引水管,配套增建一定容量的蓄水建筑物,以解决检修停机时的供水问题。

重力自流管可选用钢管、铸铁管、钢筒预应力混凝土管、玻璃钢管等,应进行技术经济比选确定。

2. 虹吸自流式引水管

虹吸自流式引水管的结构形式如图7-36所示。它克服了重力自流引水管敷设深度较大、水下土石方工程量较大、施工比较困难的缺点,具有施工简单、投资省的优点,而且因为枯水期虹吸管上的阀门可以露出水面,维护检修都比较方便,特别是当引水管线与堤坝相交,且不允许管道穿越堤(坝)身时,其优点更明显。但是,这种引水方式需要配备抽真空装置,从而增加了操作和维护的工作量,另外,虹吸管对管材和管道施工的要求较高,一旦管道漏气,将造成虹吸破坏而断流。

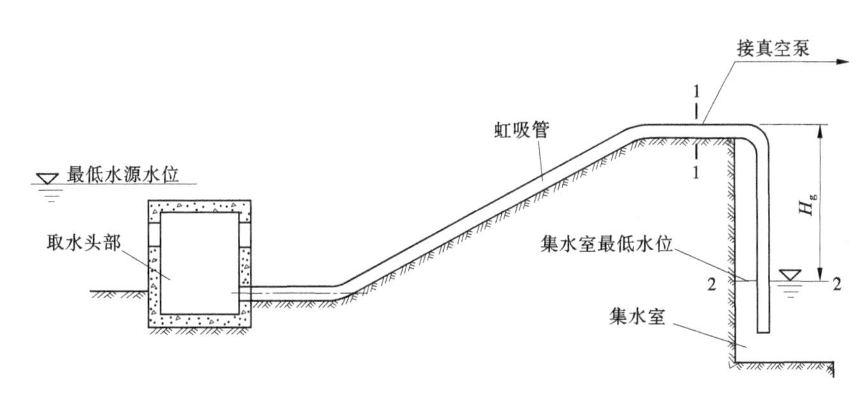

图 7-36　虹吸自流式引水管

在设计虹吸自流式引水管时要特别注意取水头部、虹吸管顶部和末端的安装高程。

取水头部处的虹吸管进口高程应根据最低水位,并考虑波浪等的影响因素来定。要具有足够的淹没深度,以保证空气不会进入管内。同时,为了避免空气从虹吸管出口进入管内,按照规范规定,虹吸管出口在集水室最低水位以下的淹没深度应不小于 1 m。

虹吸管顶的安装高程 H_g ,即虹吸管驼峰顶上缘与集水室水面的垂直高差,受管内允许真空度、流速及出口段的水力损失等因素的限制。根据图 7-36 中 1—1 断面和 2—2 断面的能量方程可以推得

$$H_g = H_{允} - \frac{v_1^2}{2g} - \Delta h_{1-2} \tag{7-6}$$

式中　$H_{允}$——虹吸管顶部允许真空值,m, $H_{允} = \frac{P_a}{\gamma} - \frac{P_1}{\gamma}$, $\frac{P_a}{\gamma}$ 为集水室水面压力水头,m, $\frac{P_1}{\gamma}$ 为断面 1—1 的压力水头,m;

v_1——断面 1—1 的流速,m/s;

Δh_{1-2}——断面 1—1 至断面 2—2 之间的水头损失,m;

g——重力加速度,m/s^2。

为了确保虹吸管驼峰顶部不会发生汽化现象,该处的压力 $\frac{P_1}{\gamma}$ 必须大于当地水温下的汽化压力,同时应有足够的安全值。一般建议虹吸管顶的最大安装高度的选择范围以 4~6 m 为宜。

虹吸管的数量不得少于两条,当一条管道停止工作时,其余管道通过的流量应能满足用水的要求。

虹吸自流式引水管的管径,应根据最低水位下能通过设计流量,经水力计算而定。管径小,管内流速和阻力损失大,运行费用高,虹吸管顶真空度也大,引水安全可靠性降低,而管径大则投资大。虹吸自流式引水管内的设计流速一般以 1.0~1.5 m/s 为宜,最小流速不宜小于 0.6 m/s。

虹吸自流式引水管一般宜采用钢管。每根虹吸管最好设置单独的抽真空系统,以免

在操作上发生差错。管路上的阀门宜采用明杆式,便于判断其启闭状态,但配备自动化监控系统的除外,还应安装真空信号装置,确保系统安全可靠。

重力式或虹吸式自流引水管的进口段的水下部分应埋设在河床中,管顶埋深应不小于0.5 m,并在冲刷深度以下0.2~0.3 m。如直接敷设在河床上,则应采取加固管道的措施。

7.2.1.2 隧洞式引水建筑物

隧洞式引水建筑物是用隧洞或涵洞将水源的水引至泵站进水池,如图7-37所示。

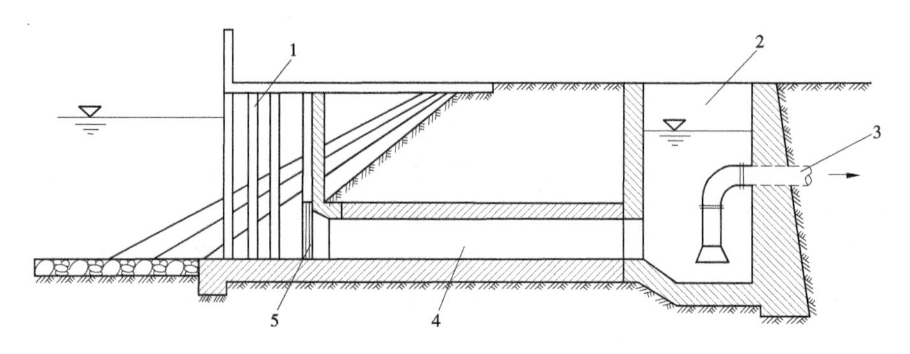

1—叠梁闸门;2—集水室(进水闸);3—水泵进水支管;4—引水隧(涵)洞;5—拦污栅

图7-37 隧洞式取水建筑物

引水隧(涵)洞的洞身多为混凝土或喷射混凝土衬砌,适用于岸坡为较陡的坚硬基岩,主流近岸且水深较大的河段,干流库区所建的地下泵站工程应用较多。

为了防止泥沙和柴草进入洞内,可以在进水口设置叠梁闸门,以便从含沙量较小的表层取水;设置拦污栅,阻挡杂草污物的进入。

1. 压力隧(涵)洞阻力损失计算

泵站工程引水压力隧(涵)洞的输水流量变化幅度较大,其阻力损失也应考虑洞内流态的影响因素。沿程水头损失的计算公式和方法,在第5章已经讲述,此处不再赘述,仅对局部水头损失分述如下。

局部水头损失包括进口段(进水口、门槽、拦污栅)、断面尺寸变化段(渐放、渐缩)、弯道、出口以及各种分流和合流管段等。

1)进水口及门槽

计算公式:

$$h_w = \xi \frac{v^2}{2g} \tag{7-7}$$

式中 h_w——局部水头损失,m;

v——洞内平均流速,m/s;

ξ——局部水头损失系数。

进水口及门槽的水头损失系数按表7-3查取。其他出口和对称分岔等的局部损失系数查《水工隧洞设计规范》(SL 279—2016)中附录A。

表 7-3　隧洞局部损失系数

形状	局部水头损失系数 ξ
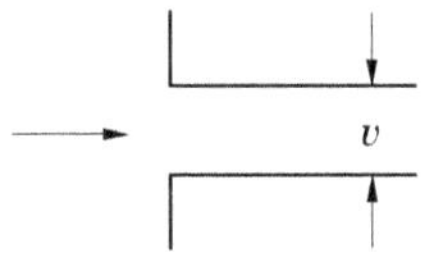	0.5
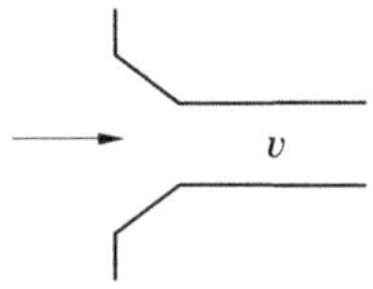	0.25
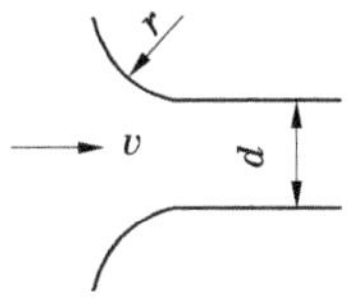	0.2($r/d<0.15$) 0.1($r/d\geq0.15$)
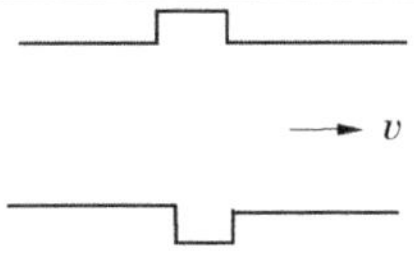	0.05~0.20(可用 0.10) v 取槽前后平均流速

注：摘自 SL 279—2016。

2)拦污栅

计算公式：

$$h_w = \beta \sin\theta \left(\frac{s}{b}\right)^{4/3} \frac{v^2}{2g} \tag{7-8}$$

式中　β——栅条形状系数，见表 7-4。

θ——拦污栅的倾斜角度，(°)，见图 7-38；

s——栅条厚度，mm；

b——栅条间的净距，mm；

v——通过拦污栅的流速，m/s，无污物时 $v=v_a$，有污物时 $v=v_aH/H'$（通常估计 $H-H'=10\sim30$ cm）；

v_a——行近流速，m/s，如图 7-38 所示。

3)闸门

闸门的形式主要有平面闸门和弧形闸门。闸门的开度可用开启高度 e 与水深 H 之比来表示，如图 7-39 所示。闸门的水头损失亦可用式(7-7)计算，其阻力系数见表 7-5。

表 7-4　栅条形状系数

断面形状	10, 50 ↑	10, 50 ↑	10, 50 ↑	20, 30, 10 ↑	10, 25 ↑	10, 75 ↑	10, 100 ↑	22, 50 ↑	ϕ10 ↑
β	2.34	1.77	1.60	1.0	2.34	2.34	2.34	2.34	1.73

注:箭头表示水流方向。

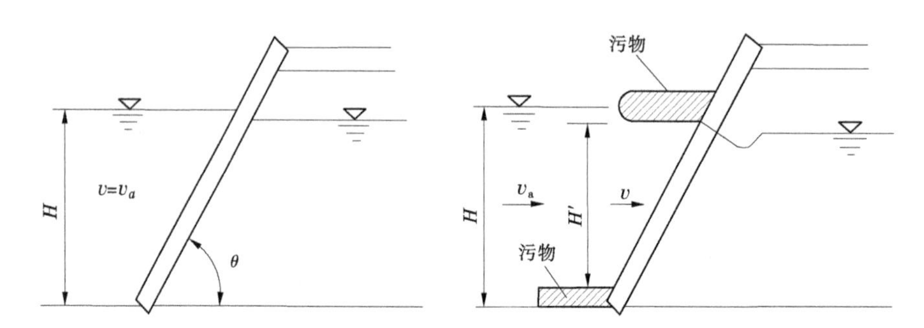

图 7-38　拦污栅

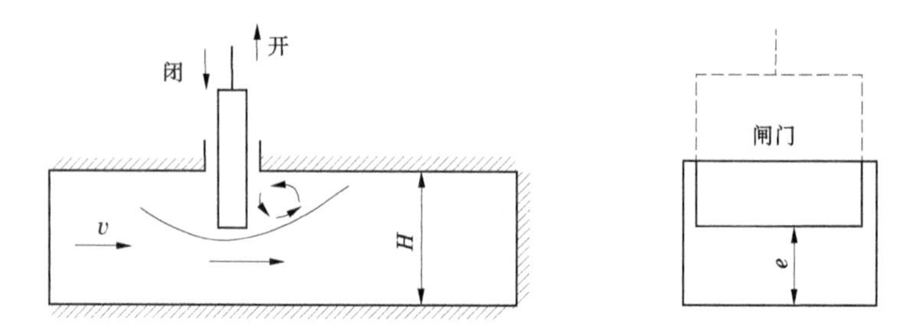

图 7-39　闸门开度示意图

表 7-5　闸门开度与阻力系数

e/H	0.1	0.2	0.3	0.4	0.5	0.6	0.7	0.8	0.9	1.0
ξ	193.0	44.5	17.8	8.12	4.02	2.06	0.95	0.39	0.09	0

注:表中数据是 50 mm×25 mm 矩形断面的试验资料。

4)T(卜)形岔管

图 7-40 为 T(卜)形岔管分流与合流局部损失计算形状示意图。局部水头损失按以下公式估算:

(1)分流时 $Q_1=Q_2+Q_3$。

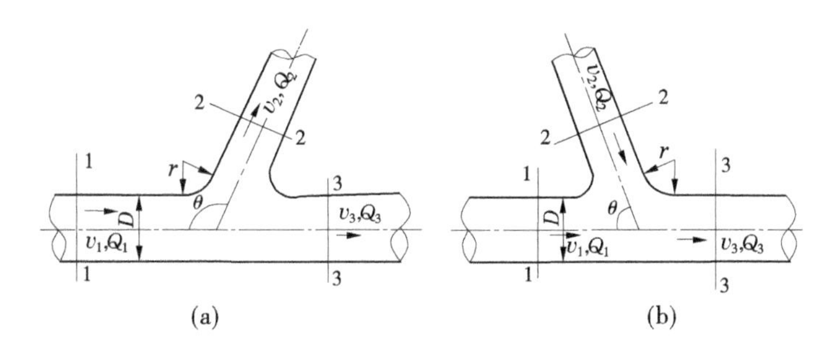

图 7-40　T(卜)形岔管的分流与合流局部损失计算形状示意图

$$\left.\begin{aligned} H_1 - H_2 &= \xi_2 \frac{v_1^2}{2g} \\ H_1 - H_3 &= \xi_3 \frac{v_1^2}{2g} \\ H_3 - H_2 &= \xi_{32} \frac{v_1^2}{2g} \end{aligned}\right\} \tag{7-9}$$

$$\xi_2 = 0.95(1 - q_2)^2 + q_2^2\left(1.3\cot\frac{\theta}{2} - 0.3 + \frac{0.4 - 0.1\psi}{\psi^2}\right) \times \left(1 - 0.9\sqrt{\frac{\rho}{\psi}}\right) + 0.4\left(1 + \frac{1}{\psi}\right)\cot\frac{\theta}{2}(1 - q_2)q_2$$

$$\xi_3 = 0.58q_2^2 - 0.26q_2 + 0.03$$

$$\xi_{32} = (1 - q_2)\left\{0.92 + q_2\left[0.4\left(1 + \frac{1}{\psi}\right)\cot\frac{\theta}{2} - 0.72\right]\right\} + q_2^2\left[\left(1.3\cot\frac{\theta}{2} - 0.3 + \frac{0.4 - 0.1\psi}{\psi^2}\right)\left(1 - 0.9\sqrt{\frac{\rho}{\psi}}\right) - 0.35\right]$$

其中
$$\rho = r/D \quad q_2 = Q_2/Q_1$$

式中 H_1、H_2、H_3——断面 1—1、断面 2—2、断面 3—3 处的总水头，m；

v_1——断面 1—1 的平均流速，m/s；

θ——主管与支管的交角；

ψ——支管与主管断面面积比；

D——主管直径，m；

r——支管与主管连接处的修圆半径，m；

Q_2——支管流量，m^3/s；

Q_1——分流前的主管流量，m^3/s。

(2)合流时 $Q_1 + Q_2 = Q_3$。

$$\left.\begin{aligned} H_1 - H_2 &= \xi'_2 \frac{v_1^2}{2g} \\ H_1 - H_3 &= \xi'_3 \frac{v_1^2}{2g} \\ H_3 - H_2 &= \xi'_{32} \frac{v_1^2}{2g} \end{aligned}\right\} \tag{7-10}$$

$$\xi'_2 = 0.95(1 - q_2)^2 - q_2^2\left[1 + 0.42\left(\frac{\cos\theta}{\psi} - 1\right) - 0.8\left(1 - \frac{1}{\psi^2}\right) + (1 - \psi)\left(\frac{\cos\theta}{\psi} - 0.38\right)\right]$$

$$\xi'_3 = q_2^2\left[0.62\psi - 2.59 - (1.62 - \sqrt{\rho})\left(\frac{\cos\theta}{\psi} - 1\right)\right]$$

$$\xi'_{32} = (1 - q_2)[0.92 + q_2(2.92 - \psi)] + q_2^2 \times \left[(1.2 - \sqrt{\rho}) \times \left(\frac{\cos\theta}{\psi} - 1\right) + 0.8\left(1 - \frac{1}{\psi^2}\right) - (1 - \psi)\frac{\cos\theta}{\psi}\right]$$

其中

$$q_2 = Q_2/Q_3$$

式中 Q_3——合流后的主管流量,m^3/s;

其余符号意义同前。

2. 压力隧(涵)洞断面尺寸确定

引水压力隧洞的形状一般为圆形,断面尺寸的确定与引水管道基本相同,应按照经济流速和不淤流速控制。对长距离引水隧洞,其阻力损失水头不能太大,以免导致进水池的水位变幅过大,减小水泵进口的有效汽蚀余量,影响水泵的安全稳定运行。

7.2.2 无压式引水建筑物

无压式引水建筑物也称明渠(包括无压隧洞)式引水建筑物,或称泵站引水渠,是指连通水源或取水零级站与泵站前池的渠道工程。其主要作用有:①使泵房远离水源,接近供水区,从而缩短管道长度,节省工程投资,降低阻力损失和减少能耗;②为水泵正向进水提供条件;③可以避免泵房与水源直接接触,降低泵站防洪标准,从而简化泵房结构和方便施工;④对于从多泥沙的水源中抽水的泵站,沿途还可以设置沉沙和排沙建筑物。

7.2.2.1 水位自动调节引渠

泵站无压引水建筑物通常分为有水位自动调节能力和无水位自动调节能力两种。图 7-41 所示为有水位自动调节能力的引渠,其主要特点是引渠顶部(或无压隧洞的直墙顶部)高程不是沿渠逐渐降低,而是水平或逐渐升高的。

泵站不运行时,引渠中的水位是水平的,即引渠首、末端水位都等于引水水位;引渠产生壅水水面时,引渠末端水位可能高于首端水位(如在泵站发生事故停机的过渡过程)。具有水位自动调节能力的引渠不仅能够在各种不利工况下保证泵站工程的运行安全(不会发生溢流、淹没等),而且可以充分利用水源的位能,节约能源。但是,泵房、前池、进水池以及引水渠及其建筑物等必须具有较高的挡水高度,从而增大了工程量和工程投资。

7.2.2.2 渠线布置和断面尺寸设计

引渠中心线最好布置成直线,以缩短渠长,减少投资,使渠中流态平稳,减少冲刷和淤

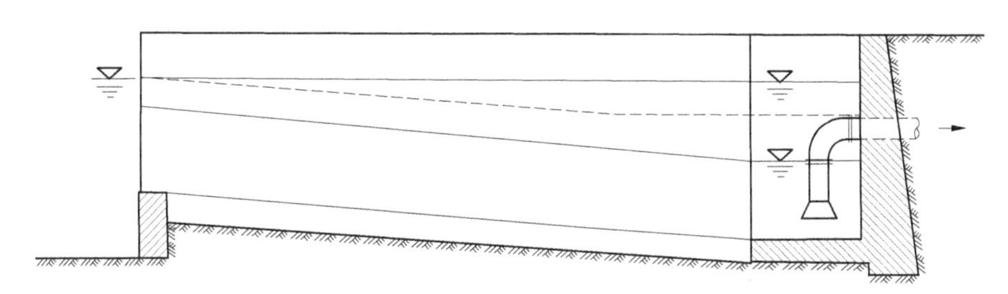

图7-41　有水位自动调节能力的引水渠纵剖面图

积。受地形地质条件限制，必须曲线布置时，其曲率半径不能太小。一般土渠的曲率半径不宜小于渠道水面宽度的5倍；石渠或衬砌渠道不宜小于水面宽度的3倍。另外，弯道终点与前池进口之间应有一个直线段，其长度不小于8倍的水面宽度，以保证引渠和前池的水流流态衔接良好。

引渠过水断面形式多为梯形和矩形，其底坡和断面尺寸的确定详见第5章。具有水位调节功能的明渠的堤顶高程应高于渠道最高水位线（安全超高）。

引渠水面线的计算详见附录3。

7.3　前　池

前池是连接引渠和进水池的建筑物。前池的形状和尺寸不仅会影响水流流态，而且对泵站工程的投资和运行管理影响也很大。然而，在工程实践中，往往对这部分设计没有引起足够的重视。工程中由于前池设计不合理而引起进水池流态恶化，水泵机组振动，泵站效率下降，池内泥沙淤积等运行问题的例子很多。因此，认真分析研究前池的流动规律，合理确定前池的形状和尺寸，是泵站工程设计的重要问题之一。

7.3.1　前池的类型

根据水流方向，分为正向进水前池和侧向进水前池两大类。

7.3.1.1　正向进水前池

正向进水前池是指前池的来水方向和进水池的进水方向一致，前池的过水断面一般是逐渐扩大的，如图7-42所示。

正向进水前池的特点是形状简单、施工方便、水流流态容易满足要求。但在水泵机组较多的情况下，为了保证池中有较好的流态，池长较大，从而导致工程量和占地面积也较大。这对于开挖困难的地质条件和用地紧张的地区十分不利。因此，正向进水前池出现了折线形和曲线形，在保证池中具有较好流态的情况下，尽量缩短前池长度。

7.3.1.2　侧向进水前池

侧向进水前池的来水方向和出水方向是正交或斜交的，如图7-43所示。

由于池中的水流需要改变方向，池中流速分布难以均匀，因此池中容易形成回流和漩涡，从而影响水泵的性能。但因为侧向进水前池占地较少，工程量较小，工程投资较省，在

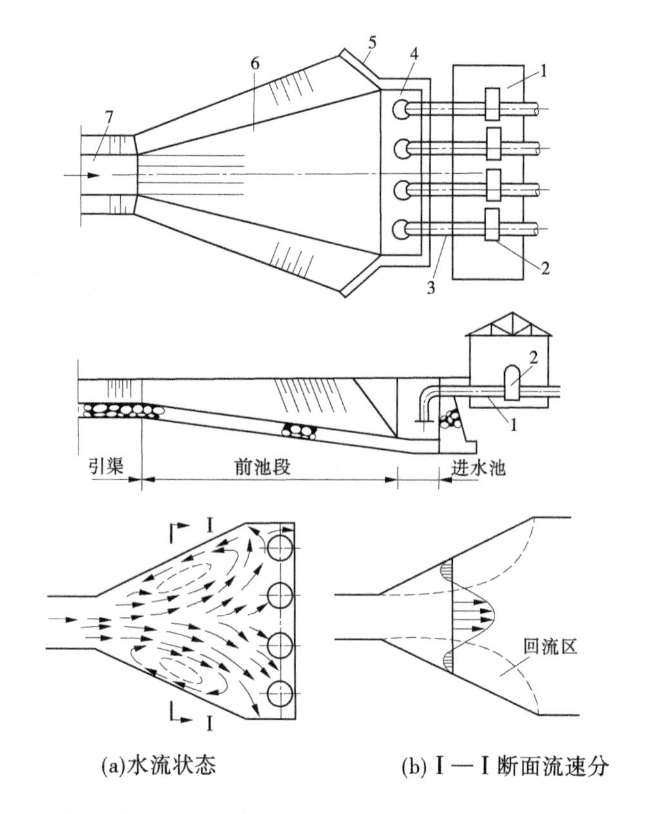

(a)水流状态　　(b) Ⅰ—Ⅰ断面流速分

1—泵房;2—机组;3—进水管;4—进水池;5—翼墙;6—前池;7—引渠

图 7-42　正向前池、进水池及流态示意图

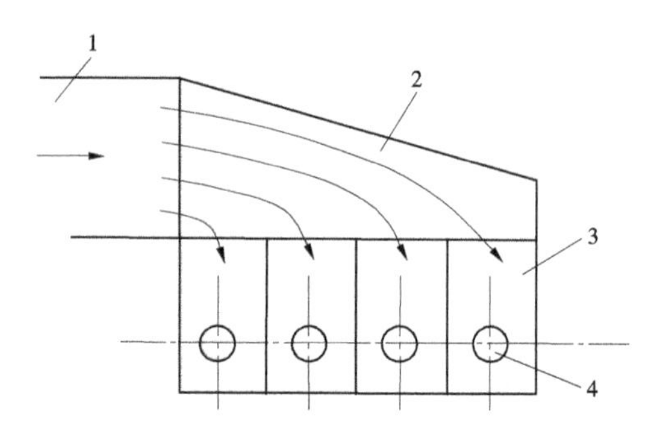

1—引渠;2—前池;3—进水池;4—水泵

图 7-43　侧向进水前池

工程实际中也经常遇到。所以,认真研究侧向进水前池的水力特性,确保池内水流平稳,抑制或不出现回流和漩涡,是十分重要的。

7.3.2　前池流态分析

7.3.2.1　正向进水前池的流态分析

正向进水前池流态的主要影响因素是扩散角的大小。根据水力学原理,水流的扩散

能力可用扩散角 α 来表示。它与初始断面的流速 v 有很大关系。v 越大则水流的固有扩散角 α 越小。当前池实际扩散角大于水流固有的扩散角时,前池中的水流将会脱离边壁,出现回流和漩涡。

在主流的两侧有较大的回流区,在两侧的进水池中还会形成漩涡。由于水流来不及扩散,水流直接冲击进水池后墙,然后折向两侧,引起侧向回流。由于中间主流流速大于两侧回流区流速,回流区的水位和压力大于主流区。在此压力差的作用下,主流断面受到进一步压缩,流速进一步增大,从而导致池中流态进一步恶化。

前池水流流态不好,一方面,会影响进水池的流态,严重时在进水池形成漩涡,甚至产生进气漏斗漩涡,空气进入水泵,水泵效率和汽蚀性能下降,并可能会使机组产生振动和噪声;另一方面,不良的水力条件还可能引起前池的冲刷和淤积。图 7-44 为某泵站前池断面的流速分布和淤积情况。从图 7-44 中可以看出,断面中部偏左区域由于流速较高,淤积较小,而在主流的两侧回流区,流速明显减小,淤积逐渐加深,在前池边壁处的淤积深度达 4 m 多。

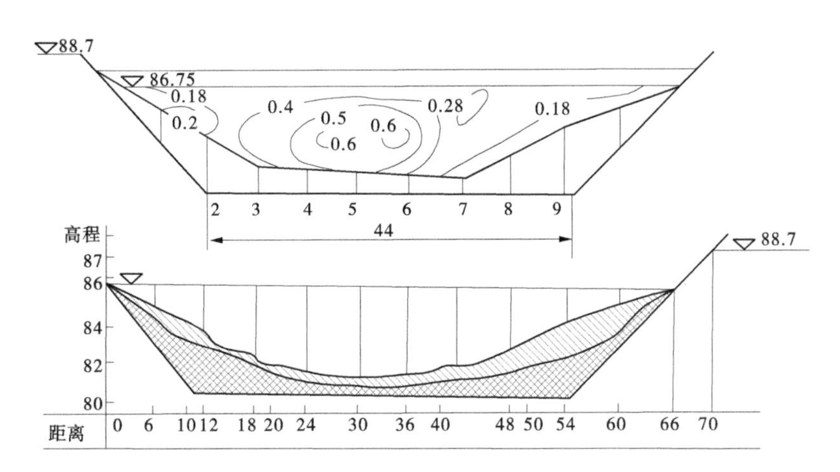

图 7-44　某泵站正向进水前池过水断面流速分布和淤积情况　(单位:尺寸,m;流速,m/s)

7.3.2.2　侧向进水前池的流态分析

侧向进水前池内的水流流态主要取决于引渠末端流速 v 、前池的形状和机组的运行组合。

由图 7-45 可见,在前池尺寸一定的前提下,水流从两个涵洞进入前池后,池内流态取决于机组运行组合。当 1#机组运行时,不仅 1#涵洞的水流会流向 1#机组的进水口,2#涵洞的水流也会穿过中间隔墩的孔口同时流向该处。由于 A、B 处呈直角形,水流突然扩散,池中出现四个大小不等的回流区。水泵进水口处还会出现漩涡。当 5#机组运行时,1#涵洞的水流经过大回转以后,也是穿过中间隔墩的孔口,流向 5#机组的进水口。2#涵洞的水流也是经过大转弯后才进入 5#机组进水口的。因此,在池中也形成了四个大小不同的回流区。由于水流是斜向进入运行机组的进水口,在隔墩进口处有漩涡出现,进水池中的流速分布不均,从而影响水泵的运行特性。

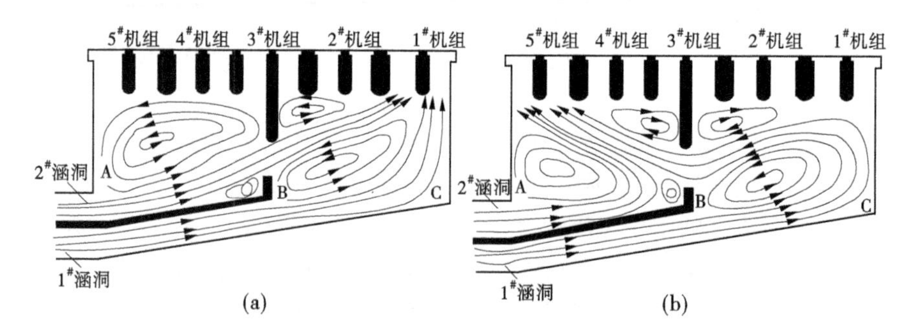

图 7-45　侧向进水前池水流流态

7.3.3　水流扩散角的确定

现从理论上对水流固有扩散角加以分析。设引渠为矩形断面,前池四壁直立,引渠断面水流平均流速为 v_0,则在引渠末端的前池入口处,水流流速可分解为横向流速 v_y 和纵向流速 v_x ,如图 7-46 所示,则有

$$\tan\theta = \frac{v_y}{v_x} \tag{7-11}$$

式中　θ——水流固有扩散角。

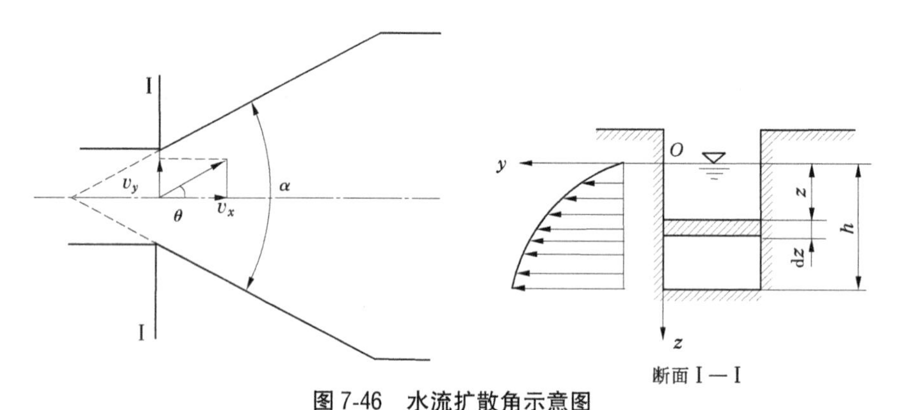

图 7-46　水流扩散角示意图

根据水力学原理,横向分速 v_y 取决于水深。如取 zOy 坐标系,则在任意水深 z 处的横向分速为 $\phi\sqrt{2gz}$,故横向分速的平均值为

$$v_y = \frac{1}{h}\int_0^h \phi\sqrt{2gz}\,\mathrm{d}z = \frac{2\sqrt{2}}{3}\sqrt{gh} \approx 0.94\phi\sqrt{gh} \tag{7-12}$$

式中　ϕ——流速系数;

h——断面 I — I 处的水深。

由于水流受沿渠道纵向惯性的影响,所以实际的横向流速 v_y 比理论计算值要小,故应乘以惯性影响修正系数 φ_1,因此式(7-12)可写成

$$v_y = 0.94\phi\varphi_1\sqrt{gh} = k\sqrt{gh} \tag{7-13}$$

其中

$$k = 0.94\,\phi\varphi_1$$

水流的纵向分速 v_x 可以近似地认为与引渠末端的断面平均流速 v 相等,即 $v_x = v$ 。

将 v_x 和 v_y 代入式(7-13)可得

$$\tan\theta = \frac{k\sqrt{gh}}{v} = k\frac{1}{Fr} \tag{7-14}$$

式中 Fr——引渠末端断面水流的弗劳德数, $Fr = v/\sqrt{gh}$ 。

由式(7-14)可知:

(1)当渠末流速 v 、水深 h 一定,即 Fr 一定时,水流的扩散角 θ 即为定值,这个角度值就是当 Fr 为定值时水流最大的自然扩散角,称为水流的临界扩散角。若前池扩散角 $\alpha \leqslant 2\theta$,水流不会发生脱壁现象,否则将产生脱流。

(2)引渠末端流速 v 越大,水流的临界扩散角 θ 越小, $\tan\theta$ 与流速 v 成反比。

(3)引渠末端的水深 h 越大,水流的临界扩散角 θ 越大, $\tan\theta$ 与水深 h 的平方根成正比。可见,水深对临界扩散角的影响较流速的小。

(4)随着前池水流的不断扩散,流速减小,水深加大,因而水流扩散角也是沿池长逐渐加大的。因此,前池的扩散角 α 即使沿池长逐渐增大,只要不大于2倍的临界扩散角,也不致形成脱壁。

上述结论定性地说明了水流扩散角和各水力要素之间的关系。同时,式(7-14)中的系数 k 也需要通过试验加以确定,根据有关试验资料,导出水流临界扩散角的计算公式为

$$\tan\theta = 0.065\frac{1}{Fr} + 0.107 = 0.204\frac{\sqrt{h}}{v} + 0.107 \tag{7-15}$$

比较式(7-14)和式(7-15)可见,两者除相差一常数项外,形式完全相同,也就是说,理论推导和试验结果是相符的。

将 $Fr = 1$(水流处于缓流和急流之间的临界状态)代入式(7-15)得

$$\tan\theta = 0.172, 即\ \theta \approx 9.75^\circ$$

这表明,边壁不发生脱流的前池扩散角 $\alpha = 2\theta \approx 20^\circ$,这和水力学中关于急流流态要求 $\alpha < 20^\circ$的试验结论是完全吻合的。

由于泵站引渠和前池中的水流一般是缓流,故其扩散角可以大于20°,实践中一般可取20°~40°。

7.3.4 正向进水前池主要尺寸的确定

正向进水前池扩散角 α 是影响前池水流流态、前池尺寸及工程量大小的主要因素。水流在渐变段流动时形成固有的扩散角,如果前池扩散角不大于两倍的水流固有扩散角,则不会产生水流的脱壁现象,从而避免了前池中回流现象的出现;但从工程经济角度考虑,当引渠末端底宽 b 和进水池宽度 B 一定时,如果 α 取得过小,虽然不会出现水流脱壁和回流现象,但池长较大,工程量和占地也因之较大;反之,如果 α 取得过大,虽然前池尺寸、占地、工程量和投资都较小,但池中水力条件恶化,影响水泵吸水,轻者使水泵及泵站提水效率降低,能耗加大,严重的可能使水泵发生汽蚀和振动现象,甚至无法稳定运行。所以, α 的取值应兼顾池中水力条件和节约工程投资要求。

7.3.4.1 前池扩散角的确定

常用的直线型正向前池的扩散角是按引渠末端的流速和水深确定的,并应根据引渠末端极端不利工况条件下的水深 h_{min} 和流速 v_{max},利用式(7-15)计算最小临界扩散角 θ_{min}。前池实际扩散角须满足 $\alpha \leqslant 2\theta_{min}$ 的要求。

前池的极端最不利工况为:水源水位最低;引、提水流量最大。一般可取最低设计水位和泵站最大提水流量工况。

强调最不利工况非常重要,有的泵站工程按设计水位和设计流量条件计算引渠末端水位和流速,确定前池扩散角,结果在低水位运行时由于前池水深减小,水流扩散角变大,可能导致前池产生水流脱壁和回流现象。

7.3.4.2 前池长度的确定

直线型正向前池的长度 L 可根据引渠末端底宽 b、进水池宽度 B 和前池扩散角 α 等值按下式计算:

$$L = \frac{B - b}{2\tan\dfrac{\alpha}{2}} \tag{7-16}$$

由式(7-16)可知,当泵站装机较多,$B-b$ 较大时,前池长度 L 也较大。因为水流临界扩散角沿池长增大,为了缩短池长,节省占地和工程投资,可采用复式扩散角,采用折线形前池,如图7-47(b)所示。L_1 段扩散角为 α_1,L_2 段扩散角为 α_2,这样既保证了水流平顺,又缩短了池长。前池分段越多,池长越短。当分段数无限增加时,前池边壁形状就由折线变为曲线,如图7-47(c)所示,此时前池长度达最短值。

对用地或开挖较困难的地区可以考虑采用折线形前池或曲线形前池。不过,这两种形式的前池虽然池长较短,水流也不会脱离边界,但可能造成水流斜向进入边侧进水池的流态,进水池内可能产生回流或漩涡。为此,应该把曲线形前池做成S形前池,使水流能平直地进入进水池,如图7-47(d)所示。

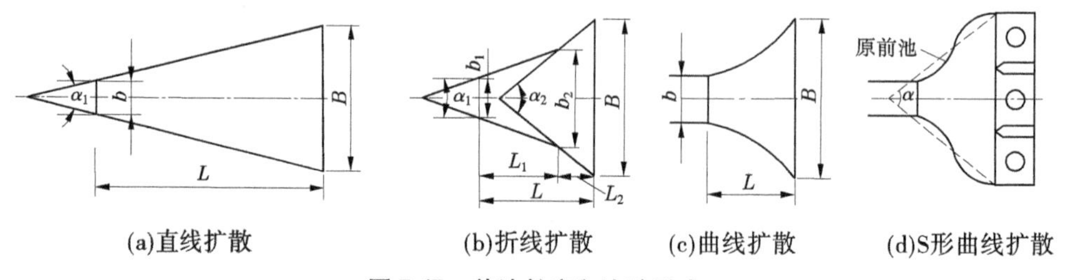

图7-47 前池长度和边壁形式

【例7-1】 前池设计流量 Q 为 5 m^3/s,进口末端矩形渠宽2 m,进口水深2 m,前池出口(进水池)宽15 m,池底高程要求下降2 m,计算前池长度。

解:根据进口水深和渠宽,由式(7-15)计算得前池扩散角 $\alpha=26°$,再由式(7-16)算得直线型前池长度 $L=28.2\text{m}$,占地面积约240 m^2。

折线形前池分段方法有两种:一是沿水流方向等间距划分;二是按各段侧墙等长度划分。现按第一种分段方法计算折线形前池的长度。

1. 四段等分折线形前池

将前池沿水流方向划分为四等段，每段水深增加 0.5 m，经编程计算，四段等分折线形前池的两个扩散角分别约为 26°和 72°，各段分界线池宽分别为 4.52 m、12.48 m 和 15 m，前池总长 21.8 m，占地 221 m^2。四段等分析线形前池形状如图 7-48 所示。

2. 六段等分折线形前池

将前池沿水流方向划分为六等段，每段水深增加 0.33 m，经编程计算，六段折线形前池的三个扩散角分别约为 26°和 50°和 90°，各段分界线池宽分别为 3.2 m、5.6 m、10.8 m、13.2 m 和 15 m，前池总长 15.6 m，占地 141 m^2。六段等分折线形前池前池形状如图 7-49 所示。

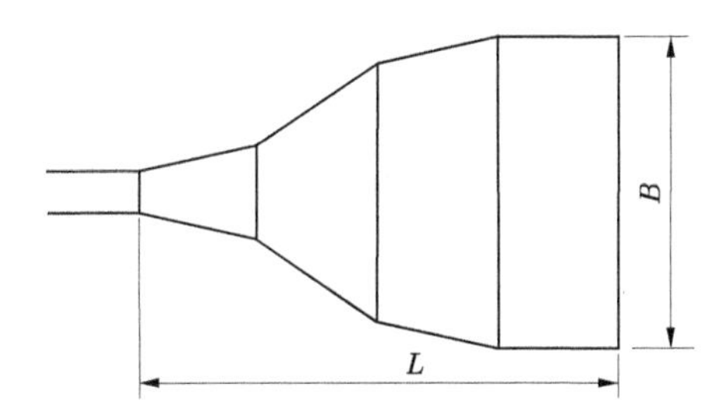

图 7-48　四段等分折线形前池平面图

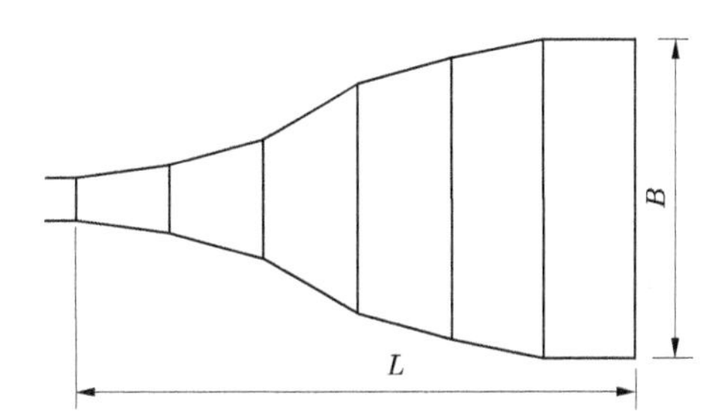

图 7-49　六段等分折线形前池平面图

六段等分折线形前池计算程序如下：

```
Q=5;deltaz=2;b1=2;h1=2;
h2=h1+deltaz/6;h3=h1+deltaz/3;
v1=Q/b1/h1;a1=atan(0.204*sqrt(h1)/v1);
F=@(x)([x(1)/3*tan(a1)+b1-x(2);
    atan(0.204*sqrt(h2)/(Q/h2/x(2)))-x(6);
    x(2)+x(1)/3*tan(x(6))-x(3);
    atan(0.204*sqrt(h3)/(Q/h3/x(3)))-x(7);
    x(3)+x(1)/3*tan(x(7))-x(4);
    x(4)+x(1)/3*tan(x(6))-x(5);
    x(5)+x(1)/2*tan(a1)-15]);
x0=[20 4 9 12 14 25*pi/180 30*pi/180];
options =optimset('Display','off');
    [y,fval,EXITFLAG]=fsolve(F,x0,options);
figure
L=[0 1+linspace(0,y(1),7)];
z1=[1 1 y(2:5)/2  7.5  7.5];
z2=[-1 -1 -y(2:5)/2 -7.5 -7.5];
line(1)= plot(L,z1,'linewidth',3,'color','k');
hold on
```

```
line(2)=plot(L,z2,'linewidth',3,'color','k');
for i=2:8
    line(1+i)=plot([L(i) L(i)],[z1(i) z2(i)],'linewidth',3,'color','b');
end
title('\fontsize{36}折线形前池计算程序);
xlabel('长度(m)','fontsize',24);
ylabel('宽度(m)','fontsize',24);
hold off
```

由以上计算结果可以看出,折线形前池具有明显的经济优势。由于两段等分前池无法避免水流斜向流入进水池的问题,经济效果也不太明显,故不推荐采用;四段等分折线形前池长度减小接近1/4,但占地面积减小量不大,而六段等分折线形前池长度减小45%,占地减小41%,经济效果已很明显。

需要说明的是,多段等分折线形前池的计算工作量较大,但与曲线形前池的计算工作量相比还是简单一些,而且施工也较简单,八段等分折线形前池已经与曲线形前池的经济效果非常接近,故工程上推荐采用六段等分折线形前池或八段等分折线形前池。

7.3.4.3　池底纵向坡度

由于引渠末端底部高程一般比进水池底部高,因此引渠和进水池连接时,前池的形状不仅在平面上扩散,在纵剖面上也有一个向进水侧方向倾斜的纵坡 i,其值 $i=\Delta H/L$,ΔH 为引渠末端底部与进水池底部的高差,L 为前池的长度。

若前池较长,为了减少开挖量,亦可将此坡度设置在进水池一侧。但是,坡度 i 的大小对进水池的流态有影响,如图7-50所示。进水管口阻力系数 ξ 随坡度的增大而增加。当 $i=0$(平底)时,$\xi=1.63$;当 $i=0.5$ 时,$\xi=1.71$。因此,前池纵坡不宜太大,特别应该避免倾角为90°($i=\infty$)的纵坡。另外,纵坡对工程量也有影响。纵坡 i 越小,前池的开挖量也越大。因此,前池的纵坡应适中,通常可取 $i=1/3\sim1/5$。

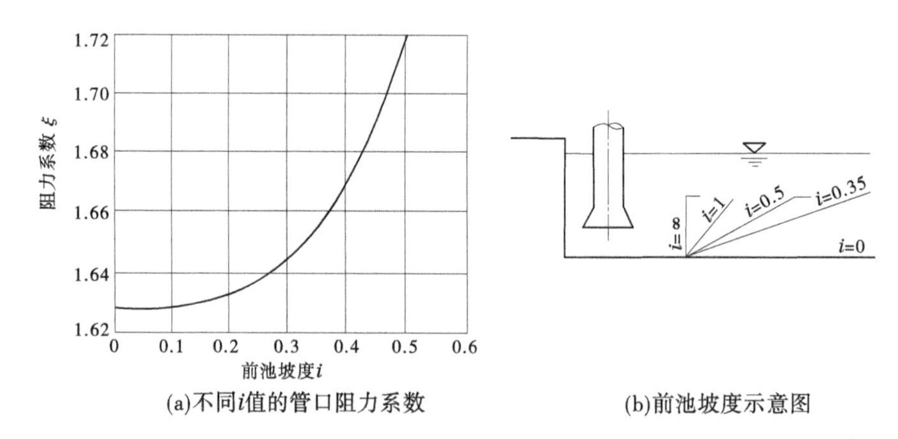

(a)不同i值的管口阻力系数　　(b)前池坡度示意图

图7-50　前池底坡与进水管阻力损失的关系曲线

此外,前池纵坡 i 对水流的扩散也有影响。试验证明,前池中的底坡分成两段,靠近引渠一侧采用倒坡,靠近进水池一侧采用顺坡,可以大大改善前池的流态,如图7-51

所示。

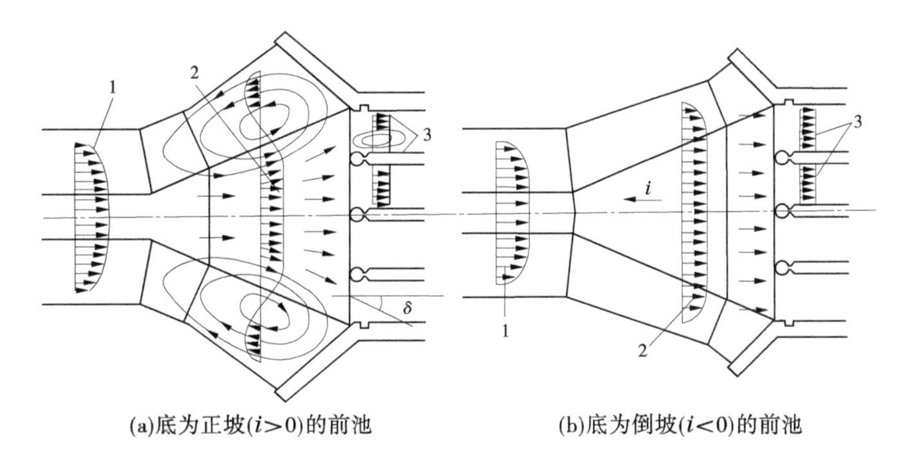

(a)底为正坡($i>0$)的前池　(b)底为倒坡($i<0$)的前池

1—引渠中的流速分布;2—前池中的流速分布;3—进水池中的流速分布

图 7-51　正向进水倒、顺坡前池的水流特性

正坡段的底坡可取 $i=0.2$,长度 $L_2=(0.23\sim0.26)L$;倒坡段的长度 $L_1=(0.77\sim0.74)L$,其底坡的大小应使池底脊部的断面平均流速为相应工况条件下引渠平均流速的 1/1.2~1/1.3,不允许前池的脊部像非淹没堰流一样工作。

7.3.4.4　前池中的隔墩

在前池中加设隔墩,相当于减小了扩散角,可以避免在部分机组运行时池中产生回流和偏流。因此,加设隔墩可以加大前池扩散角 α 值,缩短池长 L。加设隔墩后,减小了前池的过流断面面积,增大了池中流速,可防止泥沙淤积。

隔墩形式有半隔墩和全隔墩两种(见图 7-52)。半隔墩是在前池中设置若干个像桥墩一样的隔墩,实际上只起导流作用。如果把这些隔墩延伸到进水池后墙,即每个进水池都有其单独的前池,这样的隔墩称为全隔墩。

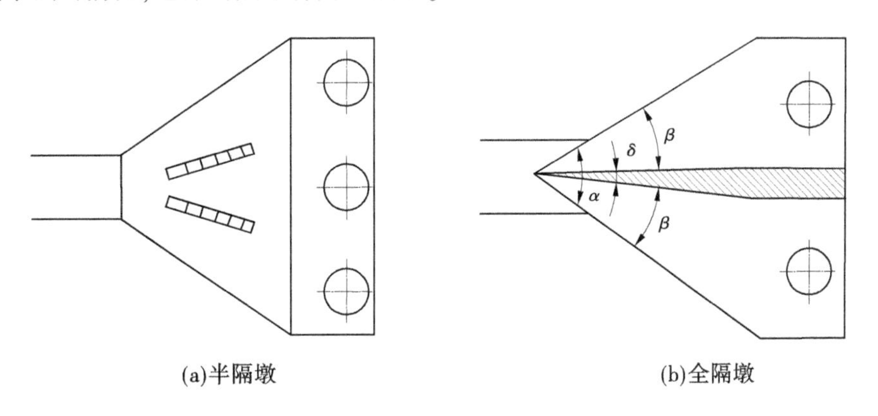

(a)半隔墩　(b)全隔墩

图 7-52　前池加隔墩

7.3.4.5　前池中的底坎和立柱

横向底坎的作用是降低池底的流速,防止产生回流。立柱的作用是使水流收缩并均匀地流向两侧后再扩散到边壁,以防止边壁脱流。图 7-53 是某泵站加设底坎前后池中水流流态对比。加设底坎后,基本消除了前池大范围的回流区,观测表面,该措施还有效地减小了机组运行时的振动和噪声。但是,设底坎的前池和池底设倒坡段的前池相比,水流扩散较慢,因为倒坡对水流的影响是从最始端开始的。另外,底坎使前池结构复杂化,坎前还可能造成泥沙淤积。因此,只有在对前池进行改造时才被采用。

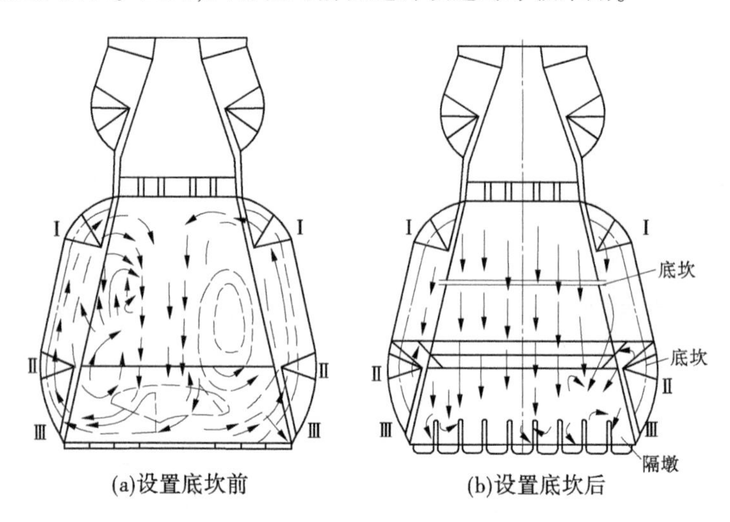

图 7-53 设置底坎前后池中水流情况

7.3.4.6 **前池的翼墙**

翼墙是连接进水池和前池之间的边墙。它对降低泵站工程造价和改善边侧进水池流态都有一定的作用。翼墙多采用图 7-54 所示的直立式,并和前池中心线成45°角。此型翼墙便于施工,水流条件也较好。但也可采用扭坡型翼墙或圆弧型翼墙。

7.3.5 正向进水前池 S 形直立边壁曲线方程

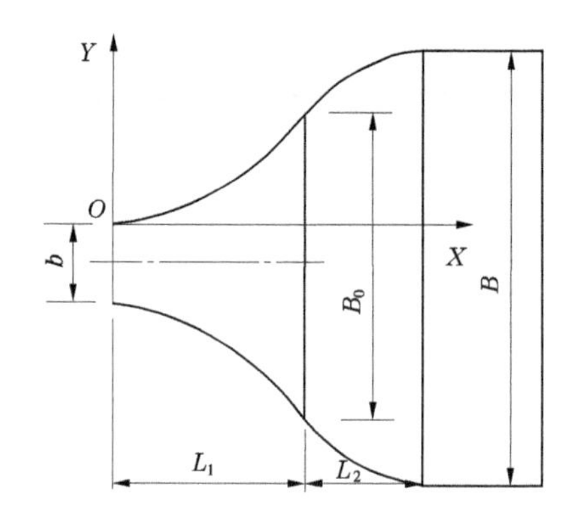

图 7-54 S 形前池边壁曲线简图

泵站前池设计的主导思想是在满足池中水流平顺、断面流速分布均匀、沿池长方向流速变化均匀等水力条件下,尽可能地缩短前池长度,以节省占地和工程投资。

理论上讲,只有当前池边壁扩散角等于水流固有扩散角时最为合理,既能满足水流条件的要求,又能最大限度地缩短池长。

7.3.5.1 **前池水流固有扩散角**

引渠末端底部宽度为 b,水深为 h;前池纵向坡度为 i,进水池总宽为 B,设计流量为 Q,则沿池长方向距离引渠末端 x 断面的水深 $h_x=h+ix$,过流断面面积 $A=(b+2y)(h+ix)$。断面流速 $v=\dfrac{Q}{A}=\dfrac{Q}{(b+2y)(h+ix)}$。将 v、h_x 代入式(7-15)得水流固有扩散角为

$$\tan\theta = \frac{0.204}{Q}(b + 2y)(h + ix)^{3/2} + 0.107 \tag{7-17}$$

7.3.5.2　**直立边壁曲线微分方程**

令 x 断面处边壁曲线的斜率 $\frac{\mathrm{d}y}{\mathrm{d}x} = \tan\theta$，即

$$\frac{\mathrm{d}y}{\mathrm{d}x} = \frac{0.204}{Q}(b + 2y)(h + ix)^{3/2} + 0.107 \tag{7-18}$$

式(7-18)即为直立边壁曲线微分方程。它为一阶线性微分方程，但一般不能求得其通解，需采用数字近似计算方法求解。

当 $i=0$(平底)时，其解为

$$\left.\begin{aligned} &\ln(k_1 y + 1) = k_2 x \\ &y = (e^{k_2 x} - 1)/k_1 \\ &\tan\theta = y' = \frac{k_2}{k_1}e^{k_2 x} \end{aligned}\right\} \tag{7-19}$$

其中　$k_1 = \dfrac{1}{0.262Q/h^{3/2} + 0.5b}$　　$k_2 = \dfrac{0.408h^{3/2}}{Q}$

7.3.5.3　**前池 S 形直立边壁曲线组成**

前池 S 形直立边壁曲线沿池长应该由三段曲线组成，首段曲线与引渠末端边墙切向连接，长度约 $0.1L$，可采用圆弧形曲线；末段曲线与进水池边墙切向连接，长度约 $0.25L$，可采用圆弧或其他形式曲线；中间段为水流扩散的主线段，长度约 $0.65L$，线形由式(7-18)确定。中间曲线分别于首、末段曲线切向连接。

7.3.5.4　**实例**

某泵站引水渠末端宽度 $b=3.5$ m，水深 1.57 m；进水池底部比引渠末端底部低 2.0 m，宽度 $B=32.5$ m；设计引水流量 $Q=4.18$ $\mathrm{m^3/s}$。试确定前池尺寸。

前池的关键尺寸是中段扩散形曲线，其确定方法大致有两种：一种是按照扩散宽度来确定池长和底坡；另一种是根据最大扩散角来确定池长和底坡。前池尺寸计算结果见表 7-6。

表 7-6　前池尺寸计算结果

扩散宽度比	0.55	0.65	0.75	0.85
首中段曲线长(m)	5.87	6.08	6.24	6.34
前池坡度	0.187	0.214	0.241	0.268
最大扩散角(°)	76.12	78.50	80.26	81.65
最大断面宽度(m)	19.45	22.35	25.25	28.15
前池总池长(m)	7.83	8.11	8.32	8.45

从表 7-6 可以看出，扩散程度不同对池长影响不大。主要从末段连接曲线平顺程度

来决定中段的扩散宽度,本例选择0.75的扩散系数。首中段边墙曲线计算结果见表7-7。S形直立边墙曲线和扩散角曲线见图7-55。

表7-7　首中段边墙曲线计算结果

x	0	1	2	3	4	5	6.24
y	0	0.344	0.897	1.788	3.234	5.613	10.90
θ	15.01	34.49	34.94	48.43	61.48	71.84	80.28

首端和末端连接曲线不再赘述。需要注意的是,前池底坡对边壁曲线的计算结果有一定的影响,如采用平坡,首中段长度由6.24 m增加到7.94 m,增加1.7 m,增加约27%。由于曲线形前池长度较小,可以采取前述的两段底坡形式,前段用平坡,后段坡度加大,这样一方面可以改善池内流速,另一方面可以大大简化设计计算工作量。

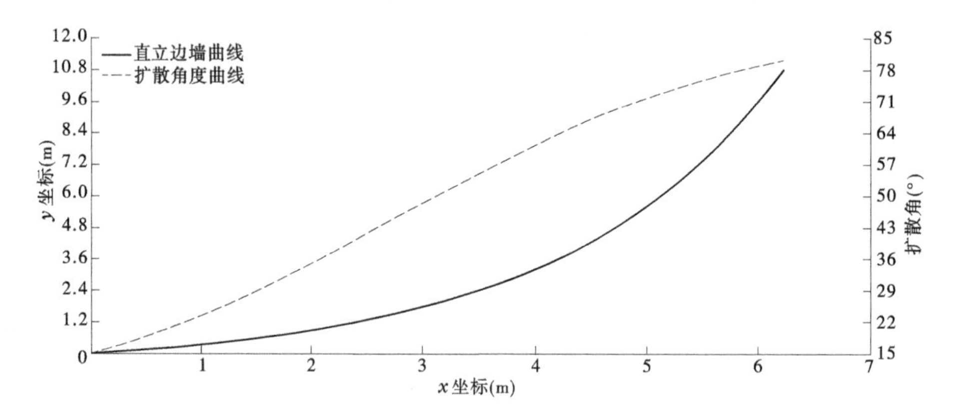

图7-55　S形直立边墙曲线和扩散角曲线

此外,有资料介绍前池直立边墙曲线可由如下的指数函数表示:

$$\left.\begin{aligned} y &= e^{0.00802x^{2.8}} - 1 \\ &\text{或} \\ x &= \left[\frac{\ln(y+1)}{0.00802}\right]^{1/2.8} \end{aligned}\right\} \tag{7-20}$$

式中　x、y——曲线坐标。

就本例而言,采用式(7-20)与采用平底前池的式(7-19)的计算结果比较接近。但物理概念不太清楚,不宜直接使用。

7.3.6　侧向进水前池

侧向进水前池主要有单侧向和双侧向两类。对于水泵台数超过10台的泵站常采用双侧向进水前池。另外,根据边壁形状,侧向进水前池又分为矩形、锥形和曲线形,见图7-56。

矩形侧向进水前池结构简单,施工方便,但工程量较大,同时,流速沿池长渐小,在前池的后部容易发生泥沙淤积。这种前池的长度 L 等于进水池的总宽度 B,池宽 b 可取设计流量时引渠的水面宽度。锥形侧向进水前池的特点是流量沿程渐小。其过水断面也相应渐小,以保证池中流速和水深基本不变,水流条件较好。曲线形侧向进水前池的外壁可采取抛物线、椭圆或螺旋线等形式。

上述三种侧向进水前池都有 90°转弯处。水流在该处的流动呈突然扩散,这是产生漩涡和回流的主要原因。因此,在设计侧向进水前池时应该用圆弧取代直角转弯(如图 7-56 中虚线所示)。为了改善池中流态,在池中设导流隔墩和底坎也是有效的。

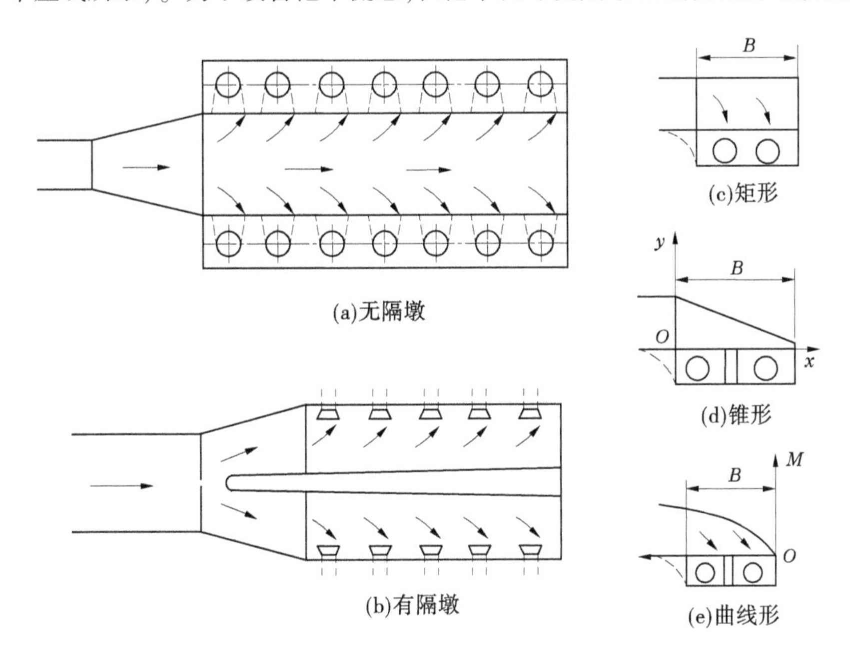

图 7-56　侧向进水前池示意图

7.4　进水池

泵站中专门为水泵及其吸水管道抽水而修建的水池称为进水池。为了保证水泵有良好的吸水条件,要求进水池中的水流平稳,即流速分布均匀,无漩涡,也无回流,否则不仅会降低水泵效率,还可能引起水泵汽蚀,机组振动,噪声加大,甚至无法正常运行。

7.4.1　进水池中的流态对水泵性能的影响

7.4.1.1　漩涡的形成及其对水泵性能的影响

进水池中的漩涡有表面漩涡和附壁漩涡两种。

1. 表面漩涡

当进水池中的水位下降时,池中表层水流流速增大,水流紊乱,首先会在进水管后侧的水面上出现凹陷的漩涡,如图 7-57(a)所示。

当水位继续下降(水泵流量保持不变)时,表层流速激增,漩涡的旋转速度也随之加大,漩涡中心处的压力进一步下降,水面凹陷,在大气压力的作用下逐渐向下延伸,随着凹陷的加深,四周水流对其作用的压力也随之增大,逐渐变成漏斗状。当这种漏斗状的漩涡尾部接近进水管口时,因受水泵吸力影响而开始向管口弯曲,空气开始断断续续地通过漏斗漩涡进入水泵,如图 7-57(b)所示。

如果水位继续下降,则会形成连续向水泵进气的漏斗状漩涡,如图 7-57(c)所示。池中水位继续下降,进水管周围的漩涡数目将会增加,并很快连成一体,形成与进水管同轴的柱状漩涡,如图 7-57(d)所示,使大量空气进入水泵。

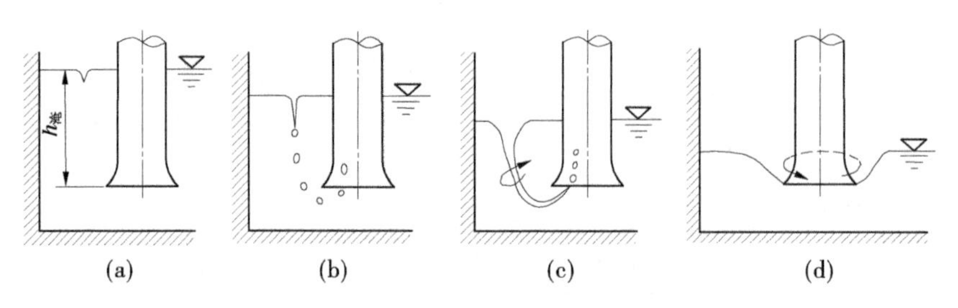

图 7-57　表面漩涡

图 7-58 所示为某单级离心泵吸入空气量对其性能影响程度的试验曲线,图中 Q_0、H_0 和 η_0 分别为空气量为零时水泵流量、扬程和效率。P 为水泵入口压力(100 kPa),V_0 为换算到水泵入口压力的空气吸入容积流量。随着吸入空气量的增加,水泵的效率和扬程都会明显下降。因此,防止表面漩涡将空气带入水泵是进水池设计的重要任务之一。

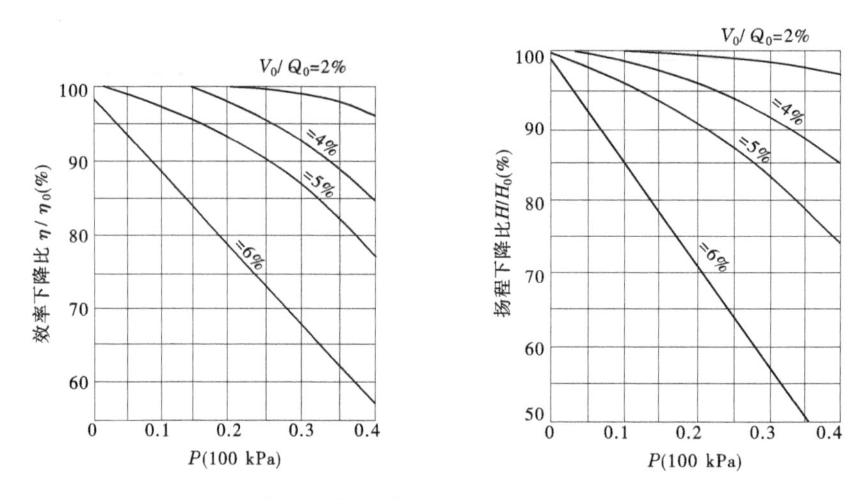

图 7-58　空气进入量对单级离心泵(n_s = 100)性能的影响

2. 附壁漩涡

如果进水池设计不合理,不仅池中流速分布不均匀,而且会在池壁和池底产生局部压力下降,而流速分布不均匀不仅会产生表面漩涡,而且在池中也会产生漩涡。漩涡中心的压力很低,低压区漩涡中心的压力则更低。当压力下降至汽化压力时,漩涡中心区的水即被汽化,并呈白色带状,故又称涡带。这种漩涡常常是一端位于池壁(或池底),而另一端位于管口的涡带,如图 7-59 所示。

附壁(底)漩涡会将其中心区部分的水汽代入水泵,当水汽到达高压区时,气泡破裂,产生周期性的振动和噪声,影响水泵的性能和寿命。

7.4.1.2　回流对水泵性能的影响

当进水池和前池设计不合理时,在池中平面或立面可能会出现围绕水泵(或进水管)旋转的回流现象,如图 7-60 所示。回流虽然不会将空气带入水泵,但对水泵(特别是直接从池中吸水的立式轴流泵和导叶式混流泵)的性能有很大影响。在图 7-60(a)中,池中的流速分布均匀,水泵周围无回流。而图 7-60(b)、(c)的进水条件较差,在池中均产生回流,但回流的旋转方向不同,图 7-60(b)为逆时针方向,图 7-60(c)为顺时针方向。如果水泵叶轮和回流的旋转方向相反,如图 7-60(b)所示,相当于增加了水泵的转速,水泵的扬程和功率增大,甚至可能使动力机超载,且水泵的效率会降低;如果水泵叶轮和回流的旋转方向相同,如图 7-60(c)所示,水泵的扬程、功率和效率也会明显下降。图 7-61 为回流对立式导叶式混流泵性能的影响。

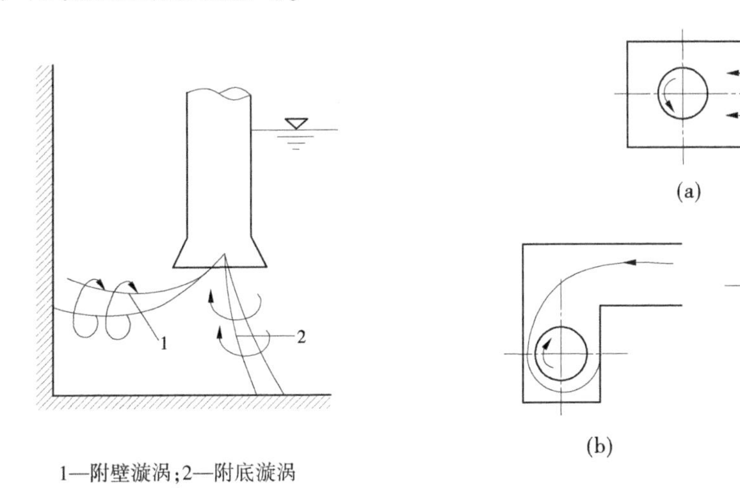

1—附壁漩涡;2—附底漩涡

图 7-59　附壁、附底漩涡

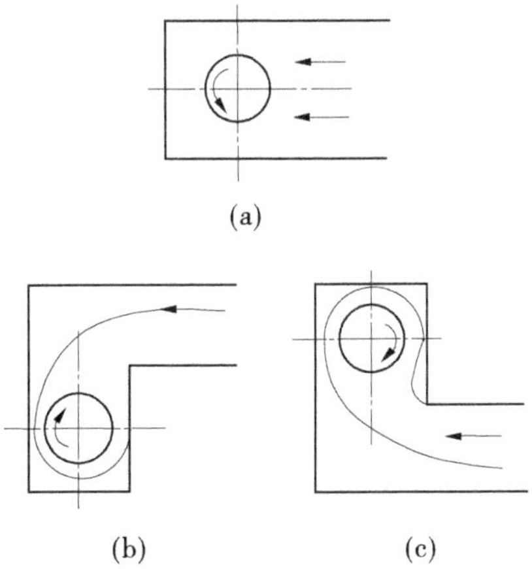

图 7-60　进水池中的回流

7.4.1.3　进水池水头损失对水泵工作点的影响

设计不合理的进水池,不仅会产生漩涡和回流,而且会造成较大的能量损失。例如为了防止泥沙淤积需在池中造成较大流速,或为了防止水草杂物被吸入水泵而设置了拦污栅,都可能使进水池造成较大的水头损失,影响水泵的正常、安全运行。水头损失虽不会改变水泵的性能曲线,但却会增加泵站实际工作扬程,从而使水泵运行工作点向左偏移,可能加大泵站的能源单耗。因此,减小进水池中的水头损失,也应成为设计进水池的重要问题。

7.4.2　进水池形状和尺寸的确定

进水池的主要尺寸有进水池宽度 B、进水池长度 L、后墙距 T、进水喇叭口直径 D_{in}、悬空高度 P、淹没深度 h_{sub}、安全超高 Δh 等。后墙距 T 为吸水喇叭管口至进水池后墙的距离;悬空高度 P 为水泵或其吸水管喇叭口至进水池底的距离;淹没深度 h_{sub} 为喇叭管进口(或水平进水喇叭管口的上缘)至进水池最低水位的距离。

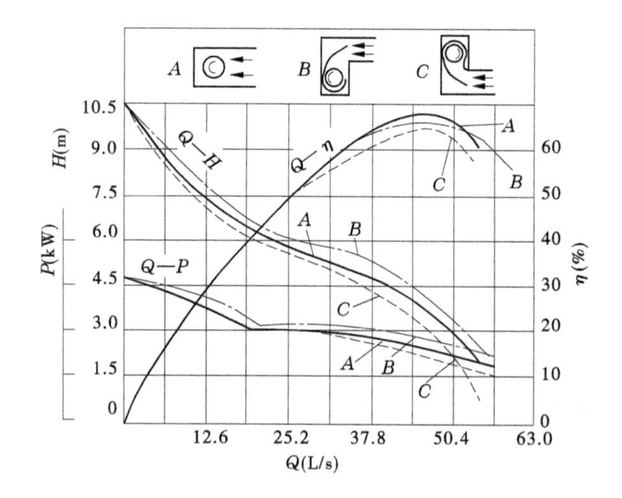

图 7-61　回流对立式导叶式混流泵性能的影响

7.4.2.1　进水池边壁形状和后墙距 T

进水池的边壁形式主要有矩形、多边形、半圆形、圆形、马鞍形和蜗壳型等六种,如图 7-62 所示。

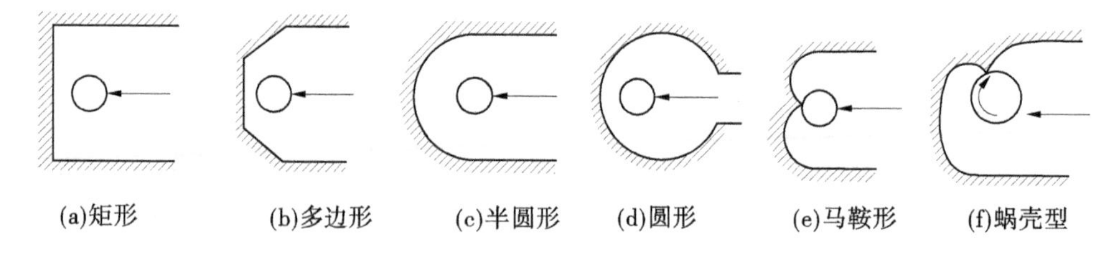

图 7-62　进水池各种边壁形式

矩形进水池是泵站中最常见的一种形式,这种形式在拐角处和水泵的后壁也常常容易产生漩涡,同时容易受到前池流态的影响,在池中产生回流。为了改善流态,进水管口应紧靠后墙,即后墙距 $T=0$,但对于立式泵,管口紧靠后墙,又会造成维修和安装方面的困难,因此一般要求 $T=(0.3\sim0.5)D_{in}$。矩形进水池的主要尺寸如图 7-63 所示。

多边形边壁和半圆形边壁对消除拐角处的漩涡很有好处,但仍有利于回流的形成。因此,控制后墙距也是很重要的。

圆形水池从结构上看具有较好的受力条件,故有利于节省材料。但因水流进入水池后突然扩散,而且圆形边壁也有利于回流的产生,故池中的水流条件很紊乱,对水泵性能影响较大。因此,采取这种形式时,一定要采取改善措施。但紊乱的水流有利于防止泥沙淤积,所以在多泥沙水源的取水泵站中采用较多。

马鞍形和蜗壳形边壁对防止涡流和回流都有好处,但因设计施工较麻烦,目前仅用于大型轴流泵站。

7.4.2.2　进水喇叭口直径 D_{in} 的确定

进水喇叭口直径 D_{in} 是进水池设计的主要依据之一。增大 D_{in} 时,进入喇叭口的流速减小,相应的池中流速也降低,临界淹没深度也会减小,但增加了进水池的尺寸和工程量。

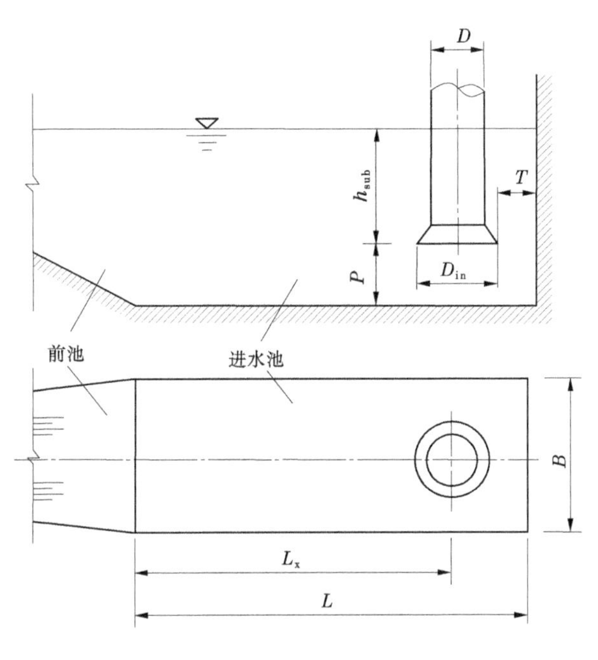

图 7-63　矩形进水池主要尺寸

过小的 D_{in} 虽然可以减小进水池的尺寸和工程量,但会增加喇叭口的阻力损失,一般可取 $D_{in}=(1.3\sim1.5)\,D_1$(其中 D_1 对于卧式泵为进水管直径,对于立式轴流泵为叶轮直径,而对于立式混流泵则为叶轮进口直径),根据进水管技术经济流速推算,吸水管进水喇叭口流速 $v_{in}=0.7\sim1.2$ m/s。

7.4.2.3　**进水池宽度 B**

进水池宽度 B 对池中漩涡、回流和水头损失都有影响。当水流行近喇叭口时,其流向逐渐向喇叭口收敛,其流线弯曲情况符合直径 D_{in} 为基圆的展开线的弯曲规律。因此,进水池的宽度应等于喇叭口圆周长度 πD_{in}。试验表明,当 $B=(2\sim5)\,D_{in}$ 时,进水管的过水能力和入口阻力系数变化都较小。因此,通常取 $B=\pi D_{in}\approx3D_{in}$。

进水池宽度过大,导向作用差,容易产生偏流和回流,从而容易产生漩涡;进水池宽度过小,除增大水头损失外,还会增大水流向喇叭口水平收敛时的流线曲率,从而容易形成漩涡。所以,进水池的最小宽度(悬空高度 $P=0.4\,D_{in}$ 时)不应小于 $2\,D_{in}$。

一般流量大于 300 L/s 的水泵或其吸水管最好设置单独的进水池。在单泵流量小于 300 L/s 的场合,可以考虑共用进水池,但为了防止互相干扰,要求喇叭口间的最小距离应大于 $3.5\,D_{in}$,喇叭管中心线与侧壁距离取 $1.5\,D_{in}$。

7.4.2.4　**悬空高度 P**

该高度在满足水力条件良好和防止泥沙淤积管口的情况下,应尽量减小为宜,以降低工程造价。根据水流连续定律,通过进水口至池底间圆柱表面的流量,应该等于通过进水管入口断面的流量,即

$$\pi D_{in}Pv'_{in}=\pi D_{in}^2 v_{in}/4 \tag{7-21}$$

式中　v'_{in}——进水管口下圆柱表面上的水流平均流速;

v_{in} ——进水管口断面的平均流速。

过去均假定 $v'_{in}=v_{in}$,并代入式(7-21),得到悬空高度 $P=0.25D_{in}$ 。应该指出,这样所求的 P 值偏小,影响水泵的正常进水。

实际上 $v'_{in}\neq v_{in}$ 。由于水流进入悬空高度形成圆柱表面积以前需要急转弯,实际的过水断面面积将随着流速的增大而缩小。事实上,在吸水口附近,吸水区的过水断面基本上是一球面,其流速分布为双曲线规律(见图7-64),据此求出悬空高度为

$$P=0.62D_{in} \tag{7-22}$$

也就是说,进水管口至池底的距离不应小于进水管喇叭口直径的62%。

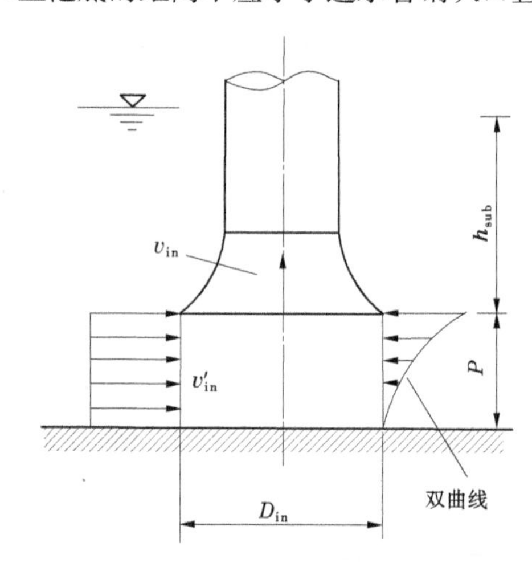

图7-64　管口悬空高度 P

图7-65为两组试验曲线。从中可以看出,当 $P/D_{in}<0.7$ 时,管口水流阻力系数 ξ 突增,流量 Q 显著下降。这和上面要求的 $P=0.62D_{in}$ 的结论基本上是相符的。但当 $P/D_{in}>0.7$ 时,ξ 和 Q 值基本不变,表明再增大悬空高度已无实际意义,反而增大了池深,加大了工程量和投资。特别是对叶轮靠近进口的轴流泵,当 $P>1.0D_{in}$ 时,将会造成进水口压力和流速分布不均的单面进水,水泵效率开始下降,所以悬空高度一般建议为

$$P=(0.5\sim0.8)D_{in} \tag{7-23}$$

此外,美国水力协会推荐公式:

$$P=0.37Q^{0.5} \tag{7-24}$$

7.4.2.5　淹没深度 h_{sub} 的确定

淹没深度 h_{sub}(见图7-66)对表面漩涡的形成和发展有决定性的影响。表面漩涡开始断断续续地将空气带进水泵时的管口淹没深度,称为临界淹没深度 $h_{sub,c}$ 。为了保证水泵不吸入空气,进水池中的最小淹没深度必须大于临界淹没深度,即 $h_{sub}>h_{sub,c}$ 。

影响临界淹没深度的因素很多,主要因素有喇叭管口直径 D_{in} 、进口流速 v_{in} 、后墙距 T、悬空高度 P、进水池宽度 B 以及池中流速 v 等。通过量纲分析知,$h_{sub,c}$ 是弗劳德数 Fr 的函数。试验表明,$h_{sub,c}$ 随 Fr 的增加而加大,并随后墙距 T 的减小、悬空高度 P 的增大而减小。

目前,计算 $h_{sub,c}$ 的方法很多,多数为根据试验资料整理出来的经验公式。用不同方法求出的临界淹没深度 $h_{sub,c}$ 值会有很大的出入。因此,在选用时必须注意其试验条件,否则会招

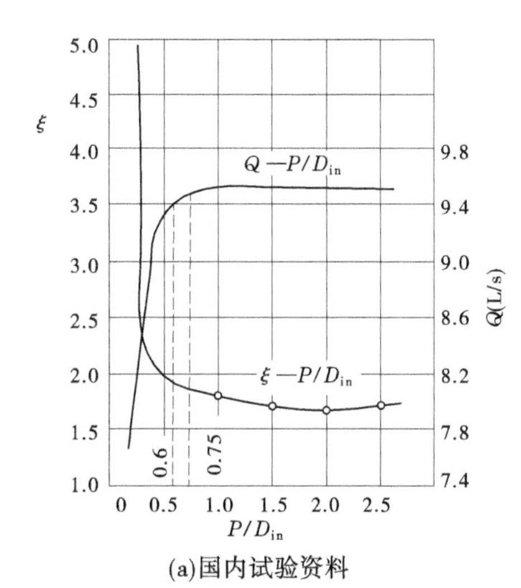

(a)国内试验资料

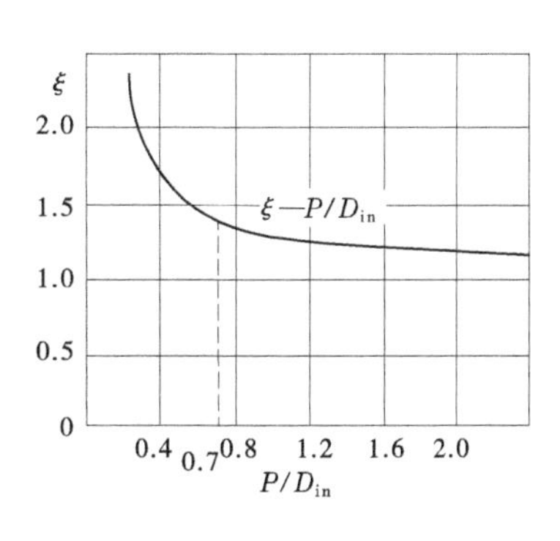

(b)国际试验资料

图 7-65　ξ—P/D_{in} 关系曲线

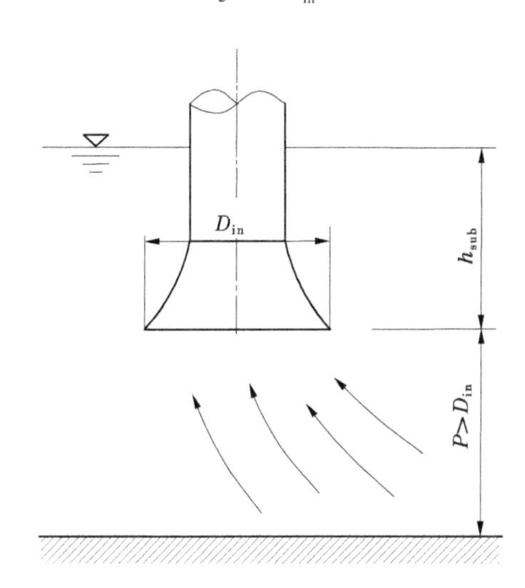

图 7-66　$P>D_{in}$ 时流速分布

致较大的误差。现介绍几种国内多数文件推荐的确定临界淹没深度 $h_{sub,c}$ 的方法。

1. 试验资料法

$$h_{sub,c}=K_s D_{in} \tag{7-25}$$

式中　K_s ——淹没系数,可由试验资料统计的经验公式计算。

1)原陕西工业大学水泵实验室公式

$$\left.\begin{aligned} K_s &= 0.64\left(Fr + 0.65\frac{T}{D_{in}} + 0.75\right) \\ Fr &= v_{in}/\sqrt{gD_{in}} \end{aligned}\right\} \tag{7-26}$$

式中　D_{in} ——吸水喇叭口直径,m;

v_{in} ——吸水喇叭口流速,m/s。

式(7-26)的适用范围是弗劳德数 $Fr = 0.3 \sim 1.8$,并具有正值吸上高度的离心泵或混流泵。

2) 日本近藤正道等的试验资料统计公式

该试验的条件是吸水喇叭口直径 $D_{in} = 0.15\ m = 150\ mm$,悬空高度 $P = 0.5D_{in} = 75\ mm$。

$$K_s = K_D K_P \left(0.5v_{in} + 1.3\frac{T}{D_{in}} + 0.4\right) \tag{7-27}$$

式中　K_D、K_P ——修正系数,见表 7-8 和式(7-28)以及表 7-9 或式(7-29)。

表 7-8　喇叭口直径 D_{in}—K_D 关系

$D_{in}/0.15$	1	2	3	4	5	6	8	10
K_D	1.0	0.85	0.80	0.76	0.73	0.70	0.68	0.65

$$K_D = -0.147\ln(D_{in}) + 0.69 \tag{7-28}$$

表 7-9　喇叭口直径 D_{in}—K_D 关系

P/D_{in}	0.5	0.6	0.7	0.8	0.9	1.0
K_P	1.0	0.95	0.90	0.85	0.82	0.80

$$K_P = -0.3\ln(D_{in}/P) + 0.79 \tag{7-29}$$

2. 日本泵站工程手册

对于口径 D 为 600~2 000 mm 吸水管道,进水池不出现连续吸气漩涡时的淹没深度的大致范围为

$$h_{sub} = (1.6 \sim 1.8)D \tag{7-30}$$

3. 美国水力协会推荐公式

临界淹没深度

$$h_{sub,c} = 2.5Q^{0.25} \tag{7-31}$$

4.《泵站设计规范》(GB 50265—2010)规定

$$\left.\begin{aligned} &\text{进水管口垂直布置时} \quad h_{sub} > (1.0 \sim 1.25)D_{in} \\ &\text{进水管口倾斜布置时} \quad h_{sub} > (1.5 \sim 1.8)D_{in} \\ &\text{进水管口水平布置时} \quad h_{sub} > (1.8 \sim 2.0)D_{in} \end{aligned}\right\} \tag{7-32}$$

因为立式轴流泵和混流泵大多是在开阀情况下启动的,并且具有单独的进水池,所以当其临界淹没深度确定后还应校核水泵启动时,在进水池内可能产生的负波影响,其负波值可按下式计算:

$$\Delta h_{sub} = 2\frac{Q}{B\sqrt{gh_0}} \tag{7-33}$$

式中　Q——机组设计流量,m^3/s;

h_0——机组启动前进水池水深,m;

其他符号意义同前。

此外,进水池悬空高度和池宽的减小(独立进水池)、后墙距的增大都需要加大其淹没深度。

7.4.2.6　**进水池的长度 L**

进水池必须有足够的有效容积,否则在水泵启动过程中,可能由于来水较慢,进水池中的水位下降过大,致使淹没深度不足而造成启动困难,甚至无法正常启动。

进水池的适宜长度将保证池中水流稳定。一般进水池长度是根据进水池的秒换水系数来确定的,即

$$L = \frac{KQ}{Bh} \tag{7-34}$$

式中　L——进水池最小长度,m;

B——进水池宽度,m;

h——进水池水深,m;

Q——水泵流量,m^3/s;

K——进水池的秒换水系数,s,对于独立进水池,其值为进水池最低水面以下容积与水泵流量的比值,而对于多机合用一池的泵站,其值为进水池最低水面以下容积与泵站设计流量的比值。

当 $Q<0.5m^3/s$ 时,$K=25\sim30$ s;当 $Q\geq0.5m^3/s$ 时,$K=15\sim20$ s。

一般规定,在任何情况下,应保证从进水管中心至进水池进口至少有 $4D_{in}$ 的距离,如图 7-67 所示。

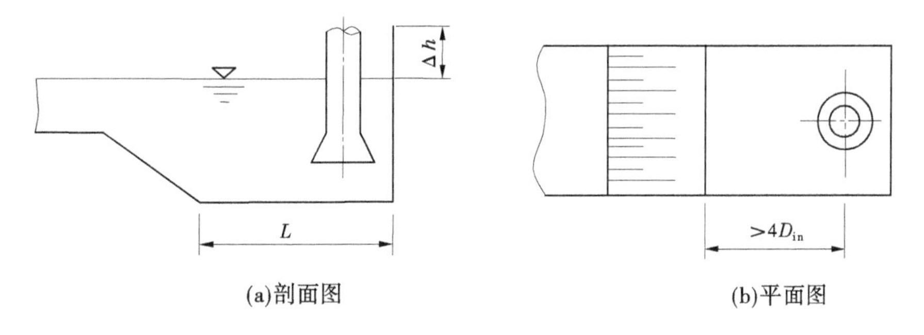

图 7-67　进水池长度

7.4.2.7　**进水池的安全超高 Δh**

进水池的深度除要满足进水要求外,还应留有一定的安全超高 Δh 。其值的大小除考虑风浪影响因素外,对大型泵站还应考虑停泵时所形成的涌浪(见图 7-68),特别是对具有长距离引水渠和多级联合运行的泵站,由于引渠和上一级泵站的连续来水,可能招致前池和进水池漫顶而淹没泵房等事故。因此,应设置溢流设施或增大安全超高。

安全超高可根据前述的明渠非恒定流(渐变流和急变流)理论计算,不再赘述。

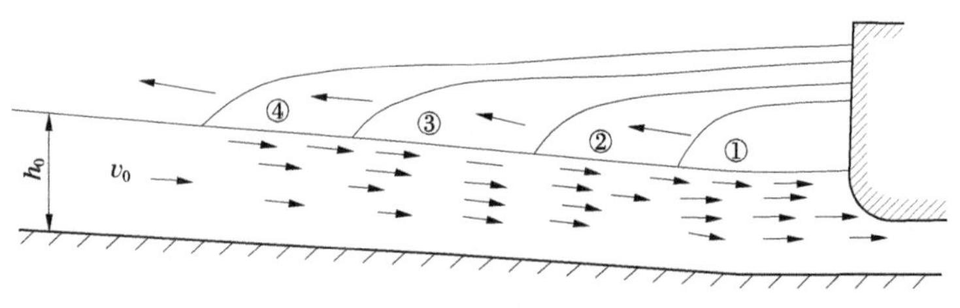

图 7-68 涌浪示意图

7.4.3 消除进水池中漩涡的措施

对于无法满足尺寸要求的进水池或设计不合理的进水池,为了防止池中产生表面漩涡、附壁漩涡、回流等不良水流状态,可以采取如下措施。

7.4.3.1 减小临界淹没深度

当管口淹没深度 h_{sub} 小于临界淹没深度 $h_{sub,c}$ 而出现进气漩涡时,可以在进水管上增加盖板,如图 7-69(a)、(b)和(c)所示;也可以采用双进口以减小管口进水流速 v_{in},如图 7-69(d)所示;还可以在池中其他部位加设隔板,如图 7-70(b)、(c)、(d)、(e)所示。

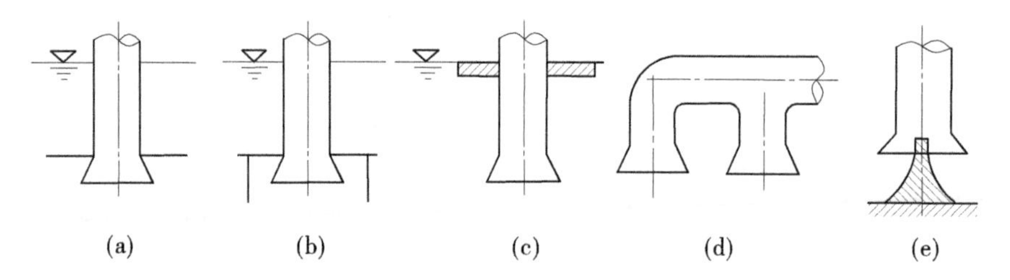

图 7-69 防涡措施之一

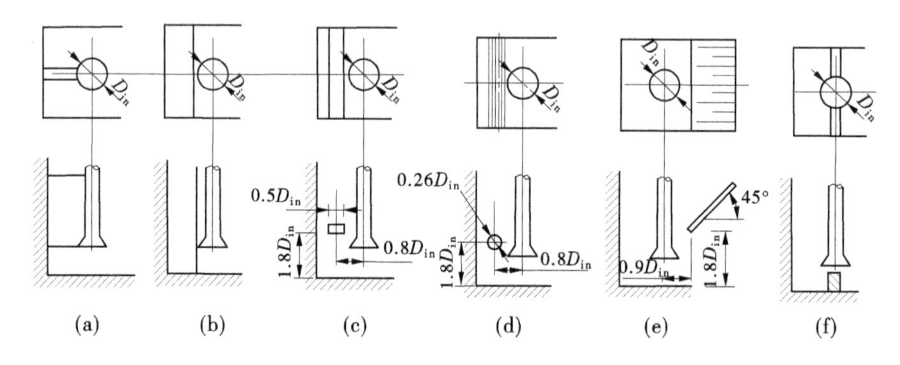

图 7-70 防涡措施之二

试验表明,图 7-70(e)所示的倾斜隔板可以显著地降低临界淹没深度 $h_{sub,c}$ 值。图 7-71 为临界淹没深度的试验曲线,其中曲线 1 为无防涡措施时的 $h_{sub,c}/D_{in}$—v_{in} 关系。曲线 2、3 和 4 分别代表图 7-70(c)、(d)和(e)的 $h_{sub,c}/D_{in}$—v_{in} 关系。由此可见,带倾斜隔板的防涡措施,可大幅度降低 $h_{sub,c}$ 值。

7.4.3.2 防止附底漩涡

在进水管口底板上设置导水锥,可有效防止附底漩涡,如图 7-69(e)所示。

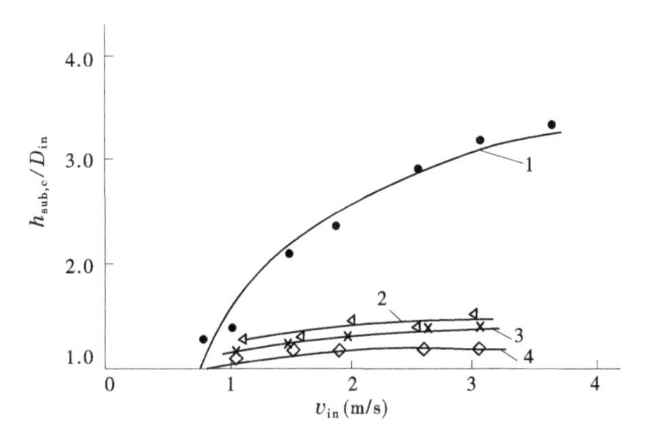

图 7-71 各种防涡措施的效果

7.4.3.3 防止产生回流

为了防止进水池产生回流,可以采取后墙隔板、管后隔板、水下隔板或隔柱、池底隔墙等措施,如图 7-70(a)、(b)、(c)、(d)和(f)所示。

对多机组共用一个进水池的泵站,可在进水池中加设隔墩以稳定水流并防止漩涡,如图 7-72 所示。隔墩应离开后墙并在墩墙上开豁口或设置水下隔墩,使各池水流相通,能较好地改善池中水流条件,可减小进水池临界淹没深度,利于机组启动。

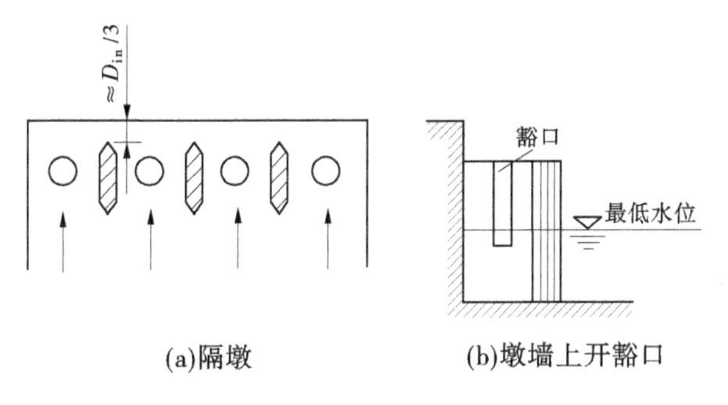

图 7-72 进水池隔墩

7.4.4 进水池的构造

进水池多为浆砌石圬工结构和混凝土或钢筋混凝土结构,池壁一般为立式箱形,浆砌石结构的池底应采用不小于 100 mm 厚的水泥砂浆抹面,以防冲刷和便于清淤。对于抽取含沙水流的浑水泵站,进水池中还应增设泥沙处理措施,如设冲沙闸、廊道、涵管等。进水池最低部位应设集水坑,以便检修时排净池中积水。

进水池的后墙、侧墙一般采用直立式墙体,亦可以采用斜坡式或直斜混合式。多机组的进水池之间一般应设置隔墩,墩厚一般为 300~500 mm。

7.5 进水间

城市供水和工业供水的泵站的进水建筑物多采取进水间的形式。此类泵站具有以下几个特点：

(1)泵站常建于城市内或近城区，占地费用很高，要求结构更加紧凑，尽量少占地。

(2)对水质要求较高，不允许水草杂物进入水泵，故在进水间均设有滤网，结构比较复杂。

(3)运行时间长、运行可靠性要求高。如果因为进水条件不良降低了水泵装置和泵站的提水效率，或者迫使水泵事故停机，将会引起重大的经济损失。因此，需特别重视进水间的规划设计。

7.5.1　进水间的布置形式

进水间的布置形式与其引水方向、引水方式和取水流量、清污设备的形式和布置方式等很多因素有关。按引水方向分为正向进水的进水间和侧向进水的进水间两种形式；按引水方式分为管式引水进水间和开式(明渠)引水进水间；按清污设备(旋转滤网)的布置可分为正面布置和侧面布置两种形式；按水泵进水管的吸水方向可分为垂直吸水和水平吸水两种。由此可以有多种多样的组合，从而创造出各种形式的布置方案。最佳方案的评价标准应该是工程投资少、进水间水流的流态好、水头损失小、不产生表面漩涡和水中涡带、旋转滤网的清污效果好等。以下简单介绍几种主要的进水间形式。

7.5.2　正向进水的进水间

7.5.2.1　滤网正面布置

最常见的是单元式多泵用的正向引水的进水间，如图7-73所示。它的引水方向是正向的，采用管道引水，正面布置旋转滤网。此种形式的进水建筑物也可以分成前池和进水池两部分，前池与其前面的引水管相连接，前池、进水池均为湿室型。

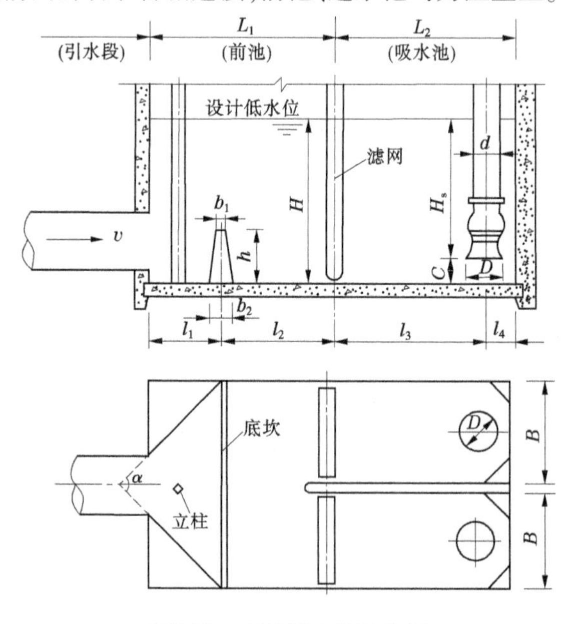

图7-73　正向进水的进水间

这种形式的进水间可以采用矩形的沉箱法施工,可减少施工期对周围建筑物的影响。因为引水方向和进水池的水流方向一致,滤网又是正面布置,在不被水草堵塞的情况下,滤网还可以起到一定的整流作用,故水泵的吸水条件较好。但是引水管进入前池后呈突然扩散,因此前池的水流比较紊乱。为了改善前池的水流条件,引水管与前池的连接部分最好做成扩散型,扩散角一般做成 20°~40°。在引水管的轴线上可设正方形立柱,边长取进水池宽的 1/8~1/10。在 $l_1=2.5D_{in}$（D_{in} 为水泵进水喇叭口直径）的位置可以设置底坎,坎高可取设计低水位时的进水池水深的 30%~40%,即 $h=(0.3\sim0.4)H$,坎底宽 $b_2=(0.2\sim0.25)H$,坎顶宽 $b_1=(0.15\sim0.2)H$。

进水池后墙的直角处也容易产生漩涡。因此,可以把后墙设计成多边形,这有利于改善进水池的流态。图 7-73 中底坎至滤网的距离 l_2 可取为 $2.5D_{in}$，l_3 为进水池长度,可取为 $4.5D_{in}$。其他尺寸如 l_4、H_s、C 和 B 均可参照上述进水池的内容,分别按进水池后墙距、淹没深度、悬空高度以及池宽的确定方法加以确定。

图 7-74 和图 7-75 也是两种常见的开敞式进水形式,通常为干室或块基型泵房的进水间布置方案。图 7-74 为渐缩弯管进水流道配置的正向进水、正面滤网的进水间布置形式。进口至滤网中心线的距离为 $4D$,滤网出口至水泵进水流道的距离可取 $1.8D$（其中 D 为渐缩弯管进口直径）。图 7-75 为肘形或钟形进水流道配置的正向进水、正面滤网的进水间布置方式。由于肘形和钟形进水流道通常用于大型水泵,对进水间的要求更高,因此一般要求滤网中心至流道进口的距离为 2~2.5 倍的水泵叶轮直径 D。

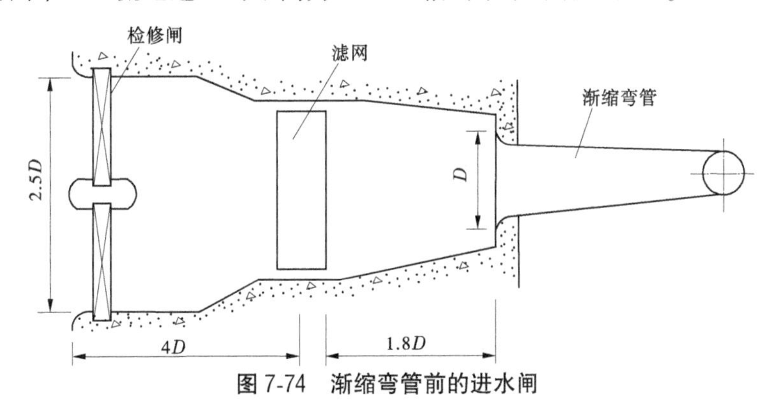

图 7-74　渐缩弯管前的进水闸

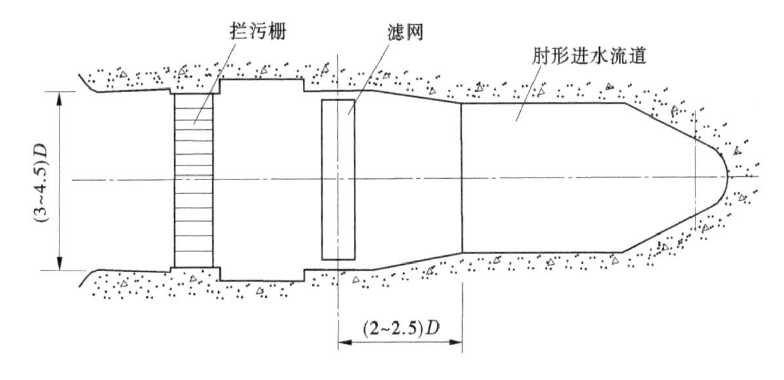

图 7-75　肘形或钟形进水流道前的进水间

7.5.2.2　滤网侧面布置

正面布置的旋转滤网运行中有时因为喷嘴冲洗效果欠佳而把水草带入水泵，致使水质难以保证。为此，工程上出现了旋转滤网侧面布置的方案。

图 7-74 是一种立式水泵湿室型泵房，侧面布置旋转滤网的进水间布置方案。侧面布置旋转滤网的优点是不管滤网的旋转方向如何，水草都不会进入水泵，因此水质的保证率较高。但滤网侧面布置时，水流是从两侧进入进水池的，在旋转滤网间可以看见漩涡。水流进入进水池后，又呈突然扩散状态，从而影响进水池中的流态，因而需要在滤网出口处设一渐扩段。为了确保水泵进口处流态良好，国外有些资料规定进水池长 $L_2=(9\sim10)D$（D 为水泵进口喇叭口直径）。这个尺寸很可能造成工程投资的显著增加。为此应该采取整流设施并通过模型试验来确定合理的尺寸。

图 7-76 和图 7-77 是滤网侧面布置，开敞式引水，正向进水间的另外两种布置形式，多为干室型或块基型泵房进水间的布置形式。图 7-76 用于渐缩弯管进水流道，进水口至滤网处的距离可取 $3D$，滤网出口处至水泵进水流道进口处的距离可取 $1.8D$（其中 D 为渐缩弯管进口直径）。图 7-77 用于肘形或钟形进水流道。滤网出口处至水泵进水流道进口处的距离可取 $(3\sim4)D$（D 为水泵叶轮直径）。为了改善进水间突然扩散和突然收缩造成的不利进水流态，可在滤网出口至流道进口处增设隔板。

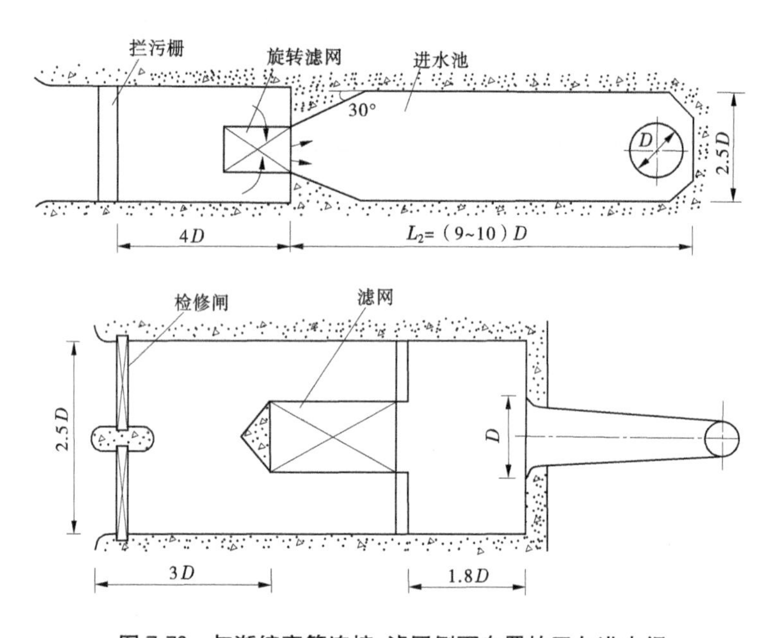

图 7-76　与渐缩弯管连接、滤网侧面布置的正向进水间

7.5.3　侧向进水的进水间

在侧向进水的进水间中，也有两种布置滤网的形式。图 7-78 是开敞式侧向进水、滤网正面布置、湿室型泵房进水间的布置形式。这种布置方案适合于水源流速小于 0.6 m/s 的场合。如水源流速不满足，应根据工程的具体情况在临近进水池处设置导流装置，或加大前池长度。

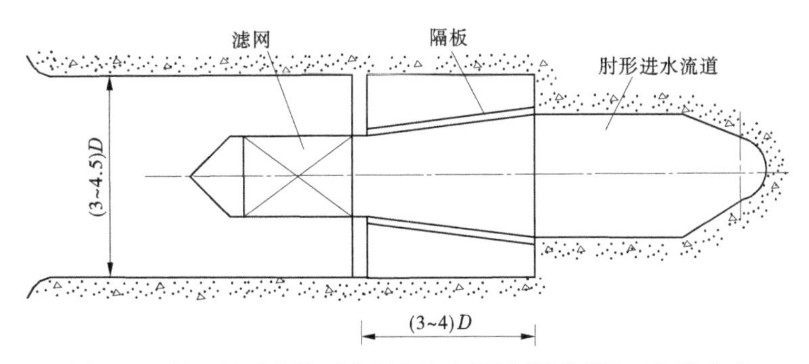

图 7-77　用于肘形或钟形进水流道、侧面布置滤网的正向进水间

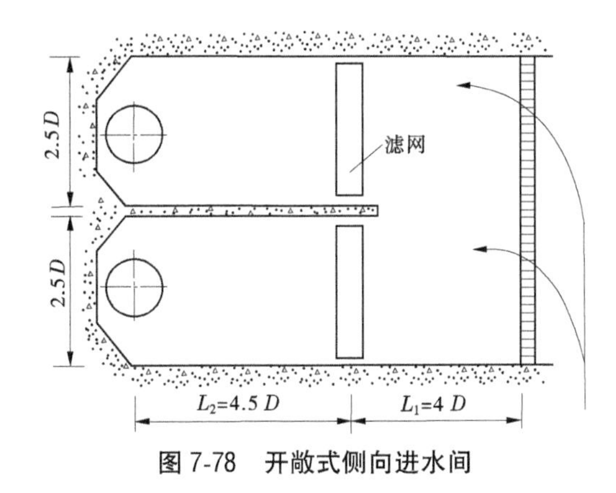

图 7-78　开敞式侧向进水间

图 7-79 所示为明渠引水的侧向布置形式。滤网仍为正面布置，为了改善水流在转弯处的流态，通常采用圆弧连接，而且应该使转弯处的上游侧的引渠长度大于引渠断面平均水深的 3 倍。

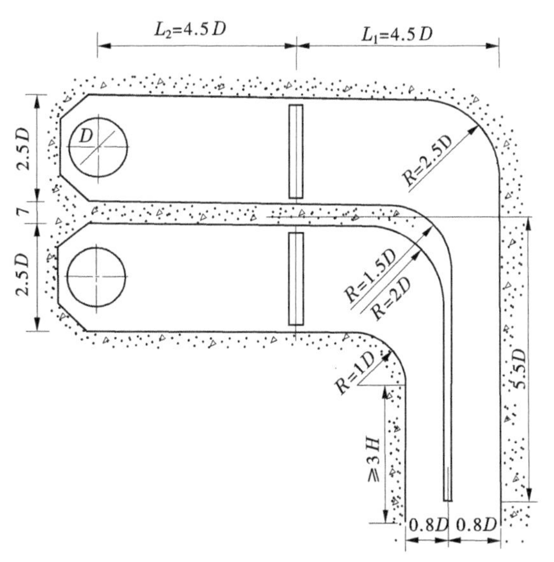

图 7-79　明渠引水的侧向进水　(单位：mm)

当采用侧向进水形式，滤网也是侧面布置，水泵的进水流道采用渐弯管时，进水间的

布置形式见图 7-80。这种形式的引渠宽度 b 应与进水池的长度 L_2 相匹配。当 $b=1.1D$ 时,宜取 $L_2=1.5D$。当 $b=1.6D$ 时,宜取 $L_2=1.8D$(其中 D 为流道进口直径)。

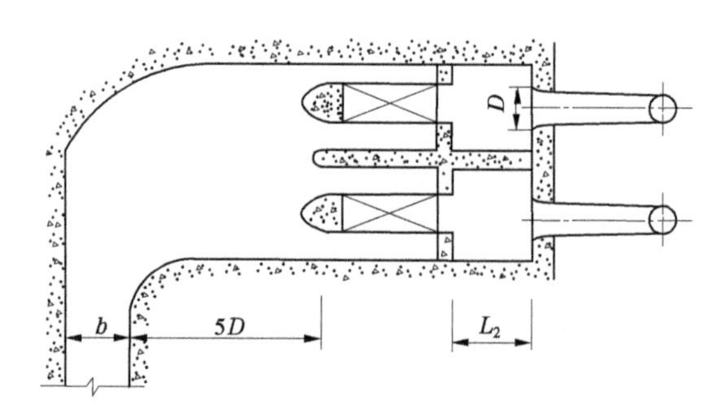

图 7-80 滤网侧面布置的侧向进水形式

7.6 出水池

出水池是连接泵站出水管道和干渠(或容水区)的衔接建筑物,主要作用是:①消除管中出流的余能,并使之平顺地流入干渠或容泄区,以免引起冲刷破坏;②在机组停止工作或管道被破坏后,防止干渠或容水区的水通过出水管道和水泵倒流;③汇集多条出水管道的出流或向几条干渠分流。

7.6.1 出水池类型

7.6.1.1 根据水流方向划分

根据池中水流方向,出水池可分为正向出水池和侧向出水池两种类型。前者是指管口出流方向和池中水流方向一致,如图 7-81(a)所示,由于出水流畅,因此在实际工程中应用较多;后者是指管口出流方向和池中水流方向正交和斜交的出水池,如图 7-81(b)、(c)所示,由于出流改变方向,流态紊乱,不利于池与渠的衔接,一般只在地形条件受限制的情况下采用。

7.6.1.2 根据出水管出流方式划分

根据出水管出流方式,出水池可分为淹没式出流出水池、自由式出流出水池和虹吸式出流出水池三种,如图 7-82 所示。

1. 淹没式出流

淹没式出流是指管道出口淹没在出水池中水面以下,管道出口可以是水平的,也可以是倾斜的,如图 7-82(a)所示。为了防止正常或事故停泵时渠水倒流,通常在管道出口装设拍门,或在池中修溢流堰,或装设快速闸门以及管路装设阀门等。

2. 自由式出流

自由式出流,即管道出口位于出水池水面以上,如图 7-82(b)所示。这种出流方式浪费了高出出水池水面的那部分水头(图中的 Δh),水泵扬程提高,流量减小。但由于施工、安装方便,停泵时又可防止渠水倒流,而且可靠,故在临时性或小型泵站中亦有采用。

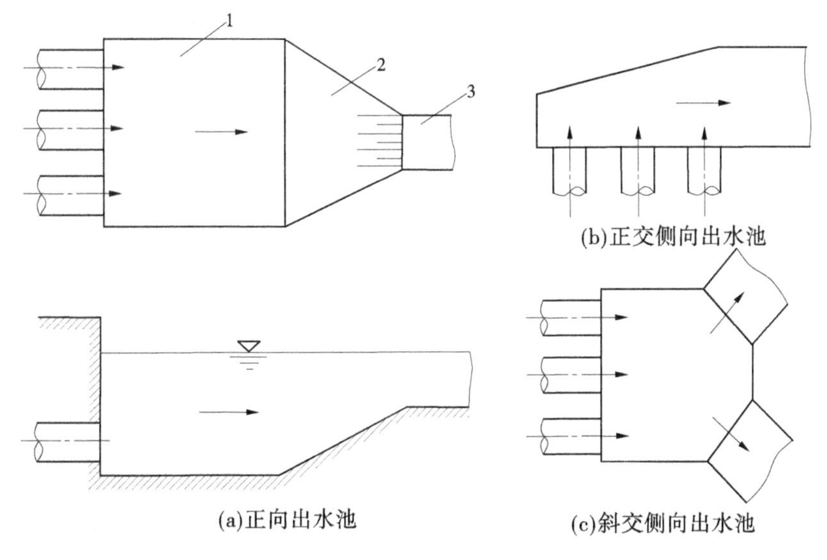

图 7-81　正向和侧向出水池示意图

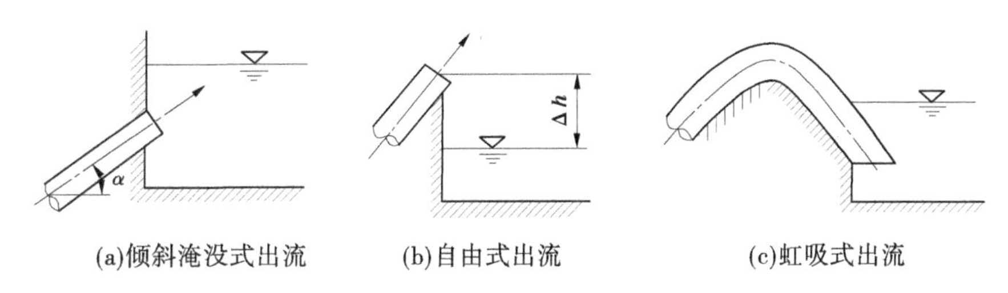

图 7-82　不同出流方式的出水池

3. 虹吸式出流

虹吸式出流如图 7-82(c)所示,它兼有淹没式和自由式出流的优点,既充分利用了水头,又可防止水的倒流,但需要在管顶增设真空破坏装置,在突然停机时,放进空气,截断水流。

7.6.2　淹没式出流出水池中的水流运动状况

从观察到的平管淹没出流情况来看,水流进入出水池后呈逐渐扩散状态。在主流上部形成表面水流立轴漩涡区 A,两侧有回流区 B,出口下沿还有一个不大的水滚 D,如图 7-83 所示。

由图 7-83 可见,这种出流形式是属于有限空间三元扩散的淹没射流。不仅有平面扩散,同时有立面扩散,扩散的程度与初始条件、边界条件关系很大。

漩滚区和回流区的存在,标志着池中水流的紊乱,而紊乱的水流又可能造成出水池的冲刷或淤积,还可能导致扬程损失的增加。另外,出水池尺寸的确定也与水流的扩散情况有关。因此,有必要研究影响水流扩散的各种因素。

试验表明,图 7-83 中的各漩滚区 A、D 及回流区 B 的形状大小(即图中扩散角 α 、β ,

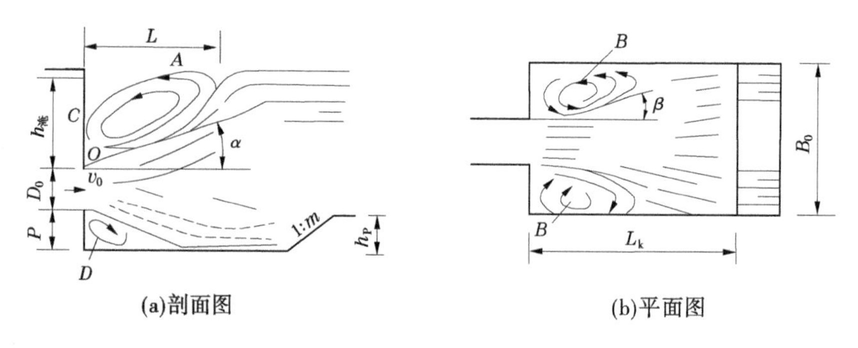

(a)剖面图　　(b)平面图

图 7-83　出水池中流态

水滚长 L 等)和出水管口的流态有关。出口的直径 D_0 和流速 v_0 越大,即弗劳德数 Fr 越大,则 α 、β 越小,回流和漩滚区长度 L 越长,从而使漩滚和回流区扩大;反之则缩小。池中是否产生水跃可以根据出口的形状和弗劳德数 Fr 来判别。对于圆形出口,弗劳德数 $Fr=0.7$ 为临界流, $Fr>0.7$ 时池中将产生水跃, $Fr<0.7$ 时池中水流平稳;对于方形出口,弗劳德数 $Fr=1$ 为临界流, $Fr>1$ 时池中将产生水跃, $Fr<1$ 时池中水流平稳。

管口淹没深度 $h_{淹}$ 对扩散角 α 、β 也有影响。$h_{淹}$ 越大,则 α 、β 也越大,即 A、B、D 各区范围相应减小,反之各区范围则大。

池坎的高度 h_p 、坡度系数 m、池坎和出水管口的距离 L_k 对水流扩散都有影响。试验表明, h_p 越大, L_k 和 m 越小,则漩滚长度 L 也越小。

出水池宽度 B_0 对 β 角影响较大。试验结果说明,当 $B_0=(3\sim4)D_0$ 时,扩散角 β 具有最小值,即回流区最大。当 $B_0<3D_0$ 或 $B_0>3D_0$ 时, β 角都会增大,即回流区缩小。由图 7-84 可知,当 $B_0=3D_0$ 时, $\beta=11°$;当 $B_0=2D_0$ 时, β 值增至 30°。

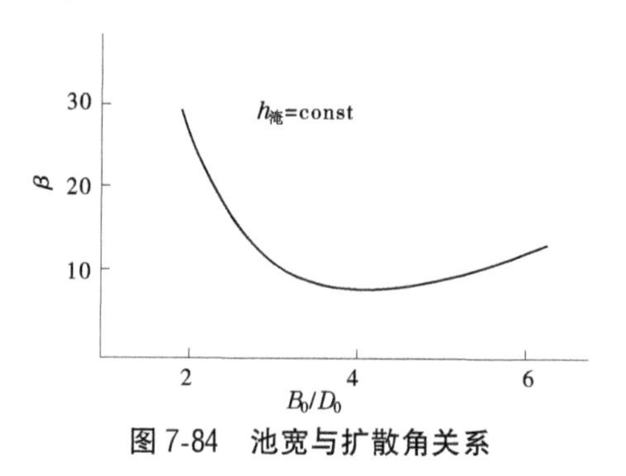

图 7-84　池宽与扩散角关系

试验还表明,隔墩对改善池中水流条件的作用是显著的,当墙边的管路单独放水时,图 7-85(a)中所出现的水流折冲及回流现象在设有隔墩的池中基本消失,水流比无隔墩时平稳而顺畅,如图 7-85(b)所示。

如果把水平出水管的出口段向上翘起,就成了倾斜式的淹没出流。若出水管路先向上高出出水池水位以后再向下倾斜,就成了虹吸式淹没出流。

如图 7-86 所示,倾斜式出流中的表面漩滚区 A 随着出水管向上翘起的角度 θ 的增加而逐渐减小,直至消失,而底部漩滚区 D 逐渐扩大,当 $\theta=15°\sim20°$时,底部漩滚的长度达到最大值,此后,底部漩滚区的长度随 θ 角的增大而减小。此外,底部漩滚区的长度还随管道出口的流态、出水池的尺寸、池坎高度和距管口的距离等因素有关。

英国的雷伯等试验成功了一种出水管道向下出流的出水池,如图 7-87 所示。这种出水池的消能效果较好,设计尺寸也比较经济。

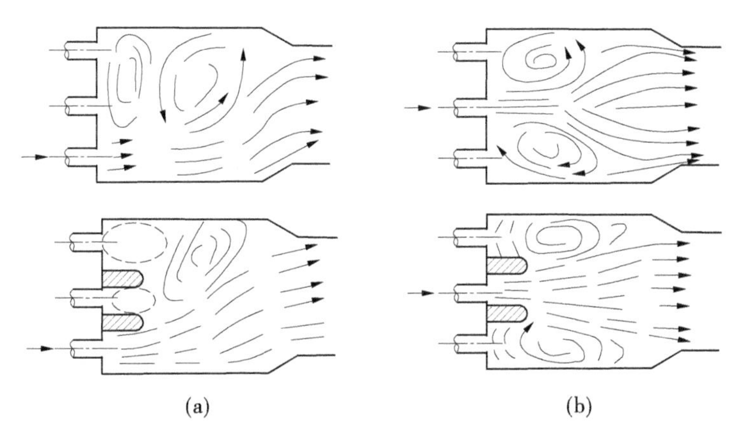

图7-85　隔墩对出水池中水流的作用

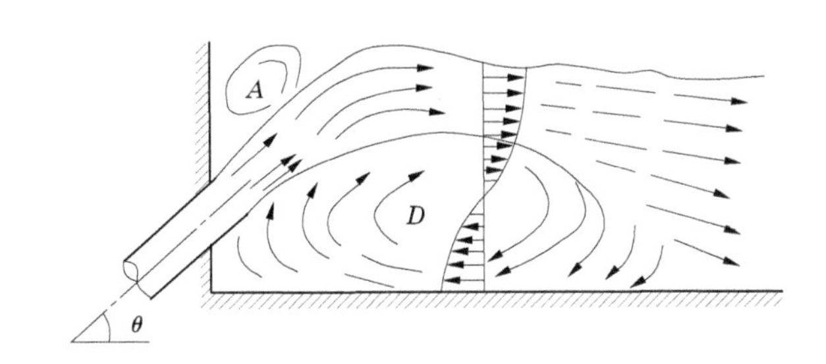

图7-86　倾斜式出水流态

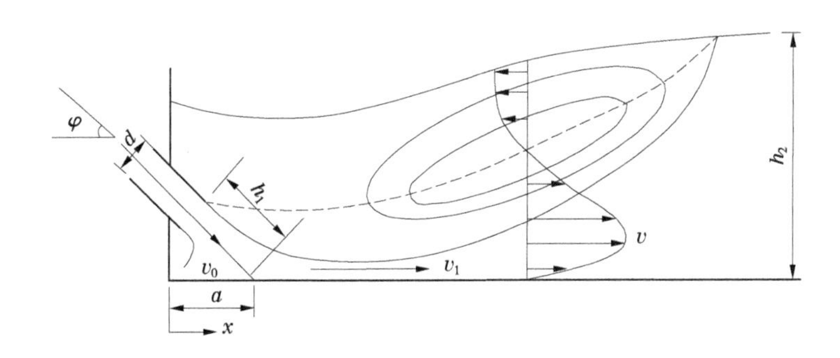

a—管轴向与池底交点离池后墙距离；d—管直径；h_1—出流喷射高度；h_2—池下游深度；
v_0—管出口流速；v—池内最大中线轴流速；v_1—侧射时的起始最大流速；x—沿中线轴的距离；φ—出流喷射角

图7-87　出流时出水池的设计尺寸

7.6.3　出水池位置选择

出水池的位置应结合泵站站址、供水点、管线及输水渠道的位置进行选择。宜选择在地形条件好、地基坚实稳定、渗透性小、工程量少的地点。出水池应尽可能建在挖方上，当因地形条件必须建在填方上时，填土应碾压夯实，严格控制填土质量，并将出水池做成整体式结构，加大砌置深度，尤其应采取防渗排水措施，以确保出水池的结构安全。

由于出水池主要起消能稳流作用，因此出水池布置应满足以下要求：

(1)池内水流顺畅、稳定、水力损失小。

(2)出水池池中流速不应超过 2.0 m/s,且不允许出现水跃。

(3)若出水池底宽大于渠道底宽,应设渐变段连接,渐变段的收缩角不易大于 40°。

7.6.4　出水池各部分尺寸确定

7.6.4.1　正向出水池各部分尺寸的确定

1. 水平出流式出水池长度 L 的确定

比水池长度 L 的计算方法很多,其中不少为模型试验成果,目前尚没有被公认的比较合理的计算方法。下面仅介绍其中的几种,以资比较。

1)水面漩滚法

如图 7-88 所示,水平淹没式出流在出水池水面上部形成范围较大的漩滚区。此漩滚如果扩散至干渠中,势必形成渠道冲刷和水流的不稳定。因此,应使水流漩滚发生在出水池中,并把这一漩滚长度定为出水池的长度。

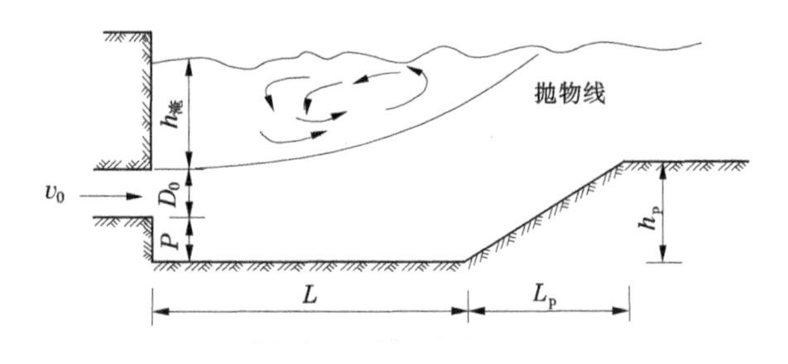

图 7-88　水平淹没式出流示意图

漩滚长度与很多因素有关,其中主要有管口上缘淹没深度 $h_淹$、池中有无台坎以及台坎的形式和高度 h_p。由于管道出口流速较低(一般在 3 m/s 以下),因此流速对漩滚长度的影响较小。

根据试验资料分析得知,水流漩滚长度(出水池长度)和淹没深度 $h_淹$ 之间成抛物线关系,即

$$L = a h_{淹}^{0.5} \tag{7-35}$$

$$a = 7 - \left(\frac{h_p}{D_0} - 0.5\right) \times \frac{2.4}{1 + 0.5/m^2} \tag{7-36}$$

$$m = h_p / L_p \tag{7-37}$$

式中　L——出水池长度,m;

a——试验系数;

h_p——台坎高度,m;

L_p——斜坡水平长度,m;

m——台坎坡度,对于垂直台坎,$m=\infty$,当 $h_p=0$ 时,$m=0$。

应该注意,当采用以上各式计算出水池长度 L 时,$h_淹$ 应取管口上缘的最大淹没深度 $h_{淹最大}$。

根据水面漩滚消能理论和试验,苏联 A. A. 特瑞卡柯夫提出了如下的出水池长度的

计算公式：

$$L = Kh_{淹最大} \tag{7-38}$$

式中　$h_{淹最大}$——出水管口上缘最大淹没深度，m；

K——系数，可从表 7-10 中查得。

表 7-10　K 值

$\frac{h_p}{D_0}$	K	
	倾斜池坎	垂直池坎
0.5	6.5	4.0
1.0	5.8	1.6
1.5	—	1.0
2.0	—	0.85
2.5	—	0.85

2)淹没射流法

假定管口出流符合无限空间射流规律，即认为水流在池中逐渐扩散，沿池长的断面平均流速逐渐减小，当断面平均流速等于渠中流速 $v_{渠}$时，此段长度即为出水池长。为此，保加利亚波波夫等根据淹没射流(见图 7-89)理论，在试验的基础上，提出了下列计算池长的公式：

$$L = 3.58\left[\left(\frac{v_0}{v_{渠}}\right)^2 - 1\right]^{0.41} D_0 \tag{7-39}$$

式中　v_0——管道出口平均流速，m/s。

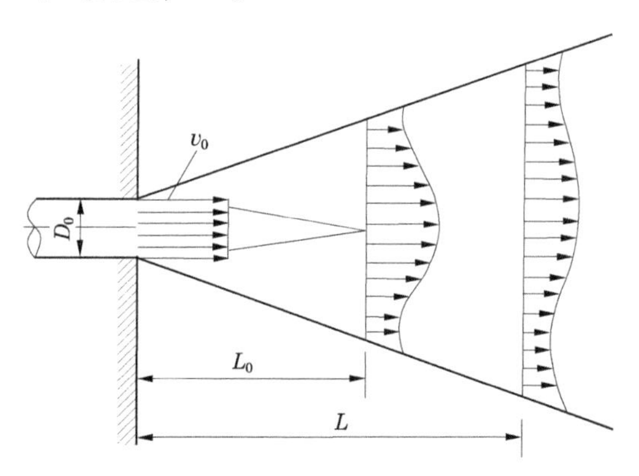

图 7-89　淹没射流示意图

需要指出的是，这几种计算池长的计算公式，由于试验条件的不同，计算结果相差较大。对于大型泵站工程，建议通过模型试验确定池长 L。

2. 出水池其他尺寸的确定

(1)管口下缘至池底的距离 P。此段距离主要是防止池中泥沙或杂物等淤塞出水口，一般采用 $P=10\sim20$ cm。

(2)管口上缘最小淹没深度一般采用：

$$h_{淹最小} = (1 \sim 2)\frac{v_0^{\ 2}}{2g} \tag{7-40}$$

(3)出水池宽度 B。从施工和水力条件考虑,单管出流宽度为

$$B = (2 \sim 3)D_0 \tag{7-41}$$

(4)出水池底板高程如图 7-90 所示,根据干渠最低水位 $\nabla_{低}$ 来确定,即

$$\nabla_{底} = \nabla_{低} - (h_{淹最小} + D_0 + P) \tag{7-42}$$

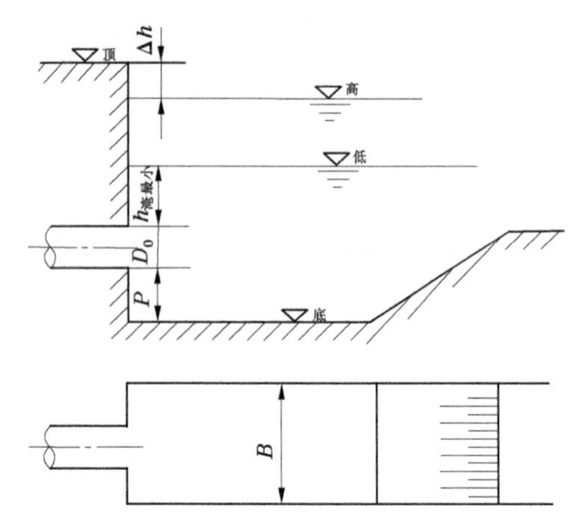

图 7-90　出水池深度的确定

(5)出水池池顶高程根据池中最高水位加上安全超高 Δh 来确定,即

$$\nabla_{顶} = \nabla_{高} + \Delta h \tag{7-43}$$

当流量 $Q<1\ \mathrm{m^3/s}$ 时,Δh 取 0.4 m;当流量 $Q>1\ \mathrm{m^3/s}$ 时,Δh 取 0.5 m。

3. 向下出流时出水池尺寸的确定

英国雷伯根据图 7-87 所做的试验:出水管向下的喷射角度以 90°为最好,与在大气中出流相比时,消能效果更为显著,如图 7-91 所示。与水平出流相比,水池长度也可缩小近一半。表 7-11 列出了其试验数据。

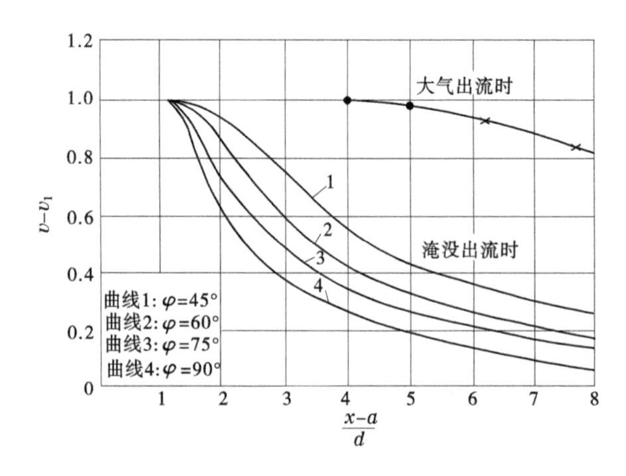

图 7-91　管道向下出流时出水池有关参数的试验曲线

表 7-11　管道向下出流时出水池有关参数的试验值

向下倾角	喷射高度	池宽	下游水深	离后墙射距	池长	弗劳德数	雷诺数
φ	h_1/d	W/d	h_2/d	a/d	$(x-a)/d$	Fr	Re
90°	1	4	4	7	5~8	8	8.7×10^4

注：W—池宽；表中其他符号意义见图 7-87。

雷氏就图 7-87 所示的流态划分为三个区域：从后墙沿池长方向 $a+1.25d$ 为消能区，$a+2.5d$ 为过渡区，基本稳定区，并提出了有关池长近似计算式：

$$\frac{v}{v_1}=c\left(\frac{d}{x-a}\right)^n \tag{7-44}$$

式中　v——图 7-87 所示的池内最大中心轴流速；

v_1——出水管出口水流侧射时的最大起始流速；

c、n——系数，与喷射角度有关，查表 7-12 获得。

表 7-12　系数 c、n 值

喷射类型	喷射高度 h_1/d	φ (°)	c	n
向下淹没式射流	1 ~6	45	2.32	1.02
		60	2.05	1.09
		75	1.97	1.22
		90	1.79	1.45

7.6.4.2　侧向出水池尺寸的确定

1. 池宽 B 的确定

侧向出水受到对面池壁的阻挡而形成反向回流，使出流不畅，如图 7-92 所示。壁面距管口越近，出流所受阻力越大，水泵出流流量越小。图 7-93 是一条试验曲线，从中可以看出，当池宽 $B>4D_0$ 时，池宽对出流流量已无明显影响。

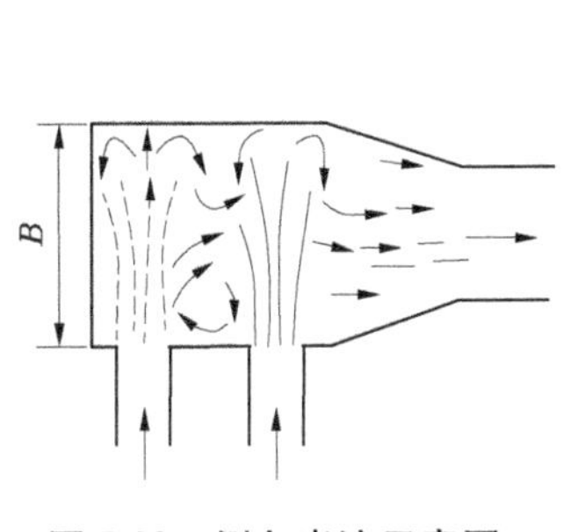

图 7-92　侧向出流示意图

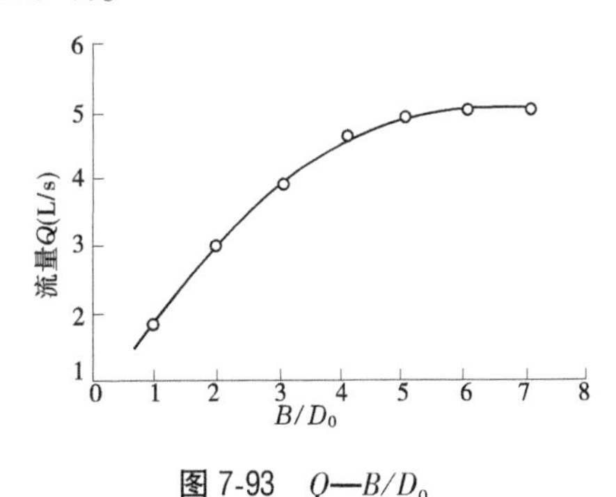

图 7-93　Q—B/D_0

如果综合考虑出口流速、水深等对池宽的影响，则可采用下式计算池宽：

$$\frac{B}{D_0}=2\sqrt{5Fr-\frac{h_{淹}}{v_0}} \tag{7-45}$$

式中　Fr——弗劳德数;

$h_{淹}$——管口上缘淹没深度,m。

对于单管侧向出流,一般可取 $B=(4\sim5)\ D_0$。对于多管侧向出流,池宽应随汇入流量的增加而适当加宽。如图 7-94 所示,对于 1—1 断面,可取 $B_1=(4\sim5)\ D_0$;对于 2—2 断面,可取 $B_2=B_1+D_0$;对于 3—3 断面,可取 $B_3=B_1+2D_0$;以此类推。

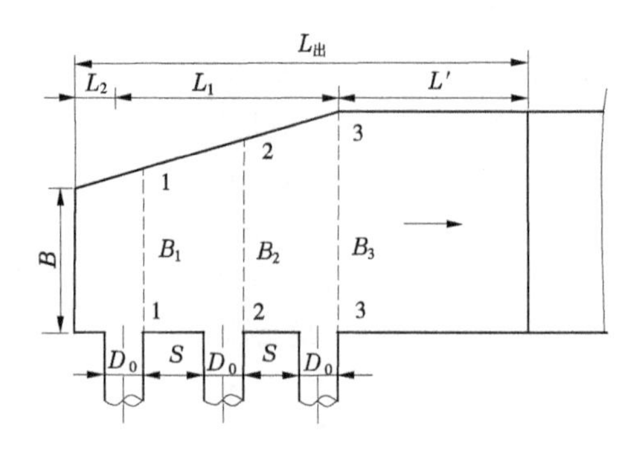

图 7-94　多管侧向出流出水池尺寸

2. 池长 L 的确定

图 7-95 中表示了单管侧向出流的流速沿池长分布情况。当 $L'\approx5\ D_0$ 时,流速分布已趋均匀。

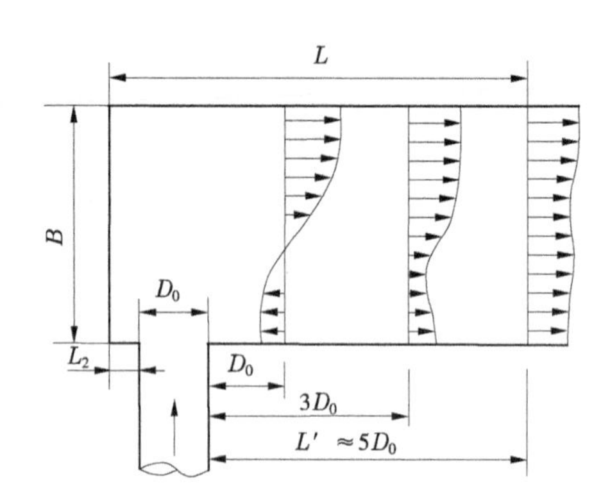

图 7-95　单管侧向出流流速沿池长分布

因此,对单管侧向淹没出流的池长计算公式为

$$L=L_2+D_0+L'=L_2+6D_0 \tag{7-46}$$

式中　L_2——管口外缘至池边距离。

对多管侧向出流的池长计算公式为

$$\begin{aligned}L&=L_2+L_1+L'=D_0+[nD_0+(n-1)S]+5D_0\\&=(n+6)D_0+(n-1)S\end{aligned} \tag{7-47}$$

式中　n——管道根数;

S——管道之间的净距(见图 7-94)。

7.6.5 出水池和干渠衔接

一般出水池都比渠道宽，因此在两者之间有一逐渐收缩的渐变段，如图7-96所示。收缩角通常采用$\alpha=30°\sim45°$，最大不超过60°。过渡段长可根据池宽B和渠宽b按下式计算：

$$L_g=\frac{B-b}{2\tan(\alpha/2)} \tag{7-48}$$

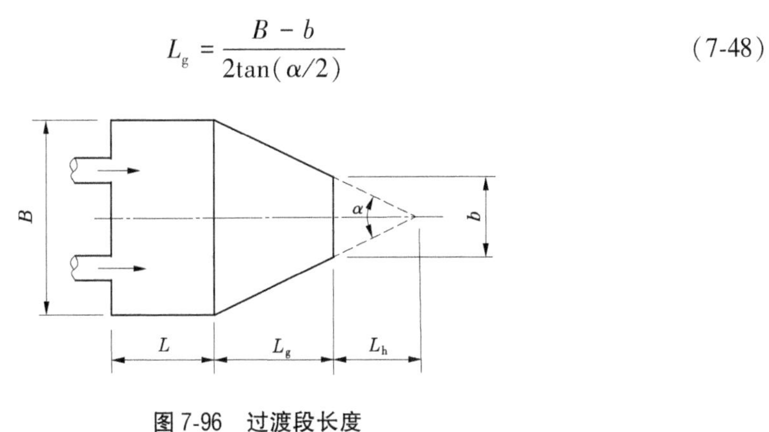

图7-96　过渡段长度

在紧靠过渡段的一段干渠中，由于水流紊乱，可能形成冲刷，因此该段应用浆砌石或混凝土结构，其长度为

$$L_h=(4\sim5)h_{最大} \tag{7-49}$$

式中　$h_{最大}$——干渠最大水深。

7.7 压力水箱

压力水箱用于有压管路输水的工程，它位于出水管道和压力涵洞（隧洞）之间，其作用是将各出水管道的出水汇集起来由压力管路输送到容水区去。多级泵站的级间连接也可采用压力水箱结构。

压力水箱多用于堤后式泵站，它是将多台水泵的出水管汇集于一个压力水箱中，再经过压力涵管输送的供水区的一种泵站出水形式，如图7-97所示。这种出水形式可以减少穿堤压力涵管的数量，利于大堤安全和节省工程量和投资。

大型泵站，尤其是大流量多机泵站（主要有引、输水管路的中途加压泵站，多级提水泵站等），其水泵进水压力水池和吸水支管，水泵出水岔管段，级间进、出水池连接段均可采用压力水箱的结构。用压力水箱代替进出水池和进出水分流及合流的岔管段，可用解决多级泵站级间的流量匹配难题，简化工程结构形式，节省工程投资。

7.7.1 压力水箱类型

目前常采用的压力水箱可分为以下几种：

(1)按出流方式分，有正向出水压力水箱和侧向出水压力水箱两种，如图7-98和图7-99所示。

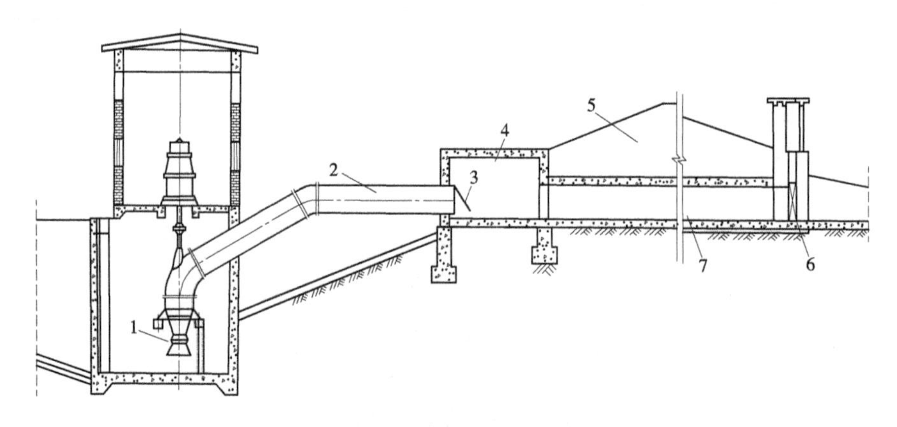

1—水泵;2—出水池;3—拍门;4—压力水箱;5—防洪堤;6—防洪闸;7—压力涵管

图 7-97　压力水箱

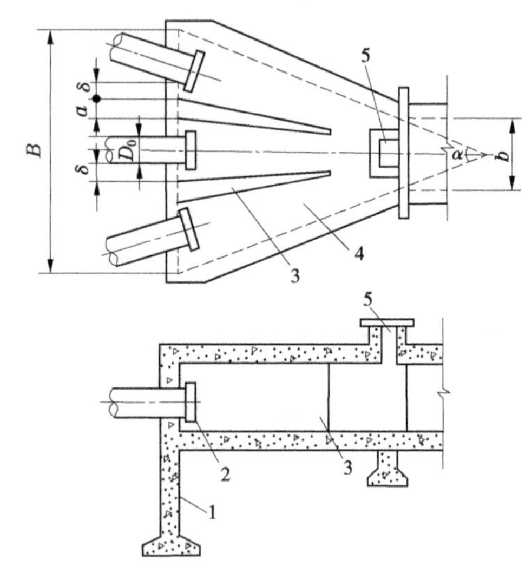

1—支架;2—出水口;3—隔墩;4—压力水箱;5—进人孔

图 7-98　正向出水压力水箱

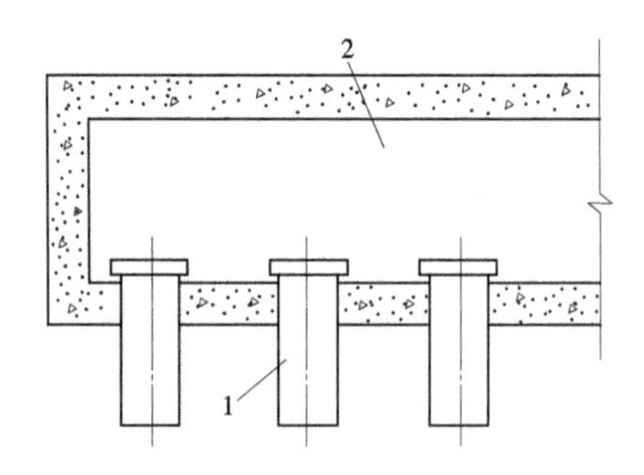

1—出水管;2—压力水箱

图 7-99　侧向出水压力水箱

(2)按几何形状分,有梯形和长方形两种。

(3)按水箱结构分,可分为箱中有隔墩和无隔墩两种。

试验表明,正向出水压力水箱水力条件较侧向要好,而有隔墩的压力水箱又较无隔墩的好。有隔墩时,还可以改变结构受力状态,从而减小水箱的结构尺寸,减小工程量,降低工程造价。

7.7.2　压力水箱结构和尺寸的确定

用于低扬程水源取水泵站的压力水箱式出水结构,一般由压力水箱、压力管路(隧洞、涵管等)、防洪闸及断流装置等组成。而用于多级串连泵站级间联结的压力水箱的结构正好反向,为防止事故停机水锤破坏,箱体上需设置泄压孔口。

压力水箱在平面上呈逐渐收缩的梯形,箱内设有隔墩,水箱可与泵房分建,也可与泵房合建为一体。分建式压力水箱应设置支架支撑,支架基础应筑于坚实的地基上。合建式压力水箱后侧应简支于泵房后壁墙上,以防泵房和压力水箱的不均匀沉陷。箱壁厚度一般为30~40 cm,隔墩厚20~30 cm,在现场浇筑而成。压力水箱尺寸应根据出水管数目、管径及流量而定。图7-98中压力水箱进口的净宽B为

$$B = n(D_0 + 2\delta) + (n - 1)a \tag{7-50}$$

式中　n——水泵出水管根数;

D_0——水泵出水管出口直径,m;

δ——出水管至隔墩或箱壁的距离,其值应满足安装和检修的要求,一般取$\delta=0.25\sim0.3$ m;

a——隔墩厚,可取$a=0.2\sim0.3$ m。

水箱出口断面宽度b等于出水涵管当量宽度。水箱的收缩角一般采用$\alpha=30°\sim45°$。

为了便于检修,水箱顶部设有进人孔,进人孔多呈60~100 cm的正方形。盖板由钢板制成,并用螺母固定在预设于箱壁的螺栓上。盖板和箱壁间有止水,其结构形式和尺寸应根据压力大小确定。

7.7.3　压力水箱受力分析

首先定出压力水箱的外形尺寸和各部件结构尺寸,然后进行稳定计算和强度计算。

7.7.3.1　**稳定计算**

一般只需进行水箱水平滑动的核算,应考虑在设计最不利工况(如事故停机或拍门关闭等情况)下,压力水箱所承受的水平推力(其中包括水锤压力)是否满足其抗滑稳定的要求。

7.7.3.2　**强度计算**

应按水箱进口断面和出口断面的不同框架结构形式分别进行计算。对于进口断面,可根据水箱内隔墩是否延伸到顶板,按单孔或多孔连续框架进行计算。荷载包括:最不利工况条件下产生的水压力(包括水锤压力)、侧向土压力及板的自重以及活荷载,然后取对称结构的一半对各杆件和节点进行力矩分配和各杆端切力的计算,最后绘出各杆件的弯矩图和切力图,如图7-100所示。对于压力水箱出口断面,则按单孔框架进行计算。

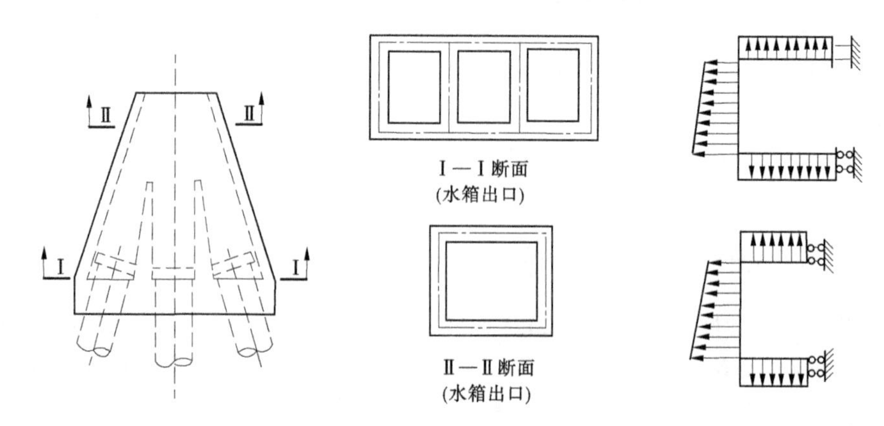

图 7-100　压力水箱机构计算简图

在计算过程中应注意:①压力水箱隔墩如果和顶板连接,不仅能起分流导水的作用,而且对水箱底板、顶板和后墙还起着整体的固结作用。因此,对水箱内有隔墩和无隔墩处的顶板和底板的配筋应分别进行计算。②由于事故停机时,水锤压力对压力水箱的强度(特别是对外侧无填土的后墙)影响很大,因此必须进行水锤压力计算。③对重要的泵站工程,还应进行混凝土裂缝验算。

第 8 章　进出水管道

进出水管道包括水泵的进水管和出水管。进水管为连接水泵进口和进水池的管道；出水管为连接水泵出口和出水池的管道。管道是泵站不可缺少的一部分。虽然管道本身的构造较简单，但管线的选择和布置、管道直径的确定、管段之间的连接、管路附件的设计和选择、水流在管道中流动所引起的水力损失以及机组启动和事故停机中的过渡过程计算等一系列问题却很复杂。

在许多大中型泵站工程中，尤其是具有高扬程和长距离输水管路的泵站工程，管路工程投资占比很大，如果管道设计不合理，不仅会增加泵站工程的投资，降低水泵的运行效率，增加运行费用，而且可能会引起水泵的汽蚀和振动，也可能发生水锤事故，引起管道破裂，严重影响泵站的安全运行，给泵站工程和工农业生产带来重大损失。由此可见，进出水管道的规划设计在泵站工程中非常重要。

8.1　进水管道

进水管道的作用是保证将进水池中水流平稳地引向水泵叶轮进口。一般来讲，泵站进水管的长度有短也有长，短的不到十米，长的可达几十米到几千米。进水管直径小的不到 100 mm，大的达 2 m 以上。设计不合理的进水管道可能产生以下不良后果：①进水管路的阻力损失水头增大，从而降低了水泵的安装高程和泵房底板高程，增加了泵房的开挖深度和工程投资，同时，阻力损失的增加也会降低管路效率和加大运行费用。②使水泵叶轮进口处水流的流速和压力分布不均匀，降低了水泵的抗汽蚀性能，可能引起水泵汽蚀、机组振动和水泵运行效率的降低。③管内存气和进气，也会引起机组振动，降低泵站装置效率。因此，对进水管道进行正确设计是很重要的。

8.1.1　进水管道的布置和管径

进水管道的布置和设计内容包括管径确定、管线布置、异形管、管路附件的确定等。

8.1.1.1　进水管布置

根据所选水泵的结构形式不同，进水管的布置形式也有所不同，如图 8-1 所示。

进水管布置形式与水泵类型和结构、进水池水位变化幅度、泵房形式等很多因素有关，一般有水平、垂直和倾斜三种布置形式。

图 8-1(a)、(d)为卧式和立式双吸离心泵水平布置的进水管，也可以用于中小型贯流泵，泵房均为干室型。图 8-1(a)、(d)中的进水池最低水位均高于进水管水平管段，进水管为直线布置。由于图 8-1(a)的进水喇叭口以上的淹没深度不满足防止进气漩涡的产生，故在进水管的进口处增加了 60°的弯管，并在弯管之前还有喇叭管。另外，因为进水池水位经常高于水泵和进水管，为了便于检修，在进水管上安装检修阀门。如果泵房和进

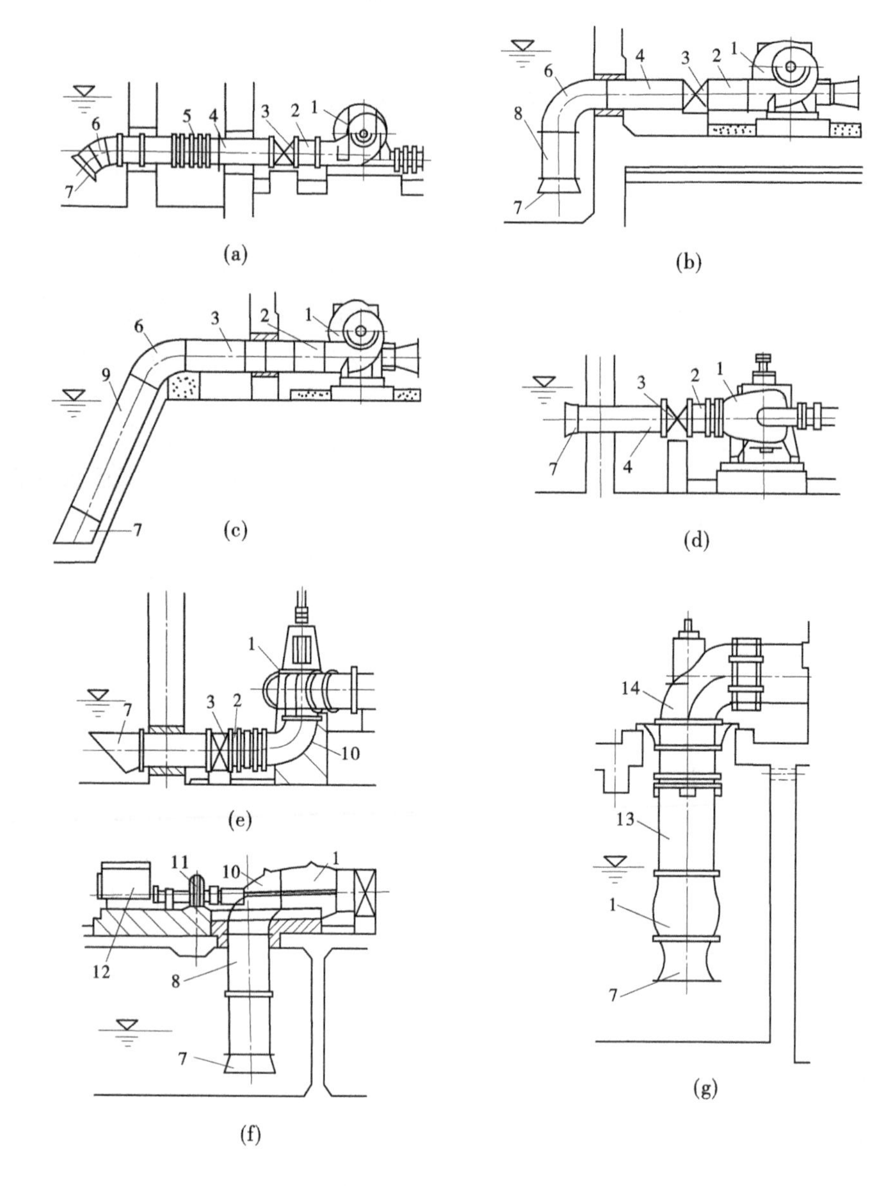

1—水泵;2—进水接管;3—检修阀;4—水平进水管;5—柔性接管;6—弯管;
7—进水喇叭口;8—垂直进水管;9—倾斜进水管;10—水泵进水弯管;
11—齿轮减速器;12—电动机;13—水泵出水管;14—水泵出水弯管

图 8-1　进水管布置形式

水池之间相距较远,或泵房和进水池之间有沉降缝,则应在进水管上设置柔性接管。

对于干室型泵房或分基型泵房,进水池最低水位经常低于水平管段,因此需要有垂直或倾斜的管段与水平管段连接,如图 8-1(b)、(c)所示。对于分基型泵房,如果为了减少整个泵站工程的占地面积,需要采用直立的进水池后墙,这就可以选用图 8-1(b)所示的垂直布置的进水管形式。如果需要节省挡土墙的工程投资,进水池的后墙可以采取斜坡形式,这样就可以采用图 8-1(c)所示的倾斜布置的进水管形式。

图 8-1(e)为用于干室型泵房的立式单吸离心泵或混流泵的进水管布置形式。因为进水管必须水平布置,而水泵的进口是朝下的,所以在水泵的进口处必须安装 90°弯头。但因弯管对进泵水流的流态影响很大,因此进水管的直径最好大于水泵进口直径,并将 90°弯管设计成渐缩弯管或肘形弯管形式,以使水泵进口的流速和压力分布能够满足要求。另外,因进水池水位经常高于水泵,故在进水管上也须装置检修阀门。

图 8-1(f)为湿室型泵房的卧式轴流泵或导叶式混流泵的进水管布置形式。显然,因为进水管是垂直布置,而水泵进口的水流方向是水平方向,因此在水泵的进口必须安装进水 90°弯管。如果是采用前轴伸式的卧式泵,在进水弯管上还有泵轴伸出。水泵进水口的流态不仅受弯管的影响,同时受到泵轴的影响。因此,在设计进水弯管时更应该引起注意。

图 8-1(g)为湿室型泵房的立式轴流泵或导叶式混流泵的进水形式。因为水泵叶轮位于水下,因此水泵进口直接与进水喇叭口相接。在这种情况下,虽然没有进水管对水泵进口的流态影响,但进水池的流态对水泵的影响却很大,因此在设计进水池时应特别注意。

8.1.1.2　进水管直径确定

进水管的直径大小直接影响管道内水流的流速,而管路阻力损失近似与流速的平方成正比。因此,为了减小进水管的阻力损失,提高管路效率和水泵进口的有效汽蚀余量,进水管的直径不宜选得过小。一般地,进水管的直径应至少比水泵进口直径大一级(50 mm)。同时,应该满足管内流速为 1.0~1.5 m/s 的条件,也就是说,进水管的直径应在以下计算范围:

$$D = (0.92 \sim 1.13)\sqrt{Q} \tag{8-1}$$

式中　D——进水管直径,m;

Q——水泵的设计流量,m^3/s。

8.1.2　异型管

8.1.2.1　进口形式的选择

选择进口形式时主要应考虑其阻力损失和允许淹没深度的大小两个方面的因素。尽管进口阻力损失较小,但不同的进口形式,其阻力损失的差别甚大,阻力损失系数的变化范围为 0.01~1.0,相差 100 倍,如图 8-2 所示。但不管水平进水管还是垂直进水管,都是喇叭口进水形式的阻力系数最小。因此,选择喇叭口的进水形式是有利的。常用的铸铁喇叭口尺寸如表 8-1 所示。

另外,根据有关试验,喇叭口的形状和尺寸对临界淹没深度也有很大影响,即不同形状尺寸的喇叭口,在相同流量的情况下,进水池表面不产生进气漩涡的允许淹没深度也是不同的。试验证明,垂直安装的喇叭口比水平安装的允许淹没深度小。

为了减小水平安装的喇叭口的允许淹没深度,日本采用了一种进口倾斜的特殊形状的喇叭口(见图 8-3)可供参考。工程上为了减小淹没深度,也有采用平削管口与特制平削喇叭口进水管口的,如图 8-4 所示。

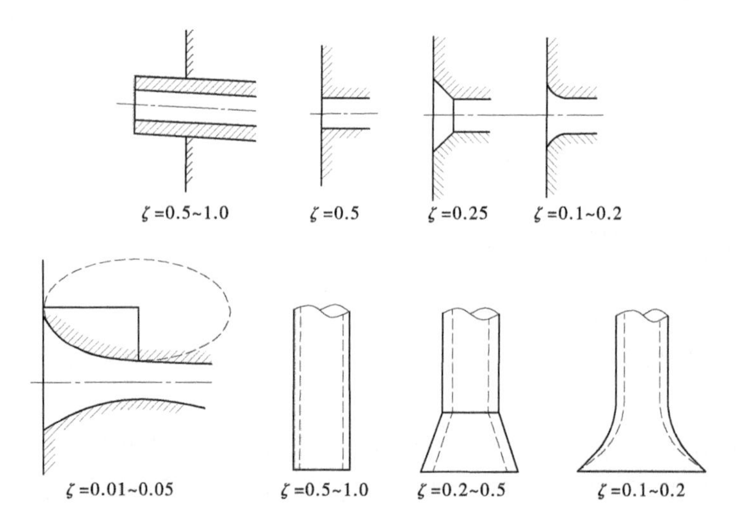

图 8-2 进水形式及其阻力系数值

表 8-1 铸铁喇叭口尺寸

公称内径(mm)		外形尺寸(mm)			质量(kg)	图形
d	D	T	H	R		
300	375	13	190	481.2	19.6	
350	440	14	220	538.4	27.7	
400	500	15	250	624.8	39.0	
450	560	16	280	709.4	52.1	
500	630	17	310	740.6	68.7	

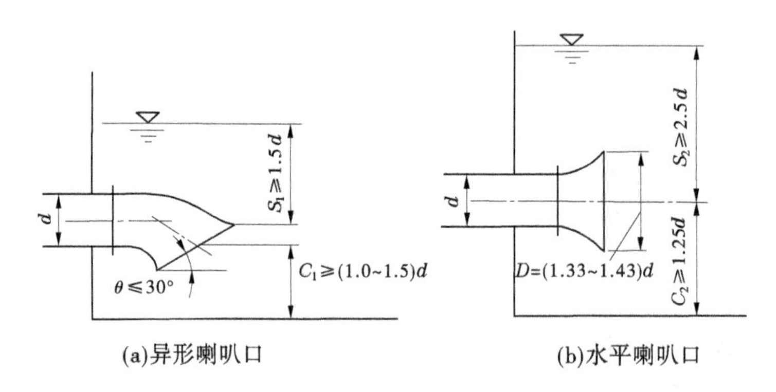

(a)异形喇叭口　　(b)水平喇叭口

图 8-3 喇叭口的淹没深度

8.1.2.2 进水接管

如上所述,进水管的直径一般都比水泵进口大,故水泵进口与进水管之间的进水接管(见图 8-1)常常需要采用渐缩管连接。

在设计渐缩管时应考虑减小阻力损失和在管内不产生气囊为原则。渐缩管的阻力损

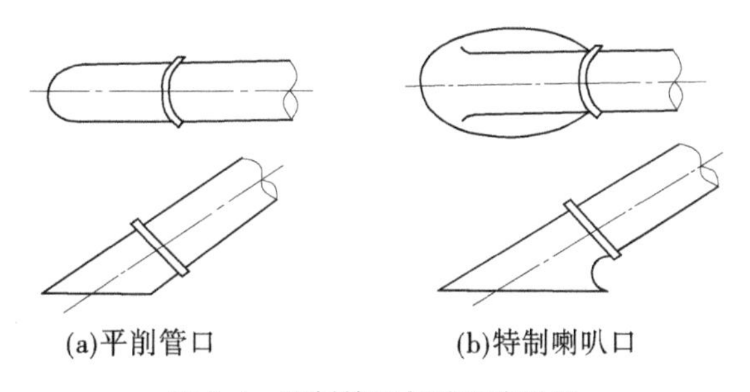

图 8-4　平削管口与特制喇叭口

失与其收缩角及渐缩管前后断面面积的大小有关,如图 8-5 所示。对水泵安装在进水池水面以上的进水管,进水管内常为负压。如果管道有高于水泵进口上缘的突出部分,如图 8-5(a)所示,则水中游离的空气以及因压力过低产生的汽泡将会停留在突出处并形成气囊,因为气囊在压力的作用下容易压缩膨胀,而气囊的压缩膨胀又会加剧管内压力的不稳定,因此在设计时应该尽量避免这种情况的发生。但对于圆锥形渐缩管的水平进水管段,高于水泵进口的突起部分是难以避免的。因此,水泵进口处的进水接管以选用偏心渐缩管为宜。所谓偏心渐缩管,就是进出口断面的上缘在同一水平线上,如图 8-5(b)所示。另外,应避免图 8-5(c)所示的布置形式,因为这种形式同样容易产生气囊。

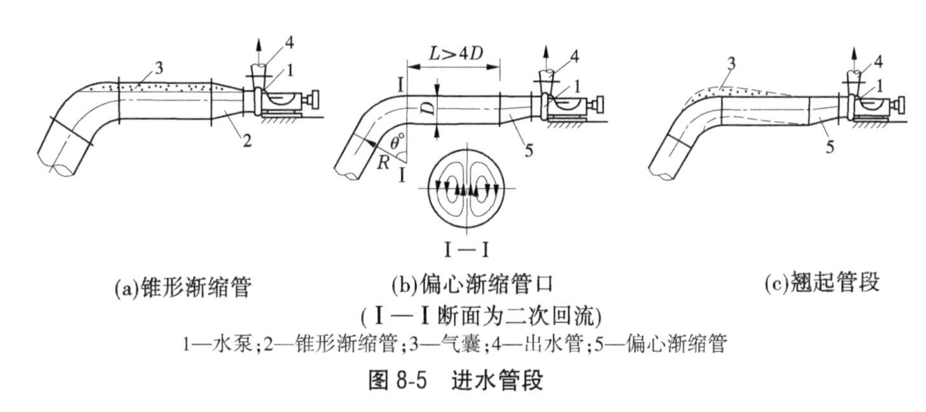

1—水泵;2—锥形渐缩管;3—气囊;4—出水管;5—偏心渐缩管

图 8-5　进水管段

8.1.2.3　弯管

对于图 8-1(e)所示的立式单吸蜗壳泵和图 8-1(f)所示的卧式轴流泵装置形式,水泵进口的进水弯管是不可或缺的。影响弯管阻力系数的主要因素有曲率半径 R、弯管直径 D 和转弯角度 θ 等参数。增大 R 或减小 θ 都可以达到减小弯道阻力系数 $\xi_{弯}$ 的目的。另外,水流流经弯管后,会产生二次回流,如图 8-5(b)所示,甚至可能出现脱壁漩涡,使弯管出口断面的流速和压力分布很不均匀。如果这种弯管接于水泵进口,如图 8-1(e)、(f)所示,不均匀的流速和压力分布将会使水泵性能恶化,效率下降,甚至引起机组振动和噪声,危机机组的安全运行。因此,在进水管上布置弯管时,最好使弯管距离水泵进口有 $4D$ 以上的距离,如图 8-5(b)所示。大量的水力学试验也证明,增大 R 和减小 θ 对改善弯管出口断面的流态也是有好处的。

在实际工程中,常见的弯管有铸铁弯管和焊接弯管。焊接弯管为折曲弯管,如图 8-6 所示,其优点是便于现场焊接,造价较低。但是,这种折曲弯管比铸铁弯管更容易产生脱壁漩涡和二次回流,阻力系数也更大。当 θ 小于 20°以后,铸铁弯管和焊接的折曲弯管的阻力系数相差很小。因此,当转弯角度较小时,可采用折曲弯管;而对于转弯角度较大者,可以采用多次折曲的焊接弯管,如图 8-6(b)所示。

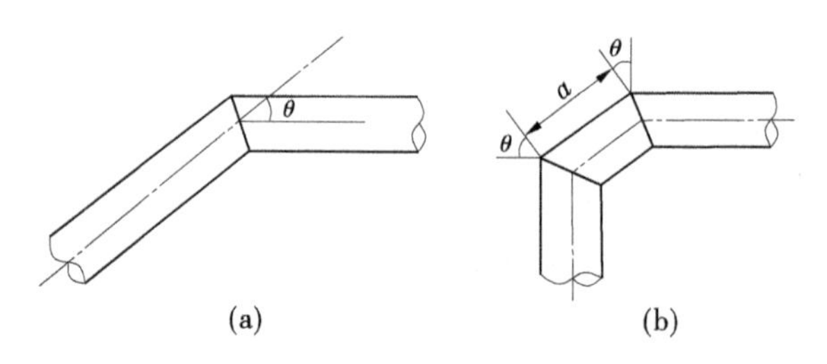

图 8-6　折曲弯管

8.1.3　进水管道上的阀件

进水管上的阀门主要有用于充水的底阀和用于检修水泵的闸阀或蝶阀等。

8.1.3.1　底阀

对于正吸程安装的水泵机组,停机时水泵叶轮内无水,启动前必须将水泵叶轮充满水,否则无法启动。充水的方法有人工充水和机械充水两种。大中型泵站均采用机械充水的方法,如前所述的用真空泵或真空水箱充水。

对于口径小于 150 mm 的小型抽水装置,一般采用人工充水的方法。在进水管的进口处装设只能向水泵进口流动的单向流动阀,通常称为底阀,见图 8-7。在水泵启动前,底阀处于关闭状态,用人工的方法先将泵壳顶部的注水孔口螺塞拧开,让水通过注水孔口注入进水管和水泵,待注满水后,再将螺塞拧上,完成充水,即可启动机组。

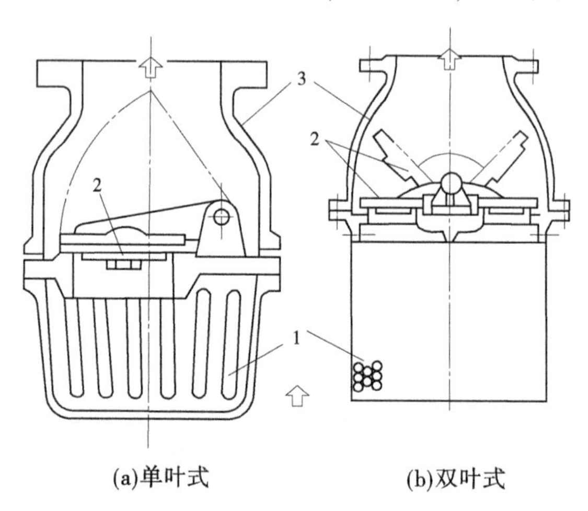

1—滤网;2—阀叶;3—阀体

图 8-7　底阀

底阀的结构主要有单叶式和双叶式两种。图 8-7(a)所示为处于关闭状态的单叶式底阀;图8-7(b)所示为处于运行(开启)状态的双叶式底阀。底阀的主要问题是阻力损失大和运行管理麻烦。阻力损失大会造成较大的能量损失,增加运行费用。据有关资料介绍,底阀的能量损失占进水管能量损失的50%~70%,占管路总能量损失的10%~50%。水泵扬程越低,底阀的能量损失占比越大。底阀容易被水草堵塞和杂物卡住而关闭不严,常常出现漏水现象,给运行管理带来很大麻烦。因为底阀为单向阀门,在水泵机组停机时会快速关闭,产生很大的水锤压力,有可能使进水管和底阀遭到破坏。为此,可在进水管上设置如图8-8所示的泄压管,以保证管路和底阀的安全。

鉴于上述情况,很早就有人提出取消底阀的问题。抽水装置中的底阀能否取消,关键在于能否解决机组注水启动问题。在大中型泵站中,常用真空泵抽气充水。大型水泵的必需汽蚀余量一般都较大,尤其是提取浑水的泵站工程,为了提高水泵的抗汽蚀性能,减小泥沙磨损量,常采取加大水泵灌注水头的措施,以加大水泵进口的有效汽蚀余量,故水泵常采用负吸程安装,因此也就避免了充水启动的问题。小型抽水装置的充水方法很多,如采用压力水箱充水、倒灌充水、选用自吸泵等。

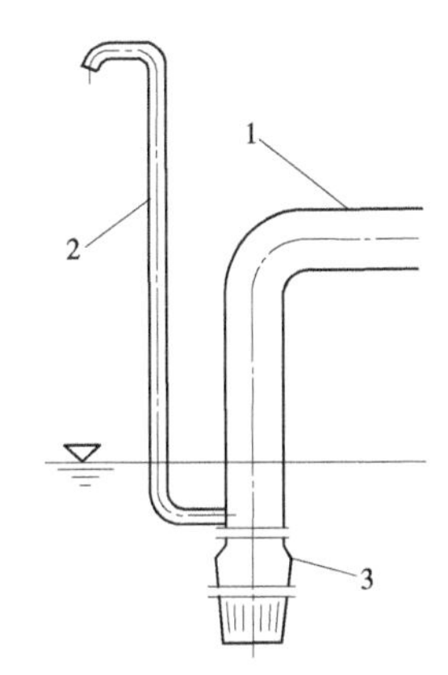

1—进水管;2—泄压管;3—底阀

图8-8 泄压管

取消底阀后,需要有断流措施,以解决停泵倒流问题。必要时应进行管路的水力过渡过程计算,验算管路和水泵的安全性。

8.1.3.2 闸阀

对于水泵安装在进水池最高水位以下的泵站工程,需要在进水管上安装阀门,以便水泵检修。在泵站工程中,常选用闸阀作为检修阀。

闸阀的主要特点是阀杆转动,阀板上下滑动,从而实现闸阀的启闭。阀门全开时,过水面积和闸阀口径相同,阻力损失很小。另外,在闸阀关闭时,楔形阀板压入阀座内,水封性好。其缺点是:因为是靠阀板上下来启闭,从而增大了阀门的整体高度;阀门的操作力大;启闭速度慢;阀门整体重量大等。

闸阀根据阀杆、阀板及操作方式分类。按阀杆有内外螺纹之分,内螺纹式闸阀的阀杆与阀板之间有螺纹,转动阀杆时,阀杆本身并不做上下运动,而是靠螺纹带动阀板或上或下,故也称暗杆式闸阀,如图8-9(a)所示。外螺纹式闸阀在转动阀杆时,阀杆和阀板同时做上下运动,故也称明杆式闸阀,如图8-9(b)所示。内螺纹式闸阀常用于清水场合,而外螺纹式闸阀的抗磨损、抗腐蚀性能强,可用于抽取含沙量较大的河水和污水泵站。

闸阀的阀板和阀座有单面锥度和双面锥度两种形式。一般地,闸阀用于全开和全关的工况,因此标准形式的闸阀的阀板是双面的,但在需要部分开度的场合,最好选用单面形式。

按照操作方式,闸阀可分为手动和电动两种。口径小于500 mm的闸阀多采用圆形手柄。在口径及操作力较大的场合,也有带减速齿轮的手柄闸阀,但启闭速度较慢。电动闸阀一般采用蜗轮蜗杆减速机,在制动位置配备有能使阀板可靠停止的限位开关和制动装置,还有作为阀内卡入异物时起保护作用的转矩开关、开度计、手动用的手柄等。电动

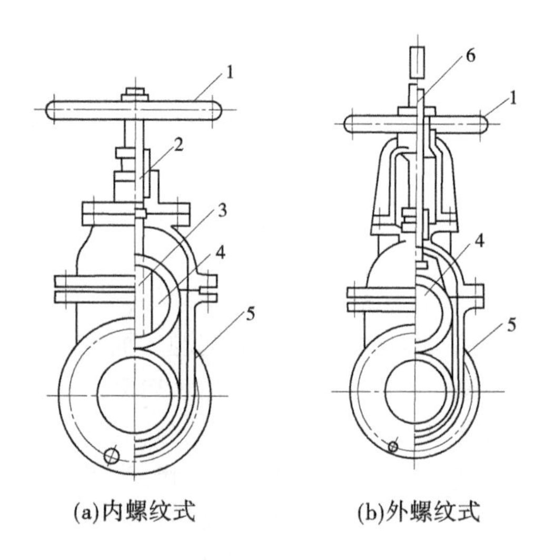

1—手柄;2—阀杆;3—内螺纹;4—阀板;5—阀体;6—外螺纹阀杆

图 8-9　手动闸阀

闸阀的启闭速度一般为 150~200 mm/min。

选用闸阀时应注意安装方式。因为闸阀的上部为空腔,在运行时常常存有空气,空气的压缩和膨胀会引起机组振动,因此进水管上的闸阀应该水平卧轴安装。另外,因为阀门的开度减小后不仅会使其阻力系数明显增大,而且会使闸门之后的水流流态紊乱,甚至产生漩涡,影响水泵进口的流速和压力分布,从而降低水泵的运行效率。所以,在运行期间,进水管上的闸阀(检修阀)应该始终都处于常开状态。

对于大型泵站工程,为了降低阀门的整体高度,减轻阀门的重量,常选用蝶阀作为进水管上的检修阀门。但因为蝶阀在运行期间水阻力较大,阀后水流稳定性差,所以设计中应使蝶阀和水泵进口之间有一定的距离。也可以选用球阀来代替检修闸阀,其水力条件最好,但价格稍贵一些。需要注意的是,市场上有许多半球阀产品,价格相对便宜一些,但因为水流通过阀门时,过流断面发生突变,理论上分析半球阀的水流条件并不比蝶阀好,故进水管路的检修阀不主张选用半球阀。

8.1.4　进水管的连接

如前所述,进水管路一般存在管段与阀门的连接、穿墙时与挡水墙之间的止水、泵房和进水池之间有不均匀沉降时引起管道变形等问题。这些问题一般是采取伸缩节头、柔性节头、穿墙套管等措施来解决。

8.1.4.1　穿墙管

对于干室型泵房,其挡水墙必然高于进水池最高水位,而进水管穿过挡水墙的位置经常处于水下,如果处理不好,穿墙处就有可能漏水。因此,应该特别注意穿墙管的防渗漏(止水)问题。

穿墙管形式有三种,即法兰式、承插式和套管式等。如图 8-10 所示。如果将进水管和泵房的挡水墙同时浇筑,又会给设备的安装造成困难。为此,可以采用穿墙套管的形式(见图8-11),以便防水和安装。穿墙套管的直径大于进水管,管外焊2~3个截水环。在泵房施工时,先在墙上预留孔口,使其孔径比套管外经大15~20 cm,然后将套管放入,并补浇二期混凝土。套管和进水管之间有止水装置,即使因温度等进水管与套管之间出现水平位移,也可以防止漏水和渗水。

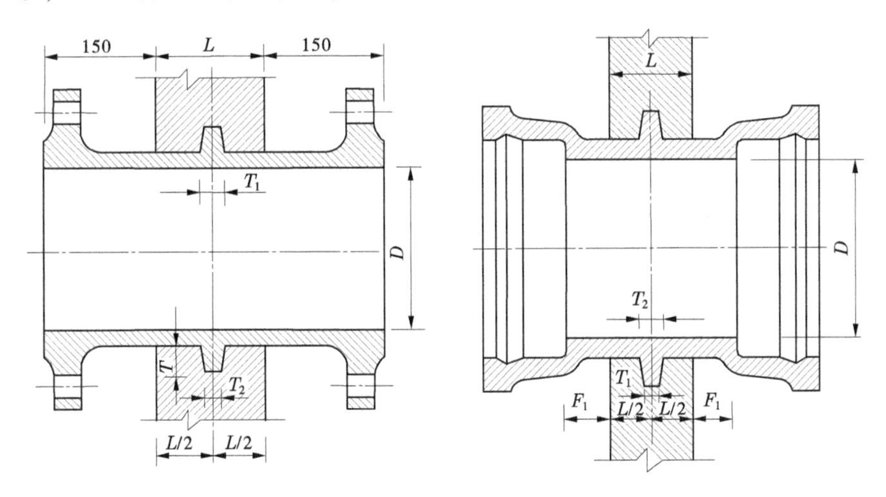

图8-10　穿墙管　(单位:mm)

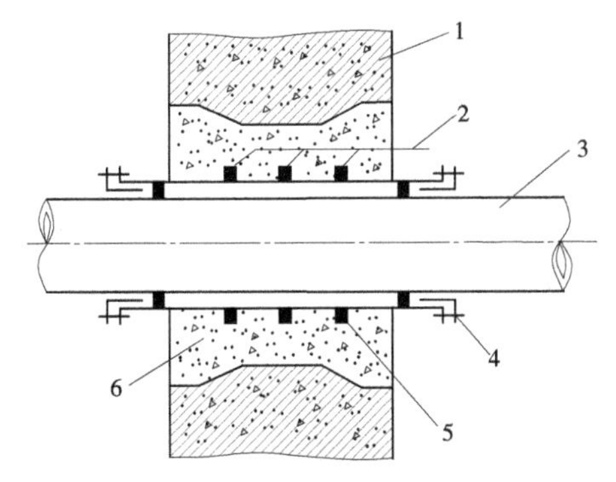

1—钢筋混凝土挡水墙;2—截水环;3—进水管;4—止水装置;5—穿墙套管;6—二期混凝土

图8-11　穿墙套管

8.1.4.2　柔性接管

通常泵房和进水池的基础是分开建的。为了防止因不均匀沉陷引起建筑物的破坏,其间常常设有伸缩缝。进水管从泵房穿出后还要固定在进水池的后墙上。在泵房和进水池发生相对沉陷位移时,为了防止管道破裂,需要在进水管段上安装柔性接管。有些泵站工程将进水池的后墙做在泵房的基础之上,即进水池的后墙就是泵房挡水墙的一部分,这种情况下就没有相对沉陷的问题,也不需要安装柔性接管。

柔性(伸缩)接管的种类很多,一般可分为波纹形、滑动形、回转形等。

1. 波纹形伸缩接管

波纹形伸缩接管的主要特点是管壁呈波纹状,能够适应一定范围内的拉伸和压缩变形要求,不至于使管道破裂。波纹形伸缩接管主要有金属波纹形和橡胶波纹形两类,如表 8-2 所示。

表 8-2　波纹形伸缩接管特征

种类		适宜直径(mm)	特征
金属		50~2 000	①最大伸缩量 150 mm;②偏转角度约 5°以下;③偏心量一般为 50 mm 以下,特殊型的可达 300 mm;④允许温度 200~350 ℃;⑤耐压 200 kPa 以下;⑥无旋转性
橡胶		50~2 400	①最大伸缩量每节 20~50 mm;②偏转角度约 10°以下;③偏心量每节约 10 mm 以下;④允许温度 70~100 ℃;⑤耐压 170 kPa 以下;⑥无旋转性

2. 套管式伸缩接管

套管式伸缩接管属于滑动形伸缩接管。其结构如图 8-12 所示。焊接套管 12 放入套管 4 后,拧紧螺栓,短管 7 压紧橡胶圈,即可防止漏水。最大伸缩量 S 可达 200 mm,而且具有一定的旋转性,允许在常温下工作,但无偏心量,即要求接管与套管轴线在同一直线上。另外,如果进水管的一端与挡水墙固定,另一端与水泵机组固定,以后要拆卸和检修管路、闸阀、水泵将是非常困难的。因此,有些泵站在进水管上也安装有套管式伸缩接管。

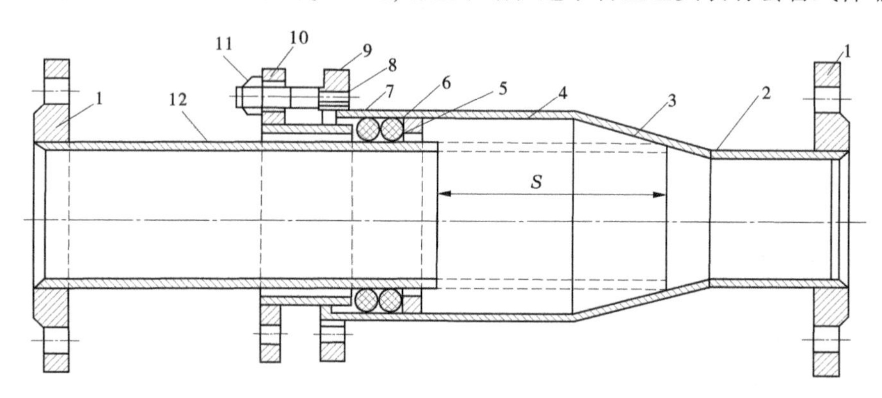

1—法兰盘;2、12—焊接套管;3—异径管;4—套管;5—挡圈;6—橡胶圈;
7—短管;8—双头螺栓;9、10—翼盘;11—螺母;12—焊接套管

图 8-12　套管式伸缩管

8.2 出水管道

出水管道是指水泵出口至出水池之间的输水管道,又称压力管道,是泵站建筑物的重要组成部分。尤其是高扬程泵站工程,其压力输水管路往往很长,有的长达几十甚至上百千米,管路工程投资占比很大。因此,高扬程泵站工程压力管路的设计质量对泵站工程的投资规模、泵站工程运行的经济性和安全可靠性影响很大,必须特别重视。

压力出水管道一般可分为室内水泵出水支管段、室外岔管段和输水总管段三部分。室内支管段有止回阀、工作阀、检修阀、流量计和各种连接异形管段,是控制水泵机组启动、停机和调节运行的核心管段部分;室外岔管段是室内支管段和压力总管的连接段,其任务是汇集各支管水流并平顺地送入压力总管;压力总管是压力管道的主要部分,是决定管路乃至泵站工程投资、泵站技术经济指标的高低和安全可靠性的重要管段。泵站管道设计应满足以下基本要求:

(1)管路阻力损失较小,管路投资适当。

(2)管道运行稳定、安全可靠。

(3)管道及接头强度足够,密封性良好。

(4)管内排水、排气顺畅,不会形成气囊和死水区。

(5)当发生破裂事故时保证泵房的安全。

8.2.1 压力总管数目的确定和管线选择

8.2.1.1 压力总管数目

压力总管数目应按照技术经济的原则确定。压力总管数目多,则压力管路及其建筑物和出水池的土建工程量相应就大,管路配套设备也多,而且部分机组运行时的运行费用较高。反之,压力总管数目少时,其工程量和投资也较小,非设计工况运行效率较高,节省能耗,但岔管段的连接管件增加,岔管段的投资和能耗量会增加。因此,压力总管数目需通过技术经济比较来确定。

工程实践中,一般根据出水管道长度来决定压力总管数。当出水管道长度大于 300 m 时,采用并联(单根)管道为宜;当出水管道长度小于 100 m 时,宜采用单机单管的出水方式;如果出水管道长度为 100~300 m,则应通过技术经济比较确定。当泵站装机台数较多,泵站供水流量较大,供水保证率要求较高时,为了保证供水的可靠性,并联后的压力总管不应少于两条。

应该指出,以上规定是对一般情况而言的,遇到特殊情况还要具体分析。例如,需要将出水池建筑在高填方上时,为了减小出水池和管道支撑结构工程量,虽然出水管道长度小于 100 m,但仍考虑采用并联管道方式。

8.2.1.2 管线选择

压力管线的选择应根据泵站总体布置要求,结合地形、地质条件确定,并按照投资和运行费用最小的原则进行设计。管道选线还应该采用平面选线与立面选线相结合的方法,平面选线主要是选择最有利的地形条件,而立面选线则主要考虑地质条件的影响。

1. 平面选线与布置

(1)管线选择应尽量避开山梁、冲沟等不良地段,以减少开挖和填方工程量,并避免山洪的威胁。不能避开时,应采取相应的工程措施。

(2)管线应尽量与地面等高线垂直布置,以利管坡稳定。与地面等高线斜交或平行布置时,地面坡度不宜过大,以减小开挖土石方工程量。

(3)管道要尽可能地直线布置,减少转弯和曲折,以减少管件数量和投资,减小阻力损失。

(4)管道应铺设在坚实的地基上,尽量避开填方及滑塌地带,确保管道安全。

(5)管线还应考虑施工交通条件,尽量使管线接近道路,以减少施工临时工程量。

2. 立面选线与布置

(1)管线尽量布置在最低压力包络线(水锤计算的管道最低压力线)以下,避免管内出现水柱分离现象,确保管道不遭破坏。必要时,可适当调整管线平面位置。当还不能将管线布置在最低压力包络线以下时,必须采取适当地提高管线最低压力包络线的工程措施。

(2)管线应尽量沿接近地面坡度铺设,以减少开挖回填工程量。在复杂的地形条件下,可考虑变坡度布设管线,并优先考虑减少高填方回填量和石方开挖量。

(3)铺设在斜坡上的管道必须满足稳定要求;管道纵向铺设的角度不应超过地基土壤的内摩擦角。一般无锚固结构的管道铺设坡度可参照表 8-3 选定;有锚固结构的管道可以任意选择其纵向坡度,但不应使 $m<2$,以免引起坍坡、水管下滑或镇墩过大等现象。

表 8-3 无锚固结构管道铺设坡度

f	0.20	0.25	0.30	0.35	0.40	0.45	0.50	0.55	0.60
m	6.25	5.00	4.25	3.50	3.25	2.75	2.50	2.25	2.25

注:表中 f 为管壁与地基土壤在含水状态下的摩擦系数;m 为管道纵向铺设坡度。

3. 平、立面综合选线与布置

在结合地形、地质条件布置出水管路时,通常会出现若干平面或立面转弯点,这些转弯点的转弯角和转弯半径的大小对出水管道的局部水力损失影响很大。因此,为了减小局部水力损失,《泵站设计规范》(GB 50265—2010)规定出水管道的转弯角宜小于 60°,转弯半径宜大于 2 倍的管径。当管道在平面和立面上均需要转弯,且位置相近时,宜合并成一个空间转弯角,以节省弯管数量和镇墩工程量。

8.2.2 出水管道布置与铺设

8.2.2.1 出水管道布置

压力管道常见的布置方式有以下几种:

(1)平行布置。管轴线互相平行,管线短而直,少转弯和曲折,水力损失小,安装方便,但机组台数多时出水池宽度较大。泵站机组少、单机流量大、扬程低和管道长度小的压力管道多采用此方式,如图 8-13 所示。

(2)管道收缩布置。泵后压力管道在泵房外镇墩后开始收缩,经联合镇墩后再平行

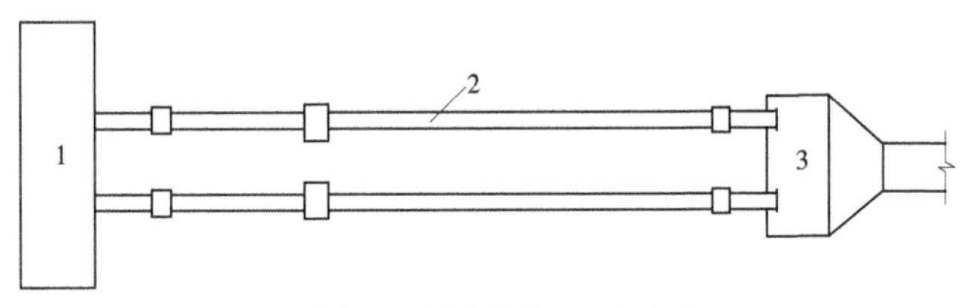

1—泵房;2—压力管道;3—出水池

图 8-13　压力管道平行布置

布置。这样可使管坡和出水池宽度较小,节省工程量和投资。常用于泵站机组和压力管道条数较多的情况,如图 8-14 所示。

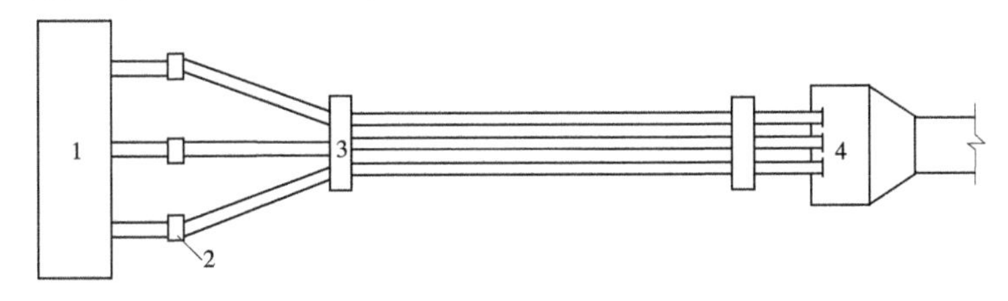

1—泵房;2—镇墩;3—联合镇墩;3—出水池

图 8-14　压力管道收缩布置

(3)管道串并连布置。高扬程多级泵站可以采用前后级机组直接串联的管道布置方式,这样做的最大好处是管道压力和投资较小。一般中小型泵站工程可采用单管串联方式,即将各级泵站机组的出水支管通过叉管段汇集于一根压力总管。对机组较多,或流量较大,或要求供水可靠性较高的大中型泵站工程,宜布置两根并联的压力总管,如图 8-15 和图 8-16 所示。

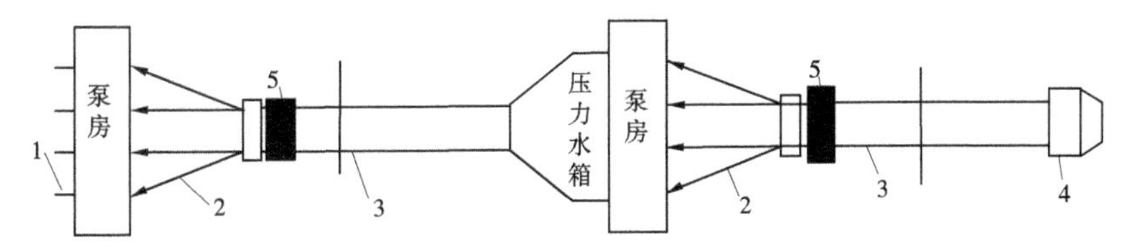

1—进水管道;2—汇流叉管;3—压力总管;4—出水池;5—压力总管联通阀

图 8-15　压力管道串并联布置

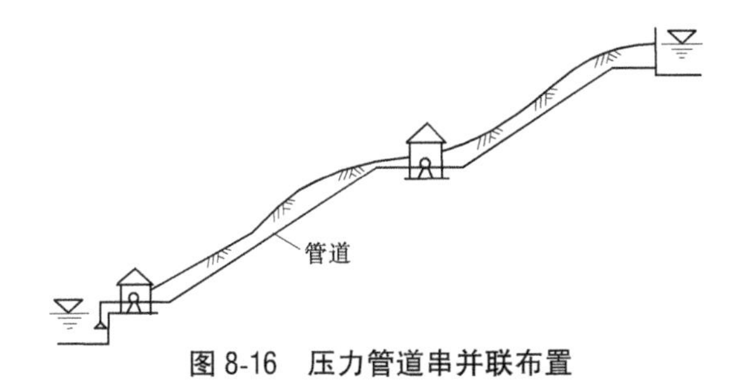

图 8-16　压力管道串并联布置

只有一台机组的多级泵站,可将前级水泵的出水管与后级水泵的进水管直接串联;对于多机组的多级泵站,则需采用分流岔管段将前级压力总管分接于后级各台水泵的进水管,或者采用压力水箱分水。

如果泵站并列布置两根压力总管,则应在压力总管首端用双向阀门将两条管道连在一起,互为备用,使站内的机组都能通过任一根压力总管供水,以提高供水的可靠性。两根压力总管联通后,在部分机组运行时,可降低总管内流速,减小水力损失,节省运行费用。

需要注意的是,串联管路泵站的水力过渡过程较复杂,必须认真进行泵站安全防护工程规划设计,采取的安全防护措施一定要可靠。

8.2.2.2　压力管道的铺设

1. 压力总管铺设方式

泵站室外压力总管的铺设方式通常分为明式铺设和暗式埋设两种。应根据管坡、地形地质、管材类型、管径大小等条件而定。

明铺管道如图 8-17 所示,其优点是便于安装和检修养护,但造价高,管内无水期间管壁受温度影响较大,需要经常性的维护,一般金属管道均采用明式铺设,当需要埋于地下时,必须进行表面防锈处理。

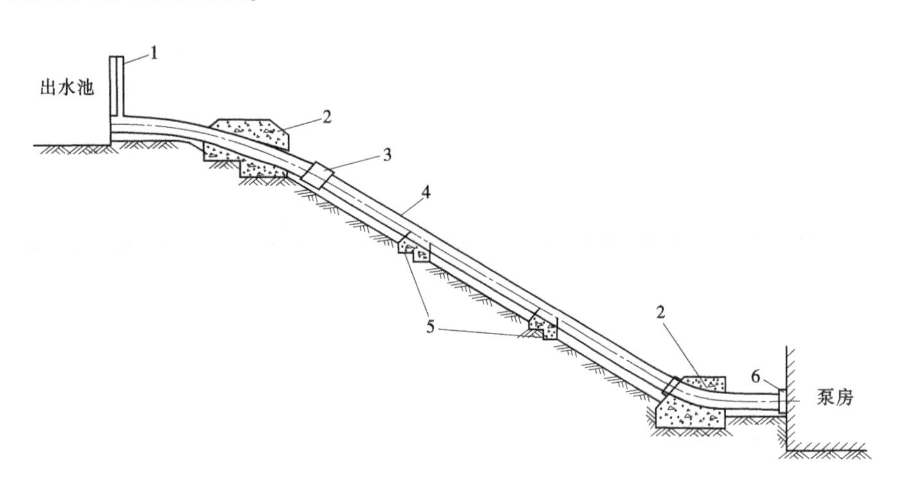

1—通气管;2—镇墩;3—伸缩节;4—钢管;5—支墩;6—穿墙软接头

图 8-17　压力总管明式铺设示意图

暗埋管道如图 8-18 所示,可分为有垫层与无垫层两种,常应用于石棉水泥管、钢筋混凝土管、钢筒水泥管、玻璃钢管以及管径小于 1 400 mm 的连续焊接钢管等的铺设,它受温度影响小,铺设费用省,但检修较困难。

2. 管道铺设基本要求

1)明铺管道

(1)为了防止管道产生位移,明管转角处和斜坡段必须设置镇墩。为避免管道受气温影响引起的纵向伸缩变形,两个镇墩之间的管段应设置伸缩节,以允许管段在温度应力作用下产生沿管轴线方向的微小伸缩,减小管壁内的温度应力。镇墩有开敞式和闭合式两种。开敞式是指将管道固定在镇墩的表面,闭合式是将管道埋置在镇墩内。大中型泵站出水管道一般都采用闭合式镇墩。为了加强管道与镇墩的整体性,需在一期混凝土中预埋螺栓和抱箍,待管道安装就位后浇于二期混凝土中。

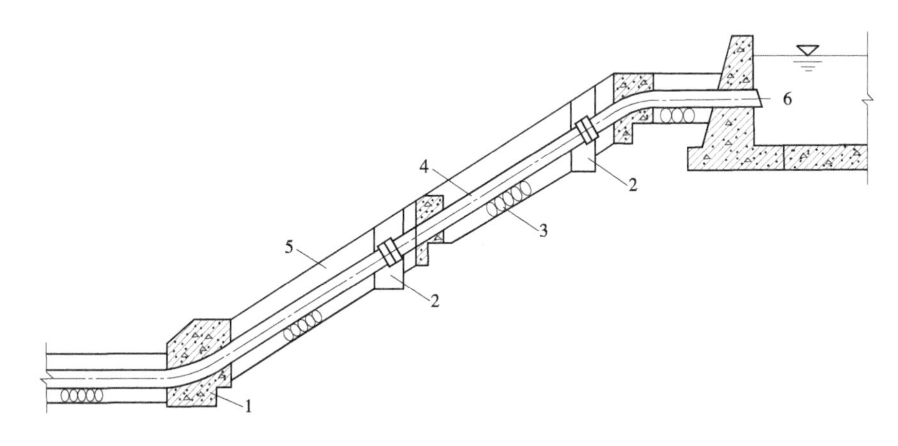

1—镇墩;2—伸缩节检修井;3—管床;4—压力管道;5—填土;6—出水池

图 8-18 泵站压力总管暗埋铺设示意图

(2)管道支墩的形式和间距应经过技术分析和经济比较确定。除伸缩节附近的支墩外,其他各支墩均采用等间距布置。支墩高度以便于进行焊接或填塞接头为准,其与管道的接触角应大于 90°,为了便于安装管道,每根管段至少应设一支墩,对于连续焊接的钢管,支墩间距可以大些。预应力钢筋混凝土管道应采用连续管座或每节设两个支墩。

(3)管间净距不应小于 0.8 m,钢管底部应高出管槽地面 0.6 m,预应力钢筋混凝土管承插口底部应高出管槽地面 0.3 m。

(4)管坡两侧以及挖方的上侧应设排水沟及截流沟,并采取防冲、防渗措施(如浆砌石护坡等);管道两侧土坡应设置适当的防护工程和水土保持工程。当管槽纵向坡度较陡时,应设人行阶梯便道,其宽度不宜小于 1.0 m。

(5)当管径大于或等于 1.0 m 且管道较长时,应设管道检查孔。每条管道设置的检查孔不宜少于 2 个。

(6)严寒地区冬季运行的管道,可根据需要采取防冻保温措施。

2)暗埋管道

(1)埋管管顶最小埋深应在最大冻土层以下。埋管上回填土顶面应设置横向排水沟和纵向排水沟。

(2)埋管宜采用连续座垫,圬工垫座的包角可取 90°~135°。

(3)管间间距不小于 0.8 m。

(4)埋入地下的钢管应做防锈处理;当地下水对钢管有腐蚀作用时,应采取防腐蚀措施。

(5)埋管应设检查孔,每条管道检查孔的数量不宜少于 2 个。

另外,在管道穿过泵房墙壁处宜设软接头,以防止因墙壁与管道产生不均匀沉陷而破坏管道;为了保证管道内压力稳定,在管道上端应设置通气管,以便在向管内冲水时排气,或在放空管道时补气。

3. 管道支撑方式

管道的支承方式因管材不同而异。钢筋混凝土管通常敷设在连续的素混凝土座垫或浆砌石管床上,如图 8-19 所示。其包角 α 以 90°、120° 或 135° 为佳。

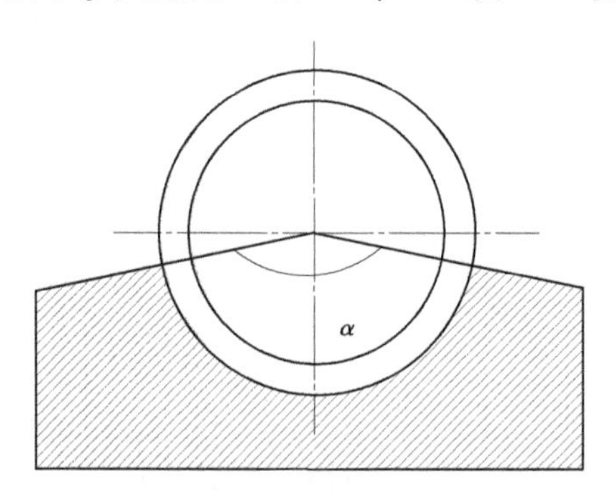

图 8-19　素混凝土连续管床

有时因地形地质条件所限,当坡度较陡、土质较差时,也有架在支墩上的。

对于铸铁管和钢管,一般均采用滑动鞍式支墩支承,如图 8-20(a)所示。管壁与支墩接触部位焊接加强钢板,钢板与支墩之间加柔性材料垫层,支墩材料为混凝土或浆砌石,支墩包角 $\alpha = 120°$ 。

为了减小管道于支墩间的摩擦力,当管径较大时,可在支墩顶部设置带注油槽的弧形钢板。当管径超过 1 000 mm 时,可直接采用环形滚动支墩,如图 8-20(b)所示。钢管支承部位焊支承环,通过滚轮或摆柱使支承环支承在混凝土上。

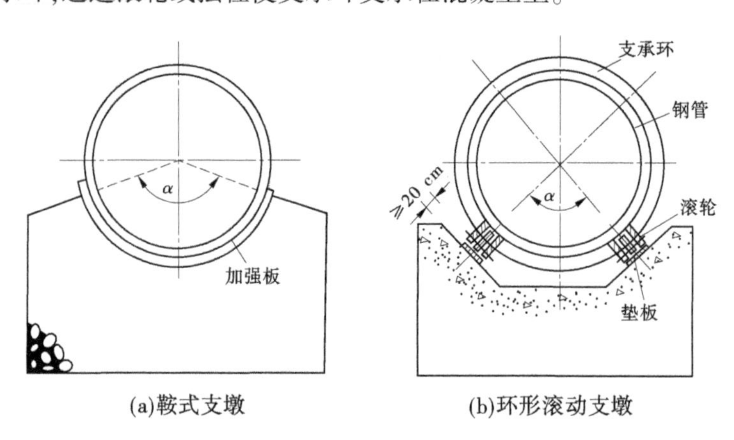

图 8-20　支墩

当沿管线地下水位较深时,也可将压力管道直接铺设在天然和人工的沙卵石层上或土质耐压较好的天然地基上。当管道铺设在填方或湿陷性黄土地基上时,必须对地基进行认真处理,以防管道漏水引起地基的不均匀沉陷而使管道破坏。

应特别强调的是,好多泵站的压力管线地下水位较高,许多长距离输水泵站的压力管道就是沿河槽或湿地(或水浇地)敷设的。对埋设于高地下水位地基中的大口径管道会承受很大的浮力,因此其埋置的关键技术不是地基的承载能力,而是管道中心以上回填土结构的抗浮剪切强度和抗浮变形能力能否保证管道的漂浮稳定。

8.2.3　管径确定

在高扬程、长管道的大型泵工程站中,出水管路工程的投资在总投资中所占比例很大,而管路工程投资主要是管道的投资,影响管道投资的重要因素之一就是管道的直径。另外,在泵站建成后的长期运行中,水泵机组需提供部分能量来克服管道的阻力损失,而由水力学理论可知,管道的阻力损失随管道直径的增大而减小。相应地泵站运行费用也随管径的增大而减小。因此,从工程建设投资的角度来看,管道直径越小越好,但从运行费用的角度出发,则管径越大越有利。

此外,对于多机组并联出水管道的泵站工程,由于泵站一般多数时间运行在非设计工况,即处于部分机组运行工况,管道流量在多数时间中会小于设计流量。而管道阻力损失近似地与管内流量的平方成正比减小,这样虽然会使管路效率略有提高,但造成水泵工作的向右偏移,水泵效率下降,故泵站装置效率降低,运行费用增加。当水泵工作的偏离过大时,水泵的汽蚀性能变差,可能产生汽蚀,引起机组振动和噪声增大,严重时不能正常运行。工程实际中已有两台水泵并联一根管道的高扬程、长管道泵站,因设计的管径偏小,出现了一台机组运行时水泵因发生汽蚀而不出水,两台同时运行时才出水的现象。

因此,在设计中,需要从泵站工程的建设投资、长期运行费用、机组运行稳定及安全等多方面综合考虑,合理确定管道的直径。

管径确定方法一般由年费用最小法、经验公式法、损失控制法等,现分别予以叙述。

8.2.3.1　**年费用最小法**

与管路工程有关的年费用包括两部分:年运行费和管路工程总投资的年折旧费。年运行费主要包括动力费(电费),管路工程维修养护费、大修理费、运行管理费等;年折旧费包括管道投资折旧费、管路土建工程和附属建筑物以及设备投资折旧费等。因为管径的小量变化对除电费和管道投资的折旧费以外的其他各项费用的影响很小,为了简化计算,均予以忽略,故在确定管径的年费用最小法中可以只考虑电费和管道投资折旧费两项。年费用计算公式如下:

$$E = E_1 + E_2 \tag{8-2}$$

式中　E_1——泵站主机组年运行电费(生产电费),万元;

E_2——压力总管道年折旧费,万元。

不同的管径 D 有不同的 E_1、E_2 值,因此也有不同的 E 值,由此可以绘出如图 8-21 所示的 E—D 关系曲线。其中 E 的最小值 E_{min} 对应的管径 D_e 即为所求的经济管径。以下分别介绍 E_1 和 E_2 的计算方法。

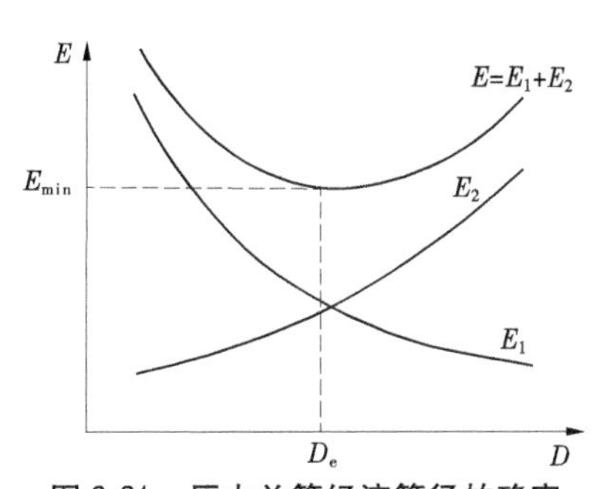

图 8-21　压力总管经济管径的确定

1. 年耗电费 E_1

泵站年耗电费是由年耗电量和电价决定的。影响年耗电量的因素很多,主要有年供(提)水量、供水流量(机组运行方式)、水位及泵站静扬程、管道直径等。各地电费价格不相同,泵站实际运行中需要缴纳的电费有:与供电容量有关的基本电费(设备容量占用费)、用电电费和无功罚款等。

年供水量应取泵站设计多年平均值。当进、出水池水位随季节有变化时,可将泵站年内供水时间分为若干段,取每个时段内的平均水位来计算泵站的平均静扬程。电价应采用《水利建设项目经济评价规范》(SL 72—2013)中的影子价格。

泵站年耗电量、电费按照设计的供水量、供水流量和运行时间、泵站静扬程、泵站装置效率或能源单耗以及电费单价来计算。

在拟定了计算时段、各时段的泵站静扬程、各时段内泵站机组不同并联运行方式的供水量等计算边界条件后,泵站的年平均耗电量和电费值就成为压力管道直径的单值函数,具体计算方法如下。

1)拟定不同的管径

标准管径级差为50 mm,初拟管径可按管内流速2 m/s和设计流量 Q 值选定一标准管径,即计算 $\sqrt{\frac{2Q}{\pi}} \approx 0.8\sqrt{Q}$ 并取整,再上下延伸2~3个管径级差,共拟定出5~7个试算管径。

2)划分计算时段

根据水位变化情况,将泵站年内运行时间划分为 i 段,使每个时段内的水位基本稳定,并确定各时段泵站的平均静扬程 H_{sti} 。

3)拟定供水量

在各时段内,根据规划的供水流量变化情况,再拟定不同的机组并联运行方式(台数) n_{ik} 和对应的供水量 W_{ik} ,并有

$$\left.\begin{aligned} W &= \sum W_i \\ W_i &= \sum_{1}^{k} W_{ik} \end{aligned}\right\} \tag{8-3}$$

式中　i——计算时段;

k——并联运行机组数量;

W_{ik}——第 i 时段 k 机组并联运行工况的供水量,万 m^3;

W_i——第 i 时段供水量,万 m^3;

W——设计年供水量,万 m^3。

4)计算各时段管路损失扬程曲线

管路损失扬程是管径和流量的函数,即

$$\Delta h = f(D,Q) \tag{8-4}$$

大型泵站的管路损失扬程不仅与管径和流量有关,还与管内水流的流态有关,水流流态取决于水流的雷诺数,雷诺数又与温度有关。各计算时段内的温度变化较小,取其平均值 T_i ,则管路损失扬程就成了只与管径和流量有关的比较复杂的隐函数关系。

根据拟定的管径,由式(8-4)即可计算出各计算时段的与拟定管径 D_j 对应的管路阻力损失与流量的关系曲线,即

$$\Delta h_{ij} = f_i(D_j,Q) \tag{8-5}$$

5)等效水泵工作点

将泵站静扬程和管道阻力损失曲线相加即得泵站装置需要扬程曲线。绘制机组各种组合运行方式、等效水泵装置曲线,并将装置需要扬程曲线绘制在一起,其交点参数(Q 和 H)就是各种运行工况和对应管径的水泵工作点,如图 8-22 所示。

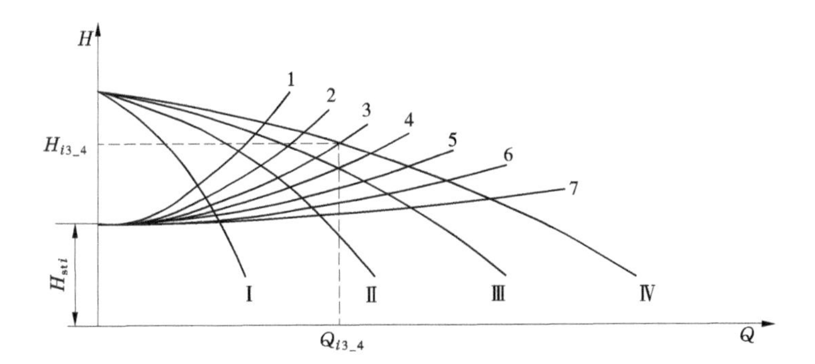

图 8-22　装置需要扬程曲线和等效水泵扬程流量曲线

图中曲线 1~7 为第 i 时段的水泵装置(压力总管)特性曲线,其方程为

$$H_i = H_{sti} + f_i(D_j, Q) \tag{8-6}$$

式中　H_{sti} ——第 i 时段泵站装置扬程,m;

$f_i(D_j, Q)$ ——压力总管损失扬程,m。

图中曲线Ⅰ~Ⅳ为第 i 计算时段内,并联运行机组台数分别为 1~4 台时的等效水泵装置(包括进、出水支叉管)的扬程与流量关系曲线。

曲线的交点即为水泵的工作点,如图中的交点(Q_{i3_4}, H_{i3_4})就是第 i 计算时段、对应于 $3^{\#}$管径和 4 台机组并联运行时的等效水泵的工作点。

6)装置效率和能源单耗

泵站装置效率为管路效率、水泵效率、电机效率和传动效率的乘积。电机效率和传动效率受管径或水泵工作点变化的影响很小,可以忽略。计算出等效水泵的工作点(Q_{ij_k}, H_{ij_k})后,进而就得到了各台水泵的工作点($Q_{ij\_k\_n}$, $H_{ij\_k\_n}$)和各台水泵的效率 $\eta_{ij\_k\_n}$,取各台水泵的扬程和效率的平均值分别为 $\overline{H}_{ij\_k} = \frac{1}{n}\sum_{1}^{n} H_{ij\_k\_m}$ 和 $\overline{\eta}_{ij\_k} = \frac{1}{n}\sum_{1}^{n} \eta_{ij\_k\_m}$,则泵站装置效率和能源单耗为

$$\eta_{stij\_k} = \frac{H_{sti}}{\overline{H}_{ij\_k}} \overline{\eta}_{ij\_k} \tag{8-7}$$

$$e_{ij\_k} = \frac{g}{3.6\eta_{stij\_k}} \tag{8-8}$$

式中　η_{stij_k}、e_{ij_k} ——第 i 时段、对应于第 j 管径和 k 台机组并联运行时的泵站装置效率(管路效率和水泵效率之积)和能源单耗,kW · h/ktm。

7)年用电总量

年用电总量计算公式为

$$
\left.\begin{aligned}
P_{c} &= \sum P_{ci} \\
P_{ci} &= \frac{10^{-6}}{3.6}\rho g H_{sti} \sum_{j} \sum_{k} W_{ik}/\eta_{stij\_k} \\
P_{ci} &= 10^{-3}\rho g H_{sti} \sum_{j} \sum_{k} e_{ij\_k} W_{ik}
\end{aligned}\right\} \tag{8-9}
$$

式中　P_{ci}——第 i 时段用电量,万 kW · h;

P_{c}——年用电总量,万 kW · h;

ρ——水的密度,可近似取 $\rho = 1\ 000\ kg/m^3$;

g——当地重力加速度,m/s^2;

其他符合意义同前。

8)年电费总额

$$E_1 = C_{电} P_c \tag{8-10}$$

式中　$C_{电}$——国民经济分析电价,元/(kW · h)。

2. 压力总管折旧费

$$E_2 = \gamma C_0 \tag{8-11}$$

式中　γ——压力总管道和管路工程的综合年折旧率;

C_0——压力管路工程总投资,万元,简化计算时,可以只计压力总管道投资。

3. 确定经济管径 D_e

E_1、E_2 和 $E = E_1 + E_2$ 都是管径 D 的单值函数,令 $\frac{dE}{dD} = 0$,可解得经济管径 D_e。

8.2.3.2　经验公式法

年费用最小法确定的经济管径 D_e 比较准确,但计算比较烦琐,一般用在初步设计阶段,可以编写简单程序计算。可研阶段也可以采用经验公式初步确定管径,即

$$D = K\sqrt{Q} \tag{8-12}$$

式中　D——管径,m;

Q——流量,m^3/s;

K——经验系数,钢管的 $K = 0.71 \sim 0.92$,根据单位长度管道价格和流量大小选用,一般管道单价低和过水流量大时取大值,反之则取小值。

8.2.3.3　损失控制法

就高扬程泵站来讲,静扬程占水泵总扬程的绝大部分,但占比较小的损失扬程却是引起水泵工作点变化的主要因素。对于管路较长、装机较多、采用并联管路的泵站工程,由于阻力损失近似与流量的平方成正比,所以单机和满负荷运行时的管路损失有很大差值,即水泵运行工作点移动范围很大。这种情况下,管径的确定不再是个纯经济问题,而是要控制管路损失扬程值,将水泵运行的工作点控制在适当的范围以内,以便使机组能够高效、稳定和安全地运行。

损失扬程的控制幅度与水泵的类型、汽蚀性能特性曲线和效率特性曲线等因素有关。根据选择的水泵产品,在保证水泵不发生汽蚀危害的前提下,应以效率指标来控制损失扬程变幅值。

工程实践中一般可按效率(相对最高效率)下降 1%～3%来控制水泵和管路损失扬程 Δh。对高扬程、大流量的离心泵站取小值,对长管路、小流量泵站取大值。

确定了损失扬程控制 Δh 值之后,根据设计流量 Q 值,由式(8-13)反算出管道直径,即

$$D = f^{-1}(\Delta h, Q) \tag{8-13}$$

8.2.4　管材选择

传统供水管材主要有钢管、球磨铸铁管、铸态球墨铸铁管、预应力钢筋混凝土管、自应力钢筋混凝土管和连续浇铸铸铁管六种。

(1)连续浇铸铸铁管工艺在 20 世纪 80 年代以前得到大量应用,其优点是制造工艺简单、生产速度快、产量高,但致命缺点是由于管道易爆和破裂,酿成许多事故,经事故分析认为与管道的制造工艺有关,因为在生产过程中,不可避免地在管外壁产生过冷区,使这个部位的材质变脆,强度较别处低,又由于工艺的性质,整个管体组织比较疏松,易生气孔,这都是该工艺的固有缺点。因此,20 世纪 80 年代中、后期已很少使用灰铸铁管,而改用自应力混凝土管和预应力混凝土管。

(2)自应力钢筋混凝土管在国内应用很少,主要是由于其存在后期膨胀问题,易引起管壁材质变疏松,与其相近的还有石棉水泥管,因本身材质不耐碰撞、易于损坏、抗震性极差,现两者均已被淘汰。

(3)预应力钢筋混凝土管和预应力水泥管 20 世纪 80 年代后期曾在泵站工程中得到广泛的应用,其优点是节约金属,埋设在正常土质下无须内外防腐,价格便宜,而且是柔性接口,实践证明抗震性能较好。但缺点也是明显的,笨重、搬运损坏率高、缺乏配套管件,另外有几个问题也日益在应用中显露出来:

①环筋锈蚀引起爆管。在腐蚀性地带如盐碱地带、海滨地区或部分非强腐蚀地区,常发生因环筋锈蚀而引起的爆管事故。分析其原因主要有两个:其一是由于水泥浆保护层是后期喷涂的,与预制的芯管材料结合不好,难免水分或湿气渗入,使预应力钢筋氧化锈蚀,导致钢筋破断和爆管事故;其二是由于水泥的吸水性,使水分极易浸入水泥与钢筋的接合面并锈蚀钢筋,同时由于水泥是脆性材料,易引起突发事故。

②水力性能差,能耗高。预应力钢筋混凝土管后期的糙率系数 $n = 0.013 \sim 0.014$,相对最高。从制造工艺分析,因其芯管大都采用离心法成型,混凝土的水灰比较大,在离心力的作用下,粗骨料偏靠管的外壁,而管内壁则由于细骨料和水分的析出,其强度和耐腐性较差,当管内受水流长期冲刷和浸泡后,内壁可能发生磨损和剥蚀,故后期糙率系数和水头损失增大。

③水泥砂浆衬里在某些情况下会对水质产生不利影响,试验证明,如砂浆受到能溶解石灰的水侵蚀会导致砂浆流失、砂浆受损、水被碱化、pH 升高、水消毒的氯耗增加、消毒效果受到一定影响。

④管件不配套。管道通常选用铸铁管件,两者的承压能力、使用寿命、耐蚀状况不一样,因此埋下事故隐患。

(4)铸态球墨铸铁管。

铸态球墨铸铁管和球墨铸铁管都是将铸铁球化处理后采用离心法浇铸而成,只是在工艺制造上前者不进行退火处理,而后者要经过退火处理。

铸态球墨铸铁管的性能比一般灰铁管高一些,但质量与球墨铸铁管还是相差不少,它只是一个过渡产品,随着球墨铸铁管产量的增长,规格不断全面,人们的质量意识不断提高,其已被逐渐淘汰。

目前,在大中型泵站工程中,以上几种传统管材基本上不再使用,而应用较多的管材有钢管、球墨铸铁管、钢筒混凝土管和玻璃钢管四种管材,现分别予以介绍。

8.2.4.1　钢管

钢管按是否有缝,分为无缝钢管和焊接钢管。无缝钢管的管壁比较厚,管径较小,而且生产成本,特别是大口径无缝钢管的生产成本相对较高。在泵站工程中应用很少。

焊接钢管生产工艺简单、生产效率高、成本较低。焊接钢管精度高、壁厚均匀、管内外表面光洁度高、可任意定尺。因此,它在泵站工程中得到了较广泛的应用。现主要介绍焊接钢管的特点。

焊接钢管按焊缝的形式分为直缝焊管和螺旋焊管。

1. 直缝焊管

用热轧或冷轧钢板或钢带卷焊制成的钢管在焊接设备上进行直缝焊接得到的管子都叫直缝焊管,由于钢管的焊接处成一条直线故而得名。

直缝焊管生产工艺比较简单,主要有高频直缝焊管和埋弧焊直缝焊管。

高频直缝焊管是通过高频焊接机组将一定规格的长条形钢带卷成圆管状并将直缝焊接而成钢筋。高频焊是一种感应焊(或压力接触焊),它无须焊缝填充料,无焊接飞溅,焊接热影响区窄,焊接成型美观,焊接机械性能良好等。钢管的形状可以是圆形的,也可以是方形或异形的,它取决于焊后的定径轧制。高频焊管管形好,壁厚均匀,焊接产生的内外毛刺通过相应刀具刮平,在线通过无损检测严格控制焊缝质量,自动化程度很高,生产效率高,生产成本低廉。但壁厚相对较薄,管径相对较小。

直缝埋弧焊钢管具有一条纵向焊缝,内、外焊缝均采用一道埋弧焊焊成。经过整体机械扩径处理,钢管内部应力小且分布均匀,可有效防止应力腐蚀开裂,尺寸精度高,便于现场焊接施工。采用先预焊后精焊的工艺,焊接过程稳定,焊缝质量高。焊缝易于实现生产过程中的无损探伤和使用过程中野外的无损探伤复查。产品规格范围大,既可生产小直径、大壁厚的钢管,可生产大直径、大壁厚的钢管。管径受钢板宽度的制约,一种宽度的钢板只能生产出一种直径的钢管。

2. 螺旋焊管

螺旋焊管是将低碳碳素结构钢或低合金结构钢钢带按一定的螺旋线的角度(叫成型角)卷成管坯,然后将管缝焊接起来制成,它可以用较窄的带钢生产大直径的钢管。螺旋焊管有单面焊的和双面焊的。

螺旋埋弧焊管焊缝呈螺旋线分布,焊缝较长,与相同长度的直缝管相比,焊缝长度增加30%~100%。螺旋埋弧焊管没有母材100%超声波探伤、扩径等工序,焊缝自动跟踪困难,成型、焊接均在连续运转的动态下完成,可实现连续生产;能用较窄的坯料生产管径较大的焊管,还可以用同样宽度的坯料生产管径不同的焊管。螺旋埋弧焊管处于动态条件下焊接时,焊缝还来不及冷却就离开了成型点,极易产生焊接热裂纹。裂纹的方向和焊缝平行,和钢管轴线成一定夹角,一般为 30°～70°。这个角度刚好与剪切破坏角度相一致,因此其抗弯、抗拉、抗压和抗扭性能远不如直缝埋弧焊管,同时由于焊接位置限制,产生的马鞍形和鱼脊形焊缝影响美观。另外,施工过程中,螺旋焊母管节点处的相贯线焊缝割裂了螺旋缝,产生较大的焊接应力,因而大大削弱构件的安全性能。

3. 强度对比

从焊接工艺而言,螺旋焊管与直缝焊管的焊接方法(埋弧焊)一致,但直缝焊管不可避免地会有很多的丁字焊缝,因此存在焊接缺陷的概率也大大提高,而且丁字焊缝处的焊接残余应力较大,焊缝金属往往处于三向应力状态,增加了产生裂纹的可能性。

螺旋焊管的管子在承受内压时,在管壁上会产生两种主要的应力:一种是径向应力 δ_Y,另一种是轴向应力 δ_X。螺旋焊缝处合成应力是直缝焊管主应力的 60%～85%。在相同工作压力下,同一管径的螺旋焊管比直缝焊管壁厚可减小。螺旋焊管发生爆破时,由于焊缝所受正应力与合成应力比较小,爆破口一般不会起源于螺旋焊缝处,其安全性比直缝焊管高。当螺旋焊缝附近存在与之相平行的缺陷时,由于螺旋焊缝受力较小,故其扩展的危险性也会比直焊缝小。因为径向应力是存在于钢管上的最大应力,所以焊缝处于垂直应力这一方向时承受最大载荷,即直缝承受的载荷最大,环向焊缝承受的载荷最小,螺旋缝介于二者之间。

4. 综合比较

(1)螺旋钢管的制造工艺决定其残余应力较大,据国外有关资料记载,有些甚至接近屈服极限,直缝埋弧焊钢管因采用扩管工艺,残余应力接近零。

(2)螺旋焊缝焊接跟踪及超声波在线检测跟踪均较困难,因此焊缝缺陷超标概率高于直缝埋弧焊管。

(3)螺旋钢管焊缝错边量多数在 1. 1～1. 2 mm,按照国际惯例错边量要小于厚度的 10%,当管道壁厚较小时,错边量难以满足要求,而直缝埋弧焊管无此问题。

(4)与直缝埋弧焊管相比,螺旋焊缝流线较差,应力集中现象严重。

(5)螺旋埋弧焊钢管热影响区大于直缝埋弧焊钢管的热影响区,而热影响区是焊管质量薄弱环节。

(6)螺旋焊钢管几何尺寸精度差,给现场施工(如对口、焊接)带来一定的困难。

(7)同样直径,螺旋焊钢管能达到的厚度远小于直缝埋弧焊钢管。

两种焊接钢管质量比较见表 8-4。

5. 应用趋势

国内外的长输管道主要采用螺旋焊管与直缝焊管。在应用的可靠性方面,随着管道工业的发展,对钢管可靠性要求越来越高,而螺旋焊管由于其制造本身无法克服的缺陷,使其难以满足客观发展的要求,因此国外的许多管道公司在规范中明确规定,油气管道在一定尺寸范围内禁止使用螺旋焊管。至今世界各国在油气管道输送中基本上已不再采用螺旋焊接钢管,国际上许多大石油公司及管道公司已经不允许在油气管道上选用螺旋埋弧焊钢管。

目前泵站工程中较小口径的焊管大都采用直缝焊管,大口径焊管则大多采用螺旋焊管。

钢管由于其材质较轻、强度高、韧性好,可以承受较高内压,制造使用灵活,并且能适应复杂或恶劣的地质条件,因此得到了广泛的应用。但由于其内外防腐处理麻烦,整体造价高,就目前各种管材发展情况看,为了节约金属,钢管似有被其他管材取代的趋势,只有在特殊需要或其他管材难以替代的场合,采用钢管(如水泵进出水支、岔管等)。

表 8-4　两种焊接钢管质量比较

管材	主要优缺点	
螺旋埋弧焊钢管	优点	①冲击值的各向异性,使其开裂的最大驱动方向避开了最小断裂阻力方向。 ②由于强度的各向异性,使其垂直螺旋焊缝方向的强度薄弱方向避开了主应力方向
	缺点	①没有母材的 100%无损检测,管体的内在质量难保证。 ②丁字焊缝存在缺陷的概率较高。 ③焊管生产线较长,母材压坑,划伤等缺陷较多。 ④边成型边焊接的动态生产工况易产生错边、开缝、管径变化以及动态工况加上在空间曲面上的焊点位置的影响,易产生各种焊接缺陷。 ⑤存在较复杂的残余应力,如成型卷曲过程中产生的弯曲应力、扭曲应力以及自由边变形较充分,递送边被迫变形产生的应力,内、外焊接产生的残余应力等,其残余应力的分布、量值大小变化较大,螺旋缝焊管又不易消除残余应力,因此影响管线的寿命。 ⑥焊缝长,为管长的 1.3~2.3 倍,增加产生缺陷的概率。 ⑦焊速较高,产生焊接缺陷的概率高。 ⑧输送酸性天然气时会损坏埋弧焊缝
直缝埋弧焊管	优点	①母材的 100%超声检测,保证了管体的内在质量。 ②没有拆卷:圆盘剪的工序,母材压坑、划伤少。 ③焊接是在成型完成后,在水平位置沿直线进行的,因此错边、开缝、管径周长控制较好,焊接质量优良。 ④消除应力后的成品管基本上不存在残余应力
	缺点	①主应力方向和垂直焊缝的强度薄弱方向一致。 ②开裂的最大驱动方向和最小断裂阻力方向一致

6. 输水钢管主要技术问题

钢管在应用时的主要技术问题是外防腐和内壁处理问题。

外防腐质量的好坏直接影响其使用寿命。目前外防腐主要为遮盖型做法,对于钢管均要求为加强型或特别加强型外防腐;有部分地区推行阴极保护。对于遮盖型的外防腐办法一般为喷涂防腐涂料,如石油沥青、环氧煤沥青等,后者在低温时不易固化,而且在现场焊口施工时问题更多,原先曾用过过氯磺化聚乙烯,由于溶剂大多,易生针孔,抗击穿不合格,部分地区明确不再使用。采用阴极保护措施的防腐效果比较好,但在运行中必须定期更换阳极，增大了运行费用和工作量。

内壁处理一般采用的方法有三种：防腐涂料、树脂砂浆、水泥砂浆。三种办法都存在两个问题：第一是防腐层与钢管的黏结强度问题。对于防腐涂料和树脂砂浆两种方法都要求钢管内表面完全除锈才能施工，但这点很难做到完好。因此，锈点部位就成了日后分层剥离的起源，形成腐蚀和结垢，另外水泥砂浆对水质还有一定的影响。第二是钢管绝大多数都是现场对焊施工，在焊完后进行防腐。只能是人工进行，质量不易控制，而且对于直径较小的管，由于人员无法进去施工，就不再防腐了，造成了日后焊缝破坏的隐患。根据以前钢管的爆管事故分析，主要是焊缝质量不高或焊缝腐蚀造成的。

8.2.4.2　球墨铸铁管

球墨铸铁管是一种经过球化和孕育处理铁水后，采用离心法浇筑而成的管道。由于经过处理的铁水石墨结晶体呈球状，故称球墨铸铁（见图 8-23）。

我国从 20 世纪 80 年代中期开始引进球墨铸铁管生产线，自行研制的球墨铸铁管离心铸造设备生产了 ϕ2 600 mm 铸管，其中正常批量生产的球墨铸铁管已经达到 2 200 mm。

图 8-23　球墨铸铁管

球墨铸铁管的优点非常明显，其强度和韧性堪与钢管媲美，耐冲击、耐振动、耐腐蚀，比钢管好。其与钢管的主要性能指标比较见表 8-5。

表 8-5　球墨铸铁和钢管的各项指标比较

名称	单位	球墨铸铁管	钢管
抗拉强度	MPa	≥420	≥420
抗弯强度	MPa	≥600	≥410
屈服极限	MPa	≥300	≥300
冲击韧性	J/cm^2	50~100	50~100
伸长率	%	≥10	≥10
压扁值		1/4	1/4
弹性模量	GPa	1.40~1.54	2.06
绝对粗糙度	mm	0.06~0.1	0.03~0.1

球墨铸铁管的主要缺点为:①造价高,只比钢管略低。②耐腐蚀性虽然比钢管要好,但其管壁较薄,埋设在土壤中受蚀穿孔的速度比灰铸铁管快得多,若外防腐做得不够,几乎在5~8年内就发生腐蚀穿孔,而管材在腐蚀土壤中的受腐蚀速度达0.5~1.5 mm/年。因此,球墨铸铁管的外防腐非常关键,但这点在生产、施工、安装中不易保证,故难免有事故隐患。③其内衬一般为水泥砂浆涂敷。由于水泥与铸铁性能差异较大,在外冲击、内压、温度变化等条件下,水泥砂浆衬里更易裂纹,导致水分渗入甚至剥落,造成水阻增大,影响水质。④工作压力较小。DN100~300时,允许最大工作压力为4 MPa;DN350~600时,为3MPa;大于DN700时,为2.5 MPa。国外规定更小,如日本规定不得大于1 MPa。

上述两种传统管材,即钢管和球墨铸铁管,对水锤作用的承载能力较差,容易引起重大事故。水锤的产生原因是多方面的,比如排气阀设置不当或失灵、突然停机和机组启动、阀门的快速启闭等都会引起水锤作用,即压力的突降或突升,压力升降幅度与管材的环向拉伸弹性模量,管壁厚度与管径的比值有关,由于传统管材不是环向拉伸模量很大,就是管壁很厚,或者两者兼而有之,造成水锤压力变幅较大,超过了管材自身承载能力就会发生破坏事故。

8.2.4.3　预应力钢筒混凝土管

1. 预应力钢筒混凝土管的发展

预应力钢筒混凝土管的生产和应用,至今已有70多年历史。1939年法国邦纳管道公司首先设计并制造了预应力钢筒混凝土管(PCCP)。20世纪40年代,欧美竞相开发PCCP。美国是生产和使用PCCP最多的国家,迄今为止,美国已使用PCCP管道28 000 km,最大管径达7 600 mm。除美国外,目前PCCP已在美洲、欧洲、非洲及亚洲的10多个国家得到广泛使用。我国开发研制生产PCCP起步较晚,20世纪80年代才开始研制。经过自主研发,引进技术与设备消化,产品已能完全国产化。

2. 预应力钢筒混凝土管特性

预应力钢筒混凝土管是一种新型的刚性管材,带有钢筒的高强度混凝土管芯缠绕预应力钢丝,喷以水泥砂浆保护层,采用钢制承插口,与钢筒焊在一起,承插口有凹槽和胶圈,形成了滑动式胶圈的柔性接头,是钢板、混凝土、高强钢丝和水泥砂浆几种材料组成的复合结构,具有钢材和混凝土各自的特性。根据钢筒在管芯中位置的不同,可分为两种:内衬式预应力钢筒混凝土管(PCCPL)(见图8-24)和埋置式预应力钢筒混凝土管(PCCPE)。PCCP具有以下主要特点:

(1)具有合理的复合结构,承受内外压较高,防渗性能好。

PCCP属于工厂化生产,钢板卷成管状,经过打压试验,可保证其管身的不透水性能。管件接口采用钢环承插口,钢环与管身钢管焊接。钢环承插口的加工精度较高,承插口嵌入橡胶圈,可防止渗漏。

(2)适应地基变形和抗震能力强。

由于PCCP的半刚性接头使管道既有一定的刚性,又有一定的柔性,使其能转一定的角度(一般为1°~3°)。这种特性使其不仅具有一定的适应地基不均匀沉降的能力,而且能够适应管线一定程度的弯曲,即可采用管道折转的方式减少管线弯管数量。

(3)耐腐蚀性能好。

图8-24　内衬式预应力钢筒混凝土管(PCCPL)

由于构成PCCP的所有钢材都被密实的混凝土所包裹,经防腐处理的承插口安装后其外露部位又用砂浆灌注封口,混凝土或砂浆提供的高碱性环境使得构成PCCP内部的钢材钝化,从而防止其腐蚀,故其防腐性能比较好。

(4)通水能力较强。

PCCP内表面非常光滑,不形成瘤节,表面不结垢,阻力系数较小,故具有较高的通水能力。

(5)安装维护方便、经济可靠。

PCCP有其独特的复合结构和接头形式,又采用橡胶圈受压反弹密封机制,产品在工厂中质量得到控制;现场施工工艺简单,维护工作量很小;管路损失小,输水成本低,使用寿命长,经久耐用。

(6)使用范围广。

PCCP广泛用于长距离输水干线、压力倒虹吸、城市供水工程、工业有压输水管线、电厂循环水工程下水管道、压力排污干管等。

3.预应力钢筒混凝土管的缺陷

PCCP受工艺、设备、人员、管理等多种因素影响,生产过程中难免会出现缺陷,主要有:①标准PCCP管道。管芯混凝土内壁水印;管芯混凝土外表面裂纹;管芯混凝土蜂窝、麻面、锚固块开裂和破坏;缠丝接头数量超标;缠丝接头绞绕、密绕;承插口倒角超标;砂浆保护层空鼓、冻伤、碰伤;承插口局部碰伤等。②配件。焊接缺陷、保护层裂缝、保护层空鼓、承插口局部圆度超标等。

1)内壁塌落和纵向裂纹

内壁塌落发生在PCCPL中。一般是由于钢筒内壁处理不干净(油渍等)所致;纵向裂纹往往发生在管芯内壁。其产生的主要原因是成型后混凝土未及时采取养护措施,失水或降温过快。

2)空鼓和分离

这种质量缺陷也是发生在PCCPL中。主要表现为钢筋和内壁混凝土之间产生了裂隙,用小锤轻击钢筒表面,有空鼓的声音。这种质量缺陷常常出现在用于固定钢筒的橡胶垫所处位置附近,可能与橡胶垫的性能、尺寸及配置数量不合理有关。另外,水泥强度过低,导致混凝土的初始结构强度低,也会引起此种缺陷。

3)钢筒失圆、凹陷、变形

这些质量缺陷一般都是由于钢筒制作、搬运过程中不能严格按工艺技术要求操作而导致的缺陷,如碰撞、置放于凹凸不平的地面等。一般在成型前应处理这些缺陷后方能入模成型。但对于已经成型后的管芯出现的局部凹陷、失圆,会导致该部分在缠丝后无法在管壁上建立有效预应力的现象。

4)保护层脱落

保护层脱落是采用卧式喷浆时常出现的一种质量缺陷。产生的主要原因是:①砂浆配合比不合理;②辊射轮转速和间隙不合理导致保护层密实度低;③射程过远;④摆放时冲击过大,特别是一些口径较大的管材,采用卧式喷浆是不合理的。

5)端面倾斜

国标上对 PCCP 的端面倾斜有明确的要求,一般而言,对于 PCCPL,只要钢筒的端面倾斜未超过标准要求,那么管子就能达到标准要求。但对于立式成型的 PCCPE 而言,由于顶部钢筒处于自由状态,因此即使钢筒的端面倾斜未超过标准要求,如果装模时控制不好,那么就会导致管子端面出现倾斜超标准的问题。

8.2.4.4　玻璃钢夹砂管道

1.玻璃钢管道的发展

纤维缠绕玻璃钢管(FRP)诞生于 1948 年,1950 年第一根聚酯 FRP 用于石油工业,并逐步用于化学工业和军用工业。1954 年,FRP 实现商品化生产,从此诞生了 FRP 工业。

20 世纪 50 年代是 FRP 发展的早期,这个时期的特点是应用领域相继拓宽,化学、石油及各个工业领域都在试验应用 FRP 管道,应用的结果证明,FRP 管道的耐腐蚀性能比传统材料好得多,轻质高强、安装维修费用低、使用寿命长,运行周期内的总成本也比传统材料低,显示出了一系列的突出优点,从而为 FRP 管道工业的发展奠定了良好的基础。

图 8-25　纤维缠绕玻璃钢管(FRP)

20 世纪 70 年代,美国给水工业协会颁布了玻璃钢管标准 AWWA C950,从而 FRP 管道进入了大规模工业生产阶段,产业基础形成,其后该标准经过多次修订和补充,95 版被认为是世界上最具权威性的玻璃钢管标准,得到广泛认同和采用。80 年代,FRP 管道已经是通用的 FRP 制品。FRP 的生产和应用已完全成熟。

纤维缠绕夹砂玻璃钢管诞生于 70 年代,夹砂管的出现,是对玻璃钢管大规模应用的一大促进。纯纤维缠绕玻璃钢管的优点是比重小、强度高、耐腐蚀性能优良。但其应用于工程时,常表现为壁厚薄、强度富裕量大、刚度低、总价高等缺陷,从而在很多领域的应用受到了限制。夹砂玻璃钢管是在纯玻璃钢管的中间,引入树脂砂浆层,形成新的层合结构体,从而在保留原玻璃钢管所有优点的基础上,既提高了刚度,又降低了成本造价。在低内压高外压的 FRP 实例中,外压作用下的管壁中心附近区域的正压力很小,由树脂砂浆层承担,而高的应力区则由位于管壁两侧的纯纤维缠绕区承担,充分体现了复合材料的可设计性和物尽其用的特点。因此,在全世界范围内得到了迅速发展,目前在大口径 FRP 管道中绝大多数采用该种结构工艺。

2. 玻璃钢管的构造

在玻璃钢管中,拉伸强度很高的玻璃纤维起着增强作用,而耐压、耐磨性较强的合成树脂则作为基体材料粘接纤维,使其起共同的成型和承载作用。

玻璃钢管道的管壁结构,通常由结构层和内衬层两部分组成。

结构层——由按设计缠绕角交叉缠绕的连续玻璃纤维粗纱作为增强骨架,以邻苯型或间苯型不饱和聚酯树脂作为粘接基体。其中,玻璃纤维的重量占 65%~70%,树脂的重量占 30%~35%。为加强结构刚度,在玻璃纤维缠绕层中间,可以增加树脂砂浆层。

内衬层——为防腐防渗层,由两部分组成:

(1)内表面层——是跟介质接触的最内层,为耐蚀和第一道防渗层,树脂含量在 90% 左右。

(2)次内层——由短切纤维织物增强,耐蚀树脂组成,含胶量可达 70%以上,厚约 2 mm,是防止介质渗透的第二道屏障。

玻璃钢管的连接,一般采用承插式或法兰对接,以优质橡胶密封圈做止水防漏。

3. 纤维缠绕夹砂玻璃钢管的优点

(1)耐腐蚀性好,对水质无影响。

玻璃钢管道能够抵抗酸、碱、盐、海水、未经处理的污水、腐蚀性土壤或地下水及众多化学流体的侵蚀。其非磁性、无电腐蚀,防水性能好,可在潮湿环境或水中长期使用而不会变质。

对夹砂玻璃钢管道而言,更多的是在市政、城市输配水管网方面的应用,由于其具有无毒、无锈、无味、对水质无二次污染、无须防腐、使用寿命长、安装简便等优点,因此在给排水行业得到了广泛使用。

(2)防污抗蛀。

不饱和聚酯树脂的表面洁净光滑,不会被海洋或污水中的甲贝、菌类等微生物玷污蛀附,故不致增大糙率,减小过水断面,增加运行维护费用。玻璃钢管道无这些污染,长期使用洁净如初。

(3)耐热性、抗冻性好。

在-30 ℃状态下,仍具有良好的韧性和极高的强度,可在-50~80 ℃内长期使用,采用特殊配方的树脂还可在 110 ℃以上的温度下工作。

(4)自重轻、强度高、运输安装方便。

采用纤维缠绕生产的夹砂玻璃钢管道,其比重为 1.65~2.0 t/m^3,只有钢的 1/4,但玻璃钢管的环向拉伸强度为 180~300 MPa,轴向拉伸强度为 60~150 MPa,近似合金钢。因此,其比强度(强度/比重)是合金钢的 2~3 倍。这样它就可以按用户的不同要求,设计成能承受有各种内、外压力要求的管道。对于相同管径的单重,FRP 只有碳素钢管(钢板卷管)的 1/2.5、铸铁管的 1/3.5、预应力钢筒混凝土管的 1/8 左右,因此运输安装十分方便。玻璃钢管道每节长 12 m,比混凝土管可减少 2/3 的接头。它的承插连接方式使其安装快捷简便,同时降低了吊装费用,提高了安装速度。

(5)摩擦阻力小,输送能力强。

玻璃钢管内壁非常光滑,糙率和摩阻力很小。糙率系数 n 值为 0.008 4,而混凝土管的 n 值为 0.014、铸铁管的 n 值为 0.013。因此,玻璃钢管能显著减少沿程流体压力损失,提高输送能力。

(6)电热绝缘性好。

玻璃钢是非导体,管道的电绝缘性特优,绝缘电阻为 1 012~1 015 Ω·cm,最适应适用于输电、电信线路密集和多雷区;玻璃钢的传热系数很小,只有 0.23 W/(m·K),是钢的 5‰,管道的保温性能优异。

(7)耐磨性好。

把含有大量泥浆、砂石的水装入管子中进行旋转磨损影响对比试验。经 300 万次旋转后,检测管内壁的磨损深度如下:用焦油和瓷釉涂层的钢管为 0.53 mm,用环氧树脂和焦油涂层的钢管为 0.52 mm,经表面硬化处理的钢管为 0.48 mm,玻璃钢为 0.21 mm,由此可以说明其相当耐磨。

(8)维护费用低。

玻璃钢管由于具有上述的耐腐、耐磨、抗冻和抗污等性能,因此工程不需要进行防锈、防污、绝缘、保温等措施和检修。对地埋管无须做阴极保护,可节约大量的工程维护费用。

(9)适应性强。

玻璃钢管可根据用户的各种特定要求,诸如不同的流量、不同的压力、不同的埋深和载荷情况,设计制造成不同压力等级和刚度等级的管道。

(10)工程寿命长,安全可靠

实验室的模拟试验表明,玻璃钢管道寿命可长达 50 年以上。

(11)工程综合效益好。

综合效益是指由建设投资、安装维修费用、使用寿命、节能节钢等多种因素形成的长期性效益。玻璃钢管道的综合效益是可取的,特别是管径越大,其成本越低。进一步考虑埋入地下的管道可使用好几代,又无须每年检修,更可以发挥它优越的综合效益。

4. 玻璃钢夹砂管道产品常出现的问题

1)几何外观问题

几何外观问题主要表现在:管外观粗糙不平;管内壁有皱纹,尤其是在承口附近内壁有皱纹;管的内外表面出现白斑;管壁纤维线形出现空缺;管壁出现周期性不均匀色度现象。

2)产品刚度不够

产品的刚度试验达不到设计刚度要求;安装后管道初始变形大于设计要求,有些甚至接近或超过 5%。

3)抗挠曲水平不够

在接近 A 水平挠曲变形试验时,样品管筒身段产生明显裂纹,并伴有细微的噼啪声响,表明其 A 水平未能达到;在接近 B 水平挠曲变形试验时,样品管筒身段产生有明显分层、玻璃纤维挤压、断裂或拉伸破坏,并伴有巨大的声响,表明其 B 水平未达到。由于刚度较低或施工不当等因素,加之抗挠曲水平不够,可能造成管道径向弯曲破坏。

4)连接问题

插口凸边缘根部损伤产生渗漏;橡胶圈槽偏心致使橡胶圈松紧不一产生渗漏;橡胶圈在安装时翻边、切断;橡胶圈压缩比过小产生渗漏;插口与承口形成不合适连接到位等。

5)拉伸强度不够

在进行环向或轴向拉伸强度试验时,其指标低于设计要求。个别工程出现爆管现象。

6)渗漏与冒汗现象

全线试压时发生接头漏水和管壁冒汗现象。

7)尺寸问题

尺寸问题主要表现在:壁厚不够;管径的锥度过大;长度不合设计要求;承插口配合尺寸不等。此外,还有巴氏硬度不够、固化度不够、切削加工精度不够、个别地方出现纤维倒刺等质量问题。

在上述问题中前 5 个问题比较突出,其出现频率与上述排列顺序大致相关。

导致上述质量问题主要原因可归纳 5 点,即经营管理、原材料、结构设计、制造设备与工艺技术以及施工监控。

8.2.4.5 泵站管材选择

在泵站工程中,水泵进、出水支管和岔管均采用钢管,其中小管径(DN600 及以下)宜选用直缝钢管,而管径较大时宜选用螺旋焊管。

泵站压力管道选择应从安全可靠、经济性和施工管理方便性等多方面进行比较。一般来讲,钢管由于价格相对较高、运行维护费用较大,只在受力复杂的管段或压力很高的管段采用。

球墨铸铁管价格仅次于钢管,但比钢管的运行维护费用低,便于管理,故用在压力不很高、管径较小的压力管线。

钢筒混凝土管和纤维缠绕夹砂玻璃钢管在管径较大时具有明显的经济上的优势,基本上为免维护,管径越大,其经济优势也越大。两种管道的柔性接头使其具有一定的适应地基变形的能力,抗震能力强。钢筒混凝土管比较笨重,但刚度较大、适用于埋置深度较大、受外力较大的大管径的压力管段。纤维缠绕夹砂玻璃钢管刚度较小,但重量轻、耐腐蚀、阻力损失小,适用于管道外力较小,尤其是动荷载较小的大管径的压力管段,尤其适用于具有腐蚀性的液体的输送。

此外,在地下水位较高的管段,埋置管道漂浮问题成为焦点,应特别注意。钢筒混凝土管道由于自重较大,其抗浮能力优于纤维缠绕夹砂玻璃钢管。但两者埋管都必须采取适当的回填土结构,保证其漂浮稳定。

8.2.5 出水管道阀件

为了满足水泵机组的启动、停机、检修以及正常工作时的安全和经济运行要求,在出水管道上需要安装截流阀、逆止阀等。

8.2.5.1 截流阀

泵站出水管路上通常都需要安装截流阀,其主要作用是:①离心泵关阀启动,以减小启动力矩;②离心泵需要抽真空启动时关闭阀门以便减少抽气体积;③正常运行时便于调节流量及水泵工作点;④正常停机或机组检修时断流,防止出水管道的水倒流等。常用的截流阀有闸阀、蝶阀和球阀三类。

1. 闸阀

闸阀的结构类型如前所述,用于出水管路上的闸阀要注意以下几点:

(1)用途。闸阀通常适用于不需要经常启闭,而且保持闸板全开或全闭的工况,不适合做调节、节流使用。所以,泵站出水管上的闸阀一般只做机组启动、正常停机和机组检修之用,如有调节功能,则应选用蝶阀或球阀。

(2)密封性。用于出水管路上的闸阀应注意阀门在关闭状态时的密封性要求,以满足抽真空启动水泵或检修断流的需要。

(3)对于抽清水的泵站,可选用内螺纹暗杆式闸阀;对于含沙量较大或污水泵站,则应选用外螺纹明杆式闸阀。另外,对口径较大的水泵(或大中型泵站)应选用电动闸阀。

(4)当水泵扬程较高、口径较大,选择出水管路闸阀时,应考虑压力和阀门启闭力的大小;当压力过高(大于2.5 MPa)或口径和启闭力很大时,应考虑选用蝶阀或球阀。

2. 蝶阀

蝶阀的特点是在阀室中使阀板转动来实现开启或关闭的。蝶阀的蝶板安装于管道的直径方向。在蝶阀阀体圆柱形通道内,圆盘形蝶板绕着轴线旋转,旋转角度为0°~90°,旋转到90°时,阀门处于全开状态。蝶阀结构简单、体积小、重量轻,只由少数几个零件组成,而且只需旋转90°即可快速启闭,操作力小。同时,蝶阀的流量调节特性较好,在部分开度时也能使用,故也可作为调节流量的控制阀使用。但因为阀门全开时阀板仍在阀室中,故阻力损失比闸阀大。

按闸阀的阀杆安放方向不同,蝶阀有立式和卧式两种形式,如图8-26所示。立式蝶阀的启闭装置在阀体的顶部,平面安装尺寸较小,但轴承在下部,泥沙容易进入。因此,含沙量较大的泵站最好选用卧式蝶阀。

蝶阀有弹性密封和金属密封两种密封形式。弹性密封阀门,密封圈可以镶嵌在阀体上或附在蝶板周边。采用金属密封的阀门一般比弹性密封的阀门寿命长,但很难做到完全密封,大口径蝶阀更是如此。

蝶阀也有手动和电动之分。手动蝶阀多采用在涡轮涡杆减速机上安装圆形手柄进行启闭的方式。电动蝶阀多为重叠使用二级涡轮涡杆,和闸阀一样,也配备有限位开关、制动装置、扭矩开关、开度计、手柄等,启闭速度一般为30 s(小口径)至120 s(大口径)。

蝶阀的结构原理尤其适合制作大口径阀门。所以,特别适合于在大流量泵站中使用。但大口径蝶阀的压力等级较低(一般小于4.0 MPa),故高扬程、大流量泵站宜选用球阀。

3. 球阀

球阀是由旋塞阀演变而来的。它具有相同的旋转90°动作,不同的是旋塞体是球体,有圆形通孔或通道通过其轴线。球面和通道口的比例应该是即当球旋转90°时,在进、出口处应全部呈现球面,从而截断流动。

球阀只需要用旋转90°的操作和很小的转动力矩就能关闭严密。完全平等的阀体内腔为介质提供了阻力很小、直通的流道。通常认为球阀最适宜直接做开闭使用,但近来的

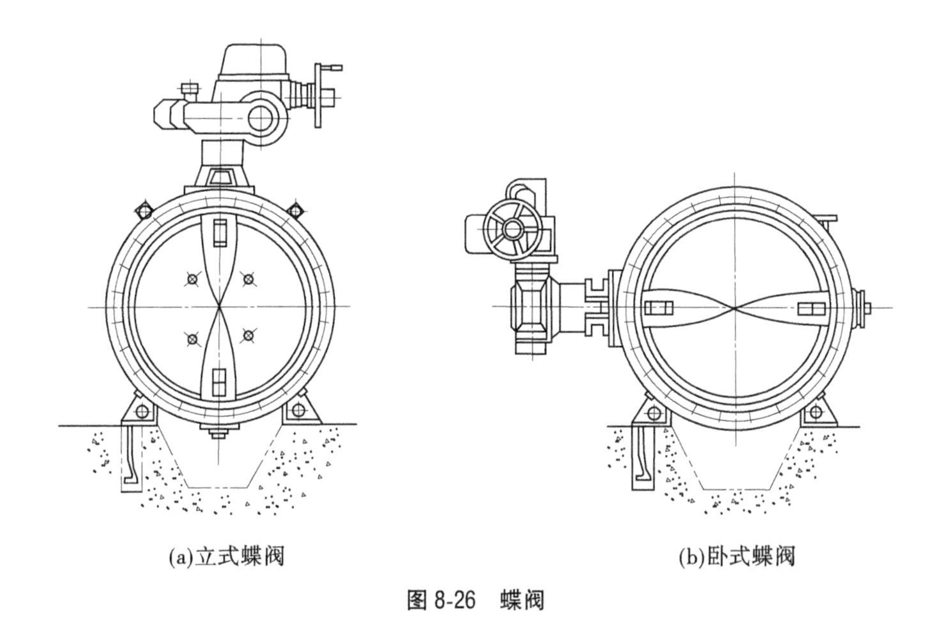

(a)立式蝶阀 (b)卧式蝶阀

图8-26 蝶阀

发展已将球阀设计成使它具有节流和控制流量之用。球阀的主要特点是本身结构紧凑，易于操作和维修，适用于水、溶剂、酸和天然气等一般工作介质，而且适用于工作条件恶劣的介质，如氧气、过氧化氢、甲烷和乙烯等。球阀阀体可以是整体的，也可以是组合式的。

1)球阀结构

球阀有很多种结构，但基本是大同小异，都是启闭件为圆形的球芯，主要由阀座、球体、密封圈、阀杆、阀体及其他驱动装置等组成(见图8-27)，通过阀杆转动90°从而实现阀门的开与关，在管道上用于关断、分配、调节流量大小以及改变介质流向。阀座根据工况的不同，使用不同的阀座密封形式。阀体结构有一段式、两段式、三段式。

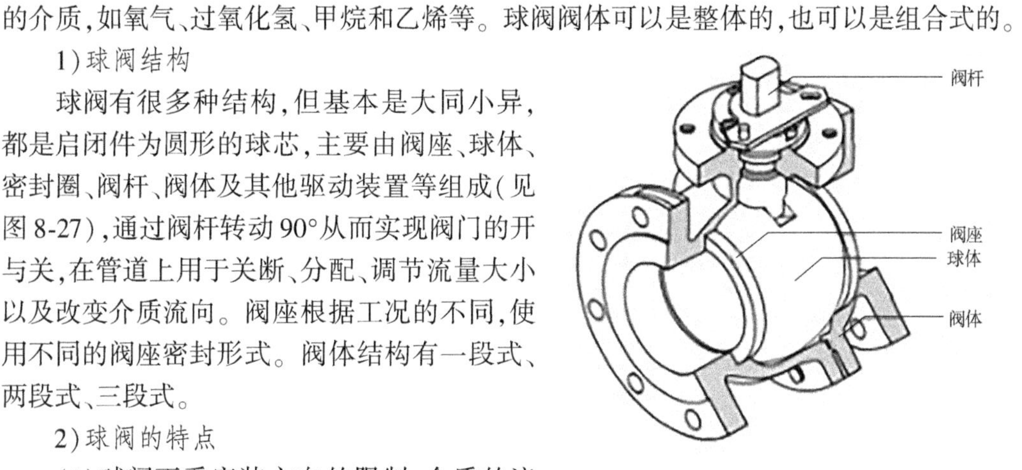

图8-27 球阀结构示意图

2)球阀的特点

(1)球阀不受安装方向的限制，介质的流向可任意。流体阻力小，无振动，噪声小。

(2)球阀结构简单、相对体积小、重量轻、便于维修。密封圈一般都是活动的，拆卸更换都比较方便。

(3)紧密可靠。在全开或全闭时，球体和阀座的密封面与介质隔离，介质通过时，不会引起阀门密封面的侵蚀。它有两个密封面，而且目前球阀的密封面材料广泛使用各种塑料，密封性好，能实现完全密封。在真空系统中也已广泛使用。

(4)球阀适用于经常操作，启闭迅速、轻便。操作方便，开闭迅速，从全开到全关只要旋转90°，便于远距离控制。

(5)适用范围广，通径小到几毫米，大到几米，从高真空至高压力都可应用。

(6)由于球阀在启闭过程中有擦拭性,所以可用于带悬浮固体颗粒的介质中。

3)泵站常用球阀

大型离心泵站出水管路的直径较大,压力很高,一般闸阀和蝶阀的承压能力不够,故常选用高压通经球阀,其驱动的方式有电动、液压(包括水压)和气动三种。

8.2.5.2 逆止阀

通常,在水泵正常启动、停机时,是通过截流阀来实现断流的,但在事故停机时,因截流阀关闭速度慢而不能及时关闭。因此,在安装截流阀的情况下,通常还需要安装逆止阀,以便在管内出现倒流时,逆止阀在短时间内关闭,从而隔断水流,以防止水泵机组倒转,发生飞逸事故,也可以防止进水池出现溢流危险。

逆止阀又称止回阀或单向阀。其作用是防止管路中的液体介质倒流。水泵吸水管上的底阀也属于逆止阀。逆止阀属于自动阀类,其启闭件靠液体介质流动的作用力自行开启或关闭。逆止阀的阀瓣在液体压力的作用下开启,流体自进口侧流向出口侧。当进口侧压力低于出口侧时,阀瓣在流体压差和本身重力的作用下自动关闭,以防止流体倒流。

逆止阀的类型很多,按结构划分,可分为升降式逆止阀、旋启式逆止阀和蝶式逆止阀三种。

升降式逆止阀又分为立式和卧式(直通式)两种;旋启式逆止阀分为单瓣式、双瓣式和多瓣式三种;蝶式逆止阀为直通式。逆止阀的连接形式有螺纹、法兰和焊接三种,大型阀门多为法兰连接方式。

升降式逆止阀与截止阀相似,其阀瓣沿着通道中心线做升降运动,动作可靠,但流体阻力较大,适用于较小口径的场合。直通式升降逆止阀一般只能安装在水平管路,而立式升降逆止阀一般安装在垂直管路。

旋启式逆止阀的阀瓣绕转轴做旋转运动,其流体阻力一般小于升降式逆止阀。它适用于较大口径的场合。单瓣旋启式逆止阀一般适用于中等口径的场合。大口径管路选用单瓣旋启式逆止阀时,为了减小水锤压力,最好采用能减小水锤压力的缓闭逆止阀。双瓣旋启式逆止阀适用于大中口径管路。对夹双瓣旋启式逆止阀结构小、重量轻,是一种发展较快的逆止阀;多瓣旋启式逆止阀适用于大口径管路。

蝶式逆止阀的结构类似于蝶阀。其结构简单、流体阻力较小,水锤压力也较小。

对于大口径、高压力(>2.5 MPa)的泵站管路,国际上常采用旋转球形逆止阀,其最大特点是适用于高压力和大口径管路,流体阻力很小。

图 8-28 为泵站常用的几种逆止阀,现分别介绍如下。

1. 旋启式普通逆止阀

图 8-28(a)、(b)是常用的普通旋启式逆止阀。阀叶是通过阀叶轴悬挂在阀室内的。水泵运行时,逆止阀全开,在水流冲击下,阀叶绕阀叶轴旋转,水流通过阀室。停机时,流速由快变慢,然后倒流。阀叶随流速和流向的变化,在自重和反向水流(水压)的作用下,开度逐渐减小,最后关闭。如果管道内出现正负压力交替变化,阀叶也可能出现多次反复拍打现象。为了减轻阀叶关闭时的冲击力,延长阀门使用寿命,对于大口径逆止阀可采用图 8-28(b)所示的双叶结构。

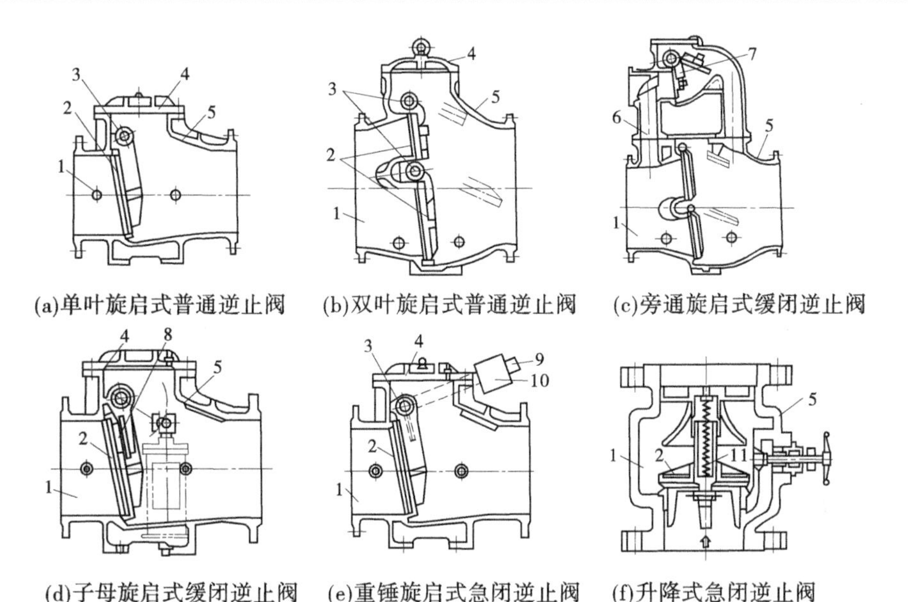

(a)单叶旋启式普通逆止阀　(b)双叶旋启式普通逆止阀　(c)旁通旋启式缓闭逆止阀

(d)子母旋启式缓闭逆止阀　(e)重锤旋启式急闭逆止阀　(f)升降式急闭逆止阀

1—阀室;2—阀叶;3—阀叶轴;4—阀盖;5—阀体;6—旁通管;
7—普通子阀;8—子阀叶;9—摇臂;10—重锤;11—弹簧

图 8-28　逆止阀

2. 旋启式缓闭逆止阀

图 8-28(c)、(d)是旋启式缓闭逆止阀。其中图 8-28(c)为旁通旋启式缓闭逆止阀。该阀室上设置旁通管,在旁通管上安装有一个较小的缓闭阀(称为子阀)。倒流开始时,主阀使大部分水停止流动,子阀在泄压的同时缓慢关闭,从而可以减小管路的水锤压力。

图 8-28(d)为另一种旋启式缓闭逆止阀,它是在主阀叶上再设一个小的阀叶(称子阀叶)。管内水流倒流时,主阀叶首先关闭,使大部分水停止流动,子阀叶在泄压的同时缓慢关闭,同样可以减小管路的水锤压力。

以上两种结构的缓闭逆止阀都可以通过调整缓闭子阀的面积和关闭速度,来满足控制泵系统水力过渡过程中的管道倒流流速、机组倒转速度、管路水锤升压等要素的需要,达到减小水锤危害的目的。

3. 重锤旋启式急闭逆止阀

图 8-28(e)为重锤旋启式急闭逆止阀的结构示意图。该阀是将阀叶轴伸出阀体之外,并在阀叶轴上安装重锤及摇臂。在倒流开始的同时,或稍微提前使逆止阀关闭,以防止滞后关闭引起的压力升上。

4. 升降式急闭逆止阀

图 8-28(f)为升降式急闭逆止阀结构示意图。升降式逆止阀的阀体在正常运行时用弹簧压紧,倒流开始时或稍微提前使其关闭,防止滞后关闭引起的压力上升,泵站实际扬程高于 300 m 的较小口径的水泵使用较多。一般为垂直安装使用。水平安装时,其口径和水质等往往受到限制。同时,这种形式的逆止阀比旋启式逆止阀的阻力损失大,使用时应特别注意。

如上所述,逆止阀的结构形式很多,逆止阀的选型是泵站安全防护措施设计的重要内容之一,应结合包括管路在内的水泵装置水力过渡过程计算选择。

普通旋启式逆止阀通常应用于泵站水锤压力较小、基本无水锤危害的场合,在扬程较高、口径较大时,应选用双叶式;在选用普通逆止阀管路出现较大水锤压力情况时,应该考虑选用其他缓闭逆止阀或急闭逆止阀。最新的液压和液压+重锤控制关闭速度和关闭时间可控缓闭逆止阀(包括快慢关),通过水锤计算,优化阀叶关闭速度和时间,可以大大简化水锤防护措施,提高泵站水力过渡过程的安全性。

另外,由于各种逆止阀的阻力损失较大,可控逆止阀的价格较高,普通逆止阀关闭时又容易引起较大的水锤升压。所以,在工程实践中,对于扬程较低(约 70 m 以下)、管路较短的泵站可不设逆止阀,而相应地提高截流阀的质量标准和可靠性。

8.2.5.3　回转阀

如上所述,通常在出水管路上需要同时安装截流阀和逆止阀,不仅增加设备投资,而且增大了泵房面积,使土建投资增加。能否用一个阀门同时具有截流和止逆两个功能呢?这是大家所关注的重要问题。这里介绍的回转阀就是这种阀门。

回转阀由壳体、阀体、驱动轴、启闭装置等部分组成,如图 8-29 所示。阀体为一个圆锥形回转体,其中有一直径与出水管道直径相同的管形通道。将圆锥体提起转动,使其中的管形通道对准水流方向,然后将阀体压下并固定。这时阀门处于全开状态,水流通过管形通道在管中流动。再将圆锥体提起并转动 90°,回转阀处于关闭状态,截断水流。

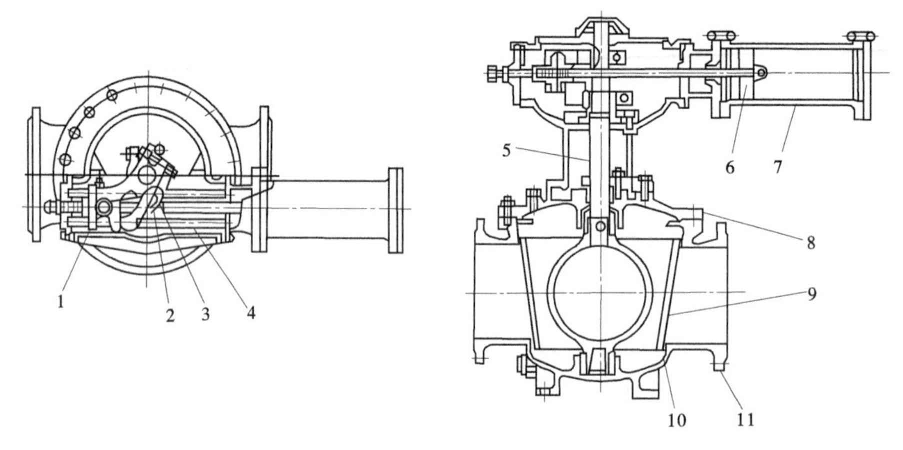

1—十字头;2—提升杆;3—提升连杆;4—导向杆;5—主轴;
6—活塞;7—油缸;8—上盖;9—阀体;10—阀体座;11—阀外壳

图 8-29　液压式回转阀

阀门的启闭装置是靠十字头的直线运动来使阀体上下和转动的机构,其操作动力有手动、电动和液压三种。对于中高扬程的泵站,回转阀应同时具有截流、调节流量和防止水锤等功能,因此手动的回转阀很少使用。常用的电动回转阀结构简单,操作容易,但在停电时不能使用,故一般用于截流功能,如要同时具有截流、止逆和防水锤功能,则应采用直流电源。图 8-29 为日本的一种油压式回转阀,它由通过压力油推动油缸中的活塞及活塞杆运动来完成阀体的升降和旋转,可以同时满足截流、止逆和防水锤的要求。液压式回转阀是一种较为理想的泵站出水管路控制阀门。

回转阀的主要优点:①因为回转阀的阀体是先提起,后转动,转动时无金属间的摩擦,故操作力小;②阀门全闭时是靠阀体和阀座的圆锥面压紧,故水封性能优良;③回转阀全开时零部件对水流无阻挡,故水力损失小;④阀体在阀室内 0°~90°转动方便,流量控制性能比较理想;⑤转动速度容易控制,水锤防护性能也好。

8.2.5.4 **排气、排水阀**

对于高扬程和长距离输水泵站工程,压力管道上出现上下起伏是难免的。由于管内流速的波动性,向上突起的部位可能出现压力上升或下降。如果管路驼峰段因聚气而形成气囊,将会加大压力的波动幅度。压力变化幅度过大时,管道就可能会遭到破坏。为了减小压力变化幅度,通常可以采取水箱补水或排水的措施。但是,在压力差很大(水力过渡过程)、补水量很多的情况下,采用空气阀(见图 8-30)往往是经济的。阀内设有浮球,在管内为正压力时,浮球浮起并将与大气相通的孔口堵住。当压力低于大气压时,浮球被大气压力推开,空气进入管道,破坏真空,减小管道内外的压力差。当压力增大时,管内空气也可以从该孔口排除,从而起到减小水锤压力、保证管道安全的作用。

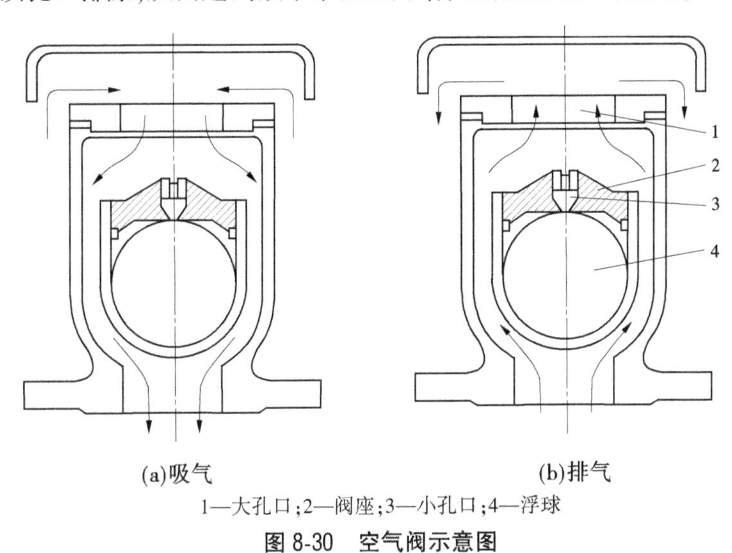

(a)吸气　　(b)排气

1—大孔口;2—阀座;3—小孔口;4—浮球

图 8-30 空气阀示意图

对在压力管路上设置空气阀补气来减小管路水锤压力,尤其是事故停机水锤压力的效果问题,目前理论界还有争议,有待进一步研究。但在管路初次充水过程确实需要在管路驼峰处排气,否则将产生较大压力,这已为工程实践所证实。

为了检修时放空管道,在管线低谷处需设置排水阀。排水阀要求密封性好,安全可靠,最好选用截止阀。

8.2.5.5 **拍门**

拍门是安装在出水管出口的单向阀门,和逆止阀一样,具有防止倒流的功能,如图 8-31 所示。拍门的结构原理和旋启式逆止阀相同,在水流冲击下开启,而且开度与流速成正比。当流速减小时开度随之减小,直至关闭。拍门与逆止阀相比,结构简单,重量轻,造价便宜,阻力损失也较小。但在扬程较高的情况下关闭时拍门的内侧会产生很大的负压,故需要安装通气管,见图 8-32。拍门一般用在扬程较低、管径较小的泵站。大型泵站也有采用拍门作为断流设备的。

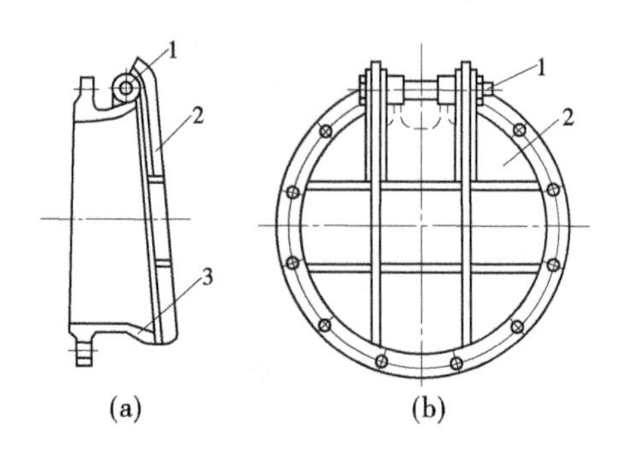

1—铰链;2—门叶;3—门座

图 8-31　拍门

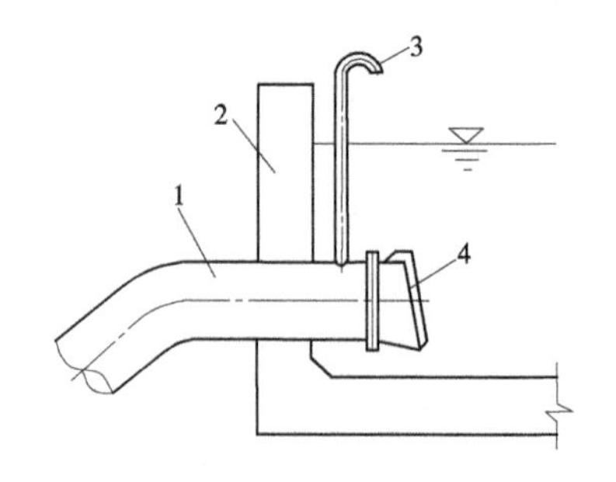

1—出水管;2—挡土墙;3—通气孔;4—拍门

图 8-32　拍门安装图

8.2.6　异形管件

8.2.6.1　渐扩接管

因出水管直径一般较水泵出口直径大,故需要采用渐扩接管。渐扩接管与渐缩接管不同,只要管线沿水流方向一直上升(不降),管内一般不会出现气囊。因此,出水管上的渐扩管无须做成偏心,即采用正心渐扩管即可。

因渐扩管的阻力损失系数会随扩散角的增大而迅速增大,故控制扩散角的大小显得尤为重要。扩散管长度 L 一般可取 $L=K(D_{out}-D_{in})$,其中 D_{in}、D_{out} 分别为渐扩管进、出口直径,或水泵出口和出水支管直径;K 为系数,根据试验资料,K 的最佳值约为 9.5,一般可取 $K=5\sim7$。

8.2.6.2　叉管

在多机组并联泵站管道中,必须用叉管将数条支管和干管连接起来。叉管的形式如图 8-33 所示,主要有 T 形、Y 形和 Γ 形三种。T 形是常见的三通形式,结构较简单,布置较方便,但阻力损失大,管路效率低。Y 形分叉的特点是汇合前的支管大小相等、方向对称。Γ 形分叉的特点是干管直径沿水流方向随着支管的增加而逐渐增大。一般情况下,叉管不宜采取直角交叉。支管采取渐变形式,其夹角采用 6°~8°为宜。干管与支管夹角一般为 30°~75°。

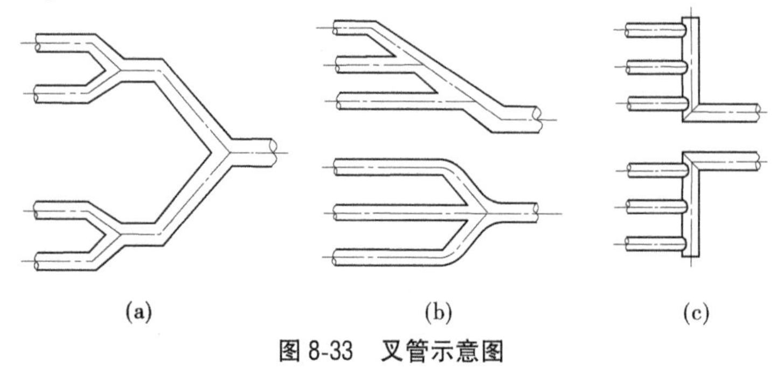

图 8-33　叉管示意图

钢管在分叉段,一部分管壁被割裂,不能形成完整的圆形。这部分为薄弱区,又称不平衡区,如图 8-34 中的阴影部分所示。在此薄弱区,必须采取加固措施,如设置特殊结构(加强梁)来代替被割裂部分的管壁,以承受内水压力。加强梁由圈梁和 U 形梁组成,断面为矩形或 T 形,并将两者焊接成整体骨架起联合作用,如图 8-34 所示。

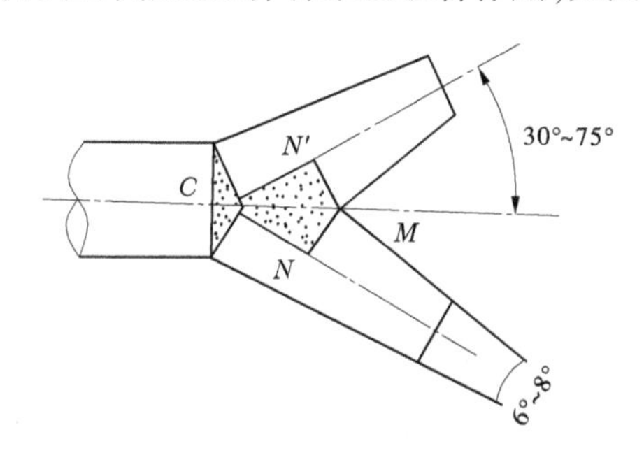

图 8-34　钢叉管

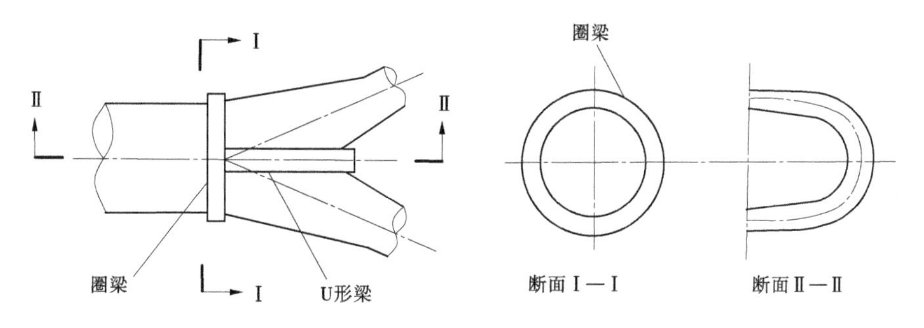

图 8-35　钢叉管结构梁

8.2.6.3　其他

1. 伸缩节和安装节

在泵房内,为了便于安装和拆卸截流阀、逆止阀等,消除温度变形引起的应力,出水管上需要设置伸缩节或安装节。对于露天铺设的管道,受气温影响不可避免地会引起管道的纵向伸缩变形。为了消除因此而形成的纵向应力,需要在两镇墩间设置伸缩节。伸缩节的结构形式如图 8-12 所示,这里不再详述。

需要注意的是,对大型高扬程泵站机组,设置伸缩节虽然可以消除温度应力,但水泵机组将会承受巨大的水平推力,对机组的支撑和稳定运行构成很大困难。

目前国内平衡水平推力的做法是设置钢镇墩来承受水平推力,此方法存在以下缺点:

(1)振动、噪声大。

(2)钢镇墩受力后必然发生变形,因此仍有一部分水平推力要传给水泵;钢镇墩与水泵之间管段虽然很短,但不可避免地还会产生一定的温度应力;所以,采用钢镇墩的方式并不能完全消除机组的受力状态,故对机组的稳定运行肯定还会有一定的影响。

(3)钢镇墩占地空间较大,影响厂内其他设备布置和美观。

国外平衡水平推力的办法是在水泵出水管路上安装一种变形补偿装置(自平衡伸缩节),该装置既具有安装节传力的功能,将水平推力转换成系统内力,又具有伸缩节的伸缩功能,在维持传力的条件下,能够产生一定的伸缩变形量,以消除温度产生的巨大应力。图 8-36 为奥地利 Kops Ⅱ 抽水蓄能电站自平衡伸缩节在水泵出水管路的安装位置图。图 8-37 为德国福伊特公司(VOITH)自平衡伸缩节外观图。

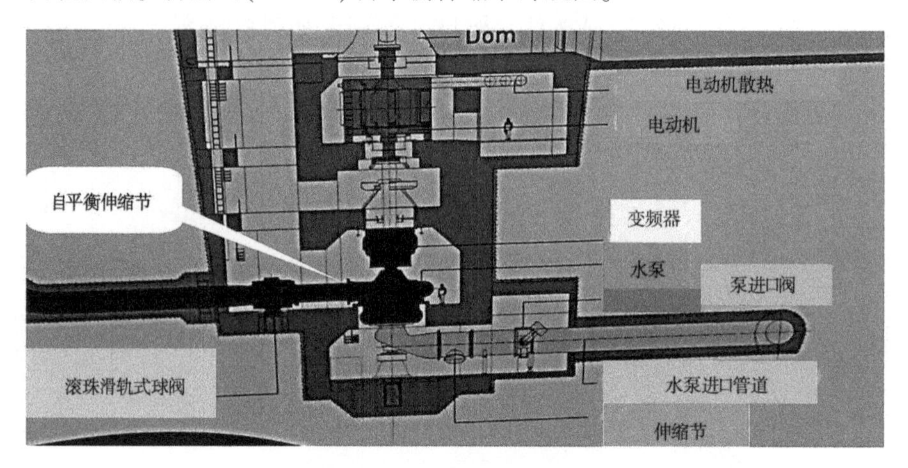

图 8-36 自平衡伸缩节安装位置

图 8-37 德国福伊特公司(VOTIH)自平衡伸缩节

2. 进人孔

当管径大于 800 mm,而且管道又较长时,为了便于检修,需要在管道上设置进人孔,孔径一般为 500~600 mm。

3. 流量计

大中型离心泵站管路上作为管节安装的还有电磁流量计和超声波流量计等。

8.2.7 管道及其支撑结构

8.2.7.1 钢管

1. 初拟管壁厚度

在对钢管进行结构计算以前必须初拟管壁厚度。如图 8-38 所示,设管壁厚度为 δ,

钢板允许应力为$[\sigma]$,管壁纵断面所受的拉力为N,那么

$$[\sigma]=\frac{N}{\delta}$$

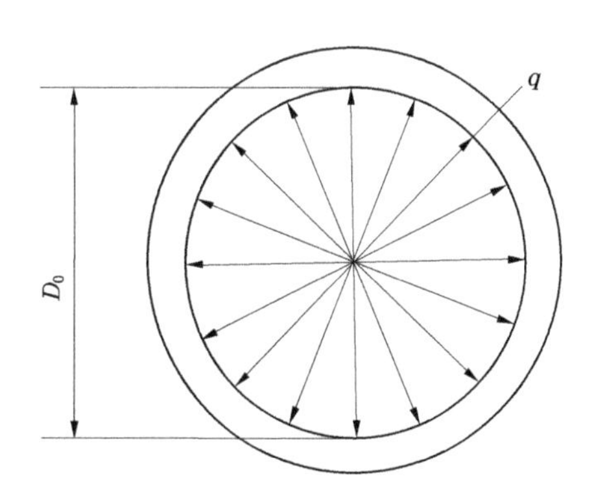

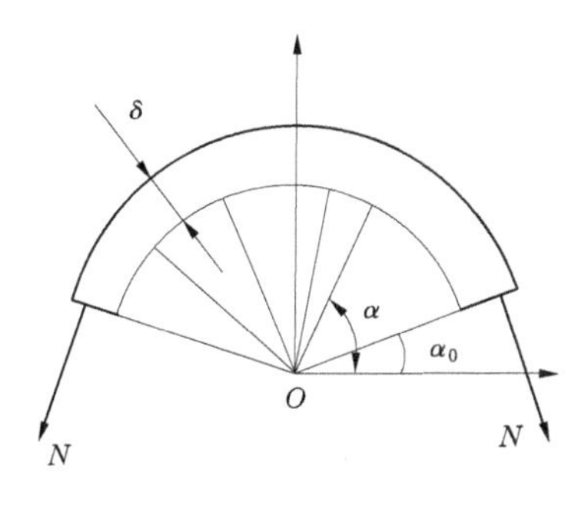

图8-38　出水管内水压力图

而$2N\cos\alpha_0=\int_s q\mathrm{d}s=2\rho gH_\mathrm{p}\frac{D_0}{2}\cos\alpha_0$,即

$$N=\frac{1}{2}\rho gH_\mathrm{p}D_0$$

由此可得

$$\delta=\frac{\rho gH_\mathrm{p}D_0}{2[\sigma]}\quad(\mathrm{cm})\tag{8-14}$$

对于用钢板卷焊的直径较大的钢管,需加一卷焊系数φ,则式(8-14)变为

$$\delta=\frac{\rho gH_\mathrm{p}D_0}{2\varphi[\sigma]}\quad(\mathrm{mm})\tag{8-15}$$

式中　H_p——管道断面中心处的压力水头,m;

D_0——管道内径,mm;

$[\sigma]$——管材允许应力,Pa;

ρ——管材比重,kg/m^3;

g——重力加速度,m/s^2。

对于钢管,还应考虑锈蚀与泥沙磨损问题,清水管道,壁厚可增加1~2 mm;含沙量较大的管路,管道壁厚可增加2~4 mm。

钢管是一种薄壳结构,它的厚度同直径相比是很小的。因此,管壁厚度除满足以上的应力要求外,还应满足弹性稳定要求。特别是在低扬程、大管径管道的泵站中,往往弹性稳定成为控制管壁厚度的主要条件。

泵站在安装运行期间,可能出现以下情况:

(1)突然停机,管内水倒流,通气管失灵,使管内发生真空,管外壁承受大气压力。

(2)水管埋于地下时,承受外部地下水压力或回填土压力。

(3)水管外部浇筑混凝土时,钢管承受未硬化的混凝土压力。

(4)水管在安装时,受到冲击、振动等安装应力和运输应力或灌浆应力的影响。

为了使钢管在上述情况下,不致丧失稳定,要求管壁有一个最小厚度。当按照应力计算得出的厚度小于最小厚度时,必须采用最小厚度。钢管的最小厚度可从钢管的稳定平衡方程式求出。

如果泵站的管道为明式铺设,当发生事故停机,管内出现真空时,外部作用一个大气压,设大气压力值近似等于98 kPa,钢的弹性模量$E=2.156\times10^{11}$ Pa,泊松比$\mu=0$,取安全系数$K=2$,则钢管稳定的最小厚度可用下式计算:

$$\delta=\frac{1}{130}D \tag{8-16}$$

式中　D——钢管的计算直径,mm。

在低扬程、长距离、大管径的泵站中,用式(8-16)计算出的管壁厚度是比较大的,这样耗费钢材太多,不经济。为了保证管壁能够抵抗真空压力,在管道上每隔一定距离加一刚性环,用以增加管壁稳定性,从而减小管壁厚度。图8-39所示为带有刚性环的管壁剖面图。

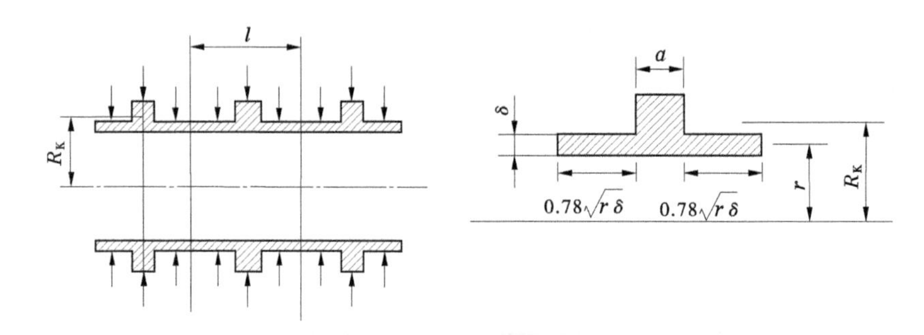

a—刚性环的厚度

图8-39　钢管的刚性环

带有刚性环的管道,可用下式计算临界荷载q_{KP}:

$$Kq_{KP}=\frac{3EJ}{R_K^3 l} \tag{8-17}$$

式中　l——刚性环的中距,m;

E——钢的弹性模量,Pa;

K——安全系数;

R_K——管道中心至刚性环有效面积重心的距离;

J——在l范围内刚性环及管壁截面对其重心轴的惯性矩,因为管壁较长而薄,在刚性环弯曲时,只有靠近刚性环附近的一段管壁和刚性环一起工作,因此计算J时只能以图8-39所示的"相当有效面积"为准,刚性环两侧有效管壁长度各为$0.78\sqrt{r\delta}$,r为管道中心至管壁中心的距离,m。

2. 钢管的结构计算

很多泵站的压力管道是露天铺设的,一般支承在若干彼此分开的支墩上。它承受的主要荷载有内水压力、管道和水的自重、管道长度方向上的轴向力以及风雪、地震等自然力作用下的荷载。其中内水压力是主要的荷载,自重和轴向力次之,自然力的影响一般情况下不予考虑。计算内水压力时,必须包括事故停机所发生的最大水锤压力在内。

压力管道在以上各种荷载作用下,基本上属于三向应力状态。为了简化计算,可以将作用于管道上的荷载分三个方向考虑,从而求得其强度计算公式。

规定:拉力和由此产生的拉应力为正,而压力和由此产生的压应力为负,并设坐标轴为:沿管道长度方向为 x 轴,沿管壁切线方向为 z 轴,沿圆管的半径方向为 y 轴。

(1)沿 x 轴方向的轴向力所产生的压应力为

$$\sigma_x = -\frac{\sum F}{A} = -\frac{\sum F}{\pi D\delta} \quad (\text{压应力为负}) \tag{8-18}$$

式中　$\sum F$ ——轴向力的总和;

A——管壁横截面面积;

D——管道平均直径;

δ ——管壁厚度。

(2)由管道自重和水重所引起的管道横截面的弯矩和剪力。因泵站的出水管道一般都是一端固定于镇墩内,另一端自由悬臂于伸缩接头处,中间支承在若干个间距相等的鞍型支墩上,所以可把水管简化为一个一端固定,另一端悬臂的连续梁,其结构简图如图 8-40 所示。

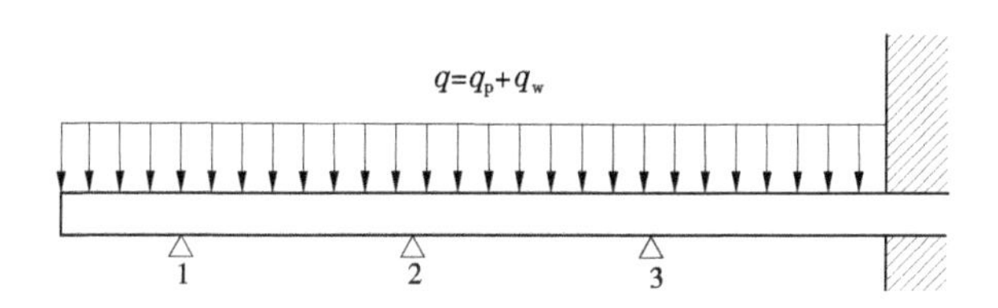

图 8-40　出水管受力示意图

将管重和水重化为均布荷载,其强度为

$$q = q_p + q_w \tag{8-19}$$

式中　q_p ——单位长度管重;

q_w ——单位长度水重。

在此均布荷载作用下,管道将产生弯矩和剪力。在 1[#] 支墩处, $M_1 = -\frac{ql^2}{8}$;在 2[#] 支墩处, $M_2 = -\frac{ql^2}{10}$;以后各支墩处, $M_3 = M_4 = \cdots = M_n = -\frac{ql^2}{12}$;在每跨的中间, $M = -\frac{ql^2}{24}$ 。

剪切力沿管道长度方向的变化规律是跨中为零,支墩处最大为 $ql/2$,即 $Q_1 = Q_2 = \cdots = Q_n = ql/2$。其中 l 为支墩间距; M_1、M_2、…、M_n 为各支墩弯矩近似值;M 为跨中弯矩近似值;Q_1、Q_2、…、Q_n 为各支墩剪力近似值。

在弯矩 M 和剪力 Q 的作用下,将产生垂直于圆管横剖面的正应力和与管壁相切的剪应力。

正应力 σ_{x2} 可用下式计算:

$$\sigma_{x2} = \frac{My}{J} \tag{8-20}$$

式中　y——横截面上任意一点到中性轴的距离；
　　J——圆形截面的惯性矩；
　　M——所计算横截面上的弯矩。

对于圆管,其最大正应力为

$$\sigma_{\max} = \pm\frac{My_{\max}}{J_{\max}} = \pm\frac{MD_1/2}{D_1^3\delta\pi/8} = \pm\frac{4M}{\pi D_1^2\delta} \tag{8-21}$$

剪切应力 τ 为

$$\tau = \frac{QS}{Jb} \tag{8-22}$$

对于圆管,其最大剪切应力为

$$\tau_{\max} = \frac{2Q}{F} = \frac{2Q}{\pi\delta D} \tag{8-23}$$

式中　S——所求剪切应力作用层以上(或以下)部分的横截面面积对中性轴的静面矩；
　　D_1——管道外径；
　　b——所求剪切应力作用层处的截面宽度；
　　Q——截面上的计算剪力；
　　J——圆截面惯性矩。

应当指出,剪切应力 τ 沿管长方向的分布规律是随剪力变化而变化的,在每跨中间为零,在两端支墩处最大。

(3)均匀内水压力产生的切向应力。钢管在均匀内水压力作用下,在管道的纵截面上将产生拉应力,计算公式为

$$\sigma_z = \frac{N}{\delta} = \frac{\rho g H_p D_0}{2\delta} \tag{8-24}$$

式中符号意义同前。

由以上可以看出,钢管在内水压力作用下,纵截面所产生的拉应力,其大小与截面所在位置无关。

另外,由式(8-24)计算纵截面的拉应力时,H_p 是取管道中心处的内水压力值,如果考虑管内水体重量的影响,则式(8-24)变为

$$\sigma_z = \frac{2\rho g H_p D - \rho g D^2\cos\alpha}{4\delta} \tag{8-25}$$

(4)均匀内水压力产生的径向应力。钢管在均匀内水压力下,沿管径方向将产生压应力。产生的压应力由管内壁的最大值渐变到外壁的压应力等于零,其最大压应力可用下式计算：

$$\sigma_y = -\rho g H_p \tag{8-26}$$

对于斜坡上的管道,其结构计算方法均同前。但是其中部分荷载的计算尚需进行修正。如果管道的铺设角为 θ ,则需要进行以下修正：

设沿管道长度方向轴向力中的摩擦力为 F_1,则

$$F_1 = (q_p + q_w)Lf\cos\theta \tag{8-27}$$

此外,如果 $\tan\theta > f$(f 为管壁与支座间的摩擦系数),管道轴向力还应加上一项管道重力沿管轴方向的分力,设其为 F_2,则

$$F_2 = (q_p + q_w)L\sin\theta - F_1 = (q_p + q_w)L(\sin\theta - f\cos\theta) \tag{8-28}$$

作用于管道长度方向的均布荷载 q 应为

$$q = (q_p + q_w)\cos\theta \tag{8-29}$$

8.2.7.2　其他管材

除钢材外,泵站常用的管材有球墨铸铁管、钢筒混凝土管和纤维缠绕夹砂玻璃钢管等。对于这几种管道进行较精确的静力分析是属于弹性理论的空间问题,计算比较复杂。为了简化,一般均分别按横向(垂直于管轴线的环向结构)和纵向(整个管槽结构)进行计算。这些管道的结构设计,包括结构强度设计和结构构造设计。

结构强度设计主要是根据管道的内径、工作压力、埋土深度和地面荷载以及管子制造、运输等条件进行计算。通过设计计算,确定管体中的环向配筋量和纵向配筋量,从而使管体(环向和纵向)具有足够的强度来承受内压和外荷载。

在进行强度设计时,应在保证必要的强度条件之下,力求节约材料,即合理地确定管壁厚度和配筋量。

结构构造设计与结构强度设计有着十分密切的联系。其主要设计内容包括管体外形尺寸、承接插口接头形式和细部尺寸及压缩率等。

由于球墨铸铁管、钢筒混凝土管、纤维缠绕夹砂玻璃钢管等泵站常用管道已经定型,在一般情况下,管子的结构构造已有标准可循,无须另行设计。图 8-41 为埋置式钢筒混凝土管的双胶圈接头图。

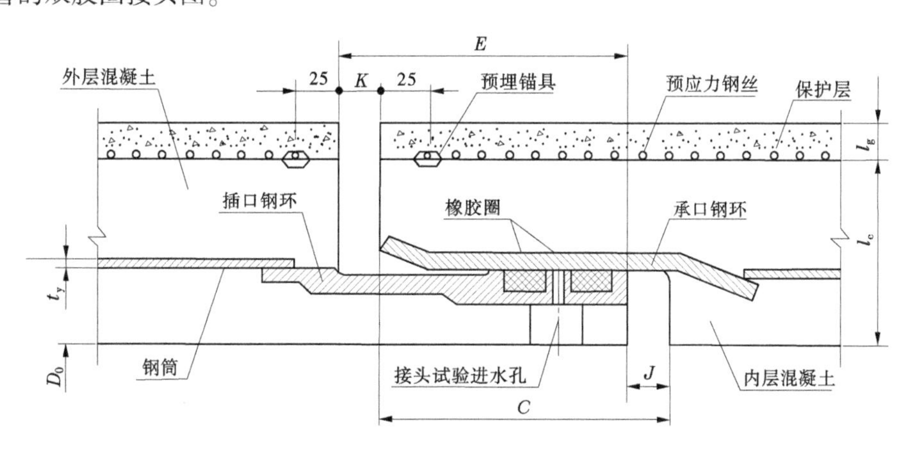

图 8-41　埋置式钢筒混凝土管的双胶圈接头图　(单位:mm)

8.2.7.3　管道支撑结构

泵站出水管道的支撑结构有镇墩、支墩和管床。镇墩的作用是将管道完全固定,限制管道在任何方向的移动。在管道的转弯处,由于管内水流动量的变化使水流对管道产生作用力,在受力情况下管道可能会发生位移;斜坡上的管道在重力作用下具有沿斜坡下滑的趋向,因此必须设置镇墩以维持管道的稳定。

除在管道转弯处一般应设置镇墩外,在长直管段还应设置中间镇墩,一般相距 80~

100 m 可设一个。镇墩的结构尺寸可通过具体受力分析和结构计算确定。

明铺式管道的两镇墩之间,每隔一定距离应设支墩,用以支撑管道的重量,减小管道的挠曲变形,并防止各管段的接头失效。支墩间距不宜过大,对钢管一般以 5~10 m 为宜;对于承插接头预应力钢筋混凝土管,则每节设两个支墩,位置在每节管的 1/4 和 3/4 处。支墩的断面尺寸按构造设置即可,其埋置深度可根据地基的地质条件而定,一般为 0.2~0.3 m。但在季节性冻土地区,其埋置深度应大于最大冻土深度,且四周的回填土料宜采用砂砾料。支墩的基础在基岩上可做成梯形,在土基上做成水平,但应进行沿底面的抗滑稳定校核计算。

8.2.7.4 镇墩设计

镇墩的形式有两种。一种为封闭式,即将弯曲管段埋设于镇墩之内;另一种为开敞式,即将管道直接放在镇墩之上,需要时可用锚筋将管道锚固,如图 8-42 所示。

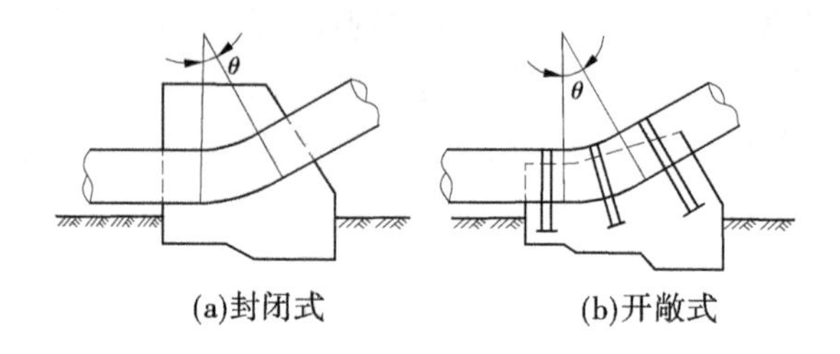

图 8-42 管道镇墩形式示意图

泵站管道上的镇墩多为封闭式,它具有管道固定较好的优点,而开敞式镇墩则便于检查和维修。

镇墩的基础,在岩基上可做成倾斜的阶梯形,以增大镇墩的抗滑能力;在土基上,镇墩的基础一般做成水平的,且基面在冻土层以下。为增大镇墩的抗滑能力,可在土基上铺设碎石。对于湿陷性黄土地基,尤其是自重湿陷性黄土地基,应进行严格的地基处理(浸水预压或换基)。对于埋置于地下水位以内的镇墩,应考虑在基底设置桩柱固定镇墩,桩柱的基底最好放在坚硬的岩基上。

镇墩一般做成重力式,利用其自重维持本身的稳定,但也可考虑基础作用。对于岩基,可充分利用锚筋灌浆产生的作用;对于土基,可深埋基础,从而充分利用被动土压力。

镇墩断面尺寸的设计,对于设置在钢管段和现浇的钢筋混凝土整体式管道段的镇墩,必须通过结构受力分析和抗滑稳定校核加以确定;而对于设置在承插式管段的镇墩,一般按构造要求确定即可满足管道的稳定要求。镇墩的外形设计,除应使作用于墩上的各力和合力在基底面内的偏心距小、地基受力较均匀外,还应使镇墩内不产生拉应力或拉应力较小。

镇墩属重力式结构,其设计计算内容包括:①校核镇墩的抗滑和抗倾覆稳定性;②验算地基的强度及稳定性;③验算镇墩的强度及稳定性。

镇墩的计算方法和重力式挡土墙基本相同,除要将作用力分析清楚外,还应注意两点:其一,在斜坡式的镇墩,除验算地基强度外,还应验算地基的稳定性,即在土坡上,校核土体沿某一滑弧面滑动的可能性;其二,在岩基上,应研究岩石的层理,校核是否会向斜坡外倾斜,有无坍滑的可能。

1. 镇墩的受力分析和计算

下面所述的镇墩受力分析和计算式适用于有伸缩节、等截面管段的镇墩。设 A'、a' 代表来自于镇墩下游的作用力，A''、a'' 代表来自于镇墩上游的作用力。其中 A'、A'' 代表正常情况；a'、a'' 表示事故停机管内发生水锤时的情况。先将镇墩上的作用力类型及计算式列入表 8-6 中。

表 8-6　镇墩上作用力类型及计算式

序号	作用力类型	正常运行和停机	事故停机	说明
1	管道内水压力 见图 8-43	$A'_1 = A''_1 = \rho g H \dfrac{\pi D_0^2}{4}$	$a'_1 = a''_1 = \rho g H_{锤} \dfrac{\pi D_0^2}{4}$	ρ——水的密度 D_0——管道内径 H——管内水压力 $H_{锤}$——水锤压力
2	关闭闸阀时管道内水压力 见图 8-44	$A''_2 = \rho g H_p \dfrac{\pi D_{阀}^2}{4}$	$a''_1 = \rho g H_{锤} \dfrac{\pi D_{阀}^2}{4}$	$D_{阀}$——闸阀或逆止阀直径 H_p——闸阀处水压力 $H_{锤}$——逆止阀处水锤压力
3	伸缩节处 填料摩擦力	$A'_3 = \pi D b_k f_k \rho g H_2$ $A''_3 = \pi D b_k f_k \rho g H_1$	$a'_3 = \pi D b_k f_k \rho g H_{锤2}$ $a''_3 = \pi D b_k f_k \rho g H_{锤1}$	b_k——填料宽度 f_k——填料与管壁摩擦系数 D——填料处管道直径 H_2、H_1——上下伸缩节处水压力
4	支墩与管壁摩擦力 见图 8-45	$A'_4 = (q_p + q_w) l_1 f \cos\theta$ $A''_3 = (q_p + q_w) l_2 f$		θ——管道铺设角 f——管道与支墩摩擦系数
5	管道自重产生的下滑力	$A'_5 = l_1 \rho g \sin\theta - (q_p + q_w) l_1 f \cos\theta$		q_p——单位管长自重 q_w——单位管长内水重
6	水流离心力 见图 8-46	$A'_6 = A''_6 = \dfrac{\pi\rho}{4} D_0^2 v^2$ $A_6 = \dfrac{\pi\rho}{2} D_0^2 v^2 \sin\dfrac{\theta}{2}$		v——管道内水的流速
7	伸缩接头处 附加水压力	$A'_7 = \dfrac{\pi}{4} \rho g H_2 (D_2^2 - D_0^2)$ $A''_7 = \dfrac{\pi}{4} \rho g H_1 (D_2^2 - D_0^2)$	$a'_7 = \dfrac{\pi}{4} \rho g H_{锤2} (D_2^2 - D_0^2)$ $a''_7 = \dfrac{\pi}{4} \rho g H_{锤1} (D_2^2 - D_0^2)$	D_2——伸缩节直径

2. 作用于镇墩上诸力组合

下列情况的诸力组合设计时应选用最不利者：(a)水泵正常运行情况；(b)水泵停机，闸阀关闭，管内充满静水的情况；(c)事故停机，逆止阀关闭，管内发生水锤的情况。

这三种情况的作用力组合形式如图 8-47 所示，在图中坐标原点 O 和弯道中心相重合，且规定 Y 轴向下为正、X 轴向左为正。

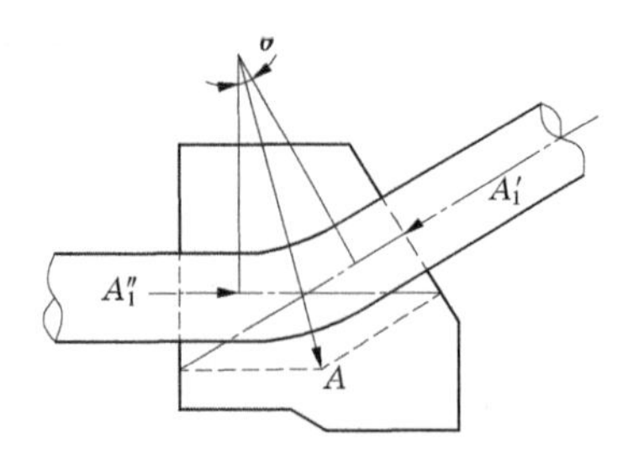

图 8-43　镇墩承受内水压力示意图

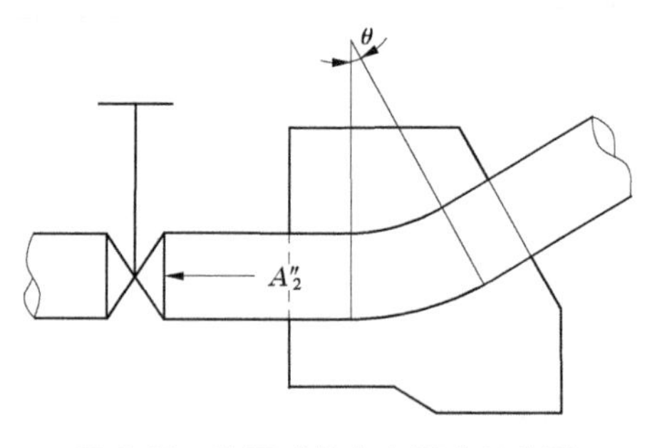

图 8-44　关阀时的内水压力示意图

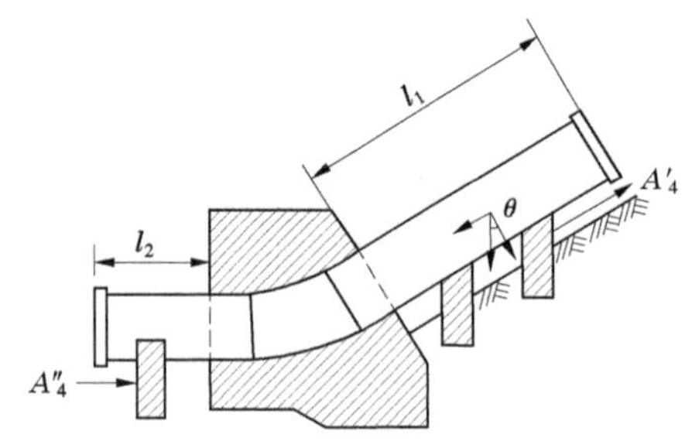

图 8-45　管道下滑力与摩擦力示意图

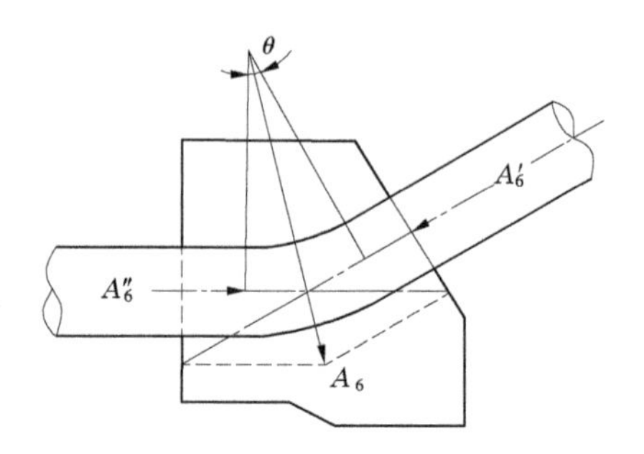

图 8-46　水流离心力示意图

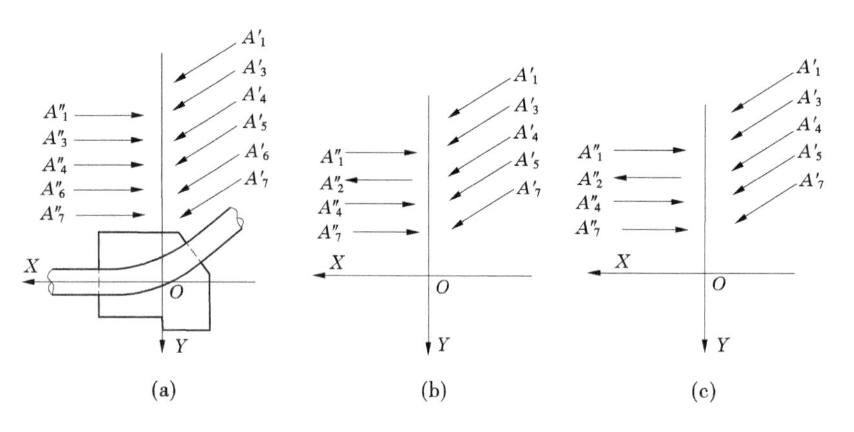

图 8-47　镇墩受力组合图

首先从作用力的方向看,镇墩下游的各力 A_i' 在三种情况下都是正的,镇墩上游的各力 A_i'' 则各有不同。情况(a)中 A_i' 和 A_i'' 正负相抵较多,而情况(b)、(c)中相抵较少。因此,在一般情况下,可以不考虑(a)种情况。

其次,将(b)、(c)两种情况做一比较。由于水锤的作用,情况(c)中的 A_i' 肯定比情况(b)的大,而情况(c)中的 A_i'' 与情况(b)中的相比,就得视具体情况而定。根据试算可以找出这样的规律,当管道的铺设满足下列条件之一时,情况(c)算出的镇墩通常较大,故可以直接按发生水锤时的情况(c)荷载组合来设计镇墩:①当管道铺设角 θ 满足 $0° \leqslant \theta \leqslant 37°$,且镇墩和地基的摩擦系数 $f \leqslant 0.6$ 时;②当 $\theta \leqslant 45°$,且 $f \leqslant 0.5$ 时。

在其他条件下,即 $\theta > 37°$, $f > 0.6$ 或 $\theta > 45°$, $f > 0.5$ 时,都要进行(b)、(c)两种情况比较,从中找出最大的墩重。

如果在水泵出水管道闸阀至其后 1#镇墩间设置有伸缩节时,作用于闸阀上的水压力就不能直接作用于镇墩,而代之以伸缩节处的摩擦力。因为伸缩节处的摩擦力远小于闸阀上的水压力,这样可直接按情况(c)荷载组合来设计镇墩,不必再和(a)、(b)两种情况做比较。

3. 镇墩设计

1)墩体稳定计算和尺寸拟定

墩体失去稳定的结果可能有滑动和倾斜两种情况。其稳定校核方法和挡土墙相同。

如全部作用力(包括镇墩自重)的合力不超出基础底面以外,镇墩就不会倾覆。为了使地基受力均匀,避免过分倾斜,设计时一般都要求合力作用点在基础底面的三分点以内,且不必再进行倾覆验算。

经过对镇墩进行抗滑稳定校核后,就可以拟定出镇墩的自重和尺寸。如图 8-48 所示,设直角坐标的原点在基础底面的投影与底面形心重合,Y 轴垂直于底面,X 轴与管轴线在同一平面内。将所有作用于镇墩上的力分解为沿 X 轴和 Y 轴的两个分力,并将它们分别求和,得

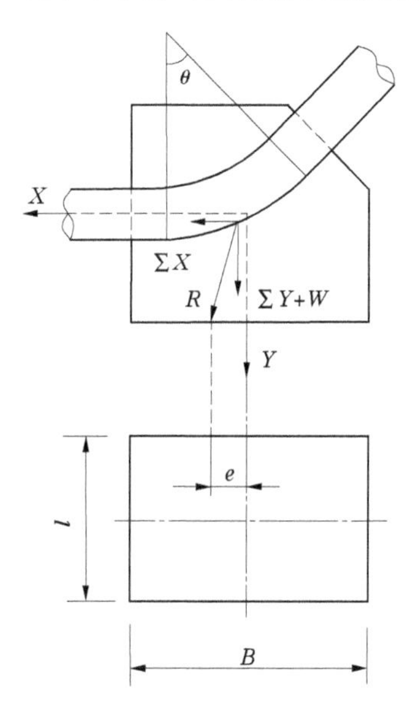

图 8-48　镇墩结构计算示意图

$$\left.\begin{aligned}\sum X &= \sum A'\cos\theta + \sum A'' \\ \sum Y &= \sum A'\sin\theta\end{aligned}\right\} \tag{8-30}$$

设镇墩自重为 W,基础底面与地基间的摩擦系数为 f,则 $\sum X$ 为使镇墩沿底面滑动的主动力,而 $f(\sum Y + W)$ 即为抗滑的摩擦力。若设镇墩的抗滑安全系数为 K_c(一般 K_c = 1.20 ~ 1.35),则

$$\left.\begin{aligned}K_c &= \frac{f(\sum Y + W)}{\sum X} \\ &\text{或} \\ W &= \frac{K_c}{f}\sum X - \sum Y\end{aligned}\right\} \tag{8-31}$$

根据 W 值通过试算即可拟定出镇墩的尺寸。

2)地基应力计算

镇墩尺寸拟定后,即可进行地基应力校核计算,见图 8-49。首先,应算出所有作用力(包括墩身自重)的合力是否超过底面的三分点,即合力的偏心距 e 应小于底面长度 B 的 1/6,以保证底面积上不产生拉应力。然后,推算地基土壤中的压应力,一般基础底面都做成矩形,故地基的压应力应按式(8-32)进行计算。

$$\left.\begin{aligned}\sigma_{max} &= \frac{(\sum Y + W)}{A} + \frac{6M}{bB^2} \\ \sigma_{min} &= \frac{(\sum Y + W)}{A} - \frac{6M}{bB^2}\end{aligned}\right\} \tag{8-32}$$

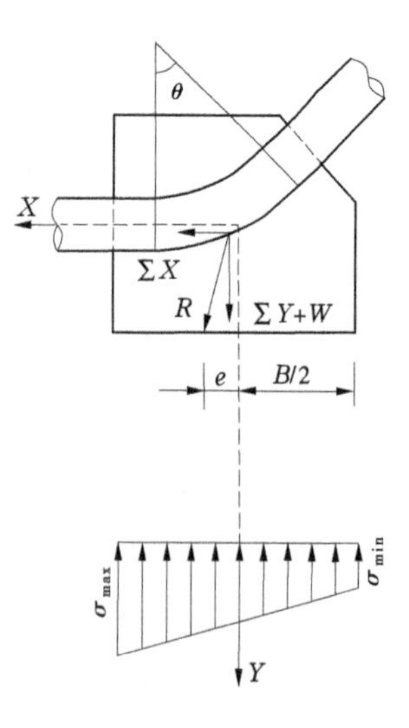

图 8-49　地基应力计算图

式中　b——镇墩宽度;

A——镇墩底面面积,$A=bB$;

M——作用于镇墩底面形心的弯矩,$M=e\sum Y$,e 为合力偏心距。

在斜坡上的镇墩,还应验算地基是否稳定,土体斜坡是否会滑塌,可按土力学理论计算。在石基上,如将基础底面做成与合力 R 相垂直的斜面,当岩基层理向斜坡内倾斜时,可以不验算地基的稳定,否则应研究岩石的层次节理可能滑动的层面,核算其强度。

3)镇墩强度校核

镇墩强度计算和挡土墙一样,可选几个与墩底底面平行的截面进行。用图解法或数解法求得计算截面以上的全部作用力,校核墩体强度。对于圬工重力式镇墩,主要是校核抗拉强度是否满足要求。

弯管凸向上方的镇墩,管内水压力 A_1'、A_1'' 的合力及水流离心力都指向上方,故还应在管轴线附近选择最弱截面进行强度验算,确定是否需要增加其上部墩体的体积(压重)或加设锚筋。

应该指出,如果仅从镇墩所承受外荷载这一因素考虑,同时管道的自重力在管轴线上的分力 A_5' 小于管道沿支墩的摩擦力时,那么,镇墩重力 W 将随管道铺设角增大而减小,这是因为

$$\left.\begin{aligned}\sum X &= \sum A'\cos\theta - \sum A'' \\ \sum Y &= \sum A'\sin\theta\end{aligned}\right\} \tag{8-33}$$

代入式(8-31)得

$$W = \frac{K_c}{f}\left(\sum A'\cos\theta - \sum A''\right) - \sum A'\sin\theta \tag{8-34}$$

取 W 对 θ 的一阶导数得

$$\frac{dW}{d\theta} = -\left(\frac{K_c}{f}\sum A'\sin\theta + \sum A'\cos\theta\right) \tag{8-35}$$

由于 $0° \leqslant \theta < 90°$,所以 $\sin\theta \geqslant 0$、$\cos\theta > 0$,故 $\frac{dW}{d\theta} < 0$,说明 $W=f(\theta)$ 是一个减函数,故镇墩重量 W 随铺设角 θ 的增大而减小。因此,在实际工程设计中,在地形条件和土壤、地质结构允许的前提下,不要使管坡过缓,这样可减小镇墩体积,缩短管路,节省材料,从而达到经济的目的。

第 9 章　泵站进出水流道

在我国,一般将叶轮直径大于 1.6 m 的水泵称为大型水泵。大型水泵的进出水管道习惯上称为进出水流道,一般特指管路较短的大型低扬程泵站管路。从进水池到水泵进水口之间的流道称为进水流道,从水泵出口(或导叶出口)到出水池之间的流道称为出水流道。

大型泵站通常采用立式水泵,其特点是泵房面积较小,电动机有较好的通风防潮工作环境,但立式泵的轴向尺寸较大,故减小水泵的轴向尺寸对降低泵房高度和减小土建投资是有利的,但可能恶化水流条件,降低泵站装置效率,增加运行成本,甚至引起水泵汽蚀和机组振动。因此,对大型泵站的进出水流道应有更高的设计要求。

9.1　泵站进水流道

就大型低扬程泵站而言,进水流道是其重要的组成部分,是泵站进水池至叶轮室之间的过渡段,其作用是将进水池的水流平顺地引向水泵进口,使水流在引进过程中很好地转向和加速,尽量满足水泵叶轮室进口所要求的水力设计条件。

进水池的流态对水泵性能也有很大的影响,见第 7 章 7.3 内容。

9.1.1　进水流道分类

进水流道按照进水方向可分为单向进水流道[见图 9-1(a)、(c)、(d)]和双向进水流道(见图 9-1(b)];而进水流道按照流道形状又可分为肘形进水流道[见图 9-1(a)]、钟形进水流道[见图 9-1(c)]和簸箕形进水流道[见图 9-1(d)]。斜向进水流道也属于肘形进水流道。其中,肘形进水流道和钟形进水流道在《泵站设计规范》(GB/T 50265—97)中有具体要求。

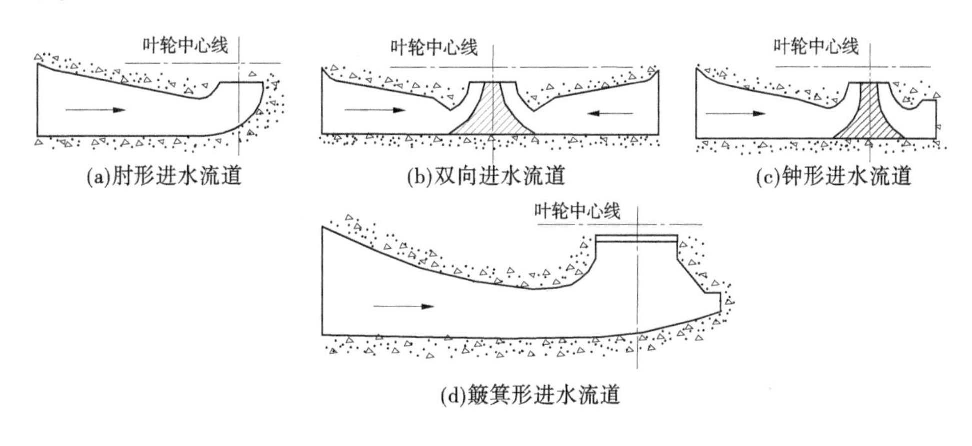

图 9-1　进水流道的形式

9.1.2 进水流道的流态

不同的进水流道,其内部流态也不尽相同。根据进水流道的基本动力学特性,进水流道可分为单面进水和四面进水两大类型。

9.1.2.1 单面进水

单面进水是指水流从一个方向直接进入水泵叶轮室。单面进水流道的主要特征在于水流只是简单地转向和加速。肘形进水流道和斜式进水流道都属于单面进水流道,两者的几何特征一致,不同之处在于肘形进水流道的泵轴与水平线(面)的夹角为90°,而斜式进水流道的泵轴与水平线(面)的夹角则为45°、30°或15°。与斜式进水流道相比,肘形进水流道的转向角度较大,故受离心力的影响较大,从而调整流速分布所需的空间也较大,即泵房较高,挖深较大。

9.1.2.2 四面进水

四面进水是指水流在进入叶轮室之前的流动,分为两个阶段:①水流从四面向喇叭管的汇集阶段;②水流在喇叭管内的调整阶段。钟形进水流道和簸箕形进水流道都具有这样的特点。这两种进水流道的主要特征是在流道出口(水泵叶轮室之前)都设有喇叭管。开敞式进水池内的水流具有同样的特征,也属于四面进水。

四面进水的进水流道要求流道有足够的宽度、一定的后壁空间和适宜的悬空高度,以便水流尽可能均匀地通过喇叭管与流道底板之间的空间,从四面进入喇叭管。水流在经过90°转向进入喇叭管以后,流场还是比较紊乱的,必须充分利用喇叭管进行流场调整。

9.1.3 进水流道基本要求

进水流道直接影响水泵叶轮进口的流态,即进口断面流速分布和压力分布,因此对水泵的性能影响很大。进水流道形状尺寸设计不当,使进水流道尤其是水泵进口处流态不好,不仅会影响水泵的性能的发挥,包括改变水泵的扬程、流量、效率、汽蚀性能等外特性,降低泵站装置效率,增大运行成本;而且可能在流道内产生漩涡,严重时形成涡带,一旦涡带进入水泵,机组就会发生强烈振动,影响机组的正常运行。另外,很多进水流道都是和泵房底板浇筑成整体的,所以其形状尺寸又直接影响泵站土建工程投资和施工难易程度。由此可见,合理地进行流道设计,对水泵及泵站的运行成本、运行安全和工程投资,均有很大意义。设计进水流道一般应满足以下要求:

(1)流道型线平顺,各断面面积沿流程变化均匀合理,水力损失小。

(2)流道出口(水泵叶轮进口)断面的流速和压力分布比较均匀;水泵进口断面处流速不宜过大,一般可取0.8~1.0 m/s。

(3)在各种工况下,流道内不产生漩涡或涡带,更不允许涡带进入水泵叶轮室。

(4)尺寸较小、开挖深度适当,节省投资。流道进口应该设置检修门槽。

(5)造型简单,便于施工。

9.1.4 肘形进水流道

肘形进水流道也称肘形进水弯管,因其形状酷似人的胳膊肘而得名,是大、中型立式机组常采用的一种进水流道形式。常用作立式轴流泵或导叶式混流泵的进水流道。

肘形流道的特点是高度较大而宽度较小，可获得很好的水力性能；缺点是泵房高度和挖深较大。传统的肘形进水流道的水力设计采用建立在一维流动理论基础上的平均流速法。这种方法的主要缺点是只考虑流道内平均流速的变化，而未考虑流道内流速的分布，因而不能按照一定的流畅要求设计流道。

斜式进水流道与斜式轴伸泵装置配套使用。该流道按水泵轴线与水平线的夹角可分为 45°、30°、15°三种，以适应不同的水泵装置。斜式进水流道的水力性能优异，形状简单，土建工程投资省，但对机组轴承等结构的设计和制作质量要求较高。

9.1.4.1　流道形状尺寸对流态和工程投资的影响

弯管的形状主要有等直径直角弯管、等直径圆角弯管、等曲率半径断面渐缩肘形弯管和不同曲率半径断面渐缩肘形弯管，如图 9-2 所示。

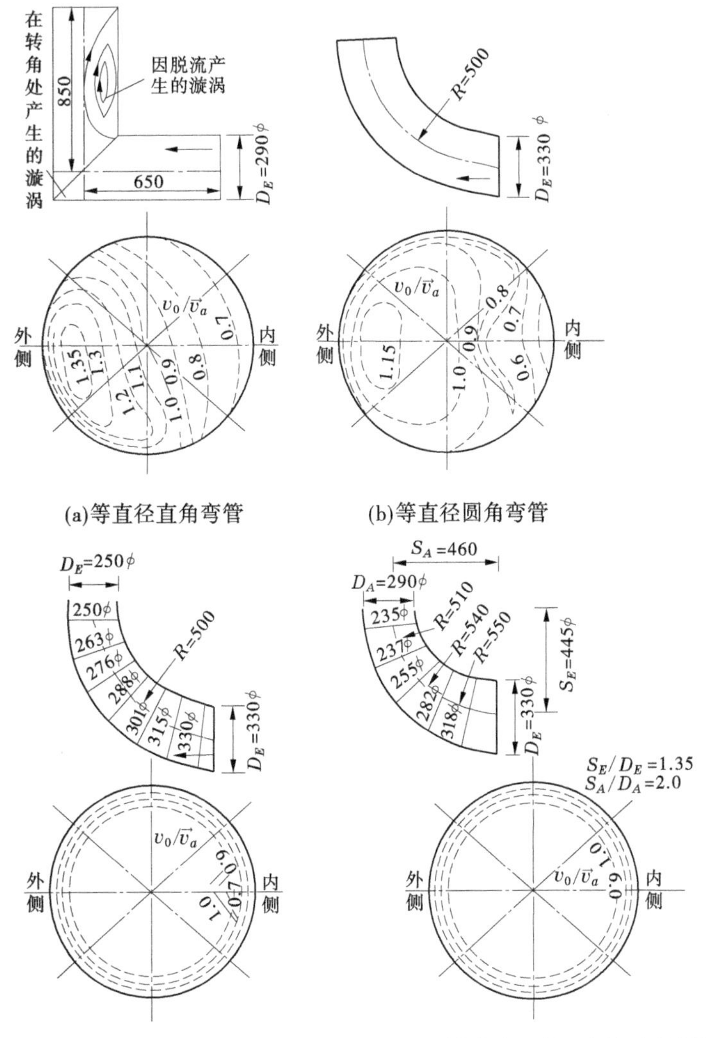

(a)等直径直角弯管　(b)等直径圆角弯管

(c)等曲率半径断面渐缩肘形弯管　(d)不同曲率半径断面渐缩肘形弯管

图 9-2　弯管形状对出口断面流速的影响　（单位：mm）

等直径直角弯管出口断面的流速分布受离心力的影响很大。由图 9-2(a)可见,其出口断面的最大、最小流速与平均流速的偏差约为±30%,这样大的流速偏差必然会对水泵性能产生很大的影响。同时,这种形状的弯管不仅内侧会产生漩涡,外侧的直角处也因流动不畅会产生漩涡。当漩涡达到一定剧烈程度时,流道就会形成涡带进入水泵叶轮,甚至引起强烈振动。此外,直角弯管的阻力损失也很大,降低了泵站装置效率,增加了泵站运行费用,而且为了防止汽蚀必须降低水泵的安装高程,工程造价加大。

同时,由图 9-2 可见,不同形状弯管内流速分布也有所不同。对于图 9-2(b)所示的等直径圆角弯管,其最大、最小流速相对于平均流速的偏差为±22.5%,而图 9-2(c)所示的渐缩肘形弯管则有较大的改善,图 9-2(d)所示的不同曲率半径断面的渐缩肘形弯管的流速则几乎呈均匀分布。由此可见,只要形状设计合理,就可能使肘形弯管满足设计要求。

9.1.4.2 流道的线型设计

1. 基本尺寸的拟定

肘形进水流道,如图 9-3 所示,由进口段、弯曲段和出口段组成。其断面形状由方变圆后即与水泵进口座环相接。肘形进水流道的主要尺寸已在图 9-3 中注出。图中各种尺寸对流道出口断面的流态和工程造价的影响如下。肘形进水流道基本尺寸设计参考数据见表 9-1。

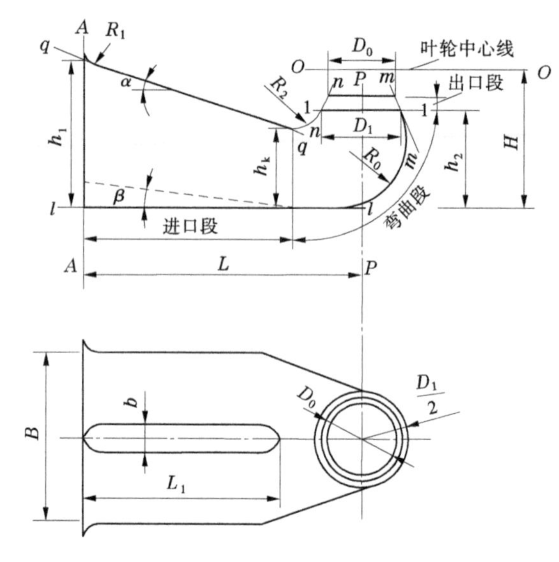

图 9-3 肘形进水流道构造及主要尺寸示意图

1) H/D

转轮水平中心线至底板的距离 H 与转轮直径 D 的比值 H/D 越大,则水泵进口流速分布越均匀。但 H/D 越大,开挖深度和工程造价也越大,在地基不好的地方,H/D 值的增大还会增加施工难度。

2) 进口流速 v

流道进口断面流速 v 的大小影响进口水力损失和水流流态,进口断面面积一般按照进口流速控制,为了减少进口损失和为水泵进口提供良好的水流条件,进口流速宜取

0.8～1.0 m/s。

表 9-1　肘形进水流道基本尺寸设计参考数据

基本尺寸参数	参考取值范围	基本尺寸参数	参考取值范围
H/D	1.5～2.2	R_0/D	0.8～1.0
L/D	3.5～4.0	R_2/D	0.35～0.45
B/D	2.0～2.5	h_k/D	0.8～1.1
α	20°～25°	β	0°～12°

注：D—水泵叶轮直径；H—叶轮水平中心至底板的高度；L—流道纵向水平长度；B—流道进口段宽度；R_0—流道弯曲段外侧曲率半径；R_2—流道弯曲段内侧曲率半径；h_k—流道进口段出口断面高度；α—流道进口段顶板仰角；β—流道进口段底部上翘角（一般为平底，即 $\beta=0°$）。

3）流道水平长度 L

流道进口至机组轴线的水平长度 L 较长，则进水流态较稳定，能得到较高的水力效率。但是，较长的 L 值会使泵房宽度增加，从而增加工程投资。较短的 L 值则必须注意保证引水渠、前池和进水池的流速均匀，以取得较好的进水流态。

4）流道进口段上翘角度 β

进水流道底板一般为平底，但有时为了减小基坑开挖深度和两岸翼墙高度，从而减少混凝土和土石方工程量，则需要抬高流道进口和前池、进水池底板高程，此时往往将流道进口段底板向上翘起，其上翘角 β 为 5°～12°，一般多采用 8°～10°。

5）流道顶板仰角

进水流道顶板的仰角 α 一般根据进水池最低水位高程确定，要求顶板上缘的最小淹没深度不小于 0.5 m。国内已建成泵站肘形进水流道的 α 值多在 20°左右，最大的 32°，最小的 12°。

6）流道进口段出口断面高度 h_k

进水流道进口段出口断面高度 h_k 值不宜过大，以免引起 H 值增高和弯曲段内壁转弯过急，产生脱流，从而引起出口流态变坏和土建工程量增大。但也不宜太小，以免进入弯曲段的流速增加过快，水头损失增加。通常 h_k 的取值范围以（0.8～1.1）D 为宜。

7）流道内、外侧弯曲半径 R_2 和 R_0

中部弯曲段的内外侧流道一般分别由不同心的圆弧构成，弯曲段内的流速和压力分布受离心力的影响会发生变化，特别是流速较高或外侧弯曲半径 R_0 较小而产生急弯时，弯道出口处的流线向外偏移，内侧产生脱壁回流，形成漩涡，从而不仅造成能量损失的增加，还会使水泵性能变坏，引起水泵效率降低、产生汽蚀和机组振动等。因此，弯曲段内外侧的曲率半径不宜太小，外侧半径 R_0 以大致等于 D 为宜，内侧半径 R_2 以（0.35～0.45）D 为宜。

8）水泵进口前锥形管的锥角

进水流道出口段为与水泵座环光滑连接的锥形管，其锥角一般采用与座环内壁相同的收缩锥角。

我国部分大型泵站肘形进水流道主要尺寸见图 9-3 和表 9-2。

表 9-2　我国部分泵站肘形进水流道主要尺寸汇总

泵站名称	主要尺寸(cm)									
	D	D_1	H	h_1	h_k	h_2	L	L_1	B	b
淮安一站	154	168	345	—	184	245	1 080	—	450	—
江都二站	154	167.9	346.5	500.5	184.2	245.2	1 074.5	—	440.4	—
新沟泵站	160	168	288	280	134	188	732.2	—	450	—
驷马山泵站	280	304	490	420	231.4	324.5	1 000	700	620	60
南套沟泵站	280	295	420	490	228	320	1 000	600	600	70
汉川泵站	280	300	440	526.1	230	280	1 000	—	560	—
高潭口泵站	280	295	450	450	216.2	310	1 100	700	600	60
安丰泵站	300	300	540	380	230	400	1 140	535	600	60
江都四站	310	350	560	700	298.6	386.6	1 120	845.2	700	—
樊口泵站	400	430	700	730	348	450	1 300	900	1 000	100
淮安二站	450	460	720	785	360	522	1 500	1 100	1 150	—

泵站名称	主要尺寸(cm)			收缩角		比值				
	R_0	R_1	R_2	α	β	H/D	B/D	L/D	h_k/D	R_0/D
淮安一站	208	130	79	26°09′	0°	2.24	2.92	7.03	1.19	1.35
江都二站	208.7	—	79	28°	0°	2.25	2.86	6.98	0.84	1.36
新沟泵站	189	197.2	46.7	8°56′	0°	1.80	2.81	4.58	1.20	1.18
驷马山泵站	280	—	100	22°	8°27′	1.75	2.21	3.57	0.83	1.00
南套沟泵站	280	50	70	20°	0°	1.50	2.14	3.57	0.81	1.00
汉川泵站	225	50	30	27°	8°32′	1.57	2.00	3.57	0.81	0.80
高潭口泵站	280	—	100	12°57′	7°50′	1.61	2.14	3.93	0.77	1.00
安丰泵站	300	50	90	28°06′	10°14′	1.80	2.00	3.80	0.77	1.00
江都四站	380	130	102.3	26°27′	10°15′	1.81	2.26	3.61	0.96	0.99
樊口泵站	405	165	115	32°	9°56′	1.75	2.50	3.25	0.87	1.01
淮安二站	450	100	130	25°11′	8°32′	1.60	2.56	3.33	0.80	1.00

2. 剖面轮廓图的绘制

根据以上所选基本尺寸可以绘出肘形进水流道的剖面轮廓图。具体步骤如下：

(1)绘出水泵叶轮中心 $O—O$ 和水泵座环底面位置 1—1,座环底面进口直径 D_1,并以此作为进水流道出口断面,如图 9-3 所示。以座环的收缩角作为流道出口断面的收缩角(图 9-3 中 D_0 为座环顶面出口直径),并根据座环收缩角画出 $m—m$ 和 $n—n$ 两条直线。

(2)根据水泵叶轮中心 $O—O$ 和 H、β 值,确定流道底线 $l—l$。当流道为平底($\beta=0$)

时，$l—l$ 线为一根水平线，当需要减少进水池的开挖深度和翼墙高度时，可以使 $l—l$ 线按照选取的角 β 值向上翘起。

(3) 根据水泵轴线 $P—P$ 和 L 值，确定流道进口 $A—A$ 断面的位置。

(4) 选定进口流速 v_A（一般 $v_A = 0.8 \sim 1.0$ m/s），并确定进口断面的形状（一般为矩形），再根据选定的进口宽度 B 和水泵流量 Q，用下式计算进口高度 h_1：

$$h_1 = \frac{Q}{Bv_A} \tag{9-1}$$

(5) 通过 $A—A$ 断面上高为 h_1 的点作直线 $q—q$ 与水平线成 α 角。

(6) 用半径 R_0 作圆弧与 $m—m$ 和 $l—l$ 两条直线相切，用半径 R_2 作圆弧与 $q—q$ 和 $n—n$ 两条直线相切，用半径 R_1［常取 $R_1 = (0.5 \sim 0.7)D$］作圆弧与 $q—q$ 和 $A—A$ 两条直线相切。

这样就全部画出了流道的剖面轮廓图。当所做出的图形的 h_k 值在 $(0.8 \sim 1.0)D$ 范围内时，可以认为所拟定的尺寸基本满足要求。当 h_k 值太大或太小时，可以调整 β 或 L 值，直至满足要求。

3. 平面轮廓图的绘制

绘制平面轮廓图主要有流速曲线递增和流速直线递增两种方法。

1) 流速曲线递增法

所谓流速曲线递增法，就是先初拟一个平面轮廓图。在剖面轮廓图和平面轮廓图中选取若干个相同的断面，由剖面图可以知道各断面的高度，由平面图可以得到各断面的宽度，从而求得各断面的面积。根据水泵流量和各断面面积，进而求出各断面的流速。这样就可以分别做出流速和各断面面积与流道长度的关系曲线（见图 9-4）。当上述两条曲线光滑时，说明水流在流道中的速度是曲线缓慢递增的，没有突变现象，符合水力损失小的原则，也说明初拟的平面轮廓图是符合设计要求的。如果上述两条曲线不光滑，说明流速和断面面积有突变现象，这样就会增加水力损失，因而需要调整平面和剖面图形的尺寸，直到曲线光滑。

2) 流速直线递增法

所谓流速直线递增法，是假定流道内的流速变化是按照直线规律递增的，也就是符合 $\Delta v / \Delta l =$ 常数的原则。这样就可以根据流道进口断面和出口断面的流速画出流速和流道长度的关系直线，如图 9-5 所示。这样，任何一个断面的流速和断面面积都可以求出。再由剖面图中的高度，求得平面图中的宽度，从而绘出平面轮廓图。

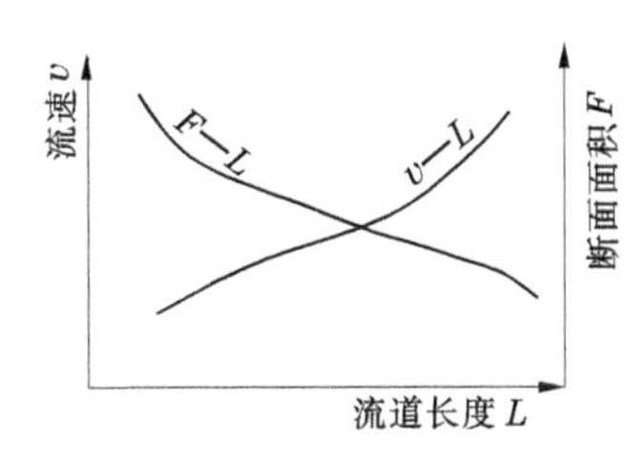

图 9-4　流速 v、断面面积 F 与流道长度 L 关系曲线

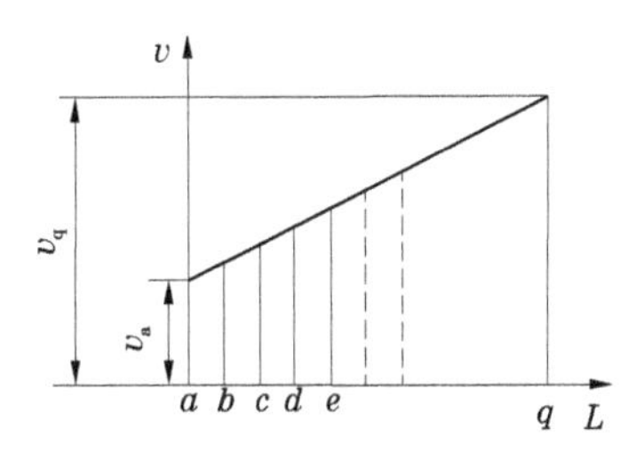

图 9-5　流速 v 与流道长度 L 关系曲线

3)两种绘图方法对比

上述两种绘制平面图的方法都是根据流速变化均匀,水力损失小的原则进行设计的。前者是先假定断面面积,然后绘出流速变化曲线加以校核,后者是先假定各断面流速,然后再求出各断面面积,从而绘出平面轮廓图。按照流速直线递增法绘出的平面图收缩比较均匀,如图 9-6(b)中的实线所示。按照流速曲线递增法绘出的平面图,进口段的宽度基本不变,弯曲段收缩角大些,如图 9-6(b)中的虚线所示。

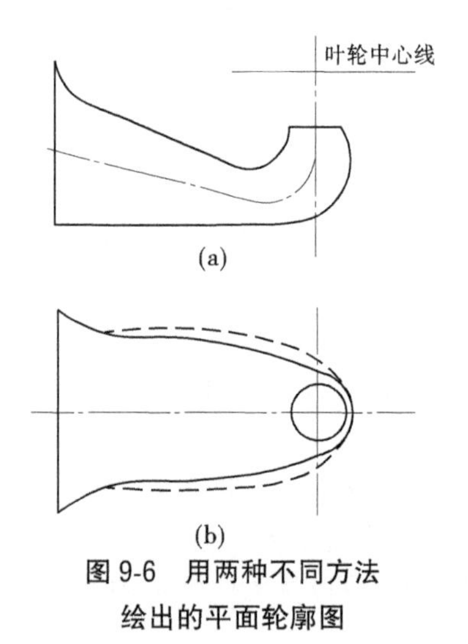

图 9-6　用两种不同方法绘出的平面轮廓图

9.1.4.3　设计步骤

1. 流速曲线递增法的具体设计步骤

(1)根据所选的基本尺寸,按照前述方法绘出流道剖面轮廓图,如图 9-7(a)所示。

(2)初拟平面轮廓图。根据所选的 B 值定出流道进口段的宽度。在弯曲段开始收缩,收缩角一般不超过 25°,这样就可以绘出初拟的平面轮廓图,如图 9-7(b)所示。

(3)在剖面图中绘出流道中心线 aq,即在剖面图中做很多内切圆,用光滑的曲线将这些内切圆的圆心连接起来,即得流道中心线 aq。

(4)在中心线上定出有代表性的点 a、b、c、…,通过这些点作中心线的垂线,即得 A—A、B—B、C—C、… 断面。可以近似认为就是通过 a、b、c、… 点的过水断面,并将 a、b、c、… 点投影到平面图中,并绘出 A—A、B—B、C—C、… 断面,如图 9-7(b)所示。

(5)将剖面图中的中心线 aq 展开,绘出平面展开图 9-7(c)。并在展开图中标出 a、b、c、…点,同时通过各点作 aq 的垂线,取 A—A、B—B、C—C、… 和平面图上各截面的宽度相等的断面。

(6)拟定各断面过渡圆的半径 r_a、r_b、r_c、… ,因为流道是由矩形断面变为圆形断面后与水泵底座相接,为了使断面变化均匀,过渡圆的变化也应该是均匀的。为了达到这一目的,可以在剖面图 9-7(a)中用两条光滑曲线(如图 9-7 中虚线所示),作为过渡圆的圆心轨迹线,各截面 A—A、B—B、C—C、… 线与轨迹线之交点即为过渡圆的圆心,该交点到剖面轮廓线的距离即为该点断面过渡圆的半径 r_a、r_b、r_c、… 。

(7)在展开图上绘出各断面的几何图形,根据剖面图、平面图可以知道各断面的高度 h 和宽度 b,再根据各断面的过渡半径,可以在展开图上绘出各断面的几何图形。

(8)计算各断面面积 F:第 i 断面的面积可按下式计算

$$F_i = h_i b_i - (4 - \pi) r_i^2 \approx h_i b_i - 0.86 r_i^2 \tag{9-2}$$

式中　h_i、b_i 和 r_i——第 i 断面的高度、宽度和过渡圆的半径,如图 9-8 所示。

(9)求各断面的平均流速 v:第 i 断面的平均流速 v_i 可以根据水泵流量 Q 和第 i 断面的面积 F_i 求得,即

$$v_i = Q/F_i \tag{9-3}$$

(10)作流速和断面面积与流道长度关系曲线:以流道长度 L 为横坐标,以流速 v 和断面面积 F 为纵坐标,绘制出 v—L 和 F—L 曲线。当绘出的曲线不光滑时,应该修正初拟

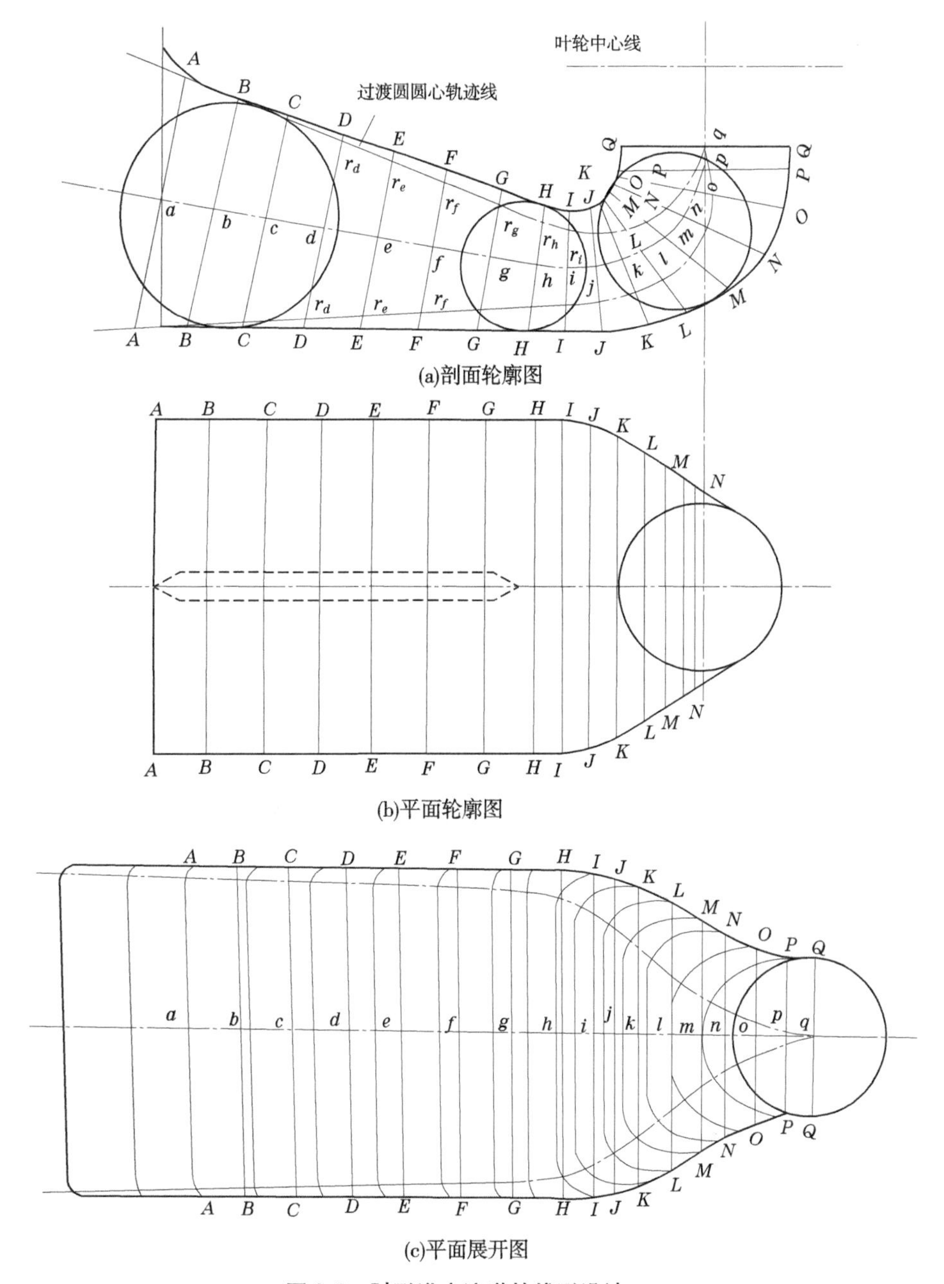

图9-7 肘形进水流道的线形设计

的图形,然后再绘出这两条曲线,直到光滑。

2. 流速直线递增法的具体设计步骤

(1)如图9-7(a)用作内切圆的方法绘出剖面轮廓图的流道中心线 aq 以后,定出有代表性的点 a、b、c、…,并将中心线展开。

(2)绘出剖面图的过渡圆的圆心轨迹线,求出各断面的过渡圆半径 r_a、r_b、r_c、… 。或拟定流道进出口过渡圆半径 r_a 和 r_q,根据展开图中各断面到流道进口的距离,用内插法求出其他各断面的过渡圆半径 r_i。

(3)根据流道进出口断面面积(见图 9-8)和水泵流量,求出进出口断面流速 v_a 和 v_q,按照展开图中各断面到流道进口的距离,用内插法求出其他各断面的流速 v_i。

(4)根据各断面的流速和水泵流量,求出各断面的面积 F_i,再按照下式计算出各断面的宽度:

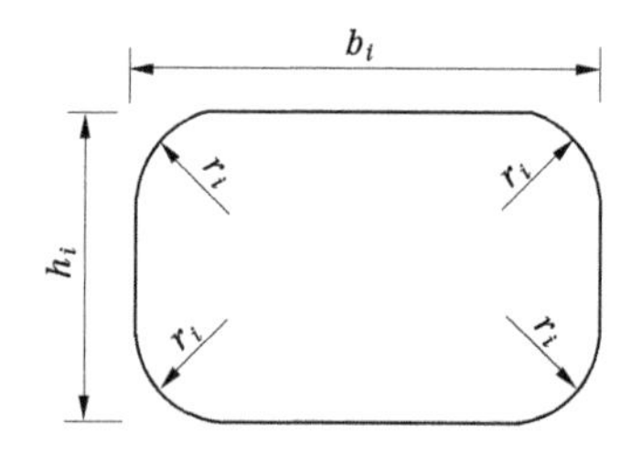

图 9-8　断面面积计算

$$b_i = \frac{F_i + 0.86r_i^2}{h_i} \tag{9-4}$$

(5)根据各断面的 h_i、b_i 和 r_i 值,即可以在展开图上绘出各断面的图形,并根据各断面宽度绘出平面轮廓图。当绘出的平面图出现轮廓突变的情况时,可以适当地调整剖面图的尺寸,直至突变现象消失。这样就可以使流速变化均匀,也不致使流道断面形状变化过大。

最后还应该指出:以上两种方法都是根据水力损失较小的原则进行设计的。在有条件时,应进行模型试验,以验证所设计的流道的水力损失是否较小,是否还有脱流和涡带现象,当设计的流道有脱流和涡带产生时,应该修改设计,直至脱流和涡带现象消失。

9.1.4.4　肘形进水流道优化

进水流道内水流流向的改变极易引起脱流、二次流、流速分布不均匀甚至产生漩涡、涡带。这对水泵运行是极其有害的。进水流道的作用是使水流在其内逐步加速,完成流向转变。对进水流道最基本的要求有二:首先,其出口(泵叶轮进口)断面的流速场均匀或比较均匀;其次,是在流道内不产生有害漩涡(涡带)。所谓有害漩涡,是指对水泵运行产生危害的强度较大的漩涡,在流动形态上往往表现为含有气(汽)腔的涡管,一般称涡带。有害漩涡对水泵运行的影响主要表现在汽蚀、振动、噪声等方面,而对水泵能量性能影响不明显。进水流道出口流速场均匀和流道内不产生有害漩涡(涡带)是为了保证泵装置运行的经济性和可靠性。也是一般设计过程所遵循的通则。

肘形进水弯道进水的流道,水流的加速和转向在弯管渐缩断面内同时实现。流道的弯段断面是渐变渐缩的,以使水流逐步加速并在转弯时不发生脱流。流道设计中要特别注意内外侧曲率半径,尤其是内侧曲率半径不宜过小,否则将在弯道末端发生脱流,从而产生涡带。

肘形进水流道设计完成后,需进行模型试验,为了尽快获得较理想的肘形流道设计方案,同时节省模型试验费用,需要采用数值模拟方法来优化设计。数字模拟作为流道设计和模型试验的重要辅助设计工具,可在较短时间内优选出若干个最佳方案,避免模型试验的盲目性,其数字模拟计算出流道各断面的流速分布,使设计者了解水流运动状况,可节省大量的时间和试验成本。流道优化一般过程如下。

1. 初步拟订流道方案

根据肘形进水流道弯道的内外侧曲率半径、流道宽度收缩的快(早)和慢(迟)、流道的高度和长度的大小等,初步设计出 2~3 种肘形流道方案。

图 9-9 为某泵站初步设计出的三种肘形进水流道方案。方案 1 的内侧曲率半径较小,流道宽度收缩较快、早。方案 2 和方案 3 的内外侧曲率半径分别为 0.5 m 和 2.5 m,方

案 2 的流道宽度收缩的慢、迟，而方案 3 的流道宽度收缩的快慢长度适中。

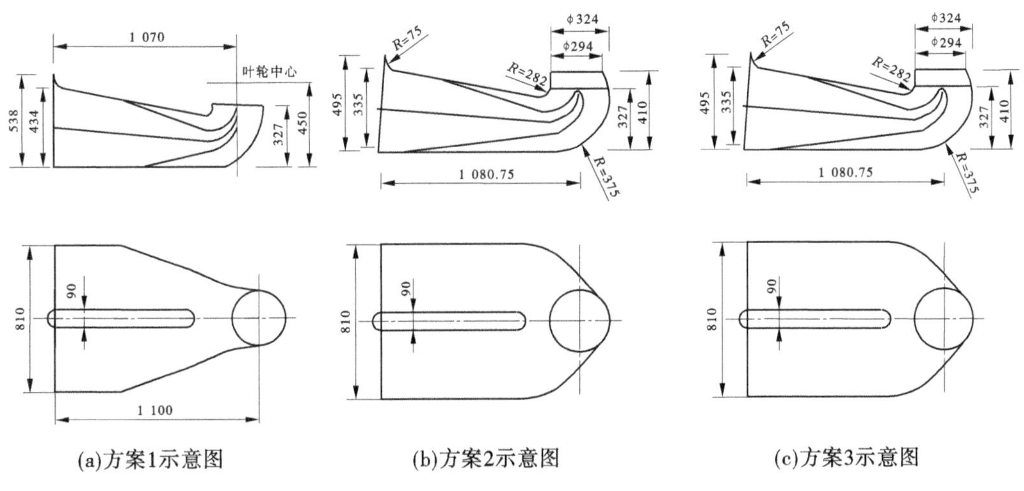

(a)方案1示意图　(b)方案2示意图　(c)方案3示意图

图 9-9　初步拟订的肘形进水流道方案示意图　（单位：mm）

2. 数字模拟计算

考虑进水流道不可压缩流体的三维黏性流动，运用连续方程和雷诺方程进行数字模拟计算。

图 9-10 为数字模拟计算结果，即各方案的流道流场图和流道出口断面流速分布图。

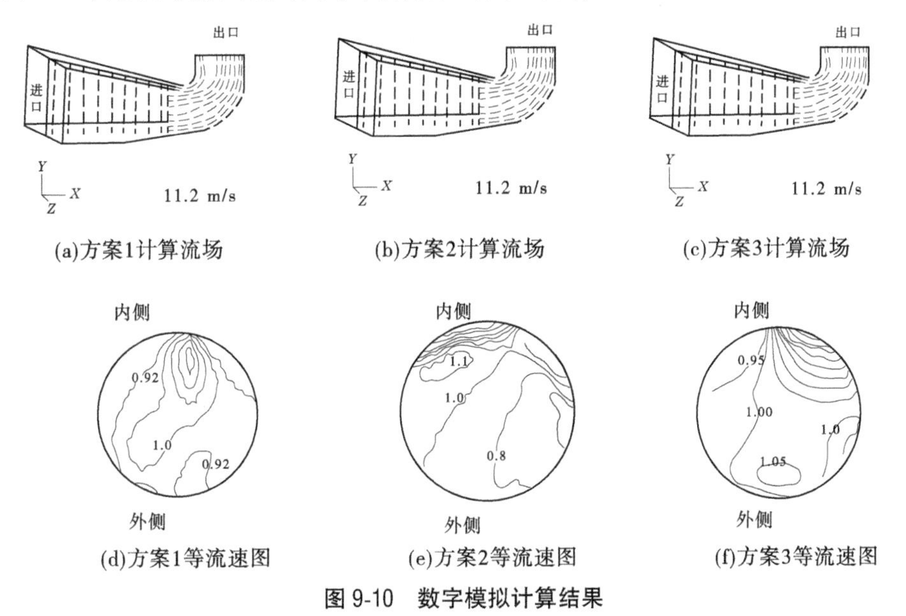

(a)方案1计算流场　(b)方案2计算流场　(c)方案3计算流场

(d)方案1等流速图　(e)方案2等流速图　(f)方案3等流速图

图 9-10　数字模拟计算结果

方案 1 进水流道内侧流速很大，引起脱流。方案 2 流道出口断面的流速分布仍然没有调整均匀。而方案 3 流道出口断面的流速分布比较均匀。

3. 模型试验及确定优化方案

分析数字模拟计算结果，选出 1~2 个较优方案进行模型试验。对方案 3 进行模型试验的结果表明，流道内没有涡带、噪声和振动现象发生，泵站效率较高，故可推荐为最优方案。

9.1.5　钟形进水流道

钟形进水流道的显著特点是高度极低,适用于站址地质条件较差的泵站;其缺点是形状复杂,施工难度大,且流道的宽度较大,对流道宽度的要求非常严格,设计不当,流道内容易产生涡带。

钟形进水流道由进口段、吸水室、导水锥以及喇叭管等几部分组成,如图9-11所示。水流从进水池进入进水段后,由吸水室将水引向喇叭口的四周,再通过喇叭口与导水锥之间的通道进入水泵叶轮室。

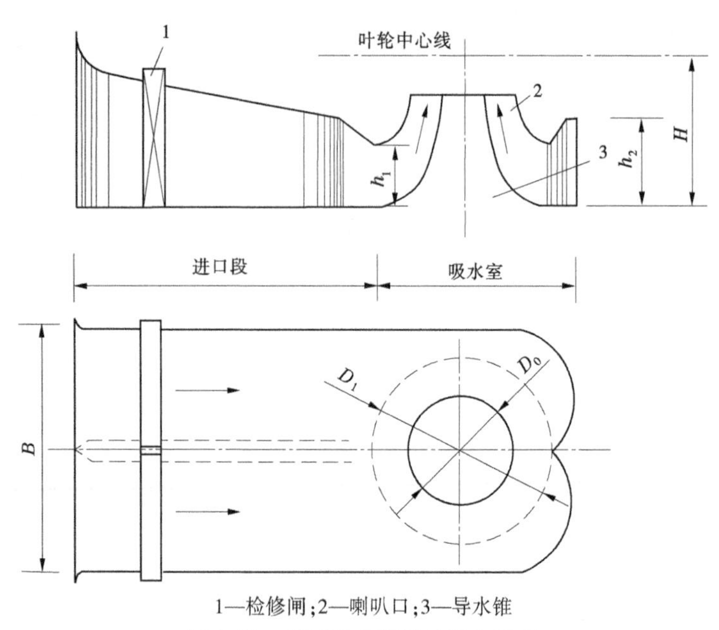

1—检修闸;2—喇叭口;3—导水锥

图9-11　钟形进水流道构造与形状

这种流道的宽度比肘形流道稍宽些,但其显著特点是流道高度小,可以抬高泵房底板高程,H/D 值一般为1.1~1.4,有的泵站甚至采用0.8~1.0,如日本三乡排水站的 $H/D=0.87$、小明木川排水站的 $H/D=0.82$,运行中并未发生异常现象。此外,当 $H/D>1.4$ 时,除流道水力性能不好,水泵效率降低外,钟形进水流道高度小的优点已不明显,因而也就比不上宽度较窄的肘形进水流道了。

由于流道与流道之间需要填充的混凝土方量较少,因此钟形进水流道对节省工程投资、加快施工进度等都具有明显的优点。随着立式水泵口径的逐渐增大,采用钟形进水流道的块基型泵站也会逐渐增多。

9.1.5.1　流道形状和尺寸对流态及工程投资的影响

1. 流道形状的影响

1) 导水锥形状对流态的影响

为了保证水流从喇叭口四周进入水泵,以使喇叭口处的水流具有良好的流态,需要严格控制喇叭口与流道底板的高度,这种情况下的流态如图9-12所示。这时尽管流道进口段出口断面的流速分布比较均匀,但正对喇叭口的底板上有一个滞水区,流态比较混乱。

试验表明，在这个区域内常出现涡带进入水泵，使水泵发生强烈振动。这种现象可以用在底板上设置导水锥的办法加以消除。由此可见，在底板上设置的导水锥是钟形进水流道必不可少的。为了保证流道出口流态均匀，应该使水流在流道内的流速均匀地递增，据此设计喇叭口和导水锥。

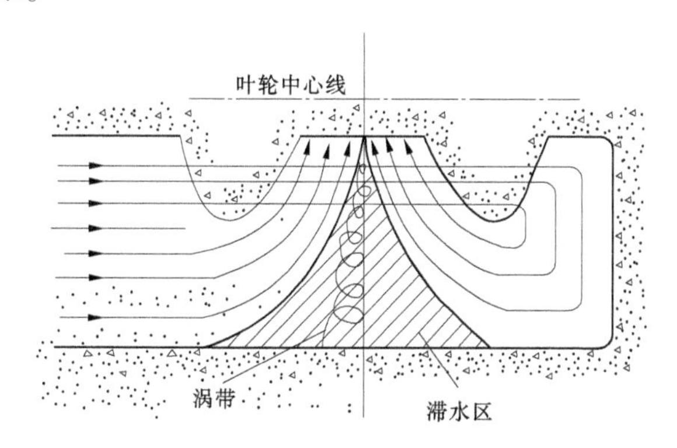

图 9-12　无导水锥时的流态

2）吸水室的形式对流态的影响

吸水室的形式很多，主要有矩形、多边形、半圆形及蜗壳形几种，如图9-13所示。矩形吸水室的后墙处有三个漩涡区，这一方面会增加阻力损失，而且可能形成涡带进入水泵，同时，矩形吸水室还易受进水池流态的影响。例如当采用侧向进水，或者多机组泵站中只有部分机组运行时，都可能使流道进口的流速分布不均匀。这种现象就容易在吸水室形成环向流动。当环流方向与水泵转动方向相反时，水泵扬程增大，对轴流泵站就会使机组功率增加，有可能使动力机超载；当环流方向与水泵转动方向相同时，水泵扬程减小，对离心泵站就会使机组流量和功率增加，也可能使动力机超载；这些都是泵站运行所不允许的，故一般不宜采用矩形吸水室。为了使设计和施工方便，也可考虑多边形和半圆形吸水室，并且在后墙处设置隔涡墩，以消除吸水室内的环向流动。但是，流态最好的吸水室应该是蜗壳吸水室，水流在蜗壳吸水室内的流动阻力损失最小，而且蜗壳的隔舌可以更好地起到隔涡墩的作用。

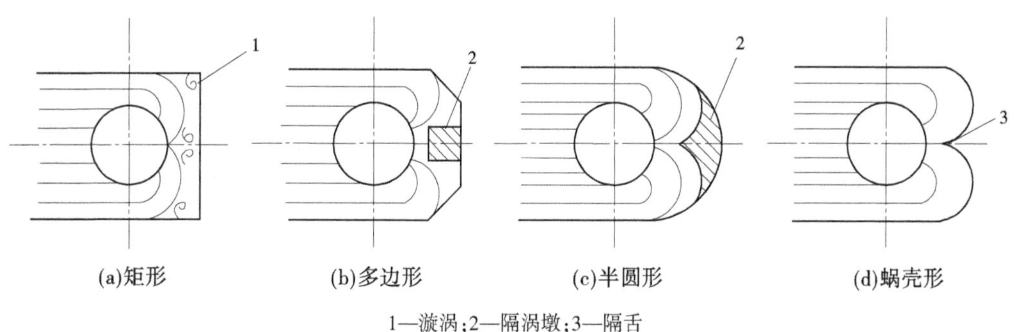

1—漩涡；2—隔涡墩；3—隔舌

图 9-13　吸水室的几种形式

2. 流道尺寸的影响

1) 喇叭管管口至流道底面的高度 h_1 的影响

喇叭管管口至流道底面的高度 h_1 太大时，一方面会增加流道高度 H，从而降低底板高程，增加工程投资，这是显而易见的；另一方面又会恶化流道内的水流状态。因为 h_1 的增加即喇叭口以下的圆柱面面积的增大，使流速和阻力都减小，水流的自由度加大。当 h_1 增大到一定程度时，水流就不需要从四周进入喇叭口了，即从一个方向进入喇叭口也可以满足流量的要求。因此，出现图 9-14 所示的流态，即在吸水室后面部分会出现滞水区。这时，导水锥不仅不能起到导水的作用，反而会起到阻碍作用，恶化流态，严重的可能产生涡带进入水泵。但 h_1 太小，也会增加阻力损失，降低机组效率。因此，在设计钟形进水流道时，对 h_1 的选择应该适当，一般可采用 $(0.4 \sim 0.6)D_0$，并最好通过模型试验加以确定。上述 D_0 指流道出口直径，它根据水泵构造不同，可能与水泵叶轮直径 D 相等，也可能比 D 稍小，但必须等于水泵座环底面入口直径。

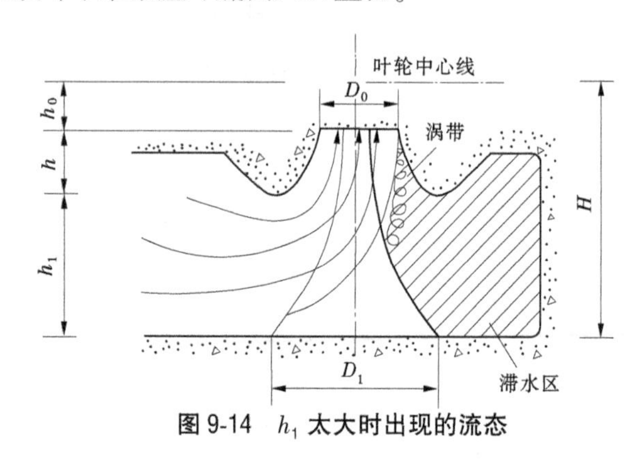

图 9-14　h_1 太大时出现的流态

2) 流道高度 H 的影响

流道高度 H，即水泵叶轮中心线至流道底板的高度，如图 9-15 所示。H 包括三部分，即

$$H = h_0 + h + h_1 \tag{9-5}$$

式中　h_0——叶轮中心线至水泵座环法兰面(下底面)的高度；

h——喇叭管的高度；

h_1——喇叭管进口至流道底板的高度。

对于一定的机组，h_0 是一定的。由于 h_0 的大小直接影响 H 的大小，所以为了减小 H 值，在设计水泵时，应该尽可能减小 h_0，或在水泵选型时，尽量选择 h_0 较小的水泵产品。

喇叭管的高度 h 一方面影响 H，另一方面也影响水流条件。h 越大，流道出口的流速分布越容易得到调整，使水泵进口断面的流速更加均匀。但是，h 太大又会增大 H，即增加泵房的开挖深度，因此也不希望 h 过大，一般可取 h 为 $(0.3 \sim 0.4)D$。

喇叭管进口直径 D_1(与导流锥底面直径同)越大，进口流速越小，水力损失也越小。但 D_1 增大后，也需要适当地加大喇叭管的高度 h，以改善喇叭管的流态；同时，因 D_1 增大后减少了喇叭管进口的流速，相应地也应该降低蜗壳内的平均流速，从而需要加大 h_1 及吸水室的宽度 B，以致引起机组间距的加宽。所以，D_1 也是影响流态和工程投资的因素之一。一般可取 $D_1=(1.3\sim1.4)D$。

9.1.5.2　钟形进水流道的设计方法

钟形进水流道的设计包括三部分，即喇叭管及导水锥的线型设计、蜗壳吸水室的设计和进口段的设计。

1. 喇叭管及导水锥的线型设计

根据水泵结构、泵房结构和水流条件决定 h_0、h 和 h_1 后，就可以定出流道出口、喇叭管口以及流道底板的高程。再根据水泵座环底面入口直径 D_0，喇叭口直径 D_1，水泵轮毂直径 d_0 等，就可以定出流道出口、喇叭管进口、导水锥顶部和底部的直径大小。导水锥的高度一般为 $h+h_1$，锥顶与轮毂相接，一般可取导水锥底部直径 D_2 等于喇叭管进口直径 D_1，导水锥顶部直径等于轮毂直径 d_0。根据这些条件就可以绘出喇叭管和导水锥的曲线。线型设计的方法和肘形进水流道基本相同。可以选择一定的半径 R 和 r，分别画出导水锥和喇叭管的曲线，然后再画出流速变化曲线加以验证。也可以先假定流速变化规律为直线变化或曲线变化，求出各断面的过水断面面积，假定喇叭管的曲线，再求出导水锥的曲线。这里应注意的是，过水断面面积是一个环形断面面积，其面积 F_i 可按下式计算：

$$F_i = 2\pi R_i b_i \tag{9-6}$$

式中　R_i——母线 AB 的重心 O 点至机组中心线的距离，见图 9-15(a)；

b_i——母线 AB 的长度。

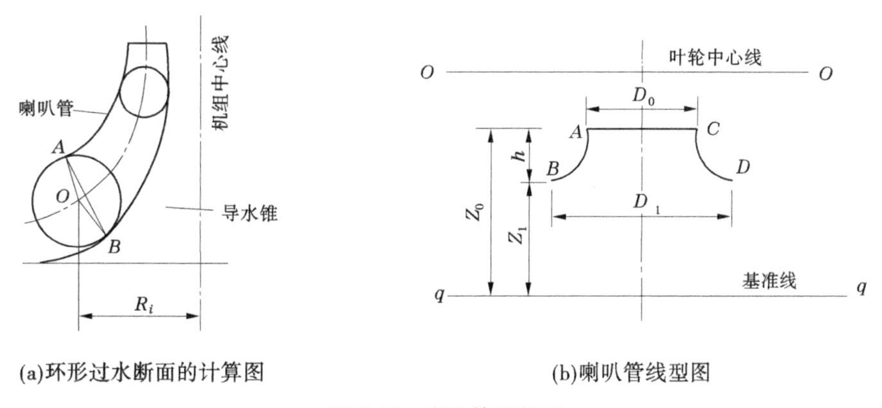

(a)环形过水断面的计算图　　(b)喇叭管线型图

图 9-15　喇叭管形状图

上述方法比较麻烦。这里介绍一种比较简单的近似计算方法，即 $ZD^2=K$ 的方法。这里假定水流在流道内呈有势流动，即按照流体力学求流线的方法，这样求出的两根流线之间，水流符合流速有规律递增的要求。因此，用这种方法绘出的喇叭管及导水锥的线型可以不必校核。

用 $ZD^2=K$ 的方法绘图时，应首先求出常数 K，然后假定不同的 D，求出对应的 Z 值。这样就可以定出所需要的曲线。

为了求得常数 K，可以先假定一条辅助基准线 $q—q$，如图 9-15(b)所示。A、C 点至 $q—q$ 线的距离为 Z_0，B、D 点至 $q—q$ 线的距离为 Z_1。而 $\overline{AC}=D_0$，$\overline{BD}=D_1$，喇叭管的高度为 h，根据 $ZD^2=K$ 式可以得到下列方程组：

$$\left.\begin{aligned}Z_0D_0^2&=K\\Z_1D_1^2&=K\\Z_0-Z_1&=h\end{aligned}\right\}\tag{9-7}$$

解方程组(9-7)得：

$$\left.\begin{aligned}K&=\frac{hD_0^2}{1-\left(\frac{D_0}{D_1}\right)^2}\\Z_0&=\frac{K}{D_0^2}\\Z_1&=\frac{K}{D_1^2}\end{aligned}\right\}\tag{9-8}$$

利用求出的 K、Z_0 和 Z_1 值，可定出辅助线 $q—q$。这样就可以根据公式 $Z_iD_i^2=K$，假定不同的 D_i 值，求出对应的 Z_i 值，最后绘出喇叭管曲线。

用同样的方法可以绘出导水锥的曲线。导水锥顶部的直径为 d_0，底部直径 D_2，可取 $D_2=D_1$，导水锥的高度为喇叭管的高度 h 和喇叭进口至底板的高度 h_1 之和，如图 9-16 所示。所以，导水锥的常数 K'可由下式求得：

$$K'=\frac{(h+h_1)d_0^2}{1-\left(\frac{d_0}{D_1}\right)^2}\tag{9-9}$$

$$Z_0=\frac{K'}{d_0^2}\tag{9-10}$$

$$Z_1=\frac{K'}{D_2^2}\tag{9-11}$$

再用 $Z_iD_i^2=K'$的公式求出 Z_i 和 d_i 的关系曲线。这就是所需要的导水锥的轮廓线。

2. 蜗壳吸水室的设计

蜗壳设计采用平均流速 v = 常数的方法进行。平均流速应小于喇叭管进口的流速。为了使蜗壳至喇叭管进口的流速不发生突变，可采用进入喇叭口至底板的圆柱面的流速作为蜗壳内的平均流速，这个流速可用下式求得：

$$v=\frac{Q}{\pi D_1h_1}\tag{9-12}$$

式中　Q——水泵的设计流量；

D_1——喇叭管进口直径；

h_1——喇叭管进水口至底板的高度。

按下式计算出各断面的流量：

$$Q_i=\frac{\varphi_i}{360°}Q\tag{9-13}$$

式中　Q_i——第 i 断面的流量；

φ_i——第 i 断面至隔舌的夹角,如图 9-17 所示。

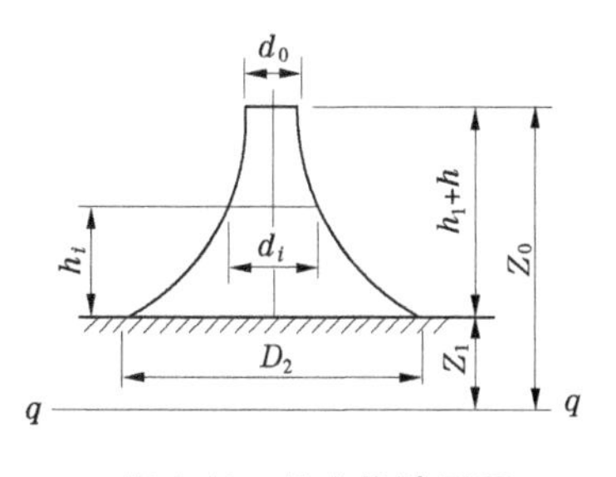

图 9-16　导水锥选型图

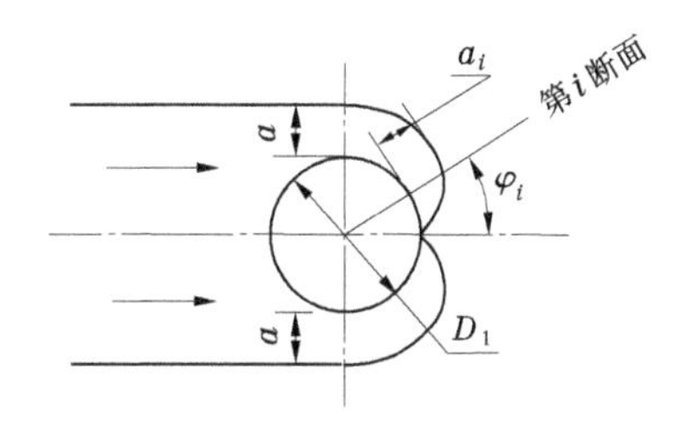

图 9-17　蜗壳计算断面

根据求得的 Q_i 和 v 值,可以求出各断面的面积 F_i,即

$$F_i = \frac{Q_i}{v} \tag{9-14}$$

为了便于施工,蜗壳的断面形式一般不采用圆形,而多采用梯形断面。为了尽可能抬高底板高程,通常可选用平底的梯形,如图 9-18 所示。为了避免喇叭管进口处出现尖角,影响流态,设计的蜗壳梯形断面还需要加宽 a'。断面的其他尺寸对工程量及流态也有影响,喇叭管口外缘至流道边壁的距离 a 越大,则流道宽度和机组间距越大,增加工程造价,若 a 值越小,则蜗壳吸水室的高度 h_2 要增大才能满足平均流速相等的条件,而 h_2 越大,水流进入喇叭管的收缩角 α 越大,水流阻力损失也越大。

在确定断面尺寸时,可以先选定 h_1、h_2、α 和 a'等,然后根据该断面面积 F_i 求出蜗壳的宽度 a。在确定断面的各种尺寸时,有的资料提出 h_1/h_2 不要超过 0. 62。实际上,影响流态的主要因素是 α 角。应该对 α 角提出一定的要求,一般可取 $\alpha=45°\sim60°$。h_2 可根据水泵层的布置来定,如果 h_2 太小,不仅会增加宽度 a,还会增加混凝土的用量;而如果 h_2 太大,又会使水泵层高低不平,也会恶化水流条件。因此,一般可以取 $h_2 \leqslant h+h_1$。a'太大则增加流道宽度和工程造价,a'太小则会恶化水流条件,一般可取 $a'=0.1D_0$。

当蜗壳断面形式和主要尺寸选定以后,即可求出断面面积。如果所选断面为图 9-17 所示的图形,其断面面积为

$$F_i = h_2 a_i - (h_2 - h_1)a' - \frac{1}{2}(h_2 - h_1)^2 \cot\alpha \tag{9-15}$$

由此可得出蜗壳的宽度为

$$\begin{aligned} a_i &= \frac{1}{h_2}\left[F_i + (h_2 - h_1)a' + \frac{1}{2}(h_2 - h_1)^2 \cot\alpha\right] \\ &= \frac{1}{h_2}\left[\frac{Q_i}{v} + (h_2 - h_1)a' + \frac{1}{2}(h_2 - h_1)^2 \cot\alpha\right] \end{aligned} \tag{9-16}$$

按照式(9-16)求得 a_i,当 $a'<a_i<a'+(h_2-h_1)\cot\alpha$ 时,断面呈图 9-19 所示的图形,其面积为

$$F_i = h_1 a_i + \frac{1}{2}(a_i - a')^2 \tan\alpha \tag{9-17}$$

故有

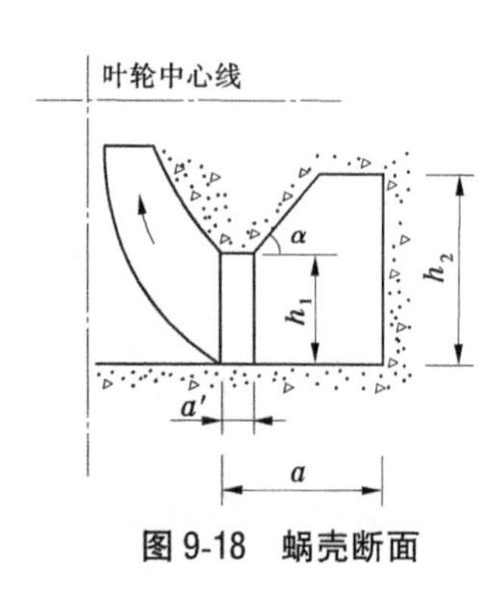

图 9-18　蜗壳断面

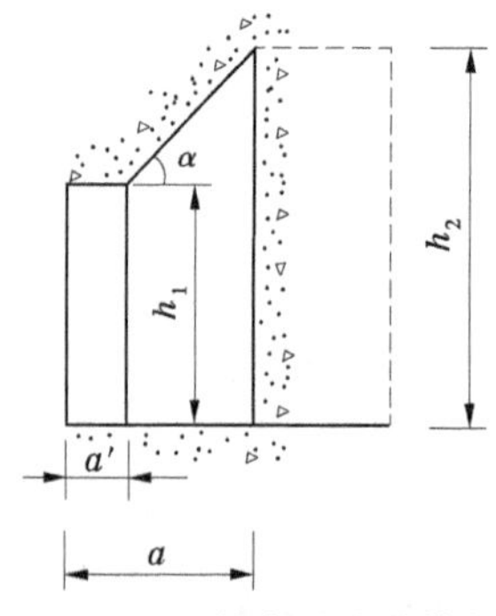

图 9-19　蜗壳设计计算断面

$$a_i = \frac{1}{h_1}\left[F_i - \frac{1}{2}(a_i - a')^2\tan\alpha\right]$$

$$= \frac{1}{h_1}\left[\frac{Q_i}{v} - \frac{1}{2}(a_i - a')^2\tan\alpha\right] \tag{9-18}$$

当 $a_i<a'$以后,断面变为矩形,有

$$F_i = a_i h_1 \tag{9-19}$$

$$a_i - \frac{F_i}{h_1} = \frac{Q_i}{h_1 v} \tag{9-20}$$

这样,任意断面的 a 值都可以求出,从而可以绘出各部分的尺寸。

3. 进口段的设计

当蜗壳设计好后,流道宽度 B 也就定了,即 $B=D_1+2a$,如图 9-20 所示。当所确定的 B 值与泵房布置所要求的 B 值相差较大时,还可以改变 h_1 或 h_2 的大小,从而改变 a 值,重新求出流道宽度 B,直到合适。

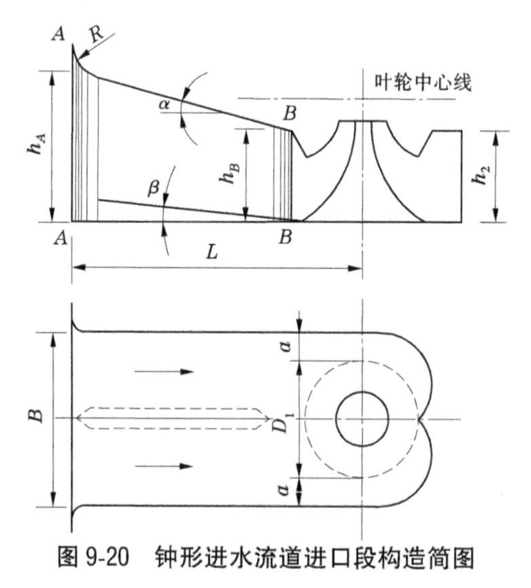

图 9-20　钟形进水流道进口段构造简图

当宽度 B 确定之后,可以根据图 9-20 中 $A—A$ 和 $B—B$ 断面的流速确定断面高度 h_A

和 h_B。进口流速一般为0.5~1.0 m/s。B—B 断面的流速应和蜗壳进口断面的流速相等,不致使流速发生突变。一般 $h_B=h_2$,从 A—A 断面至 B—B 断面的流速应该是渐变的。因为流道宽度未变,因此可以使流道高度渐变,流道底边一般为平底,需要抬高进水池底高程时,也可以增大 β 角,一般 $\beta<10°\sim12°$。顶边仰角 β 一般不超过 $20°\sim30°$。这样可以定出流道长度 L,一般 $L=(3.5\sim4.0)D_0$。当根据上述所定的 α、β 角求出的 L 值超出范围较远时,可以适当地调整 α 和 β 角。进口段各断面尺寸的拟订方法与肘形进水流道相同。

9.1.5.3　钟形进水流道的设计步骤

1. 喇叭管尺寸的确定

(1)根据水泵结构,取水泵座环法兰面作为喇叭管的出口断面,其直径为 D_0。

(2)根据水泵结构层要求,选择喇叭管高度 h,一般可取 $h=(0.3\sim0.4)D_0$(D_0 为水泵座环直径)。

(3)选择喇叭口进口直径 D_1,$D_1=(1.3\sim1.4)D$(D 为水泵叶轮直径)。

(4)按式(9-8)求出 K 值。

(5)按 $Z_iD_i^2=K$ 求出 Z_i 和 D_i 的关系曲线。

2. 导水锥的尺寸确定

(1)取导水锥上部的直径等于或小于水泵叶轮轮毂直径 d_0,取导水锥下部的直径为喇叭口直径 D_1。

(2)根据水流条件选择喇叭管进口至底板的高度 h_1,一般 $h_1=(0.4\sim0.6)D_0$。

(3)根据水泵叶轮位置和 h_1,决定导水锥的高度,一般为 $h+h_1$,其中 h 为喇叭管的高度。导水锥与轮毂相接,但应有一定间隙。

(4)根据式(9-9)求出 K'。

(5)按照 $Z_id_i^2=K'$ 求出 Z_i 和 d_i 的关系曲线,即为导水锥的轮廓线。

3. 蜗壳尺寸的确定

(1)计算各断面流量,将蜗壳分成若干个过水断面,每个断面的流量按式(9-13)计算。

(2)拟订蜗壳断面形式。若为图9-21所示的断面形式,而且已拟订 h_1、h_2、α、a' 等尺寸,则可以分为三段计算各断面的蜗壳宽度 a:

①当 $a_i>a'+(h_2-h_1)\cot\alpha$ 时

$$a_i=\frac{1}{h_2}\left[\frac{Q_i}{v}+(h_2-h_1)a'+\frac{1}{2}(h_2-h_1)^2\cot\alpha\right] \tag{9-21}$$

②当 $a'<a_i<a'+(h_2-h_1)\cot\alpha$ 时

$$a_i=\frac{1}{h_1}\left[\frac{Q_i}{v}-\frac{1}{2}(a-a')^2\tan\alpha\right] \tag{9-22}$$

③当 $a_i<a'$ 时

$$a_i=\frac{Q_i}{h_1v} \tag{9-23}$$

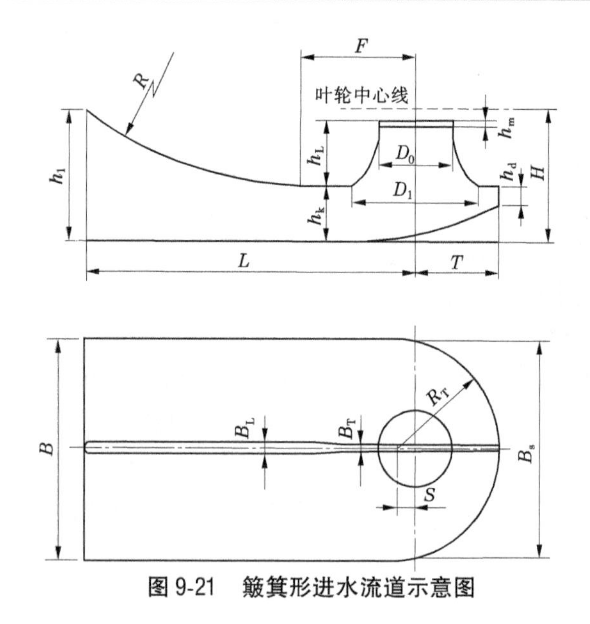

图 9-21　簸箕形进水流道示意图

4. 进口段尺寸的确定

(1)流道宽度 $B=2a+D_1$,其中 a 为蜗壳进口断面底板宽度。

(2)用 h_2 作为 $B—B$ 断面的高度 h_B。

(3)选择进口流速 v_A,使 $0.5\ m/s<v_A<1.0\ m/s$,计算进口高度 h_A。

(4)选择顶部仰角 α 和底板上翘角 β。

根据 B、h_A、h_B、α、β 可以绘出进口段轮廓线,所得出的流道长度 L 应该满足 $L=(3.5\sim4.0)D$ 的要求。

9.1.6　簸箕形进水流道

簸箕形进水流道是荷兰大、中、小型泵站运用十分广泛的一种进水流道形式,20 世纪 90 年代初期上海郊区首先将这种形式的进水流道用于小型泵站的节能技术改造,位于江苏宿迁的刘老涧泵站(装设 3100ZLQ38-4.2 型轴流泵 4 台,单泵设计流量 37.5 m^3/s,单机容量 2 200 kW),是我国第一座采用这种形式进水流道的大型泵站,近几年来,还有多处大型泵站成功地采用了簸箕形进水流道,比如广东中山市东河和洋关大型泵站等。

簸箕形进水流道形状综合了肘形进水流道和钟形进水流道的特点,如图 9-21 所示,因其喇叭管下吸水室的形状酷似簸箕而得名。簸箕形进水流道的高度较肘形进水流道低,其宽度没有钟形进水流道那样要求严格,具有流道形状简单,施工容易,可有效地防止漩涡产生的优点。

簸箕形进水流道由反弧式进口段、簸箕形吸水室和喇叭管三部分组成。国内外的试验表明,簸箕形进水流道的流道高度 H、吸水室高度(喇叭管悬空高)h_k、吸水室平面形状、喇叭管进口直径 D_1 和中隔板厚度 B_L、B_T 等因素对水泵进口流态和装置性能有较显著的影响。由于这种流道目前尚无现成的设计方法,故通常是先采用数字模拟的方法进行进水侧的流场计算,初拟流道各部尺寸,再进行模型试验对各部分尺寸进行优化。刘老涧泵站采用这种方法设计的簸箕形进水流道各部尺寸如表 9-3 所示。

表 9-3　刘老涧泵站簸箕形进水流道各部尺寸　（单位:mm）

L	9 000	h_1	4 724	h_d	510	B	8 000	S	1 000
T	3 000	h_k	2 400	D_0	2 969	B_L	600		
F	3 459	h_L	2 099	D_1	4 400	B_T	200		
H	5 000	h_m	399	R	8 500	R_T	4 000		

广东中山市东河泵站簸箕形进水流道结构尺寸如图 9-22 所示。

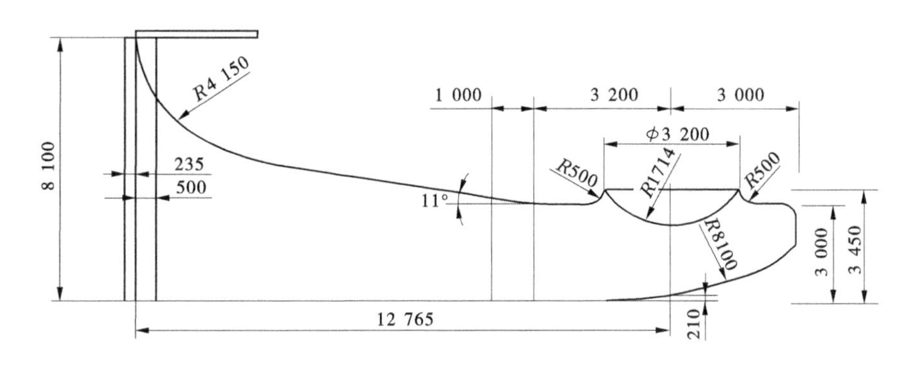

图 9-22　东河泵站簸箕形进水流道结构简图　（单位:mm）

9.1.7　双向进水流道

双向进水流道如图 9-1(b) 所示，是通过闸门控制，可分别从两侧的任一侧进水的泵站进水流道。它特别适合于排灌结合泵站，而且在不抽水时还可以利用流道进行自流排灌，具有一站多用、少占土地、节省工程量和投资的明显优点。

从结构上看，双向进水流道实际上可以认为是后墙距离较长的一种钟形进水流道。流道在一侧进水时，另一侧由于闸门关闭形成一个空间较大的死水区，水流在此区内容易产生回流和漩涡，如图 9-23 所示，导致水力损失大大增加，与一般单向进水流道泵站相比，其泵站装置效率要低很多。这也是双向进水流道主要的缺点。此外，设计不好的双向进水流道，在流道内会产生漩涡和涡带，引起水泵严重的振动和汽蚀，以致可能无法运行。因此采用双向进水流道时必须进行模型试验，为选择最好的流道型线、尺寸和确定消除涡带的有效措施提供设计依据。

试验表明：流道中的后墙形式和距离对流态的影响十分明显，而在双向进水流道中增设防涡隔板可以大大减小水流的脉动，显著减弱涡流强度和消除涡带，明显改善流道的流态。隔板设在顺水流方向的喇叭口侧。隔板的形式有垂直隔板、十字形隔板和垂直椭尖形隔板等三种形式。

垂直隔板，如图 9-24(a) 所示，可防止水流在流道中摆动，减弱喇叭管进口处的环流。试验表明，加筑长度为 1.0D(D 为水泵叶轮直径)、厚度为 0.05D 的垂直隔板后，水体旋转的自由度相对减小，漩涡运动减弱，对流态有明显改善。同时，垂直隔板对于减小底板

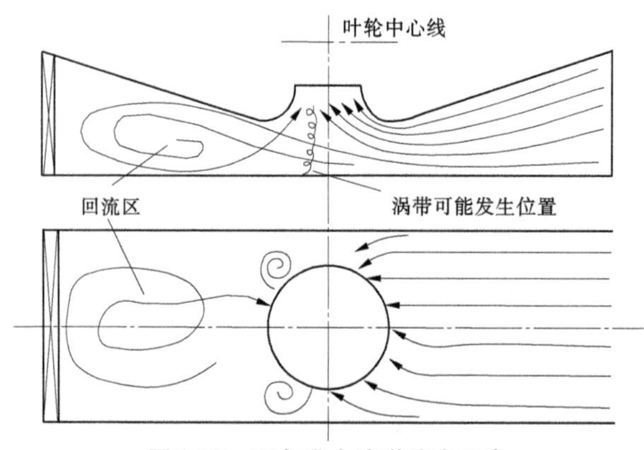

图 9-23　双向进水流道流态示意

跨度,改善底板的受力条件也有好处。

十字形隔板,如图 9-24(b)所示,不仅可以限制水流在流道中的水平方向的摆动,还可以减小在垂直方向的摆动,而且能减小水流由水平方向转为垂直方向进入喇叭口时所受离心力的影响。使水泵进口压力和流速分布较均匀。因此,十字形隔板对改善流态的效果更为明显。

垂直椭尖形隔板,如图 9-24(c)所示,实际上是垂直形隔板的一种变形,它将中部开有椭尖形豁口的垂直隔板贯通整个流道,进一步提高了减涡效果。江苏谏壁泵站在双向进水流道中加设了垂直椭尖形隔板(其椭尖用角钢镶衬)后,取得了良好的防涡、消涡效果。

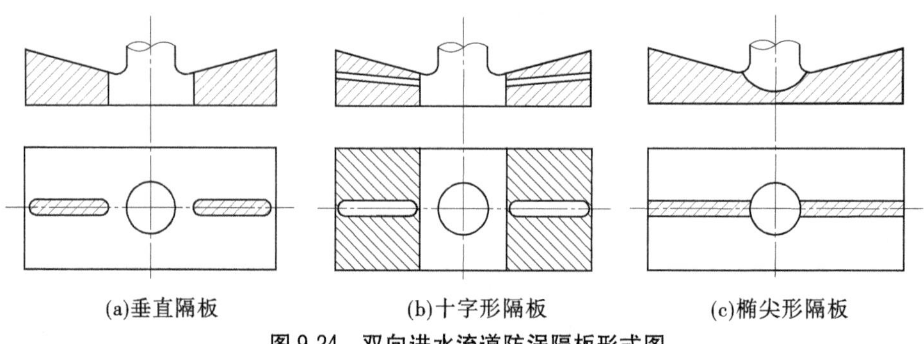

图 9-24　双向进水流道防涡隔板形式图

另外,从钟形进水流道的流态分析中可知,当水流从喇叭口四周进入喇叭管时,正对喇叭口底板以上的水流容易产生涡带,引起水泵振动,因此加筑导水锥也是改善流态的途径之一。但就双向流道而言,导水锥对自流灌排水会产生一定的阻力。

9.2　泵站出水流道

出水流道是指从水泵(导叶)出口到出水池之间的流道。一般而言,出水流道有以下两方面的作用,首先是把水泵抽出的水送到出水池,其次是对出泵的高速紊动水流进行一定的整流,并适当降低流速,将水流的部分动能转变为压能,从而提高泵站的装置效率和降低运行成本。

出水流道本身不会对水泵的性能产生影响。但出水流道的水力损失占的比重较大,且以局部损失为主,大体上与流速的平方成正比,其水力损失的大小对泵站装置效率的影响很大。有试验证明,出水流道还具有回收水流漩涡能的作用,由于水泵在高效点附近的出口环量较小,出水流道的能量回收作用使水泵装置的效率曲线在高效点附近变得平坦,即高效区变宽。

低扬程、大流量泵站机组的出水流道是泵站土建工程设计中比较复杂、技术含量较高的部分。出水流道形式及其断流方式的选择恰当与否,不仅关系到机组运行效率等经济性指标的好坏,而且直接关系到机组能否安全启动、稳定运行和可靠停机。

9.2.1　出水流道分段及特点

出水流道通常分两部分,前段部分为水泵出水室,常见的有弯管和蜗壳出水两种,弯管式出水流道流态较好,但轴线尺寸较大,增加了土建工程量,适用于扬程较高的泵站;蜗壳式出水流道轴向尺寸小,节省工程投资,但施工难度较高,一般适用于低扬程大流量泵站。出水室的形式选择须考虑与水泵形式相匹配。后段为水泵出水室和出水池之间的流道。

9.2.1.1　前段出水流道的形式及特点

常见的水泵出水室有弯管型、蜗壳型和蘑菇型等几种。几种形式的水泵出水室都是紧接在轴向出水的水泵出口导叶之后。

弯管型出水室由于要有一定长度的扩散段和足够的弯曲半径,所以其轴向尺寸大,而平面尺寸较小,主轴较长,泵房相对较高。土建工程量较大,但水流流态较好,适用于扬程较高的泵站。

对于蜗壳型和蘑菇型的出水室,水流进入出水室后即沿水平方向引出,如图9-25、图9-26所示,所以其轴向尺寸小,而平面尺寸大,主轴较短,泵房较矮,机组段较宽,一般较为经济,但蜗壳型出水室和蘑菇型出水室的线型较复杂,施工难度较高。由于其出水室与水泵联系密切,对机组效率有较大的影响,故其出水室的形式常由制造厂根据水泵的结构和泵站的要求综合考虑拟定。

设计新泵站选择出水室形式时,必须考虑与水泵形式相匹配,可根据需要提出并与水泵厂商协商,通过模型试验及经济比较后确定。

9.2.1.2　后段出水流道的形式及特点

后段出水流道部分根据形式可分为虹吸式、直管式、屈膝式、猫背式以及双向出水式等几种。通常根据断流方式、水泵型式、泵站扬程范围、出水池水位变幅和泵站枢纽布置等因素,通过技术经济比较后确定。

9.2.2　虹吸式出水流道

虹吸式出水流道是一种弯曲形的出水流道,也是大型泵站工程中应用最多的出水流道形式之一。与其他出水流道形式比较,具有以下明显优点:

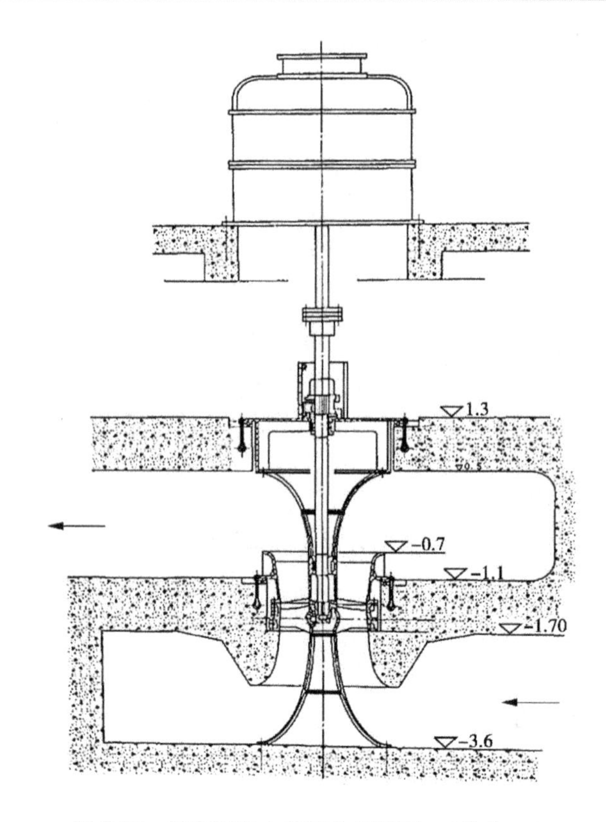

图 9-25　蜗壳型出水室泵站剖面图　(单位:m)

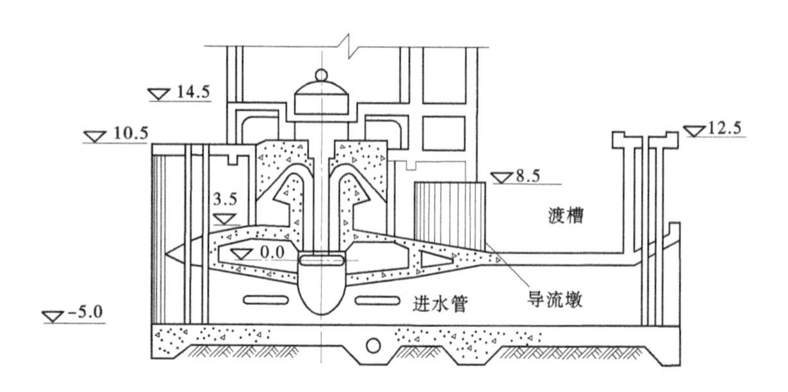

图 9-26　蘑菇形出水室剖面图　(单位:m)

(1)虹吸式出水流道一般可以越过河道防洪堤防,对堤防的安全没有影响。

(2)虹吸式出水流道对水流有比较好的扩散作用,使得水流的流速较小。

(3)虹吸式出水流道结构简单,建设费用低,便于维修。

(4)虹吸式出水流道的断流方式简单可靠,运行安全。

(5)国内外专家对虹吸式出水流道做了深入的研究,其应用广泛,不断改进优化,并积累了大量的应用经验。

9.2.2.1　虹吸式出水流道的工作特性

在水力学中讲过,如果将一根充满水的弯管的两个管口分别插入高、低位水池的水中,虽然弯管驼峰底部高于高位水池的水位,水流仍然会从高位水池流向低位水池,这就是虹吸现象和虹吸原理。

如果把虹吸管的进口与泵站的出水管路相连接,将虹吸管的出口伸入出水池水位内,如图9-27所示,那么,水泵只需将进水池的水提高到1—1水平面高度,之后,由于虹吸作用,水流便可自动越过驼峰断面2—2,流入出水池(1—1断面与3—3断面的高差ΔH为水流通过虹吸管段的阻力损失)。

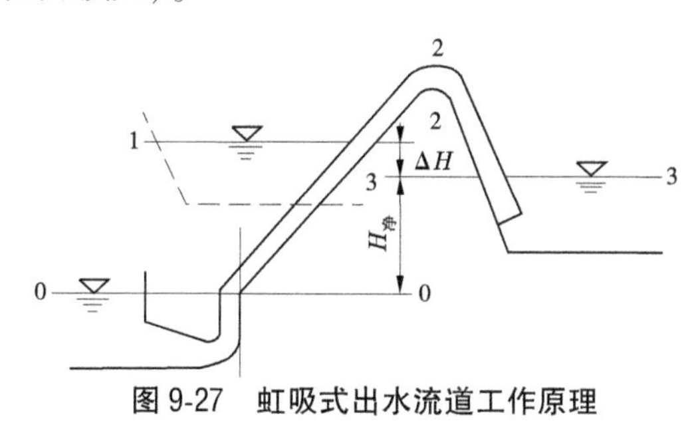

图9-27　虹吸式出水流道工作原理

在正常运行时,虹吸管的顶部(驼峰部分)为负压,停泵时,只要让空气进入驼峰段流道内,虹吸作用也就遭到破坏,从而可以防止出水池水的倒流和控制水泵机组倒转速度及倒转时间。破坏驼峰真空的常用办法是在虹吸管的顶部安装真空破坏阀,也可在驼峰段的进口1—1断面以下安装竖向通气管,或者利用停泵时出水池水位陡降原理让空气从虹吸管出口进入。

此外,从图9-27中也可以看出,当出水池水位升高后,1—1断面也会跟着升高,水泵扬程加大,水泵流量减小,即水泵工作点左偏。相反,当出水池水位降低后,1—1断面也会跟着降低,水泵扬程减小,水泵流量加大,即水泵工作点右偏;同理,当进水池水位升高后,水泵扬程减小、水泵流量加大,即水泵工作点右偏;相反,当进水池水位降低后,水泵扬程加大,水泵流量减小,即水泵工作点左偏。由此可见,利用虹吸管作为出水流道,可以自动适应泵站进、出池水位一定幅度的变化,虽然水泵工作点有所偏移,水泵效率略有降低,但与出水管口位于最高水位以上的自由出流方式相比,虹吸式出水流道可以避免不必要的能量损失。

图9-28中介绍了常见的8种虹吸出水流道形式,其中以图9-28(h)形式为最好,其虹吸下降段大部分设计成等截面,既能保证水流均匀高速,又能促使空气排走,缩短虹吸作用的形成时间和机组启动时间,而靠近出水池侧的下降段部分做成平底扩大,出口流速降低,出口水流损失减小。

9.2.2.2　虹吸作用的形成过程

所谓虹吸作用的形成过程,实质就是水流充满流道,空气被排除流道外,并使流道驼峰段形成一定真空的过程,如图9-29所示。

水泵启动前,高出水面以上的虹吸管段是充满空气的,出水流道与外界处于封闭状态。水泵启动过程中,水泵排出的水量进入出水流道,使进口端流道内的水位逐渐上升,直至漫过驼峰断面底部。在此之前,由于水泵出水逐渐占领流道中空气空间,使得出水流

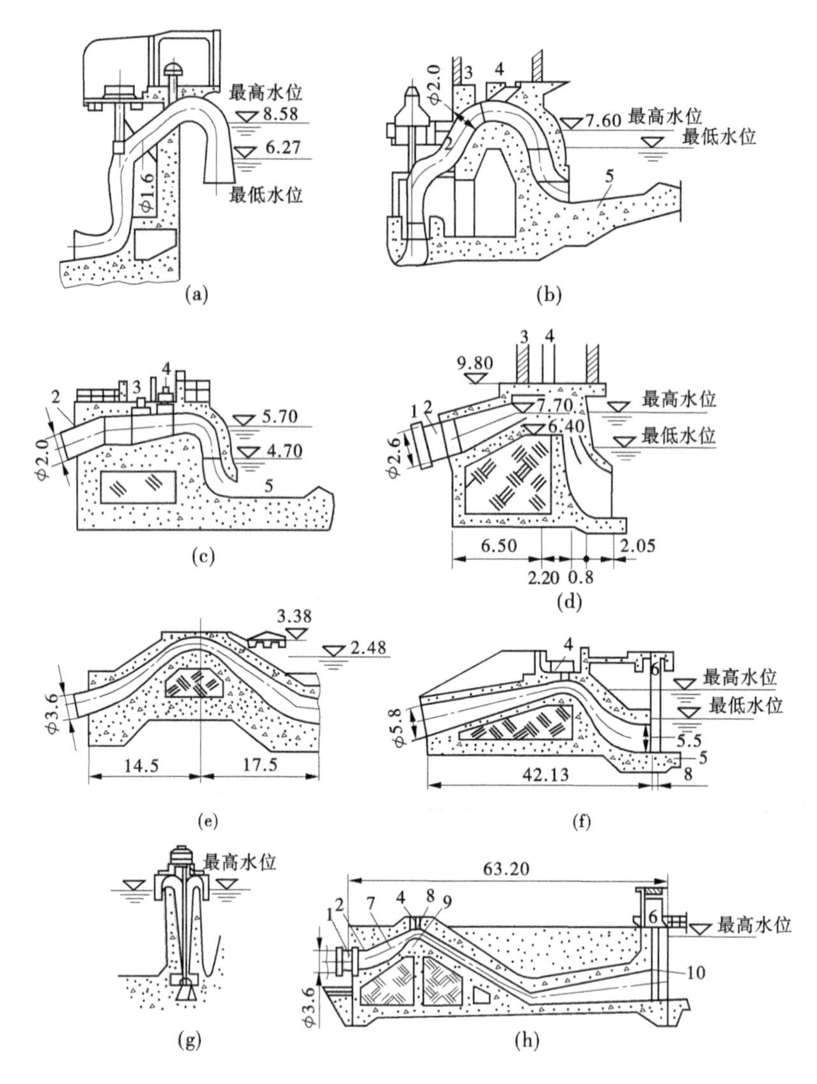

1—伸缩节;2—块体内出水管;3—真空破坏阀室;4—真空破坏阀;5—出水池底;
6—检修闸门槽;7—虹吸出水段;8—驼峰顶;9—驼峰底;10—出水口

图 9-28　常见的八种虹吸出水形式　(单位:m)

道中的空气不断被压缩,空气体积随着减小,空气因受压缩而压力增大,如图 9-29(a)所示。当空气压力增大到超过真空破坏阀阀体自重和弹簧压紧力时,被压缩的空气就会将真空破坏阀顶开而排出管外,如图 9-29(b)所示。然后流道内的真空压力迅速回零,真空破坏阀也随即被关闭。与此同时,翻过驼峰的水流形成堰流,受重力作用顺着下降段流道的内壁面下落,与下降段水面衔接后形成翻滚。由于溢流面的水流流速较快,加上翻滚的作用,使水流具有较大的挟气能力,将流道内靠近溢流面的空气沿着水面大量卷入水中并被挟带逸出。流道中的空气逐渐稀薄而形成负压。在负压的作用下,下降段的水位迅速上升,水流漩滚逐渐趋向缓和,降低了其挟气能力,此时,依靠驼峰处的流速继续挟气,当空气被全部排出流道后,水流充满了整个流道,至此虹吸出水流道中一个完整的虹吸作用的形成

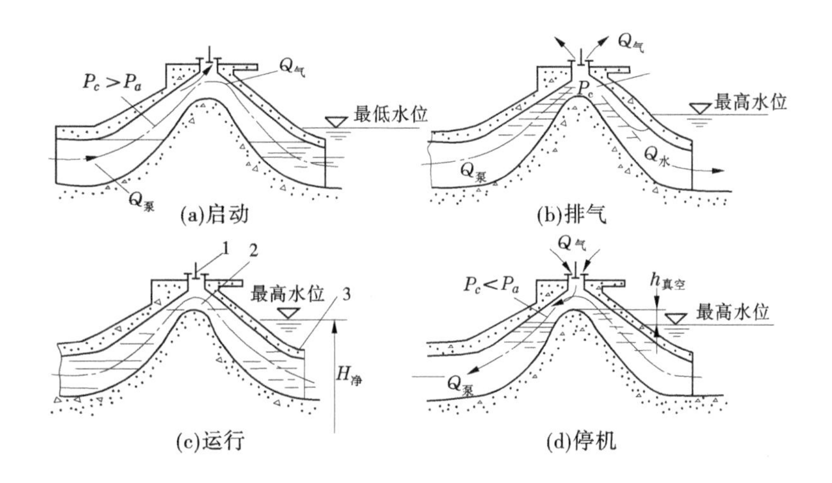

1—真空破坏阀；2—驼峰顶部；3—出口；4—虹吸管内压力；5—大气压力

图 9-29　虹吸作用的形成过程

过程即告结束，如图 9-29(c)所示。停机时，流道内将会形成倒虹吸，此时只要打开真空破坏阀，使空气进入流道内，就可破坏管内真空，从而截断水的倒流，如图 9-29(d)所示。

9.2.2.3　虹吸流道机组启动过程水泵工况的变化

就水泵运行扬程变化过程分析，虹吸作用形成过程通常分为扬程递增、稳定高扬程、扬程递减和稳定低扬程四个阶段。

(1)水泵启动后，随着转速的提高，水泵流量迅速增大到最大值，之后由于上升段水面上升和空气压力增加，使水泵的扬程逐渐增大，直到真空破坏阀被打开瞬间，水流从驼峰断面往下降段下泄，形成堰顶溢流，水泵的扬程达到最大值，流量降低到最小值。

(2)之后进入堰流阶段，水泵扬程和流量稳定在最高扬程值、最小流量值，在流道的下降段或出口水面出现水跃。

(3)出水池水位升高到流道出口顶部高程以后，流道出口开始淹没，剧烈漩滚和具有一定挟气能力的水流开始挟带残余在流道中的空气并排出流道外，随着流道空气的减少，气压逐步由正压转为负压，进入水泵扬程递减(负压形成)和水泵流量递增阶段。

(4)水跃区水面继续上升，流道内负压值逐渐加大，待流道中的空气全部被挟带排出后，负压达到设计最大值，水泵扬程降低到设计低扬程，机组进入低扬程、高效率的稳定运行阶段。

如果机组启动时出水池水位较高，流道出口已经形成淹没，则就不存在稳定高扬程、小流量阶段。

对于轴流泵站，启动过程中所出现的最大扬程，可能使水泵工作在其特性曲线的马鞍形非稳定区间，引起水泵的剧烈振动、汽蚀和噪声，直到扬程降低到脱离马鞍形特性区后，这种现象才能消除。对于装有半调节和调节范围较窄的全调节轴流式水泵的泵站，当驼峰位置较高时，这种现象往往很难避免，为此，设计中应尽量减少虹吸作用形成的时间，以缩短振动的历时，使机组尽快度过不稳定的启动历程。

9.2.2.4　虹吸流道水力特性模型试验研究

图 9-30 为虹吸流道模型试验中的 8 种体型布置，表 9-4 为其主要参数统计。

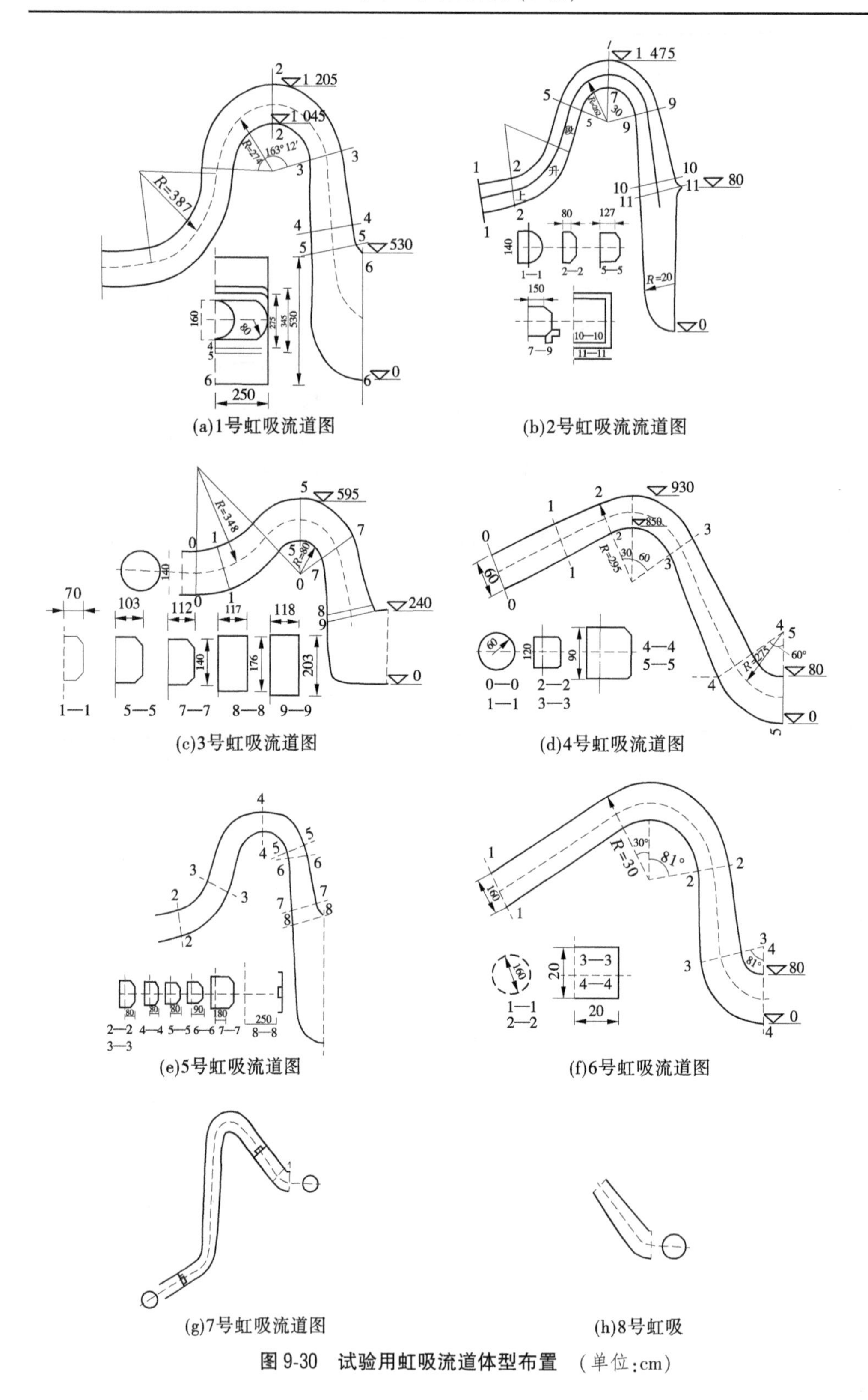

图 9-30　试验用虹吸流道体型布置　(单位:cm)

表 9-4　试验虹吸流道的有关设计参数

虹吸流道编号	驼峰喉部断面				上升段弯道		驼峰段弯道		出口段弯道		出口断面		与驼峰断面面积比	
	断面形状	尺寸(m)	面积(m^2)	流速(m/s)	中心角(°)	扩散角(°)	中心角(°)	扩散角(°)	中心角(°)	扩散角(°)	面积(m^2)	淹没(m)	出口断面	真空破坏阀
1	矩形	1.6×5.0	7.45	1.07	80°	16°	163°	16°		12°	12.25	1.0	1.65	0.01
2	矩形	1.6×3.0	4.62	1.73	60°	8°	150°	8°		17°	9.2	0.50	1.99	0.015
3	矩形	1.4×2.06	2.81	1.44	50°	8.5°	110°	8.5°		15°	4.12	0.50	1.47	0.025
4	矩形	1.3×1.8	2.30	3.48			90°		60°	12	6.0	0.30	2.61	0.014~0.021
5	矩形	1.4×1.6	2.06	3.83	69°		154°			19.5°	5.6	0.50	2.72	0.015~0.034
6	圆形	ϕ1.60	2.01	3.98			111°		81°	43°	8.0	0.30	3.98	0.015~0.025
7	圆形	ϕ1.50	1.77	2.94	60°		135°		45°	0°	1.77	1.04	1.0	0.04
8	圆形	ϕ1.50	1.77	2.94	60°		135°		45°	9°	3.14	0.54	1.77	0.04

1. 驼峰段喉道压力

根据有关模型试验和原体观测资料，绘得虹吸作用形成过程中虹吸流道驼峰段喉道压力随时间的变化情况，如图 9-31 所示。

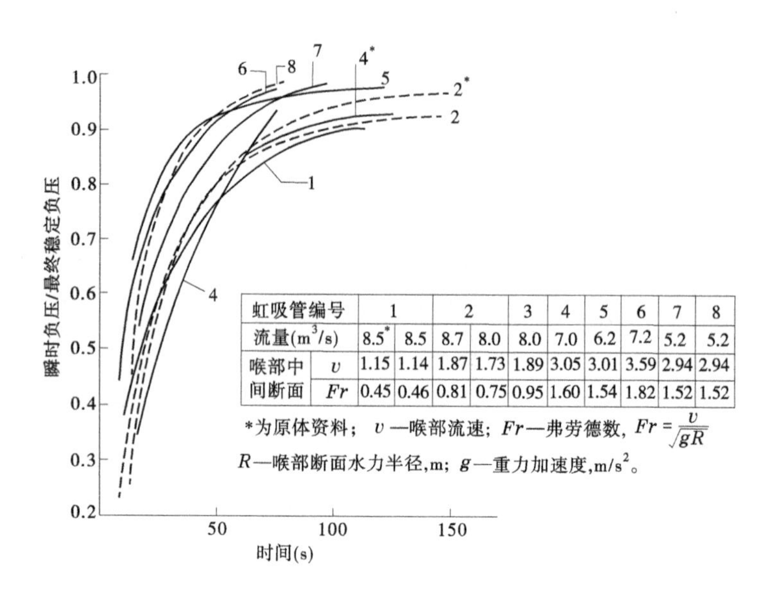

虹吸管编号		1		2		3	4	5	6	7	8
流量(m^3/s)		8.5*	8.5	8.7	8.0	8.0	7.0	6.2	7.2	5.2	5.2
喉部中间断面	v	1.15	1.14	1.87	1.73	1.89	3.05	3.01	3.59	2.94	2.94
	Fr	0.45	0.46	0.81	0.75	0.95	1.60	1.54	1.82	1.52	1.52

*为原体资料； v—喉部流速； Fr—弗劳德数，$Fr=\frac{v}{\sqrt{gR}}$

R—喉部断面水力半径，m； g—重力加速度，m/s^2。

图 9-31　虹吸作用形成过程、驼峰断面(喉部)压力时间变化曲线

从图 9-31 可以看出，在虹吸作用形成过程中，最初一段时间里喉部压力变化很快，在大约不到 100 s 的时间内，所有虹吸流道的喉部顶壁负压都已达到各自最终稳定负压的 90%以上。同一虹吸流道，原体虹吸作用形成比模型要快些。

1 号、2 号和 3 号虹吸流道的喉部流速较小，其虹吸作用形成得较慢，尤其是虹吸作用形成的后段时间内更慢，达到稳定运行工况的时间较长。5 号、6 号、7 号和 8 号虹吸流道的喉部流速较大，其虹吸作用形成得较快，机组启动时间较短。4 号和 6 号虹吸流道的上升段没有弯道，而 6 号虹吸流道多设了个出口段弯道，故 6 号虹吸流道的启动过程较短，而 4 号虹吸流道的虹吸作用形成过程是先慢后快，这也说明流道出口水面漩滚的强弱对虹吸作用形成过程的初期影响较大。

2. 虹吸流道水流挟气能力

根据有关对 1 号、2 号、4 号等三个虹吸流道的模型和 2 号虹吸流道原体上进行的试验量测资料，绘制虹吸流道水流挟气能力，如图 9-32 所示。其中的 β 为挟气能力气水比，即空气体积流量与水体积流量的比值。

从图 9-32 中可以看出，原体中的水流紊动强，故挟气能力比模型稍大。4 号虹吸流道挟气能力比 1 号、2 号小，再次说明水流漩滚的强弱(弯道角度)对其挟气能力影响很大。2 号虹吸流道的挟气能力在低流速(小弗劳德数)时比 1 号小，而在高流速(大弗劳德数)时比 1 号大，可能与出口淹没深度有关。

1 号和 2 号虹吸流道的挟气能力 β 与弗劳德数 Fr 的近似关系为：

$$\beta=0.016(Fr-0.50)^{1.5}$$

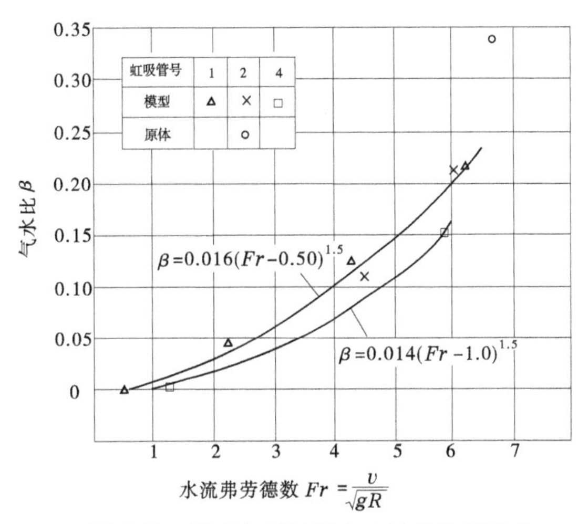

图 9-32　形成虹吸过程中水流的挟气能力

4 号虹吸流道的挟气能力 β 与弗劳德数 Fr 的近似关系为

$$\beta=0.014(Fr-1.0)^{1.5}$$

3. 虹吸作用形成历时

根据形成虹吸满管流动所需最小流量和流量大小与虹吸作用形成时间的关系的试验资料，绘制出虹吸作用形成历时与喉部断面水流弗劳德数的关系曲线，如图 9-33 所示。

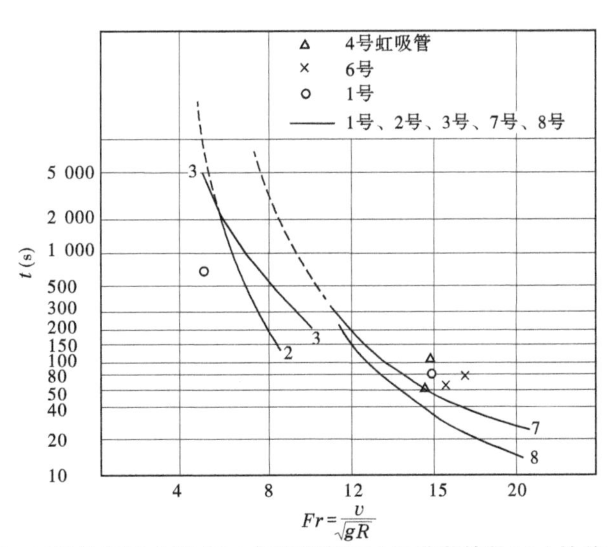

图 9-33　虹吸作用形成历时(t)与喉部断面水流弗劳德数(Fr)的关系曲线

从图 9-33 中可以看出，Fr 值越大，形成虹吸作用所需的历时越短，在虹吸作用形成历时相同的情况下，圆形断面和挟气能力较小的虹吸流道需要较大的喉部断面水流弗劳德数 Fr 值，Fr 值小到某一极限值时，虹吸满管流动将不能形成。

4. 喉部断面顶壁最大时均负压计算公式验证

矩形喉部断面顶壁最大时均负压计算公式为：

$n \neq 1$ 时

$$\frac{P}{\gamma}=Z_t+\sum h_w-\frac{1}{2g}-Z_1-\frac{1}{2g}\left[\frac{(n-1)q}{R_1^n R_2^{1-n}-R_1}\right]^2 \tag{9-24}$$

$n=1$ 时

$$\frac{P}{\gamma}=Z_t+\sum h_w-\frac{1}{2g}-Z_1-\frac{1}{2g}\left[\frac{q}{R_1 \ln \frac{R_1}{R_2}}\right]^2 \tag{9-25}$$

$n=1$ 时圆形断面喉部顶壁最大时均负压计算公式为

$$\frac{P}{\gamma}=Z_t+\sum h_w-\frac{1}{2g}\left[\frac{Q}{2\pi R_1\left(R_0-\sqrt{R_0^2-r^2}\right)}\right]^2 \tag{9-26}$$

把圆形断面作为等面积矩形断面的情况$\left(r=\frac{R_1-R_2}{2}\right)$:

$$\frac{P}{\gamma}=Z_t+\sum h_w-\frac{1}{2g}\left[\frac{4Q}{\pi R_1(R_1-R_2)\ln \frac{R_1}{R_2}}\right]^2 \tag{9-27}$$

根据 2 号和 4 号虹吸流道模型试验数据,推算得喉部断面流速分布指数 n 值为 1.0~1.25,虹吸流道出口水位高(淹没深度大)时 n 取小值,相反则取大值。

利用式(9-24)~式(9-27),计算各个体型虹吸流道喉部断面最大负压,因为最大负压出现在出口水位最低的时候,所以在计算中各自取大流量和出口最低水位情况。计算结果见表 9-5。

表 9-5　虹吸流道喉部断面顶壁最大负压计算值验证

虹吸流道编号			1	2	3	4	5	6	7
计算流量(m^3/s)			8.0	8.0	4.05	8.0	6.2	8.0	5.2
淹没水深(m)			1.0	0.5	0.5	0.5	0.5	0.5	1.5
顶壁高度(m)			6.75	6.75	3.55	7.5	6.75	7.5	4.39
顶壁最大负压	计算值 m	$n=1.25$	−5.72	−5.90		−6.77	−6.29		
		$n=1.0$	−5.73	−6.20	−3.03	−6.81	−6.33	−6.80 −6.81	−2.46 −2.46
	实测值		−5.10	−5.90	−3.02	−6.38	−6.18	−6.75	−2.41

从表 9-5 中数据可以看出,弯管的边界曲率对顶壁压力的影响并不显著。在考虑曲率影响的计算中,对于矩形喉部断面,$n=1$ 或 $n=1.25$ 的计算结果相差不大,即指数 n 对喉部顶壁的计算压力不敏感;对于圆形断面,式(9-26)和式(9-27)的计算结果的差别也很小。

多数虹吸流道喉部断面顶壁最大负压的计算结果与模型试验数据比较接近,计算值一般略大于试验数据。有试验对 2 号虹吸流道的模型和原体喉道断面顶壁负压做过比较,两者极为吻合。因此,在设计中利用式(9-24)~式(9-27)来估算虹吸流道喉部断面顶壁最大负压值是可行的。

1 号虹吸流道喉部断面顶壁最大负压的试验值与计算值偏差较大,反映了其虹吸作用较差,其原因可能是喉道断面面积太大,流速过低,顶部可能未能全部满管,虹吸作用不完全,水流阻力加大了。可见喉部断面顶壁负压的核算尚能用来鉴定虹吸流道虹吸作用的完善程度。

5. 虹吸流道的水头损失

根据模型试验资料,绘制出各种体型虹吸流道水头损失和喉部断面平均流速水头的关系曲线,如图 9-34 所示。

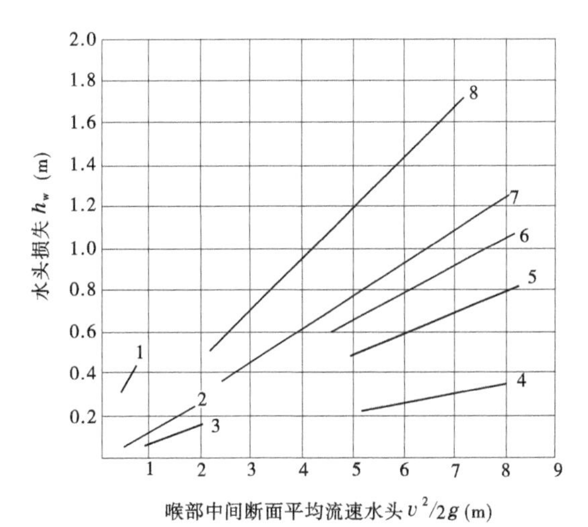

图 9-34　各种体型出水段虹吸流道水头损失与喉部断面流速水头关系

从图 9-34 可以看出,不同体型的虹吸流道的水头损失有较大的差别。1 号虹吸流道的上升段和出口段都具有较大的扩散角,驼峰段的中心角也较大,因而导致了较大的水头损失;7 号虹吸流道水头损失较大的原因是出口断面没有扩大,出口流速和损失较大;4 号虹吸流道的上升段是平直的,驼峰段中心角也小些,所以水头损失最小。

虹吸流道沿程断面形状多变,水流不断扰动,水头损失不易准确估算,通常包含有弯道、流道扩散和沿程水头损失等,以弯道水头损失为主。

虹吸流道水头损失计算选用公式如下:

(1)圆形断面弯道水头损失的计算公式。

①中心角 θ 小于 90°时:

$$h_w = \xi_1 \sin\theta \frac{v^2}{2g} \tag{9-28}$$

②中心角 θ 大于 90°时:

$$h_w = \xi_1 \left(0.70 + 0.35 \frac{\theta}{90°}\right) \frac{v^2}{2g} \tag{9-29}$$

③通用型:

$$h_w = \xi_2 \frac{\theta}{90°} \frac{v^2}{2g} \tag{9-30}$$

(2)矩形断面弯道水头损失的计算公式。

①中心角 θ 小于 90°时:

$$h_w = \xi_3 \sin\theta \frac{v^2}{2g} \tag{9-31}$$

②中心角 θ 大于 90°时：

$$h_w = \xi_3\left(0.70 + 0.35\frac{\theta}{90°}\right)\frac{v^2}{2g} \tag{9-32}$$

矩形断面与圆形断面弯道水头损失的计算公式基本相同，只是局部阻力系数值略有差别。

(3)平直扩散段水头损失的计算公式：

$$h_w = \xi_4\frac{(v_1 - v_2)^2}{2g} \tag{9-33}$$

(4)均匀直段水头损失的计算公式：

$$h_w = \lambda\frac{L}{d}\frac{v^2}{2g} \tag{9-34}$$

式中　h_w——水头损失，m；

D——圆形流道的直径或矩形断面流道的高度，m；

v_1、v_2 和 v——扩散段进出口断面和弯道断面平均流速，m/s。

局部水头损失系数 ξ_1、ξ_2 与 $\frac{d}{R}$（R 为弯道中心的曲率半径）的关系、ξ_3 与 $\frac{d}{2R}$ 的关系见图 9-35，ξ_4 与扩散角 θ 的关系见图 9-36。沿程摩阻系数 λ 可用下式计算：

$$\frac{1}{\lambda} = 1.74 - 2\lg\left(\frac{2k_s}{d} + \frac{18.7}{Re\sqrt{\lambda}}\right) \tag{9-35}$$

式中　k_s——流道壁面粗糙度；

Re——水流雷诺数，$Re = \frac{\nu d}{\nu}$；

ν——水的运动黏滞系数。

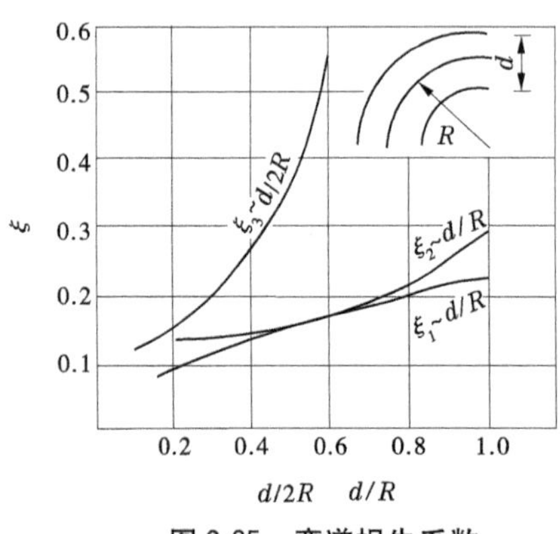

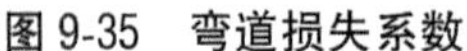

图 9-35　弯道损失系数

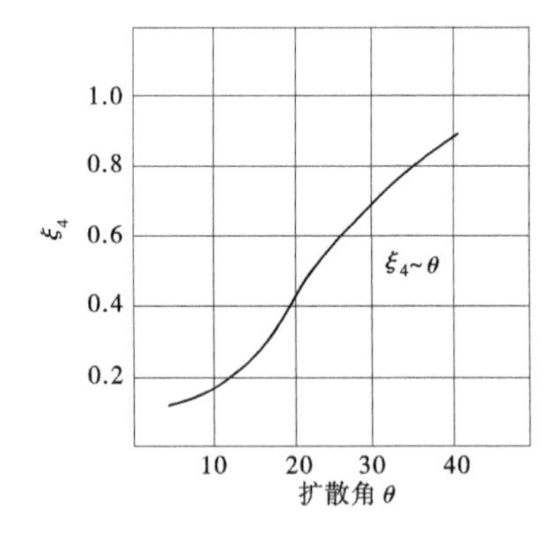

图 9-36　扩散损失系数

对于断面沿程扩散的弯道，取其平均断面，按照均匀弯道计算，一般弯道扩散角度很小，其扩散损失也很小，可以忽略；对于上下和水平两个方向都扩散的平直矩形扩散段，选取较大的扩散角进行计算；出口损失按出口断面流速水头计算。

根据以上有关公式，对 2 号、4 号、6 号和 7 号等不同体型虹吸流道进行计算和试验，结果如表9-6所示。

表9-6　虹吸出水流道水头损失计算值验证

虹吸流道编号	计算水头损失	试验水头损失	计算/试验
2	$h_w=0.88\frac{v^2}{2g}$	$h_w=0.90\frac{v^2}{2g}$	98%
4	$h_w=0.40\frac{v^2}{2g}$	$h_w=0.46\frac{v^2}{2g}$	87%
6	$h_w=0.82\frac{v^2}{2g}$	$h_w=0.98\frac{v^2}{2g}$	84%
7	$h_w=2.07\frac{v^2}{2g}$	$h_w=2.37\frac{v^2}{2g}$	87%

计算结果偏小一些。大型泵站虹吸流道的水头损失系数应该用模型试验的方法确定，在工程规划设计阶段，可以用水力学经验公式计算水头损失。

9.2.2.5　影响虹吸作用形成的因素

影响虹吸作用形成的因素较多，一般根据其影响的特点可以分为确定性影响因素和非确定性影响因素。

确定性影响因素主要指虹吸流道的类型、结构设计、布置方案以及水泵性能等。确定性影响因素在设计和工程建设完成后确定完成，是虹吸作用形成的固有影响因素，因此在设计的运行工况条件下，虹吸作用形成过程基本确定。

非确定性影响因素主要指机组启动过程中出水管驼峰段的真空破坏阀的工作情况、峰顶压力变化过程以及泵站进出水水位对虹吸作用形成的影响。

从影响机制上讲，虹吸满管流动能否自动形成以及形成的快慢不仅取决于虹吸出水流道内的流速的大小，还与流道内水跃的强弱、出口淹没深度以及流道内的气体数量等因素有关。

1. 流速和流态

对于形状结构和尺寸一定的虹吸式流道，影响虹吸形成的重要因素是流道内的流速，特别是驼峰喉部断面流速。水流挟气能力直接取决于流速的大小。

加大流速可以增大水流挟气能力，缩短虹吸的形成时间，但水头损失加大，泵站效率降低，相反，减小流速可减小阻力损失，提高泵站效率，然而会使虹吸的形成时间拉长，流速减小到一定程度，会使虹吸的形成时间很长，甚至根本无法形成虹吸，所以应合理地予以协调。

加大虹吸式出水流道弯道的中心角、扩散段的扩散角以及下降段的下降角（在一定范围内）等都可以增大流道内水流的紊动和挟气能力，对虹吸作用形成是有利的，但同时也会增大水头损失，降低泵站运行效率，故需综合分析确定。

2. 虹吸流道型线结构

扩散段和弯管段主要是影响泵站效率和工程投资，上升段和下降段除影响泵站效率和工程投资外，对虹吸的形成也有较大的影响，驼峰段是虹吸流道最重要的部分，驼峰断面的形状对虹吸形成，泵站效率和安全运行都有很大影响，出口段主要对出口阻力损失和泵站效率影响较大。

3. 进、出水池水位

进水池对虹吸形成的影响规律较简单。在泵站淹没出流的情况,如出水池水位一定,进水池水位越高,虹吸形成时间越短,这主要是水泵扬程随着进水池水位升高而减小,流量相应增大,流道水流流速和挟气能力增加所致。

出水池水位对虹吸形成的影响比较复杂。①一般来说,在淹没出流的情况,进水池水位一定,出水池水位高要比出水池水位低形成虹吸困难,这是由于出水池水位低时,水面飞溅和漩滚程度相对剧烈,因此水流挟气能力大,而相比之下,出水池水位高时,水流挟气能力就较小,更主要的是,挟带空气的水流要潜没到较深的水下才能逐渐逸出,空气受浮力作用,具有在中途逸出重新回到驼峰顶部的趋势。当出水池水位降低到某一位置时,虹吸形成时间最短,出水池水位继续降低,虹吸形成时间又延长,可能是流道内空气数量已变成主要的影响因素。②在非淹没情况,虹吸形成时间比淹没情况要长,当出水池水位降低到一定位置时,由于在水流挟带的空气排出时,又有空气顺着流道进入,造成虹吸流道内的气体无法全部排出,也就不能形成虹吸满管流。

4. 水泵性能

水泵性能的影响主要是水泵的扬程和流量对虹吸形成的影响。在机组启动时,如果水泵的工作扬程较高,则水泵的出水流量就小,一方面因为工作点远离额定值,可能发生汽蚀现象;另一方面,由于流量小,导致水流的挟气能力下降,虹吸形成的时间拉长。在出水池水位较高时,可能出现始终不能形成完整虹吸的情况,此时,在驼峰段的某个部位必然有一个压力不断变化的气囊存在,这不但影响水泵工况的稳定,而且水泵工况变化与气囊压力交互影响,致使机组振动,严重影响机组的安全运行。

另外,就不同水泵产品来讲,机组启动快(达到额度转速的时间短),水泵特性曲线(扬程流量曲线)相对较陡的水泵对缩短虹吸作用形成过程有利。

5. 驼峰段断面内外压力差

驼峰段断面内外压力差是指驼峰断面的流体压力与环境大气压之差。在虹吸形成的初始阶段,即从机组启动运行到水流刚刚翻过驼峰断面,压力差为流道内压缩空气的压力与外界大气压之差,此段时间内压力差为正值,压力差越大,则压缩空气就越容易将下降段内的水推入下一段流道或出口,这是大量排气的主要动力源。此后一直到虹吸完全形成,压力差为负值,相应于驼峰断面真空度。真空度越大,下降段液面上升就越快,气泡消失也越快,该阶段主要是水力除气。

6. 预抽真空

机组启动前对流道预抽真空,对虹吸作用形成有较大改善。抽真空时,流道中因出现负压而使流道两侧的水位自动上升,真空通常抽到水位上升到驼峰断面底部为止,由于预先抽走了大量空气,流道内气体数量很少,真空度较大,使机组启动后能在很短的时间内形成虹吸满管流,而且有可能使水泵的工况点不经过马鞍型特性区,水泵因而不振动。

由于在虹吸流道驼峰段的水流是处在负压区流动,因此驼峰段流道及真空破坏阀要有良好的密封性能,如发生漏气现象,就不能形成完整的虹吸作用,水泵扬程增大,流量减小,运行效率降低,严重漏气时,可能形不成虹吸满管流。

7. 驼峰顶排气孔是否排气

常规虹吸式出水流道在淹没出流情况下,驼峰顶排气孔是否排气对虹吸的形成时间有一定的影响,但影响不大,虹吸的形成时间主要取决于半虹吸阶段的水流挟气能力。但对于驼峰后带有长直流道的虹吸式出水流道,排气与不排气对虹吸形成时间影响很大。

9.2.2.6　虹吸式出水流道设计

1. 虹吸式出水流道类型及设计要求

虹吸式出水流道主要有以下三种类型,断面变化型、断面固定型和长出水流道型,见图9-37。

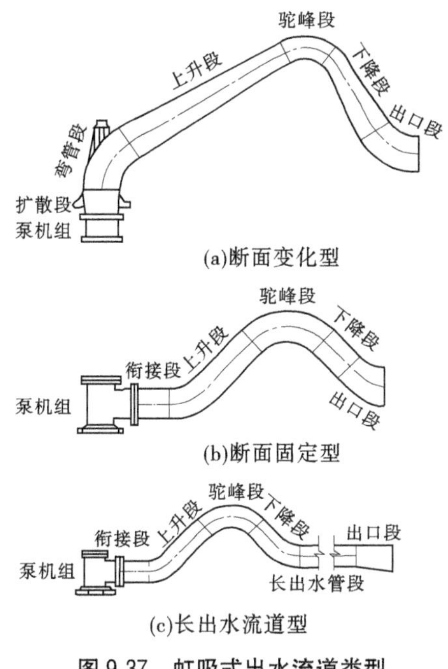

图9-37　虹吸式出水流道类型

断面变化型出水流道主要由扩散段、弯管段、上升段、驼峰段、下降段和出口段等六部分组成,断面形状变化复杂,施工难度较大,如图9-37(a)所示。

断面固定型出水流道主要由衔接段、上升段、驼峰段、下降段和出口段等五部分组成,沿程断面固定不变,只是在出口段扩大其断面,以减小出口流速和出口水头损失。该种类型的出水流道造型简单、便于施工,多采用压力钢管,如图9-37(b)所示。

长出水流道型出水流道与断面固定型出水流道基本相同,其断面也是固定不变的,区别是驼峰后有较长的平直流道。此种类型的出水流道也具有造型简单、施工容易的优点,尤其适用于输水距离较远的取水泵站工程。

常见的断面变化型虹吸式出水流道的构造见图9-38。流道的设计就是合理确定各部分的形状和尺寸。拟订各部分尺寸时要综合考虑各方面因素,力求达到流道水头损失小,机组运行效率高,虹吸作用形成时间较短,断面形状比较简单,便于施工,投资较省等效果。

2. 扩散段和出水弯管段

为了连接方便,一般采用弯管式出水室与虹吸式出水流道相接,弯管式出水室由紧接

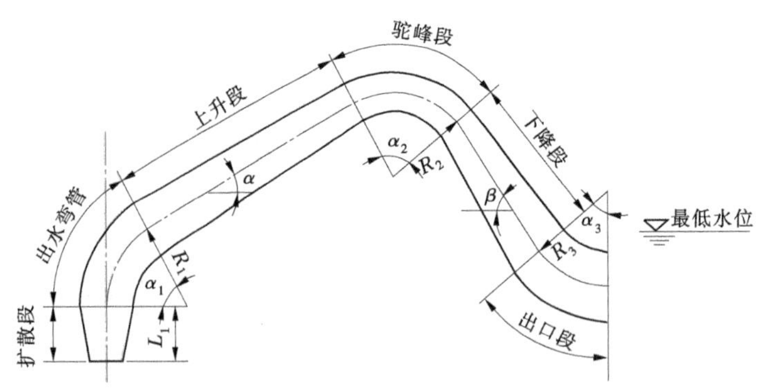

图 9-38　虹吸式出水流道构造

水泵出口导叶之后的扩散段和出水弯管段组成。扩散段一般由金属制成，通常随水泵成套供应。出水弯管段可由金属或钢筋混凝土制成，金属弯管段通常随水泵成套供应，而钢筋混凝土弯管段则由现场浇筑制成。在采用钢筋混凝土弯管段时，出水流道内型尺寸的拟订必须同时考虑钢筋混凝土弯管段出水室的尺寸。

1)扩散段

利用扩散段可以使出水弯管段断面加大以减小水流通过弯管的水头损失，扩散段主要由扩散角和扩散段长度确定，扩散角太大，增加扩散段水阻损失，影响泵站效率，扩散管长度 L_1 大，则泵轴长，增大厂房高度和工程投资，一般认为使扩散角小于 8°，扩散管长度 L_1 等于 1.4 倍的导叶体出口直径 D_0，即 $L_1=1.4D_0$，效果较好。但大型轴流泵如果要满足此长度，将使主轴增长加粗，泵房增高，反而可能不够经济，因此需要进行技术经济比较确定，即在泵站效率和工程投资间做出合理选择。

另外，还可以考虑采用曲线型扩散管段，比如椭圆形扩散管段，即可缩短扩散管段的长度，减小工程费用，又能减小弯管段流速和水头损失，但曲线型扩散管段应为 S 形管壁，计算和制作难度较大，最好配合做模型试验。

2)弯管段

弯管段是水流改变方向的地方，水流通过弯管段时容易在弯曲的内侧产生脱流，使弯管段出口断面的流速和压力分布不均，造成水流紊乱，增加局部阻力损失，降低泵站运行效率。因此要求弯管段各断面的变化均匀，并能顺滑地过渡到上升段中。弯管段的形状常见的有三种，即弯曲半径为同心圆的弯管、内外侧弯曲半径不同心的短弯管，以及采用水轮机标准尾水管形式过渡的弯管等。国内已运行泵站中，大多采用前两种。

弯曲半径为同心圆的弯管多用在转轮直径较小的水泵上，弯管中各断面均为等径圆形，弯曲半径可取 1.5~2.0 倍的弯管直径，弯管段水头损失较小(曲率半径为 1.5~2.0 倍的弯管直径，水头损失减小约 9%)，但泵轴较长，泵房较高。对于转轮较大的水泵，宜采用曲率半径不同心的弯管以缩短泵轴，降低泵房高度，一般外侧壁的弯曲半径 R_1 可取 0.9~1.2 倍的扩散管出口直径 D_1，内侧壁的弯曲半径 r_1 可取 35%~55%的扩散管出口直径 D_1，如图 9-39 所示。

3. 虹吸式出水流道上升段

虹吸式出水流道上升段的断面形式一般是由圆形变为方形，平面上逐渐扩大，立面上略微收缩，轴线向上倾斜。设计中需首先确定上升角 α 和平面扩散角 φ_2（见图 9-39）。

α 的大小不仅影响到机组效率，同时还影响上升段的长度。α 大，则出水弯管的弯曲角度和水头损失小，上升段的长度短，但机组的轴向长度和驼峰段的弯曲角度 α_2 大，可能使上升段的轴线呈弯曲的形状，流道水流的局部阻力会增大，同时对虹吸的形成也有影响。因此，不希望 α 值太大，设计时一般可取 $\alpha = 30° \sim 45°$。

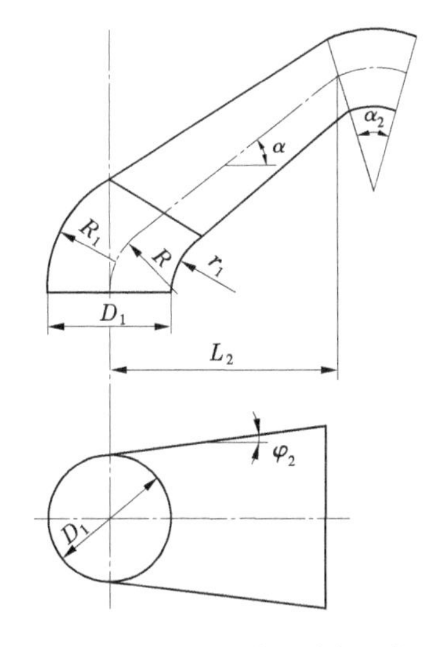

图 9-39　虹吸流道上升段形状

平面扩散角 φ_2 取决于虹吸流道出水弯管段出口直径 D_1、驼峰断面的宽度 B 和上升段的水平长度 L_2，它们之间的关系可用下式表示：

$$\tan\varphi_2 = \frac{B - D_1}{2L_2} \tag{9-36}$$

太大的 φ_2 会增加流道的阻力损失，一般认为 $\varphi_2 = 4° \sim 6°$ 时水力阻力最小。当所选的 B、D_1 和 L_2 等值不能满足 φ_2 的要求时，应该适当调整，直到满足。

断面由圆形变为方形的渐变长度一般不应小于管径的 2 倍。

4. 虹吸式出水流道驼峰段

驼峰段的设计是虹吸式出水流道设计中最重要的一环，因为驼峰段的形状和尺寸对虹吸的形成、泵站装置效率、泵站工程投资以及安全运行等都有很大的影响，为了保持需要的真空，驼峰段应有良好的密封性。

1）驼峰断面平均流速

虹吸式出水流道驼峰断面的平均流速对虹吸的形成、流道的阻力损失都有影响。对于既定形状的虹吸式出水流道，为了在所要求的时间内形成虹吸，对驼峰断面的最小流速应有一定的要求。当流速小到一定程度，虹吸形成所需的时间可能会很长，甚至根本无法形成虹吸。此外，对于不同形式和尺寸的虹吸式出水流道，在一定的时间内形成虹吸所需的最小平均流速也是不同的。

在设计选择虹吸式出水流道驼峰断面尺寸时，既要使驼峰段断面的平均流速 v 足够大，保证水流具有一定的挟气能力，以满足在要求的时间内自动形成虹吸的要求，又要使流道阻力损失较小，即流速 v 也不能太大。

根据试验资料，驼峰断面的弗劳德数 $Fr = \frac{v}{\sqrt{gR}}$ 一般可控制在 0.75～1.1，即驼峰断面平均流速 v 可用如下公式计算：

$$v = (2.4 \sim 3.4)\sqrt{R} \quad (\text{m/s}) \tag{9-37}$$

式中　R——驼峰断面水力半径，m。

对于体型类似于图 9-30 中 2 号虹吸流道和驼峰断面水力半径 R 值较大的情况，括号中的系数可取较小的数字；对于体型类似于图 9-30 中 4 号、6 号和 7 号虹吸流道和驼峰断面水力半径 R 值较小的情况，括号中的系数宜取较大值。

此外,虽然有试验数据说明虹吸式出水流道的驼峰断面的弗劳德数可以小到 0.5 左右,驼峰断面的平均流速也能小到约 1.1 m/s,但考虑到影响虹吸作用形成的因素很多,各因素的影响程度也难以定量分析计算,需要进一步深入研究。工程设计中为了保证虹吸的可靠和自动形成,驼峰断面平均流速 v 的一般取值范围为 2.0~2.5 m/s。

2)驼峰断面形状尺寸

驼峰断面的形状对虹吸作用的形成有较大的影响,有圆形、椭圆形、矩形、修圆矩形等多种形式。在流道面积和平均流速相同的前提下,采用扁平形断面有以下几点好处:①驼峰断面的水力半径较小,具有较大的弗劳德数和水流挟气能力;②驼峰顶部的存气量较少,可缩短虹吸的形成时间;③驼峰断面上下压力差较小,断面流速和压力分布较均匀,水头损失较小;④驼峰断面顶壁的高度和真空度值小,从而可适应出水池水位较大的变化范围;⑤可能对消除或削弱由水泵叶轮造成的漩涡水流是有利的。因此,从水力学角度看,扁平形断面优于圆形断面,故一般大型泵站的虹吸流道驼峰断面多采用扁平形断面。

工程上,驼峰断面的形状一般可采用扁平的椭圆形断面或矩形断面或经过修圆的矩形断面,断面高宽比 μ 的取值范围为 0.318~0.785($1/\pi \sim \pi/4$),一般可取 0.5。中小型工程亦可采用圆形断面。

驼峰断面面积 A 按照设计流量 Q 和拟订的驼峰断面平均流速 v 按照式(9-38)计算:

$$A=\frac{Q}{v} \tag{9-38}$$

驼峰断面宽度 B 和高度 h 可按照拟订驼峰断面的面积 A 和断面高宽比 μ 值,结合拟订的断面形状按照以下各式计算确定:

矩形断面 $$B=\sqrt{\frac{A}{\mu}};\quad h=\sqrt{\mu A} \tag{9-39}$$

椭圆断面 $$B=\sqrt{\frac{4A}{\mu\pi}};\quad h=\sqrt{\frac{4}{\pi}\mu A} \tag{9-40}$$

修圆矩形 $$B=\sqrt{\frac{A'}{\mu}};\quad h=\sqrt{\mu A'} \tag{9-41}$$

式中:$A'=A+r^2(4-\pi)$,r 为修圆矩形断面的四角圆弧半径。

3)驼峰段曲率半径

驼峰段曲率半径小有利于水流翻越驼峰,减少驼峰处的空气体积,增大驼峰处水流的紊动,易于形成虹吸,但水流的急剧转弯,容易产生脱壁,阻力损失增大。一般驼峰断面的直径 d(或高度 h)与驼峰段中心线曲率半径 R_2 的比值$\frac{d}{R_2}$或$\frac{h}{R_2}$应为 0.4~0.6,即驼峰断面的曲率半径 R_2 可取 1.5~2.5 倍的驼峰断面当量管径。驼峰段中心角较大时取较大的倍数,驼峰段中心角较小时取较小的倍数。

4)驼峰断面高程

(1)驼峰断面底部高程。驼峰断面底部高程主要取决于出水池设计最高水位,为了避免出水池水流倒灌,驼峰断面底部应高于出水池最高水位,以防止出水池水流倒灌,但也不宜太高,否则会增加机组启动扬程,降低泵站对出水池水位变化范围的适应能力,延长形成虹吸的时间,增大工程造价。设计中驼峰断面底部高程可按高出出水池最高水位 10~30 cm 确定。

(2)驼峰断面顶壁高程。驼峰断面顶壁高程应等于驼峰断面底部高程与断面高度之和,即

$$\nabla_{顶} = \nabla_{底} + h \tag{9-42}$$

式中　$\nabla_{底}$——驼峰断面底部高程,m;

h——驼峰断面高度,m。

(3)驼峰真空值校核。驼峰断面顶壁压力值可由式(9-24)~式(9-27)计算,用当地海拔高度的大气压(水柱高)减去计算值即为驼峰断面顶壁的真空值。

高程设计中,亦可采用较简单的公式计算驼峰断面顶壁的真空值 H,即

$$H = \nabla_{顶} - \nabla_{池低} + \frac{v_{驼峰}^2 - v_{出口}^2}{2g} - h_{损失} \quad (m) \tag{9-43}$$

式中　$\nabla_{顶}$——驼峰内顶壁高程,m;

$\nabla_{池低}$——出水池的设计最低水位,m;

$v_{驼峰}$——驼峰断面平均流速,m/s;

$v_{出口}$——虹吸流道出口断面平均流速,m/s;

$h_{损失}$——驼峰断面至虹吸出口断面水头损失,m。

而最大容许真空高度为:

$$H_{允}(m) = H_a - H_k - \Delta h \tag{9-44}$$

式中　H_a——当地海拔高程的大气压(米水柱),海平面为 10. 34 m,高程每升高 100 m,大气压下降 0. 113 m;

H_k——与温度有关的水临界汽化压力,从表 9-7 中查得;

Δh——考虑水流的紊动和波浪的安全值。

表 9-7　不同温度下水的临界汽化压力

温度(℃)	0	10	20	30	40
临界气化压力	0. 624	0. 125	0. 239	0. 433	0. 725

理论上容许真空高度可达 9. 0 m 以上,实际工程中一般不超过 6~7 m(极端情况下可用到 7. 5 m)。如果需要超过此限值,从安全角度考虑,一定要进行模型试验。

当 $H \leq H_{允}$ 时,说明虹吸式流道驼峰断面的压力大于水的汽化压力,虹吸式出水流道可以正常工作。

当 $H > H_{允}$ 时,说明驼峰处的压力过低,有产生汽蚀的可能,也可能会发生强烈的压力脉动,甚至虹吸现象无法形成。在这种情况下,就需要筑壅水坝以抬高出水池的最低水位,满足流道内真空值的要求。但是,采用此种做法很不经济,不仅增加了壅水坝的工程投资,而且提高了最低水位时水泵的工作扬程,增加了运行费用。由此可见,当 $H > H_{允}$ 时,虹吸式出水流道的运用必将受到限制,因而它适用于出水池水位变幅为 4~5 m 以下的情况。

5. 虹吸式出水流道下降段

如果出水池水位变幅较大,驼峰段后需有下降段。下降段由扁平形断面逐渐变为圆形或方形断面,但面积不变或稍有增大。

(1)下降段一般都是等宽的,但为了减少流道出口的动能损失,有的也设计成扩散型。下降段是等宽还是扩散型取决于机组的间距 b 和驼峰断面的宽度 B。当 $B=b-\delta$(其中 δ 为出口隔墩厚度)时,呈等宽型;当 $B<b-\delta$ 时,呈扩散型。

(2)下降段横断面的高度是沿水流方向逐渐增加的。断面面积自驼峰断面均匀增大,平均流速逐渐减小。

(3)下降段的倾角(下降角)β 不能过大或过小,β 大,下降段长度短,可节省工程投资,但 β 过大,又会引起水流脱壁,影响水流挟带空气的能力,并使流道内的压力不稳定,还会增加阻力损失。β 过小,不仅使下降段长度和工程投资加大,也会影响水流的挟气能力,不利虹吸的形成。目前一般采用 $\beta=40°\sim70°$,以约 60°为好。

6. 虹吸式出水流道出口段

当水流通过驼峰段的低压区时,溶解于水中的空气容易分解出来,其体积膨胀,而膨胀后的气、水混合物通过流道也将增加流道的阻力损失,因此要求断面能适当增大。另外,为了将尽量多的动能转化为压能,减少出口损失,也需要尽可能地降低出口流速 v_3。

1)出口断面面积 A_3 和断面尺寸

出口断面面积可按出口流速 v_3 和设计流量确定。出口流速一般可取 $v_3=1.5$ m/s。

流道出口宽度 B_3 一般根据机组布置间距和进水流道宽度来定,一般取两机组隔墩间的净宽,或采用与进水流道相同的宽度。

出口断面的高度 $H=A_3/B_3$(A_3 为出口断面面积)。大型工程出口流道仍应采用扁平形断面,以减小出水池深度。

2)出口淹没深度

出口断面顶部高程 ∇_3 等于出水池最低水位 $\nabla_{池低}$ 和虹吸流道出口最小淹没深度 $h_{淹}$ 之和,即

$$\nabla_3 = \nabla_{池低} + h_{淹} \tag{9-45}$$

最小淹没深度不宜太小,否则大气压力击破水层使空气可能进入驼峰区,破坏真空,影响虹吸形成;但最小淹没深度太大不仅会降低出水池的底部高程,从而增加工程造价,还可能延长虹吸的形成时间。设计最小淹没深度一般可取 4~5 倍的出口流速水头,且不得小于 0.3 m,即

$$h_{淹} = (4 \sim 5)\frac{v_3^2}{2g} \tag{9-46}$$

当 $v_3=1.5$ m/s 时,设计最小淹没深度 $h_{淹}=0.46\sim0.57$ m。

7. 带长直段的虹吸式出水流道

带长直段的虹吸式出水流道如图 9-40 所示,它具有一段或多段水平段和上升下降段。

带长直段的虹吸式出水流道设计的关键是第一个下降段要足够长,以使第一段水平流道位于出水池设计最低水位以下,始终处于淹没和充满水的状态,从而保证了水流翻过

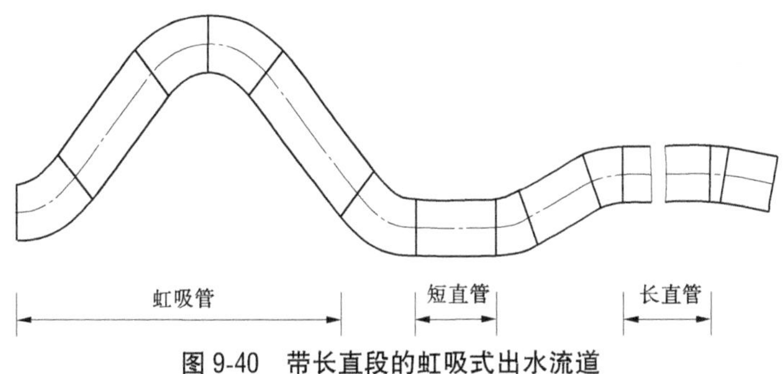

图 9-40 带长直段的虹吸式出水流道

驼峰断面后,在紧挨着驼峰段的下降段内发生漩滚,翻滚的水流将驼峰段的气体带走而形成虹吸满管流。

带长直段,特别是带多个长直段的虹吸式出水流道更适合于在较复杂的地形条件下的泵站工程布置,可减小工程造价。

根据上述方法拟订出的主要尺寸,可以绘出虹吸式出水流道的纵剖面轮廓图。同肘形进水流道的绘型一样,可以根据流速的直线或曲线变化规律,求出各断面面积,从而定出其平面图尺寸;最后用允许的扩散角加以校核。但也可以先拟订各断面形状,按允许的扩散角定出其平面图尺寸,再求出各断面的流速,从而绘出流速和流道长度的关系曲线,并以光滑的曲线为设计标准加以校核。

图 9-41 为某泵站设计的一种虹吸式出水流道的轮廓尺寸图,其性能指标较高,工程投资较省,可作设计参考。该虹吸管喉道内流速使用范围为 $2.5\ m/s \leqslant v \leqslant 3.5\ m/s$,其他参数值为:$R=2.0D$;$R_1=1.44D$;$R_2=2.67D$;$R_3=3.7D$;$l=0.735D$;$r_0=1.75D$;$r_1=1.50D$;$r_2=2.0D$;$L=5.5D$;$a=0.5D$;$b=1.8D$;$H=1.2D$。其中,$D$ 为虹吸式出水管道直径。

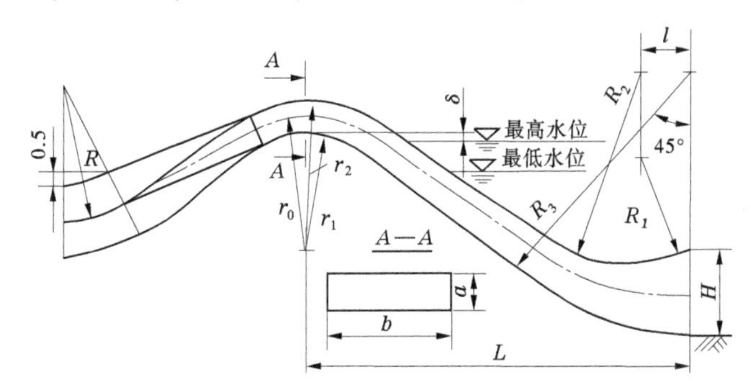

图 9-41 推荐的虹吸出水过流部分尺寸

9.2.3 直管式出水流道

从水泵出水弯管出口至流道出口之间的流道中心线为直线的出水流道,称为直管式出水流道。在泵站正常运行的情况,直管式出水流道的任一断面都具有一定的正压。泵站选用直管式出水流道时,常配合采用拍门或快速闸门进行断流。

9.2.3.1 直管式出水流道的设计要求

直管式出水流道设计、施工都比较简单,启动扬程低,所以也常被大型泵站采用。直管式出水流道应满足以下几方面的基本要求：

(1)启动时要排气畅通。对于流道较长、流道断面较大的直管式出水流道,正常运行时水流具有较大的惯性,所以在停机过程中,拍门的冲击力是比较小的,机组关闭过程较平稳。但是,在机组的启动过程中,由于流道内具有很大的空气体积,如果流道没有设置通气孔,或通气孔的断面太小,或位置不当及其他原因使流道内的大量空气无法顺利排出,会使拍门反复多次的开启和关闭,从而影响机组的平稳启动。

(2)流道阻力损失小,泵站运行效率高。

(3)停机过程安全、稳定和可靠。这主要取决于断流设施的可靠性,应选择安全、可靠的断流方式和断流装置。

(4)流道形线简单,便于施工和运行管理,节省投资。

9.2.3.2 直管式出水流道的管线选择

管线——直管式出水流道的中心线。管线可以是水平的,也可以是倾斜的,这主要取决于出水弯管的出口断面中心高程和出水池最低水位。流道进口高程(水泵出水弯管的出口断面中心高程)根据水泵的安装高程和水泵的结构尺寸确定,流道出口顶部高程应在出水池最低水位基础上增加一个淹没深度 $h_{淹}$,其值一般可取出水口的一个流速水头,且不小于 0.2 m,即

$$\left.\begin{aligned} h_{淹} &= \frac{v^2}{2g} \\ h_{淹} &\geqslant 0.2\ \mathrm{m} \end{aligned}\right\} \tag{9-47}$$

直管式出水流道一般有上升式、平管式、下降式和低驼峰式四种布置形式,如图 9-42 所示。

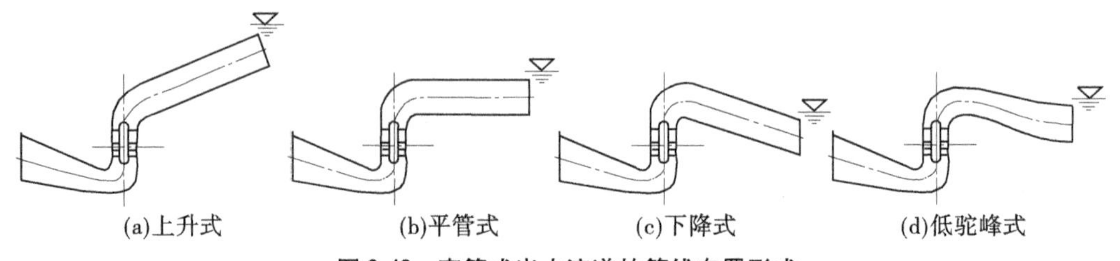

(a)上升式 (b)平管式 (c)下降式 (d)低驼峰式

图 9-42 直管式出水流道的管线布置形式

1. 上升式

上升式出水流道出口断面中心高程高于进口断面中心高程,水流在流道中的流动是向上的。上升式出水流道可以使水泵出水弯管的转角减小,从而减小阻力损失,提高泵站装置效率。在机组启动过程中,水流是向上流动的,流道内的空气很容易排向流道出口,最后由通气孔排出流道。所以,只要出水池最低水位较高,采用上升式出水流道可能是比较理想的选择。但是,如果出水池最低水位较低,采用上升式出水流道就可能造成淹没深度不够甚至半淹没、非淹没的出流工况,增加能量损耗。

2. 下降式

下降式出水流道出口断面中心高程低于进口断面中心高程,水流在流道中的流动是

向下的,这样可以保证在出水池最低水位时流道出口仍被淹没,避免了在出水池水位变幅较大时上升式出水流道在低水位运行时的水头浪费问题。但下降式出水流道使水泵出水弯管的转角和阻力损失加大,降低了泵站装置效率,而且在机组启动过程中水流会很快封住出口段,使最高部位的空气难以排出,使得在出水池最低水位下机组启动不稳定,容易出现拍门反复多次冲击的现象。对此,可考虑在启动时抽真空,但会增加设备投资。

3. 平管式

平管式出水流道出口断面中心高程等于进口断面中心高程,水流在流道中的流动是水平的。平管式出水流道的阻力损失比上升式出水流道大、比下降式出水流道小;流道内空气排出不如上升式流道畅通,但比下降式出水流道容易。

上升式出水流道的转向角度小于90°(一般为60°),平管式和下降式出水流道的转向角度等于或大于90°。随着泵站地形扬程(出水流道出、进口高程差)由高变低,直管式出水流道的转向角度由小增大,流道内水流的流态由好变差,水流阻力损耗逐渐加大。为了在泵站扬程及出水池水位较低时,尽可能地减小直管式出水流道的水力损失,提高泵站装置效率,对平管式和下降式出水流道进行了改进和优化,逐步演变成为所谓的"低驼峰出水流道",见图9-42(d)。

9.2.3.3　通气孔的位置和大小

对于直管式出水流道都应该设有通气孔。这不仅在机组启动过程中可以通过通气孔排气,而且在停机后还可以由通气孔补气,从而减小拍门的冲击力和流道内的负压值。

通气孔应该布置在出水流道突起的最高位置。对于上升式出水流道应该布置在出口附近;对于平管式出水流道,通气孔的位置可以任意选择;对于下降式出水流道,应该布置在出水流道的最高位置。

通气孔的面积可按下式计算:

$$F=\frac{V}{\mu vt} \tag{9-48}$$

式中　V——出水流道内的空气体积;

μ——风量系数,可取0.71~0.815;

v——最大气流速度,可取90~100 m/s;

t——排气或进气时间,可取10~15 s。

根据算出的F值,可以计算出通气孔的直径:$D=\sqrt{\frac{4F}{\pi}}$。

9.2.4　屈膝式出水流道

对于安装立式机组的大型低扬程泵站,当出水池水位变化幅度较大而其出水池最低水位又较低时,采用虹吸式出水流道满足不了驼峰断面顶壁允许真空度的要求;采用直管平管式和支管上升式出水流道在低水位运行时形不成淹没出流,存在能量浪费;采用直管下降式出水流道虽然可以保证淹没出流,但水泵出口弯管段的水力损失增加较大,同样存在能量浪费,还存在启动过程排气不畅的问题。

为了减小流道出口能量损失,必须将出水流道的出口高程降低,保证在最低水位时能够形成淹没出流;为了使出水流道的最高处顶壁在最低水位时的最大负压值满足规范允许值,需将驼峰段流道适当降低;为了减小水泵出口弯管的水力损失,解决机组启动过程可能出现的排气困难的问题,在水泵出水弯管后布置一段低驼峰流道。最终形成了屈膝式出水流道,如图 9-43 所示。

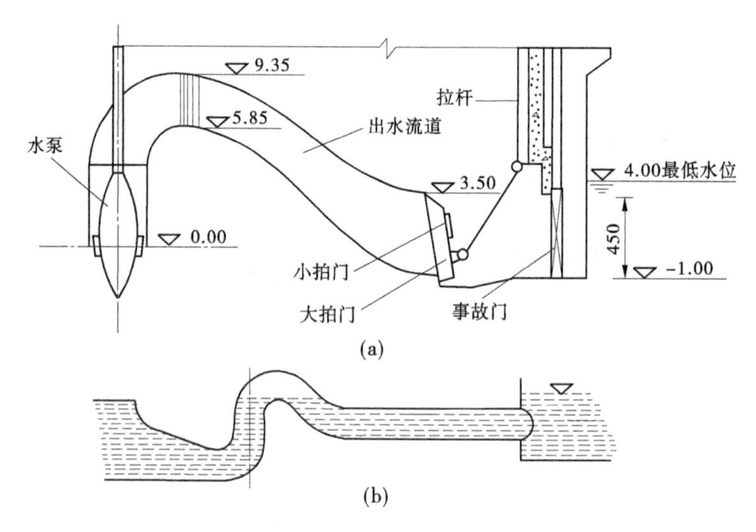

图 9-43　屈膝式(低驼峰)出水流道　(单位:高程,m;尺寸:cm)

屈膝式出水流道的驼峰低,故也称为低驼峰式出水流道。屈膝式出水流道是能够适应较大的出水池水位变幅的一种流道形式。

屈膝式出水流道可以采取类似于虹吸式出水流道形线和结构的设计,如图 9-43(a)所示,较低的驼峰可以避免发生虹吸式出水流道存在的因为驼峰顶部真空度过大而可能引起的水流汽化问题;也可以直接将直管布置成弯曲的驼峰,如图 9-43(b)所示。

一般情况下,屈膝式出水流道采用拍门或快速闸门断流。但由于流道出口位置较低,断流装置检修较困难,为了保证在断流装置发生故障时仍能及时截断水流,在断流装置之后还需装设动水启闭的事故闸门,在事故及检修时使用。

在出水池水位低于驼峰底部高程时,可以采用虹吸式出水流道的运行方式,采用真空破坏阀断流,以方便运行管理,相比拍门断流还可能会减小水头损失和提高泵站运行效率。

9.2.5　低扬程水泵流道

对于低扬程轴流泵站,为了降低水泵装置高程,一般不采用立式机组。如果水泵必须汽蚀余量较大,水泵安装位置较低时,可以采用卧式机组。为了便于水泵和电机之间的连接与布置,进出水流道常设计成平面 S 形,如图 9-44 所示。

如果水泵的必须汽蚀余量较小,且经过综合考虑后确定不降低水泵的安装高程时,可考虑进水流道从较低的位置向上弯曲接水泵进口,此种情况下,可采用如下两种出水流道形式。

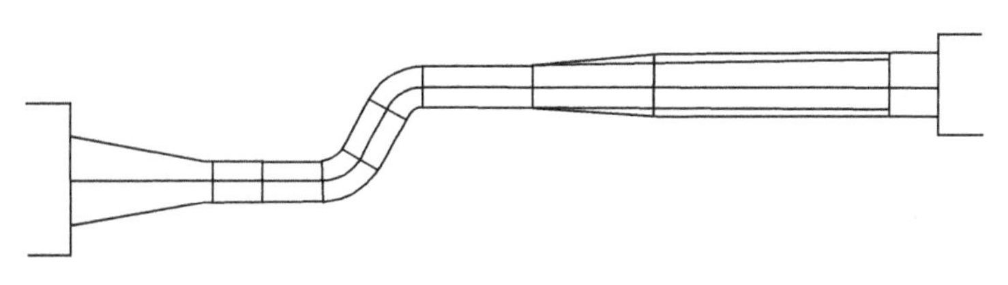

图 9-44　平面 S 形进、出水流道布置

9.2.5.1　水泵斜轴安装的直管式出水流道

出水池水位较高,采用直管式出水流道能使流道出口淹没在最低水面以下,则可以设计为直管式出水流道。为便于水泵和电机之间的连接与布置,机组可采用斜式安装,如图 9-45 所示。

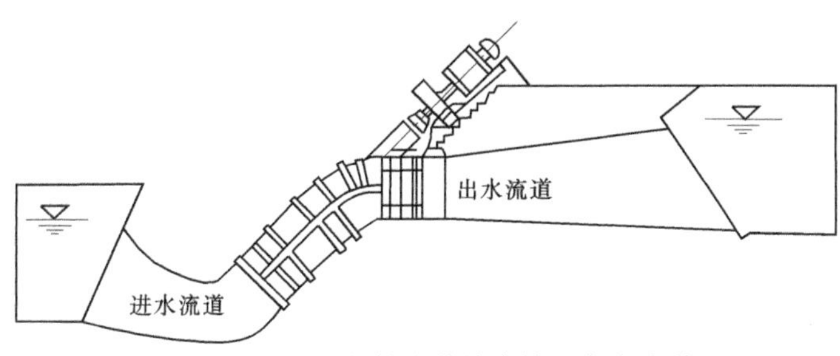

图 9-45　水泵斜轴安装的直管式出水流道

9.2.5.2　猫背式出水流道

出水池水位较低,为了不浪费扬程,应将出水流道弯曲向下接出水池,而水泵和电机之间的连接轴就可以从进水流道后端的弯曲部位或出水流道前端的弯曲部位水平穿出,机组采用卧式安装,形成了进水流道的进口低,出水流道的出口低,中间水泵安装位置高的进、出水流道形式,即所谓的猫背式出水流道,如图 9-46 所示。

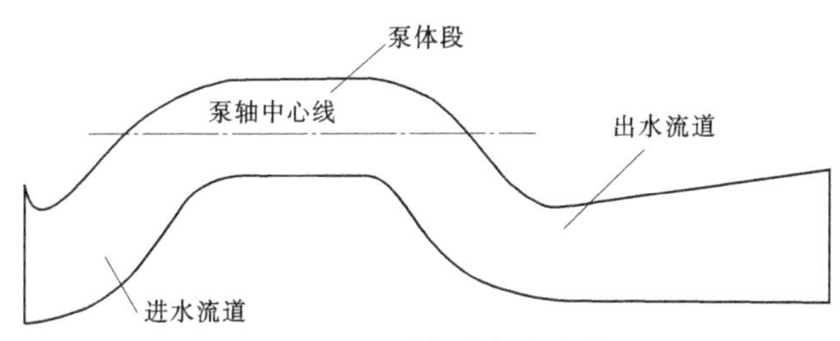

图 9-46　猫背式出水流道

卧式机组流道类型尺寸拟订,原则上与肘弯形进水流道、虹吸式出水流道的要求大致相同,应能达到水头损失小、投资省的效果。猫背式出水流道较直管式出水流道的水头损失大些,但在同时满足较低出水水位运行的条件下,直管式出水流道的基础要低些,因而工程量和投资要大些。另外,猫背式出水流道水泵叶片外缘如高过进水水位,需采取抽真空充水启动。

在设计泵站时采用哪种形式的流道好,应通过技术经济比较确定。

猫背式出水流道的电动机布置在进水侧还是出水侧,应根据泵房总体布置的要求,和机组制造厂商协商决定。

9.2.6 出水流道形式选择

9.2.6.1 出水接管形式的选择

连接叶轮出口和出水管之间的一段流道,叫作水泵出水接管。水泵出水接管分为轴向导叶弯管出水和辐向导叶蜗壳出水两种。离心泵和中小型混流泵基本上都采用蜗壳出水,而轴流泵和大型混流泵多采用弯管出水。对于大型低扬程泵站,为了降低泵房高度,减小工程投资,立式水泵的出水方式除弯管出水形式外,还可采用如图 9-25、图 9-26 所示的蜗壳形或蘑菇形出水的形式。

1. 弯管出水优缺点

(1)采用较多,积累了较多的设计、制造或施工经验;

(2)一般水泵厂可以提供配套的部件;

(3)弯管出水的泵体轴向尺寸较大,泵轴较长,泵房较高,但平面尺寸较小;

(4)当出水池水位低于弯管出口高程时,出水流道要多转两个弯道,增加施工难度和水流阻力损失。

2. 蜗壳出水优缺点

(1)可以缩短泵体轴向尺寸,降低泵房高度,但平面尺寸较大;

(2)泵轴较短,安装调整较易,并能减小机组运行时的振动和摆动幅度;

(3)可降低出口高程,进而有可能避免低驼峰的布置形式;

(4)最大缺点是出水损失较大,降低了水泵的效率;

(5)断面形状复杂,制造或施工难度较大;

(6)蜗壳出水采用的是辐向导叶,成熟的泵体部件较少,大都需要新的设计和制作。

9.2.6.2 出水流道形式的选择

大型泵站的出水流道通常有虹吸式、直管式两种。

1. 虹吸式出水流道和直管式出水流道的比较

1)断流可靠性

虹吸式出水流道一般采用真空破坏阀断流方式,直管式出水流道则采用拍门或快速闸门断流。真空破坏阀断流系统的组成元件较少,操作较简单,停机时,只要及时打开装置在驼峰顶部的真空破坏阀,即能破坏真空,迅速切断驼峰两侧的水流,阻断外水倒灌,使机组很快停稳。而拍门或快速闸门系统的结构及附属设备比较复杂,事故率较高,所以就断流可靠性来讲,虹吸式出水流道优于直管式出水流道。

2)水力损失和泵站装置效率

虹吸式出水流道断面过度较为平稳,水力条件均匀,流态好,出口损失小,尽管管路沿程水头损失比弯道水头损失多一些,但总的水头损失较小,主要表现在以下三个方面:

(1)出水流道进口段的流速最大,进口段的水力损失在流道总的水力损失中所占比重就较大。由于虹吸式出水流道进口段的转向角度与直管式出水流道相比要小很多,故前者的水力损失明显小于后者。

(2)在水平长度相同的情况下,虹吸式出水流道的实际长度大于直管式出水流道,所以虹吸式出水流道的扩散更为平缓。

(3)虹吸式出水流道出口断面面积一般较大,出口流速较低,出口水力(动能)损失较小。而直管式或低驼峰式出水流道受到拍门或快速闸门尺寸的限制,出口断面不宜太大,因此出口流速相对较高,出口动能损失也较大。另外,拍门在水中晃动会引起较大的能量损失。

3)流道型线、施工与投资

虹吸式出水流道轴线长,土建工程量大,断面形状变化复杂,流道的放样、立模等施工程序的要求较高,施工难度相对较大,而直管式出水流道断面形状比较简单,便于施工,施工质量容易得到保证。

虹吸式出水流道的土建投资要略大于直管式出水流道,但直管式出水流道断流设备的投资可能要比虹吸式出水流道大很多。

4)机组启动

虹吸式出水流道当机组启动时,首先将管内空气压缩,一部分空气由真空破坏阀逸出,一部分仍留在管内偏出口一边,形成气囊,经过压缩、膨胀等反复变化的过程,直至由水流从出口处全部带走,这个过程需要持续一段较长的时间,加剧了机组启动过程的不稳定性,常常引起机组的剧烈振动,而直管流道中则无此现象。

虹吸式出水流道启动扬程高,当水泵进口水位偏低时更为严重,由于轴流泵在高扬程低流量区的不稳定特性,启动时很容易引起机组的剧烈振动。另外,机组在启动过程中,如果驼峰顶部存有空气(虹吸不能完全形成),就会使顶部产生压力脉动,引起机组振动。为了减小启动扬程,缩短启动时间,通常采用预抽真空,缩小扬程再启动的办法,效果比较理想,但延长了启动时间,同时要求出水流道止水密封要好,不漏气。而直管式出水流道启动扬程较低,只要水流能将拍门顶开或油压启闭机能将快速闸门迅速提起,机组即可转入正常运行,因此机组的启动和不稳定时间较短。

5)出水池水位

虹吸式出水流道适用于出口水位变幅不太大的情况。如果水位变幅较大,在设计时驼峰就要定得高,同时虹吸管需要闭气,出口必须有一定的淹没深度,不但管道布置困难,要增加土建工程量,而且对机组启动不利。直管式出水流道则不受此限制。

若虹吸式出水流道采用真空破坏阀配合拍门断流的方式,即在设计流道时可将驼峰位置定在一般高水位以上,在正常运行时由真空破坏阀断流,将拍门吊平;当出水池水位超过驼峰高程时,由设在流道出口的拍门断流,这样驼峰可以定得低一些,就能适应水位变幅较大的情况,从而可较好地改善机组启动条件。当出水池水位变幅很大,采用虹吸式出水流道或直管式出水流道均无法较好地满足要求时,可采用屈膝式流道,出口用大型拍门断流,如此可较好地改善机组启动条件。

6)运行管理

采用拍门或快速闸门断流方式的直管式出水流道,为了减小出口水力损失,在机组正常运行过程中,需采用机械锁定装置或动态液压保持系统,使拍门或快速闸门保持在完全开启位置,操作相对麻烦。在机组突然关闭时还可能产生冲击力。

真空破坏阀断流系统基本无易损和易腐件,维护、保养工作量很小,也很方便;拍门尤其是快速闸门断流系统的维护、保养除需检查液压系统外,对易损件(密封部件等)要定期更换,对易腐件(门体)要定期进行防腐处理,工作量和难度较大,费用较高,工作环境较差(在野外甚至水下工作)。

2. 出水流道形式的选择

1)设计规范要求

关于虹吸式出水流道和直管式出水流道的选用,国家标准《泵站设计规范》(GB/T 50265—97)要求:对于立式轴流泵站,当出水池水位变幅不大时,宜采用虹吸式出水流道,配以真空破坏阀断流方式;对于出水池水位较高的泵站,可采用直管式出水流道,在出口设置拍门或快速闸门,并在门后设置通气孔。

2)出水流道在水位方面的要求

虹吸式出水流道立面尺寸的设计有两方面的要求:一是驼峰断面的底部高程略高于出水池最高运行水位,是为了在最高水位时能挡水;二是流道出口断面的顶部高程略低于出水池最低水位,是为了淹没出流、减少动能损失。作为利用虹吸原理工作的流道,在水泵运行过程中,流道内驼峰附近的压力为负压。为保证不发生汽蚀,对流道内压力最低处的负压有一定的限制,一般要求驼峰断面顶壁的负压(真空度)不大于7.5 m。从工程实际应用的情况看,一般要求出水池水位的变幅不大于4~5 m。显然,若出水池水位变幅比较大,则不适宜采用虹吸式出水流道。

虹吸式出水流道的下降段可较好地适应较低的出水池水位,也就是说,在扬程较低的条件下,虹吸式出水流道能够显示其独特的优越性。

在泵站扬程和出水池水位较高的情况下,便于直管式出水流道在立面方向的布置;在泵站扬程和出水池水位较低的情况下,若仍采用直管式出水流道,就会导致直管式出水流道向下弯曲,出水池水位越低,向下弯曲得越厉害,流道的水力损失也越大。

在扬程和出水池水位较低的情况下,采取降低水泵安装高程的办法,可以增加直管式出水流道在立面方向布置所需的空间,但这样做将导致泵房和进水池底板随之下降,进水池翼墙增高,泵站土建工程量和投资加大的结果,需做技术经济比较。

3. 出水流道形式比较结果

(1)在较低扬程条件下,虹吸式出水流道的水力损失明显小于直管式出水流道。

(2)虹吸式出水流道的断流方式简单、可靠、投资少,直管式出水流道的断流方式难以与其相比。

(3)在水位条件满足虹吸式出水流道应用要求的情况下,采用虹吸式出水流道更为可靠、经济、合理,应优先采用。

(4)立式泵装置出水流道的形式对水泵机组运行的可靠性、出水流道的水力性能、日常维护保养的工作量的大小、泵站工程和设备投资的多少、泵站运行效率以及安全性等因素的影响都很大,因此若出水池水位符合虹吸式出水流道的应用条件,则应慎用直管式出水流道。或者说,在较低的扬程和出水池水位条件下,要采用直管式或低驼峰式出水流道,必须进行技术经济比较。

9.3　泵站断流方式

泵站机组停机,特别是事故停机时,必须有可靠的断流措施,一方面是为了防止高位水的倒流,另一方面是需要有效控制管路倒流流速和机组倒转转速,保证机组及时停稳,防止发生飞逸事故,确保机组安全。

泵站可选用的断流方式有真空破坏阀、拍门、快速跌落闸门、逆止阀以及溢流堰等。

9.3.1　真空破坏阀断流

虹吸式出水流道的驼峰段在运行过程中为负压,因此机组停机时只要将安装在驼峰顶部的真空破坏阀打开,放进空气,就可以截断水流。

真空破坏阀原理就是当系统产生负压时,通过大气压跟系统压力的压差作用在密封件上,推动密封件,打开密封面,把外界大气引入系统,让系统压强升高破坏负压,直到密封件重新下坠密封,外界大气不再进入系统。在系统正压时候,工作介质进入密封件上部,向下压紧密封件,系统压力越大,密封越紧,保证正压时候滴水不漏。

9.3.1.1　真空破坏阀种类及典型结构原理

真空破坏阀也叫虹吸破坏阀,其种类很多,主要有机械式、电动式和气动式等。

泵站常用的真空破坏阀多为气动平板阀,其主要由阀座、阀盘、汽缸、活塞及活塞杆、弹簧等部件组成,如图9-47所示。停机时,与压缩空气支管相连的电磁空气阀自动打开,压缩空气进入汽缸活塞的下腔,降活塞向上顶起,在活塞杆的带动下,阀盘开启,空气进入虹吸管驼峰,破坏真空,截断水流。当阀盘全部开启时,汽缸盖上的限位开关接点接通,发出电信号通知值班人员。当虹吸管内的压力接近大气压力之后,阀盘、活塞杆及活塞在自重和弹簧张力作用下自行下落关闭。

真空破坏阀底座为一个三通管,它的横向支管装有密封的有机玻璃板窗口和一个手动备用阀门。如果真空破坏阀因故不能打开,可以打开手动备用阀,将压缩空气送入气缸,使阀盘动作。在特殊情况下,因压缩空气母管内无压缩空气,或因其他原因真空破坏阀无法打开时,运行人员可以用大锤击碎底座三通管横向支管上的有机玻璃板,使空气进入虹吸管内。这就可以保证在任何情况下都能在停机后破坏真空,故这种气动式真空破坏阀的断流是可靠的。

9.3.1.2　真空破坏阀断流试验研究

在图9-30中所示的3号、5号和7号体型的虹吸流道的模型上,曾定性地进行过破坏虹吸作用的试验,试验的方法是在模型喉部断面顶壁上开不同大小的圆孔,先封闭孔口使管内形成虹吸水流,然后瞬时打开孔口,观测喉部断流的时间。该试验测得的进气孔和喉部断面的面积比与断流时间的关系如图9-48所示。

图9-30中所示的8种体型的虹吸流道中,实际或试验推荐的真空破坏阀孔口面积与喉部断面面积比大致为0.015~0.025,其中2号虹吸流道采用的面积比为0.015。从图9-48反映的试验情况分析,通气管道和喉道断面的面积比与虹吸作用破坏时间的关系近似于双曲线,两端为贴近坐标轴的渐近线。如果这些试验结果能大致符合实际情况,则

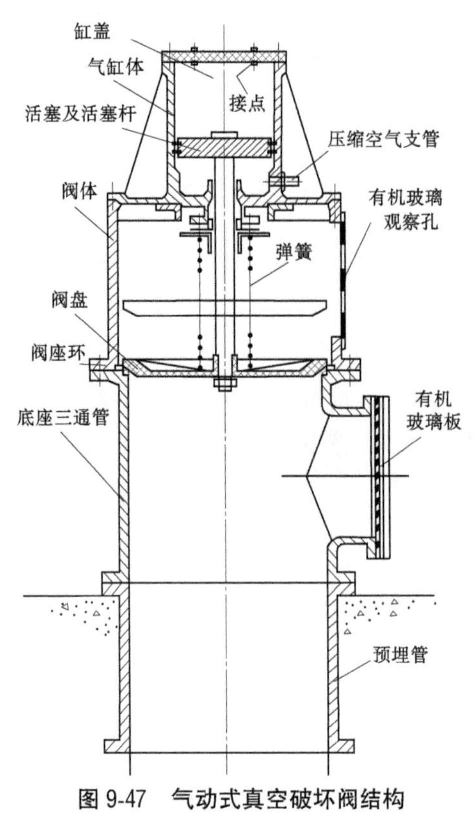

图 9-47　气动式真空破坏阀结构

根据图 9-48,破坏阀与喉部断面的面积比选在 0.02 左右是恰当的。

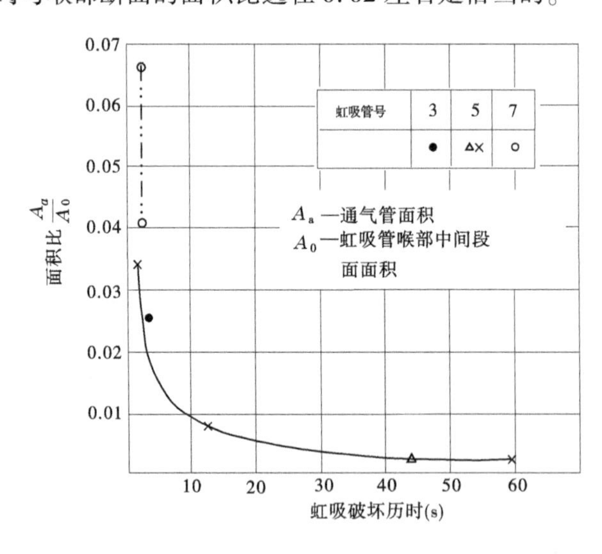

图 9-48　通气管和喉部断面的面积比$\frac{A_a}{A_0}$与虹吸作用破坏时间的关系

9.3.1.3　真空破坏阀最小面积

真空破坏阀的最小面积可按下式计算:

$$\left.\begin{aligned} A &= \frac{Q}{V} \quad (\mathrm{m}^2) \\ V &= c\sqrt{\frac{2\Delta P}{\rho}} \quad (\mathrm{m/s}) \end{aligned}\right\} \tag{9-49}$$

式中　Q——进入空气流量，m^3/s，约等于出水流道倒泄流量或水泵启动流量；

c——流量系数，对于通用虹吸破坏阀，一般取值0.5；

ρ——空气的密度，$\rho=1.293\ kg/m^3$；

ΔP——真空破坏阀内外腔压力差，可从下列两式的计算结果中取最小值：

$$\Delta P < \rho_{水}\, g(\Delta_{吸顶} - \Delta_{池设})；\Delta P < \rho_{水}\, g(\Delta_{池设} - \Delta_{出顶})$$

式中　$\rho_{水}$——水的密度，可取$\rho_{水}=1\ 000\ kg/m^3$；

g——重力加速度，$g=9.806\ m/s^2$；

$\Delta_{吸顶}$——驼峰顶部高程，m；

$\Delta_{池设}$——出水池设计水位，m；

$\Delta_{出顶}$——虹吸管出口顶部高程，m。

真空破坏阀口径也可以按照下列经验公式计算：

$$D = 0.175\sqrt{Q_{泵}} \quad (\mathrm{m}) \tag{9-50}$$

式中　$Q_{泵}$——水泵额定流量，m^3/s。

真空破坏阀阀盘上升高度h可根据从阀盘周围圆柱面和孔口进风流量相等的原则来确定。

$$\left.\begin{aligned} \mu\pi DhV &= \frac{\pi D^2}{4}V \\ h &= \frac{D}{4\mu} \end{aligned}\right\} \tag{9-51}$$

式中　$\mu=0.71\sim0.815$。

9.3.1.4　技术要求

虹吸破坏阀是一种安全阀门，其基本要求如下：

(1)密封性好。机组正常工作时，真空破坏阀的阀盘应关闭严密，不允许有空气漏入虹吸管内，否则会在虹吸流道内形成不稳定的气穴，引起机组振动和增加阻力损失。

(2)开启迅速可靠。机组停机时，真空破坏阀能够随着电动机主开关的跳闸立刻动作，阀盘全部打开时间越短越好。如果真空破坏阀打开时间太长，会发生反向虹吸现象，危及机组和泵站安全。

(3)口径要适当。如果真空破坏阀的口径太小，即使阀盘全部打开也不能及时完全破坏真空，从而达到实现断流的目的。而真空破坏阀的口径太大，将大大增加阀盘启动力，能耗和价格增大。

(4)结构简单，操作方便，运行可靠。

9.3.1.5　真空破坏阀的技术发展

1.真空破坏阀的通风性能

虹吸的形成和破坏过程是一个很复杂的气液两相流非稳定流的过渡过程，涉及水泵性能、机组机械特性、转动惯量、流道的水力特征以及真空破坏阀的结构和操作控制因素。目前虽然有许多有关虹吸方面的模型试验和理论分析资料,但还不能形成系统的工程技术理论。

有研究证明,虹吸的破坏效果仅与真空破坏阀装设位置、通风面积及通风口径和流道形状有关,而与水泵流量无关,然而当前设计计算通风口面积或直径的经验公式都是基于流量而出的,这显然是不合适的;关于真空破坏阀的通风面积,有的书上讲如果采用驼峰断面面积的5%~8%,则足以保证可靠断流。而许多工程实例的真空破坏阀的通风面积为驼峰断面面积的1.5%~2.5%,平均约为2.0%,仍能可靠断流。所以说,就工程设计和应用来讲,还需对真空破坏阀的通风性能(面积和流量系数)和装设位置等问题进行理论和试验研究。

2. 真空破坏阀的驱动方式

真空破坏阀的驱动方式也是各种各样,有气压驱动的、液压驱动的、电磁力驱动的、水力驱动的等。各种驱动方式的优缺点和使用范围需要进一步完善定论。

工程实践中有在驼峰段的进口部分(高程与出口水位接近)设置竖向通气管道,停机时空气在大气压力作用下注入流道,破坏虹吸。这种断流方式非常简单,但效果如何以及通气孔口径和高度等都需要进行理论研究和试验总结。

3. 真空破坏阀可靠性

真空破坏阀可靠性仍是一个尚未解决的问题,大部分真空破坏阀采用的是单阀瓣或双阀瓣结构,由于长时间处于关阀的工作状态,驱动机构很少动作,故很容易锈蚀失效,影响其可靠性。

如前所述的气动真空破坏阀,运行人员用大锤击碎底座三通管横向支管上的有机玻璃板,使空气进入虹吸管内,保证在阀瓣拒动情况下破坏真空,这固然可以保证断流,但却难以保证机组安全。有试验证明,真空破坏阀延迟动作2~3 s,机组就可能发生倒转飞逸转速。也就是说,采用人工的方法可以断流,但无法避免发生倒转飞逸损坏机组的事故。

综上所述,设计选择真空破坏阀时一定要关注其技术研发进展情况,以选用最新技术产品。

9.3.2 拍门断流

拍门是一种安装在管道或流道出口的一种单向阀门。拍门的设计应解决好两个关键问题:一是拍门开启角度,关系到出水水头损失;二是拍门关闭瞬间,由于逆向水流和拍门的浮重,直接作用于直管出水口的撞击力,不仅影响到拍门本身的结构,而且危及水工建筑物的安全。

拍门的类型也是很多的,有自由式拍门、带平衡锤拍门、多扇组合式拍门、两节式拍门、机械平衡液压缓冲式拍门、水压缸缓冲拍门、油压控制式大型拍门等。

9.3.2.1 自由式拍门

自由式拍门顶部用铰链与门座相连,水泵开机后,在水流的冲击下自动打开。水泵停机后,靠拍门的自重和倒流水压力的作用自动关闭,截断水流。拍门与门座之间用橡皮止水,关闭后靠水压力把拍门压紧。由于拍门具有结构简单、造价便宜、管理方便和便于自动化等优点，所以在泵站工程中得到了广泛的应用。自由式拍门结构见图9-49。

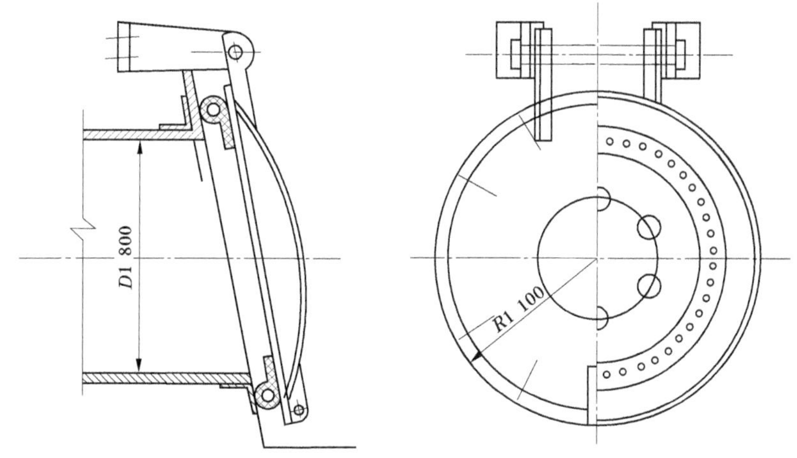

图9-49　自由式拍门结构（单位：mm）

因为自由式拍门是在水流的冲击力作用下开启的，拍门的开启角度一般在40°左右，阻力损失较大。自由式拍门开启角度可近似地按照以下公式计算：

拍门前管道（或流道）任意布置，门外无侧墙

$$\sin\alpha = \frac{m}{2}\cos^2(\alpha - \alpha_B) \tag{9-52}$$

拍门前管道（或流道）水平布置，门外有侧墙

$$\sin\alpha = \frac{m}{4}\frac{\cos^3\alpha}{(1 - \cos\alpha)^2} \tag{9-53}$$

式中　α——拍门开启角，（°）；

α_B——管道（或流道）中心线与水平面夹角，（°）；

m——与水泵运行工况、管道（或流道）尺寸、拍门设计参数有关的系数，其值按下式计算：

$$m = \frac{2\rho QvL_c}{GL_g - WL_w} \tag{9-54}$$

式中　ρ——水的密度，kg/m^3；

Q——出口流量，m^3/s；

v——出口流速，m/s；

G、W——拍门的自重和浮力，N；

L_c、L_g、L_w——拍门水流冲力作用平面形心、拍门重心和拍门浮心至拍门铰轴线的距离，m。

由以上各式可知，拍门的浮容重越大，拍门的开启角度就越小，水力损失也就越大。因此，为了增大拍门开启角度，常将拍门设计成浮箱结构。

拍门在关闭的最后瞬间会产生一定的撞击力，不利于拍门本身及水工建筑物的安全。影响拍门冲击力的主要因素有泵站扬程、机组转动惯量、压力管路长度、拍门的浮容重等。

其中,除泵站扬程与拍门撞击力成正相关,即扬程越大,撞击力越大外,其余各因素都与拍门撞击力成负相关。

为了解决拍门断流阻力损失和撞击力大的问题,生产实践中采用了多种形式的拍门,以下简单介绍几种主要形式。

9.3.2.2 带平衡锤的拍门

要满足结构和强度方面的需要,拍门不可能做得太轻,即自由式拍门的开启角度不会很大。为了增大拍门正常运行时的开启角度,减小阻力损失,采用带平衡锤的拍门是一种简易的办法,如图 9-50 所示。

可按图 9-51 所示的力矩平衡关系用式(9-55)先求出钢丝的拉力 P,平衡锤的质量 $M_C=P/g$(kg)。

$$P=\frac{\cos\alpha(GL_g-2\rho QvL_c+WL_w)}{\cos\beta L_p} \tag{9-55}$$

式中 L_p——钢丝绳起吊耳至门铰轴线的距离,m;

β——钢丝绳拉力方向与吊耳中心线(拍门中心面法线)之间的夹角,(°);

其余符号意义同前。

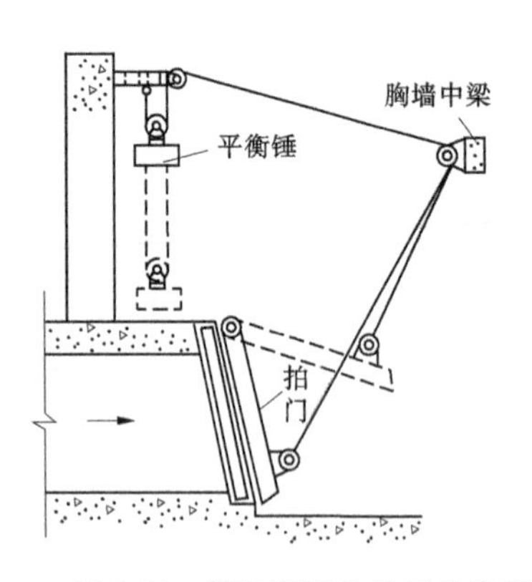

图 9-50 带平衡锤的拍门示意图

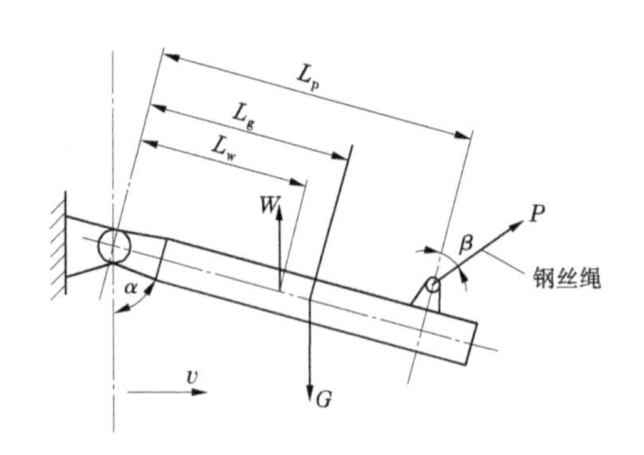

图 9-51 平衡锤质量计算简图

拍门加平衡锤后,其开启角度可达 50°左右,阻力损失有所减小,但关闭时间延长,拍门关闭瞬间角速度和关门撞击力大大增加。因此,这种带平衡锤的拍门目前在大型泵站中已很少使用。

9.3.2.3 双节自由式拍门

双节自由式拍门由中间用铰链连接的上节拍门和下节拍门组成,下节拍门的高度比上节拍门小,上、下节拍门高度比的适宜范围为 1.5~2.0,如图 9-52 所示。这样,在水泵启动时和运行时,拍门易于被冲开,上节拍门开启角可达 50°以上,下节拍门可达 65°以上,其水力损失大致与整体式拍门开启角 60°时的水力损失相当。应当注意的是,上、下节拍门开启角度差一般不宜大于 10°,最大不宜超过 20°,否则将使水力损失增加,并将加大撞击力。

双节自由式拍门开启角可解下列联立方程式求得:

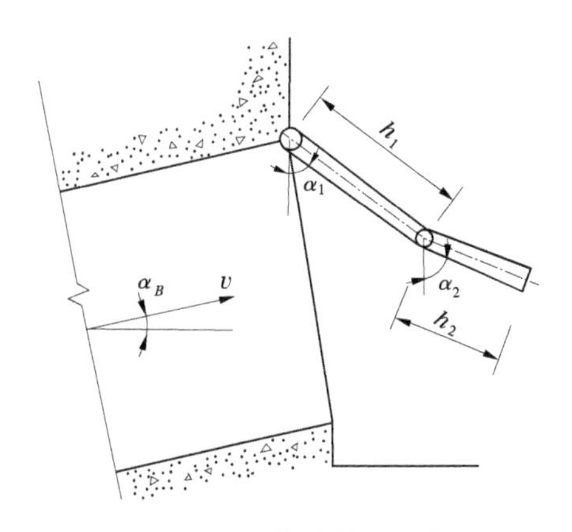

图 9-52 双节式拍门示意

$$
\left.\begin{aligned}
&\sin\alpha_1 = m_1\cos\varphi + \frac{m_3\left(\cos\alpha_1\sqrt{1+\sin\theta} - \sin\alpha_1\sqrt{1+\cos\theta}\right)\cos\gamma\sqrt{1+\sin\gamma}}{4(1-\tau\cos^2\varphi^2)} \\
&\sin\alpha_2 = \frac{m_2\cos^2\gamma}{4(1-\tau\cos^2\varphi^2)} \\
&\theta = \alpha_2 + \alpha_B;\gamma = \alpha_2 - \alpha_B;\varphi = \alpha_1 - \alpha_B;\tau = \frac{h_2}{h_1+h_2}
\end{aligned}\right\} \quad (9\text{-}56)
$$

式中 α_1、α_2——上节拍门和下节拍门的开启角,(°);

α_B——管道(或流道)中心线与水平面夹角,(°);

h_1、h_2——上节拍门和下节拍门的高度,m;

m_1、m_2 和 m_3——与水泵运行工况、管道(或流道)尺寸、拍门设计参数有关的系数,其值按下列公式计算:

$$m_1 = \frac{\rho Q v L_{c1} h_1}{(h_1+h_2)[G_1L_{g1} - W_1L_{w1} + (G_2 - W_2)h_1]} \tag{9-57}$$

$$m_2 = \frac{\rho Q v L_{c2} h_2}{(h_1+h_2)[G_2L_{g2} - W_2L_{w2}]} \tag{9-58}$$

$$m_3 = \frac{\rho Q v h_1 h_2}{(h_1+h_2)[G_1L_{g1} - W_1L_{w1} + (G_2 - W_2)h_1]} \tag{9-59}$$

式中 其他符合意义同前。

双节自由式拍门的主要优点是下节拍门容易被冲开,机组启动较平稳;停机时两节拍门关闭有一定时差、力臂变小,撞击力将比整体式拍门小;运行时由于拍门固定在水平位置,拍门在水中的振动大为减轻;结构简单,运行可靠,既减少了阻力损失,又减小了撞击力。它的缺点是中间铰链处漏水比整体式拍门大。另外,关闭时如仅靠设在门座上的止水橡皮进行缓冲,仍有一定的撞击力。

9.3.2.4 机械平衡液压缓冲式拍门

机械平衡液压缓冲式拍门由拍门、启闭机、锁定释放装置、液压缓冲装置等部分组成,如图 9-53 所示。

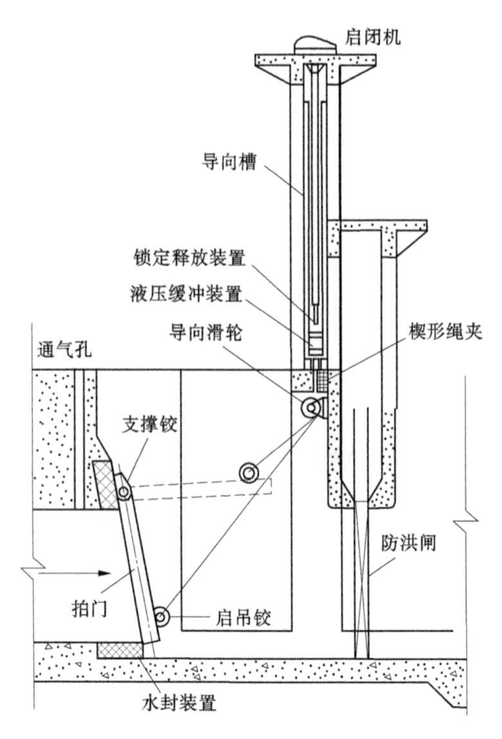

图 9-53　机械平衡式液压缓冲式拍门图

水泵启动后,拍门在水流冲击下被打开,拍门开启后由启闭机吊平并被锁定,这样不但可以大大减少拍门的水头损失,而且也使拍门在水中的振动大为减轻。正常和事故停机时,锁定释放装置上的电磁铁断电,钢丝绳上的连接叉头自动脱钩,拍门关闭,在关闭的最后瞬间,液压缓冲装置动作,将拍门拉住,从而减小了拍门撞击力。从理论上讲,机械平衡液压缓冲式拍门是较理想的拍门控制系统,但要求平衡和缓冲装置有很高的可靠性。为了防止平衡和缓冲装置失灵,在计算管路阻力损失和设计拍门及水工建筑物时仍然应按普通拍门考虑,即不考虑阻力损失和撞击力的减小。

9.3.3　快速跌落闸门断流

快速跌落闸门是安装在泵站出水池,能在机组启动时迅速开启和在正常或事故停机时迅速关闭以防止倒流的闸门,是直管式出水流道和屈膝式出水流道的一种断流方式。这种断流方式的显著优点是在水泵机组正常运行时闸门可以全开,阻力损失很小。特别适用于出口水位变幅和淹没深度较大的情况,常用于大型泵站。它的缺点是当闸门密封不紧时,容易漏水,影响对管道的检修。

快速闸门的形式很多,通常是采用直升式平面闸门,因为它占据的空间小,结构简单,运行方便。如图 9-54 所示为快速闸门的结构。它通常配用固定的卷扬式启闭机或油压启闭机,每个闸门一套,以便随时操作闸门。快速闸门的启门及关门的时间和速度等都应该根据机组的特性来决定。

9.3.3.1　快速闸门的开启时间

对于一般的轴流泵而言,不仅不能关闸启动,而且闸门开启速度也不能太慢,否则会增加水泵在启动高扬程下的运行时间,甚至引起机组振动。但是闸门的开启速度也不是越快越好,如果开启太快,可能使水泵出水水流与闸门放进来的水流在流道内相撞,造成流道排气困难和启动扬程增加,可能使机组发生振动。

在确定闸门的开启时间和开启速度时,应该根据所选水泵的特性加以分析确定。但不管什么情况,都应考虑必要的安全措施。以防叶片调节系统或闸门操纵系统失灵时,可能引起机组启动事故的发生。

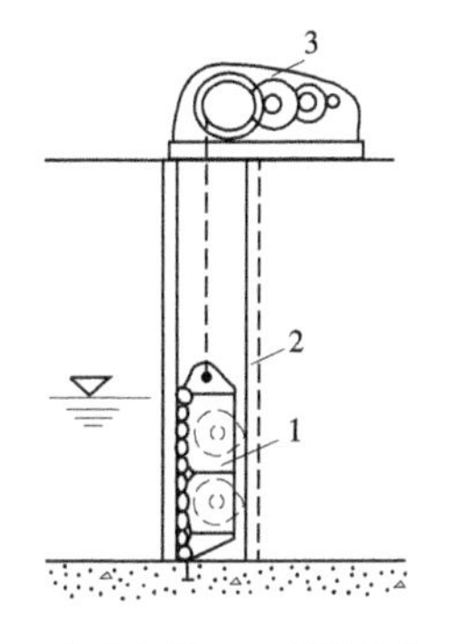

1—结构部分;2—埋设部分;
3—启动设备

图9-54　快速闸门结构

快速闸门的安全措施可用胸墙顶部溢流和快速闸门的门页上再开小拍门等办法加以解决,如图9-55所示。采取安全措施以后,对于快速闸门开启时间和速度的要求可以不那么严格。

不过并不是所有的水泵对闸门的开启都有这样高的要求,因为离心泵和混流泵是允许关闸启动的,对于叶片调节范围很大的全调式轴流泵,由于启动时可将叶片角度调到最小,所以没有必要限制闸门的开启时间和开启速度。

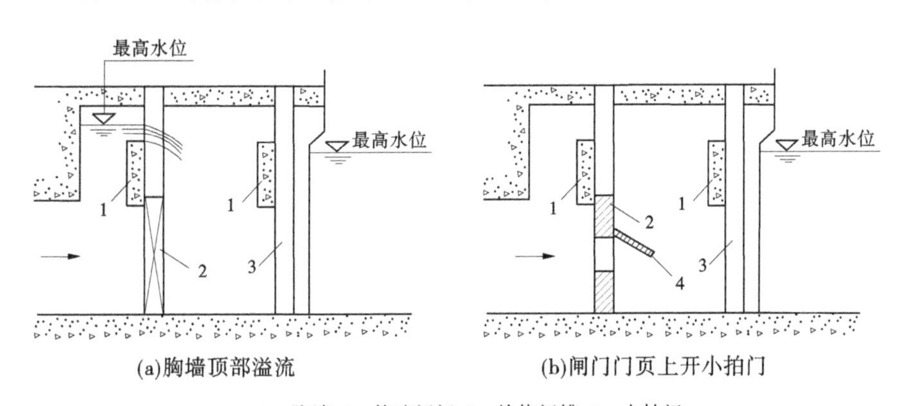

(a)胸墙顶部溢流　　(b)闸门门页上开小拍门

1—胸墙;2—快速闸门;3—检修门槽;4—小拍门

图9-55　快速闸门的两种安全措施

9.3.3.2　快速闸门的关闭时间

快速闸门的关闭时间和速度是由机组的特性和管路特性决定的。快速闸门关闭时间太短,关闭太快,将造成闸前水位壅高,可能发生溢水事故,但闸门关闭时间太长,关阀太慢,机组反转的时间很长,反转速度很高,如超过最大限度,可能引起机组的强烈振动,机组设备受到破坏。

快速闸门的关闭时间和关闭速度需要根据机组和管路特性,通过水力过渡过程计算确定。首先需计算出无闸门情况下从停机开始计算的零流量时刻、零转速时刻、最大倒转速度时刻等各种参数,然后,加入快速闸门,拟订不同的关闸时间和关闸速度再进行计算,原则上在机组零流量时刻关闭闸门最为理想。

此外,为了维护和检修快速闸门,应在快速闸门前再设一道检修闸门。

9.3.4　其他断流方式

9.3.4.1　逆止阀断流

对于压力管路较长的泵站,特别是高扬程泵站,由于出水管路容水量较大,前述几种断流方式无法解决机组倒转飞逸问题,可以采用在水泵出水支管装置快速关闭逆止阀的方式进行断流。

为了减小水阻损失,断流快关逆止阀的类型一般采用蝶阀和球阀,操作动力有重锤、液压或水压等。蝶阀一般适用于2.5 MPa以下的泵站,压力较大时需选用球阀。

阀门的关闭时间和关闭速度视具体泵站机组和管路特性、经过水力过渡过程计算而定,一般机组的转动惯量越小,出水管路越短,要求阀门关闭越快。

阀门的关闭过程一般可分为快关和慢关两个阶段,快关阶段的关闭角度一般为60°~80°,快关时间决定机组倒转最大转速值,关阀越快,倒转最大转速值越小,故快关时间应该按照设计控制机组倒转最大转速值来定;慢关阶段的关闭角度一般为10°~30°,慢关时间的长短影响泵站水锤压力升值,须按照设计控制水锤压力升幅而定。

采用逆止阀断流方式,必须有相应的安全防护措施,以防止逆止阀发生事故如拒动或速动而可能引起水锤破坏。详见第11章泵站安全防护工程设计。

9.3.4.2　几种简易断流方式

泵站正常运行时,泵站出水流量、出水池及池后渠道水位是稳定的。泵站停机时出水池及池后渠道水面发生降落,并以波的形式向下游传播。流量突变引起的水面降落幅度计算式如下:

$$\Delta h=\frac{2\Delta Q}{B\sqrt{gh}} \tag{9-60}$$

式中　B——池后渠道水面宽度,m,$B=b+2mh$,$m=0$时为矩形;

g——重力加速度,m/s^2。

矩形渠道:

$$h^{3/2}=h_0^{3/2}+\frac{3}{b\sqrt{g}}(Q-Q_0) \tag{9-61}$$

梯形渠道:

$$\frac{b}{3}(h^{3/2}-h_0^{3/2})+\frac{2m}{5}(h^{5/2}-h_0^{5/2})=\frac{Q-Q_0}{\sqrt{g}} \tag{9-62}$$

式中　h——停机以后渠道水深,m;

h_0——停机以前渠道水深,m;

Q——停机以后泵站流量,m^3/s;

Q_0——停机以前泵站流量,m^3/s;

b——梯形渠道底宽,m;

m——梯形渠道边坡系数。

实际工程中对于出水池水位变化较小的泵站,常利用停机后出水池及池后渠道水位变幅h_0-h,采用一些更加简单的断流办法。

1. 不用真空破坏阀的虹吸式断流

对许多单机或装机数量较少的中小型泵站,停机后出水池的水位降幅足以使虹吸得以破坏,进而达到断流的目的。

2. 抬高出水管口高程的断流

适当抬高出水管口高程,使停机后的水位能够降低到出水管的管道底部高程或略高一些,就能保证直管式出流管道不发生倒流或少量倒流,实现有效断流。

3. 溢流堰断流

在出水池内设置溢流堰,停机时挡住堰外水流倒泄,实现断流目的。为了减小堰流损失,除尽量加长溢流堰宽度外,一定要设计成淹没出流形式。淹没程度越大,水力损失越小,但溢流堰顶水深也越大,设计控制淹没程度的原则是停机水位降幅应等于或略小于溢流堰顶水深。

如果采用活动式溢流堰,即溢流堰顶高程与出水池水位同时升降,可以解决出水池水位变化较大的泵站的断流问题,即能够解决多台机组并管运行时的断流问题。

9.3.4.3　浑水渠道流量与水深关系问题

出水池水位变幅是泵站断流设计时需要考虑的重要参数。由于黄河提水泵站水流含沙量较大,而浑水渠道的水深或水位与清水渠道有本质的区别,工程实践中,浑水渠道时常发生小水淤积,渠道水位高,而大水冲刷,渠道水位低的现象,这给输水渠道及泵站断流设计提出了新的课题。浑水渠道的运行规律有待进一步研究。设计中常采用半淹没出流方式,即将泵站直管式出水管道的出口中心线置于设计水位高程。这种做法虽然缺少严格的理论计算依据,但对中小型泵站来说也是一种简单实用并且有效的经验方法。

9.3.5　泵站断流方式选择

9.3.5.1　基本要求

泵站的断流方式应根据出水池水位变幅、泵站扬程、机组特性等因素,结合管道或流道形式选择,通过技术经济比较后确定。泵站断流方式的基本要求是:

(1)安全可靠;

(2)设备简单、操作灵活;

(3)投资少、运行费用低,易维护;

(4)能量损耗小。

9.3.5.2　各种断流方式特点及适用条件

1. 流道形式

真空破坏阀适用于虹吸式出水流道或管道;拍门和快速闸门适合于直管式和屈膝式出水管道;高扬程多机组并管的离心泵站宜采用逆止阀断流。

2. 出水池水位变幅

虹吸式流道采用真空破坏阀断流,适用于出水池水位变幅小于4~5 m的场合;当出水池水位变幅较大时宜采用直管式流道拍门断流或快速闸门断流,其中拍门断流适合于扬程低、出口口径不大的泵站,快速闸门断流适合于低扬程、出口口径较大的泵站。

3. 管理和可靠性

真空破坏阀结构简单,安全可靠,使用的空气电磁阀较为容易检修。拍门和快速闸门运行在水下,工作环境比较隐蔽,出现问题不容易及时发现,其操作、平衡、锁定、液压等装置比较复杂,检修较困难。随着水利科技的发展,利用启闭机、浮箱、平衡锤、开小拍门等措施,改进和完善了操作、平衡、锁定、液压等装置的设计,断流的可靠性已有了较大的提高。快速闸门可全部提起,与拍门相比,出口水头损失较小,无拍门在水中的晃动问题,效率较高。闸门提升靠油压启闭机或卷扬式启闭机完成,下降靠闸门自重,虽然在快速闸门最后关闭瞬间也会产生一定的撞击力,但较拍门小得多。

9.3.5.3　断流方式确定

高扬程离心泵站一般采用缓闭逆止阀来作为水锤防护的主要措施之一,同时兼有断流功能。低扬程(水源)泵站的各种断流方式较多,可从技术方面和经济方面分析确定。

1. 技术方面

可从技术方面分析,各种断流方式都有优缺点,但可以通过一定的技术措施,扬长避短。例如,虹吸式流道真空破坏阀断流方式,机组不稳定启动时间长,容易引起振动,我们可以通过对流道进行合理选型,在机组启动前抽真空降低扬程的办法,以及降低驼峰高程采用真空破坏阀配合拍门的断流方法,基本上可以解决这一难题。直管式流道拍门断流方式,可以通过在大拍门上开小拍门、改善油压启闭机的缓冲装置等办法来解决机组启动时的过载及拍门关闭时的撞击力问题。快速闸门与此类似。

2. 经济方面

虹吸式流道的土建投资较大,设备费用较少;屈膝式流道和直管式流道土建投资较少,但大型拍门及快速闸门的设备费用较高。

因此,在设计流道和断流方式时必须结合泵站的具体情况,所选机组特性,水文地理条件,进行综合性的考虑和合理的经济比较,选择最合适、最合理的断流方式。

泵站工程实用技术

（下　册）

刘李明　罗中元　主编

黄河水利出版社

·郑州·

目　录

序 ………………………………………………………………………………… 王　浩
前　言

上　册

第1章　泵的基本知识 ……………………………………………………… (1)
1.1　泵的定义和分类 ……………………………………………………… (1)
1.2　叶片泵的主要部件 …………………………………………………… (10)
1.3　黄河提水常用泵的典型结构 ………………………………………… (19)
1.4　泵的性能参数 ………………………………………………………… (29)
第2章　叶片泵的基础知识 …………………………………………………… (39)
2.1　叶片泵的基本理论 …………………………………………………… (39)
2.2　叶片泵的性能曲线 …………………………………………………… (72)
2.3　叶片泵的启动特性及要求 …………………………………………… (93)
第3章　水泵汽蚀及安装高程 ……………………………………………… (103)
3.1　水泵的汽蚀现象 ……………………………………………………… (103)
3.2　水泵汽蚀破坏的机制 ………………………………………………… (103)
3.3　水泵汽蚀产生的原因 ………………………………………………… (104)
3.4　水泵汽蚀的类型 ……………………………………………………… (106)
3.5　水泵汽蚀的危害 ……………………………………………………… (107)
3.6　汽蚀性能参数 ………………………………………………………… (108)
3.7　汽蚀相似定律与相似判据 …………………………………………… (118)
3.8　水泵安装高程的确定 ………………………………………………… (123)
3.9　预防和减轻水泵汽蚀的措施 ………………………………………… (126)
第4章　水泵的运行工况及调节 …………………………………………… (129)
4.1　水泵的运行工况 ……………………………………………………… (129)
4.2　水泵工作点确定 ……………………………………………………… (135)
4.3　水泵工况调节方法 …………………………………………………… (150)
第5章　黄河泵站工程规划 ………………………………………………… (180)
5.1　规划的原则和任务 …………………………………………………… (180)
5.2　泵站等级划分和设计标准 …………………………………………… (181)
5.3　供水点或供水区块划分 ……………………………………………… (183)
5.4　提水泵站布局方式 …………………………………………………… (184)
5.5　取水枢纽工程规划 …………………………………………………… (187)

5.6 泵站工程规划 …… (206)
5.7 泵站工程经济分析 …… (221)
5.8 泵站枢纽布置 …… (235)
第6章 机组设备选型与配套 …… (239)
6.1 水泵选型 …… (239)
6.2 动力机选型 …… (242)
6.3 电动机配套功率和转速的确定 …… (256)
6.4 电动水泵机组的启动校核 …… (258)
6.5 传动装置 …… (265)
6.6 辅助设备及设施 …… (273)
第7章 进出水建筑物 …… (310)
7.1 取水建筑物 …… (310)
7.2 引水建筑物 …… (335)
7.3 前　池 …… (343)
7.4 进水池 …… (355)
7.5 进水间 …… (365)
7.6 出水池 …… (370)
7.7 压力水箱 …… (379)
第8章 进出水管道 …… (383)
8.1 进水管道 …… (383)
8.2 出水管道 …… (393)
第9章 泵站进出水流道 …… (433)
9.1 泵站进水流道 …… (433)
9.2 泵站出水流道 …… (454)
9.3 泵站断流方式 …… (483)

下　册

第10章 泵　房 …… (495)
10.1 泵房的结构类型及其适用场合 …… (495)
10.2 泵房内布置及主要尺寸确定 …… (539)
10.3 泵房的整体稳定校核及地基应力和沉降量计算 …… (555)
10.4 主要结构计算 …… (563)
10.5 泵船与绞车 …… (597)
第11章 泵站安全防护工程设计 …… (608)
11.1 泵站安全防护问题 …… (608)
11.2 水锤基本概念与水柱分离问题 …… (608)
11.3 水锤基本理论及基本微分方程式 …… (624)
11.4 泵站水锤数解原理 …… (640)

11.5　泵站工程常用水锤防护措施及其特点 ……………………（653）
11.6　泵站安全防护工程规划 ……………………（675）
11.7　泵站水锤计算技术及工程实例 ……………………（687）
第12章　泵站试验和测量 ……………………（707）
12.1　泵站试验的内容和方法 ……………………（707）
12.2　泵站试验量测 ……………………（710）
12.3　流量的测量 ……………………（712）
12.4　扬程测量 ……………………（767）
12.5　功率测量 ……………………（775）
12.6　转速测量 ……………………（794）
12.7　振动和噪声的测量 ……………………（797）
12.8　测量误差及数据处理 ……………………（809）
第13章　泵站优化调度方案及工程实例 ……………………（829）
13.1　漳泽泵站供水系统简介 ……………………（829）
13.2　调度方案优化计算分析技术准备 ……………………（834）
13.3　泵站运行优化调度方案 ……………………（847）
附录　泵站工程水力计算技术及实例 ……………………（890）
附录1　引黄渠道设计计算……………………（890）
附录2　泵站压力管路阻力损失计算……………………（893）
附录3　引、输水明渠水力计算 ……………………（912）
附录4　等效水泵及其特性曲线……………………（940）
附录5　等效管路及其特性曲线……………………（944）
附录6　泵站工程运行工况及技术经济指标……………………（946）
附录7　其他计算技术……………………（951）
参考文献 ……………………（955）

第10章　泵　房

泵房是安装主水泵机组、辅助设备、电气设备及其他设备的建筑物,是泵站工程中的主体建筑物,合理选择泵房类型和设计其结构及其尺寸,对降低泵站工程投资、延长机电设备寿命、保证安全和经济运行以及为运行管理人员提供良好的工作环境条件等具有重要意义。

泵房设计内容一般包括:泵房类型选择、泵房布置、防渗排水布置、稳定分析及结构计算等。泵房设计应遵循的基本原则如下:

(1)泵房布置紧凑,设备安装、检修、运行管理等方便,经济实用,尺寸小。

(2)整体稳定,水下部分不渗水。

(3)结构有足够的强度、刚度和寿命。

(4)符合采光、采暖、通风、消防、照明、低噪声要求。

(5)便于利用现代的建筑和安装方法施工。

泵房设计一般程序如下:

(1)根据选用的水泵类型、水源水位变幅及地基条件,确定泵房的结构类型。

(2)根据泵房内部设备布置及通风、采暖、采光、隔音等要求和泵房整体稳定条件,确定泵房整体及细部尺寸及建筑材料类型。

(3)细部结构及特种构件计算。

(4)泵房稳定分析计算。

10.1　泵房的结构类型及其适用场合

泵房的结构形式很多,按泵房能否移动分为固定式泵房和移动式泵房两大类。固定式泵房按基础结构又分为分基型、干室型、湿室型和块基型四种结构形式。移动式泵房根据移动方式的不同分为浮体式和缆车式两种类型。

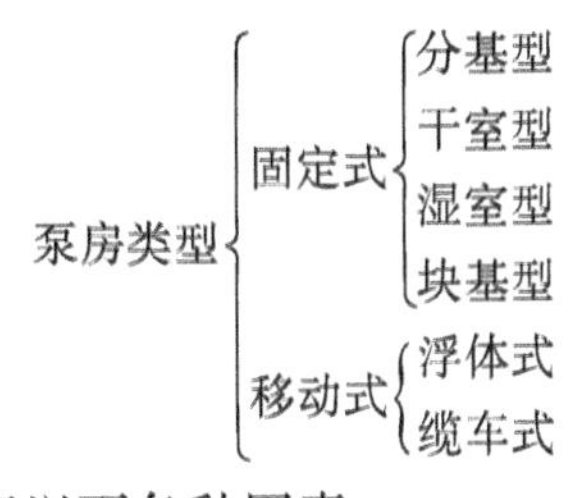

泵房结构类型的确定取决于以下各种因素:

(1)泵站性质:永久性还是过渡性。

(2)所选水泵类型:立式还是卧式,大型还是中小型,水泵汽蚀性能优劣,比转数高低等。

(3)水源及进水池水位变幅。

(4)建站处地基条件。

10.1.1 分基型泵房

分基型泵房和一般动力厂房相似,其主要特征是没有水下结构和每套机组均有各自单独的基础,并且与泵房墙基础分离。这样就有效地防止了机组运行期间可能产生的振动引起的相互干扰。分基型泵房一般为圬工或框架结构,结构简单,施工方便、容易,造价低廉。由于泵房底面高于进水池最高水位,泵房通风、采光及防潮条件都比较好,有利于机组和电气设备的运行和维护。

分基型泵房的适用条件为:

(1)安装卧式离心泵或混流泵机组。

(2)水源或进水池水位变幅小于水泵的有效吸程(允许吸上高度减去水泵基准面至泵房地坪的距离),即泵房地面在进水池最高水位以上。如果水源水位变幅超出水泵的有效吸程不大,可通过在站前建防洪闸或挡水墙来解决采用分基型泵房时的防洪问题。这时应注意洪水位对泵房地基的不利影响(如渗透、湿陷等)。

(3)站址处地质及水文地质条件较好,地下水位较低(低于泵房基础)。

泵房外进水池后墙有斜坡式与直墙式两种,如图 10-1 所示。前者是将进水池后墙做成有护砌的斜坡形式,如图 10-1(a)所示,这样为吸水管路的安装及检修提供了便利条件。尽管吸水管路有所增长,但一般比修筑挡土墙要经济。如果在深挖方或地基条件较差的场合下建站,为了减少开挖和加固岸边的工程量,可以考虑将进水池后墙修筑成直立式(挡土墙),如图 10-1(b)所示。

泵房与进水池之间,通常保留有一段距离,作为检修进水池、进水管、拦污栅等工作的走道。同时,这对机房稳定、施工以及水流平稳地进入水泵叶轮都会提供有利的条件。但是,此段距离不可过大,否则会提高工程造价。比较合理的距离,以机组和泵房的基础不建筑在因修挡土墙而开挖的回填土上为宜。如走道过窄,也会引起进水管水平管段过短,使弯头距离水泵进口过近,致使由弯头引起的管中水流断面流速与压力分布不均匀的流态得不到有效整流,就直接到达水泵进口,从而引起水泵的工作效率降低。因此,一般情况下,最短的水平段长度不应小于其管径的 3~5 倍。另外,在水泵进口处,装设偏心渐缩接管,可以大大改善水流流速和压力的分布状态,从而缩短进水管道的长度。

分基型泵房的地面高程应根据泵站设计流量、前池最高水位以及站址处地面高程等因素综合分析确定,当泵站设计流量小于 6 m^3/s 时,一般应比前池的最高水位高 0.6 m;流量在 6~20 m^3/s 时为 0.8 m;流量大于 20 m^3/s 时,应采取 1.0 m。

分基型泵房根据所选的水泵机组形式可细分为适用于常规卧式机组、斜式机组和潜水电泵的三种分基型泵房。现详细阐述各种分基型泵房的适用场合和内部布置问题。

10.1.1.1 常规分基型泵房

常规分基型泵房所安装的是卧式离心泵和混流泵机组,如图 10-2 所示。该水泵机组的安装高程既不能太高,又不能太低。如果安装高程太高,在进水池最低水位时,水泵就有可能发生汽蚀或振动,另外,对抽取浑水的泵站,吸程过高将使水泵的抗汽蚀性能变差,

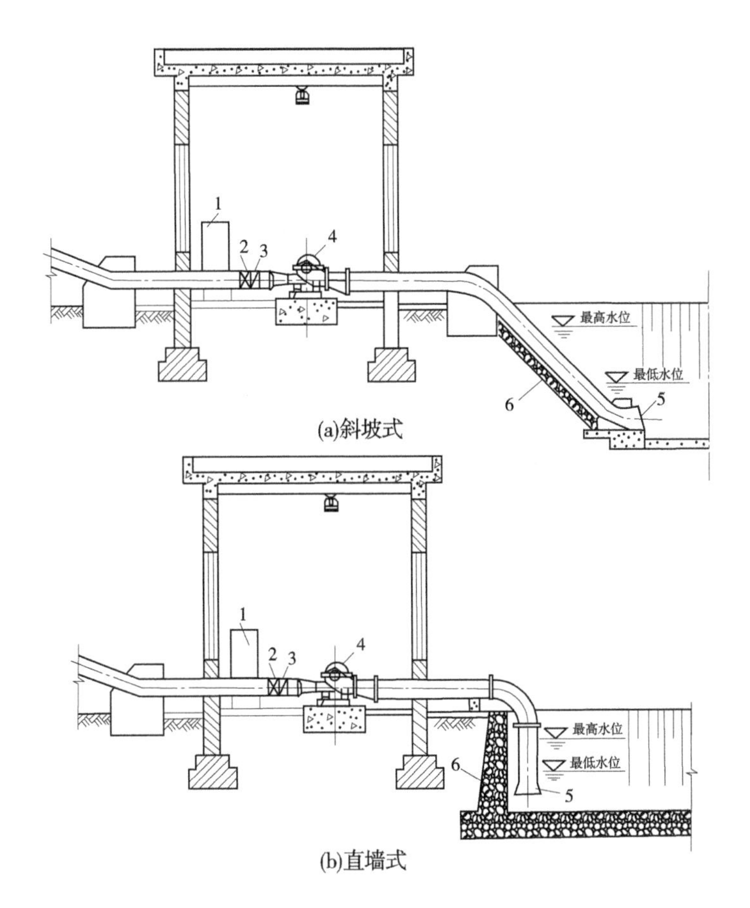

1—电动机软启动柜;2—闸阀;3—逆止阀;4—水泵;5—进水喇叭口;6—进水池后墙

图 10-1　分基型泵房剖视图

水泵磨损加快,尤其应引起注意;如果安装高程太低,不仅会增加泵房的开挖深度,增加工程造价,而且可能在进水池最高水位时泵房进水,淹没机电设备。在地下水位较高的地区,地下水产生的浮力有可能破坏泵房地板结构,使地下水渗入泵房,并使机电设备经常处于潮湿状态,影响其使用寿命和安全运行。

如图 10-2 所示,只有当进水池水位变幅 ΔH(最高水位和最低水位之差)小于泵站的有效吸程 $H_{效吸}$时,常规的分基型泵房才是可行的。也就是说,分基型泵房必须满足的条件为:

$$\Delta H \leqslant H_{效吸} \tag{10-1}$$

式中　$H_{效吸}$——有效吸上高度,它等于水泵的允许吸上高度 $H_{允吸}$与水泵叶轮中心(水泵基准面)至进水池最高水位的高度 h 之差,即

$$H_{效吸} = H_{允吸} - h \tag{10-2}$$

式中　h——水泵基准面至进水池最高水位的高度。

进水池最高水位的高度 h 包括水泵叶轮中心线至水泵基础顶面的高度 h_1、水泵基础顶面至泵房地板的高度 h_2 和泵房地板至进水池最高水位的高度 h_3,如图 10-2 所示。h_1 可由水泵样本查得,h_2 一般为 10~30 cm,h_3 即安全超高,主要考虑因波浪、壅浪等因素所

需要增加的安全高度,可按表 10-1 的规定确定。

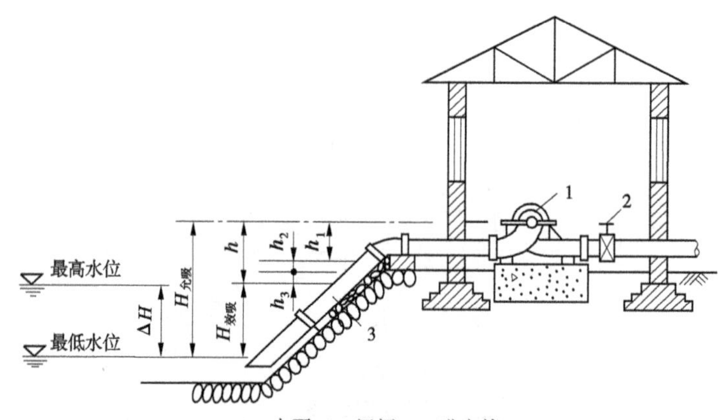

1—水泵;2—闸阀;3—进水管

图 10-2 常规分基型泵房剖视图

表 10-1 泵站挡水部位顶部安全超高下限制 (单位:m)

运用情况	建筑物级别			
	1	2	3	4、5
设计	0.7	0.5	0.4	0.3
校核	0.5	0.4	0.3	0.2

注:设计运用情况是指泵站在设计水位时运用的情况,校核运用情况是指泵站在最高运行水位或洪(涝)水位时的运用情况。

根据水泵不发生汽蚀的要求,水泵的允许吸上高度 $H_{允吸}$ 可用下式表示:

$$H_{允吸} = H_{允真} - \frac{v^2}{2g} - \Delta H \tag{10-3}$$

或

$$H_{允吸} = \frac{P_a}{\gamma} - \frac{P_v}{\gamma} - \Delta h - \frac{v^2}{2g} - \Delta H \tag{10-4}$$

式中 $H_{允真}$——水泵的允许吸上真空高度,m;

v——水泵进口流速,m/s;

ΔH——水泵进水管的阻力损失,m;

Δh——水泵的允许(必须)汽蚀余量,m;

P_a/γ——大气压力,m;

P_v/γ——水的汽化压力,m。

$H_{允真}$或 Δh 可从水泵样本中查得,两者具有如下关系:

$$\left.\begin{aligned} \Delta h &= \frac{P_a}{\gamma} - \frac{P_v}{\gamma} + \frac{v^2}{2g} - H_{允真} \\ H_{允真} &= \frac{P_a}{\gamma} - \frac{P_v}{\gamma} + \frac{v^2}{2g} - \Delta h \end{aligned}\right\} \tag{10-5}$$

由此可见,水泵的允许吸上高度 $H_{允吸}$ 与泵站所在地的海拔高度(大气压力)、水的汽化压力(水温)、水泵的汽蚀性能、进水管的阻力损失、水泵进口流速水头等因素有关。

值得注意的是,以上各式中水泵的允许吸上真空高度 $H_{允真}$ 和水泵的允许(必须)汽蚀余量 Δh 值应该是最不利工况下的水泵汽蚀性能参数。一般地,可以从水泵的额定工作流量、最大工作流量和最小工作流量所对应的汽蚀性能参数($H_{允真}$ 或 Δh)中选出最不利(最大的 $H_{允真}$ 或最小的 Δh)值,用以计算水泵的允许吸上高度 $H_{允吸}$ 和有效吸上高度 $H_{效吸}$,并据此来确定水泵的安装高程,这样才能保证水泵的汽蚀安全性,即水泵不会发生汽蚀和振动现象。

另外,如果泵站在渠首设有防洪闸,在水源水位高于泵房地板高程时,可以控制站前前池和进水池水位,使之低于泵房地板高程。在这种情况下,分基型泵房可以不受式(10-1)的限制,即使选用仍可以采用分基型泵房。但是泵站在水源高水位和非运行时期,闸门的漏水和地基渗透仍有可能淹没泵房,甚至破坏其地板结构,故还应采取排水和地基泄压工程措施,才能保证泵房和设备的安全。显然,这样做不仅会增大工程投资,增加运行管理难度,而且用闸门降低水位,必然会增高泵站运行扬程,从而加大运行费用。因此,在取水口设置有防洪闸,闸后至泵站泵房之间具有足够的溶水体积,以容纳洪水期闸门泄漏水量,使进水池水位不致高过泵房地板高程,淹没泵房和设备的前提下,才考虑选用分基型泵房。

10.1.1.2 斜式安装机组的分基型泵房

采用斜式安装的机组,即水泵的安装高程按最低水位来确定,一般是将水泵叶轮安装在最低水位以下,以省去启动充水设施。泵房的地板高程按最高水位确定,水泵机组(水泵和电动机)倾斜安装在机房内。电动机安装在泵房地板之上,水泵和电动机之间用长轴连接。

由于水泵和电机分别安装在不同的高度上,既解决了水泵的防汽蚀问题,又解决了电机的被淹和防潮问题。因此,这种分基型泵房也可以不受式(10-1)条件的限制。它可以适应进水池水位变幅较大的场合。但是,进水池水位变幅增大后,机组之间传动轴的长度也会加长,运行的稳定性将会受到影响。同时,因为水泵固定在水下,在淹没深度较大时,一旦水泵发生故障,势必增加检修难度。因此,水位变化幅度也不宜太大,一般应控制在10 m以内。

如图10-3所示为斜式安装的轴流泵或混流泵。甚至中小型蜗壳泵和导叶式混流泵、单吸或双吸蜗壳式离心泵也可以倾斜安装。水泵安装在室外,房内仅安装电机和辅助设备及电气设备。

10.1.1.3 潜水电泵机组的分基型泵房

采用潜水电泵时,水泵和电机可以同时潜入水中运行,只要将其安装在进水池最低水位以下,能满足水泵抗汽蚀的要求,同时在运行时进水池不至于产生进气漩涡即可。因为潜水电泵的水泵和电机为同轴传动,电机也可以在水下运行,因此不会因水位变幅而需要加大泵轴的长度。为了方便检修,可以采用带自耦装置的潜水电泵。在水泵机组的上部只需设置起吊用的起吊架,而不需要专门为水泵和电机设置房屋。泵房仅用于安装电气和控制设备,同时作为检修管理用房,泵房面积大大缩小,工程投资显著降低。

如图10-4为安装井筒式潜水轴流(或混流)电泵或导叶式蜗壳离心泵的泵房图。因为自耦时潜水电泵安装拆卸非常方便,既使在高水位时水泵机组出现故障,也可以很快将机组吊出检修,提高了机组的可靠性。因此,和长轴的斜式泵相比,潜水电泵具有明显的

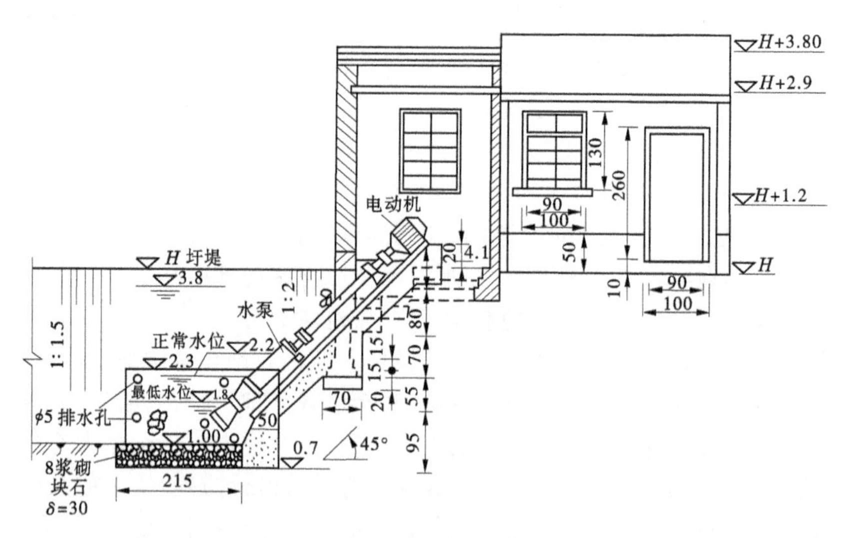

图 10-3　斜式机组的分基型泵房　(单位:尺寸,cm;高程,m)

优势。但因为水位变幅越大,挡土墙的高度也越大,工程投资相应加大。因此,水位变幅和工程投资成了限制该形式泵房选用的主要因素。

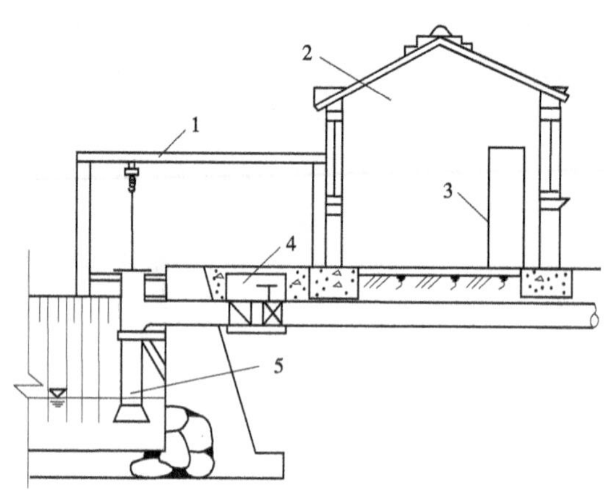

1—起吊架;2—检修间及控制室;3—配电柜;4—闸阀井;5—井筒式潜水电泵

图 10-4　安装潜水电泵的分基型泵房

10.1.2　干室型泵房

对于大型水泵机组,由于其重量较大,为了地基应力,解决地基承载能力不够的问题,就需要扩大机组的基础面积,以至于将各水泵机组的基础与泵房墙基础连成为一个整体。另外,对于水源(或进水池)水位变幅大于水泵的有效吸上高度的泵站,为了防止外水渗入泵房,也需要将泵房地板与侧墙基础连成一体,浇筑成一个封闭的干室。于是就形成了干室型泵房。

干室型泵房通常由地上和地下两部分组成。地上结构与分基型泵房基本相同,地下结构为封闭的干室,主机组安装于干室内,其基础与干室地板用钢筋混凝土浇筑成整体。为了防止外水进入,地下干室挡水侧墙的顶部高程应高于进水侧的最高水位,其安全超高仍按表10-1的规定确定。

10.1.2.1 适应场合

干室型泵房适合于水泵吸程较低、进水池水位变化幅度较大的场合。干室型泵房的地板和侧墙都是用钢筋混凝土浇筑成整体，挡水墙顶部高程在最高水位以上，地板高程按最低水位和水泵汽蚀性能决定，因此在最低水位时，水泵仍能正常工作，在最高水位时泵房也不会进水。干室型泵房与分基型泵房相比，结构复杂，造价较高，但却适合于以下场合：

(1)水源(或进水池)水位变幅 ΔH 大于水泵有效吸程 $H_{效吸}$。

(2)采用分基型泵房在技术、经济上不合理，例如当水位变幅较大时，为了采用分基型泵房，需要在引渠上建闸控制水位，即增加了投资，也加大了泵站扬程和运行成本，还产生了淹没或浸没泵房和设备，或使设备受潮的可能性和危险性，在此情况下应考虑采用干室型泵房。

(3)站址处地质和水文地质条件较差，如土壤的承载力较低及地下水位较高，也应该考虑采用干室型泵房。

10.1.2.2 干室型泵房类型选择

干室型泵房类型很多：①按平面形状区分有矩形、圆形、半圆形和桥墩形等；②按层次分有单层和多层；③按机组形式分有立式、卧式和斜式水泵机组泵房；④按泵房和进、出水池的布置关系分有合建式和分建式；⑤为了既能适应更大水位变幅的要求，又能减少工程投资，还有潜没式泵房。总之，干室型泵房的结构形式多种多样，以下介绍几种常见的形式。

1. 矩形干室型泵房

矩形干室型泵房是常见的干室型泵房之一。该泵房形状具有便于设备布置和维护管理，也便于进出水管道和进出水池的布置，建筑面积能够合理利用，以及便于利用标准的建筑构件和起重设备等优点，适合于水泵机组台数较多的泵站。但也存在矩形结构受力条件较差的缺点。随着地下干室部分高度的增大，其受力条件越来越差，侧墙和地板的结构尺寸相应加大，钢筋混凝土量和工程投资也跟着增多，因此矩形泵房适合于干室高度较小，即水泵吸程较大、水位变幅较小的场合，如图10-5所示。

2. 圆形干室型泵房

圆形干室型泵房具有很好的受力条件，可以减小构件断面尺寸，节省建筑材料，降低工程造价。但室内工艺布置受到一定的限制，机组和管路布置不如矩形干室型泵房方便，容易相互干扰，建筑面积利用率低。圆形干室型泵房适用于水位变幅较大，埋置较深、平面面积不大的场合。一般当水位变幅大于10 m和机组台数少于5台时，应考虑采用圆形干室型泵房。圆形干室型泵房按其结构的不同有以下几种常见的形式：

(1)竖井式泵房。按其地板的形状又可分为平底泵房和球底泵房。平底泵房由柱壳和平底板组成，其主要特点是结构简单、施工方便、材料较省，适用于一般工程地质条件的中小型泵站，如图10-6所示。

球底泵房由柱壳、环梁及球底组成，地板受力情况较好，但球底施工比较困难，常用于直径大于15 m的大中型泵房，如图10-7所示。

(2)瓶式泵房。对于高度较大的圆形干室型泵房，为了减小浮力，降低工程造价，常常将泵房设计成下大上小的瓶状，如图10-8所示。这种泵房有利于泵房的稳定性，但通风、采光不好，且噪声大，运行条件较差，施工比较复杂。

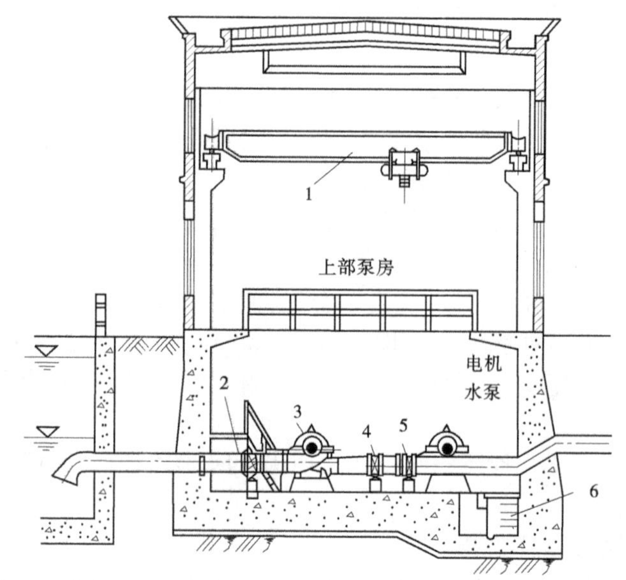

1—电动起重机;2—检修闸门;3—水泵;4—蝶阀 5—检修阀门;6—电缆沟

图 10-5 矩形干室型泵房

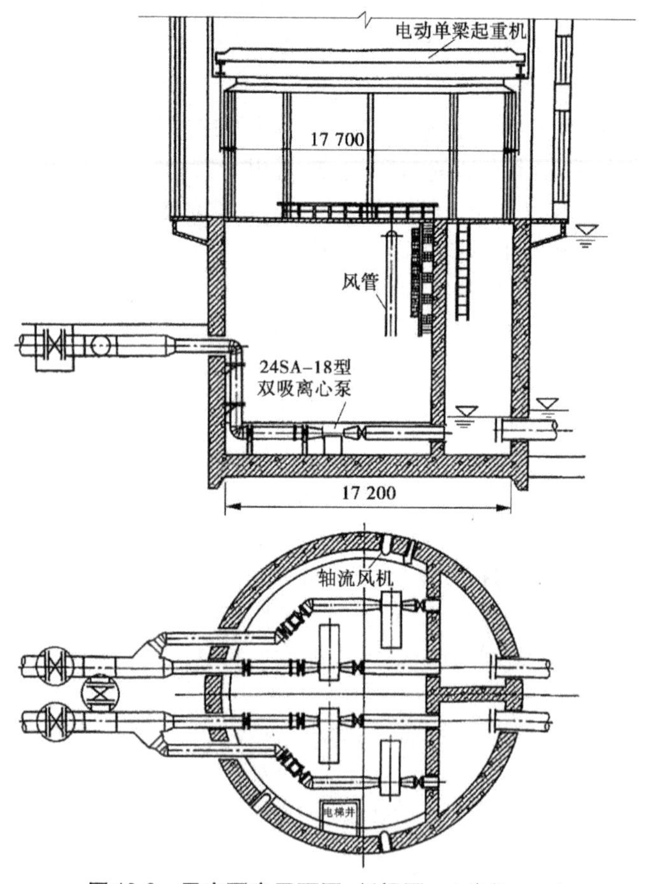

图 10-6 平底泵房平面图、剖视图 (单位:mm)

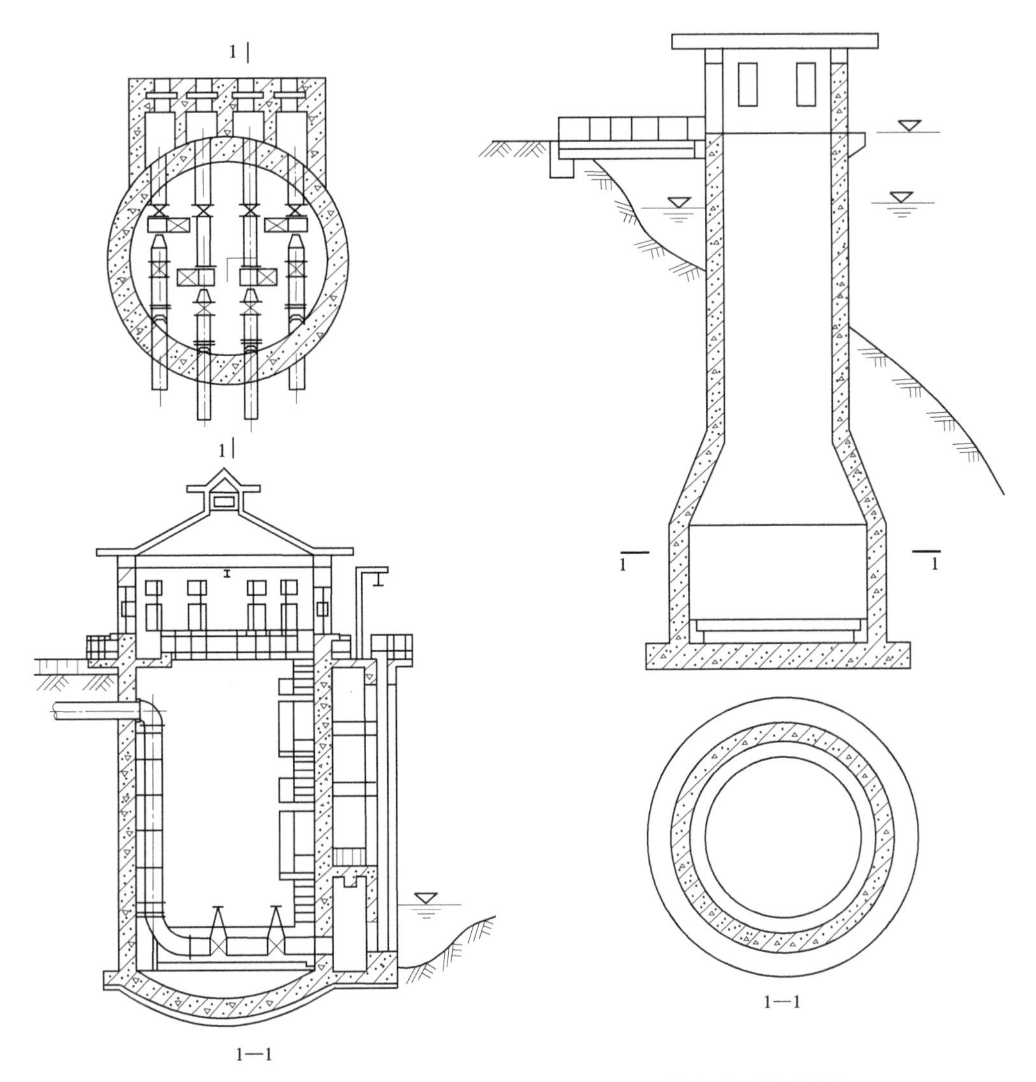

图 10-7　球底竖井式泵房　　图 10-8　瓶式泵房

因为圆形干室型泵房的高度大,为了充分利用泵房的空间和改善电机的通风、采光、防潮等条件,最好采用立式机组,并将电机和配电设备安装在上一层楼板上。图 10-9 也是进水间与泵房合建的圆形平底干室型泵房的一种形式。进水室有两个进水闸,有利于在洪水季节能取到含沙量较小的表层水。这种泵房形式要求有较好的地质条件。合建式圆形干室型泵房的主要优点是整体布置紧凑,总的建筑面积较小,水泵的吸水管短、运行安全可靠、便于管理。但要求河岸较陡,岸边水深较大,岸边的地质条件较好。

图 10-10 为分建式圆形干室型泵房,即引水建筑物和泵房分开。泵房设在靠近岸边的地质条件较好的地方,而引水建筑物则设在距岸边较远处,引水管可以是自流管,也可以是虹吸管。

当泵房高度达到 30~40 m 时,为了满足防渗、抗浮、抗滑和抗倾覆等稳定要求,竖井式泵房的基础埋深将达总高度的 1/8~1/7,圆筒壁厚一般在 0. 8~1. 0 m, 地板厚度为 3~5 m。为了节约投资, 可采用瓶式泵房。图 10-11 是瓶式泵房的一种形式。泵房底部的平

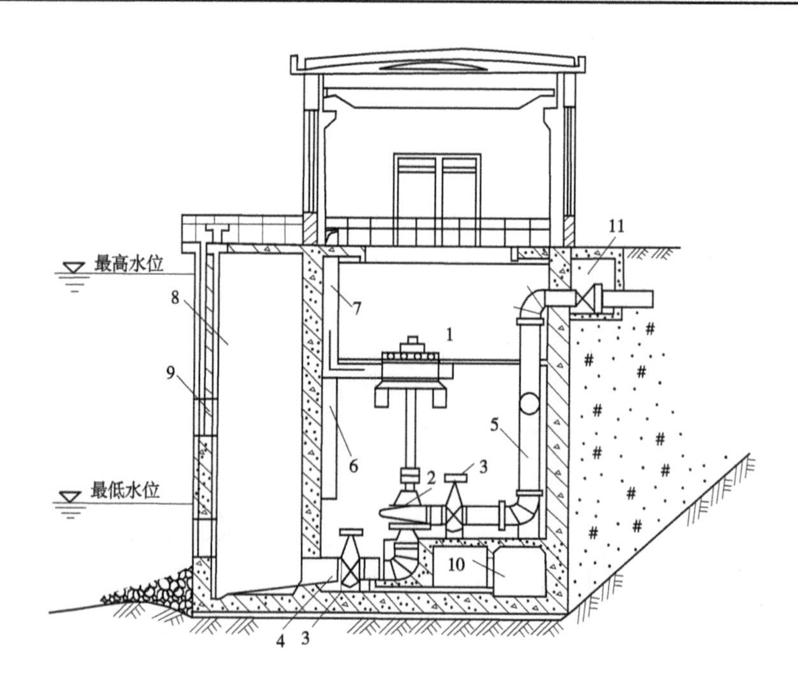

1—电机;2—水泵;3—闸阀;4—进水管;5—出水管;6—进风管;
7—出风管;8—进水室;9—进水闸;10—排水廊道;11—阀门井

图 10-9　圆形干室型泵房剖面图

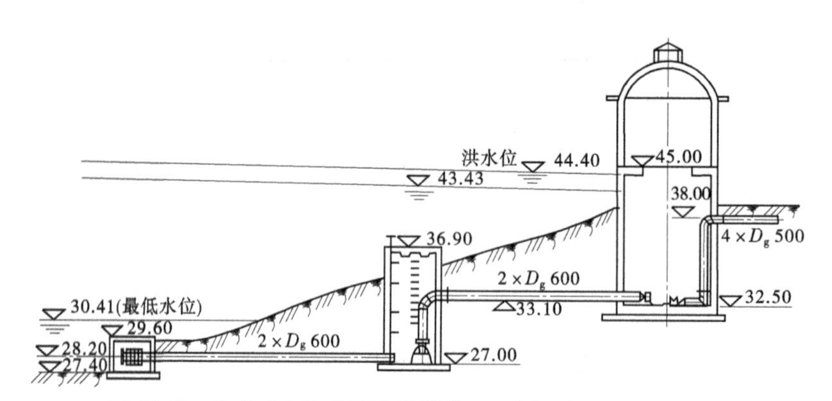

图 10-10　分建式自流管取水建筑物　(单位:高程,m;尺寸,mm)

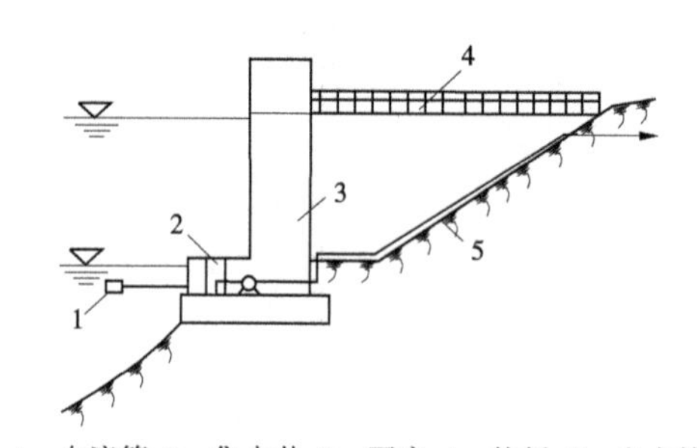

1—自流管;2—集水井;3—泵房;4—栈桥;5—出水管

图 10-11　重力瓶式泵房

面尺寸和高度按工艺布置和安装要求确定。泵房上部的平面尺寸比底部小得多,而高度却占泵房总高度的1/2~2/3,甚至更大些。这样压缩了不必要的空间,降低了泵房的浮力,而且使结构的稳定性更好,同时也使泵房投资减小很多。

若将瓶式泵房的基础嵌入基岩内一定深度,泵房的浮托力将由斜壁上的水压力抵消掉大部分,这样可以使瓶壁做得更薄,这就是薄壁式泵房形式,这种泵房可以使工程量进一步减少。

图10-12为某水厂设计的三种不同形式的泵房,经过比较,薄壁瓶式泵房所需材料最少,如表10-2所示。瓶式泵房的主要缺点是只能取底层水,特别是在洪水期,含沙量大。同时,机房内温度较高,噪声大,运行管理人员的工作条件差。

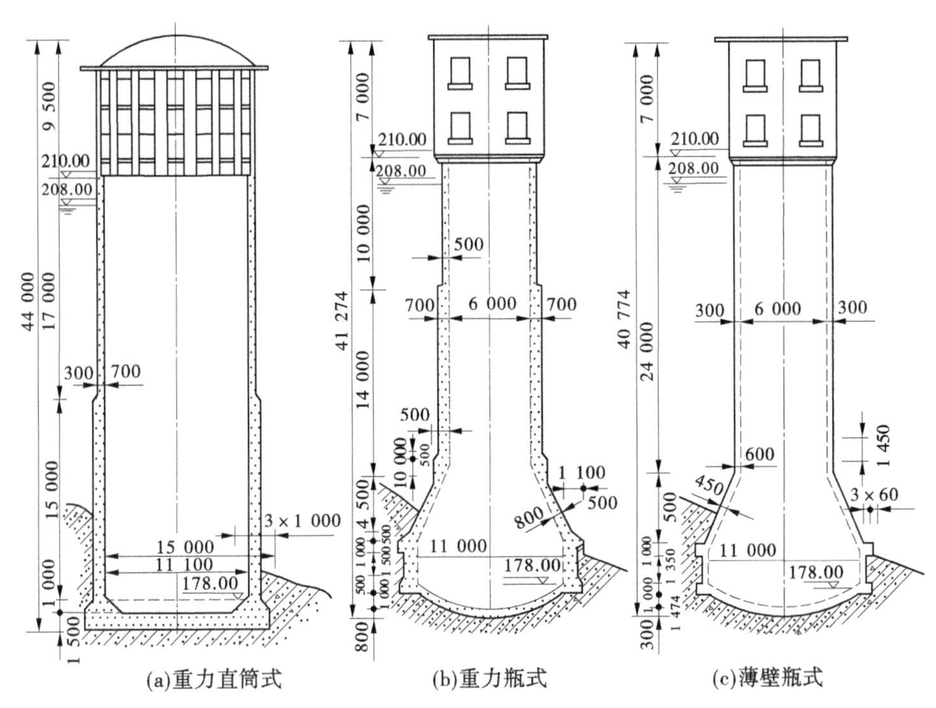

图10-12 某水厂三种竖井式泵房方案比较 (单位:高程,m;尺寸,mm)

表10-2 三种泵房形式主要工程量

方案	混凝土(m^3)	钢材(t)	水泥(t)	板材(m^3)	土石方(m^3)
重力直筒式泵房	1 428	113	475	172	1 060
重力瓶式泵房	890	89	286	140	991
薄壁瓶式泵房	454	42	151	85	859

3. 淹没式干室型泵房

为了适应更大的水位变幅(大于15 m),且洪水期较短,含沙量不大的情况,可考虑采用如图10-13所示的淹没式干室型泵房。这种形式的泵房在高水位时,整个淹没在水下,要求防水严密,泵房内宜安装卧式水泵机组,且台数不宜太多,一般不超过4台,以免泵房体积过大,不利于泵房结构的抗浮稳定。

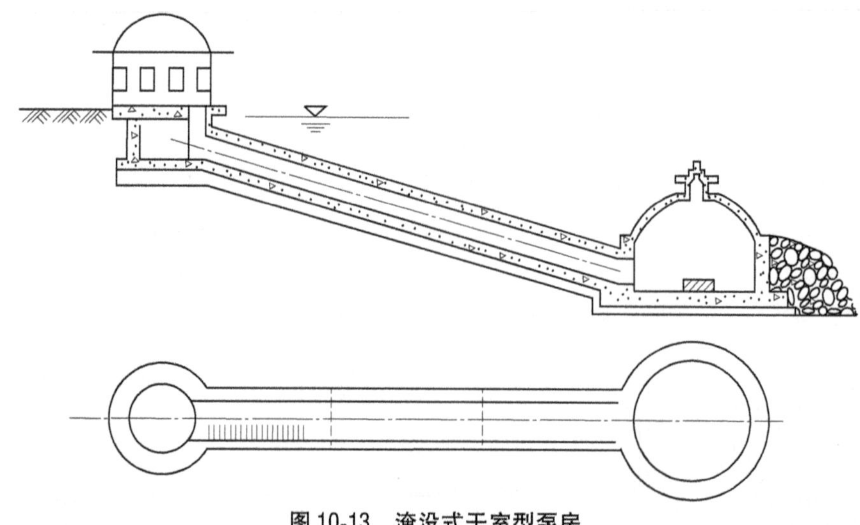

图 10-13　淹没式干室型泵房

泵房与外界由廊道连接。为了解决通风散热问题,还设置有风道。为了减少泵房面积,在泵房内不设检修间。通过设在廊道台阶两旁的轻便轨道,用卷扬机拉动设备出入。在廊道出口处,设有卷扬机房和通风机房。

淹没式干室型泵房比开敞式干室型泵房节省工程量和投资,主要缺点是通风条件差,泵房内温度高、噪声大、工作环境不好,运行管理和设备检修不方便。

4. 地下干室型泵房

大型泵站,一方面是机组台数较多,机组轮廓尺寸较大,故所需泵房的面积或体积较大;另一方面,大型水泵的必须汽蚀余量值很小,有的为负的十几米甚至负的二十几米,要求提供较大的灌注水头。因此,大型泵站常采用地下干室型泵房。

地下干室型泵房一般建于地质条件较好的岩体之中,其结构形式与矩形干室型泵房相近;进水管路多为引水隧洞,出水管路为压力隧洞或在无压隧洞中铺设压力管道;地下泵房设有交通洞和通风洞等。

图 10-14 为某抽水蓄能电站地下主厂房图。地下主厂房长 88 m,宽 30.5 m,高 60.5 m,内装 3 台 150 MW 竖轴三机式抽水蓄能机组,总装机容量(抽水)450 MW。

目前,国内大型泵站已普遍采用地下泵站形式,如山西的万家寨引黄工程、中部引黄工程、小浪底引黄工程、河南三门峡市槐扒引黄工程等。

10.1.3　湿室型泵房

为了克服干室型泵房所受浮托力较大,不利于泵房稳定的缺点,工程上常采用湿室型泵房的形式。湿室型泵房的主要特点是下部为可以进水的湿室,即与前池相通的进水池(或称进水间)。湿室不仅起着进水池的作用,同时湿室中的水重可以平衡部分水的浮托力,增加了泵房的稳定性,因此湿室型泵房的整体稳定性比干室型泵房好。因此,对地基条件较差的泵站应该首先考虑选用湿室型泵房。

湿室型泵房的上部结构与分基型泵房和干室型泵房基本相同,而下部常用圬工或钢筋混凝土结构。与干室型泵房相比,由于所受浮托力较小,结构尺寸尤其是地板尺寸较小,并且与进水池合建于一体,故工程投资一般较省。

图 10-14　某抽水蓄能电站地下主厂房

湿室型泵房根据湿室中是否为自由水面可分为开式湿室和闭式湿室两种。开式湿室型泵房通常分为上下两层,上层安装电机及其配电和控制设备,常称为电机层;下层为湿室,泵体及其进水喇叭管淹没于湿室水面以下。闭式湿室型泵房一般分为三层,上层为电机层;中层位于地面以下,亦为干室的出水弯管层;下层为无自由水面的湿室,室内安装泵体及其进水喇叭管。

根据地形、地质、建筑材料及水泵机组形式等条件,湿室型泵房的结构形式主要有墩墙式、排架式、圆筒式和箱式泵房等四种。

10.1.3.1　**墩墙式湿室型泵房**

湿室四周除进水侧一面外,其他三面都是挡土墙,湿室按照装机台数,用隔墩分隔成若干间,每台水泵有自己单独的进水池,支承水泵和电机的大梁直接搁置在隔墩上,如图 10-15 所示。

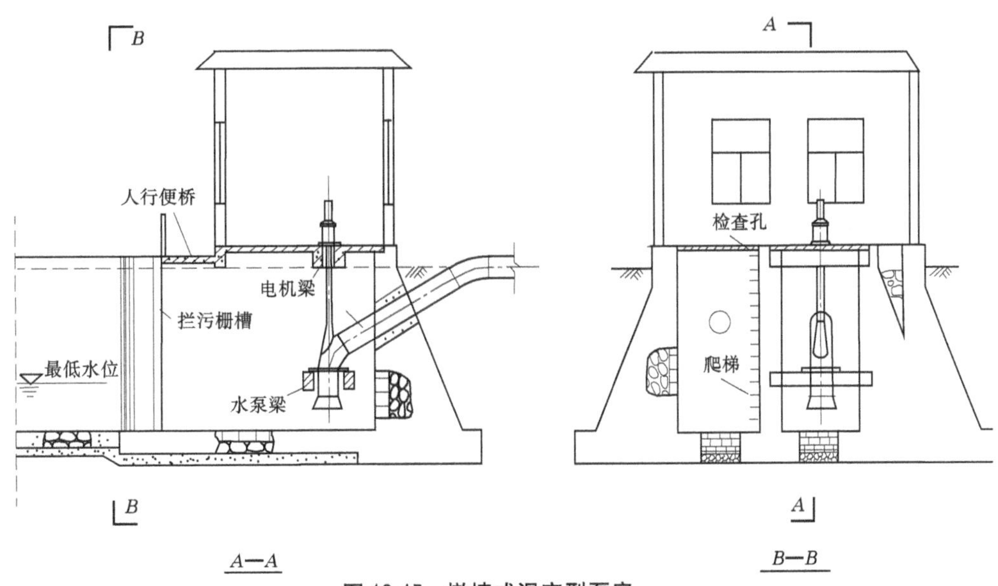

图 10-15　墩墙式湿室型泵房

这种结构形式的特点是水泵工作互不干扰,有较好的进水条件,每个进水池前均可设置闸门和拦污栅,当一台水泵机组发生事故需要检修时,其余机组可以照常运行,运行可靠性高。墩墙和地板不仅可以采用钢筋混凝土结构,也可以采用浆砌石结构,就地取材,施工比较简单。但由于后墙填土具有很大的水平推力,为了满足抗滑稳定的要求,仍然需要较大的泵房重量。这样既增大了地基应力,又增加了投资,所以只有在地基条件较好地区才被采用。

图 10-16 是国内常见的一种选用中小型轴流泵的湿室型泵房。从结构上讲这是双层结构。机组结构由立式轴流泵、立式电机和传动轴三部分组成。传递轴向力的推力轴承设置在转动轴的上部。这样不仅增加了制造和安装检修的难度,同时也会增加泵房结构的复杂性。

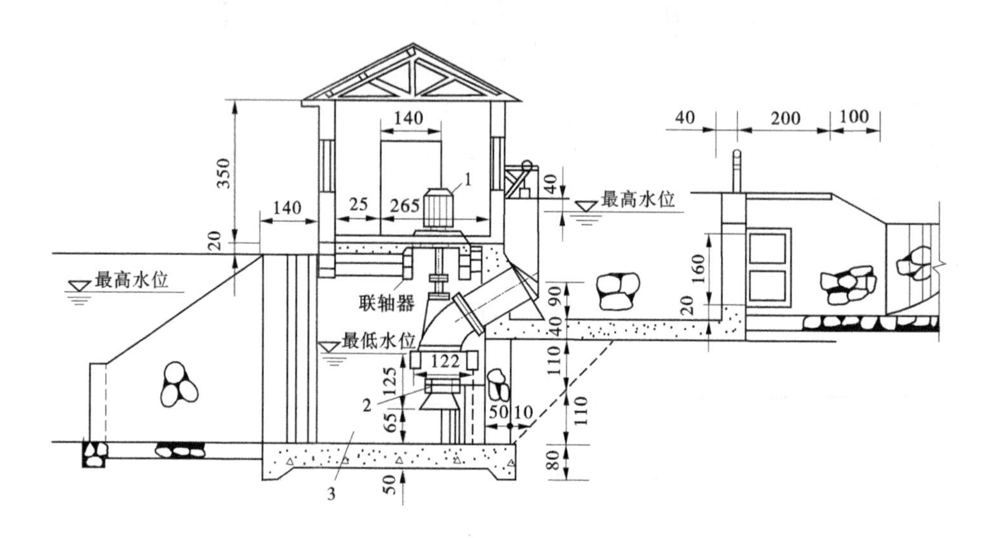

1—立式电动机;2—立式水泵;3—湿室

图 10-16　二层式湿室型泵房(立式轴流泵)　(单位:cm)

国外有些水泵机组采用了单层结构,从而可以避免上述问题的出现,使泵房设计更趋合理。图 10-17 为日本茨城县布镰排水泵站的剖面图。该站为单层式湿室型泵房结构,选用的是口径 1.2 m 的立式导叶式混流泵,水泵扬程 4.5 m,流量为 2.8 m^3/s,转速为 217 r/min,电动机功率为 165 kW。因采用了齿轮减速器,使电动机体积缩小。

卧式轴流泵或卧式导叶式混流泵也可以用于湿室型泵房。一般,卧式泵机组要求泵房宽度较大,但如果布置合理,也不会增加太大,选用该种机型的主要优点是泵房高度小、卧式动力机和减速机的造价较低、卧式中开结构的水泵和卧式动力机和齿轮减速机检修更方便。

国内早期采用卧式机组的湿室型泵房很多,但目前已很少见到安装卧式机组的湿室型泵房,也许是因为市场上已经很少有卧式轴流泵和卧式导叶式混流泵产品,但国外现在仍有不少这样的工程实例。如图 10-18 所示的是日本的一处排水泵站,该站水泵口径为 1.5 m,扬程 2.5 m,流量 4 m^3/s,转速 180 r/min。该站与立式机组相比,在节约工程投资、便于安装检修方面具有更大优势。

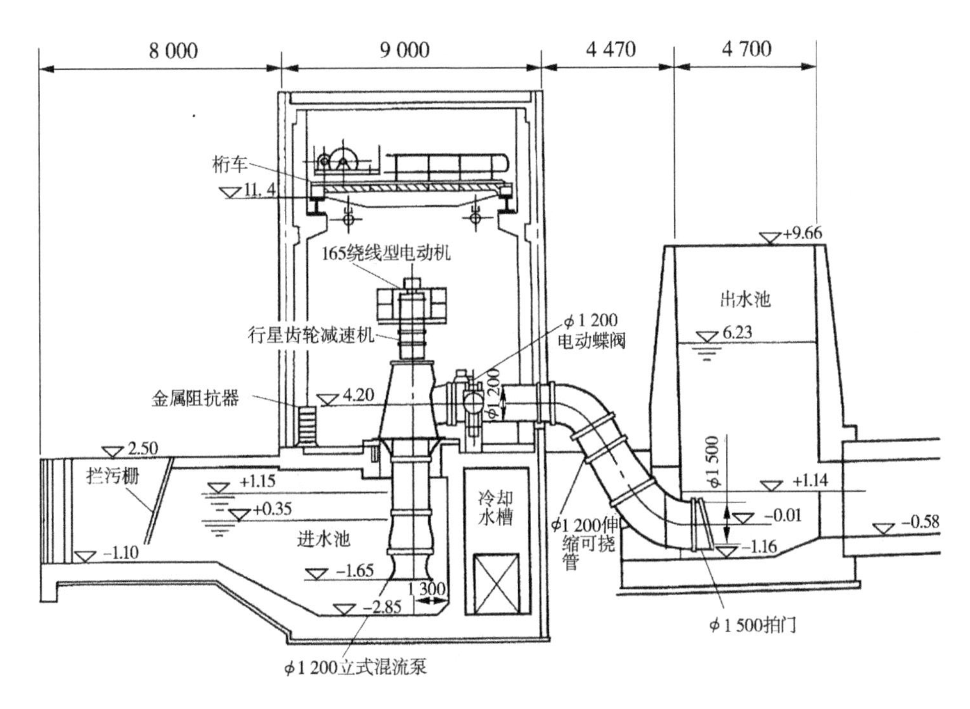

图 10-17　单层式湿室型泵房(立式混流泵)　(单位:高程,m;尺寸:mm)

10.1.3.2　排架式湿室型泵房

排架式湿室型泵房的湿室采用钢筋混凝土框架结构,由钢筋混凝土梁柱来承担水泵机组和泵房上部结构的负载,泵房三面用浆砌石护坡,不用回填土,如图 10-19 所示。由于泵房四面环水,为了方便搬运设备和管理通行,必须在泵房两侧或一侧设置工作桥与岸坡连接。

排架式湿室型泵房的优点是没有侧墙及后墙的填土压力,可不必考虑泵房的抗滑稳定问题,所以结构轻,用材省,地应力小而且分布均匀。缺点是水泵机组检修不便,护坡工程量大,尤其是遇到细砂或细砂埋藏不深的地基,在外江水位较高时,可能发生管涌,威胁江堤的安全。所以,一般要求泵房远离堤脚,但这样做又增加输水涵管的长度,遇到淤泥或泥质黏土时则开挖边坡要求很缓,亦很不经济,所以通常在地基条件较好的地方才采用排架式湿室型泵房。

10.1.3.3　圆筒式湿室型泵房

圆筒式湿室型泵房亦分为地上结构和地下结构两大部分,地下部分的平面形状为圆形,四周用土回填,通过引水涵管将水引入进水室;地上结构的平面图可根据需要或地形、地质条件确定为圆形或矩形,如图 10-20 所示。

由于这种形式的泵房具有圆形的地下结构,避免了墩墙式泵房由于侧向回填土可能引起的水平滑动和结构应力不均匀的缺点,也可克服排架式泵房四周边坡开挖、护坡工程量大及可能出现管涌或流土的弊病。圆筒式湿室型泵房的缺点是进水条件较差,室内设备布置较困难,建筑面积的利用率较低,施工立模也较麻烦,对于机组台数不多(不超过三台)、地基条件较差的中小型泵站较适合。

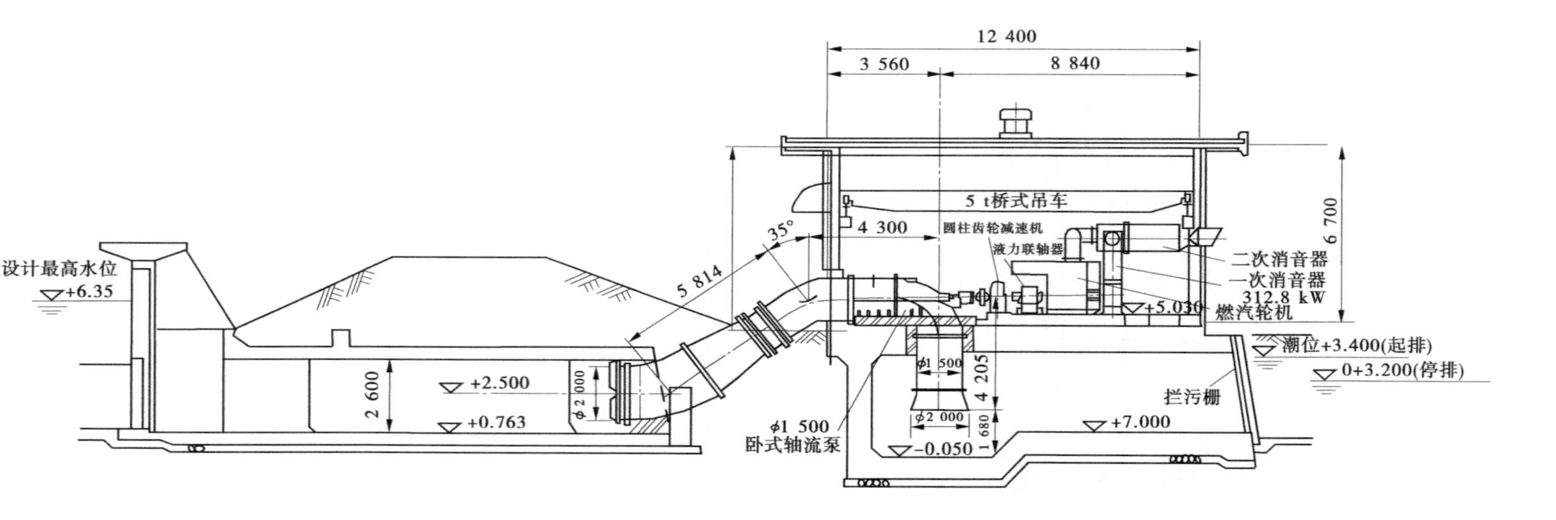

图 10-18　单层式湿室型泵房(卧式轴流泵)

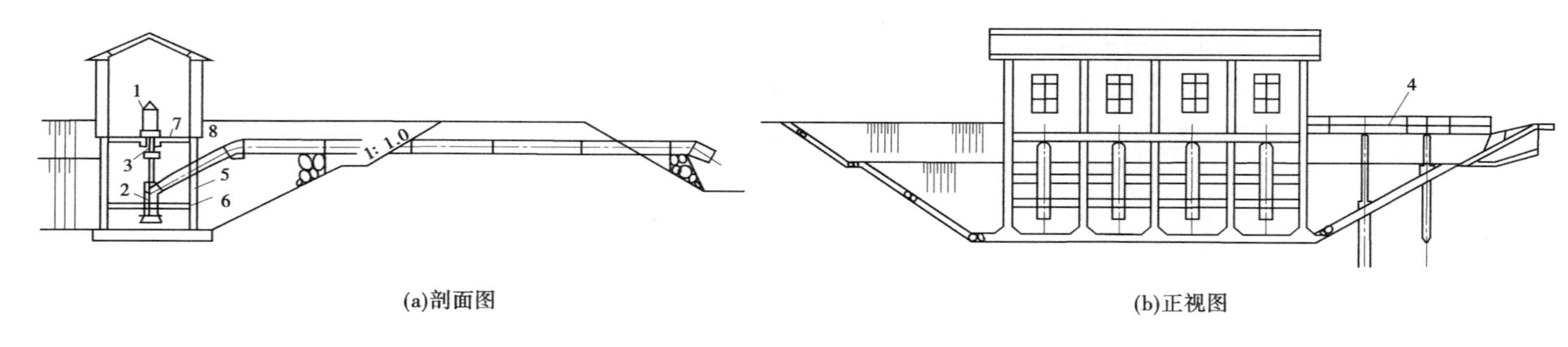

(a)剖面图　　(b)正视图

1—立式电动机;2—立式轴流泵;3—传动轴;4—工作桥;5—排架;6—水泵梁;7—电动机梁;8—出水管

图 10-19　排架式湿室型泵房(排水泵站)　(单位:高程,m;尺寸,mm)

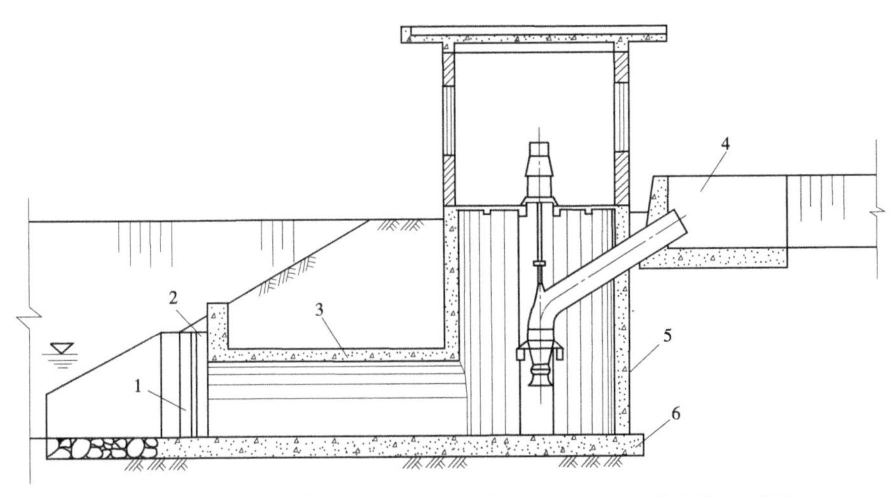

1—检修门槽;2—拦污栅槽;3—拱形进水涵洞;4—出水池;5—井筒壁;6—底板

图 10-20 圆筒式湿室型泵房

10.1.3.4 箱式湿室型泵房

箱式湿室型泵房的结构与排架式泵房基本相同,只是在排架式泵房除迎水面以外的三面加筑一定高度的挡土板墙,中间每隔二三台水泵设检修隔墩,墩高超出进水池最高水位。将湿室分隔成若干个进水池,如图 10-21 所示。进水池前一般为管道引水,管道上应设检修闸。

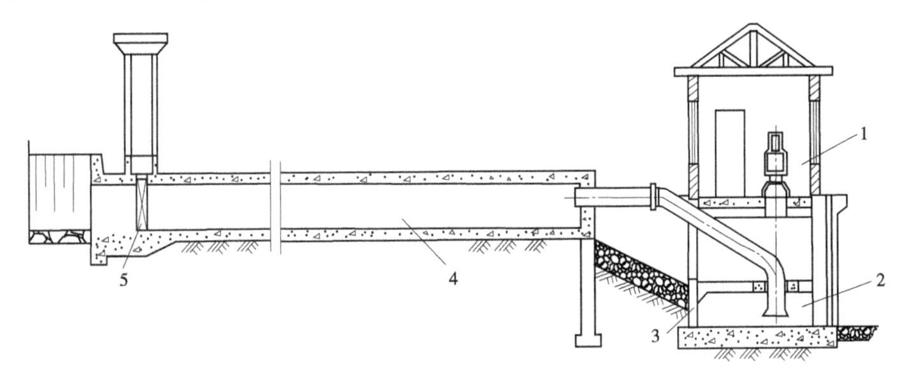

1—电机层;2—箱型进水室;3—挡土板墙;4—出水涵管;5—防洪闸

图 10-21 箱式湿室型泵房

箱式湿室型泵房的优点是挡土板可以控制三面填土的高度,以达到减小土压力的目的。与墩墙式泵房相比,它的稳定性较好,地基应力比较均匀,工程量较小,工程造价较低;与排架式泵房相比,其结构刚度较大,能适应软基沉陷,抗震性较好,对外交通也较方便。

如图 10-22 所示的是进出水均为箱型结构的泵房形式。水泵一般只有叶轮、叶轮外壳和导叶体,没有出水弯管。由于水泵和泵房的构造都很简单,可用浆砌块石等当地材料砌筑,造价低,施工简单。适合于洪枯水位变化很小,扬程很低的小型泵站,国内上海和浙江一带采用此种形式的泵站较多,但在国外,水泵口径大于 1.0 m 的大中型泵站也有采用这种形式的,黄河游荡型河段的水源泵站可以考虑选用这种泵站形式。

图 10-22 为日本霞浦新利根川的一处排灌两用泵站,水泵口径为 2.0 m,扬程 2 m,流

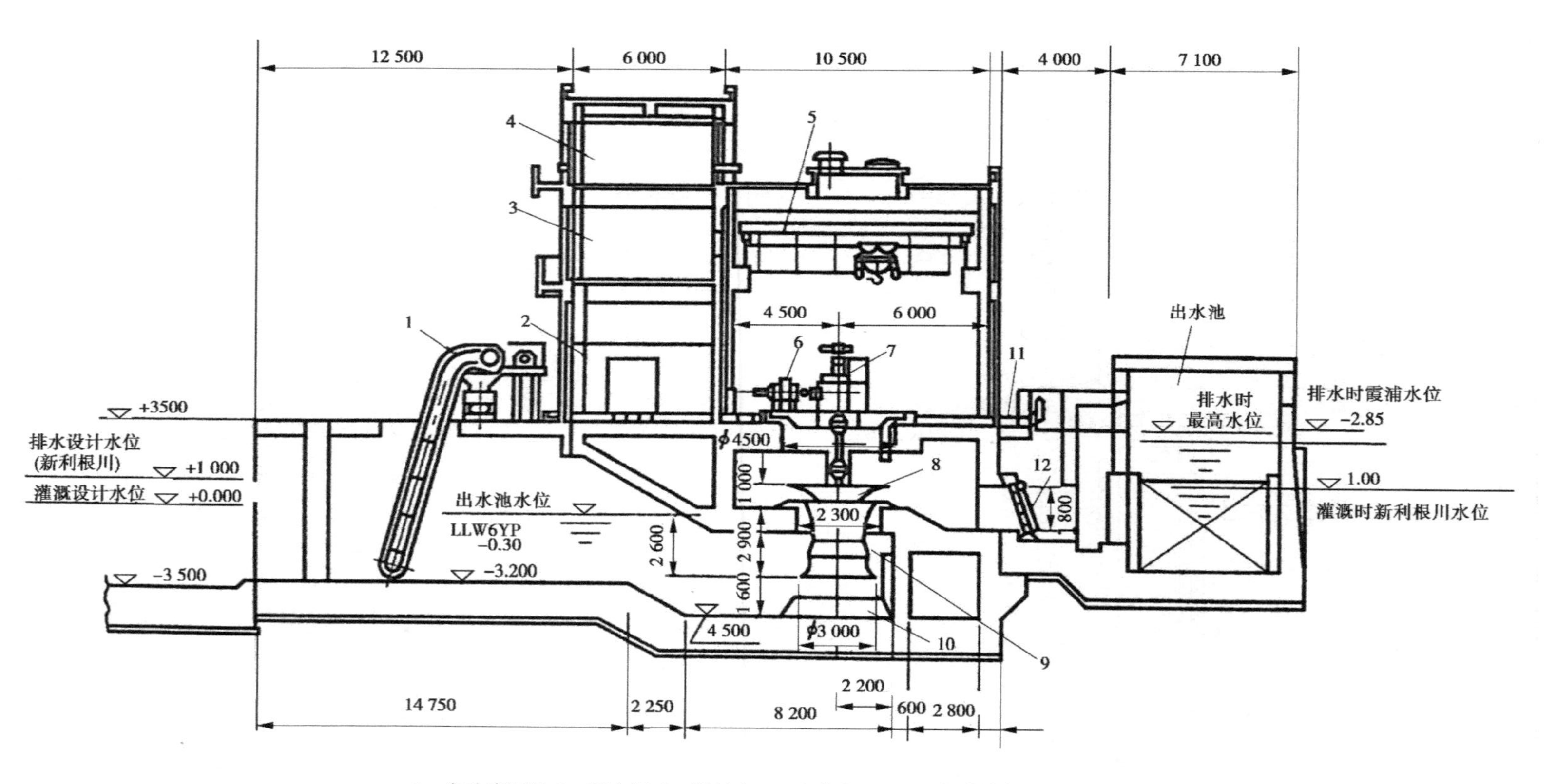

1—自动清污机;2—配电间;3—资料室;4—办公室;5—20 t 电动吊车;6—电动机;
7—齿轮减速箱;8—水泵出水导流帽;9—全调节轴流泵;10—防涡墩;11—通气孔;12—拍门

图 10-22　日本新利根川排灌泵站　(单位:高程,m;尺寸,mm)

量 7~8.33 m^3/s,转速 110 r/min,电动机功率 260 kW,无出水管,进出水均为箱型结构,泵站高度、跨度和长度都很小,工程投资省。

10.1.4 块基型泵房

对于口径较大(大于 1 200 mm)的水泵,为了满足水泵进水流态的要求,通常需要采用专门的进水流道。为了增大泵房的整体稳定性,常将进水流道、机组基础以及泵房基础浇筑成一个整体,作为整个泵房的基础,这种结构形式的泵房称为块基型泵房。由于块基型泵房整体重量大,故抗浮和抗滑稳定性好,可以适应包括软基在内的各种地基条件。

10.1.4.1 块基型泵房的形式

根据水泵的结构形式、机组的支承结构以及泵房与防洪大堤的相对位置等的不同,块基型泵房的结构形式又多种多样。

按泵房是否直接挡水(与大堤的相对位置),块基型泵房分为堤身式和堤后式;按水泵结构形式,块基型泵房分为立式、斜式和卧式三大类;按机组的支撑形式,块基型泵房又可分为梁式、构架式、环梁立柱式、圆筒式支承结构等。

按进出水流道(立式机组)、倾斜角度(斜式机组)和泵轴伸出方向(卧式机组)对块基型泵房做进一步分类:立式泵按进水流道有肘形、钟形、簸箕形、双向进水等形式,按出水流道有虹吸式、直管式等形式;斜式机组的倾斜角度主要有 45°、30°、15°等几种;卧式机组主要有贯流式、轴伸式、猫背式等。其中,贯流式有前置灯泡式、后置灯泡式和全贯流式;轴伸式有前轴伸式和后轴伸式等。

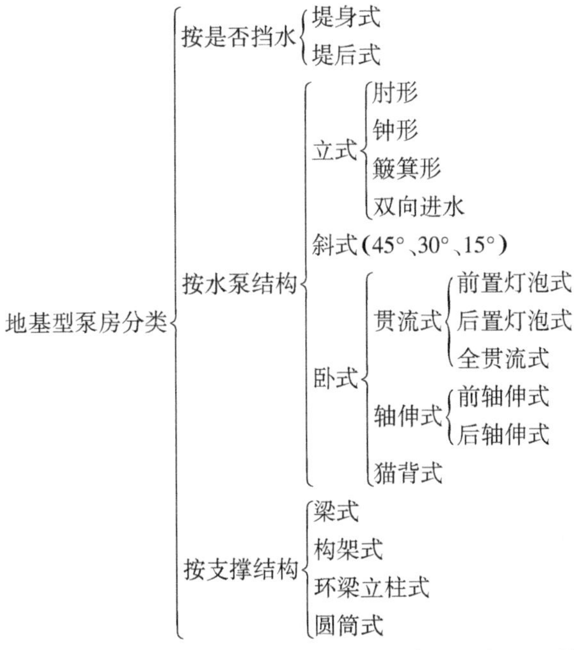

不同形式的机组对泵房结构有很大影响。在工程中,立式机组的块基型泵房发展最早,目前仍是应用最广的一种形式。随着水泵技术的不断发展,大型斜式、卧式轴流泵和混流泵产品的逐渐成熟,泵房形式也逐渐多样化,从而使泵站工程的应用更加广泛,工程

效益更加明显。

堤身式泵房直接承受上下游水位差的水平压力和渗透压力,其两翼与堤防相连接。有时,上下游水位差较大,为了减小泵房的压力,以及降低泵房的设计标准(干堤防洪标准较高),在枢纽布置上采用闸站分建式,即在堤身上建防洪闸,阻挡外江高水,而将泵房建于防洪闸之后,阻挡出水池中水位。这种形式的泵房,亦属于堤身式泵房。

堤身式泵房出水流道短,建筑物等级高,一般与堤防的防洪标准一致,因挡外河水位,通风采光受到一定限制;又因破堤建站,施工期较长,一般跨越汛期,施工期间需有安全度汛措施。根据已成工程经验,扬程在 5 m 以下时,采用堤身式泵房是比较经济的。

块基型泵房形式除与机组结构和堤防重要性有关外,还与地形、地质、水文及泵站功能等很多因素有关。因此,在选择泵房形式时,应根据工程的实际情况,进行多方案比较,从中选择技术先进、经济合理、安全可靠及运行维护方便的最优形式。

以下介绍常见的一些块基型泵房形式。

10.1.4.2　立式机组块基型泵房

立式机组块基型泵房结构一般是将泵体固定在机墩或座环上。叶轮处的泵壳采用中开螺栓连接。当需要检修水泵时,可以先将泵壳打开后拆下泵轮,再通过吊物孔将其吊往检修间或运往厂家修理,故机组安装检修非常困难。为此,国内外发展了一种抽芯式结构,能在电机吊走后,可以在电机层从水泵的上接管和中接管中直接将水泵转动部分、叶轮外壳、导叶体等部件吊出,便于安装和检修。抽芯式结构并没有改变立式机组块基型泵房的进出水流道形式,因此立式机组块基型泵房仍然可以根据进出水流道形式进行分类。

1. 肘形进水、直管出水的块基型泵房

肘形进水流道内的流速变化均匀,一般不会产生涡带,运行平稳,而且水力损失较小。因此,这是块基型泵房最常见的一种进水流道形式。该流道的设计方法见第 9 章泵站进出水流道。

直管式出水流道的设计简单,因而泵房结构也较简单,因此该种流道也是常见的出水形式之一。因为块基型泵房多安装轴流泵,而轴流泵不允许关阀启动,否则容易引起机组超载,甚至烧毁电机,但在停机时又要迅速截断水流,以防止水柱倒流和机组反转,因此直管式出水流道要求在流道出口设置拍门或快速闸门等断流装置。

如图 10-23 所示为安徽省驷马山泵站,该站采用的是肘形进水、直管出水流道,属于堤身式或河床式泵房。该站总装机 10 台,主水泵型号为 28CJ56 型立式全调节轴流泵,叶轮直径 2.8 m,单泵额定流量 21 m^3/s,设计扬程 5.6 m,配套电机容量为 1 600 kW。

该泵站因为采用了较短的直管式出水流道,相比虹吸式出水流道节省了较大投资,但因流道出口面积较大,每台水泵出口分成八扇小拍门,增加了阻力损失,根据模型试验估计,该站的拍门断流比虹吸出水流道降低效率约 3%。实际运行证明,拍门不仅在停机时所受冲击力较大,而且在正常运行时也存在不断摆动的状态,加上联接铰座尺寸和预埋固定螺栓较小,经常出现螺栓断裂及拍门脱落和被冲走的情况。另外,该站出水弯管的转弯半径较小,也是影响泵站效率的重要原因。采用直管式出水流道的堤身式泵房一般用于水平推力较小的低扬程泵站,或对于重要堤防不允许管道穿堤的情况,否则应采用堤后式泵房。

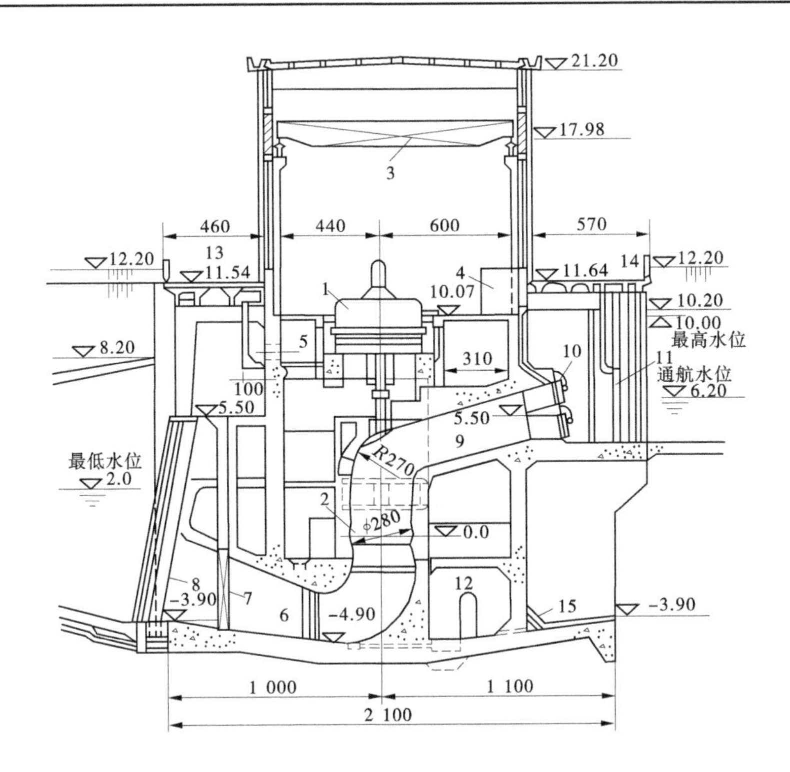

1—电动机;2—轴流泵;3—桥式吊车;4—高压开关柜;5—排风道;6—肘形进水流道;7—进口检修闸门;8—拦污栅;9—直管式出水流道;10—拍门;11—出口检修闸门;12—排水廊道;13—公路桥;14—工作桥;15—反滤层

图10-23　安徽省驷马山泵站(堤身式)　(单位:高程,m;尺寸,cm)

如图10-24所示为湖南省仙桃嘴泵站,它采用了堤后式泵房,主水泵型号及参数与安徽省驷马山泵站相同。因为出口拍门处通气孔的直径太小,水泵启动时从通气孔断断续续喷出高达10 m以上的水柱,持续时间达数分钟,影响了机组正常开停机和稳定运行。

2. 肘形进水、虹吸出水的块基型泵房

如图10-25所示为肘形进水流道、虹吸式出水流道的块基型泵房实例。水泵的进出水流道与泵房浇筑在一起,整体稳定性好,泵站可以直接阻挡洪水,故适合于堤身式泵站。虹吸式出水流道的驼峰顶部设有真空破坏阀,停机时会自动打开让空气进入,破坏真空、截断水流,防止水柱倒流和机组反转。因此,虹吸式出水流道不需要安装拍门,从而可以消除拍门带来的各种问题。另外,虹吸式出水流道出口断面比直管流道大,流速相应较小,因此尽管虹吸式出水流道的弯曲较多,但在一般情况下,流道阻力损失反而比直管式小。

虹吸式出水流道泵站的运行扬程只与上下水位有关,而与虹吸流道驼峰顶部的高程无关。但该出水流道对水位变幅有一定的适应范围,应特别注意。如图10-26所示,虹吸管驼峰底部高程应比出水池最高水位高出一个安全高度δ(m),驼峰断面的高度h(m)可根据水泵流量Q、驼峰断面设计流速和断面形状来确定。

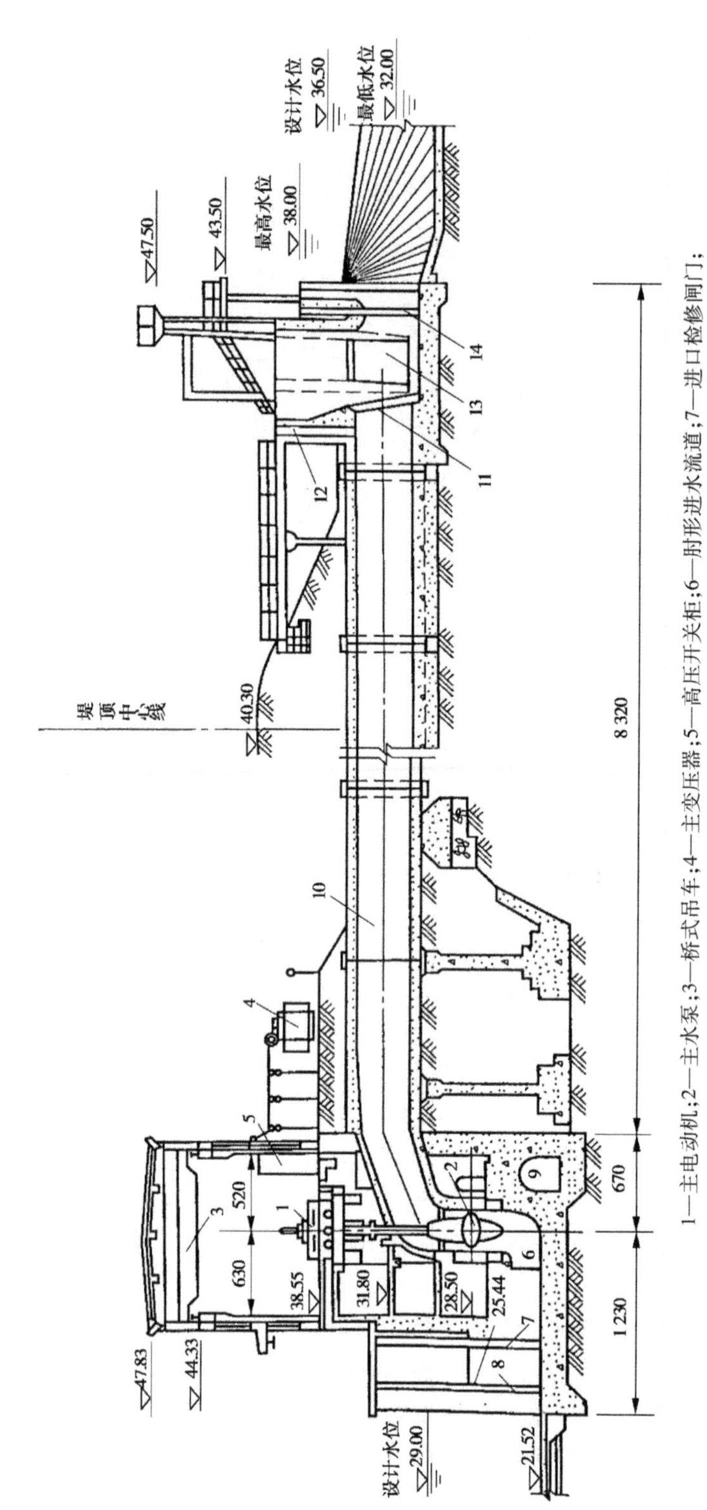

1—主电动机;2—主水泵;3—桥式吊车;4—主变压器;5—高压开关柜;6—肘形进水流道;7—进口检修闸门;8—拦污栅;9—排水廊道;10—直管式出水流道;11—拍门;12—通气孔;13—灌溉闸门;14—出口检修闸门

图 10-24　湖南省仙桃嘴泵站(堤后式)　(单位:高程,m;尺寸,cm)

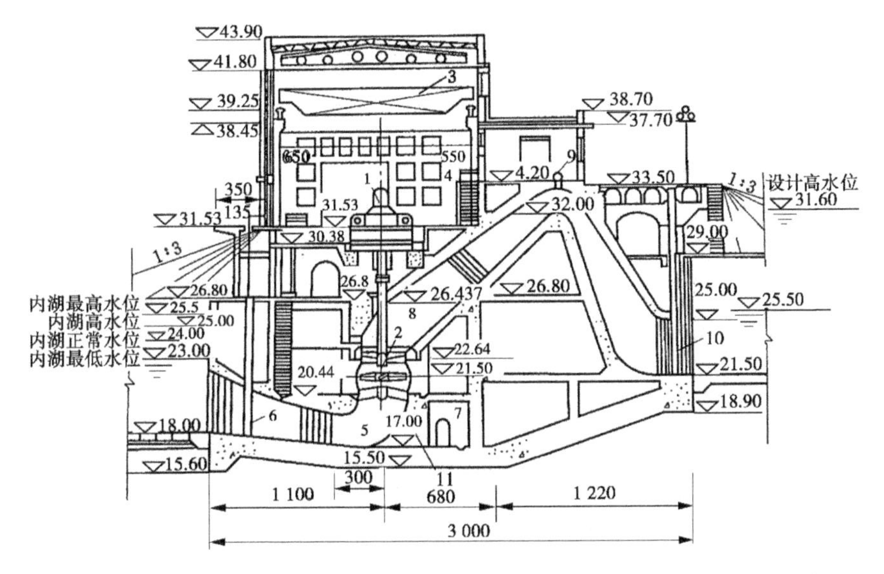

1—1 600 kW 电动机；2—2.8 m 轴流泵；3—桥式吊车；4—高压开关柜；5—肘形进水流道；
6—检修闸门；7—排水廊道；8—虹吸式出水流道；9—真空破坏阀；10—防洪闸门；11—块型基础

图 10-25 肘形进水、虹吸式出水流道的块基型泵房（堤身式泵站）（单位：高程，m；尺寸：cm）

$$
\left.\begin{aligned}
&\text{矩形断面：} h = \sqrt{\mu Q/v} \\
&\text{椭圆断面：} h = \sqrt{4\mu Q/\pi v} \\
&\text{修圆断面：} \sqrt{\mu[Q/v + r^2(4-\pi)]}
\end{aligned}\right\} \qquad (10\text{-}6)
$$

式中 Q——水泵额定（或设计）流量，m^3/s；

v——驼峰断面设计流速，一般 $v = 2.0 \sim 2.5$ m/s；

μ——驼峰断面高宽比，$\mu = 1/\pi \sim \pi/4$，一般可取 0.5；

r——矩形驼峰断面倒角半径，m。

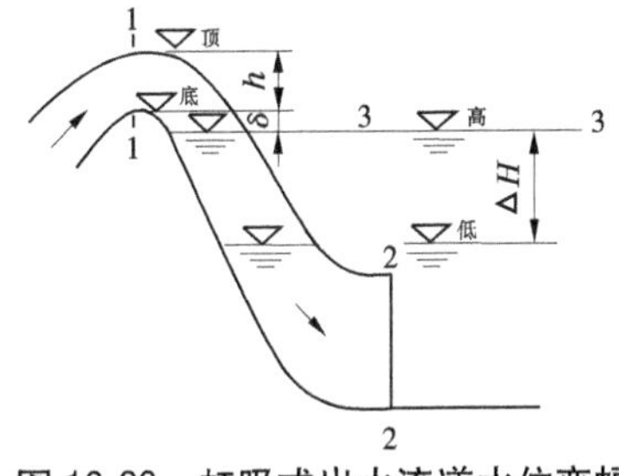

图 10-26 虹吸式出水流道水位变幅

另外，驼峰顶部的真空值也有限制，一般不得大于允许值 $H_{允}$。由图 10-26 中关系可以求出出水池最低水位 $\nabla_{低}$：

$$
\nabla_{低} = \nabla_{顶} - H_{允} + \frac{v_1^2 - v_3^2}{2g} - h_{损} \qquad (10\text{-}7)
$$

式中 $\nabla_{顶}$——驼峰顶部高程，m；

v_1、v_3——驼峰断面和 3—3 断面流速，m/s；

$h_{损}$——驼峰断面至出口 2—2 断面的流道阻力损失，m；

$H_{允}$——驼峰顶允许最大真空高度，理论上讲，$H_{允}$ 等于超过汽化压力的当地大气压头与驼峰断面之后流道水力损失之差，但从工程安全角度考虑，$H_{允}$ 一般控制在 7 m 以下，最大不超过 7.5 m。

出水池最高水位 $\nabla_{高}$ 可按下式计算：

$$
\nabla_{高} = \nabla_{顶} - h - \delta \qquad (10\text{-}8)
$$

根据式（10-7）和式（10-8），可得出水池最大允许水位变幅 ΔH 为：

$$\Delta H = \nabla_{高} - \nabla_{低} = H_{允} - h - \delta - \frac{v_1^2 - v_3^2}{2g} + h_{损} \quad (10\text{-}9)$$

在初选虹吸式出水流道的泵房形式时,可以取:$H_{允}=7.5\ \text{m}$,$\delta=0.2\ \text{m}$,$h_{损}-\frac{v_1^2-v_3^2}{2g}\approx 0$,$\mu=1/\pi$,代入式(10-6)和式(10-9)可得到以下估算公式:

$$\Delta H \approx 7.5 - (\sqrt{1/2\pi} \sim \sqrt{2}/\pi)\sqrt{Q} \quad (10\text{-}10)$$

由此可见,出水池水位最大允许变幅 ΔH 主要与水泵流量值有关。即水泵流量越大,允许的水位变幅 ΔH 值就越小。表 10-3 为不同流量水泵的虹吸式泵房所适应的最大允许水位变化幅度,可供参考。

表 10-3　最大允许水位变幅

流量(m^3/s)		1	5	10	15	20	25	30
ΔH (m)	矩形	7.10	6.61	6.24	5.95	5.72	5.51	5.31
	椭圆	7.05	6.49	6.08	5.76	5.49	5.25	5.03

如果出水池的最大水位变幅大于 ΔH,则应考虑采用带直管式出水流道的堤后式泵房。肘形进水、虹吸式出水流道的块基型泵房也可以用于堤后式泵站,如图 10-27 所示。

如图 10-27 所示为江都四站,水泵为 ZL30-7 型立式全调节轴流泵,扬程 7.0 m,单泵流量 30 m^3/s,配套功率 3 000 kW,根据现场测试资料,在叶片角为 0°、进出口水位差为 4.62 m 时,单泵流量为 31.44 m^3/s,电机效率为 94.6%,装置效率为 70.1%,泵站效率为 66.34%。这些指标在当时还是很理想的,随着水泵和流道效率的提高,目前泵站效率已经有了明显提高。

堤后式泵站由于虹吸式出水流道较长,容易产生不均匀沉降致使流道出现裂缝。因此,一般在虹吸管的上升段分别用两条带有止水的伸缩缝将泵房和下降段流道分开。如果沉降量过大,止水仍有可能开裂,从而引起流道漏气或进气,不仅会降低泵站效率,还会引起机组振动,在设计和运行时应特别注意。由于进气的位置可能是靠近驼峰负压区的伸缩缝,该处流道内为负压,伸缩缝中的止水开裂后,空气就会进入流道内,除部分空气随水流排向出口外,还有一部分停留在驼峰顶部,形成气囊,而气囊在驼峰处经常处于压缩膨胀的不稳定状态,从而引起水流的压力脉动。判断伸缩缝是否进气的简单方法是看出水池中有无大量的气泡溢出。有大量气泡出现时,说明伸缩缝止水已经开裂,应及时处理。

如图 10-28 所示为湖北省黄陂武湖泵站剖面图。该站安装有 8 台 64ZLB50 型轴流泵,水泵叶轮直径为 1.6 m,额定转速 250 r/min,设计扬程 8.0 m,设计流量 8 m^3/s,配套功率 800 kW。该站也是堤后肘形进水、虹吸出水流道的块基型泵站,这种形式的泵站对于堤防安全有利,同时还可以改善泵房的受力条件,但出水管路较长,工程投资较大。该站采用真空破坏阀断流,即在停机时自动打开流道顶部的真空破坏阀,让空气进入驼峰顶部,破坏真空,截断水流,防止机组倒转。为了防止在高水位(超驼峰 26.5 m)情况下发生事故停机,在流道出口仍设有拍门。为了减少阻力损失,提高运行效率,在出口水位低于 26.0 m 情况下运行时,应该将拍门吊起。

如图 10-29 所示为湖北省樊口泵站剖面图。水泵为 40CJ95 型轴流泵,水泵叶轮直径 4.0 m,额定转速 107.1 r/min,设计扬程 9.5 m,设计流量 53.5 m^3/s,配套功率为 6 000 kW。

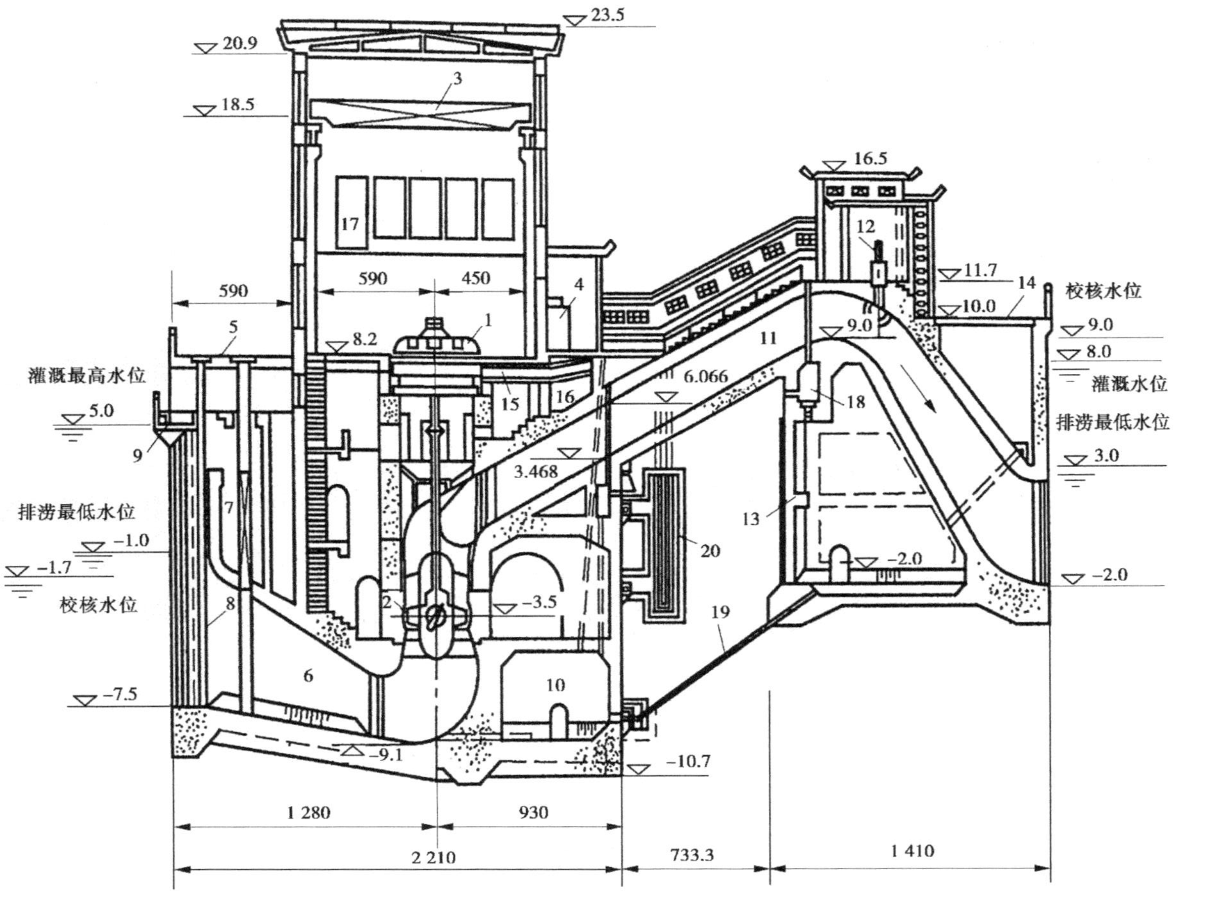

1—电机;2—水泵;3—桥式吊车;4—高压开关柜;5—工作桥;6—肘形进水流道;7—检修闸门;8—拦污栅;9—清污便桥;10—排水廊道;11—虹吸出水流道;12—真空破坏阀;13—出口挡土墙;14—公路桥;15—排风管道;16—电缆道;17—主控制室;18—检修廊道;19—排水管;20—反滤层

图10-27　肘形进水、虹吸式出水流道的块基型泵房(堤后式泵房)　(单位:高程,m;尺寸,cm)

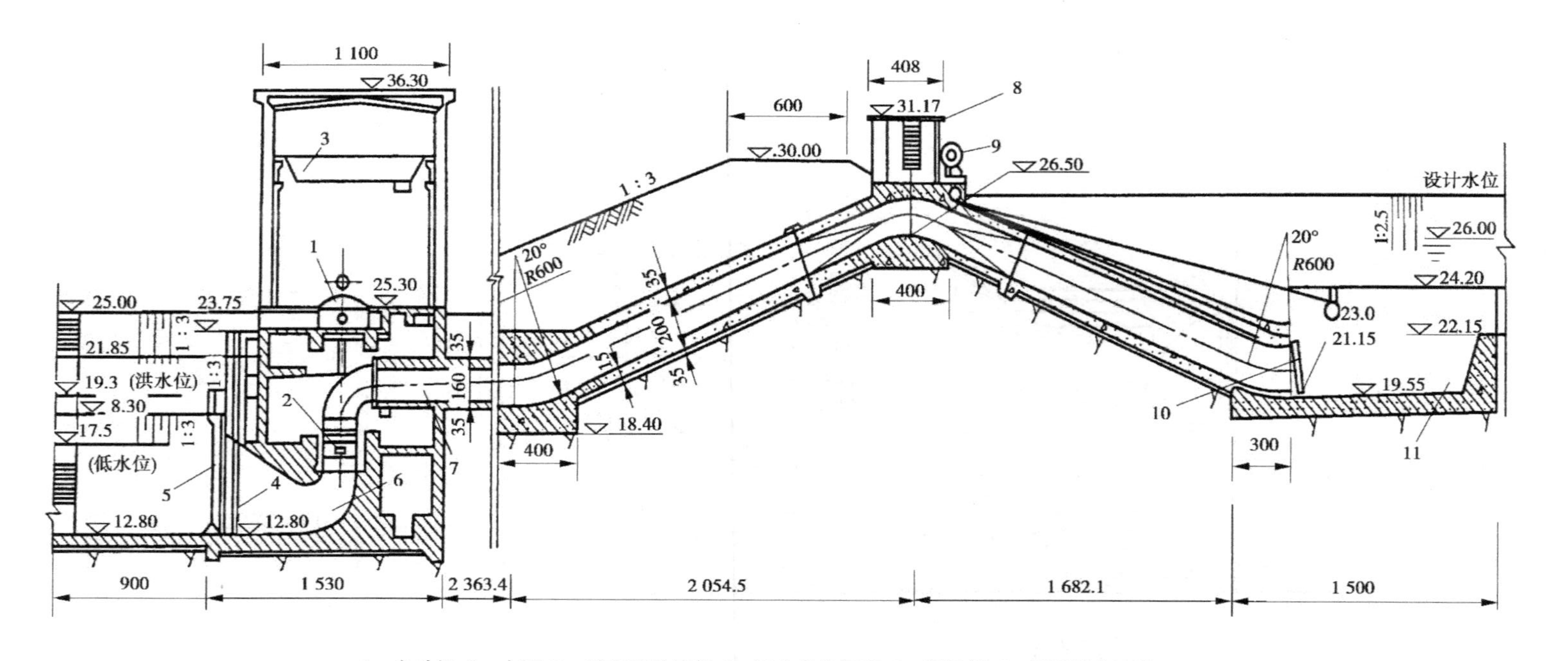

1—电动机;2—水泵;3—手动双梁吊车;4—进水检修闸门;5—拦污栅;6—肘形进水流道;
7—虹吸式出水流道;8—真空破坏阀室;9—拍门启闭设备;10—拍门;11—出水池

图 10-28　湖北省黄陂武湖泵站剖面图(长出水流道)　(单位:高程,m;尺寸,cm)

由图 10-29 可见，该泵站出水池最高水位为 26.7 m，最低水位为 17.0 m，水位变幅达到 9.7 m。根据式(10-10)计算，此站的虹吸式出水流道允许出口水位变幅值为 4.23~4.68 m。泵站的实际水位变幅远远超过该值，因此不宜采用虹吸式出水流道，否则虹吸管驼峰段将会在低水位时产生很大负压，使水汽化而形成气囊，启动时无法形成虹吸，运行时会引起机组振动。因此，应考虑采用直管式出水流道。

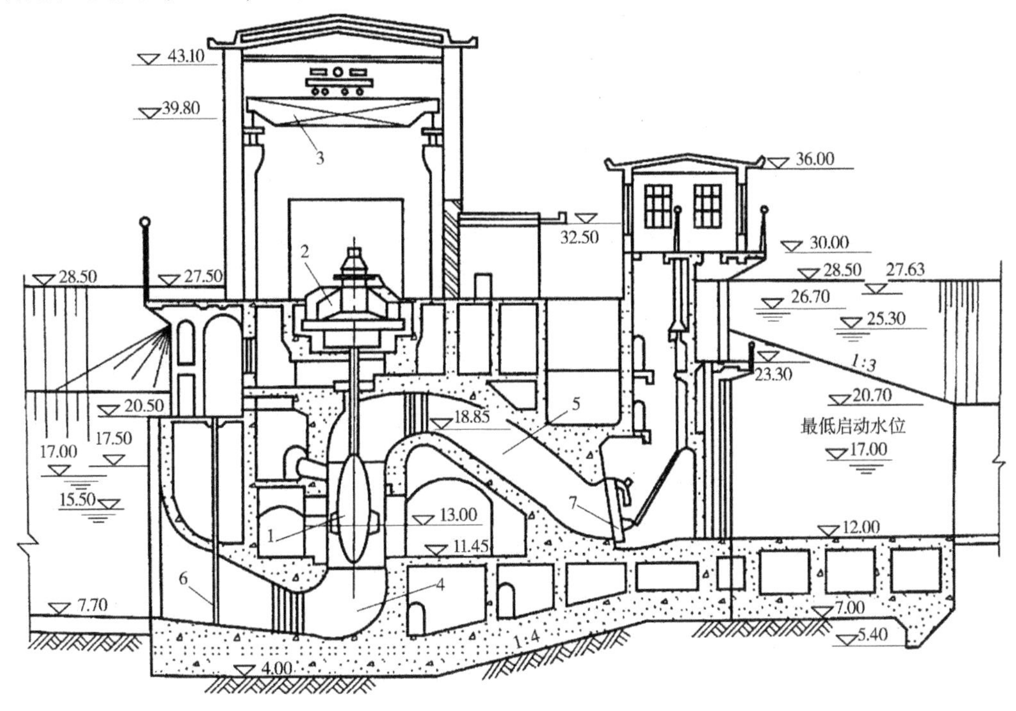

1—轴流泵；2—电动机；3—桥式吊车；4—肘形进水流道；5—低驼峰式出水流道；6—进口检修闸门；7—拍门

图 10-29　湖北省樊口泵站剖面图(低驼峰出水流道)　(单位：m)

由图 10-29 中可见，水泵出水弯管底部高程为 18.85 m，仍高于出水池的最低水位。为了使泵站在低水位时不至于浪费扬程，以利于节约能源，降低运行费用，采用了图 10-29 中所示的低驼峰式出水流道形式。虽然从形式上看，该出水流道很像虹吸式，但在大部分运行时间内流道驼峰顶部均不会出现负压，因此在机组停机时无法利用真空破坏阀来断流，只能采用拍门断流方式。由于流道出口直径大，使得拍门净空尺寸达到 4.5 m×4.5 m。

大型拍门的重量大、惯性大，而机组启动初期的流量小，难以及时冲开拍门，有可能增加启动扬程，引起机组振动，电机超载。为了使得机组启动时拍门能够迅速打开，采用了在大拍门上开小拍门的办法。为了在机组运行时加大拍门的开度，减小阻力，提高泵站的运行效率和降低运行费用，采用了油压装置。值得注意的是，该站的布置形式不利于拍门的检修，只有将启闭台上的房屋拆除后才能将拍门吊出，很不方便。

3. 钟形进水、直管出水式块基型泵房

和肘形进水流道相比，钟形进水流道的高度更低，基础开挖少，工程投资较省，从而更适合于基础条件不好的泵站工程。因此，该进水流道形式在国内外得到了普遍的应用。

图 10-30 为湖南省坡头泵站剖面图,是国内采用钟形进水流道的单泵流量较大的泵站工程之一。水泵型号为 28CJ90,叶轮直径 2.8 m,设计扬程为 9.0 m,单泵流量为 25 m^3/s,配套功率 2 800 kW。该站为堤后式泵站,流道较长。为了节省工程投资,采用了两台机组通过压力水箱并联一根管道的压力输水方式。为了使并联机组能够单独运行,将拍门设在压力水箱内各台机组的出水口。为了消除在机组启动和事故停机时,在压力水箱及流道内产生的水锤压力,在拍门的内则设有调压塔。另外,在涵管出口设有防洪闸,以保证泵站防洪安全。

4. 钟形进水、虹吸出水式块基型泵房

钟形进水流道也可以和虹吸式出水流道组合来设计泵站,如图 10-31 所示。该站为湖北省黄陂后湖泵站剖面图,它采用了堤后虹吸式泵房,管道较长,但避免了管道穿堤,不影响堤防的防洪安全。由此图 10-31 可见,该站出口的设计最低水位为 22.0 m,设计最高水位为 27.55 m,设计水位变幅为 5.55 m。该站单泵设计流量 8.08 m^3/s,根据式(10-10)估算出的允许水位变幅为 6.22 m,大于泵站出口设计水位变幅 5.55 m,满足虹吸式出水流道的要求。多处采用钟形进水流道泵站的实际运行证明,只要按照正确的方法进行设计和施工,该形式的泵房形式可以满足工程投资省,运行效率高的要求。

5. 钟形进水、蜗壳出水式块基型泵房

1) 大型立式混流泵机组

由于混流泵出口水流的环量较大,因此立式混流泵的出口形式有导叶式和蜗壳式两种。导叶式是将叶轮出口的旋转水流导成轴向,然后用弯管与出水流道连接。而蜗壳式则是将水流导成径向,通过蜗壳将水流引向出水流道。显然,对于大型水泵,为了缩短轴向尺寸,常常采用蜗壳式出水形式。为了减小泵房底板的开挖深度,又能保证叶轮进口良好的水流条件,也常常采用钟形进水流道。

在发展大型轴流泵站的同时,大型混流泵站也得到了快速的发展。如图 10-32 所示为江苏省皂河泵站剖面图。该泵站选用 6HL 型立式大型混流泵,其转轮直径为 5.7 m,设计扬程 7.0 m,设计流量 97.5 m^3/s,额定转速 75 r/min,配套功率 7 000 kW。由于该站采用了钟形进水流道和出水蜗壳形式,从而使水泵机组的轴向长度大为缩短。除皂河泵站外,安徽驷马山引江工程等也采用这种泵房形式。

在日本,大型立式混流泵站的应用更加广泛。三乡、北千叶第一、南烟等排水泵站都采用了钟形进水、蜗壳出水的泵房形式。如图 10-33 所示为三乡排水泵站的剖面图,该站安装直径 4.6 m 混流泵 3 台,3.6 m 混流泵 1 台,3.0 m 混流泵一台。

2) 大型立式轴流泵机组

以往,因为轴流泵的扬程很低,叶轮出口的环流量较小,一般都是用轴向导叶将水流导成轴向。而很少用蜗壳出水形式。但在日本,出水蜗壳在大型立式轴流泵中的应用已经很普遍了。如日本的日光川泵站、蒲田津排水泵站、新井乡川排水泵站等大型泵站全部采用了这种泵房形式。大型立式轴流泵出水蜗壳研制成功,对缩短水泵轴向尺寸,节省工程投资有着重要的意义。

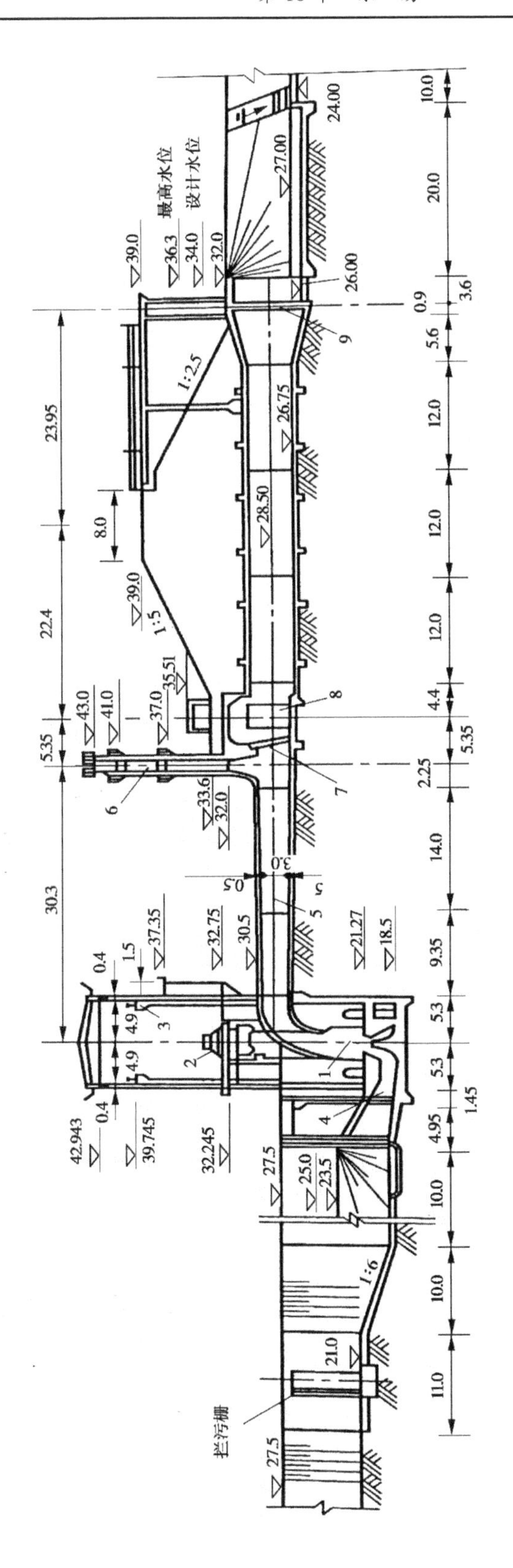

1—水泵;2—电动机;3—桥式吊车;4—钟形进水流道;5—直管式出水流道;
6—调压塔;7—拍门;8—灌溉闸门;9—防洪闸

图10-30 湖南省坡头泵站剖面图(钟形进水流道、支管出水、压力水箱并联输水) (单位:m)

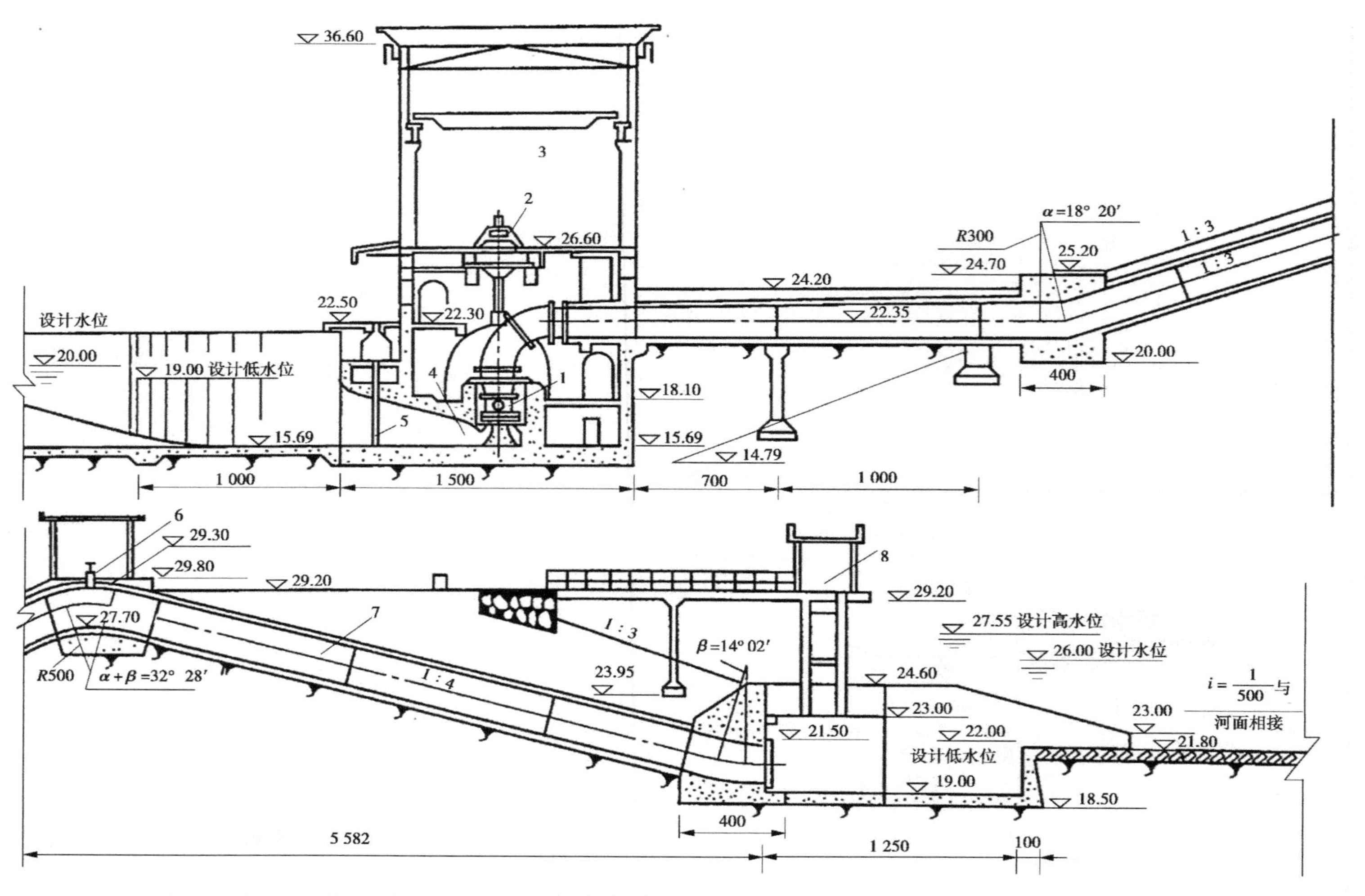

图 10-31　湖北省黄陂后湖泵站剖面图(钟形进水、虹吸出水流道及堤后式泵站)　(单位:高程,m;尺寸,cm)

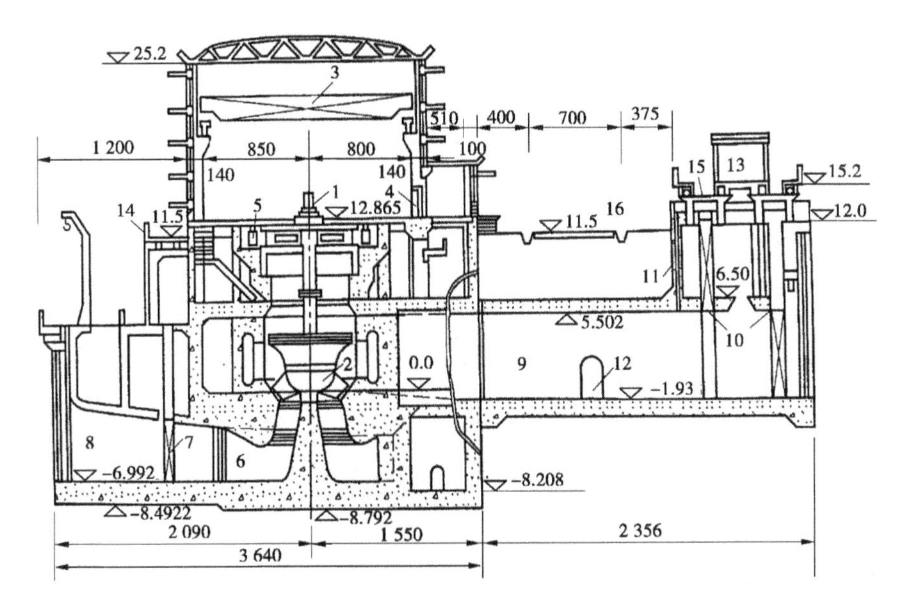

1—电动机;2—混流泵;3—吊车;4—开关柜;5—空气冷却器;6—钟形进水流道;
7—检修闸门;8—拦污栅;9—出水流道;10—出口液压闸门;11—通气孔;
12—进人孔;13—油压机室;14、15—工作桥;16—公路

图10-32　江苏省皂河泵站(钟形进水-蜗壳出水泵房)　(单位:高程,m;尺寸,cm)

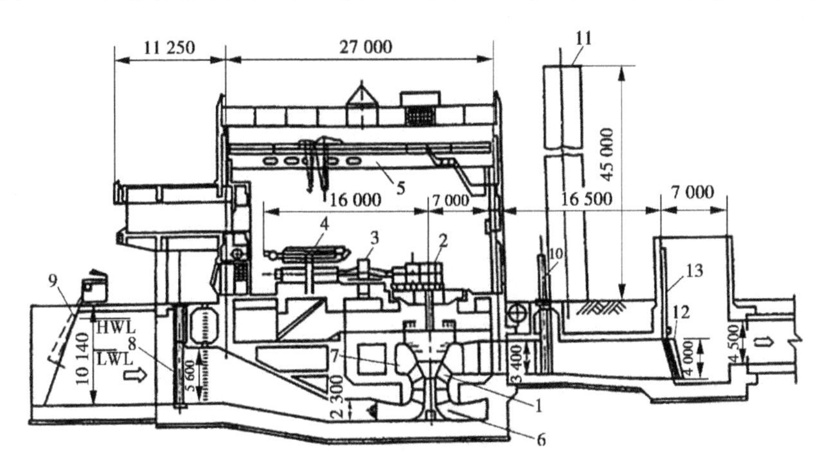

1—混流泵;2—齿轮减速器;3—液力联轴器;4—柴油机;5—吊车;6—钟形进水流道;
7—出水蜗壳;8—检修闸门;9—清污机;10—出水闸门;11—烟囱;12—拍门;13—通气孔

图10-33　日本三乡排水泵站　(单位:mm)

图10-34为日本爱知县日光川排水泵站。该泵是水泵叶轮直径为4.6 m的大型轴流泵,也是日本最大的轴流泵之一,有87 r/min和92 r/min两挡转速,扬程分别为7.1 m和3.7 m,流量分别为75 m^3/s和27 m^3/s,动力机为柴油机,相应功率为5 485马力(1马力=0.735 5 kW)和5 800马力。另外,由于该站的扬程不高,泵房可以满足抗滑稳定的要求,因此采用了河床式的布置形式,从而缩短了出水流道的长度,进一步节省了工程投资。由于采用了直管式的出水流道和油压快速闸门的断流方式,泵房结构简单,施工方便。

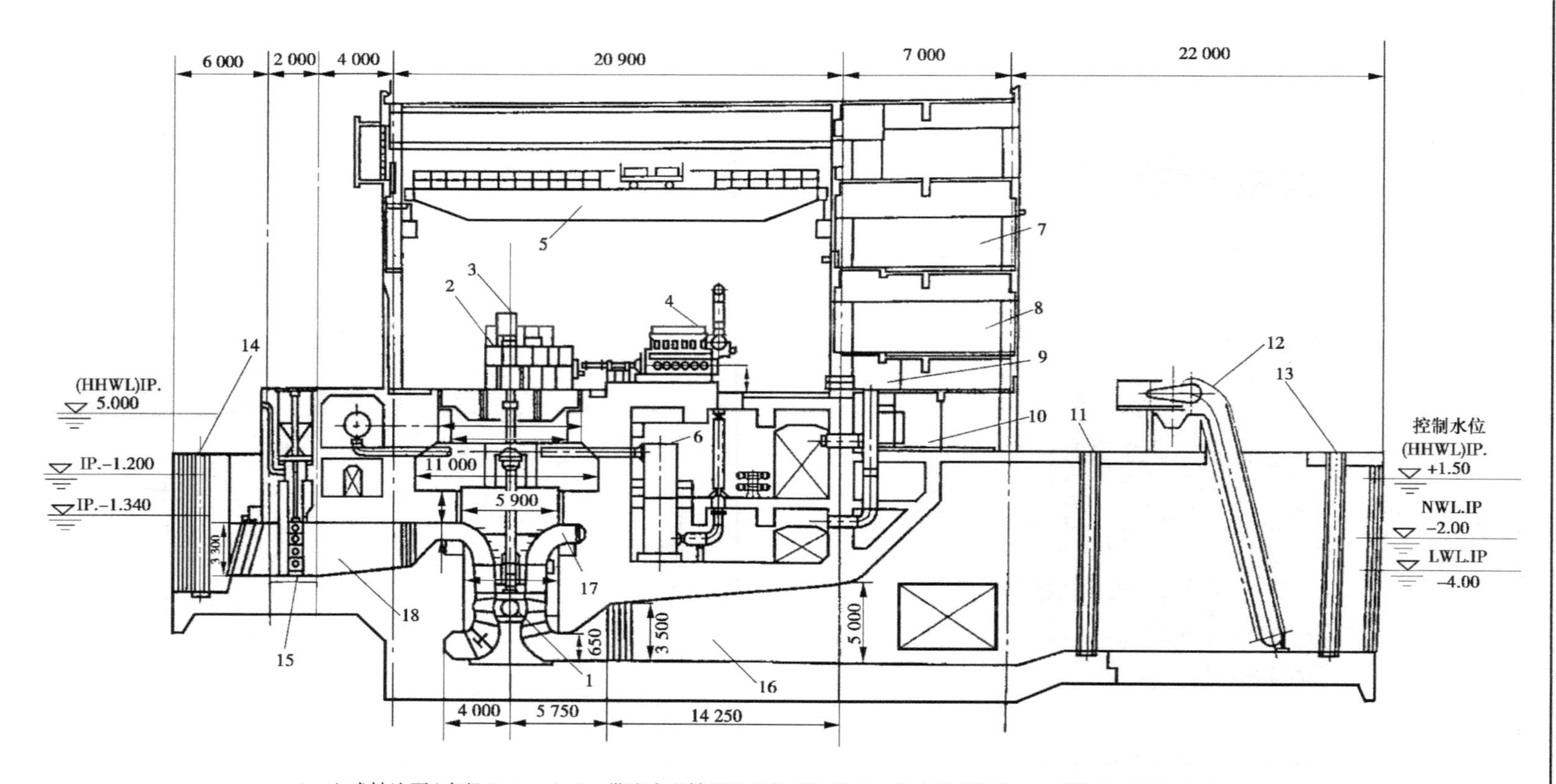

1—立式轴流泵(直径 4.6 mm);2—带液力联轴器的齿轮减速器;3—叶式调节装置;4—柴油机(5 800 马力);
5—桥式吊车(主吊 50 t,辅吊 20);6—消音器;7—控制室;8—电气室;9—换气管室;10—换气装置室;
11、13、14—叠梁检修闸门;12—自动清污机;15—油压快速闸门;16—钟形进水流道;17—出水蜗壳;18—出水流道

图 10-34 日本爱知县日光川排水泵站 (单位:高程,m;尺寸,mm)

3)大型立式机组串并联

钟形进水、蜗壳出水式块基型泵房还可以用于水泵串并联的装置形式。对于出水侧水位变化幅度较大的排水工程,常常出现水泵选型困难的问题。如果按设计水位选型,因多年平均水位较低,机组经常处于低效运行,会增加泵站的运行费用。如果按多年平均扬程选型,则在最高扬程时水泵工作点可能处于不稳定的驼峰区段,机组振动大,甚至无法启动或运行。对于这种情况,一般可以采用机组串并联的装置形式。以往,大型轴流泵的串并联是很少见的,但日本的印幡排水泵站(见图10-35)却利用钟形进水和蜗壳出水解决了大型轴流泵的串并联问题。

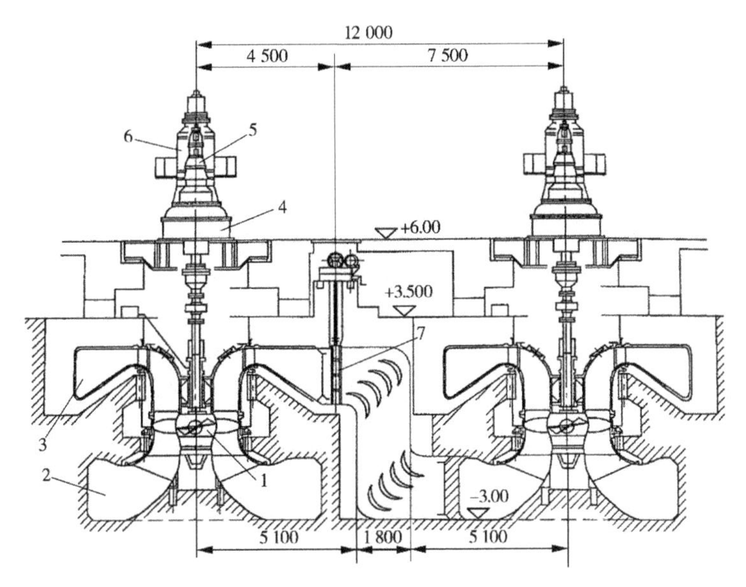

1—2.8 m主水泵;2—钟形进水流道;3—出水蜗壳;4—龄轮减速机;
5—叶片调节机构;6—主电动机;7—闸门

图10-35　日本印幡排水泵站　(单位:高程,m;尺寸,mm)

图10-35中所示的1号和2号机组之间除有各自通向出水池的出水流道外,还有1号机组的出水流道与2号机组的进水流道相连的通道。当该通道的闸门7打开,1号机组出水流道的闸门和2号机组进水流道的闸门关闭,同时打开1号机组进水闸门和2号机组出水闸门时,两台机组即可实现串联运行;关闭闸门7,打开各自的进水闸门即可实现机组并联运行。

对于扬程变化大的排水泵站,可按多年平均扬程效率最高的原则选泵,用最高扬程两台泵串联运行校核。这样就可以在多年平均扬程时水泵单独运行(并联运行),保证泵站运行费用最低;当扬程增高引起机组振动时则应转换为串联运行,以确保泵站安全运行。

对于灌排结合的泵站,当灌溉和排水的扬程相差较大时,也可以采用串并联的装置形式。当然,在串联时,由于流道弯曲较多,阻力损失较大,装置效率较低,但因为运行时间较短,对全年的运行费用影响较小,然而却很好地解决了机组安全、稳定运行的问题。

6."X"形进水流道的块基型泵房

采用立式机组双向进水流道的块基型泵房同时具有自排自灌和提排提灌多项功能的

闸站结合形式。图 10-36 为安徽省凤凰颈泵站。该站共选用 6 台立式半调节轴流泵机组,其中 2 台 3,1ZLB39-3 型,比转数为 1 250,另外 4 台为 3. 1ZLB39-改型,比转数为 1 000。两种泵型的下列参数均相同:叶轮直径为 3. 1 m,额定转速为 150 r/min,设计流量 40 m^3/s,效率为 88. 6%。进出水流道为"X"形双向流道。当与巢湖相同的西河水位高于长江水位需要排水时,可以开启闸门 6、8,实现自流排水。当长江水位高于西河水位时,同样开启闸门 6、8,也可以实现自流引水灌溉。当西河侧水位低于长江水位需要排水时,则可开启闸门 6、9,关闭闸门 7、8,开动水泵机组,实现机电排水(提排)。当长江水位低于西河水位时,开启闸门 7、8,关闭闸门 6、9,开动水泵机组,实现机电灌溉(提灌)。

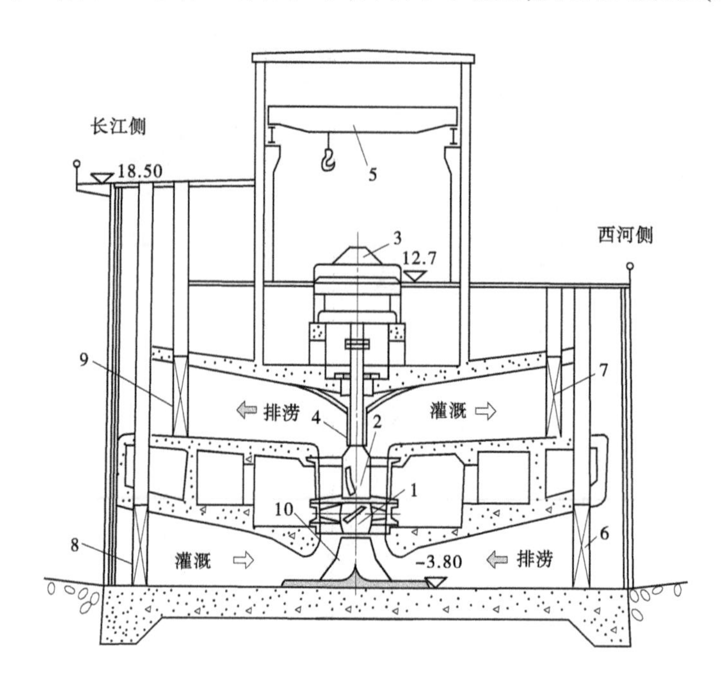

1—3. 1 m 水泵叶轮;2—水泵导叶体;3—2 200 kW 电动机;4—主轴护管;5—桥式吊车;6、7、8、9—闸门;10—导水锥

图 10-36　安徽省凤凰颈泵站　(单位:m)

和具有同样功能的泵站和双向自流排水闸分建的水力枢纽相比,此工程的主要优点是工程投资省,运行管理方便。而主要缺点是流道内水流紊乱,机组振动和噪声大,轴承磨损快,给管理带来很大麻烦。在进水流道加导水锥,可以改善水泵进口的流态,避免流道内产生涡带,但并不能消除机组振动和轴承的快速磨损。经实践摸索,在水泵的出水侧增加轴承套管后,可以避免该处脉动压力传至轴承,有效解决了该机组振动和磨损问题。

另外,"X"形双向流道的四道闸门都必须满足双向止水的要求,而且其中的两道出水闸门还必须满足启动和突然停机时要求的开启和关闭速度。因此,通常都是将出水闸门做成油压控制的快速闸门。尽管采取了很多技术措施,在生产实践中闸门漏水、开启和关闭速度不能满足要求的情况仍然时有发生。因此,加强对闸门的研究工作,对"X"形流道的泵站有重要意义。

7. 蘑菇形双向进水流道的块基型泵房

在排灌泵站中,蘑菇形出水流道可以用于双向进出水的泵站工程,如图10-37所示。其同样可以通过闸门的不同调度,实现自排自灌、电排电灌的多项功能。与图10-36所示的"X"形双向流道不同,它是用真空破坏阀破坏真空来断流,因此出水口无须选用快速闸门,从而降低了对闸门的设计要求,可节省投资外,还可提高泵站运行的可靠性。

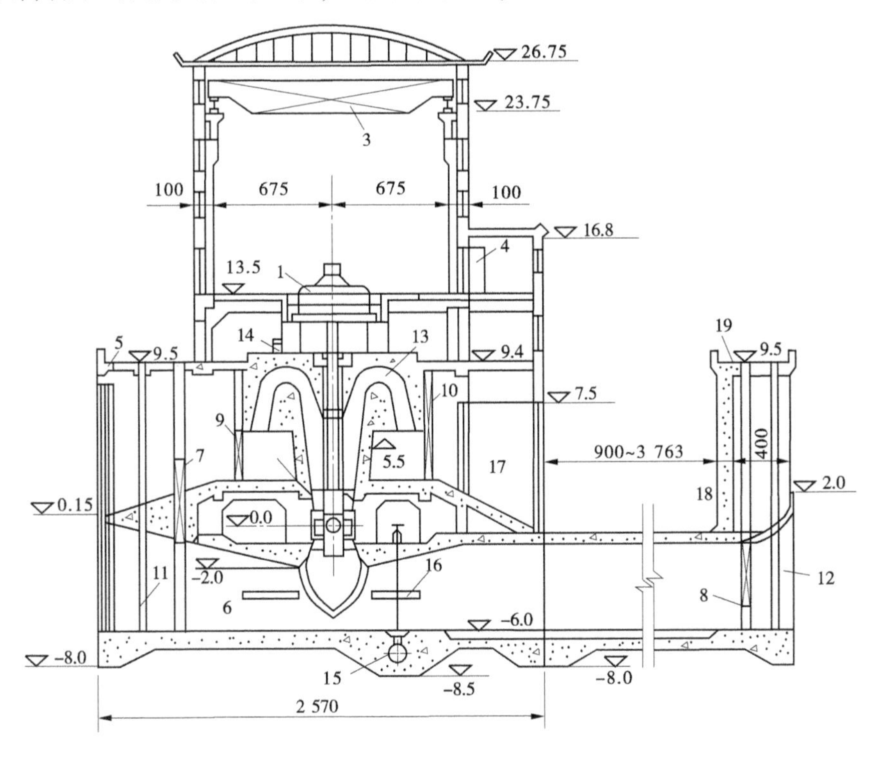

1—电动机;2—水泵;3—吊车;4—开关柜;5、19—工作桥;6—涵洞式双向进水流道;
7、8—进水闸门;9、10—出水闸门;11、12—拦污栅;13—蘑菇形虹吸式出水流道;
14—真空破坏阀;15—排水管;16—导流隔墩;17—导流墩;18—渡槽

图10-37 蘑菇形双向流道块基型泵房 (单位:高程,m;尺寸,cm)

另外,蘑菇形泵站也可以用于调水工程。图10-38为苏联某向上游调水的河床式低扬程泵站。该站采用了肘形进水、蘑菇形出水的流道形式,选用了3台扬程为11 m、流量为15 m^3/s的轴流泵机组。泵站与泄洪用的溢流坝段相结合,水泵的叶轮安装在单独设置的垂直竖井内。在泄洪期间,可以充分利用溢流坝段泄洪,减少工程投资。进水流道布置在溢流坝段内,安装检修时可以从竖井中起吊水泵叶轮,也可以经廊道将叶轮吊起。

蘑菇形出水流道也是虹吸式出水流道的一种,在其顶部应安装真空破坏阀,停机时自动打开进入空气,截断水流,防止机组倒转。

8. 立式潜水电泵机组块基型泵房

随着潜水电泵的大型化,块基型泵房又有了新的形式。图10-39为河北省叶三拨泵站的大型立式潜水电泵块基型泵房。该泵站为了进行潜水电泵和常规轴流泵对比,选用

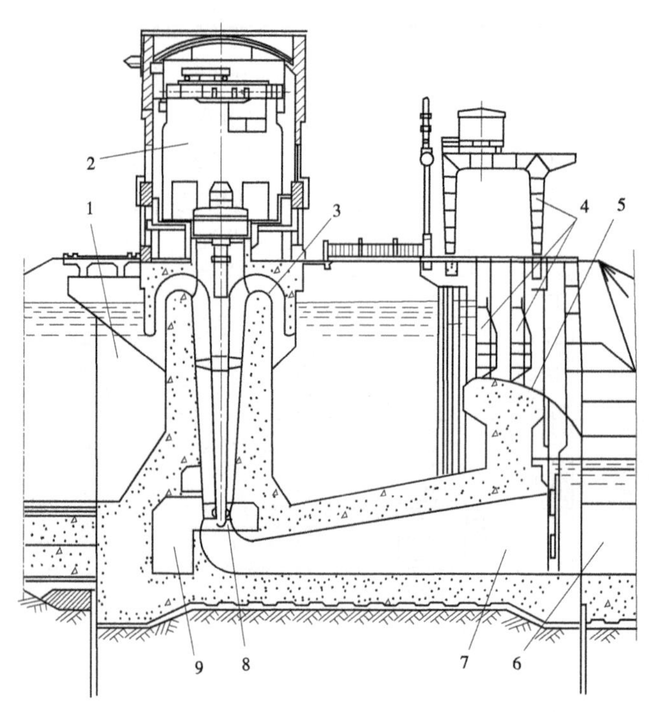

1—上游;2—主泵房;3—蘑菇形虹吸式出水流道;4—溢流坝上的机械设备;5—溢流坝顶

图 10-38　肘形进水、蘑菇形出水的块基型泵房

了 3 台潜水电泵和 4 台常规轴流泵机组。潜水电泵为直径 1.4 m,额定转速 370 r/min,设计流量 5.6 m^3/s,扬程 2~6 m 的立式井筒式自耦式潜水泵。实际运行证明,潜水电泵不仅安装检修方便,而且泵站结构简单,改善了泵房底板的地基应力,抗滑稳定条件好。经综合比较,潜水电泵方案可节省投资 16.7%,其中土建部分节约 28.5%。应该指出的是,泵房的上层建筑是因为常规轴流泵而建的,对于潜水电泵而言,即使要建上部泵房,也只需满足电气设备和控制室设备布置的要求即可,并不需要如图 10-39 所示的高度和宽度。另外,出水流道的高程也是按照常规轴流泵的要求确定的,由于流道出口较高,在泵站运行时拍门可能高出水面,不仅会浪费能量,增加运行费用,而且还可能使拍门关闭不严。为此,在拍门附近还设有溢流堰。

10.1.4.3　斜式机组块基型泵房

大型轴流泵和导叶式混流泵有斜式结构。立式泵的进出水流道的转弯角度均为 90°,而斜式泵的进出水流道转弯角度一般小于 45°。因此,斜式泵的装置效率一般较高。同时,斜式泵一般采用泵壳中开的结构,安装检修比立式泵方便。斜式机组的电动机位置较高,具有与立式机组同样的通风良好的优点。另外,斜式水泵机组的泵房结构简单,造价较低。因此,安装大型斜式机组的块基型泵站发展很快。图 10-40 为斜式轴流泵。

1. 45°斜轴泵机组的块基型泵房

图 10-41 为内蒙古红圪卜泵站,该图所示的是 45°斜轴泵机组的块基型泵房,广东省顺德市的桂畔海泵站也采用这种泵房形式。红圪卜泵站安装的是直径为 2.5 m 的斜轴式轴流泵机组,水泵转速为 167 r/min,设计扬程为 2.6 m,单泵流量为 16.5 m^3/s,配套功率为 630 kW。

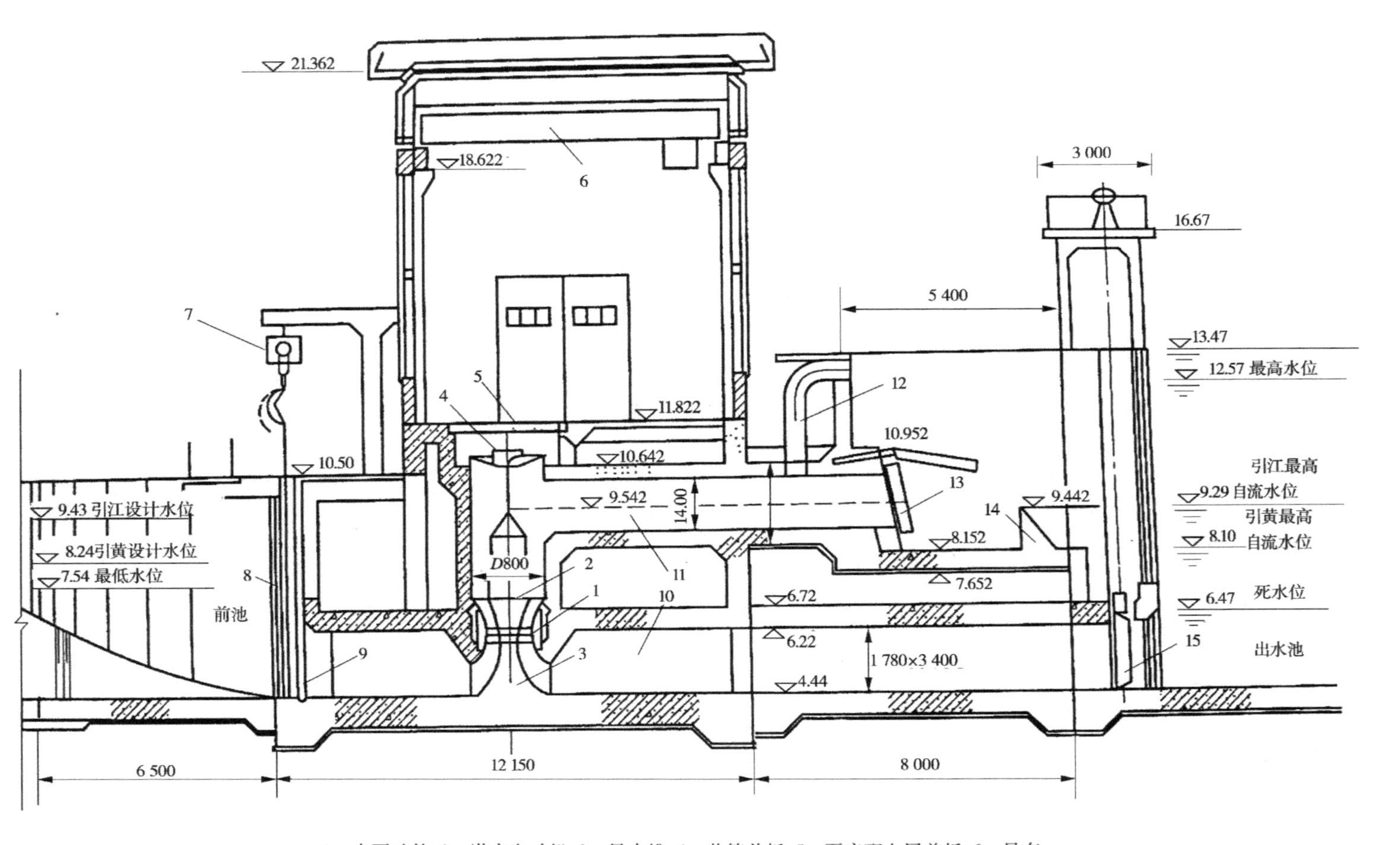

1—水泵叶轮；2—潜水电动机；3—导水锥；4—井筒盖板；5—泵房配电层盖板；6—吊车；

7—抓斗式清污机；8—拦污栅；9—闸门；10—自流涵洞；11—出水流道；12—通气管；13—拍门；14—溢流堰；15—闸门

图10-39 河北省叶三拨泵站 （单位：高程，m；尺寸，mm）

图 10-40　斜式轴流泵

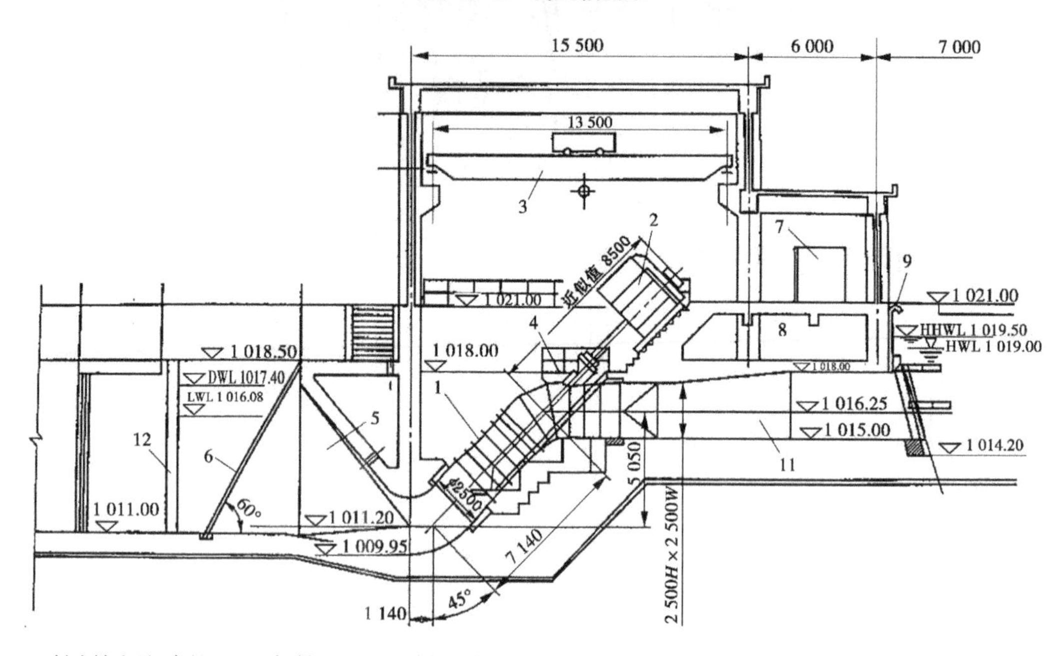

1—斜式轴流泵(直径 2.5 m,倾斜 45°);2—同步电动机(630 kW);3—桥式吊车(20 t);4—网纹板;5—肘形进水流道;6—拦污栅;7—配电盘;8—电缆间;9—通气管(φ150);10—拍门;11—直管式出水流道;12—检修闸门

图 10-41　内蒙古红圪卜泵站　(单位:mm)

水泵和电机之间没有减速器,从而减小了机组轴向尺寸。由于轴的倾斜,使进出水流道的弯曲角度变小,减小了流道的阻力损失。斜式机组的泵房高度比立式机组的小,而泵房宽度则小于卧式机组,均介于立式机组和卧式机组之间,并兼有立式机组泵房和卧式机组泵房的优点。

2. 15°斜轴泵机组的块基型泵房

当水泵直径很大和泵站扬程很低时,采用 45°斜轴泵机组,在不降低水泵安装高程的情况下,可能会出现出水流道出口高出最低水位的情况。这样将会增加水泵的运行扬程和运行费用。当然,此时可以将出水流道的出口降低,即将直管式出水流道改为虹吸式,但这样又会增加工程量和投资。另外,采取降低水泵安装高程的办法,也可以使直管式出水流道的出口保持在出水池最低水位以下,避免扬程和运行费用的增加,但仍会增大泵房和进水池的开挖深度,加大土建工程量和工程投资。而减小水泵机组的倾斜角度成为解决上述有效问题的有效办法。

倾斜角度的减小还可以进一步改善进水流道的水流条件,因此一般认为,倾斜角度小,泵站装置效率高。但应注意的是,随着倾斜角度的减小,机组的轴向尺寸随之增加,为了缩短斜轴泵的轴向尺寸,往往在出水流道又要形成一个"S"形向下转弯并逐渐扩大的弯管。根据有关三维流动计算结果,在该弯曲部分和水平扩散段容易产生漩涡,增加出水流道的阻力损失,甚至引起机组振动。如何选择倾斜角度仍是一个需要进一步研究的课题。

图10-42为采用15°斜轴泵机组的块基型泵房的上海太浦河泵站。泵房内布置有6台轴流泵,叶轮直径为4.1 m,转速为80 r/min,设计扬程为1.7 m,单泵流量为50 m³/s。

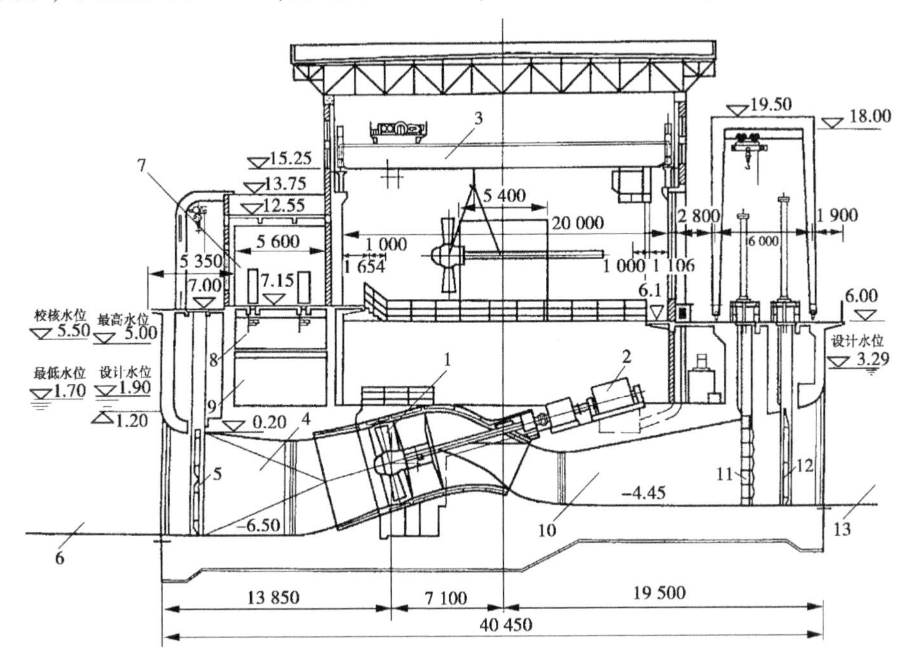

1—15°斜轴轴流泵;2—电动机(630 kW);3—桥式吊车(32 t/5 t);4—进水流道;5—进口检修闸门;6—进水池;7—配电室;8—电缆层;9—辅机室;10—出水流道;11—多叶拍门;12—快速闸门;13—出水池

图10-42　上海太浦河泵站　(单位:高程,m;尺寸,mm)

与图10-40对比可知,图10-42的进水流道转弯角度较小,但出水流道中增加了一个弯道,这是影响其装置效率的重要因素。

10.1.4.4　卧式机组块基型泵房

卧式机组泵房的主要优点是泵房高度小,工程投资较省,机组安装方便等。以下主要介绍重要的几种。

1. 轴伸泵机组的块基型泵房

图10-43为广东省斗门县的西安泵站剖视图。该站选用了后轴伸式卧式(猫背式)轴流泵。水泵型号为30ZWB-30,叶轮直径为3.0 m,设计扬程为3.0 m,设计流量为36.7

m^3/s,配套功率为 1 600 kW。

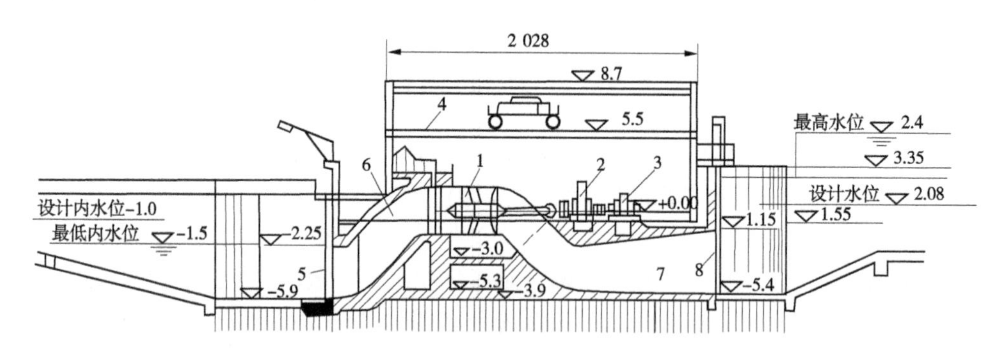

1—3.0 m 主水泵;2—减速箱;3—1 600 kW 电动机;4—桥式吊车;
5—机修闸门;6—进水流道;7—出水流道;8—油压快速闸门

图 10-43　广东省西安泵房剖视图　(单位:高程,m;尺寸,cm)

实际上,在世界各国都有不同形式的卧式轴伸式机组的块基型泵房。图 10-44 是荷兰某泵站,该站选用了直径为 3.6 m 的卧式轴流泵,并采用柴油机和齿轮传动装置与之配套。该站虽然结构比较复杂,但具有自流排水和水泵机械排水双重功能,是一种闸站结合的泵房形式,使得枢纽工程投资大大减小。当出水侧水位高于进水侧时,可将逆止门 9 放下,开启水泵机组即可实现机械排水。当出水侧水位低于进水侧时,可将逆止门吊起,并打开进出水各闸门即可实现自流排水,从而可以减少泵站的运行费用。

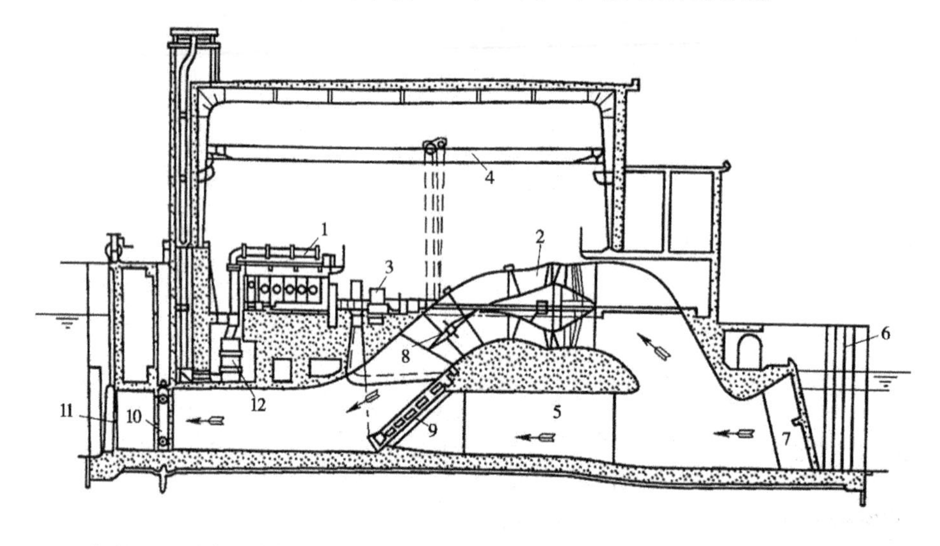

1—柴油机;2—卧式后轴伸式轴流泵(直径 3.6 m);3—齿轮减速箱;4—桥式吊车;5—自流涵洞;
6—进口检修闸门;7—拦污栅;8—蝶阀;9—逆止门;10—快速门;11—检修门;12—消音器

图 10-44　荷兰某泵站

以上两种泵房都是采用后轴伸式卧式泵机组。图 10-45 为乌克兰第聂伯-顿巴斯干渠泵站所采用的一种前轴伸卧式机组。该泵的主轴从进水侧伸出,虽然泵轴对水泵进水条件有所影响,但其出水流道无须向下弯曲,不仅可以使出水流道较顺直,减小出水流道阻力损失,而且还可以提高流道出口和出水池的底板高程,降低工程投资。但应注意,这种折线形向上翘起的出水流道，在流速大时，在转折处也容易产生漩涡，增加阻力损失。

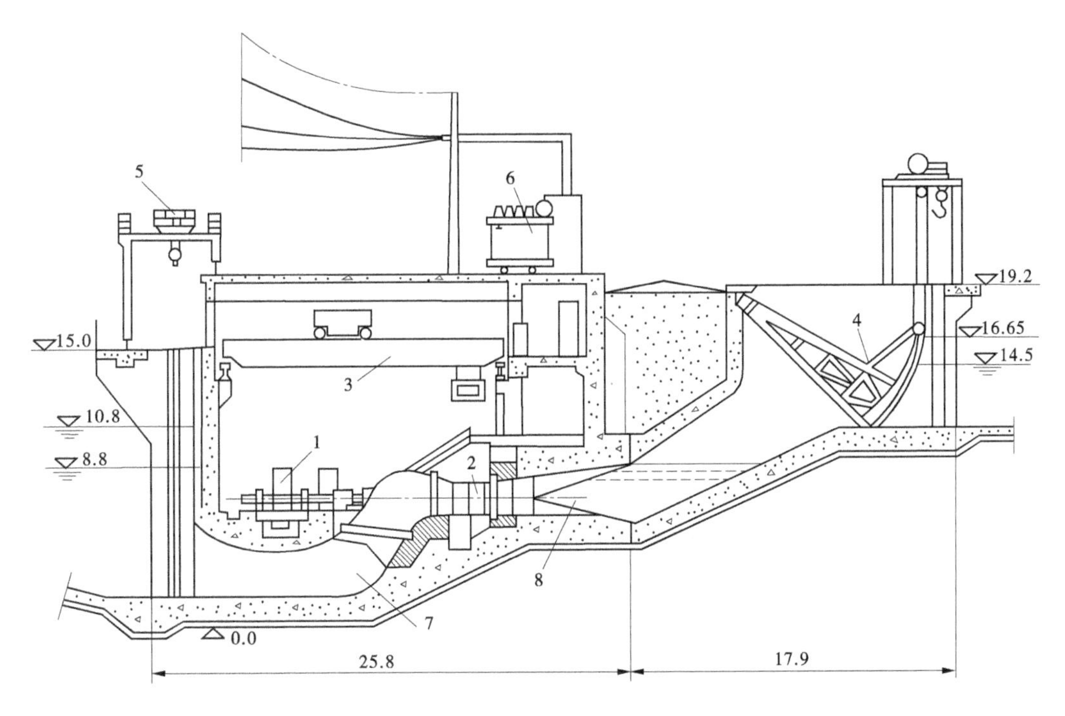

1—电动机；2—前轴伸卧式轴流泵（直径 2.2 m）；3—桥式吊车；4—弧形快速闸门；
5—检修闸门吊车；6—变压器；7—进水流道；8—出水流道

图 10-45　乌克兰第聂伯-顿巴斯干渠泵站　（单位：m）

为了避免出现流道的向下弯曲，又能确保水泵具有较好的进水条件，还有平面“S”形的布置方式。广东省顺德市的大门滘泵站就是采用了“S”形流道布置方式，其水泵口径为 1.6 m，单机流量 7.4 m^3/s，装机功率 360 kW（见图 10-46）。

2. 贯流式机组的块基型泵房

贯流式机组的块基型泵房的结构简单。一般，电动机位于进水池水位以下，泵房高度很低，甚至可以省去主泵房的上部结构，用移动式门式起重机即可解决机组安装和检修的起吊问题。控制室只需要按配电要求修建，因此可以大大节省工程投资。另外，贯流式机组的进出流道都是直管式的，阻力损失小，流道装置效率较高。

图 10-46　平面“S”形卧式轴流泵

1）灯泡式贯流机组的泵房

该形式的泵房主要特点是电动机及其传动装置都设在水泵的灯泡体内。进出水流道顺直，阻力损失小，工程投资省。但因为灯泡体的存在，增加了泵内的流动损失。为此，缩小灯泡体直径是提高水泵效率的重要途径。而灯泡体的直径又与电动机的直径有直接关系,因此选择高速、细长形电动机和齿轮减速机是该水泵装置的关键技术。图 10-47 是日本新川河排水泵站剖面图。该站选用了直径 4. 2 m 的大型后置灯泡式贯流泵,额定转速 68 r/min,设计扬程 2. 7 m,设计流量 40 m^3/s,配套功率 1 300 kW。灯泡体直径 3. 6 m,进水流道直径 4. 8 m,出水流道直径 4. 2 m。

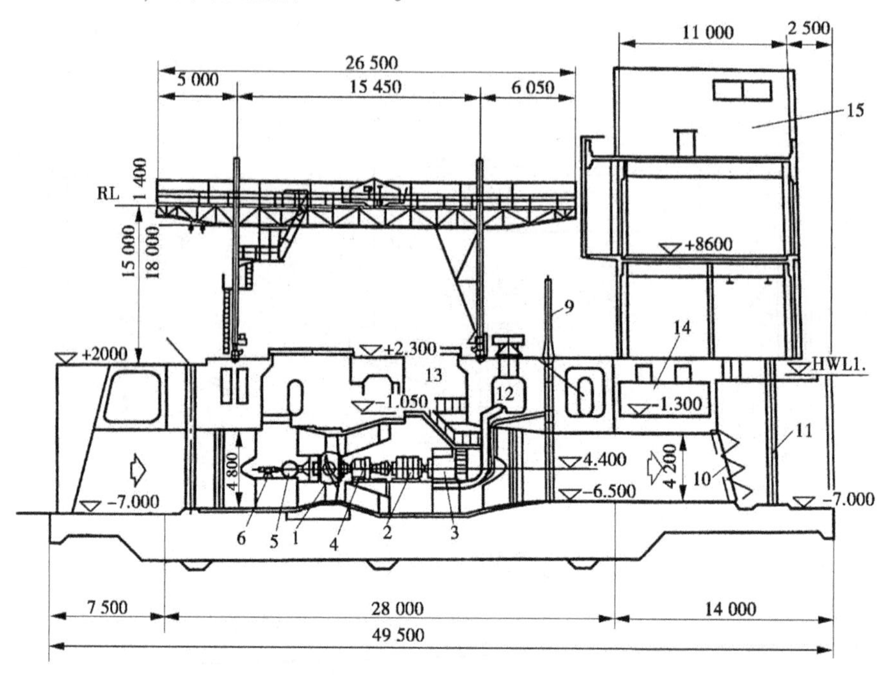

1—4. 2 m 主水泵;2—星形齿轮减速箱;3—1 300 kW 主电动机;4、5—轴承;6—叶片调节装置;
7—叠梁闸门;8—拦污栅;9—油压滚动闸门;10—多瓣式拍门;11—出口叠梁闸门;12—通风道;
13—支柱兼通道;14—电缆道;15—控制室;16—门式吊车(25 t/7. 5 t)

图 10-47　日本新川河排水泵站剖面图　(单位:高程,m;尺寸,mm)

灯泡式贯流泵还可以用于排灌两用和抽水发电两用的多功能泵站。图 10-48 为法国朗斯潮汐电(泵)站剖面图。该站采用的是双向转动和双向流水的机组,具有排灌两用,抽水和发电两用的多种功能,能适应六种运行工况。

该站装置 24 台 10 MW 的灯泡式机组,口径 5 350 mm,转速 93. 75 r/min。转轮与灯泡内的电机直联,不用变速装置。电机直径 4. 35 m,可用作电动机或发电机。灯泡内用两个压力的空气冷却。正向或反向发电,水头范围 3 ~ 11 m,出力 3. 2 ~ 10 MW,正向或反向抽水,扬程范围 1 ~ 6 m,输入功率 10 MW 时,各种扬程的抽水流量达 225 ~ 100 m^3/s。

该机组是以发电为主设计的,正向作为水轮机用时最高效率达 87%,反向作为水泵用时最高效率为 66%。如果考虑以抽水为主,对叶轮叶型加以适当修改,就能提高作为水泵用时的效率。该站自 1967 年开始运行以来,各种方式实际运行良好。

图 10-49 为德国德策姆抽水蓄能电(泵)站的剖面图。该站也是采用灯泡式贯流泵机组。这是一处低水头抽水蓄能电(泵)站,建于 1962 年,装置 4 台可逆式灯泡机组,口径 4. 2 m,因考虑兼作水泵,转轮用 6 个叶片,转速 92. 5 r/min,正向发电水头范围 3. 5 ~ 8. 7

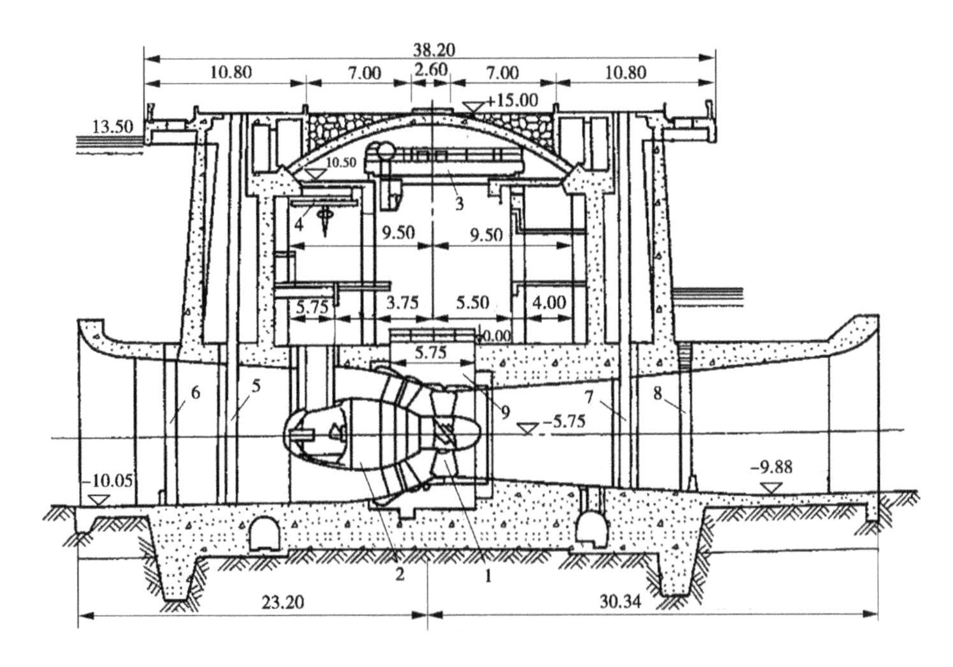

1—转轮;2—灯泡体;3—桥式吊车;4—辅助吊车;
5、7—工作闸门槽;6、8—检修闸门槽;9—通道

图10-48 法国朗斯潮汐电(泵)站剖面图 (单位:m)

m,设计水头6.83 m,过流量95 m^3/s。出力5.75 MW,在70%~80%出力时最高效率91.5%。反向抽水扬程8.5~9.8 m,在扬程9.15 m时抽水45 m^3/s,输入功率5.6 MW,效率72.3%。在水泵水轮机与750 r/min的发电电动机之间,装有行星齿轮变速器改变转速。正向发电时由92.5 r/min提高至750 r/min,反向抽水时由750 r/min降低至135 r/min。

以上几种形式的灯泡贯流泵机组均采用了齿轮变速装置和叶片调节机构,虽然使电动机的转速加快,体积减小,有利于缩小灯泡体的直径,但也增加了机组的复杂性。目前也有采用电动机直接传动和电动机变频调速技术,使机组构造得到简化。

图10-50为荷兰爱莫顿泵站剖面图,它是采用变频调速技术的块基型泵站。该泵站安装了4台口径为4.0 m的后置灯泡贯流泵,最大扬程为2.3 m,设计扬程为1.2 m,设计流量为37.5 m^3/s,额定转速为64.3 r/min,配套功率为970 kW。当流量减小到23.5 m^3/s时,转速可降至48.2 r/min。该装置未采用齿轮变速装置,而采用低频低速异步电动机。电源频率为50 Hz,经变频器变为16.5 Hz或12.35 Hz,以适应水泵低转速要求。这种电动机也减小了体积和重量,安放电动机的灯泡体外壳直径为3.0 m,水泵进口直径为4.0 m。灯泡段的直径扩大到5.0 m,包括水泵叶轮室和灯泡段在内的机组总长度为6.83 m,总质量145 t。泵房为设有150 t吊车的露天式泵房,可安装起吊整个机泵设备。

2)全贯流泵的块基型泵房

全贯流泵又称电机泵,如图10-51所示。该水泵机组是水泵和电机合二为一,电机、水泵同轴,电动机的转子和水泵的叶轮结合,即将电机转子线圈布置在水泵叶片的外缘,

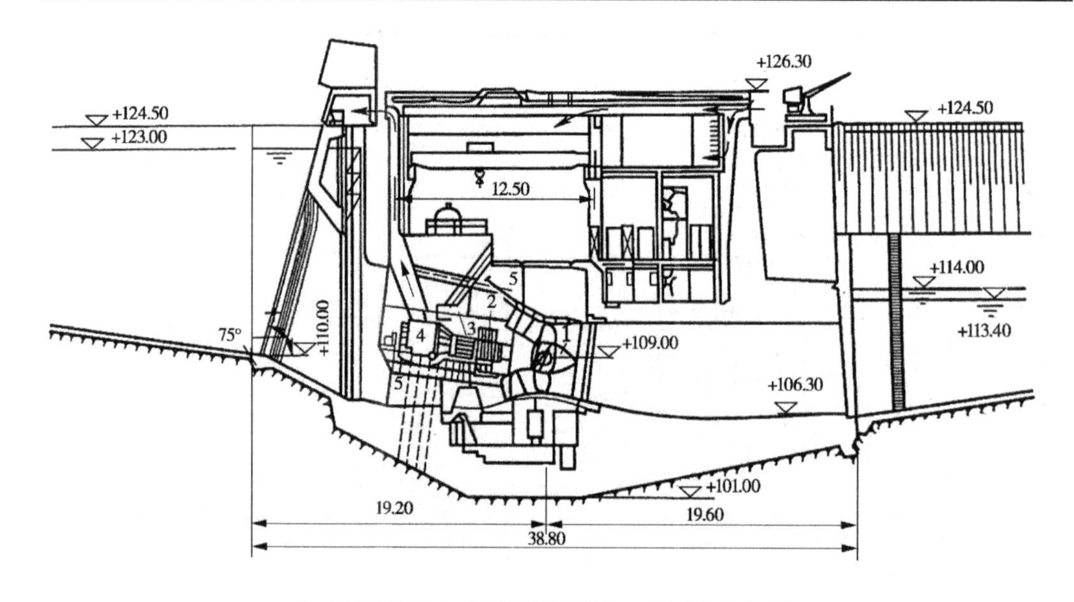

1—水泵水轮机;2—行星齿轮减速器;3—逆向齿轮变向器;

4—发电电动机;5—预应力锚杆

图 10-49　德国德策姆抽水蓄能电(泵)站剖面图　(单位:m)

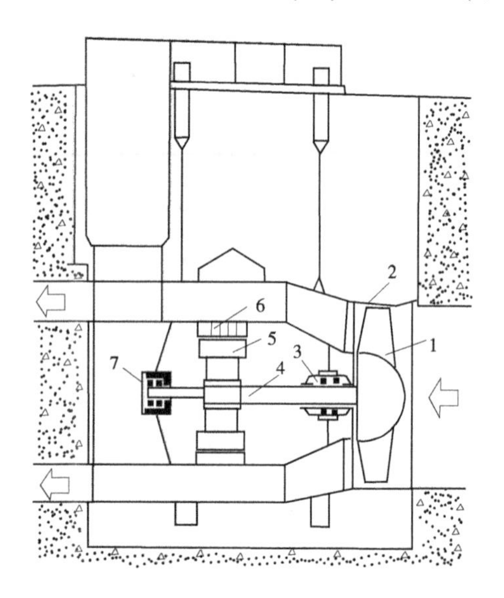

1—泵叶轮;2—叶轮外壳;3—径向轴承;4—主轴;

5—电机转子;6—电机定子;7—推力轴承

图 10-50　荷兰爱莫顿泵站剖面图

轴向尺寸最短,机组结构紧凑,构造简单,灯泡体直径小,进出水流道平直,又可双向抽水,工程造价低。电机的定子和转子均在水中,实际上相当于大型潜水电泵,故要求电机绕组具有更高的绝缘等级。另外,因电机的定子和转子之间存在间隙,对水泵和电机效率均有影响,故机组效率较低。有待进一步研究改进。

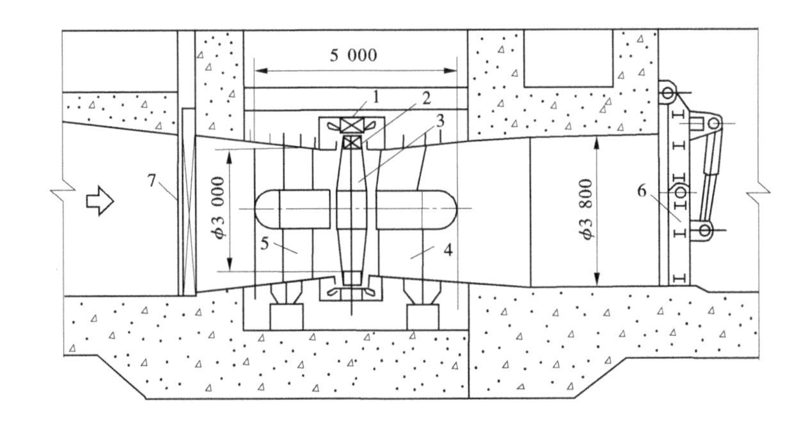

1—电机定子;2—转子与叶轮;3—水泵叶轮;4—后导叶;5—前导叶;6—拍门;7—检修闸门

图 10-51　电机泵　(单位:mm)

10.2　泵房内布置及主要尺寸确定

泵房通常由主机房、配电间(包括主控室)、修配间和交通道四大部分组成。泵房内部布置得是否合理对泵房施工,机电设备安装、检修,运行管理以及工程造价等都有很大的影响。

泵房内部布置应符合下述规定:①满足机电设备布置、安装、运行和检修的要求;②满足泵房结构布置的要求;③满足室内通风、采暖和采光的要求,并符合防潮、防火和防噪声等技术规定;④满足室内外交通运输的要求;⑤注意建筑造型,做到布置紧凑、整齐、适用和美观。

泵房内部布置和尺寸确定与主机组类型密切相关。安装卧式机组的泵房(如分基型泵房和干室型泵房)的平面尺寸通常是根据其内部设备布置和安装上的要求确定的;安装立式机组泵房(如湿室型泵房和块基型泵房)的平面尺寸通常是根据其进水结构(如进水池和进水流道)而确定的。无论是安装卧式机组还是安装立式机组的泵房,其立面尺寸都是根据主机组运行和安装上的要求确定的。通常安装卧式机组的泵房,其主泵房均为单层建筑;而安装立式机组的主泵房均为多层建筑。

除主设备的布置外,泵房布置还应考虑以下因素:

(1)安装在机组周围的辅助设备、电气设备及管道、电缆沟等的布置应避免交叉干扰。

(2)泵房对外至少应有两个出口,其中一个应能满足运输最大部件或设备的要求。

(3)副厂房中控室应考虑防尘地面。

(4)泵房窗户应根据泵房内通风、采光和采暖的需要合理布置,严寒地区采用双层玻璃。向阳面窗户宜有遮阳设施。

(5)泵房屋面可根据当地气候条件和泵房内通风、采暖要求设置隔热层。

(6)泵房的耐火等级不应低于二级。泵房内应设消防设施,并符合现行国家标准《建筑设计防火规范》和《水利水电工程设计防火规范》的规定。

(7)泵房内允许噪声标准不得大于 85 dB(A),中控室允许噪声标准不得大于 65 dB(A),若超过上述标准,应采取必要的降声、消声或隔音措施,并应符合现行国家标准《工业企业噪声控制设计规范》(GB/T 50087—2013)的规定。

10.2.1　分基型泵房和干室型泵房的机组布置及尺寸确定

10.2.1.1　室内设备布置

1. 主机组

按水泵的类型和数量,主机组一般有单列式和双列式两种布置形式。

1)单列式布置

单列式布置是最常用的一种布置形式。各机组轴线位于一条直线上,如图 10-52(a)所示。这种布置形式的优点是简单、整齐,泵房跨度小,既适用于卧式机组,也适用于立式机组;缺点是当机组数量较多时会导致泵房过长,前池和进水池也会相应地加宽。为了缩短泵房长度,可采用如图 10-52(b)所示的机组相对布置形式。对于单级单吸离心泵或混流泵则应采用如图 10-52(c)所示的泵轴线平行的布置方式。如图 10-53 所示为矩形干室型泵房主机组单列式布置,所选用的是单级双吸卧式离心泵。

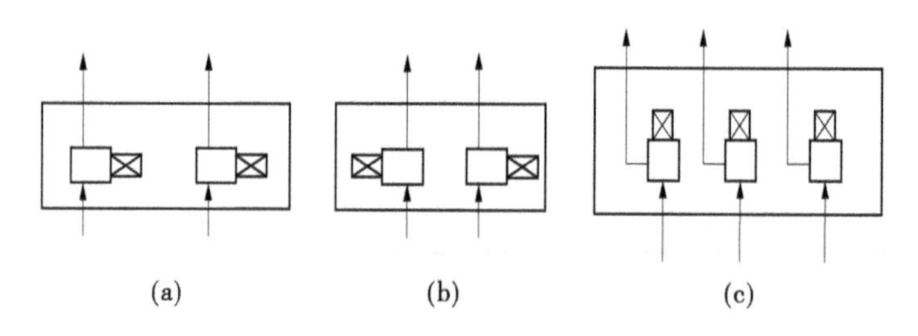

图 10-52　单列式布置

2)双列式布置

当机组数目较多,泵房长度受到限制,要采用圆筒形泵房或者需要在深挖方和深水中建站,需要尽量缩短泵房长度和减小前池、进水池的宽度时,可采用如图 10-54 所示的双列交错式布置形式。

双列式布置是将水泵机组排成两列,而且相互交错,故可以缩短泵房长度,但增加了泵房跨度,泵房内部显得零乱,给管理操作和设备检修带来不便。

在上述的机组单列相对布置形式中和双列式交错布置形式中均有些电动机位于水泵的右侧(按水流方向),而另一些则位于左侧,故在水泵订货时必须加以说明。

当减小长度所节省的投资大于增加跨度所增加的投资时,双列交错式布置的优越性开始显现出来。为了进一步减小泵房的跨度,选用立式机组会取得显著效果。图 10-55 为采用立式机组的矩形干室型泵房主机组布置横剖面图,其中水泵为立式沅江 48-28 型,扬程为 27.9~40.7 m,流量为 3.12~4.3 m^3/s,转速为 495 r/min。配套动力为 2 000 kW 的 JSL-2000-12 型立式异步电动机。泵房长度方向的机组间距为 6.0 m,跨度方向的机组长度为 8.0 m。与卧式机组相比,不仅可以缩短泵房长度,而且还可以减小泵房跨度。如另一规模相当的泵站选用卧式 Sh48-22A 型水泵,JL143/49-12 型电动机,尽管采用了双列交错式布置,使得机组在长度方向的机组间距和立式机组接近,但泵房跨度却增大了2.4 m。

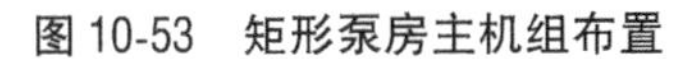
图 10-53 矩形泵房主机组布置

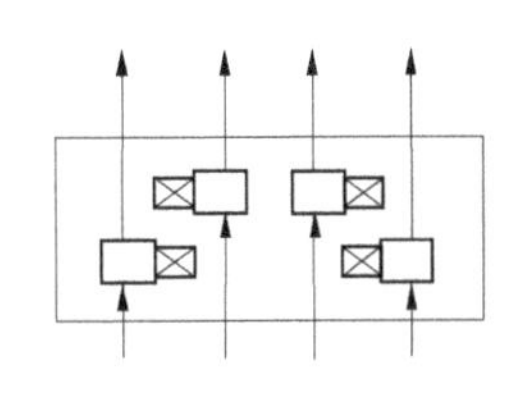

图 10-54 双列交错式布置

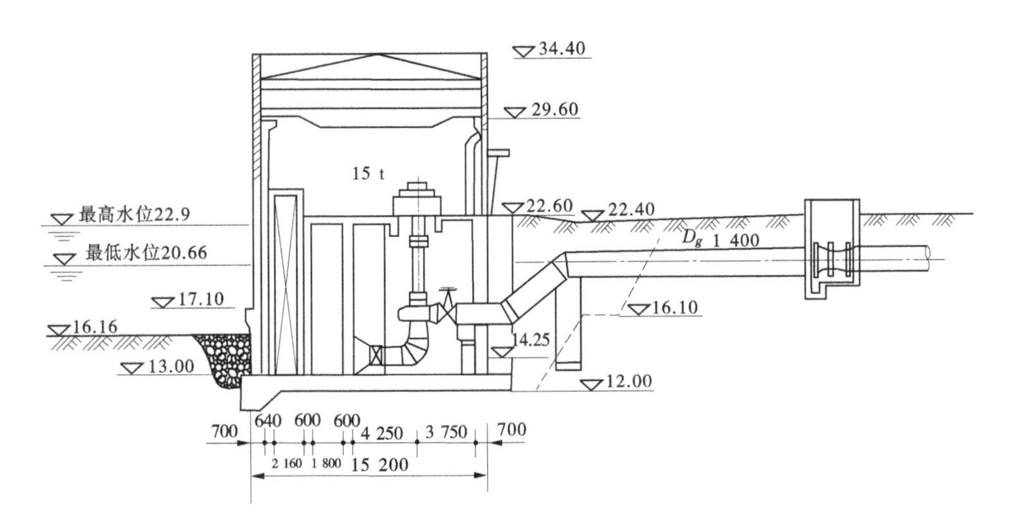

图 10-55 矩形干室型泵房主机组布置横剖面图

(立式机组单列式布置,单位:高程,m;其余,mm)

在主机组布置时应注意间距须符合要求。对于卧式水泵,单列式布置时,相邻机组之间的净距不应小于1.8~2.0 m。双列布置时,管道与相邻机组之间的净距不应小于1.2~1.5 m。对于就地检修的电动机应满足转子抽芯要求,同时还应该满足进水喇叭管在进水池中布置的要求。边机组的布置应满足起吊、楼梯、交通道布置的要求。

对于竖井式干室型泵房,为了尽量减小泵房面积,应尽量选用立式机组和采用交错式机组布置形式。图 10-56 为圆形干室型泵房立式机组单列式布置图。

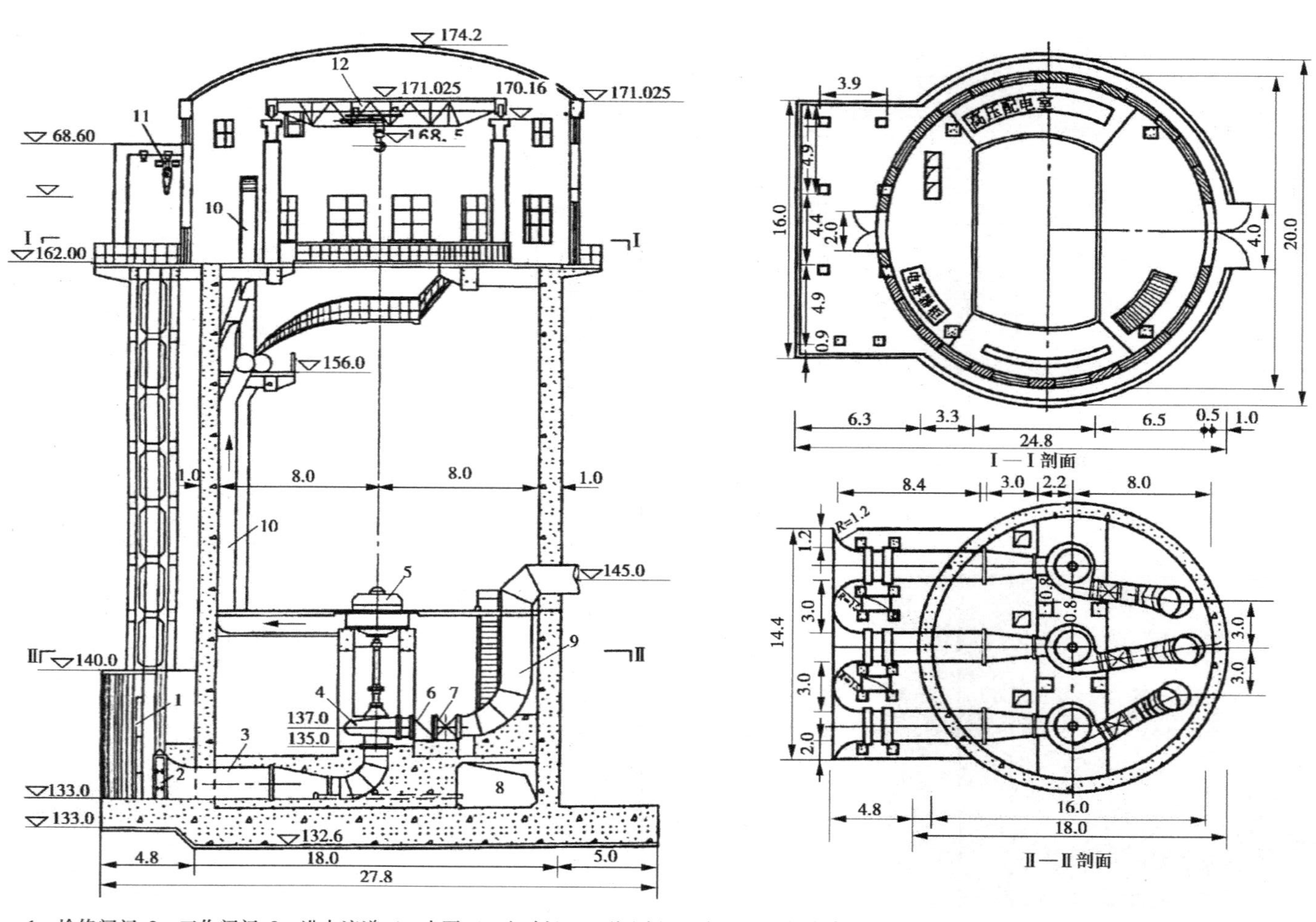

1—检修闸门;2—工作闸门;3—进水流道;4—水泵;5—电动机;6—逆止阀;7—闸阀;8—排水廊道;9—出水管;10—出风管;11—启闭机闸门;12—吊车

图 10-56　圆形干室型泵房立式机组单列式布置　（单位:m）

圆形干室型泵房常采用与进水出池合建的形式。图 10-57 为进水池与泵房合建的机组布置平面图。进水池分为两个部分,中间用带有闸阀的管道连通,当其中任一台机组的检修阀需要检修时,或因其他原因需要检修其中一半水池时,可以关闭闸阀,另一半水池还可以继续工作。图 10-58 为进、出水池均与泵房合建的机组布置形式。

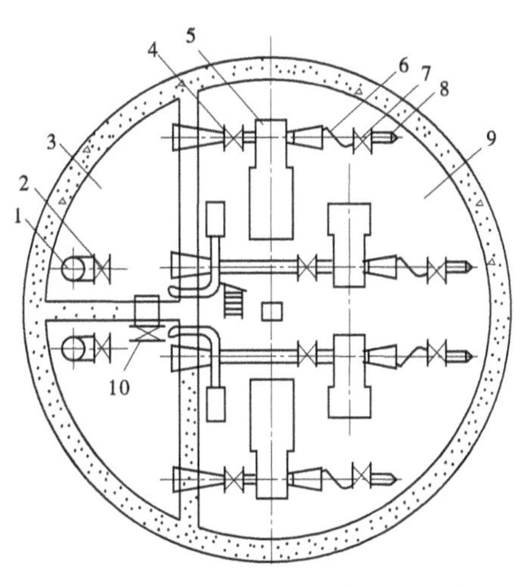

1—虹吸引水管;2—闸阀;3—进水室;4—检修闸阀;5—水泵机组;6—逆止阀;7—出水阀;8—出水管;9—水泵室;10—连通阀

图 10-57 与进水池合建的干室型泵房

2. 配电设备

1)布置形式

机电设备布置形式有集中和分散两种。分散布置时,一般将配电盘放在两台电动机之间靠墙的空地上,这时泵房跨度无须加宽。集中布置时,根据其在泵房中位置,又有两种形式:

(1)一端式布置。

在泵房进线一端设配电间或副厂房,这是工程上普遍采用的一种形式,尤其适用于机组台数较少的泵站。其优点是泵房跨度小,进出水侧都可以开窗,有利于通风采光。但机组数目太多时,低压配电导线较长。

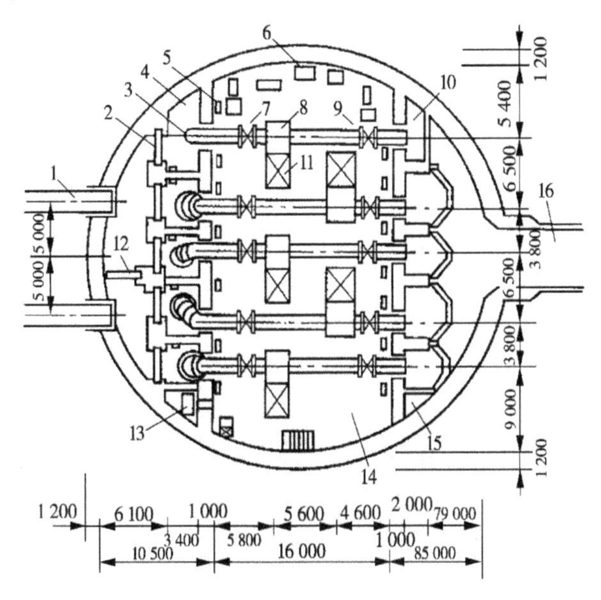

1—引水管;2—进水闸门;3—进水管;4—进水间;5、6—风管;7—检修阀;8—水泵;9—出水阀;10—出水室;11—电动机;12—进水室连通闸门;13—电梯;14—水泵室;15—电缆室;16—渠道

图 10-58 与进、出水池合建的干室型泵房 (单位:mm)

(2)一侧式布置。

将配电设备布置在泵房的一侧(进水侧或出水侧),一般在出水侧布置得较多。其优

点是当机组台数较多时,低压配电导线较短,但泵房的跨度需加大。对于大型机组,其跨度的增大引起的结构尺寸和工程投资增大较多。为了弥补此缺点,可沿泵房跨度方向凸出一部分作为配电间(或副厂房),这样就不会增加主厂房的跨度,比较经济。一侧式布置的主要缺点是通风、采光条件较差,配电间或副厂房建于水泵出水支管之上,一旦出现问题,检修非常困难。

2)布置要求及规定

配电间或副厂房的尺寸应根据配电柜的数目及规格尺寸,电气设备布置、安装、运行和检修等要求确定,且应与主泵房总体布置相协调。对于主电动机单机容量在 630 kW 以下,且机组台数在 3 台以下的泵站,可只建配电间,其内放置高、低压开关柜。对于主电动机容量在 630 kW 及以上,其机组台数不少于两台的泵站,一般应建副厂房,副厂房一般包括高压开关室、低压开关室、变频器室、中控室、配电室、维修室以及当主变压器或站用变压器放置在室内的变压器室等。配电间和副厂房的室内布置均应符合电气规范的有关规定。

配电柜分高压和低压两种。低压柜可采用成套设备,其外形尺寸一般为宽×深×高=900 mm×600 mm×2 140 mm。单面维护的,可靠墙布置;双面维护的,要离墙布置。柜后需要留出 0.8 m 的通道,以利于检修。高压开关柜一般采用成套设备,适用电压为 10 kV,其外形尺寸一般为宽×深×高=1 200 mm×1 200 mm×3 100 mm。柜前一般需要不小于 1.5 m(低压)及 2.0 m(高压)的操作宽度。

配电间的地板应略高出泵房地板,防止积水流向配电间。有时其高度可与泵房内交通走道相同。配电间一般应单设一个外开的便门,以备发生事故之用。

对于立式机组的多层干室型泵房,应将配电设备布置在上层楼板上,以利于通风防潮和运行管理。但不能布满整个泵房,以便于底层设备或部件的吊装。

3. 检修间

机组的检修应尽量利用机组间的空地。若为检修需要增加机组间距,进而影响工程投资,可考虑另设检修间。检修间一般设在靠近大门的一端,其平面尺寸要求能够放下泵房内部的最大设备或部件,并便于拆卸,同时还要留有余地存放工具等。在检修间除放置电动机转子外,还应留有运输最重件的汽车进入泵房的场地,其长度可取机组长度的 1.0~1.5 倍。检修间应满足一台机组安装或扩大性大修的需要。

矩形干室型泵房的检修间下层可以作为地下室,利用其布置附属设备,必要时也可不开挖,以缩小干室面积,节省工程投资。

对于圆形泵房,由于室内设备布置比较紧凑,原地检修困难,通常可以在上层楼板进行小修,需要大修时,应运出泵房外进行。

4. 交通道

泵房内的主要交通道是沿泵房长度方向布置的,以便于工作人员工作(巡视检查等)行走。其宽度应不小于 1.5 m。走道一般设在出水侧,并高出地板一定高度,以便于跨越管道和闸阀的操作。进水侧安装有检修闸阀的也可设置交通道。

机坑较深的干室型泵房应设置交通楼梯,其规格应符合消防规定。大型泵站和重要泵站还应设置交通电梯。

5. 充水、技术供水系统

充水系统包括充水设备(如真空泵机组)及抽气干支管,技术供水系统一般包括润滑、水封、冷却供水干支管道、管路设备及管件等。这些管道的布置以不影响主机组检修、不增加泵房面积、便于工作人员操作为原则。一般布置在检修间和进水侧中部的空地上,抽气和供水干管可沿机组基础地面铺设,也可以架空布置,然后再用支管与各台设备相连。

6. 排水系统

排水系统用来排除水泵水封用的废水、电机和轴承等设备冷却水以及管阀漏水等。泵房地坪应有向前池倾斜的坡度(一般为2%左右),并设排水干、支沟。支沟一般沿机组基础布置,但应与电缆沟分开,以免电缆受潮。废水沿支沟汇集于干沟中,然后穿过墙壁自流入进水池。当没有自排条件或为了加速排水时,泵房内也可专设排水泵进行抽排,这时积水通过排水干沟汇入集水井中,其位置应与排水泵的位置结合考虑,通常设在泵房的较低处。

在干室型泵房中,进水池水位往往高于水泵,为了便于检修,水泵的进、出水管道上均应设闸阀及泄水管。为了及时排除泵房内的渗水、泵体和阀门漏水以及排除检修时泵体和管道内的积水,必须设置排水泵进行机械抽排,且排水泵不应少于两台。为了加强泵房地下或水下结构的防渗能力,要求对泵房地下部分的侧墙和底板进行防渗处理。

10.2.1.2　泵房尺寸的确定

1. 泵房宽度

泵房宽度应根据泵体的大小,进出水管路及其阀件的长度,安装检修及操作所必须的空间,并考虑进出水侧走道宽度等要求而确定。其宽度也应与定型的屋架或吊车跨度相适应,并符合工业厂房建筑模数的要求。

如图10-59所示,泵房内的进出水管道通常都采用法兰连接的金属管(钢管等),以避免漏气、漏水和方便拆装。因为进出水支管的直径一般都大于水泵的进、出口的口径,所以在水泵进口需要安装一个偏心渐缩接管$b_{接1}$,出口需要安装一个同心渐扩接管$b_{接2}$。出水支管阀件的位置可以根据具体情况确定。逆止阀通常置于室内,但为了便于检修,应先装逆止阀后装闸阀。为了方便闸阀的拆卸,闸阀后往往接一短管$b_{接4}$,其他尺寸按设计要求而定,但$b_{净1}$需满足拆装管路的要求空间。

另外,逆止阀上需安装旁通阀时,其前后应各接一节短管;对水泵进水管低于进水池最高水位的泵站,水泵进水支管上还应安装检修闸阀。

水泵、阀件和各管段的总长度即为泵房应有的最小宽度,据此,结合建筑模数即可确定泵房的跨度(宽度)。

2. 泵房的长度

泵房的长度主要根据主机组台数、布置形式、机组间距、边机组长度和安装检修间的布置等因素确定,并应满足机组吊运和泵房内部交通的要求。机组间的间距一般可根据电机功率和或机组额定流量确定,同时要考虑电机的电压等级,如表10-4所示。机组基础长度L'加上净间距b即为机组中心距L,该值应等于每台水泵要求的进水池宽度与池中隔墩厚度之和,如图10-60所示。两者如不一致,可通过调整间距来统一。机组中心距也就是泵房的柱距(开间)。在有配电间和检修间的泵房中,配电间和检修间的开间可取

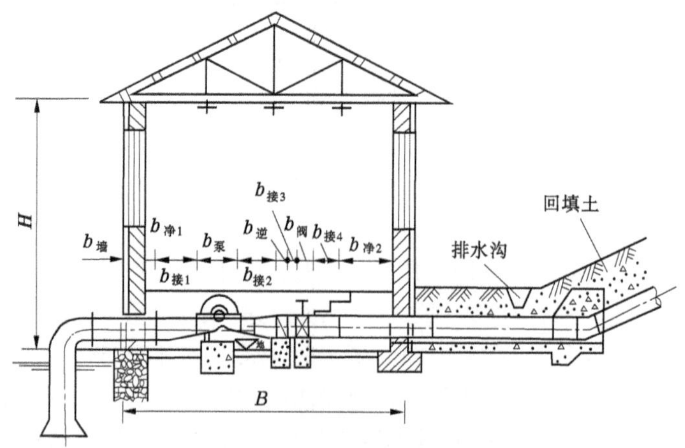

图 10-59　泵房宽度组成

与机组间的开间相同,或者根据设计需要确定。

表 10-4　泵房内部设备间距

机组功率(kW)		部位	基本要求	最小间距(m)
电机功率	≤55	机组或基础间距 机组或基础与墙壁	保证泵轴或电机转子 检修时拆装	0.8
	>55			1.2
设备布置情况		机组额定流量(m^3/s)		
		<0.5	0.5~1.5	>1.5
设备顶端与墙间(m)		0.7	1.0	1.2
设备与设备顶端(m)		0.8~1.0	1.0~1.2	1.2~1.5
设备与墙间(m)		1.0	1.2	1.5
平行设备之间(m)		1.0~1.2	1.2~1.5	1.5~2.0
高低压电机之间(m)		1.5	1.5~1.75	2.0

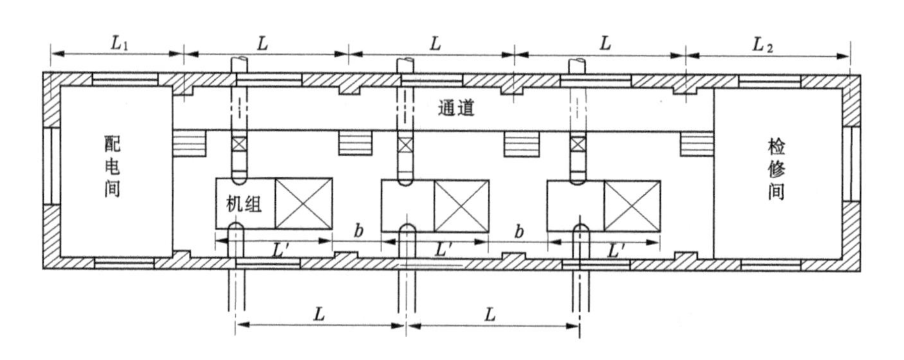

图 10-60　泵房长度组成

3. 泵房高度

下面以矩形干室型泵房为例，说明泵房中各高程的确定，如图10-61所示。

1) 水泵安装高程$\nabla_{安}$确定

水泵的最大安装高程即水泵叶轮安装基准面的高程$\nabla_{泵}$，对卧式水泵为泵轴线所在的水平面，对立式泵则为叶轮进口的上缘所在的水平面。由式(10-4)或式(10-5)可以求出水泵的允许吸上高度$H_{允吸}$，由此可以根据泵站进水池最低水位$\nabla_{低}$，用下式求出水泵的最大安装高程$\nabla_{泵}$，即

$$\nabla_{泵} = \nabla_{低} + H_{允吸} \tag{10-11}$$

式(10-11)计算的水泵安装高程是水泵汽蚀性能允许的最高安装高程。一般情况下，水泵的实际安装高程$\nabla_{安}$应等于或低于$\nabla_{泵}$，原因有二：

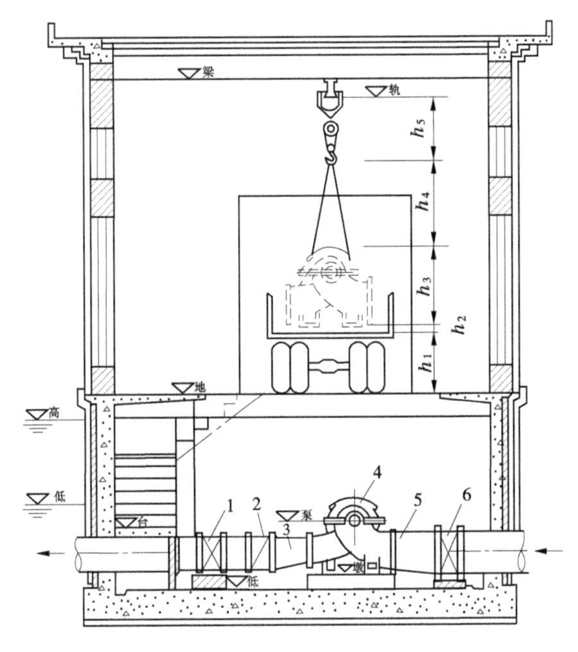

1—出水闸阀；2—缓闭逆止阀；3—渐扩管；4—水泵；5—偏心渐缩管；6—检修闸阀

图10-61 确定泵房高度示意图

其一，泵站运行经验证明，水泵安装高程低一些，可以增强水泵的抗汽蚀性能和过流部件的抗磨损能力，延长水泵的使用寿命，提高水泵的运行效率，对抽取浑水的大中型泵站，尤其明显。

其二，大型水泵或汽蚀性能较差的水泵，水泵的允许吸程$H_{允吸}$还可能是负值，此时就会出现水泵安装高程$\nabla_{泵}$低于进水池最低水位$\nabla_{低}$的情况，此时就无须抽真空启动，可减少附属设备，简化启动操作，有利于运行管理。即使是在水泵的$\nabla_{泵} > \nabla_{低}$的情况下，在工程投资增加不是很大的情况下，仍然可以采用降低水泵安装高程的办法，来满足泵站简化启动程序的要求。

采用负吸程安装的泵站工程，水泵的实际安装高程除应满足式(10-11)的条件($\nabla_{安} \leqslant \nabla_{泵} = \nabla_{低} + H_{允吸}$)外，还应满足以下条件：

对于卧式水泵机组，在$\nabla_{泵} = \nabla_{低}$时，最低水位时水泵叶轮因淹没一半，另一半叶轮和蜗壳为空气，因此在启动时还有一个排气过程，机组可能会出现噪声和振动现象，所以对大型卧式水泵，应按式(10-12)确定水泵的安装高程：

$$\nabla_{安} \leqslant \nabla_{低} - D/2 \tag{10-12}$$

式中 D——水泵叶轮直径。

对于立式水泵机组，在$\nabla_{泵} = \nabla_{低}$时，最低水位时泵内水位在叶轮进口上缘处，以上直至蜗壳顶部均为空气，因此不满足自启动条件，为此，应按式(10-13)确定水泵安装高程：

$$\nabla_{安} \leqslant \nabla_{低} - h \tag{10-13}$$

式中 h——立式泵叶轮上缘至蜗壳顶部的高度。

2) 水泵基础顶面高程$\nabla_{墩}$

水泵基础顶面高程$\nabla_{墩}$为水泵的安装高程$\nabla_{安}$减去泵轴线至水泵底座的高度(查水泵产品样本得)。

3) 泵房底板高程$\nabla_{底}$

泵房底板高程$\nabla_{底}$为由水泵基础顶面高程$\nabla_{墩}$减去0.1~0.3 m的安装空间。

4) 闸阀操作台高程$\nabla_{台}$

闸阀操作台高程$\nabla_{台}$应根据闸阀操作手柄的高度和便于操作进行确定。

5) 检修间地板高程$\nabla_{地}$

检修间地板高程$\nabla_{地}$应高于泵房底板高程$\nabla_{底}$,其高程一般和配电间一致,为了防洪安全以及便于汽车运输设备,检修间地板高程应高出最高洪水位和室外地面0.5 m左右。另外,如果考虑利用检修间(或配电间)地板以下空间,则$\nabla_{地}-\nabla_{底}$不应小于2.2 m。

6) 吊车轨道高程$\nabla_{轨}$

吊车轨面高程应保证载重汽车进入检修间装卸设备,所以其高程应根据起吊基点由式(10-14)确定。

$$\nabla_{轨} = \nabla_{地} + \sum_{i=1}^{6} h_i \tag{10-14}$$

式中 h_1——汽车车厢底板离地面的高度;

h_2——垫块高;

h_3——最高设备(或部件)的高度;

h_4——捆扎长度;

h_5——吊车吊钩至轨道面的距离;

h_6——起吊物调离车厢底板的必要高度。

7) 屋面大梁底面高程$\nabla_{梁}$

屋面大梁底面高程$\nabla_{梁}$由吊车轨面高程$\nabla_{轨}$加上轨道(桁车)高度确定。

10.2.2　立式机组布置及泵房尺寸确定

10.2.2.1　**主泵房**

安装立式机组的主泵房通常采用湿室型泵房和块基型泵房。该两种形式的泵房一般为矩形多层结构。开式湿室型泵房大多只有吸水室层(水泵层)和电动机层;闭式湿室型泵房常由吸水室层(水泵层)、出水弯管层和电动机层构成。大型块基型泵房通常分为进水流道层、水泵层、联轴节层(或检修层)和电动机层等四层。

1. 湿室型泵房

湿室型泵房内设备布置比较简单,机组间距和电机层空间主要取决于下层水泵的进水要求和湿室的尺寸,主机组多为一列式布置,考虑到高压进线及对外交通的方便,配电间可以布置在泵房的一端,或者根据具体情况,沿泵房长度方向集中或分散布置。

由于立式轴流泵或混流泵叶轮均淹没于水下工作,故无须充水设备,但是,泵站需配置为水泵上导轴承(多为橡胶轴承)提供润滑水的灌引水设备,其安放位置应根据供水泵的允许吸程确定。另外,还需设有检修水泵时用以抽干湿室内的部分积水的排水设备。

部分上下层之间的设备运送是通过上层楼板上开设的吊物孔垂直吊运的,这样布置也有利于下层的通风采光要求。泵房内应尽量加大窗户面积,如果自然通风条件不良,可以在上层设一些排风扇加强通风。

湿室立式泵房的平面尺寸是依据下层湿室的尺寸确定的,同时也必须满足上层机电设备布置的要求。在设计泵房时两者要协调一致,如果电机层跨度要求比湿室大,那么可以考虑将电机层在结构上做成悬臂。

湿室的设计详见第7章泵站进出水建筑物和第9章泵站进出水流道中的有关内容。

湿室型泵房平面尺寸应根据湿室的要求进行设计,有关机组的间距可参考表10-3。立面尺寸的确定除应满足安装检修和运行管理要求外,还必须满足水泵机组在运行中不发生振动的要求。水泵机组振动的原因有两方面:一是水泵发生汽蚀;二是进水池中的流态,包括水面进气漩涡和水中漩涡。而影响水泵汽蚀和进水池流态的主要原因是水泵叶轮、进水喇叭口的高程及进水池的尺寸(如进口淹没深度、悬空高度、后墙距、池宽等)。下面介绍泵房内几个主要高程的确定,见图10-62。

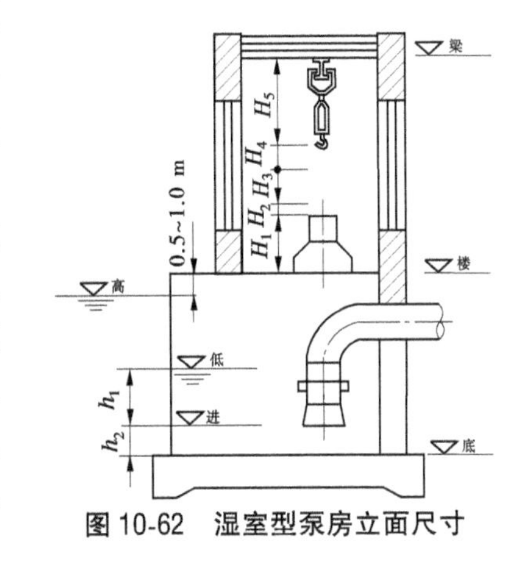

图10-62　湿室型泵房立面尺寸

1)水泵安装高程$\nabla_{安}$

湿室型泵房一般选用轴流泵和导叶式混流泵。近年来,新发展有立式长轴泵和斜流泵(包括单、双吸混流泵和离心泵)、大型潜水泵等。这些泵也可以用于湿室型泵房。

水泵的安装高程仍采用式(10-3)或式(10-4)可以求出水泵的允许吸上高度$H_{允吸}$后,再根据进水池最低水位$\nabla_{低}$,用式(10-11)求出水泵叶轮进口上缘高程(最大安装高程)$\nabla_{泵}$。

对于立式水泵,无论是轴流泵、混流泵还是离心泵,即使是根据水泵的汽蚀性能计算出的允许吸上高度$H_{允吸}$为正值,为了便于启动和改善水泵的运行条件,一般仍将水泵叶轮安装在进水池最低水位以下。水泵的实际安装高程仍应符合式(10-13)的要求,即将水泵蜗壳顶部高程置于最低水位以下。

2)水泵进水喇叭管进口高程$\nabla_{进}$

水泵进水喇叭管进口高程受进水池最低水位控制,可按下式计算

$$\nabla_{进} = \nabla_{低} - h_{淹} \tag{10-15}$$

式中　$h_{淹}$——淹没深度,m。

需要注意的是,立式泵的安装高程除应满足汽蚀和启动要求外,其与进水喇叭管口高程之差$\nabla_{安}-\nabla_{进}$还应满足进水弯管(或进水流道)和水泵结构高度的要求。如不满足应降低喇叭口高程。

3)底板高程$\nabla_{底}$

泵房底板高程由喇叭口高程推算,即

$$\nabla_{底} = \nabla_{进} - h_{悬} \tag{10-16}$$

式中　$h_{悬}$——悬空高度,m。

有些水泵产品样本没有标明允许汽蚀余量或允许吸上真空高度,但在厂家提供的水泵安装图中标明了水泵进水喇叭管口的最小淹没深度和悬空高度,由此也可由进水池最低水位推求喇叭管口、底板的高程,再由水泵结构尺寸反推其最大安装高程。

4)电机层楼板高程$\nabla_{楼}$

一般应按最高内水位加上安全超高(0.5~1.0 m)确定。如果计算的楼板高程$\nabla_{楼}$低于根据水泵和电机轴长尺寸的推算值,则应按后者确定。为了防止地面雨水的进入,电机层楼板应高于室外地面。

5)泵房屋面大梁下缘高程$\nabla_{梁}$

屋架或屋面大梁下缘到电机层楼板的垂直距离即为泵房的高度,应满足起吊最大部件的要求。

$$\nabla_{梁} = \nabla_{楼} + H_1 + H_2 + H_3 + H_4 + H_5 \tag{10-17}$$

式中　H_1——电动机高出电机层楼板高度,若考虑吊件不超过电动机顶部,此项可不计入;

H_2——吊件与电动机的安全距离,一般取0.3~0.5 m;

H_3——吊件的最大竖向尺寸,取电机转子长度及水泵轴长二者中的大者;

H_4——吊钩和吊件之间的吊索长度;

H_5——吊钩与小车轨道顶部距离。

2. 块基型泵房

块基型泵房均为安装大型水泵机组,辅助设备较多,电气设备和控制设备较复杂,因此泵房布置也较复杂。根据不同功能,泵房一般可分为主机房、副厂房、辅机房、检修间、配电间、控制室等。对于虹吸式出流的泵房,还有真空破坏阀室。如前所述,由于机组结构形式的不同,块基型泵房的内部布置也有很大差别,就主泵房而言,安装立式机组的泵房比较复杂,有的可分为四层,即进水流道层、水泵层、联轴器层和电机层。泵站的全部设备,应根据其作用和运行操作要求,布置在上述各层(间、室)的适当部位。

1)主泵房

(1)机组布置及泵房长度的确定。块基型泵房一般采用矩形,水泵机组布置成单列式。主泵房的长度L可按式(10-18)计算:

$$L = nB + (n-1)a + 2c \quad (\mathrm{m}) \tag{10-18}$$

式中　n——主机组台数,台;

B——进水流道进口宽度,m,根据流道设计而定(示意图10-63为钟形进水流道);

a——两台机组间隔墩的厚度,一般采用0.8~1.0 m,通过结构计算确定,如设缝墩,隔墩数与机组数相等;

c——边墩厚度,一般采用1.0~1.2 m,也应通过结构计算决定。

式(10-18)是根据进水流道的宽度及结构要求计算主泵房的长度。但是,还有另外两个条件必须满足,一个是高压电器的安全距离规定,如图10-64所示。一般要求电机间净距不小于1.5 m,亦即满足式(10-19):

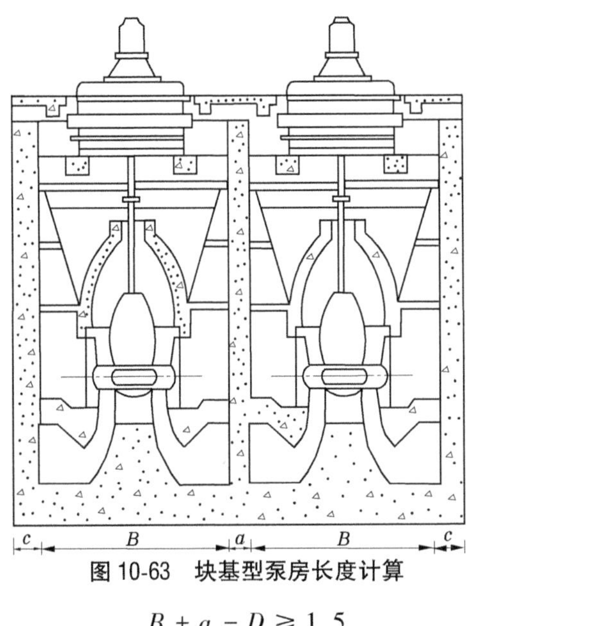

图10-63　块基型泵房长度计算

$$B + a - D \geqslant 1.5 \tag{10-19}$$

式中　D——电动机的最大外径，m。

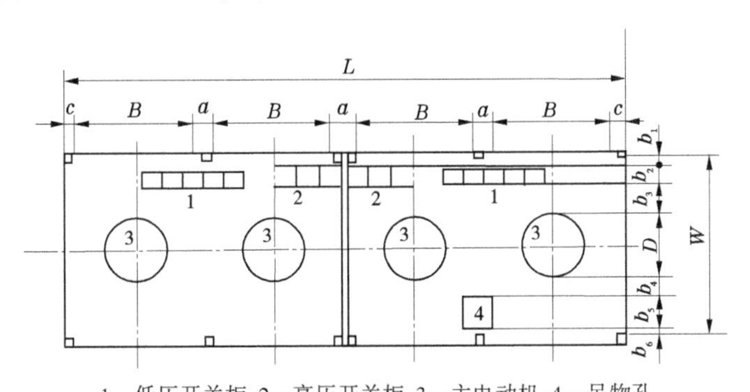

1—低压开关柜；2—高压开关柜；3—主电动机；4—吊物孔

图10-64　立式泵主泵房电机层平面布置

另一个是在水泵层每一台水泵两侧的净距能满足拆卸转轮检修水泵等工作所需求的操作场地。

在泵房设计中，有的为了取消检修间而扩大机组的间距，以便在机旁进行检修，或者因为没有采用机械通风，而要扩大机组间距，来满足自然通风散热的要求，这样做不仅增加了主泵房的建筑面积，增加了工程投资，而且在管理运用上也不方便。因此，对大型泵站一般应设检修间，不应为了满足机旁检修或通风的要求而扩大机组间距。

(2)电机层设备布置及宽度确定。对于立式机组的块基型泵房，水泵和电机在不同的层面上。电机层主要布置驱动主水泵的电动机、配电设备以及用于调节叶片角度等的油压装置、吊物孔和楼梯孔等。在确定了机组间距之后，主要通过调整电动机、配电设备以及吊物孔三者之间的相对位置来确定机房的宽度。根据实践经验，可以归纳为下列几种布置形式：

①配电设备沿泵房纵向靠出水侧布置在电机层楼板上。吊物孔布置在靠进水侧同一层楼板上,如图 10-60 所示。电机层的宽度可按式(10-20)计算:

$$B = D + \sum_{i=1}^{6} b_i \quad (\mathrm{m}) \tag{10-20}$$

式中　D——电动机的最大外径;

b_1——配电盘背面与吊车柱间的净距;

b_2——配电盘的厚度;

b_3——配电盘板面至电动机外壳边缘的净距;

b_4——电动机外壳至吊物孔边缘距离;

b_5——吊物孔的宽度,按吊运最大部件尺寸决定;

b_6——吊物孔边缘至吊车柱的距离,要满足盖板的支承宽度。

②配电盘布置在泵房出水侧或泵房一端的配电间内,根据泵房的结构布置,配电间可以布置在外伸泵房底板的立柱上或布置在吊车柱外伸的牛腿上。配电间的宽度按配电盘的尺寸和要求决定。这样,在计算部分跨度时,就不必考虑式(10-20)中的 b_1、b_2 值,这种布置方法不仅可以缩小泵房跨度,而且使电机层内显得整齐美观。

③如果吊物孔不设在电机层楼板内,则电动机外壳至前墙的距离可以减小,按照工作过道宽度及安装起吊的要求确定其距离,以不小于电动机定子外径为宜。这种布置方式,电动机层的跨度可以进一步减小,吊物孔移至检修间,在靠进水侧或出水侧设吊物井,井地面与水泵层齐平。水泵部件可通过吊物井进入水泵层,然后再用平台车进行水平搬运到各个泵间,这样虽然增加了一个吊物井,但是由于减小了主泵房的尺寸,在建筑投资上还是经济的。另外,对于抽心式结构的立式泵,可以在电机或电机转子吊出后将水泵转轮吊出,所以在这种情况下,也无须设吊物孔。

最后,电机层的宽度还应兼顾定型的桥式吊车的规格,以及满足建筑模数的要求。

(3)联轴器层设备布置及宽度确定。对于大型立式水泵机组,为了便于安装和检修,需要设置联轴器层。该层的设备比较简单,主要是布置油、气、水管道及电缆等。管道一般在进水侧靠墙架空布置,电缆布置在电机层楼板下的电缆室内。这些设备所占位置不大,因此联轴器层的尺寸,主要不是由设备布置的要求决定的,而是根据安装检修的要求以及各层结构连接要求而定的,一般与电机层宽度相同。

(4)水泵层设备布置及宽度的确定。水泵层的作用主要是安装和检修主水泵、供水泵及排水泵。主水泵的间距是根据进水流道宽度及电动机间的净距要求决定的。机组轴线在顺水流方向的位置与吊物孔及配电间的布置有关(有时为了调整地基应力分布,也可能要调整机组轴线的位置),如果吊物孔布置在电机层楼板内或检修间内靠进水侧,则机组轴线偏向出水侧。如吊物孔布置在出水侧,机组轴线则偏向进水侧。供水泵一般靠近前墙布置,排水泵靠后墙布置。水泵层前后墙的距离,应根据上述不同的布置方式、设备尺寸和安装检修要求来决定。

(5)进水流道层。进水流道层包括进水流道和排水廊道,其尺寸大小应与水泵层及泵房底板相适应。泵房底板的尺寸是根据上部结构布置、稳定分析及基础设计来决定的。如果进水流道根据水力设计要求的长度大于泵房底板的宽度,其大于的部分可以用沉降缝将进水流道断开,这样既不影响进水条件,又能节省混凝土工程量,但应当注意,检修闸门槽应与泵房的大块基础连成一体,沉降缝以外可以设拦污栅。

(6)泵房各层高程确定。泵房各层的相对高程是相互联系的,起决定作用的是水泵的安装高程。其他各层高程据此推算,如图10-65所示。

①水泵安装高程的确定。水泵安装高程的确定与前述方法基本一样,仍应以进水池水位为基准,从满足水泵汽蚀性能的要求、启动条件的要求以及改善水泵的运行条件的考虑等多方面综合分析确定。应按照水泵可能遇到的各种极端工况,计算出相应的安装高程,取其中最低值(应该特别注意,根据汽蚀性能计算的最低安装高程并非一定对应于进水池最低水位,高水位时水泵流量加大,而汽蚀性能变差,其对应的安装高程有可能反而较小),再结合启动条件要求,最终确定水泵的安装高程$\nabla_{安}$。

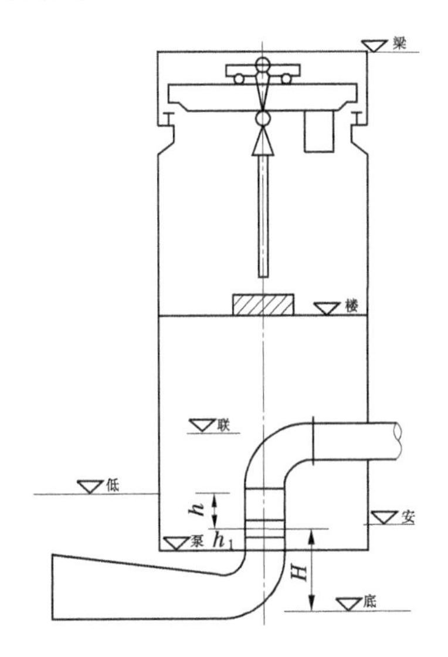

图10-65 泵房高程计算示意

②进水流道底部高程$\nabla_{底}$。根据进水流道的水力设计,叶轮中心线至进水流道底部的高度H与叶轮直径D存在一定的比例关系,比值(H/D)随进水流道的形式而变,应通过模型试验求得。若高度H已知,即可按式(10-21)计算出$\nabla_{底}$:

$$\nabla_{底} = \nabla_{安} - H \tag{10-21}$$

③水泵层高程$\nabla_{泵}$。根据结构计算确定进水流道顶板的厚度,进而推算水泵层的高程$\nabla_{泵}$,如果此高程高于泵坑的高程,则泵坑范围内的流道顶板可以减薄,而用增加含钢率或其他结构措施来保证流道顶板的强度。泵坑的大小及高程应满足检修时拉开叶轮外壳的要求。

④联轴器层高程$\nabla_{联}$。为了便于检修填料函、拆装联轴器、检修电动机下部结构及油、气、水管道和阀件,一般使联轴器层与填料函大致在相同的高程,同时在电机大梁下方应留有工作人员通过的足够高度。有时为了满足净空高度的要求,可以使联轴器层的高程低于填料函的高程。

⑤电机层楼板高程$\nabla_{楼}$。根据水泵安装高程,加上水泵轴和电机轴的长度来确定,其高程必须高于最高内水位。对于大型立式轴流泵站,为了便于布置通风管道,往往使电机定子的排风口在楼板以下。

⑥屋面大梁的下缘高程$\nabla_{梁}$。

它取决于泵轴的吊装高度或电动机的吊心高度(两者取大值),其高程应满足使被吊起的最大部件通过电机定子,并留有一定的安全超高。具体参看前述的大梁底面高程$\nabla_{梁}$的确定方法及式(10-17)确定。

10.2.2.2　辅机房及真空破坏阀室

辅机房内主要是安装空气压缩机、油泵及油压装置、真空泵、站用变压器、备用电源发电机组等。真空破坏阀室除安装真空破坏阀外,可以考虑把上述辅机也放在其中,无须另建辅机房,只有堤后式虹吸泵站,因为驼峰距主泵房较远,所以需要单独设真空破坏阀室。

在堤后式泵站或堤身直管式泵站中,辅机房的位置可以在主泵房的出水侧,也可以在主泵房的一端。对于主机组台数较多的泵站,辅机房宜布置于主泵房的出水侧。主机组台数较少的泵站,宜设在主泵房的一端,以利于主泵房的通风和采光。

辅机房的布置,既要便于运行监视,又要便于管道布置和连接,其面积应根据辅机的外形尺寸和安装要求来决定。不论是一端式布置还是一侧式布置,都可以考虑将辅机房设置在检修间的下层,以减小泵房的平面尺寸。

10.2.2.3　副厂房

对于机组台数较多或者综合自动化水平较高的大型泵站,为了集中控制操作和监视,常需设副厂房。副厂房内按功能划分为中央控制室、微机室、通信室、高低压配电室、电气维修间、仓库以及值班室、更衣室、卫生间等。副厂房一般设在紧靠主泵房的一端或一侧,或者紧靠主泵房的一端和一侧分开设置,其平面尺寸和高度应根据室内设备布置、设备安装、运行、检修、设备吊运以及室内通风、采光和采暖要求等因素确定。副厂房的地面高程可取与电机层地面相同的高程。

10.2.2.4　安装检修间

安装检修间的布置一般有三种。

1. 一端式布置

一端式布置是在主泵房对外交通运输方便的一端,沿电机层长度方向加长一段,作为安装检修间,其高程、宽度(跨度)一般与主泵房电机层相同。进行机组安装检修时,可共用主泵房的起吊设备。目前国内绝大多数泵站都采用这种形式。

2. 一侧式布置

一侧式布置是在主泵房电机层的进水侧布置机组安装、检修场地,其高程一般与电机层相同。进行机组安装、检修时,也可共用主泵房的起吊设备。由于布置进水流道的需要,主泵房电机层的进水侧往往比较宽敞,具备布置机组安装、检修场地的条件。

3. 平台式布置

此布置方式是将机组安装、检修场地布置在检修平台上。这种布置必须具备机组间距较大和电机层楼板高程低于泵房外四周地面高程这两个条件。例如,某泵站装机功率 8×800 kW,机组间距 6.0 m,检修平台高于电机层 5.0 m,宽 1.8 m,局部扩宽至 2.7 m,作为机组安装、检修场地。

安装检修间的尺寸主要是根据主机组的安装、检修要求确定的,其面积大小应能满足一台机组安装或解体大修的要求,应能同时安放电动机转子联轴、上机架、水泵叶轮或主轴等大部件。部件间应有 1.0~1.5 m 的净距,并有工作通道和操作需要的场地。此外,安装检修间长度除要满足放置电动机转子等部件的要求外,尚应留有运输最重部件的汽车进入泵房的场地,其长度可取 1.0~1.5 倍机组段长度。

10.3　泵房的整体稳定校核及地基应力和沉降量计算

泵房在外部荷载及自重的共同作用下，可能产生上浮、滑动或使基础产生沉陷，影响泵房结构安全和正常运行。因此，再根据水力设计和设备布置初步拟定泵房尺寸之后，应该对泵房的整体稳定进行校核。

对于湿室型泵房和块基型泵房，由于泵房下部室内进水，自重较大，一般均能满足抗浮稳定的要求，故一般不必做抗浮稳定计算。但由于泵房进、出水侧水位差的存在，作用在进、出水侧的水平力数值较大，故应进行抗渗、抗滑校核以及地基承载能力的校核。对于干室型泵房，由于泵房四周受力较均匀，一般不做抗滑稳定计算。但由于室内不允许进水，当室外水位较高，浮力较大时，应进行抗浮校核以及地基承载能力的校核。如果泵房的稳定性不能满足要求，就必须对泵房内的设备布置或其他尺寸进行修改，对地基进行处理，然后才能进行泵房有关构件的结构计算。

10.3.1　泵房防渗排水工程布置

由于泵房进、出水侧存在水位差，泵房基础和两侧回填区不可避免会产生渗流，所以泵房和其他水工建筑物一样，泵房的防渗排水布置是设计中非常重要的环节，尤其是修建在江河湖泊堤防或松软地基上的挡水泵站。

泵房的防渗排水工程应根据站址地质条件和泵站扬程等因素，结合泵房、两侧连接结构和进、出水建筑物的布置，设置完整的防渗排水工程系统。

均质土基上的泵房基底的防渗（浸润线）长度，在工程规划和可研阶段可按式（10-22）估算确定：

$$L = C\Delta H \quad (\mathrm{m}) \tag{10-22}$$

式中　ΔH——泵房进、出水侧水位差，m；

C——允许渗径系数（见表10-5），当基底设板桩时，可采用表中的小值。

表10-5　允许渗径系数 C 值

排水	土质									
	粉砂	细砂	中砂	粗砂	中砾细砾	粗砾卵石	轻粉质砂壤土	轻砂壤土	壤土	黏土
有反滤层	13~9	9~7	7~5	5~4	4~3	3~2.5	11~7	9~5	5~3	3~2
无反滤层									7~4	4~3

初步设计及施工图设计阶段须采用改进阻力系数法对初拟的基底防渗长度进行校核，具体计算可参阅《水闸设计规范》（SL 265—2016）等资料中的渗透压力计算内容。

当土基上的泵房基底防渗长度（渗径）不足时，可采取工程措施增加渗径，一般是在泵房进、出水侧设置防渗结构。在泵房进水池设置防渗结构，可以延长渗径，解决泵房的抗渗稳定问题,但要抬高浸润线高程,使泵房受到的浮力加大,不利于抗滑稳定,所以一般只在抗滑稳定系数较大的情况下(如在湿室型泵房中)采用。故一般对在泵房出水侧增设防渗工程,如可结合出水池底板设置钢筋混凝土铺盖等。从渗流的观点看,铺盖长度不能过短,否则防渗效果不佳,但也不宜过长,否则单位长度的防渗效果会降低,投资增加过大,不经济。为了防止和减少由于地基不均匀沉陷、温度变化和混凝土干缩等因素产生的裂缝,铺盖应设永久变形缝,其间距不宜大于 20 m,且应与泵房底板的永久变形缝错开布置,以免形成通缝,对基底防渗不利。

工程上一般可采取防渗铺盖和齿墙、板桩或截水墙相结合的布置方式等综合工程措施,用来增加防渗长度,减小泵房底板下的渗透压力和平均渗透坡降。从防渗效果角度考虑,铺盖必须和齿墙、板桩或截水墙结合使用,才有可能取得最佳的防渗效果。齿墙、板桩或截水墙是垂直向的防渗设施,与水平向的防渗铺盖相比,不仅防渗效果较好,而且工程造价较低。

在泵房上下游端,一般设有深度不小于 0.8~1.0 m 的齿墙,既能增加泵房基底的渗径,又能增加泵房的抗滑稳定性。但是,齿墙深度一般不超过 2.0 m,否则,施工有困难,尤其是在粉、细砂地基上,在地下水位较高时,浇筑齿墙的坑槽难以开挖成型。

板桩或截水墙的长度也应根据防渗效果好和工程造价低的原则,并结合施工方法确定。一般情况下,板桩或截水墙宜布置在泵房底板出水侧的齿墙下,这对减小地板下的渗透压力(扬压力)的效果最为显著。在地震基本烈度不小于Ⅶ度的地震区的粉砂地基上,泵房底板下的板桩或截水墙宜布置成四周封闭的形式,以防止在地震力作用下可能发生粉砂地基的液化破坏。

为了减小泵房底板下的扬压力,降低基底渗透浸润线,增强地基的抗渗和抗滑稳定性,可根据需要在前池、进水池底板上设置一定数量的排水孔,排水孔的直径为 50~100 mm,孔距为 1~2 m,呈梅花状布置,排水孔下的渗流溢出处设置级配良好、排水畅通的反滤层。反滤层一般由 2~3 层,每层 150~300 mm 的不同粒径无黏性土构成,层面大致与渗流方向正交,粒径应沿着渗流方向由细变粗,第一层平均粒径 0.25~1 mm,第二层平均粒径 1~5 mm,第三层平均粒径 5~20 mm。

当地基持力层为较薄的透水层,如砂性土层或砾石层,其下为相对不透水层时,可将板桩或截水墙改为截断透水层的截水槽或短板桩,为保证良好的防渗效果,截水槽或短板桩嵌入不透水层的深度应不小于 1.0 m。

当地基持力层为不透水层,其下为相对透水层时,应验算覆盖层的抗渗、抗浮稳定性,必要时,可在前池或进水池设置深入相对透水层的排水减压井,以消除承压水对泵房和覆盖层稳定的影响。

高扬程泵站的出水管道一般是沿岸坡铺设的明管或埋管,且出水池通常布置在较高的岸坡顶。为了防止降水形成的岸坡径流对泵房基底造成冲刷,或对泵房基底防渗造成不利影响,可在泵房出水侧岸坡上设置能拦截岸坡径流的自流排水沟和可靠的护坡措施。

为了防止水流通过永久变形缝渗入泵房,在水下缝段应埋置材质耐久、性能可靠的止水片(带)。在水平缝与水平缝、水平缝与垂直缝的交叉处,止水构造必须妥善处理,以避免形成渗漏点,影响整体防渗效果。交叉处止水片(带)的连接方式有柔性连接和刚性连接两种,可根据结构特点、交叉类型及施工条件等选用,对于水平缝与垂直缝的交叉,一般多采用柔性连接方式;对于水平缝与水平缝的交叉,则多采用刚性连接方式。目前常用的止水片(带)有紫铜片、塑料止水带和橡胶止水带等,可根据承受的水压力、地区气温、变形缝的位置及变形情况综合考虑选用。

10.3.2 泵房稳定分析

为了简化泵房稳定分析工作,进行泵房稳定分析时,可取一个典型机组段或一个联段(几台机组共用一块底板,以底板两侧的永久变形缝为界的单元)作为计算单元。

10.3.2.1 作用荷载及组合

1.作用荷载

泵房稳定分析计算涉及的荷载包括自重、静水压力、扬压力、土压力或泥沙压力、波浪压力、地震力及其他荷载等。

(1)自重。包括泵房结构重量、填料重量和永久设备重量。

(2)静水压力。与运行水位有关,根据各种运行工况计算。抽取浑水的泵站,水的比重加大,静水压力也有所增加,但增幅较小,比如含沙量为15 kg/m^3 和20 kg/m^3,比重和静水压力只增大0.9%和1.2%,从工程角度讲,可以忽略不计。

(3)扬压力。包括浮托力和渗透压力。由于进水池水位高于泵房基础底面,其高差所形成作用于基础地面上的浮力叫浮托力,其数值相当于进水池水位以下泵房的总体积的水的重量;由于泵房上下游水位差在泵房基底以下形成一定的渗透浸润线,高出进水池水位的浸润线所形成的对泵房基底的压力叫渗透压力,其值等于泵房基底浸润面与进水池水面之间同体积的水重。

渗透压力与泵房两侧水位差、地基土的渗透性、防渗工程布置等因素有关。渗透浸润线和渗透压力的计算可参阅《土力学》和有关设计规范,如《水闸设计规范》(SL 265—2016)等。

(4)土压力。根据地基条件、回填土性质、泵房结构可能产生的变形等因素,按主动土压力和静止土压力计算。土基上的泵房采用主动土压力,岩基上的土压力,由于结构基础嵌固于基岩内,结构刚度较大,变形较小,应按静止土压力计算,由于静止土压力尚无精确的计算公式,工程中一般是将主动土压力系数乘以1.25~1.5作为静止土压力的系数。

(5)泥沙压力。根据泵站泥沙情况,估计泥沙可能的淤积厚度和容重,进而计算泥沙压力。

(6)波浪压力。根据计算的波浪高度,计算波浪压力,具体计算方法可参阅有关规范和资料。

(7)地震力。建筑在Ⅶ度及以上地震区的泵站,必须考虑地震力。地震力的计算,需考虑以下三种力的作用:①泵房自重及建筑物上荷载引起的惯性力,泵房稳定计算一般只考虑水平惯性力的作用,但在设计烈度Ⅷ度以上地区的1、2级泵房,应考虑垂直惯性力和水平惯性力同时组合,并乘以0.5的组合系数;②与泵房接触的水体所引起的地震水压力;③泵房两侧填土所引起的土压力增加。地震作用力的大小可按《水工建筑物抗震设计规范》(GB 51247—2018)的规定计算确定。

2. 荷载组合

泵房在施工、运行和检修过程中,各种作用荷载的大小、分布及机遇情况是经常变化的,因此应根据泵房不同的工作条件和情况进行荷载组合。荷载组合可分为基本组合和特殊组合两类,基本组合由基本荷载(设计洪水位情况下的各种荷载)组成,特殊组合由基本荷载和一种或几种特殊荷载(校核洪水位情况下的各种荷载及地震荷载)组成。由于地震荷载的瞬时性与校核运用水位同时遭遇的概率极小,因此地震荷载不应与校核运用水位组合。

用于泵房稳定分析的荷载组合应按表 10-6 的规定采用,必要时还应考虑其他可能的不利组合。

表 10-6　泵房稳定计算荷载组合

荷载组合	计算情况	荷载							
		自重	静水压力	扬压力	土压力	泥沙压力	波浪压力	地震作用	其他荷载
基本组合	完建情况	√	—	—	√	—	—	—	√
	设计情况	√	√	√	√	√	√	—	√
特殊组合	施工情况	√	—	—	√	—	—	—	√
	检修情况	√	√	√	√	√	√	—	√
	校核情况	√	√	√	√	√	√	—	—
	地震情况	√	√	√	√	√	√	√	—

10.3.2.2　抗滑稳定计算

泵房沿基础底面的抗滑稳定安全系数 K_c 应按式(10-23)或式(10-24)计算:

$$K_c = \frac{f\sum G}{\sum H} \tag{10-23}$$

$$K_c = \frac{f'\sum G + c_0 A}{\sum H} \tag{10-24}$$

式中　$\sum G$——作用于泵房基础底面以上的全部竖向荷载(包括泵房基础底面上的扬压力)的总和,kN;

$\sum H$——作用于泵房基础底面以上的全部水平推力的代数和,kN;

f——泵房基础底面与地面间的摩擦系数,可按试验资料确定,当无试验资料时,可按表 10-7 中的规定值采用;

f'——泵房基础底面与地基之间摩擦角 φ_0 的正切值,即 $f'=\tan\varphi_0$;

A——泵房基础底面面积,m^2;

c_0——底板基础底面与地基间的黏结力,kPa。

对于土基,φ_0、c_0 值可根据室内抗剪试验资料,按表 10-8 的规定采用;对于基岩,φ_0、c_0 值可根据野外和室内抗剪试验资料,采用野外试验峰值的小值平均值或野外和室内试验峰值的小值平均值。

表 10-7　泵房基底摩擦系数 f

地基类别		f 值	地基类别	f 值
黏土	软弱	0.20~0.25	中砂、粗砂	0.45~0.50
	中等坚硬	0.25~0.35	砾石、卵石	0.50~0.55
	坚硬	0.35~0.45	碎石土	0.40~0.50
壤土、粉质壤土		0.25~0.40	软质岩石	0.40~0.60
砂壤土、粉砂土		0.35~0.40	硬质岩石	0.60~0.70
细砂、极细砂		0.40~0.45		

表 10-8　摩擦角 φ_0 和黏结力 c_0

地基类别	抗剪强度指标	采用值
黏性土	φ_0(°)	0.9φ
	c_0(kPa)	$(0.2\sim0.3)c$
砂性土	φ_0(°)	$(0.85\sim0.9)\varphi$
	c_0(kPa)	0

注:1. 表中 φ 为室内饱和固结快剪试验摩擦角(°);c 为室内饱和固结快剪试验黏结力值(kPa)。

2. 按本表采用 φ_0 值和 c_0 值时,对于黏性土地基,应控制折算的综合摩擦系数 $f_0=\dfrac{\tan\varphi_0\sum G+c_0A}{\sum G}\leqslant 0.45$;对于砂性土地基,应控制 $\tan\varphi_0\leqslant 0.50$。

泵房的抗滑稳定安全系数是保证泵房安全运行的一个重要指标,其最小值通常是控制在设计运用条件下、校核运用情况下或设计运用水位时遭遇地震的情况下。式(10-23)对计算土基和岩基上的泵房抗滑稳定安全系数都适用,式(10-24)主要适用于黏性土地基。在泵站初步设计阶段,因为计算简便,计算泵房的抗滑稳定安全系数较多地采用式(10-23),但 f 的取值比较困难,并有一定的任意性。式(10-24)是根据现场混凝土板的抗滑试验资料进行分析研究后提出来的,因而计算成果能够比较真实地反映黏性土地基上泵房的实际运用情况。试验结果说明,当混凝土板在水平向荷载作用下发生水平滑动时,不是沿着混凝土板与地基的接触面滑动,而是沿着混凝土板底面附近带动一薄层土壤一起滑动,可见混凝土板的抗滑能力不仅与混凝土板底面与地基之间的摩擦力有关,而且还和混凝土底板面与地基土之间的黏结力有关。因此,对于黏性土地基上的泵房,按式(10-24)计算比按式(10-23)计算显得更加合理。

保证泵房抗滑稳定的条件是由式(10-23)或式(10-24)计算得到的泵房抗滑稳定安全系数必须大于或等于抗滑稳定安全系数的允许值。泵房沿基础底面抗滑稳定安全系数的允许值按表 10-9 中的规定值采用。

10.3.2.3　抗浮稳定计算

对于自重小、承受的上浮力较大的泵房,均应进行抗浮稳定计算。抗浮稳定校核的计算情况应选择最不利的工作情况进行验算,即泵房土建施工完备,机组未安装,未回填土,但泵房四周达设计最高水位的情况。

表 10-9　抗滑稳定安全系数允许值

<table>
<tr><th rowspan="2">地基类别</th><th rowspan="2" colspan="2">荷载组合</th><th colspan="4">泵站建筑物级别</th><th rowspan="2">适用公式</th></tr>
<tr><th>1</th><th>2</th><th>3</th><th>4、5</th></tr>
<tr><td rowspan="3">土基</td><td colspan="2">基本组合</td><td>1.35</td><td>1.30</td><td>1.25</td><td>1.20</td><td rowspan="3">式(10-23)或式(10-24)</td></tr>
<tr><td rowspan="2">特殊组合</td><td>Ⅰ</td><td>1.20</td><td>1.15</td><td>1.10</td><td>1.05</td></tr>
<tr><td>Ⅱ</td><td>1.10</td><td>1.05</td><td>1.05</td><td>1.00</td></tr>
<tr><td rowspan="6">岩基</td><td colspan="2">基本组合</td><td colspan="4">1.10</td><td rowspan="3">式(10-23)</td></tr>
<tr><td rowspan="2">特殊组合</td><td>Ⅰ</td><td colspan="4">1.05</td></tr>
<tr><td>Ⅱ</td><td colspan="4">1.00</td></tr>
<tr><td colspan="2">基本组合</td><td colspan="4">3.00</td><td rowspan="3">式(10-24)</td></tr>
<tr><td rowspan="2">特殊组合</td><td>Ⅰ</td><td colspan="4">2.50</td></tr>
<tr><td>Ⅱ</td><td colspan="4">2.30</td></tr>
</table>

注:1. 特殊组合Ⅰ适用于施工情况、检修情况和非常运用情况,特殊组合Ⅱ适用于地震情况。

2. 在特殊荷载组合情况下,土基上泵房沿深层滑动面滑动的抗滑稳定安全系数允许值,可根据软弱土层的分布情况等,较表列值适当增加。

3. 岩基上泵房沿可能组合滑裂面滑动的抗滑稳定安全系数允许值,可根据缓倾角软弱夹层或断裂面的充填物性质等情况,较表列值适当增加。

泵房抗浮稳定安全系数 K_f 按式(10-25)计算:

$$K_f = \frac{\sum V}{\sum U} \tag{10-25}$$

式中　$\sum V$——作用于泵房基础底面以上的全部重力,kN;

$\sum U$——作用于泵房基础底面上的扬压力,kN。

泵房的抗浮稳定安全系数也是保证泵房安全运行的一个重要指标,其最小值通常是控制在检修情况下或校核运用情况下。式(10-25)是计算泵房抗浮稳定安全系数的唯一公式。

保证泵房抗浮稳定的条件是由式(10-25)计算得到的泵房抗浮稳定安全系数必须大于或等于其允许值。该系数的确定以泵房不浮起为原则,并留有一定的安全储备。规范规定,不分泵站级别和地基类别,在基本荷载组合下和特殊荷载组合下,泵房抗浮稳定安全系数允许值分别为 1.10 和 1.05。如果计算的 K_f 不满足抗浮稳定要求,可考虑增加泵房的自重或将地板适当地伸出并回填土,以利用其上的水重及土重来加大泵房的抗浮力。

计算情况的选择,应以最不利情况为准,当难以预见哪一种情况最为不利时,则必须按几种情况分别计算,予以比较。

10.3.2.4　地基应力计算

泵房基础底面应力应根据泵房结构布置和受力情况等因素计算确定。

1. 单向受力基底应力计算

对于单向受力的具有矩形或圆形基础的泵房，如图10-66所示，其基础底面的最大应力和最小应力按公式(10-26)计算：

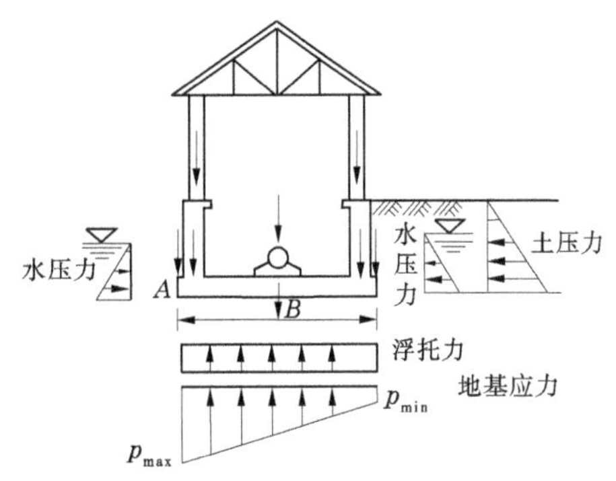

图10-66 地基应力计算

$$p_{\min}^{\max} = \frac{\sum G}{A} \pm \frac{\sum M}{W} \qquad (10\text{-}26)$$

式中 $p_{\min}^{\max}$——泵房基础底面应力的最大值或最小值，kPa；

$\sum G$——作用于泵房基础底面以上的全部竖向荷载(包括泵房基础底面上的扬压力)的总和，kN；

A——泵房基础底面面积，m^2；

$\sum M$——作用于泵房基础底面以上的全部竖向荷载和水平荷载对于基础底面垂直水流方向的形心轴的力矩，kN·m；

W——泵房基础底面对于该面垂直水流方向的形心轴的截面矩，m^3。

2. 双向受力基底应力计算

对于双向受力的具有矩形或圆形基础的泵房，其基础底面的最大应力和最小应力按式(10-27)计算：

$$p_{\min}^{\max} = \frac{\sum G}{A} \pm \frac{\sum M_x}{W_x} \pm \frac{\sum M_y}{W_y} \qquad (10\text{-}27)$$

式中 $\sum M_x$、$\sum M_y$——作用于泵房基础底面以上的全部竖向荷载和水平荷载对于基础底面垂直水流方向的形心轴 x、y 的力矩，kN·m；

W_x、W_y——泵房基础底面对于该底面形心轴 x、y 的截面矩，m^3。

根据有关规范规定，基础底面的平均应力应符合式(10-28)的要求：

$$\bar{p} \leqslant R \qquad (10\text{-}28)$$

式中 $\bar{p}$——基础底面的平均应力，$\bar{p}=\frac{1}{2}(p_{\max}+p_{\min})$，kPa；

R——修正后的泵房地基的允许承载力，kPa。

受偏心荷载作用时，除需满足式(10-28)的要求外，尚应符合式(10-29)的要求：

$$p_{\max} \leqslant 1.2R \qquad (10\text{-}29)$$

当泵房地基持力层内存在软弱夹层时，除应满足持力层的允许承载力外，还应对软弱夹层的允许承载力进行核算，并满足式(10-30)的要求：

$$p_c + p_z = [R_z] \qquad (10\text{-}30)$$

式中 p_c——软弱夹层顶面处的自重应力，kPa；

p_z——软弱夹层顶面处的附加应力，kPa，可将泵房基础底面应力简化为竖直均布、竖直三角形分布和水平向均布等情况，按条形或矩形基础计算确定；

$[R_z]$——软弱夹层的允许承载力，kPa。

当泵房基础受振动荷载影响时,其地基允许承载力将降低,可按式(10-31)计算:

$$[R'] \leqslant \psi[R] \tag{10-31}$$

式中　$[R']$——在振动荷载作用下的地基允许承载力,kPa;

$[R]$——在静荷载作用下的地基允许承载力,kPa;

ψ——振动折减系数,可按0.8~1.0选用,高扬程机组的基础可采用小值,低扬程机组的块基型整体式基础可采用大值。

另外,为了减少和防止由于泵房基础底部应力分布不均匀导致基础过大的不均匀沉降,从而避免产生泵房结构倾斜甚至断裂的严重事故,土基上的泵房基础底面应力不均匀系数η(泵房基础底面应力计算最大值与最小值的比值$\eta=p_{max}/p_{min}$),不应大于表10-10中的规定值。

表10-10　地基应力不均匀系数η允许值

地基土质	荷载组合	
	基本组合	特殊组合
松软	1.5	2.0
中等坚实	2.0	2.5
坚实	2.5	3.0

注:1. 对于重要的大型泵站,不均匀系数的允许值可按表列数值适当减小。

2. 对于地基条件较好,且泵房结构简单的中型泵站,不均匀系数的允许值可按表列值适当增大,但增大值不应超过0.5。

3. 对于地震情况,不均匀系数的允许值可按表中特殊组合栏所列值适当增大。

岩基上泵房基础底面应力不均匀系数可不受控制,这是因为岩基的压缩性很小,作为泵房地基不会使泵房基础产生较大的不均匀沉降。但是,为了避免基础底面与基岩脱开,故需保证在非地震情况下基础底面边缘的最小应力不小于零,即基础底面不出现拉应力;在地震情况下,基础底面边缘应力不小于-100 kPa,即允许基础底面出现不小于-100 kPa的拉应力。

泵房基础底面应力大小及分布状况也是保证泵房安全运行的一个重要指标,其最大平均值通常是控制在完建情况下,不均匀系数的最大值通常是控制在校核运用情况下或设计运用水位时在遭遇地震的情况下。

值得注意的是,泵房的稳定分析计算是一项烦琐而又十分重要的工作,泵房满足稳定要求后,才能进行各部位的结构计算,稳定计算过程中往往要调整数次方能满足要求。

为了使得泵房在各种荷载组合的作用下均能达到自身的稳定,首先必须要做到泵房的本身荷载应尽量对称,防止其偏心过大,否则难以调整。如果在设计中发现不能满足要求时,可以根据具体情况采取下述措施:①将底板向进水侧或出水侧延长,利用改变基础宽度的办法,调整偏心程度;②用减轻(如挖空)或增加(填砂或充水)某一侧及某一部位重量的方法,使地基应力分布尽量均匀;③改变底板的底部形状,如做成齿墙状或板状,或者根据需要将部分底板做成向进水侧或出水侧倾斜,以达到降低进口或出口处挡土墙高度,对泵房的稳定有利;④进行必要的处理,如换沙基、打板桩或做阻滑板等。

采取上述措施后,都会不同程度地改变垂直力或水平力的数值,所以必须重新校核泵房的抗滑稳定性。

10.3.3　地基沉降量计算

某些情况下，地基虽然稳定，但由于基础变形过大，将引起泵房倾斜、开裂、止水破坏，甚至标高达不到设计要求，导致泵房不能正常使用，因此应研究泵房基础的变形问题，即基础的沉降问题，需要计算泵房基础的最终沉降量。

泵房的最终沉降量可按分层总和法，即式(10-32)计算

$$S_\infty = \sum_{i=1}^{n} \frac{e_{1i} - e_{2i}}{1 + e_{1i}} h_i \tag{10-32}$$

式中　S_∞——地基的最终沉降量，cm；

i——土层号；

n——地基压缩层范围内的土层数；

e_{1i}、e_{2i}——泵房基础底面以下第 i 层土平均自重应力作用下的孔隙比和在平均自重应力、平均附加应力共同作用下的孔隙比；

h_i——第 i 层土的厚度，cm。

按式(10-32)计算地基最终沉降量时，必须采用土壤压缩试验提供的土壤压缩曲线。如果基坑开挖较深，基础底面应力往往小于被挖除的土体自重应力，可采用土壤回弹再压缩曲线，以消除开挖土层的先期固结影响。

对于地基压缩层的计算深度，可按计算层面处附加应力与自重应力之比等于0.2的条件确定。地基附加应力的计算方法可参见《水闸设计规范》(SL 265—2016)的附录J。这种控制应力分布比例的方法，对于底面积较大的泵房基础，应力往下传递较深的情况是适宜的，经过水利工程实践证明，此方法能够满足工程要求。

泵房地基允许最大沉降量和最大沉降差的确定，应以保证泵房结构安全和泵房内机组正常运行为原则，根据工程具体情况分析确定。泵房地基允许最终沉降量和沉降差的确定是一个比较复杂的问题。在目前水利工程设计中，对地基允许沉降量和沉降差尚无统一规定。国家现行标准《水闸设计规范》(SL 265—2016)中规定：天然土质地基上的水闸地基最大沉降量不宜超过15 cm，相邻部位的最大沉降差不宜大于5 cm，在泵站工程设计中可参考使用，但应适当减小其值。

10.4　主要结构计算

结构计算是泵房设计中一个十分重要的环节。结构计算是否合理、正确对节约工程投资，保证整个泵站工程安全经济运行具有重大意义。

10.4.1　泵房结构计算概述

10.4.1.1　泵房结构计算原则

1.结构计算方法

泵房底板，进、出水流道，机墩，吊车梁等主要结构均属空间结构，严格地说，应按空间

结构进行设计,但是这样做计算工作量很大,因此对于实际工程而言,结构计算只需满足工程实际要求的精度即可,无须过于精确的计算。因此,对于上述最主要结构,均可根据工程实际情况,将空间结构简化为平面问题进行计算。只是在有必要且条件许可时,才按空间结构进行计算。

2. 荷载及荷载组合

用于泵房主要结构计算的荷载和荷载组合除应按 10. 3 节作用在泵房结构上的荷载及其组合的规定采用外,还需根据结构的实际受力条件,分别计入风荷载、雪荷载、楼面和屋面活荷载、吊车荷载等。风荷载、雪荷载、楼面和屋面活荷载可按现行国家标准《建筑结构荷载规范》(GB 50009—2012)的规定采用,吊车和其他设备活荷载可根据实际工程情况确定。

3. 抗震计算

在地震基本烈度Ⅶ度及以上地区,泵房应进行抗震计算,并应加设抗震措施。在地震基本烈度为Ⅵ度的地区,对重要建筑物应采取适当的抗震措施。泵房结构的抗震计算可采用国家现行标准《水工建筑物抗震设计规范》(SL 203—97)或《建筑抗震设计规范》(GB 50011—2010)(2016 年版)规定的计算方法;也可采用"有限单元法"进行计算。前者计算方法简单,具有一定的精度,是工程上常用的计算方法;后者计算方法较复杂,但计算精度较高,可通过计算机进行计算。对于抗震措施的设置,要特别注意增强上部结构的整体性和刚度,减轻上部结构的重量,加强各构件连接点的构造,对关键部位的永久变形缝也应有加强措施。

10. 4. 1. 2　**泵房底板计算**

泵房底板是整个泵房结构的基础,它承受泵房上部结构重量和作用荷载并均匀地传给地基,依靠底板与地基的接触面的摩擦力抵抗水平滑动,并兼有防渗、防冲的作用。因此,泵房底板在整个结构中占有很重要的地位。

泵房底板一般均采用平底板形式,它的支承形式因与其连接的结构不同而异,例如大型立式水泵块基型泵房底板,在进水流道的进口段,与流道的边墩、隔墙相连接;在进水流道末端,三面支承在较厚实的混凝土块体上;在集水廊道及其后的空箱部分,一般为纵、横向墩墙所支承。这样的"结构-地基"体系,严格地说,应按空间问题分析其应力分布状况,但计算极为繁冗,在工程实践中一般简化成平面问题,选用近似的计算分析方法。例如进水流道的进口段,一般可沿垂直水流方向截取单位宽度的梁或框架,按倒置梁、弹性地基梁或弹性地基上的框架计算;进水流道末端,一般可按三边固定、一边简支的矩形板计算;集水廊道及其后的空箱部分,一般可按四边固定的双向板计算。泵房底板的计算可按以下原则进行。

1. 底板应力计算方法

泵房底板应力可根据受力条件和结构支承形式等情况,按弹性地基上的板、梁或框架进行计算。

弹性地基梁法是一种广泛用于大、中型泵站工程设计的比较精确的计算方法。当按弹性地基梁法计算时,应考虑地基土质,特别是地基可压缩层厚度的影响。弹性地基梁法通常采用的有两种假定:①文克尔假定,假定地基单位面积所受的压力与该单位面积的地基沉降成正比,其比例系数称为基床系数或垫床系数。显然,按此假定,基底压力值未考虑基础范围以外地基变形的影响。②假定地基为半无限深理想弹性体,认为土体应力和变形为线性关系,可利用弹性理论中半无限深理想弹性体的沉降公式(如弗拉芒公式)计算地基的沉降,再根据基础挠度和地基变形协调一致的原则求解地基反力,并计及基础范围以外边荷载作用的影响。上述两种假定是两种极限情况,前者适用于岩基或可压缩土层厚度很薄的土基,后者适用于可压缩土层厚度无限深的情况。

对于土基上的泵房底板,当采用弹性地基梁法计算时,应根据可压缩土层厚度与弹性地基梁长度的比值,选用相应的计算方法。当比值小于0.25时,可按基床系数法(文克尔假定)计算;当比值大于2.0时,可按半无限深的弹性地基梁计算;当比值为0.25~2.0时,可按有限深的弹性地基梁法计算。

当底板的长度和宽度均较大,且两者较接近时,按板梁判别公式判定,应属于弹性地基上的双向矩形板,对此可按交叉梁系的弹性地基梁法计算。这种计算方法,从试荷载法概念出发,利用交叉梁共轭点上相对位移一致的条件进行荷载分配,分别按纵、横向弹性地基梁计算弹性地基板的双向应力,但计算繁冗。在泵房设计中,通常仍是沿泵房进、出水方向截取单位宽度的弹性地基梁,只计算单向应力。

对于岩基上的泵房底板,可按基床系数法计算。

2. 边荷载处理

当土基上的泵房底板采用有限深或半无限深的弹性地基梁法计算时,应考虑边荷载对地基变形的影响。边荷载是作用于泵房底板两侧地基上的荷载,包括与计算块相邻的底板传到地基上的荷载。根据试验研究和工程实践可知,边荷载对计算泵房底板应力的影响主要与地基土质、边荷载大小及边荷载施加程序等因素有关。由于准确确定边荷载的影响是一个十分复杂的问题,因此在泵房设计中,对边荷载影响只能做一些原则性的考虑。《泵站设计规范》(GB 50265—2010)对此只做了概括性的规定,即当边荷载使泵房底板弯矩增加时,无论是黏性土地基还是砂性土地基,均宜计及边荷载的全部作用;当边荷载使泵房底板弯矩减小时,在黏性土地基上可不计边荷载的作用,在砂性土地基上可只计边荷载的50%。

10.4.1.3 进、出水流道结构计算

1. 进、出水流道结构计算原则

(1)肘形、钟形进水流道和直管式、屈膝式、猫背式、虹吸式出水流道的应力,可以根据各自的结构布置、断面形状和作用荷载等情况,按单孔或多孔框架结构进行计算。若流道壁与泵房墩墙联为一整体结构,且截面尺寸又较大,计算中应考虑其厚度的影响。当肘形、钟形进水流道和直管式出水流道由导流隔水墙分割成双孔矩形断面时,亦可按对称框架结构进行计算。当虹吸式出水流道的上升段承受极大的纵向力时,除应计算横向应力外,还应计算纵向应力。

(2)双向进、出水流道应力可分别按肘形进水流道和直管式出水流道进行计算。

(3)混凝土蜗壳式出水流道应力,可简化为平面“Γ”形钢架、环形板或双向板结构进行计算。

2. 结构应力计算应注意事项

(1)肘形进水流道和直管式、虹吸式出水流道是目前泵房设计中采用最为普遍的进、出水流道形式。其应力计算方法主要取决于结构布置、断面形状和作用荷载等情况,按单孔或多孔框架结构进行计算。钟形进水流道的进口段虽然比较宽,但它的高度较肘形流道矮得多,其结构布置和断面形状与肘形流道的进口段相比,有一定的相似性;屈膝式或猫背式出水流道主要是为了满足出口淹没的需要,将出口高程压低,呈“低驼峰”状,其结构布置和断面形状与虹吸式出水流道相比,也有一定的相似性。因此,钟形进水流道的进口段和屈膝式、猫背式出水流道的应力,也可按单孔或多孔框架结构进行计算。

虹吸式出水流道的结构布置按其外部连接方式可分为管墩整体连接和管墩分离两种型式。前者将流道管壁与墩墙浇筑为一个整体,后者的流道管壁与墩墙是各自独立的。如果流道宽度较大,中间可增设隔墩。

管墩整体连接的出水流道属空间结构体系,为简化计算,可将流道截取为彼此独立的单孔或多孔闭合框架结构。因作用荷载随作用部位的不同而变化,因此进行应力计算时,要分段截取流道的典型横断面。另外,由于管墩整体联结出水流道的管壁较厚(尤其是在水泵弯管出口处),进行应力计算时,必须考虑其厚度的影响,以减少钢筋用量。

管墩整体连接的出水流道,一般只需进行流道横断面的静力计算和抗裂核算;管墩分离的出水流道,由于其上升段受有较大的纵向力,故除需进行流道横断面的静力计算及抗裂核算外,还需进行流道纵断面的静力计算。

(2)双向进、出水流道形式目前在国内并不多见,它是一种双进双出的双层流道结构,呈“X”状,亦称“X”形流道结构,其下层为双向肘形进水流道,上层为双向直管式出水流道。因此,双向进、出水流道可分别按肘形进水流道和直管式出水流道进行应力计算。

(3)混凝土蜗壳式出水流道是一种和水电站厂房混凝土形状十分相似的,很复杂的整体结构,其实际应力状况很难用简单的计算方法求解。因此,必须对这种结构进行适当的简化方可进行计算。一种计算方法是将顶板与侧墙视为一个整体,截取单位宽度,按“Γ”形钢架结构计算;另一种是将顶板与侧墙分开,顶板按环形板结构计算,侧墙则按上、下两端固定板结构计算,由于蜗壳断面尺寸较大,出水管内设有导水隔墩,因此可按矩形框架结构计算。由于泵房混凝土蜗壳承受的内水压力一般较小,因而计算应力也较小,故一般只需按构造配筋。

10.4.1.4 机墩结构计算

机墩是整个机组的基础,它承受机组的全部重量和机组运行时的作用荷载,并均匀地传给机墩地基或通过其他梁柱传给泵房底板。常用的大、中型立式轴流泵机组的机墩形式有井字梁式、纵梁牛腿式、梁柱构架式、环形梁柱式和圆筒式等。大、中型卧式离心泵机组的机墩形式有块状式和墙式等,机墩结构形式可根据机组特性和泵房结构布置等因素选用。根据已建泵站工程的统计资料,大、中型泵站机组的功率、间距和采用的机墩形式,如表 10-11 所示。

支承电动机的井字梁由两根横梁和两根纵梁组成,荷载由井字梁传至墩上,这种机墩形式结构简单、施工方便;纵梁牛腿式结构,支承电动机的是两根纵梁和两根与纵梁方向平行的短牛腿,前者伸入墩内,后者从墩上悬出,荷载由纵梁和牛腿传至墩上,这种机墩形式工程量较省;梁柱构架式结构,荷载由梁柱构架传至联轴层大体积混凝土上面;环形梁柱式结构,荷载由环形梁经托梁和立柱分别传至墩墙和密封层大体积混凝土上面;圆筒式结构,荷载由圆筒传至下部大体积混凝土上面。大、中型卧式机组的水泵机墩,一般采用块状式结构,电动机则采用墙式结构。

表10-11　已建泵站机墩形式统计

电机功率(kW)	机组间距(m)	机墩形式
800	4.8~5.5	井字梁式
1 600	6.0~7.0	纵梁牛腿式
2 800~3 000	7.6~10.0	梁柱构架式
5 000~6 000	11.0~12.7	环形梁柱式
7 000	18.8	圆筒式
大、中型卧式机组		块状式+墙式

工程实践证明,这些形式的机墩,结构安全可靠,对泵房内的设备布置和安装检修都比较方便。

在进行机墩结构计算时应该注意:

(1)机墩强度应按正常运用和短路两种荷载组合分别进行计算。计算时应计入动荷载的影响。对于扬程在100 m及其以上的高扬程泵站,计算机墩稳定时,应计入出水管水柱的推力,并应采取必要的抗推移措施。

(2)机组机墩的动力计算,主要是验算机墩在振动荷载作用下会不会产生共振,并对振幅和动力系数进行验算。为简化计算,立式机组机墩可按单自由度体系的悬臂梁结构进行共振、振幅和动力系数的验算。对共振的验算,要求机墩强迫振动频率与自振频率之差和自振频率的比值不小于20%;对振幅的验算,应分析阻尼的影响,要求最大垂直振幅不超过0.15 mm,最大水平振幅不超过0.20 mm;对动力系数的验算,可忽略阻尼的影响,要求动力系数的验算结果为1.3~1.5。

对于卧式机组机墩,由于机组水平卧置,其动力特性明显优于立式机组机墩,故只需进行垂直振幅的验算。

工程实践证明,单机功率小于160 kW的立式轴流泵机组和单机功率小于500 kW的卧式离心泵机组,其机墩受机组振动的影响很小,故均可不进行动力计算。

10.4.1.5　泵房排架和吊车梁计算

1.泵房排架计算

泵房排架是泵房结构的主要承重构件,它承担屋面传来的重量、吊车荷载、风荷载等,并通过它传至下部结构。泵房排架应力可根据受力条件和结构支承形式等情况进行计算。对于干室型泵房,当水下侧墙刚度与排架柱刚度的比值不大于5.0时,水下侧墙受上部排架柱变形的影响较大,故可将墙与柱联合计算;当水下侧墙刚度与排架柱刚度的比值大于5.0时,水下侧墙对排架柱起固结作用,即水下侧墙受上部排架柱变形的影响小到可以忽略,因此墙与柱可分开计算,计算时水下侧墙作为排架柱的基础。

泵房排架应具有足够的刚度,在各种情况下,排架顶部的侧向位移应不超过 1.0 cm。

2. 吊车梁计算

吊车梁也是泵房结构的主要承重构件,它承受吊车启动、运行、制动时产生的荷载,如垂直轮压、纵向和横向制动力等,并通过它传给排架,再传至下部结构,其受力情况比较复杂。吊车梁总是沿泵房纵向布置,对加强泵房的纵向刚度,连接泵房的各横向排架起着一定的作用。吊车梁有单跨简支梁或多跨连续梁等结构形式,可根据泵房结构布置、机组安装和设备吊运要求等因素选用。单跨简支式吊车梁多为预制,吊装较方便;多跨连续式吊车梁工程量较省,造价较经济。根据已建大、中型泵站的调查资料,泵房内的吊车梁大多数为钢筋混凝土结构,也有的采用预应力钢筋混凝土结构或钢结构。对于负荷量大的吊车梁,为了充分利用材料的强度,节省工程量,宜采用钢筋混凝土结构或钢结构。预应力钢筋混凝土吊车梁施工较复杂,钢结构吊车梁耗用钢材较多。

钢筋混凝土和预应力钢筋混凝土吊车梁一般有 T 形、I 形等截面形式。T 形截面吊车梁有较大的横向刚度,且外形简单,施工方便,是最常用的截面形式。I 形截面吊车梁具有受拉翼缘,便于布置预应力钢筋,适合负荷量较大的情况。变截面吊车梁的外形有腹式、折线式和轻型桁架式等,其特点是薄腹。变截面能充分利用材料强度,节省混凝土和钢筋用量,但因存在设计计算较复杂、施工制作较麻烦、运输堆放不方便等缺点,故目前在泵房工程中应用很少。

由于吊车梁是直接承受吊车荷载的结构构件,吊车的启动、运行和制动对吊车梁的运用有很大的影响,为保证吊车梁的结构安全,设计中应控制吊车梁的最大计算挠度。对于钢筋混凝土吊车梁,其最大计算挠度应不超过计算跨度的 1/600;对于钢结构吊车梁,其最大计算挠度应不超过计算跨度的 1/700,对于钢筋混凝土吊车梁,还应按抗裂要求,控制最大裂缝宽度不超过 0.3 mm。

对于负荷量不大的常用吊车梁,设计时可套用标准设计图集,但套用时应注意实际负荷量和计算跨度与所套用图纸上规定的设计负荷量和吊车梁的计算跨度是否符合。

10.4.2　分基型泵房结构设计及计算

分基型泵房结构包括屋盖、吊车梁、柱、墙及基础等,其结构形式与工业民用建筑的结构基本相同,应尽量采用国家、地方建筑部门的定型设计或建筑结构图集。

10.4.2.1　**屋盖**

屋盖由屋面和支承结构两部分组成。屋面起围护作用,支承结构支承屋面,并将荷载传至墙身或柱上。

泵房常用的屋盖有斜屋盖和平屋盖两种,选型应根据设计要求,施工使用条件,并按照就地取材等原则考虑。

1. 斜屋盖

斜屋盖主要是靠屋面坡度把水排走,其形式有单坡形和双坡形,泵房常用双坡形。

1) 支承结构

屋架、梁、板是支承结构的基本形式,屋面荷载通过屋面板传给檩条(梁)、檩条传给屋架,再传给墙或柱。屋架搁置在房屋的跨度方向,垂直于屋架设檩条,且在其上设屋面板。当跨度较大时,为了增加房屋的纵向稳定和抗风能力,应在屋架上弦间设置拉条或在屋架之间设剪刀撑等。

屋架是由一组杆件在同一平面内互相结合成整体来负担荷载。就其材料分为三角形、梯形、折线形、拱形屋架等,如表10-12所示。选型应根据房屋跨度、屋面形式和辅材等考虑,泵房常用的有三角形屋架。该形式费材料,但构造和施工简单,无论何种辅材均可采用。当跨度小于6~12 m时,可用木屋架或钢木混合屋架。跨度较大或木材较缺时可采用钢筋混凝土或钢屋架。

表10-12　常用屋架形式

序号	构件名称	形式	材料
1	双坡I字形复梁		预应力混凝土跨度12~15 m
2	空腹屋面梁		预应力混凝土跨度12~15 m
3	拱式屋架		预应力混凝土跨度9 m、12 m、15 m
4	二铰拱屋架		钢筋混凝土跨度9 m、12 m、15 m
5	三角形屋架		型钢屋架
6	折线形屋架		钢筋混凝土跨度15 m、18 m

拱形屋架受力最合理,既经济又省材料,但施工较麻烦,因此较多采用折线形屋架,并常采用钢筋混凝土或预应力钢筋混凝土结构。当采用非卷材屋面时,为了避免漏水,屋面坡度不得小于1/4;采用卷材防水屋面时,为避免淌油,屋面坡度应平缓,其最大坡度为1/5。

檩条一般放在屋架的节点上,当屋架节间较大时,也可在节间增设檩条。檩条可用木、钢筋混凝土、钢制成,以木檩条应用较广。截面一般为50 mm×70 mm~80 mm×1 400 mm,其跨度不大于3.6~4.0 m。当屋架间距较大时,可用钢筋混凝土檩条,常做成T形截面,最长达6.0 m。屋面板常用木或钢筋混凝土制成。在木屋架上设木屋面板,厚度常用20~25 mm,相应跨度0.7~1.0 m;钢筋混凝土屋架常设钢筋混凝土屋面板,大型屋面板可直接放在屋架上,当尺寸较小时,则置于檩条上。常用钢筋混凝土预制板有预应力混凝土大型屋面板、钢筋混凝土肋形板及槽形板,预应力混凝土多孔板等,一般可选用标准图,必要时也可自行设计。

2)屋面构造

由屋面板、油毡、顺水条、挂瓦条及平瓦组成,见图10-67。油毡是防水的加强措施,挂瓦条架在顺水条上便于油毡上面的雨水通过,大量雨水顺瓦面从缘口自由下落,若有需要可在封檐板上装镀锌铁皮天沟和落水管,把水引至地面排走。

屋面坡度应考虑瓦的不透水性和盖缝的严密性,并与地区暴雨、大风、多雪情况有关,一般陶瓦、水泥瓦的高跨比 H/L 为 1/2~1/5。北方严寒积雪地区屋面可采用较大的坡度。

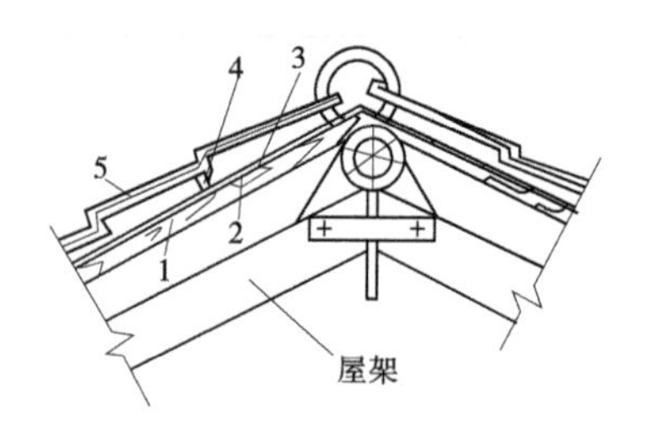

1—屋面板;2—油毡;3—顺水条;4—挂瓦条;5—瓦

图 10-67　斜屋盖的屋面构造

2. 平屋盖

平屋盖除形式、构造和材料均与斜屋盖有区别外,一般屋面坡度小于 5%。由于屋面的坡度较平,要求屋面具有良好的防水性能,因此必须注意选择适当的防水材料和胶结材料,并注意施工技术,使屋面的质量得到保证。

平屋盖的构造也是由屋面及支承结构组成的。屋面结构包括防水层及面层,支承结构包括承重结构的基层和防寒隔热的间层两部分,如图 10-68 所示。当采用不保温的平屋盖时,支承结构只有承重基层部分。

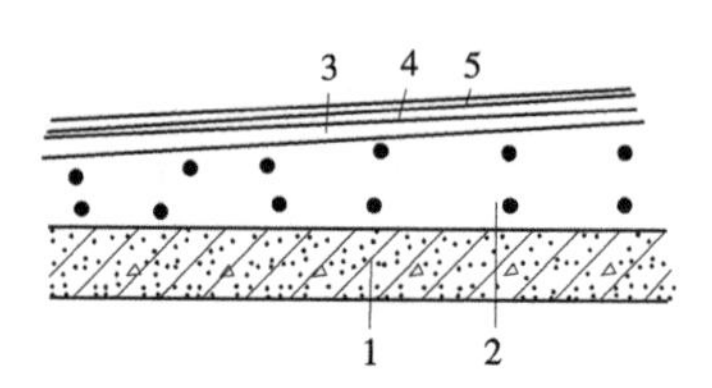

1—钢筋混凝土板;2—矿渣保温层找坡;3—水泥砂浆找平;4—冷底子油一层;5—二毡三油上撒绿豆沙

图 10-68　平屋盖构造

1)支承结构

承重基层由主梁、次梁和板组成(当跨度较小时可将屋面板直接搁在墙上)。屋面荷载通过屋面板传给次梁,次梁传给主梁再传给墙或柱上。

承重基层常采用钢筋混凝土预制梁、板。若预制构件运输吊装受到限制或使用上有特殊要求时,可以用现浇钢筋混凝土梁、板。钢筋混凝土梁可做成矩形、T 形、工字形,按有关规范进行设计。

有保温隔热要求的平屋盖,常用的保温隔热材料有炉渣、矿渣、泡沫混凝土板、多孔陶土板等,保温层厚度应根据当地气温条件及所采用材料的导热性能决定。在保温层下,可用一毡二油或两层热沥青的隔气层,以避免聚水破坏保温层。

在不放保温层的屋盖上,找平层放在承重结构的上面,并做出一定的坡度,一般用 20 mm 厚的水泥砂浆抹面。

2)屋面

防水层必须有较强的防水性,且不易产生裂缝。根据材料不同,常做成柔性防水层,即以沥青、油毡等柔性材料铺设和黏接的防水层,通常有三毡四油及二毡三油两种做法;刚性防水层,是以细石混凝土或防水水泥砂浆等刚性材料作为防水层。刚性防水层较柔性防水层造价低但没有伸缩性,宜用于屋面平整、无较大振动、地基沉陷比较均匀以及气温差别较小的地区。

面层是用来保护防水层使其不受气候影响及机械破坏。泵房属于不上人的平屋盖,在防水层上面常铺一层绿豆沙(4~6 mm 的卵石或碎石)作为面层。

3)平屋盖的排水

平屋盖一般用外部排水,即水落设备置于室外。集水口用排出的形式,或在女儿墙上每隔一定距离(10~15 m)预留孔洞,用镀锌铁皮漏斗与墙外落水管相连接,使雨水沿落水管排至地面排水沟。此外,也可采用自由落水。雨水经过挑檐自由落下,经地面散水坡汇入排水沟。

3. 屋盖所受的荷载

(1)恒载。指屋盖结构各层材料自重。

(2)活载。为使用和施工过程中作用在结构构件上的可变荷载。如人群、设备、雪载、风载等。

①屋面活载。泵房屋盖一般不上人,其屋面活载以50 kg/m^{2}计。

②屋面集中荷载。按施工或检修时集中荷载(如人和小工具)为800 kN进行核算。

③雪载。屋面水平投影面上所受的雪载,与屋面的形式和建筑物所在地区积雪深度有关,雪载可按式(10-33)计算:

$$S = CS_0 \tag{10-33}$$

式中　S——雪载,kPa;

C——屋面积雪分布系数,按不同的屋面形式查荷载规范,一般屋面$C=1$;

S_0——基本雪载,按泵站所处地区查荷载规范确定,kPa。

因屋面活载与雪载不会同时存在,故不必同时考虑,设计时取两者中较大值。

④风载。作用在屋面上的风荷载W(kPa)应按式(10-34)计算:

$$W = KK_Z W_0 \tag{10-34}$$

式中　W_0——基本风压,kPa;

K_Z——风压高度变化系数,查有关规范;

K——风载体型系数,查有关规范。

当风载与恒载及其他活载组合时,除恒载外,风载和其他活载均应乘以组合系数0.9。但当风载与恒载组合时,或者对于高耸房屋,风载不应降低。

10.4.2.2　吊车梁

1. 设计条件

吊车梁是有吊车的泵房中重要构件之一,它主要是承受吊车在启动、运输、制动时产生的各种移动荷载。大、中型泵房常装有单台检修吊车,起重吨位不大,且极少在最大荷载下工作,使用又不频繁,操作时间百分数较低,为轻级工作制。

设计吊车梁时必须考虑这些特点,根据《工业与民用建筑钢筋混凝土结构设计规范》有关规定,承受轻级工作制的吊车,吊车梁可不验算重复荷载作用下的疲劳强度。

2. 作用在吊车梁上的荷载

吊车梁承受吊车荷载比较复杂,如图10-69所示,有垂直、水平荷载(且是移动的),又有冲击振动作用,因此必须了解如何确定其设计荷载值及内力变化规律。

1)恒载

恒载包括梁自重以及梁顶以上的混凝土垫层、吊车轨道、连接件等重量,梁自重按实际截面确定,梁顶以上荷载按有关手册、图集查得,均以均布荷载计算。

2)活载

活载即吊车荷载,包括垂直荷载和水平荷载。

(1)垂直轮压。最大轮压P_{max}可由吊车产品样本中查得,也可根据小车所能达到的实际极限位置来决定,每个轮子最大轮压力为:

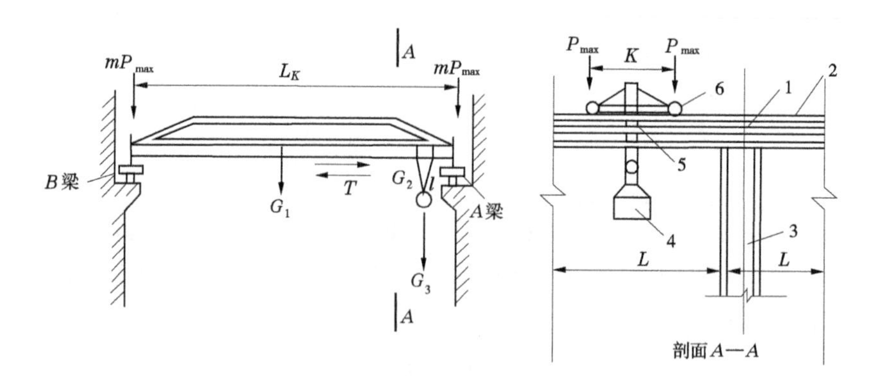

1—吊车梁;2—轨道;3—壁柱;4—起吊物;5—小车;6—轮;L_K—吊车跨度(m);K—吊车轮距(m);

m—作用在一根吊车梁上的轮子数;

L—吊车梁的跨度(m);G_1—吊车自重(不包括小车)(kN);

G_2—小车自重(kN);G_3—最大起吊物重(kN);P_{max}—吊车垂直最大轮压(kN);

P_{min}—吊车垂直最小轮压(kN);T—吊车水平横向制动力(±kN)

图 10-69　吊车活载图

$$P_{max} = \frac{1}{m}\left[\frac{1}{2}G_1 + (G_2 + G_3)\frac{L_K - l}{L_K}\right] \quad (\text{kN/轮}) \tag{10-35}$$

式中　G_1、G_2、G_3——吊车、小车和起重物重量,kN;

m——作用在一根吊车梁上的轮子数;

L_K——吊车跨度,m;

l——吊钩至吊车轨道中心的极限距离,m。

计算吊车梁及连接部分强度时,吊车垂直荷载应乘以动力系数,轻级工作制可取1.1。

(2)水平横向荷载。当小车突然刹车时会产生水平制动力,即水平横向荷载,其作用点为轨道顶,方向与轨道垂直,并具有正、反两个方向,计算时可取小车重 G_2 及起重物重 G_3 总和的5%并分布在 m 个轮子上,即按式(10-36)计算:

$$T = \frac{G_2 + G_3}{20m} \quad (\text{kN/轮}) \tag{10-36}$$

横向水平制动力不必乘以动力系数。梁在横向水平制动力作用下,在水平方向受弯,内力计算同垂直方向一样,但不算自重等恒载。

手动吊车刹车时产生的水平力很小,可忽略不计。

可见,设计泵房吊车梁应进行恒载与吊车垂直荷载作用下垂直截面的强度与挠度计算;应进行在吊车横向水平荷载作用下垂直截面的强度校核(不计梁肋的作用);应进行在吊车横向荷载与垂直荷载偏心作用下断面的抗扭强度校核。

设计采用钢筋混凝土单跨简支吊车梁时可根据吊车起重吨位、吊车跨度及泵房柱距,尽可能选用国家建筑构件图集,可不必进行计算。

10.4.2.3　外墙结构

泵房四周的外墙,主要用来挡风雪、隔热、保温,并承受上部屋面系统的荷载。外墙沿房屋短向布置的叫横墙,斜屋顶两侧的外墙叫山墙;沿房屋长向布置的称为纵墙或檐墙。

外墙主要由墙身、檐口及勒脚三部分组成,而墙身又包括门、窗洞及过梁、圈梁、壁柱等。

外墙除承受垂直荷载外,并要求具有一定的抗风压能力。为此,在设计时应按荷载的大小及所采用的材料、墙长、墙高,计算出必要的墙厚,以满足强度与稳定要求。

1. 墙身

(1)墙体结构。泵房墙体大部分采用砖结构,其厚度 24 cm(一砖)或 37 cm(一砖半)等。当墙体上直接承受较大的集中荷载或有吊车作用时,则应做成带壁柱的墙垛。墙垛比墙常凸出 12 cm、24 cm 或 37 cm 等,承重砖墙与屋架或屋面大梁组成排架。当吊车起重吨位较大时,可做成钢筋混凝土立柱,与屋架或屋面大梁组成排架结构,承受屋面系统的荷载及吊车荷载,而墙仅起防护结构的作用。

砌墙体的材料一般是黏土烧制砖,现行规格为 24 cm×11.5 cm×5.3 cm,强度等级一般为 MU5、MU7.5、MU10、MU15 等,以 MU7.5 和 MU10 最常用。砌砖用的砂浆强度等级一般为 M1、M2.5、M7.5、M10 等,M1 和 M2.5 应用较多,对于有振动荷载的泵房,墙体用砖强度等级不得低于 MU7.5,砂浆不低于 M2.5。为了保护墙体,还应以较密实的水泥砂浆勾外墙缝。

(2)门、窗过梁和圈梁。门、窗过梁就是在门、窗洞口顶上放一根横梁,其作用是为了支持门、窗口以上的墙体重,并将其传给门、窗两边的墙体。过梁以上的墙体,由于砌块相互搭接和砂浆的胶结,只将一部分重量传给过梁,其他重量传给了两侧砖墙。泵房常用钢筋混凝土过梁,对于门窗跨度不大于 1.5 m 时,可用钢筋砖过梁。

圈梁是连续设置在纵横墙的同一水平上的梁,并与立柱相连接,尽可能做成封闭圈,用以加强泵房的整体刚度,防止振动荷载及地基不均匀沉陷对房屋的影响。泵房圈梁多用钢筋混凝土圈梁,一般在檐口部分设一道,也有的将其放在基础面上,对于纵墙较高和较长的泵房,沿着墙体在一定的高度上可增设圈梁。圈梁宽度一般与墙厚度相同,高度 20~25 cm,主筋不少于 2 Φ 10,箍筋为Φ 6@ 200 或Φ 8@ 200。设计时,可考虑圈梁兼作过梁用,在穿过门窗顶的部位应按过梁受力要求配筋。

2. 其他结构

(1)变形缝。包括沉降缝、伸缩缝、地震缝。

沉降缝:地基强度不均匀或泵房相邻的部分的高度、荷载和结构形式有较大差别时应设沉降缝,即将泵房从基础到屋盖分成几个独立的部分,彼此之间留有空隙,使其自由下沉不受牵制。

伸缩缝:泵房因气候温度变化而产生变形,故必须设变形伸缩缝。一般当墙长超过 60 m 以上时应设伸缩缝一道,只将地基以上的墙体分开,沉降缝与伸缩缝的缝宽相同,为 2~3 cm。

地震缝:在地震区的泵房,按规定的要求亦应设地震缝,以防地震对房屋的破坏。地震缝的空隙不应小于 5 cm,设计时应与沉降缝和伸缩缝统一考虑。

(2)檐口。屋盖与墙身接触处称为檐口,它对墙体起保护作用。檐口可做成包檐和挑檐两种,前者是在外墙上部砌高出屋檐的女儿墙,将屋檐挡住;后者则将屋盖挑出外墙,做成露檐或封檐等不同形式,伸出尺寸和形式主要依据泵房高度及所采用的材料而定。

(3)勒脚。墙身下部加厚部分叫勒脚。这一部分接近地面,常受雨雪侵蚀、机械撞击和地下水的化学侵蚀而风化剥落,影响泵房的坚固,因此要求以坚固耐久的材料建造,可用普通的砖石制作外皮,用混凝土贴面,或水泥砂浆抹面即可。为了保护勒脚,沿外墙四周应做散水与排水沟。

10.4.2.4　门、窗

1.门

门主要供设备和人群的出入用,亦可兼作通风采光。泵房一般设检修间大门、配电间防火门和泵房便门。

检修大门,对于有吊车的泵房要求能通行汽车,常用于通行汽车的大门尺寸为 300 cm×330 cm 或 330 cm×360 cm,若通行重型载重汽车,大门则需用 360 cm×420 cm 等,大门可做成开关门(外开门)或推拉门、折门等。配电间防火门要满足搬运配电间最大配电柜的需要,并做成外开门。便门可设在通往生活区及进泵房方便之处。

泵房门常用木门、铝合金门或钢木门等。当具有防火或其他要求时可用钢门。

2.窗

窗是用作通风和采光的,其选型及尺寸与泵房面积、空间大小、气候条件及泵房的通风措施等因素有关。一般门窗面积与室内地面面积之比应不小于 1/2~1/5,以利于自然通风。

泵房一般用木制开关窗、翻窗及活叶窗,也可用铝合金、塑钢、钢窗等。门窗设计可选用标准图。工业与民用建筑的常用门、窗建筑模数规定:除门宽 80 cm、90 cm 和 100 cm 的外,门宽自 120 cm、门高自 210 cm 起,均以 30 cm 为模数。

10.4.2.5　基础

基础是泵房的地下部分。它的作用是将泵房自重、屋盖面积雪重以及泵房内所承受的人和设备等重量传给地基。地基和基础共同保证泵房的坚固、耐久和安全,因此要求它们具备足够的强度和稳定性,以防止泵房因沉降量过大或不均匀沉降而引起的裂缝和倾斜。

基础的强度和稳定性,不仅取决于基础的形状及材料的选用,还有赖于地基的性质。为了确定地基的性质和承载能力,必须进行工程地质勘察。选择地基与基础又与泵房的荷载大小及其结构措施有关,因此在设计时,地基、基础与泵房的结构措施统一考虑,选择经济可靠的方案。

1.基础的埋置深度

基础的埋置深度应使基础底面设置在承载能力较大的老土层上,如填土层太厚,就要采取措施加强地基承载力,如打桩、换土等。同时,基础底面亦应设在冰冻面以下,在地下水位较高的地区,还要设在最低地下水位以下,以防水的冰融侵蚀以及由于地下水位的升降而增加泵房的沉降量和不均匀沉陷。

2.基础的类型

基础的形式、大小和上部荷载和地基情况有关,一般需通过计算确定。泵房常用的基础类型如表 10-13 所示。

表10-13 常用基础类型

序号名称	剖面形式	材料	适用条件
1. 砖基础	B	黏土砖不低于MU7.5，水泥砂浆不低于M5	墙下常用的基础形式
2. 灰土基础	灰土 B	石灰:黏土=3:7~2:8	当地下水位高于垫层时不宜采用
3. 混凝土基础	B	C10或C15混凝土	地下水位较高，上部结构荷载较大
4. 毛石基础	B	用M3或M5砂浆砌筑	一般用于产石区
5. 钢筋混凝土基础	B	一般用C15混凝土	上部结构荷载较大，地基承载力较低，基础较大、较深
6. 钢筋混凝土杯形基础	B	一般用C15混凝土	地基土质较均匀，预制柱下基础

(1)砖基础。用于荷载不大，基础宽度较小，土质较好及地下水较低的地基上。它由墙及大放脚组成，常砌成台阶形，基础高宽比 h/L 应大于1.5，以保证基础底面最外层部分仍处于压力传递角的范围内。

由于基础埋在土内比较潮湿，需采用不低于MU7.5的黏土砖及不低于M5的水泥砂浆砌筑。

分基型泵房基础多采用砖基础。

(2)灰土基础。当基础宽度和埋深较大时，为了节约大放脚用砖而采用这种形式。它是由砖基础墙、大放脚及灰土垫层所组成。灰土垫层常用3:7石灰与黏土拌成，一般可采用30~45 cm厚，每15 cm称为一步。灰土基础不宜做在地下水及潮湿的土层中。

(3)混凝土基础。在地下水位较高、泵房荷载较大时，可用混凝土基础，可以浇筑成任何形式。当基础总高小于35 cm时，截面常做成矩形；高度大于35 cm小于1 m时，选用踏步形；当基础宽度大于2.0 m，高度大于1.0 m，施工方便时，常选用梯形。基础高宽比 h/L 应大于1.0，所用混凝土强度等级根据设计决定，一般不低于C10。

(4)钢筋混凝土基础。当泵房荷载较大，地基承载力又较差及采用上述基础不经济时，可用钢筋混凝土基础。

在泵房设计中多做成钢筋混凝土独立基础，用于钢筋混凝土吊车柱下。现浇的柱下独立基础常采用角锥体或台阶形；预制的柱下独立基础常采用杯口形式，所以也叫杯形基础。

由于基础底面加有钢筋,抗拉强度较高,基础高宽比上述基础小。

10.4.2.6　卧式机组基础设计

机组基础一方面是用于固定水泵和电动机的相对位置保持不变,另一方面是承受机组重量和机组运转时的振动力。所以,基础应有足够的强度和刚度。卧式机组基础大都为块状混凝土结构,如图 10-70 所示。

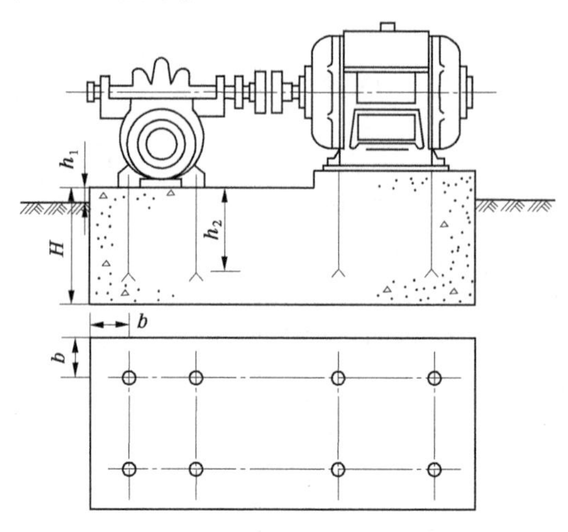

图 10-70　双吸卧式离心泵机组基础

基础平面尺寸应根据水泵样本中水泵安装尺寸决定。螺孔中心距至基础边缘距离 b 不小于 200 mm,基础顶面高出泵房地面 $h_1=100\sim300$ mm。基础采用 C10 混凝土时,螺栓最小埋深 h_2 可查表 10-14,螺栓弯钩下缘到基础底面最小距离 $c=100\sim200$ mm,根据 h_2 和 c 值即可决定基础高度 $H=c+h_2$。

表 10-14　螺栓最小埋深

螺栓直径(mm)	末端有弯钩的螺栓埋深(mm)
<20	40
24~30	50
32~36	60
40~50	70~80

由于机组基础同时承受静力和动力作用,过大的振动不仅影响机组正常运行,而且引起地基的附加沉陷,造成房屋损坏。所以基础设计应满足以下要求:

(1)基础应力应满足地基允许承载力的要求。实践证明,地基在动荷载作用下产生的沉降比只承受静荷载作用时要大,为此在设计基础时,应采用比静荷载作用时要低的地基承载力。降低的程度与振动的加速度的大小有关,但实际上很难估计地基受动力的影响,通常按式(10-37)验算动力基础底面的承载力:

$$p \leqslant \psi R \tag{10-37}$$

式中　p——基础底面承载力,kPa;

ψ——由于动力影响对地基承载力的折减系数,对于电动机机组采用 0.8;

R——修正后的静荷载作用下地基允许承载力,kPa。

（2）基础的自振圆频率不可与机组的强迫振动频率相同，以防止共振现象产生。假设机组和基础的重心及作用力和基础底面形心都在同一条直线上，这时仅产生垂直振动。基础垂直振动的自振圆频率 ω_0 按式（10-38）计算：

$$\omega_0 = \sqrt{\frac{C_Z F g}{m}} \quad (s^{-1}) \tag{10-38}$$

式中　F——基础底面面积，m^2；

m——机组和基础的质量，kg；

g——当地重力加速度，m/s^2；

C_Z——地基抗压刚度系数，Pa，与土壤性质、地基土允许承载力及基础底面面积有关，可现场实测或参考有关规范选用。

基础强迫振动频率 ω 与机组的转速 n 有关，即

$$\omega = 2\pi \frac{n}{60} = \frac{\pi}{30} n \quad (s^{-1}) \tag{10-39}$$

式中　n——机组转速，r/min。

如果 $\omega=\omega_0$，在理论上振幅将为无穷大，即形成共振。所以，在设计时，应尽量避开共振区，即满足 $\omega_0/\omega \leqslant 0.75$ 或 $\omega_0/\omega \geqslant 1.25$ 的要求。

（3）机组运转时产生的振幅应符合规范的要求：高频率转动机组的振幅虽然应考虑土的阻尼作用，但仍然会产生很大的数值，必须进行校核。因为机组转动时总会产生离心力，其大小取决于设计、制造、安装和维护等各方面的因素，通常可按式（10-40）、式（10-41）简化计算。

$$a = \frac{e}{f}\left(\frac{\omega}{\omega_0}\right)^2 \tag{10-40}$$

$$f = 2\lambda/\omega_0 \tag{10-41}$$

式中　a——振幅，mm；

λ——阻尼系数；

f——系数，$f=0.2 \sim 0.5$，对于混凝土材料，可取 $f=0.45$；

e——机组转动质量中心与转动中心的偏差值，mm，由制造和安装精度确定，通常不同转速下的 e 值如表10-15所示。

按规范要求计算的 a 值不应大于0.15 mm。

表10-15　偏心距 e 值

转速（r/min）	e（mm）
3 000	0.05
1 500	0.2
≤750	0.3～0.8

10.4.3　干室型泵房结构设计及计算

干室型泵房的上部结构与分基型的基本相同，在此不再赘述。这里仅介绍干室部分的侧墙和底板的受力情况。

10.4.3.1　矩形干室型泵房的侧墙和底板

1. 侧墙荷载分析及计算方法

干室侧墙（指水下墙部分）承受回填土（包括地面活荷载）的主动土压力、水压力（临水面的水压力及地下水产生的渗水压力）、上部墙体（包括屋面系统及吊车系统及风载）

传下来的垂直力、弯矩及剪力。

干室侧墙计算简图的取法和上部墙体(砖墙)的结构形式有关。当侧墙的刚度与水上墙(壁柱)的刚度比值较小时(如刚度比小于5),则两者应该视为一个整体,按变截面的排架进行计算。如果侧墙的刚度较大,它不受上部壁柱变形的影响,那么可以分开进行计算。

当墙和上部砖墙的壁柱分开计算时,应考虑下述几种不利的荷载组合:①如图10-71(a)所示,水下墙已建成且已回填土,假设地下水水位升到设计最高内水位,上部砖墙未建。此时水下墙承受土压力及水压力作用,略去水下墙自重,按上端自由下端固结的悬臂梁计算。②如图10-71(b)所示,泵房已建成,墙外到达设计最高内水位,顶部受上部壁柱传来的偏心荷载及壁柱自重的作用力,按偏心受压构件进行计算。③如图10-71(c)所示,泵房已经建成,假设墙外无水和无土压作用,其顶部受上部壁柱传来的偏向室外的偏心荷载及壁柱自重的作用力,按偏心受压构件进行计算。

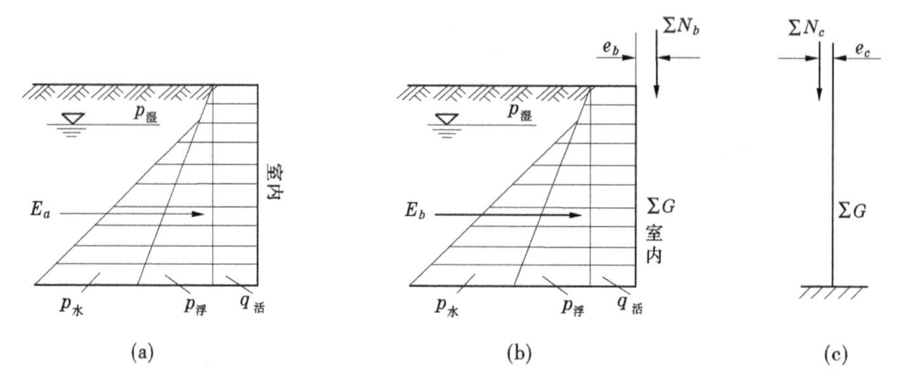

ΣN—上部总力;e—上部总力的偏心距;E—水土总压力;$p_{水}$—水压强度;$p_{浮}$—浮土压强;$p_{湿}$—湿土压强;$q_{活}$—地面超压;ΣG—地下墙重

图10-71　干室型侧墙不利荷载组合

水下墙外侧直立钢筋应按工况①或②的最大弯矩及垂直力进行计算;内侧直立钢筋按①、②、③三种工况中最大剪力控制。

2.底板荷载分析及计算方法

底板所受的荷载除地基反力外还有:①上部荷载,假定其作用线与侧墙中心线重合,不考虑垂直荷载的偏心及横向力引起的弯矩作用;②土压力、水压力及地面活荷载对墙底部产生的弯矩传至底板;③泵房周围地下水对底板产生的扬压力;④泵房内设备重;⑤底板自重。

计算工况选择及荷载分析与计算方法和计算截条取法有关。干室型泵房的底板可按倒置梁法或弹性地基梁法进行静力计算。

1)倒置梁法

如图10-72和图10-73所示。因干室型泵房底板的长宽比一般大于2,故可沿泵房进、出水方向取单宽截条并将底板视为支承在水下墙上的梁,其作用荷载q计算式如下:

$$q = q_{均} + q_{浮} - q_{自} \tag{10-42}$$

式中　$q_{均}$——在地基应力校核中最不利情况下,底板以上所有外荷载引起的地基反力的平均值,并假定为均匀分布,视为均布反力;

$q_{浮}$——地下水产生的浮力；

$q_{自}$——底板自重。

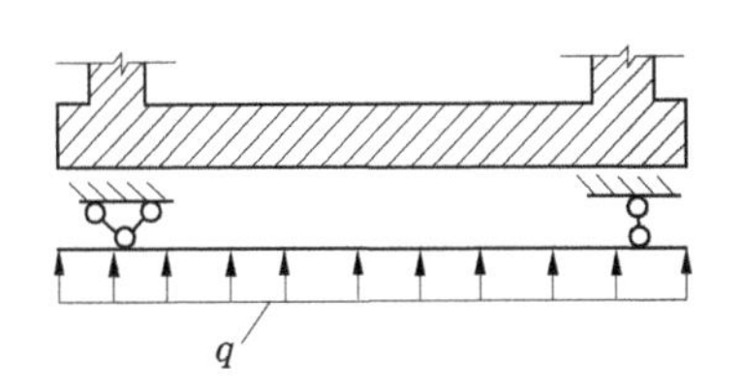

图 10-72　底板倒置梁法计算简图

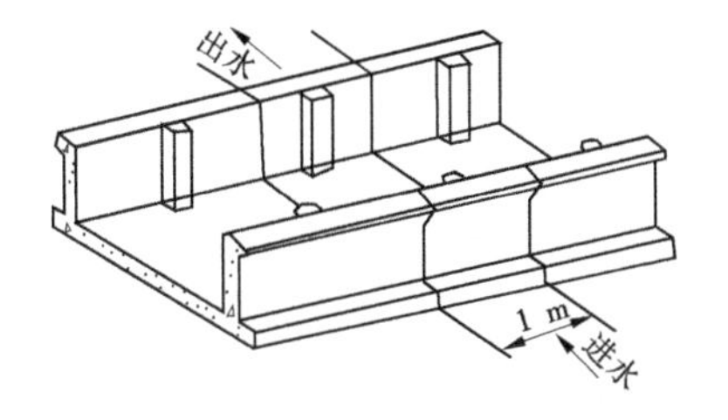

图 10-73　底板截条选取图

该法主要缺点是将地基应力假定为均匀分布，这是和实际情况不符的。将梁倒置后把水下墙视为支座，这样求出的支座反力显然不会和原来通过水下墙传给底边的反力相等，故计算结果比较粗略。但因计算简便，一般在中小型泵房底板计算中经常采用。

2)弹性地基梁法

将梁和地基视为弹性体，地基反力不做均匀分布的假设而根据荷载予以计算。水下墙不作为底板支座而是作为外荷载作用于底板上。计算结果较倒置梁法精确。

取进、出水方向截出单宽的横向截条进行计算。荷载组合及计算工况，一般可以采取下列两种：①土建施工完毕，周围未回填土，正在进行机电设备安装，但泵房达最高设计水位。计算板底负弯矩，配置底板上层钢筋，如图 10-74(a)所示。②运行期，达到设计最高水位，计算板底正弯矩，配置板底下层钢筋，如图 10-74(b)所示。

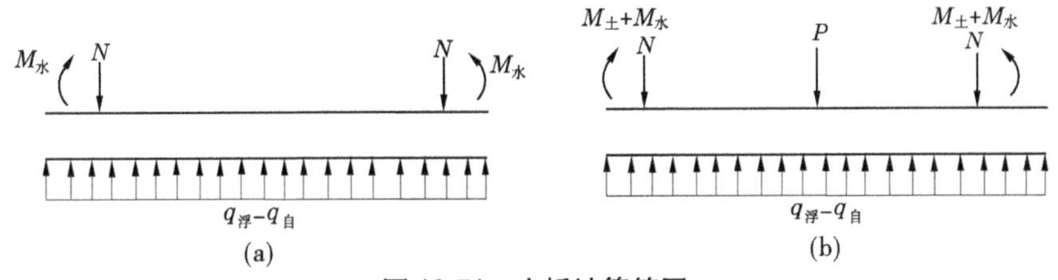

图 10-74　底板计算简图

10.4.3.2　圆筒干室型泵房

圆筒干室型泵房由于筒壁及底板的连接方式不同，其内力分布也就不同，因而计算方法也就不一样。连接方式与实际上将要采取的连接构造方案有关，通常有下列两种：

(1)铰接。连接处允许转动和移动，所以构造上必须有既保证上述要求而又不漏水的措施。

(2)固定。连接处为整体现浇，通常又用支托形式加厚其截面(见图 10-75)，底板在该处除具有足够的刚度外，并能满足下列三个条件时，可作为固定支

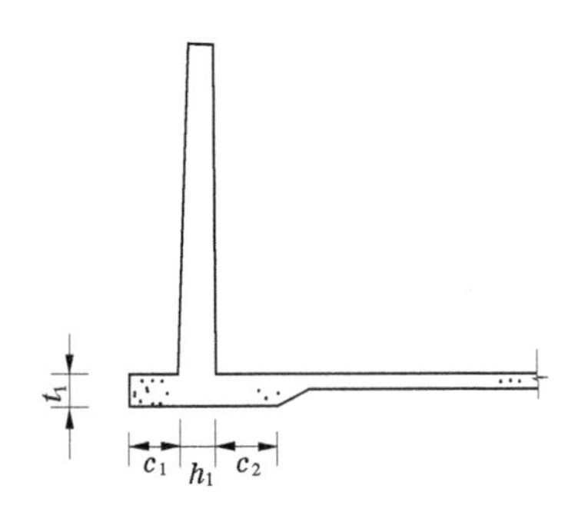

图 10-75　下端固定支承

承计算:①底板厚度 t_1 不小于筒壁厚度 h_1,即 $t_1 \geqslant h_1$;②筒壁两侧底板加厚部分的长度相等或接近相等,即 $c_1 \approx c_2$,且都大于筒壁厚度,$c_1 > h_1 < c_2$,若底板厚度相等,且 $t_1 \geqslant h_1$ 时,此条件可不考虑;③地基良好,压缩性较小,否则,应按弹性连接计算。

1. 荷载分析

作用于圆筒泵房上的力有水压力、土压力、浮托力、温度应力、底板挑出部分的水重及土重、泵房及设备自重、地基反力等,除温度应力外,其他外荷载计算均可参考前述的计算方法。

(1)温度应力。如图 10-76 所示,筒壁不论夏季或冬季,都由于泵房内外的温差而引起壁面应力(弯矩、切力及环向力)的变化。根据筒壁和底板的连接方式,可分别按有关公式进行计算。

①底端铰接顶端自由。

$$\left.\begin{aligned} M_1 &= \pm 0.1nE\alpha_t h^2 \Delta t(\eta_1 + \eta_2 - 1) \\ M_2 &= \mp 0.1nE\alpha_t h^2 \Delta t \\ T_2 &= -0.2nER\alpha_t h^2 \Delta t(\eta_1 - \eta_2)\frac{1}{S^2} \\ Q &= -0.2nE\alpha_t h^2 \Delta t \eta_2 \frac{1}{S} \end{aligned}\right\} \quad (10\text{-}43)$$

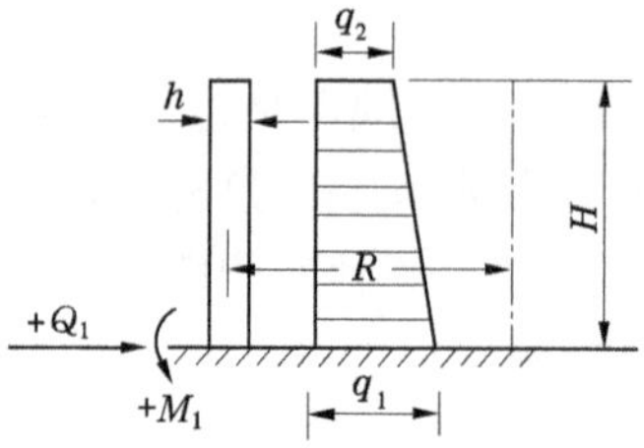

图 10-76　等厚池壁计算简图

②底端固定顶端自由。

$$M_1 = M_2 = \mp 0.1nE\alpha_t h^2 \Delta t \quad (10\text{-}44)$$

式中 M_1——温差产生的单位宽度内的纵向弯矩,kN · m/m;

M_2——温差产生的单位高度内的环向弯矩,kN · m/m;

T_2——温差产生的单位高度内的环向力,kN /m;

Q——温差产生的单位宽度内的底端切力,kN /m;

n——荷载系数,取 1.1;

E——混凝土弹性模量,kPa;

α_t——混凝土的线膨胀系数,等于 10^{-5};

h——筒壁厚度,m;

Δt——筒壁内外表面温差,℃,$\Delta t \approx \dfrac{h}{h+0.3}\Delta T$;

ΔT——筒壁内外介质温差,℃;

R——圆筒平均半径,m;

S——筒壁刚度特征值,m,$S = 0.76Rh$;

η_1、η_2——寻摩尔系数,见表 10-16,表中 X 为筒壁某点至底端的距离,m。

式(10-44)中正号表示筒壁内侧受拉;负号表示筒壁外侧受拉。

(2)荷载组合。筒壁按下述情况进行计算,即泵房施工完毕,已回填土,水位达到最高水位,并要考虑夏季和冬季壁内外温差影响而造成的温度应力。在水压力和土压力作用下,筒壁外侧受拉。夏季由于筒壁外的温度高于筒壁内部的温度,在温度应力的作用下,筒壁内侧受拉;冬季由于筒壁外的温度低于筒壁内部的温度,则筒壁外侧受拉。因此,

表10-16　寻摩尔系数

X/S	η_1	η_2	X/S	η_1	η_2
0.1	0.900 4	0.090 3	3.6	−0.024 5	−0.012 09
0.2	0.802 4	0.162 7	3.7	−0.021 0	−0.013 10
0.3	0.707 8	0.218 9	3.8	−0.017 7	−0.013 69
0.4	0.617 4	0.261 0	3.9	−0.014 7	−0.013 92
0.5	0.532 3	0.290 8	4.0	−0.011 97	−0.013 86
0.6	0.453 0	0.309 9	4.1	−0.009 55	−0.013 56
0.7	0.379 8	0.319 9	4.2	−0.007 35	−0.013 07
0.8	0.313 0	0.322 3	4.3	−0.005 45	−0.012 43
0.9	0.252 8	0.318 5	4.4	−0.003 80	−0.011 68
1.0	0.198 8	0.309 6	4.5	0.002 35	−0.010 86
1.1	0.151 0	0.290 7	4.6	0.001 10	−0.009 99
1.2	0.109 2	0.280 7	4.7	0.000 2	−0.009 09
1.3	0.072 9	0.262 6	4.8	0.000 7	−0.008 20
1.4	0.041 9	0.243 0	4.9	0.000 9	−0.007 32
1.5	0.015 8	0.222 6	5.0	0.002 0	−0.006 46
1.6	−0.005 9	0.201 8	5.1	0.002 35	−0.005 64
1.7	−0.023 6	0.181 2	5.2	0.002 60	−0.004 87
1.8	−0.037 6	0.161 0	5.3	0.002 75	−0.004 15
1.9	−0.048 4	0.141 5	5.4	0.002 90	−0.003 49
2.0	−0.056 4	0.123 1	5.5	0.002 90	−0.002 88
2.1	−0.061 8	0.105 7	5.6	0.002 90	−0.002 33
2.2	−0.065 2	0.089 6	5.7	0.002 80	−0.001 84
2.3	−0.066 8	0.074 8	5.8	0.002 70	−0.001 41
2.4	−0.06 69	0.061 3	5.9	0.002 55	−0.001 02
2.5	−0.065 8	0.049 1	6.0	0.002 40	−0.000 69
2.6	−0.063 6	0.038 3	6.1	0.002 20	−0.000 41
2.7	−0.060 8	0.028 7	6.2	0.002 00	−0.000 17
2.8	−0.057 3	0.020 4	6.3	0.001 85	0.000 03
2.9	−0.053 5	0.013 30	6.4	0.001 65	0.000 19
3.0	−0.049 3	0.007 03	6.5	0.001 50	0.000 32
3.1	−0.045 0	0.001 87	6.6	0.001 30	0.000 42
3.2	−0.040 7	−0.002 38	6.7	0.001 20	0.000 50
3.3	−0.036 4	−0.005 82	6.8	0.000 95	0.000 55
3.4	−0.033 2	−0.008 53	6.9	0.000 90	0.000 58
3.5	−0.028 3	−0.010 59	7.0	0.000 70	0.000 60

按最高水位时的土压力、水压力及冬季时温度应力所产生的筒壁外侧纵向弯矩的最大值作为外侧竖向钢筋的计算依据;按冬季温度应力产生的环向弯矩作为外侧环向钢筋的计算依据;按夏季温度应力产生的纵向及环向弯矩作为筒壁内侧竖向及环向钢筋的计算依据。

底板上所受的作用力主要有浮托力、筒身和机电设备自重及由此产生的地基反力。若泵房在高水位时的浮托力大大超过筒身及设备自重、地基反力,则反力和自重均可不必计算。通常以高水位时的浮托力所产生的径向弯矩及环向弯矩作为径向及环向配筋的依据。常用配筋方法为辐射—环向及两向配筋,后者为沿两个互相垂直的方向配筋,但用得较少。

2. 筒壁内力计算

筒壁的厚度相对于筒径 R 来说是比较小的,一般 $h/R \leqslant 1/20$,属于薄壁圆筒,它的内力计算方法和筒壁有效高度 H(受荷载的高度)与筒壁刚度特征值 S 的比值有关。一般来说,该比值越小,底板对筒壁的影响越大;相反,该比值越大则底板对筒壁的影响越小。

根据 H/S 比值大小,有以下几种情况:①$H/S<1.0$,按垂直单向计算,即仅考虑底板对筒壁在垂直方向的约束作用,可在筒壁上截取单宽的竖条像普通梁一样计算弯矩和剪力;②$1.0 \leqslant H/S<2.5$,按短壁圆筒计算;③$2.5 \leqslant H/S<15$,按长壁圆筒计算;④$H/S \geqslant 15$,按水平单向计算,即仅考虑水平方向的约束作用,视筒壁为两端自由的静定圆筒,只有环向拉力存在。

②和③需要同时考虑垂直单向和水平单向的两向作用。设想筒壁由许多条底端固定的垂直悬臂梁及许多条水平圆环组成,作用于筒壁的外力由两部分承担,筒壁内不仅产生环向拉力,同时在垂直方向还产生弯矩。根据沿筒壁同一高度上受外力作用时梁及圆环的径向变形相等的条件,确定它们各自负担的外力,从而可以导出圆筒变形的基本微分方程,方程中的参变数可以根据筒壁两端的边界条件确定。

实质上,垂直悬臂梁相当于一个放置在弹性地基上的梁,当 $2.5 \leqslant H/S<15$ 时,可以认为筒壁两端的边界力互不影响,这时筒壁两端近似地假设为弹性地基梁上的无限长梁,工程中的圆筒形干室型泵房均属于这种情况。当 $1.0 \leqslant H/S<2.5$ 时,则筒壁两端边界力互有影响,这时筒壁需按弹性地基梁上的短梁计算。

下面主要介绍常用的长壁(梁)圆形泵房等厚筒壁计算的数解法,见图 10-76,当筒壁底端固定,上端自由时:

$$\left.\begin{aligned} M_1 &= \frac{S^2}{2H}(Sq_1 - Sq_2 - Hq_1) \\ Q_1 &= \frac{S}{2H}(2Hq_1 - Sq_1 + Sq_2) \\ M_x &= M_1\eta_1 + (M_1 + SQ_1)\eta_2 \\ T_2 &= T_{20} - \frac{2R}{S^2}[M_1\eta_2 - (M_1 + SQ_1)\eta_1] \end{aligned}\right\} \tag{10-45}$$

当 $q_2=0$ 时:

$$\left.\begin{aligned} M_1 &= \frac{q_1 S^2}{2}\left(\frac{S}{H} - 1\right) \\ Q_1 &= q_1 S\left(1 - \frac{S}{2H}\right) \end{aligned}\right\} \tag{10-46}$$

当筒壁底端铰接上端自由时：

$$\left.\begin{aligned} M_x &= \frac{q_1 S^2}{2}\eta_2 \\ T_2 &= T_{20} - q_1 R\eta_1 \end{aligned}\right\} \tag{10-47}$$

式中 M_1——筒壁底端的纵向弯矩，kN · m；

Q_1——筒壁底端切力，kN；

M_x——筒壁沿高度变化的纵向弯矩，kN · m；

T_2——环向拉力，kN；

T_{20}——静定环向力，kN，$T_{20} = q_1 R$；

q_1、q_2——底部和顶部的水平荷载强度，kN/m；

其他符号意义同前。

3. 底板内力计算

圆筒干室型泵房底板常采用钢筋混凝土结构，外缘和筒壁相接，地板下为地基基础。通常，底板的厚度 δ 和圆筒直径 D 的比值，即 $\delta/D \leqslant 10$，故可视为薄板，实际工程中由于板的变形较小，一般最大挠度小于板厚的 1/5，属于小挠度变形范围。所以，底板按弹性薄板小挠度理论的假设进行计算。

为了计算方便，可不考虑底板挑出部分，按外缘固定或简支时承受均布荷载计算径向弯矩 M_r 及环向弯矩 M_t。

底板在几何上是轴对称的，若外荷分布也是轴对称，则其内力及变形也必然是轴对称的。圆形底板的内力具有如下特点：①在环向截面上不存在剪力；②在环向截面和径向截面上不存在扭矩；③在同心圆周上的内力分布是均匀的，即内力相等，但沿径向分布是变化的。据此可导出典型荷载作用下，底板内力计算公式。

情况一：外缘固定，承受均布荷载，距圆心 r 处的径向及环向弯矩值为

$$\left.\begin{aligned} M_r &= \frac{q}{16}[R^2(1+\mu) - r^2(3+\mu)] \\ M_t &= \frac{q}{16}[R^2(1+\mu) - r^2(1+3\mu)] \end{aligned}\right\} \tag{10-48}$$

式中 M_r——距圆心 r 处每单位长度上的径向弯矩，kN · m；

M_t——距圆心 r 处每单位长度上的环向弯矩，kN · m；

q——底板上作用的均布荷载，kN/m；

R——底板半径，m；

μ——材料泊松比，对混凝土，$\mu = 1/6$；

r——底板上任一点距圆心的距离，m。

从式(10-48)可知，最大弯矩发生在外缘处，即 $r = R$ 处，$M_{rmax} = -\frac{1}{8}qR^2$，$M_{tmax} = -\frac{1}{48}qR^2$；

在圆心处,$M_r = M_t = \frac{7}{96}qR^2$。

情况二:外缘简支,承受均布荷载,距圆心 r 处的径向及环向弯矩值为

$$\left.\begin{aligned} M_r &= \frac{q}{16}(3+\mu)(R^2 - r^2) \\ M_t &= \frac{q}{16}[R^2(3+\mu) - r^2(1+3\mu)] \end{aligned}\right\} \tag{10-49}$$

式中符号意义同前。从式(10-49)可知,简支时最大弯矩发生在圆心处,且径向和环向弯矩相等,即 $M_{rmax} = M_{tmax} = \frac{19}{96}qR^2$。在边缘处,$M_r = 0$,$M_t = \frac{5}{48}qR^2$。

底板厚度应按底板中最大弯矩值设计。圆底板最大剪力产生在支承处(外缘),不同支承在均布荷载下,均可按式(10-50)计算。

$$Q_{max} = \frac{1}{2}qR \quad (\text{kN}) \tag{10-50}$$

4. 筒壁底板弯矩的调整

在圆筒形泵房的内力计算中,当分别按前述方法计算筒壁底部弯矩 M_1 及底部边缘处径向弯矩 M_r 时,二者应该是相等的,但实际上两者不等,故需调整。调整的方法可根据筒壁及底板抗挠劲度按比例进行分配。筒壁及底板抗挠劲度可按式(10-51)计算:

$$\left.\begin{aligned} K_c &= K_{筒} \times \frac{Eh^3}{H} \\ K_b &= K_{底} \times \frac{Et^3}{R} \end{aligned}\right\} \tag{10-51}$$

式中　K_c、K_b——筒壁和底板的抗挠劲度,kN · m/m;

$K_{筒}$——筒壁抗挠劲度系数,见表 10-17;

$K_{底}$——底板抗挠劲度系数,$K_{底} = 0.104$;

E——混凝土弹性模量,kN/m^2;

其他符号意义同前。

表 10-17　筒壁抗挠劲度系数

H^2/Dh	$K_{筒}$	H^2/Dh	$K_{筒}$	H^2/Dh	$K_{筒}$	H^2/Dh	$K_{筒}$
0.4	0.139	3.0	0.548	10	1.010	24	1.566
0.8	0.270	4.0	0.635	12	1.108	32	1.810
1.2	0.345	5.0	0.713	14	1.198	40	2.025
1.6	0.399	6.0	0.783	16	1.281	48	2.220
2.0	0.445	8.0	0.903	20	1.430	56	2.400

注:$K_{筒} \approx 0.292\left(\frac{H^2}{Dh}\right)^{0.534}$。

根据抗挠劲度，计算分配系数。

$$\left.\begin{aligned}筒壁分配系数 &= \frac{K_c}{K_c + K_b} \\ 底板分配系数 &= \frac{K_b}{K_c + K_b}\end{aligned}\right\} \tag{10-52}$$

将不平衡弯矩 $\Delta M = M_r - M_1$，分别乘上筒壁及底板的分配系数则得到筒壁底端及底板边缘处的分配弯矩值。筒壁其他各点的纵向弯矩，可根据底端简支、顶端自由、底端作用弯矩时筒壁纵向弯矩计算，从表10-18中查出系数，计算式如下：

$$m = 系数 \times M \tag{10-53}$$

式中　m——弯矩增值，kN·m；

M——筒壁底端分配弯矩，kN·m。

计算出弯矩增值后，与未调整前的弯矩值相加，即得到调整后的弯矩值。

底板径向及环向弯矩的调整方法是将未调整前所计算的径向及环向弯矩均加上底板边缘处分配弯矩，即为调整后的底板径向及环向弯矩值。

10.4.4　湿室型泵房结构设计及计算

湿室型泵房的上部结构也和分基型泵房的基本相同，这里仅介绍水泵梁和排架的受力分析。

10.4.4.1　水泵梁受力分析

支持水泵壳体的梁称水泵梁，共有两根，其计算简图取决于湿室型泵房的结构形式。对于墩墙式泵房的水泵梁多属单跨梁，根据其与墩墙的刚度，可按两端固定或两端简支进行设计。对于排架式泵房，由于它和排架多为整体浇筑，故通常按连续梁进行计算，该连续梁支承在横排架的下横梁上，其计算简图如图10-77所示。

图10-77中作用在梁上的主要荷载有：①水泵梁自重，垂直的均布荷载 q；②水泵泵体部件重量 P_1，包括喇叭口、导叶体、弯管等；③出水弯管至后墙或排架的搁梁之间的水管重及管中水重的一部分 P_2。

荷载 P_1、P_2 通过水泵底座传至水泵梁，它们为局部均布荷载，但为了计算简便，可按集中静荷载考虑，并令 $P = (P_1 + P_2)/2$，即认为 P_1、P_2 由两根水泵梁平均承受。

除以上主要荷载外，尚需考虑当事故停泵或断流失效时，在比较大的水头作用下，由于水的倒流而对水泵弯管产生冲击力的水平分力 R_x（见图10-78）。它导致水泵梁在水平方向的弯曲变形，甚至断裂，所以必须对水泵梁进行双向弯曲强度校核。至于 R_x 传到梁顶所产生的扭矩作用，因其值一般较小，在设计中可不考虑。

图中荷载乘以动力系数 K（$K = 1.2 \sim 1.8$），将活荷载化为静荷，然后再根据其作用点的位置，推求出水泵梁所承受的水平力，并假设其力为两根水泵梁平均分担。通常，由于弯管高程接近于镇墩高程，其水平分力大部分传至镇墩，这时，水泵梁承担水平分力很小。如果弯管高程接近水泵梁，则大部分水平分力就由水泵梁承担。

表 10-18　筒壁纵向弯矩计算表

弯矩 M 在底端
底端简支、顶端自由

m=系数×M　(kN·m)
正号表示拉力在外面

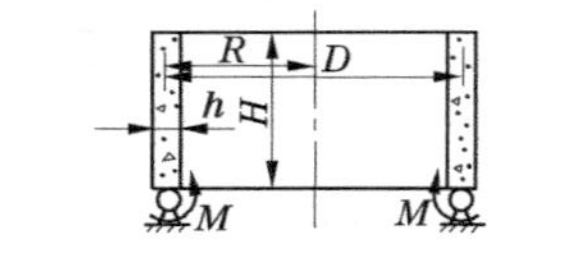

$\frac{H^2}{Dh}$	各点的系数												
	0.1H	0.2H	0.3H	0.4H	0.5H	0.6H	0.7H	0.75H	0.8H	0.85H	0.9H	0.95H	1.0H
0.4	+0.013	+0.051	+0.109	+0.196	+0.296	+0.414	+0.547	—	+0.692	—	+0.843	—	+1.000
0.8	+0.009	+0.040	+0.090	+0.164	+0.253	+0.375	+0.503	—	+0.659	—	+0.824	—	+1.000
1.2	+0.006	+0.027	+0.063	+0.126	+0.206	+0.316	+0.454	—	+0.616	—	+0.802	—	+1.000
1.6	+0.003	+0.011	+0.035	+0.078	+0.152	+0.253	+0.393	—	+0.570	—	+0.775	—	+1.000
2.0	−0.002	+0.002	+0.012	+0.034	+0.096	+0.193	+0.340	—	+0.519	—	+0.748	—	+1.000
3.0	−0.007	−0.022	−0.030	−0.029	−0.010	+0.087	+0.227	—	+0.426	—	+0.692	—	+1.000
4.0	−0.008	−0.026	−0.044	−0.051	−0.034	+0.023	+0.159	—	+0.354	—	+0.645	—	+1.000
5.0	−0.007	−0.024	−0.045	−0.061	−0.057	−0.015	+0.095	—	+0.296	—	+0.606	—	+1.000
6.0	−0.005	−0.018	−0.040	−0.058	−0.065	−0.037	+0.057	—	+0.252	—	+0.572	—	+1.000
8.0	−0.001	−0.009	−0.022	−0.044	−0.068	+0.062	+0.002	—	+0.178	—	+0.515	—	+1.000
10.0	0	−0.002	−0.009	−0.028	−0.053	−0.067	−0.031	—	+0.123	—	+0.467	—	+1.000
12.0	0	0	−0.003	−0.016	−0.040	−0.064	−0.049	—	+0.081	—	+0.424	—	+1.000
14.0	0	0	0	−0.008	−0.029	−0.059	−0.060	—	+0.043	—	+0.387	—	+1.000
15.0	0	0	+0.002	−0.003	−0.021	−0.051	−0.068	—	+0.025	—	+0.354	—	+1.000
20	—	—	—	—	—	—	—	—	−0.015	+0.095	+0.296	+0.606	+1.000
24	—	—	—	—	—	—	—	—	−0.037	+0.657	+0.250	+0.572	+1.000
32	—	—	—	—	—	—	—	—	−0.062	+0.002	+0.178	+0.515	+1.000
40	—	—	—	—	—	—	—	—	−0.067	−0.031	+0.123	+0.467	+1.000
48	—	—	—	—	—	—	—	—	−0.064	−0.049	+0.081	+0.424	+1.000
56	—	—	—	—	—	—	—	—	−0.059	−0.060	+0.048	+0.387	+1.000

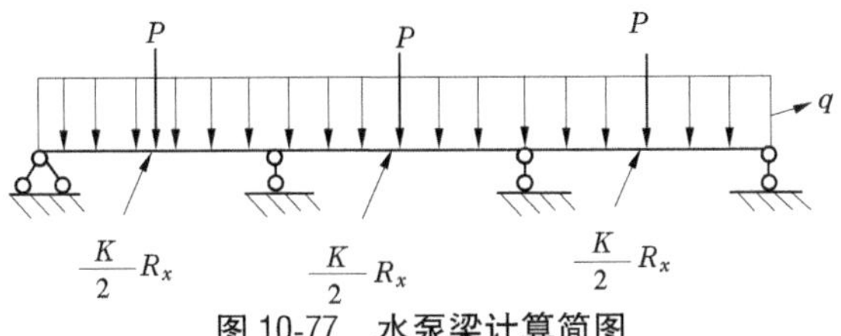

图 10-77　水泵梁计算简图

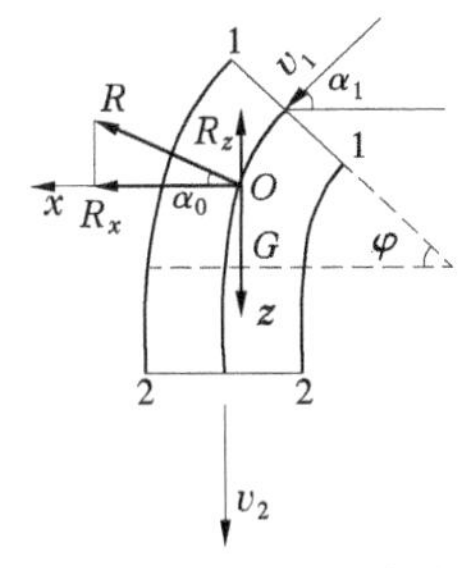

图 10-78　水泵弯管受力简图

冲击力的水平分力 R_x 及垂直力 R_z 的计算如图 10-78 所示，取弯头内水体为脱离体，令坐标系为 xOz，写出 x、z 轴的动量方程式：

$$\left.\begin{aligned}&-R_x+p_1\sin\varphi A_1=-\rho Qv_1\sin\varphi\\&R_z+G+p_1\cos\varphi A_1-p_2A_2=\rho Q(v_2+v_1\cos\varphi)\\&\alpha_1=\pi/2-\varphi\end{aligned}\right\}\qquad(10\text{-}54)$$

即

$$\left.\begin{aligned}&R_x=(\rho Qv_1+p_1A_1)\sin\varphi\\&R_z=\rho Q(v_2+v_1\cos\varphi)-G+p_2A_2-p_1A_1\cos\varphi\end{aligned}\right\}\qquad(10\text{-}55)$$

式中　R_x、R_z——水体作用于弯管的水平分力和垂直分力，kN，其合力为 $R=\sqrt{R_x^2+R_z^2}$，$\alpha_0=\arctan(R_z/R_x)$；

p_1、p_2——断面 1—1 和断面 2—2 处的中心静压强，kPa；

A_1、A_2——断面 1—1 和断面 2—2 的面积，m^2；

Q——倒流时通过弯头的流量，m^3/s，水泵倒流流量 Q 与水泵特性、管路性能及泵站水头等因素有关，须通过过渡过程计算而得，一般轴流泵在额定扬程情况下，其倒流流量为水泵额定流量的 1.2~1.6 倍；

v_1、v_2——断面 1—1 和断面 2—2 的平均倒流流速，m/s，$v_1=Q/A_1$，$v_2=Q/A_2$；

G——弯管内水体重量，kN；

α_1、φ——弯管出口断面中心线与水平方向的夹角和弯管转角。

应当注意的是：有些高扬程离心泵机组的水泵出口装有止回阀，其后装有伸缩节，在机组空管启动和停机过程中，可能对泵基础产生很大的水平推力，在这种情况下，水泵梁应顺水流方向布置，以避免产生很大的弯矩。

10.4.4.2　排架受力分析

以排架式湿室型泵房为例，其下部结构是由立柱、上横梁（其上部为电机层楼面）、下横梁、底板组成的一个刚性联结的双层钢筋混凝土排架，为了简化计算，仍按平面结构进行计算。

排架按纵、横两个方向进行计算。

1. 横向排架

荷载的作用宽度（如风荷载及电机层楼面荷载）可取一跨的距离。如图 10-79 所示，作用荷载有：①横排架上横梁自重及电机层楼板传来的均布静荷载 $q_{上}$；②横排架下横梁自重；③电机梁传给上梁的集中力 $P_{电}$；④水泵梁传给下梁的集中力 $P_{泵}$；⑤上部砖柱由于偏心而传给排架的力矩 M_1、M_2 及集中力 $P_支$;⑥作用在上部砖墙和屋顶等迎风及避风面上的风荷载折算到上梁节点处的水平力 $P_风$ 和弯矩 $M_风$。

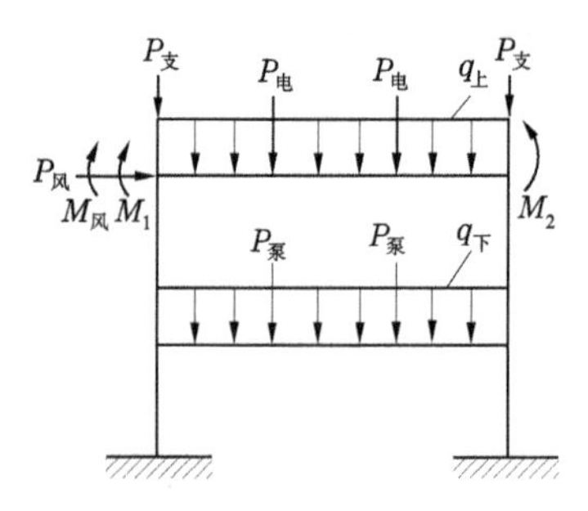

图 10-79　横向排架计算简图

应按最不利的荷载组合对横排架内力进行计算。在进行横向排架内力计算时,经常遇到的是结构对称而荷载不对称并有节点移动的钢架。此时,可以充分利用其对称性,将荷载分解成正对称和反对称两组,然后分别进行内力计算,最后予以叠加。

2. 纵向排架

因为水泵的出水管往往搁置于下纵梁上,故通常取出水侧的纵向排架作为一计算单元。计算简图如图 10-80 所示,其为一双层多跨钢架,作用荷载有:①纵排架上纵梁自重 q_1;②纵排架上纵梁电机层楼板自重 q_2 及其均布活荷载 q_3;③纵排架上纵梁上部砖墙及屋面系统荷载 q_4;④纵排架下纵梁自重 $q_下$;⑤出水管及其中水重,可视为集中荷载 P;⑥风荷载 $P_风$和 $M_风$。

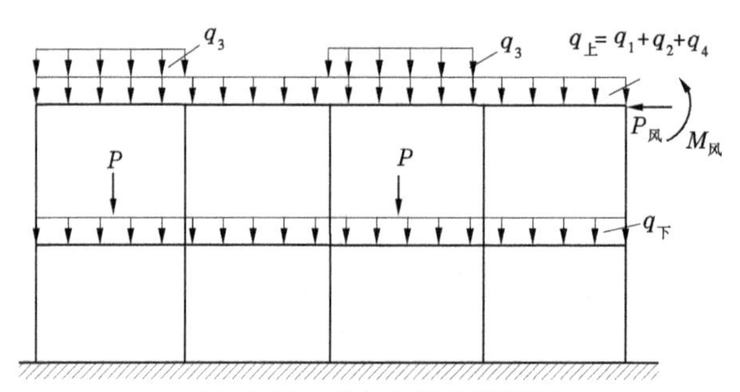

图 10-80　纵向排架计算简图

计算简图中 q_3 及 P 的作用位置是考虑最不利的荷载组合。

10.4.5　块基型泵房结构设计及计算

本部分主要介绍墩墙、底板、电机层楼板梁等主要构件的受力分析。

10.4.5.1　墩墙

从块基型泵房的结构可知,进水流道的进水口上部可视为一个空间的箱形结构,电机层楼板、电机大梁以及水泵进出水流道均与墩(边墙、缝墩或中墩)、墙(前、后墙)刚性联结,因为泵房底板的刚度比墩墙的刚度大得多,故可以认为墩墙与底板固结。

为了简化起见,仍按平面钢架结构进行内力分析,垂直水流方向取单宽钢架,以缝墩为界视为一个计算单元。计算简图如图 10-81 所示。

钢架在边墩回填土压力作用下,产生侧向移动。因自重引起的内力比土压力小得多。故略而不计。采用反弯点法进行钢架的内力计算,基本假设如下:

(1)将水平土压力荷载化为集中荷载作用于节点上,如 P_1、P_2。

(2)上层钢架的反弯点(弯矩为零处)在各墩高度的中点,下层钢架的反弯点在各墩高度的 2/3 处。从而定出各墩的剪力作用点。

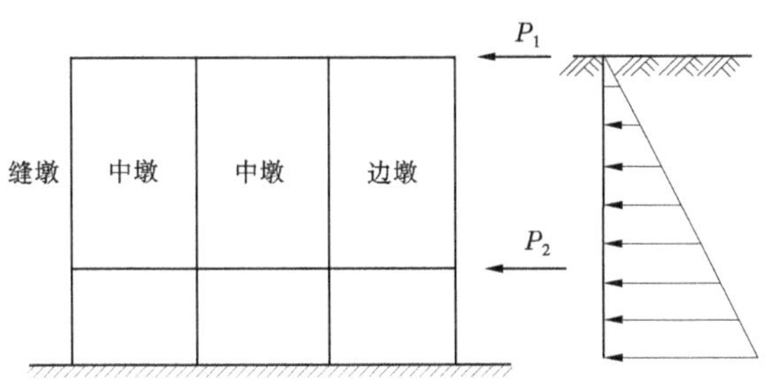

图10-81 墩墙计算简图

(3)按隔墩的相对刚度 i 进行剪力分配,计算剪力。

刚度 K 即 EJ/l,而 $J\propto h^3$(h 为墩厚),若各墩的 E 相等,则 $K\propto \frac{J}{l}\propto \frac{h^3}{l}$。

即
$$K_{边}=\frac{h_{边}^3}{l};K_{缝}=\frac{h_{缝}^3}{l};K_{中}=\frac{h_{缝}^3}{l}$$

而
$$i_{边}=\frac{K_{边}}{\sum K};i_{缝}=\frac{K_{缝}}{\sum K};i_{中}=\frac{K_{中}}{\sum K};\sum K=K_{边}+K_{缝}+K_{中}$$

(4)根据剪力可以求得隔墩的弯矩,据此进行配筋计算。

应当指出,当计算简图与反弯点法的基本假定不符合时,可考虑采用其他方法进行内力计算。

电机大梁前面部分的各墩可按前述方法计算。而电机大梁后面部分,由于各墩以电机大梁传来的弯矩及垂直荷载为主要荷载,故按偏心受压柱进行配筋计算。

泵房内的中墩和缝墩(又称隔墩)为了通风及检修之便,均开有门洞,在电机大梁传来的集中荷载作用下,门洞附近将发生应力集中,并且有可能发生剪切破坏,所以应分别予以验算。

门洞的尺寸通常属于大孔口,可参考水工结构关于坝内的孔口或廊道所采用的计算方法,求出门洞顶部及底部的最大拉应力,校核其是否超过混凝土允许拉力,以不出现裂缝为准。

泵房前后墙根据高宽比,可按双向或单向板计算。

前墙承受水压力,必要时考虑浪压力及壅高,其底部及两侧分别与底板和墩固结,上部可以认为是与电机层楼板铰接的板。

后墙视泵房的形式不同可以是挡水墙(堤身式)或挡土墙(堤后式),其作用荷载按具体情况进行考虑。其底部及两侧分别和底板及墩固结,上部与出水流道固结,属于四边固结的板。

10.4.5.2 底板

泵房底板按顺水流方向可分为进水流道底板、排水廊道底板两部分,按垂直水流方向可分为中跨(指缝墩与缝墩之间机组段)及边跨(指缝墩与边墩之间机组段)两种计算单元,由于受力条件不同,分别予以说明。

1.进水流道底板部分

(1)中跨进水流道底板。属于断面渐缩的厚板,两侧及后缘均为大体积混凝土,可以认为是三边固结一边自由的等腰梯形板,如图 10-82 所示。无边载作用,只承受纵向地基反力(由稳定分析可得)和自重。为了计算方便,其计算简图可简化成两边固结的单向板条(如图 10-82 中阴影部分),板条位置视荷载不同而截取,通常以检修闸门为界,分闸前、闸后和闸下三部分计算,闸下部分还需要考虑闸门的重量。

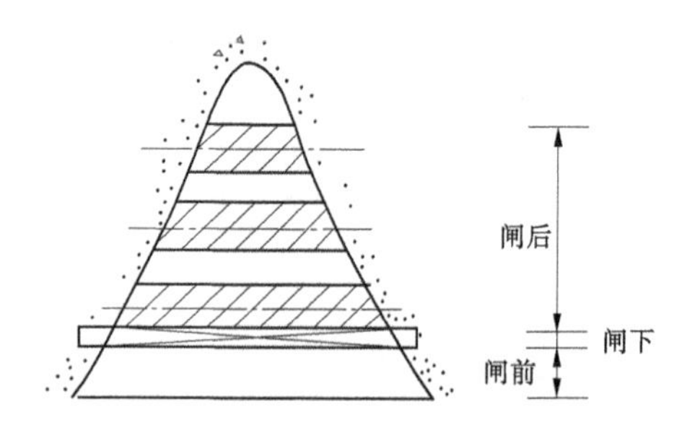

图 10-82　中跨进水流道底板计算简图

闸前、闸下部分通常取竣工、进水池最高水位、进水池最低水位等三种情况进行荷载组合。而闸后部分除此外,尚需考虑检修情况(进水流道内无水而进水池为最高水位)。

比较前述各情况选取最大的正弯矩配底板底层钢筋,最大负弯矩配底板的面层钢筋。

(2)边跨进水流道底板。荷载不仅要考虑自重、纵向地基反力,还要考虑因边墩土压力(边载)引起的横向地基反力,以及边墩和中墩底部传给底板的不平衡力矩,每一个墩子的位置可以看成一个支座,故可按一倒置连续梁进行内力计算。

边墩、中墩或缝墩传给底板的不平衡力矩的计算见墩墙受力分析一节。这里仅对横向地基反力的计算加以说明。

计算简图如图 10-83 所示。经分析只有竣工情况时荷载组合最危险(边墩前面无水),故计算时仅考虑该情况。

图中矩形荷载为考虑超载(通常可按 0.4 kPa 计)而产生的土压力,三角形荷载为填土高而造成的土压力。若前述两种外力对底板产生的力矩分别为 M_1 及 M_2,则总力矩为 $M=M_1+M_2$,M 沿垂直纸面方向是均匀分布的,所以可以认为它作用于底板的中心,其引起的地基反力 q 可按下式计算:

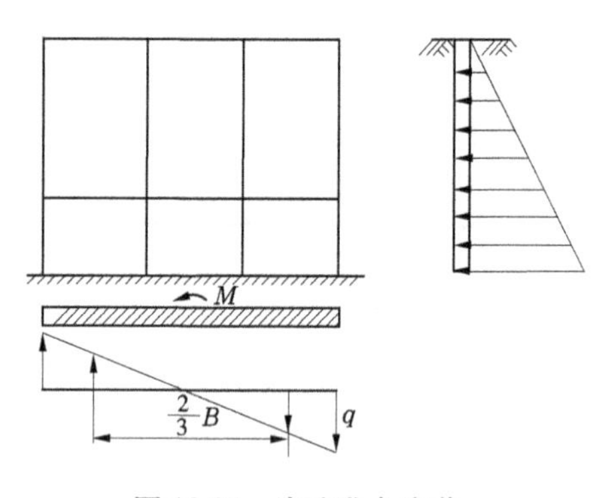

图 10-83　边跨进水流道底板计算简图

$$q=\frac{6M}{B^2}\quad(\text{kN/m})\qquad(10\text{-}56)$$

式中　B——垂直于水流方向的底板宽度,m;

M——总力矩,kN · m。

将纵横梁地基反力进行叠加,扣除底板自重后作用在底板上,即可进行内力计算。

2. 排水廊道底板部分

排水廊道底板为整体结构,中墩(隔墩)将其分成彼此独立的部分,根据所在部分亦可取中跨、边跨两种计算单元。

中跨廊道底板可视为四边固结的双向或单向板计算。由于有沉陷缝隔开,故不计边荷作用,即不考虑横向地基反力,而只计纵向地基反力及自重作用。

边跨廊道底板尚需考虑横向地基反力。

假设边跨为两台机组组成,如图 10-84 所示。板上 1、2、3、4 各点位置所受的荷载计算如下：从纵向地基反力分布图可得 $p_1(p_4)$ 及 $p_2(p_3)$，从横向地基反力分布图可得 $p_1(p_2)$ 及 $p_3(p_4)$，取平均值 $p_{均}=(p_1+p_2)/2$。将两者叠加：

$$\left.\begin{aligned}q_1&=p_1(p_4)-p_{均}\\q_2&=p_2(p_3)-p_{均}\end{aligned}\right\}\tag{10-57}$$

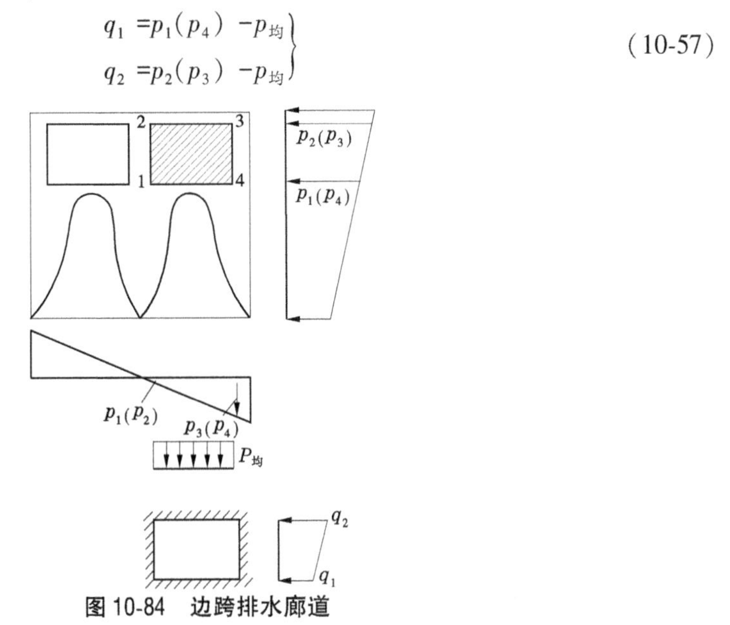

图10-84　边跨排水廊道

有了作用荷载，根据四边固定的单向板或双向板，可查表计算板中及支座处的内力，并据此进行配筋计算。

10.4.5.3　电机层楼板梁

1.电机层楼板

电机层由于要安装机电设备，常常需要在楼板上开一些孔洞。同时，由于通风道等影响，楼板布置很不规则，板上有许多大小不等的方、圆孔洞，故计算时可将楼板划分为若干区，选择控制区段的代表跨径作为单向板或双向板进行计算。考虑安放机电设备时的冲击作用，故一般板厚取200 mm。

楼板除本身自重外，还作用有活荷载，它包括检修安装时放在楼板上的工具、设备部件及人群荷载，其大小和作用位置根据实际情况予以决定。根据经验，楼板活荷载可取1 000 kg/m^2。安装时的活荷载 q 也可按下述经验公式计算：

$$q=\frac{0.24G}{D-0.8}\quad(\mathrm{kN/m})\tag{10-58}$$

式中　G——电机转子带轴重，kN；

　　　D——电机转子直径，m。

若板和墩墙整体浇筑且刚度相比相差很大，则一般按固结考虑，否则按弹性支承或简支考虑。

考虑安装、检修及运行时最不利组合，根据所取计算简图，分别计算出支座和跨中弯矩，并据此配筋。

2.电机梁

大型立式电动机的支承梁系结构与机组形式有关，如图10-85所示的是次梁和大梁组成的井字梁系，是最常采用的支承形式。也有如图 10-86 所示的从两侧中墩伸出牛腿以代替次梁。下面主要介绍第一种支承梁系，并针对第二种支承梁系的不同之处加以补充说明。

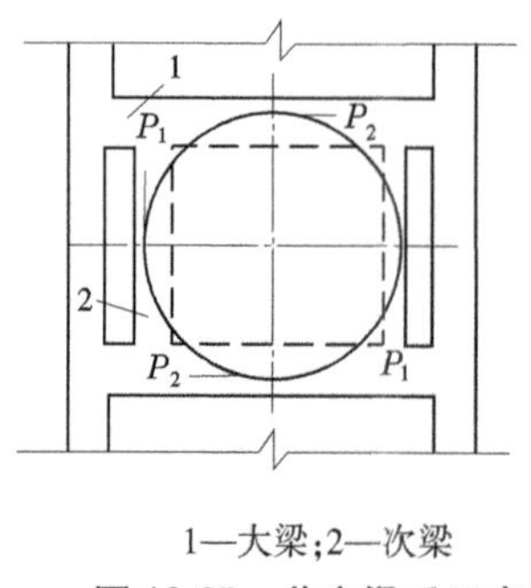

1—大梁；2—次梁

图 10-85　井字梁系示意图

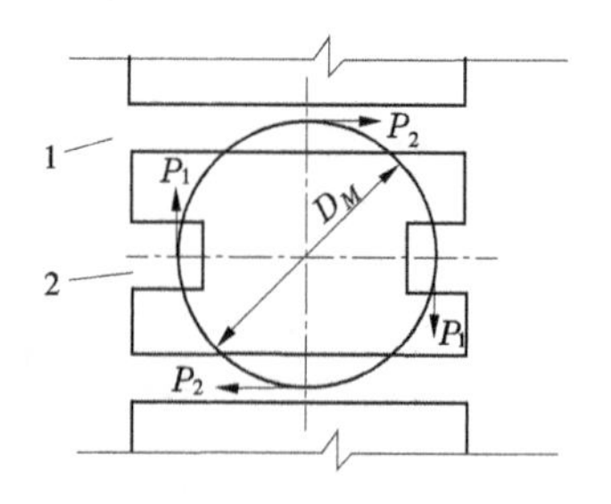

1—墩墙；2—牛腿

图 10-86　大梁与牛腿支承示意图

次梁通常是和大梁整浇的，所以其两端可视为与大梁固结，而大梁两端又与两侧墩墙联结，所以荷载的传递顺序是：次梁→大梁→墩墙→泵房底板。

电机支承梁系受电机层楼板及风罩盖板传来的荷载、电机重量、水泵转动部分重量(轴向推力)以及梁系自重及风道自重等荷载，此外，还要考虑机组运行时的扭矩及振动的影响，所以需要进行静力和动力计算。为了计算简便，支承梁系所受的荷载均认为是集中荷载。

1)荷载计算

a. 垂直荷载

(1)梁系自重(均布荷载)q。

(2)支承范围内电机层楼板重 G_1。进水侧楼板通常按一端固结于前墙，另一端铰接于风道环形曲梁壁上，而曲梁又搁置在电机井字梁系上进行计算。根据结构静力计算可知，固定端的支座反力为 $5qL/8$，铰支端支座反力为 $3qL/8$，据此可以认为支承范围内楼板总重的 5/8 由前墙承担，而 3/8 由风道曲梁传到电机支座上(根据楼板支承情况不同，若按两端铰接支或两端固结考虑，则由前墙和风道曲梁各承担一半)。出水侧楼板的支承范围荷载因较进水侧为小，故可不予考虑，况且，配电装置因另布置梁系支承，故其楼板作用荷载也与电机支承梁系的荷载计算无关。

(3)楼板总重除计及本身自重外，作用于楼板上的其他活荷载包括：电机定子及上、下机架重 G_2；电机转子带轴重 G_3；水泵叶轮带轴重 G_4；风道环形曲梁重 G_5；轴向水压力 G_6。

$$G_6 = \frac{\pi}{4}\rho g(D^2 - d^2)H_{max} \quad (N) \tag{10-59}$$

式中　D——水泵叶轮直径，m；

d——水泵轮毂直径，m；

H_{max}——水泵最大工作水头，m；

ρ——水的质量密度，kg/m³；

g——重力加速度,m/s^2。

支承梁系是在动力荷载作用下工作,为了计算简便,将动力荷载乘以动力系数 k_d 转化为静力荷载。在计算时往往先选定 k_d,然后在动力计算时再加以校核。

动力荷载指电动机推力轴承承受的荷载,即包括前述的 $G_3+G_4+G_6$。为此,总的垂直集中荷载 G 为:

$$G = G_1 + G_2 + G_5 + k_d(G_3 + G_4 + G_6) \tag{10-60}$$

b. 水平荷载

(1)正常扭矩。电机正常运行时,作用在定子上并传至支承梁系上的扭转力矩 M_n 按下式计算:

$$M_n = \frac{60P}{2\pi n} \approx 9.55\frac{P}{n} \quad (\text{kN}\cdot\text{m}) \tag{10-61}$$

式中　P——电动机额定功率,kW;

n——电动机额定转速,r/min。

此扭矩 M_n 使电机支座的支承上产生水平推力 P_1,它沿着支承螺栓的切线方向作用,见图10-86。

$$P_1 = \frac{M_n}{R_m m} \quad (\text{kN}) \tag{10-62}$$

式中　R_m——支承螺栓至电机转轴中心的水平距离,m,$R_m = D_m/2$;

m——螺栓数目。

(2)非常扭矩。指电机在非常工况条件下的扭矩,一般有两种情况:一是启动扭矩,电机的启动扭矩为额定扭矩的 k_t 倍,对一般电机,$k_t = 1.2 \sim 2.0$。由于水泵属于轻荷载,启动力矩较小,为了提高电机效率等性能指标,启动转矩倍数不需要很大。其二是过载转矩,当电机超载运行时,其转矩将大于额定转矩。电机的最大转矩为额定转矩的 k_m 倍,一般 $k_m = 1.6 \sim 2.2$。

对水泵机组来讲,启动转矩一般来说是最大的,故通常按 $M_{max} = k_t M_n$ 作为计算水平推力的依据。其中 k_t 可从电机样本中查得。

2)静力计算

(1)次梁。计算简图及作用荷载如图10-87所示。从计算简图可知为一单跨静定梁,查表可以计算内力及支座反力 $R_{次}$。

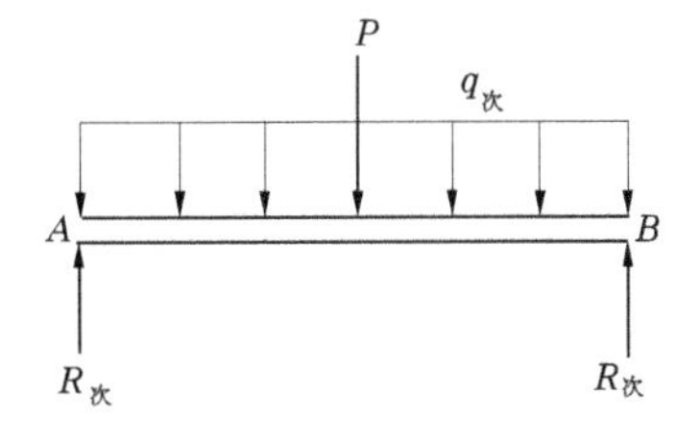

$q_{次}$—次梁的自重;P—集中荷载;

$R_{次}$—次梁支座反力

图10-87　次梁计算简图

(2)大梁。

①内力计算。大梁的内力计算,通常有单跨固端梁和多跨连续梁两种方法。如果隔墩的刚度大大超过大梁的刚度,同时二者之间又有足够的锚固强度,应按单跨固端梁进行计算;否则,应按等跨连续梁进行计算。至于应按几跨连续,应视墩缝与边墩,或缝墩与缝墩的跨间数而定。

为了便于说明问题,假设一三跨连续梁,其计算简图及作用荷载如图10-88所示。

考虑到泵站不同的荷载组合,选取其中最不利的情况进行内力计算。根据分析,机组

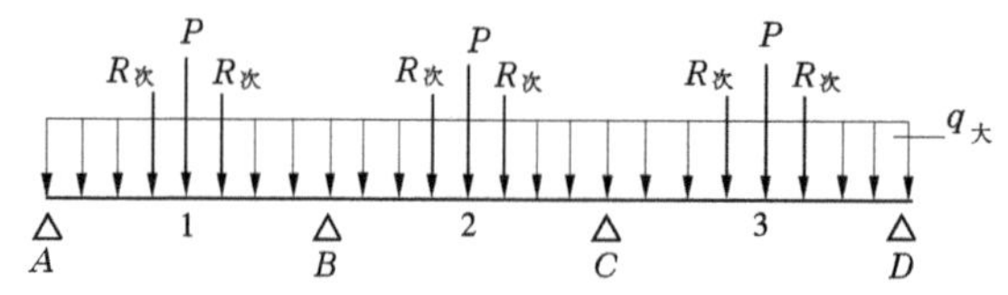

图 10-88　大梁计算简图

全部安装并投入运行并不是最不利情况,而不利情况可能有下述四种:其一是两边的机组已安装,而中间机组未安装,如图 10-89(a)所示,此时 1 及 3 处产生最大正弯矩;其二是相邻两台机组已安装,如图 10-89(b)、(c)所示,此时在图 10-89(b)的 B 处和图 10-89(c)的 C 处产生最大负弯矩;其三是仅中间机组安装,如图 10-89(d)所示,在 2 处产生最大正弯矩;其四是同时考虑两端固结情况,如图 10-90 所示,在 A、D 处产生最大负弯矩。

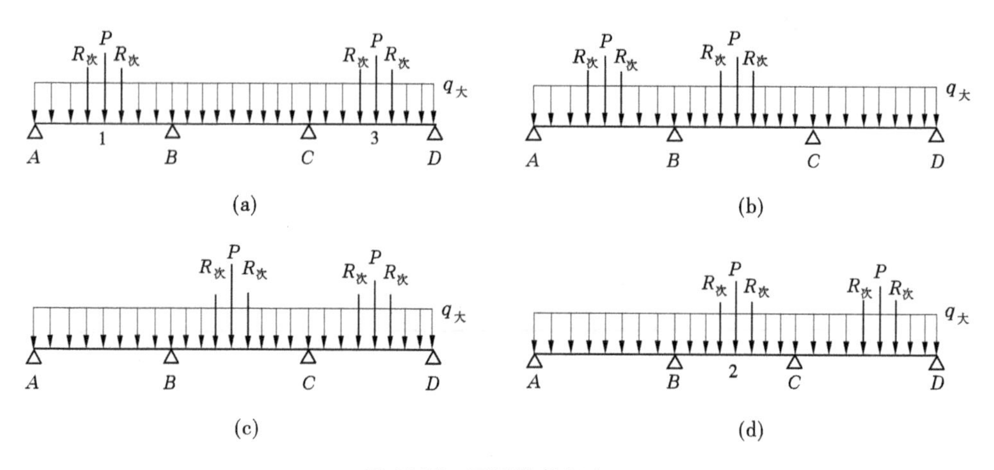

图 10-89　不同荷载组合

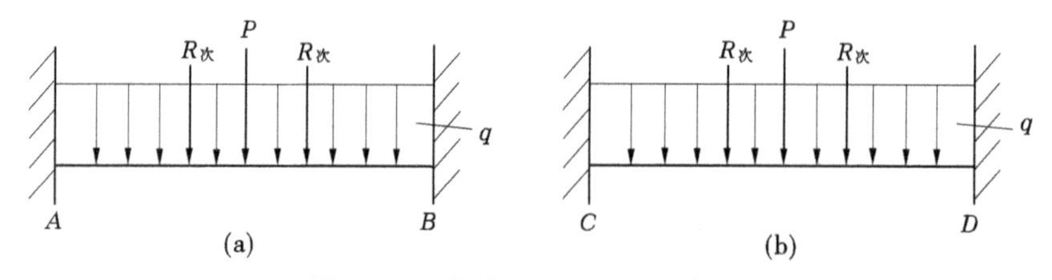

图 10-90　大梁两端固结的计算简图

连续梁内力规律:计算某跨最大正弯矩时,该跨应作用集中荷载,其余每隔一跨作用集中荷载;计算某支座最大负弯矩及支座剪力时,该支座相邻两跨作用集中荷载,其余每隔一跨作用集中荷载。

②抗扭校核。大梁支座断面处受扭矩作用,校核是否需要设置附加钢筋及纵向钢筋,以单跨大梁 EF 为例,计算简图及作用的扭矩如图 10-91 所示。计算公式如下:

$$M_{nC}=M_{nB}=M_{支}+Q_{支}\times\frac{b}{2} \tag{10-63}$$

$$M_{nE}=\sum\frac{M_i(l-x)}{l} \tag{10-64}$$

$$M_{nF}=\sum\frac{M_{ir}}{l} \tag{10-65}$$

式中　$M_{支}$——次梁支座弯矩,kN·m;

$Q_{支}$——次梁支座反力,kN;

b——大梁断面宽度,m;

M_i——M_{nB}、M_{nC}, kN·m;

l——大梁计算跨度,m;

x——M_{nB} 及 M_{nC} 作用点距离支座 E 处的距离,m。

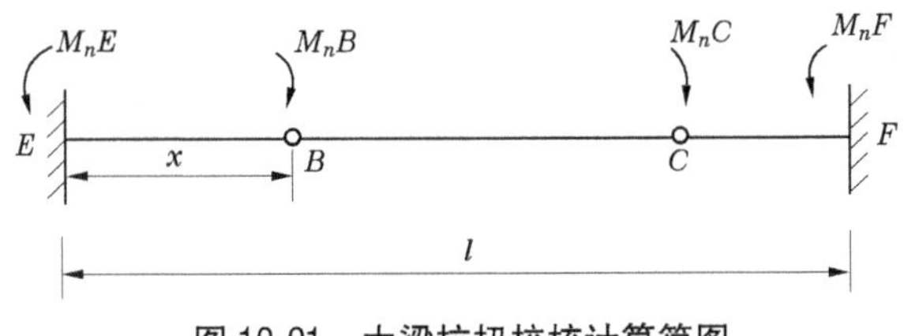

图 10-91　大梁抗扭校核计算简图

对于电动机的水平扭矩产生的水平力 P_1、P_2,如果采用井字支承梁系,则对次梁和大梁均不会产生扭曲变形。但是,对于悬臂牛腿可视为悬臂短梁,将产生扭矩,如图 10-92 所示。

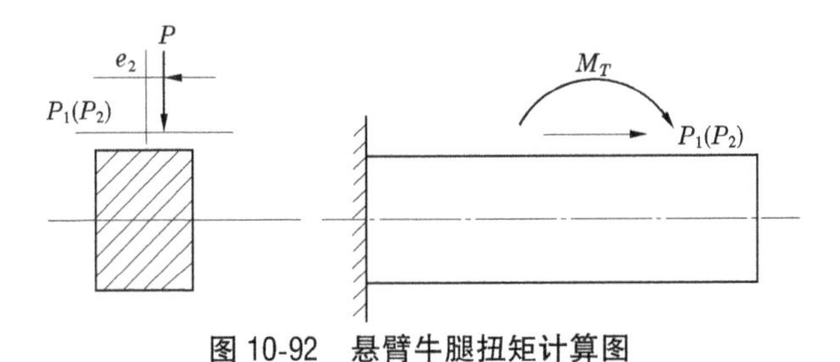

图 10-92　悬臂牛腿扭矩计算图

若集中力 P 又有偏心,则扭矩 M_T 按下式计算。

$$M_T=P_1(或 P_2)e_1+Pe_2 \tag{10-66}$$

式中　P_1(或 P_2)——水平推力,kN;

P——集中荷载,kN;

e_1——梁高的 1/2,m;

e_2——偏心距,m。

根据扭矩 M_T 即可校核截面尺寸,并进行抗扭钢筋的计算。

③斜截面强度计算。因支座处切力最大,须计算支座的最大主拉应力,如果主拉应力可由混凝土承担,则不必计算弯起钢筋,此时弯筋及钢箍均按构造要求选配,否则,要根据计算数值配置。

3) 动力计算

动力计算的目的是校核支承梁系在机组强迫振动下,是否发生水平及垂直方向的共振,以及进行垂直和水平方向的振动验算。

a. 共振校核

(1) 自振频率。

①垂直自振频率。梁系振动可作为一个自由度的结构,按无阻尼情况下的振动问题来进行研究。垂直自振频率 n_{01} 按下式计算:

$$n_{01}=\frac{60}{2\pi}\sqrt{\frac{g}{Y}}\approx\frac{30}{\sqrt{Y}}\quad (次/\mathrm{min}) \tag{10-67}$$

式中 Y——结构在垂直荷载作用下的垂直变位,通常按两端固结跨中受集中荷载计算,$Y=\dfrac{Pl^3}{1.92EJ}$(m);

P——梁上面的全部集中荷载(不考虑动力系数),kN;

l——梁的计算跨度,m;

E——混凝土弹性模量,kPa;

J——矩形截面惯性矩,m^4。

②水平自振频率。

$$n_{02}=\frac{60}{2\pi}\sqrt{\frac{q}{x}}\approx\frac{30}{\sqrt{X}}\quad (次/\mathrm{min}) \tag{10-68}$$

式中 X——结构在水平荷载作用下的水平变位,按两端固结跨中受集中荷载计算,$X=\dfrac{P'l^3}{1.92EJ'}$,m;

P——梁上面的全部集中荷载(不考虑动力系数),kN;

P'——集中在梁上的当量荷载,$P'=P+0.35W$(W 为单跨梁自重);

J'——矩形截面水平方向惯性矩,m^4。

(2)强迫振动频率。

①由于安装时轴线不对中,或转子制造质量不均匀,导致机组转子的不平衡,从而产生的水平振动。可以认为水平强迫振动频率 n_1 就是电动机的额定转速 n,即 $n_1=n$。

②当水由导叶体倒流入水泵叶轮时,引起的垂直方向的强迫振动频率为 n_2:

$$n_2=\frac{nX_1X_2}{a} \tag{10-69}$$

式中 X_1——导叶体叶片数;

X_2——水泵叶轮叶片数;

a——X_1 和 X_2 的最大公约数。

③共振校核:若 $n_1<n_{01}$,且 $\dfrac{n_{01}-n_1}{n_{01}}(\%)>(20\%\sim30\%)$、$n_2<n_{02}$,且 $\dfrac{n_{02}-n_2}{n_{02}}(\%)>(20\%\sim30\%)$,则认为不会产生共振。

b. 振幅验算。

根据一个自由度的结构，考虑阻尼的振动方程式而求得。

垂直振幅 A_1：

$$A_1 = \frac{gP_1}{G_1\sqrt{(\lambda_1^2 - \omega_1^2)^2 + 0.2\lambda_1^2\omega_1^2}} \tag{10-70}$$

式中　P_1——作用于梁上的动荷载（指推力轴承荷载，但不考虑动力系数），kN；

G_1——梁自重及其上的总荷载，kN；

λ_1——垂直振动的自振圆频率，即 2π s 内的振动次数，$\lambda_1 = \frac{2\pi n_{01}}{60} = 0.104 n_{01}$，1/s；

ω_1——垂直强迫振动圆频率，$\omega_1 = \frac{2\pi n_2}{60} = 0.104 n_2$，1/s。

$A_1 \leqslant 0.1 \sim 0.15$ mm。

水平振幅 A_2：

$$A_2 = \frac{gP_2}{G_2\sqrt{(\lambda_2^2 - \omega_2^2)^2 + 0.2\lambda_2^2\omega_2^2}} \tag{10-71}$$

式中　P_2——作用于梁上的水平振动荷载，kN，即离心力 $P_2 = em_1\omega_1$；

G_2——电机转子加轴重量，kN；

λ_2——梁的水平自振圆频率，$\lambda_2 = \frac{2\pi n_{02}}{60} = 0.104 n_{02}$，1/s；

ω_2——水平强迫振动圆频率，$\omega_2 = \frac{2\pi n_1}{60} = 0.104 n_1$，1/s；

e——转动部分的质量中心与转动中心的偏差，取决于制造及安装精确度，当 $n \leqslant$ 750 r/min 时，$e = 0.35 \sim 0.8$ mm；

m_1——转动部分的质量，kg；

$A_2 \leqslant 0.15 \sim 0.20$ mm。

10.5　泵船与绞车

泵船和泵车属于移动式泵房。在水源水位变幅较大、主流摆动频繁、建固定式泵站投资大、工期长、施工困难及取水困难场合建站时，应优先考虑泵船及泵车等移动式泵房。因为它具有较大的灵活性，没有构造复杂的水下建筑物，一般投资少，施工较容易，见效快且能较好地解决取水防沙的问题，但运行管理比固定式泵站复杂。

10.5.1　泵船

在第5章黄河泵站工程规划中，对较适合于黄河岸边取水的“浮体式零级站”的结构与布置、出水管道及连接方式等做了简单的介绍，以下重点就泵船的稳定要求及验算加以说明。

10.5.1.1　船体(浮体)设计要求

1. 排水量

排水量包括计算排水量和富裕排水量。富裕排水量是考虑在计算泵船全部静力时,所采用的公称重量与实际重量之差,以及为调整平衡而需要增加的压舱重物等未能预计的排水量部分。一般情况下,富裕排水量为计算排水量的 20%~50%,视计算的精确程度而定。

2. 船体主要尺寸

船体长宽比宜为 2:1~3:1,吃水深宜为 0.5~1.0 m,船体深以 1.2~1.5 m 为宜,并考虑当最大横倾时尚有 0.3~0.5 m 的干舷。为了防波浪冲击,干舷采用 0.6~1.2 m。船宽应根据设备平面布置确定。

3. 稳心高度

船在横倾与正浮状态下通过浮心且垂直于船面的垂直线的交点即其稳心,稳心至重心的距离即稳心高度。泵船的稳心高度越大,复原力矩越大,稳定性也越好。一般取泵船的稳心高度为 1~7 m(以 2~5 m 为宜)。为了取得适宜的稳心高度,船宽与吃水深之比宜采用 8:1~12:1。

4. 安全防护

为了确保泵船的安全,防止沉船事故,应在船仓中设立密隔仓。

10.5.1.2　泵船稳定性标准的一般要求

(1)在不增加荷重(平衡水箱、压载物)的情况下,通过设备布置使泵船在正常运行时维持平衡。

(2)仅验算正浮状态和横倾时的稳定性。

(3)为了保证安全运转,在风压作用下移动时,横倾角应该小于 7°。风压产生的最大横倾力矩,应小于船体的复原力矩。

(4)泵船在设备和管道安装过程中,应进行平衡验算,并采取必要的平衡措施。

10.5.1.3　泵船的静力平衡及稳定性验算

1. 浮力计算

(1)泵船的总荷载 P:

$$P = K(P_1 + P_2 + P_3 + P_4 + P_5) \quad (\text{kN}) \tag{10-72}$$

式中　K——安全系数,K=1.2~1.5;

P_1——泵船船体重量,kN;

P_2——设备及材料重量,kN;

P_3——水重,kN,包括水管、水泵、平衡水箱及船体内的积水(按积水 0.1 m 深计)等重量;

P_4——活荷载,kN;

P_5——锚链的垂直分力,kN。

(2)船体的浮力 P_A：

$$P_A = \varphi LBH \quad (\mathrm{kN}) \tag{10-73}$$

式中　φ——排水系数,采用 0.8~0.95；

L——泵船水面线处的长度,m；

B——泵船水面线处的宽度,m；

H——吃水深度,m。

保证泵船不沉需要满足 $P_A \geqslant P$ 的条件。考虑富裕排水量时,$P_A = (1.2 \sim 1.5)P$。

2. 静力平衡计算

泵船横向静力平衡需满足：

$$\sum M_x = \sum (P_i Y_i) = 0 \tag{10-74}$$

3. 重心位置计算

(1)泵船载重时,重心在 Y—Y 轴上的位置(见图 10-93)：

$$Y_g = \frac{\sum M_x}{\sum P_i} \quad (\mathrm{m}) \tag{10-75}$$

式中　$\sum M_x$——船体构件、设备等荷载对 X—X 轴的力矩之和,kN · m；

$\sum P_i$——船体构件、设备等荷载重量之和,kN。

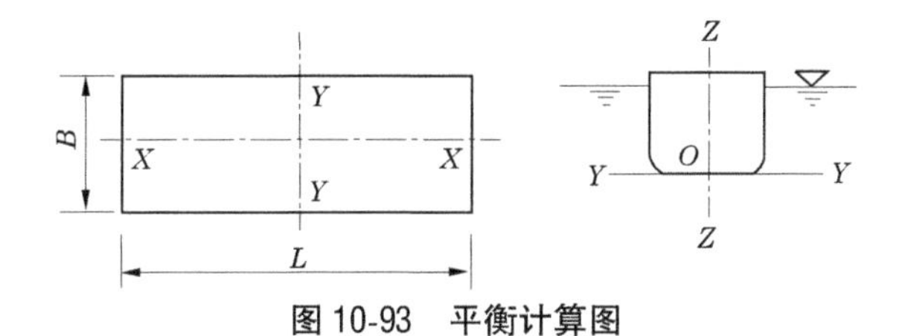

图 10-93　平衡计算图

(2)泵船载重时,重心在 Z—Z 轴上的位置(见图 10-93)：

$$Z_g = \frac{\sum P_i Z_i}{\sum P_i} \quad (\mathrm{m}) \tag{10-76}$$

式中　Z_i——船体构件、设备等荷载的重心至船底的距离,m。

4. 稳定性计算

(1)风压作用下泵船最大倾侧力矩：

$$M_1 = 0.001PSZ \tag{10-77}$$

$$Z = Z_n - a_1 H_1 - a_2 Z_g \tag{10-78}$$

式中　P——承风面积上的单位风压力,kPa；

S——船在水线以上的承风面积,m^2；

Z——承风面积中心离船底的高度(用求平面形状重心坐标的方法)；

H_1——实际水线时的平均吃水深度,m；

a_1、a_2——影响 Z 的系数,查表 10-19 得。

表 10-19　a_1、a_2 值

B/H_1	2.5	3	4	5	6	7	8	≥10
a_1	0.23	0.14	-0.09	-0.39	-0.74	-1.13	-1.58	-2.32
a_2	1.16	1.01	0.92	0.85	0.78	0.73	0.69	0.67
Z_g/B	0.18	0.22	0.26	0.30	0.34	0.38	0.42	0.46

计算风力侧倾力矩时,风向取垂直于正浮时的泵船纵向中剖面。在泵船整个侧倾过程取 M_1 为定值。

(2)风压作用下泵船的横倾角:

$$\theta = \frac{2M_2}{Wh_m}(\text{弧度}) \tag{10-79}$$

$$h_m = \rho + Z_c + Z_g \tag{10-80}$$

$$Z_c = \frac{L + l}{2(L + 2l)} \tag{10-81}$$

$$j_0 = \frac{1}{12}B^3L \tag{10-82}$$

式中　M_2——泵船最小动力复原力矩,可采用 M_1 值,kN · m;

W——船体排水量(浮力 P_A),kN;

h_m——稳心高度,即稳心至重心的距离,m;

ρ——稳心半径,即稳心至浮心的距离,m;

Z_c——纵剖面为梯形时,浮心至船底的距离,m;

l——船底长度,m;

其他符号意义同前。

为了满足泵船稳定的要求,其横倾角应小于 7°。计算简图如图 10-94 所示。

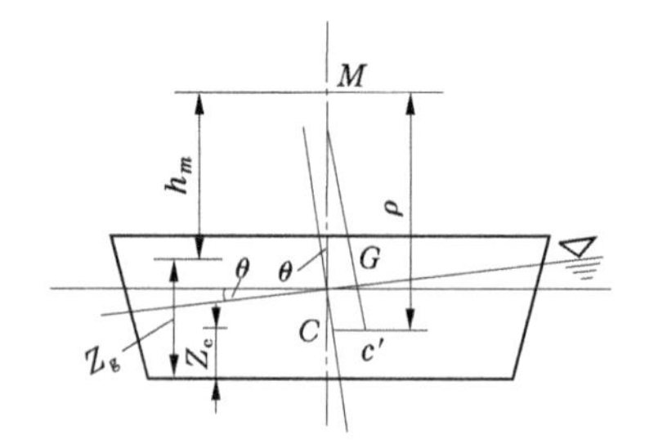

图 10-94　横倾角计算简图

10.5.2　泵车

10.5.2.1　使用条件

泵车的突出优点是水泵机组安装在岸坡轨道上的车子内,根据水源水位的涨落,泵车靠绞车沿轨道升降,故不受河道水流冲击和风浪波动的影响,稳定性较好。但由于绞车重量的限制,泵车不可能很大,因而取水量较小。在选择泵车时应注意以下几点:

(1)水源水位变幅在 10~35 m,涨落速度不大于 2 m/h。

(2)河岸较稳定,岸坡地质条件较好,且有适宜的倾角,一般以 10°~30°为宜。

(3)河流漂浮物较少,无浮冰,不易受漂木、浮筏、船只的撞击。

(4)河段顺直,靠近水流。

(5)取水量较小,单车流量多在 1 m^3/s 以下。

为了克服运行管理的不便,可以采用带自动耦合装置的斜拉式潜水电泵。这样不仅避免了运行过程中频繁地改变泵船位置,而且不受水源水位涨落大小的限制。

10.5.2.2　坡道形式及设备布置

1. 坡道形式

坡道形式对泵车式泵站的工程投资有很大影响,应根据当地的地形地质条件。经过技术经济比较加以选择。

水源岸边坡道若过陡,需要的牵引设备则大,过缓则会增加坡道长度。一般坡道倾角以10°~25°为宜,坡道上通常有输水斜管、轨道、电缆沟、人行道及平台,以及为了避免牵引缆车的钢丝绳与坡道摩擦用的滚筒,还有为了提供缆车安全挂钩用的挂钩座和为了拆换接头用的接管平台和设备检修平台等。

工程上最常见的坡道基础通常有整体式(见图10-95)、框形挡土墙式、框格式及斜桥式(见图10-96)等。

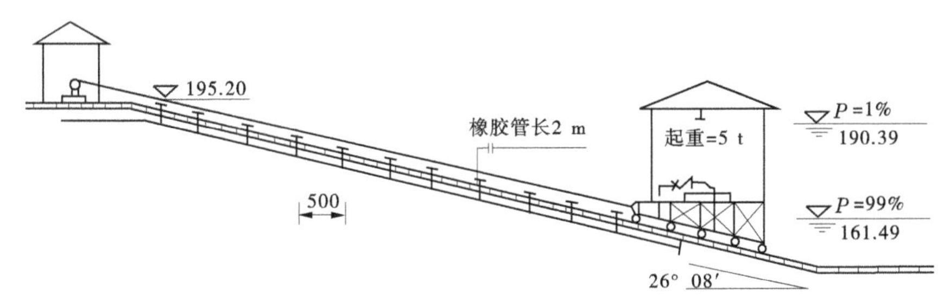

图10-95　整体式布置　(单位:高程,m;尺寸,cm)

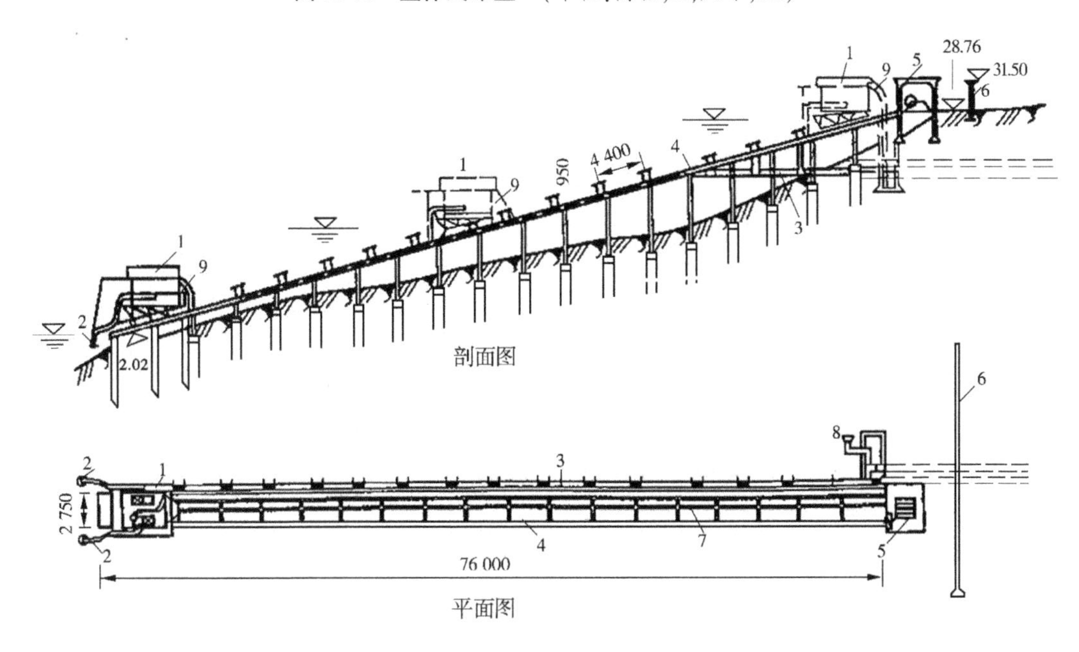

1—泵车;2—吸水管;3—输水斜管;4—斜桥;5—绞车房;6—防洪堤;7—缆绳;8—高水位进水口;9—橡胶联络管

图10-96　斜桥式布置　(单位:mm)

在坡道设计中,应特别注意减小水下工程量,通常采取的措施有以下几种:

(1)绞车吸水管的托架采用悬臂形式。

(2)斜桥末端的钢筋混凝土纵梁采用悬臂结构。

(3)轨道的轨枕应事先预制好,施工时在水下装配。

(4)斜桥末端竖柱用预制混凝土桩,斜梁用型钢,水下用混凝土固结。

2. 设备布置

车体要求重量轻,稳定性好,刚度大,振动小,满足这些要求应从设备布置和结构设计两方面解决。

车体平面受到倾角、轨距、叉管高差的限制,不宜过宽过长。车体重量受到牵引设备和制动设备的限制,不宜过重。所以车上设备布置适当紧凑,除满足行人道、安全操作的距离和经常小修所需的场地外,还应适当压缩与车体四壁的间距。

(1)平面布置。车体内安装大型机组时,为了增加车体的稳定,应降低重心高度。为了增加车体的刚度,应减小三角形桁架腹杆的长度,所以车体在竖向可以布置成阶梯型,如图 10-97 所示。

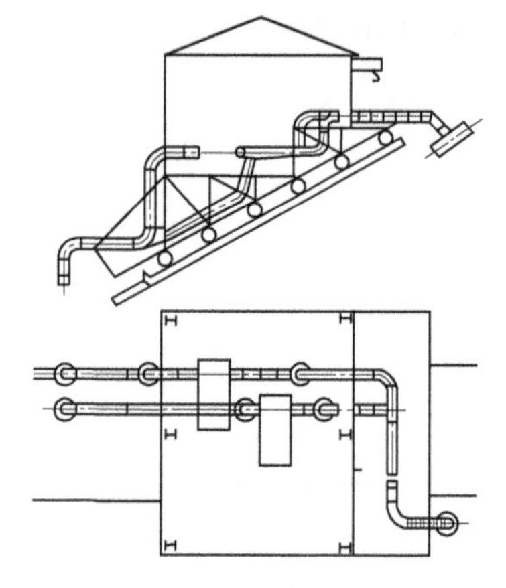

图 10-97　阶梯式布置

在斜坡平坦的情况下,为了便于吸水,可以设置尾车,一般有悬臂平设及沿坡道斜设两种。

(2)车高。有吊车设备者,净高采用 4.0~4.5 m;无吊车设备者,净高采用 2.5~3.0 m。

(3)轨距。当水泵进口直径 $d = 300 \sim 500$ mm 时,其轨距一般为 2.8~4.0 m;当 $d<300$ mm 时,其轨距为 1.5~2.5 m。

(4)滚轮。有单凸缘和双凸缘两种。单凸缘滚轮在移车时容易脱轨;双凸缘滚轮工作平稳,不易脱轨。

(5)车体外围。要有走道以便拆装管件和监视航行船只;此外还要考虑启动、通风、隔音、隔热装置和通信、信号等设备。

(6)进出水管布置。装置在斜桥上的泵车,其吸水管应布置在车体两侧;在斜坡上的泵车,其吸水管应布置在车体的后侧。出水管在 300 mm 以下者,多采用架空式;出水管在 500 mm 以上者,如与人行道有干扰,应采用下埋式。

(7)水泵机组的基座,宜采用铸铁的整体基座,当采用钢结构整体基座时,要有足够的刚度,水泵机组基座的重量应尽量直接落在轨道上。

10.5.2.3　车体结构

车体由平台梁、桁架、车轨装置、联络管、保险挂钩以及上层房屋结构等组成,是一个由钢构件组合而成的空间结构。其纵向为阶梯式的三角形腹系桁架,横向为矩形封闭式钢架。电动机转动时的干扰对车体桁架的作用力是多向的。

设计时,首先应保证车体桁架和底板有足够的强度、刚度和稳定性。进行强度计算时,机器动荷载可按静荷载乘以 1.5~1.8 的动力系数计算。稳定性应按杆件受振动荷载作用进行计算。为了防止产生振动,要控制机器运行时的干扰频率与杆件的自然频率的差值在20%~30%以上。计算时尤其要注意直接支撑机器的梁和桁架中的受压杆件。

车体在移动时两排桁架可能由于滚轮与轮道产生摩擦力的不同，或滚轮受淤泥、垃圾的阻碍而受力不均匀，因此要特别加强两桁架之间的连接刚度，以防因受力不均匀而产生相对位移。

其次，应核算车架结构的振幅，当振幅超过机组基座振动最大容许振幅时，人在车内会感到不舒服，对设备也很不利。

此外，还要考虑桁架和滚轮的关系。通常每排桁架下面有2~3个滚轮，滚轮应安装在桁架节点底下。节点间距一般为1.2~1.5 m。滚轮数目多，桁架杆件截面可以减小；但滚轮数目过多，有的滚轮可能起不到支承作用，反而对设计不利。

10.5.2.4 牵引及安全设备

缆车牵引设备通常由绞车、钢丝绳、上下滑轮组和导向轮组成。

(1)绞车。绞车房设于岸边最高洪水位以上，位于斜坡或斜桥中心线上。牵引力在5 t以上者宜采用电动装置。

(2)钢丝绳。一般采用2~3道，直径为22~31.75 mm。用手动绞车时，安全系数采用6~8；用电动绞车时，安全系数采用8~10。

与泵车连接有单滑轮和双滑轮两种。使用单滑轮时，移车快、联结简单；使用双滑轮时，移车慢、连接复杂，但绞车牵引力可减小。

(3)缆车制动装置。应为电磁铁刹车或电磁铁刹车与手刹车并用的设备。泵车固定时的安全设备和泵车移动时的安全设备，通常采用安全挂钩。

10.5.2.5 输水斜管及活动接头

1. 输水斜管

输水斜管沿斜坡或斜桥敷设，斜管上设置若干个叉管，运转时缆车上水泵出水管即与叉管连接，斜管上端在岸上接入输水管。

输水斜管及叉管的管材一般为铸铁，管径在500 mm以上者，则常采用焊接钢管。斜管的安装方法视坡道形式而定。在斜桥上为架空安装；在斜坡上可以明装，也可以埋设在坡道下面。架空或明敷设者，冬季应注意防冻。暗式敷设的缺点是容易锈蚀。

输水斜管的布置要便于移车，便于拆装活动接头，其布置方式如下：

(1)对于斜坡坡道，两部缆车配置两条斜管者，有以下两种布置方式：一种是两部缆车的外侧，各放一条斜管，其优点是不增加斜坡的总宽度，斜管也不需要穿越缆车房的基础；另一种是两条输水斜管放在两部缆车中间，这种布置的优点是岸上连接井布置紧凑，配件少，管理方便。

(2)对于斜桥式坡道，输水斜管一般应放在桥架外侧，但须注意输水斜管与斜桥走道一定要放在同一侧，以便移车时就近拆装接头。走道板用钢筋混凝土浇筑。

2. 活动接头

活动接头有刚性和柔性两类。刚性接头是用钢管或铸铁管直接连接；柔性接头是在水泵出水管与叉管间加一段橡胶软管、伸缩接头、套筒等。刚性接头拆装都费时费力，操作不便，很少使用。柔性接头有一定的灵活性，使用方便。

10.5.2.6　**稳定平衡计算**

泵车的稳定平衡包括纵向和横向平衡。

1. 纵向平衡

纵向平衡就是泵车在斜坡轨道方向[见图 10-98(a)]是稳定的。其稳定条件是包括水泵、电动机等机电设备在内的重车重心必须在上下车轮的范围内,并有一定的安全系数。纵向平衡计算式为:

$$S_B \geqslant 2KH\tan\beta \tag{10-83}$$

式中　S_B——车轴距离;

H——泵车重心距轨道面的高度;

β——坡道倾角;

K——安全系数,K 大于 1。

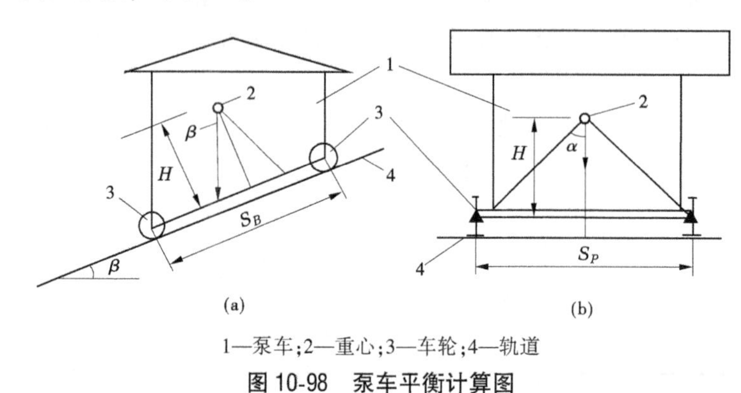

1—泵车;2—重心;3—车轮;4—轨道

图 10-98　泵车平衡计算图

2. 横向平衡

横向平衡就是泵车在轨道两侧[见图 10-99(b)]是稳定的。其稳定条件是包括水泵、电动机等机电设备在内的重车重心必须在两侧车轮的范围内,并有一定的安全系数。横向平衡计算式为:

$$\tan\alpha = \frac{S_P}{2H} \tag{10-84}$$

式中　S_P——两侧车轮距离;

H——泵车重心距轨道面的高度;

α——轨道横向垂直轴线和空车中心与钢轨及车轮切点联线的夹角,根据实际资料,考虑安全因素,α 应大于 22°,在特殊情况下为 16°~18°。

由此可见,泵车的纵向和横向稳定均与泵车的重心高度有密切关系。尽可能地降低泵车重心高度是缩短泵车长度和宽度,缩小轨道间距,节省工程投资的重要途径。当根据泵车布置不能满足上述纵向或横向平衡条件时,则应该调整泵车纵向轮轴距离或横向车轮距离(轨道间距)。

10.5.3　斜拉自耦式潜水电泵装置

如上所述,在水源水位变化幅度较大的情况下,虽然采用泵船和泵车可以减少工程投资和加快施工进度,但也给运行管理带来诸多不便。为了避免在运行期间频繁地更换联络管与输水斜管的接头,简化运行管理程序,随着水泵制造技术水平的不断提高,出现了用潜水电泵取代常规的水泵和电动机的装置形式。最初出现的斜拉式潜水电泵装置是将潜水电泵固定安装在输水斜管的末端,在运行中不管水源水位如何变化,均无须改变潜水电泵的位置,免去了频繁更换接头的工作,大大减轻了劳动强度。但是,一旦潜水电泵机组出现故障需要检修时,必须连同输水斜管一起将潜水电泵慢慢拉起,从而降低了供水装置的可靠性。这样的斜拉式潜水电泵装置只能用于小型的临时性抽水装置。目前出现的斜拉自耦式潜水电泵装置,较好地解决了上述缺点。以下就该装置的基本原理和关键技术做一简单介绍。

10.5.3.1　装置工作原理

潜水电泵的形式很多,各种形式都可以安装在泵车上。图10-99为立式蜗壳离心(或混流)泵的斜拉自耦式潜水电泵装置,其中弯管19与出水弯管8处于耦合状态。这时,泵车前轮3与限位块4接触,泵车不能向下滑动。同时,固定在泵车横杆上的挂钩17正好与定位杆15扣上,泵车也不能向上脱开轨道面。此时,在潜水电泵重量G与横杆18形成的力矩GL_1作用下,耦合面7被压紧,机组可以开机运行。

当机组因故障或保养需要将潜水电泵拉出水面时,首先将缆绳12拉紧,潜水电泵绕横杆18顺时针方向旋转,耦合面分开。当潜水电泵与限位杆20接触时,潜水电泵停止转动。继续开启绞车缆绳时,泵车连同潜水电泵一起将沿轨道向上滑动。图10-99(b)为泵车在坡面轨道上滑行时的状态。由此可见,本装置用一根缆绳就可以完成牵引泵车和安装拆卸潜水电泵的任务。

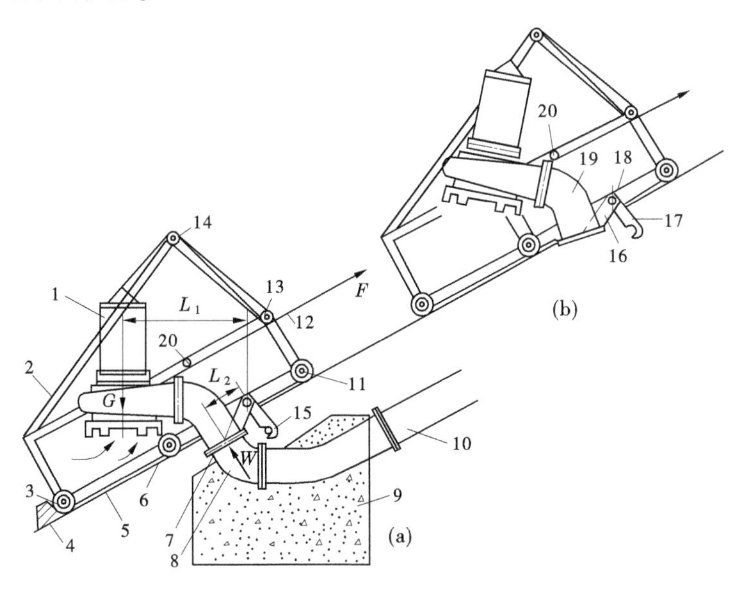

1—立式蜗壳潜水电泵;2—泵车;3、6、11—车轮;4—限位块;5—轨道面;7—耦合面;8—弯管;9—镇墩;10—出水管(输水斜管);12—缆绳;13、14—换向滑轮;15—定位杆;16—摇臂;17—挂钩;18—横杆;19—弯管;20—限位杆

图10-99　斜拉自耦式立式蜗壳潜水电泵装置

利用同样的耦合原理,还可以设计出斜式和立式导叶式轴流泵和混流潜水电泵的斜拉自耦装置,图 10-100 为斜轴导叶式潜水电泵自耦式装置,图 10-101 为立轴导叶式潜水电泵自耦式装置。

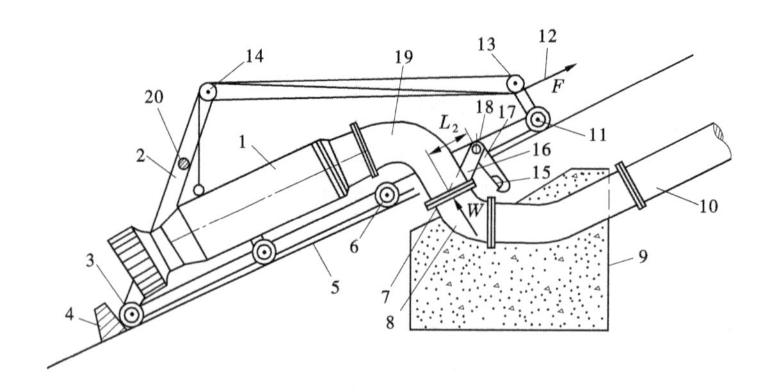

图 10-100　斜轴导叶式潜水电泵的斜拉自耦式装置(编号解释同图 10-99)

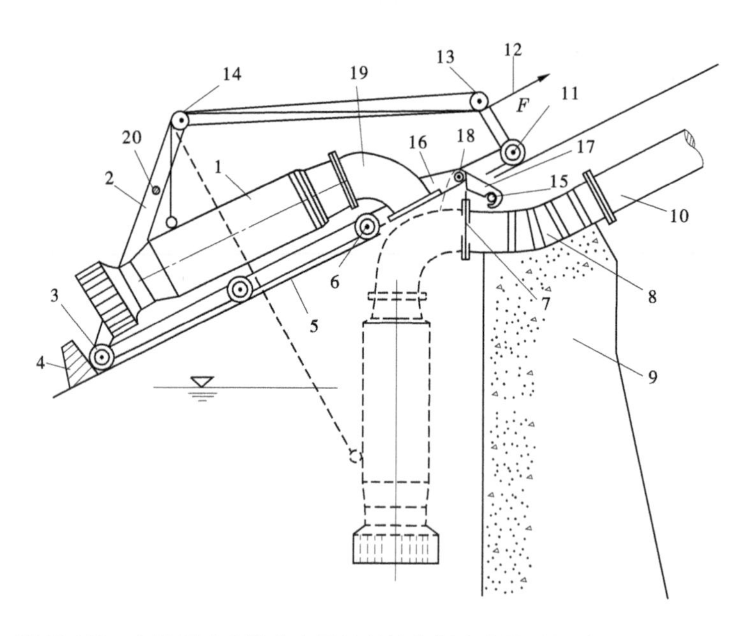

图 10-101　立轴导叶式潜水电泵的斜拉自耦式装置(编号解释同图 10-99)

10.5.3.2　耦合面的密封

耦合面的密封止水效果不仅与作用力矩有关,而且与密封形式有关。通常,因为制造加工和安装等原因,耦合面的密封止水效果受到影响,为此,采用了图 10-102 所示的密封装置。“O”形橡胶密封圈安装在弯管 1 的法兰面上,这样有利于密封圈的更换和维护。为了使密封圈能固定在法兰面上,可以采用承插结构,并在法兰面的密封圈处做成槽沟形,使密封圈不会滑动。

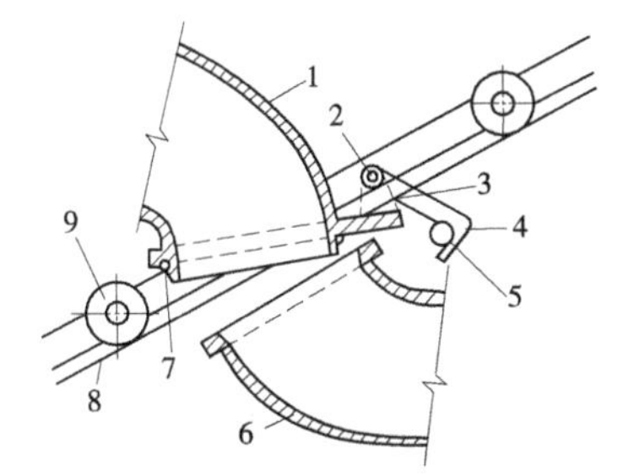

1—水泵侧弯管;2—横杆;3—摇臂;4—挂钩;
5—定位杆;6—出水管侧弯管;7—橡胶密封圈;
8—轨道面;9—车轮

图10-102　耦合面的密封形式(编号解释同图10-99)

10.5.3.3　稳定平衡问题

根据力矩平衡原理,如图10-99(a)所示,作用在耦合面上的力矩有逆时针方向的GL_1和顺时针方向的WL_2。只有当GL_1大于WL_2时,耦合面才能被压紧。虽然对于一定口径的潜水电泵而言,随着扬程的增高其重量G有所增加,但出口的压力W也随之加大。在扬程增高的情况下如果不能满足平衡条件,则可按式(10-85)计算力臂L_1的长度:

$$L_1 = K\frac{WL_2}{G} \tag{10-85}$$

式中　K——大于1的安全系数,其余符号见图10-99(a)。

当条件不能得到满足时,可以通过加长水泵出口接管的办法来满足L_1的要求。

第 11 章　泵站安全防护工程设计

11.1　泵站安全防护问题

影响泵站工程安全的因素很多,如泥沙磨损、洪水淹没、地震破坏、地基沉陷、共振及温度变形等,这些安全因素在《泵站设计规范》(GB 50265—2010)和泵站工程设计的有关部分都有相应的应对措施,本章主要介绍泵站工程水锤破坏及其防护问题。

由于泵站运行状态发生变化而在泵站管路中产生压力、流速(或流量)等水力要素的变化称为水锤,亦称为水击,或称为液体瞬变过程,它是流体的一种非恒定流,即液体运动质点的一切运动要素是空间位置和时间的函数。

泵站的运行状态变化是必然和必须的,如机组启动、停机等,所以泵站工程发生水锤现象也是普遍的。高扬程,地形复杂、地面高低起伏不平、长距离输水的大中型泵站的水锤更为突出,一旦发生水锤事故,轻的会使水泵机组产生振动和水力撞击噪声,重的将造成水泵机组毁坏,管道破裂,甚至淹没泵房和设备等事故,造成供水中断。

随着国民经济的快速发展,泵站工程不仅数量逐年增多,规模也在不断增大,人们对泵站工程的安全性要求也越来越高。为了保证泵站及其管路系统的安全运行,提高供水保证率,防止水锤破坏就变得越来越重要。

需要注意的是,目前好多长距离输水的大中型供水泵站,由于地形高低起伏较大,地形地质复杂,如果按照《泵站设计规范》(GB 50265—2010)的要求,将管线布置在最低水头包络线以下,必然使管路工程投资增加很大。因此,必须探讨在无法避免水锤现象的发生,尤其是管路中发生水柱分离和断流弥合水锤的情况下,采取一定的水锤防护措施,将水锤增压限制在可接受的范围内,使泵站工程既经济又能保证安全。

在泵站工程规划设计中,如果选用的设备性能和确定的管路系统参数不当,或采取了一些不恰当的水锤防护措施(技术上可能产生相反的后果),制定的泵站运行程序不科学,容易引发误操作,都可能给泵站工程造成水锤破坏的隐患。所以,进行泵站安全防护工程设计,确定既安全、可靠,又经济、适用的水锤防护措施,已经成为泵站工程规划设计的重要内容之一。

11.2　水锤基本概念与水柱分离问题

11.2.1　水锤波动性

11.2.1.1　水锤波动现象

波动是物质的一种运动形式,也是能量传递的一种方式,而振动是产生波动的根源。

波动可分为两大类：一类是由于机械振动在弹性介质中引起的波动过程，叫作机械波，例如水波、声波以及在液体和固体内部传播的弹性波等。水锤波动是液体（水）的压力振动在弹性介质（水）内所引起的波动过程，因而属于机械波动。另一类则是电磁波。电磁波是由于电磁振荡所产生的交替变化的电场和磁场在空间的传播过程，例如无线电波、红外线、可见光、紫外线等都是电磁波。电磁波的传播不需要介质（媒质），在真空中亦能传播。

机械波的产生，首先要有产生机械振动的物体，称为波源；其次是要有能够传播这种机械振动的介质。波源在弹性介质中振动时，通过弹性力的作用，可以影响介质，使它们也陆续发生振动，即波源能够把振动向周围介质传播出去。如前所述，这种机械振动的传播过程称为机械波动或机械波。

应特别注意的是，机械波传播时，各质点仅在它们各自的平衡位置附近振动，并没有在波动传播方向流动或继续前进，即波动是运动状态的传播过程而不是运动质点的流动。

图 11-1 为水锤现象示意图。在紧靠阀门 A 的左侧装一测压管，并用自动记录设备录下测压管中水位的变化。

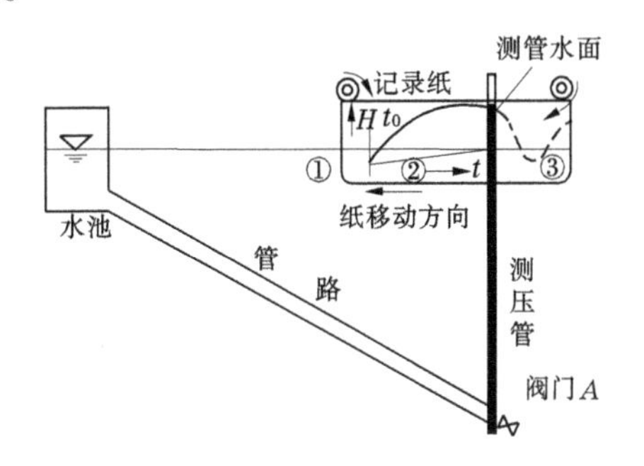

①水池水位—时间曲线；②慢关测压管水位—时间曲线；③水锤压力—时间曲线

图 11-1　水锤现象示意图

从时刻 t_0 开始以极慢的速度（理论上为无限小速度）关闭阀门 A。由于管路中流速减小，测压管中的水位要缓慢地上升，并绘出一条测压管水位随时间而上升的曲线②。曲线①为水池水位随时间而变化的曲线。很明显，曲线①、②的压力差值，即表示管道中水头损失和流速水头之和。当阀门 A 完全关闭后，管中流速和水头损失变为零，水池水位和测压管中水位齐平，即曲线①、②重合。

在上述过程中，由于阀门关闭极慢，水流速度变化极小，故几乎不引起撞击性的压力升高（忽略了测压管中小水柱的惯性）。如果阀门关闭较快，管内流速变化率较大，则由于水流的惯性力，引起了撞击性的水压升高，测压管中的水位变化就如图 11-1 中的曲线③所示，它是一条水位随时间很快升高的曲线。

阀门快速全关后，压力的变化并没有停止，由于水流的惯性和管路中水的压缩与膨胀过程相互作用，还有如图 11-1 中虚线所示的压力降低及随后的交替升降现象。这种在压力管路中由于流速的剧烈变化而引起的一系列急骤地压力交替升降的水力撞击现象，称为水锤（水击）现象。在发生水锤现象时，液体（水）显示出它的可压缩性，这种压缩性对水流的惯性冲击、水锤（附加）压力的升降和水锤波的传播速度等均起着缓冲的作用。管路中发生水锤时,随着压力的交替升降变化,液体分子质点将相应地呈现密疏状态交替变化,这种变化以纵波的形式沿管路往复传播。因此,进行水锤计算的基本微分方程也将是波动方程的一种形式。

先将上述记录纸上的图放大,则可绘成如图 11-2 所示的曲线。如果阀门 A 原来是关闭的,由于突然打开,在管路中将引起以压力降低为开端的压力交替升降现象,如图 11-3 所示。

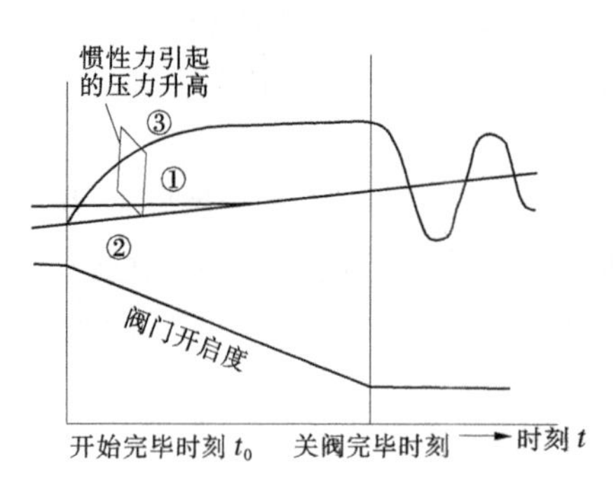

①—池水位线;②—慢关水位线;③—水锤压力线

图 11-2　关阀水锤现象示意图

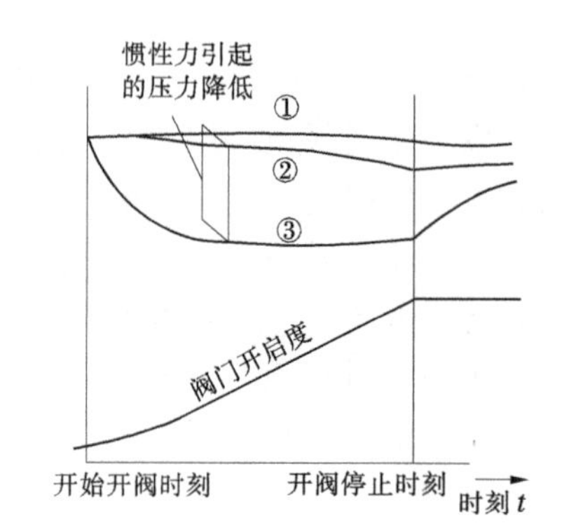

①—池水位线;②—慢关水位线;③—水锤压力线

图 11-3　开阀水锤现象示意图

11.2.1.2　水锤波动分析

在工程实践中,为了研究水锤对水泵(水轮机)机组、管路及其各种设备的危害性,必须掌握在水锤发生和传播过程中,水锤升(降)压值 ΔH、流速 v(或流量 Q)两者随时间 t 及空间(管路上的)位置而变化的规律。如果把水锤作为一种波动现象来研究,那就必须掌握水锤波的发生、传播、反射和干涉(加强或减弱)等的规律。现仍以关闭阀门为例,以图 11-4 为例对水锤波动做进一步分析。

假设:①水池水面很大,水位恒定;②整个管路上的材质、直径及壁厚等沿管长不变;③不计及管路内水头损失和速度水头;④阀门全部开启时,管中流速为 v_0,压力水头为 H_0。

设阀门在 $t=0$ 时刻突然全部关闭(关死阀门所用时间在理论上为零),则紧靠阀门的微小流段 $\mathrm{d}x$ 首先停止流动,并在该处引起水锤升压 ΔH,但其余水流由于惯性作用,继续以流速 v_0 向阀门流动。这时,必须考虑 $\mathrm{d}x$ 段水流被压缩和管壁的膨胀。接着紧靠 $\mathrm{d}x$ 段的另一微小流段停止了流动,同时压力升高,水流密度和管道截面面积增大。这种现象相继传播下去,其方向是由阀门向着水池(逆水流方向)。我们称这种由于流速的骤变而引起的压力变化的传播为水锤波的传播,其传播速度简称为水锤波速,并以符号 a 表示。很明显,引起这种波动的根源是阀门的迅速关闭,传播这种波动的弹性介质是随着压力升降做疏密交替变化的水。水锤的波动过程,实质上就是水质点动量转换的传递过程。

参见图 11-4,在 $t=0$ 时刻,整个长度为 L 的管路 AE(被 B、C、D 四等分)中,水流流速均为 v_0。在此瞬间,由于突然关闭阀门引起的水锤波由 A 向 E 方向传播,在 $t=\frac{L}{2a}$时抵达

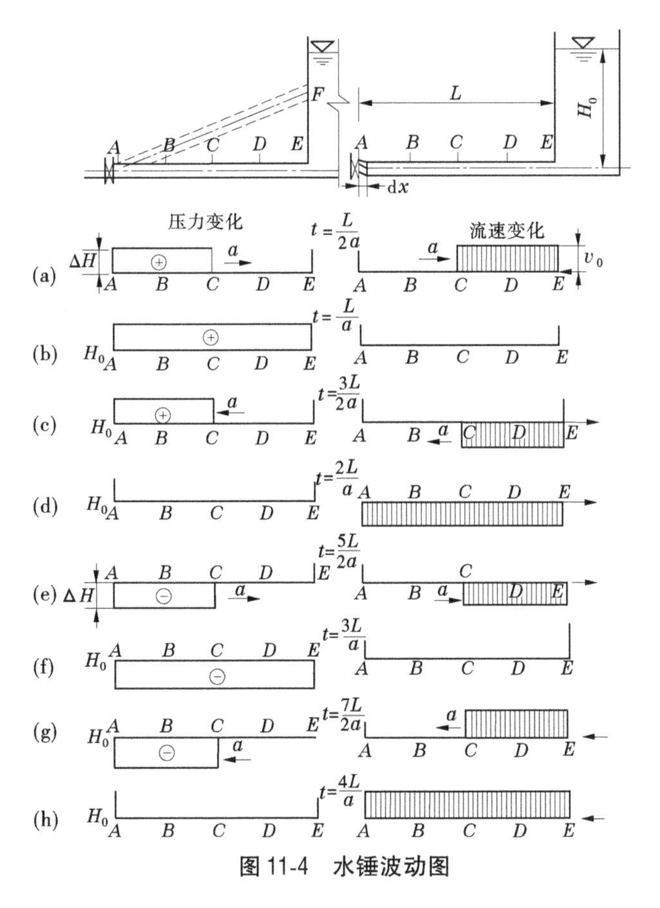

图 11-4　水锤波动图

C 点，在 $t=\dfrac{L}{a}$时抵达 E 点。在整个管路中就形成了一个自阀门 A 向水池 E 传播的减速增压运动，一直传到管道进口，呈瞬时静止状态，这时整个管路中水的压力水头为 $H_0+\Delta H$，流速为零。此阶段为水锤波传播的第一阶段，称为直接波(升压波)逆传过程。

在 $t=\dfrac{L}{a}$时，因为水池中水体容量很大，不受管路中流动变化的影响，所以在 E 处就存在着不平衡状态；靠水池一侧水的压力小，密度低；而靠管路一侧水的压力高，密度大。这种状态具有恢复原有压力和密度，使小股水流向水池流动的趋势。所以，从 $t=\dfrac{L}{a}$时刻起，便开始了水锤波传播的第二阶段，即从 E 端开始发生一个与原流速 v_0 大小相等、方向相反的流速，从而使管路相应部位中水压回降到 H_0，密度也恢复正常。这个现象从 E 处仍以速度 a 向阀门 A 处传播，在管路中就形成了一个自水池向阀门传播的减速(代数值)减压运动。从波动角度讲，即原先由 A 点向 E 点传播的直接波(升压波)在水池处引起一个反射的反射波(降压波)，其降压值在数值上与增压波相同，但符号相反(因水池水位不变)。从 $t=\dfrac{L}{a}$到 $t=\dfrac{2L}{a}$这一时段是水锤波传播的第二阶段，也称为降压波顺传过程。

在 $t=\dfrac{2L}{a}$瞬间，全管路压力水头为 H_0，密度正常，全部水流具有流速 v_0，其方向是离开阀门向水池的方向。但此时阀门已全关死,紧靠阀门的微小流段 dx 又离不开它(假设不发生水柱分离现象),因此流动就被迫停止,微小流段 dx 的流速由 $-v_0$ 变为零,压力比 H_0 降低了 ΔH。此时水流体积膨胀、密度减小,呈稀疏状态,并以速度 a 沿管路向水池方向传播,从而在管路中形成了一个自 A 点向 E 点的增速(指代数值)降压运动,一直传到水管的进口 E 处。从 $t=\frac{2L}{a}$ 到 $t=\frac{3L}{a}$ 时段是水锤波传播的第三阶段,也称为降压波逆传过程。

在 $t=\frac{3L}{a}$ 时刻,水锤波抵达 E 点,全管水流又处于瞬时静止状态,其压头为 $H_0-\Delta H$,水处于体积膨胀状态。但这种状态和 E 端条件又不相符合,因而又产生一个由水池向阀门方向的流速 v_0,使 E 点压头又恢复到 H_0,密度也恢复正常,水锤波的传播方向是由 E 点向 A 点,形成一个由水池向阀门传播的增速减压运动,并于 $t=\frac{4L}{a}$ 时抵达阀门处。从 $t=\frac{3L}{a}$ 到 $t=\frac{4L}{a}$ 时段是水锤波传播的第四阶段,也称为增压波顺传过程。

到 $t=\frac{4L}{a}$ 时刻,全管路内压力水头为 H_0,密度正常,而整个管道中的水质点都有一个以流速 v_0 向阀门流动的趋势,这与关闭阀门以前的情况一样。所以,在 $t=\frac{4L}{a}$ 时在 A 处所发生的现象和 $t=0$ 时的情况完全一样。以后的水锤现象又将重复进行上述的四个传播过程。如果不计水力阻力,这种传播过程将周而复始地进行下去,这就是突然瞬时关阀后所发生的水锤波的基本传播方式。但事实上,由于水流阻力的作用,这种波动会逐渐减弱,最终消失。水锤波传播过程的物理现象参见表 11-1。

从表 11-1 中液体压强变化及水锤波传播方向可以看出,水锤波是通过弹性介质——水来进行传播的,水体中各质点并不随波前进,只是以交变的速度在各自平衡位置附近振动。水体中的质点既具有动能,同时,水体因变形也具有势能。因此,水锤的波动过程也是水质点间能量的传递(转化)过程,水锤波的传播方向只是水体质点压能传递的现象,而不是水体质点本身移动的现象。

上述的水锤波传播的物理现象,只是最基本的现象,在图 11-4 中是取水平管路来讨论的。在不发生水锤时,各点所处的位置水头相同,压力水头也相同,各点总水头也都相同。如果管路是非水平的(如图 11-4 中的 AE 管线),情况就不同了;管路中各点位置水头不同,压力水头也不同,但作为两者之和的总水头却不变。因此,在研究各点压力水头的变化时,应以通过阀门 A 的水平线为基准线,由总水头中减去位置水头才是压力水头之值。再有,由水力学得知,水锤现象属于非恒定流动,水流在通过固定空间点时,运动要素(动水压强、流速、加速度等)都将随时间而变化。因此,在进行水锤计算时,要综合考虑许多运动要素随时间、地点变化而变化的情况,这将是比较复杂的工作。工程实践中,常常是先指定某一空间点,然后来研究该点压强和流速随时间变化而变化的图像。图 11-5 即为在管路的不同位置上压强和流速随时间的变化。从图 11-5 中可以看出,在阀门 A 点的压强最先增高,而且高压历时最长。同时,在每一水锤相(水锤波在管路中传播

表 11-1　水锤波传播过程的物理现象

<table>
<tr><td rowspan="3">Ⅰ</td><td>时间段</td><td>流速变化</td><td>水流方向</td><td>压强变化</td><td>传播方向</td><td>运动状态</td><td>水体状态</td></tr>
<tr><td>$0<t<\frac{L}{a}$</td><td>$v_0 \to 0$</td><td>水池→阀</td><td>增高</td><td>阀→水池</td><td>减速增压</td><td>压缩</td></tr>
<tr><td colspan="7">$t=\frac{L}{a}$瞬时,水锤波由阀传至管口,全管路水流停止,压强增高 ΔH,管壁膨胀</td></tr>
<tr><td rowspan="2">Ⅱ</td><td>$\frac{L}{a}<t<\frac{2L}{a}$</td><td>$0 \to -v_0$</td><td>阀→水池</td><td>恢复原状</td><td>水池→阀</td><td>减速减压</td><td>恢复原状</td></tr>
<tr><td colspan="7">$t=\frac{2L}{a}$瞬时,水锤波由水池传至阀,全管路流速为$-v_0$,水压强、密度及管壁正常</td></tr>
<tr><td rowspan="2">Ⅲ</td><td>$\frac{2L}{a}<t<\frac{3L}{a}$</td><td>$-v_0 \to 0$</td><td>阀→水池</td><td>降低</td><td>阀→水池</td><td>增速减压</td><td>膨胀</td></tr>
<tr><td colspan="7">$t=\frac{3L}{a}$瞬时,水锤波由阀传至水池,全管路流速为 0,压强降低 ΔH,水体膨胀</td></tr>
<tr><td rowspan="2">Ⅳ</td><td>$\frac{3L}{a}<t<\frac{4L}{a}$</td><td>$0 \to v_0$</td><td>水池→阀</td><td>恢复原状</td><td>水池→阀</td><td>增速增压</td><td>恢复原状</td></tr>
<tr><td colspan="7">$t=\frac{4L}{a}$瞬时,全管路流速、压强、密度均恢复初始状态</td></tr>
</table>

和反射所需总历时$\mu=\frac{2L}{a}$)之末,压强变化也非常剧烈,变化幅值最大,从最高值突降至最低值,或从最低值突升至最高值,所以阀门 A 处受水锤影响最为严重。

上文讨论的水锤现象与实际发生的水锤现象相比较,是被简化了的。主要原因如下:

(1)没有考虑水流阻力的作用。如图 11-6 所示,如果不考虑水流阻力,则阀门处的水锤压力—时间曲线为图中虚线;如果计及水流阻力的作用,则如图 11-6 中实线所示。另外,不计及水流阻力时,水锤压强的变化将是无休止的。而实际上,由于水流的阻力作用,将使压强变化的幅度逐渐衰减,最后乃至消失。

(2)假设阀门是瞬间关闭的。实际上阀门的启闭总是有个过程,即需要一定的时间。阀门启闭过程的不同,水锤压力—时间曲线也不同,图形由陡变的矩形波形向缓变的准正弦波形改变。

(3)图 11-4 的分析只限于简单管路,所以水锤波先由阀门传至水池,再由水池反射回阀门处。如果是复杂管路(管路中有分支、管径及管材有变化等),则在管路结构改变处(节点),就会发生水锤波动的改变,其传播过程将比简单管路要复杂。

(4)在上述讨论中,水流是连续的,水锤波的传播只限于在水流连续的管段中进行。如果发生水柱分离现象,情况将有很大的不同。

水锤现象是一种波动,出现这种波动的基本条件是有压管流中波源和传播介质的存在。在有压管路中,由于流速的剧烈变化和水流的惯性而引起一系列急骤的压力变化和密度变化。它们的综合作用结果,在物理现象上表现为快速传播的水锤波动。水锤波动全过程包括压力波的产生、传播、反射、干涉乃至消失的全部物理过程。当管流中出现水

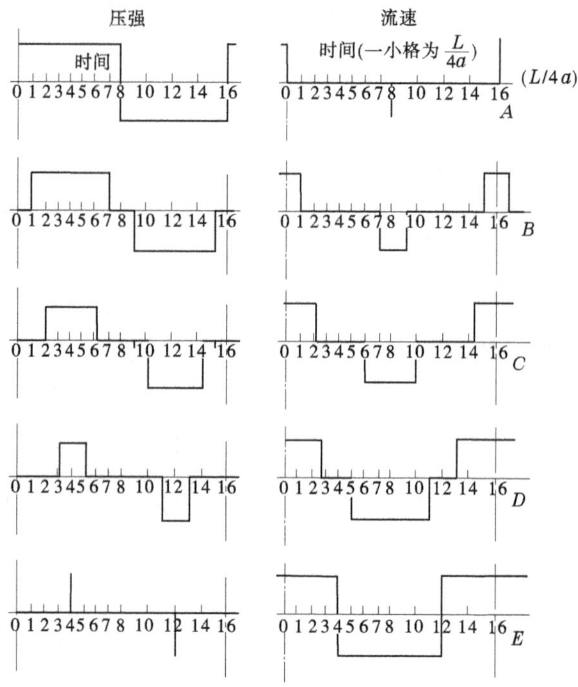

图 11-5 管路上各点压强和流速随时间的变化(空间点位置与图 11-4 相同)

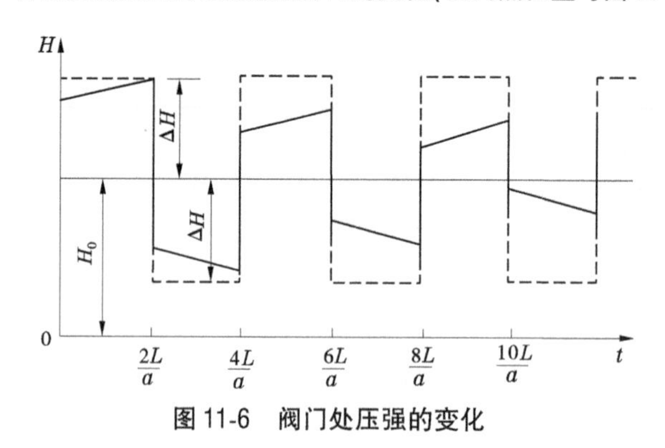

图 11-6 阀门处压强的变化

柱分离时,会引起更加复杂的物理过程。在水锤现象中,起主要作用的是水流本身的惯性和可压缩性。惯性要维持原来的运动状态,而水流的压缩和膨胀又引起运动状态的改变,这两方面的对立统一是水锤现象的实质。外部的边界条件,如阀门或水泵的特性、管路布置特点和管材、水池中水位高低及变化等,均是通过水流的物理性质而对水锤现象起作用的。

11.2.2 水锤分类

从不同的角度划分,水锤可分为以下四类。

11.2.2.1 直接水锤和间接水锤

根据阀门关闭(或开启)历时 T_s 与水锤相 $\mu=\frac{2L}{a}$ 的关系,水锤分为直接水锤和间接水锤两种。

阀门完全关闭(或开启)的历时 T_s 小于水锤相 μ,即反射波到达阀门之前,阀门已全部关死(或打开),故阀门处压力的升高(或降低)值只取决于直接波,而不受反射波的影响,这样的水锤现象称为直接水锤。直接水锤是最简单的水锤过程,阀门处的最大升压(或降压)值与管线长度和阀门启闭规律无关,即它与瞬间全关闭(开启)阀门的效果相同。

反之,当关阀(开阀)动作相对较慢,即 $T_s>\mu$ 时,则阀门关闭(或开启)引起的水锤压力变幅受到从水池反射波的部分抵消。因此,阀门处的最大压力变幅必小于直接水锤时的变幅,这种水锤现象称为间接水锤。间接水锤过程比较复杂,但水锤压力变幅较小。在泵站中发生的水锤既有直接水锤,又有间接水锤。应该明确的是,设置泵站水锤防护措施的根本目的就是通过改变水锤的外部条件,将直接水锤转变为间接水锤,以减小水锤压力变幅。

11.2.2.2　泵站基本水锤

根据水锤成因的外部条件,泵站基本水锤分为机组启动水锤、停泵水锤和关阀水锤三种。

启动水锤是由于水泵在启动过程中流量和扬程等随时间发生变化,引起了管道中液体流速急剧变化而产生的水锤。在空管的条件下启动水泵机组会发生启动水锤,尤其是当管道中存在密闭的空气没能及时排出时,在泵管系统中必然发生非常剧烈的流速变化和流体撞击,出现较大的水锤现象。

当正常运行着的水泵机组由于某些因素突然开阀停机时,所引起的水锤叫作停泵水锤。水泵机组停止运行的原因很多,例如电网的事故跳闸以及自然灾害(大风、雷击、地震)、运行人员的不正确操作和泵站保护装置误动作等。

由于阀门的关闭而引起的水锤叫作关阀水锤。一般按正确的操作程序来关闭阀门,产生的水锤压力不会很大,但当输水管路突然堵塞或者操作程序不正确时,将会在管道中产生程度不同的水锤。

上述三种基本水锤现象的研究,均基于同一波动理论,但由于水锤成因不同,因而水锤的危害程度、发生位置等也有所不同。

11.2.2.3　刚性水锤(柱)和弹性水锤(柱)

水锤按水力特性,分刚性水锤和弹性水锤。

刚性水锤理论是以不考虑水流阻力及水和管材的弹性为基础的理论。水锤的发生仅与流速的改变有关,根据刚性水锤理论进行水锤计算时,认为管壁是绝对刚体,在内外力作用下不变形,管中流速是不可压缩的。所以,应用这种理论进行的水锤计算比较简单,但计算结果偏大。

弹性水锤理论则考虑水的可压缩性和管材的弹性,推导出的水锤基本微分方程式虽然较复杂,但比较符合实际。对高水头、长管路系统进行水锤计算时,应当采用弹性水锤理论,以期得到较为准确的结果。另外,由于计算机技术的发展,对复杂的泵站系统的水锤计算已不是难题,故除了规划阶段粗略估算,一般在泵站水锤计算中已不再采用刚性水锤理论。

11.2.2.4　水柱连续水锤和水柱分离水锤

按管路水柱的状况,水锤分为水柱连续的水锤现象(无水柱分离)和伴有水柱分离的水锤现象(断流空腔再弥合水锤)。所谓伴有水柱分离的水锤现象,是有压管流中出现大空腔时的一种水锤现象。

11.2.3　水柱分离与断流再弥合水锤

11.2.3.1　水柱分离及空腔分类

1. 水柱分离"拉断说"

当水锤波在有压管流中传播时,水体质点做周期性的疏密变化,使水体中的质点群时而受拉,时而受压。由于水体承拉能力极差,概括地讲,当它承受不住这种拉力时,水柱就会断裂而彼此分离开(特别在含有杂质、小气泡的水体中或在管线纵剖面上做折线变化较大的诸点处,如"驼峰""膝部""小丘顶端"等),产生一些大空腔或"空管段",使水流的连续性遭到破坏,从而造成水柱分离现象;在密闭得非常完好的管段中,大空腔或空管段内呈现出很高程度的真空。

2. 水柱分离"汽化说"

从工程技术角度看,当泵站管路系统中发生水力过渡过程(如停泵水锤)时,在水泵出口及整个管线中均产生压力降低现象,并以降压波的形式由泵站(管首)向管线末端出水池方向传播。管线上各点处最低水头的连线,称为最低水头包络线(它不是在某一时刻同时出现的)。最低水头包络线的特征主要取决于水泵机组的惯性、管线内稳态初速度 v_0、管内流速变化率以及管线长度、水锤波速等因素。图 11-7 中给出了两种管路布置方式(*ABC* 式和 *AB′C* 式)以及最低水头包络线 *EFR*;最低水头包络线的形状,一般是靠近泵站处压力降落最大。

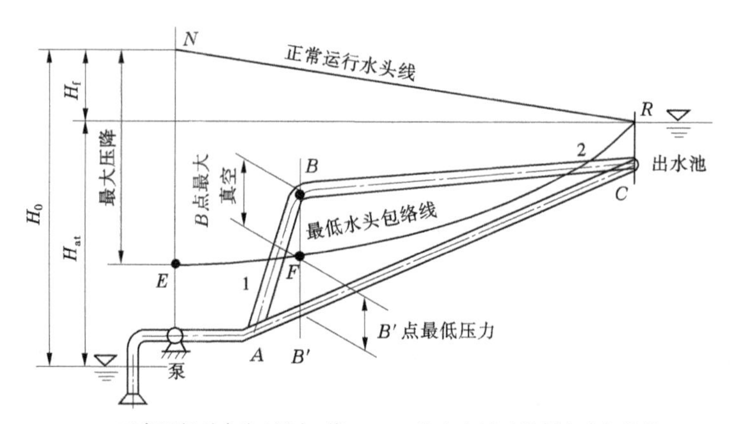

NR—正常运行时水头(压力)线;*EFR*—发生水锤时最低水头包络线

图 11-7　管路布置方式对水柱分离的影响

从图 11-7 可以看出:按 *AB′C* 方式布管时,最低水头包络线 *EFR* 恒高于管路本身,即管路内水压恒大于大气压;如果按 *ABC* 方式布管,就有很长一段管路高于最低水头包络线,如图中 1—2 管段内便出现了真空,而最大真空值发生在 *B* 点(膝部)。当管路上某处的水压降到当时水温的饱和蒸汽压(汽化压)以下时,液态水迅速汽化并产生大空腔或

"空管段",使水流的连续性遭到破坏,从而造成水柱分离现象。

当空管段消失(空腔溃灭),即两股水柱重新弥合时,空腔内的水蒸气迅速凝结,于是两股水柱互相猛烈碰撞,因而造成升压很高的断流空腔再弥合水锤(简称断流弥合水锤)。它是泵站供水系统中最具危害性的一种水锤撞击波动。

3. 蒸汽腔和空气腔

水柱分离后的大空腔或"空管段"内充满水蒸气,空腔中压强保持为小于或等于汽化压,这样的空腔称为水柱分离—蒸汽腔,简称蒸汽腔。

在实际的泵站工程中,由于正常运行及维修管理(非防断流弥合水锤)等的需要,必须在管线的一定位置装设各种空气阀(如注气阀、真空破坏阀、排气阀等),当管路中出现真空时(在水力过渡过程中),空气将会通过这些空气阀被吸入管内,形成充满空气的大空腔或"空管段",并将连续的水流截断,这种空腔叫作水柱分离—空气腔,简称空气腔。空气腔内的真空值 H_s 一般大于零,当空气阀口径足够大时,$H_s \approx 0$。

11.2.3.2　两种水柱分离空腔特点对比分析

根据有关资料,两种水柱分离现象具有如下特点:

(1)蒸汽腔的产生是以管路密封得非常完好为前提的,但实际的长距离输水干线并非如此"密封"(沿途设有数量不少的工作空气阀),因此在水力过渡过程中,空气腔发生的可能性并不比蒸汽腔小。

(2)在其他技术条件相同的情况下,如在水力过渡过程中发生水柱分离而形成大空腔,则空气腔的长度比蒸汽腔的要大得多。

(3)如果在空气腔缩小乃至消失的过程中,即两股水流(柱)重新再弥合的过程中,腔内的空气可以自由无阻地从管道中逸出,则在空气腔最后溃灭的瞬间也要产生两股水柱间的猛烈碰撞并使管中水压骤增,此种水力撞击也称断流空腔再弥合水锤,它的危害常比蒸汽腔的断流弥合水锤大得多。

(4)如果装设的空气阀(注气阀)的口径较小,不能保证空气的自由进出,则所形成的空气腔会因为腔内真空值变大而变得较小,断流弥合水锤的最大压力值由于空气的缓冲作用也将变小。

11.2.3.3　管路中水柱分离的水力学过程

实际的停泵水锤往往是间接水锤,而它的技术特性(如管路系统的升压值、机组转速及管路中流速等)与停泵前的初始工况、水泵性能、机组惯性、有无止回阀、输水管路长度、管路纵横断面布置及管路设备管件等因素有关。在此先以关阀直接水锤为例,着重从概念上说明管路中水柱分离的水力学过程。

如图 11-8 所示,在输水管路中用 1—1 及 2—2 断面截出一节充满水的长为 ΔL 的微小管段。设正常工作时,管内工作水头为 H_x,流速为 v_0,管路断面面积为 A,水锤波传播速度为 a。由于 1—1 断面左侧的阀门突然关闭,水停止从 1—1 断面流入;但由于惯性力的作用,仍有水从 2—2 断面流出微小流段,出流的流速仍为 v_0。因为在微小流段中,水只流出,没有流入,故流段内水的质量要减少,密度 ρ 降低;另外,由于管内压力下降而引起管壁收缩,管道断面面积 A 减小。这样,就形成了降压水锤波动,它由 1—1 断面传播到

2—2 断面需要时间为 $\Delta t=\frac{\Delta L}{a}$。

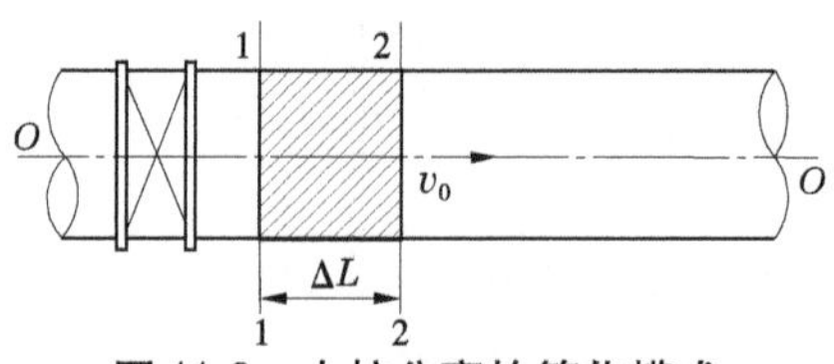

图 11-8　水柱分离的简化模式

在 Δt 时段内从 2—2 断面流出的水的体积 $\Delta W_1=Av_0\Delta t=Av_0\frac{\Delta L}{a}$;由于管内压力下降 ΔP 所引起的水本身膨胀和管壁收缩所能抵补的水的体积 $\Delta W_2=A\Delta L\left(\frac{\mathrm{d}P}{\rho}\right)+\Delta L\mathrm{d}A=A\Delta L\left(\frac{\mathrm{d}P}{\rho}+\frac{\mathrm{d}A}{A}\right)$。

由水力学可知:

$$\frac{1}{\Delta P}\left(\frac{\mathrm{d}P}{\rho}+\frac{\mathrm{d}A}{A}\right)=\frac{1}{\rho a^2} \tag{11-1}$$

故:$\Delta W_2=\frac{\Delta PA\Delta L}{\rho a^2}$。

如果不发生水柱分离现象,根据水流连续性原理,$\Delta W_1=\Delta W_2$,即

$$\left.\begin{aligned}\Delta P&=\rho av_0\\ \Delta H&=\frac{\Delta P}{\rho g}=\frac{av_0}{g}\end{aligned}\right\} \tag{11-2}$$

如果发生水柱分离现象,则 $\Delta W_1>\Delta W_2$,即

$$\left.\begin{aligned}\Delta P&<\rho av_0\\ \Delta H&=\frac{\Delta P}{\rho g}<\frac{av_0}{g}\end{aligned}\right\} \tag{11-3}$$

式中　ΔH——管路内实际可能达到的,或称所能提供的压力降低值,m;

$\frac{av_0}{g}$——管路内流速 v_0 突然消失所引起的水锤降压值,m。

式(11-3)可以理解为:当水锤压力降 $\frac{av_0}{g}$ 小于管路内所能提供的压力降低值时,就不发生水柱分离现象;反之,当水锤压力降 $\frac{av_0}{g}$ 大于或等于管路内所能提供的压力降低值时,就将发生水柱分离现象。

管路中能够提供的压力降低值 ΔH 包括工作水头 H_x 和管内真空值 H_s,即 $\Delta H=H_x+H_s$。管路中绝对最小压力可能下降到当时温度下的饱和蒸气压值,故在计算中常采用:

(1)当管路密封非常完好,不漏气且无进、排气阀时,能通过的最大压力降值为 $\Delta H=$

H_x+H_{smax}，H_{smax} 为由于压力降低所造成的最大真空值，它与水的饱和蒸气压相对应。

(2)如果管路上设有进、排气阀，当压力降到大气压以下时，就由进气阀自动注入空气，压力就不能再下降了，故管路能提供的压力降低值仅为 $\Delta H=H_x$，即 $H_s=H_{smin}\approx 0$。

归纳总结：当管路中水锤压力降 $\frac{av_0}{g}\geqslant H_x+H_s$ 时，则会产生水柱分离现象，而且在整个输水管路中，何处发生 $\frac{av_0}{g}\geqslant H_x+H_s$ 的情况，则在该处就会产生水柱分离现象，H_s 的数值视管路具体情况而定。

在输水管路中，由于充水排气、防真空、保证正常运行，以及维护管理等各种因素必须装设各种进、排气阀，因此常取 $H_s=0$。故得出一般结论：在关阀(停泵)直接水锤中，当 $\frac{av_0}{g}\geqslant H_x$ 时，则将在该处产生水柱分离现象(空气腔)。

11.2.3.4　管路中水柱分离的简单判别

如果管路较长，水泵机组的转动惯量又较小，这时停泵水锤可能近似于直接水锤。如图 11-9 所示，其泵站输水系统的管路是均匀上升的，停泵前管道内流速为 v_0，水泵的压水总扬程为 H_0，管路较长，机组惯性弱，停泵水锤是直接水锤。现概要地说明判别管路中水柱分离的技术条件。

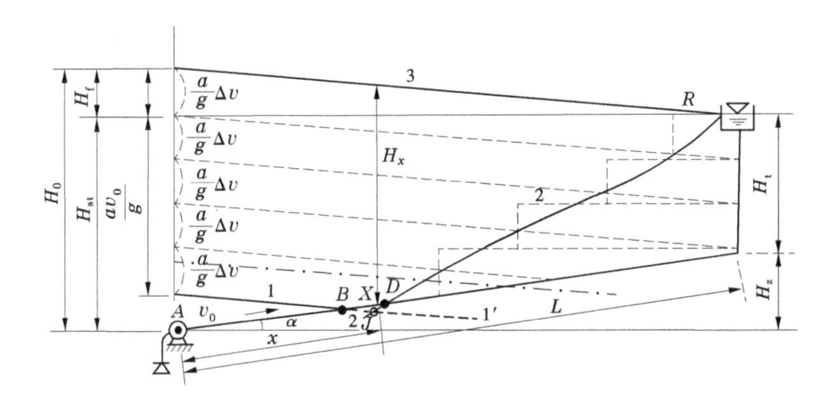

1—1′—瞬时关阀时最低水头包络线；1BJDR—非瞬时关阀时最低水头包络线

图 11-9　水锤压力波沿管路传播示意(直接水锤)

设管路中某 x 点处的工作水头为 H_x；x 为某点到泵站的距离；在泵站处的工作水头即水泵的总扬程 H_0；H_z 为水塔地面处与泵站址的几何高差。由图 11-9 可知：

$$H_x = H_0 - (H_z + H_f)\frac{x}{L} \tag{11-4}$$

式(11-4)对管路中的任一点均适用。在管路首端，即 $x=0$ 处，工作水头 $H_x=H_0=H_{st}+H_f=H_z+H_t+H_f$；在管路末端，即水塔处，$x=L$，则 $H_x=H_L=H_0-H_z-H_f=H_t$。

发生水锤时，管路上各点处最低水头(压力)的连线，即最低水头包络线的位置可分两种情况确定。

1. 闸阀瞬时关死，即 $T_s \approx 0$

在图 11-9 中，将测压管水头线 3 下降一段数值为$\frac{av_0}{g}$的距离，即得最低水头包络线 1—1′，两线与管线相交于 B 点，在其右侧，最低水头包络线低于管线，$\frac{av_0}{g}>H_x$，所以在 C 点至水塔的较长管段中将可能产生水柱分离—空气腔。

当管路密封完好、不漏气时，可将最低水头包络线抬高一段数值为 H_{smax} 的距离（图 11-9 中点画线），其与管线相交于 C 点，在 C 点右侧，点画线$(\frac{av_0}{g}-H_{smax})$低于管线，即$\frac{av_0}{g}>H_x+H_{smax}$，所以在 C 点至水塔的管段中将可能产生水柱分离—蒸汽腔。

当第一次降压波传播后，在由泵站至 B(或 C)点的管段中，水停止流动；而在 B(或 C)点至水塔的管段中，水以某一剩余流速 $v_{余}$ 继续向水塔方向流动。$v_{余}$ 可用下式计算：

$$v_{余}=v_0-\Delta v=v_0-\frac{a}{g}H_x \quad (空气腔) \tag{11-5}$$

或

$$v_{余}=v_0-\Delta v=v_0-\frac{a}{g}(H_x+H_{smax}) \quad (蒸汽腔) \tag{11-6}$$

2. 阀门逐步关闭，$T_s<\mu=\frac{2L}{a}$

实际停机时，阀门也是逐步关闭的，因为 $T_s<\mu$，所以仍为直接水锤。这时最低水头包络线的形状及位置与前述有所不同。假设阀门关闭是分段逐步完成的，并把每一段关闭阀门视为瞬时完成，因而降压水锤波在水塔处引起升压波的反射过程也是分段逐步形成的(如图 11-9 中虚线所示)。由于升压波抵消了部分降压波，所以最后形成的最低水头包络线是折线 $1BJDR$，它与管线交于 B、D 两点，在 BD 管段内，最低水头包络线低于管线，即$\frac{av_0}{g}>H_x$，所以在该不长的管段内将要产生水柱分离—空气腔。由此可见，关闭阀门的速度与程序对管路最低水头包络线和水柱分离的产生，具有很大影响。

另外，采用上述同样的方法，将最低水头包络线上移 H_{smax}，因以后的曲线与关线不相交，说明管路不会发生水柱分离—蒸汽腔。由此说明，密封完好、不漏气和没有进、排气阀的管路在水力过渡过程中不易产生水柱分离及断流空腔再弥合水锤，或产生的水锤数值较小。

综上所述，在发生关阀(或停泵)直接水锤时，简明地判断水柱分离问题可小结如下：最大水锤压力降的数值为$\frac{av_0}{g}$。根据$\frac{av_0}{g}$与管路中各点处工作水头 H_x 的关系，可能出现三种情况：

第一种情况，当$\frac{av_0}{g}<H_L$ 时，则沿整个输水管路水流的连续性不会遭到破坏，即不发生

任何水柱分离现象。H_L 为管路末端的工作水头,即水塔高度。

第二种情况,$\frac{av_0}{g} \geqslant H_0+H_s$ 时,水柱分离—蒸汽腔将首先发生在管路首端,这是最不利的水柱分离情况。H_0 为管路首端的工作水头,即水泵压水总扬程。这时的 H_s 与当地水的汽化压相对应。

第三种情况,$H_0>\frac{av_0}{g}>H_L+H_s$ 时,则水柱分离—空气腔可能在管路中某 x 处发生,其发生条件为

$$\frac{av_0}{g} \geqslant H_x + H_s$$

$H_s=0$ 时,为空气腔,而 $H_s=H_{smax}$ 时,为蒸汽腔。

11.2.3.5　两水柱相碰撞时的合成压力和流速

设有两股互相隔离的水柱(流),其流速和压力水头分别为 v_1、v_2 和 H_1、H_2,则碰撞后的共同流速 v 和压力水头 H 为

$$\left.\begin{aligned} v &= \frac{v_1 + v_2}{2} + \frac{g}{2a}(H_1 - H_2) \\ H &= \frac{H_1 + H_2}{2} + \frac{a}{2g}(v_1 - v_2) \end{aligned}\right\} \tag{11-7}$$

或

$$\left.\begin{aligned} Q &= \frac{Q_1 + Q_2}{2} + \frac{gA}{2a}(H_1 - H_2) \\ H &= \frac{H_1 + H_2}{2} + \frac{a}{2gA}(Q_1 - Q_2) \end{aligned}\right\} \tag{11-8}$$

式中　v——碰撞后的共同流速;

A——水柱(管道)的断面面积;

Q_1、Q_2、Q——两股水和碰撞合成后共同的流量。

当发生水柱分离时,分离开的水柱间的空间,如果仅仅被水蒸气所充满(或无空气缓冲),则当此空间再度被水充满时,要产生两水柱间的剧烈碰撞——断流弥合水锤。由于水柱间碰撞而产生的压力增值 ΔH 为

$$\left.\begin{aligned} \Delta H &= \frac{a}{2g}(V_1 - V_2) \\ \Delta H &= \frac{a}{2gA}(Q_1 - Q_2) \end{aligned}\right\} \tag{11-9}$$

11.2.4　停泵水锤特点

离心泵本身供水均匀,正常运行时在水泵和管路系统中不产生水锤危害。一般的水泵操作规程规定,在停机前需将压力管路上的阀门逐步关闭,使管内流速缓慢降低,因而停泵时也不会引起水锤危害。

如前所述,停泵水锤是指在水泵机组因事故发生突然开阀停机时,在水泵及管路系统中,因流速突然变化而引起一系列急骤的压力交替升降的水力冲击现象。停泵水锤是对泵站工程的管道和过流设备危害最大的一类水锤。

产生突然事故停机的原因可能有以下几点:

(1)由于供电系统或电气设备突然发生故障、人为操作错误等致使电力供应突然中断。

(2)雨雪雷电等恶劣天气引起的突然断电。

(3)水泵机组突然发生机械故障,如联轴器断开或水泵密封环被"咬住",以致水泵转动发生困难而使电机超载,电机保护装置动作切断电源。

(4)在自动化泵站中,由于维护管理不善和设备故障、采集的保护参数值产生漂移等而发生误动作断电。

(5)对中小型水泵,为了简化自动控制,而采取开阀开、停车。

泵站发生突然断电停机后,主驱动力矩消失,机组失去正常运行时的力矩平衡状态。由于惯性作用,机组仍继续正转,但转速迅速减小(机组惯性大时降得慢,反之则降得快)。机组转速的突然减小导致流量减小和压力降低,首先在水泵(或管道首端)产生压力降低。停泵水锤的压力降以直接波(或初生波)的方式由泵站及管道首端向管路末端的高位水池传播,并在高位水池处引起升压波(反射波),此反射波由水池向管道首端及泵站传播。停泵水锤和关阀水锤的主要区别是产生水锤的技术(边界)条件不同,而水锤波在管路中的传播、反射与相互作用等,则是完全相同的。

压力管道中的水,在断电后的最初瞬间,主要靠惯性作用,以逐渐减慢的速度,继续向高位水池方向流动,然后因重力和水阻力的作用使其流速降至零,但这种状态是不稳定的;在重力水头的作用下,管路中的水又开始向泵站倒流,速度由零逐渐增大,以后的技术特点,则视在水泵出口有无止回阀或缓闭止回阀以及可控阀等具体边界条件而分别出现下述三种情况。

11.2.4.1 水泵出口装有普通止回阀

当管路中倒流水流的速度达到一定程度时,止回阀很快关闭,流速骤然降至零,因而引起很大的压力上升;而且当水泵机组惯性弱,几何给水高度(泵站静扬程)H_{st} 较大时,压力升高也大。这种带有冲击性的水压突然升高可能击毁管路或其他设备。大量实例说明,传统停泵水锤危害主要就是因为水泵出口处普通止回阀的突然关闭而引起的。

突然停泵后,表示流量 Q、水头 H、水泵转速 N 和转矩 M 等随时间而变化的曲线,称为停泵水锤暂态过程线。图 11-10(a)是在水泵出口装有普通止回阀的某泵站管路纵断面示意图,图中还绘出了最高水头包络线和最低水头包络线。图 11-10(b)是该泵站的停泵水锤暂态过程线。从图 11-10 中可以看出,在水泵出口装有普通止回阀的情况下,水锤升压是很大的,最高水头几乎达到正常工作水头的 200%。

图 11-11 为水柱分离(蒸汽腔)发生在管路首端的初速度 v_0 较小时的断流弥合水锤暂态过程线,它是通过专门的试验装置测得的。试验装置中的静扬程 $H_{st}=28$ m,用突然关阀代替突然停泵以造成管路中的水柱分离(蒸汽腔)现象。由图 11-11 中显示出,在时刻 A 水柱开始分离,出现蒸汽腔;在时刻 B,空腔完全弥合并开始产生断流弥合水锤升压,而最大的水锤升压值 Δh_2 明显地大于最大的降压值 Δh_1,此时最高水头超过 $3H_{st}$。

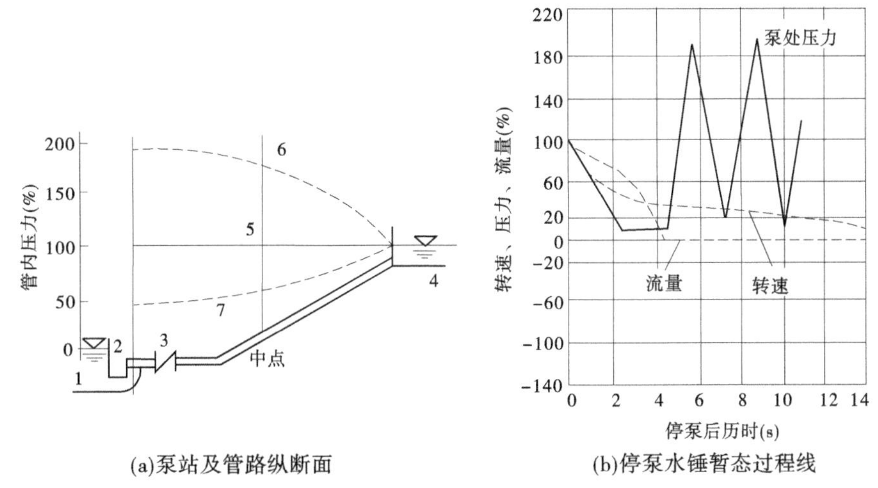

(a)泵站及管路纵断面　　(b)停泵水锤暂态过程线

1—吸水池;2—水泵;3—普通止回阀;4—高位水池;5—正常运行水位线;6、7—最高、最低水头包络线

图 11-10　泵门管路纵断面即停泵水锤暂态过程线

11.2.4.2　水泵出口无止回阀(无阀系统)

在机组突然断电后的水泵工况阶段中，虽然各基本工作参数如流量 Q、水头 H、转速 N 及转矩 M 都是正值，但它们都是随时间而减小，如图 11-12 所示。

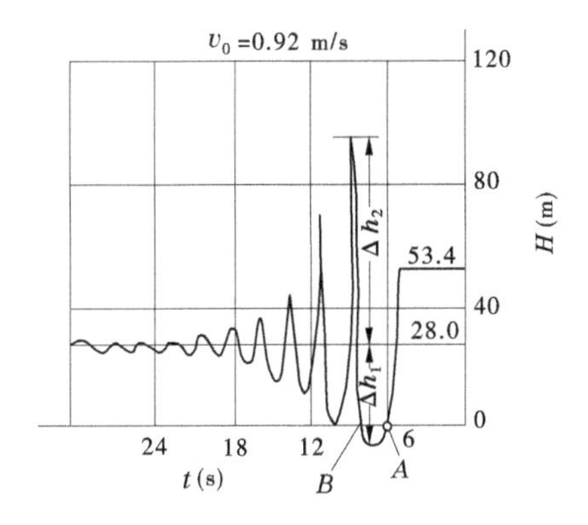

图 11-11　断流弥合水锤暂态过程线

由图 11-12 可见，从停机开始至泵流量降到零阶段为水泵工况阶段，随后，管路中水开始倒流，其流速的绝对值由零逐渐增大，但流速的符号为“-”，故流速的代数值是逐渐减小的。由流量等于零至转速降至零这一阶段，称为制动(耗能)工况阶段，即第Ⅱ阶段。因为水泵出口没有阀门，故水池及管路中的水，能持续不断地倒流并对正向转动水泵叶轮施加反向制动力，使水泵的正向转速不断减小，最后降到零。第Ⅱ阶段内水是倒流的，流量为负值，而水泵是依赖惯性做正向转动，故也称为耗能工况阶段。转动的水泵叶轮可视为一个局部阻力(它的阻力系数是变化的)，因此在水泵工况时降低了的压力，在制动工况时又开始回升(见图 11-12)，但其最大的升值要比有普通止回阀的情况小得多。这也是目前泵站中尽量不设普通止回阀的重要原因之一。

制动工况结束，进入第Ⅲ阶段，即水轮机工况阶段。在此阶段初期，倒流流量绝对值仍在增大，机组反向的转速也很快增大，最后达到最大反向转速——最大飞逸转速。在此阶段中，机组的工作好像空载的水轮机机组，故也称此阶段为逸转水轮机工况阶段。机组达最大飞逸转速时，机轴上的转矩 M 为零；在此时刻之前，由于通过水泵的倒流流量减小，因而在泵及管路中又引起了压力升高，但升压速率较小，最大升压值也不高。从图 11-12 可以概略地看出：转矩 M、水头 H、倒流流量及反转转速等的极大值均发生在水轮机工况阶段。

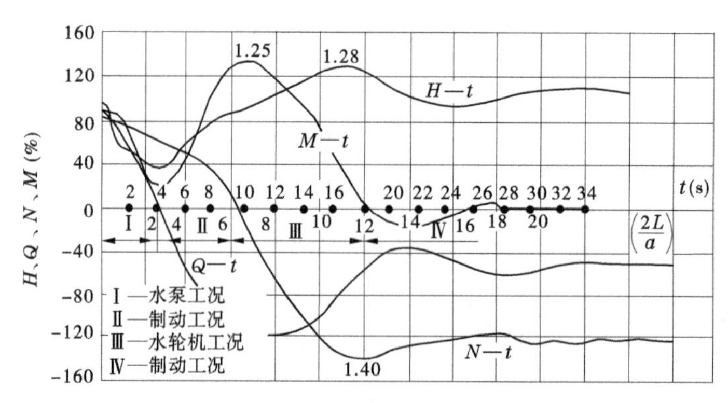

注：立式单级离心泵，额定转速 $N_n=400$ r/min，$H_n=94.6$ m，

$Q_n=6.1\ m^3/s$，压水管长 $L=669$ m，比转速 $N_s=115$。

图 11-12　停泵水锤暂态过程线(无阀)

由转矩 M 为零时刻起，进入第Ⅳ阶段，即另一种状况的制动工况阶段；之后，水泵工作的暂态(过渡)过程并没有停息，只是由于各种阻尼的影响，使水头的振荡和流速的变化等逐渐衰减下来。

如果管路末端没有水池或水池容积很小，当水倒流时，水管会被泄空，这种情况下，水泵机组要在变水头(逐渐减小)工况下反转。

如果水泵机组转动惯量较小，在反向水流达到泵站之前，水泵机组已停止转动，就不存在第Ⅱ阶段(制动工况阶段)。

11.2.4.3　水泵出口装有可控阀门或缓闭止回阀

在停泵水锤过程中，水泵出口阀按照预先设定的程序与速度关闭，可有效地控制水锤升压和水泵机组倒转转速值，此种水锤防护的技术措施称为阀门调节或阀门控制。

由前述可知，当在水泵出口装设普通(旋启式)止回阀时，在停泵水锤过程中，止回阀阀板的快速关闭会引起很大的破坏性压力上升；无阀系统的水锤升压虽然不高，但系统中的水将持续不断地倒泄回进水池，并可能产生很大的机组倒转飞逸转速值，对泵站和机组的安全构成威胁。此外，有些长距离大型泵站的输水管路长达十几甚至几十千米，管路水体多达几万甚至十几万立方米，这样的泵站工程是不允许大流量长时间泄水的，必须要有断流措施。

为了解决过高升压和泵站断流问题，在重要的泵站系统中，于水泵出口处常装设可控阀门(如美国的回转阀和球阀、国产的两阶段关闭蝶阀等)。当发生停泵水锤时，该可控(蓄能)阀门依据(事先)经优化确定的关阀程序与速度运作，从而使整个水泵系统中水锤升压不高[倒流量和机组倒转转数(速)都得到控制]。

11.3　水锤基本理论及基本微分方程式

11.3.1　水锤基本理论

水锤是有压管流中的一种特殊的水力现象，直观的印象是它的升(降)压效应。现以水锤过程的升(降)压为起点,分别介绍刚性水柱理论、弹性水柱理论,以及水锤波的传播、反射和干涉等规律。

11.3.1.1　刚性水柱(锤)理论

图 11-13 是表达刚性水柱(锤)理论最简单的管流图式。管流沿长度 L 的断面面积均为 A,并假设:

(1)管道中的水是不可压缩的。

(2)不考虑管内水压引起的管壁变形(伸长、膨胀和收缩)。

(3)管流为有压流,管内最低压力大于水的饱和蒸气压(汽化压)。

(4)与水锤压力升降的幅度相比,管道中水头损失和流速水头可忽略不计。

(5)水流速度在沿管线的任一截面上都是均匀分布的。

(6)在管道的横截面,压力也是均匀分布的,且等于管中心线上的压力值。

(7)高位水池容积够大,池水位恒定不变。

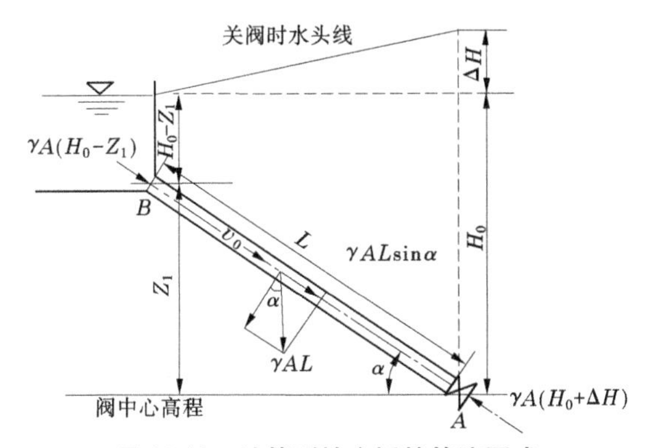

图 11-13　计算刚性水锤的管流图式

先关闭管道末端的阀门,因管内流速降低而发生动量变化致使管内水压升高,管道内水柱受到一个不平衡的表面力的作用,由图 11-13 得出,不平衡力为 $\rho gA[(H_0+\Delta H)-(H_0-Z_1)-L\sin\alpha]$。

由于 $L\sin\alpha=Z_1$,整理后得不平衡力为 $\rho gA\Delta H$。

由牛顿第二运动定律可得:

$$\rho gA\Delta H=-\rho AL\frac{\mathrm{d}v}{\mathrm{d}t}$$

式中 $\frac{\mathrm{d}v}{\mathrm{d}t}$——水柱体加速度,前面符号表示加速度方向与水流方向相反;

v——水柱体流速,以初速度 v_0 方向为正。

整理后,得到水锤升压值:

$$\Delta H=-\frac{L}{g}\frac{\mathrm{d}v}{\mathrm{d}t}\quad(\mathrm{m})\tag{11-10}$$

关阀前通过阀门的流量 Q_0 为

$$Q_0=Av_0=(C_\mathrm{d}A_\mathrm{g})_0\sqrt{2gH_0}\quad(\mathrm{m^3/s})$$

式中 A_g——阀门开启时的断面面积,$\mathrm{m^2}$;

C_d——阀门的流量系数

下标“0”表示初始状态。

令 $B_0=\dfrac{(C_dA_g)_0\sqrt{2g}}{A}$,则上式可写为

$$v_0 = B_0\sqrt{H_0} \quad (\text{m/s})$$

同理,对于阀门关闭过程任一瞬时可得

$$v = B\sqrt{H_0 + \Delta H} \quad (\text{m/s})$$

则,$\dfrac{v}{v_0}=\dfrac{B}{B_0}\sqrt{1+\dfrac{\Delta H}{H_0}}$,令 $\tau=\dfrac{B}{B_0}$则得

$$v = \tau v_0\sqrt{1 + \frac{\Delta H}{H_0}} \quad (\text{m/s}) \tag{11-11}$$

式中　τ——时间的函数,表示任一时刻阀门的开度与初始($t=0$)时的开度之比值。

式(11-10)和式(11-11)为关阀时刚性水柱理论的水锤基本方程组。由于对于各种坡度的管路,均有高差 $Z_1=\int_0^L \sin\alpha \mathrm{d}L$,故上述管流中不平衡力总是 $\rho gA\Delta H$。因此,式(11-10)及式(11-11)可适用于水平管路或任意坡度的管路。由方程组可知,当阀门突然瞬时关严时,流速由 v_0 骤降至零,则$\dfrac{\mathrm{d}v}{\mathrm{d}t}$为负无穷大,水锤升压值也将达无限大。由于水柱及管壁皆为刚性,故整个管路中压力都将同时升高至无限大,这种现象显然与实际相差甚大。然而,刚性理论方程组用于缓慢匀速的关阀时,却能得到令人比较满意的结果。

假设阀门缓闭时其相对开度与时间成线性关系,为

$$\tau = 1 - \frac{v't}{v_0T_s} \tag{11-12}$$

式中　T_s——阀门关闭或开启的历时;

t——关阀或开启阀门的任意时刻;

v'——初始稳定流速与终末稳定流速之差。

将式(11-12)代入式(11-11),得

$$v = \left(v_0 - \frac{v't}{T_s}\right)\sqrt{1 + \frac{\Delta H}{H_0}} \tag{11-13}$$

联解式(11-10)和式(11-13)并化简,得到阀门处最大的水锤升压值$(\Delta H)_{\max}$与 H_0 的比值为

$$\frac{(\Delta H)_{\max}}{H_0} = \frac{K}{2} + \sqrt{K + \frac{K^2}{4}} \tag{11-14}$$

式中:$K=\left(\dfrac{Lv'}{gH_0T_s}\right)^2$。

同理,可求得阀门开启时,在阀门处产生的最大水锤降压值$(\Delta H)'_{\max}$与 H_0 的比值为

$$\frac{(\Delta H)'_{\max}}{H_0} = \frac{K}{2} - \sqrt{K + \frac{K^2}{4}} \tag{11-15}$$

式(11-14)和式(11-15)表示阀门缓慢操作时,在阀门处产生的最大水锤升(降)压值,用曲线表示,见图11-14。

【例11-1】 管路布置如图11-15所示。管路长度 $L=914$ m,管径为3.05 m,初始流量 $Q_0=42.48\ m^3/s$,阀门匀速关闭12 s时,管内流量减少至14.16 m^3/s。试求12 s时阀门处的最大升压值。$H_0=152.4$ m。

如果阀门是匀速开启,在12 s内管内流量增加值为28.32 m^3/s,试求阀门处的最大降压值。

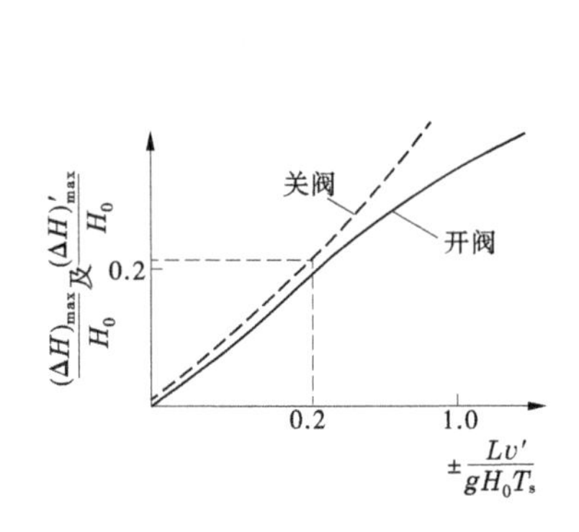

图11-14　升(降)压曲线示意

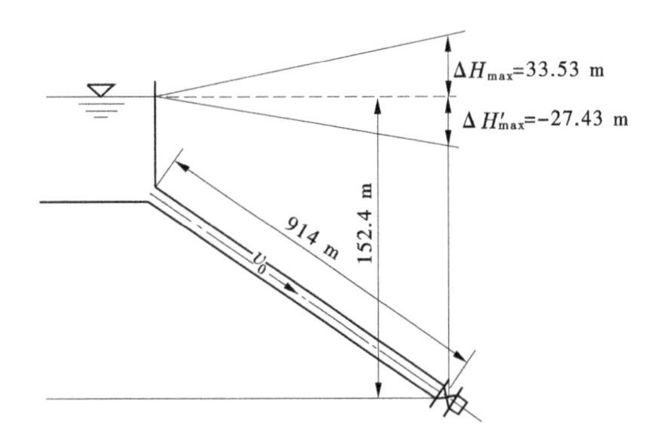

图11-15　管路及水锤升(降)压示意

解:按题意,管路断面面积 $A=\frac{\pi}{4}\times 3.05^2=7.302(m^2)$,$v'=(42.48-14.16)/7.302=3.88(m/s)$,则

$$\frac{Lv'}{gH_0T_s}=\frac{914\times 3.88}{9.81\times 152.4\times 12}=0.2,则\ K=0.04。$$

$$\frac{(\Delta H)_{max}}{H_0}=0.04/2+\sqrt{0.04+0.04^2/4}=0.22$$

$$(\Delta H)_{max}=H_0\times 0.22=152.4\times 0.22=33.53(m)$$

当阀门开启时,$\frac{(\Delta H)'_{max}}{H_0}=0.04/2-\sqrt{0.04+0.04^2/4}=-0.18$

$(\Delta H)'_{max}=H_0\times(-0.18)=152.4\times(-0.18)=-27.43(m)$

用刚性水柱理论解决压力管路中的水锤问题是否精确,是一个经常提出的问题。根据一般的实践经验,此理论对多数压水管路中的水锤计算的精度是存在问题的,仅在 $L/T_s>1\,000$ m/s 时才能得到较可靠的结果,其最大优点是计算简便。

11.3.1.2　弹性水柱(锤)理论

弹性水柱理论与刚性水柱理论主要区别是在变压作用下要考虑管壁和水的可压缩性。

关于弹性水柱(锤)的基本概念,前面已经述及,现参考管路系统图11-16,从定量和定性上进一步讨论。

当阀门突然关严,管路中的流速由 v_0 骤降为零,阀前微小流段 dx 内的水体首先受阻

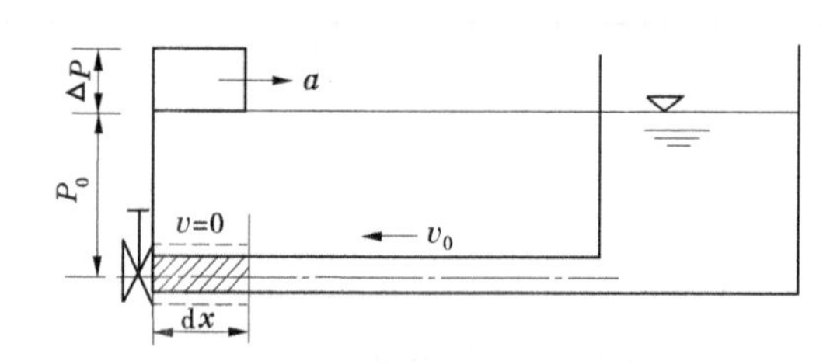

图 11-16　阀门突然关闭时的水锤

停止流动，并导致水压升高，管壁膨胀和水体被压缩。紧邻 dx 段处于上游侧的水体则继续流动，并有水流入由于管壁膨胀和水体被压缩而空出的这部分体积内。空间被填满后，紧接着第二个微小流段内的水体又停止流动，水压升高并继续压缩，如此一层接着一层地向上游的水池方向传去，形成逆传的水锤升压波动。最后水体全部停止流动。

假设 dx 段水体在被迫停止流动过程中，其压力由初始的 P_0 升高为 $P_0+\Delta P$，密度由 ρ 变为 $\rho+\mathrm{d}\rho$，按动量定理，得

$$[P_0A-(P_0+\Delta P)A]\mathrm{d}t=(\rho+\mathrm{d}\rho)\mathrm{d}xA\times 0-\rho \mathrm{d}xAv_0 \tag{11-16}$$

式中　A——管道面积。

整理得：$\Delta P=\rho v_0\dfrac{\mathrm{d}x}{\mathrm{d}t}$。

又：$a=\dfrac{\mathrm{d}x}{\mathrm{d}t}$，$\rho=\dfrac{\gamma}{g}$，则上式可改写为

$$\Delta H=\frac{\Delta P}{\gamma}=\frac{av_0}{g} \tag{11-17}$$

式(11-17)称为水锤的动量方程式，是儒柯夫斯基 1898 年提出的，称为儒柯夫斯基公式。它是弹性水柱(锤)理论方面最基本的公式。利用该公式进行水锤升压值 ΔH 的具体计算时，必须首先确定水锤波的传播速度 a 值。a 值主要取决于水的压缩性和管壁的弹性，下面分两种情况来推导 a 值。

1. 只考虑水的压缩性，不考虑管壁弹性

按质量守恒定律可知，在一定管段内，水体压缩前后质量的变化等于未被压缩的水体以流速 v_0 流进的补充质量，即

$$A\mathrm{d}x(\rho+\mathrm{d}\rho)-A\mathrm{d}x\rho=\rho Av_0\mathrm{d}t$$

化简得

$$\frac{\mathrm{d}\rho}{\rho}=v_0\frac{\mathrm{d}t}{\mathrm{d}x}=\frac{v_0}{a} \tag{11-18}$$

又因 $\Delta P=\rho v_0 a$，代入式(11-18)得

$$\Delta P=\rho a^2\frac{\mathrm{d}\rho}{\rho} \tag{11-19}$$

已知水的体积弹性模量 $E_w=\dfrac{\mathrm{d}P}{\dfrac{\mathrm{d}\rho}{\rho}}$，即

$$\frac{\mathrm{d}\rho}{\rho}=\frac{\mathrm{d}P}{E_{\mathrm{w}}} \tag{11-20}$$

代入式(11-19)得 $\Delta P=\rho a^2\dfrac{\mathrm{d}P}{E_{\mathrm{w}}}$,取极限

$$a=\sqrt{\frac{E_{\mathrm{w}}}{\rho}} \tag{11-21}$$

再代入式(11-17),得到只考虑水的压缩性而不考虑管壁弹性的水锤升压计算公式为

$$\Delta H=\sqrt{\frac{E_{\mathrm{w}}}{\rho}}\frac{v_0}{g} \tag{11-22}$$

对常温水体,$E_{\mathrm{w}}=2.06\times10^9$ Pa,$\rho=999.6$ kg/m³,故水的波速为

$$a=\sqrt{\frac{2.06\times10^9}{999.6}}=1\ 435.6(\mathrm{m/s})$$

2. 同时考虑水的压缩性和管壁弹性

在阀门突然关严后的微小时段 $\mathrm{d}t$ 内,微小管段 $\mathrm{d}x$ 中流速由 v_0 降至零,水体受到压缩,密度由 ρ 变为 $\rho+\mathrm{d}\rho$;管壁膨胀,断面面积由 A 变为 $A+\mathrm{d}A$,在 $\mathrm{d}x$ 管段内相应地空出的体积被上游的来水填满。因此,在 $\mathrm{d}x$ 管段内水体质量的变化 ΔM 为

$$\Delta M=(\rho+\mathrm{d}\rho)(A+\mathrm{d}A)\mathrm{d}x-\rho A\mathrm{d}x$$

考虑 $\mathrm{d}x=a\mathrm{d}t$,再略去高阶微量,得 $\Delta M=(\rho\mathrm{d}A+A\mathrm{d}\rho)a\mathrm{d}t$。

按照质量守恒定律,得

$$\left.\begin{aligned}\Delta M&=\rho Av_0\mathrm{d}t\\ \frac{v_0}{a}&=\frac{\mathrm{d}\rho}{\rho}+\frac{\mathrm{d}A}{A}\end{aligned}\right\} \tag{11-23}$$

式中,$\dfrac{\mathrm{d}\rho}{\rho}$反映水体的可压缩性;$\dfrac{\mathrm{d}A}{A}$反映管壁的弹性。

由式(11-17)和式(11-23)联解,并取极限后得水锤波的传播速度 a 为

$$a=\frac{1}{\sqrt{\rho\left(\dfrac{1}{\rho}\dfrac{\mathrm{d}\rho}{\mathrm{d}P}+\dfrac{1}{A}\dfrac{\mathrm{d}A}{\mathrm{d}P}\right)}} \tag{11-24}$$

此时与式(11-1)具有同样含义。

对于直径为 D、断面面积为 A 的管路,当压力增加 $\mathrm{d}P$ 时,管壁膨胀,管径增加 $\mathrm{d}D$,相应的面积增加量 $\mathrm{d}A=\mathrm{d}\left(\dfrac{\pi}{4}D^2\right)=\dfrac{\pi}{2}D\mathrm{d}D$。则

$$\frac{1}{A}\frac{\mathrm{d}A}{\mathrm{d}P}=\frac{2}{D}\frac{\mathrm{d}D}{\mathrm{d}P} \tag{11-25}$$

按虎克定律,直径增量 $\mathrm{d}D$ 与管壁应力增量 $\mathrm{d}\sigma$ 之间的关系为

$$\frac{\mathrm{d}D}{D}=\frac{\mathrm{d}\sigma}{E} \tag{11-26}$$

式中　σ——管壁应力;

E——管壁材料的特性模量。

对于如图 11-17(a)所示的壁厚为 δ 的薄壁管道(一般金属管),$\sigma=\dfrac{PD}{2\delta}$,故有

$$d\sigma=\frac{D}{2\delta}dP \tag{11-27}$$

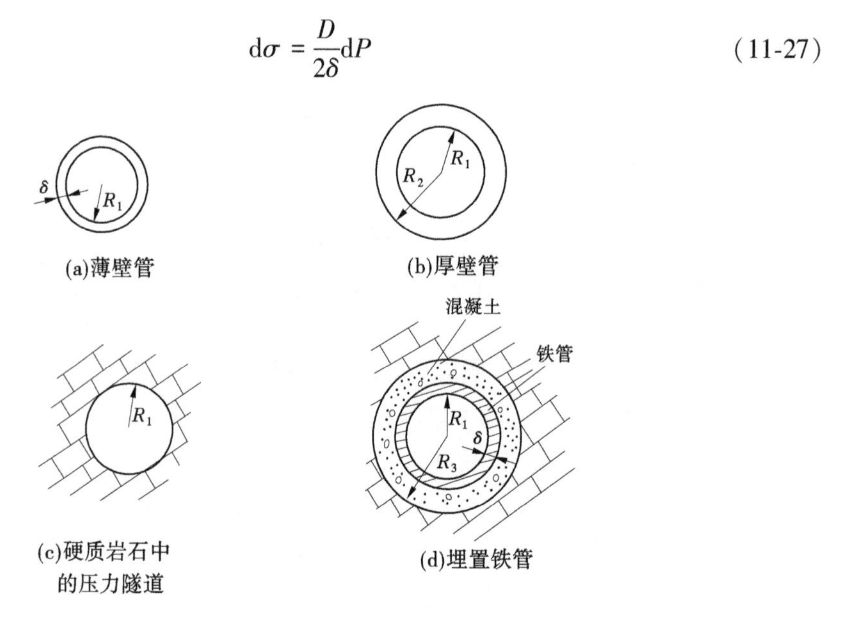

图 11-17　各种管构造示意

将式(11-26)和式(11-27)代入式(11-25),得

$$\frac{1}{A}\frac{dA}{dP}=\frac{D}{E\delta} \tag{11-28}$$

再由式(11-20)得$\dfrac{1}{\rho}\dfrac{d\rho}{dP}=\dfrac{1}{E_w}$,将其与式(11-28)一同代入式(11-24),得

$$a=\frac{1}{\sqrt{\rho\left(\dfrac{1}{K}+\dfrac{D}{E\delta}\right)}}=\sqrt{\frac{E_w}{\rho}}\frac{1}{\sqrt{1+\dfrac{E_wD}{E\delta}}}=\frac{a_w}{\sqrt{1+\dfrac{E_wD}{E\delta}}} \tag{11-29}$$

式中　a_w——声波在水中的传播速度,$a_w\approx1\ 435.6$ m/s。

因为$\dfrac{1}{\sqrt{1+\dfrac{E_wD}{E\delta}}}$值小于 1,说明考虑管壁弹性后的 a 值总是要减小,其水锤升压值也较小;当管壁按刚体考虑时($E\to\infty$),式(11-29)就变成了式(11-21)。

从式(11-29)可以看出,管径 D 越大,a 值越小,水锤升压值也越小;管壁厚度 δ 和管材弹性模量越大,即管道刚度越大,则 a 值越大,水锤升压也越大。所以,管壁薄,富有弹性的大口径金属管对减小水锤压力有利。

管材不同,其弹性模量也不同,表 11-2 列出了常见的管材的 E 及其与常温水弹性模量的比值 E_w/E 值,以供参考。

表 11-2　水及常用管材的E_w/E值

材料	E (Pa)	E_w/E	材料	E (Pa)	E_w/E
水	20.59×10^8	1.00	铸铁管	9.81×10^8	0.02
钢管	1.961×10^{11}	0.01	混凝土管	1.961×10^{10}	0.10

将水锤波传播速度计算公式(11-29)改写为以下通式

$$a=\frac{a_w}{\sqrt{1+\frac{E_w D}{E\delta}}}=\frac{a_w}{\sqrt{1+\frac{4E_w}{KD}}} \tag{11-30}$$

式中　K——抗力系数,对不同的管壁情况取不同的数值。

(1)明敷薄钢管:

$$K=K_g=\frac{4E_g\delta}{D^2} \tag{11-31}$$

式中　E_g——薄钢管的弹性模量,若管道在轴向不能自由伸缩,则应以 $E_g/(1-\mu^2)$代替,其中μ为泊松比。

对有加劲环的情况,可近似地取 $\delta=\delta_0+F/l$,δ_0 为管壁的实际厚度,F 和 l 为加劲环的截面面积和间距。

(2)明敷厚管壁管道,见图 11-17(b)。

$$K=K_s=\frac{E_s}{R_1}\left(\frac{R_2^2-R_1^2}{R_1^2+R_2^2}\right) \tag{11-32}$$

或直接采用公式

$$a=\frac{a_w}{\sqrt{1+\frac{2E_w}{E_s}\left(\frac{R_1^2+R_2^2}{R_2^2-R_1^2}\right)}}$$

式中　E_s——厚壁管道材料的弹性模量;

$R_1=D/2$。

(3)硬质岩体中的压力隧洞,见图 11-17(c)。

$$K=K_r=\frac{2E_r}{D} \tag{11-33}$$

式中　E_r——岩体的弹性模量。

(4)埋藏式钢管,见图 11-18。

$$K=K_g+K_c+K_f+K_r \tag{11-34}$$

$$K_c=\frac{E_c}{(1-\mu_c^2)r_1}\ln\frac{r_2}{r_1} \tag{11-35}$$

$$K_f=\frac{E_gG_f}{r_1r_f} \tag{11-36}$$

式中　K_g——钢衬的抗力系数,用式(11-31)计算;

K_c——回填混凝土的抗力系数,若混凝土已开裂,忽略其径向压缩,可近似地令$K_c=0$,若未开裂,则按式(11-35)计算;

E_c、μ_c——回填混凝土的弹性模量和泊松比;

K_f——环向钢筋的抗力系数,按式(11-36)计算;

G_f——单位长度的钢筋截面面积;

r_f——钢筋圈的半径;

K_r——围岩的抗力系数,按式(11-33)计算。

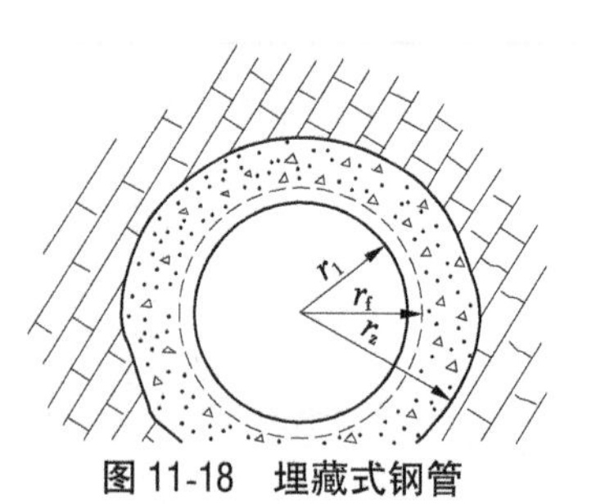

图 11-18　埋藏式钢管

(5)埋置于混凝土中的铁管,见图 11-17(d)。

$$K = K_t = \frac{E_g \delta}{R_1^2(1-\lambda)} \tag{11-37}$$

$$\lambda = 1\Big/\left[1 + \frac{E_g}{E_c}\frac{\delta}{2R_3}\left(\frac{R_3^2}{R_1^2}-1\right) + \frac{E_g}{E_r}\frac{1+m_r}{m_r}\frac{\delta}{R_1}\right]$$

式中　m_r——岩体的泊松比。

对于直径和管壁厚度不同的管段所组成的复式管路,可用式(11-38)、式(11-39)计算出其等价断面面积A_m和等价水锤波传播速度a_m值。

$$A_m = \frac{L}{\sum\left(\frac{L_i}{A_i}\right)} \tag{11-38}$$

$$a_m = \frac{L}{\sum\left(\frac{L_i}{a_i}\right)} \tag{11-39}$$

式中　L_i、A_i、a_i——第 i 管段的长度、断面面积和水锤波速,$L=\sum L_i$。

11.3.1.3　水锤压力波的反射和干涉

水锤是一种机械波动现象,水锤压力波的反射和干涉方面的基本规律是进行水锤分析和计算所必须了解和掌握的。

1. 水锤压力波的反射

在前文"水锤波动分析"中已经初步提及直接波和反射波的概念。直接波是由于关闭阀门或突然停机直接引起的水锤波动,也叫初生波,简记为 F;反射波则是直接波 F 在管路中某些特定点(如管路与水池的联结口、阀门处、堵头、管径改变处或管材弹性变化处等),因反射而引起的水锤波动,简记为f。

下面介绍几种最简单的反射情况,暂不涉及复杂的数学运算。

(1)在管路与较大水池的联结口处:因水池容积较大,水位基本恒定,在发生水锤过程中,水头 H 不变,从而直接波在水池端引起大小相等而符号相反的反射波,即

$$f = -F \tag{11-40}$$

(2)在管路与较小水池的联结口处:因水池容积较小,故设在发生水锤过程的半个水锤相 $\mu/2$ 的时段内,水池水位降为 Δz,则

$$f=-F-\Delta z \tag{11-41}$$

(3)在完全关闭的阀门或封闭端(堵头)处:

$$f=F \tag{11-42}$$

(4)在水柱分离的"断流空腔"边界处:水锤压力波在充水管段与断流空腔交接处的反射,按下述条件确定;在整个水柱分离时段,交接处的压力等于断流空腔内的压力。

2. 水锤压力波的干涉(加强或减弱)

现结合管路上阀门的缓闭过程来说明水锤压力波的加强或减弱。

公式 $\Delta P=\rho av_0$ 的应用条件是阀门突然完全关闭(直接水锤),但在工程实际中,阀门的关闭总是需要一定的历时。把阀门的缓慢关闭视为一系列"突然关闭"的总和,而压力的总升(降)值亦即一系列突然升(降)值的代数和。

设阀门完全关闭的历时为 T_s,"突然关阀"引起的"流速突降"为 Δv_i,相应的压力突然升(降)值为 $\Delta P_i=\rho a\Delta v_i$。当 $T_s<\mu=\dfrac{2L}{a}$时,将一系列的 ΔP_i 加起来,即得任一时刻 t 时的压力总升(降)值,即

$$\Delta P=\sum \Delta P_i=\rho a\sum \Delta v_i=\rho a(v_0-v_t) \tag{11-43}$$

式中　v_t——t 时刻管道内流速。

v_t 取决于阀门的关闭特性,实用中通过测定求出 $v_t=f(t)$ 的关系曲线。当 $t=T_s$ 时,阀门完全关闭,流速减至零,水锤压力总升(降)达到最大值,即

$$\Delta P=\rho av_0 \tag{11-44}$$

式(11-44)再次说明,只要 $T_s<\mu$,关阀最后的总升(降)压值在理论上都是一样的,与关阀的具体过程和 T_s 的大小均无关,这种水锤如前所述称为直接水锤。

如果阀门完全关闭的历时 $T_s>\mu$,则从水池处返回的反射波 f(如 F 为升压波,则 f 为降压波)将使阀门继续关闭中所产生的升压值降低,即发生水锤压力波的干涉—减弱现象。因此,关阀最后的总升压值必小于直接水锤的情况,即 $\Delta P<\rho av_0$,此种水锤叫间接水锤。

发生间接水锤时,各断面在不同时刻的压力变化就比较复杂,如就阀门处的水锤升压值而言,就不能是一系列 ΔP_i 的简单叠加和。图 11-19 是用图解法求解得到的在发生间接水锤时阀门处的压力变化情况。

图 11-19 中横坐标为时间 t,纵坐标为阀门处相应的水锤升压值 ΔP。现假定已知关阀过程中 v_t 随时间 t 的变化规律,则根据 $\Delta P=\rho a(v_0-v_t)$,可绘出各时刻在阀门处的升压曲线 $OPAA_3$。该曲线为通过坐标原点,在 $t=T_s$ 后转变为平行于横坐标 t 轴的直线。以后各曲线 O_1A_1、O_2A_2、O_3A_3 等依次每隔一个"水锤相 $\mu=\dfrac{2L}{a}$"的时段就重复第一条曲线的情形。图 11-19 中 P 点对应一个 μ 的时间,当时段 $t\leqslant\mu$ 时,升压值 ΔP 为图 11-19 上曲线 OP 所示。

曲线 O_1A_1 是阀门处的升压规律 $OPAA_3$ 经水池反射后又传回到阀门处的降压规律,且 $OO_1=\mu$,即各相应点间隔一个 μ。曲线 O_2A_2 则表示升压规律,它是降压波 O_1A_1 传抵水

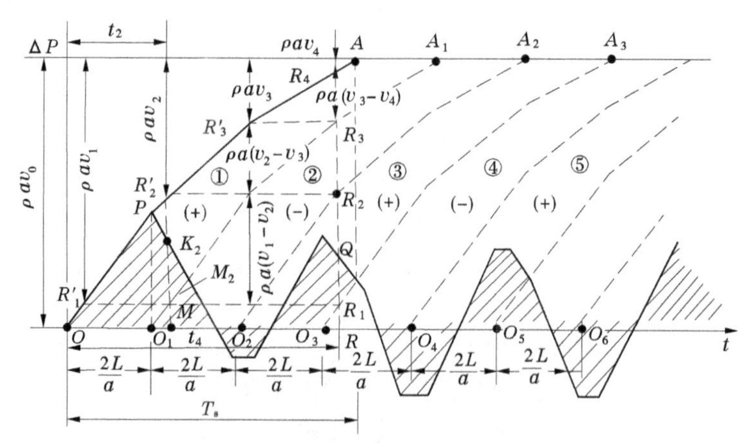

图 11-19　阀门处不同时刻的压力变化

池引起升压的反射波又传回到阀门处的升压规律。

根据水锤压力波的反射和干涉原理,在$\mu \leqslant t \leqslant 2\mu$时段内,用任取时刻$t_2$来分析。在该时刻于阀门处有因继续关阀而产生的升压波值MR'_2,同时有由水池返回的反射波(降压波)值MM_2,还有反射(降压)波MM_2在阀门处(按理讲,应是完全关死的阀门)所引起的新的反射波,依据式(11-42),该波值也是MM_2,也是降压波。这样一来,经过波的干涉即减弱后,在阀门处的水锤压力值为

$$\Delta P = \overline{MR'_2} - 2\overline{MM_2} = \overline{M_2R'_2} - \overline{MM_2}$$

在图 11-19 中,$\overline{M_2R'_2}$为(+)号,$\overline{MM_2}$为(-)号,最后得$\Delta P = \overline{MK_2}$,具有(+)号。

以此类推,在阀门处逐次压力波未被抵消的部分乃是相当于每对相邻曲线OPA与O_1A_1、O_1A_1与O_2A_2、O_2A_2与O_3A_3等之间的垂直距离。各对相邻曲线之间形成①、②、…、⑤等若干条带,并标有(+)号或(-)号,以示升压或降压。

现利用图 11-19 来求阀门处在$3\mu \leqslant t \leqslant 4\mu$时段内的水锤压力值,图中横轴上的$R$点相当于$t_4$,同时在各曲线上的相当点分别为$R_1$、$R_2$、…、$R_5$等,它们的纵坐标分别为

$$\overline{RR_4} = \rho a(v_0 - v_4);\overline{RR_3} = \rho a(v_0 - v_3);$$

$$\overline{RR_2} = \rho a(v_0 - v_2);\overline{RR_1} = \rho a(v_0 - v_1);$$

所以,在时刻t_4于阀门处有四个波对压力发生影响,其未被抵消部分分别为:

(1)升压值$\overline{R_3R_4} = \rho a(v_3 - v_4)$;

(2)降压值$\overline{R_2R_3} = \rho a(v_2 - v_3)$;

(3)升压值$\overline{R_1R_2} = \rho a(v_1 - v_2)$;

(4)降压值$\overline{RR_1} = \rho a(v_0 - v_1)$。

$$\Delta P = R_3R_4 - \overline{R_2R_3} + \overline{R_1R_2} - \overline{RR_1}$$

$$= \rho a(-v_0 + 2v_1 - 2v_2 + 2v_3 - v_4) = \overline{RQ}$$

因此,在任何时刻t为求得阀门处的水锤升(降)压值ΔP,可经过横轴上的相当点t

作一垂线，它被各正负带分割成若干线段，只需取这些线段的代数和即为所求的 ΔP 值。按此原理，可求出图中阴影部分，它表示在关阀及关阀之后，阀门处的水锤压力变化情况。由阴影部分可看出，在阀门完全关闭的时刻 T_s 以后，水锤压力图呈周期性特性，其周期等于 2μ，即两个水锤相长$\frac{4L}{a}$。

为求出管线上任一处（距阀门为 x）的水锤压力变化情况，必须将原来所有（+）号带沿横轴向右移动一个$\frac{x}{a}$距离，所有（-）号带沿横轴向左移动一个同样的$\frac{x}{a}$距离。这样，图中带的宽度便不等于$\frac{2L}{a}$，而是$\frac{2(L-x)}{a}$；带与带间被宽度为$\frac{2x}{a}$且不具有（+）、（-）号的区域所隔开，因为在这些区域中压力并无变化。

11.3.1.4　最低水头包络线与水柱分离

在进行停泵水锤计算时，需要做出整个输水管线的最低水头包络线，按其与管线本身的位置关系，即可分析确定是否会产生水柱分离现象，以及将在何处、何时产生。下文将以停泵间接水锤为例来进一步说明最低水头包络线的概念。着重分析并阐述输水管线各断面处的最低压力值、发生时刻以及是否会发生水柱分离现象等。

1. 管线首端总水头降

如果取泵站处位置坐标 $x=0$，x 的方向是由泵站向着高位水池；流速 v 的正方向与 x 相同，即初始稳态流速 v_0 的方向；不计管路中的水头损失和流速水头，即可得在停泵水锤瞬态过程中水头 H 及流速 v（或流量 Q）随时间 t 和位置 x 而变化的简化关系式（停泵水锤基本方程组）为

$$\left.\begin{aligned} H - H_0 &= F\left(t - \frac{x}{a}\right) + f\left(t + \frac{x}{a}\right) \\ v - v_0 &= \frac{g}{a}\left[F\left(t - \frac{x}{a}\right) - f\left(t + \frac{x}{a}\right)\right] \end{aligned}\right\} \tag{11-45}$$

式中　$F\left(t-\frac{x}{a}\right)$——由管路首端（泵站）向末端高位水池传播的直接（降压）波值，为简化计，有时仅以 F 表示，m 水柱；

$f\left(t+\frac{x}{a}\right)$——由管路末端高位水池向管首（泵站）传播的反射（升压）波值，有时仅以 f 表示，m 水柱；

H_0、v_0——初始稳态即发生停泵水锤前的管首水头（m）和流速（m/s）；

x——泵站至管路某处的距离（管线长度），m；

t——由突然停泵算起的时间，s；

a——水锤波的传播速度，m/s；

g——重力加速度，m/s^2。

由式（11-45）可知，突然停泵后，管线 x 处总水头降 ΔH_x 为

$$\Delta H_x = H_x - H_0 = F\left(t - \frac{x}{a}\right) + f\left(t + \frac{x}{a}\right) \tag{11-46}$$

在第一时段($t=0\sim\mu$)中,在管道首端($x=0$)处,由于反射波$f\left(t+\dfrac{0}{a}\right)=f(t)$尚未返回到管首处,即$f(t)=0$,因而

$$\Delta_{H_{x=0}}=F\left(t-\frac{0}{a}\right)+f\left(t+\frac{0}{a}\right)=F(t)+f(t)=F(t) \tag{11-47}$$

式(11-47)表明,在突然停泵后的第一时段(第一个水锤相)中,管首处总水头降$\Delta H_{x=0}$的值就是由管首向水池传播的直接水锤波(降压波)值$F(t)$。如果不计水头损失,$F(t)$的值就是水泵的扬程降低值ΔH_P。

如图11-20所示,图中绘出了突然停泵后水泵的扬程降ΔH_P随时间而变化的曲线$\Delta H_P—t$,即实线1。在不计管道摩阻时,$F(t)=\Delta H_P$,故曲线1也是管首处直接波(降压波)$F(t)$随时间而变化的曲线$F(t)—t$。在$t=\mu$以后,由于反射波(升压波)已返回到管路首端,因此该处的总水头降就成了$\Delta H_{x=0}=F(t)+f(t)$。总水头降$\Delta H_{x=0}$随时间而变化的曲线$\Delta H_{x=0}—t$如图11-20中虚线7所示。

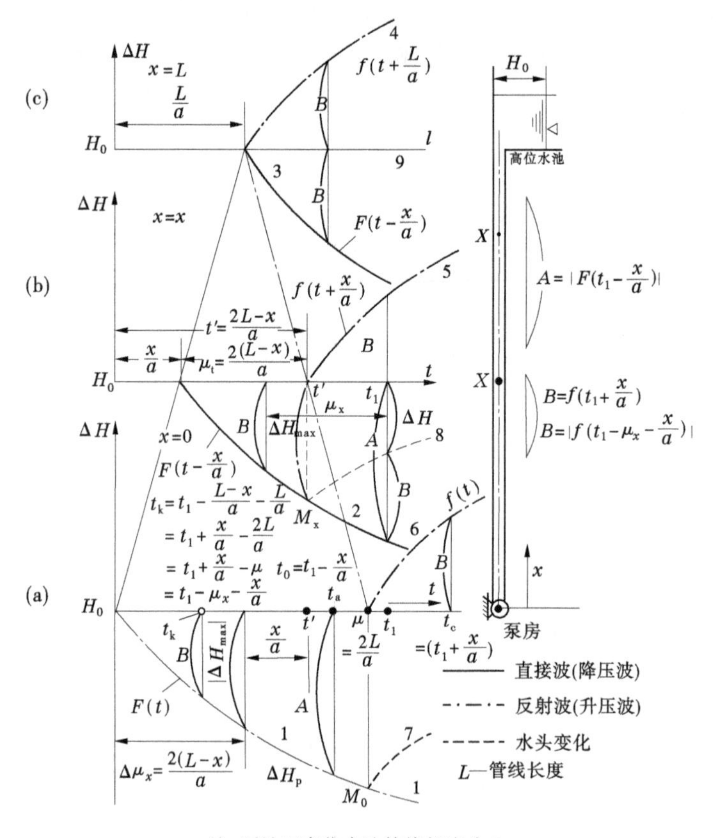

注:泵站至高位水池管线长度为L。

图11-20　最低水头包络线绘制示意($\mu=1$时相内)

在图11-20中还绘出了在出水池处($x=L$)及输水管路上某x点处,水锤波的叠加和抵消的情况。

实测资料表明,突然停泵后,水泵扬程降随时间的变化曲线$\Delta H_P—t$的前段是一条上

凹的下降型曲线,而后渐趋平缓。当然,$\Delta H_{x=0}$—t 也具有同样特点,即

$$\left.\begin{aligned}\frac{\mathrm{d}F(t)}{\mathrm{d}t} < 0\\ \frac{\mathrm{d}^2F(t)}{\mathrm{d}t^2} < 0\end{aligned}\right\} \tag{11-48}$$

2. 最大总水头降 $|\Delta H_{x\max}|$ 和最低水头包络线

就管路任意 X 点($X=x$)处,在 $t=\frac{x}{a}$ 时刻,管线首端所发生的直接波(降压波)$F(t)$ 的波前传播到 X 处,管线 X 处的直接波(降压波)为 $F\left(t-\frac{x}{a}\right)=F\left\{\left(t-\frac{x}{a}\right)-\frac{0}{a}\right\}=F(t_a)$;在 $t'=\frac{x}{a}+\frac{2(L-x)}{a}=\frac{x}{a}+\mu_x=\frac{2L-x}{a}$ 时刻,反射波(升压波)$f\left(t+\frac{x}{a}\right)$ 的波前由高位水池返回到 X 处,$f(t+\frac{x}{a})=-F\left\{(t-t')-\frac{0}{a}\right\}=-F\left\{\left(t-\frac{2L-x}{a}\right)-\frac{0}{a}\right\}=F(t_b)$;如此转换后,输水管线上任一点任一时刻的总水头降 ΔH_x 的计算,就转化为管首处($x=0$)两个不同时刻(t_a 及 t_b)的直接波(降压波)值计算。即

$$\left.\begin{aligned}\Delta H_x &= F(t_a) - F(t_b)\\ t_a - t_b &= \frac{2(L-x)}{a} = \mu_x\end{aligned}\right\} \tag{11-49}$$

图 11-20 中的虚线 8 即为输水管线上任一点 X 处的总水头降 ΔH_x 随时间 t 而变化的曲线。在水池($x=L$)处,假设水池很大,无水位变化,即 $\Delta H_L=0$,因而得与横轴重合的虚线 9。在管首($x=0$,泵站处,不计摩阻)处,得虚线 7。

此后就形成水锤波的部分抵消,即水压开始上升。

根据以上分析,在突然停泵后,管线上任一点处的最大水头降 $|\Delta H_{x\max}|$ 发生在第一个反射波(升压波)返回到该点的时刻,即

$$t_x = t' = \frac{x}{a} + \frac{2(L-x)}{a} = \frac{x}{a} + \mu_x = \frac{2L-x}{a} \tag{11-50}$$

在此时刻,反射波值为零,所以

$$|\Delta H_{x\max}| = \left|F\left(t' - \frac{x}{a}\right)\right| = \left|F\left\{\frac{2(L-x)}{a}\right\}\right| = |F(\mu_x)| \tag{11-51}$$

如不计摩阻,$|F(\mu_x)|=|\Delta H_P(\mu_x)|$。利用式(11-50)和式(11-51),可计算出输水管线上各点的 $|\Delta H_{x\max}|$ 值及其发生时刻 t_x。在管线初始水头线上减去相应的最大水头降值 $|\Delta H_{x\max}|$,即为在 $0\sim\mu$ 时段内该泵站与管路系统的最低水头包络线。

3. 水柱分离的判断

根据最低水头包络线与管路的位置关系,即可对能否产生水柱分离现象做出判断。

(1)最低水头包络线高于管路本身,即两者不相交、不相切,如图 11-21(a)所示。由于沿整个输水管路,管内均保持有正压,不出现真空,因而不会发生任何水柱分离现象。

(2)最低水头包络线与管路相交或相切。如图 11-21(b)所示,在管路膝部 A 点前后,

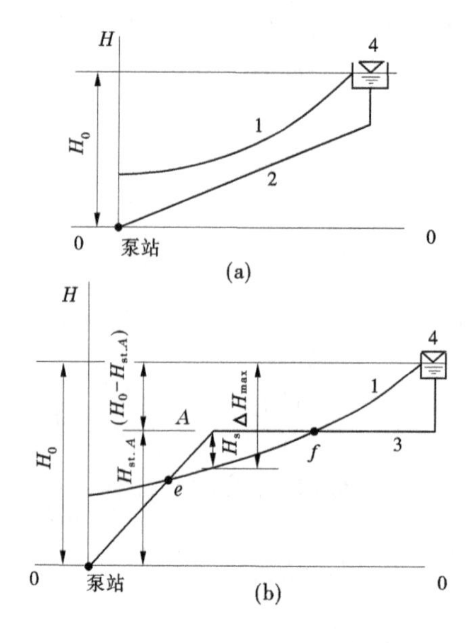

1—最低水头包络线;2、3—布置形式不同的两条输水管路;4—水池

图 11-21　水柱分离管路(不计管道水力摩阻)

最低水头包络线低于管线,在两线交点 e、f 之间的 ef 管段内出现真空,故可能出现水柱分离现象。

①在 A 点设有自动进气阀,即在 A 点一开始出现真空时,就开始出现水柱分离—空气腔了。也就是说,突然停泵后,在 A 点的总水头降 $|\Delta H_A|$ 达到 $H_0-H_{st.A}$ 时的时刻 t_s 就开始产生水柱分离—空气腔,显然 $|\Delta H_A|=H_0-H_{st.A}<|\Delta H_{A\max}|$(图中的 $|\Delta H_{\max}|$),t_s 时刻也早于时刻 $t_x=t'$。

令 $|F(t)|=H_0-H_{st.A}$,求出 t 值,则有

$$t_s = t + \frac{x}{a} \tag{11-52}$$

式中　x——泵站至 A 点间的管线长度。

求出 t_s 后,t_s 之后的停泵水锤,就按有水柱分离—空气腔的情况进行计算。

②如果在 A 点不设自动进气阀,而且管道又密封得十分完好,则该处水压可以降到当时水温的饱和蒸汽压,将管线降低一段在数值上等于当地大气压与当时水温的饱和蒸汽压的差值的垂直距离,所得到的曲线称为汽化压力线。如最低水头包络线高于汽化压力线,输水管路不会产生水柱分离—蒸汽腔;如果某管段的最低水头包络线低于汽化压力线,则在此段要产生水柱分离—蒸汽腔。实际的最低水头包络线也仅能降低到汽化压力线的高度。

4. 在水柱分离情况下的最低水头包络线

如图 11-22 所示,在管路 A 点安装有自动进、排气阀,停泵后当 A 点水头降到 $H_{st.A}$ 时,A 点就开始发生水柱分离—空气腔。

由已知曲线 $F(t)$—t,求得 A 点发生水柱分离的时间为

$$t_s = t_0 + \frac{x_A}{a} \qquad (11\text{-}53)$$

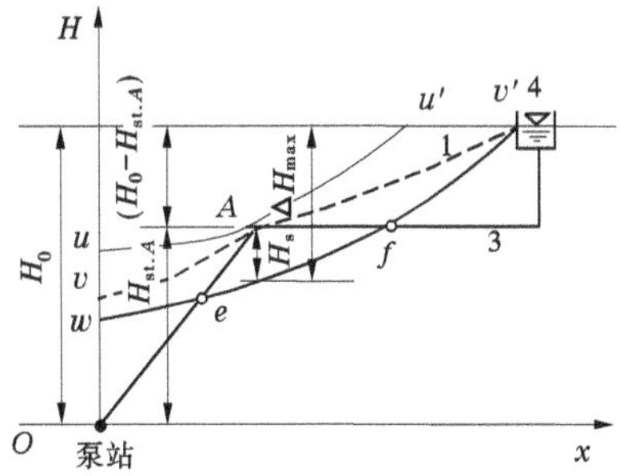

式中　t_0——降水波 $|\Delta H| = H_0 - H_{st.A}$ 时间，s；

$\frac{x_A}{a}$——降水波自管路首端传播到 A 点的时间，s；

x_A——A 点到泵站的距离。

t_s 时刻管路压力水头曲线 uu' 的方程为

$$H = H_0 - \left| F\left(t_s - \frac{x}{a}\right) \right| \qquad (11\text{-}54)$$

图 11-22　水柱分离管路的最低水头包络线

t_s 时刻之后，由于 A 点出现水柱分离—空气腔，水锤波分别（独立）地在高、低水柱内传播。由于水柱分离处反射波的叠加，最低水头包络线 vAv' 高于理论曲线。

11.3.2　水锤基本微分方程式

水锤基本微分方程式由水锤过程中的运动方程和连续方程两部分组成。它是全面表达有压管流中非恒定流动的数学表达式，是一维波动方程的一种形式。

11.3.2.1　流速（流量）和位置正方向由水池指向阀门

管路进口设在水池侧，出口处设阀门，如图 11-23 所示。

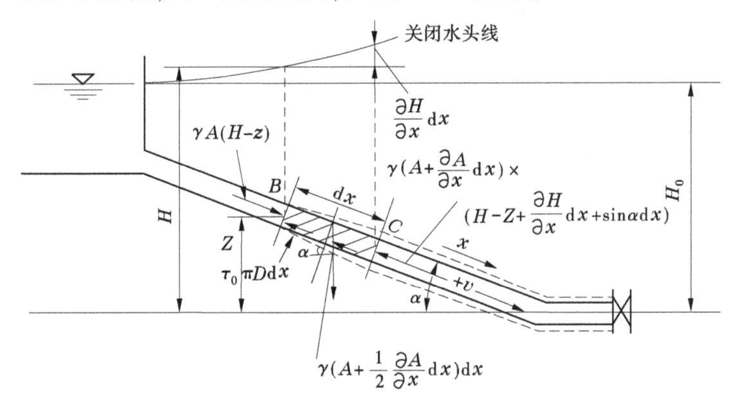

图 11-23　管路内微小流体上的作用力

运动方程式为

$$\frac{\partial H}{\partial x} + \frac{1}{g}\frac{\partial v}{\partial t} + \frac{v}{g}\frac{\partial v}{\partial x} + \frac{f}{D}\frac{v|v|}{2g} = 0 \qquad (11\text{-}55)$$

连续方程为

$$\frac{\partial H}{\partial t} + v\left(\frac{\partial H}{\partial x} + \sin\alpha\right) + \frac{a^2}{g}\frac{\partial v}{\partial x} = 0 \qquad (11\text{-}56)$$

式中　H——管路中 B 点的水头；

f——管路水力摩阻系数；

v——管内流速；

α——管路(位置坐标反方向)与水平面的夹角;

a——水锤波传播速度;

x——位置坐标,其正反向指向阀门。

11.3.2.2　流速(流量)和位置正方向由阀门(泵站)指向出水池

管路进口为泵站(水泵后阀门),出口为出水池,如图 11-24 所示。

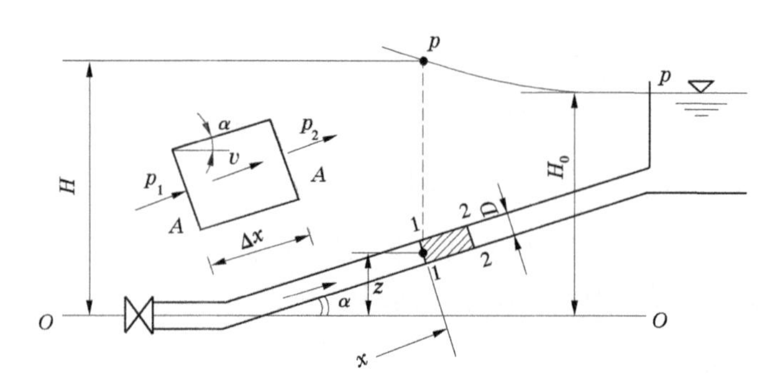

图 11-24　微段水体受力图

运动方程式为

$$\frac{\partial H}{\partial x}+\frac{1}{g}\frac{\partial v}{\partial t}+\frac{v}{g}\frac{\partial v}{\partial x}+\frac{f}{D}\frac{v|v|}{2g}=0 \tag{11-57}$$

连续方程为

$$\frac{\partial H}{\partial t}+v\left(\frac{\partial H}{\partial x}-\sin\alpha\right)+\frac{a^2}{g}\frac{\partial v}{\partial x}=0 \tag{11-58}$$

式(11-57)与式(11-55)完全相同,式(11-58)与式(11-56)只差一个的符号。如果定义管线与水平面的夹角为位置坐标 x 的正方向与水平面的夹角,图 11-23 中的 α(或 $\sin\alpha$)应取负值,即$\frac{\mathrm{d}z}{\mathrm{d}x}=\frac{\partial z}{\partial x}=\sin\alpha$(图 11-23 中为$-\sin\alpha$),则与两图对应的水锤波基本微分方程完全相同,即为式(11-57)和式(11-58)。

11.4　泵站水锤数解原理

随着电子计算机的发展,用电算求解水锤问题日益得到重视,其基础也是水锤基本微分方程式,借助于特征线,将水锤基本方程转化为便于计算机运算的有限差分方程式。它不仅能解决复杂的管路系统和边界条件的水锤课题,而且计算精度高和计算速度快。

11.4.1　特征线方程式

运用特征线法求解水锤问题的步骤为:①将不能直接求解的流动暂态微分方程组式(11-57)和式(11-58)转化为特定形式的全微分方程组,称为特征线方程。②对全微分方程组进行积分,产生近似的代数积分式——有限差分方程。有限差分方程必须将管路划分为若干个步段 Δx_i,对时间划分为若干个时段 Δt_i,逐次地进行求解。分段越细,其解与原积分式越接近。③根据有限差分方程和管路系统的边界条件方程编织源程序上机运输。

11.4.1.1　特征线微分方程式

式(11-57)和式(11-58)是一对准线性偏微分方程,自变量为沿管路的长度 x 和暂态过程的历时 t,因变量则为流速 v(或流量 Q)和水头 H。

对水锤基本方程组进行数学变形(略),得到与其等价的两个常微分方程组:

$$C^{+}\begin{cases}\dfrac{\mathrm{d}x}{\mathrm{d}t}=v+a\\[2mm]\dfrac{\mathrm{d}H}{\mathrm{d}t}+\dfrac{a}{g}\dfrac{\mathrm{d}v}{\mathrm{d}t}-v\sin\alpha+\dfrac{fa}{2gD}v\,|v|=0\end{cases}\tag{11-59}$$

$$C^{-}\begin{cases}\dfrac{\mathrm{d}x}{\mathrm{d}t}=v-a\\[2mm]\dfrac{\mathrm{d}H}{\mathrm{d}t}-\dfrac{a}{g}\dfrac{\mathrm{d}v}{\mathrm{d}t}-v\sin\alpha-\dfrac{fa}{2gD}v\,|v|=0\end{cases}\tag{11-60}$$

式(11-59)、式(11-60)就是管内流道暂态过程的特征线方程,其意义可用图 11-25 加以说明。图 11-25 中 A 点和 B 点代表地点 x 和时刻 t 已给定的两个点,它们的 H 值和 v 值是已知的。通过 A 点的 C^{+} 曲线相当于 $\dfrac{\mathrm{d}x}{\mathrm{d}t}=v+a$,通过 B 点的 C^{-} 曲线相当于 $\dfrac{\mathrm{d}x}{\mathrm{d}t}=v-a$。曲线 C^{+} 和 C^{-} 称为特征线,其他两方程称为相容性方程。沿着 C^{+} 和 C^{-} 特征线可以应用对应的相容性方程;因此,联立两相容性方程解出的 H 值和 v 值,就是两特征线交点 P 上的参数 H_P 和 v_P。

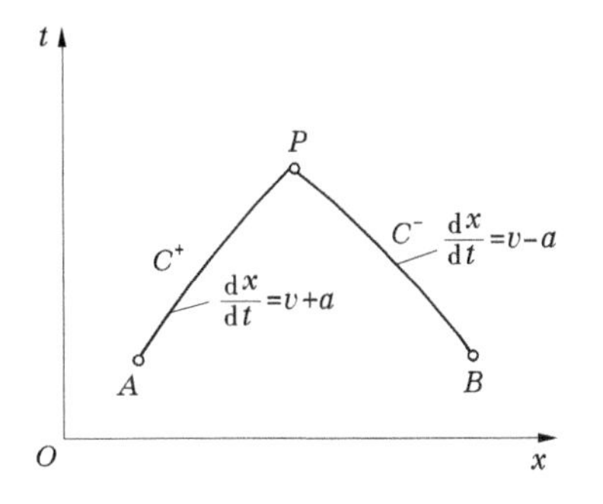

图 11-25　特征线方程的意义

利用上述特征方程的解为基本微分方程的精确解(无任何运算上的近似)。由于求解过程是沿着特征线 C^{+} 和 C^{-} 进行的,故只能得到特征线交点 P 上的参数。

11.4.1.2　有限差分方程式

将相容性方程沿其特征线 C^{+}(或 C^{-})积分,从 A(或 B)点到 P 点,式中流速用流量 $Q=vA$ 替代,则

$$\left.\begin{aligned}&\int_{H_A}^{H_P}\mathrm{d}H+\frac{a}{gA}\int_{Q_A}^{Q_P}\mathrm{d}Q-\frac{\sin\alpha}{A}\int_{t_A}^{t_P}Q\mathrm{d}t+\frac{af}{2gDA^2}\int_{t_A}^{t_P}Q\,|Q|\,\mathrm{d}t=0\\&\int_{H_B}^{H_P}\mathrm{d}H-\frac{a}{gA}\int_{Q_B}^{Q_P}\mathrm{d}Q-\frac{\sin\alpha}{A}\int_{t_B}^{t_P}Q\mathrm{d}t-\frac{af}{2gDA^2}\int_{t_B}^{t_P}Q\,|Q|\,\mathrm{d}t=0\end{aligned}\right\}\tag{11-61}$$

1. 显式有限差分方程

在沿 C^{+}(或 C^{-})积分时 Q 由 Q_A(或 Q_B)变为 Q_P,是一个变量,但当 Δt 很小时,可设微小流段内的流量为常数 $Q=Q_A$(或 Q_B),则式(11-61)积分后可写为

$$\left.\begin{aligned}H_P-H_A+\frac{a}{gA}(Q_P-Q_A)-\frac{\sin\alpha}{A}Q_A(t_P-t_A)+\frac{af}{2gDA^2}Q_A|Q_A|(t_P-t_A)=0\\H_P-H_B-\frac{a}{gA}(Q_P-Q_B)-\frac{\sin\alpha}{A}Q_B(t_P-t_B)-\frac{af}{2gDA^2}Q_B|Q_B|(t_P-t_B)=0\end{aligned}\right\}$$

整理后得

$$\left.\begin{aligned}H_P+BQ_P=C_{\mathrm{u}}\\H_P-BQ_P=C_{\mathrm{d}}\end{aligned}\right\}\tag{11-62}$$

式中　$C_{\mathrm{u}}=H_A+BQ_A+GQ_A(t_P-t_A)-RQ_A|Q_A|(t_P-t_A)$；

$C_{\mathrm{d}}=H_B-BQ_B+GQ_B(t_P-t_B)+RQ_B|Q_A|B(t_P-t_B)$；

$B=\dfrac{a}{gA}$；

$G=\dfrac{\sin\alpha}{A}$；

$R=\dfrac{af}{2gDA^2}$。

当管流处于紊流状态时，$R=10.3n^2/D^{16/5}$，其中 n 为管道糙率系数。钢管可取 $n=0.012$，混凝土管可取 $n=0.0125$。

式(11-63)称为显示有限差分方程式，Δx 和 Δt 取值越小，它与原积分式(11-59)和式(11-60)越接近。

式中带有角标 A 和 B 的各参数，是计算时段开始时刻 t_A 和 t_B 时的各已知值，t_P 为规定的时段终了值，故在上面的有限差分方程中，只有 H_P 和 Q_P 是未知数，可以通过代数运算解得如下：

$$\left.\begin{aligned}H_P=\frac{1}{2}(C_{\mathrm{u}}+C_{\mathrm{d}})\\Q_P=\frac{1}{2B}(C_{\mathrm{u}}-C_{\mathrm{d}})\end{aligned}\right\}\tag{11-63}$$

2. 隐式有限差分方程

当 Δt 很小，Q 沿 C^+ 积分时，可取变量 $Q=\dfrac{Q_A+Q_P}{2}$，Q 沿 C^- 积分时，可取变量 $Q=\dfrac{Q_B+Q_P}{2}$，则式(11-61)积分后为

$$\left.\begin{aligned}H_P-H_A+\frac{a}{gA}(Q_P-Q_A)-\frac{\sin\alpha}{A}\frac{(Q_A+Q_P)}{2}(t_P-t_A)+\frac{af}{2gDA^2}\frac{(Q_A+Q_P)}{4}|Q_A+Q_P|(t_P-t_A)=0\\H_P-H_B-\frac{a}{gA}(Q_P-Q_B)-\frac{\sin\alpha}{A}\frac{(Q_B+Q_P)}{2}(t_P-t_B)-\frac{af}{2gDA^2}\frac{(Q_B+Q_P)}{4}|Q_B+Q_P|(t_P-t_B)=0\end{aligned}\right\}\tag{11-64}$$

整理后得

$$\left.\begin{aligned}&H_P+\left[B-\frac{G}{2}(t_P-t_A)\right]Q_P+\frac{R}{4}(t_P-t_A)(Q_A+Q_P)\left|Q_A+Q_P\right|=C'_{\rm u}\\&H_P-\left[B+\frac{G}{2}(t_P-t_B)\right]Q_P-\frac{R}{4}(t_P-t_B)(Q_B+Q_P)\left|Q_B+Q_P\right|=C'_{\rm d}\end{aligned}\right\}\qquad(11\text{-}65)$$

式中　$C'_{\rm u}=H_A+\left[B+\frac{G}{2}(t_P-t_A)\right]Q_A$；

$C'_{\rm d}=H_B-\left[B-\frac{G}{2}(t_P-t_B)\right]Q_B$；

其余符号意义同上。

式(11-65)为隐式有限差分方程，其中变量只有 H_P 和 Q_P，可以通过试算(电算)求得。

11.4.1.3　简化的有限差分方程

大多数工程管道是采用刚性较大的壁面材料制成的(如金属、混凝土、岩石等)，水锤波速 a 比流速 v 要大得多，特征线方程 C^+ 和 C^- 中的流速项可以忽略不计。这样，特征线 C^+ 和 C^- 都将呈直线形状，在 xt 坐标图上，这两条直线的斜率将分别为 $\frac{{\rm d}x}{{\rm d}t}=\pm a$，则水锤特征线方程式(11-59)和式(11-60)可简化为

$$C^+\begin{cases}\frac{{\rm d}x}{{\rm d}t}=a\\\frac{{\rm d}H}{{\rm d}t}+\frac{a}{g}\frac{{\rm d}v}{{\rm d}t}-v\sin\alpha+\frac{fa}{2gD}v\left|v\right|=0\end{cases}\qquad(11\text{-}66)$$

$$C^-\begin{cases}\frac{{\rm d}x}{{\rm d}t}=-a\\\frac{{\rm d}H}{{\rm d}t}-\frac{a}{g}\frac{{\rm d}v}{{\rm d}t}-v\sin\alpha-\frac{fa}{2gD}v\left|v\right|=0\end{cases}\qquad(11\text{-}67)$$

如果再忽略相容性方程中相对次要的 $v\sin\alpha$ 项，则水锤特征线方程式(11-59)和式(11-60)还可简化为

$$C^+\begin{cases}\frac{{\rm d}x}{{\rm d}t}=a\\\frac{{\rm d}H}{{\rm d}t}+\frac{a}{g}\frac{{\rm d}v}{{\rm d}t}+\frac{fa}{2gD}v\left|v\right|=0\end{cases}\qquad(11\text{-}68)$$

$$C^-\begin{cases}\frac{{\rm d}x}{{\rm d}t}=-a\\\frac{{\rm d}H}{{\rm d}t}-\frac{a}{g}\frac{{\rm d}v}{{\rm d}t}-\frac{fa}{2gD}v\left|v\right|=0\end{cases}\qquad(11\text{-}69)$$

其相应的差分方程式(11-62)的形状不变，但其中常数项 $C_{\rm u}$ 和 $C_{\rm d}$ 的值分别变为 $C_{\rm uj}$ 和 $C_{\rm dj}$，即

$$\begin{cases}H_P+BQ_P=C_{\rm uj}\\H_P-BQ_P=C_{\rm dj}\end{cases}\qquad(11\text{-}70)$$

式中　$C_{uj}=H_A+BQ_A-RQ_A|Q_A|\Delta t$；

$C_{dj}=H_B-BQ_B+RQ_B|Q_B|\Delta t$。

其隐式有限差分方程简化为

$$\left.\begin{aligned}H_P+BQ_P+\frac{R}{4}\Delta t(Q_A+Q_P)|Q_A+Q_P|=C'_u\\H_P-BQ_P-\frac{R}{4}\Delta t(Q_B+Q_P)|Q_B+Q_P|=C'_d\end{aligned}\right\}\tag{11-71}$$

在简化特征线中,$\Delta x=a\Delta t$。特征线为斜率不变的直线。在利用有限差分方程进行运算的过程中,可以用 xt 坐标图中的矩形网格来描述。如图 11-26 所示,将管路划分为 N 个间距均为 Δx 的步段,断面排列序号用 i 表示,管路始端断面 $i=1$,终端断面为 $i=N+1$,计算时段为 $\Delta t=\dfrac{\Delta x}{a}$。

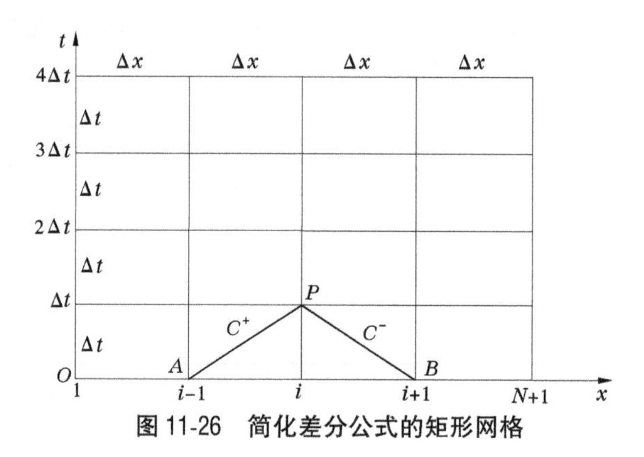

图 11-26　简化差分公式的矩形网格

在以 Δx 和 Δt 为单元组成的矩形网格中,所有的对角线均为特征线。C^+ 为正坡对角线(如 AP 线),C^- 为负坡对角线(如 BP 线)。

从 $t=0$ 的已知初始状态(暂态发生前的稳定流动状态)开始进行运算。在第一个计算时段($t=0$ 至 Δt),A 点和 B 点的参数已知,用相容性方程式(11-70)或式(11-71)可算得 P 点的参数。在第一个计算时段结束时,矩形网格 $t=\Delta t$ 层上的所有结点 P 的参数都将求得(边界结点还要考虑边界条件确定)。于是可进入第二个计算时段($t=\Delta t$ 至 $t=2\Delta t$)的运算,依次类推,直到矩形网格中全部结点的参数均算得。

为了用计算机有次序地计算全部网格结点上的参数,相容性方程中的角标 A、B 分别用序号角标“$i-1$、$i+1$”代替,角标 P 则用序号角标“Pi”代替。凡是待求的时段终止参数均采用双重角标,即用 H_{Pi}、Q_{Pi} 代表时段终了参数,以与时段初始已知参数 H_i、Q_i 相区别。

显式简化式(11-70)为

$$\left.\begin{aligned}H_{Pi}+BQ_{Pi}=C_{uj}\\H_{Pi}-BQ_{Pi}=C_{dj}\end{aligned}\right\}\tag{11-72}$$

式中　$C_{uj}=H_{i-1}+BQ_{i-1}-RQ_{i-1}|Q_{i-1}|\Delta t$；

$C_{dj}=H_{i+1}-BQ_{i+1}+RQ_{i+1}|Q_{i+1}|\Delta t$。

隐式简化式(11-71)为

$$\left.\begin{aligned}&H_{Pi}+BQ_{Pi}+\frac{R}{4}\Delta t(Q_{i-1}+Q_{Pi})\,|Q_{i-1}+Q_{Pi}|=C'_{u}\\&H_{Pi}-BQ_{Pi}-\frac{R}{4}\Delta t(Q_{i+1}+Q_{Pi})\,|Q_{i+1}+Q_{Pi}|=C'_{d}\end{aligned}\right\}\tag{11-73}$$

式中　$C'_{u}=H_{i-1}+\left[B+\frac{G}{2}\Delta t\right]Q_{i-1}$；

$C'_{d}=H_{i+1}-\left[B-\frac{G}{2}\Delta t\right]Q_{i+1}$。

式(11-72)和式(11-73)便是适宜于编入计算机程序的相容性方程。

应当指出,特征线 C^{+}和 C^{-}的交点,只包括图 11-26 中的矩形网格内结点,两端端面上的参数,则还必须通过各个瞬时的边界控制条件才能确定。

11.4.1.4　**水锤计算公式选用**

对于一般的刚性材料管路和摩阻损失占比较小的管路,采用各种简化的有限差分方程进行计算,可以减小计算工作量,并能够得到令人满意的计算结果。但对于摩阻损失较大的管路,采用简化的摩阻项公式,可能给结果带来较大误差,也可能得不到正确结果。另外,对于柔性管路(水锤波速较小),忽略与流速有关的惯性项,也可能导致重大误差。

由于计算技术的发展,水锤计算工作量已不是很大问题,故推荐采用如下完整的隐式有限差分方程(包括惯性项和与管路坡度 $\sin\alpha$ 有关的高差项):

$$C^{+}\begin{cases}H_{P}+\left[B_{A}-\frac{G_{A}}{2}(t_{P}-t_{A})\right]Q_{P}+\frac{R_{A}}{4}(t_{P}-t_{A})(Q_{A}+Q_{P})\,|Q_{A}+Q_{P}|=C_{u} & (11\text{-}74)\\x_{P}-x_{A}=\left(\frac{Q_{A}+Q_{P}}{2A_{A}}+a_{A}\right)(t_{P}-t_{A}) & (11\text{-}75)\end{cases}$$

式中　$C_{u}=H_{A}+\left[B_{A}+\frac{G_{A}}{2}(t_{P}-t_{A})\right]Q_{A}$；

$B_{A}=\frac{a_{A}}{gA_{A}}$；$G_{A}=\frac{\sin\alpha_{A}}{A_{A}}$；$R_{A}=\frac{8}{\pi^{2}g}\ \frac{a_{A}\lambda_{A}}{D_{A}^{5}}$。

$$C^{-}\begin{cases}H_{P}-\left[B_{B}+\frac{G_{B}}{2}(t_{P}-t_{B})\right]Q_{P}-\frac{R_{B}}{4}(t_{P}-t_{B})(Q_{B}+Q_{P})\,|Q_{B}+Q_{P}|=C_{d} & (11\text{-}76)\\x_{P}-x_{B}=\left(\frac{Q_{B}+Q_{P}}{2A_{B}}-a_{B}\right)(t_{P}-t_{B}) & (11\text{-}77)\end{cases}$$

式中　$C_{d}=H_{B}-\left[B_{B}-\frac{G_{B}}{2}(t_{P}-t_{B})\right]Q_{B}$；

$B_{B}=\frac{a_{B}}{gA_{B}}$；$G_{B}=\frac{\sin\alpha_{B}}{A_{B}}$；$R_{B}=\frac{8}{\pi^{2}g}\ \frac{a_{B}\lambda_{B}}{D_{B}^{5}}$。

式(11-74)~式(11-77)中角标 A、B 代表参数值已知的点,P 代表参数值待定的点。式(11-75)和式(11-77)为特征线方程,式(11-74)和式(11-76)为与特征线方程对应的相容性方程。四个方程式中,只有 H_{P}、Q_{P}、t_{P} 和 x_{P} 四个未知数,故方程是封闭的。

特征线 C^{+}、C^{-}一般呈曲线形状,如图 11-27 所示。由于在 x、t 坐标图上的特征线交点排列不规则,因此不能直接获得某一确定位置空间的暂态历时过程,也不能直接获得某一确定时刻的全管线暂态参数分布。为了了解确定地点或确定时刻的暂态状况,须对已经获得的浮点网格结点参数进行双向内插。实际计算中,为了避免网格的过分歪曲,在经过若干个时段的运算后,通常需做一次内插调整,重新建立一层整齐的网格结点数据,再行推算。

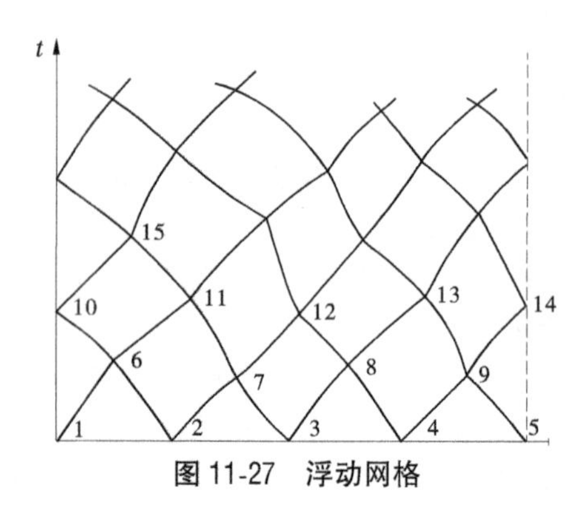

图 11-27　浮动网格

上面介绍的有限差分方程计算精度高,适用于各种管路系统,可作为泵站水锤计算的通用公式。

11.4.2　边界条件方程式

管道的端部结点,都只有一个特征线方程和与其对应的相容性方程可以利用。如图 11-28 所示,一般边界结点的位置是确定的,要确定边界上的两个控制参数 H_P、Q_P 和 t_P 的值,必须再补充一个边界条件方程。常见的边界条件方程有如下几种情况:

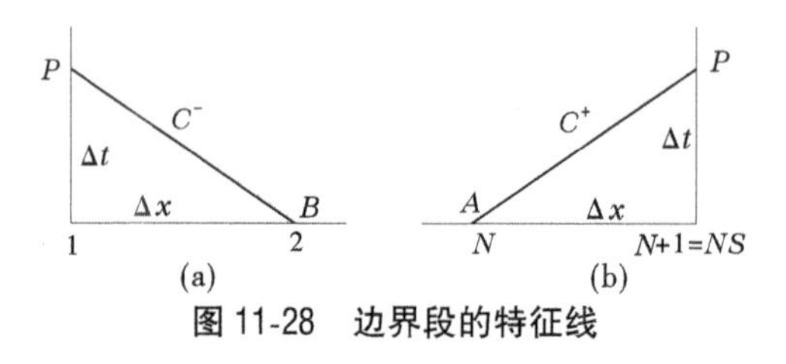

图 11-28　边界段的特征线

(1)边界上的 H_P 和 Q_P 是独立于管路系统的控制参数,如管路上、下游为水位恒定的水池,边界结点的 H_P 是固定常数,利用特征线方程和对应的相容性方程可求得 t_P 和 Q_P 的值。

(2)边界上的 H_P 和 Q_P 之间存在着一定的函数关系,如边界上有正常运转的水泵,泵的性能曲线规定了 $H_P=f(Q_P)$,它与特征线方程和对应的相容性方程联立可解出边界上的 t_P、H_P 和 Q_P 的值。

(3)边界上的 H_P 和 Q_P 的值还与其他的边界参数有关,如泵站机组启动和停机过程中,泵的性能参数就与泵的转速 n 有关,此种情况下的泵的性能曲线为:$H_P=f(Q_P,n)$,那么就还须添加一个惯性方程式,才能解得边界上的 t_P、H_P 和 Q_P。

下面介绍泵站工程上常见的几种边界条件方程式。

11.4.2.1　具有自由水面的边界

自由水面的特点是其表面为大气压力，其边界结点的压力 H_P 取决于水面的高度。现分以下几种情况加以说明：

(1)水面较大的情况，如水库或较大蓄水池等。在短促的暂态过程中，水位可以认为是恒定的，即 H_P 为常数。

(2)水面较小的水池，如泵站进、出水池等。水面的高度在水力过渡过程中是变化的，可采用水量平衡原理来确定边界条件方程式。

①进水池。设进水池水位高程为 Z，水面面积为 F(包括前池)。由引渠流入进水池的流量为 $q=f(Z)$，在 t 时刻的进水池水位为 Z_0，对应管路进口边界压力和流量分别为 H_0 和 Q_0，则在 $t+\Delta t$ 时刻有

$$\Delta Z \times F = \Delta t \times [f(Z_0) + f(Z_0 + \Delta Z) - Q_P + Q_0] \tag{11-78}$$

$$H_P = H_0 + \Delta Z \tag{11-79}$$

联立特征线方程 C^- 和对应的相容性方程，即可解得 Δt(或 t_P)、ΔZ(或 Z_P)、H_P 和 Q_P。

②出水池。设出水池水位高程为 Z，水面面积为 F。出水池的出池流量为 $q=f(Z)$，在 t 时刻的出水池水位为 Z_0，对应管路末端出口边界压力和流量分别为 H_0 和 Q_0，则在 $t+\Delta t$ 时刻有

$$\Delta Z \times F = \Delta t \times [Q_P + Q_0 - f(Z_0) - f(Z_0 + \Delta Z)] \tag{11-80}$$

$$H_P = H_0 + \Delta Z \tag{11-81}$$

联立特征线方程 C^+ 和对应的相容性方程，即可解得 Δt(或 t_P)、ΔZ(或 Z_P)、H_P 和 Q_P。

(3)自由水面以一定的规律变化，如洪水过程的河道和水库水位等，则水锤边界条件为

$$H_P = f(t) \tag{11-82}$$

11.4.2.2　阀门

若通过阀门的流量为 Q，阀门引起的水头损失为 ΔH，则两者的关系可表示为

$$\left.\begin{aligned} \Delta H = H_u - H_d = \xi \frac{Q^2}{2gA^2} \\ Q = C\sqrt{2g\Delta H} \end{aligned}\right\} \tag{11-83}$$

式中　H_u、H_d——阀门上、下游侧水头；

ξ——阀门的阻力系数，$\xi = A^2/C^2$；

C——阀门开启面积乘以流量系数，即 $C = C_d A$；

C_d——阀门流量系数；

A——阀门开启面积。

(1)如果阀门是在管路的上游端，将式(11-83)和管道首段边界条件方程、首端特征线方程 C^- 和对应的相容性方程联立，解得流过阀门的流量 Q_P 和阀门上、下游侧的压力水

头 H_u、H_d 以及时间参数 t_P 值。

(2)如果阀门是在管路的末端,将式(11-83)和管道末段边界条件方程和末段 C^+ 特征线方程及对应的相容性方程联立,解得流过阀门的流量 Q_P、阀门上、下游侧的压力水头 H_u、H_d、t_P 值。

(3)如果阀门位于管路中间,将式(11-83)和阀门前后段 C^+、C^- 特征线方程、相容性方程联立,解得流过阀门的流量 Q_P 和阀门上、下游侧的压力水头 H_u、H_d、x_P、t_P 值。

需要特别注意的是,x_P 值固定,而通过 A、B 两点的特征线方程的交点并不在阀门断面。为此可做如下处理:

如图 11-29 所示,由特征线 AP_S 和 SP_S 及其对应相容性方程与式(11-83)联立,解得流过阀门的流量 Q_{PS} 和阀门上、下游侧的压力水头 H_{PuS}、H_{PdS}、t_{PS} 的值;再由特征线 AP_R 和 SP_R 及其对应相容性方程与式(11-83)联立,解得流过阀门的流量 Q_{PR} 和阀门上、下游侧的压力水头 H_{PuR}、H_{PdR}、t_{PR} 的值;最后取 P_S、P_R 两点计算结果的平均值作为阀门断面的求解结果,即流过阀门的流量 Q_P 和阀门上、下游侧的压力水头 H_{Pu}、H_{Pd}、t_P 值。

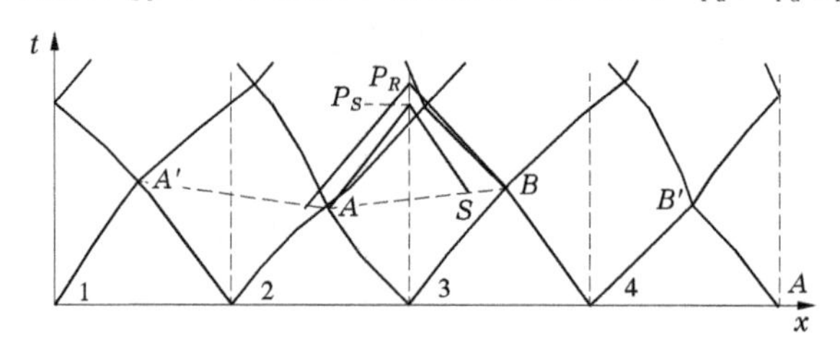

图 11-29 阀门断面水锤参数计算示意图

$$\left.\begin{aligned} t_{PS} &= (x_P - x_A)/(a + Q_A/A) \\ t_{PR} &= (x_B - x_P)/(a - Q_B/A) \\ t_P &= (t_{PS} + t_{PR})/2 \\ Q_P &= (Q_{PS} + Q_{PR})/2 \\ H_P &= (H_{PS} + H_{PR})/2 \end{aligned}\right\} \qquad (11\text{-}84)$$

上述计算过程首先需要根据 A、B 两点(或 A'、A、B、B' 四点)参数来确定 S、R 两点的水锤参数值。

$$\left.\begin{aligned} x_S &= x_P + (a - Q_B/A) \times t_{PS} \\ x_R &= x_P - (a + Q_A/A) \times t_{PR} \end{aligned}\right\} \qquad (11\text{-}85)$$

解得 x_S、x_R 后,即可采用直线内插法(或根据 A'、A、B、B' 四点参数,用曲线内插法)求得 S、R 两点的水锤参数值 Q_S、H_S 和 Q_R、H_R。

为了简化计算,式(11-85)中用 Q_A 和 Q_B 近似代替了 Q_R 和 Q_S 值,如需计算精确一些,可用内插公式求得的 Q_R 和 Q_S 值,代入式(11-85),通过试算,最后求得 x_S 和 x_R 之值。

蝶阀是最常用的调节阀门。以下所列为不同规格蝶阀的实测参数值(见表 11-3~表 11-5),可供参考。

表 11-3　DN200 蝶阀的阻力特性

开启度(°)	90	80	70	60	50	45	40	30	15
ξ	0. 573	0. 575	1. 38	3. 08	8. 48	11. 7	20. 3	39. 5	486

表 11-4　DN1200 两阶段关闭蝶阀的主要特性参数

开启角(°)	90	85	80	75	70	65	60	55	50	45
ξ	0. 4	0. 432	0. 495	0. 630	0. 86	1. 25	1. 90	2. 90	4. 80	7. 6
开启度 τ	1. 0	0. 91	0. 82	0. 73	0. 645	0. 57	0. 50	0. 44	0. 39	0. 33
开启角(°)	40	35	30	25	20	15	10	5	0	
ξ	11. 0	23. 0	40. 0	70. 0	130. 0	250. 0	500	1 000	10^5	
开启度 τ	0. 295	0. 25	0. 2	0. 165	0. 125	0. 09	0. 06	0. 025	0. 001	

表 11-5　DN1600 两阶段缓闭蝶阀的局部阻力系数 ξ

$\frac{b}{D_{阀}}$		0. 3	0. 25	0. 20	0. 15	0. 10	0. 05
转角(°)	0	0. 222	0. 147	0. 096	0. 065	0. 044	0. 031
	5	0. 26	0. 19	0. 13	0. 10	0. 08	0. 07
	10	0. 45	0. 36	0. 28	0. 25	0. 25	0. 26
	15	0. 75	0. 62	0. 55	0. 57	0. 60	0. 64
	20	1. 18	1. 07	1. 00	1. 02	1. 09	1. 15
	25	1. 98	1. 87	1. 80	1. 80	1. 83	1. 92
	30	3. 25	3. 05	2. 96	2. 96	3. 02	3. 18
	35	5. 50	5. 15	4. 80	4. 80	4. 95	5. 80
	40	9. 27	8. 22	7. 82	7. 82	8. 25	9. 00
	50	26. 8	24. 0	23. 0	23. 0	24. 0	27. 0
	60	79. 2	71. 5	66. 0	66. 0	68. 6	74. 0
	65	152	152	152	152	152	152
	70	332	332	332	332	332	332
	75	954	954	954	954	954	954
	80	3 620	3 620	3 620	3 620	3 620	3 620
	85	22 600	22 600	22 600	22 600	22 600	22 600

注：b 为阀盘的最大厚度，mm；$D_{阀}$ 为阀盘直径，mm。

11.4.2.3　串联管路的连接点

若系统中有直径不同的支管 1 和 2 相串联，见图 11-30。在连接点 ud，应联立管①中第 N 步段的与 C^+ 特征线方程对应的相容性方程、管②中第一步段的与 C^- 特征线方程对应的相容性方程和连接点条件方程联立求解，即可解得通过连接点 ud 的流量 Q_P 和其上、下游侧的压力水头 H_{Pu}、H_{Pd} 值。连接点条件方程为

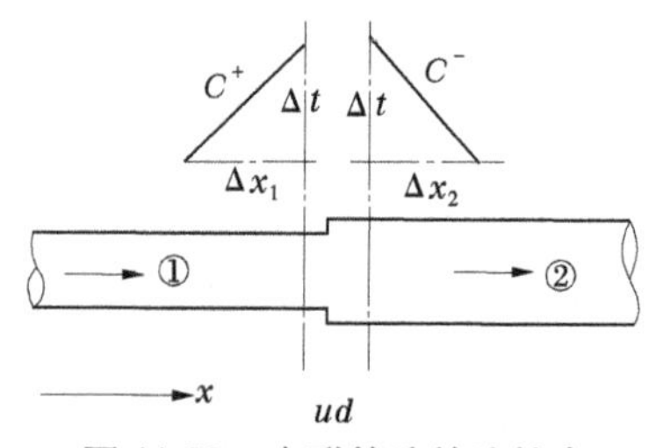

图 11-30　串联管路的连接点

$$\left.\begin{aligned} \Delta H = H_u - H_d = \xi \frac{Q_P^2}{2gA^2} \\ Q_{Pu} = Q_{Pd} = Q_P \end{aligned}\right\} \tag{11-86}$$

式中　Q_{Pu}、Q_{Pd}——连接点上、下游端的流量；

H_u、H_d——连接点上、下游端的压力水头；

ξ——管路串联连接点阻力系数，与计算断面对应；

A——水头损失计算断面面积，一般取上游断面来计算。

上述主要指管路直径发生变化的情况，但计算原则同样适用于管壁材料、壁面粗糙度等特性发生变化的场合。

11.4.2.4　枝状管网的连接点

图 11-31 为一四支管连接点。忽略连接点水头损失，则连接点条件方程为：

连续条件下

$$\sum Q_P = 0, \text{即} Q_{P1u} + Q_{P2u} - Q_{P3d} - Q_{P4d} = 0 \tag{11-87}$$

水头条件下

$$H_P = H_{P1u} = H_{P2u} = H_{P3d} = H_{P4d} \tag{11-88}$$

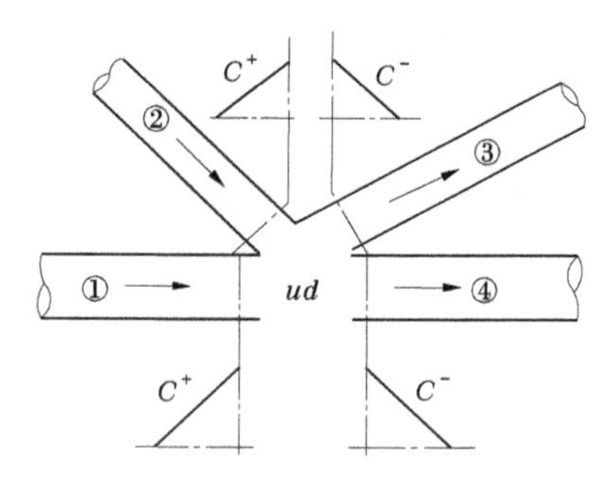

图 11-31　枝状管网的连接点

将连接点 $\widehat{ud}$ 前支管①、②与 C^+ 特征线方程对应的相容性方程、连接点 ud 后支管③、④与 C^- 特征线方程对应的相容性方程和连接点条件方程联立，可解得连接点前后水锤参数值。

11.4.2.5　断流空腔

压缩波的到达产生升压效应，膨胀波的到达产生降压效应。当膨胀波使管路中某处的压强降低到一定程度时，水流连续性遭到破坏，管内发生水柱分离现象。随着压缩波的到来，已经扩展形成的空腔将会缩小，当空腔溃灭时，两股液体柱彼此相撞，产生断流弥合水锤。

蒸汽腔的断流弥合水锤是一个相当复杂的课题，目前仍在深入研究。一个途径是从宏观的角度分析；另一个途径是以微观的气泡动力学原理为基础进行研究。两者迄今均未臻完善。宏观分析又有两种模型：第一种观点认为，在液体中普遍存在着处于溶解状态的气泡，随着压强的降低，整个管路中都有这种小气泡程度不等地逸出。水锤波是在这种

成分不断变动的两相流介质中传播的。第二种观点认为,压强大于汽化压的区域,均为连续体,波速不变,可采用通常的暂态分析公式计算。而对于压强降低到汽化压或以下的地点,则产生蒸汽腔(穴),并使该处保持为汽化压强。从工程实用角度,推荐按后一种的连续液体加固定蒸汽腔的模型来分析计算断流弥合水锤。

1. 空腔数学模型

如图 11-32 所示,首先由过 A、B 两点的特征线方程及其对应相容性方程解得 P 点水锤参数 H_P、Q_P、x_P 及 t_P。

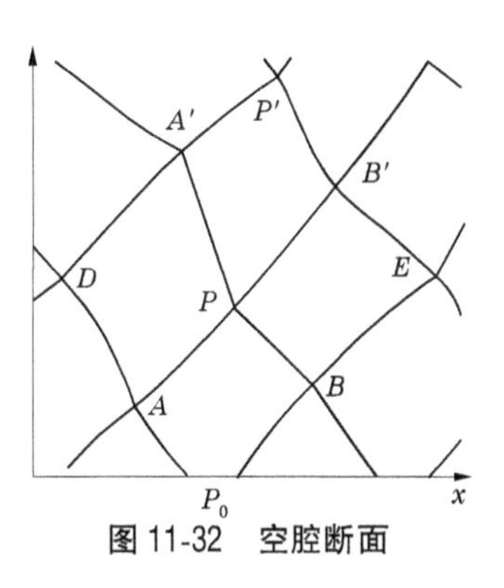

图 11-32　空腔断面

假设:空腔结点管道中心高度为 E_P、当地大气压水头为 H_a、计算温度下水的汽化压头为 H_v、管内真空度为 H_s。当 $H_P-E_P+H_a\leqslant H_v$(有进、排气阀情况下 $H_P-E_P=H_s\leqslant 0$)时,管路节点发生水柱断流现象,水锤参数修订为:x_P 及 t_P 值不变;节点压力 $H_P=E_P-H_a+H_v$(空气腔的 $H_P=E_P-H_s\approx E_P$);节点流量 Q_P 变为上游水柱进入流量 $Q_{P\text{in}}$ 和下游水柱流出流量 $Q_{P\text{out}}$ 可分别由式(11-74)和式(11-76)两相容性方程解得。之后,推求 A'点水锤参数时,P 点水锤参数采用($Q_{P\text{in}}$,H_P),而推求 B'点水锤参数时,P 点水锤参数采用($Q_{P\text{out}}$,H_P)。

2. 空腔体积计算

断流空腔(如果发生)的体积 VC,先是逐渐扩大,然后逐渐缩小,最后消失。其计算公式如下:

$$\left.\begin{aligned}&P_0\text{点连续时}:VC_P=VC_{P0}+\frac{1}{2}(Q_{P\text{out}}-Q_{P\text{in}})(t_P-t_{P0})\\&P_0\text{点分离时}:VC_P=VC_{P0}+\frac{1}{2}\begin{pmatrix}Q_{P\text{out}}-Q_{P\text{in}}\\+Q_{P0\text{out}}-Q_{P0\text{in}}\end{pmatrix}(t_P-t_{P0})\end{aligned}\right\}\tag{11-89}$$

当某次迭代后的空腔体积 $VC_i\leqslant 0$ 时,说明空腔已经消失,应令 $VC_i=0$,此后水锤参数恢复常态(按无断流空腔的程序计算)。

3. 空气腔不排气时的水锤参数计算

当装置由进、排气阀的管路断面发生空气腔时,如果空气不能自由进出(考虑阀门进、排气阻力),则在空气腔扩大时段,腔内压力将会低于当地大气压,而在空腔缩小时段,腔内压力将会高于当地大气压。由于空气与水接触,散热较好,其温度变化很小,故可应用气体的等温压缩定律,即气体压力与体积成反比。

$$(H_P+H_a)VC_P=(H_{P0}+H_a)\left[VC_{P0}-\frac{H_{P0}+H_a}{H_a}\bar{q}(t_P-t_{P0})\right]\tag{11-90}$$

式中　H_a——当地大气压力水头,m;

H_P、H_{P0}——t_P 和 t_{P0} 时刻空气腔内的压力,m;

VC_P、VC_{P0}——t_P 和 t_{P0} 时刻空气腔体积,m^3;

$\bar{q}$——时段平均排气流量,m^3/s。

泵站输水管路上的进、排气阀的进气阻力较小,排气阻力很大,为简化计算,一般可按

自由进气和不排气处理,因此式(11-90)将变为:

$$\left.\begin{aligned}&当\frac{VC_P}{VC_{P0}}=\alpha\geqslant 1 时, H_P=E_P\\&当\alpha<1 时, H_P=\frac{H_{P0}}{\alpha}+H_a\left(\frac{1}{\alpha}-1\right)\end{aligned}\right\}\qquad(11\text{-}91)$$

11.4.2.6　管路中的离心泵

在事故停泵的暂态过程中,假设恒定(稳态)流动条件下的水头平衡关系仍可适用,则有(见图11-33):

$$\left.\begin{aligned}&H_P-H_u=H\\&H_P-H_d=\Delta H_{阀}\end{aligned}\right\}\qquad(11\text{-}92)$$

式中　H——水泵扬程,m;

$\Delta H_{阀}$——阀门进出口压力水头差,m;

H_u、H_P 和 H_d——泵进口、泵阀间和泵出口的测压管水头,m。

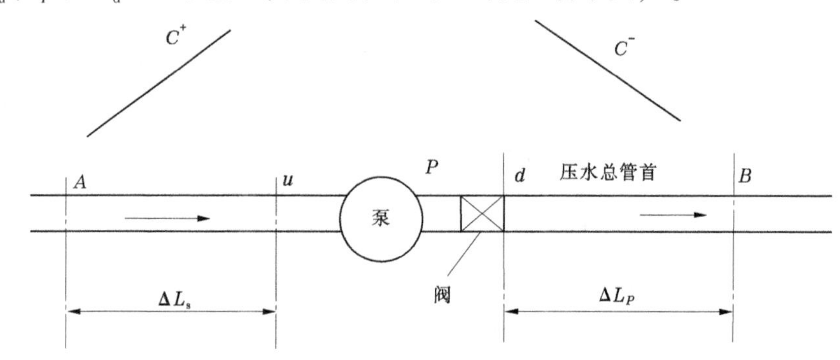

图 11-33　管路中的泵和阀

1. 水泵扬程 H 方程

$$H=H_P-H_u=H_n(\alpha^2+q^2)WH(x)\qquad(11\text{-}93)$$

式中　α——相对转速,即转速 n 与额定转速 n_N 的比值;

q——相对流量,即流量 Q 与额定流量 Q_N 的比值;

x——流动角,由 α、q 导出;

$WH(x)$——对应于流动角 x 的水泵无因次全面性能曲线的扬程值,$WH(x)=\frac{h}{\alpha^2+q^2}$,$h=H/H_n$;

H_n——水泵额定扬程,m。

2. 阀门水头损失 $\Delta H_{阀}$ 方程

$$\Delta H_{阀}=H_P-H_d=\xi\frac{Q^2}{2gA^2}=\xi\frac{Q_n^2}{2gA^2}q|q|=S_fq|q|\qquad(11\text{-}94)$$

式中　ξ、S_f——阀门阻力系数;

A——阀门开度,m^2;

Q_n——额度流量,m^3/s。

3. 转速改变方程

对于正常运行中的水泵,来自电机的主动力矩等于机组的反力矩,因此机组做等速运转。机组启动过程,主动力矩大于阻力矩,机组做加速运转,而在停机过程,主动力矩为零,机组在流体反力矩的作用下,做减速运转。根据理论力学可知,机组转速的改变率与不平衡力矩成正比。其关系为

$$M_{\mathrm{j}}=M_D-M_{DZ}-M_{PZ}=J\frac{\mathrm{d}\omega}{\mathrm{d}t} \tag{11-95}$$

式中　M_D——电机的电磁力矩,为转速的复杂函数,详见第 2 章 2.3.2,断电停机时为零;

M_{DZ}——电机的轴承摩擦损耗、风损耗和复加损耗力矩,也是转速的函数,参见第 2 章及相关资料;

M_{PZ}——水泵反力矩值,它是转速和流量的函数,可由水泵全面特性曲线查得,$M_{PZ}=M_n(\alpha^2+q^2)WM(x)$;

$WM(x)$——对应于流动角 x 的水泵无因次全面性能曲线的转矩值,$WM(x)=\dfrac{m}{\alpha^2+q^2}$,$m=M/M_{\mathrm{n}}$。

将式(11-95)整理后得:

$$M_{\mathrm{j}}+M_{\mathrm{j}0}-K(\alpha-\alpha_0)=0 \tag{11-96}$$

式中　K——系数,$K=2J\omega_{\mathrm{n}}/\Delta t$;

ω_{n}——额度角速度,$\omega_{\mathrm{n}}=\frac{\pi}{30}n_{\mathrm{N}}$,rad/s;

J——机组转动惯量,包括泵内水体惯量,kg · m^2;

M_{j}、$M_{\mathrm{j}0}$——时段末待求合成力矩和时段开始时的合成力矩,可以表示为相对转速 α 和相对流量 q 的函数,N · m;

α_0、α——时段始末相对转速。

式(11-96)即为机组的转速改变方程式。联立式(11-93)、式(11-94)、式(11-96)、C^+、C^-特征线方程及对应相容性方程,即可解得 H_{u}、H_P、H_{d}、Q、n、t_P 等六个未知参数值(x_P 已定)。

需要注意的是,由于 x_P 固定,因此不能直接利用 A、B 点的参数来计算,可参考管路中阀门的处理方式解决。

11.5　泵站工程常用水锤防护措施及其特点

泵站水锤防护措施包括各种水锤防护装置和设备,大体上可分为以下几类:

(1)注水或注空气,控制住系统中的水锤压力震荡,防止真空和断流空腔再弥合水锤过高的升压。如单向调压塔(池)、空气罐、注空气阀以及双向调压塔等。

(2)调控阀门,减小输水系统中的流速变化率。如选用两阶段关闭的可控阀或各种形式的缓闭止回阀、旁通阀等。

(3)泄水降压,避免压力陡升。如水锤消除器、防爆膜、设旁通管,以及取消止回阀等。

(4)其他类型。如增加机组转动惯量等。

11.5.1　双向调压塔(池)

双向调压塔(池)是一种兼具注水与泄(排)水缓冲式的水锤防护设备,其主要功能为:①防止压力输水管路中产生过大负压。一旦管路中压力降低,双向调压塔可立刻向管道中补水,以控制压力的下降幅度。②防止压力管路中压力升高过大。当管路中产生水锤升压时,它允许高压水流进入调压塔中,从而缓冲水锤升压的作用。

如图 11-34 所示,双向调压塔的构造为一开口的水池——大水柱。上部为塔身,下部为与管道联通的孔口,中部为联通流道。

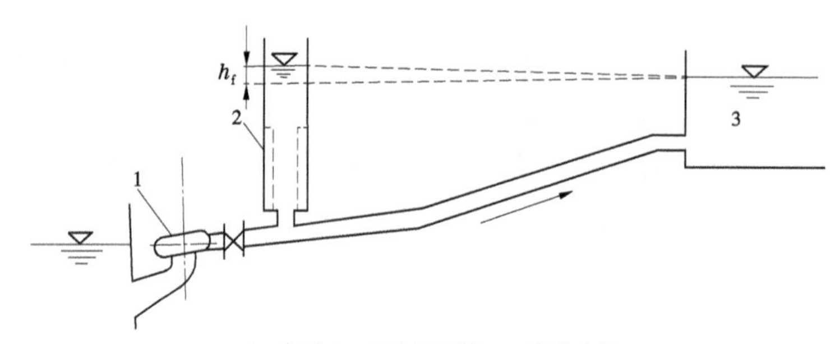

1—水泵;2—双向调压塔;3—高位水池

图 11-34　双向调压塔

11.5.1.1　双向调压塔(池)的布置位置

1. 设置在输水管路前段

双向调压塔(池)消锤功能良好,有阻断水锤压力传播的功能,一般在双向调压塔之后的管线就不需要再采取水锤防护措施,而只需考虑泵站至双向调压塔之间管线的水锤问题。因此,双向调压塔应尽量布置在靠近泵站一侧,越往前效果越好。

2. 装设于输水管线上易于发生水柱分离处

输水管线容易发生水柱分离的位置主要是管线的膝部、折点、局部驼峰点等。

11.5.1.2　双向调压塔(池)的结构形式

双向调压塔(池)中的水面与相应管线处测压管水头相同,为了节省工程量和投资,根据建塔(池)处管道的铺设高程、压力水位和地面高程三者的关系,双向调压塔(池)可采用以下不同的结构形式。

1. 筒式结构形式

当管道、地面和压力水位三者相差较小时,双向调压塔宜采用筒式结构,如图 11-34 所示。该结构形式简单,施工容易。若地面高于压力水位,塔身埋置于地下,此时应将塔顶做到地面高程;若地面低于压力水位,在北方严寒地区,外露塔身部分应考虑防冻措施。

2. 水塔形式

当压力水位与管道高程相差较大时,双向调压塔的结构可做成水塔的形式,以节省工程量和投资。同样,若地面低于压力水位,塔身也须高于地面,在北方严寒地区,外露塔身部分应考虑防冻措施。

3. 水池形式

当管道压力水头高出地面较大时,塔身外露高度也较大,这种情况下,如果管路两侧有与压力水位接近的高地,可在此处建一调节水池,用管道将水池与压力主管道连接起来。此结构与双向调压塔的作用相同。如果附近不存在建池的高地条件,就不宜采用双向调压塔,可考虑采用单向调压塔、调压罐等其他防水锤措施(见后)。

11.5.1.3 双向调压塔水锤暂态过程计算原理

双向调压塔水锤暂态过程计算原理与断流空腔—蒸汽腔相似。调压塔对应的管路节点处压力为 H_P,流量有三个,分别为上游管道流量 $Q_{P\text{in}}$、下游管道流量 $Q_{P\text{out}}$ 和调压塔注水流量 Q_{Pt}。设调压塔水位高度为 Z_{Pt},管路节点高度为 E_{Pt},则调压塔的注水流量可按下式计算:

$$Q_{Pt} = C_t A_t \sqrt{2g\left|H_P - Z_{Pt}\right|} \tag{11-97}$$

式中 C_t——流量系数,当 $Z_{Pt} \geqslant H_P$ 时,$C_t + \sqrt{\dfrac{1}{\xi_{\text{out}}}}$,当 $Z_{Pt} < H_P$ 时,$C_t - \sqrt{\dfrac{1}{\xi_{\text{in}}}}$;

ξ_{in}——双向调压塔孔口充水(入塔)局部损失系数;

ξ_{out}——双向调压塔孔口注水(出塔)局部损失系数;

A_t——双向调压塔孔口面积,m^2。

理论上讲,双向调压塔节点处的水锤特征有两种,当节点处的压力不小于水的饱和蒸汽压,即 $H_P - E_P + H_a \geqslant H_v$ 时,管道与调压塔中的水流是连续的,则有

$$Q_{P\text{in}} + Q_{Pt} = Q_{P\text{out}} \tag{11-98}$$

双向调压塔中的水量平衡方程为:

$$(Z_{Pt} - Z_{P0t})\Delta A = (Q_{Pt} - Q_{P0t})(t_P - t_{P0}) \tag{11-99}$$

联立式(11-74)~式(11-77),即特征线方程和相容性方程和式(11-97)~式(11-99)等七个方程,即可解得调压塔处的七个水锤参数:H_P、$Q_{P\text{in}}$、$Q_{P\text{out}}$、x_P、t_P、Z_{Pt} 和 Q_{Pt}。

当节点处的压力小于水的饱和蒸汽压,即 $H_P - E_P + H_a < H_v$ 时,调压塔外管道处将会产生水柱分离现象。此时可令:

$$H_P = E_P - H_a + H_v \tag{11-100}$$

并参考图 11-32 和式(11-89),得到

$$\left.\begin{aligned} &P_0\text{点连续}: VC_P = VC_{P0} + \frac{1}{2}(Q_{P\text{out}} - Q_{P\text{in}} - Q_{Pt})(t_P - t_{P0}) \\ &P_0\text{点分离}: VC_P = VC_{P0} + \frac{1}{2}(Q_{P0\text{out}} - Q_{P0\text{in}} - Q_{P0t} + Q_{P\text{out}} - Q_{P\text{in}} - Q_{Pt})(t_P - t_{P0}) \end{aligned}\right\} \tag{11-101}$$

联立式(11-74)~式(11-77),即特征线方程和相容性方程和式(11-97)、式(11-99)、式(11-100)和式(11-101)等八个方程,即可解得调压塔处的八个水锤参数:H_P、$Q_{P\text{in}}$、$Q_{P\text{out}}$、x_P、t_P、Z_{Pt}、Q_{Pt} 和 VC_P;公式下标“0”均表示 P_0 点的水锤参数。

需要说明两点:其一是计算的坐标点 x_P 的变化并不代表调压塔位置的不断变动,通过特性网格整理—水锤参数双向内插处理,即可得到调压塔节点的确定参数。由于流速相对于水锤波速很小,不会产生很大的计算误差。其二是如果双向调压塔处管道发生水柱断流现象,那是孔口面积过小所致,应加大孔口面积,保证水流的连续性。

11.5.1.4 双向调压塔结构尺寸确定

双向调压塔设计尺寸主要有容积、水面面积、孔口直径以及设计水位和顶部高程等。

调压塔应有足够的水平面面积,以使在停泵和启动机组过程中,将塔内的水位变幅控制在一定的范围内。对于高扬程、大流量的泵站工程,在泵站及管路系统确定的情况下,双向调压塔在水锤过渡过程中的最大注水(补水)量和充水量是确定的,在通过水锤过渡过程计算确定了调压塔内水体体积变化量之后,即可设计调压塔的断面面积和高度。调压塔的高度一般可按其直径的1.5~2.0倍来确定。

为了防止溢流和空气进入管道,调压塔的容积应具有一定的安全余量。在初步确定了调压塔的容积和断面面积后,通过计算确定塔内最高最低水位,并在最高水位的基础上增加一定的安全超高后,确定塔顶高程;调压塔底部高程应比最低水位低1.0~2.0 m,以保证空气进不了管道。

调压塔的孔口尺寸应根据暂态过程计算中的最大进、出水流量进行设计,以保证在通过最大流量时不产生过大的水头损失为原则。孔口尺寸确定后,应通过计算复核管道压力变化幅度。

11.5.1.5 双向调压塔的特点

(1)双向调压塔的结构简单,工作安全可靠,维护工作量很小,但在多数情况下由于高度大而工程量和投资较大,一般适用于大流量、长距离输水的泵站工程。

(2)双向调压塔(池)之后管路的水锤压力基本得以消除。如果管路中发生多处水柱拉断现象,则设置双向调压塔之后,水柱拉断长度得到有效减小。

(3)设置了双向调压塔之后,事故停泵暂态过程中机组的最大倒转转速和倒泄流量值有所增大,塔前管路中的水锤压力增幅明显变大,应引起足够重视。

(4)双向调压塔注水口直径(注水阻力)对管路水锤参数影响很大,口径大时,能有效减小水柱拉断长度,但管路水锤增压加大,相反,口径小时管路水锤增压小,但水柱拉断长度变大。这是一对矛盾,应通过计算分析,合理确定。

11.5.2 单向调压塔(池)

11.5.2.1 单向注水的工作机制

在泵站的输水管路上进行“单向注水”是提高管路最低水锤压力(最低水锤压力包络线)、缩短和消除断流空腔长度、减小和消除断流弥合水锤升压以及降低水锤压力震荡幅度等的有效水锤防护措施之一。

(1)“单向注水”是控制水锤压力震荡,削减各处断流弥合水锤过高升压的有效而稳妥的方法;无残留空腔是该法取得好效果的充要条件,为此,单向注水在操作上必须做到及时、流量足够。

(2)无残留空腔且注水池(塔或箱)水位足够高的情况下,“单向注水”不仅削减空腔弥合水锤压力峰值的效果很好,最低压力值亦能被提高,其提高程度取决于注水箱水位高度和注水口径;无残留空腔时,仍有真空现象。

(3)“单向注水”在流量欠充足并有残留空腔的情况下,仍有削减压力峰值的作用,但因存在残留空腔,最低压力值仍然为汽化压。

(4)合理的“单向注水”能减小或消灭断流空腔体积和弥合水锤升压。

11.5.2.2　单向调压塔水锤暂态过程计算方法

在水柱“分合”周期中,注水(补水)只发生在空气体积的扩大期,即从水柱开始分离到上、下游水柱流速(流量)相等的时段内;空腔的扩大与外水(调压塔)的注入两者互不影响,各自按照自身单独具有的规律同步进行计算。调压塔孔口流量和水头关系方程、塔内水量平衡方程、节点空腔体积变化方程、节点流量和空腔体积增量关系方程以及水锤计算的特性和相容性方程联立,可解得所求的各个水锤参数值。

单向调压塔水锤暂态过程计算方法与双向调压塔基本相同。当节点(注水点)压力水头低于调压塔水位高度时,计算方法与双向调压塔完全相同;而当节点(注水点)压力水头高于调压塔水位高度时,注水流量为零。因此,单向调压塔可以理解为充水阻力系数为无限大(∞)的双向调压塔。从而可以完全套用双向调压塔的计算方法和公式。

11.5.2.3　单向调压塔布置

如前所述,设置单向调压塔(池)的目的是防止管路产生很大的停泵水锤负压,它的作用不仅仅是为了减小和消除管线中的水柱分离长度和削减断流弥合水锤的过高升压,也是减小和控制管路水锤压力震荡的有效措施。

为了最大限度地发挥单向调压塔的作用,单向调压塔的布置应考虑以下因素:

(1)管路坡度变化率。管路水锤压力变化是重力和惯性力作用的结果。管路坡度的变化意味着水流所受的重力和加速度的不同,容易导致上、下游水柱流速的不同,发生水柱分离现象。因此,如图11-35所示,单向调压塔应该尽量布置在输水管线纵断上坡度变化较大的折点处。

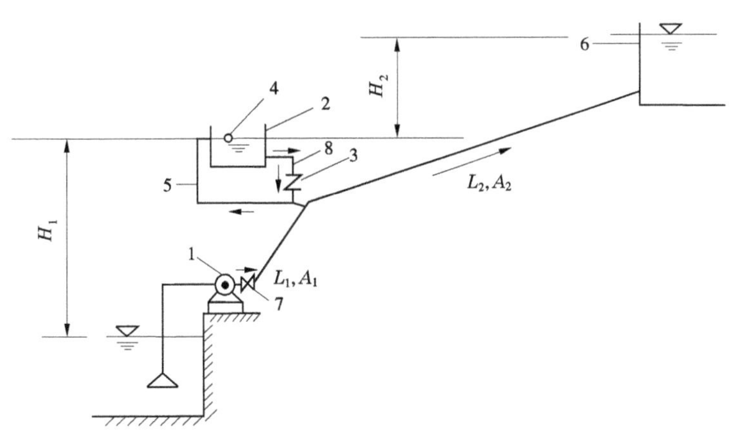

1—水泵;2—单向调压塔;3—止回阀;4—浮球阀;5—满水管;6—高位水池;7—出口阀;8—注水管

图11-35　泵管系统中的单向调压塔及其组成

(2)泵站降压波传播规律。由于机组的惯性和断流止回阀具有一定的关闭时间,因此降压幅度是随着时间而增大的;而且降压波是从泵站向出水池方向传播的,反射波到达的时间越长,管线上的降压值也越大。因此,从减小降压幅度的角度考虑,单向调压池应尽量靠管线首端位置布置。

(3)控制水锤压力震荡幅度。从减小管路压力震荡变幅的角度考虑,在长距离输水管路的前面管段上(不一定是坡度变化处)适当增设单向调压塔(池),对缩短反射波到达时间,减小水锤压力降低幅度和水锤压力震荡幅度可起到有效作用。

(4)单向调压池位置和作用关系很复杂,其布置位置、数量、注水管路尺寸(直径)、水位标高等,都必须结合其他防水锤措施,最后经过暂态过程的复核和优化计算确定;否则可能造成浪费,甚至引起相反的结果。

11.5.2.4　单向调压塔(池)结构

单向调压塔(池)的基本组成如图 11-35 所示,它主要由水箱或容器、带有普通止回阀的向主干管注水的注水管路和向调压塔(池)中充(满)水的充水管路组成。单向调压塔的具体结构如图 11-36 和图 11-37 所示。

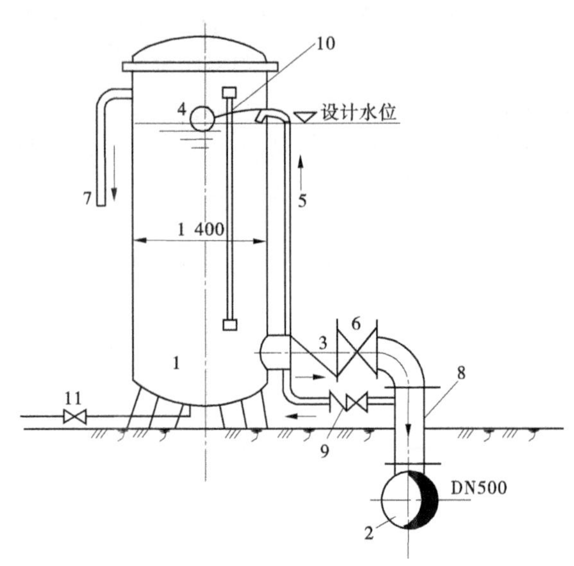

1—水箱(塔本体);2—主干管;3—止回阀 DN250;4—浮球;5—满水管;6—闸阀 DN250;7—溢流管;8—注水管 DN250;9—满水管上止回阀;10—水位计;11—排空管

图 11-36　单向调压塔构造(一根注水管)　(单位:mm)

注水管路上的止回阀(单向阀)只允许塔中水体向主管道注入,它是一个核心部件,其启闭的可靠性是其发挥防护作用的关键。

水泵正常运行时,注水管上的止回阀处于关闭状态。如果调压塔水箱不满或全空,则通过充水管(此时图 11-36 中的止回阀 9 开启)向水箱充水;当水箱中水位达到设计标高时,充水管出口浮球阀关闭,自动保持箱内设计水位。事故停泵后,当主干管中的水压降到事先设定的数值时,止回阀 3 迅速打开,利用势能差向主干管内注水。

单向调压塔(池)又称低位调压塔(池),其箱中水位不需要达到水泵正常工作时的压力坡度线;与双向调压塔相比,其水箱的安装高度可以大大降低,在经济上是节省的。

考虑安全可靠性,注水管应采用两根,每根管的设计流量为调压塔(池)计算最大注水流量 $Q_{t\max}$ 的 0.7~0.8。注水管尺寸与调压塔水位有关,水位高则尺寸小,需优化确定。

图 11-38 为某工程所采用的单向调压池结构,可供参考。

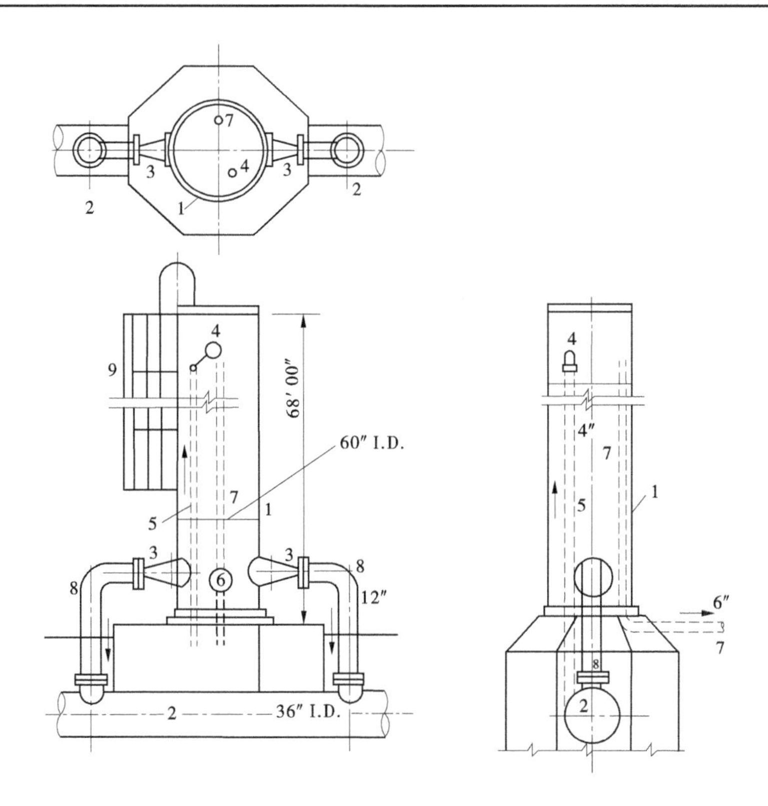

1—水箱(塔本体,内径 1.524 m);2—主干管 DN900;3—止回阀 DN300;4—浮球;5—满水管;
6—检修孔;7—溢流管;8—注水管 2×DN300;9—铁梯;塔高 = 20.73 m;I. D. —内径

图 11-37　单向调压塔构造(二根注水管)

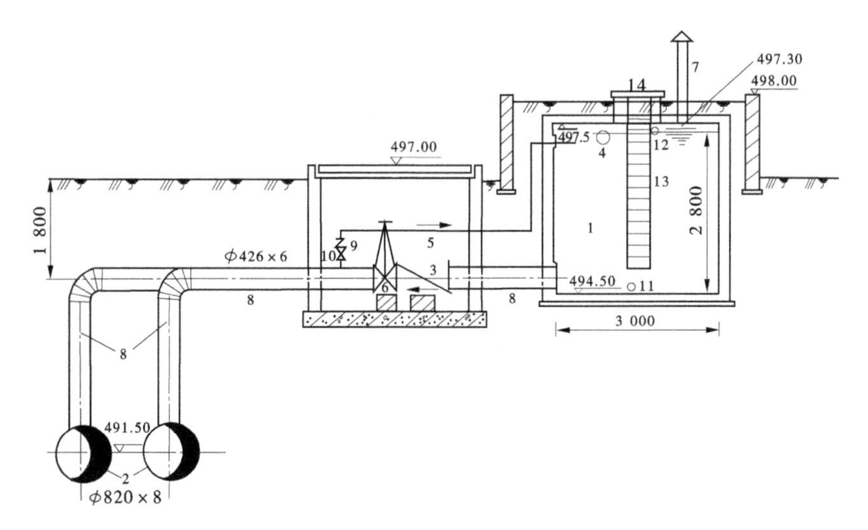

1—水池;2—主干管两条;3—止回阀;4—浮球;5—满水管;6—闸阀;7—通风管;8—注水管两条;
9—止回阀;10—闸阀;11—排空管口;12—溢流管口;13—铁梯;14—检修孔

图 11-38　单向调压池具体构造　(单位:高程,m,尺寸,mm)

11.5.3　空气阀

11.5.3.1　空气阀的设置和工作机制

长距离输水管线上必须设置各种类型的空气阀,空气阀的布置需要考虑下述因素:

(1)管道充水或排空时需要排出或吸入大量低压空气。

(2)运行中,水体中残存的气体会不断逸出,量不大,但压力较高,它聚集在管路的高处,轻则影响运行效率,重则可能引发管路事故,故应及时排除。

(3)泵站事故停机过程中,防止管路形成很大负压,需要补充大量空气,为了减小断流弥合水锤升压,又必须缓慢排气,以形成气垫缓冲。

在长距离输水管道上设有大量的空气阀,用以在管道充水和运行时排气和放水时补气。在输水管路上高于管路最低水锤压力包络线的某些特异点(如驼峰、膝部或峰顶等)处安装特制的空气阀,当阀门处的压强低于当地大气压时,大气中的空气就会被吸入管路内,从而阻止了真空的进一步增高。当回冲水流及升压波返回、空腔体积开始缩小时,腔中的空气受到一定的压缩,压力升高,部分空气在升压作用下排出管道,余下的空气具有气垫的作用,从而对断流空腔弥合水锤的升压有一定的缓冲和降低作用。

一般在安装空气阀后,断流空腔内具有一定的真空度 H_s。如果进气孔口尺寸够大,则空腔压力接近于大气压,即 $H_s \approx 0$;当排气孔口很小,未设置排气通道时,就像单向阀(止回阀)一样,空气只进不出。空气阀的作用主要有两个:一是将断流空腔的压力由水的汽化压提升一定幅度,减小空腔真空度值;二是降低断流弥合水锤升压值。

11.5.3.2　空气阀水锤计算原理

与单双向调压塔相似,空腔体积变化和空气阀空气的注排量(空气流量和空气量)也按各自单独的规律同步进行计算。阀处管道的压力 H_P 是两者关联的纽带。

1. 空气阀空气流量 Q_V 和压力 H_P 的关系方程

流过空气阀的空气质量流量取决于管外大气的压力 P_a、大气温度 T_a,以及管内的温度 T 和压力 P(均为绝对值)。

注气流量:

$$\left.\begin{aligned} &Q_V = K_{in}\sqrt{(p_r^{1.428\,6} - p_r^{1.714})} \quad 0.528 < p_r < 1 \\ &Q_V = 0.259K_{in} \quad p_r < 0.528 \end{aligned}\right\} \tag{11-102}$$

式中　K_{in}——空气阀注气系数,$K_{in}=C_{in}A_{注}\sqrt{7RT_a}$;

C_{in}——空气阀进气流量系数;

$A_{注}$——空气阀进气流通面积,m^2;

R——气体常数,$R=8.314$ J/(mol/K);

T_a——空气绝对温度,$T_a=273.15+T_0$(气温℃),K;

p_r——相对压力,$p_r=\dfrac{P}{P_a}=1+\dfrac{H_P}{H_a}=1-\dfrac{H_s}{H_a}$;

P_a——大气压力,N/m^2。

排气流量:

$$\left.\begin{aligned} &Q_V = -K_{out}p_r\sqrt{(p_r^{-1.4286} - p_r^{-1.714})} \quad 1 < p_r < 1/0.528 \\ &Q_V = -0.259K_{out}p_r \quad p_r \geq 1/0.528 \end{aligned}\right\} \tag{11-103}$$

式中　K_{out}——空气阀排气系数，$K_{out} = C_{out}A_{排}\sqrt{7RT_a}$；

C_{out}——空气阀排气流量系数；

$A_{排}$——空气阀流通面积，m^2；

其他符号意义同上。

2. 空腔体积 VC_P 变化方程

管路内空腔体积 VC_P 与注入的空气体积和空气量无关。仍采用式(11-89)计算，即

$$\left.\begin{aligned} &P_0\text{点连续：} VC_P = VC_{P0} + \frac{1}{2}(Q_{Pout} - Q_{Pin})(t_P - t_{P0}) \\ &P_0\text{点分离：} VC_P = VC_{P0} + \frac{1}{2}(Q_{P0out} - Q_{P0in} + Q_{Pout} - Q_{Pin})(t_P - t_{P0}) \end{aligned}\right\} \tag{11-104}$$

式中符号意义见图 11-32。

3. 空腔内残留空气量 VV_P 变化方程

空腔内残留空气量单独计算，公式形式与式(11-104)同，即

$$VV_P = VV_{P0} + \frac{1}{2}(Q_V + Q_{V0})(t_P - t_{P0}) \tag{11-105}$$

式中　VV_{P0}——t_{P0} 时刻空腔内残留空气量，m^3；

Q_{V0}——t_{P0} 时刻注入空气流量，m^3/s；

VV_P——t_P 时刻空腔内残留空气量，m^3；

Q_V——t_P 时刻注入空气流量，m^3/s。

4. 空腔内压力 H_P、空腔体积 VC_P、残留空气量 VV_P 关系方程

根据气体的等温压缩定律，气体压力与体积成反比，即有

$$VV_PH_a = VC_P(H_a + H_P - E_P) \tag{11-106}$$

联立式(11-102)~式(11-106)以及水锤计算的特性和相容性方程联立，可解得所求的各个水锤参数值。

注：式(11-106)也可由完全气体状态方程 $PV = MRT$ 推得：

设 t_P 时刻管道空腔体积为 $V = VC_P = VC_{P0} + 0.5\Delta T(Q_{P0out} - Q_{P0in} + Q_{Pout} - Q_{Pin})$；气体体积为 $VV_P = VV_{P0} + 0.5\Delta TQ_V + Q_{V0}$；则气体质量为 $M = VV_P\rho_a$，代入等温完全气体状态方程得：

$$PVC_P = VV_P\rho_aRT_a = VV_PP_a$$

即

$$VV_PH_a = VC_P(H_a + H_P - E_P)$$

式中　ρ_a——空气密度，29 mol/m^3；

M——空气质量，mol；

T——空气温度，$T = T_a$。

11.5.3.3　单向空气阀类型

单向空气阀即为空气止回阀(逆止阀)，亦称真空释放阀、真空破坏阀、充气阀等。从其结构上分，可将其分为弹簧式、杠杆—重锤式和其他等三种。

图 11-39 为弹簧式空气止回阀和杠杆—重锤式空气止回阀。当管路中设阀处的压强低于设计的“允许最低压强值”时,阀门开启,大气中的空气就被吸入管路内,而弹簧或重锤就是根据管路“允许最低压强值”来设计的。当回冲水流返回时,在压缩空气和弹簧(或重锤)的共同作用下,阀板迅速自动关闭,并将原来吸入的空气全部(或大部)“闷”在管路内,形成空气垫,削减水锤压力峰值。参考《泵站设计规范》(GB 50265—2010),管路允许最大真空度 H_s 一般可取 2~3 m。

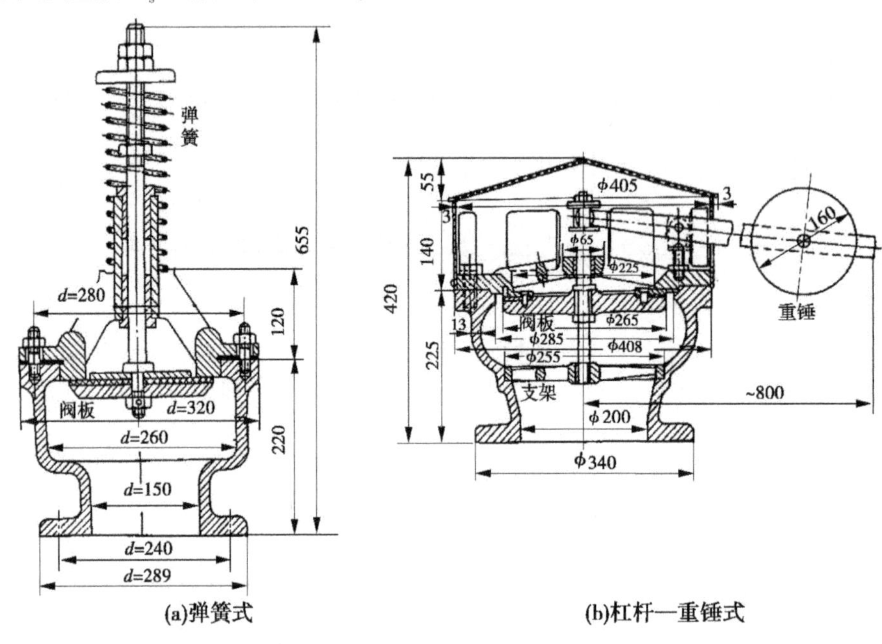

图 11-39　防真空充气阀　(单位:mm)

11.5.3.4　注空气消锤注意事项

计算结果显示:在输水管路特异点(如驼峰、膝部或丘顶等)处设置注空气(无缓冲)阀将使断流空腔增长并使断流空腔再弥合水锤升压增大,故一般情况下,不能作为水锤防护措施。而设置注空气(缓冲)阀可以提高管路最低水头包络线,防止真空及水柱分离危害,削减空腔弥合水锤压力峰值的有效方法,注空气(缓冲)阀装置的构造简单,造价低,安装也较方便,在不能注水或注水量较大的场合,可以考虑采用注空气(缓冲)阀,但应注意以下事项:

(1)设置空气(缓冲)阀可以显著提高管路的最大压力包络线,减小真空度,但会使水柱分离处的断流空腔长度大大增加。在水锤过程中,注(吸)入管路的大量空气,积存于主干管中,需要较长时间才能排出,这将给重新启动水泵供水带来很大麻烦。但一定不能急,否则,一旦在管路中遗留下空气腔(囊),将酿成启(开)泵水锤危害。此问题在地形起伏变化很大的远距离输水工程中尤为突出。

(2)一般情况下,当向水柱分离处注入空气,并起缓冲作用时,最大的水锤压力值要小于无空气缓冲时的最大水锤压力值,其降低的幅度取决于水柱分离处的静水压力(背压)H_{st} 和突然停机后水泵停止供水的快慢程度。

水柱分离处的背压越小,空气的缓冲作用(降压作用)越显著;初速度 v_0 越大,空气缓冲的效果也越好。对供水泵站工程,一般当初速度 $v_0=1\sim3$ m/s, $H_{st}\leqslant10\sim15$ m 的情况下,设置空气(缓冲)阀的防水锤降压效果较好。而当 $\frac{av_0}{gH_{st}}<2$ 时,空气缓冲的效果就不明显了。因此,对高扬程长距离输水的泵站工程,注空气(缓冲)阀应设在管道静水压力较小的中后管段。

(3)设置空气(缓冲)阀的阻力和流量系数对其防水锤效果影响很大,选择不当,有可能产生相反的效果,必须通过严谨的水力过渡过程计算确定。并且要加强维护管理,以防因长期不动作而导致机械部件失灵。

综合以上所述,设置空气(缓冲)阀虽然可以明显地提高其所处管段的最低压力值,减小真空度,但其减小再弥合水锤升压的效果并不显著,而且还必然引起水柱拉断长度增大,管路排气困难等很多问题。因此,对于一般供水泵站工程,尤其是高扬程、长距离的大型供水泵站工程,不建议采取注气(缓冲)的防水锤措施。对管路中设置的排气阀门,在完成了管路初始注水排气或机组试运行后,建议关闭其下对夹蝶阀,截断与主管道的空气通道。

11.5.4　调压罐

11.5.4.1　调压罐形式

调压罐是一种内部充有一定量的压缩空气的金属密闭容器装置。调压罐直接安装在水泵出口附近的管路上,如图 11-40 所示。

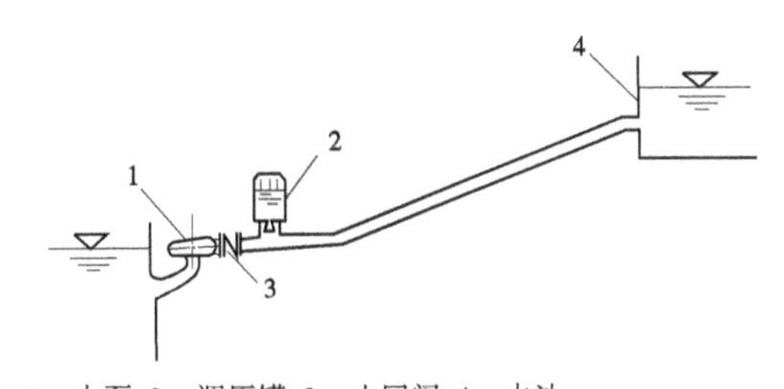

1—水泵;2—调压罐;3—止回阀;4—水池

图 11-40　调压罐布置

其工作原理是:当管道内水锤压力升高时,部分水体进入罐内使罐内空气被再度压缩,起到气垫消能作用;而当管内压力突然下降,罐内空腔体积膨胀,其下部水体在空气压力的作用下,迅速注入管道,从而削减压力下降幅度。

调压罐有分离式和非分离式两种。在非分离式调压罐中,空气直接与水接触,如图 11-41 所示。

非分离式调压罐中的空气容积一般占罐总容积的 20%~25%。由于压缩空气直接与水接触,空气不断地溶解于水中,故调压罐的缓冲能力会逐渐减小。因此,必须设置空压机装置,经常向罐内补充压缩空气;同时溶解于水中的空气加重了管路排气设施的排气量,容易产生不良影响。此外,如调压罐设计和管理维护不当,在事故停机引起压力骤降时,也容易导致调压罐上部的空气进入管道内而引起调压罐功能失效。

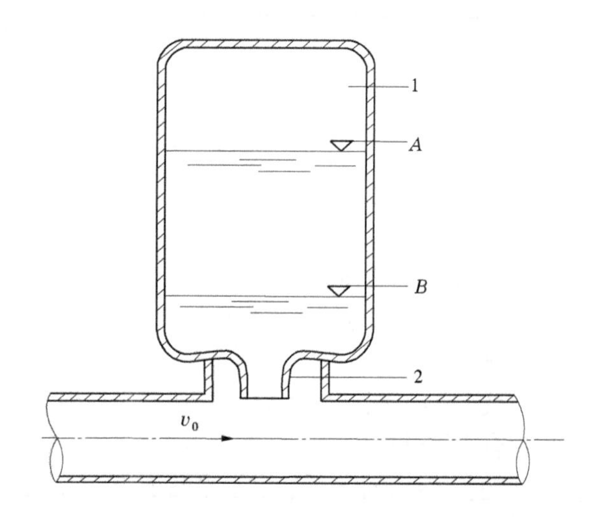

1—压缩空气部分;2—喉部;A—最高允许水位;B—最低允许水位

图 11-41　非分离式调压罐

较理想的是气水分离式调压罐,通常是采用橡胶气囊将空气和水分离开,如图 11-42、图 11-43 所示。

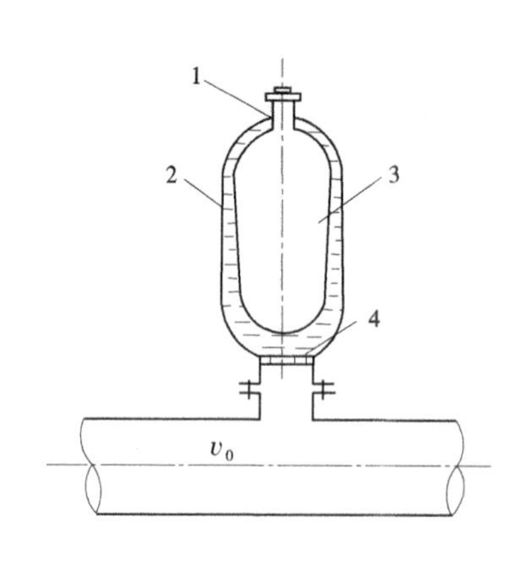

1—充气装置;2—钢罐;
3—人造橡胶气囊;4—阻力嵌板

图 11-42　充气分离式

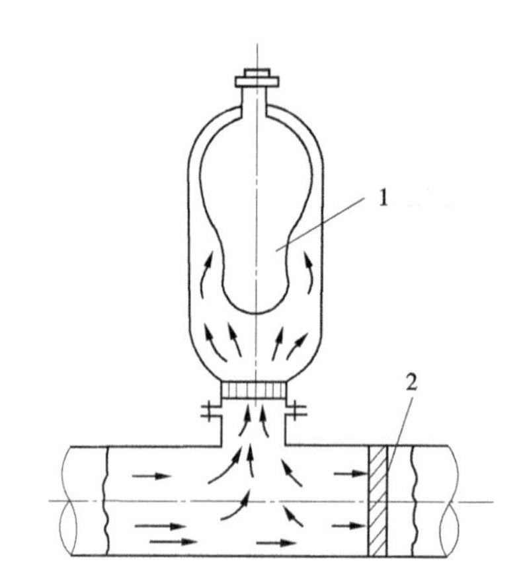

1—气囊压缩;2—快关阀板

图 11-43　气囊压

富有弹性的气囊能有效地吸收或抑制输水管道中发生的水锤压力波动。气囊中最好充入惰性气体,以延缓橡胶的老化。充气压力一般为水泵正常工作压力的 90%左右。当水泵正常工作时,管路中的压力水可通过罐底常开的阀板进入调压罐内,气囊在水中呈起浮状态。当突然停泵管路中压力骤降时,气囊膨胀将容器内的水体压入管路,起到补水稳压作用。同样,当反射正压波到达时,气囊压缩,从而起到气垫缓冲效能作用。

调压罐底部常开的阀板(或固定的多孔板),用以防止管路中压力过低时,橡胶气囊自底部管口压出而遭破坏。罐顶部设有汽车轮胎的气门装置,以便定期向气囊充气。此外,还应有压力计、放空、检修阀等装置。

对于小型水泵机组,也可采用橡胶膜或波纹管气囊,如图 11-44 所示。

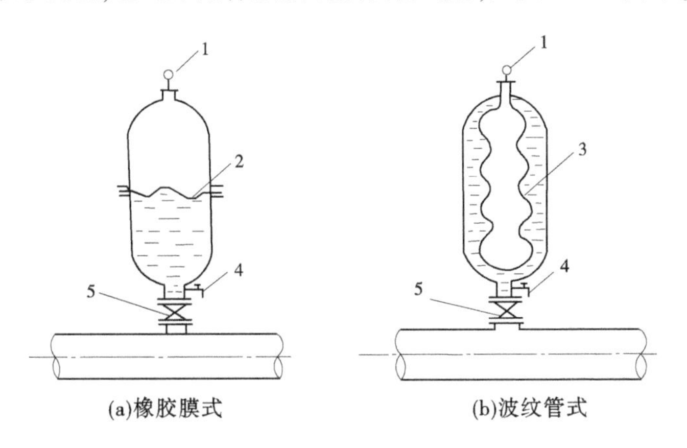

1—充气口及压力指示;2—橡胶膜;3—波纹管;4—放水口龙头;5—阀门

图 11-44　充气分离式调压罐

调压罐通常适用于设备流量较小,扬程较高,控制压力变化幅度大的情况。

11.5.4.2　调压罐水锤计算原理

1. 调压罐内气体压力与空气体积计算方程式

调压罐内气体压力变化可按波义耳定律计算,其公式为

$$\left.\begin{aligned}(H_{gP}+H_{\mathrm{a}})V_P^n&=(H_{g0}+H_{\mathrm{a}})V_0^n\\ hv^n&=1\end{aligned}\right\}\tag{11-107}$$

式中　$h=\dfrac{H_{gP}+H_{\mathrm{a}}}{H_{g0}+H_{\mathrm{a}}},v=\dfrac{V_P}{V_0}$;

H_{g0}——气体初始压力水头,一般为管道正常压力水头,m;

V_0——调压罐内气体的初始容积,m^3;

H_{gP}——水锤过程中气体的瞬时压力水头,m;

V_P——与 H_{gP} 对应的瞬时罐内气体容积,m^3;

n——气体指数,一般取 $n=1.2$,当采用气囊式调压罐充氮气时,取 $n=1.4$;

H_{a}——大气压,m。

2. 水量平衡方程

在 $\Delta t=t_P-t_0$ 时段内,罐内气体容积变化 $\Delta V=V_P-V_0$,即为向管道的注水流量,则调压罐接点管道处的水量平衡方程为

$$\frac{1}{2}(Q_{P\mathrm{in}}-Q_{P\mathrm{out}}+Q_{P0\mathrm{in}}-Q_{P0\mathrm{out}})\Delta t=V_P-V_0\tag{11-108}$$

式中　$Q_{P0\mathrm{in}}$、$Q_{P0\mathrm{out}}$——t_0 时刻调压罐接点管道处的入、出流量值,m^3/s;

$Q_{P\mathrm{in}}$、$Q_{P\mathrm{out}}$——t_P 时刻调压罐接点管道处的入、出流量值,m^3/s。

3. 压力关系方程

如果忽略摩擦阻力损失水头,则调压罐中水位至接点处管道中心的高差 Δh 与罐内

气体容积 V_P 具有固定关系(由调压罐结构和初始气体容积而定),即 $\Delta h = f(V_P)$,则调压罐内气体压力 H_{gP} 与管道压力 H_P 的关系为

$$H_P = H_{gP} + \Delta h = H_{gP} + f(V_P) \tag{11-109}$$

4. 调压罐注水流量方程

调压罐内气体的体积变化率即为其向管道注水的流量,即

$$q_P = \Delta V/\Delta t = (V_P - V_0)/(t_P - t_0) \tag{11-110}$$

5. 调压罐及其接点处管道的水锤参数计算

联立式(11-107)~式(11-110)、接点处管道上下游特征线和相容性方程,即可解得 H_{gP}、V_P、q_P、H_P、$Q_{P\text{in}}$、$Q_{P\text{out}}$、x_P、t_P 等八个水锤参数值。其中,x_P 值并不是接点管路位置值,单差值很小,可以忽略。

6. 调压罐容积和初始气体体积确定

调压罐容积和初始气体体积必须通过水锤优化计算后确定,即其值应使调压罐削减水锤压力的程度令人满意。

11.5.5 装置缓闭阀和增大机组转动惯量

从事故断电停机开始至水泵流量降到零的“水泵工况”时段内,管路中的水流以很快减慢的速度,继续维持正向流动,水泵机组则继续正转;若在此时段结束时刻阀门能够全部关闭或基本上关死,则机组就不会有倒流流量,但会产生很大的“关阀”升压,而且关阀过快(大于管道流量或流速下降速率)要加剧下游管路中的水柱分离现象,必须避免。为了减小水锤升压幅度,希望在“水泵工况”结束时刻,阀门仍有一定的开度,让管路产生一定的倒流,但残留孔口不能太大,否则会产生很大的倒流流量(回流速),同样会引起很大的水锤升压(可能大于直接水锤升压值)。另外,还可能引起很大的倒转转速值,危及机组和设备的安全。

11.5.5.1 缓闭止回阀

缓闭止回阀形式很多,以下为常用的几种。

1. 旁通式止回阀

图 11-45 为旁通式止回阀的一种。它是由一个普通止回阀,加设了一个旁通回路而成的。当主阀关闭后,水可自阀内部的旁通回路向水泵反向泄水。旁通回路的启闭,是通过一个碗形的可升降阀板来控制的。当水流倒泄时,冲压此阀板向下关闭。在阀板上联有一阻尼器,限制阀板的关闭速度。阻尼器上端的弹

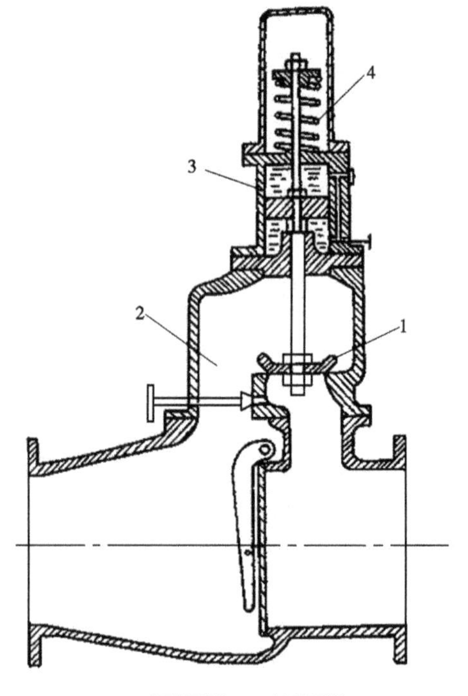

1—碗形阀板;2—旁通回路;
3—油阻尼器;4—弹簧

图 11-45　旁通式缓闭止回阀示意

簧用来调整碗形阀板启闭时的速度。

图 11-46 为旁通式缓闭止回阀的另一种形式，又称为“母子阀”。它的特点是：母阀保持原来的结构，仅在子阀上加装缓闭机构。当水泵突然断电时，采用控制缓闭子阀的关闭速度，来达到延时关闭、泄水降压的削减水锤压力的目的。

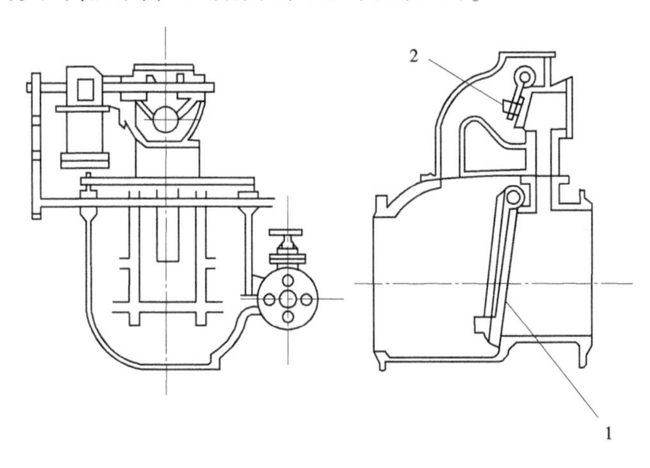

1—母阀；2—缓闭子阀

图 11-46 旁通式缓闭止回阀示意

2. 上阻式缓闭阀

图 11-47 为上阻式缓闭止回阀的结构示意图。它是在普通止回阀的阀板上增开一个小效能孔合小阀板而成的。效能孔直径为大阀板直径的 20% ~ 25%。大、小阀板各自的摇杆可绕主轴转动。大阀板绕主轴的转动是自由的；小阀板的摇杆固定在主轴上，并通过连杆机构与上面水力阻尼缸中活塞相连。停泵时，大阀板借自重绕轴自然下落，切断止回阀的通道。小阀板由回冲水流推动，克服水缸中的阻力，做缓慢关闭。小阀板的关闭速度与水锤升压有直接关系，可通过计算，调整水缸中阻力通道的大小来控制水锤升压值。

3. 侧阻式缓闭止回阀

图 11-48 为带双缸油阻尼器的侧阻式缓闭止回阀的结构示意图。其基本阀体亦是一种旋启式止回阀，阀板与轴用键固定在一起旋转，轴的直径和长度均较大，两侧穿出阀体，并采用小摩阻的胶圈进行密封。在阀体外两侧的轴身上各装一个摇臂及滑叉，它们之间用横销做滑动连接。在阀板自满开下落关闭过程的前期，摇臂端部的横销在滑叉导槽中，做相当于自由下落的滑动；而在关闭过程的后期，由于横销已压到导槽底，因此必须推动滑叉压下油阻尼，才能使阀板关闭。所以，在事故停机中，阀的关闭是分两阶段进行的。开始时很快下落，属于快关阶段。快关到还剩 15°左右时，油阻尼器起作用，阀板进入慢关阶段。慢关速度既要控制回流水量（或流量）不能太大，也要控制削减水锤压力的效果。为了提高关阀时的消锤功能，油阻尼活塞在结构上采用变截面的油针，使在阻尼过程中，过油截面越来越小。

此种结构形式的缓闭止回阀的消除水锤效果较好，但当管径较大或（和）压力较高时，轴的扭矩及油阻尼上的压力均很大，机构制造困难，价格昂贵。

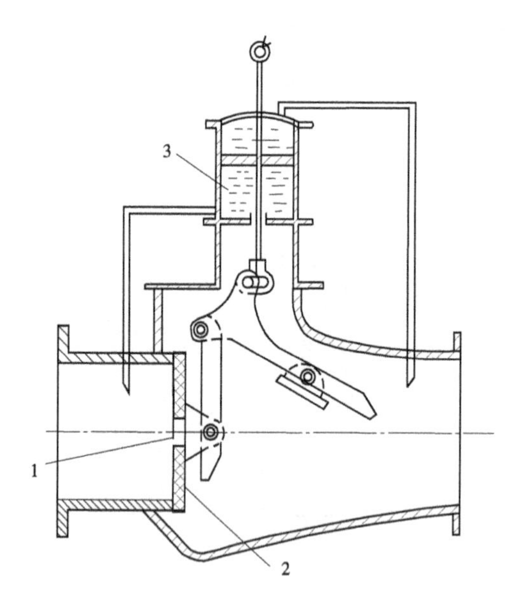

1—消能孔;2—大阀板;3—水力阻尼缸

图 11-47　上阻式缓闭止回阀示意

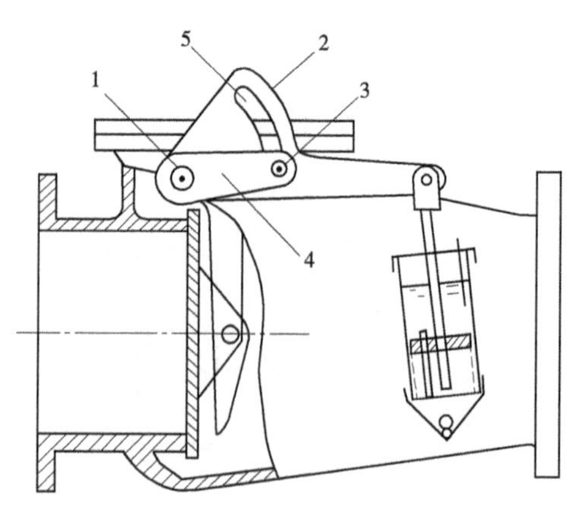

1—轴;2—滑叉;3—横销;4—摇臂;5—导槽

图 11-48　侧阻式缓闭止回阀示意

11.5.5.2　蓄能式液控缓蝶阀

两阶段关闭蝶阀是目前在大中型离心泵站中应用较多的水泵出口阀门,它具有普通蝶阀的优点,还能有效削减水锤的压力和节能。

两阶段关闭蝶阀在水泵启动过程中,能够先慢后快地自行开启;在事故停机过程中,能够自动地先快关至某一角度,余下的角度则以相当慢的速度关完。这样,无论在正常启闭水泵过程中,或在突然断电的水力过渡过程中,它既能削减水锤危害,又能控制机组倒泄流量和倒转速度。由此可见,此阀既有水泵出口操作(控制)阀的功能,又有止回阀(断流)和水锤防护功能。

由于蝶阀在较大关阀区间(如关闭到65°之前)的局部阻力系数很小,所以在"水泵工况"结束之前,必须将阀门关闭到较小的角度,以利控制管道中水的倒流。一般情况下,快速关闭与"水泵工况"同时结束,慢速关闭几乎与逆流的"水泵制动耗能工况"同时开始或先逆流稍后慢速关阀。

泵系统中逆流的流速增大很快,如果此时阀板仍以较快速度关闭,在阀门处将产生很高的关阀水锤压力。为此,阀板必须慢速关闭。由于这种缓慢关闭是在前一时段已将阀门关闭很大角度的基础上进行的,阀门对逆流已有较大的阻力,并限制了逆流的流量,水泵叶轮上实际受到的液能作用较低,所以长时间的缓慢关闭不致使水泵机组产生较大的逆转速度。慢速关阀的角度和历时对水锤压力削减程度关系很大,必须经过水锤防护优化计算确定。

1. 重锤蓄能式液控两阶段关闭蝶阀

如图 11-49 所示为重锤蓄能式液控两阶段缓闭蝶阀的主要构造。连杆及重锤与转轴相连,转轴又与蝶门(阀板)相连。水泵启动时,蝶阀的油泵电动机也开始工作,装置中液压系统驱动转轴使蝶门开启,同时将重锤举起。当蝶门全开后,液压系统中的电磁阀关闭，使蝶门处于自锁状态。当水泵断电时，电磁阀迅速开启，重锤借重力下落，提供关键的初始力矩；这时，液压系统中大排油孔排油，使蝶门快关至某一角度（60°~70°）。以后，当回流水到达时，由于蝶门的大部分关闭，造成很大的阻力，在倒流流量作用下，蝶门继续关闭。但由于此时液压系统中，大排油孔已经堵住，排油只能依靠事先设计好的小孔排油，因此蝶门只能做缓慢关闭，起着缓闭削减水锤的作用。

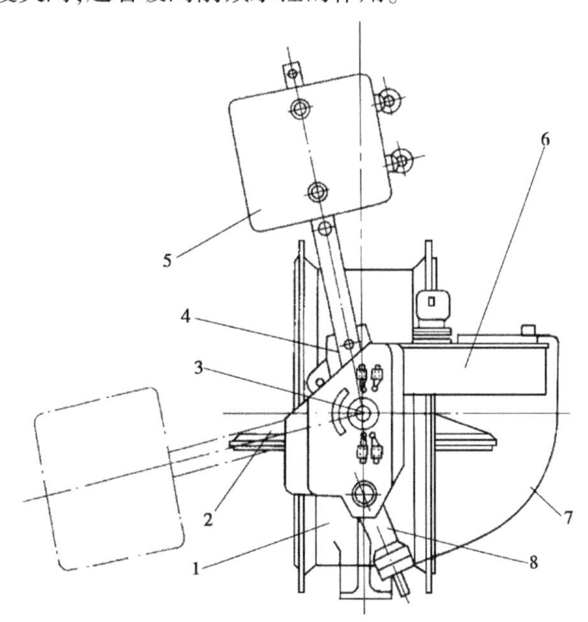

1—阀体；2—蝶门；3—转轴；4—连杆；5—重锤；6—油箱及油泵电动机；7—高压软管；8—摆动油缸

图 11-49　重锤蓄能式自闭蝶阀构造

蝶阀两阶段的关闭速度，可以通过液压系统中节流阀来调整。考虑到电动油泵等的失灵情况，阀体上也装了手动操纵装置。蝶门的最优关闭程序（快关角度和快门关速度）须通过水锤计算确定。

2. 蓄能罐式两阶段关闭蝶阀

蓄能罐式两阶段关闭蝶阀的功能与重锤蓄能式自闭蝶阀相同，即当事故断电停机时，能按预先设定好的程序，分两阶段（快慢关）关闭来削减停泵水锤危害，同时又具有水泵出口操作（控制）阀门及防止系统中大量水倒泄（断流）和控制水泵机组反转速度的止回阀的多种作用。

在构造上，此阀的特点是：用蓄能罐代替了重锤式液控蝶阀中的重锤，将重锤势能改变为流体蓄能，这不仅节省了长期运行中支承重锤所耗的能量，改善了液压系统的保压性能，而且避免和减少了运行时维修人员的人身事故和精神上的不安全感。该阀控制机构思路新颖，设计合理，体积小、重量轻、结构紧凑、功能齐全，动作灵活可靠，维修方便且不需要停止水泵工作等。

有两点需要说明：一是液控缓闭蝶阀的结构比较复杂，价格较高，维护水平要求较高，因此一般应用于高扬程、大流量、小摩阻损失、水锤升压较大的比较重要的泵站系统，以及自动化水平要求较高的泵站系统；二是大口径的液控缓闭蝶阀，当工作压力较高时，其构件笨重,制造困难,甚至难以达到强度和刚度要求,且价格很高,故大口径液控缓闭蝶阀的工作压力不大于4.0 MPa。工作压力大于4.0 MPa时,应选用球阀结构。

11.5.5.3　增大机组转动惯量

1. 原理、作用和特点

在机组事故停机过程中,机组轴上所受到的减速阻力矩等于机组转动惯量和角减速度的乘积,即

$$-M_{反} = J\frac{d\omega}{dt} \tag{11-111}$$

由式(11-111)可见,机组转动惯量 J 越大,则角加速度的绝对值越小,即机组转速降低的速率越慢,转速下降的速率也越小,延长了水泵机组的"水泵工况"历时,使水泵机组依靠惯性继续以缓慢降低的速率向管路中补水,管路中的流速和水压降低速率相应减小,从而改善了水力过渡过程中压力猛烈波动状况,在一定范围内减少了水柱分离的危险。

增加机组转动惯量的主要方法有两个:一是选用转动惯量较大的水泵机组(低转速机组),必要时可与机组生产厂商协商适当加大机组(主要是电机)的转动惯量;二是在卧式机组的主轴上增装惯性飞轮。但对一般提水泵站,增加机组转动惯量的措施必须考虑以下因素:

(1)选择转动惯量较大机组必须服从于机组工作效率,即不能以损失提水效率为代价。

(2)机组运行的可靠性和运行难度,比如增设飞轮会增加电动机启动困难。

(3)对管路较长和管线凹凸起伏较大的泵站工程,需要装设尺寸很大的飞轮,其困难程度需得到关注。

2. 刚体绕轴的转动惯量 J 和飞轮力矩(惯性矩) GD^2

刚体对某轴的转动惯量 J,是指刚体内所有各质点的质量与其相对应的转动半径平方的乘积的总和,用公式表示,即

$$\left.\begin{aligned} &\text{质量离散分布时:} \quad J = \sum m_i r_i^2 \\ &\text{质量连续分布时:} \quad J = \int r^2 dm \end{aligned}\right\} \tag{11-112}$$

式中　r——转动半径,m;

m——质点质量,kg。

转动轮环的转动惯量为

$$J = \frac{1}{8}M(D_2^2 + D_1^2) \tag{11-113}$$

式中　M——飞轮(转环)的质量,kg;

D_1、D_2——轮环内、外径,m。

一般刚体对某轴的转动惯量可写成统一的形式,即

$$J = MR_{回}^2 \tag{11-114}$$

式中　$R_{回}$——刚体对某轴的回转半径,对转环,$R_{回} = \frac{\sqrt{2}}{4}\sqrt{D_2^2 + D_1^2}$。

工程上常用刚体的重量(重力)和回转直径(或半径)来表示转动惯量,即 GD^2(WR^2),两者的关系为

$$J = \frac{GD^2}{4g}(\text{或}\frac{WR^2}{g}) \tag{11-115}$$

式中 G——刚体的总重量,N;

D——回转直径,$D=2R_{回}$;

g——重力加速度,m/s^2;

R——转半径,即 $R_{回}$。

11.5.6 其他防护措施

11.5.6.1 设置停泵水锤消除器

停泵水锤消除器的基本原理是:在水泵断电停机过程中,当管路出现低压时,消除器阀门迅速开启,呈开启状态,待回冲水流到达时,消除器对整个管路起着泄水降压的作用。

1. 下开式停泵水锤消除器

图 11-50 所示为常用的下开式停泵水锤消除器。在水泵正常工作时,管路内水压作用在阀板 1 上的向上托力,大于重锤 3 和阀板 1 向下的作用力,阀板和阀体密合,水锤消除器处于关闭状态。当突然停泵时,管路内压力下降,作用于阀板上向下的力大于向上的托力,重锤下落,阀板落于分水锥体 2 中,从而使主管路与排水口 4 联通。当主管路内逆流冲闭止回阀,使主管路内压力回升时,则由排水口泄出一部分水量,起到泄水降压作用。

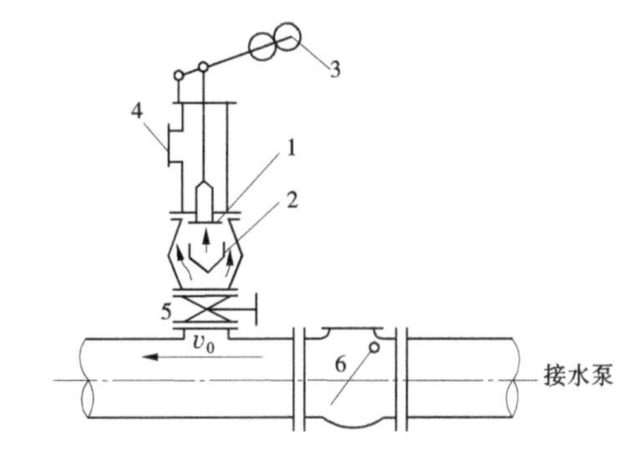

1—阀板;2—分水锥体;3—重锤;4—排水口;
5—阀门;6—旋启式止回阀

图 11-50 下开式停泵水锤消除器

下开式水锤消除器(与上开式消除器相比)具有结构简单、动作灵敏、加工容易、造价低廉等优点。其缺点是阀板下开后,不能自动复位;而且在进行复位操作中,可能发生失误操作而引发事故。

2. 自动复位下开式停泵水锤消除器

图 11-51 所示为自动复位下开式水锤消除器。它具有普通下开式水锤消除器的优点,并能自动复位。

自动复位下开式水锤消除器工作原理是:突然断电停机后,管路首端产生降压,水锤消除器分水锥体外部和内部的水,分别经阀门 9 和带孔止回阀 3 流入主管路 8,此时,活塞 1 下部受力减小,在重锤 5 作用下,使活塞落到分水锥体内,于是排水管 4 的管口开启。当回冲水流及压力波到来时,高压水经消除器排水管流出,一部分水经小止回阀 3 阀瓣上的钻孔倒流入分水锥体内,随着时间的延长,水锤逐渐消失,分水锥体内活塞下部水量慢慢增多,压力增大,直到重锤复位。为了使重锤动作平稳,消除器上部设有缓冲器 6。当活塞 1 上升到顶,排水口又复关闭,即自动完成一次水锤的消除过程。

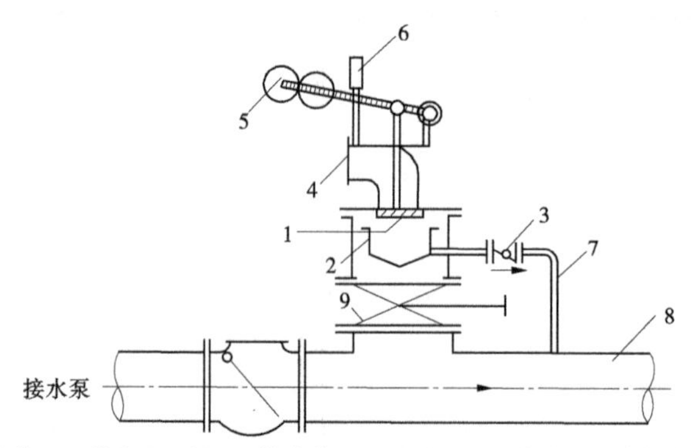

1—活塞;2—分水锥体;3—带孔止回阀;4—排水管;5—重锤;6—缓冲器;7—导水管;8—主管路;9—阀门

图 11-51　自动复位下开式停泵水锤消除器

3. 自闭式水锤消除器

如图 11-52 所示为自闭式水锤消除器。其构造和工作原理是:整个消除器由阀体 A 和控制器 B 组成。控制器为一水压滑阀,阀内小活塞 3 的上部受到重锤 2 的重力下压;下面受到干管 1 通过过滤器 16 来的向上水压。当水泵正常运行时,水压能将小活塞顶起,干管的压力水同时可以通过小连通管 19 进入阀体水缸中,将大活塞 4 压下使阀板 5 关严。当停泵水锤发生,干管中的水压低于设定压力时,重锤 2 将小活塞 3 压下,阀体 A 的水缸内水可通过排水管 6 排出;大活塞 4 受阀板 5 水压和弹簧 7 的压力,被顶上升,将缸内的水继续经排水管 6 排出,并把阀板 5 提起,使消除器呈开启状态。

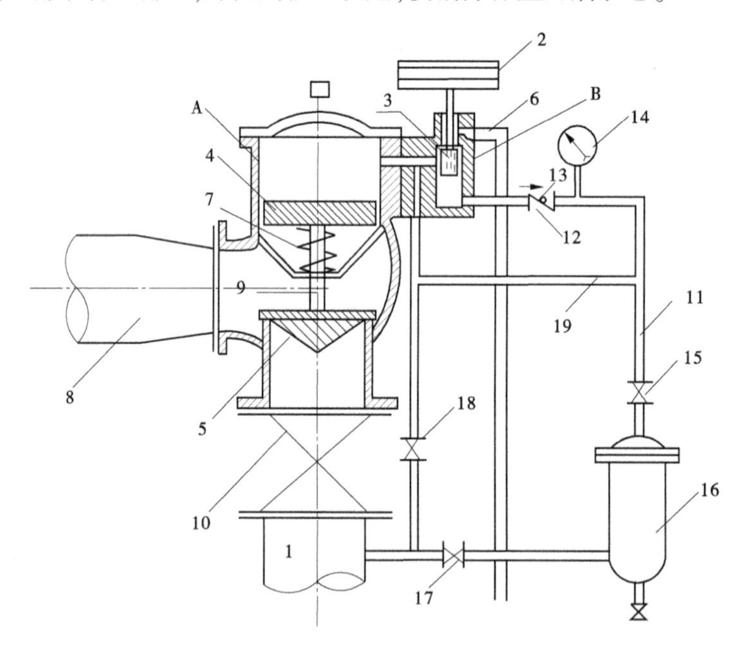

A—阀体;B—控制器;1—干管;2—重锤;3—小活塞;4—大活塞;5—阀板;6—排水管;7—弹簧;8—泄水口;9—阀杆;10—阀门;11—导水管;12—止回阀;13—延时小孔;14—压力表;15、17、18—阀;16—过滤器;19—小连通管

图 11-52　自闭式水锤消除器

大活塞 4 的面积大于阀板 5 的面积。设计在最低的工作压力下,大活塞 4 上面受到的水压总和大于或等于阀板 5 下面所受到的向上水压与弹簧的压力和阀口所需要密封力的总和,以保证阀板 5 能紧密地贴在阀口上,使干管压力水在平时不外漏。于是阀板 5 在正常运行时,能保持严密;在打开后能自动关闭。大活塞 4 下的弹簧是为了在干管压力剧降时,弹簧能将大活塞和阀板顶起使阀打开。止回阀 12 的阀板上,开有一延时小孔 13。当干管压力降低时,控制器 B 中小活塞 3 下面的水,能顺利地通过此止回阀流回干管,使控制器迅速动作。当干管压力恢复到正常静压时,水只能通过延时小孔以很小流量流向控制器,使整个闭阀动作缓慢。同理,小连通管 19 通过细小孔道与阀体水缸接通,也是基于缓慢闭阀的要求。这样,可以防止关阀时发生二次水锤。控制器的重锤和延时器孔板,可根据具体条件给予不同的设定。过滤器 16 主要是防止水中悬浮物将止回阀 12 中延时小孔 13 阻塞而设的。

自闭式水锤消除器的优点是:①可以自动复位;②可有效消除二次水锤。

11.5.6.2　设置旁通管(阀)

由于具体的目的不同,旁通管(阀)在泵站内也有几种设置方法,比较常用的有以下两种。

1. 止回阀上设置旁通管(阀)

对于泵后安装有止回阀,尤其是普通止回阀的泵站,为了防止阀门控制系统失灵,使阀门在事故停机过程中突然关死,引起很大的水锤升压,危及机组及设备的安全,常在止回阀上设置一条带有工作阀的旁通管路。

在水泵正常运行时,旁通管路呈开启状态。事故断电停机后,在止回阀完全关闭后的一定时段内,旁通管路仍然保持开通,起着泄水和降低水锤升压的作用。待停泵水锤波动平稳后,将旁通管路的工作阀门关闭,完全截断水流。水泵机组启动后(或同时),即将旁通管路打开,以防下一次停泵时再发挥作用。

旁通管路的尺寸(截面直径、长度、阻力系数等)越大,削减水锤作用越大,但引起的逆流流量(流速)和机组倒转转速也就越大,当逆流流速较大时,如后期旁通阀关闭太快,又会造成很大的“关阀”水锤,因此其尺寸并非越大越好。应综合考虑对机组倒转转速和倒泄流量的控制要求和削减水锤作用的大小,权衡利弊,并结合水锤优化计算而确定。

2. 与机组并联旁通管(阀)

在引水管路较长,或对口抽的加压泵站中,可考虑设置与机组并联的旁通管(阀),如图 11-53 所示。

在泵系统正常运行时,由于水泵压水侧的水压高于吸水侧的水压,止回阀 5 呈关闭状态。当发生停泵水锤时,水泵出口 A 点处的压力急剧下降,而吸水侧压力则猛增(此种情况很类似于长管道中的突然关阀)。在这一降一升的压差作用下,当吸水管中的水压大于出水管中的水压后,吸水总管 6 中的“瞬态高压水”就会推开止回阀的阀板流向压水总管 7 的“瞬态低压区”(A 点处),这样就会使吸水侧的水锤升压有所降低,而出水侧的水锤降压有所升高,从而使泵站两侧水锤波动都得到控制,能有效减小和防止水锤危害。

图 11-53(a)为某泵站设置旁通管的实际效果图,图中曲线 1 表示无旁通管时突然事故停泵后 A 点处压力随时间的波动曲线;曲线 2 则表示设置旁通管后 A 点处压力波动曲线。

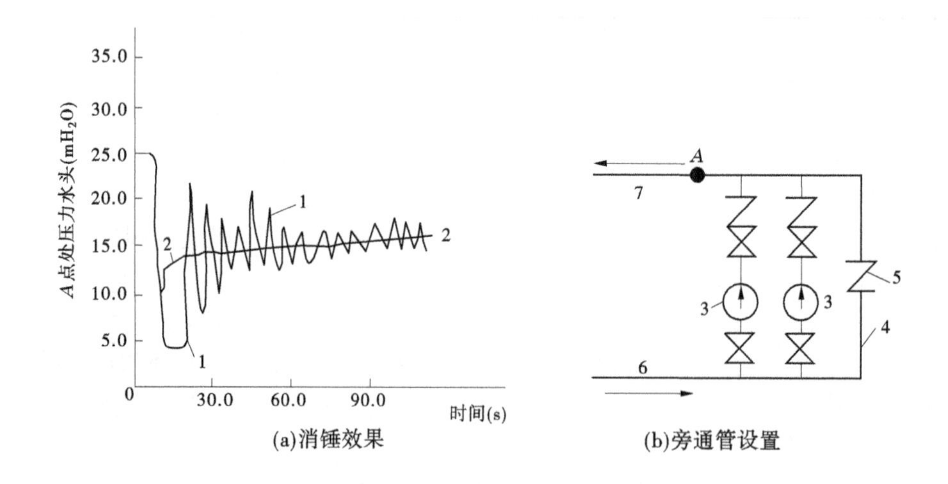

1—无旁通管时 A 点处压力波动曲线;2—设旁通管时 A 点处压力波动曲线;3—加压或循环水泵;4—旁通管;5—止回阀;6—吸水总管;7—压水总管

图 11-53　旁通管阀及其消锤效果

设置与机组并联旁通管的前提条件是吸水侧的“瞬态高压值”必须大于出水侧的“瞬态低压值”。对于一般低扬程泵站是能够满足此条件的。对于高扬程泵站,此条件难以满足,也就不宜采用并联旁通管防水锤。当泵站吸水管路较长,泵前水锤升压较大时,可考虑采取其他防水锤措施,如调压塔等。

11.5.6.3　设置多级止回阀

在较长的输水管路中,增设若干个止回阀,把输水管线划分成若干段,当泵站发生停泵水锤时,各止回阀相继关闭,这样就减小了水锤相和水泵压力波动幅度。此项防护措施,可以有效地用于静扬程很大的泵站工程,但不能消除水柱分离的可能性。其最大的缺点是设备投资大,管路运行效率低、运行管理费用高。

11.5.6.4　采用爆破膜片

在泵站输水管路上装设金属爆破膜片(铝质片、紫铜片等),类似于电路上安装保险丝一样。当管路中由于水锤升压超过预定值时,膜片自行爆破,水流外泄,以起到泄水降压的消除水锤的效果。

爆破膜片是一薄金属圆板,一般安装在止回阀出水侧主管路旁的支管端部,呈“盲肠”状。按小挠度理论分析,膜片的爆破压力与其厚度成正比,与其受压面积的直径成反比。其爆破极限拉应力可按下式计算:

$$\delta_s = \frac{PD}{2.56t} \quad (\text{MPa}) \tag{11-116}$$

式中　P——爆破压力,MPa;

D——膜片直径,mm;

t——膜片厚度,mm。

采用爆破膜片来作为水锤防护措施,具有结构简单、拆装方便以及成本低廉等优点。但由于目前没有定型产品,且受到材质及膜片固定方式等影响,难以准确地确定其额定爆破压力;另外,对于大型高扬程泵站工程,管道压力和管路中水容积很大,爆破后可能引起水毁事故,故一般不会采取爆破膜片措施,最多可作为水锤防护措施的后备保护来应用。

11.5.6.5　取消普通止回阀

在低扬程,出水管路较短的非并联泵站中,如果停机退水不致造成很大浪费,也不会引起机组超速反转等事故及危害,则可以考虑取消普通旋启式止回阀,以消除水锤危害和节约提水能耗。对多机组泵站则还需解决非运行机组的断流问题。

11.6　泵站安全防护工程规划

随着供水工程技术的进步,高扬程、大流量、长距离供水泵站工程日益增多,规模也越来越大,对供水和泵站工程的安全性的要求也越来越高。所以,在现代泵站工程的设计中,必须将泵站系统的安全防护作为泵站工程规划的一项重要内容,同时规划设计,而不是先规划设计好泵站工程,再解决泵站工程的安全问题。

11.6.1　安全防护工程规划基本原则

泵站安全防护措施的选择应坚持安全可靠、经济合理、维护方便的原则。而泵站安全防护涉及的内容较多,防护措施也五花八门,防护工程的参数值对安全防护的效果影响很大,防护措施之间甚至可能产生负相关的结果。考虑到泵站安全措施的防护效果难以用试验的方法来检验,因此防护工程措施规划及技术参数的确定必须配合水锤精确计算及分析,通过水锤防护优化计算,即通过水力过渡过程的计算来确认水锤防护措施及其参数对水锤防护的有效性和技术经济合理性。

11.6.2　事故停机水泵工况和管路水头变化

11.6.2.1　水泵工况变化

突然停泵的水锤过程一般具有三个阶段,即水泵工况、制动工况和水轮机工况。

突然停机后,水泵和管中水流由于惯性作用将继续沿原有方向运动,但其流速及流量逐渐减小,水泵扬程和管中压力也逐渐降低,直至流速和流量降为零,此阶段为水泵工况。

瞬间静止的水,由于受重力或静水头的作用开始倒流,回冲水流对仍正转的水泵叶轮起制动作用,于是转速继续降低,直至转速为零,这个阶段为制动工况。由于水流受正转叶轮的阻碍,水泵扬程和管中压力开始回升。

随着倒泄流量的加大,水泵开始反转并逐渐加速,由于静水头(反射升压波到达)的恢复,泵中水压也不断升高,倒泄流量很快达最大值,倒转速度也因而迅速上升。但随着叶轮转速的升高,作用于水的离心力也越大,阻止水流下泄,反而使倒流流量有所降低。最后在稳定的静水压力作用下,机组以恒定的转速和流量稳定运行,这一稳定的转速叫飞逸转速。从机组倒转开始至倒转飞逸转速的阶段称为水轮机工况。

在水泵出口装有止回阀的泵站中,制动工况和水轮机工况很短暂,甚至不存在水轮机工况。但对水泵扬程和管道降压波传播过程影响很小。

11.6.2.2 阻力水头变化

泵站停机后,管道压力水头(装置扬程)将由水泵机组作用水头、逆止阀的阻力水头、管道中水的惯性水头、管道阻力水头等几部分组成。其中:

(1)管道阻力水头与流速有关,就供水泵站工程而言,一般管道阻力水头占比很小,可以忽略。

(2)逆止阀阻力水头与阀门开度有关。泵站常用的是缓闭蝶阀和缓闭球阀,这两种阀门的基本特点是在大部分开度范围内,阀门的阻力水头很小,其中蝶阀要关掉65%以上、甚至到80%的开度后,才能显示出明显的阻力水头。而球阀要有明显的阻力水头,需要关掉70%以上、甚至到85%的开度。因此,在停机后的初始时段,阀门的阻力水头也很小,进入慢关阶段,其阻力水头才迅速增大。

(3)管路中水体的惯性水头取决于管路中连续水柱长度和管内流速变化率,而管内流速变化率的大小除与机组作用水头和阀门阻力水头有关外,还与管道铺设坡度有关。陡坡管道与缓坡管道相比,管内水体的流速变化率和惯性水头较大。

(4)水泵作用水头包括机组惯性水头、水泵工况的扬程、制动工况的阻力水头和水轮机工况的工作水头。其中,机组惯性水头与机组转动惯量和转速变化率成正比;后三项水头与过泵流量大小有关。

综合以上所述,事故停机初始阶段,阀门阻力水头很小,管路压力水头除克服水泵扬程外,主要用以平衡机组和管路中水体的惯性水头,故使水泵流量和机组转速迅速下降。

11.6.3 确定事故停机最大降压波值

突然停泵后,机组转速的降低导致流量 Q 及扬程 H 减小,因而在水泵处要产生扬程降 ΔH_P,如果忽略管路阻力损失,它就是由管首向出水池传播的直接(降压)波 $F(t)$。事故停机降压波计算见图 11-54。

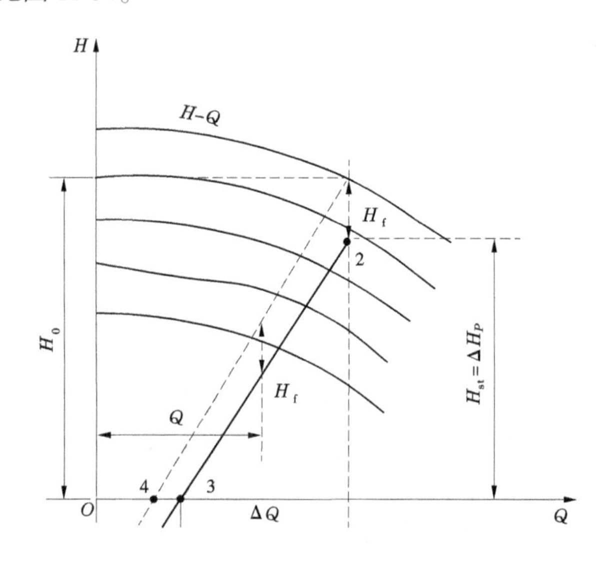

图 11-54 事故停机降压波计算

由前述可知，降压波 $F(t)$ 的最大值发生在反射波（升压波）f 返回泵站之前或机组转速下降到额定转速的一半的时刻。

11.6.3.1　降压波值与流量降值的关系

突然停泵后，由于机组转速下降，从而产生流量降 ΔQ，又引起扬程降 ΔH_P，忽略水头损失值，则降压波值 F 可用儒柯夫斯基公式计算如下：

$$F = \Delta H_P = \frac{aX}{YgA}\Delta Q = k\Delta Q \tag{11-117}$$

式中　X——机组运行台数；

Y——输水压力总管根数；

A——每根输水总管的断面面积，m^2；

g——重力加速度，m/s^2；

a——总管水锤波传播速度，m/s，可按 11.3.1“水锤基本理论”之“弹性水柱（锤）理论”中有关公式计算，在一般泵站工程中，正常压力管道（钢管、PCCP 管、球墨铸铁管等）的水锤波速大致在 900～1 250 m/s，在规划阶段可按 $a \approx$ 1 000 m/s 估计。

k——降压系数，s/m^2。

11.6.3.2　停泵机组转速变化过程

根据理论力学，水泵机组的转动微分方程（惯性方程）为

$$\sum M = M_{主} - M_{阻} = J\frac{d\omega}{dt} \quad 或 \quad M_{主} = M_{阻} + J\frac{d\omega}{dt} \tag{11-118}$$

式中　$M_{主}$——机组轴上的主动扭矩，N · m，当水泵工况时，它是电机轴上的输出力矩，当水轮机工况时，它是水泵轴上的输出力矩，事故停机后，当转速下降不大，且反射波 f 尚未返回泵站时，$M_{主}=0$；

$M_{阻}$——机轴上阻力矩，当水泵工况时，它包括有效水力矩和无效损耗（如机械摩阻）力矩，在逸转水轮机工况时，因无有效能量输出，它为机组摩阻力矩；

J——机组转动惯量，kg · m^2，$J=\dfrac{GD^2}{4g}$；

GD^2——飞轮力矩；N · m^2；

ω——机组旋转角速度，rad/s，$\omega=\dfrac{\pi}{30}n$；

n——机组转速，r/min。

事故停泵初期（反射波返回前或转速下降不超过 50%），机组惯性方程为

$$-M_{阻} = J\frac{d\omega}{dt} \tag{11-119}$$

由相似理论的 $\dfrac{M_{阻}}{M_n}=a'\dfrac{n^2}{n_N^2}$，经整理得：

$$\frac{dn}{dt} = -\frac{a'n^2}{T_a n_N} \quad 或 \quad \frac{n_N}{n} = 1 + \frac{a't}{T_a} \tag{11-120}$$

式中　M_n——水泵额定转矩,N·m,$M_n=\frac{1\ 000P_n}{\omega_n}$;

P_n——水泵额定功率,kW;

ω_n——水泵额定角速度,rad/s,$\omega_n=\frac{\pi}{30}n_N$;

n_N——水泵额定转速,r/min;

T_a——机组时间常数,s,$T_a=\frac{\pi n_N J}{30M_n}=\frac{\pi}{3.6g}\frac{GD^2n_N^2}{P_n}\times10^{-6}$;

a'——与水泵特性、静扬程、泵和管路联合工作条件等有关的系数,在水锤初期,即反射波f尚未返回泵站之前,可取$a'\approx1$。

利用式(11-120)可得停泵机组转速变化曲线,即

$$\left.\begin{aligned} n &= \frac{n_N}{1+\frac{t}{T_a}} \\ t &= \left(\frac{n_N}{n}-1\right)T_a \end{aligned}\right\} \tag{11-121}$$

11.6.3.3　水泵扬程或降压波值与机组转速的关系曲线

假如在稳态工况下水泵的扬程H与流量Q关系曲线为

$$H=f(Q) \tag{11-122}$$

根据相似定律,在任意转速n下,H与Q的关系曲线可表示为

$$H=\left(\frac{n_0}{n}\right)^2 f\left(\frac{n}{n_0}Q\right) \tag{11-123}$$

联立式(11-117),即$H-H_0=\Delta H_P=k\Delta Q=k(Q-Q_0)$,即可解得$\Delta H_P$与转速$n$的关系曲线:

$$\Delta H_P=F(n) \tag{11-124}$$

式中　Q_0、H_0、n_0——机组初始工作点,即初始流量、扬程和转速值,规划阶段可取水泵的额定值Q_n、H_n、n_N。

11.6.3.4　水泵扬程或降压波历时曲线和最大降幅

联立式(11-121)和式(11-124)可解得停机后水泵扬程降值或降压波值历时曲线的一般表达式为

$$\Delta H_P=g(t) \tag{11-125}$$

在$\mu=\frac{2L}{a}$和T_a的小者为计算最长历时t_{max},代入式(11-125)解得事故停机后水泵扬程或降压波的最大降幅$\Delta H_P'=g(t_{max})$。

水锤波速与管道的刚度,即与管壁材料、结构厚度和管径有关。管壁厚度和材料弹性模量越大,管径越小,水锤波传播速度越大。

压力管道设计流速是影响最大可能水锤降压幅值的主要因素。对正常设计的泵站,压力管道的流速为1.5~2.50 m/s。为此,压力管道最大可能水锤降压幅值在150~

300 m。

在泵站工程规划设计中,应根据规划装置扬程 H_{st} 的大小,采用合适的管径,结合选用柔性较大的管材等措施,使最大可能降压幅值小于泵站装置扬程,即 $\Delta h<H_{st}$,以保证在事故停机时压力管道首端(压力最大管段)不会发生水柱分离现象。另外,采用多机并联管道方案可使部分机组运行时的水锤安全性大大提高。

【例11-2】 辛安泉漳泽泵站襄垣支线供水工程的泵站装机4台,4×630 kW,三工一备,供水流量 3×0.55 m^3/s。PCCP压力管路长度约8 000 m,管径为DN1400。水泵额定扬程80 m,额定流量0.55 m^3/s,额定转速1 480 r/min。机组转动惯量202.6 N·m^2。经计算,事故停机后水泵扬程等参数变化过程如图11-55~图11-57所示。

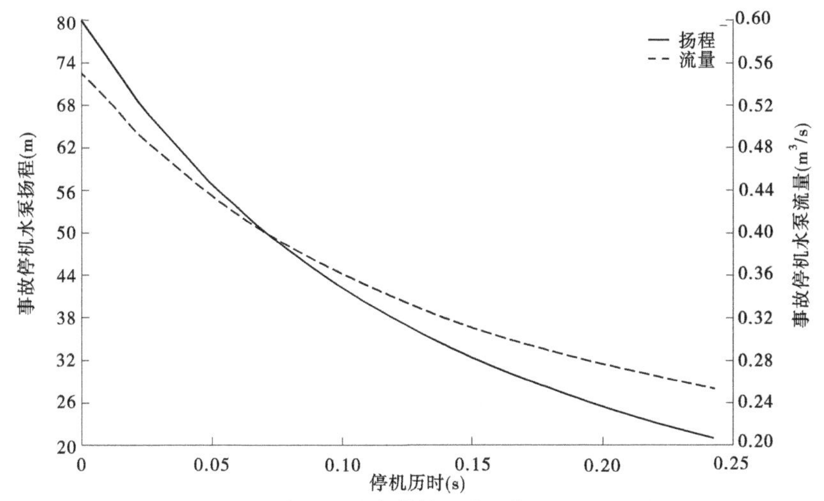

图11-55　漳泽泵站事故停机水泵扬程、流量曲线

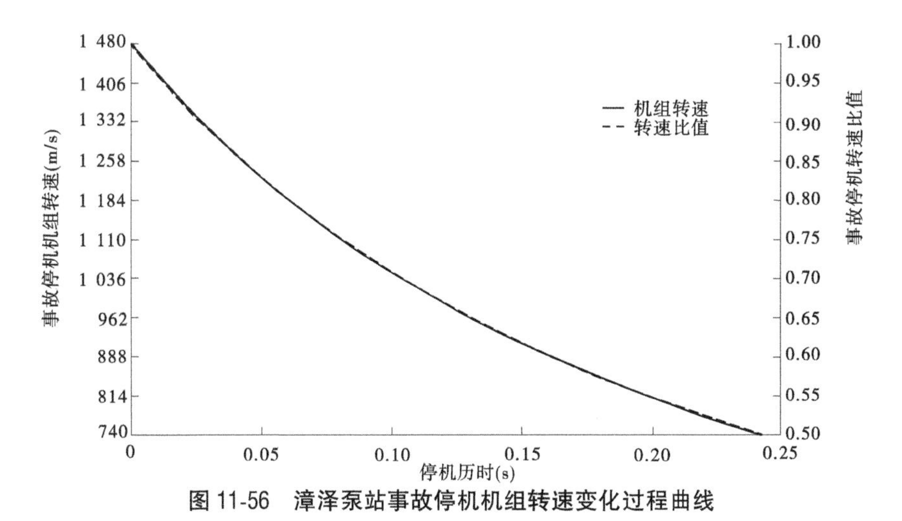

图11-56　漳泽泵站事故停机机组转速变化过程曲线

影响水泵扬程或降压波的最大降幅及曲线形状的因素主要有三个,即压力管道水锤波传播速度、压力管道事故停机前的初始流速和机组时间常数。

压力管道水锤波传播速度 a 取决于管道的刚度,其大小将影响式(11-117)中的直线

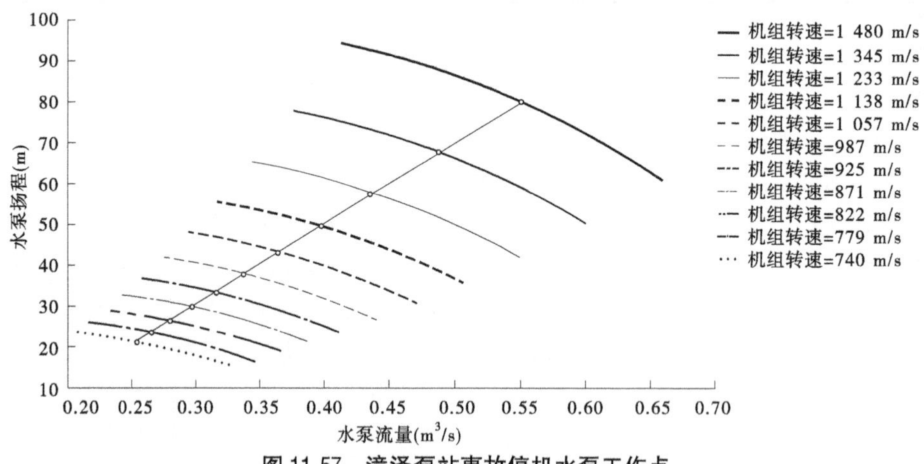

图 11-57　漳泽泵站事故停机水泵工作点

斜率 k 值,a 越大则 k 值越大,水泵扬程或降压波的最大降幅也大。因此,规划中选择柔性较大的管材有利于减小事故停机时的降压波值。

压力管道初始流速 v_0 的大小对水泵扬程或降压波的最大降幅影响很显著,v_0 与 a 相同,也是通过间接影响斜率 k 值而使水泵扬程或降压波的最大降幅产生变化。规划中适当加大压力管道直径,减小其内流速,以减小事故停机时的降压波值。

机组转动惯量 GD^2(或 J)与机组时间常数 T_a 成正比,根据式(11-121),T_a 确定了事故停机后机组转速的变化过程曲线。选择转动惯量较大的机组,可适当延长事故停机后的降压水锤波过程,有利于减小管路的降压幅度。

11.6.4　输水管路最低水头包络线和管路纵断面规划

11.6.4.1　计算确定压力管路最低水头包络线

确定了事故停机后水泵扬程即管道首端降压波曲线 $F(t)$ 后,进而可确定压力管线的最低水头包络线。

泵站发生事故停机后,管路中某点 x(长度桩号)的最大可能水锤降压值发生在 $t'=\frac{2L-x}{a}$ 时刻,如果忽略水头损失,最大水锤压力降幅等于 $\mu_x=\frac{2(L-x)}{a}$ 时刻的水泵扬程降低值 ΔH_P,即 $F(\mu_x)$。当 μ_x 大于 ΔH_P 的最大值对应的历时 $t_{\max}$ 时,对 $x<L-\frac{at_{\max}}{2}$ 的管段,其最大水锤降压幅度都将达到管路最大水锤降幅 Δh。

11.6.4.2　压力管线纵断面布置图规划

根据管线地形地质条件,初步确定出管线纵断。然后将其与管路最低水头包络线相比较,即可确定事故停机后可能产生真空或水柱分离的各个管段。

工程上采用降低管道铺设高程可使管路不发生真空或水柱分离现象,但要增加管道的承压强度,管道及其铺设土建工程费用将加大,对地形复杂的长距离管线,投资可能增加很大。所以,在地形起伏较大的长距离压力管线中,要通过降低管路铺设高程完全消除管路真空或水柱分离现象是不经济的。

在压力管路规划中,可依据线路地形地质条件,适当地降低部分管段的敷设高程,尽量减少产生真空或水柱分离管段的数量和长度,减少管路局部纵向折点(膝部、驼峰、凸顶等)的数量,减小各段管路的铺设坡度,特别是应将坡度很陡的直立管段变为倾斜铺设的缓坡管段,以减小水柱分离的可能性。然后通过采取相应的水锤防护措施,抬高管路最低水头包络线,使整个管路的压力处于允许的真空度以内。

理论上讲提高压力管路最低水头包络线的有效措施是想办法将直接水锤转化为间接水锤,可通过在输水管路上增设单向调压池和双向调压塔等方法来实现。设置调压池(塔)不仅可将池(塔)处管路的最低压力水头牵制到一定的高度,同时可以缩短反射升压波的返回时间,相当于缩短了管路长度,变直接水锤为间接水锤,提高压力管路的最低水头包络线。

对于地形复杂的长距离泵站管路,保证在事故停机过程中管路中的最低压力值完全满足《泵站设计规范》(GB 50265—2010)的要求,可能需要设置较多数量的调压池(塔)等设施,不仅投资大,运行管理也很麻烦。考虑到水柱分离点也是升压波反射点,允许管路部分折点(膝部、驼峰顶等)发生一定的水柱分离,也可以提高管路的最低水头包络线。虽然产生水柱分离管路处的压力低于规范的要求值,但只要经过详细的水力过渡过程计算,以确定不会产生较大的二次弥合水锤值,并配合对管道的强度和刚度复核、设计,可以保证泵站工程的安全运行。

工程实践中在山西省晋城市杜河提水泵站工程设计中采用了这样的思路,即允许 10.6 km 压力管路中的多个节点在事故停机过程中发生水柱分离现象,突破了规范的限制。该工程 2018 年建成投运,现已安全运行两年多。详情可参见《晋城市杜河提水工程枢纽泵站及输水管道工程水力计算和优化设计报告》。

11.6.5　水锤防护措施选择

水锤防护措施的选择应与泵站及管路系统的规模、作用、对安全性的要求及技术(管理)水平相适应,并尽可能地选用技术安全可靠、经济合理、管理维护方便的防护措施。在复杂的泵站管路系统中,应当采取综合性防护措施,以提高防护功能的安全可靠性及总体防护效果。

11.6.5.1　水泵出口阀门

根据工程实践经验,对于提水高度小于 70 m 的非并联泵站,可以不装止回阀,以减小能量损耗和降低事故停机水锤压力。而大部分泵站工程,尤其是高扬程、长管路的大中型泵站工程,水泵出口必须装置止回阀,其基本作用是停机断流和控制机组倒流流量和倒转转速,以保护机组设备及泵站工程设施的安全。

从断流的角度出发,在停机后水泵流量降到零的时刻将阀门全部关死,可避免发生倒流。如此,应配置快速启闭的自动阀门,阀门启闭时间一般为 1~3 s,但如此快的自动阀门是难以制造的,尤其是大口径阀门的关阀时间是难以做到的,故泵站停机过程中一般会发生一定的倒泄流量。

从泵站安全防护的角度考虑,止回阀的关阀速度不宜太快,应允许有一定的倒流。如果在 5 s 内将阀门关死,机组一般不会发生倒转或倒转转速不会很大。为了减小水锤升压幅度,应该允许机组有一定的倒转历时和速度,但倒转转速不能超过机组额定转速的1.25倍。倒泄流量也不宜太大,以免产生较大的关阀水锤压力升值。一般大中型泵站可以选用重锤式或蓄能式两阶段关闭止回阀,停泵后,先在短时间内(3~8 s时间)关掉止回阀的大部分开度,以控制最大倒泄流量和倒转转速值,然后,以较慢的速度关闭余下的阀门开度,以降低水锤升压幅度。

11.6.5.2 双向调压塔(池)

双向调压塔(池)是一种兼具注水功能和泄水功能的缓冲式水锤防护设施。其主要功能是消除和阻断输水管路中的压力增减幅值,一旦管道中压力降低,双向调压塔(池)就会迅速向管内补水,以防止管中产生负压;当管路中的水锤压力升高时,它允许高压水流进其中,从而起到缓冲水锤升压的作用。

双向调压塔的构造为一开口的水池(水柱),一般布置在泵站前引水管路的末端和泵站后压力管路的前半段,最好布置在易发生水柱分离的高点或折点,且应与输水管路(纵断)规划相结合,如图11-58所示。

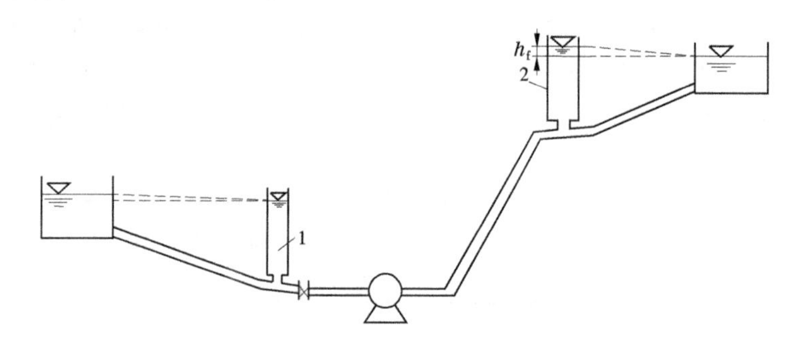

1、2—双向调压塔

图11-58 双向调压塔(池)

双向调压塔(池)能有效隔断其前后管路的水锤波的联系。布置在引水管路的双向调压塔(池)可减小或基本消除调压塔(池)前管路的水锤波动;而布置在压力输水管路的双向调压塔(池)则可减小或基本消除调压塔(池)后管路的水锤波动。

双向调压塔(池)消锤效果明显,结构简单,运行安全可靠,维护工作很少,但在多数情况下由于高度大而使其造价较高,故多用于较大流量、长管路系统的大中型泵站工程。

引水管路双向调压塔(池)前管路和压力管路双向调压塔(池)后管路不会产生较大的压力升高,故只需考虑泵站前后双向调压塔(池)之间管路的水锤问题。当用其防止负压产生时,应注意:

(1)应有足够的断面面积,在机组启动和事故停机过程中,调压塔(池)内的水位波动不大。

(2)应该布置在可能产生负压的管道附近。

(3)应有足够的高度,以防在调压过程中产生溢流。

(4)应有足够的容积,确保在给管路系统补水过程中,始终保持调压塔(池)中要有一定的水量,以防空气进入主干管道。

(5)管路设置双向调压塔(池)后,在事故停机过程中会增大泵站倒泄流量和机组倒转转速的缺点,须引起注意。

11.6.5.3　单向调压塔(池)

单向调压塔(池)是抬高管路最低水头包络线,防止管道发生水柱分离现象和消除断流弥合水锤过高升压的经济有效、稳妥可靠的停泵水锤防护措施与设备。单向调压塔(池)适用于管路地形复杂、管线起伏较大的泵站工程,常设置于管路中容易产生负压和水柱分离的主要特异点(如主要峰点、膝部折点、驼峰及鱼背等)处,如图 11-59 所示。

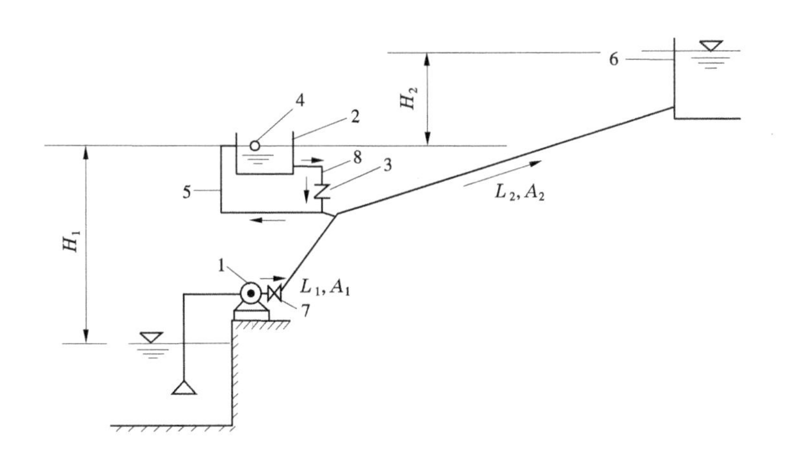

1—水泵;2—单向调压塔(池);3—逆止阀;4—浮球阀;5—满水管;6—高位水池;7—止回阀;8—注水管

图 11-59　管路系统中的单向调压塔(池)及设备

单向调压塔(池)工程主要由水箱(池)、注水和充水管路系统组成。其中,注水管路带有单向阀,只允许向主干管注水,它是核心部件,必须保证其准确和及时地启闭。水泵正常运行时,注水管上的逆止阀处于关闭状态。发生事故停机后,当主干管中的水压降低到事先设定值时逆止阀迅速开启,利用势能差向主管道注水,防止发生负压并控制泵管系统中的水锤压力振荡与危害。

单向调压塔(池)又称为低位调压塔(池)。其设计水位不需要达到水泵正常工作时的水力坡度线,它的安装高度可以大大地降低,故在经济上要比双向调压塔(池)节省。所以,单向调压塔(池)是具有复杂管路的泵站工程的有效水锤防护措施之一,它在长距离输水泵站管路系统的停泵水锤危害综合防护中得到了广泛的应用。

与双向调压塔(池)相比,单向调压塔(池)的结构上多了一套单向注水管路系统,由于其注水管路的逆止阀等可能长期不动作,容易生锈失灵,故可靠性较差,需在运行中注意维护保养。

单向调压塔(池)设计要点如下:

(1)单向调压塔(池)的位置、设置座数、容积、水位、注水流量 Q 以及注水管路尺寸(尤其是注水口尺寸),必须通过水力过渡过程优化计算确定。

(2)无残留空腔是单向注水工艺与技术防水锤效果的充要条件。所以,必须保证注水及时、流量足够,但应防止注水过度,以免使倒泄流量和机组反转速度增大太多。

(3)注水管应采用两根,安全系数可取 1.5,每根管的设计流量为其设计总注水流量 Q 的 3/4。

(4)设计注水水位对管路最低水头包络线的抬高幅度影响较大,有条件的部位应尽量提高单向调压水池高度。

(5)为了防止在事故停机过程中空气从满水管路被吸入主管中,满水管上也需装设逆止阀。

11.6.5.4 旁通阀

在安装了止回阀的泵站中,为了防止因阀门突然关闭,在管路中产生很大的水锤升压值,可考虑在止回阀上设置常开旁通管路,保证在事故停机的水锤过程中,使管路维持一定的倒泄流速,以减小可能产生的过大关阀水锤压力。

旁通阀及其管路的尺寸可根据允许的机组最大倒转飞逸转速和倒泄流量值,结合水锤防护效果计算确定。

当机组进入稳定的水轮机工况后,如忽略压力管路水力损失水头,则机组和管路的水头平衡方程为:旁通阀段阻力损失水头 H_v 和水泵(水轮机)工作水头 H_P 两项之和等于泵站静扬程 H_{st}。即

$$H_v + H_P = H_{st} \tag{11-126}$$

1. 旁通阀段阻力损失水头 H_v

旁通阀段阻力损失包括旁通阀及其管路阻力损失,由于旁通管路很短,可忽略沿程水头损失,按旁通阀段局部阻力损失计算。其计算公式如下:

$$H_v = \frac{8}{\pi^2 g}\frac{\sum\xi}{d^4}Q^2 \tag{11-127}$$

式中 $\sum\xi$——旁通管路局部阻力系数总和,初估时可取 $\sum\xi \approx 3$;

d——旁通阀直径,m;

Q——倒泄流量,m^3/s。

2. 水轮机工况的工作水头 H_P

进入稳定的水轮机工况后,其工作水头与机组倒转转速 n、倒泄流量 Q 相关,其关系由水泵全面特性曲线确定,即

$$H_P = f(n, Q) \tag{11-128}$$

如果没有水泵的全面特性曲线,可根据所选水泵的比转数 N_s 值拟合而得,详见 11.7.1.2 节。

联立方程式(11-126)~式(11-128),确定允许的倒转飞逸转速和最大倒泄流量值后,即可解得旁通阀直径 d 的估算值。通过水力过渡过程优化计算,按照降锤效果较好的原则,最后确定旁通阀的设计直径。

11.6.5.5 其他措施

泵站水锤防护措施较多,以上介绍的是泵站工程中常用的几种工程措施。表 11-6 中所列技术资料可供选择停泵水锤防护措施时参考。

表 11-6　停泵水锤防护措施选用

防护目标	措施	优点	缺点	适用条件
使水不倒流	快闭式止回阀	流量 $Q=0$ 时完全关闭,设备简单	阻力损失大,压力升值较大,直接水锤升压达 $2H_{st}$	大口径、陡坡管路中难以实现
倒流水不经过水泵	下开式水锤消除器	动作灵敏、可靠,消锤效果好;结构简单,加工容易,造价低	须人工复位,操作不便,且失误可能导致二次水锤,须经常注意维护管理	大中型泵站,小于 DN1000 的管路
	自闭式水锤消除器	可以自动复位,消锤效果好;采用小孔延时方式,有效地消除了二次水锤	构造复杂,须经常注意维护管理,工作压力较低	管线长于 300 m,管径大于 DN300
	自动复位下开式水锤消除器	具有普通下开式水锤消除器优点,且能自动复位	结构较普通下开式水锤消除器复杂,须常注意维护管理	
允许倒流水经过水泵,控制倒流流量和倒转飞逸转速	不设止回阀	消锤效果好,措施及方法简单,正常运行时节约能源	管道出口应有可靠的断流措施,或停泵后须尽快关闭工作阀门	低扬程泵站,进水池安全容量大于倒流水量,机组允许在飞逸转速下运转
	普通缓闭止回阀	通过控制缓闭阀的关闭过程,可降低水锤升压、倒流流量和倒转飞逸转速	构造较复杂;阀门完全关闭的瞬间可能有振动	中小型泵站。关阀程序须经过精确水锤计算确定
	重锤或蓄能液控缓闭蝶阀	一阀三用(操作、止回和消锤),消锤效果好。可有效控制泄流量、机组最大反转速;一般分快慢两阶段关闭	构造较复杂,价格较高;高扬程、大管径时阀门操作动力很大,实现困难	安全性要求较高的特大、大型泵站。阀门关闭程序须经过水锤综合防护计算和分析后确定
	缓闭球阀	基本同上。美国加州埃德蒙斯顿泵站装机 14 台,823.7 MW。静扬程 587 m,单机流量 8.9 m^3/s。前 10 s 关阀 80%,其余 20%用 20 s 关完	基本同上。阀门关闭程序须经过水锤综合防护计算和分析后确定	用于安全性要求较高的大型、特大型高扬程泵站,电机、水泵和阀门须单独订货制造
	回转阀(ROTO-VALVE)	一阀多用,节约能源,关闭可靠,使用寿命长	构造复杂,管理水平要求高,价格很高	用于安全性要求较高的大型、特大型高扬程泵站,电机、水泵和阀门须单独订货制造

续表 11-6

防护目标	措施	优点	缺点	适用条件
防止降压过大而发生水柱分离现象或控制断流弥合水锤	增大机组转动惯量,如增设惯性飞轮和选用转动惯量较大机组	设备较简单,效果较好、稳定可靠	在输水管路较长时,需增加的转动惯量较大,设置尺寸较大的飞轮,机组启动难	仅用于卧式机组。须进行水锤综合防护
	设旁通阀(水泵的或止回阀的)	可有效削减水泵前后管道的压力波动;止回阀的常开旁通阀可防止其突然关死而发生很大水锤升压	水泵的长闭旁通阀等有可能开启滞后、造成水锤危害,必须定期维修保养	水泵上的旁通阀用于进水管路较长,扬程较低的泵站;止回阀上的旁通阀用于高扬程泵站
	双向调压塔(池)	可有效截断其前后管路水锤波动的传播,消锤效果好,构造简单,安全可靠	塔(池)中水位变化较大,需有合适地形条件,需注意防冻、一般投资较大	一般用于大流量,长管路系统,宜设于长出水管路的前半段高地和长进水管路的末端
	单向调压塔(池)	基本同上。塔(池)水只出不进,建筑高度低,投资省,防水柱分离效果好	需注意防冻,需增设止回阀和补水管路系统,止回阀长期不动作容易失灵	设于易产生水柱分离处
	空气罐(室)	不受地点限制,亦可防止过高的升压	需设空压机等气压装置;压力容器需设安全阀等	中小型泵站
	进气缓冲阀或真空破坏阀	可削减断流弥合水锤升压。设备比较简单	注入的空气需能自然排出,再启泵前必须排完,维修不好易失灵	适用于管路系统不能注水或注水量很大的场合
爆破膜片		排水降压,构造简单,成本低	动作可能滞后,膜片性能不稳	系辅助性措施,不能单独使用
多个普通止回阀		将管路分成多段,减小每段作用水头	阻力损失大;管理维修麻烦,投资和管理费用大	

11.7　泵站水锤计算技术及工程实例

11.7.1　泵站水锤计算技术

泵站水锤计算亦称泵站水力过渡过程计算,计算工作量大,并且很烦琐,一般需采用电算的方法才能完成,它是泵站安全防护工程规划设计的基础。

泵站水锤计算工作内容一般应包括稳态初始参数计算、机组启动和事故停机等各种水锤过程计算、水锤防护措施及其参数优化分析、水锤参数的敏感性分析等四部分内容。

11.7.1.1　稳态初值计算

1. 边界条件

水力过渡过程中的水锤升、降压幅值是选用泵站工程安全防护措施的主要依据,而影响其值的主要因素是事故停机前的水泵及管路的流速。

大中型泵站多采用多机组并联管路的形式,且机组多采用降压或变频的启动方式。通常机组启动过程中的水锤压力升值要小于事故停机的情况,故一般只做事故停机的水力过渡过程计算。但当泵站装机台数较少或采用单机单管布置形式、机组全压直接启动时,应该进行机组启动的水力过渡过程计算。

1) 事故停机

(1) 泵站最小静扬程。对应于进水池(水源)最高水位和出水池最低水位。

(2) 最大工作流量,即最多开机台数。

2) 机组启动

(1) 静扬程最小。

(2) 启动时管路流量最大,即最大机组最后确定。

2. 初值计算

泵站工程水力过渡过程计算的初值包括水泵的工作点和管路节点的流量(或流速)、压力总水头(或水位)等。初值计算的难点主要是管路阻力损失和水泵工作点的确定,对于复杂的泵站和管路系统,可借助等效水泵和等效管路特性曲线,编程计算,参见附录中相关内容。

11.7.1.2　水泵全面性能曲线

水力过渡过程计算是进行泵站工程防护措施规划设计的基础,而水泵全面性能曲线(或四象限特性曲线)又是水力过渡过程计算的前提条件。因此,在水泵型号确定后,必须得到所选水泵的全面性能曲线。

1. 水泵全面性能曲线的获得

迄今为止,水泵全面性能曲线不论在种类上(按比转数来区分)或数量上都不能满足工程建设的需要。实践中通常采用以下两种方式取得。

1) 从水泵生产厂商获得

大型水泵产品一般没有定型产品,需先开发水泵模型并做试验,待模型验收合格后才能进行水泵生产。因此,对大型的试制水泵,可以直接要求厂商提供全面性能曲线。

2)插值计算

目前国内已有的几种(比转数分别为80、90、128、260、530和950)水泵的全面性能曲线,根据所选用水泵的比转数,采用3次样条内插法求得水泵的全面特性曲线。(虽然水泵的全面性能曲线不仅是比转数的函数,也无法估计用这种插值方式所获得的水泵全面性能曲线的误差,但迫于工程建设需要,不得不这样做)。为了尽可能增大所得水泵全面性能曲线的可靠性,应采取如下措施:

(1)国内大型水泵的应用日益增多,特别是大型引进水泵产品,应尽量收集整理这些先进产品的资料,扩展水泵全面性能曲线库存量,使拟合曲线更接近真值。

(2)水泵样本提供的特性曲线具有较高的可靠性,所以,在采用插值方法得到水泵全面性能曲线后,用水泵稳态工况参数替换掉拟合曲线的对应部分后,作为用于水锤计算的水泵全面特性曲线。这样做至少能保证第一象限内的曲线参数比较符合实际。

2. 叶片泵全面性能曲线的形式

为了适应进行电算的要求,需要对叶片泵的全面性能曲线进行改造,以便计算机在计算过程中取值。

1)基本假定

利用水泵全面性能曲线进行水锤计算时,采用了以下两个简化的假定作为前提:

(1)假定在恒定(稳态)流动条件下实测所得的曲线,可以反映暂态过程中各参数之间的关系。

(2)假定在转速变化时水泵效率恒定不变,即水泵效率与转速无关。为此水泵工况参数与转速之间存在如下相似关系:

$$\frac{H_1}{H_2}=\left(\frac{N_1}{N_2}\right)^2;\quad \frac{Q_1}{Q_2}=\frac{N_1}{N_2};\quad \frac{M_1}{M_2}=\left(\frac{N_1}{N_2}\right)^2;\quad \frac{P_1}{P_2}=\left(\frac{N_1}{N_2}\right)^3 \tag{11-129}$$

式中　H、Q、M、P、N——水泵的扬程、流量、转矩、轴功率和转速,下标1和2表示不同工况。

2)全面性能曲线的坐标参数

正常运转中的水泵,转速是固定不变的,其性能曲线的坐标参数为:

$$H \sim Q, M(\text{或}P) \sim Q \tag{11-130}$$

如果改用以下的坐标参数绘制性能曲线,则同一台水泵在不同转速条件下的性能曲线将互相叠合在一起:

$$\frac{H}{N^2} \sim \frac{Q}{N}, \frac{M}{N^2} \sim \frac{Q}{N}, \frac{P}{N^3} \sim \frac{Q}{N} \tag{11-131}$$

现用一组无因次参数表示水泵的工作参数与额定参数的比值:

$$n=\frac{N}{N_e}, q=\frac{Q}{Q_e}, h=\frac{H}{H_e}, m=\frac{M}{M_e}, p=\frac{P}{P_e} \tag{11-132}$$

式中,带下标e的值表示额定值,则式(11-131)中的三条性能曲线,也可改绘成以下三条以无因次参数为坐标的性能曲线:

$$\frac{h}{n^2} \sim \frac{q}{n}, \frac{m}{n^2} \sim \frac{q}{n}, \frac{p}{n^3} \sim \frac{q}{n} \tag{11-133}$$

这样的新坐标比式(11-131)有更大的概括能力。式(11-133)的曲线可以表达同一台水泵所有转速条件下的参数关系,即可表示所有相似系列中的泵在各种转速条件下的参数关系。因为 n、q、h、m、p 值相同时,不管相似系列泵的尺寸大小和转速快慢如何,其工况是相似的。因此,采用式(11-133)中的新坐标,可将原有全面性能曲线所包含的两组等值线(等 H 曲线组和等 M 曲线组)改绘为两条无因次曲线,从而大大便利于给参数赋值供计算机调用。

但是,由于 n、q、h、m、p 都可正可负,当然也可能出现 $n=0$ 的情况,故坐标参数$\frac{q}{n}$、$\frac{h}{n^2}$、$\frac{m}{n^2}\left(或\frac{p}{n^3}\right)$的变化范围均为 $-\infty\sim+\infty$,以致实际上不可能绘出整个曲线。为此,迈切尔(Marchal)等人提出了巧妙的建议,将式(11-113)中的无因次坐标参数再改造为以下的无因次新坐标参数:

$$\left.\begin{aligned}WH(x)&=\frac{h}{n^2+q^2}\sim x=f\left(\tan^{-1}\frac{q}{n}\right)\\MH(x)&=\frac{m}{n^2+q^2}\sim x=f\left(\tan^{-1}\frac{q}{n}\right)\end{aligned}\right\}\tag{11-134}$$

横坐标以弧度计,其变化幅度为 $0\sim2\pi$,纵坐标的变化范围也相当有限,这就可以在有限的坐标系统中绘出整个曲线了。

横坐标采用以下的分区规定:

(1)$q\leqslant0,n<0$ 时(反向流量,反向转速,水轮机工况)

$$x=0\sim\frac{\pi}{2},x=f\left(\tan^{-1}\frac{q}{n}\right)=\tan^{-1}\frac{q}{n}$$

(2)$q<0,n\geqslant0$ 时(反向流量,正向转速,泵制动工况)

$$x=\frac{\pi}{2}\sim\pi,x=f\left(\tan^{-1}\frac{q}{n}\right)=\pi+\tan^{-1}\frac{q}{n}$$

(3)$q\geqslant0,n\geqslant0$ 时(正向流量,正向转速,泵工况)

$$x=\pi\sim\frac{3}{2}\pi,x=f\left(\tan^{-1}\frac{q}{n}\right)=\pi+\tan^{-1}\frac{q}{n}$$

(4)$q>0,n<0$ 时(正向流量,反向转速,反向制动工况)

$$x=\frac{3}{2}\pi\sim2\pi,x=f\left(\tan^{-1}\frac{q}{n}\right)=2\pi+\tan^{-1}\frac{q}{n}$$

综合上述,水泵全面性能曲线的实用无因次坐标参数为:

$$水平轴坐标\ x=\begin{cases}\tan^{-1}\frac{q}{n} & q\leqslant0,n<0\\\pi+\tan^{-1}\frac{q}{n} & n\geqslant0\\2\pi+\tan^{-1}\frac{q}{n} & q>0,n<0\end{cases}$$

纵轴坐标：$WH=\frac{h}{q^2+n^2}$；$WH=\frac{m}{q^2+n^2}$；$m=\frac{p}{n}$

式中　q、n、h、m、p——水泵流量、转速、扬程、转矩和功率的相对值(与额定值之比)。

图 11-60 为上述的工况分区总结,在编排计算机程序时应保证其中分区的规定。

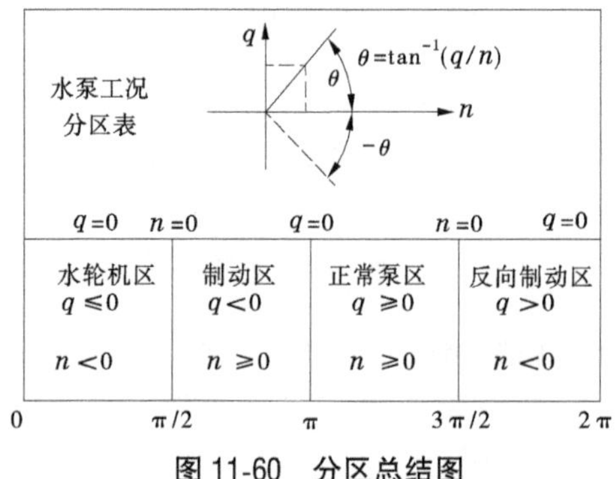

图 11-60　分区总结图

3)全面性能曲线表达方式

图 11-61 为某台比转数 $N_s=\frac{N_e\sqrt{Q_e}}{H_e^{0.75}}=128$ 的单级单吸离心泵的两条无因次全面性能曲线。从图 11-61 可以看出,$WH(x)$和 $WM(x)$曲线比较复杂,很难用简单的数学公式对它做比较满意的描述。一般只能以离散数据的形式来表达两条曲线。而对于计算机来说,只要有从这些曲线上取下的一系列离散数据,供其调用就够了。

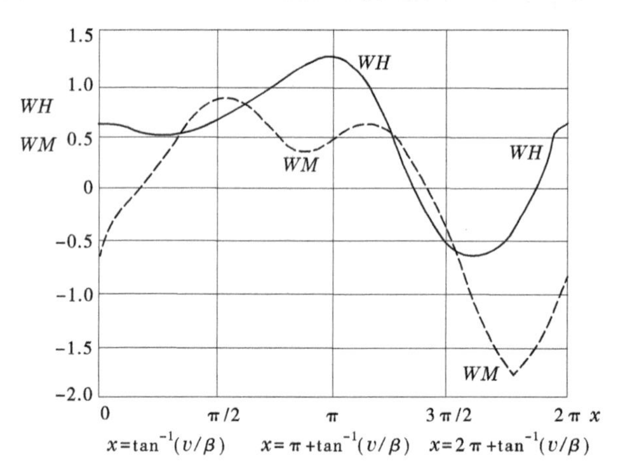

图 11-61　某 $N_s=128$ 离心泵无因次全面性能曲线

根据工作经验,一般从 $x=0$ 至 $x=2\pi$,以等分间距 $\Delta x=\frac{2\pi}{88}$,取下 89 个 $WH(x)$和 $WM(x)$的离散值,按序排列于表中,供计算机调用。实际应用时,还可利用计算机再做内插,以准确地模拟原性能曲线。

3. 全面性能曲线实例

某泵站五级立式离心泵的额定转速为 980 r/min,额定流量为 0.57 m^3/s,额定扬程为 300 m,额定功率为 1 983.6 kW。比转数为 125。特性曲线参数如表 11-7 所示。

表 11-7　特性曲线参数

流量 (m^3/s)	0.46	0.54	0.57	0.61	0.70
扬程(m)	326	309	300	287	253
轴功率(kW)	1 775	1 935	1 984	2 035	2 123

水泵正常工作区无因次曲线比较见表 11-8。

表 11-8　水泵正常工作区无因次曲线

横坐标 x	水泵特性曲线参数		拟合曲线参数		坐标比值	
	$WH_0(x)$	$WM_0(x)$	$WH(x)$	$WM(x)$	$\frac{WH_0(x)}{WH(x)}$	$\frac{WM_0(x)}{WM(x)}$
3.855 6	0.608 3	0.531 8	0.617 8	0.531 8	0.984 6	1.000 0
3.927 0	0.500 0	0.500 0	0.500 2	0.500 1	0.999 6	0.999 8
3.998 4	0.385 6	0.450 9	0.368 6	0.432 3	1.045 9	1.043 2

从表 11-8 可以看出:①一般水泵样本给出的特性参数在全面性能曲线上占据的区段很小;②样本曲线与拟合参数存在一定偏差。

笔者对很多水泵样本的参数做过比较,其偏差范围大都在 10%以内,最大的可达 15%。从工程应用角度,当按比转数拟合得到泵的全面性能曲线后,只需按水泵的额定参数做适当修正,使拟合曲线在泵额定工况$\left(\text{横坐标 } x=\frac{5}{4}\pi\right)$下的纵坐标均等于零,即有 $WH\left(\frac{5}{4}\pi\right)=0$ 和 $WM\left(\frac{5}{4}\pi\right)=0$。具体拟合与修正见实例。

11.7.2　泵站水锤防护措施设计实例

11.7.2.1　实例泵站工程简介

1. 工程内容及规模

杜河枢纽泵站总扬水高度 288 m,设计提水能力 1.72 m^3/s,装机四台,三用一备,总装机容量 10 000 kW。枢纽工程包括:

(1)输水管路总长度 10.633 km,其中 DN1400 钢管段长度为 407.95 m,DN1400 钢筒水泥(PCCP)管段 10.226 km,管路主要建筑物有:单、双向调压池三座,排水、排气阀 30 余处,末端 10 万 m^3 蓄水池工程等。

(2)泵站工程包括库区取水口工程,主副厂房,进水池,水泵出水支、岔管道,机组四套(水泵、电机、缓闭逆止阀和检修阀等),以及输电线路及变配电工程等。

2. 工程特点

从水力计算和工程设计方面分析,杜河提水工程具有如下明显特点:

(1)泵站单机流量较大,扬程高。单机设计流量0.57 m^3/s,设计静扬程288 m。水泵及其后接缓闭逆止阀等附属设备的选型比较困难。

(2)取水水位变幅大。泵站从水库中直接取水,设计水位454~462 m,变幅达8 m,加上出水池水位变幅5.4 m,泵站提水高度(静扬程)280.6~294 m,相差13.4 m,如果再考虑单机和全机(短期超负荷)运行时管路损失的差别,则机组的扬程变化幅度可能要达20多m。

(3)输水线路长,地形复杂。管路沿山脊布设,高低起伏,途经十几处高峰和低洼谷底,最大峰谷高差达80多m。

(4)工程较复杂。设计采用立式多级水泵,提高了泵站厂房的高度,解决了泵站枢纽工程的防洪问题,并减小了取水工程土建工程量和投资;沿地面铺设管道减小管路土建工程量和投资,但使管路形成很多膝部、驼峰等节点,为防止水柱拉断、产生二次弥合水锤而危及管路工程安全,设置了多个单双向调压池工程,同时也为了减小水锤升压,配置了球形缓闭止回阀,且增设了旁通阀,这些措施的采用使得泵站水力过渡过程的计算和参数优化变得较困难。

11.7.2.2　水锤计算基础资料

1. 水锤计算边界条件

水锤计算包括事故停机和机组启动两项,计算工况见表11-9。

表11-9　水锤计算工况参数

水锤名称	进水池水位(m)	出水池水位(m)	静扬程(m)	开机台数(台)
事故停机	462	745	282.68	3
机组启动	462	745	282.68	2

注:泵站扬水高度283 m,上下大气压差-0.32 m。

2. 管道计算数据

泵站工程压力管道设计总长度10.655 km,其中:水泵后支、岔钢管段管道长度约30 m,管径/壁厚分别为DN600/12、DN900/16;压力输水管道长10.633 km,管径1 400 mm,包括钢管408 m,壁厚18 mm;钢筒预应力混凝土管(PCCP)10.237 km。杜河电灌站管道中心线与压力总水头线见图11-62。

管路计算参数包括各管段长度、管径、管材及结构尺寸,水力节点桩号(或坐标)、高程及局部阻力损失系数等。

3. 机组特性参数

1)电机

三相异步高压电机,直接启动,异步参数如表11-10所示。

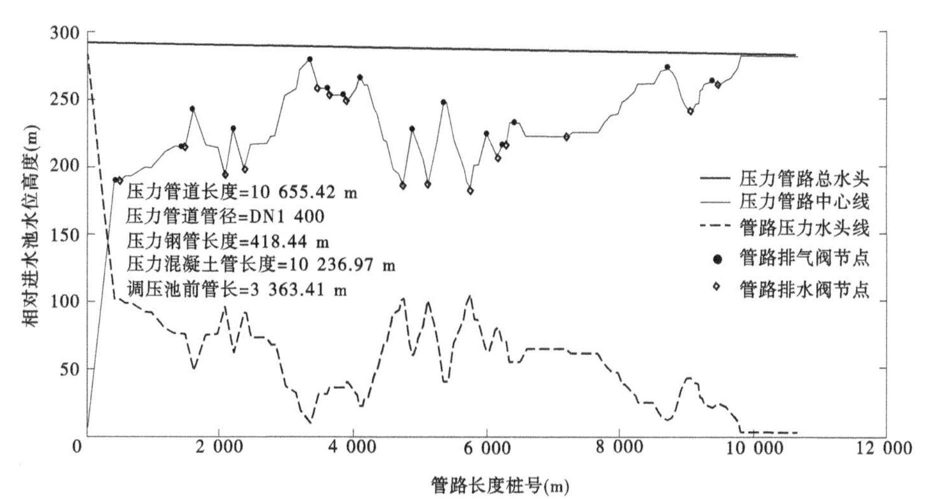

图 11-62　杜河电灌站管道中心线与压力总水头线

表 11-10　电机特性参数

型号	功率(kW)	额定电压(kV)	额定电流(A)	额定转速(r/min)	额定效率(%)	功率因数 cosφ
立式异步	2 500	10	176	992	94	0.85
最大转矩(N·m)	堵转转矩/额定转矩(N·m)	堵转电流/额定电流(A)	转动惯量(kg·m²)	接法	质量(t)	
1.8	0.7	0.6	264	Y	16	

2)水泵

立式单吸 5 级离心泵,技术参数如表 11-11、表 11-12 和图 11-63~图 11-65 所示。

表 11-11　水泵特性参数(水泵额定转速 980 r/min)

型号	流量		扬程	效率	轴功率	汽蚀余量
	m^3/h	m^3/s	m	%	kW	m
多级离心泵	1 728	0.48	322.5	79.1	1 920	5.3
	2 160	0.60	300	85.4	2 068	7.2
	2 592	0.72	265.5	86.4	2 171	10.5
	2 700	0.750	257.0	86.0	2 199	11.5
	3 000	0.833	230.0	85.5	2 199	11.7

表 11-12　水泵修正特性参数(水泵额定转速 995.5 r/min)

型号	流量		扬程	效率	轴功率	汽蚀余量
	m^3/h	m^3/s	m	%	kW	m
多级离心泵	1 679	0.466 4	335.13	82.69	1 850	5.14
	1 971	0.547 5	317.49	84.38	2 016	5.45
	2 081	0.578 1	308.53	84.42	2 067	7.40
	2 227	0.618 6	295.14	84.26	2 120	10.79
	2 555	0.709 7	260.03	81.66	2 211	11.82

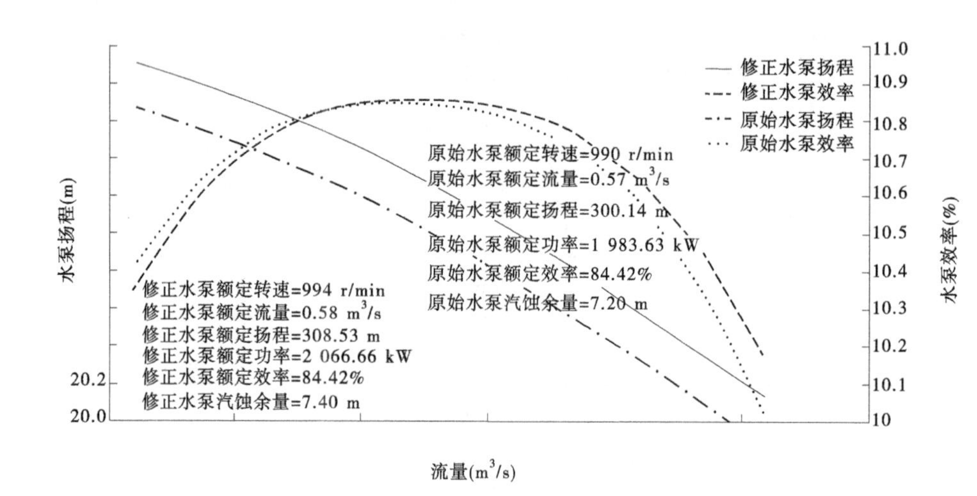

图 11-63　杜河电灌站水泵扬程和效率曲线

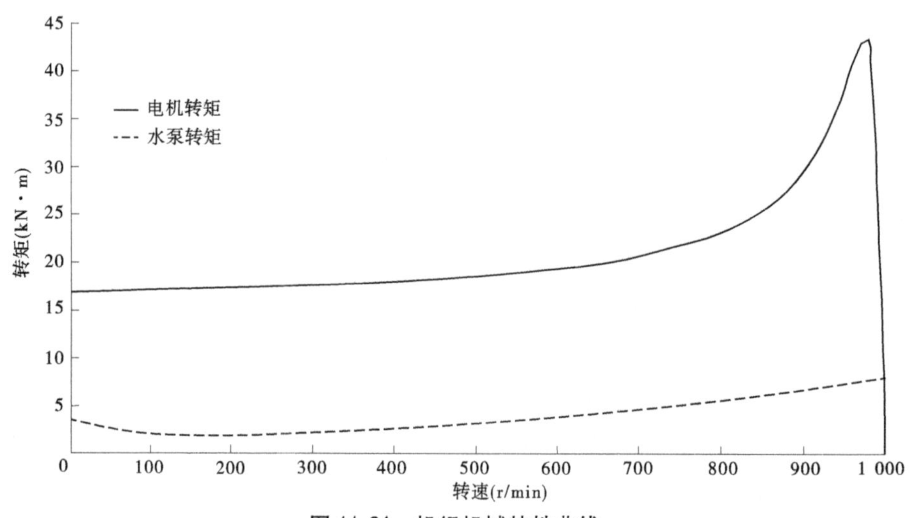

图 11-64　机组机械特性曲线

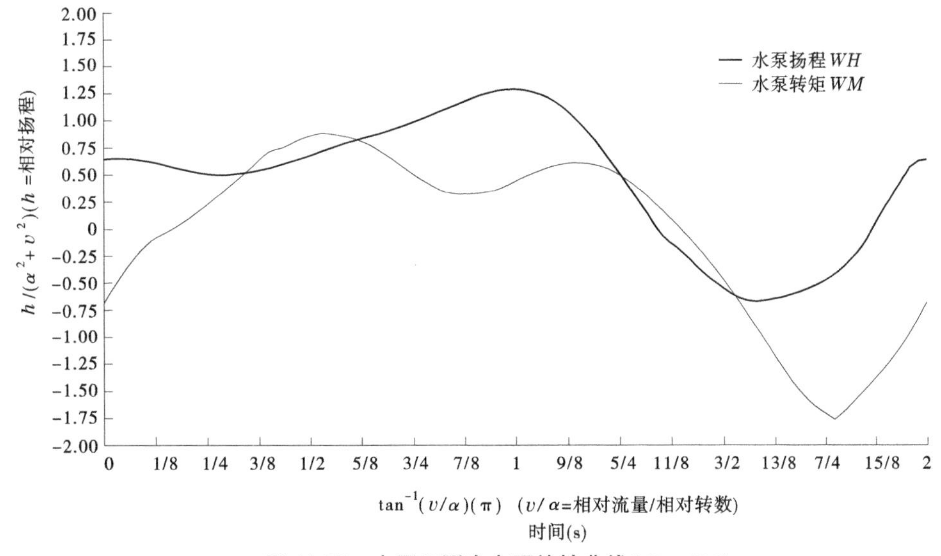

图 11-65 水泵无因次全面特性曲线(N_s = 125)

11.7.2.3 泵站工程安全防护措施规划

1. 最低水头包络线估算

联立式(11-117)和式(11-123),取水锤波传播速度为 1 100 m/s,机组时间常数 T_a = 1.93 s,可以得到事故停机降压波曲线如表 11-13 所示。

表 11-13 事故停机降压波过程线

时间(s)	0	0.15	0.30	0.45	0.6	0.75	0.77
压力降(m)	0	24.7	49.2	71.9	92.1	111.1	113.5

管道长度 x 处的最大水锤降压幅度为 $\Delta h = F(\mu_x) = F\left[\frac{2(L-x)}{a}\right]$,结合管路纵断面图分析,约 400 m 长以后的管道基本上都铺设于最低水头包络线以上。

2. 水锤防护工程措施

1) 防止管路产生空腔和发生二次弥合水锤

采用单、双向调压池的措施,提高管路最低水头包络线,防止和减小管路空腔的长度和二次弥合水锤升压。

根据《泵站设计规范》(GB 20265—2010),管路最低压力不应小于 2~3 m。为了使管道最低压力达到设计要求(本工程取 2.0 m),需在管路设置较多的调压池,而且各单项调压池必须具有足够的高度,双向调压池的位置还应位于制高点以前,如此不仅使得各调压池工程量和投资较大,调压池与管道中心处高差较大,布置难度亦大。

本工程压力管路中可能产生负压的管路段均采用钢筒水泥管(PCCP),刚度较大,可以承受一定的负压。而允许管路形成一定的负压值,甚至允许发生微小的水柱拉断现象,不仅不会产生很大的二次水锤升压,而且可以有效地减小管路水锤升压幅度,还能减少调压池数量,减小工程规模和投资,有利于调压池布置、保温、施工和运行管理。为此,本工程初步拟订调压池布置方案如下：

(1)在管路制高点 3+290 前后设置一处双向调压池，以抬高中后段管路的最低水锤压力包络线，阻断水锤波向后面管路传递，减小和消除双向调压池之后管路的水锤压力波动。

(2)在 0+376~3+296 的局部膝部和驼峰处(如 0+376、1+187、1+577、3+329 等)设置若干个单向调压池，提高此段管路的最低水头包络线，减小和消除二次弥合水锤压力。

计算结果显示(见图 11-66)，管道末端 9+690 之后出现-0. 52~1. 0 m 的低压段，不符合规范要求，但由于管道压力很小，不会形成危害。

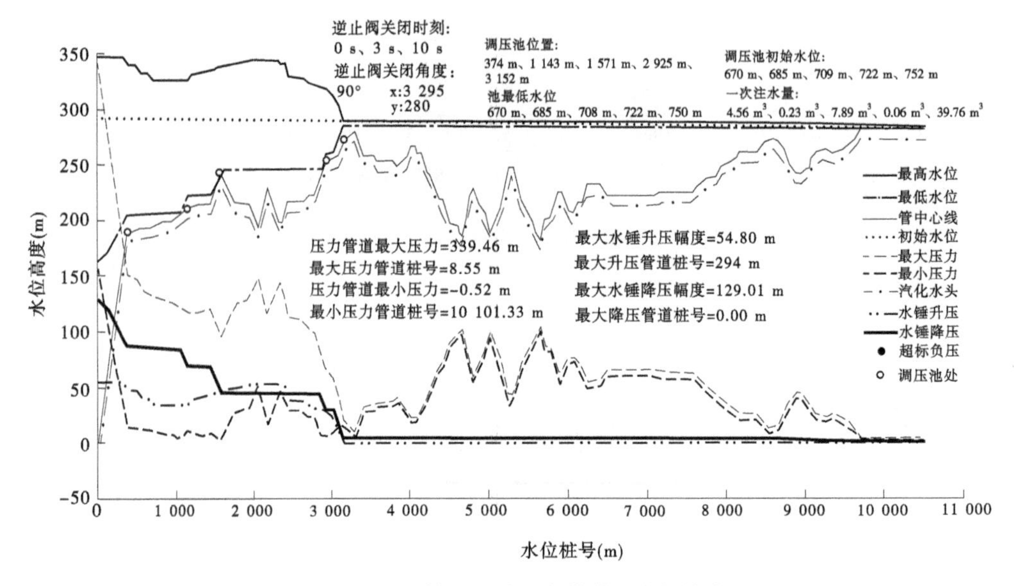

图 11-66 杜河泵站压力管道压力包络线

2)防止水锤升压过高

在事故停机过程，为了减小水锤升压，需控制管路和水泵的流速(或流量)变化速度，需要延长水泵及管路的断流过程，允许水泵发生一定的倒泄流量及倒转转速。拟订以下两项防护措施：

(1)选用快慢两阶段关闭球阀。

在事故停机后的快关阶段，用较短时间快速关掉阀门的大部分开度，以控制倒泄流量和倒转飞逸转速幅值；在事故停机后的慢关阶段，以较长的时间缓慢地关闭阀门剩余的较小开度，以控制流速和水锤升压的幅值。

(2)在止回阀上设置旁通管路。

为了解决在阀门即将被关死前流量变化仍较大的问题，同时预防止回阀在慢关阶段发生突然关死故障，引起很大水锤升压，采取在止回阀上增设常开旁通管路的措施，以保证在逆止阀完全关死后，水泵及管路仍保持一定的倒泄流量。

11. 7. 2. 4 安全防护措施参数确定

通过初步的系统计算分析，确定在 3+290、1+571、0+374 设置三座单双向调压池。最终通过优化计算确定出各种安全防护措施的几何尺寸。现将计算结果简述如下。

1. 单双向调压池

经过事故停机水力过渡过程计算和分析，各调压池的注水口直径的大小对水泵及管路的最大倒泄流量值、机组倒转飞逸转速和管路最大水锤降压的影响不大，而对管路最大水锤升压和最大空腔长度的影响较大。

经优化计算，确定单双向调压池的设计尺寸如下。

1) 双向调压池

影响水锤升压的主要尺寸是注水口直径，其优化计算结果如表 11-14 所示。从表 11-14 中数据可以得出：①管路最大水锤升压随着注水口直径的加大而增大。②当注水口直径不小于 450 mm 时，最大水锤升压发生在管路首端；不大于 400 mm 时，管路最大水锤升压的性质为二次弥合水锤。③当注水口直径不小于 400 mm 时，管路最大空腔长度约为 4 mm，不大于 350 mm 时，最大空腔长度显著增大。

表 11-14　3+290 双向调压池的注水口直径优化计算

单向调压池注水口分别为 400 mm、350 mm					
注水口直径（mm）	水锤升压		最大空腔		
	幅值（m）	桩号	长度（mm）	桩号	>0. 5 mm（处数）
350	30. 66	2+505	71	3+355	72
400	37. 70	2+414	4	3+218	28
450	49. 01	0+003	4	3+218	28

综合考虑，确定 3+290 双向调压池的注水口直径为 2×400 mm，结合一次事故停机的注水量，确定调压池内径为 6. 0 m，初始水位 751. 58 m，池顶高程为 752 m，管道中心高程 742. 0 m，池底为 741 m，池高为 11. 0 m。

2) 1+571 单向调压池

对 1+571 单向调压池注水口直径的优化计算结果如表 11-15 所示。从表 11-15 中数据可以看出：①管路最大水锤升压亦随注水口直径的加大而增大。当注水口直径不大于 300 mm 时，最大水锤升压发生在管路首端；而当注水口直径不小于 350 mm 时，管路最大水锤升压发生在 2+450 前后。②注水口直径约在 350 mm 时，管路空腔最大长度具有极小值。

综合考虑，确定 1+571 单向调压池的注水口直径为 2×350 mm，调压池内径为 4. 0 m，初始水位 707 m，池顶高程为 707. 5 m，管道中心高程 704. 558 m，池底为 705. 5 m，池高 2. 0 m。

3) 0+376 单向调压池

对 0+376 单向调压池注水口直径的优化计算结果如表 11-16 所示。从表 11-16 中数据可以看出：①与其他调压池不同，管路最大水锤升压随注水口直径的加大而减小。②当注水口直径不小于 200 mm 时，管路最大空腔长度基本固定；而当注水口直径小于 200 mm 时，管路空腔长度随注水口直径的减小而迅速加大。

表 11-15 1+571 双向调压池的注水口直径优化计算

其他单双向调压池的注水口分别为 400 mm、400 mm					
注水口直径(mm)	水锤升压		最大空腔		
	幅值(m)	桩号	长度(mm)	桩号	>0.5 mm(处数)
0	78.29	1+014	2 011	1+617	181
300	37.67	0+003	20	1+617	31
350	37.70	2+414	4	3+218	28
400	42.03	2+451	5	3+220	30
450	44.28	2+471	7	3+218	29

表 11-16 0+376 双向调压池的注水口直径优化计算

其他单双向调压池的注水口分别为 350 mm(1+571)、400 mm(3+290)					
注水口直径(mm)	水锤升压		最大空腔		
	幅值(m)	桩号	长度(mm)	桩号	>0.5 mm(处数)
0	118.13	0+003	772	0+416	552
150	49.63	2+482	159	0+416	293
200	44.42	2+414	4	3+218	32
250	41.47	2+414	4	3+218	28
300	39.38	2+214	4	3+218	28
350	38.36	2+414	4	3+218	28
400	37.70	2+414	4	3+218	28
450	37.53	0+000	4	3+218	28

综合考虑,确定 0+376 单向调压池的注水口直径为 2×400 mm,调压池内径为 4.0 m,初始水位 670 m,池顶高程为 670.5 m,管道中心高程 652.151 m,池底为 668.0 m,池高为 2.5 m。

另外,从表 11-15 和表 11-16 中数据还可以看出,当单向注水口直径非常小(事故拒动)时,管路会发生很大的水锤升压和空腔体积。其中 0+376 单向调压池不注水时最大水锤升压高达 118.13 m,最大空腔长度 772 mm;1+571 单向调压池不注水时最大水锤升压高达 78.29 m,最大空腔长度 2 011 mm;所以必须对单向调压池的注水管路系统,尤其是单向阀门进行定期维护保养,确保动作灵敏可靠。

2. 缓闭逆止阀

缓闭逆止阀的形式确定之后,其对泵站事故停机水锤参数的影响就取决于阀门的关闭过程,即阀门关闭速度。阀门的关闭过程一般可用关阀时间和角度来表示,包括快关时间和角度、慢关时间和角度。

在泵站事故停机的水力过渡过程中，阀门关闭速度对管道和机组倒泄流量、机组倒转飞逸转速等参数影响较小，主要对管路首端最大水锤升压、最大泄水流量和水泵倒转阻力力矩（或功率）等有较大影响。

总关阀历时分别选择 10 s、15 s、20 s、25 s、30 s，快关时间分别为 3 s、5 s、8 s，快关角度分别为 60°、65°、70°、75°。从计算结果分析，水泵的最大制动力矩对阀门关闭总历时不敏感，但与快关角度成负相关关系。

压力管道首端水锤升压随关阀速度（参数）而变化规律的计算分析结果见表 11-17、图 11-67～图 11-71。从图、表中可以得出以下规律：

表 11-17　事故停机管路水锤升压计算结果

快关历时(s)	总历时(s)	不同快关角度水锤升压幅值(m)			
		60°	65°	70°	75°
3	10	37.96	37.69	20.92	11.73
	15	42.83	41.63	40.23	38.25
	20	22.53	29.48	29.88	41.42
	25	11.02	10.44	21.04	27.99
	30	4.08	4.5	7.81	24.89
5	10	38.39	38.25	37.78	24.8
	15	44.09	42.81	41.37	39.62
	20	22.02	25.49	29.54	30.28
	25	9.9	11.01	11.2	26.85
	30	3.96	4.11	7.72	22.73
8	15	46.06	45.51	46.29	41.77
	20	24.74	22.77	24.89	29.36
	25	4.12	10.3	10.87	22.92
	30	3.72	3.9	4.3	7.88

（1）关阀总历时对水锤升压的影响较大，大约在 15 s 前后，水锤升压最大。关阀总历时小于 15 s，水锤升压与关阀总历时成正相关关系；而关阀总历时大于 15 s 后，水锤升压与关阀总历时成负相关关系。

（2）关阀总历时在 15 s 附近时，阀门快关时间与角度对水锤升压的影响较小，而且水锤升压较大，因此确定的阀门关闭总历时应远离 15 s。由于关阀历时短会使阀门的操作动力、制造难度和投资加大，对大型阀门尤其不利，所以阀门的关闭总历时应在大于 15 s 的区间选择。

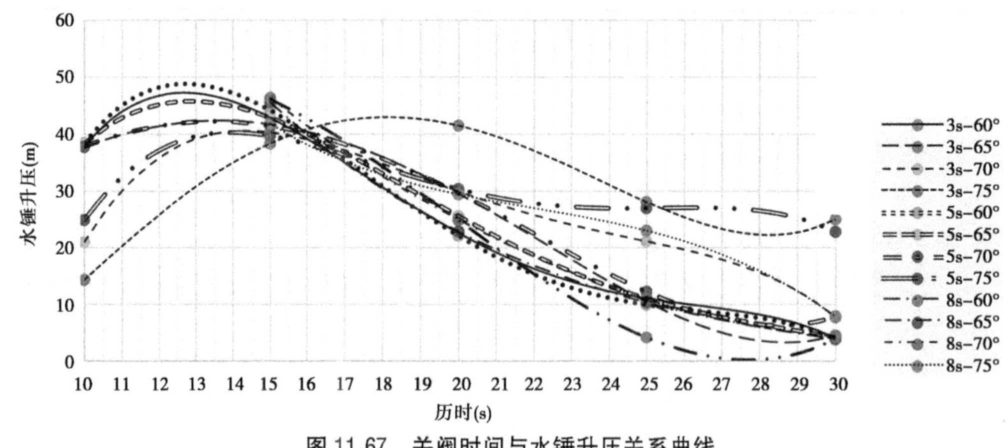

图 11-67　关阀时间与水锤升压关系曲线

关阀总历时从 15 s 到约 25 s 区段,水锤升压随总历时的增大而下降较快,过了 25 s 后,其下降趋势减缓,故建议事故停机关阀总历时采用 25 s(或 25~30 s)。

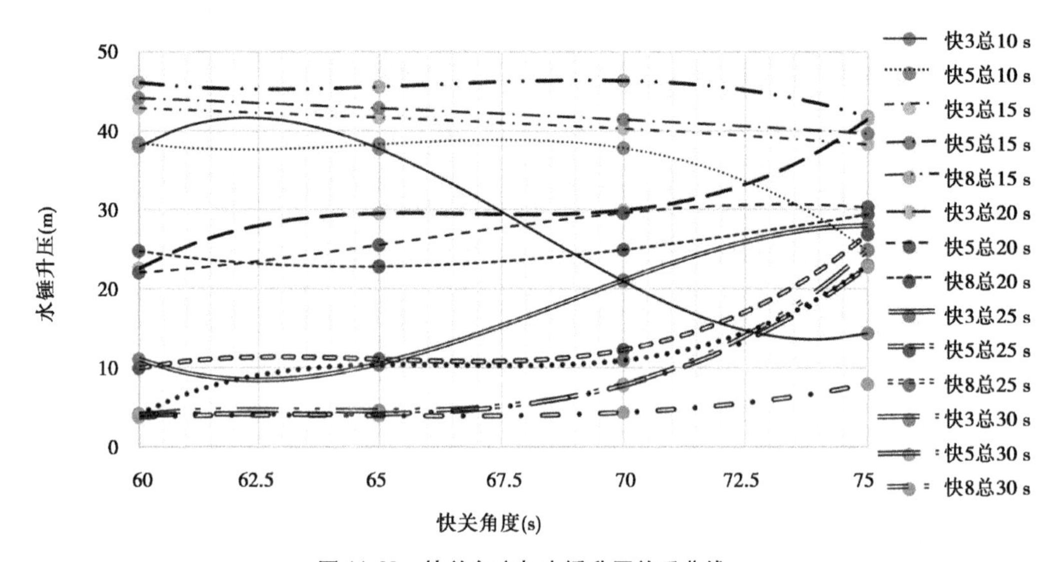

图 11-68　快关角度与水锤升压关系曲线

(3)快关角度过大,不仅会加大关阀速度,对阀门制造等不利,而且水锤升压相对也较大。从计算数据分析,快关角度不宜大于 70°,考虑到减小快关角度,有利于减小关阀速度和阀门的制造难度,故一般采用 60°~65°为宜。

(4)由图 11-67、图 11-68 可知,当关阀总历时不大于 20 s 时,快关时间越长,水锤升压越大;当关阀总历时不小于 25 s 时,快关时间越长,则泵站事故水锤升压越小。当快关角度在 70°以下时,快关时间长比短好。可采用 8 s 或以上的快关时间,甚至可以不设快慢阶段,一个阶段关死。

经过以上分析,最后确定阀门关闭规律为:快关 8 s(或更长),快关角度 65°,关阀总历时 25 s。

需要注意的是,对于高扬程、大流量的泵站工程,设想通过加快逆止阀的关闭速度来减小泄水流量和机组倒转飞逸转速是不现实的,也是非常困难和不经济的。大量计算证明,泵站机组倒转飞逸转速一般不会大于额定转速的 1.25 倍。所以,比较实用的方法是加强机组设备的机械强度,这也符合《泵站设计规范》(GB 50265—2010)的规定。如果一定要减小倒转飞逸转速,需研究采取加大机组制动力矩(如电机制动)和防倒转的机械或电气措施。

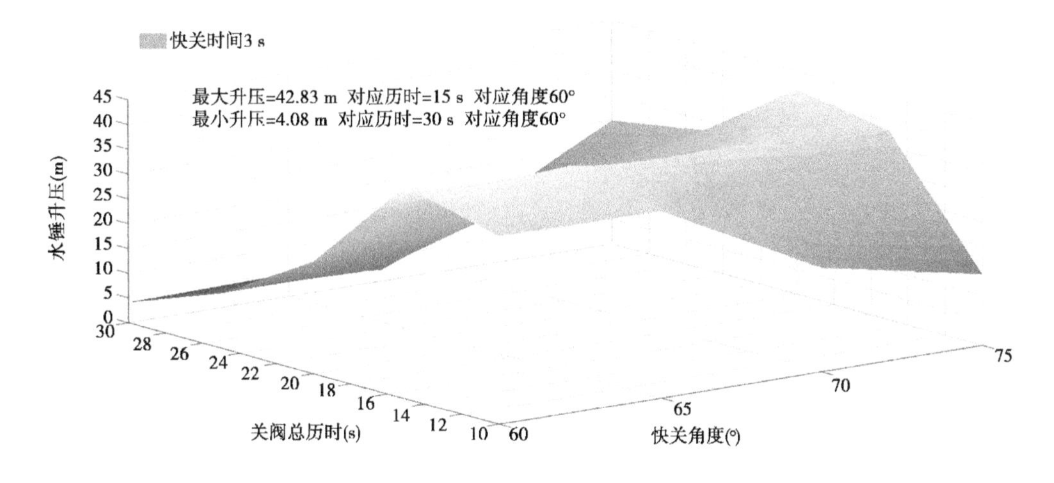

图 11-69　管道首端水锤升压立体图(3s)

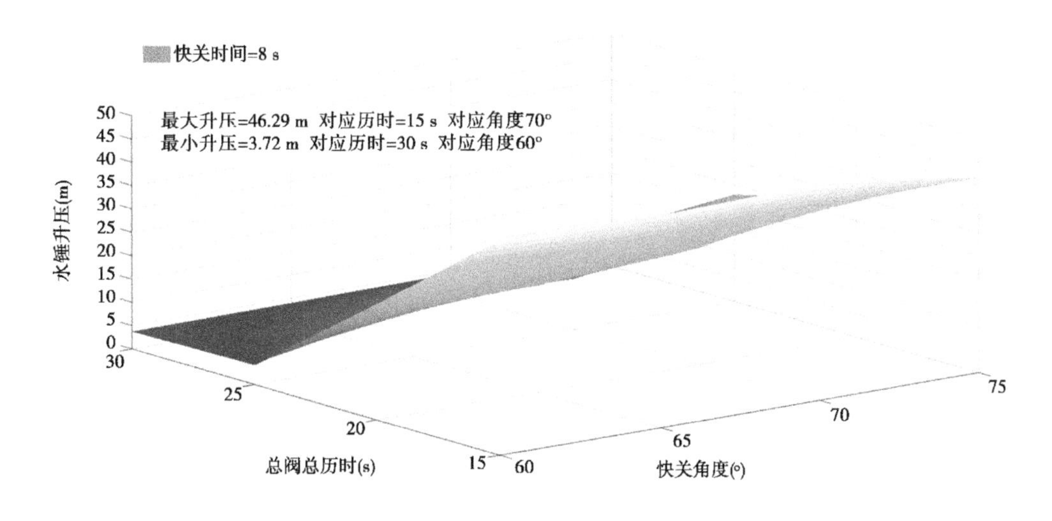

图 11-70　管道首端水锤升压立体图(8s)

3. 旁通管道及其阀门的口径

泵站事故停机过程,如果调压池和逆止阀等安全防护措施工作正常,则旁通管路尺寸对机组飞逸转速、泄水流量以及管路最大水柱拉断长度等影响很小,而对管路水锤压力有一定的影响。计算分析结果如表 11-18 和图 11-72 所示。

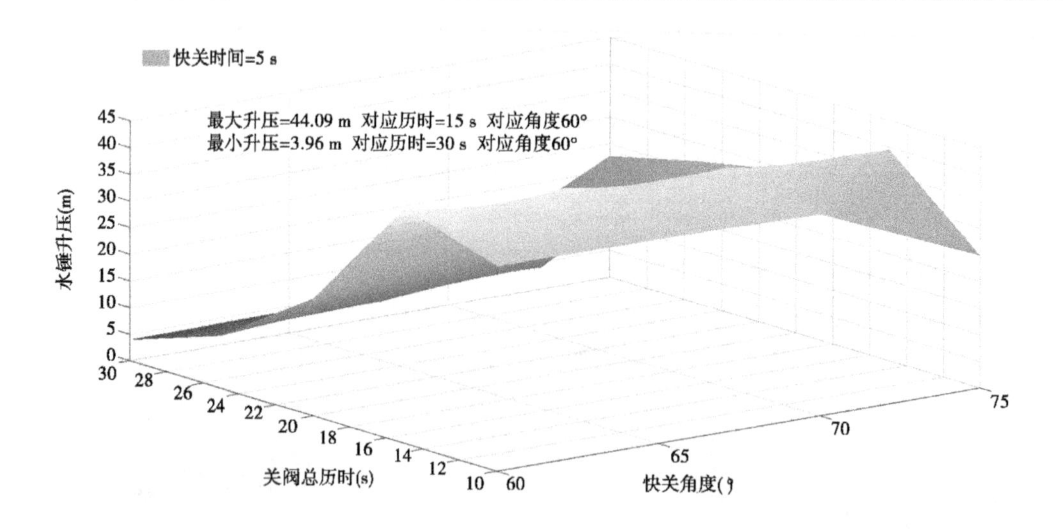

图 11-71　管道首端水锤升压立体图(5s)

表 11-18　旁通管道及单向阀门直径优化计算

旁通阀及管道直径(mm)	管首最大水锤压力		阀后最大水锤压力	
	最大(m)	升压(m)	最大(m)	升压(m)
0	308.06	23.12	300.9	15.96
50	305.55	20.62	298.3	11.7.37
100	295.24	10.3	287.7	2.76
150	288.89	3.95	285.4	0.46
200	288.76	3.82	285.4	0.46

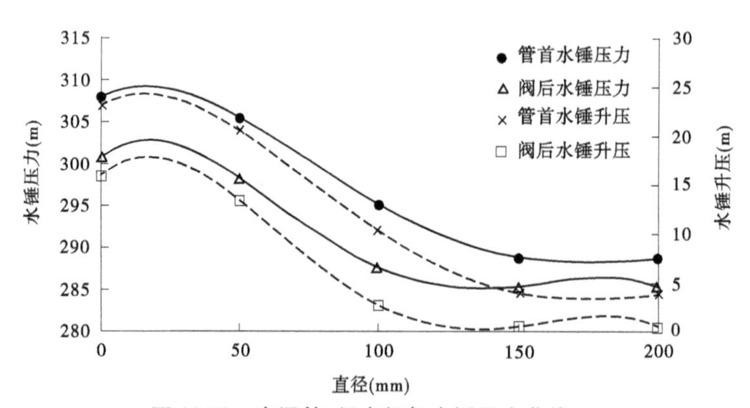

图 11-72　旁通管、阀直径与水锤压力曲线

从表 11-8 中可以看出，当旁通管道及其上的单向阀的直径小于 100 mm 时，对管路水锤升压影响较大，大于 100 mm 时影响较小。故本工程旁通管道及其上单向阀门的直径采用 100 mm。

当逆止阀在泵站事故停机过程中发生短时间突然快速关闭事故时，如果没有旁通管路维持一定的泄水通道，将会在管路中引起较大的水锤升压，可能危及泵站工程的安全。图 11-73、表 11-19 反映的是本工程有无旁通管路的水力过渡过程计算结果。

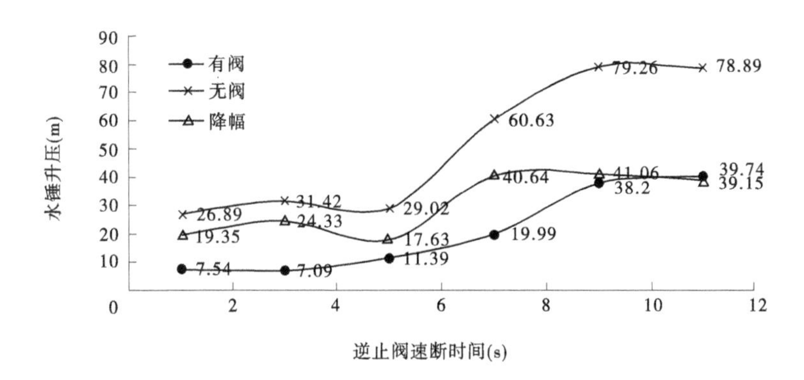

图 11-73　逆止阀速断时旁通管路的作用

表 11-19　管路首端水锤升压计算结果

项目		逆止阀速关时间(s)					
		1	3	5	7	9	11
设旁通管路(m)		7.54	7.09	11.39	19.99	38.2	39.74
无普通管路(m)		26.89	31.42	29.02	60.63	79.26	78.89
降压幅度(m)		19.35	24.33	17.63	40.64	41.06	39.15
空腔长度(mm)	有	4	4	4	4	4	4
	无	4	5	5	19	10	4

从图 11-73、表 11-19 可以看出，在逆止阀非正常关闭情况下，管路可能产生约 80 m 的水锤升压，设旁通管路后，可将水锤升压减小到约 40 m；另外，如不设旁通管路，在最不利(逆止阀 6~10 s 速关)情况下，将会使管路最大水柱拉断长度显著加大。

优化后的泵站安全防护工程措施项目和关键结构尺寸、参数如表 11-20 所示，所进行的泵站事故停机水力过渡过程计算结果说明，优化效果非常明显。现将计算结果图附后(见图 11-74~图 11-81)，以供参阅。

通过本实例可以肯定地说，只要正确地选择好水锤防护工程措施，合理地确定每个防护工程措施的结构尺寸，不仅可以极大地减小泵站水锤的危害，保证工程运行安全，同时还可以最大限度地简化水锤防护措施系统，降低防护措施造价，有利于工程运行管理。

表 11-20　杜河泵站安全防护工程措施项目汇总

<table>
<tr><td>项目</td><td colspan="2">位置桩号</td><td colspan="2">注水口直径</td><td>初始水位</td></tr>
<tr><td>双向调压池</td><td colspan="2">3+289</td><td colspan="2">2×DN400</td><td>670</td></tr>
<tr><td>单向调压池</td><td colspan="2">0+374</td><td colspan="2">2×DN400</td><td>707</td></tr>
<tr><td>单向调压池</td><td colspan="2">1+571</td><td colspan="2">2×DN350</td><td>752</td></tr>
<tr><td rowspan="3">DN600 两阶段
关闭球阀</td><td colspan="4">阀门关闭时间(s)</td><td>快关角度</td></tr>
<tr><td colspan="2">快关阶段</td><td colspan="2">总历时</td><td>(°)</td></tr>
<tr><td colspan="2">8</td><td colspan="2">25</td><td>65</td></tr>
<tr><td>旁通管路</td><td>管道直径</td><td colspan="2">DN100</td><td>单向阀门</td><td>DN100</td></tr>
</table>

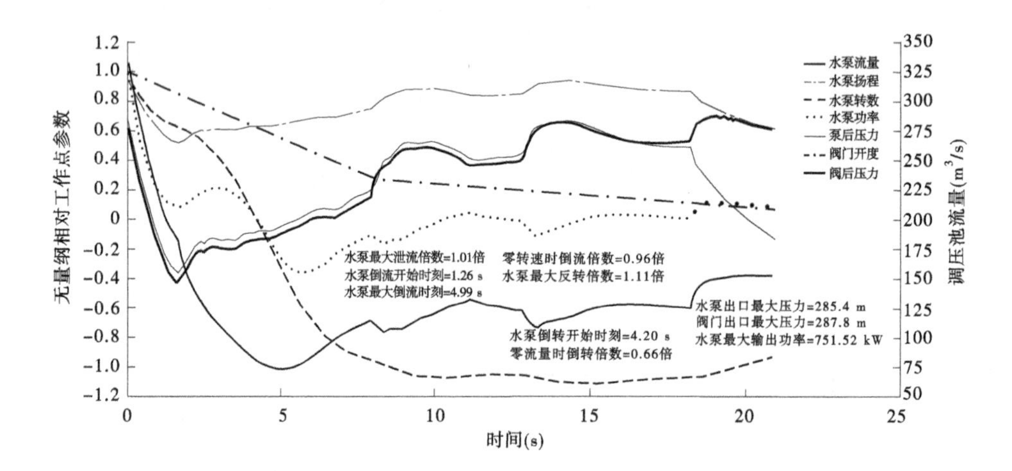

图 11-74　杜河泵站 1#水泵水力过渡过程

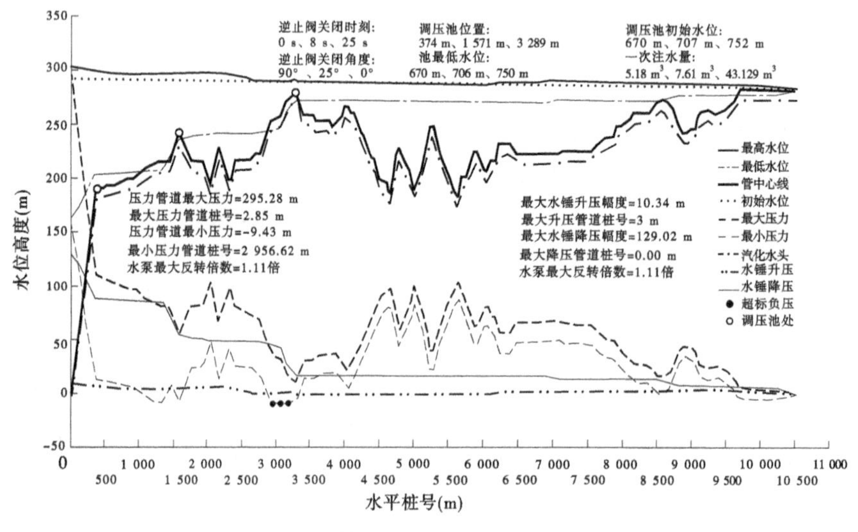

图 11-75　杜河泵站压力管道压力包络线

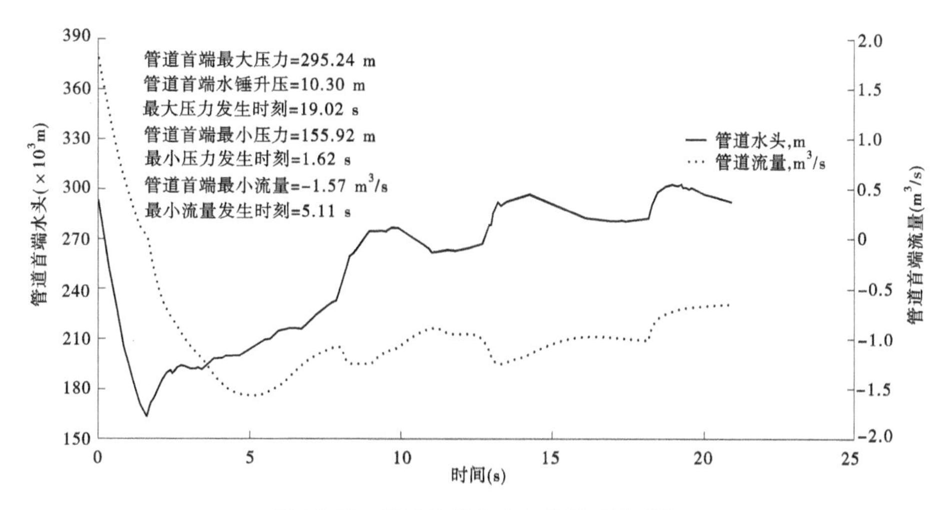

图 11-76　管道首端水头和流量过渡过程

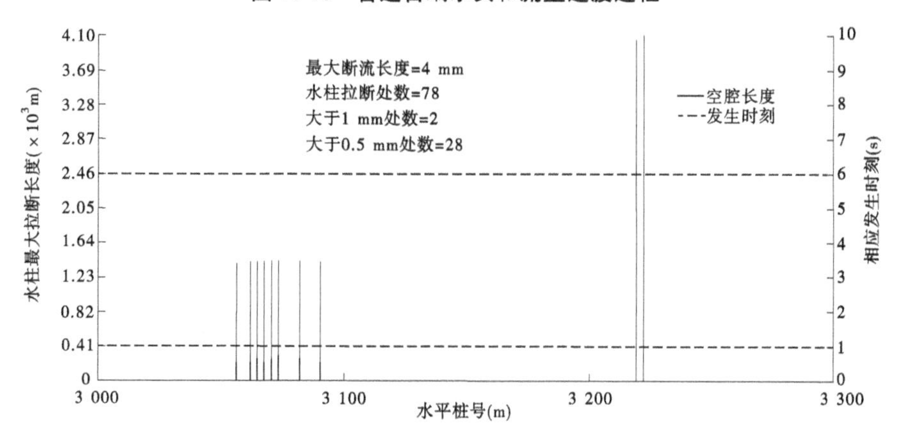

图 11-77　管道水柱最大拉断距离和发生时刻

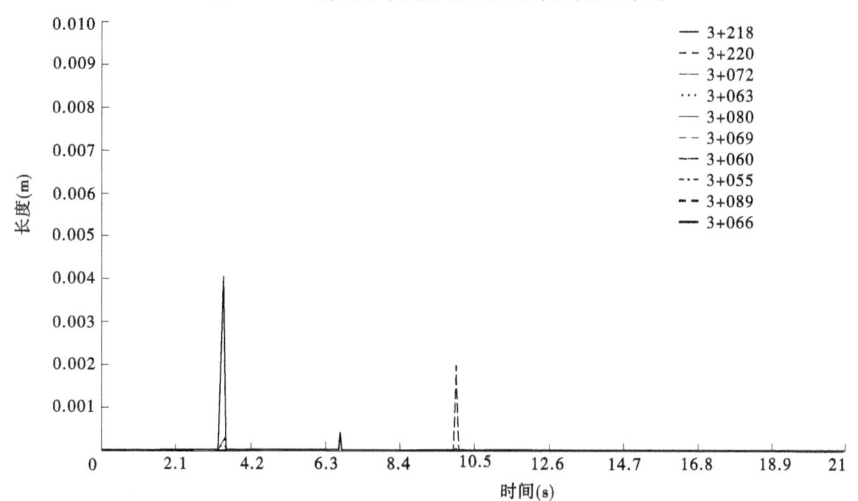

图 11-78　最大 10 个断面拉断长度时间曲线

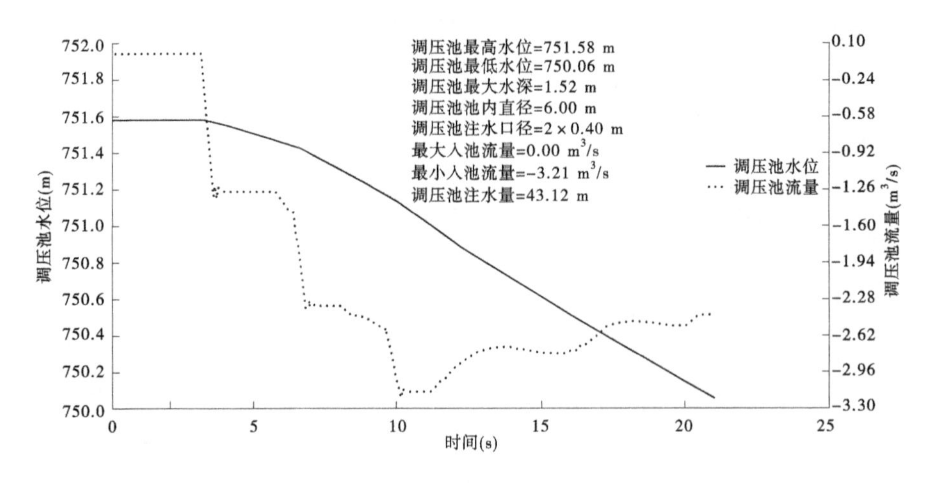

图 11-79　3+290.141 1 调压池水位和流量

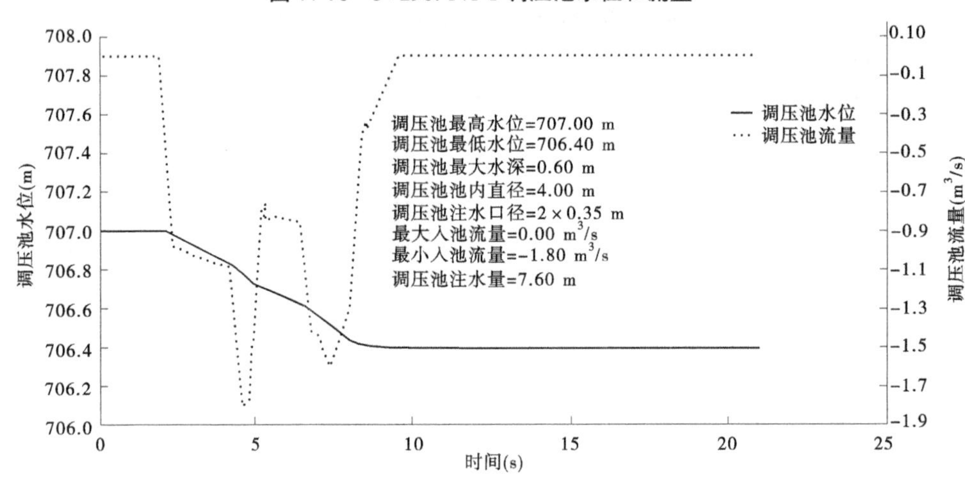

图 11-80　1+570.790 5 调压池水位和流量

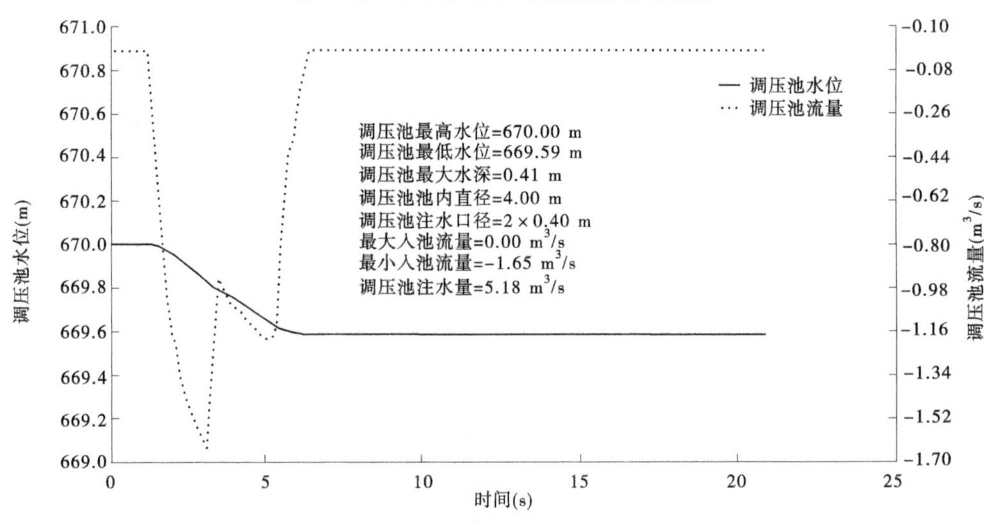

图 11-81　0+375.790 2 调压池水位和流量

第 12 章　泵站试验和测量

泵站运行中，通过试验和检测，了解工程设施、机电设备等的运行状况，掌握能量传递和转换中各工作参数值及其变化规律，是泵站管理不可缺少的工作，也是泵站工程和设备运用操作、调度控制、安全保护、优化运行和制订技术改造方案等的基础性工作，对于泵站持久可靠地发挥效益、降低成本、节约能源以及技术革新等都有重要意义。

泵站试验包括设计阶段装置模型试验、竣工投产试运行试验及运行管理中各种现场试验等。现场试验又有日常检测性试验和标定性试验。前者主要为运行管理中保护、控制、核算等所需；后者多为泵站设计水平和机组设备性能的鉴定、核查，也可为检测性试验设施提供标定系数，以满足泵站科学管理、经济运行以及技术改进的需要。

12.1　泵站试验的内容和方法

12.1.1　泵站试验内容

泵站试验包括多种性质、多方面内容的试验。大致有：水情观测试验、工程观测试验、灌溉排水试验、设备性能试验、泵站水力试验、电气试验和其他试验等。

(1)电气试验：供电质量检查试验、电业安全检查试验。

(2)设备性能试验。

①主机设备试通。

- 主机设备
  - 电动机
    - 空载试验、短路试验
    - 出力、效率、温升试验
  - 水泵
    - 动力特性试验
    - 汽蚀特性试验
    - 飞逸特性试验

②辅机设备(油、气、水设备等)试验。

③泵站附属设备(拦清污设施、启闭机设备等)试验。

(3)泵站水力试验。

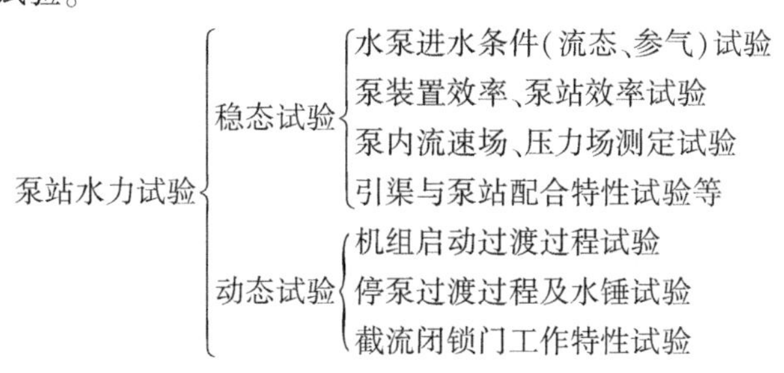

(4)水情观测试验:水源水质、水文观测和预报试验等。

(5)工程观测试验:荷载观测试验、地基变形试验、结构应力试验、位移和损伤(裂缝)观测试验等。

(6)供水、用水试验:水质监测、渠道防渗试验、灌溉试验等。

(7)其他试验:水泵机组振动、噪声观测试验,引输水渠渐变流、急变流特性试验等。

12.1.2　泵站试验方法

泵站水力试验是泵站试验的主要内容,其试验依据主要是水工试验和水力机械试验有关规定和方法,分现场(原型)试验和室内模型试验。

泵站室内现场(原型)试验,即直接对实际泵组装置进行测试,从原理上说,这种试验最为可靠。它可以对各台机组分别试验,从而反映各机组的实际性能。但是,对于大型水泵机组,由于大流量的现场测试手段尚未很好解决,大功率的现场测试也很困难,流量、功率测试结果的误差较大。

泵站室内模型试验,即在实验室内对原型泵站装置的模型进行试验,测试仪器设备较精密,测试过程精细且便于控制,试验精度高,但模型试验不能完全模拟原型(制造、安装精度及动力机等不能完全模拟);不能完全模拟现场运行条件,不能反映同型号不同原型机组的实际情况,故在总体上较原型试验可靠性差。

除非不具备原型试验条件或者考虑采用设计部门或厂家提供的模型试验资料,一般在有条件做原型试验时,应尽可能进行现场测试。应该指出,为了准确获得泵、机组装置的性能,参照国际规范,一些大型水泵制造厂,已经建设了原型水泵装置试验台。根据用户要求,可直接采用原型水泵进行试验,并对管路系统进行模拟。这就使得实验室内试验成果的可靠性大为提高,但是,泵站现场进水条件仍无法模拟,动力机模拟也相当困难。这些在实验室内是不能解决的。因此,不仅模型装置换算特性和原型装置不尽相同,而且实验室装置特性与现场装置特性也不相同。

因为现场试验技术还不能满足泵站工程的需要,所以模型试验方法是泵站水力试验的重要方法。模型试验必须遵循模型试验的相似理论和模拟技术,即遵循一定的相似准则,按准则要求决定试验必不可少的测试量、设计和制作与原型相似的模型、完成模型试验,按照相似律换算和测算原型泵装置的各量值及其变化规律。

模型试验应在专门的水力机械实验台或专门泵站实验室进行。如为动态特性模拟试验,其试验台、实验室应具备开敞式进、出水条件。

水力相似包括以下三个方面:

(1)几何相似——两液流各相应的线性尺寸成相同的比例,长度比尺:$L_r=\dfrac{L_n}{L_m}$。

(2)运动相似——两液流运动状态和运动轨迹成几何相似,即两液流各相应质点在时间 T_n 和 T_m 符合时间比尺:$T_r=\dfrac{T_n}{T_m}$。

(3)动力相似——两液流除符合几何相似和运动相似的条件外,其作用力之间成一定比例，力的比尺：$F_r = \frac{F_n}{F_m}$。

水力相似准则见表 12-1。

表 12-1　水力相似准则

水力相似准则	准则数	说明
压力相似准则（欧拉相似准则）	欧拉数：$E_u = \frac{p}{\rho v^2}$	若两几何相似的液流压力相似，则其中欧拉数必相等；反之，若两液流的欧拉数相等，则其必为压力相似。如流态阻力试验、阻力损失试验等
重力相似准则（弗劳德相似准则）	弗劳德数：$Fr = \frac{v}{\sqrt{gL}}$	若两几何相似的液流在重力起主要作用下相似，则其弗劳德数必相等；反之，若两液流的弗劳德数相等，则其必为在重力作用下相似。如有自由水面的重力流试验、水池流态试验等
黏滞力相似准则（雷诺相似准则）	雷诺数：$Re = \frac{vL}{\upsilon}$　$\upsilon = \frac{\mu}{\rho}$	若两液流在黏滞力起主要作用下相似，则其雷诺数必相等；反之，若两液流的雷诺数相等，则其必为在黏滞力作用下相似。如管道压力流试验、流动特性试验等
表面张力相似准则（韦伯相似准则）	韦伯数：$We = \frac{v^2 L}{\sigma/\rho}$	若两液流在表面张力作用下相似，必须使其韦伯数相等；反之，若两液流的韦伯数相等，则其必为在表面张力作用下相似。如浅水河道、水槽流动试验等
弹性力相似准则（柯启相似准则）	柯启数：$Ca = \frac{v^2}{E/\rho}$	若两几何相似的液流在弹性力起主要作用下相似，则其柯启数必相等；反之，若两液流的柯启数相等，则其必为在弹性力作用下相似。如水锤特性试验等
非恒定流惯性力相似准则（斯特鲁哈相似准则）	斯特鲁哈数：$Sh = \frac{vT}{L}$	若两几何相似的液流在非恒定流动力相似，则其斯特鲁哈数必相等；反之，若两液流的斯特鲁哈数相等，则其必为在惯性力作用下动力相似。如机组启动或停泵过渡过程试验、水锤试验等

表 12-1 中符号意义见表 12-2。

表 12-2　各符号意义

符号	意义	符号	意义
p	运动液体的压力或压差	μ	动力黏滞系数
ρ	液体的密度	υ	运动黏滞系数
v	平均流速	E	液体的弹性模量
g	重力加速度	T	时间
L	液体中选定的线性尺寸（如水深、管道直径等）	σ	表面张力

12.2 泵站试验量测

12.2.1 泵站试验量测参数

泵站试验量测参数一般包括三大部分:①水力量测参数(如流量、水位、压力、流速等);②电气量测参数(如电流、电压、功率、功率因数等);③机械量测参数(如转速、振动、噪声等)。根据泵站测试目的和现场条件,泵站量测的主要内容有扬程、流量、功率、效率、转速、机组振动和噪声等,参见附录6。

12.2.2 测量的基本方法和分类

泵站参数的测量方法很多,其分类的方法也不同。

12.2.2.1 按测量原理分

测量按原理分为机械测量方法和电气测量方法。

所谓机械测量方法,是指用简单测量工具或机械式的仪表,由观测者对被测参数直接读数,例如用水尺测量水位,用压力表测量压力,用水柱计或水柱差压计测量水位、压差或压力等。这些工具或仪表结构简单,使用方便,测量直观,易于理解和掌握,又可作为电测法的标定手段,因而目前仍被广泛使用。其主要缺点是:当被测参数产生波动时,直接读数易受人为因素的影响,有时可能产生较大的误差。

电气测量方法包括电量的电测法和非电量的电测法两种。电量的电测法是指用电气仪表直接测量电量;而非电量的电测法是将压力、水位、转速、行程等非电量参数,通过传感器转换成电量,然后运用电气仪表来显示或记录。

12.2.2.2 按测量方式分

测量按方式分为直接测量和间接测量。

直接测量是指被测参数通过测量仪器直接获得。例如用转速表测转速,用压力表测压力,用功率表测功率等。间接测量则不同,测得的量值并不是最终所要获得的量值,它需要根据测得的其他数量及它们之间的相互关系才能求得。例如水泵效率,常常是先测得轴功率、水泵扬程、流量后,通过计算得到。

12.2.2.3 按测量精度和目的分

测量按精度和目的分为标定测量和监控测量。

标定测量就是用精度等级高的仪表或测试系统对未知其精确度的仪表或系统在相同条件下进行比较测量,以精确度高的仪表为标准,确定低一级仪表的量值或表盘刻度分划,并通过误差分析传递,确定低一级仪表的精确度等级。标定测量也称为检验或校验,意思是用标准方法检验另一种仪表的精确度,采用修正值,校正仪表的示值,以提高其精确度。测试规程上明确规定,压力表、真空表以及电气仪表等,每隔一定时间应通过计量部门检验校正。精确度高的标准仪表,要求在良好的条件下使用,才能保证其原来标明的精确度等级,一般不易在泵站现场直接应用。

监控测量是将一般精度的仪表安装在现场直接测量泵站的各项参数,用于泵站运行监控。

另外,泵站测量还有静态测量和动态测量之分。静态测量就是机组在稳定运行时(被测参数基本上不随时间而变化)的参数测量;而动态测量则是在机组启动、停机、调节运行等过程中,测量随时间而变化的参数,即对随时间而变化的参数的测量。

12.2.3　泵站测量标准

根据《泵站现场测试与安全检测规程》(SL 548—2012),参考国际标准化组织(ISO)和国际电工委员会(IEC)的有关标准,规定了 B 级和 C 级的试验精度。C 级标准用于泵站的通常验收试验和考核泵站技术经济指标的普测,B 级标准则用于新建大型泵站的验收测试。相应于 B 级和 C 级精度的各项误差如下。

12.2.3.1　每一重复测量的变化范围(95%置信度)

同一量重复测量值的变化范围如表 12-3 所示。

表 12-3　同一量重复测量值的变化范围

重复读数的组数	每一量重复读数的最大值与最小值之差的极限误差(%)			
	流量、扬程、转矩、功率		转速	
	B 级	C 级	B 级	C 级
3	0.8	1.8	0.25	1.0
5	1.6	3.5	0.5	2.0
7	2.2	12.5	0.7	2.7
8	2.8	5.8	0.9	3.3

注:最大值与最小值之差的极限误差百分数等于:$\frac{最大值 - 最小值}{最大值} \times 100\%$。

应取每一量值各次读数的平均值作为该量值的实际测量值。

如果达不到表 12-3 的标准,应改进试验条件,并重新取一组完整的读数,不得以读数超出容许范围为理由而剔除单个读数和一组观测数据中的一些选定的读数。

如果读数变化过大,并非测量方法和仪表误差所致,而无法加以消除,极限误差可用统计分析方法计算。

12.2.3.2　测量仪表的极限误差

对于不同量的测量,测量仪表的极限误差标准是不相同的,如表 12-4 所示。

表 12-4　测量仪表的极限误差　(%)

<table>
<tr><th>测定量</th><th>B 级</th><th>C 级</th></tr>
<tr><td>流量</td><td>±1.5</td><td rowspan="2">±2.5</td></tr>
<tr><td>泵扬程、轴功率</td><td rowspan="2">±1.0</td></tr>
<tr><td>电动机输入功率(机组效率试验)</td><td>±2.0</td></tr>
<tr><td>转速</td><td>±0.20</td><td>±1.0</td></tr>
</table>

12.2.3.3　总极限误差限

测量不同的参数,规定了不同的总极限误差限,如表 12-5 所示。

表 12-5　总极限误差限　(%)

<table>
<tr><th>测定量</th><th>B 级</th><th>C 级</th></tr>
<tr><td>流量</td><td>±2.0</td><td rowspan="2">±3.5</td></tr>
<tr><td>泵扬程、轴功率、电动机输入功率</td><td>±1.5</td></tr>
<tr><td>转速</td><td>±0.4</td><td>±1.8</td></tr>
<tr><td>泵效率</td><td>±2.8</td><td>±5.0</td></tr>
<tr><td>机组效率</td><td>±2.5</td><td>±12.5</td></tr>
<tr><td>泵站效率</td><td>±2.0(±3.0)</td><td>±12.0(±5.0)</td></tr>
</table>

注:如果由于条件限制,执行表 12-5 中泵站效率有困难时,经双方协商同意,可按括号中的数值控制。

12.3　流量的测量

12.3.1　流量测量概述

在泵站诸多参数的测量中,难度最大的莫过于流量测量。流量测量的方法很多,《泵站现场测试与安全监测规程》(SL 548—2012)推荐采用流速仪法、超声波法、食盐浓度法和差压法等四种主要方法,见表 12-6。

表 12-6　泵站流量主要测量方法的特点及适应条件

测量方法	对水质的要求	对装置的要求	经济性	不确定度	其他
流速仪法	水草和纤维状杂物较少,水质无污染或污染较轻	具有较长的顺直管段,且断面规则,几何尺寸易于测量	成本和工作量较大	较低	
超声波法	水质纤维状或颗粒状杂物较少	具有一定长度的顺直管段,且断面规则,几何尺寸易于测量	成本低,简便易行	低	受振动和噪声影响
食盐浓度法	水质氯离子含量较低且稳定	无要求	成本高、工作量大	低	
差压法	无要求	具有形成差压的条件	成本低、简便易行	较低	需与其他测试方法配合

12.3.1.1　流量测量方法的分类

按照液体流量测量的原理,可以把流量测量的方法概括为两大类,一类主要是测量液体的体积(或质量),另一类主要是测量流速和过流断面面积。

通过测量液体的体积 V(或质量 W)和时间 t 可以按下式计算流量:

$$\left.\begin{aligned} Q_{\mathrm{V}} &= \frac{V} {t} \quad (\mathrm{m^3/s}) \\ Q_{\mathrm{w}} &= \frac{W}{t} \quad (\mathrm{t/s}) \end{aligned}\right\} \tag{12-1}$$

式中　V——通过某过水断面的液体体积，$\mathrm{m^3}$；

W——通过某过水断面的液体质量，t；

t——某时段历时，s。

属于这一类型的测量方法有容积法、重量法、盐水浓度法、盐水速度法，以及往复式活塞流量计法等。对采用这类方法测量的结果可以进行严谨的误差估算，因此常把这些方法作为标准的测量方法。

通过测量流速和过流面积来计算流量的方法又分为测量点流速和直接测量断面平均流速而求出流量的方法，统称为速度面积法。

12.3.1.2　流量测量的原理与流量计

以下对常用的几种测流方法的原理做简要介绍，以得到一个比较完整的测流方法概念。

1. 应用动能和压能转换原理测量流量

在管道内和渠道中流动的水具有机械能，即动能和势能。在一定的条件下动能和势能可以互相转换，但能量的总和——机械能是恒定不变的，在管道或渠道的测量段不同断面内，可采用某种措施（例如节流）造成动能和势能（压能）的转化。通过测量两个断面静压的变化求出平均流速和流量。属于应用这一原理的流量计有孔板、喷嘴、文丘里管、过流断面收缩的进水流道或进口喇叭管、巴歇尔量水槽等。

2. 应用水流动压原理测量流量

根据能量守恒原理，在过流断面的同一测点上存在如下关系：

$$p + \frac{\rho v^2}{2} = 常数 \tag{12-2}$$

式中　$\frac{\rho v^2}{2}$——动压力。

动压力与流速有关，如果采取适当的方式测出动压力，便可知道流速，进而求出流量。属于应用这一原理的有靶式流量计、动压板流量计、毕托管流量计、均速管（或阿牛巴）流量计等。

3. 应用差压原理测量流量

水流在弯曲的管道中流动，由于流线弯曲和水质点的惯性作用，水流质点产生离心力并作用在管道上，离心力的大小与流速和弯曲半径有关，并可以由管壁所受的压力增量检验出来。弯头流量计就是在弯头的内外侧分别设置取压孔，测出内外侧两点的压力差便可以求出流量。

利用上述三种原理制作的流量计都可以与差压测量设备配合使用，所以可把这些方法归纳为差压测流法。

4. 应用流态动量矩原理测量流量

在工业系统及实验室内普遍采用的涡轮流量计就是利用液体的动量矩原理工作的。

水流通过管道,冲击涡轮使其旋转,通过标定测量,可以找出流量大小与涡轮旋转频率的关系,因此正常使用时可以由涡轮的转速来求出流量。插入式涡轮流量计可以用于各种管径的流量测量。在江河、明渠或大口径的管道中测量流量的流量仪,也是基于上述原理制造的。

5. 应用流体振动原理测量流量

在流动的水体中插入柱状体时,在柱体的两侧交替产生漩涡,此漩涡的生成和发出是有规律的,伴随着它的发出,在物体的周围和下游发生流体振动,振动频率与流速成正比,使用适当的设备测出振动频率,即可求得流速,进而计算出流量。这种在柱体下游两侧交替产生和发出两列有规律的漩涡称为卡门漩涡。利用这种原理和结构测量流量的设备称为涡街流量计。

这种测量方法的特点是管道内无可动部件,使用寿命长,线性测量范围宽(约100∶1),几乎不受压力、温度、密度、黏度等变化的影响,压力损失小,精确度高(±0.5%~1.0%),仪表的输出是与体积流量成比例的脉冲信号。这种仪表对气体、液体均适用,是一种比较先进的测流设备。

6. 应用电磁感应原理测量流量

导电流体在磁场中做垂直方向流动而切割磁力线时,两个电极上产生感应电动势,感应电动势与流过流体的流速和流量成线性关系。因此,在管道两侧各插入一根电极,由电极输出的感应电动势值便可求得流量的大小。

这种测量方法只适用于导电液体的流量测量,测量流量范围为0.3~10 m/s。

7. 应用超声波测量流量

应用超声波测量流量的方法,主要是根据声波在静止流体中的传播速度与流动流体中的传播速度不同,因而可以通过测量声波在流动介质中的传播速度来求出流体的速度和流量。

8. 应用浓度法测量流量

在封闭管道或明渠的水流中,注入具有稳定浓度的示踪物(例如食盐溶液),并使其与通过的水流均匀混合,通过测量注入物质在原水中和混合水样中的浓度变化,以及注入的示踪物溶液的流量,根据质量平衡原理求出被测水流的流量。

这种方法的主要优点是:①可以计算测量的误差,精确度可达 ±1.0%~ ±1.5%;②不要求平直管段,不受管道断面形状的影响;③可测量的流量范围大,特别适用于大、中型水泵和水轮机现场测流,以及大型流量计的现场标定。

浓度法属于示踪法的一种,此外还有示踪物运送时间法(艾伦速度法或盐水浓度法)和相关法等。

12.3.1.3　泵站测流的特点和要求

泵站测流是指在泵站现场测量单台、多台或整座泵站的流量。与实验室试验台上所进行的测流不同,不能简单地套用实验室的测流技术。另外,根据泵站的工作性质和条件,它与工业系统或自来水系统的测流也有区别,因此也不能简单地套用普通的测流仪表。为了合理地解决泵站的测流问题,应该针对泵站的特点和要求,研究和选择相应的测流技术和方法。

1. 单泵流量测量

单泵流量测量是泵站测量的基础,也是泵站机组设备技术考核、评价以及监控泵站运行的保证。目前,泵站单机流量测量仍有一些技术难题需要研究解决:

(1)已经建成运行的大部分泵站,在设计和施工时都没有考虑单泵测流的要求。现在重新在管路上安装流量计比较困难,特别是有些泵站采用钢筋混凝土的流道(或管道),根本无法安装普通的流量计。

(2)水泵规格品种繁多,单泵流量从每秒几升到每秒几百立方米,如果针对不同管径来制造流量计,不仅在生产能力上不能满足要求,而且在标定技术上也有困难。

(3)水中含有泥沙和柴草杂物,对无转动部件的流量计产生磨损,对有转动部件的流量计既产生磨损,又容易被杂草缠绕,如果固定安装管式流量计,既难以维修,测量数据也不可靠。

(4)对季节性运行的泵站,在非运行期间的流量计保养问题也需要考虑。

(5)根据泵站的技术条件,要求提供结构简单、性能可靠、计量准确、价格便宜、易于保养的流量计。目前,市场上的流量计普遍价格昂贵,要求安装条件比较苛刻,而且测量数据准确性和稳定性不高,不能满足泵站工程发展的需要。

虽然泵站单泵流量测量存在很多不利的因素,但也有一些有利的条件。比如水泵的流量变化范围一般较小,即使是低扬程、高水位变幅的泵站,其水泵流量的变化也在 50% 以内,这有利于流量计的选择和测量精度的提高;此外,许多泵站工程配套建筑有规模较大的调节蓄水工程(大型蓄水池和蓄水库),有利于采用体积(或重量)法测量流量,测量精度也比较高。

2. 多泵和泵站流量测量

测量多台机组和整个泵站的流量有两种办法:一种是通过测量单台水泵的流量,然后将同时运行的各台水泵的流量相加即得到多台水泵或泵站的流量。另一种是在压力总管上(多机并联泵站),或是在泵站的引、输水渠道上设置测量断面,采用流速仪、量水堰或量水槽等方法测量流量,有条件的也最好利用蓄水工程采用体积(或重量)法测量流量。

测量多泵和泵站流量时应特别注意以下情况:①在压力总管上测流,必须考虑部分机组运行时管道内流速较小的影响。大型长距离输水泵站管路设计流速较低,有的不到 1.0 m/s,单机或部分机组运行时总管流量和流速都很小,流量计的精度需要认真考虑。②渠道测流更加复杂,除流速和流量因素外,还要考虑水深的限制,尤其是多泥沙浑水泵站渠道,断面的淤积形态受含沙量、流速和流量等多种因素影响,流量和流速太小、水深太浅、过流断面形态变化等都可能使测量精度不能保证,在制订测流方案时必须充分考虑上述各种因素。

12.3.2　流速仪法测量流量

用流速仪法测量流速和流量,历时悠久,在国内外的各个经济部门均被广泛应用。在国际标准(ISO)中规定,如果测量技术和水流流态较好,其测量的极限相对误差为 1%~2%。

用流速仪测量流量,得先测得过流断面的点流速,根据点流速分布求得断面平均流速,再乘以过流断面的面积,即得体积流量。用这种方法测定流量,过流断面必须与流速相互垂直,即过流断面应当是等势面。当流线相互平行时,过流断面是平面;当流线相互不平行时,过流断面是曲面。如图 12-1 所示,其中 A—A 断面是平面,B—B 断面是曲面。因此,采用流速仪测量流量,应该选择好测量断面的位置,以提高测量精度。

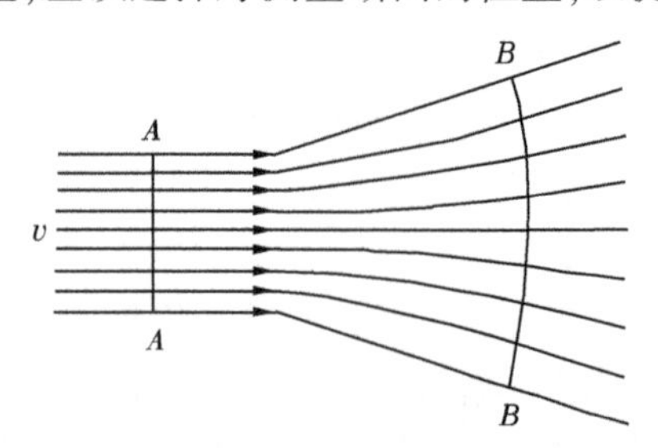

图 12-1　流线与等势面图

采用流速仪测量流量时,应满足下列要求:①水温不超过 30 ℃;②水中的水草、塑料袋等纤维状或形态大的杂物较少;③水质无污染或污染较轻;④泵站具有满足流速仪布置要求的测流断面。

测流断面的选择应符合下列规定:

(1)优先选择在进、出水流道(管道)中,测量断面上游应具有不小于 80 倍水力半径、下游不小于 20 倍水力半径的顺直段。

(2)断面规则,几何尺寸易于测量。

(3)流态稳定,流速分布比较均匀。

(4)过流断面垂直于水流方向。

12.3.2.1　流速仪及其选用

常用的测量用流速仪有旋桨型和旋杯型两种。由于旋杯型流速仪适用于比较小的水流速度,而且容易被杂草缠住,因此在国际标准(ISO)和《泵站现场测试与安全检测规程》(SL 548—2012)中都明文规定,只能采用旋桨型流速仪测流。

1. 旋桨型流速仪的结构及工作原理

旋桨型流速仪的外形如图 12-2 所示。其内部结构可分为三大部件,即旋转部件、身架部件和尾翼部件。

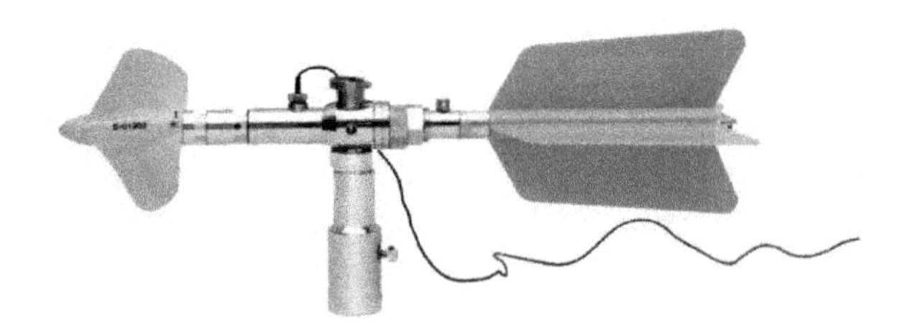

图 12-2　旋桨型流速仪外形图

1)旋转部件

旋转部件按其工作原理分为感应机构和接触机构两部分。感应机构主要指旋桨及其支承系统。旋桨一般由工程塑料制成,有两片或三片桨叶,旋桨中心由螺孔与轴套旋紧。支承系统则是一对单列向心推力轴承,它承受径向和轴向的综合荷载,安装在旋桨轴的前部。接触机构实质上是信号机构,把旋桨的转数转换成电脉冲信号。当水流推动流速仪旋桨时,安装在轴套内腔内的螺丝套随旋桨一起转动,螺丝套的螺丝即带动齿轮转动,螺丝套每转一圈,螺纹即拨动齿轮的一个牙,齿轮有 20 个牙,则旋桨每转 20 圈,齿轮回转一周,齿轮上的接触销与接触丝相碰一次,即发出一个电信号。如果要缩短旋桨转数的信号历时,可在齿轮上的小孔中再铆一件接触销,使旋桨每 10 转发出一个信号;铆十件接触销,就成为每两转发出一个信号。

2)身架部件

身架部件为流速仪的基座。前端有一圆柱孔,孔壁上有固定螺丝,用于安装和固定旋转部件之用。身架的上部有接线柱,供接装电线之用。身架后部的圆柱孔,用以安装尾翼;另外,两个带有固定螺丝的垂直圆柱孔,在测量时用来安装和固定仪器之用。

3)尾翼部件

尾翼部件是用来调整流速仪对准水流的方向。在管道或渠道中用多台流速仪测速时,可不用尾翼,而用其他方法使流速仪对准水流方向。

2. 流速仪的选择与使用

为了保证和提高测量精度,选择流速仪时应符合下列规定:

(1)流速仪的精度要高。国产大部分流速仪在说明书上给出的均方差为 $\sigma \leqslant 1.5\%$,《泵站现场测试与安全检测规程》(SL 548—2012)中也规定测流流速仪的不确定度不大于 1.5%,如果按照 95%置信度考虑,则极限相对误差为 3.0%,这样的流速仪精度难以满足泵站测流的要求,因此在选择流速仪时,应要求其本身的均方差 $\sigma \leqslant 1.0\%$。

(2)根据测流断面的尺寸选择相应的流速仪旋桨直径,并使流速仪的有效测流范围能涵盖测点的流速变化范围。

使用流速仪测流,必须满足以下要求:

(1)在量测时段内,要求水流稳定,即泵站运行工况平稳。

(2)流速仪旋桨轴线与测量断面法线夹角不大于 5°。

(3)宜采用计算机同时对所有流速仪的信号进行采集,一次采集的时间不少于 120 s。

(4)流速仪测速支架应有足够的刚度,以防支架的变形和振动。流速仪的支架和流速仪的旋桨应不在同一平面上,旋桨可以向前伸出约 0.5 m。支架的前缘平面面积与测流断面面积之比小于 2%时,可不考虑堵塞影响;但不得超过 6%。如果在 2%~6%,要考虑因堵塞而引起的误差,堵塞误差为 $\pm S/12\%$,S 为堵塞的面积比。

3. 流速仪的检查与保养

1)流速仪的检查

流速仪在每次测量前后都要检查各零部件是否齐全、完好,轴承是否能自由转动。检查轴承转动的方法是正对旋桨吹气,以轻吹即能灵活转动为好;同时观察旋桨高速转动后,是否缓慢停转,若发现旋桨突然停止,则应对轴承进行检修;检查旋桨的变形,最好用石膏模型或金属曲线规检查。

在进行下一个工况测量前,应及时对上一个工况采集的数据进行检查和分析。当发现有明显不正常的读数时,应将流速仪吊出水面进行检查和处理。当不正常数据的个数大于总个数的10%时,应重新进行测量;当少于10%时,可对比相似位置的流速仪读数对其进行修正。

2)流速仪的保养

测流用流速仪在水中的浸泡时间不能太长,特别是在多泥沙或水质较差的水中,每隔一定时间,应该与新的或率定后没有用过的流速仪进行比测,如果所测得两台流速仪的流速差值超过了流速仪本身的均方差的代数和,则要重新率定。

在一次测量结束后,应按产品制造厂的要求拆卸、保养,小心清洗,并用率定时所用同样的润滑油予以润滑。安装好的流速仪不能直接放在桌上,头部要架空。

4. 用流速仪测定点流速

流速仪的旋桨,在水流推动下产生旋转,旋桨的转速 n 与流速 v 之间存在着一定的函数关系 $v=f(n)$,每台流速仪通过在检定水槽中率定,给出在允许测速范围内的线性关系式(检定公式)为

$$v = kn + C \tag{12-3}$$

式中　v——水流测点流速,m/s;

n——流速仪旋桨转速,r/s,$n=N/T$,其中 N 为测速时段内旋桨的总转数,T 为测速时段历时,s;

k——流速仪的倍常数,m/r;

C——流速仪的摩阻系数,m/s。

常数 k 和 C 与旋桨的螺距及支承系统的摩擦阻力等因素有关,每台流速仪的 k 值和 C 值都是不同的,要对每台流速仪进行单独检定,并通过回归计算,给出相应的检定公式。

12.3.2.2　用流速仪测定明渠中的流量

用流速仪在明渠中测流,要求渠道是人工渠道,具有足够长度的平直规则断面。

1. 测流断面的选择

测流断面应选在具有均匀流或渐变流的过流断面处,以保证过流断面为平面。测量断面上、下游应具有不小于15倍水面宽度的等截面平直段,以保证在测量断面附近不出现漩涡。

测流断面形状可以是矩形或梯形,便于丈量。在测流前,要对测流断面进行检查,如果由于长期失修,断面附近长了青苔或残缺不全,必须清洗和整修;如果附近有淤积或堆积物,也要清理干净,以免影响测流断面附近的流速分布。

当上游水流波动或风浪较大时,应在测流断面上游10倍水力半径处加设稳流栅、稳流筏、稳流板等稳流装置,如图12-3所示。

2. 测线与测点的布置

1)测点数目的确定

测点数目应根据测流断面尺寸来确定。当水面宽度和水深均不小于0.8 m时,为了更好地控制流速分布,根据《泵站现场测试与安全检测规程》(SL 548—2012)的规定,测点数目应按式(12-4)确定,且不应少于25个。分别布置在5根水平测线和5根垂直测线的交点上。

$$24\sqrt[3]{A} < n < 36\sqrt[3]{A} \tag{12-4}$$

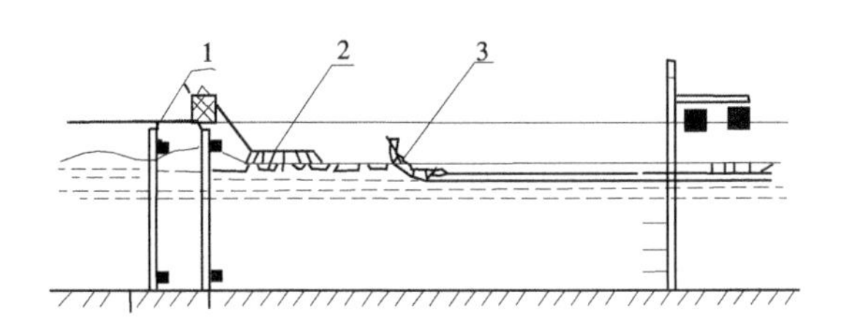

1—稳流栅;2—稳流筏;3—稳流板

图 12-3　明渠中的稳流装置示意图

式中　A——测流断面面积,m^2;

　　n——测点数目。

2)测线与测点的布置原则

测线是指几个测点连成的平行或垂直于水面的测速线,可根据渠道的宽度和水深选用。如果是宽浅型渠道,可以用测速垂线;如果是窄深型渠道,则可用水平测线。不论是测线或测点的布置,均应根据流速分布来确定。一般在靠近明渠边壁、底部或水面附近,流速变化大,测线或测点应布置得密些,而在水流中部可布置得稀些,以可在量相邻测点间的流速差值不超过其中大者的 20%为限,流速仪轴线至渠壁或渠底的距离,应控制在 0. 75d(d 为流速仪螺旋桨直径)至 200 mm 之间,流速仪轴线离水面应大于 d,流速仪轴线间的距离应大于 d+300 mm。

测速垂线的数目应根据断面横向流速分布均匀程度而定,一般不少于 5 根,除 2 根靠近渠壁外,其他几根测线的位置则以能控制流速分布为原则。明渠多测点测量流量时,应根据现场条件和流速仪数量选用一点法、二点法、三点法、五点法和六点法,见图 12-4。对应的测点布置应符合《泵站现场测试与安全检测规程》(SL 548—2012)的规定。

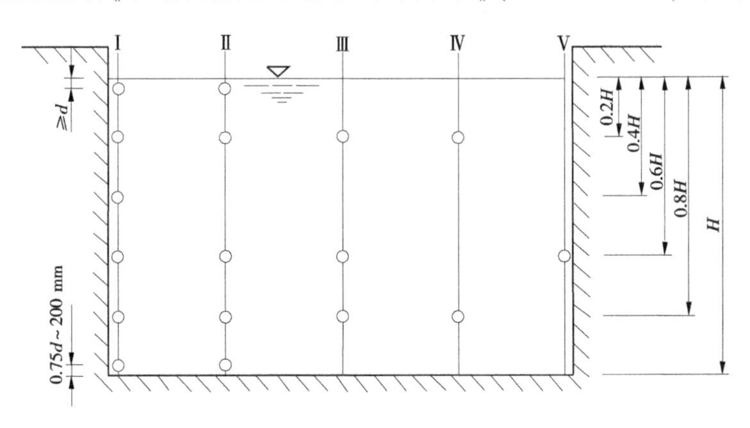

图 12-4　明渠测点布置图

3. 流速的测定

1)测速支架

当测流断面确定后,应根据测线和测点的数目及位置设置测速支架。明渠中的测速支架一般有三种,如图 12-5 所示。

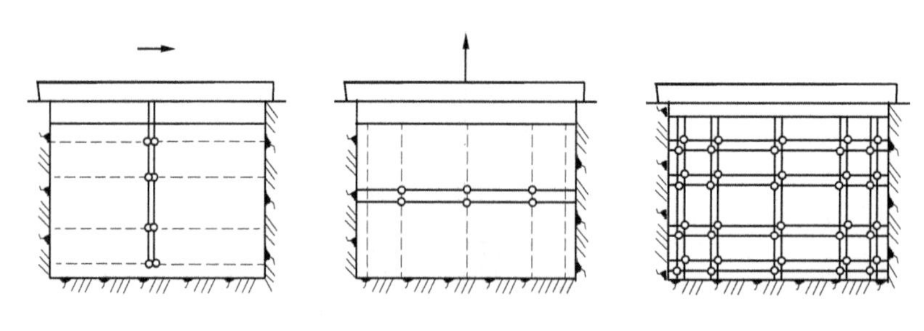

(a)垂直测杆水平移动支架　(b)水平测杆垂直移动支架　(c)固定式测速支架

图 12-5　明渠中的测速支架

当渠道的宽度和水深都比较小时,可采用水平移动的垂直测杆,在工作桥上定出测线的位置,如图 12-5(a)所示。这种方法简单易行,但必须保证测杆上的流速仪方向一致,并与水流流向的偏角不超过 5°;当断面水深比较大时,可采用垂直移动的水平测杆,如图 12-5(b)所示。这种装置施测也比较方便,可人工操作,但需要测架和滑槽,以保证测点在同一过流断面上,并使断面垂直于水流方向;在大型渠道中测流,用移动式支架很难保证精度,一般采用比较复杂的固定式支架,如图 12-5(c)所示。

2)不同时测量的流速换算

在同一测流断面上,可以是所有测点流速同时测量,也可以是不同时测量。

不同时测量是将一排流速仪沿水平方向或沿垂直方向顺次施测。这种方法经常用在仪器数量不足,或避免阻塞影响过大的情况下,但要求在整个测流时段内水流基本上是稳定的,并且为了避免测流时段内因水流的不稳定而产生的流速差异,应当在固定位置设置参考流速仪,并据此进行修正。

在测流时段内要测出连续的参考点流速,并绘制成过程线,如图 12-6 所示。如果参考点流速变化大,则说明测流时段内的流量不稳定,应该重测;当参考点的流速变化较小时,可按式(12-5)任意点的所测流速进行修正。

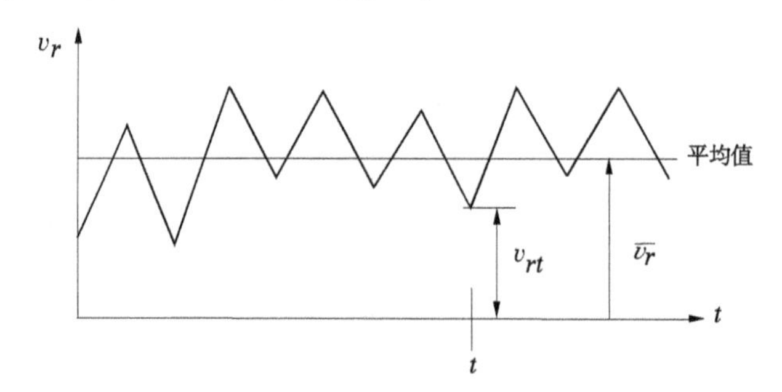

图 12-6　参考点流速过程线

$$v_{it}=v'_{it}\frac{v_{rt}}{\overline{v_r}} \tag{12-5}$$

式中　v_{it}——修正后的第 i 点在 t 时刻的流速,m/s;

v'_{it}——修正前实测的第 i 点在 t 时刻的流速,m/s;

v_{rt}——参考点在 t 时刻的实测流速,m/s;

$\overline{v}_r$——参考点在测流时段内的平均流速,m/s。

3)边壁流速的确定

用流速仪在明渠中测流,由于流速仪在布置上受到限制,不可能直接测出边壁流速,只能借助于最靠近边壁的测点流速向外推算。在工程实测中,常采用的推算方法有以下两种:

(1)由外推公式计算边壁流速。

在国际标准(ISO)中推荐使用外推公式计算边壁流速。公式如下:

$$v_{xt} = v_{at}\left(\frac{x}{a}\right)^{1/m} \tag{12-6}$$

式中　v_{xt}——距离边壁 x 处在 t 时刻的流速,m/s;

v_{at}——距离边壁 a(边壁测点)处在 t 时刻的流速,m/s;

x——计算点到边壁的距离;

a——最靠近边壁的测点到边壁的距离;

m——指数,m 值与雷诺数有关,取值区间为 4~10,一般取 7。

式 (12-6)是根据尼古拉兹在光滑管内对达到完全充分发展的紊流进行试验,整理出来的幂函数流速分布规律的经验公式。利用这个公式来外推边壁流速,就是假定边壁流速符合幂函数流速分布规律。

(2)用边壁流速系数法确定边壁流速。

边壁流速系数法就是将最靠近边壁的测点流速乘以一个系数 k 后作为边壁流速的近似估计值。即

$$v_{xt} = kv_{at} \tag{12-7}$$

边壁流速系数 k 可由表 12-7 查得。这种方法简单、方便,但由于边壁流速值在边壁上只有一个点,与流速曲线连接时有一定的任意性。因此,精确度比较低,可采用曲线内插法适当提高计算精度。

表 12-7　边壁流速系数 k 值

边壁情况		k 值
斜边壁		0.83~0.91
陡峭边壁	粗糙	0.85
	光滑	0.90

4. 流量计算和误差分析

在确定了所有测点和边壁的流速之后,即可采用数字积分的方法计算出断面的过流流量。流量测量的不确定度应按《泵站现场测试与安全检测规程》(SL 548—2012)进行评定。

用流速仪在渠道中测量流量的精度主要取决于水流流速分布规律性,水流周期性脉动,测速垂线、测点数目及其分布,流速仪工作状态,测流断面丈量精度,计算流量的方法以及流速仪、量具的精度等。

随机误差包括由于测线和测点数目有限引起的随机误差,水面宽度和水深测量的随

机误差,流速仪读数的相对误差和水流波动引起的随机误差等;系统误差为流速仪标定误差和量具误差,工程实测表面。影响测量精度的主要因素是流速仪的率定误差,国际标准(ISO)要求仪器的误差控制在±1%。因此,为了提高测量精度,要求尽量提高率定流速仪的精度或采用高精度的流速仪。

12.3.2.3　用流速仪测定管道中的流量

1. 大口径圆形管道中流量的测定

1)测流断面选择

与在明渠中测流一样,测流断面应选在具有均匀流或渐变流的过流断面处,流速分布成轴对称,测流断面的前后都应有一定的等截面直管段,对大于 1.0 m 的大口径圆形管道,测量断面前应有 20 倍管道直径的等截面直管长度,测流断面后应有 8 倍管道直径的等截面直管长度。

所选择的测流断面形状要规则,便于测量。测量断面直径时,要从三个方向且直径交角相等/多次测量,将其算术平均值作为管道断面的平均直径。如果测量两根相邻直径的长度之差大于平均直径的±0.5%,则要求增加测量次数。

2)测速支架

大型圆管中的测速支架可采用移动式测杆和固定式支架两种,但一般采用固定式支架。在设置固定式支架时,首先要选择垂直管道轴线的测流断面。支架结构形式根据管径的大小、水流的速度和压力确定。一般管径在 2.0 m 以下,扬程不大于 10 m 的轴流泵站中,以采用单梁式结构为宜,如图 12-7 所示。这种结构形式的优点是结构简单,制作方便,对水流干扰小。但在安装支架时必须注意测杆必须相互垂直,在确定好直径位置后,应在管壁上预先埋设连接件,以便安装和拆卸。连接件一般做成内螺式的套筒或带外螺纹的柱头,与座板一起焊接在钢管壁上。当管径很大时,单梁式支架的刚度不足,可采用内撑式支架,如图 12-8 所示。为了加强测杆的刚度,该支架在测杆的背面设置了支撑杆。

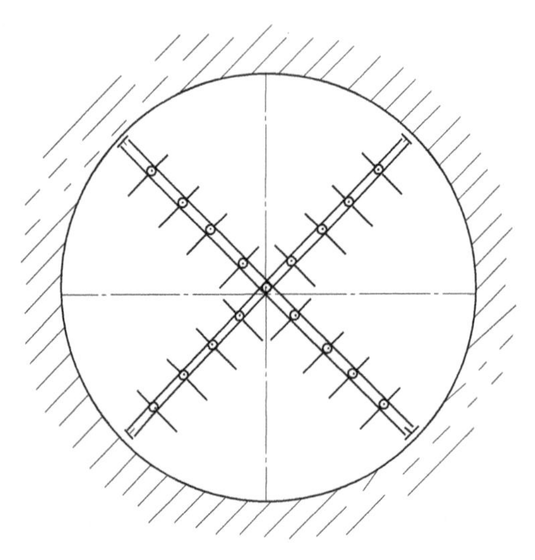

图 12-7　圆形管道中的单梁式测速支架

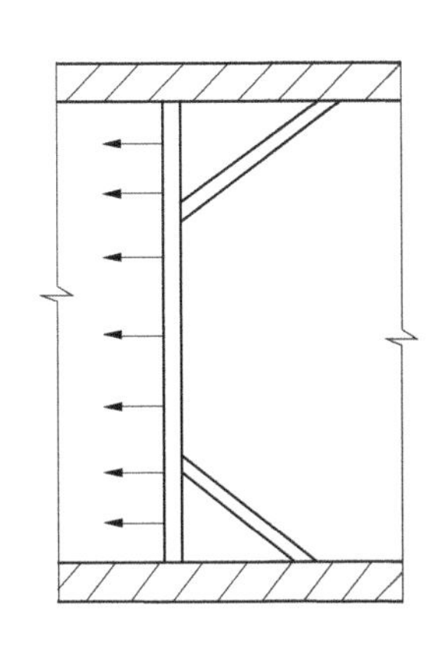
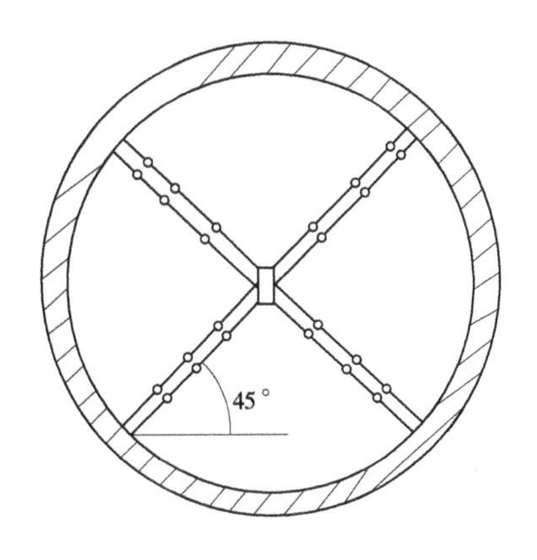

图 12-8　圆形管道中的支撑式测速支架

3)测点数目与测点布置

用流速仪在圆形压力管道中测流,测点数目可由下式计算:

$$4\sqrt{R} < n < 5\sqrt{R} \tag{12-8}$$

式中　R——管道半径;

n——每根半径上的测点数目。

根据国际标准(ISO)和国际电工委员会(IEC)规程的规定,对圆形压力管道的测点布置,断面上总测点数不得少于 13 个点,即至少有 2 根横穿测流断面的测杆,每根测杆半径上不少于 3 个测点。为了校核流速分布图形,在断面中心还应布置一个测点。一般测点总数不要超过 37 个。在断面测点数目相同的情况下,增加测杆数目比在测杆上增加测点的效果要好。

圆形管道中测点布置的方法有四种,即圆环等面积法、圆环等流量法、“对数-线性”法和“对数-车比雪夫”法。

(1)圆环等截面法。

圆环等面积法的测点布置是按各圆环面积相等的原则进行的,即将管截面分成若干个同心圆环,使各圆环(最外侧圆环和内圆环除外)的截面积相等。测点就在这些圆环的中心圆周线与通过圆心的测杆直径的交点上,各测点的位置可由下式确定:

$$r_i = \sqrt{\frac{2i-1}{2n}}R \tag{12-9}$$

式中　r_i——测杆半径上第 i 个测点的半径,m;

R——圆管的半径,m;

i——测杆半径上测点序号(自圆心向管壁);

n——每根测杆半径上的测点数目(不包括圆心处的测点)。

图 12-9 为四根半径测杆的不同测点数目的测点布置示意图。表 12-8 为圆环等截面法测点相对位置值。

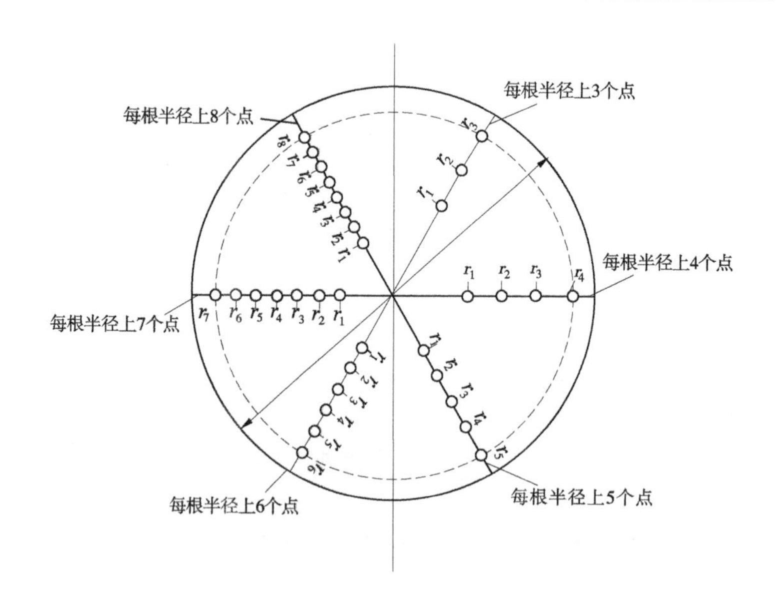

图 12-9 圆形管道多测点布置

表 12-8 圆环等截面法测点相对位置值

半径测点数目		测点相对位置 r_{n-i}/R							
测杆	总数	r_n/R	r_{n-1}/R	r_{n-2}/R	r_{n-3}/R	r_{n-4}/R	r_{n-5}/R	r_{n-6}/R	r_{n-7}/R
3	13	0.912 9	0.707 1	0.408 2					
4	17	0.935 4	0.790 6	0.612 4	0.353 6				
5	21	0.948 7	0.836 7	0.707 1	0.547 7	0.316 2			
6	25	0.957 4	0.866 0	0.763 8	0.645 5	0.500 0	0.288 7		
7	29	0.963 6	0.886 4	0.801 8	0.707 1	0.597 6	0.462 9	0.267 3	
8	33	0.968 2	0.901 4	0.829 2	0.750 0	0.661 4	0.559 0	0.433 0	0.250 0

(2)圆环等流量法。

圆环等流量法是基于使测点所代表的各圆环的流量大致相等的原则来确定测点位置的。测点的分布规律由下式确定:

$$r_i = \sqrt{\frac{1}{n}} r_n \tag{12-10}$$

式中 $r_n = 0.75d$(d 为流速仪旋桨直径);

其余符号意义同前。

四根半径测杆的测点布置形式如图 12-9 所示。但应注意,圆环等流量法中的 r_i 含义不同于圆环等面积法。表 12-9 为圆环等流量法测点相对位置值。

(3)"对数-线性"法。

"对数-线性"法是假定测流断面上的流速分布规律为

$$v = A\lg y + By + C \tag{12-11}$$

式中　y——测点到管壁的距离,$y=R-r$;

A、B、C——常数。

用相对半径 r/R 或离管壁相对距离 y/D 的数字表示各测点的位置,如表 12-10 所示。

表 12-9　圆环等流量法测点相对位置值

半径测点数目		测点相对位置 r_{n-i}/R						
测杆	总数	r_{n-1}/r_n	r_{n-2}/r_n	r_{n-3}/r_n	r_{n-4}/r_n	r_{n-5}/r_n	r_{n-6}/r_n	r_{n-7}/r_n
3	13	0.816	0.577					
4	17	0.866	0.707	0.500				
5	21	0.894	0.775	0.632	0.447			
6	25	0.912	0.816	0.707	0.577	0.408		
7	29	0.926	0.845	0.756	0.655	0.535	0.378	
8	33	0.936	0.866	0.791	0.707	0.613	0.500	0.354

注:$r_n = R - 0.75d$。

表 12-10　"对数-线性"法测点相对位置

每根半径上的测点数 n	r/R	y/D
3	0.358 6 ±0.010 0	0.320 7 ±0.005 0
	0.730 2 ±0.010 0	0.134 9 ±0.005 0
	0.935 8 ±0.003 2	0.032 1 ±0.001 6
5	0.277 6 ±0.010 0	0.361 2 ±0.005 0
	0.565 8 ±0.010 0	0.217 1 ±0.005 0
	0.695 0 ±0.010 0	0.152 5 ±0.005 0
	0.847 0 ±0.007 6	0.076 5 ±0.003 8
	0.962 2 ±0.001 8	0.018 9 ±0.000 9

(4)"对数-车比雪夫"法。

"对数-车比雪夫"法是假定测流断面上的流速分布的数学形式为:在边缘区域的断面和单元中的测点距管壁距离的流速分布成对数函数的形式;在其他面积单元中,测点距管壁距离的流速分布为多项式函数。各测点位置的数字(用相对半径 r/R 或距离管壁相对距离 y/D 表示),如表 12-11 所示。

4)流量计算

(1)数字积分法。

采用式(12-6)或式(12-7)确定边壁流速后,则可根据实测各测点位置数和流速测值,内插求出过流断面上任意点的流速值。设 v 为极坐标系 r 和 θ 上的某点流速,R 为测量断面平均半径,则由二重积分可得断面流量 Q,即

$$Q = \int_0^{2\pi}\int_0^R v(r,\theta)\,\mathrm{d}r\mathrm{d}\theta \qquad (12\text{-}12)$$

若 v 沿圆周不变,则式(12-12)为

$$Q = 2\pi\int_0^R vr\mathrm{d}r \tag{12-13}$$

表 12-11　“对数-车比雪夫”法测点相对位置

每根半径上的测点数 n	r/R	y/D
3	0. 375 4 ±0. 010 0	0. 312 3 ±0. 005 0
	0. 725 2 ±0. 010 0	0. 137 4 ±0. 005 0
	0. 935 8 ±0. 003 2	0. 032 1 ±0. 001 6
4	0. 331 4 ±0. 010 0	0. 334 3 ±0. 005 0
	0. 612 4 ±0. 010 0	0. 193 8 ±0. 005 0
	0. 800 0 ±0. 010 0	0. 100 0 ±0. 005 0
	0. 952 4 ±0. 002 4	0. 023 8 ±0. 001 2
5	0. 286 6 ±0. 010 0	0. 356 7 ±0. 005 0
	0. 570 0 ±0. 010 0	0. 215 0 ±0. 005 0
	0. 689 2 ±0. 010 0	0. 155 4 ±0. 005 0
	0. 847 2 ±0. 007 6	0. 076 4 ±0. 003 8
	0. 962 2 ±0. 001 8	0. 018 9 ±0. 000 9

(2)平均流速法。

按“对数-线性”法或“对数-车比雪夫”法布置测点时,断面流量可简单地用断面平均流速乘以断面面积来计算,即

$$Q = \bar{v}A \tag{12-14}$$

式中　$\bar{v}$——断面平均流速,m/s, $\bar{v} = \frac{1}{n}\sum_{i=1}^{n} v_i$;

n——测点数,个;

A——测流断面面积,m^2。

5)误差估算

采用流速仪测流,影响误差的因素很多,必须正确判断误差源及其在测试中影响误差的程度,以选择主要的影响因素进行误差估算。误差估算可参照《泵站现场测试与安全检测规程》(SL 548—2012)进行。

2. 小口径圆形管道和矩形管道中的流量测量

小口径(250~500 mm)采用流速仪测流的方法在泵站工程中应用很少。矩形管道流速测点泵站采用“对数-线性”法或“对数-车比雪夫”法。其测流方法与圆管大同小异,详见《泵站现场测试与安全检测规程》(SL 548—2012),在此不再赘述。

12.3.3　差压测流

通过测量水流动能或动量的变化产生的压差来确定流量的方法称为差压法。当水流通过截面变化的流道时,其动能和压能(势能)互相转化,水流通过弯道使其动量产生变化,或者水体在流动过程中由于水力摩阻的作用,在不同断面或部位之间产生压力差,这个压力差与通过该截面的流量存在一定的比例关系,只要测出压力差,就可以求得流量。

差压测流方法的设备简单可靠,便于维护,性能稳定,精度较高,经济耐用,广泛用于各个部门。根据泵站抽水装置的特点,也可以应用差压法来简便地测定水泵和管道中的流量。以下将简要地阐述差压测流的基本原理和应用。

12.3.3.1　文丘里流量计

文丘里流量计的工作原理是利用能量转换,用人工的方法在水流的两个断面之间造成压力落差,并按能量方程确定流量和这个压力落差之间的关系。

文丘里流量计如图 12-10 所示,由一段渐缩管 A、一段喉管 B 和一段渐扩管 C 顺次连接组成。将其安装在管路上,当水流通过文丘里流量计时,由于喉管断面缩小,流速增大而压强相应降低。与渐缩管进口前正常水流断面之间存在一个压力差 Δh ,运用能量方程,可以找出压差 Δh 与流速 v 和流量 Q 之间的关系。

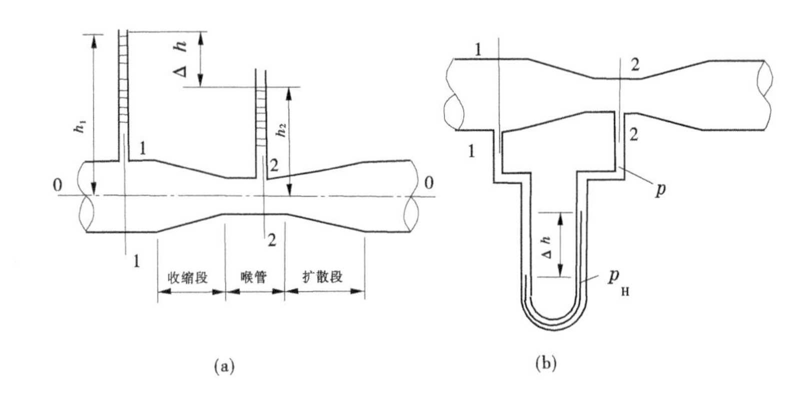

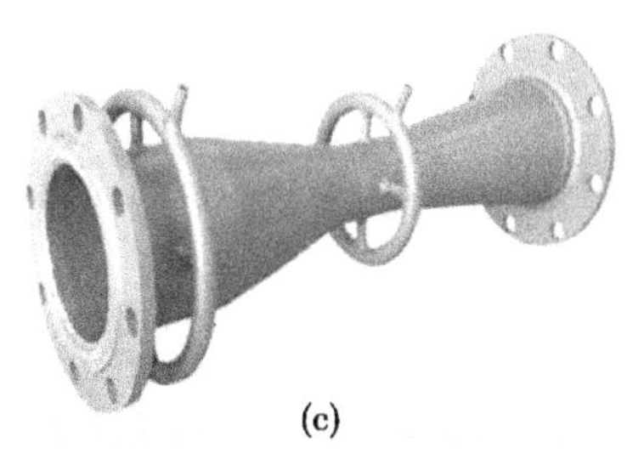

(c)

图 12-10　文丘里流量计示意图

$$v = \mu k \sqrt{2\Delta h} \tag{12-15}$$

$$Q = \mu k F \sqrt{2\Delta h} \tag{12-16}$$

式中　Δh ——文丘里流量计压差,m;

k——直径变化系数, $k = 1\Big/\sqrt{\left(\dfrac{d_1}{d_2}\right)^4 - 1}$;

μ ——阻力损失修正系数, $\mu = 0.95 \sim 0.98$;

F——文丘里流量计进口断面面积,m^2, $F = \dfrac{\pi}{4}d_1^2$。

12.3.3.2　弯头流量计

1. 原理

弯头流量计是应用动量(惯性)原理工作的,当流体通过弯管时,由于受弯管的约束作用,管内流态被迫做类似的圆周运动,产生的离心力作用于弯管内外侧,使弯管内外侧形成一定的压力差,该压力差的大小与流体的平均流速、流体密度、弯道曲率半径等因素有关,并遵循牛顿运动定律的有关规律。通过设置在弯头测量孔测出弯头内外侧的压力差,就能确定通过弯头的流量。根据动量原理,可以推导出弯头流量计的流量计算公式如下:

$$v = \mu m \sqrt{2g\Delta h} \tag{12-17}$$

$$Q = \mu m F \sqrt{2g\Delta h} \tag{12-18}$$

式中　Δh ——弯头流量计内外侧压差,m;

m——弯头相对曲率半径, $k = \sqrt{\dfrac{R}{2D}}$;

μ ——流量系数;

F ——弯头流量计过流断面面积,m^2, $F = \dfrac{\pi}{4}D^2$;

D——弯头过流断面直径,m;

R——弯头曲率半径,m。

应当注意的是,如果直接根据取压孔位置的压力来计算压力差,则应当在差压中考虑两个测点的位置高差,参见图 12-11。

2. 性能

从弯头流量计算公式可知,流量和压差成平方根关系,和文丘里管及孔板一样,如果雷诺数超过 10^5,流量系数可保持恒定。一般装在泵站管道(水泵进出水支管)中的弯头,其雷诺数会超过这一界限。

断面不收缩的弯头,其差压是靠离心力来产生的,可以按下式估算。

$$\Delta h = \frac{2D}{\beta R} \cdot \frac{v^2}{2g} \tag{12-19}$$

式中　β ——弯道过流断面流速分布不均匀系数。

分析式(12-19)可知,在流量一定时,差压值的大小与弯头的形状有关,一般为流速水头的两倍。减小弯头的曲率半径,可以增大差压值,有利于提高弯头流量计的灵敏度,但弯头阻力损失将增大,而且根据水力学试验资料可知,当$\dfrac{R}{D}<2.23$时,弯头中的水流发生脱离壁面的现象(见图 12-12)。如果测压孔接近于脱流区,则结果是其读数不稳定,而测流性能不能满足要求。为了提高流量计的精度,采用改变测压孔位置的方法,使其避开脱流区,即将弯头内侧测压孔向来流方向偏转一个角度(对 90°弯头一般为 22.5°)。经过这样改革后,对各种尺寸的弯头流量计单独标定其流量系数,根据要求,可以达到±0.5%的标定精度,以及±1.0%的再现性标准。

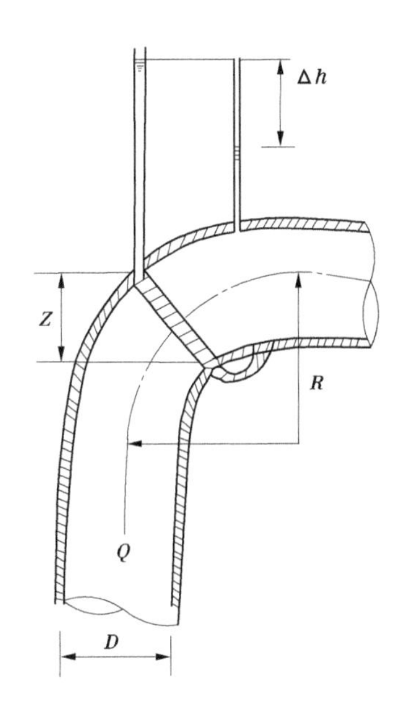

图 12-11　弯头测流原理示意图

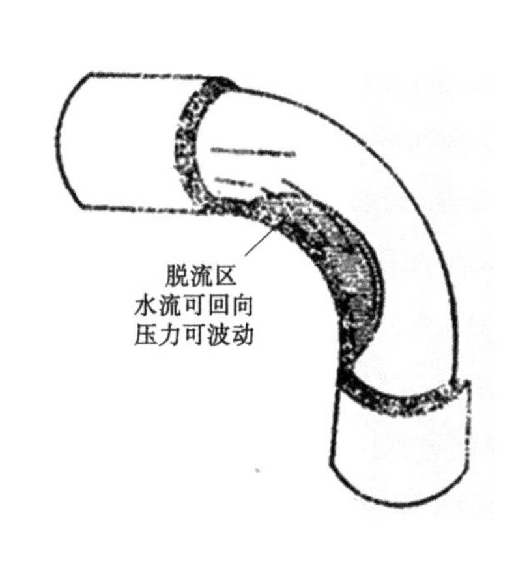

图 12-12　弯头脱流区示意图

3. 应用

弯头流量计已有系列产品，这种由工厂生产的弯头流量计具有结构简单、测量准确、经济耐用、差压信号大、水头损失小的优点，可以取代孔板和文丘里流量计。

各种用途的抽水装置，不管机组型号和容量大小，在进水管道上一般都配有弯头，利用原装置的弯头，在弯头的内外侧设置测压孔，并在现场标定其流量系数，就可以通过测量差压，简便地确定水泵的流量。对于中小型水泵，也可以把原来安装在管路上的普通弯头换成工厂生产的弯头流量计。这些流量计可以在室内单个标定其流量系数，在现场按照规程安装即可使用，避免现场标定试验的麻烦，更有利于推广使用。

为了获得较大的稳定的差压信号，作为量水的弯头，其圆心角最好为 90°或 45°，弯头安装的位置尽可能靠近厂房，要求连接弯头的进、出口管段的流态比较稳定，前后应有一定长度的直管段，根据泵站的具体情况，一般选用进水管上的弯头比较合适。其装置如图 12-13 所示。

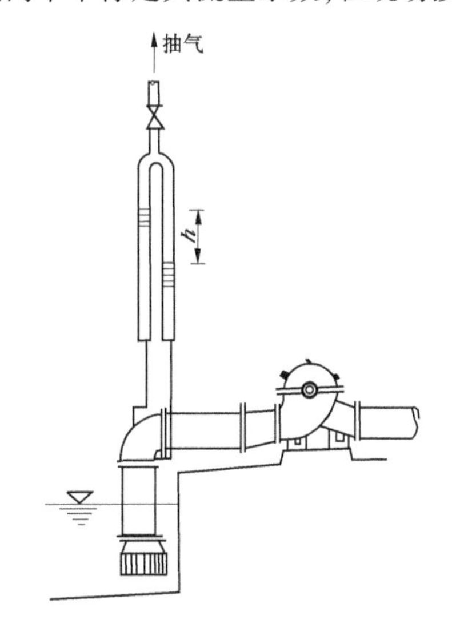

图 12-13　水泵进水管弯头量水装置示意图

12.3.3.3　用进水流道差压法测量流量

1. 基本原理

无论是卧式或立式大型轴流泵，其进水流道均采用渐缩管的形式。对于立式泵的肘弯型进水流道，除断面沿程收缩外，还有一段弯管。从水力学原理可知，水流通过这些部位时根据能量方程和动量方程,可以推算出在不同断面或部位之间产生的压力落差。在阻力平方区,流量和压差值的平方根成正比。也就是说,存在一个比例常数,即流量系数。

对于图 12-14 所示的几种流道形式,由 1—1 断面到 2—2 断面的过流面积是渐缩的,并且按照轴流泵的设计要求,叶轮进口断面压力和流速应该是均匀和对称的。因此,可以把这种进水流道看成相当于文丘里管节流测量设备。

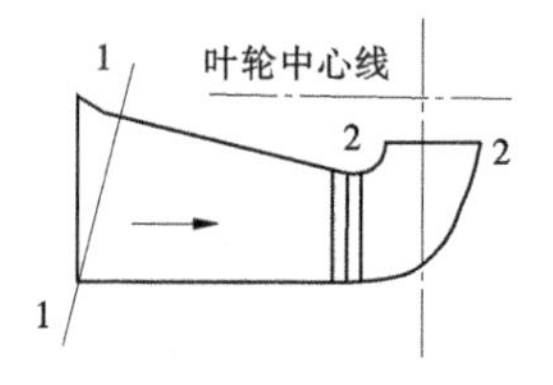

(a)肘弯型进水流道

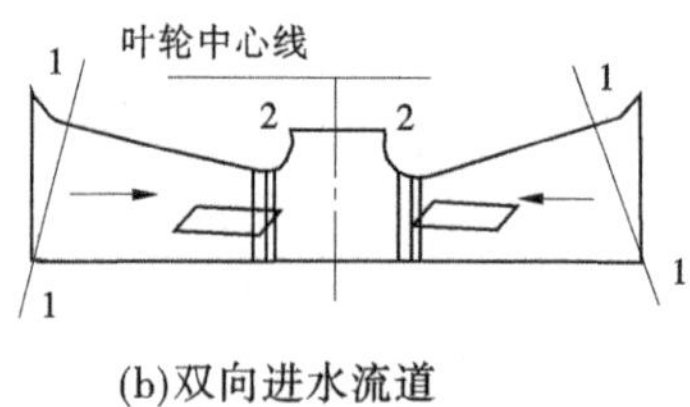

(b)双向进水流道

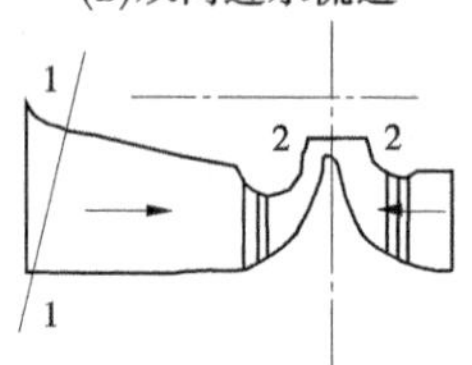

(c)钟型进水流道

图 12-14 大型立式轴流泵进水流道的几种形式

对于 1—1 断面和 2—2 断面应用能量方程可以推导出流量公式:

$$v = \mu\sqrt{2g\Delta h} \quad (\mathrm{m/s}) \tag{12-20}$$

$$Q = \mu A_2\sqrt{2g\Delta h} \quad (\mathrm{m^3/s}) \tag{12-21}$$

式中 A_2——叶轮进口前过流面积,m^2;

μ——待定的流量系数,包括流速分布、断面收缩、水力阻力等影响因素。

由于影响流量系数的因素复杂,目前还不能通过理论计算确定流量系数,必须借助另一种标准的测量方法进行现场标定。

根据弯头测流的原理,也可以在肘弯型进水流道段内外测适宜部位设置测压点,通过测量两点的压差来推算水泵的流量,但差压信号稳定性不如 1—1 断面和 2—2 断面。

2. 取压孔布置

根据进水流道内部流态分析,在图 12-14 中所标明的 1—1 断面和 2—2 断面水流比较平稳,可在该处布置测压孔。为了避免压力脉动和断面压力分布不均的影响,除选择流态稳定的断面布置测压孔外,还应在断面的对称位置设置环形均压管,直径不小于 10 mm。

如果要测量弯道内外侧压差,测压点应避免在脱流区,根据流态分析,内侧测压点应靠近弯道最低点,外侧测压点应在弯道曲率中心最远点,如图 12-15 所示。

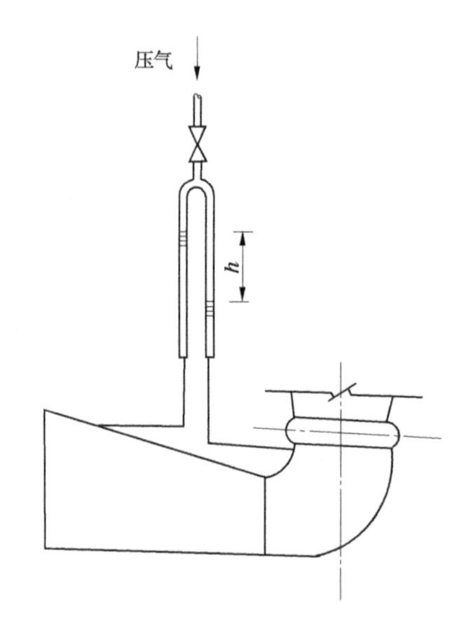

图 12-15 进水流道差压测流装置示意图

12.3.3.4 其他差压测流装置

1. 利用进水管路水力损失和水泵进口动压降的差压测流量

进水管路较长时,可以利用进水池水面与水泵进口断面压力落差进行测流,如图 12-16 所示。

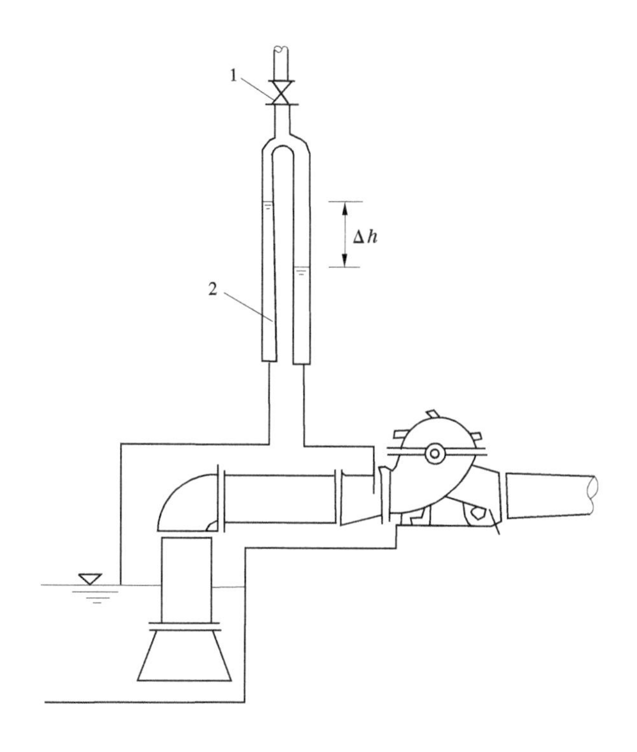

1—闸阀;2—水柱压差计

图 12-16　进水池水面与水泵进口断面的差压测流装置示意图

其流量计算公式为:

$$v = \mu\sqrt{2g\Delta h} \quad (m/s) \tag{12-22}$$

$$Q = \mu A\sqrt{2g\Delta h} \quad (m^3/s) \tag{12-23}$$

式中　A ——水泵进口断面面积,m^2;

　　μ ——待定的流量系数。

这种测流装置,进水管口不宜装设莲蓬头等滤网装置,以免被杂草堵塞,影响流量测量精度。另外,管道锈蚀后,阻力损失增大,也会影响测流精度,故在流量标定前应进行除锈和采取防锈措施,以后定期进行除锈,以免阻力发生变化。

2. 利用全压管与水泵进口断面的压差测流量

在距离弯头进口三倍管道直径的距离处插入全压管,如图 12-17 所示。全压管开孔应正对水流方向。为了避免断面流速分布不稳定而降低测流精度,全压管开孔位置应按等圆环面积法确定。采用全压管可避免由于进口流态和阻力系数的变化对流量测量精度的影响,并可使压差增大,以减小读数误差,但总的压差要略小于利用进水池水面的压差值。

3. 利用弯头外侧与水泵进口断面的压力差确定水泵流量

为了避免进水池流态即泥沙淤积和杂草堵塞使进水管路阻力发生变化,从而对测流产生影响,同时也避免管路弯头内侧钻孔的困难,可以在弯头外侧压力较高且水流稳定的位置钻测压孔,与水泵进口断面的测压孔组成差压测流装置,如图 12-18 所示。通过现场试验,标定流量系数,正常运行时,通过量测压差来确定流量。

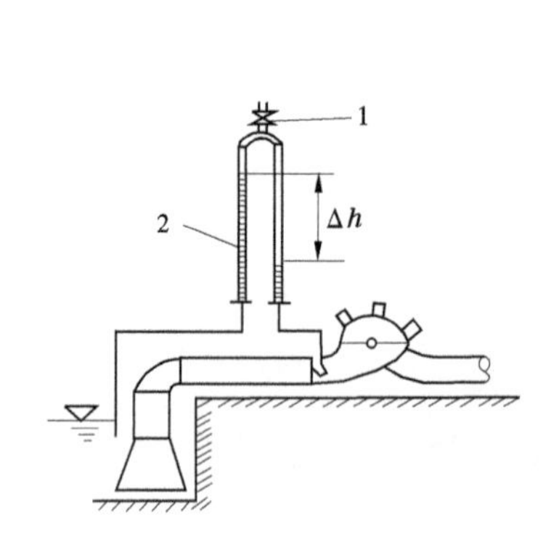

1—闸阀;2—水柱压差计

图 12-17　全压管与水泵进口断面的压差测量装置示意图

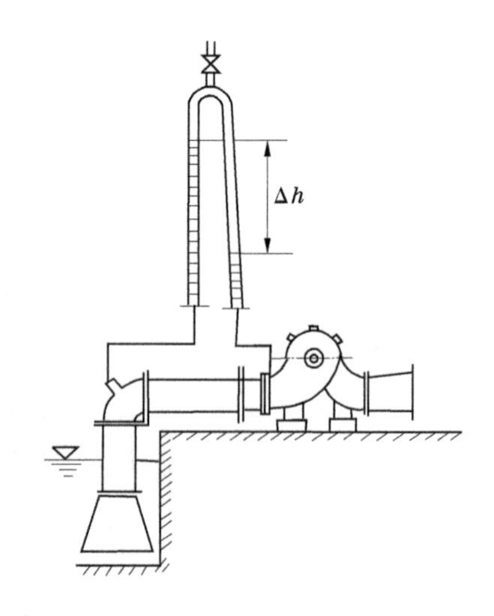

图 12-18　弯头外侧与水泵进口断面的差压测流装置示意图

4. 利用进水喇叭管测量水泵流量

为了改善转轮进口流态,一般中小型轴流泵或导叶式混流泵都配有定型的进水喇叭管。喇叭管的小断面流速较高,因此相应压力降低,利用水柱差压计测量该断面的压力降低值,即可据此求出水泵的流量。如图 12-19 所示。

定型进水喇叭管水力损失很小,故喇叭管进出口差压主要是机械能转换所致,在室内测定喇叭管的水力损失系数 ξ 后,即可根据实测差压计算出流量,即

$$Q = \frac{1}{\sqrt{1+\xi}} A \sqrt{2g\Delta h} \quad (\mathrm{m^3/s}) \tag{12-24}$$

式中　A——喇叭管出口断面面积,$\mathrm{m^2}$。

此外,还可以考虑利用出水管路水力损失、过流断面变化、弯道等造成的差压测量水泵的流量。

12.3.3.5　差压计

差压计是由差压部件、测嘴、导压管等

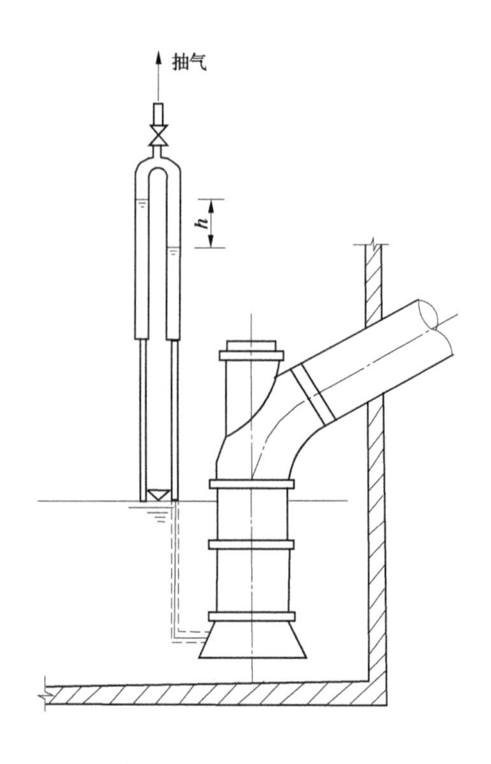

图 12-19　进水喇叭管差压测流装置示意图

组合成的差压式流量计。工业上采用的差压计主要有 U 形玻璃管式、环称式、钟罩式、膜片式和双波纹管式等。各仪表厂生产的多为双波纹管差压计和膜片式差压计。

根据泵站运行情况,一般流量变化范围较小,所以差压变化范围也较小,选择测压嘴位置时,可以考虑控制差压最大值不超过 2 m,这样就可以考虑采用空气水柱差压计,直接读出断面间的差压水柱高度,或者采用差压变送器配套显示记录仪,可以测得水泵的瞬时流量和累计水量。若配套自动调节机构,则可实现自动化操作,为泵站经济运行提供重要依据。

1. 水柱差压计

如图 12-20 所示, 在一块板上固定两根透明的玻璃管或塑料管(φ 10~12 mm),在两根测压管之间配上标尺(水柱高度标尺、流速或流量标尺),测压管的顶部连接一个三通或矩形的气密盒,如果所连接的测点压力高于大气压力,在气密盒内引入压缩空气,根据水柱压力的大小,调节压缩空气的压力,使各测压管的液面均落在标尺上。因为需要的压缩空气量很少,只要配备一个普通的打气筒即可满足要求。如果所连接的测点压力低于大气压力,则应在气密盒内造成真空,把测压管内的水吸上来,使液面达到标尺的高度。可采用微型水射流泵来抽真空,既简单可靠,又经济耐用。

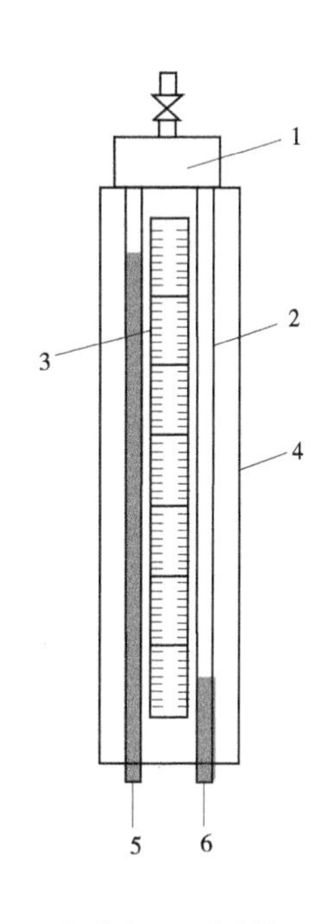

1—气密盒;2—透明管;
3—标尺;4—木板;
5—接高压测压管;
6—接低压测压管

图 12-20　水柱差压计

2. 双波纹管差压计

双波纹管差压计是根据位移原理工作的,如图 12-21 所示。在中心基座 8 上的左右装有高压室波纹管 B_1 和低压室波纹管 B_2,两端用连接轴 1 连接起来,波纹管 B_3 联通在波纹管 B_1 的外侧,进行填充液的温度补偿,中心基座内腔,波纹管 B_1、B_2、B_3 之间都填充满工作液体,并将其长期密封起来,被测的压力 p_1、p_2 通过导管分别引入高压室和低压室,若压力 p_1 大于压力 p_2,则压差 $\Delta p = p_1 - p_2$ 作用在波纹管 B_1 上,使其被压缩,容积缩小,但其内部填充的工作液体由于不可压缩而体积一定,因此波纹管 B_1 的部分填充液必将通过阻尼环 11 的周围环隙和阻尼旁路 10 流向波纹管 B_2。由于部分填充液从左方流向右方,破坏了系统的平衡,连接轴 1 按水平方向从左向右移动,使量程弹簧 7 产生相应的拉伸,直至量程弹簧的变形力与差压值所形成的测量力平衡,于是系统在新的平衡位置达到平衡。

当连接轴 1 右移时,通过固定在连接轴上的挡板 3 使得摆杆 4 扭动扭力管 5 动作,经心轴 6 以扭力管同样的扭角输给显示部分,输出扭角与波纹管位移量成正比,也就是与仪表差压测量值 Δp 成正比,配上各种显示部分就得到指示、记录等各种形式的差压仪表。

双波纹差压计具有使用方便、安全、可靠的特点,精度可达 0.5 级。当产生单向过载时,能自动切断高低压波纹管间充液的流动,保护测量元件不受损坏。

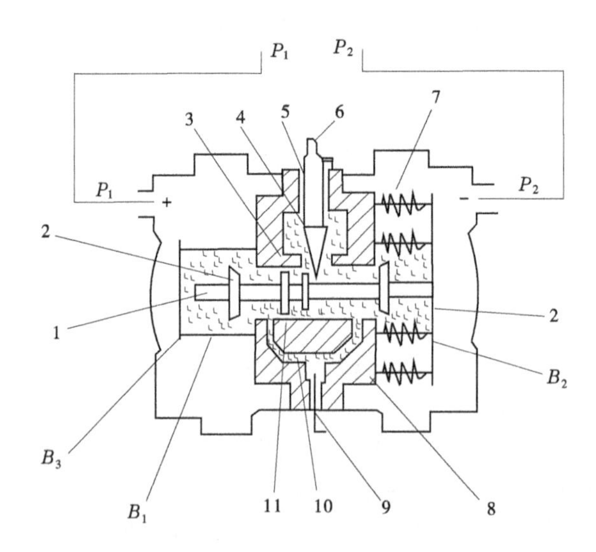

1—连接轴;2—单向保护阀;3—挡板;4—摆杆;5—扭力管;6—心轴;7—量程弹簧;
8—中心基座;9—阻力阀;10—阻尼旁路;11—阻尼环

图 12-21　双波纹管差压计原理示意图

3. 电容式差压变送器

变送器主要由检测部分和转换放大电路部分组成,而检测部分又由正压腔盖、负压腔盖和测量部件组成。当差压经盖的导压口进入正负压腔时,就分别作用在测量部件的正负压侧隔离膜片上。其工作原理如下:

差压 → 可动极板位移 → 电容变化量 → 电信号输出

如图 12-22 所示,有预张力的中心膜片作为可动极板与二边固定的弧形电容极板形成电容 C_1、C_2,被测压力 p_1、p_2 分别作用在测量部件两侧的隔膜片上,通过腔内所充液体的传递,作用到中心膜片的两侧。当 $p_1 = p_2$ 时,中心膜片在中心位置, $C_1 = C_2$;当 $p_1 \neq p_2$ 时,存在差压 Δp ,中心膜片产生位移,使中心膜片与两侧弧形电容极板的间距不相等,从而 $C_1 \neq C_2$,电容的变化量通过转换放大电路,转换为 4~20 mA 的直流电信号。输出信号电流仅与中心膜片的位移成正比,亦即与引入的压差成正比。

电容式差压变送器具有体积小、重量轻、结构简单、装拆容易、维护方便的优点,由于无机械传动和摩擦,使其具有高精确度(可达 0.2%~0.5%)、高稳定性、高抗震性和可靠性、量程可调范围大等优点。

4. 力平衡式差压变送器

如图 12-22 所示,被测压差通过测量元件(膜盒或膜片)转换成测量力,该力使主杠杆 4 以轴封膜片为支点产生偏转位移,该位移通过矢量机构 6 传递给副杠杆 12,使固定于副杠杆上的检测板产生位移,此时差动变压器 11 的平衡电压产生变化,此变化由放大器 10 转换成 0~10 mA 直流输出,同时该电流经过处于永久磁钢内的反馈线圈 13 中的电流与磁场作用产生与电流成正比的反馈力,反馈力与测量力相平衡,使杠杆回到平衡状态,此时的电流为变送器的输出电流,它与被测量力成正比。

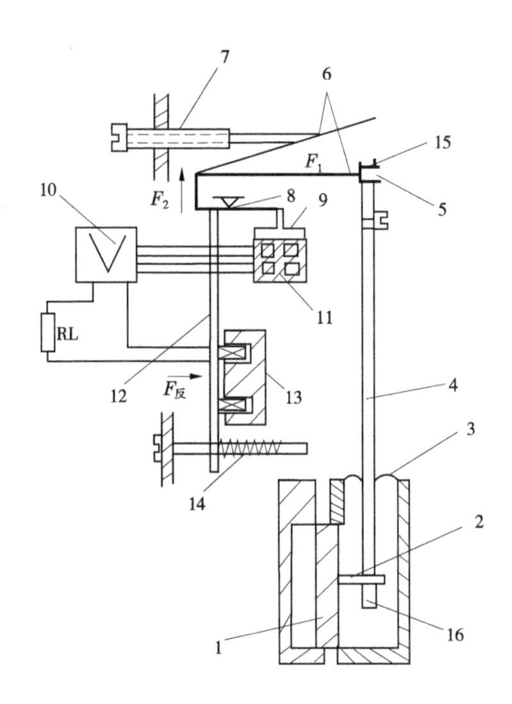

1—测量元件;2—连接簧片;3—油封膜片;4—主杠杆;5—静压调整螺钉;6—矢量机构;7—量程调整丝杆;8—支点;9—检测板;10—放大器;11—差动变压器;12—副杠杆;13—反馈线圈;14—调零弹簧;15—过载保护簧片;16—连接螺母

图 12-22　力平衡式差压变送器

5. 差压流量变送器

差压流量变送器是在差压变送器的输出端再加一个开方运算器,从而实现变送器的输出量与流量成正比关系,因此它的工作原理与差压变送器基本相同。

12.3.3.6　差压计的选择与安装

1. 差压计的选择

一般泵站可以选用水柱差压计,安装在现场,可直接观测水柱压差值确定流量;对于自动化程度较高的泵站,可以选用电容式或力平衡式差压变送器,也可以选用差压流量变送器。由变送器将差压变换成电信号输送到总控室,通过微机实现自动记录和自动化操作。

2. 差压计的安装

由导压管将管道的差压传送给差压计,必须十分注意导压管的安装敷设,一般应符合以下规定:

(1)导压管内径不得小于 6 mm,其长度最好在 16 m 以内,如果长度超过 16 m,导压管内径应加大到 10 mm 或 13 mm。

(2)为了避免导压管内积聚空气,导压管应垂直或倾斜敷设,其倾斜角度不小于 1∶12。当导压管长度大于 30 m 时,应分段倾斜,并在各最高点和最低点分别装置集气筒(或排气阀)和沉淀器(或排污阀)。

(3)空气稳压罐。为了减小差压计信号的跳动,应在导压管上装设空气稳压罐,如

图 12-23 所示。一般可用ϕ 100 mm 的钢管制作,其高度不小于直径的 2 倍。

(4)取压孔的布置和连接。尽可能在压力稳定的位置钻测压孔。为了提高差压的稳定性,当管道直径大于 400 mm 时,可以考虑在两个相互正交的直径方向上布置四个测压孔,并用环形管连接起来用一根导压管通到差压计。环形管的面积不得小于测压孔面积的总和,测压孔不应布置在测压断面的最高点和最低点,以防止进入气泡或被杂质堵塞。如果水流条件较好,或者仅为了运行监视,可在一个直径方向对称布置两个测压孔,在距测压孔上游至少 450 mm、下游至少 150 mm 的直管范围内,管道的内表面应该是平滑的;测压孔的大小,取决于孔的相对深度 h/d(h 为孔深,d 为孔径),要求 $h/d>3$(或 $d<h/3$),不致在孔内形成漩涡。测压管连接如图 12-24 所示。

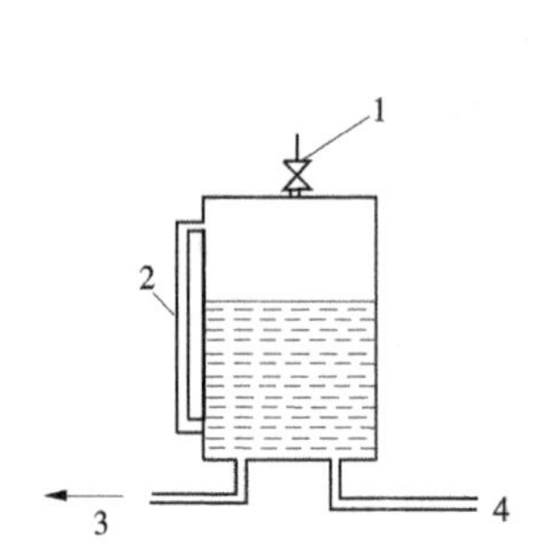

1—气门阀;2—液位管;3—接差压计;4—接导压管

图 12-23 空气稳压罐

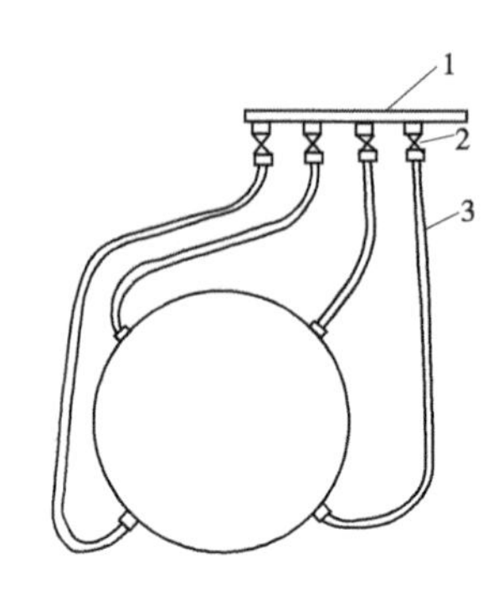

1—总管;2—阀门;3—支管

图 12-24 压力测量通过支管与总管相连

(5)导压管与差压变送器的连接如图 12-25 所示。

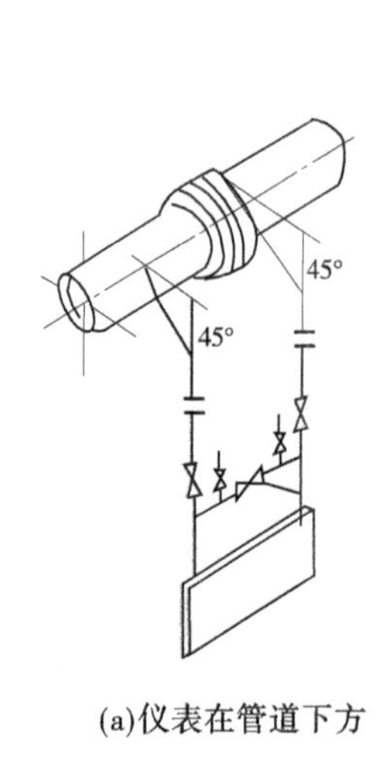

(a)仪表在管道下方

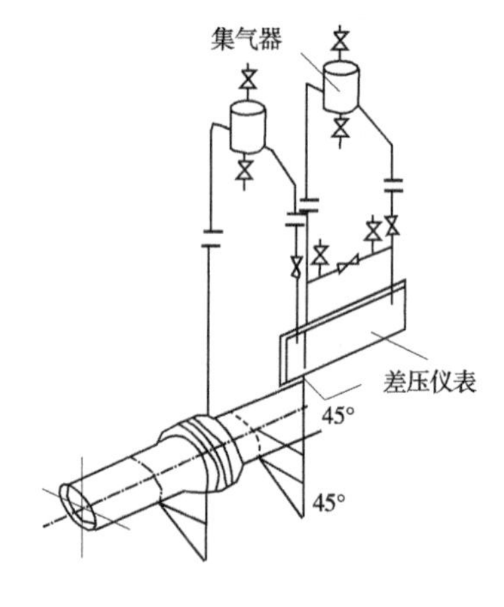

(b)仪表在管道上方

图 12-25 差压变送器安装示意图

12.3.3.7 流量系数的标定及误差分析

1. 流量系数的标定

由于流道内水流流态复杂,而且产生差压的部件制作工艺各不相同,以及装置安装条件的差异，不可能采用理论计算的方法来确定流量系数，而必须采用一种公认的标准测量技术对装置进行原型标定，才能保证差压流量计测量结果的可靠性。对于小口径的流量计，可以在室内流量标定台上进行标定，而对于大口径的流量计，特别是用于运行检测（控制等）的差压流量计，只能在泵站现场进行原型装置标定。

选择标定方法的原则如下：

（1）精确度应满足要求。作为泵站运行检测流量用的差压流量计，按规程要求，极限相对误差不大于±3.5%，那么就应该考虑标定测量的误差传递和差压流量计装置的各种误差，估算差压流量计的综合极限相对误差应不大于上述的规定值。

（2）作为标定测量，它的测量精确度应该能够进行具体的分析和估算。

（3）现场使用条件应满足规程要求，或者有足够的论据证明采用的测量方法是合理的。

2. 误差分析

差压测流的误差包括标定测量误差、差压计误差以及压力波动误差。由于对测量数据采用数学归纳处理，建立最佳的拟合直线方程，在阻力平方区，流量与差压的平方根成正比。如果 $Q—\sqrt{\Delta h}$ 成一直线，说明差压和流量的测量都是正确可靠的，可以认为各实测点对拟合直线方程的偏差就是流量测量的误差。根据误差理论，用剩余标准差来表示：

$$\sigma_Q = \sqrt{\frac{\sum (Q_i - Q')^2}{n-2}} \tag{12-25}$$

式中　Q_i——实测流量值；

Q'——根据拟合方程计算的流量值；

n——测量次数。

测量方程的标准差越小，说明方程的精度越高。

12.3.4　均速管测定流量

均速管是一根沿纵向开有一排小孔的圆管，由于它测定的是过流断面沿直径方向的平均流速，因而称为均速管，又因为它形似笛子，也称为笛形管。

均速管是一种基于能量转换原理的测流设备，它包括均速管、静压管及差压计三部分，如图 12-26 所示。

12.3.4.1　均速管测量装置组成

1. 均速管

均速管可用普通的镀锌钢管制成，其直径 d 一般为被测管道直径 D 的 2.5%~5%，根据实际运用经验，当管道直径为 1.0~1.5 m 时，可采用ϕ50 mm 的无缝钢管。均速管上的一排小孔应在同一母线上，小孔的孔径为(0.1~0.3)d，小孔数目应为奇数，对应被测管道中心一个孔，两侧对称布置。当被测管道直径 $D \geqslant 500$ mm 时，小孔总数不少于 11 个，按圆环等面积法或圆环等流量法布置，各孔距离按表 12-8 或表 12-9 所列的比值关系计算，具体布置如图 12-27 所示。

均速管的加工按照一定的工艺要求进行，如用无缝钢管或镀锌钢管制作，管的外表面要车光，小孔直径大小要一致，孔的内外侧应无毛刺。均速管插入被测管道处应采用填料密封，使

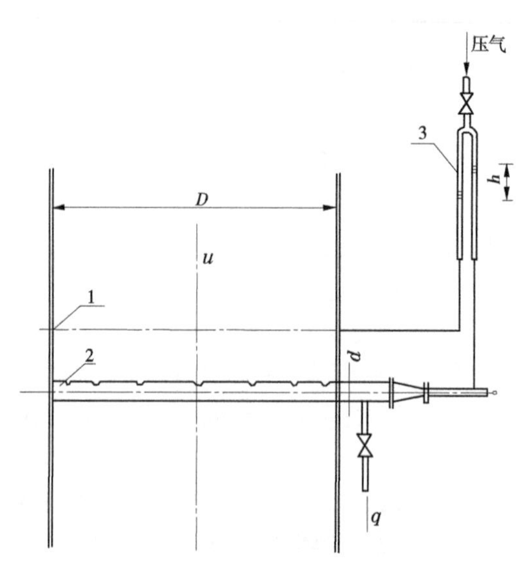

1—静压测流断面管;2—均速管;3—差压测量装置

图 12-26　均速管测流装置示意图

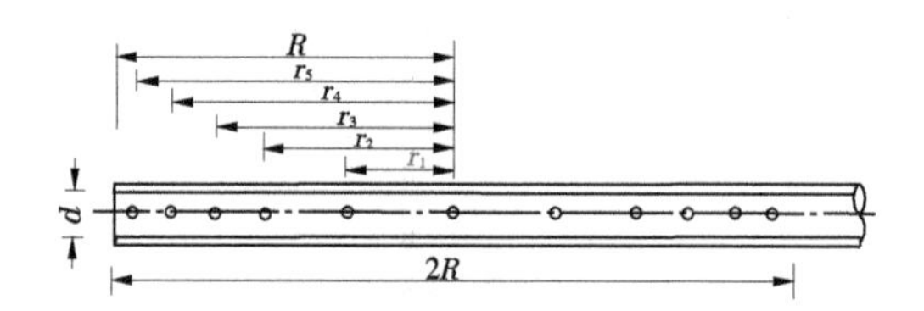

图 12-27　均速管小孔布置图

均速管既能绕轴线转动,又不漏水,以便在实际应用时,转动均速管使小孔正对来流方向。

2. 静压管

为了减小均速管干扰流态对测量静压力的影响,静压测量断面应选在均速管上游侧管道直径的 20%处,按照均压环取压方式布置测压管。

3. 差压测量装置

由于水泵出水支管流速一般在 1.5~3.0 m/s,压差值不大,可用倒 U 形管水柱差压计直接量测,亦可采用其他智能差压计自动量测。差压计一端接均速管,另一端接静压管。

12.3.4.2　均速管测流的基本原理

沿均速管分布的小孔直接承受水流的动能,并转化为水的压能,因管内流速分布不同,各孔承受动能的数值也不同,所造成的压力差值在均速管内进行调整,在均速管出口阀门 K 关闭的情况下测得平均压力(包括动压和静压),即为全压力:

$$\frac{p_{全}}{\rho g}=Z+\frac{p_{静}}{\rho g}+\frac{\overline{v^2}}{2g}$$

式中　$\frac{\overline{v^2}}{2g}$——均速管各小孔处水流动能的平均值。

同时从均压环上引出的测压管测得静压力的平均值为 $Z+\frac{p_{静}}{\rho g}$,这样,其全压力与静压力平均值之差为

$$\overline{\Delta h}=\left(Z+\frac{p_{静}}{\rho g}+\frac{\overline{v^2}}{2g}\right)-\left(Z+\frac{p_{静}}{\rho g}\right)=\frac{\overline{v^2}}{2g}$$

若打开阀门 K 使差压计液面高差为零,即 $\overline{\Delta h}=0$,则均速管各小孔就在流速水头 ΔH_i ($\Delta H_i=\frac{v_i^2}{2g}$)的作用下排出流量 q_i,则:

$$q_i=\varphi_i a_i\sqrt{2g\Delta H_i}=\mu_i\sqrt{2g\Delta H_i}$$

式中　a_i——小孔面积;

φ_i——小孔流速系数;

μ_i——小孔流量系数,$\mu_i=\varphi_i a_i$。

通过阀门 K 流出的总流量:

$$q=\sum q_i$$

制作均速管时,要求各小孔面积相等,光洁度相同,因此有:

$$a_1=a_2=\cdots=a_n=a$$

$$\varphi_1=\varphi_2=\cdots=\varphi_n=\varphi$$

$$\mu_1=\mu_2=\cdots=\mu_n=\mu$$

$$q=\sum q_i=\mu\sqrt{2g}\sum\sqrt{\Delta H_i}=n\mu\sqrt{2g\overline{\Delta h}} \tag{12-26}$$

管道平均流速和流量为

$$\left.\begin{aligned}\bar{v}&=\sqrt{2g\overline{\Delta h}}=\frac{q}{n\mu}\\ Q&=A\bar{v}=cq\\ c&=\frac{A}{n\mu}=A\sqrt{2g}\,\frac{\sqrt{\overline{\Delta h}}}{q}\end{aligned}\right\} \tag{12-27}$$

式(12-27)表明,只要预先知道流量系数 c 值,则只要测得均速管排出的流量 q,就可以求得水泵的流量 Q。

12.3.4.3　均速管流量系数 c 的标定

上述推导表明,c 值与输水管道的过流面积、均速管小孔数目、小孔面积和加工情况有关,所以当均速管装置确定后,c 值就是一个常数,标定后就可以直接使用。只要环境条件不变,就不必采取其他修正措施。

标定 c 值是在稳定的静水压力下进行的,具体步骤如下:

(1)启动水泵机组,向管道及出水池充水,待能造成稳定的水位后,即关闭出水闸阀,水泵停止运行。

(2)关闭均速管排水阀门 K,此时 $q=0$,检查差压计水柱液面是否齐平,调整液面气压,使液面位于差压计标尺高度的一半左右。

(3)开启阀门 K 在某一开度,均速管向外排水,由于流动而产生压力降低 Δh ,此时测得对应的排水流量 q 。

(4)改变阀门 K 的开度若干次,将分别测得的若干组流量 q 与之对应的差压值 $\overline{\Delta h}$,按式 $c = A\sqrt{2g}\dfrac{\sqrt{\overline{\Delta h}}}{q}$计算出若干个 c 值。如果 c 值中不存在粗差,即可用其均值作为 c 的标定值。

均速管排水流量 q 的测量,可以采用体积法、重量法或管式流量计。如用体积法或重量法,测量历时不能太短,否则误差较大,但历时太长则需用较大的接水容器,一般以 3~5 min 为宜。

12.3.4.4　用均速管测量水泵流量

用均速管测量水泵流量有两种办法,一种是一次测定,另一种是正常运行的流量监测。

(1)当标定 c 值之后,调节排水阀门 K,使差压计液面齐平,即 $\Delta h = 0$,在条件稳定的情况下开始测定排水流量 q 。重复测量 5 次以上,以便计算水泵流量的平均值 $\overline{Q}$ 。

(2)用均速管监测水泵正常运行的流量。由式(12-27)可得 $Q = cq = A\sqrt{2g\overline{\Delta h}}$ 。

这就与前述的差压测流一样,根据均速管与静压测压管的压力差来监测水泵的流量。但是,应该注意,均速管横跨管道,容易被水草缠绕和被砂粒堵塞小孔,如果发生这种情况,不仅影响测量结果,同时也造成能量损失,所以只有在水泵抽取清水时方宜采用。

12.3.4.5　均速管测流的误差分析

用均速管测流,误差主要来自四个方面,即流量系数 c 的标定误差,流量 q 的测定误差,重复性误差以及标定的测量方法本身所具有的误差。

(1)根据均速管的标定测量成果,可以计算得流量系数 c 的测量列,由贝塞尔公式计算 c 值的标准误差,即

$$\sigma_c = \sqrt{\frac{\sum (c - \bar{c})^2}{n - 1}}$$

(2)流量 q 的测定误差,视所采用的仪器而定。如果用管式流量计,则流量计本身的精度以及 q 的读数误差即是 q 的测定误差;如果用体积法,则为容量筒的误差和秒表计时误差的综合。

(3)对被测流量 Q ,重复测量次数不少于 5 次,以便估算重复性误差。

(4)用以标定均速管测量装置的方法,其本身的测量误差。

用均速管测流,其误差即为上述几项误差的综合。

12.3.5　量水堰与量水槽测定流量

对于明渠水流和非满管流,可以用量水堰或量水槽来测定流量。这种方法精确度较高,设备构造简单,测量技术容易掌握,较早地被采用,并列入国际标准。

用堰在明渠中测流时,因为用堰板挡水,水头损失较大,并有使上游固态物产生沉淀的可能。因此,有时采用量水槽测流。用堰或槽测流,从理论上讲,不论多大的明渠都能使用,但是,大型的堰或槽成本高、制造工艺复杂、安装比较困难,一般大型渠道测流不宜

采用。对中小型泵站，如果明渠上具备条件，可考虑采用堰、槽测流。

各种堰、槽测流极限相对误差的近似范围（95%置信度）如下：

矩形薄壁堰及全宽堰	1%～4%
20°～100°的三角形薄壁堰	1%～3%
宽顶堰	3%～5%
三角形剖面堰	2%～5%
驻波槽	2%～5%
巴歇尔槽	3%～5%

12.3.5.1　薄壁堰

1. 薄壁堰的结构

薄壁堰由堰板及堰槽组成。堰板的截面如图 12-28 所示，堰板要光滑、平整，内侧面必须保持平面，具有较高的光洁度，堰口与内侧面成直角，与外侧面成 45°倾斜，唇厚为 2 mm。按堰口的形状，薄壁堰可分为直角三角堰、矩形堰、全宽堰、60°三角堰、梯形堰等。前三者已列入国家标准，其结构如图 12-29 所示。

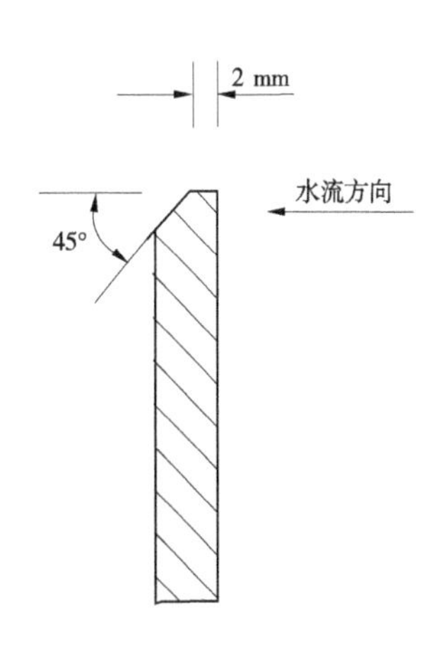

图 12-28　堰板截面图

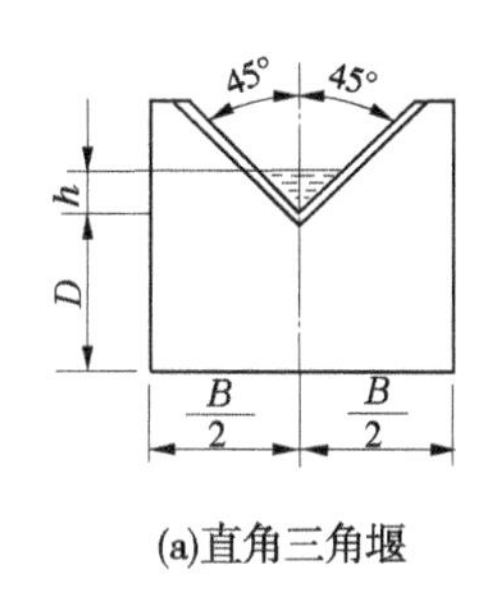

(a)直角三角堰

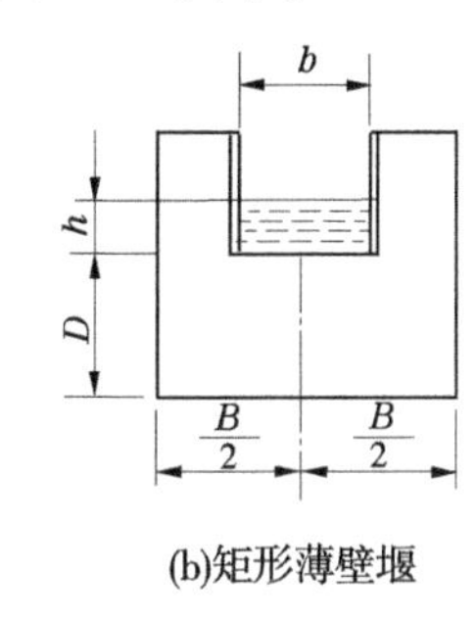

(b)矩形薄壁堰

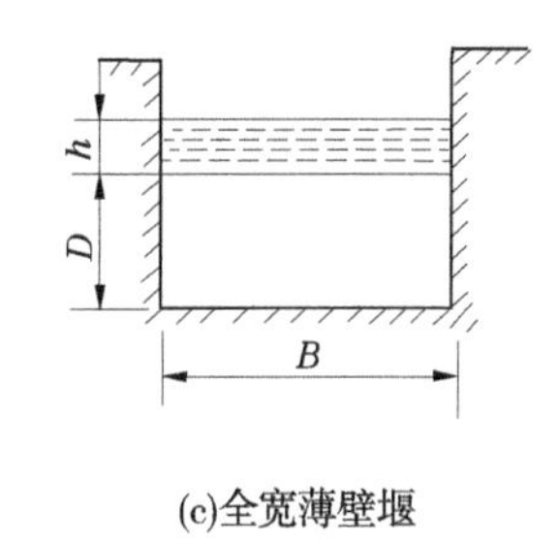

(c)全宽薄壁堰

图 12-29　薄壁堰类型图

堰槽由导入部分、整流装置和整流部分三段组成，如图 12-30 所示。堰槽长度如表 12-12 所示。

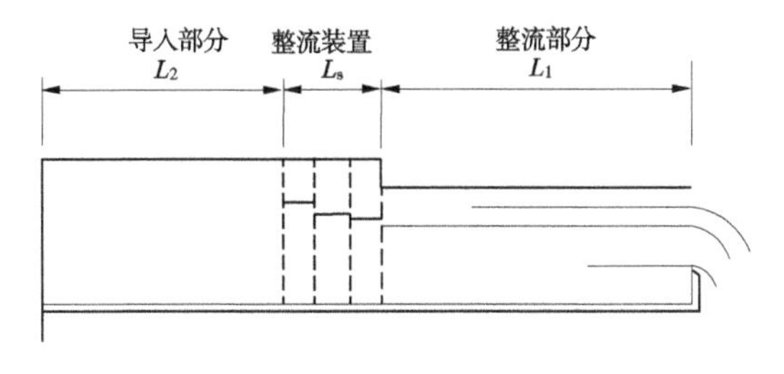

图 12-30　堰槽的组成

表 12-12　堰槽长度尺寸

堰的类型	L_1	L_s	L_2
直角三角堰	$>20h_{max}$	约 $2h_{max}$	$>(B+h_{max})$
矩形堰	$>10b$	约 $2h_{max}$	$>(B+2h_{max})$
全宽堰	$>10B$	约 $2h_{max}$	$>(B+3h_{max})$

注:h_{max} 为堰上最大水头。

整流装置的目的是使堰板附近的水流速度分布均匀,为此整流装置前的导入部分(等截面直段)应尽量长些。如果堰板附近水流的下层流速比上层的大,则收缩过多,水头增大;相反,下层的流速比上层的小,则水头减小。因此,整流装置的结构必须上下一致,一般由 4~5 道闸板组成,其形状以多孔板式为好,栅孔尺寸如图 12-31 所示。

2. 水头测量装置

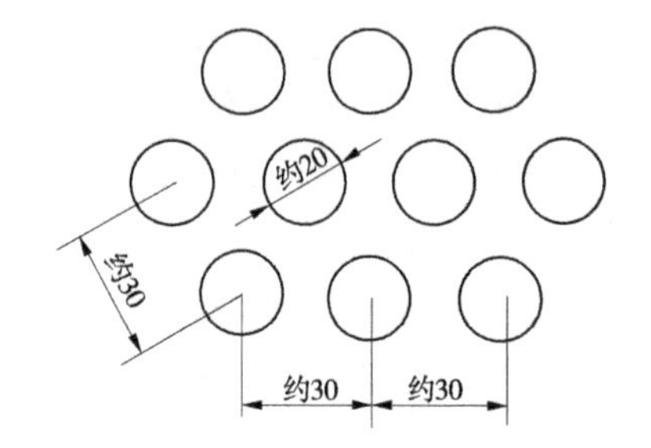

图 12-31　多孔板整流装置　(单位:mm)

水头测量装置包括测井、水位记录器、联通管等,如图 12-32 所示。测量水位要求在堰上游 3~5 倍最大水头处,以免在堰板附近,水面受重力作用而下降;水面因受风浪影响产生的波动,可用导压管衰减。在堰槽侧壁开小孔,孔的位置要在堰口以下≥50 mm 处,并距槽底面不小于 50 mm。小孔用联通管与测井相连,联通管管径为 10~30 mm,由于联通管的导压和流阻作用,可衰减波动,并便于在测井中用水位记录器记录。

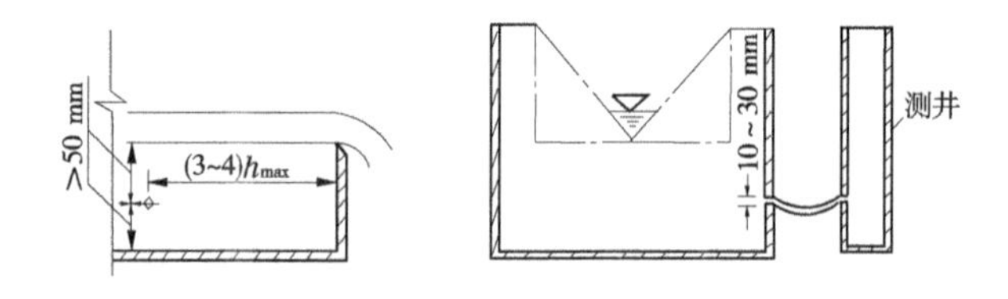

图 12-32　水头测量装置

堰的水头测量误差是造成测流误差的主要部分。在测量水头时,必须注意:

(1)测井的位置要符合规程要求,不能离堰板太近。

(2)测量水头时,水流不能附着堰板。

(3)零点测量要精确,在测量零点时,必须将水注满水槽,使水头从堰口开始流出或流出的水刚停止时,防止由于表面张力产生较大的误差。

3. 流量的计算

(1)直角三角堰,如图 12-33 所示。

国际上推荐的直角三角堰流量计算公式为:

$$Q=\mu\sqrt{2g}\,h_e^{5/2} \tag{12-28}$$

式中　Q——流量,m^3/s;

μ——流量系数,它与 E/B 和 h/E 有关,可查表 12-13 得到;

h_e——有效水头，m，$h_e=h+k_h$，其中，h 为测量水头，m，k_h 为补偿黏度和表面张力影响的修正值，直角三角堰的 $k_h=0.85$ mm。

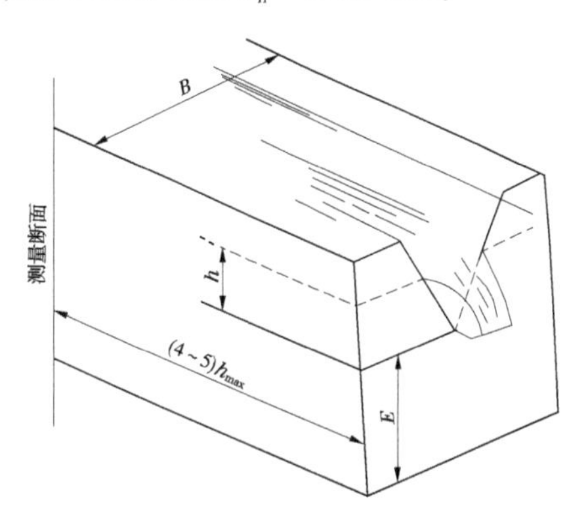

图 12-33　直角三角堰示意图

适应范围：① $h/E\leqslant 0.4$；② $h/B\leqslant 0.2$；③ $h=0.05\sim 0.38$ m；④ $E\geqslant 0.45$ m；⑤ $B\geqslant 1.0$ m。

(2)矩形和全宽堰，如图 12-34 所示。

表 12-13　标准三角堰流量系数 μ

h/E	E/B									
	0.1	0.2	0.3	0.4	0.5	0.6	0.7	0.8	0.9	1.0
0.1	0.308 3	0.308 3	0.308 3	0.308 3	0.308 3	0.308 3	0.308 3	0.308 3	0.308 3	0.308 3
0.2	0.308 3	0.308 3	0.308 3	0.308 3	0.308 3	0.308 3	0.308 3	0.308 3	0.308 3	0.308 3
0.3	0.308 3	0.308 3	0.308 3	0.308 3	0.308 3	0.308 3	0.308 8	0.308 8	0.309 3	0.310 4
0.4	0.308 3	0.308 3	0.308 3	0.308 3	0.308 3	0.309 3	0.301 4	0.311 5	0.312 5	0.314 7
0.5	0.308 3	0.308 3	0.308 8	0.308 8	0.308 8	0.311 5	0.313 1	0.315 7	0.320 0	0.323 2
0.6	0.308 3	0.308 3	0.309 3	0.309 9	0.311 5	0.314 1	0.317 3	0.322 7		
0.7	0.307 7	0.308 3	0.310 4	0.311 5	0.314 1	0.317 9	0.323 7			
0.8	0.307 7	0.308 3	0.311 5	0.313 6	0.317 3	0.322 7				
0.9	0.307 2	0.308 8	0.313 1	0.317 3	0.321 1					
1.0	0.307 2	0.309 3	0.314 7	0.318 9	0.325 3					
1.1	0.307 2	0.309 9	0.316 8	0.322 1						
1.2	0.307 2	0.310 9	0.318 4	0.325 9						
1.3	0.307 2	0.312 0	0.320 5							
1.4	0.307 2	0.313 1	0.322 1							
1.5	0.307 7	0.314 1	0.324 8							
1.6	0.307 7	0.315 7								
1.7	0.308 3	0.317 3								
1.8	0.308 3	0.318 9								
1.9	0.308 8									
2.0	0.309 3									

注：表中 B 为堰槽宽，m；E 为堰口至堰槽底面的高度，m。

国际推荐的矩形和全宽堰流量计算公式为

$$Q=\mu b_e\sqrt{2g}h_e^{3/2} \tag{12-29}$$

其中　$h_e=h+k_h$

$b_e=b+k_b$

式中　μ——流量系数,用下列公式计算:

$b/B=1.0$　　$\mu=0.401+0.050h/E$

$b/B=0.8$　　$\mu=0.397+0.030h/E$

$b/B=0.7$　　$\mu=0.396+0.020h/E$

$b/B=0.6$　　$\mu=0.395+0.012h/E$

$b/B=0.5$　　$\mu=0.395+0.0067h/E$

$b/B=0.4$　　$\mu=0.394+0.0039h/E$

$b/B=0.2$　　$\mu=0.393-0.0012h/E$

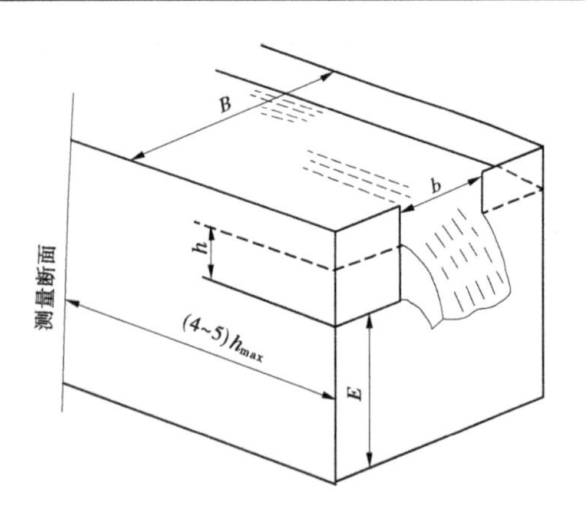

图 12-34　矩形和全宽堰示意图

h_e——有效水头,m;

h——测量水头,m;

k_h——补偿黏度和表面张力影响的修正值,对矩形堰、全宽堰,$k_h=0.001$ m;

b_e——堰口有效宽度,m;

b——测量堰口宽度,m;

k_b——补偿黏度和表面张力影响的修正值,由表 12-14 查得。

表 12-14　堰口宽度修正值

b/B	0.1	0.2	0.3	0.4	0.5	0.6	0.7	0.8	0.9	1.0
k_b(mm)	2.4	2.4	2.5	2.7	3.2	3.6	12.1	12.2	3.2	-0.9

注:用内插法计算表中未列数字。

适用范围:①$h/E\leqslant 2.5$;②$B-b\geqslant 0.2$ m;③$h\geqslant 0.03$ m;④$b\geqslant 0.15$ m;⑤$E\geqslant 0.1$ m。

4. 流量测量误差估算

1) 直角三角堰

直角三角堰流量测量的相对极限误差,可用下式计算:

$$\frac{\delta_Q}{Q}=\pm\left[\left(\frac{\delta_\mu}{\mu}\right)^2+\left(\frac{\delta_{\tan\frac{\varphi}{2}}}{\tan\frac{\varphi}{2}}\right)^2+\left(\frac{2.5\delta_{h_e}}{h_e}\right)^2\right]^{1/2} \tag{12-30}$$

其中　$$\frac{\delta_{\tan\frac{\varphi}{2}}}{\tan\frac{\varphi}{2}}=\left[\left(\frac{\delta_{h_t}}{h_t}\right)^2+\left(\frac{\delta_{b_t}}{b_t}\right)^2\right]^{1/2}$$

$$\frac{\delta_{h_e}}{h_e}=\pm\left[\delta_h^2+\delta_{h_0}^2+\delta_{k_h}^2+\left(2s_{\bar{h}}\right)^2\right]^{1/2}/h_e$$

式中　δ_μ——流量系数的极限误差；

$\delta_{\tan\frac{\varphi}{2}}$——堰口开口角引起的极限误差；

h_t——三角堰底点到上口的高度；

δ_{h_t}——三角堰底点到上口高度的测量极限误差；

b_t——三角堰上口的宽度；

δ_{bt}——三角堰上口宽度测量的极限误差；

δ_{he}——堰水头测量的极限误差；

δ_h——水头实测的极限误差；

δ_{h_0}——零点实测的极限误差；

δ_{k_h}——补偿黏度和表面张力影响的水头测量修正值的极限误差；

$s_{\bar{h}}$——水头 n 次测量的标准偏差。

2) 矩形堰和全宽堰

矩形堰和全宽堰流量测量的相对极限误差,可用下式计算:

$$\frac{\delta_Q}{Q} = \pm\left[\left(\frac{\delta_\mu}{\mu}\right)^2 + \left(\frac{\delta_{b_e}}{b_e}\right)^2 + \left(\frac{1.5\delta_{h_e}}{h_e}\right)^2\right]^{1/2} \tag{12-31}$$

其中

$$\frac{\delta_{b_e}}{b_e} = \pm\frac{(\delta_b^2 + \delta_{k_b}^2)^{\frac{1}{2}}}{b_e} \times 100\%$$

$$\frac{\delta_{h_e}}{h_e} = \pm\left[\delta_h^2 + \delta_{h_0}^2 + \delta_{k_h}^2 + \left(2s_{\bar{h}}\right)^2\right]^{1/2} / h_e \times 100\%$$

式中　δ_μ——流量系数的极限误差；

b_e、δ_{b_e}——堰口宽度及其测量极限误差；

δ_b——堰口宽度实测极限误差；

δ_{k_b}——补偿黏度和表面张力影响的堰口宽度测量修正值的极限误差；

δ_{h_e}——堰水头测量的极限误差；

其他符号意义同前。

一般直角三角堰和矩形堰的极限相对误差 δ_Q/Q 分别为±(1%~2%)和±(1%~4%)。

5. 测量范围及参考尺寸

薄壁三角形堰和矩形堰测流范围较小,一般用于实验室测流,薄壁全宽堰的测量水头为 0.03~0.8 m,测量流量为 6~11 000 L/s 以上,可用于工程测流。薄壁堰的测流范围和参考尺寸详见有关资料。

12.3.5.2　其他类型堰

1. 三角形剖面堰

三角形剖面堰如图 12-35 所示。堰在沿水流方向成三角形断面,由 1∶2 的上游坡和 1∶5 的下游坡两个表面构成一条水平的直线堰顶,与渠道中的水流方向成 90°角。

(1) 三角形剖面堰的技术要求。三角形剖面堰是堰顶过水的建筑物,对堰顶要求转角明显、耐用,可以做成预制混凝土面,也可以用不锈蚀的金属镶嵌在整个建筑物上。

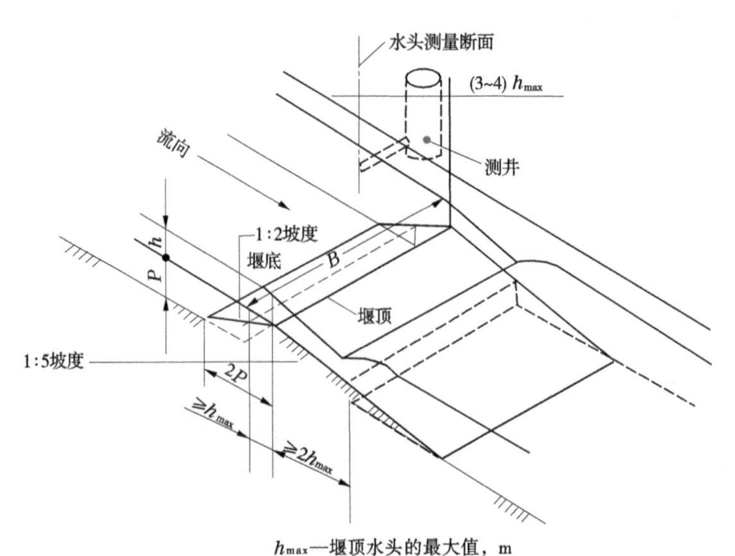

图 12-35　沿水流方向三角形剖面堰

(2)流量计算。流量按下式计算：

$$Q = mC_v\sqrt{2g}Bh^{3/2} \tag{12-32}$$

式中　m——流量系数,当水头 $h \geqslant 0.15$ m 时,$m=0.423$,当水头很低,$h<0.15$ m 时,

$$m = 0.423\left(1 - \frac{0.0003}{h}\right)^{3/2};$$

C_v——考虑行近流速 $\left(\frac{H}{h}\right)^{1.5}$ 的影响的系数(无量纲),可查图 12-36 得到;

H——堰上总水头,m;

B——堰宽,m;

h——量测水头,m。

三角形剖面堰适用范围如下：

(1)$h \geqslant 0.03$ m 时,堰顶断面光滑,有金属镶嵌,或相对于这种情况;

(2)$h \geqslant 0.06$ m 时,堰顶断面是好的混凝土,或相对于这种情况;

(3)$P \geqslant 0.06$ m, $B \geqslant 0.3$ m, $h/P \geqslant 3.0$, $B/h \geqslant 2.0$。

其他技术条件、水头测量、误差分析及维护管理参见相关规范。

2. 矩形宽顶堰

矩形宽顶堰如图 12-37 所示。

(1)矩形宽顶堰的技术要求：堰顶光滑、水平,呈矩形,堰顶宽度 b 垂直水流方向,与河槽同宽,堰的上、下游端面是光滑的垂直平面,并与河底正交。

(2)流量计算。计算公式如下：

$$Q = m\sqrt{2g}bh^{3/2} \tag{12-33}$$

式中　m——流量系数,其值随 h/l 和 h/P 值而变：

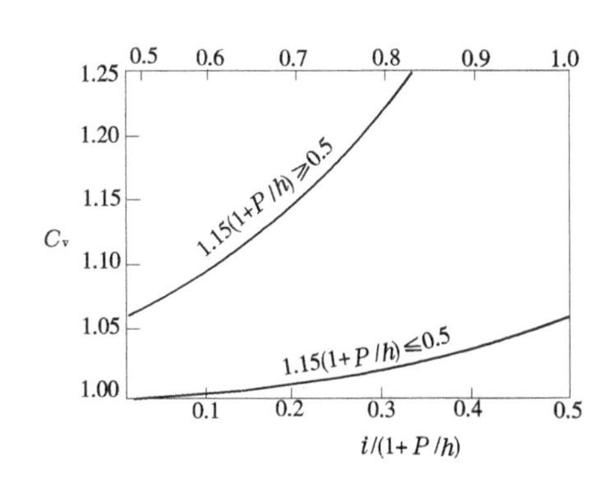

图 12-36　流速系数 C_v

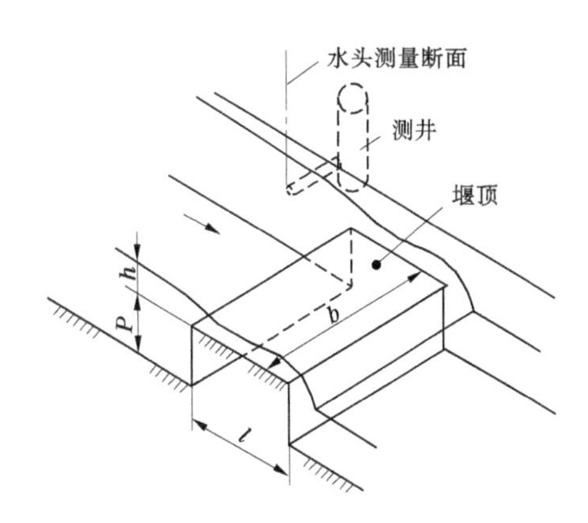

图 12-37　矩形宽顶堰

$$
\begin{cases}
m = 0.3326; 当 0.1 \leqslant h/l \leqslant 0.4, 0.15 \leqslant h/P \leqslant 0.6 时 \\
m = 0.385\left(\dfrac{0.191h}{l} + 0.782\right); 当 0.4 \leqslant h/l \leqslant 1.6, h/P < 0.6 时 \\
m = 0.385\left(\dfrac{0.1237h}{P} + 0.9386\right); 当 h/l < 0.85, h/P > 0.6 时
\end{cases}
$$

l——沿水流方向的堰宽,m;

P——堰高,m。

流量系数 m 反映了水流过堰的流态。当 h/l 值在 0.1~0.4 范围内,堰顶的相对宽度大,称为宽顶堰。水流流过堰顶时,部分水面平行于堰顶;当 h/l 值在 0.4~1.6 范围内,堰顶的相对宽度小,称窄顶堰,水流流过堰顶时,水面全部为曲线形,如图 12-38 所示。

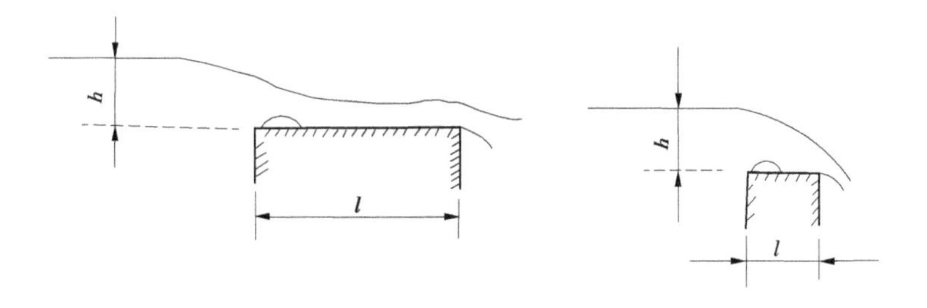

图 12-38　宽顶堰和窄顶堰

矩形宽顶堰适用范围:$h \geqslant 0.06$ m; $b \geqslant 0.3$ m; $P \geqslant 0.15$ m; $0.15 \leqslant P/l \leqslant 4$; $0.1 \leqslant h/l \leqslant 1.6$; $0.15 \leqslant h/P \leqslant 1.5$。

12.3.5.3　文丘里槽

文丘里槽是利用水槽边界的收缩,迫使水流收缩,使水深发生变化,在达到临界水深时,水深和流量有一定的关系,通过测量上游水位来计算流量。这种测流的基本原理以及改变流道的基本特征,都与文丘里流量计相类似,因此称为文丘里槽。不同的是:在文丘里流量计中是水流的部分压能变成了动能,通过测量两个断面的压差来计算流量;而文丘里槽中是水流的部分位能变成了动能,节流部分形成临界水深,通过测量上游侧的水位而求得流量。

文丘里槽的形式主要有侧壁收缩、底板抬高或两者兼而有之。如图 12-39 所示为矩形渠道中具有矩形喉部的文丘里槽。其流量计算公式为

$$Q = m_0 m_v m_e \sqrt{2g}\, b h^{3/2} \tag{12-34}$$

式中 m_0——基本流量系数；

m_v——与喉道与渠道宽度比值有关的系数，按下式计算：

$$\left(\frac{2}{3\sqrt{3}} \cdot \frac{b}{B}\right)^2 m_v^2 - m_v^{\frac{2}{3}} + 1 = 0$$

m_e——反映摩擦和涡流的修正系数，按下式计算：

$$m_e = \left(\frac{1 - 0.003l/h}{1 + 0.004l/b}\right)^{3/2}$$

b——喉部的宽度；

h——相对于喉部底的上游侧水位；

l——喉部长度。

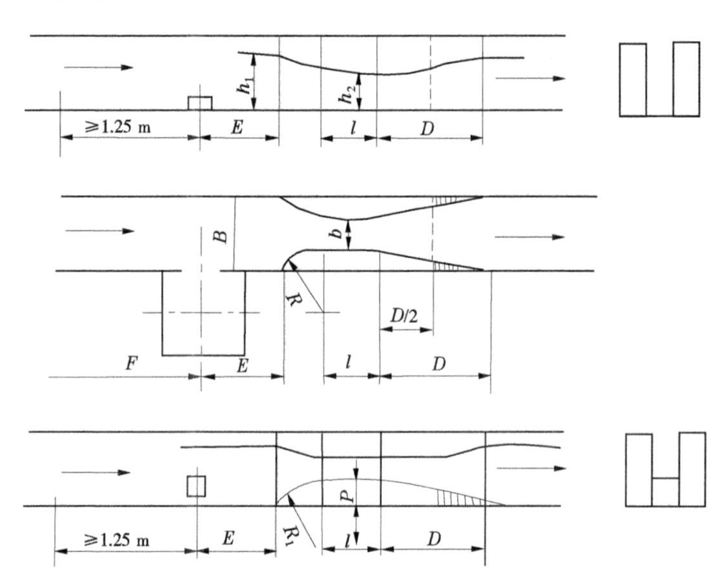

b—槽的喉部宽；P—槽坎高；B—引渠宽；l—喉部长度≥$1.5h_{max}$；h_{max}—槽的最大水头；D—$3(B-b)$；E—$(3\sim4)h_{max}$；$R=2(B-b)$；$F\geqslant10B$；$R_1=4P$

图 12-39　矩形渠道中具有矩形喉部的文丘里槽

12.3.5.4　巴歇尔槽

巴歇尔槽是文丘里槽中应用最普通的一种，它制成尺寸为 0.025 4～15.24 m 的各种规格共 20 种，如图 12-40 所示。巴歇尔槽的形状复杂，造价较高，然而它的水头损失小，约为堰的 1/4，且固体物不易淤积，行近流速和下游水位的影响都比较小，因此得到广泛应用。

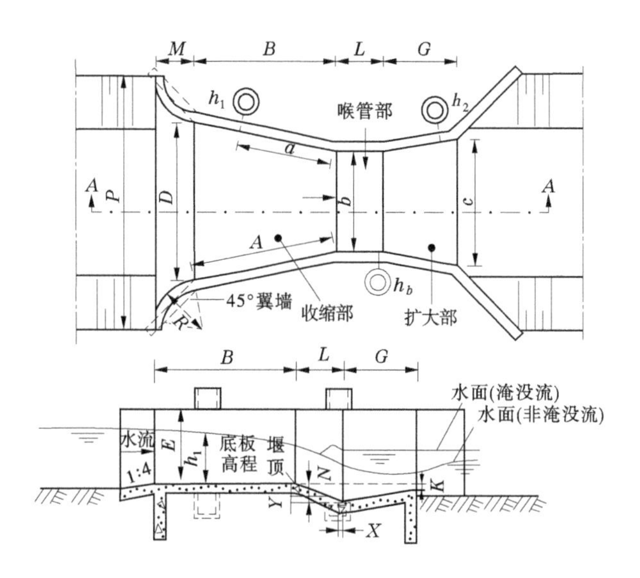

图 12-40　巴歇尔槽

巴歇尔槽由三部分组成，即平底收缩部分、下降底面和侧面平行的喉管部分及底面上升的扩散部分。槽壁与水平面垂直，收缩部分的底面与喉管部分的底面的交线称为堰口，一般所说水槽的尺寸是指喉部的宽度。

水流通过量水槽，在收缩部分流线密集，流速加大，通过堰口处称为临界流，因此可以直接测量上游水位而求出流量。

巴歇尔槽的流量计算公式随尺寸而变，其参考尺寸、流量公式和适用范围参见专项资料，此处不再介绍。

12.3.6　超声波流量计

12.3.6.1　概述

声波是一种机械波。其频率在 10～20 000 Hz 范围内的，人耳能听见，叫可闻波；频率低于 10 Hz 的叫次声波；频率高于 20 000 Hz 的叫超声波。利用超声波测量流量的研究始于 20 世纪 50 年代，而超声波流量计真正成为商品在世界市场上出售，则是 80 年代前后出现的，随着电子技术的发展和超声波流量计的不断改进，目前它不但可以测量圆形管道中的液体流量，而且可以测量河流和明渠中的流量。仪表示值的重复性误差可以控制在±0.2%以内，测量精度取决于仪表段流速分布和仪表的标定方法，其精度达 1%～5%。

12.3.6.2　超声波流量计用于管道测流的基本原理

将一对或多对换能器置于管壁内或管壁外，由换能器发射的超声波，穿过管和被测流体，被另一侧的换能器接收。被测液体处于静止时，收到的超声波信号没有差别，液体流动时，顺流和逆流发射的超声波速度发生变化，接收到的信号包含了与被测液体流速有关的差别，采用不同的方法，检测到这种差别，从而测出沿超声波传播路径上的被测液体的线平均流速，可由二次仪表指示瞬时流量和累计流量。

超声波测流的方法可以分为：①利用超声波在水中传播时间的变化，包括时差法、频差法、相位差法;②利用超声波波束偏移的方法(波束位移法);③利用多普勒效应的频移法(多普勒法);④利用相关技术的相关法;⑤其他方法(如噪声法、漩涡法)。

1. 时差法

将一对换能器置于管壁内或外侧,顺流传播的时间为 t_1,逆流传播的时间为 t_2,如图 12-41 所示。对于无折射轴向换能器(置于管壁内),有下列关系式:

$$\left.\begin{aligned} t_1 &= \frac{D/\cos\theta}{c + v\sin\theta} \\ t_2 &= \frac{D/\cos\theta}{c - v\sin\theta} \end{aligned}\right\} \tag{12-35}$$

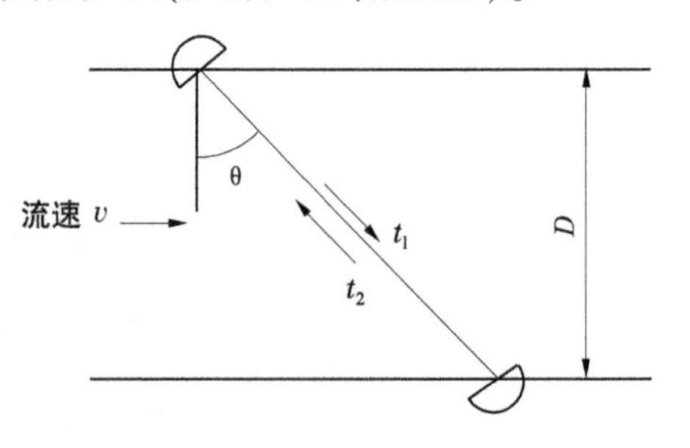

图 12-41　超声波流量计原理图

超声波传播的时间差为

$$\Delta t = t_2 - t_1 = \frac{2D\tan\theta}{c^2 - v^2(\sin\theta)^2}v \approx \frac{2D\tan\theta}{c^2}v$$

$$v = \frac{c^2}{2D\tan\theta}\Delta t \tag{12-36}$$

流量

$$Q = \frac{\pi}{8}Dc^2\cot\theta\Delta t \tag{12-37}$$

式中　D——管道内径;

c——超声波在被测液体中的传播速度;

v——液体线平均流速;

θ——液体中声线与管壁法线的夹角。

对于一定的液体,一定的管道,一定的安装角度,D、c 和 θ 均为已知数,流量 Q 与 Δt 成正比。由于 Δt 是非常微小的时间量,大约在 1 μs 以下,用一般的时间测量法是难以测出的。

2. 相位差法

发射机发出连续超声振荡和时间较长的脉冲振荡,振荡的相位可以写成 $\varphi = \omega t$,$\omega = 2\pi f$,f 为振荡频率。在顺流和逆流发射时,所接收到的信号之间产生相位差:

$$\Delta\varphi = \omega\Delta t = \omega\frac{2D\tan\theta}{c^2}v \tag{12-38}$$

所以

$$v = \frac{c^2\cot\theta}{2D\omega}\Delta\varphi \tag{12-39}$$

$$Q = \frac{Dc^2\cot\theta}{16f}\Delta\varphi \tag{12-40}$$

二次仪表所输出的直流电压与相位差 $\Delta\varphi$ 成正比,也就是与液体的流量成正比。

相位法避免了测量微小的时间差,对提高测量的精确度有利,但在流量方程中,仍然包含了声速 c 这个随温度变化的量,因此温度变化(引起声速变化)仍会引起误差,这一点和时间差法一样,是个主要缺点。

3. 频差法

当超声换能器向被测液体发射超声波脉冲后,被对面的换能器接收,经过放大,再返回触发发射电路,使发射换能器再次向被测液体发射超声波,这样就形成了脉冲信号从发射换能器→被测液体→接收换能器→放大电路→发射换能器的循环。设顺流重复频率为 $f_1 = 1/t_1$,逆流重复频率为 $f_2 = 1/t_2$,对于无折射轴向换能器,有下列关系:

$$\Delta f = f_1 - f_2 = \frac{1}{t_1} - \frac{1}{t_2} = \frac{c + v\sin\theta}{D/\cos\theta} - \frac{c - v\sin\theta}{D/\cos\theta} \tag{12-41}$$

所以

$$v = \frac{D}{\sin 2\theta}\Delta f \tag{12-42}$$

$$Q = \frac{\pi D^3}{4\sin 2\theta}\Delta f \tag{12-43}$$

对于有折射的换能器(置于管壁外),则为

$$Q = \frac{\pi D^3}{4\sin 2\theta}\left(1 + \frac{\tau_0 c\cos\theta}{D}\right)^2 \Delta f \tag{12-44}$$

式中　τ_0——声脉冲在楔和管壁中传播的时间与电路延迟时间之和。

由式(12-43)和式(12-44)可知,用频差法测量,当换能器置于关壁内(无折射)时,流量 Q 只与频率差 Δf 有关,而与声速 c 无关,可以排除温度的变化对流量测量的影响;当换能器置于管壁外(有折射)时,由于声波在非流体中传播的时间 τ_0(包括延迟电路时间)中含有声速 c,使流量 Q 也与声速 c 有关。但 τ_0 很小,故声速随时间变化的影响远远小于时差法和相位差法的影响。此外,它易于用数字电路测量,灵敏度和测量范围也优于时差法和相位差法,因此应用较广泛。

以上推导中做了如下假定:

(1)管道内各点流速沿截面均匀分布,并认为等于平均流速 v_0。

(2)不考虑超声波射线在流动介质中传播时的曲线轨迹和传播方向的改变。

(3)忽略声楔折射面的曲率,并认为管道内壁是光滑的。

显然这些假定与实际情况是不完全相符的,因此超声波流量计需要经过校验才能使用。

12.3.6.3　在明渠中用超声波测流的基本原理

利用超声波测量明渠流量,是通过设于渠道两岸的超声波流速仪求得流速,用设于水面上部超声波液位计求得水位,由过流断面面积和流速求得流量,如图 12-42 所示。它的测量装置包括水位传感器和流速传感器。它的优点是安装工作简单,不改变渠道断面,不扰动流场,适用范围较宽。

1. 水位的测量——超声波液位计

位于水面上方的传感器发射超声波脉冲,测出收到反射波的时间,从而得出传感器至

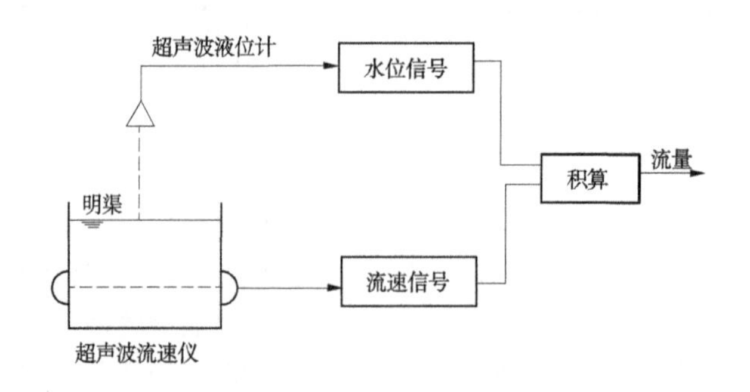

图 12-42　明渠测流原理图

水面的距离。设距离为 L,空气中声波速度为 c,超声波往返传播的时间为 t,则 $t=\frac{2L}{c}$,所以 $L=\frac{c}{2}t$。由于空气中声速随温度变化,需要对声速做如下修正:

$$c = 331.45 + 0.607t \quad (\mathrm{m/s}) \tag{12-45}$$

式中　t——温度,℃。

测出温度后,即可求出相应的声速。温度变化 10 ℃引起声速的误差约 0.8%。温度的修正是电路本身完成的,通过置于传感器内部的温度传感器,得到与温度成正比的电压信号,进行自动补偿。

2. 流速的测定——超声波流速仪

流速仪的检测部件设计为接触型传感器,安装在渠道内侧,与流体接触。

用超声波测出的流速为声波射线方向的平均流速,而在明渠中,有水深方向的流速分布,所以为了求得整个过流断面的平均流速,需在水深方向装置几排传感器,组成多测线进行扫描测定。

12.3.6.4　两测线测试法(有侧向流时测流法)

超声波流量计是检测声波射线上的液体平均流速,在推导方程时,流速 v 是以平行管道轴线为前提的,因此要求上段有 10D 以上的直管段,下游有 5D 以上的直管段。而实际工程中不一定都能满足这一要求。管道中可能发生不平行于管道轴线的流动(侧向流),引起测流误差。

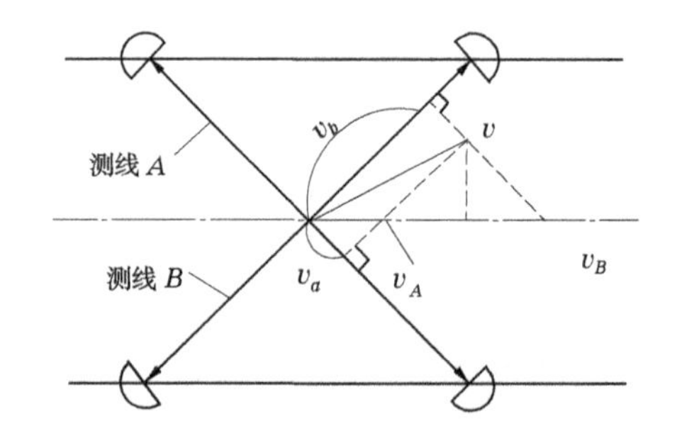

图 12-43　两线法原理图

如图 12-43 所示,在包含管道的轴线的平面内,对称地安装两组超声波换能器,形成 A、B 两条测线,流速向量偏离轴线时,测线 A 流速测量值为 v_A,测线 B 流速测量值为 v_B,其平均值 $\frac{v_A+v_B}{2}$ 即为流速 v 的轴向分量。

在实际工程中,侧向流不一定都是直线的,可能是比较复杂的流态。严格的理论推导是困难的,但是用两线法测量时由于侧向流引起的误差将远远小于一线法的误差。

换能器的安装方式如图12-44所示。将换能器置于通过轴心的对面管壁上,若将换能器镶在管壁内,其测量精度可达0.2%~0.5%。若将换能器装在管壁外,使用方便,但精度有所降低。

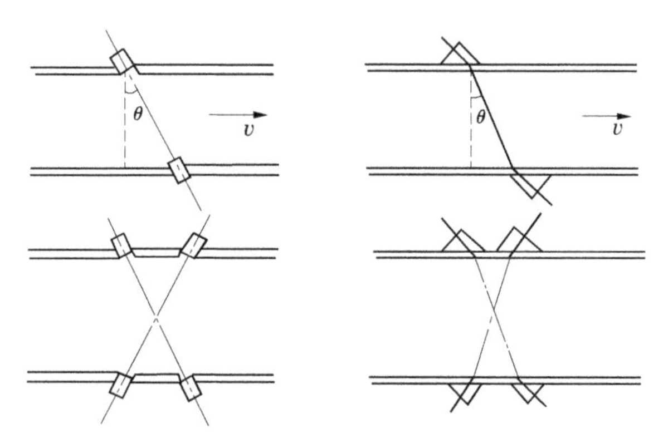

图12-44　换能器的安装方式示意图

12.3.6.5　超声波流量计的主要特点及标定

超声波流量计主要特点有:①可以进行非接触测量,不破坏流场,无阻力损失;②尺寸小,重量轻,安装维修比较方便;③适用于大口径、大流量测量;④测量精度受多种因素影响,如待测流态的温度、浓度、含杂质和气泡的多少等,另外,可能出现的侧向流和涡流等都会影响测量的精度。

在推导流量计的基本方程时,是把流速 v 看作沿管道截面均匀分布的面平均流速,而实际上测得的是超声波射线上的平均流速(线平均流速)。根据流体力学的半经验公式,对于光滑圆管,线平均流速 v 与面平均流速 $\bar{v}$ 之间的关系为

$$v = K\bar{v} \tag{12-46}$$

$$K = 1 + 1.25\sqrt{\frac{\lambda}{8}} \tag{12-47}$$

式中　K——流体力学修正系数,它与圆管的阻力系数有关;

　　λ——阻力系数,是液体雷诺数的函数,$\lambda = 0.0032 + 0.221\,Re^{-0.257}$。

因此,修正系数为

$$K = 1 + 0.01\sqrt{6.25 + 431.6Re^{-0.257}} \tag{12-48}$$

所以,用超声波流量计在变雷诺数液体中测流时,测量精确度就难以保证。

理论上,各种方法的超声波流量计的流量方程均需除以流速修正系数 K,这是流体力学的理论修正。但这种理论修正也带有半经验的性质,而且实际上,修正系数 K 并不单纯由雷诺数 Re 决定,它还与管道断面的形状及上下游直管段的长度等因素有关,此修正系数 K 需通过试验才能确定。

同时,在推导流量方程时,曾做过一些假定,而这些假设条件与实际工程的差别就造成了流量计的系统误差,而这种系统误差又是无法进行理论修正的。因此,用超声波流量计测流时,应当对流量计进行标定。标定的方法可用质量法、体积法或对比法。

12.3.6.6　超声波多普勒流量计

1. 声学多普勒效应

当声源和听者都静止不动时,声源发出的声音的音调和听者听到的音调(由频率决定)是相同的。当声源和听者之间有相对运动时,情况就发生变化,如果听者和声源的距离以恒速减小,则听者听到的稳定音调高于声源频率应显示的音调;反之,如果听者和声源的距离以恒速增大时,听到的音调低于声源频率应显示的音调。这种由于声源和听者之间的相对运动而使听者接收到的声音频率发生变化的现象叫作多普勒效应。当然,由于声源发出的声音的频率以及声音在传播介质中的速度仍然是不变的。利用多普勒效应可以测定声源相对于介质的速度。

2. 多普勒法测流的基本原理

当超声波入射到不均匀流体中时(其中含有悬浮粒子或气泡等),部分声能将被散射。根据声学多普勒原理,通过测定多普勒频移来确定流体中悬浮粒子的速度(流速),从而得到流量,其工作原理如图 12-45 所示。

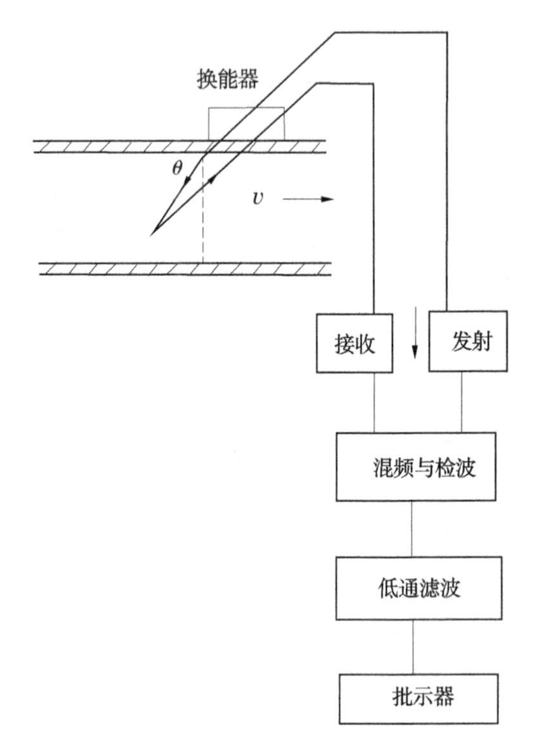

图 12-45　多普勒法原理图

当发射换能器向流体中发射频率为 f_F 的连续超声波时,经悬浮在流体中的散射体散射的超声波将产生多普勒频移,并被接收换能器接收,设接收到的超声波频率为 f_J,则 f_F 和 f_J 服从多普勒关系。

设散射体运动的速度为 $\bar{v}$,超声波束与管壁法向夹角为 θ,根据多普勒原理,得

$$f_J = \frac{c + \bar{v}\sin\theta}{c - \bar{v}\cos\theta} f_F \tag{12-49}$$

把分母展成级数,考虑到 $c \gg \bar{v}$,略去高次项,得

$$f_J = \left(1 + \frac{2\bar{v}\sin\theta}{c}\right) f_F \tag{12-50}$$

$$\Delta f = f_J - f_F = \frac{2\sin\theta}{c} f_F \bar{v} \tag{12-51}$$

故

$$\bar{v} = \frac{c}{2f_F\sin\theta}\Delta f$$

由此可见,多普勒的频移 Δf 与流速 $\bar{v}$ 成正比。不过测量结果受流体中的声速变化的影响。一般来说,流体中声速与介质的温度、组分等有关,很难保持为常数。为了避免测量结果受介质温度、组分变化的影响,超声波多普勒流量计一般采用管外声楔结构,使超声波束先通过声楔及管壁再进入流体。设声楔材料中的声速为 c_1;声波由声楔进入流体的入射角为 β;在流体中的折射角为 φ;超声波束与管壁法向的夹角为 θ_1(见图 12-46),根据折射定理,有:

$$\frac{c}{\sin\theta_1} = \frac{c}{\sin\varphi} = \frac{c_1}{\sin\beta}$$

由此得

$$\bar{v} = \frac{c_1}{2\sin\beta}\frac{1}{f_F}\Delta f \tag{12-52}$$

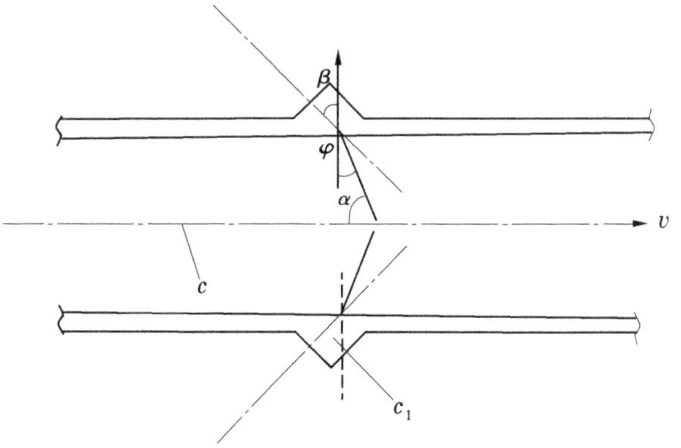

图 12-46　声楔与声波折射

由式(12-52)可见,采用声楔结构以后,流速与频移关系式中仅含有声楔材料中的声速 c_1,而与流体介质中的声速 c 无关,而声速 c_1 温度变化要比流体中声速 c 随温度变化小一个数量级,且与流体组分无关。所以,采用适当材料制造声楔,可以大幅度提高流量测量的准确度。

12.3.6.7　超声波多普勒流量计测量原理

在超声波多普勒流量测量方法中,超声波发射器为一固定声源,随流体一起运动的固体颗粒起了与声源有相对运动的“观察者”的作用,当然它仅仅是把入射到固体颗粒上的超声波反射回接收器。发射声波与接收声波之间的频率差,就是由于流体中固体颗粒运动而产生的声波多普勒频移,由于这个频率差正比于流体流速,所以测量频差可以求得流速,进而可以得到流体的流量。因此,超声波多普勒流量测量的一个必要条件是:被测流体介质应是含有一定数量能反射声波的固体粒子或气泡等的两相介质,这个工作条件实际上也是它的一大优点,即这种流量测量方法适宜于对两相流的测量,这是其他流量计难以解决的问题。因此,作为一种极有前途的两相流测量方法和流量计,超声波多普勒流量测量方法目前正日益得到应用。

图 12-47 为超声波多普勒流量计的结构框图。发射电路激励发射晶片向逆流方向发

射超声波。在流体中,超声波遇到悬浮粒子或气泡后被散射,产生多普勒频移,其中一部分超声波回到接收换能器,与发射信号直达波(发射的超声波有一小部分通过声楔和界面反射等直达接收换能器)拍频,拍频信号经放大、检波和低通滤波后,得到多普勒信号,经过处理输出直流信号,再根据仪表系数即可计算和显示瞬时流量和累计流量。

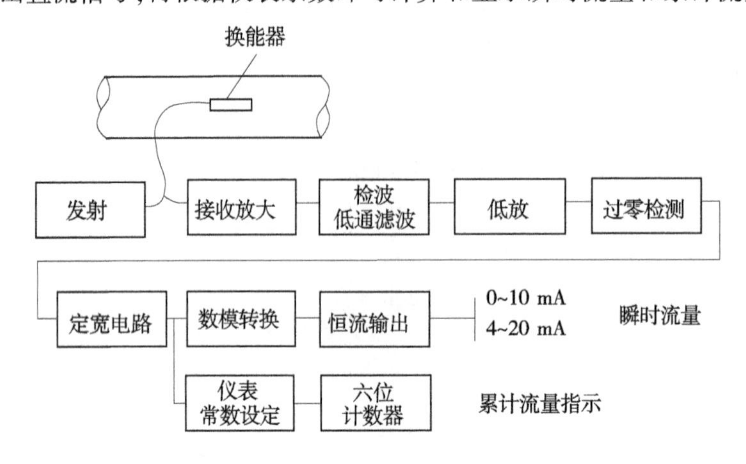

图 12-47　多普勒流量计结构框图

12.3.6.8　安装使用中的几个问题

1. 取样窗位置对测量结果的影响

收发换能器采用的是ϕ 12 mm 圆形压电陶瓷晶片,声速有一定宽度,如图 12-48 所示。在二声束交叉区域内亦称为取样窗,所有的粒子或气泡均会散射超声波。由于管道中不同位置的粒子具有不同的速度,所以散射回来的信号也具有不同的多普勒频移。因此,换能器收到的不只是一种频率的多普勒信号,而是具有不同多普勒频移的不同粒子散射回来的信号叠加组成的频谱。测量时,取样窗取在管道中接近平均流速的区域。由水力学可知平均流速为:

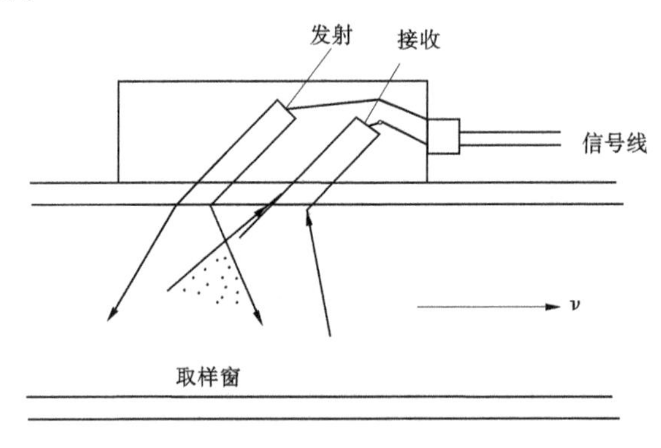

图 12-48　取样窗示意图

紊流:　$\bar{v} = (0.8 \sim 0.9) v_{max}$

层流和过渡区　$\bar{v} = (0.5 \sim 0.7) v_{max}$

式中　v_{max}——过水断面最大流速。

取样窗取在接近平均流速的区域,测流误差就较小。

根据射线声学,要求晶片直径 d(12 mm)与被测管道的直径 D 的比值小于1/10,对于直径小于100 mm的管道,换能器满足不了此条件,故测量误差较大。另外,由于测量结果受多种因素的影响,因此超声波流量计,尤其是用于测量小管道流量时,一般采用实际标定的方法来确定流量计的仪表系数和误差。

2. 流速分布和粒子浓度等对测量结果的影响

1)流速分布的影响

在实际管道中,断面的流速分布是不均匀的,主要随着雷诺数和管道布置而变化。根据水力学知识,管内平均流速大致在距离管壁0. 1D 处,多普勒取样窗置于此处,可获得较好的结果。

对于固定的换能器和管道而言,取样窗处于固定的空间位置,试验证明,雷诺数较小时,误差偏大,当 $Re>10^4$ 时,误差小于 ±4%,当 $Re>10^5$ 时,多普勒信号与平均流速基本上成线性关系,重复性误差约为±2%。另外,即使是平均流速相等的管流,若内壁粗糙度不同,测得的多普勒频率和流量也不同。此外,由水力学可知,只有经过足够长的直管段才能达到充分发展的紊流,出现稳定的速度剖面,否则在不同的剖面将得到不同的流量值。

2)散射粒子的影响

管道中散射粒子不同的类型、尺寸和分布具有不同的散射性质,直接影响超声波进入流体的深度,从而影响取样窗面积的大小。例如,仪器用散射体较浓的流体校验,当测量浓度较低的液体时,超声波入射深度增大;取样窗在流速高的部分面积增大,测得的流量就偏大;反之,可能偏小。特别是对于抽取浑水的泵站,泥沙浓度相对增大或减小将会使测得的流量偏小或偏大。

对于流速分布和散射体浓度的影响,目前还比较难以从理论上进行计算和修正,一般都采用实测校验的办法。

3. 多普勒流量计的主要特点

(1)适用于测量含有悬浮粒子或气泡的管道流量。

(2)换能器管外安装,使用安装方便,成本低,不扰动流场,无阻力损失。

(3)一套仪器可用于不同管径,有利于不同测点、不同泵站的巡回检测。

(4)测量精度受管内流速分布,悬浮粒子浓度、质地、尺寸及分布等因素的影响,总的测量误差大于频差式超声波流量计。

12. 3. 7　电磁流量计

电磁流量计(简称EMF)是利用法拉第电磁感应定律制成的一种测量导电液体体积流量的仪表。20世纪50年代初EMF实现了工业化应用,近年来世界范围EMF产量占工业流量仪表台数的5%~6. 5%,70年代以来出现键控低频矩形波激磁方式,逐渐替代早期应用的工频交流激磁方式,仪表性能有了很大提高,得到更为广泛的应用。

12. 3. 7. 1　**工作原理**

EMF的基本原理是法拉第电磁感应定律,即导体在磁场中切割磁力线运动时在其两端产生感应电动势。导电液体在内径为 D 的管中以平均流速 $\bar{v}$ 流动,在与水流垂直的方向施加均匀磁场(磁感应强度为 B),在电极处感应出电动势 E 为

$$E = BD\bar{v} \tag{12-53}$$

变送器的管体由不导磁的材料构成,并与电极绝缘。电动势 E(流量信号)经过放大、转换等信号处理,直接显示、记录瞬时流量 Q 和累计流量 W。

$$Q = \frac{\pi D}{4B}E \tag{12-54}$$

12.3.7.2 主要特点和使用情况

(1)EMF 所测得的体积流量,实际上不受流体密度、黏度、温度、压力和电导率(只要在某阈值以上)变化明显的影响。与其他大部分流量仪表相比,前置直管段要求较低。可以测量各种导电液体和固液两相介质的体积流量。

(2)变送器结构简单,无运动部件,不产生压力损失,无滞后现象,反应灵敏。输出信号与流量成线性关系。

EMF 测量范围度大,通常为 20∶1~50∶1,可选流量范围宽。满度值液体流速可在 0.5~10 m/s 内选定。

(3)正逆流都可测。EMF 的口径范围比其他品种流量仪表宽,从几毫米到 3 m。可测正反双向流量,也可测脉动流量,只要脉动频率低于激磁频率很多。仪表输出本质上是线性的。

(4)EMF 可用于测量含有泥沙和杂质的水流,虽然还未见到 EMF 应用于固液双相流体中固形物影响的系统试验报告,但国外有报告称固形物含量为 14%时误差在 3%范围以内;黄河水利委员会黄河水利科学研究院的试验报告称,测量高含沙水的流量,含沙量体积比为 17%~40%(泥沙中值粒径 0.35 mm),仪表测量误差小于 3%。另外,易于选择与流体接触件的材料品种,可应用于腐蚀性流体。

由于上述优点,使 EMF 在工业部门、科研部门和供排水系统得到了较广泛的应用。EMF 的重复性可控制在±0.2%以内,精确度通常在±1.0%左右,如果考虑到上游管道布置的影响进行校正,精确度可以提高到 ±0.5%以内。

EMF 不能测量电导率很低的液体,如石油制品和有机溶剂等。不能测量气体、蒸汽和含有较多较大气泡的液体。通用型 EMF 由于衬里材料和电气绝缘材料限制,不能用于较高温度的液体;另外,EMF 的价格昂贵,口径越大,价格越高。

12.3.7.3 非均匀磁场变送器

理论研究证明,液体在流经变送器时,如果是轴对称流动,则均匀磁场产生的感应电动势与流速分布形状无关,而正比于平均流速,即 $E = BD\bar{v}$。

对于非对称流动,如果是均匀磁场,则感应电动势 E 会受到流速分布的影响,使测量结果产生误差。避免这种误差的办法,就是采用非均匀磁场变送器。这种变送器具有以下优点:

(1)体积小、重量轻,与同口径的均匀磁场变送器相比,长度和重量只有后者的一半。

(2)能在很大程度上避免由于流速非轴对称分布而引起测量误差。

(3)输出信号有模拟量或数字量,现场检修方便,密封性好。

12.3.7.4　安装和使用

1. 变送器口径和流量

EMF 具有很宽的流量范围和量程比,适用于量测较高的流速。所以一般情况下即使是流量和流速很大,也不必选用比管道口径大的变送器。在流速较小时,可以选择口径比管道直径小的变送器,以提高变送器内的平均流速,即可得到较高的量测精度,又可节省仪表的购置费用。EMF 满量程流量时的流速以 2~4 m/s 为宜,而水泵进、出口支管流速一般为 1.0~3.0 m/s,故变送器的口径一般应等于或略小于管道直径。

EMF 的精确度是用满量程的百分比来表示的,在满量程附近误差值相对比较小,因此正常的工作流量最好选择在仪表满量程的 2/3 以上。

2. EMF 只能测量满管流动时的流量

即使被测介质不流动,流量为零时,变送器的测量管内也应该充满介质。因为空管时两电极之间回路断开,引入的电场干扰会使仪表指示上升,出现虚假现象。置于负吸程安装水泵进水支管或装有止回阀的水泵出口支管上的 EMF 可以保证变送器内始终充满水。

EMF 在安装时应尽量避免环境温度过高、阳光直射以及潮湿的场合;尽量避开具有电磁场的设备,如大电机、大变压器等。为了保证测量精确度,要求流速分布必须满足轴对称。从变送器连接部位算起,在上、下游侧有大于 5 倍和 3 倍管径的直管段。闸阀最好安装在变送器的下游,如必须安装在上游,则上游侧直管段的长度应大于 10 倍管径。

12.3.7.5　潜水式 EMF

潜水式 EMF(见图 12-49)采用了一种新的测量系统,在淹没条件下工作,具有抗污染性强、消耗功率低等优点。安装潜水式 EMF,就像是安装一个或数个被淹没的孔口。有关试验资料表明,在明渠中测量流量可以得到较高的精确度。相比传统的堰式或槽式测流设备,EMF 应用更广。

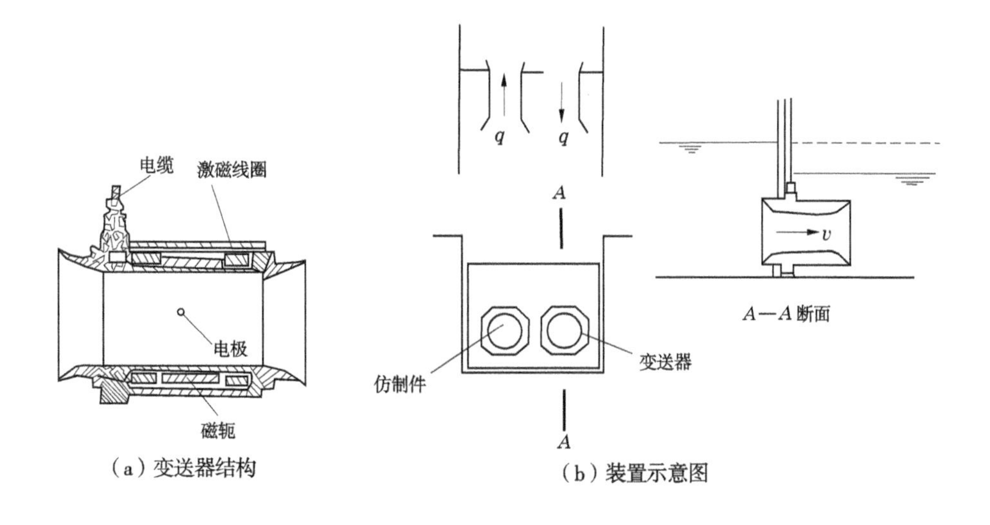

(a) 变送器结构　　(b) 装置示意图

图 12-49　潜水式电磁流量计

用潜水式 EMF 测量大流量时,可以将多个仿制件并排布置,采用乘 N(N 为仿制件和变送器的总数)的办法计算流量。仿制件和变送器的尺寸与材料相同、形状相似。在一定的流量下,流量计上下游水位差与过流断面面积成反比。因此,增设仿制件以后,可以减小水头损失,与使用多个变送器相比,使用仿制件可以降低成本。

12.3.8　涡轮流量计

涡轮流量计是二次世界大战之后,随着火箭发展的需要,在叶轮式流量计的基础上发展起来的。20 世纪 50 年代开始在工业生产中应用。它属于速度式流量仪表。流体冲击涡轮叶片,使涡轮旋转,通过磁电转换和放大,测出流量。涡轮流量计框图如下:

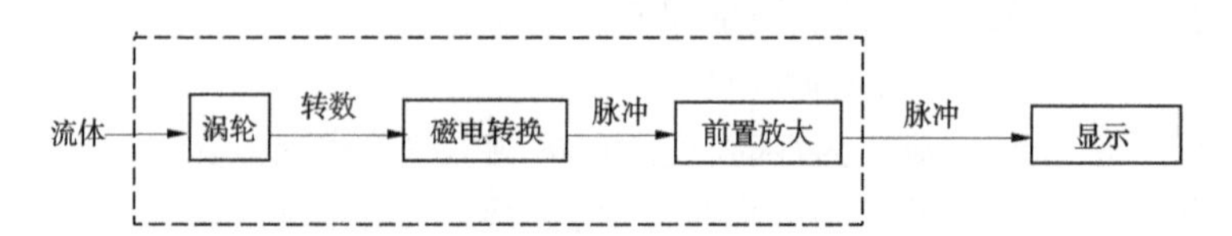

12.3.8.1　涡轮流量计的构造

1. 导流体

导流体用非导磁的不锈钢做成。它的作用是导直流束,减小流场扰动的影响,同时用作轴承的支架。

2. 轴承

轴承用浸过呋喃树脂的石墨做成。它的作用是支承叶轮。

3. 壳体

壳体用非导磁的不锈钢做成,两端根据规格不同,分别用螺纹和法兰与管路连接。

4. 叶轮

叶轮用导磁的不锈钢做成,装有数片螺旋形叶片。

5. 磁电转换器

磁电转换器由线圈、永久磁钢和铁芯组成。它的作用是将叶轮的转速转换为电信号。

6. 前置放大器

前置放大器在低温测试中与磁电转换器结合为一个部件,被测介质温度较高时(50~120 ℃),两种分开。

涡轮变送器的构造见图 12-50。

12.3.8.2　涡轮变送器工作原理

当液体流过涡轮变送器时,在流体的作用下,叶轮旋转,固定在壳体上的磁电转换器是由永久磁钢和线圈组成的,当导磁的叶轮叶片通过永久磁钢时,改变了磁电系统的磁阻值,随着叶轮的旋转,使通过线圈的磁通量发生周期性的变化,从而感应出脉冲信号,该信号的频率与被测液体的流量成正比,经过放大后,进行流量显示和记录。

$$Q = \frac{f}{\xi} \tag{12-55}$$

式中　f——变送器输出脉冲频率,次/s;

ξ——变送器的流量系数(仪表系数),次/L;

Q——流量,L/s。

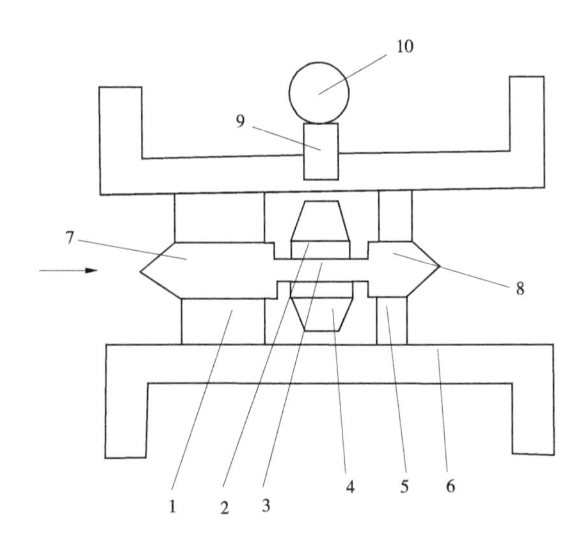

1—前支架;2—轴承;3—轴;4—叶轮;5—后支架;6—外壳;
7—前导叶;8—后导叶;9—传感器;10—前置放大器

图12-50　涡轮变送器的构造

12.3.8.3　安装使用中的几个问题

(1)在原则上,变送器只能水平安装。

(2)仪表段流速分布必须稳定,沿管轴线对称分布。为此,仪表进口处可以设整流装置,仪表前、后的直管段应分别大于10D和5D,如图12-51所示。

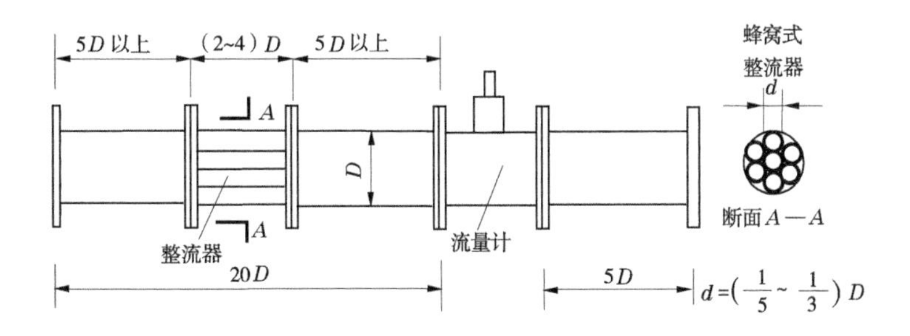

图12-51　流量计前后直管段长度示意图

(3)变送器的仪表系数出厂时是用清水在常温下标定的。而被测介质的黏度(或温度)对仪表系数影响很大(以水为例,如10 ℃时的黏度为1,则0 ℃和20 ℃时的黏度分别为1.36和0.77)。因此,当黏度变化较大时,为了得到较高的精确度,应该用实际的介质重新标定仪表系数。

(4)管道必须为满管流。同时应设置滤网,以使进入流量变送器的液体中无悬浮物质和杂质。

(5)若被测流体中含有气泡,在仪表上游直管段应设气泡分离器。

12.3.8.4　涡轮流量计的特性

理想的涡轮流量计特性如图 12-52 中的虚线所示。在此情况下,仪表系数(1/L)为一定值,不随流量的变化而变化。这种流量计指示的累计总量和瞬时流量误差为零,但实际上是无法实现的。实际特性如图 12-52 中的实线所示。在流量很小时,即使有流体提高变送器,涡轮并不转动,只有当流量大于某一最小值时,涡轮克服了启动摩擦力矩,才开始

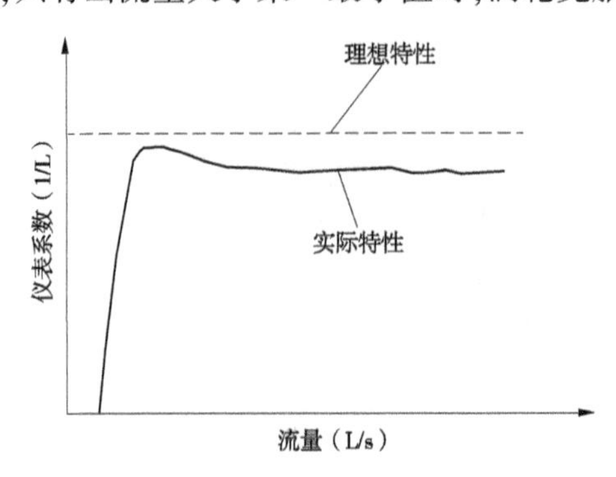

图 12-52　涡轮流量计的特性

转动。在流量较小时,仪表特性很坏,主要受摩擦力矩的影响。当流量大于某一数值后,流量与转速才近似成线性关系。随着流量的变化,仪表系数也多少有些变化,这就是变送器的工作区域。由于轴承寿命和压力损失等条件的限制,叶轮也不能转得太快,因此变送器也有测量范围的限制。通常所说的精确度为±0.5%,就是仪表系数的变化幅度在±0.5%以内。

12.3.8.5　涡轮流量计的主要优缺点

(1)精确度高,可以达到±(0.25%~1.5%),重复性可以达到 0.05%。

(2)耐高压,该流量计外形简单,容易实现耐高压的设计,另外,涡轮旋转次数由外部非接触检查,也是耐高压的有利条件。被测介质的静压可以达到 50 MPa。

(3)量程范围大,最大流量与最小流量的比值为 30~50。

(4)温度范围宽,可以用于加热重油和原油的高温流量测量,也可用于液态天然气、液态氧、液态氢的低温测量。

(5)有压力损失,当管径为 DN1 000 以上时,最大压力损失可以达到 25 kPa。

对泵站工程来讲,涡轮流量计的压力损失太大,不经济,而且仪表前后直管段长度也难以达到要求。

12.3.8.6　插入式涡轮流量计

为了适应大流量的测量以及经济、方便和节能的需要,可采用插入式涡轮流量计。

1. 基本原理

利用变送器的插入杆将一个较小尺寸的涡轮流量监测头(简称涡轮头)插到被测管道的中心处,监测头输出的脉冲信号与该处的流速成正比。通过检验可得到用于某管道的仪表系数,从而得到通过管道的瞬时流量和累计流体体积。

瞬时流量:

$$Q = \frac{f}{K} \quad (\mathrm{m^3/s}) \tag{12-56}$$

累计流体体积：

$$V = \frac{N}{K} \quad (\mathrm{m^3}) \tag{12-57}$$

式中　f——频率，s^{-1}；

K——变送器用于某管道时的仪表系数，m^{-3}；

N——在时段 t 内变送器发出的脉冲总数。

插入式涡轮流量计的仪表系数不必逐台用大管道校验。通过理论分析和试验，厂家提出如下方法：

当某台涡轮头用于某种管道测流时，其仪表系数 K 与该涡轮头本身的仪表系数 ξ 有如下关系：

$$K = A\xi \tag{12-58}$$

式中　ξ——由厂家对涡轮头逐台校验给出；

A——涡轮头换算系数，由厂家根据管道形式由试验给出。

在引入管径偏差的修正以后，K 值的表达式为：

$$K = A\xi\left(\frac{D_g}{D_{实}}\right)^2 \tag{12-59}$$

式中　D_g——管道公称直径；

$D_{实}$——管道实际内径。

在使用中，不同的涡轮头有各自的 ξ 值，而 A 值则对应于不同的管径，采用成批涡轮头换算系数典型值。由于没有逐台校验 A 值而引起的误差则计入变送器总误差中。这样，一个涡轮头可用于不同直径的管道（只是 A 值不同），而不必逐个校验。

2. 主要特点

(1) 压力损失小。在用于大口径测量时，压力损失可以忽略不计。

(2) 变送器可以露天安装，可以长期潜水使用。

(3) 可以在不断流的情况下安装、拆卸和维修。可用于水平、垂直、倾斜的管道（适应管径 100~5 000 mm，流速范围 0.5~2.5 m/s，管材不限）。

(4) 按仪表系数确定的变送器精确度为流量示值的±2.5%。显示仪表与涡轮流量计相同。

为了解决涡轮头容易被杂质堵塞、缠绕等问题，可选用插入式切向流量计，具体可参考相关资料。

12.3.9　涡街流量计

12.3.9.1　基本原理

涡街流量计的变送器包括一个管体（与管道同内径）和一个非流线型的助旋器（其断面为切去三个顶角的等腰三角形或梯形）。当液体从非流线体的地方绕流时，交替出现规则而不对称的两排漩涡，叫作卡门涡街，如图 12-53 所示。设计适当的断面尺寸，可以使漩涡出现的频率在雷诺数相当大的变化范围内与流速成比例，而与液体的密度和黏性无关。可以采用不同的方法检测出漩涡发散的频率，经过放大和信号转换，显示出流量值。

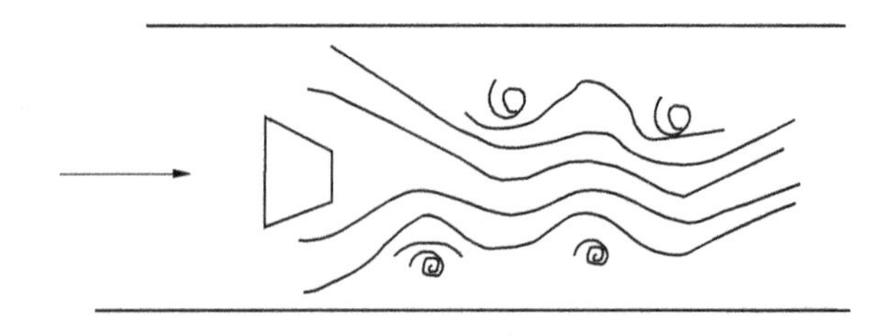

图 12-53　涡街示意图

漩涡发散的频率表示为：

$$f = S_t \frac{v}{d} \tag{12-60}$$

式中　S_t——无因次的常数；

d——助旋器最大宽度；

v——流速，由下式确定：

$$v = \frac{Q}{\frac{\pi}{4}D^2 - dD} \tag{12-61}$$

式中　Q——流量；

D——管道内径。

由式(12-60)、式(12-61)得到

$$Q = \frac{1}{S_t} d \left(\frac{\pi}{4} D^2 - dD \right) f \tag{12-62}$$

由此可知，流量可以通过检测漩涡发散的频率来得到。

12.3.9.2　**主要特点**

(1)没有运动部件，结构简单、坚固，精确度稳定，重复性好。

(2)测量范围大，最大流量与最小流量之比在 50 以上。

(3)输出脉冲信号的频率与流量成线性关系，精确度高，在全量程范围内，精确度可达 ±1.0%。信号便于累计和远距离传送。

(4)液体的物理性质对标定不敏感。

(5)对温度变化的适应性强，据试验资料，温度范围为-200~350 ℃，它可以测量液体流量，也可以测量蒸汽流量。

12.3.10　示踪物法

12.3.10.1　示踪物浓度法

在被测水流中注入示踪物溶液，使其与水流均匀混合，通过比较示踪物溶液在水流中的稀释程度而确定水体流量的方法称为示踪物浓度法(或称稀释法)。

示踪物的选择取决于被测流体的性质和环境的限制。有各种各样的示踪物可供选择，《泵站测试技术》中推荐采用食盐浓度法，用食盐作为示踪物具有无毒、溶解度大、化学稳定性好、价格便宜、便于采购和保存等优点，但水源含盐量较高，或是含杂质较多，或者在一次试验阶段内水质变化较大的情况下，就不宜用食盐溶液作为示踪物。

采用示踪物浓度法测量流量的最主要优点是用于计算流量的各项数据具有明确的可以估算的误差值，从而使得有可能按照误差理论估算所测流量的综合误差，不必通过另外的方法实施标定。因此，它特别适宜于管道系统大流量的精确测量。例如水泵或水轮机原型装置效率的精确测量和大口径流量计的标定测量。实践证明，示踪物浓度法测量水泵流量的精确度可达到±(1.0%~1.5%)。

1. 测量原理

在水泵的进水侧注入恒定流量 q 的示踪物溶液，它通过紊动水流质点的互相掺混和碰撞，以及水泵叶轮的搅拌作用后，在水泵出水侧与原水充分混合处取出水样，分别测定原水和混合水中示踪物的浓度，并与由注入溶液和原水配制的标准混合液相比，即可求出混合水样的稀释倍数，并确定水泵的流量。这就是示踪物浓度法测流的基本原理。

假定原水中注入含示踪物溶液的浓度为 C_0，注入示踪物的浓度为 C_1，混合水样中的浓度为 C_2，根据质量平衡原理可得下列方程：

$$C_0Q + C_1q = C_2(Q + q) \tag{12-63}$$

式中　Q——原水流量，即注入断面前流向水泵入口的流量，L/s；

q——注入示踪物溶液的流量，L/s；

C_0、C_1、C_2——原水、注入液、混合液中示踪物的浓度，mg/L。

通过水泵的流量 Q_p 为

$$Q_p = Q + q = \frac{C_1 - C_0}{C_2 - C_0}q = \frac{C_1/C_0 - 1}{C_2/C_0 - 1}q = Kq \tag{12-64}$$

显而易见，只有分别确定 C_0、C_1、C_2 和 q，才可由式(12-64)计算出水泵的流量 Q_p。

利用示踪物浓度法(如食盐浓度法)测量水泵流量，必须注意以下几种关键技术：示踪物的选择，示踪物的注入，示踪物溶液与原水的均匀混合，水样采集以及示踪物浓度和注入流量的检测等。

2. 误差分析

从流量计算公式中可见，水泵流量的测量误差来源于注入示踪物溶液流量的测量误差和注入溶液、原水和混合溶液的示踪物测量误差。只要分别测定以上各项误差，就可以确定水泵流量的测量误差。

1) 注入示踪物溶液流量 q 的测量误差

(1) 用体积法测量流量时，其误差应包括容器的标准差、液位计读数标准差和计时标准差等。

$$\frac{\sigma_q}{q} = \sqrt{\frac{\sigma_v}{V} + \frac{2\sigma_z}{Z} + \frac{2\sigma_t}{T}} \tag{12-65}$$

式中　σ_q——注入流量 q 的标准差；

σ_v——校正容器的标准差；

V——注入示踪物溶液体积；

σ_z——液位计读数标准差；

Z——容器液体高度；

σ_t——计时器(秒表)标准差；

T——计量历时。

(2)用流量计直接测定注入流量时,其误差包括流量计的精确度(包括变送器和显示仪表)、注入流量稳定性和仪表读数误差。

$$\frac{\delta_q}{q} = \pm \sqrt{S^2 + \left(2\frac{\sigma_{\bar{q}}}{q}\right)^2 + \left(\frac{\delta}{q}\right)^2} \tag{12-66}$$

式中　δ_q——注入流量 q 的极限误差;

S——仪表精度;

$\sigma_{\bar{q}}$——注入流量不稳定标准差(多次读数的平均值标准差)。

δ——仪表刻度误差(最小刻度单位的 1/2)。

2)溶液稀释倍数 K 的误差

由计算式 $K = \dfrac{C_1/C_0 - 1}{C_2/C_0 - 1} = \dfrac{C_{10} - 1}{C_{20} - 1}$,可得:

$$\frac{\sigma_K}{K} = \sqrt{\left(\frac{\sigma_{C_{10}}}{C_{10} - 1}\right)^2 + \left(\frac{\sigma_{C_{20}}}{C_{20} - 1}\right)^2} \tag{12-67}$$

3)水泵流量综合误差

在 95%置信度时,水泵流量的极限误差为

$$\frac{\delta_Q}{Q} = \pm 2\frac{\sigma_Q}{Q} = \pm 2\sqrt{\left(\frac{\sigma_K}{K}\right)^2 + \left(\frac{\sigma_q}{q}\right)^2} \tag{12-68}$$

12.3.10.2　示踪物运送时间法

1. 测流原理

在水泵吸水管注入示踪物(食盐、热水或其他带示踪标记的物质),在出水管两个适宜的断面分别设置检测器,测定示踪物到达两断面的平均时间,其差值即为示踪物在已知距离内的平均运送时间 $\bar{t}$,同时准确测定两断面之间管道体积 V,将体积 V 除以时间 $\bar{t}$ 即为水体通过管道的流量 Q,此即运送时间法测流的基本原理,其实质上也是一种体积法。

2. 流量测量误差估计

示踪物运送时间法的测量误差主要来源于体积测量误差和运送时间测量误差。误差的合成可按下式求得:

$$\frac{\delta_Q}{Q} = \pm \sqrt{\left(\frac{\delta_V}{V}\right)^2 + \left(\frac{\delta_t}{t}\right)^2} \tag{12-69}$$

式中　$\dfrac{\delta_Q}{Q}$——流量极限相对误差;

$\dfrac{\delta_V}{V}$——体积极限相对误差;

$\dfrac{\delta_t}{t}$——运送时间极限相对误差。

在体积和时间两项误差中包含有测量设备的误差和操作方法的误差,测量设备的误差可以通过严格的校正来缩小,而操作方法的误差一般可以通过增加试验的次数来减小,

测量次数越多,观测误差就越小。故当测量段的距离小时,每个流量值至少观测 10 次,距离长时,反复测量 3~5 次即可。

12.4　扬程测量

泵站各种扬程的确定,归结为水位、压力、流量和过流断面面积的测量。前面已介绍了流量的测量方法,因此只要再测量水位和压力就可以通过相应的计算公式计算泵站各种扬程。

12.4.1　水位测量

通过测量水位或水位差,确定泵站装置和泵站的扬水高度。

12.4.1.1　测量位置

计算泵站扬水高度所用的进出水池水位是吸水管和出水管口附近的水位。在机组台数较多的泵站,各台水泵进出水管口附近的水位是不同的,严格地说,应该分别测定,但考虑到各管口水位变化不大,相对于水泵扬水高度也较小,故一般只在大型泵站,或机组台数较多,或进、出水池较宽,两侧水位差较大时,才需在水池的两侧设置测量水位的装置,分别计算扬水高度或计算平均扬水高度。

计算泵站扬水高度的引渠水位或出水干渠水位的测量位置,不能离水池的进、出口太近,也不能太远。太近可能受水流衔接处水面急剧下降或壅高和波动的影响;太远则由于水面坡降的影响,就不能反映泵站真正的扬水高度了。

12.4.1.2　测量方法和设备

测量水位的方法和设备种类很多,现根据泵站的特点介绍以下几种。

1. 用水尺直接测量水位

在需要测量水位的断面,靠近渠道或水池的边壁,垂直安装标尺,并通过水准测量确定标尺零点高程,水面涨落可直接从标尺上读出数据。这种方法简单经济,但易受水位波动的影响,测量误差较大,而且管理也不太方便。

2. 水柱差压计

利用水柱差压计测量差压,通过参比水位换算为进水池或出水池的水位,既准确可靠又简单经济,一般泵站可以自行制作,只要标尺刻度准确,就不必进行其他任何校准工作。

1) 测量高于观测台平面的水位

出水池或输水渠道的水位一般高于泵房底面,可以把参比水位筒设置在略低于被测水位的高度,用导压管将水位引至泵房与水柱差压计连接,在差压计的上部用普通的打气筒打气,将水柱液面压到便于观测的高度,如图 12-54(a)所示。

将差压水柱高度加上参比水位筒的水位高程,即得出被测的水位值。当水位变幅较大时,可以设置几个不同高程的参比水位筒。对于进水池或引渠水位高于泵房底板的块基型泵房或干室型泵房,也可以采用这种方法测量水位。

2) 测量低于观测台平面的水位

引渠或进水池水位低于泵房地面时,也可以在泵房内用差压计测量水位,用抽真空的方法将差压计的水柱吸上到便于观测的位置,如图 12-54(b)所示。同样,参比水位加(或

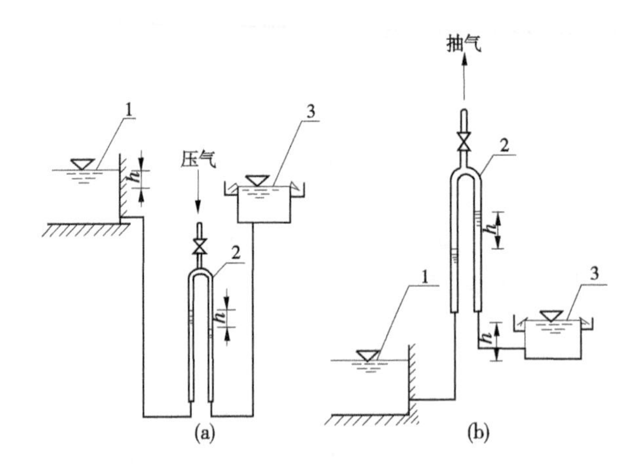

1—被测水位;2—水柱差压计;3—参比水位筒

图 12-54　用参比水位筒测量水位的水柱差压计装置示意图

减)差压水柱高度(参比水位低时加),即为被测水位值。

如果水位变幅超过 2 m,可以设置两个或两个以上不同高程的参比水位筒,以提高测量精确度,也便于观测。

3)利用压缩空气和水柱差压计测量水位

当被测水位较低时,可用此法测量水位。如图 12-55 所示,将一根管子插入被测水面以下某个高程处,当向管内输入压缩空气时,管内的水位被压低,且随着空气压力的逐渐增大而逐渐下降,当水面下降到管口时,压缩空气便从水中逸出,管内的空气压力就不再继续上升,此时在 U 形水柱差压计测出的压差即为水中管口的淹没深度,将其加上管口高程即为被测水位。这种方法特别适合于测量深水池或井内水位。为了提高测量精确度,可以采用缩小管口直径以减小管内水面波动。如果水位变幅较大,可以用气压表代替 U 形差压计。

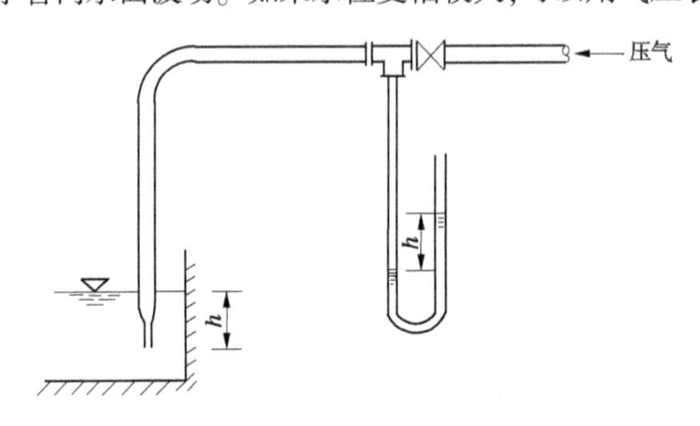

图 12-55　利用压缩空气法测量水位的水柱差压计装置示意图

以上用差压测量水位的方法均可采用差压变送器实现自动化检测。

3. 浮子式液位计

漂浮于液面的浮子,随着液位的升降而产生垂直的位移,通过电子仪表,将位移转换成电信号进行传送和显示,或通过机械传动将位移转换放大,即可测得液位的高低。

浮子受力情况如图 12-56 所示。设浮子的重量为 G,直径为 D,高度为 h,当其漂浮于

水面时有以下关系

$$\Delta h = \frac{4G}{\pi D^2 \rho g} \tag{12-70}$$

式中 Δh ——浮子浸没深度；

ρ ——液体密度；

g ——当地重力加速度。

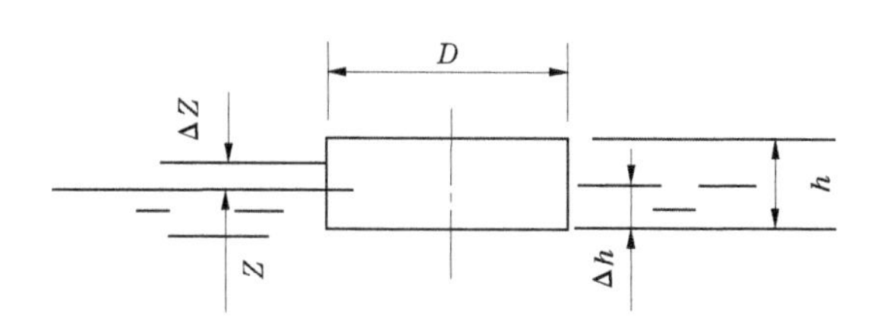

图 12-56 扁圆柱形浮子平衡状态

当液位变化时，浮子随之升降，而浸没于液体中的高度 Δh 部分应不变，才能准确地测量水位。从式(12-70)可知，浮子重量 G 的变化、液体密度的变化以及浮子直径的变化等均会引起误差。另外，由于仪表各部分具有摩擦作用，导致浮子浸没深度 Δh 并不固定，不仅引起测量误差，也使仪表的灵敏度下降。

假设浮子开始动作的力为 F_0（仪表系统净摩擦力），则可能引起的位移误差（不灵敏区）为

$$\Delta Z = \frac{4F_0}{\pi D^2 \rho g} \tag{12-71}$$

可见，液位计的不灵敏区 ΔZ 与液体的密度和直径 D 的平方成反比，与摩擦力 F_0 成正比，因此增大浮子直径 D 可以有效地减小 ΔZ 值，提高仪表的测量精度。

图 12-57 为三种不同形状及尺寸的浮子。扁平形浮子做成大直径空心扁圆盘形，因此具有小的不灵敏区，可达十分之几毫米，测量精度高，但对液面大的波动比较敏感，容易随大波浪飘动；高圆柱形浮子高度较大，而直径和水平面积较小，抗波浪性能较好，对液位变动和波浪都不敏感，所以用这种浮子做成的液位计精度较差，不灵敏区较大；由扁圆柱形浮子组成的液位计的抗波浪性能和不灵敏区介于前述两者之间。

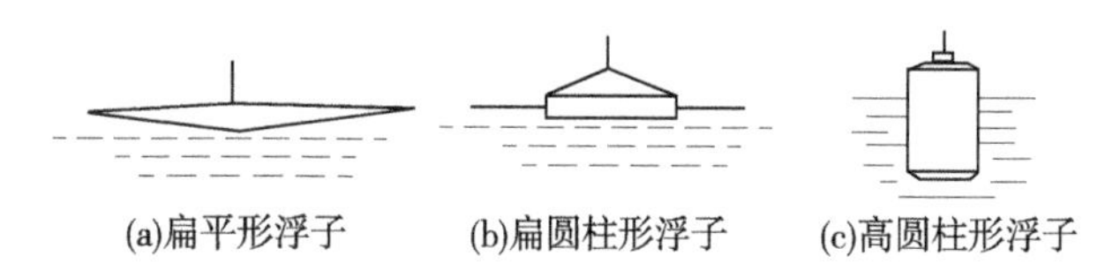

图 12-57 浮子的形状

根据使用场合选用上述浮子形式，可以组成各种各样的浮子式液位计。图 12-58 为一种常用的就地指示及远传式液位计，浮子 1 和指针 6 用钢丝绳相连，为了平衡浮子的重量，使它能准确随液面上下移动，在指针一端装上平衡锤 2，为了减小对仪表性能的影响，钢丝绳在保证正常工作条件下，应尽量选用细绳，同时尽量减小滑轮支承处的摩擦，液位可直接由标尺 5 读出。

如图 12-58(a)所示为带自整角机的浮子式液位计，该结构指针的移动距离与被测液位变化相同，液位变化大时，标尺很长，测量精度也不高。因此可采用图 12-58(b)所示的鼓轮结构，并将液位位移量转变为鼓轮的转数或转角，实现液位指示与远距离传送。

带光电液位传感器的浮子式液位计，进一步提高了测量精度，简化了管理维修改造，

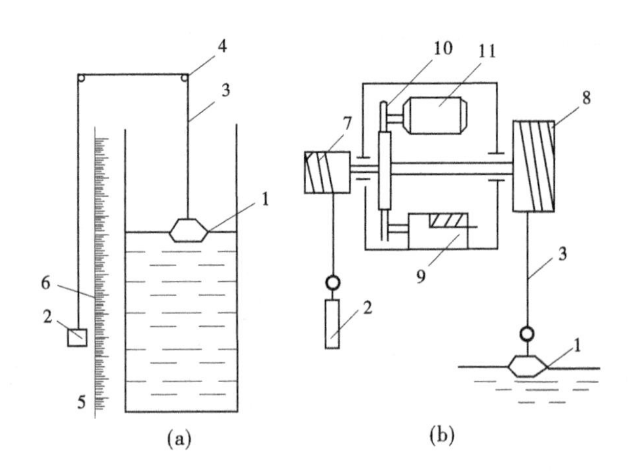

1—浮子;2—平衡锤;3—钢丝绳;4—滑轮;5—标尺;6—指针;
7、8—鼓轮;9—计数器;10—齿轮;11—自整角机

图 12-58　就地指示和远传式液位计

适合于大中型泵站水位测量。

4. 力式数字水位传感器

力式数字水位传感器一般由探头和显示器两部分组成。探头是把水的静压力转换为电信号输出,由显示器接收并以数字显示。力式数字水位传感器型号较多,根据选用的压力传感器不同,价格有高有低,测量精度也不同,可按照泵站监测的需要选择合适的产品。

12.4.2　压力测量

12.4.2.1　测量位置的确定

为了计算水泵工作扬程和监视水泵机组的运行状况,需要测量水泵进出口及流道特定点的真空或压力数值,在压力测量中除要正确选用测压仪表外,还要注意测量断面的选择和测压孔和导压管的布置。因为测量断面上的压力和速度的分布状态可能导致根据压力和速度的平均值算出的压力水头和速度水头产生较大的误差,所以选择测量断面时应考虑如下的因素:

(1)流速和压力分布比较均匀,流态稳定。

(2)断面形状规则,易于丈量。

(3)应选在较大的过流断面处,以减小速度水头引起的误差。

(4)测量断面的上游和下游应分别具有 2 倍直径的直管长度,如图 12-59 所示。

对于管道直径大于 400 mm 的水泵装置,应该在两个互相垂直的直径方向布置 4 个测压嘴(见图 12-60),或者水流条件较好时,在一个直径方向上布置两个测压嘴。为了避免空气进入测压管或杂质淤塞测压管,测压嘴的位置不应设在断面的最高点和最低点。测压嘴的圆孔直径为 3~6 mm,其中心线必须垂直管壁,连接处应该平滑,不允许有毛刺引起局部涡流扰动。连接各个测压嘴的环形管直径不小于 10~19 mm,导压管的铺设应朝着仪表方向逐渐向上倾斜。如有突出高点,应设置排气阀。导压管的材质应根据测量最大压力的要求选择透明的塑料管或尼龙管。

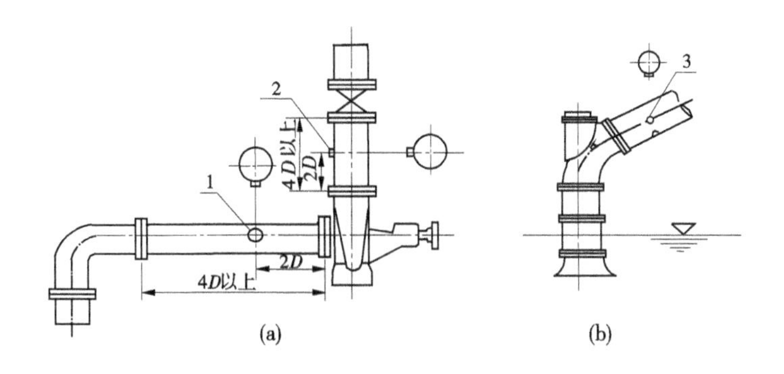

1—进口侧压力测量断面位置;2、3—出口侧压力测量断面位置

图 12-59　差压断面位置图

在泵站现场测量中,根据水泵的性能试验资料,只要水泵实际流量不大于或小于其额定流量的40%~60%,水泵吸入口基本上不受预漩的影响。水泵出口一般连接的是渐扩管和阀门,不具备 2 倍直径的直管长度,所以,为了统一标准,对蜗壳式的离心泵和混流泵,允许在进出口法兰上布置测压孔。但要注意连接法兰的橡胶圈应与管内壁齐平。对于重要的试验,可以通过另外的补充试验来确定对实测值的修正。

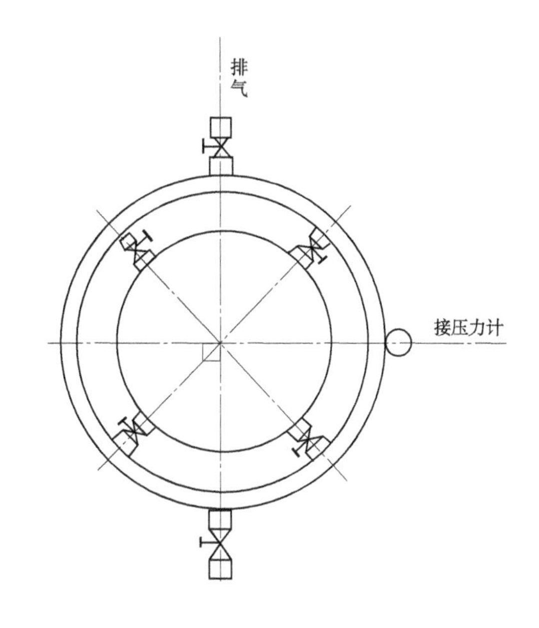

图 12-60　测压孔的连接

12.4.2.2　测压仪表

水力机械试验常用的测压仪表,根据其转换原理,可分为四种:

(1)液柱式压力表——将被测压力转换成液柱高度进行测量。

(2)弹簧式压力计——将被测压力转换成弹性元件变形的位移进行测量。

(3)活塞式压力计——将被测压力转换成活塞上所加平衡砝码的重量进行测量。

(4)电力式压力计——将被测压力转换成电量进行测量。

根据泵站现场的条件和运行管理的要求,着重介绍以下几种。

1. 水柱差压计

图 12-61 为测量水泵出口断面压力的示意图;图 12-62 和图 12-63 分别为测量水泵进口断面压力和真空度的示意图。其与前述测量水位的方式基本相同,指示测量水位是将被测水位与参比水位相比,而测量压力则是将被测断面压力与参比水位相比。

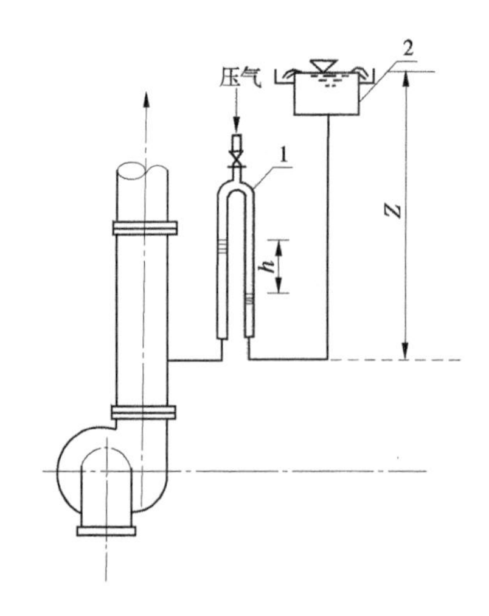

图 12-61　用水柱差压计测量水泵出口断面压力

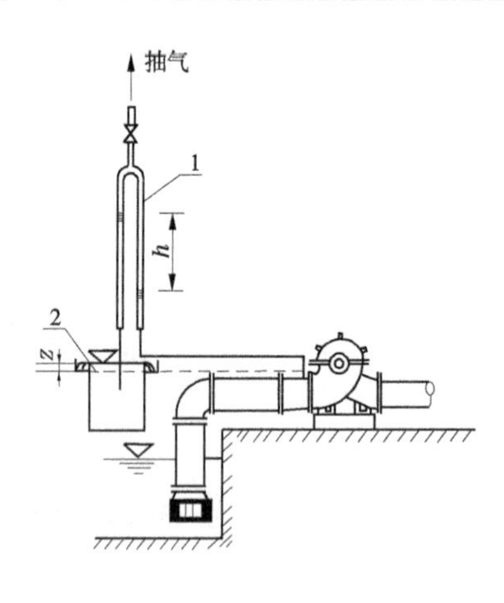

1—水柱差压计;2—参比水位筒

图 12-62　用水柱差压计测量水泵进口断面压力

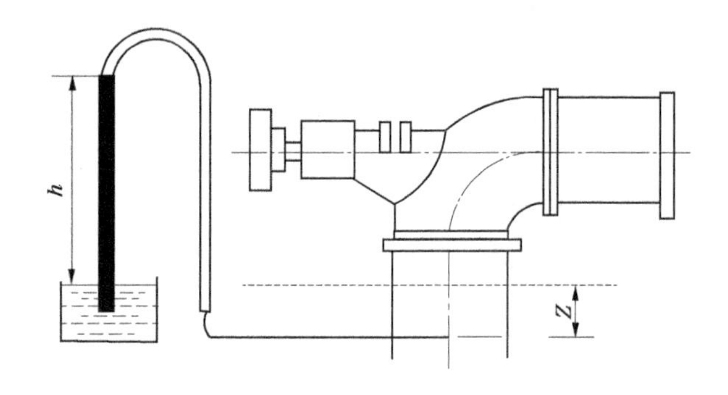

图 12-63　用水柱计测量水泵进口断面压力

图 12-61 中水泵出口断面压力为

$$H = Z + h \tag{12-72}$$

图 12-62 和图 12-63 中水泵进口断面中心真空度为

$$H_{真} = Z + h \tag{12-73}$$

2. 弹簧管式压力表

通常所用的压力表是单圈弹簧管压力表,其工作原理如图 12-64 所示,弹簧管被弯成 270°的圆弧形,管子封闭的一端为自由端,开口端与表壳固定。使用时被测压力由此引入,弹簧管在内压力的作用下发生变形,自由端产生由 B 到 B'的位置,圆环形弹簧管的包角 φ 减小了 $\Delta\varphi$。根据弹簧变形原理可知,包角的相对变化值 $\Delta\varphi/\varphi$ 是与被测压力成正比的,通过包角变化带动一组传动机构,指针在表壳的刻度盘上指示出相应的压力值。

根据使用条件的不同,可以分别选择标准压力表、真空表,普通压力表、真空表和真空压力表。

(1)泵性能试验所用的压力表、真空表的精度等级不低于 0.4 级。

(2)泵出厂试验或在泵站现场进行装置效率试验,选用的压力表、真空表的精确度等级不低于 1.0 级。

(3)正常运行的监视测量,可在 1.0~2.5 级的范围内选用。

应该注意,用于性能试验或装置效率试验的测压仪表应在试验前或试验后进行校正,用于监视测量的仪表也应定期校正。

为了保证测量的精确度,在选择仪表量程时,应该考虑测量范围的上限值和下限值在满刻度量程的 1/3~3/4 范围之内。

测量仪表与导压管的连接处应分别装有仪表接头,在接头处应设有排气阀和进气阀。排气阀的作用是排出导管内的空气,使管内充满水。进气阀的作用是在真空表读数前放进少量的空气,以保证测压嘴以上的导压管内不存水。

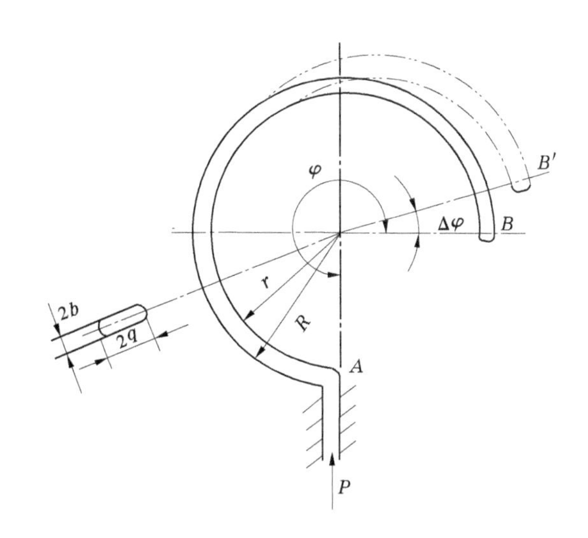

图 12-64　单圈弹簧压力表

12.4.3　扬程测量误差估算

12.4.3.1　水泵工作扬程测量的误差估算

根据水泵扬程计算公式,可以求出计算扬程极限相对误差 δ_H 的一般公式(不考虑通过水泵后水流密度的变化及转速测量误差):

$$\delta_H = \pm\frac{1}{H}\left[(P_v\delta_v)^2 + (P_P\delta_P)^2 + kQ^4\delta_Q{}^2 + 4k\left(\frac{\delta_{d_1}^2}{d_1^2} + \frac{\delta_{d_2}^2}{d_2^2}\right)Q^4 + (\Delta Z\delta_Z)^2\right]^{1/2} \tag{12-74}$$

式中　H——水泵工作扬程,m;

Q——水泵的工作流量,m^3/s;

P_v、P_P——真空表和压力表指示值,m;

δ_v、δ_P——真空表和压力表示值的极限相对误差(%);

d_1、d_2——水泵进、出口侧压断面的管道直径,m;

δ_{d_1}、δ_{d_2}——直径测量的极限相对误差(%);

δ_Q——流量测量的极限相对误差(%);

ΔZ——泵出、进口压力表中心的垂直高差或出口压力表中心与进口真空表测点处的垂直高差,m;

δ_Z——测量垂直高差值的极限相对误差(%);

k——系数,$k = \left(\frac{16}{g\pi^2}\right)^2 = 0.027\ 3$。

1. 用压力表、真空表测量水泵工作扬程的误差估算

相对于水泵总扬程来说,速度水头误差和仪表位置误差影响很小,通常不予考虑,用

压力表和真空表量测 P_{max} 和它的精度等级 S 来表示压力测量的极限绝对误差时，水泵的极限相对误差 δ_H 可按下式计算

$$\delta_H = \pm \frac{1}{H}\sqrt{(P_{v\max}S_v\%)^2 + (P_{P\max}S_P\%)^2 + \delta_v^2 + \delta_P^2} \qquad (12\text{-}75)$$

式中 $P_{v\max}$、$P_{P\max}$ ——真空表、压力表最大量程，m；

S_v、S_P ——真空表、压力表精度等级；

δ_v、δ_P ——真空表、压力表读数极限绝对误差。

2. 用水柱差压计测量水泵工作扬程的误差估算

在现场条件下，由于水泵压力波动影响，水柱差压计读数的极限误差的估计值为 δ_h，在一组测量中要读取 4 个液面高度，则相应有 4 个误差值，所以水泵扬程的极限相对误差 δ_H 为

$$\delta_H = \pm \frac{1}{H}\sqrt{4\delta_h^2} = \pm \frac{2}{H}\delta_h \qquad (12\text{-}76)$$

3. 用差压计直接测量水泵工作扬程的误差估算

对于低扬程泵站，采用差压计直接测量水泵扬程，在一组测量中，只要读取一根测压管的上下液面示值即可算得液面高度，因此水泵的工作扬程的极限相对误差 δ_H 为

$$\delta_H = \pm \frac{1}{H}\left[2\delta_h^2 + kQ^4\delta_Q{}^2 + 4k\left(\frac{\delta_{d_1}^2}{d_1^2} + \frac{\delta_{d_2}^2}{d_2^2}\right)Q^4\right]^{1/2} \qquad (12\text{-}77)$$

12.4.3.2 装置高度和泵站高度测量误差的估算

1. 用水尺测量水位时的高度误差估算

用此法测量高度的误差，包括水位标尺零点标定误差 δ_0 和水位标尺读数极限误差 δ_1，水位波动极限误差 δ_2。

用水准仪测量标定水位标尺零点，极限绝对误差 δ_0 为：

四等水准 $\delta_0 = \pm 10\sqrt{n}$

五等水准 $\delta_0 = \pm 20\sqrt{n}$

式中 n——测站数目。

装置高度 H_{st} 和泵站高度 H_{pt} 的极限相对误差 δ_{st}(或 δ_{pt})为

$$\delta_{st}(\text{或}\delta_{pt}) = \pm \frac{\sqrt{2}}{H_{st}(\text{或}H_{pt})}\sqrt{\delta_0^2 + \delta_1^2 + \delta_2^2} \qquad (12\text{-}78)$$

2. 用数字压力传感器测量高度的误差估算

采用数字压力传感器测量高度，根据传感器误差 δ_s 及放大器误差 δ_A（计数器误差可以忽略），可用下式计算高度测量的总误差：

$$\delta_{st}(\text{或}\delta_{pt}) = \pm \frac{\sqrt{2}}{H_{st}(\text{或}H_{pt})}\sqrt{\delta_s^2 + \delta_A^2} \qquad (12\text{-}79)$$

12.5　功率测量

12.5.1　功率测量的方法

轴功率是水泵的基本参数之一。在现场测试中,根据水泵及配套动力机的类型和结构形式的不同,轴功率可按如下两种基本方法进行测量:

(1)若水泵由电动机直接拖动,可在电动机侧测量。即先测出电动机的输入功率,再利用损耗分析法测得电动机的输出功率,即为水泵轴功率。这种方法通常称为电测法或损耗分析法。适用于在泵轴上没有足够的空间位置布置扭矩传感器的场合,例如大多数卧式离心泵机组和一部分混流泵机组。

(2)用测功仪在水泵轴上测量泵轴的扭矩和转速,通过计算求出水泵轴功率。这种方法也叫扭矩法。适用于在泵轴上有足够的空间位置能够安装扭矩传感器的场合,如一般立式或斜式轴流泵机组和一部分混流泵或离心泵机组。水泵轴功率可由下式确定:

$$P = \frac{\pi M_k n}{30} \tag{12-80}$$

式中　P——水泵轴功率,kW;

n——水泵转速,r/min;

M_k——水泵轴扭矩,kN·m。

扭矩仪的基本工作原理是通过测量水泵轴在扭矩作用下的变形,由扭矩变形的大小来决定扭矩值。

由材料力学可知,一根轴在扭矩作用下会产生扭曲变形,其变形量的大小可用两截面间的相对扭角 θ 表示,如图 12-65 所示。其值由下式确定:

$$\theta = \frac{L}{GJ} M_k \tag{12-81}$$

式中　θ——两截面的相对扭角,rad;

L——两截面距离,m;

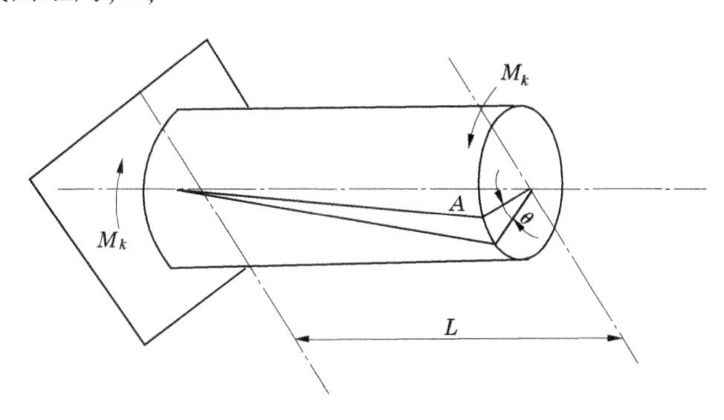

图 12-65　轴在扭矩作用下的扭转变形

G——轴的剪切模量,N/m^2;

J——扭轴截面惯性矩,m^4,实心轴:$J=\frac{\pi}{32}D_2^4$,空心轴:$J=\frac{\pi}{32}(D_2^4-D_1^4)$;

D_1、D_2——圆轴的内径和外径,m。

在弹性变形范围内,轴在扭矩的作用下产生的剪应变为

$$\varepsilon=\frac{M_k}{GW} \tag{12-82}$$

式中 W——圆轴的抗扭截面惯量,m^3,实心轴:$W=\frac{\pi}{16}D_2^3$,空心轴:$W=\frac{\pi}{16}(D_2^3-D_1^3)$。

从式(12-81)和式(12-82)可知,只要轴的尺寸 D_1、D_2 及 L 确定,轴的弹性模量 G 一定,则扭轴的剪应变 ε 和相距 L 的两截面间产生的相对转角 θ,就只与扭矩 M_k 有关,且成正比例关系。一般扭矩仪就是将 ε 或 θ 两个参数通过传感器转换成电信号后进行测量的。

根据被转换的参数和传感器的类型,扭矩仪有如下几类:

- 扭矩仪
  - 剪应力或剪应变式
    - 电阻应变片式
    - 磁滞伸缩式
  - 相对转角式
    - 振弦式
    - 相位差式
      - 光电脉冲式
      - 磁电脉冲式

针对泵站现场测试的特点,一般要求扭矩传感器能直接安装在被测轴上,即不另加传感器中间轴。因此,振弦式扭矩仪和电阻应变片式扭矩仪较为适用,但是对泵轴的空间位置有一定的要求,以便于传感器的安装和测量信号的传输。

12.5.2 电动机输入功率测量

12.5.2.1 两瓦特表法

1. 基本原理

驱动水泵的电动机一般是三相交流电动机,一般采用两瓦特表法测量三相交流电动机的输入有功功率,其原理如图12-66所示。

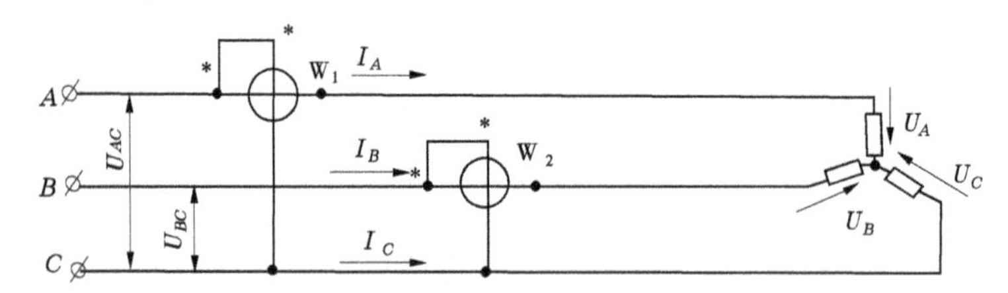

图 12-66 两瓦特表法测量三相交流电动机功率原理图

从图12-66可见,第一只单相瓦特表 W_1 按图示极性串接于 A 相,电压线圈的带星号的端钮(称为发电机端)也接于 A 相,另一端接于 C 相;第二只单相瓦特表 W_2 的电流线圈按图示极性串接于 B 相,电压线圈的发电机端接于 B 相,另一端也接于 C 相。因此,未接入电流线圈的 C 相是两只表电压线圈的公共端,称为“公共相”或“自由相”。设负载为

星形接线时，则第一只瓦特表所测功率的瞬时值为：

$$W_1 = U_{AC} I_A = (U_A - U_C) I_A \tag{12-83}$$

第二只瓦特表所测功率的瞬时值为：

$$W_2 = U_{BC} I_B = (U_B - U_C) I_C \tag{12-84}$$

则：

$$W_1 + W_2 = U_A I_A + U_B I_B - U_C (I_A + I_B) \tag{12-85}$$

星形接线时，中点的电流之和为零，即 $I_A + I_B + I_C = 0$，故有：

$$W_1 + W_2 = U_A I_A + U_B I_B + U_C I_C = P \tag{12-86}$$

由上述分析可知，无论三相电压是否对称，负载是否平衡，两瓦特表按图 12-66 接线，所测得的功率为三相功率之和。同理可以证明，负载接成三角形时，两瓦特表所测的仍是三相功率总和。

实际上瓦特表刻度盘上的读数不是瞬时功率，而是一周期内的平均功率。由于负载功率因素的不同，两瓦特表的读数亦不相同。但两者之和一定为三相有功功率之和。当功率因数小于 0.5 时，其中有一只瓦特表为负值，此时该瓦特表反转，为了取得读数，将该表电流线圈的两个端钮反接，使其指针正向偏转，相应地，三相有功功率等于两瓦特表读数之差。

当三相负载平衡时，可根据两只瓦特表读数，计算出负载的平均功率因数值，即

$$\cos\varphi = \frac{1}{\sqrt{1 + 3\left(\dfrac{W_1 - W_2}{W + W_2}\right)^2}} \tag{12-87}$$

当被测电动机电压较高，电流较大时，可采用仪用互感器来扩大瓦特表量程。

2. 瓦特表接线方式的选择

用两瓦特表法测量电动机输入功率，一般选用电动式瓦特表，可达到较高的精确度。这种瓦特表有一个电压线圈和一个电流线圈，电压线圈利用串联附加电阻做成多个量程，电流线圈也利用串、并联接成两种电流量程，此外瓦特表上还装有一个改变指针偏转方向的极性开关。瓦特表可按以下规则接入线路：

(1) 瓦特表的电流线圈与被测负载串联，它的同名端钮（标有“ * ”或“±”符号）接至电源侧，另一端钮接负载侧。

(2) 瓦特表的电压线圈并接在负载两端，它的另一端钮跨接到负载的另一端。

如图 12-67 和图 12-68 所示的两种接线方式均综合上述两条规则，但这两种接线方式却适合于不同的场合。测量三相电动机功率时，接入的测量仪表线圈所产生的损耗给测量结果带来一定的误差。在常用的两瓦特表法中，因其电压线圈接线方式的不同，误差也不相同。

当瓦特表的电压线圈前接时，瓦特表电流线圈的电流等于负载电流，但电压线圈承受电压为负载电压和瓦特表电流线圈电压降之和，即在瓦特表读数中多了电流线圈的功率消耗 $I^2 R_I$（I 为负载电流，R_I 为瓦特表电流线圈电阻）。因此，这种接线方式适用于负载电阻远大于 R_I 的情况，这时瓦特表本身的功率消耗对测量的结果影响较小。

当瓦特表的电压线圈后接时，瓦特表电压线圈的电压等于负载电压，但电流线圈中多了一项瓦特表电压线圈支路的电流，即在瓦特表读数中多了电压线圈的功率消耗 U^2/R_v

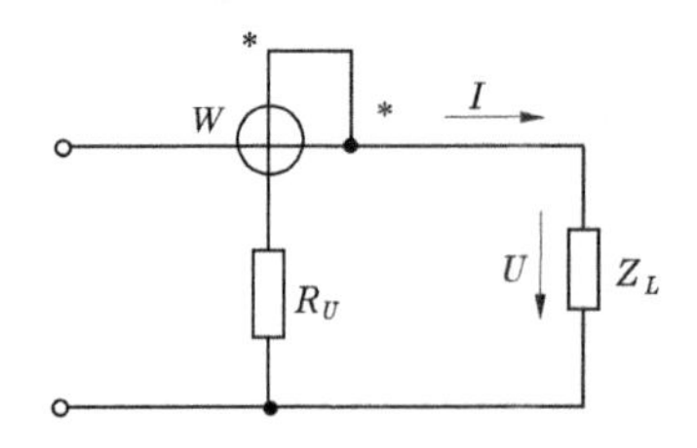

图 12-67　电压线圈后接

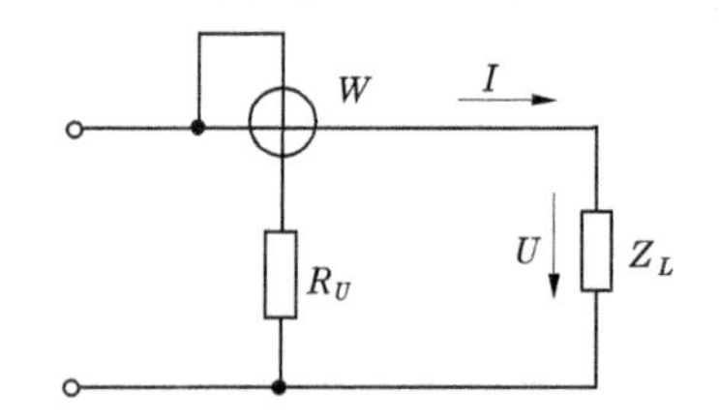

图 12-68　电压线圈前接

(U 为负载电压,R_v 为瓦特表电压线圈电阻)。因此,这种接线方式适用于低电压、大电流负载功率的测量。

3. 误差分析及估算

(1)仪用互感器引起的功率测量误差分析。

如前所述,为了扩大瓦特表的量程,可采用电压互感器和电流互感器。其接线方式如图 12-69 所示。被测功率为:

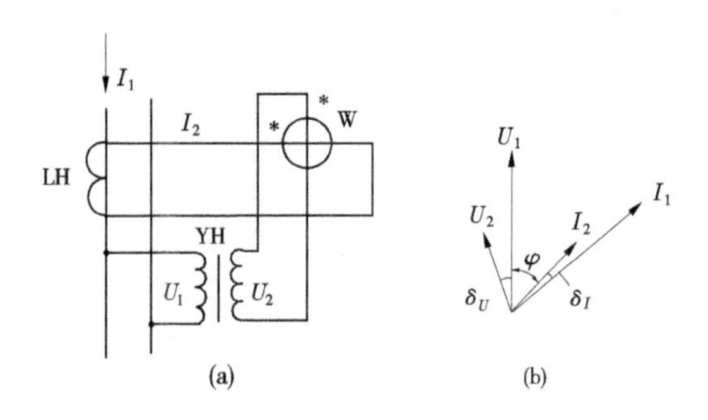

图 12-69　通过仪用互感器测量功率

$$P = k_{pt} k_{ct} C a \tag{12-88}$$

式中　k_{pt} ——电压互感器变比;

k_{ct} ——电流互感器变比;

C——瓦特表常数,W/格;

a——瓦特表读数,格。

由于仪用互感器中存在着漏磁通,线圈电阻以及铁芯损耗,因而变压比或变流比并不是常数,导致在实际测量中出现所谓变比误差,简称比差。此外,还存在相角差。

在理想情况下,电压互感器初、次级电压的矢量应当相差 180°相位角;电流互感器初、次级电流的矢量也应相差 180°。实际上它们不可能正好为 180°,而是存在一个相角差,简称角差。

设互感器初级电压和电流分别为 $\dot{U}_1$ 和$\dot{I}_1$,次级电压和电流分别为 $\dot{U}_2$ 和$\dot{I}_2$, $\dot{U}_2$ 和 $\dot{I}_2$ 逆时针旋转 180°后与 $\dot{U}_1$ 和 $\dot{I}_1$ 重合,其相角误差分别为 δ_U 和δ_I ,旋转后的矢量 $\dot{U}_2$ 和 $\dot{I}_2$ 越前矢量 $\dot{U}_1$ 和 $\dot{I}_1$ 时,角差为正,滞后时为负,如图 12-69(b)所示。此时瓦特表所测功率为

$$P' = k_{pt} k_{ct} U_2 I_2 \cos(\varphi + \delta_U - \delta_I) \tag{12-89}$$

设电压、电流比差分别为f_U和f_I，考虑$f_U f_I \approx 0$，则有

$$P' = U_1 I_1 (1 + f_U + f_I)\,[\cos\varphi - \sin(\delta_U - \delta_I)\sin\varphi] \tag{12-90}$$

电路实际具有的功率为：

$$P = U_1 I_1 \cos\varphi \tag{12-91}$$

可见，由于接入互感器而引起的系统误差δ_T为：

$$\delta_T = \frac{P' - P}{P} \approx f_U + f_I - \sin(\delta_U - \delta_I)\tan\varphi \tag{12-92}$$

角差单位取1′，则有

$$\sin(\delta_U - \delta_I) \approx \frac{1}{60}\frac{\pi}{180}(\delta_U - \delta_I) \approx 2.91 \times 10^{-4}(\delta_U - \delta_I)$$

$$\left.\begin{aligned} \delta_T &= f_U + f_I + f_\delta(\text{角差}) \\ f_\delta &= 2.91 \times 10^{-4}(\delta_I - \delta_U)\tan\varphi \end{aligned}\right\} \tag{12-93}$$

当瓦特表读数为a，读数误差为Δa时，则被测电路实际功率为

$$P = k_{pt} k_{ct} C(a - \Delta a)\,[1 - (f_U + f_I + f_\delta)] \tag{12-94}$$

图12-70是泵站现场测试中经常采用的一种接线方式，设两只瓦特表的读数分别为a_1和a_2（分格），若将瓦特表本身的误差和互感器的误差修正后，可按式（12-95）计算出三

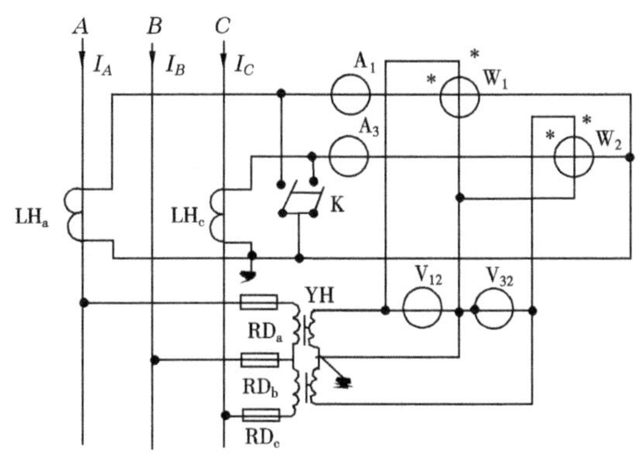

图12-70 带互感器的两瓦特表法测功接线图

相交流电动机的实际有功功率：

$$P = k_{pt} k_{ct} C\{(a_1 - \Delta a_1)[1 - (f_{U1} + f_{I1} + f_{\delta 1})] + (a_2 - \Delta a_2)[1 - (f_{U2} + f_{I2} + f_{\delta 2})]\} \tag{12-95}$$

式中 a_1、a_2、Δa_1、Δa_2——两只瓦特表的读数及其误差；

f_{U1}、f_{I1}、f_{U2}、f_{I2}——第一组和第二组电压和电流互感器的比差；

$f_{\delta 1}$、$f_{\delta 2}$——第一组和第二组互感器的角差引起的误差。其中：

$$f_{\delta 1} = 2.91 \times 10^{-4}(\delta_{I1} - \delta_{U1})\tan(\varphi + 30°) \tag{12-96}$$

$$f_{\delta 2} = 2.91 \times 10^{-4}(\delta_{I2} - \delta_{U2})\tan(\varphi - 30°) \tag{12-97}$$

也可按式（12-98）先计算出由于互感器引起的附加误差：

$$\delta_T = \frac{1}{2}(f_{U1} + f_{I1} + f_{U2} + f_{I2}) + 8.4 \times 10^{-5}(\delta_{I1} + \delta_{U1} + \delta_{I2} + \delta_{U2}) +$$

$$0.289(f_{U1}+f_{I1}-f_{U2}-f_{I2})\tan\varphi+1.45\times10^{-3}(\delta_{I1}-\delta_{U1}+\delta_{I2}-\delta_{U2})\tan\varphi \quad (12\text{-}98)$$

然后再计算三相交流电动机的实际有功功率:

$$P=k_{pt}k_{ct}C[(a_1+a_2-\Delta a_1-\Delta a_2)(1-\delta_T)] \quad (12\text{-}99)$$

【例 12-1】 某泵站采用两瓦特表和互感器测量电动机输入功率。已知瓦特表量程是 150 V,电量表量程为 5 A,满刻度为 150 格,仪表常数 $C=5$ W/格,$k_{pt}=60$,$k_{ct}=20$,第一只瓦特表的误差是 0.3 格,第二只瓦特表的误差是-0.2 格。互感器经校验后误差如下:

第一组:　$f_{U1}=+0.4\%$　　$f_{I1}=+0.04\%$

　　　　　$\delta_{U1}=+8'$　　$\delta_{I1}=+9'$

第二组:　$f_{U2}=+0.4\%$　　$f_{I2}=+0.02\%$

　　　　　$\delta_{U2}=+8'$　　$\delta_{I2}=+9'$

求此电动机的实际输入功率。

解:先用式(12-87)求负载功率因素

$$\cos\varphi=\frac{1}{\sqrt{1+3\times\left(\frac{75-36.9}{75+36.9}\right)^2}}=0.86,\varphi=30°36'$$

(1)方法一:

计算角误差:

$$f_{\delta1}=2.91\times10^{-4}(\delta_{I1}-\delta_{U1})\tan(\varphi+30°)$$
$$=2.91\times10^{-4}\times(9-8)\times\tan(30°36'+30°)=5.16\times10^{-4}$$
$$f_{\delta2}=2.91\times10^{-4}(\delta_{I2}-\delta_{U2})\tan(\varphi-30)$$
$$=2.91\times10^{-4}\times(9-8)\times\tan(30°36'-30°)=3.0\times10^{-6}$$

由式(12-95)计算电机实际输入功率:

$$P=60\times20\times5\times\{(75-0.3)\times\left[1-\frac{(0.4+0.04+0.0516)}{100}\right]+(36.9+0.2)\times[1-(0.4+0.02+0.0003)/100]\}=667\,661(\mathrm{W})=667.66\mathrm{kW}$$

(2)方法二:

用式(12-98)计算由于互感器引起的附加误差:

$$\delta_T=\frac{\frac{1}{2}\times(0.4+0.04+0.4+0.02)}{100}+\frac{0.0084\times(9-8-9+8)}{100}+0.289\times(0.4+0.02-0.4-0.04)/100\times\tan30°36'+\frac{0.0145\times(9-8+9-8)\tan30°36'}{100}=0.44373\%$$

再用式(12-99)计算电机实际输入功率

$$P=60\times20\times5\times[(75+36.9-0.3+0.2)\times(1-0.44373/100)]$$
$$=667\,823(\mathrm{W})=667.82\ \mathrm{kW}$$

(2)两瓦特表和仪用互感器引起的功率测量综合误差估算。

用两瓦特表法测量电动机输入功率，当被测电动机电压过高，电流较大时，采用电压互感器和电流互感器来扩大瓦特表的量程。此时，电动机输入功率测量综合误差 δ_P，可按下式估算：

$$\delta_P = \sqrt{\delta_T^2 + \left(\frac{2\delta_W}{a'_1 + a'_2}\right)^2} \qquad (12\text{-}100)$$

式中　δ_T——由于互感器引入的测量误差；

a'_1、a'_2——两瓦特表的相对读数(读数占满量程之比)；

δ_W——瓦特表的误差。

【例 12-2】 基本参数同例 12-1，瓦特表的精度为 0.5 级，计算电动机输入功率测量误差。

解：$\delta_T = 0.4437\%$，$\delta_W = 0.5\%$

$$a'_1 + a'_2 = \frac{75}{150} + \frac{36.9}{150} = 0.746$$

$$\delta_P = \sqrt{(0.4437\%)^2 + \left(\frac{2 \times 5\%}{0.746}\right)^2} = 1.41\%$$

12.5.2.2　电度表法测定电动机输入功率

在中小型泵站或对测量精度要求较低的泵站，可采用经过标定的电度表测量电动机的输入功率。由于有功电度表精度一般为 2.0~2.5 级，加之测功率时又引入计时误差，因此用电度表测量电动机功率的精度比采用两瓦特表法要低一些。

瓦特表测定的功率是某一时刻电路有效功率的瞬时值，而电度表测定的是在某一时段内电能的累计值，反映的是某一时段内电路有效功率的平均值。

用电度表法测定电动机输入功率可按下式计算：

$$P = \frac{3600N}{Kt}k_{pt}k_{ct} \quad \text{或} \quad P = \frac{W}{T} \qquad (12\text{-}101)$$

式中　K——电度表常数，每千瓦时的转盘转数；

N——在时间 t 秒中内电度表转盘转数；

t——测量时间，s；

W——测量时段 T 内电能累计量，kW·h；

T——测量时段，h。

12.5.3　电动机输出功率测量

12.5.3.1　损耗分析法测定电动机输出功率

泵站动力机一般为三相交流电动机，其中大部分为三相异步电动机。三相交流电动机在将电能转换为机械能的过程中，本身要消耗一部分功率，称为损耗，通常有如下几部分：

(1) 机械损耗 p_m。

(2) 铁损耗 p_{Fe}，主要指定子铁芯损耗。

(3) 铜铝损耗，包括定子绕组铜损耗 p_{Cu1} 和转子铜损耗 p_{Cu2}(异步电动机)，同步电动机的励磁系统损耗。

(4)负载杂散损耗 p_a。

1. 定子铁损耗 p_{Fe}

正常运行情况下的三相异步电动机,由于转差率很小,转子转速接近于同步转速,气隙旋转磁通密度 $\dot{B}_\delta$ 与转子铁芯的相对转速很小,再加上转子铁芯和定子铁芯一样,都是用涂漆的硅钢片(0.35 mm 或 0.5 mm 厚)叠压而成,所以转子铁损耗很小,可以忽略不计,因此电动机的铁损耗只有定子铁损耗 p_{Fe1}。

定子铁损耗主要指基波磁通在定子铁芯中引起的损耗(亦称基本铁损),其大小大致与外施电压的平方成正比。如果忽略定子阻抗压降随负载电流的变化所引起的微量变化,可近似地把定子铁损看作与负载大小无关,故列为恒定损耗,其数值可由电机空载试验得到。

2. 机械损耗 p_m

机械损耗包括电机轴承、转子和空气的摩擦损耗,以及通风风扇损耗。机械损耗与转速有关。异步电动机从空载到满载的转速变化很小,故机械损耗也列入恒定损耗,由电动机空载试验获得。

3. 定子绕组铜损耗 p_{Cu1}

定子绕组铜损耗与负载状况密切相关,可按下式计算:

$$p_{Cu1} = 3I^2R_1 \tag{12-102}$$

式中 I——定子绕组相电流,A;

R_1——基准温度下的定子绕组相电阻,其换算公式如下:

$$R_1 = \frac{k + t_e}{k + t}R_e \tag{12-103}$$

式中 k——常数,对于铜绕组,取 235,对于铝绕组,取 238;

t_e——基准工作温度,对于 A、E、B 级绝缘为 75 ℃,对于 F、H 级绝缘为 115 ℃;

t——实测冷状态时的温度,℃;

R_e——实测冷状态时的绕组相电阻(三相平均值),Ω;

Y 接线:　$R_e = \frac{1}{2}R$

△接线:　$R_e = \frac{3}{2}R$

R——在电动机出线端上测得的三个直流电阻数值的平均值。

定子绕组直流电阻的测量可采用双臂电桥法(开尔文电桥法)或电压降法(电压电流表法)。定子绕组温度的测量,可采用温度计法或电阻法。

4. 转子绕组铜损耗 p_{Cu2}

转子绕组铜损耗可按下式计算:

$$p_{Cu2} = s_e P_M \tag{12-104}$$

式中 P_M——电磁功率,kW,$P_M = P_1 - p_{Cu1} - p_{Fe}$

P_1——电动机定子端输入有功功率,kW;

s_e——换算到基准温度时的转差率数值；

$$s_e = \frac{k + t_e}{k + t'} s \tag{12-105}$$

$$t' = \theta + t \tag{12-106}$$

s——输入功率为 P_1 时测得的转差率；

t'——试验时转子绕组温度，可用定子温升试验时的定子绕组温度代替；

θ——定子绕组温升，由电机温升试验求得；

t——试验时周围环境温度。

5. 附加(杂散)损耗 p_a

电动机的杂散损耗包括空载杂散损耗和负载杂散损耗，前者包括在空载试验确定的铁损耗之内，异步电动机的负载杂散损耗包括以下四项：

(1)在定子绕组中由于槽漏磁通所产生的涡流损耗。

(2)由于绕组端部漏磁通在邻近的金属结构件中所产生的磁滞和涡流损耗。

(3)由于气隙的高次谐波磁通所产生的损耗，包括定转子表面损耗、定转子齿部的脉振损耗，以及在笼型转子中的高次谐波电流损耗。

(4)对于斜槽电动机，由于斜槽漏磁通所产生的磁滞和涡流损耗。

第(1)、(2)和(4)项为基频杂散损耗，第(3)项为高频杂散损耗。高频杂散损耗占总杂散损耗的70%~90%。

三相笼型异步电动机负载杂散损耗的测试方法分为实测法和推荐值法。实测法包括剩余损耗法、抽转子试验、反转试验法和 Eh-star 法，通过直接测量和间接测量来确定负载杂散损耗；推荐值法根据电动机输出功率的大小分段，每一段的杂散损耗值与额定输入或输出功率的比值恒定。

由于电动机负载杂散损耗比较复杂，目前还没有一个统一的测量计算方法，从电动机使用者的角度，只需大体上了解或估计其大小和影响因素即可，以下为 IEC-60034-2-1 中的公式：

$$\left.\begin{aligned} &p_{aN} = P_1 \times 0.025 \quad (P_2 \leqslant 1\ \text{kW}) \\ &p_{aN} = P_1 \times \left[0.025 - 0.005\lg\left(\frac{P_2}{1\ \text{kW}}\right)\right] \\ &\qquad (1\ \text{kW} < P_2 < 10\ \text{MW}) \\ &p_{aN} = P_1 \times 0.005 \quad (P_2 \geqslant 10\ \text{MW}) \end{aligned}\right\} \tag{12-107}$$

非额定负载点的杂散损耗可认为与定子电流平方减去空载电流平方所得差值成比例变化，即

$$p_a = \left(\frac{I_1^2 - I_0^2}{I_N^2 - I_0^2}\right) \times p_{aN} \tag{12-108}$$

式中　P_1、P_2——电动机输入额定功率和输出额定功率；

I_N、I_1、I_0——电动机定子端额定电流、工作电流和空载电流，A；

p_{aN}、p_a——电动机额定、非额定负载点杂散损耗值。

确定了上述各项损耗功率之后,即可由式(12-109)计算电动机的输出功率和效率,见图 12-71。

$$\left.\begin{aligned} &P_2 = P_1 - \sum p \\ &\sum p = p_{Fe} + p_m + p_{Cu1} + p_{Cu2} + p_a \\ &\eta = \frac{P_2}{P_1} = \left(1 - \frac{\sum p}{P_1}\right) \times 100\% \end{aligned}\right\} \tag{12-109}$$

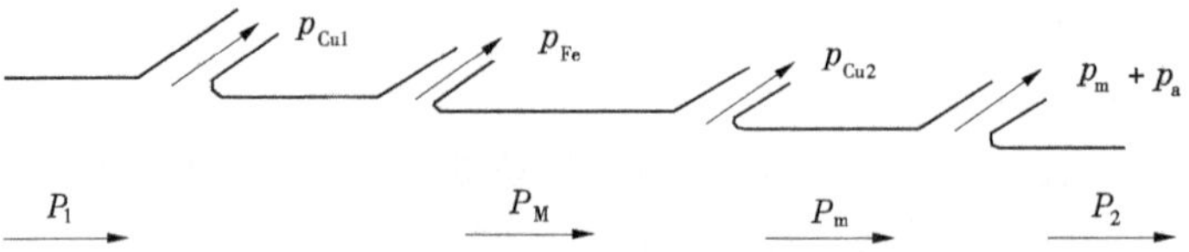

图 12-71　三相异步电动机的有功功率流程

12.5.3.2　**利用电动机的工作特性曲线查得输出功率**

三相异步电动机的工作特性见图 12-72。

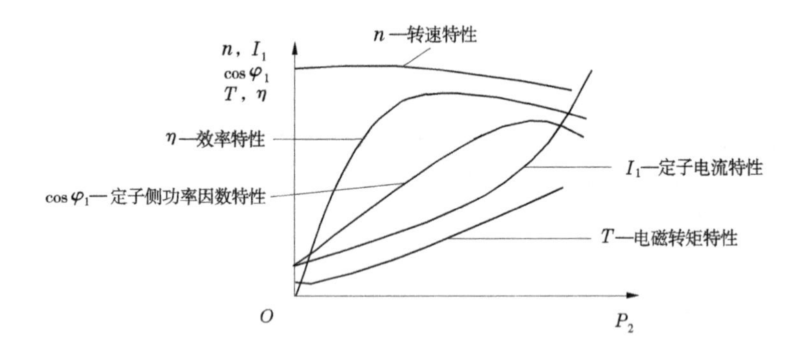

图 12-72　三相异步电动机的工作特性

1. 转速特性 $n = f_1(P_2)$

三相异步电动机空载时,转子转速 n 接近于同步转速 n_1。随着负载的增加,转速 n 略微降低,这时转子电动势 E_2 增大,转子电流 I_2 增大,以产生渐大的转矩来平衡负载转矩。因此,随着 P_2 的增加,转子转速 n 下降,转差率 s 增大。

2. 定子电流特性 $I_1 = f_2(P_2)$

当电动机空载时,转子电流 I_2 差不多为零,定子电流基本上等于励磁电流 I_0,随着负载的增加,转速下降,转子电流增大,定子电流也增大。

3. 定子侧功率因数特性 $\cos\varphi_1 = f_3(P_2)$

三相异步电动机运行时,必须从电网中吸取滞后的无功功率,它的功率因数永远小于 1。空载时,定子功率因数很低,不超过 0.2。当负载增大时,定子电流中的有功分量增加,使功率因数提高了。额定负载时,$\cos\varphi_1$ 接近最大值。当负载进一步增大,由于转差

率 s 的增大，使 $\varphi_2 = \arctan\dfrac{sX_2}{R_2}$ 变大，转子回路无功功率增大，$\cos\varphi_1$ 又开始减小。

4. 电磁转矩特性 $T = f_4(P_2)$

稳态运行时，三相异步电动机的转矩公式为

$$T = T_2 + T_0 \tag{12-110}$$

输出功率 $P_2 = T_2\Omega$，所以

$$T = \frac{P_2}{\Omega} + T_0 \tag{12-111}$$

当电动机空载时，电磁转矩等于空载转矩，即 $T = T_0$。随着负载的增大，P_2 增大，由于机械角速度变化不大，电磁转矩 T 随 P_2 的变化近似地为一条直线。

5. 效率特性 $\eta = f_5(P_2)$

效率计算式为

$$\eta = \frac{P_2}{P_1} = 1 - \frac{\sum p}{P_2 + \sum p} \tag{12-112}$$

式中：$\sum p = p_{\mathrm{Cu1}} + p_{\mathrm{Cu2}} + p_{\mathrm{Fe}} + p_{\mathrm{m}} + p_{\mathrm{a}}$（定子铜损耗、转子铜损耗、铁损耗、机械损耗和杂散损耗）。空载时，$P_2 = 0$，$\eta = 0$。随着输出功率 P_2 的增加，效率 η 也在变大。在电动机正常运行范围内，因气隙每极磁通和转速变化较小，所示铁损耗 p_{Fe} 和机械损耗 p_{m} 变化很小，称为不变损耗。定子、转子铜损耗与电流平方成正比，即 $p_{\mathrm{Cu1}} \propto I_1^2$，$p_{\mathrm{Cu2}} \propto I_2^2 \propto I_1^2$，杂散损耗近似与定子电流平方减去空载电流平方的差值成比例，即 $p_{\mathrm{a}} \propto (I_1^2 - I_0^2)$，因为 I_0 相对于 I_1 较小，所以 p_{a} 也近似与 I_1^2 成正比。定子、转子铜损耗和附加损耗称为可变损耗。

当不变损耗等于可变损耗时，电动机的效率达最大。如果负载继续加大，效率反而要降低。一般来说，对极数相同的电动机，容量越大，效率越高。

异步电动机最高效率点的负载率 β_{m} 和最高效率 η_{m} 可由下式计算：

$$\beta_{\mathrm{m}} = \sqrt{\frac{P_0}{\left(\dfrac{1}{\eta_N} - 1\right)P_N - P_0}} \tag{12-113}$$

$$\eta_{\mathrm{m}} = 1\Big/\left[1 + \frac{2P_0}{(\beta_{\mathrm{m}}P_N)}\right] \tag{12-114}$$

三相异步电动机在额定功率附近的效率和功率因数都较高。负载功率与电动机额定功率相匹配时，经济效果较好，如果电动机容量比负载大得多，不仅增加了购买电动机本身的费用，而且运行时的效率及功率因数都较低，运行成本加大。反之，如果负载超过电动机容量，则电动机运行时，其温升要超过允许值，影响电动机寿命甚至损坏电机。

特性曲线可通过直接负载法测得，也可利用电动机形式试验资料，用参数计算法获得。

在得到特性曲线后，即可根据电动机的输入功率查得输出功率。

12.5.3.3　用电阻应变片测量扭矩

1. 测量原理

一根受扭的轴,其横截面上的最大剪应力 τ_{max} 与轴上的扭矩 M 有如下的关系:

$$\tau_{max}=\frac{M}{W} \qquad (12\text{-}115)$$

τ_{max} 不能直接用应变片测量,但在轴受纯扭的情况下,轴表面的主应力方向与轴线成45°角,且主应力在数值上等于最大剪应力,即:

$$\sigma_1=-\sigma_2=\tau_{max} \qquad (12\text{-}116)$$

式中　W——轴的抗扭截面系数,对于圆轴,$W=\pi D^3/16$;

D——圆轴外径,m;

σ_1、σ_2——轴表面上互相垂直的两个方向上的主应力,如图 12-73 所示。

主应力与轴线成 45°或 135°角。通过这两个方向上测得的应变可求得剪应变 γ。

$$\gamma=\varepsilon_1-\varepsilon_2=\varepsilon_1-(-\varepsilon_1)=2\varepsilon_1$$

$$M=G\gamma=\frac{E}{1+\mu}\varepsilon_1 \qquad (12\text{-}117)$$

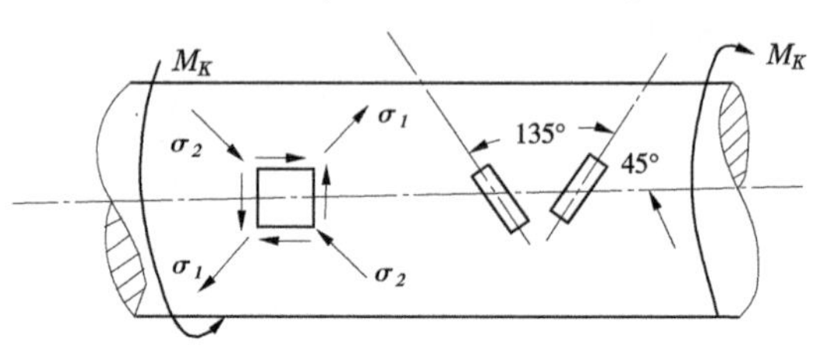

图 12-73　主应力方向示意图

式中　E——轴材料的弹性模量;

G——轴材料的抗剪模量,$G=\dfrac{E}{2(1+\mu)}$;

μ——轴材料的泊松比;

ε_1、ε_2——沿轴线 45°和 135°贴片测得的应变值。

2. 应变片的贴片方向和扭矩信号的传输方式

如上所述,应变片应沿与轴 45°和 135°方向贴,并构成板桥四片和全桥四片。其桥臂系数(测量应变值与实际应变值之比)分别为 2 和 4。

应当指出的是,扭轴除受扭矩 M 作用外,还可能受到弯矩 M_w、轴向力 F_z 的作用,以及轴两端存在的温差 ΔT 的影响等。所以,测量时二次仪表读数与轴上的扭矩的关系不是用公式计算出的,而是根据标定曲线换算求得的扭矩值。

把应变片按预定方向贴在被测轴上,并引出导线,由于应变片和导线必须随轴一起旋转,而测试仪器却是固定不动的,因此需要一种特殊的装置将应变扭矩信号传输到测量仪器上。常见的扭矩信号传输方式有如下几类:

- 扭矩信号传输方式
  - 有线传输
    - 接触式
      - 电刷—滑环集流装置
      - 水银集流装置
    - 非接触式—感应式集流装置
  - 无线传输—遥测装置

图 12-74 为泵站测试中常用的一种比较简单的接触式扭矩信号传输装置的结构示意图,可在水泵转轴上临时安装。适用于转轴圆周线速度不太高(不超过 4 m/s)、轴向空间位置较大的轴流泵和混流泵机组。

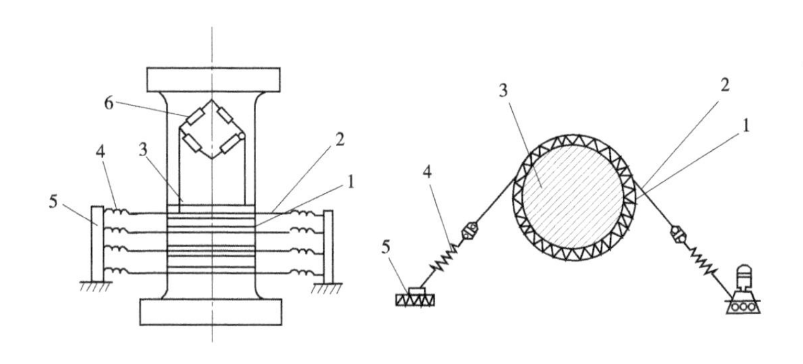

1—绝缘层;2—拉线;3—被测轴;4—弹簧;5—绝缘架;6—应变片

图 12-74　拉线式集流环装置

图 12-75 为能有效消除接触电阻影响的全桥测试电路。四个桥臂全部在旋转件上,集流环接在拱桥电源端和输出端上。接在拱桥电源 AC 的两个环的接触电阻只影响加到电桥上的供电电压。但环的接触电阻相对于电桥的电阻是很小的,故对拱桥电压的影响很小。输出端 BD 的两个环,相当于把环的接触电阻串接在输出端的负载上,接触电阻相对于电桥输出端负载电阻也是很小的,因此对电桥输出的影响也是非常小的。

12.5.3.4　振弦式扭矩仪测功法

振弦式扭矩仪是属于相对转角式一类的扭矩测功装置,它可以测量转动轴的扭矩、转速和功率。由于振弦传感器可通过发送套筒直接安装在被测轴上,因此适用于转轴空间长度大于 200 mm 的水泵机组的现场轴功率测试。

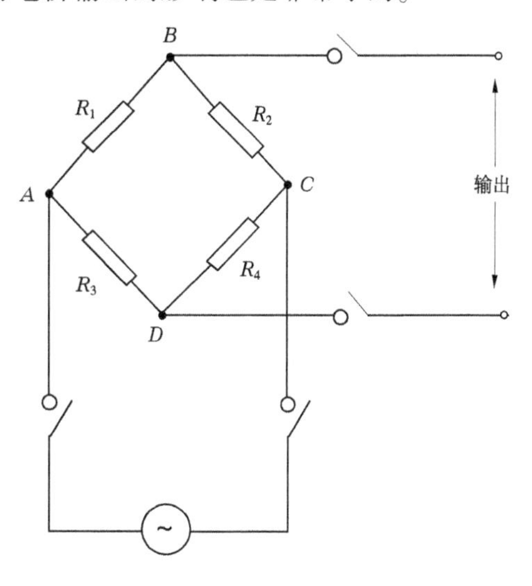

图 12-75　拱桥电源

1. 振弦式传感器

1) 工作原理

振弦式传感器的工作原理可用图 12-76 来说明。图中 1 为拉紧的金属弦,一般为钢弦,称为振弦,它置于永久磁钢 4 产生的磁场内。振弦的一端固定在支承 2 中,另一端与传感器运动部分 3 相连,并由运动部分拉紧,其张力 T 由待测参数决定。振弦的固有振动频率 f_0 由下式确定:

$$f_0 = \frac{1}{2L}\sqrt{\frac{T}{\rho}} \tag{12-118}$$

式中　L——振弦的有效长度,mm;

ρ——振弦单位长度的质量,kg/mm;

T——作用于振弦的张力,N。

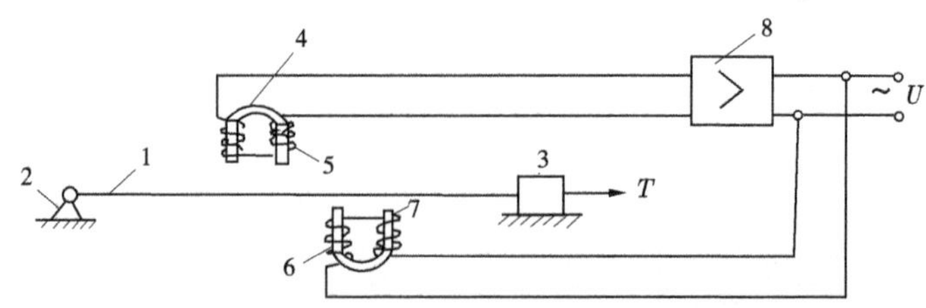

1—振弦;2—固定支承端;3—活动端;4、7—永久磁钢;5—感应线圈;6—激磁线圈;8—放大器

图 12-76　振弦式传感器工作原理示意图

当张力增加 ΔT 时,振弦的频率为:

$$f_1 = \frac{1}{2L}\sqrt{\frac{T + \Delta T}{\rho}} = f_0\left(1 + \frac{\Delta T}{T}\right)^{1/2}$$

$$\Delta f = f_1 - f_0 = f_0\left(\frac{\Delta T}{T}\right)^{1/2} \approx \frac{1}{2}\frac{\Delta T}{T}f_0 \tag{12-119}$$

式(12-119)说明,当初始张力一定时,振弦频率的变化量与张力的增量 ΔT 成正比,其非线性误差为:

$$\delta = \frac{1}{4}\frac{\Delta T}{T} \times 100\% \tag{12-120}$$

为了减小非线性误差,传感器通过做成二根振弦的差动形式,即一根为拉弦,另一根为压弦,其张力分别增减 ΔT,当初始频率相等时,两根振弦的频率 f_1、f_2 分别为

拉弦:$f_1 = f_0\left[1 + \frac{1}{2}\frac{\Delta T}{T} - \frac{1}{8}\left(\frac{\Delta T}{T}\right)^2 + \frac{1}{16}\left(\frac{\Delta T}{T}\right)^3 - \cdots\right]$

压弦:$f_2 = f_0\left[1 - \frac{1}{2}\frac{\Delta T}{T} - \frac{1}{8}\left(\frac{\Delta T}{T}\right)^2 - \frac{1}{16}\left(\frac{\Delta T}{T}\right)^3 - \cdots\right]$

$$\Delta f = f_1 - f_2 \approx \frac{\Delta T}{T}f_0 \tag{12-121}$$

此时非线性误差为:

$$\delta = \frac{1}{8}\left(\frac{\Delta T}{T}\right)^2 \times 100\% \tag{12-122}$$

振弦式传感器就是利用振弦的这种性质将力转换成振弦的固定频率的变化而测量的。由于振弦(钢弦)置于磁场中,因此它在振动时会在线圈 5 中感应出电动势 E,E 的频率就是振弦的振动频率,也就间接知道了待测张力 T 的大小。

为了测量振弦的固有振动频率,必须设法激发振弦振动。在振弦式扭矩仪中,通常采用连续激发的方式。如图 12-76 所示,当激磁线圈 6 通过脉冲电流后,磁钢 7 产生磁场,作用于钢弦使之振动。于是钢弦与磁钢之间的间隙和磁阻发生变化,引起感应线圈 5 中的磁通量变化,产生感应电动势。将它送入放大器 8 中放大后,送入测量仪表显示。为了维持等幅振动,从放大器的输出端引入一部分正反馈信号供给激磁线圈 6,以保持磁钢的固有振荡。

2) 振弦式传感器结构

图 12-77 是振弦式扭矩传感器的测试原理图。扭矩发送装置的套筒体 1、2 分别卡在被测轴的两个相邻截面上，两根钢弦（传感器）分别安装在套筒 1A、2A 和 1B、2B 的凸台上。当被测轴按图示方向旋转承受扭矩时，就产生扭矩变形，两相邻断面就扭转一个角度，两只套筒体之间也随之转过同一角度。这时，安装在 1A、2A 和 1B、2B 上的传感器钢弦就分别受到拉、压应力的作用。在被测轴的弹性变化范围内，轴的扭转角与外加扭矩成正比，因而传感器的振弦伸缩变形也与外加的扭矩成正比，而振弦的振动频率的平方与其两端所受张力成正比。所以，通过测量弦的振动频率的方法来测量轴所受的扭矩。

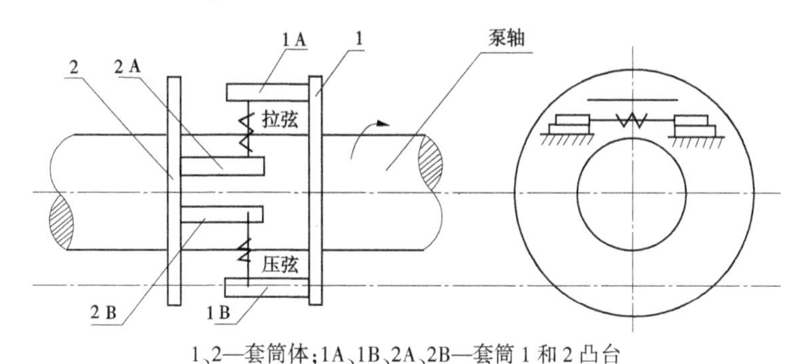

1、2—套筒体；1A、1B、2A、2B—套筒 1 和 2 凸台

图 12-77　钢弦扭矩测量装置

振弦式传感器的结构如图 12-78 所示。钢弦 1 上绕有软铁丝 2，是为了增加振弦的振幅，用以调整传感器系数。绕弦直径越大，长度越长，系数越大。钢弦用夹紧装置 6 夹紧，并用凸轮 5 调节其初张紧程度。激振用的电磁铁和接收用的永久磁铁 7，用绝缘的环氧树脂 8 隔开。极靴 3 上绕有线圈 4，共有两组，一组作为产生感应电动势用，叫作接收线圈；另一组利用放大器的反馈电流激发振弦振动，叫作激磁线圈，采用连续激发振弦和保持等幅振动的方式。导线通过接线柱 9 引出，上述零件均安装在传感器壳体内，整个传感器通过安装块 12 安装在轴的发送套筒上。

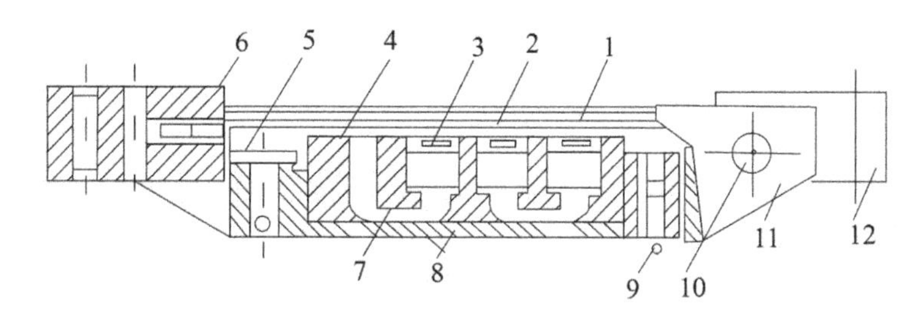

1—振弦；2—软铁丝；3—极靴；4—线圈；5—凸轮；6—弦的夹紧装置；7—永久磁铁；
8—环氧树脂；9—接线柱；10—定位装置；11—壳体；12—安装块

图 12-78　振弦式扭矩传感器

由图 12-78 可见，通过永久磁铁—极靴—软铁丝—振弦—极靴—永久磁铁，形成一个磁回路。在测量时，当传感器与测量电路接通时，就有一个初始脉冲电流通过激磁线圈。使磁铁的磁通大大加强，把绕在振弦上的软铁丝一吸一放，从而使振弦振动；当振弦振动时，在接收线圈中产生感应电动势，由引线柱输出到测量电路中进行测量。感应电动势放大后反馈一部分到激磁线圈,并使之同相,这样振弦就可以保持等幅的持续振动。当被测轴产生扭转时,振弦被拉紧或放松,使振动频率发生变化,从而可由测得的频率值求得扭矩的大小。

凸轮是用来调节钢弦拉紧程度的,使其达到要求的初始张力,之后需反向旋回,脱离夹紧装置。为了防潮和固定位置,两组磁铁和线圈用环氧树脂固封于壳体 11 内,在传感器有振弦的一边,用锡青铜皮做的盖板封住。

3)测量电路

振弦传感器的输出信号是振弦振动所产生的感应电动势的频率值,因此它的测量电路是一种频率测量电路。测量振弦传感器振动频率的方法基本上有两类:一类是直接法,即传感器输出的感应电动势的频率信号经过放大、整形后送到计数器直接显示;另一类是比较法,即把传感器输出的感应电动势的频率与某一基准传感器发出的频率相比较,调节基准传感器的频率使之与测量传感器的频率相等,此时,基准传感器所指示的频率即为所测到的频率值。

2. 比较式振弦扭矩测功仪

1)工作原理

如图 12-79 所示为比较式振弦扭矩测功仪系统原理示意图,测量传感器 7 输出的扭矩频率信号,经振荡放大器 11 放大后输入给示波管 2 的 y 轴。安装在接收仪中的基准弦 5 输出的比较频率信号,经振荡放大器 3 放大后输入到示波管 2 的 x 轴。基准弦的松紧根据刻度盘 4 调节,调节盘上有频率刻度是用音叉作为标准频率标定的。

测量时,示波管根据 x 轴和 y 轴输入信号频率的不同而呈现不同的波形,如图 12-80 所示。

被测轴上除安装振弦式传感器外,还装有光电测速转换器,同时测量轴的转速。光电管产生的脉冲信号通过放大器和数字测量电路送到数字显示器上,直接显示转速值,供计算轴功率之用。

图 12-79 所示基准弦的松紧是由测试者手动调节的,使基准弦的频率与测量传感器输入的频率相等,使得示波管上显示稳定的椭圆图形。如果测量电路采用随动式补偿电路,如图 12-81 所示,使基准弦的变化量受电子伺服系统控制。当测量传感器的振弦变化时,其输出电压的频率发生变化,使伺服系统动作,带动基准弦跟踪变化,直到两者的振动频率相等时,伺服系统平衡,示波管上呈现椭圆形。基准弦的变化量从刻度盘上读得。

2)系统结构

比较式振弦扭矩测功仪,其整机一般由发送装置的套筒、传感器、传递信号的刷架、专用连接电缆以及接收并显示信号的接收仪、电源线等六部分构成。图 12-82 所示为某型号钢弦测功仪外形示意图。

3)安装与测试要点

(1)在被测轴上选一段表面光滑、长度不小于 200 mm 的轴,表面擦干净,以便安装套筒。精确测定该段轴的直径,根据实测轴径选用套筒规格,并制造卡环。

(2)在被测轴未受力之前,应首先调整传感器的“零值”。为了确定计算零值,通常拉弦顺车和压弦倒车,各盘车 4 次,每次转动 90°,拉弦调在 100~150 格的范围内,压弦调在

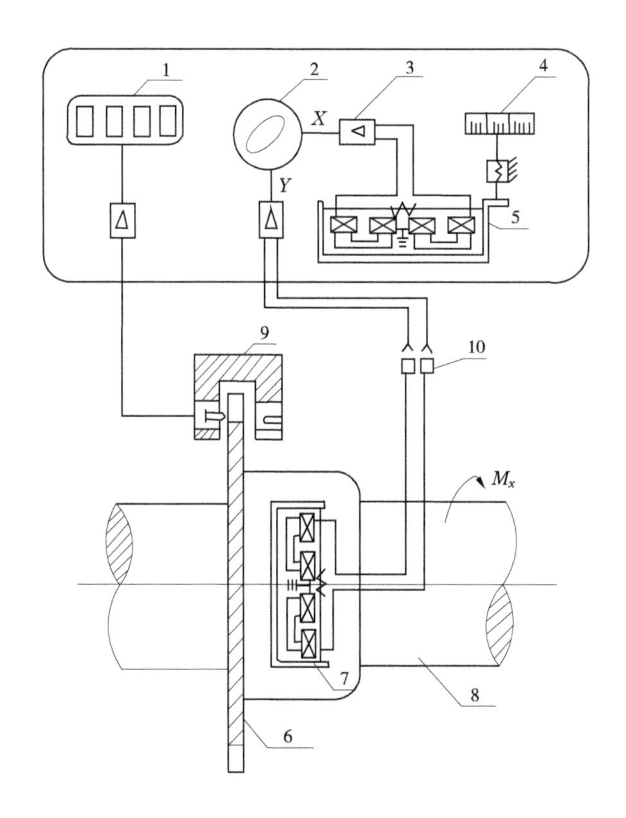

1—数字管;2—示波管; 3、11—振荡放大器; 4—刻度盘;5—基准弦;
6—测速盘;7—测量传感器;8—被测轴;9—光电测速架;10—碳刷

图 12-79　比较式振弦扭矩测功仪系统原理示意图

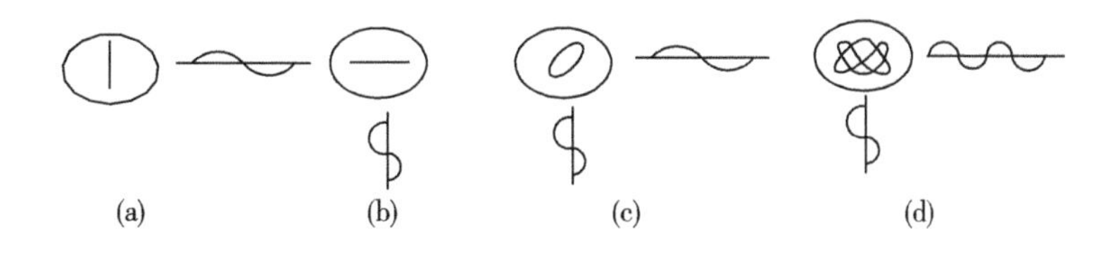

图 12-80　示波管输入信号示意图

350~400 格的范围内。

(3)零值校正后,电动机应在额定转速下运转 1 h,静止 3~5 h 后,校核零值是否发生变化,如拉弦与压弦的上升率(或下降率)相等或相近,则表示正常,并将此校正零值作为测试计算的零值。

(4)正确安装刷架和套筒,碳刷与套筒铜环以及接地铜环与接地碳刷,均应有良好的接触,使接收仪示波图形清晰。

(5)测定应在工况稳定的情况下进行,每点必须测量 3~5 次,取其平均值作为该工况的测量值。

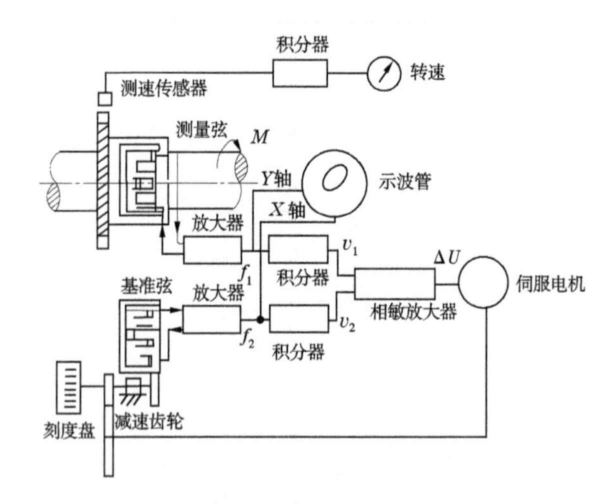

图 12-81　比较式(随动补偿)钢弦测功系统方框图

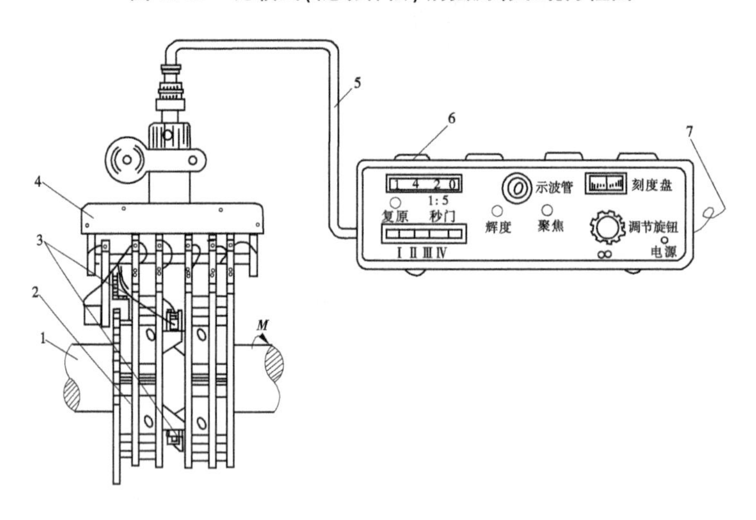

1—被测轴;2—套筒;3—传感器;4—刷架;5—专用连接电缆;6—接收仪;7—电源线

图 12-82　某型号钢弦测功仪外形示意图

4)轴扭矩及轴功率计算

轴扭矩:

$$M=\frac{GJ}{RL}\frac{C_1\Delta S_1+C_2\Delta S_2}{2}\quad(\mathrm{N\cdot m})\tag{12-123}$$

式中　G——被测轴的剪切弹性模量,对于一般钢材,$G=(7.94\sim8.14)\times10^{10}$ Pa,在做精确测试时,可预先精确静校测定;

J——被测轴的转动惯量,m^4, $J=\frac{\pi}{32}(D_2^2-D_1^2)$,其中, D_1、D_2 分别为被测轴的内、外径,对于实心轴, $D_1=0$, $D_2=D$;

R——传感器钢弦中心至轴中心距离,m;

L——套筒内两只卡环的距离,m;

C_1、C_2——拉、压弦传感系数，m/格；

ΔS_1、ΔS_2——拉、压弦传感器钢弦受力变形后，相应于仪器刻度盘上的读数与“零值”（泵轴未受力时的读数）的差数，也称格差。

轴功率：

$$P = \frac{\pi}{30} M \cdot n \quad (\mathrm{W}) \tag{12-124}$$

式中 n——被测轴转速，r/min。

5）传感器系数（C）

传感器系数是测试时接收仪刻度盘变化 1 格，与之对应的传感器振弦的伸长变形量，即

$$C = \frac{\Delta l}{\Delta s} \quad (\mathrm{m/格}) \tag{12-125}$$

式中 Δl——传感器振弦的伸长变形量，m；

Δs——与之对应的接收仪刻度变化量，格。

传感器系数的选用与被测轴扭矩大小（传感器钢弦变形量 Δl）以及接收仪刻度变化的 Δs（计算量程）有关。可按式（12-126）估算传感器系数 C 值：

$$C \approx \frac{MRL}{GJ\Delta s} \tag{12-126}$$

接收仪 Δs 一般采用刻度盘全刻度的 1/3～1/2 较为合适。此外，拉弦及压弦两只传感器系数要尽量相等或相近，使两者离心力及温度变形基本上相等，这样既可以提高测试精度，也便于分析计算。

3. 直读式振弦扭矩测功仪

直读式振弦扭矩测功仪通常采用数字显示（或记录）的方法直接显示被测轴的转速、转矩和功率。现以西德马克公司 MDS800 扭矩测功接收仪为例予以介绍。该扭矩仪既可以无线遥测方式传递测量信息，即无接触数据测量系统；也可以采用有接触滑环传递测量信息，即滑环型数据传送测量系统。其两种方式还可以互相转换，例如当被测轴转速过高时，仪器按无接触方式工作，因而扩大了仪器的使用范围。

1）无接触数据传送测量系统

图 12-83 为无接触数据传送测量系统的钢弦式扭矩测功仪原理方框图。安装在传送环上的两只振荡器分别使扭力套筒上的两只传感器起振，传感器的振荡频率取决于被测轴的扭矩。

两个发射机各自对传感器产生一个载频，此载频由传感器频率调制，并且从旋转着的发射天线输送到固定着的接收天线。

振荡器和发射机间没有物理接触，旋转轴上的测量频率信号通过接收天线接收后，两个通道经高频分离器分离，并被调解器解调。放大了的低频测量信号和利用光栅从转轴上测得的转速脉冲一起通过电缆输送至接收仪。在接收仪中，测量信号被进一步处理，并用数字形式显示被测轴的转速、扭矩和功率。此外，在接收仪中，被测轴的转速、扭矩和功率的二进制数码信号，经过数—模转换器转换成转速、扭矩和功率的模拟量信号，供模拟指示仪显示用，或作为被测动力机械的反馈控制或调节信号。

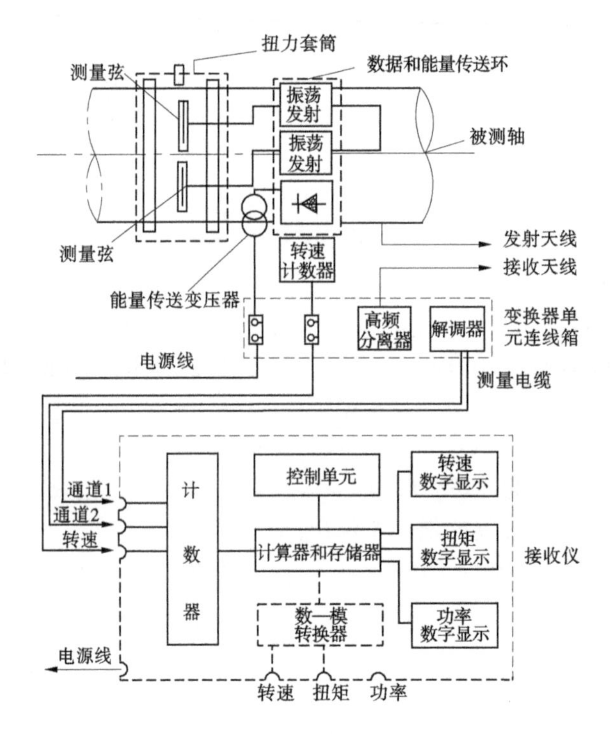

图 12-83　钢弦式扭矩测功仪原理方框图(无接触数据传送方式)

2)滑环型数据传送测量系统

如图 12-84 所示为具有滑环型数据传送测量系统的钢弦式扭矩测功仪原理方框图。它与无接触型的不同点在于：

(1)装于扭力套筒之中的两只测量传感器是靠装置在接收仪里的振荡器来激振的。

(2)与扭矩成平方关系的传感器频率信号和用光栅产生的轴转速信号均通过滑环传递到接收仪中。

仪器的扭矩显示和功率显示与系统综合常数 $K=\dfrac{GJ}{RL}$ 有关,即与扭力套筒的尺寸、传感器的校正系数、被测轴的尺寸及材质等有关。如果测量系统具有固定的轴径规格,并且所用扭力套筒尺寸及传感器形式一定,则常数 K 在事先已调整好,不必进行计算。如果要对各种不同轴径规格进行测量,并且使用不同系数的传感器,则常数 K 做相应改变,并经计算后对接收仪进行相应的调整,以满足实际被测对象的要求。此种扭矩测功仪具有较高的零点稳定性,其测量误差不大于 1%,是一种较好的现场测功设备。

12.6　转速测量

12.6.1　手持转速表

12.6.1.1　机械转速表(离心式转速表)

首先根据被测泵最大转速,将转速表转到所需测量范围的挡位上,以防止损坏仪表。

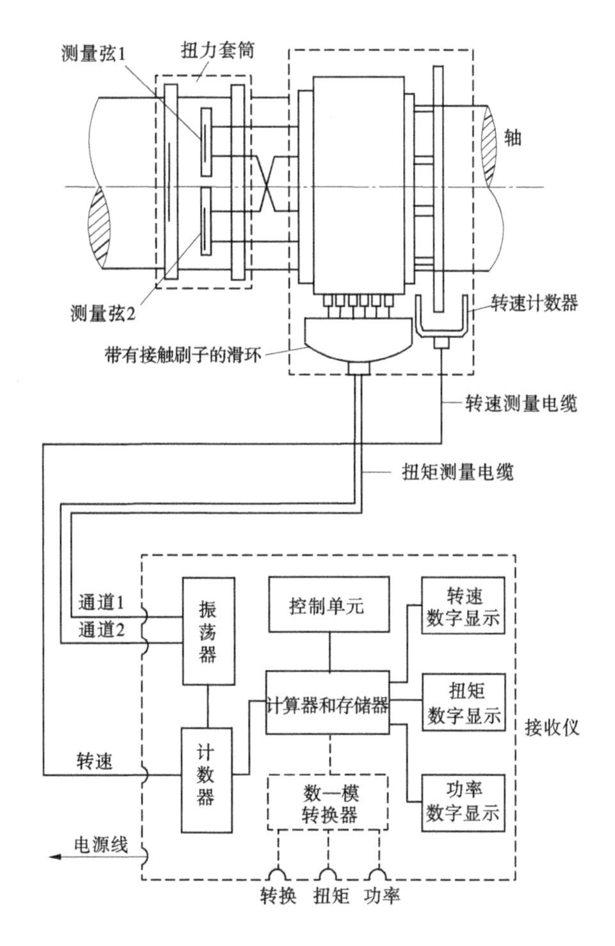

图 12-84　钢弦式扭矩测功仪(滑环型数据传送方式)

测量时不要把表顶得太紧,并保持仪表和轴端面垂直,以免影响测量的精确度。长久不用的仪表,使用前应进行校验。

用机械表测量转速,其误差约为 1%,一般只在精确度要求不高的试验或监视测量时使用。

12.6.1.2　数字式手持转速表

数字式手持转速表又分为接触型和非接触型两种,如图 12-85 所示。它们采用发光二极管显示转数,使用时只要手指轻轻接触开关,便会每秒钟自动显示一次转速,松开手指,测量停止。停止测量时的转速,仪器具有记忆和再现的功能,记忆时间约为 10 min。测量的精确度为 1 r/ min。使用简单方便,对于高精度的测量和监视测量,是一种较理想的仪表。

接触型数字式手持转速表的使用与机械转速表类似,将转速头与转动体端面垂直接触。非接触型数字式手持转速表是将反射标记贴在转轴上,仪表不接触旋转部件便可测量。非接触型数字式转速表能够检测转速信号的距离为 50~500 mm。

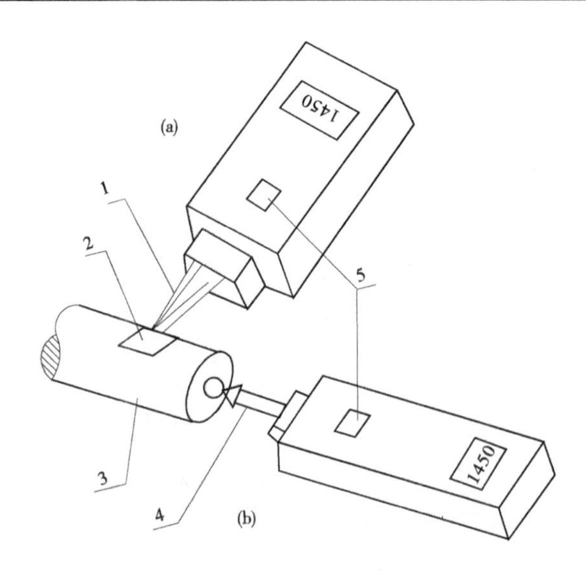

1—光束;2—反射标记;3—转轴;4—测头;5—开关

图 12-85　数字式手持转速表测量示意图

12.6.2　闪光测速法(日光灯测速法)

该方法所需设备为日光灯、秒表和频率计。

当驱动水泵的动力机为异步电动机时,可以用日光灯测速法测量水泵转速。异步电动机的转速低于同步速,其差值叫转差。同步转速与电源频率有关。只要测得转差,就可以算出异步电动机的转速。

利用与电动机同电源的日光灯照射电动机的轴端,轴头上预先划好黑白各半的扇形图,如图 12-86 所示。电网的频率一般为 50 Hz,相电压按正弦曲线变化,电压达到一定值后日光灯才发亮,在一个周波内闪光两次,每秒 100 次,每分钟 6 000 次,因此日光灯的闪光次数正好是同步速的整数倍。

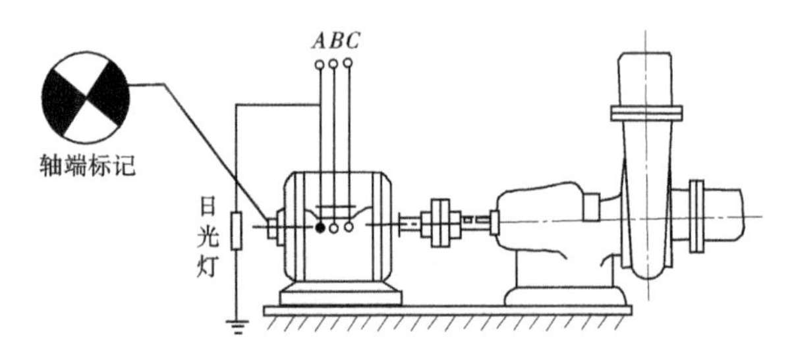

图 12-86　日光灯测速法示意图

由于异步电动机的转速低于同步速,所以用日光灯照射扇形图时,看到扇形图与电动机实际转动方向相反而缓慢地转动(如果电动机为同步转速,扇形图则静止不动)。用秒表记下每分钟内扇形图反转的数目(转差),则异步电动机的转速 n 可用下式计算:

$$n = n_0 - \Delta n \quad (\text{r/min}) \tag{12-127}$$

式中　Δn ——扇形图像反转的转速,r/min;

n_0——异步电动机的同步转速,r/min, $n_0 = 60f/p$,其中,f 为电源频率,用高精确度的频率表测量, p 为异步电动机的磁极对数。

测不同磁极对数异步电动机的转速时,轴端所划扇形的个数也不相同。黑(或白)扇形数应与磁极个数相同。例如,两极异步电动机的黑(或白)扇形数为 2,四极异步电动机则为 4。当测多级异步电动机转速时,由于扇形图个数太多,图形不易看准,可用半整流后再接日光灯,这样扇形图的个数可减半,但无论扇形图多少,测量时只跟踪其中的一个扇形图。

日光灯法测量转速的精确度可望达到±0. 5%左右,主要取决于电网频率测量的精确度。

12.6.3　感应线圈测速法

感应线圈测速法是测量三相交流异步电动机转速的较为简便的方法。

测量时在电动机底座或机壳磁力线较强的部位,放置一只匝数较多的带铁芯的感应线圈作为探头。由于异步电动机运转时,其转子相对于同步转速的转差产生的交变磁通将在线圈中感应出相应的电动势,此电动势的交变频率与转差成正比,因此只要测定感应电动势的频率,就可以算出转速。

$$n = \frac{60}{p}(f - f') \quad (\mathrm{r/min}) \tag{12-128}$$

式中　f——电网频率,一般取 50 Hz,欲精确测定电动机转速,应取实际测定的 f 值;

f'——感应电动势的频率,Hz;

p——电机磁极对数。

由于感应线圈测速仪不必与被测轴接触,也不需对电动机做任何改动,故其具有测量简单的特点,较适合于现场测试。

12.6.4　数字测速仪

数字测速仪是利用磁电或光电转换器将转数变成电脉冲信号,由数字计数器(频率计)显示出转速值,测量精度可达 1 r/min,可以测量瞬时转速,便于自动记录、传送和数据处理,因此得到广泛应用。

转速转换器通常有光电式和磁电式两种,如图 12-87 所示。磁电式使用较方便,转换器不受外界光线和水滴的影响,齿盘固定在转轴上,齿盘的齿槽可制成矩形,也可做成梯形。使用光电转换器时,可以在转轴上贴反射标记,也可以用镜片和固定在转轴上的开孔圆盘反射光线。

12.7　振动和噪声的测量

机组产生振动和噪声的现象十分复杂,在泵站运行中,它们往往是最大的噪声源和振动源。噪声和振动的特性是互为关联的,产生振动时,常常伴有噪声发生。

泵站机组产生振动和噪声的原因,大致有如下几个方面:

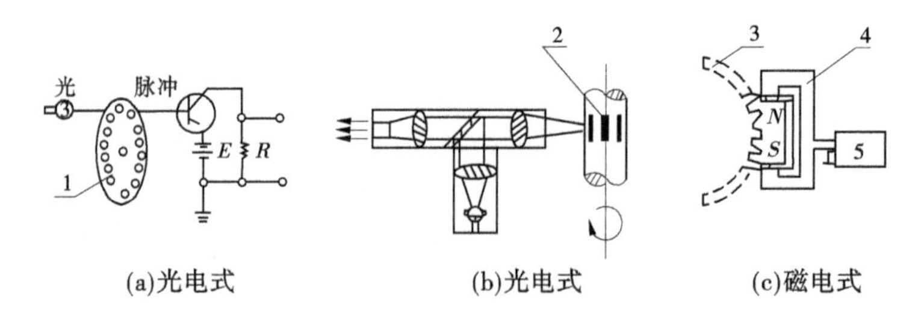

(a)光电式　(b)光电式　(c)磁电式

1—开孔圆板;2—反射标记;3—齿盘;4—磁电转换器;5—数字频率计

图 12-87　数字测速仪测量示意图

一是电气方面:

电气方面主要是电动机的噪声和电磁振动。

(1)噪声。电动机噪声主要分为电磁噪声、机械噪声和通风噪声三大类。其中,电磁噪声和通风噪声较大,机械噪声较小。

电磁噪声是电机气隙中磁场相互作用产生随时间和空间变化的径向力,使定子铁芯和机座随时间周期性变形,即定子发生振动而使周围空气脉动引起的气载噪声。

机械噪声一般由以下三种原因产生:①转子机械不平衡引起的噪声。转子的平衡有静平衡和动平衡两种。静平衡的转子不一定动平衡,但动平衡的转子一定静平衡。所以,转子仅校核静平衡是不够的,对于转速较高的转子必须校核动平衡。②轴承引起的噪声。③零部件加工不同心及装配质量不好导致的噪声。

通风噪声产生的原因也有三种:一是风扇高速旋转时,空气质点受到风叶周期性力的作用,产生压力脉动而引发旋转噪声;二是空气涡流产生噪声,即风路中涡流引发的噪声;三是笛声,即气流遇到尖角或筋状物发出的尖啸声。

(2)振动。电动机振动的原因主要有电磁、机械和机电混合三方面:

- 电磁原因
  - 电源方面:三相电压不平衡等
  - 定子方面
    - 铁芯不圆、偏心、松动
    - 绕组三相电流和直流电阻不平衡等
  - 转子方面
    - 铁芯不圆、偏心、松动、鼠笼缺陷
    - 转子质量不平衡
- 机械原因
  - 电机
    - 机械不平衡、轴不直等,定子、转子气隙不均匀度超标,定子、转子铁芯磁中心不一致
    - 轴承:超磨、欠润滑、变形、配合精度差
    - 机械机构强度或刚度不够
    - 基础安装差,强度低,共振,地脚螺栓松动
  - 联轴器
    - 连接不良,电机中心不准
    - 联轴器和负载机械不平衡,系统共振等

机电混合原因也有三类:

①电机振动:单边电磁拉力引起气隙不均,气隙不均又进一步增大单边电磁拉力,这种机电混合作用表现为单机振动。

②电机轴伸串动:由于转子本身静、动平衡和安装水平以及电磁拉力共同作用,造成

电机轴伸串动。

③电机噪声:这是机电混合造成的,电磁、通风、机械噪声引起振动。

二是水力方面:

(1)水泵汽蚀引起的振动和噪声。

(2)水锤作用引起的振动和噪声。

(3)泵内流动不平衡引起的振动和噪声。

三是水机方面:

(1)水泵转子不平衡引起的振动和噪声。

(2)泵的临界转速和固有振动频率。

(3)机组连接对中偏差。

(4)泵基础薄弱引起的振动。

在多数情况下,泵站机组运转时产生的机械振动和噪声是有害的,它影响机组的工作特性和寿命,产生不利于现场运行人员工作条件的噪声和有损于泵站建筑结构的动荷载,严重时可能使零部件失效甚至破坏而造成事故。

测流水泵机组振动和噪声的目的为:

(1)考核机组运行是否平稳。

(2)分析和处理与振动和噪声有关的故障。

(3)评价设备制造、安装和运行管理质量。

12.7.1　振动的测量

12.7.1.1　振动规律的一般描述

机械振动的规律可用振动幅度的时间历程和振动频谱来描述。所谓振动幅度的时间历程,是指振动幅度随时间变化的过程。所谓振动频谱,是指振动的幅度与频率的关系。用以表示幅值的时间历程的图形叫波形图;用以表示幅值与频率关系的图形,称为频谱图。对于复杂的振动,可以从它的时间历程求出它的频谱,称为频谱分析;有时也可从振动的频谱求出其时间历程。

机械振动按其成因可分为自由振动、强迫振动和自激振动,按振动的规律可分为确定性振动和随机振动。确定性振动的振动量值随时间有确定的变化规律,它又可分为周期振动和非周期振动。

现以最简单的正弦周期振动为例,分析振动测试中的基本物理量。正弦周期振动又称简谐振动,其位移量的数学表达式为:

$$x = x_0 \sin\omega t \tag{12-129}$$

式中　x_0——振动体离开平衡位置的最大位移,称为振幅;

ω——振动的圆频率;

t——振动时间。

振动运动往复一次所需要的时间 T,称为振动周期。它的倒数 $\frac{1}{T} = f$ 称为振动频率。$\omega = 2\pi f$。

振动的速度 v 和加速度 a 分别为：

$$v = \omega x_0 \sin\left(\omega t + \frac{\pi}{2}\right) = v_0 \sin\left(\omega t + \frac{\pi}{2}\right) \tag{12-130}$$

$$a = \omega^2 x_0 \sin(\omega t + \pi) = a_0 \sin(\omega t + \pi) \tag{12-131}$$

式中　$v_0 = \omega x_0$——振动的最大速度值；

$a_0 = \omega^2 x_0$——振动的最大加速度值。

振动的位移、速度和加速度与时间的关系如图 12-88 所示。从图 12-88 中可见，振动的位移、速度和加速度的振动形式和频率都是一样的，仅是速度和加速度的相位分别超前 90°和 180°。因此，对于任何一个简谐振动的振动规律，可用位移、速度和加速度中的任一个量与时间的关系来表征。在振动测量中，可将非电量转换为电量，从而制成位移传感器、速度传感器和加速度传感器。

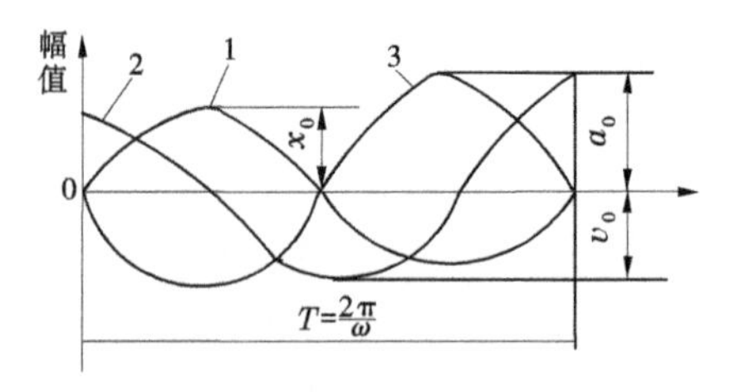

1—位移曲线；2—速度曲线；3—加速度曲线

图 12-88　位移、速度和加速度波形图

12.7.1.2　**振动传感器**

测量振动的传感器亦称拾振器，根据变换原理的不同可分为磁电式、电感式、电阻式和压电晶体式；根据测振参考坐标，可分为相对式和绝对式两大类。

相对式测振传感器有两个相对运动的部分：一个固定在相对静止的物体上，作为参考点；另一个用弹簧压紧在振动物体上，如图 12-89 所示。

绝对式测振传感器通常是一个由质量块和弹簧组成的惯性系统，因而又称惯性式测振传感器，如图 12-90 所示。整个传感器装在被测物体上，由于惯性力、弹簧力和阻尼力的组合作用而使质量块对壳体做相对运动，以反映振动的规律。

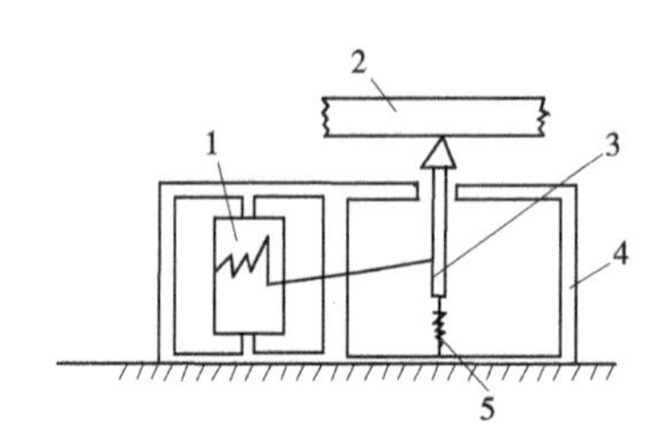

1—变换器；2—被测物体；3—活动部分；
4—壳体；5—弹簧

图 12-89　相对式测振传感器

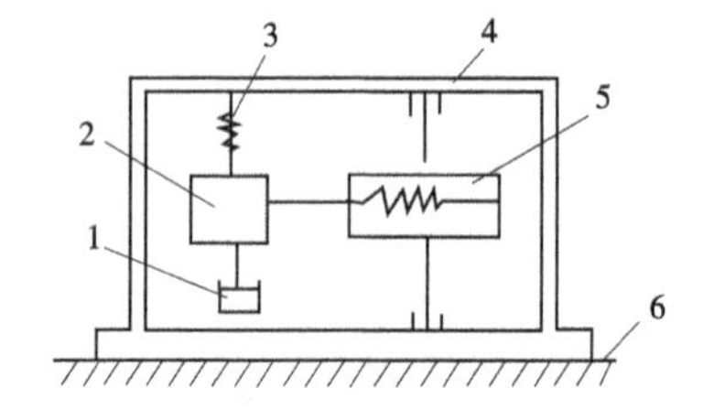

1—阻尼器；2—质量块；3—弹簧；4—壳体；
5—变换器；6—被测物体

图 12-90　绝对式测振传感器

1. 磁电式速度传感器

CD-2 型磁电式速度传感器属于相对式测振传感器，如图 12-91 所示。磁钢通过壳体构成磁路，线圈置于磁路的缝隙中。当被测物体的振动通过顶杆使线圈运动时，线圈因切割磁力线而产生电动势，其大小由下式确定：

$$e = KBNLv \tag{12-132}$$

式中　B——磁感应强度；

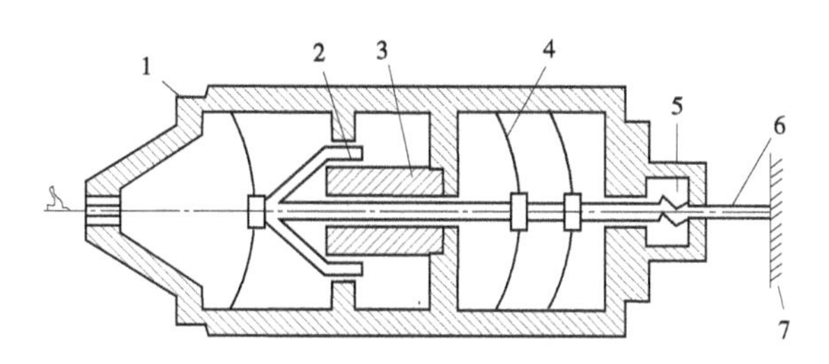

1—壳体；2—线圈；3—磁钢；4—弹簧；5—限幅帽；6—顶杆；7—被测物体

图 12-91　CD-2 型磁电式速度传感器

N——线圈的匝数；

L——每匝线圈的长度；

v——线圈相对于壳体的运动速度。

如果顶杆的运动符合前述的跟随条件，则线圈的运动速度就是被测物体的振动速度，因而线圈的输出电压反映被测振动速度的变化规律。

磁电式拾振器都是利用线圈在磁场里做相对运动，切割磁力线而产生与运动速度成正比的电动势，用此原理进行振动测量。

常用的磁电式传感器还有 CD-1 型，该传感器灵敏度高，可测振动的加速度和位移，适用频率范围为 10～50 Hz，最大可测位移为 1 mm（单幅峰值）；CD-3 型传感器是一种绝对式速度传感器。

CD-1 和 CD-2 型传感器可以测量垂直或水平方向的振动。而 CD-2 型传感器也可以作为绝对式拾振器使用。传感器备有专用支座。

CD-2 型传感器作为绝对式传感器使用时，只要把传感器的顶杆与振动体接触，并使顶杆压入至标志处，其外壳安装在与大地相紧固不振动的支架上，如图 12-92 所示。

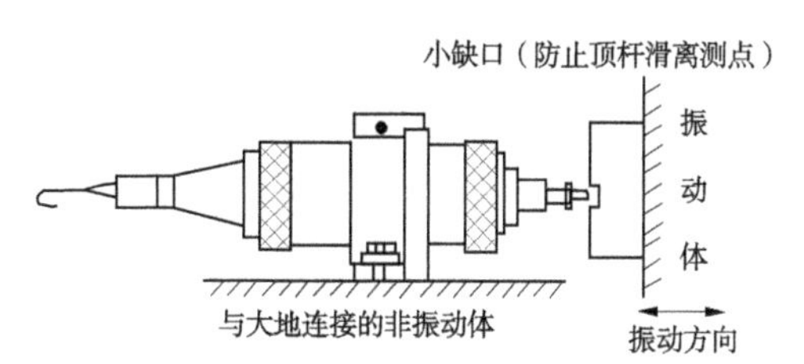

图 12-92　CD-2 型传感器作绝对式传感器使用时的安装

CD-2 型传感器作为相对式传感器使用时，外壳用夹具与振动体紧固，其顶杆与另一振动体相接触，并将顶杆压入标志处，如图 12-93 所示。

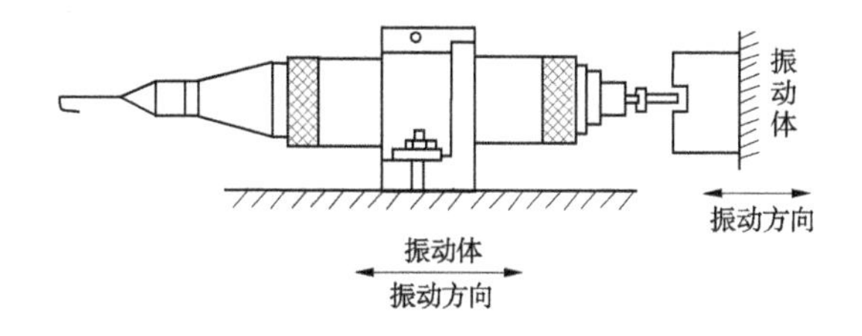

图 12-93　CD-2 型传感器作相对式传感器使用时的安装

2. 压电式振动传感器

试验证明,在某些晶体上施加机械变形,就会产生电压;相反,施加电压就会产生机械变形,利用这种压电现象制造的传感器叫作压电式传感器,它直接反映振动加速度的大小。其工作原理如图12-94所示。在压电片上加有质量块和弹簧,当传感器受振动时,压电片受质量块的振动力 F 的作用,根据牛顿定律,此力是质量和加速度的函数,即 $F=ma$,由于压电片产生的电荷与外力成正比,因而压电传感器的输出电荷与被测物体振动的加速度成正比。

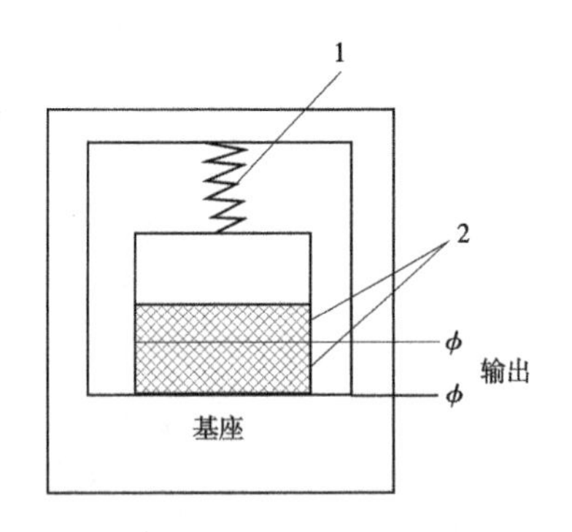

1—弹簧;2—压电片

图12-94　压电式拾振器原理图

压电式传感器由于结构简单,体积小,重量轻,测量的频率范围较宽,动态范围较大,尤其是因为它没有一般磁电式传感器的运动元件,故给制造、使用、维护带来很大方便。因此,在振动测量中得到广泛的使用。

压电式传感器属于绝对式传感器,它测量物体的绝对振动,它的输出信号直接反映了被测物体振动加速度的大小。如需要测量振动速度和振动位移,在测量电路上需配用积分环节,由于此传感器本身的阻尼很高,故在一般使用情况下,须配用阻尼变换器或与电荷放大器联用。

12.7.1.3　测振仪和机组振动测量

1. 测振仪

泵站现场测试中常用的测振仪(如GZ-2型6线测振仪)备有的电流输出可以配接光线示波器进行波形记录;电压输出可以连接电子示波器观察振动的波形。测振仪可以连接压电式、磁电式等各种传感器,测量振动的位移、速度和加速度。

配用磁电式传感器的测振仪输出信号为被测振动的速度信号,经积分电路转换成被测振动的位移信号,经微分电路转换成被测振动的加速度信号;而配用压电式传感器的测振仪输出信号为被测振动的加速度信号,经积分电路转换成被测振动的速度和位移信号。各种信号经放大后进行显示。

泵站自动化监控系统是将振动传感器的信号直接传送至控制中心计算机,由其完成信号微分、积分等运算和数值及波形显示工作。

2. 机组测振

泵站机组振动测量一般包括泵轴节点的横向摆动测量和轴向串动测量,摆动测量节点常选在机组轴的支承点和联轴器处。

横线振动(摆动)测量应在两个相互垂直的方向进行,并用合成振动值来评价机组的稳定性。轴向振动(串动)测点一般选在轴端中心处。

机组振动测量比较复杂,应参考有关电机、水泵振动测量与评价的规范和规程进行。

12.7.2　噪声的测量

噪声是多个频率不同、声强不同的声音的无规律组合。不论何种噪声,都是振动能量在空气中的传播,具有声波的一切特性。常用以下参数来评价。

12.7.2.1　评价噪声的技术参数

1. 声压和声压级

声波是疏密波,它使空气时而变密、压强增高,时而变疏、压强降低。假定空气中没有声波传播时的静压强为 p_a ,当有声波传播时,空气中的压强和静压强之差就是声压强,简称声压 p 。由于声音是波动的,声压也是波动的。声压是指波动声压的有效值,即均方根值。

$$p = \sqrt{p_1^2 + p_2^2 + \cdots + p_n^2} \quad (\mathrm{Pa}) \tag{12-133}$$

正常人耳的听觉范围是 $2\times10^{-5} \sim 10^2$ Pa,其绝对值相差数百万倍。因此,用它来评价声音的强弱不方便,工程上常用它的对数来表示,这即是声压级,其定义如下:

$$L_p = 20\lg\frac{p}{p_0} \quad (\mathrm{dB}) \tag{12-134}$$

式中　p——声音的声压;

p_0——基准声压,定为 2×10^{-5} Pa。

由式(12-133)可知,人耳的听觉范围相当于声压级 0~134 dB,为了保护听力,国际上规定噪声水平应低于 90 dB(有的国家规定低于 85 dB)。在声音测量中,通常测定它的声压级,这种测量仪器叫作声级计。

2. 声强和声强级

声波作为一种波动的形式,它具有一定的能量,因此也常用能量的大小来表征声辐射的强弱,即以声强或声功率来表示。

声强级的定义为:

$$L_I = 10\lg\frac{I}{I_0} \quad (\mathrm{dB}) \tag{12-135}$$

式中　I——在声音传播的方向上,单位时间通过单位面积的声能量称为声强,W/m²;

I_0——基准声强,$I_0 = 10^{-12}$ W/m²。

声功率级的定义为:

$$L_w = 10\lg\frac{P}{P_0} \quad (\mathrm{dB}) \tag{12-136}$$

式中　P——声功率,W,声源在单位时间内辐射出来的总声能;

P_0——基准声功率,$P_0 = 10^{-12}$ W。

在声音测量中,一般是测定声压级,通过换算求得声强级和声功率。

3. 响度和响度级

人耳对声音的感受不仅与声压有关,而且与频率有关。声压级相同而频率不同的声音听起来不一样。可见,从对人耳的听觉而言,声压还不足以表明噪声对人的影响程度。响度级为一个与频率有关的噪声评价指标,单位为 phon(方),其定义如下:

以 1 000 Hz 的纯音作为基准声音,若噪声听起来与其一样响,这一噪声的响度级就等于该纯音的声压级。如某噪声听起来与声压级为 90 dB、频率为 1 000 Hz 的基准声音一样响,则该噪声的响度级即为 90 phon(方)。

响度级将声压级和频率用一个单位统一起来了,作为声音响度的主观指标。利用与标准音比较的方法,就可得到整个可听频率范围内的纯音的响度级。通过大量试验,得到如图 12-95 所示的等响度曲线。该曲线簇中每一条曲线代表一定响度级 phon 的声音。最下面一条曲线是听阈曲线,最上面一条是痛阈曲线。等响度曲线反映了人耳对各种频率声音的敏感程度,听觉最敏感的声音频率范围为 1 000~6 000 Hz,听觉对低频声音反映不够敏锐。

声级计设置 A、B、C 三个计权网络,使所接收的声音对中低频进行不同程度的滤波,以达到模拟人耳对声音响度的响应。计权网络的特点为:

A 网络——模拟人耳对 40 phon 纯音的响应,它使接收的声音通过时,500 Hz 以下的低频段有较大的衰减。用 A 网络测得的噪声值较为接近人耳对噪声的感觉。

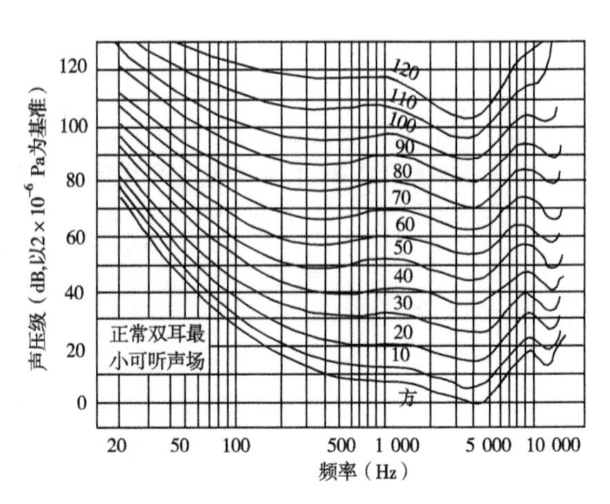

图 12-95　等响度曲线

B 网络——模拟人耳对 70 phon 纯音的响应,声音通过时低频段有一定的衰减。

C 网络——模拟人耳对 85 phon 纯音的响应,让所有频率的声音近乎一样的程度通过,代表总声压级,并用于频率分析。

在噪声测量中,通常用 A 网络测得的声级代表噪声大小,称 A 声级,记作 dB(A)。

4. 噪声的频谱

要消除噪声还必须了解噪声产生的原因及各个频率分量的噪声强度,从而找出占主导地位的噪声源,这就是所谓噪声的频谱分析。一般以频率为横坐标,以声压级(声强级、声功级)为纵坐标,绘制噪声的频谱图。

人耳听音的频率范围为 20~20 000 Hz,在声音信号频谱分析一般不需要对每个频率成分进行具体分析。为了方便起见,把 20~20 000 Hz 的声频范围分为几个段落,每个频带成为一个频程。频程的划分采用恒定带宽比,即保持频带的上、下限之比为一常数。试验证明,当声音的声压级不变而频率提高一倍时,听起来音调也提高一倍。若使每一频带的上限频率比下限频率高一倍,即频率之比为 2,这样划分的每一个频程称 1 倍频程,简称倍频程。如果在一个倍频程的上、下限频率之间再插入两个频率,使 4 个频率之间的比值相同(相邻两频率比值=1. 259 92 倍)。这样将一个倍频程划分为 3 个频程,称这种频程为 1/3 倍频程。

12. 7. 2. 2　噪声测量的仪表及其组成

图 12-96 为噪声测量系统框图。它主要由传感器、信号调节器、信号处理器和显示器等几部分组成。

测量时,噪声信号通过传感器(传声器)被转换成电信号,经信号调节器放大或衰减后送至信号处理器(如频谱分析仪、声级计的计权网络等)进行处理;经过处理后的信号

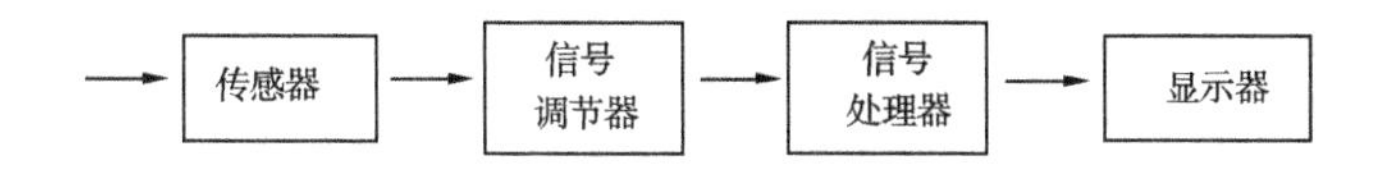

图 12-96　噪声测量系统框图

则通过显示器进行显示。常用的噪声测量仪器有声级计、频率分析仪等。

1. 声级计

声级计是测量噪声声级的主要仪器,噪声的声级可直接在表头上读出。声级计还可以配合倍频程和 1/3 倍频程滤波器,进行噪声的频率分析。

声级计主要由传声器、输入级、放大器、衰减器、计权网络和指示仪表等部分组成。

(1)传声器。传声器是一种声电转换装置,它能将被测噪声信号转换成电信号。如图 12-97 所示为电容传声器,主要由紧靠着的后极板和绷紧的金属膜片组成。两者互相绝缘,构成一个以空气为介质的电容器的两个极板,两极板上加上极化电压,电容器充电。当声波作用在膜片上时,膜片与后极板间的距离发生变化,后极板与膜片之间的大容量发生变化,从而产生电信号,电信号的大小和形式由被测噪声声压决定。

(2)输入极。输入极是一阻抗变换器,用来使高内阻的电容传声器与后级放大器匹配。

(3)输入衰减器和输入放大器。为了测量微小的信号,需要将信号放大,但当输入信号较大时,则需对信号加以衰减,使得在指示表头上获得适当的偏转。

(4)计权网络。当计权网络开关放在“线性”时,整个声级计是线性频率响应,测得声压级;当放在 A、B 或 C 位置时,计权网络测得相应的计权声压级。

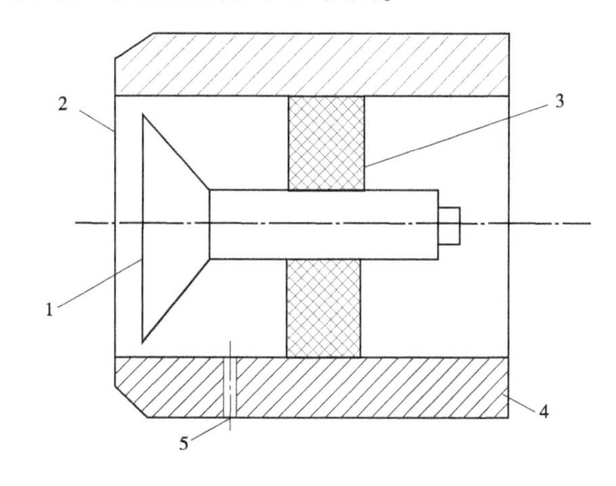

1—后极板;2—膜片;3—绝缘体;4—外壳;5—均压孔

图 12-97　电容传声器简图

(5)检波电路和电表。由放大器放大后的信号,被送至近似有效值检波的电路检波,并由电表指示出 dB 值。

2. 频率分析仪

频率分析仪是用来分析噪声频谱的仪器,它主要由测量放大器和滤波器组成。用普通声级计和 1/3 倍频程滤波器、倍频程滤波器联运,可进行倍频程或 1/3 倍频程频谱分析。

3. 自动记录仪

在现场测量中,将分析仪与自动记录仪联用,可迅速而准确地测量、分析和记录噪声频谱。

声级计要定期进行校准。声级计表头读数为有效值,分快、慢两挡。快挡用于测量随时间起伏小于 4 dB 的噪声,当噪声随时间起伏大于 4 dB 时用慢挡测量。

12.7.2.3　噪声测量方法

泵站机组噪声测量一般是采用A声级测量,以及进行噪声倍频程频谱分析。

1. 测点的选择

水泵噪声的测量最好在消声室中进行。将被测水泵安装在消声室内,而拖动电动机用长轴和联轴器连接,装于室外,以避免电动机噪声对测量的干扰。如做不到,为了减轻电动机噪声对测量的干扰,可以在电动机外部增设一个隔音装置。此外,在测量场地内,除被测机器外尽可能没有其他反射声音的设备。测点一般距离泵壳1 m,且一般在泵基准面以上离地面1 m处。由于噪声是向四周辐射的,一般在四周应布置四个测点(电机一侧除外)。如果是均匀辐射,取4点的算术平均值作为测量结果数值;如果是非均匀辐射,则以噪声最大值代表该电机的最大噪声。测点布置如图12-98所示。

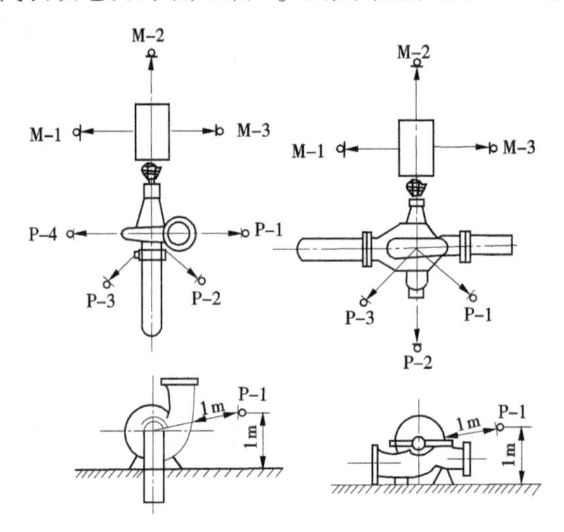

M—电机噪声测点布置;P—水泵噪声测点位置

图12-98　水泵噪声测点位置图

如果要研究噪声对操作人员的影响,可在操作人员工作位置的周围,适当选择几个测点进行测量。

2. 测量值的修正

在进行噪声测量时,周围环境总是存在一定的本底噪声。所谓本底噪声,是指被测噪声源停止发声后,周围环境存在的噪声。因此,测量时要考虑本底噪声的影响。当被测噪声与本底噪声相差不到10 dB时,则应予修正,即从测量值中减去修正值,如表12-15所示。

表12-15　本底噪声影响的修正值

被测噪声与本底噪声相差值(dB)	3	4~5	6~9
修正值(dB)	3	2	1

12.7.3　振动及噪声测试实例

图12-99为测试14ZLB-70型立式轴流泵机组振动及噪声的测点布置图。测点1、2、

3 为测量泵振动的加速度传感器,分别布置在水泵叶轮进口与导叶间、叶轮出口与导叶间和导叶之后的泵壳上。测点 4、5 为测量噪声的电容传感器,鉴于该机组容量较小,为了得到较好的测试效果,其中将测点 4 放在距泵壳 300 mm 处,测点 5 放在距电机外壳 500 mm 处,噪声测量采用精密声级计。

12.7.3.1　振动及噪声的幅值分析

根据试验结果,画出水泵叶片角度 $\phi=3°$时,振动加速度 a 及噪声值 $L_p(A)$ 与水泵流量 Q 之间的关系曲线,如图 12-100 所示。从图 12-100 中可以看到,随着水泵流量的变化,泵的振动与噪声的幅值亦随之变化。当水泵处在高效点附近运行时,其振动加速度 a 的值及噪声 $L_p(A)$ 的值均为最小值。而当水泵流量减小时,叶轮出口水流与导叶发生撞击,使水流紊乱,泵效率下降,泵的振动和噪声随之加剧。当水泵流量增大时,泵的振动和噪声亦有增大的趋势。

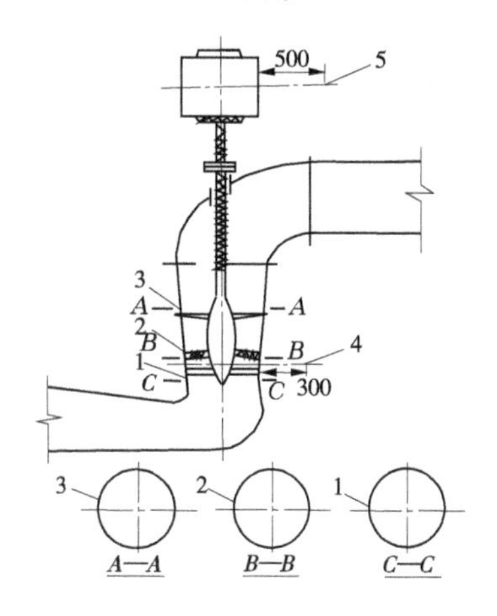

1、2、3—加速度传感器;4、5—电容传声器

图 12-99　轴流泵振动及噪声测点布置图　(单位:mm)

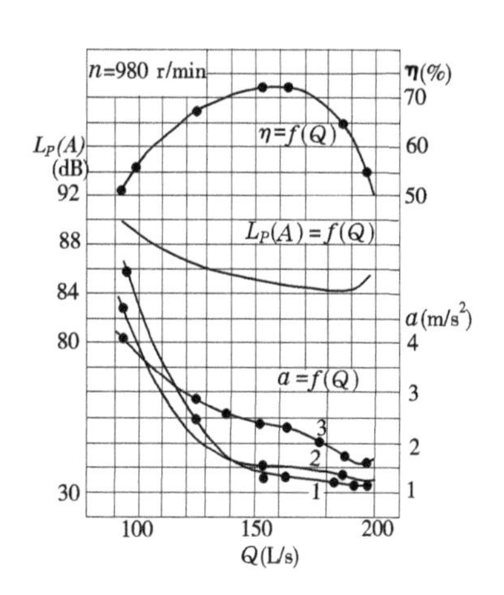

图 12-100　振动和噪声与流量关系曲线

12.7.3.2　振动及噪声的频谱分析

图 12-101 为测点 2 在 $\varphi=3°$,$H=1.757$ m,$Q=131.2$ L/s 工况下测得的振动加速度频谱图。从图 12-101 中可以看出,泵壳振动频率主要成分为 f_a = 33 Hz、48 Hz、81 Hz、98 Hz、145 Hz、245 Hz、390～400 Hz、850～950 Hz。其中 f_a = 33 Hz、98 Hz、145 Hz、245 Hz 为泵回转频率的倍频,81 Hz 为压力脉动的叶片频率,390～400 Hz 为电机轴承等回转零件的振动频率。

图 12-102 为测点 4 在相同工况条件下测得的水泵噪声频谱图。其噪声主要频率成分为 f_1 = 32 Hz、48 Hz、65 Hz、260 Hz、390～400 Hz、850～950 Hz,可见水泵噪声的主要频率成分就是泵壳振动的主要频率成分。

通过对泵的振动及噪声的测量和分析,可以判断水泵机组运转是否良好,以便在泵的设计、制造以及机组安装、运行中采取措施,控制和消除过大的振动和噪声。

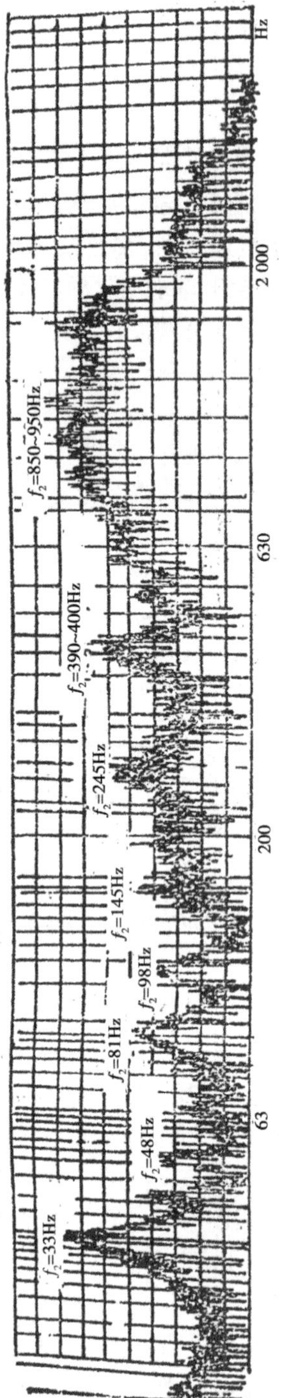

图 12-101　轴流泵叶轮与导叶间边壁上振动加速度频谱图

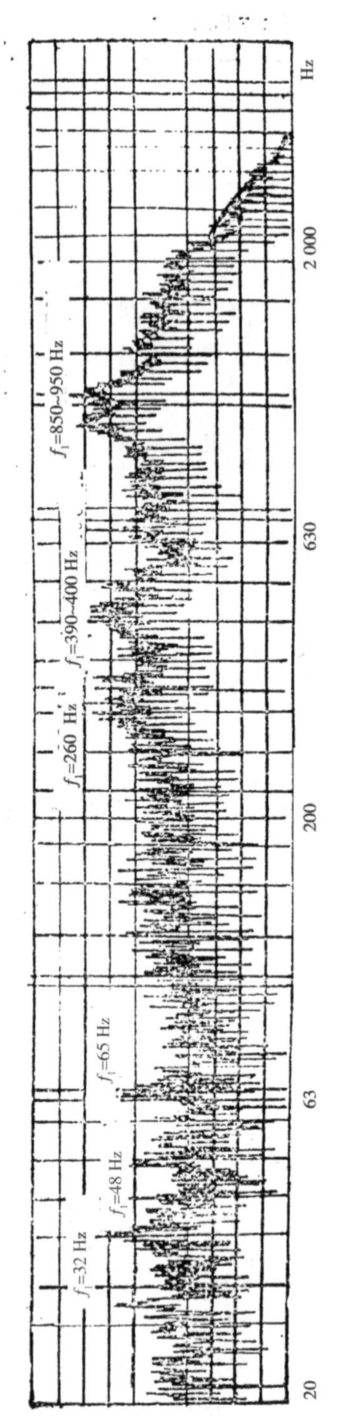

图 12-102　轴流泵噪声频谱图

12.8　测量误差及数据处理

12.8.1　测量误差

不断测量是泵站运行管理和评价泵站工程及设备运行状况的重要手段,为了避免做出错误的判断和决策,要求所提供的测量结果必须准确可靠。但测量总是要有误差的,我们不能要求没有误差的测量,而是要知道某一测量值到底含有多大的误差,因此对以定量分析为目的的任何测量,都应对其测量结果进行误差估算,否则就不能对研究的问题进行科学的分析和做出正确的判断与决策。严格地讲,没有给出误差限的测量结果是没有任何实用价值的。研究误差的主要目的是:

(1)综合评价测量结果的精确性和可靠性。

(2)分析产生误差的原因,进而采取适当的措施,提高测量的精确度。

(3)根据对测量精度的要求,选择最合适的试验条件和制订合理的测试方案。

12.8.1.1　误差的分类

根据误差的性质,可将误差分为三类,即系统误差、随机误差和过失误差。

1. 系统误差

系统误差分为恒定系统误差和可变系统误差。在同一条件下多次重复测量同一量时,误差值的大小和符号(正值或负值)保持不变;这种误差叫作恒定系统误差,或者在条件变化时,按一定规律变化的误差,称为可变系统误差。系统误差具有以下三个特点:

(1)系统误差是一个非随机变量,是固定不变的,或是一个确定的时间函数,即它不服从统计规律,而服从确定的函数规律。

(2)对于固定不变的系统误差,重复测量时误差是重复出现的。

(3)由于系统误差的重现性,所以在实际测量中可以采取措施予以修正或削弱。

2. 随机误差

在相同条件下重复测量同一量时,由于种种原因,使得每次测量的误差不一致,数字或大或小,符号或正或负,就个体而言是没有规律性的,是随机的,不可预测的,但对大量随机误差数据组成的整体而言是服从统计规律的。对于正态分布或单峰两边对称分布的随机误差具有以下几点性质:

(1)绝对值小的误差比绝对值大的误差出现的次数多。

(2)绝对值相等的正、负误差出现的次数相等。

(3)在一定的测量条件下测量次数一定时,随机误差的绝对值(大概率)不会超过一定的限度。

(4)同一量的等精度测量,其随机误差的算术平均值随着测量次数的增加,而无限地趋向于零。

3. 过失误差

在测量结果中有时出现个别明显错误的数据,这是工作失误造成的。在整理测试成果和数据处理中,规定了对过失误差的判断和处理原则,不能随意丢掉测试者主观认为不合理的数据。

12.8.1.2　一些术语的含义

1. 真值、平均值和中位值

一个物理量应该有一个客观存在的真实数字,这就是通常所说的真值。真值虽然是客观存在的,但并不能直接测定出来,通常采取从一个被测量在相同的条件下多次重复测定的数据中选择最佳的数据。一般有两个数值可以选择,即平均值和中位值。

算术平均值是指测定值的总和除以测定总次数所得的商。设 $x_1, x_2, \cdots, x_n$ 代表各次的测定值,n 代表测定次数,以 $\overline{x}$ 代表平均值,则

$$\overline{x} = \frac{x_1 + x_2 + \cdots + x_n}{n} = \frac{\sum_{i=1}^{n} x_i}{n} \tag{12-137}$$

这个平均值只能说是测定的最佳值,而不是真值。严格来说,只有在不存在系统误差的前提下,测定无限次所得的平均值才能代表真值。

中位值是指一系列测定数据按大小顺序排列时的中间值。若测定次数为偶数,则中位值为正中两个值的平均值。中位值的最大优点是求法简便,但它与两端的数据分布无关,只有在测定数据在两端均匀分布的情况下,它才可以作为这个系列测定的最佳值。一般情况下,特别是测定次数少时,平均值与中位值总是不相等的。

2. 精度

反映测量结果与真实值接近程度的数字量称为精度。它与误差大小相对应,误差值大,则精度低;反之误差值小,则精度高。精度一词,有时特指精密度,作为泛指性的广义名词,可细分为:

(1)正确度:反映系统误差大小的程度。

(2)精密度:反映随机误差大小的程度。

(3)准确度:反映系统和随机合成误差大小的程度。

某测量结果极限相对误差为 1.0%,则可笼统地说其精度为 10^{-2},如果由系统误差和随机误差合成,则可说其准确度为 10^{-2}。

对于试验来说,精密度高,正确度不一定高,正确度高的精密度也不一定高,但准确度高则正确度和精密度都高。

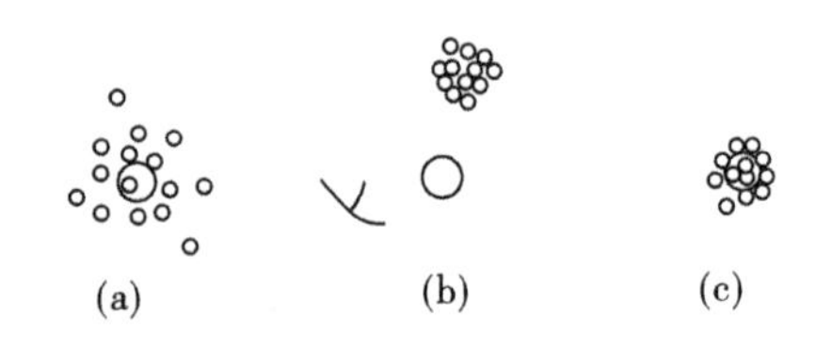

图 12-103　系统误差与随机误差示意图

如图 12-103(a)所示的系统误差小而随机误差大,即正确度高而精密度低;如图 12-103(b)所示的系统误差大而随机误差小,即正确度低而精密度高;如图 12-103(c)所示的系统误差和随机误差都小,即准确度高,它综合反映了测定值与真值的符合程度,说明了测定的可靠性,用误差值来量度:

$$E = x_i - x_0 \tag{12-138}$$

式中　E——测定的误差值;

x_i ——测定值；

x_0——真值。

精密度是用以表达同一被测量多次测定数据的重复性的指标。用测定值与一系列测定数据的平均值之差来度量，通常称为偏差。

$$d_i = x_i - \bar{x} \tag{12-139}$$

式中　d_i ——个别数据的偏差值；

$\bar{x}$ ——一系列测定数据的平均值；

x_i ——测定值。

实际上用偏差值的大小来衡量不精密的程度。偏差值大，就说明精密度低。

3. 绝对误差和相对误差，绝对偏差和相对偏差

1) 绝对误差和相对误差

测量值 A 与被测量的真值 A_0 之间的差值称为绝对误差 Δ，即

$$\Delta = A - A_0$$

绝对误差与真值的百分比叫作相对误差 δ，即

$$\delta = \frac{\Delta}{A_0} \times 100\%$$

绝对误差通常比被测的量值小很多，所以相对误差也可以表示为

$$\delta = \frac{\Delta}{A} \times 100\%$$

如果被测的量值本身就是相对值(例如效率)，则使用绝对误差更方便。

2) 绝对偏差和相对偏差

测得值与算术平均值之差称为绝对偏差，而绝对偏差与平均值的百分比称为相对偏差。

误差与偏差的含义不同，前者是指测得值与真值之间的差值，后者是指测得值与平均值之间的差值。通常，用相对误差来表示准确度，而用相对偏差来表示精密度，但实际上对此并无严格区分，而常把给出值的偏差作为它的误差。

4. 重复性和重现性

(1) 重复性。用相同的方法、相同的仪器，由同一分析者在相同的条件下试验所得数据的精密度叫作重复性。精密度越高则重复性越好。

(2) 重现性。用不同的测量方法、不同的测量仪器，由不同的观测人员，在较长的时间内，对同一个被测量做多次测量，其测量结果相一致或接近的程度叫作重现性。

(3) 重复性和重现性常常用来验证、衡量测量结果的可靠性。但是必须注意，它仅仅反映随机误差大小的程度，而不能反映系统误差对测量结果的影响。例如用流速仪在管道内或渠道中测量水流的流速，只要被测的水流流态稳定，可能多次测量的结果重复性都很好，但是实际上流速仪轴线与水流方向偏差一个较大的角度。因此，所测得的流速不是真正的流速，故重复性好并不能说明测量结果的精确度。

5. 灵敏度和分辨力

(1) 灵敏度。灵敏度是用来表示一台仪器或一个仪器系统某一部分的输入信号和输

出信号之间的关系:

灵敏度=输出信号的变化量/输入信号的变化量

一台输入信号量值与输出信号量值成线性关系的仪器或元件,其灵敏度是一个常数。所以,为了获得高的测量精确度,所要测量的数值应尽可能地接近于仪器的满量程,特别是不应在低于仪器量程1/3以下使用。

(2)分辨力。分辨力是指仪器能够在输入信号中检测到的最小变化量。可以用一个实际数值或满刻度值的一个分数或百分率来表示。

6. 仪表的精度等级

仪表的精度等级都是以极限相对误差的百分数 $S\%$ 来表示的,如仪表为 S 级,则说明它的极限相对误差为 $S\%$。但有两种情况要加以区别:

(1)仪表测量的绝对误差是常数,它与被测量的数值无关。这时,在用量程为 x_n、精度为 S 级的仪器测量值 x 时,其示值误差应为:

$$\left.\begin{aligned}\text{绝对误差} &\leqslant x_n \times S\% \\ \text{相对误差} &\leqslant x_n/x \times S\%\end{aligned}\right\} \tag{12-140}$$

一般 $x \leqslant x_n$,x 越接近于 x_n,相对误差越小,其测量精确度越高。x 越远离 x_n,相对误差越大,其测量精确度越低。为此,在选择仪表时,必须尽可能在仪表满刻度值2/3以上的量程范围内测量。在分析测量综合误差时,应按式(12-140)进行换算,而不能直接采用仪表的精确度等级数值。属于这类仪表和测量设备有:机械式压力表、液体压力计和差压计,容积法测量流量的量桶,大部分电气仪表。

(2)从通过检定的某一最小值开始,测量的相对误差保持不变。这样,使用S级仪表时,在 $x \leqslant x_n$ 的情况下,可直接采用仪表的精确度等级数值作为极限相对误差进行误差的综合。属于这类的仪表和测量设备有:手持式转速表,闪频转速表和基于测量频率的转速表,杠杆或秤、测力器、频率计、温度计,以及节流式流量计等。

7. 极限误差与不确定度

(1)极限误差。在测量过程中,真值实际上是不知道的,即使用最精确的仪器测得的数值也只是比较接近真值而已。给出值可能比真值大,也可能比真值小,也就是说,通过测量只能在接近真值的某一范围内确定该数值,而无法确定出真值。如精确度为±1.0%的频率计读出的频率 f=100 Hz,只能说 f 为99~101 Hz,实际真值可能是两者之间的某一数值,误差±1.0%是指其极限范围,故称为极限误差。它可以用相对误差表示,也可以用绝对误差表示。一般仪器说明书上表明的允许误差都是极限误差。

需要特别指出的是,极限误差是以一定的概率来定义的,不能把极限误差绝对化,错误地理解为比极限误差大的误差不可能出现,而是说绝对值比它大的误差出现的概率小于某个规定数值而已。假若定义极限误差的改变为另一数值,则相应的极限误差值也随之改变。

现以 Δ 符号表示极限误差,在只有随机误差的情况下:

$$\Delta = k\sigma \tag{12-141}$$

式中 k——置信系数,与置信度有关,在泵站测试中对具有正态分布的随机误差一般取 k=2,即置信度约为95%;

σ ——标准差。

当系统误差 ε 和随机误差都存在时

$$\Delta = \varepsilon + k\sigma \tag{12-142}$$

假定在相同的条件下,对某参数 x_0(真值)进行 n 次无系统误差的测量,测得值为 x_1, x_2,…,x_n,设其算术平均值为 $\bar{x}$,将测得值点绘在图 12-104 上,从图 12-104 中可以看出,单个测量值一般都落在 B 和 B'两条水平直线所夹的范围内,这个范围称为误差带,误差带两边界值为 $\bar{x}-\Delta$ 和 $\bar{x}+\Delta$,Δ 为极限误差。

(2)不确定度。在泵站试验中,经常遇到不确定度这个术语,它是一个描述尚未确定的误差特征的量,其表达方式有系统不确定度、随机不确定度、总不确定度。

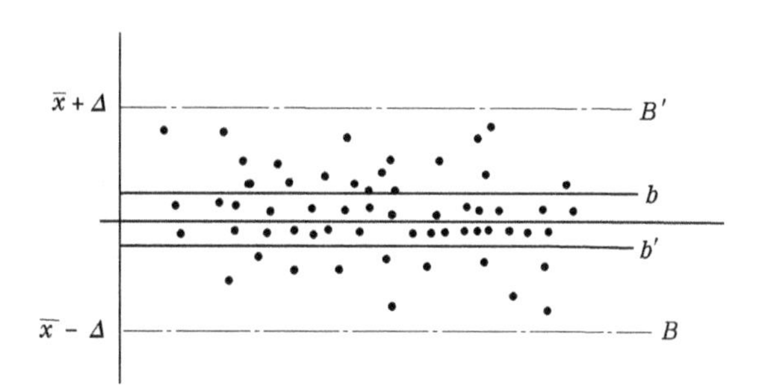

图 12-104　极限误差带

系统不确定度常用未定系统误差可能不超过的界限($\pm e$)或半区间宽度(e)来表示。随机不确定度常用标准差和置信系数的乘积来表示,实际上,它就是随机误差(也是一种未确定的误差)。总不确定度由系统不确定度和随机不确定度合成而得,它表示未定误差(包括未定系统误差和未定随机误差)可能不超过的界限和半区间宽度。总的已定系统误差加或减总不确定度所确定的误差界限就是极限误差,或称为精确度。由于已定系统误差可以反号修正量值,所以在修正了已定系统误差的情况下,极限误差就是不确定度。

8. 置信限和置信度

在评定一切以数据表达的试验结果时,都要求知道给出数据的可靠程度,也就是说,要求对试验数据给出误差范围或误差区间,以及出现在这个范围内的误差值的机会是多少,前者用不确定度$\pm\Delta_{不}$ 表示。在无系统误差的试验中,不确定度就是极限误差,若 $\Delta_{不} = k\sigma$,那么 $k\sigma$ 就是置信限,选定置信系数 k 值所对应的概率就是置信度,根据数学推导和积分计算,几个常用的误差概率见表 12-16。

表 12-16　置信度与置信系数对应表

置信度 P	0.50	0.683	0.90	0.95	0.954 6	0.99	0.997 4
置信系数 k	0.675	1.00	1.645	1.96	2.00	2.576	3.00

例如:测得流量 Q,当置信度定为 95.46 时,若计算流量的极限相对误差 $2\sigma_Q/Q = \pm 2.0\%$ 时,意思就是置信区间为($Q-0.02$, $Q+0.02$),流量真值落在该区间的可信程度为 95.46%,落在区间之外的可能性为 12.54%。显然,对于同一个测量结果,如果置信系数定小了,则置信区间也小了,那么真值落在区间外的可能性增大,测量结果的可信程度就降低了。由此可见,置信区间的大小取决于测量的标准差和置信度的选择。

9. t 分布原理

由于实际测量次数是有限的,用平均值去代替真值存在一定误差,按照误差值正态分布的理论去确定置信限和置信度有时可能导致错误的判断。为此引入可反映测量次数的置信度函数式,即 t 分布函数式。根据该函数式制成表 12-17。对于不同数目试验点的平均值的置信限(随机不确定度)可按下式确定:

$$\Delta_{置} = \pm \frac{t\sigma}{\sqrt{n}} \tag{12-143}$$

式中　σ ——测量值的估计标准差。

表 12-17　t 分布表

P	$n-1$							
	1	2	3	4	5	6	7	8
0	6.31	2.92	2.35	2.13	2.02	1.943	1.895	1.860
0.95	12.71	12.30	3.18	2.77	2.57	2.45	2.36	2.31
0.99	63.66	9.92	5.84	12.60	12.03	3.71	3.50	3.36

P	$n-1$							
	9	10	20	30	40	60	120	□
0	1.833	1.812	1.725	1.697	1.684	1.671	1.658	1.645
0.95	2.26	2.23	2.09	2.04	2.02	2.00	1.98	1.96
0.99	3.25	3.17	2.84	2.75	2.70	2.66	2.62	2.58

由 t 分布(见表 12-17)可见,当测次 $n \to$ □时,t 分布接近于正态分布,即 t 值接近于置信系数 k,对照表 12-17 数据可见,如果要求测量结果的置信度不低于 95%,相当于置信系数 $k=2$ 的测次 $n=61$,而相应于 $k=3$、18 的测次 $n=4$。也就是说,当测次 $n<5$ 时,相应于置信度为 95%的置信系数 k 应约取 3,如果仍取 $k=2$,则置信度将降低为约 90%。

12.8.1.3　随机误差的估算

1. 平均偏差

当测定无限多次(实用上多于 30 次),将各单次测定值与多次测定值的平均值的偏差绝对值之和除以测定次数所得的数值称为平均偏差 $\Delta_{均}$,其表达式为

$$\Delta_{均} = \frac{\sum |x_i - \bar{x}|}{n} \tag{12-144}$$

式中　x_i ——各单次测定值;

$\bar{x}$ ——多次测定值的平均值;

n——测定次数。

这种方法计算简单,但有不足之处。因为在一系列的测定数值中小的偏差总是占多数,而大的偏差占少数,按总的测定次数去求平均偏差所得的结果会偏小,大的偏差未能很好反映。

2. 标准偏差

在数理统计中常用标准偏差(简称标准差)表示随机误差的数值,标准偏差或称为均

方差，它还可细分为单次测定值的标准差和算术平均值的标准偏差。

（1）单次测定值的标准差。对某量值进行多次重复测量，获得一组数列，根据这个数列按式（12-145）计算的标准差 σ 就是单次测定值的标准差，其数字的大小反映整个数列的离散程度，也就是测量的精密度。

$$\sigma = \sqrt{\frac{\sum_{i=1}^{n}(x_i - x_0)^2}{n}} \tag{12-145}$$

式（12-145）一般应用于有 30 次以上的测定数据，此时认为平均值接近于真值。但是，测量次数总是有限的，特别是在泵站现场测试，增加测试次数，就要延长测试历时，测量参数的波动就会影响测量结果，所以当测定次数为有限次数时（一般大于 6 次就可以了），标准偏差采用下式计算：

$$\sigma = \sqrt{\frac{\sum_{i=1}^{n}(x_i - \bar{x})^2}{n-1}} \tag{12-146}$$

与式（12-145）相比，用平均值 $\bar{x}$ 代替了真值 x_0，用 $n-1$（称为自由度）代替了 n。

（2）算术平均值的标准偏差。对于某一参数重复测量 n 次，测得一组数据，求出一个算术平均值，然后又类似地进行 n 次测量，又求得一个平均值，这样测量 m 组数据，就可以求得 m 个算术平均值，由于测量次数 n 是有限的，随机误差不可能完全抵消。因此，这些算术平均值不可能完全相同，而产生离散。这些算术平均值可以组成一组新的算术平均值的数列，表征这个算术平均值数列的离散程度的均方差就是算术平均值的标准差。

由数学推导证明，算术平均值的标准差 $\sigma_{\bar{x}}$ 与数列的标准差 σ 存在以下关系：

$$\sigma_{\bar{x}} = \frac{\sigma}{\sqrt{n}} = \sqrt{\frac{\sum_{i=1}^{n}(x_i - \bar{x})^2}{n(n-1)}} \tag{12-147}$$

（3）用极差法计算的标准差。用贝塞尔公式计算标准差比较麻烦复杂。用极差法可简单迅速地算出标准差。

在等精度多次测量所得的数列中，选取最大值 x_{max} 与最小值 x_{min}，两者之差称为极差 R：

$$R = x_{max} - x_{min} \tag{12-148}$$

根据极差按下式求标准差：

$$\sigma = \frac{R}{d_n} \tag{12-149}$$

式中　d_n ——系数，查表 12-18 得。

表 12-18　d_n 值表

n	2	3	4	5	6	7	8	9	10
d_n	1.13	1.69	2.08	2.33	2.58	2.70	2.85	2.97	3.08

一般在 $n<10$ 时均可采用极差法求标准差，实践证明，用极差法算出的标准差比用贝塞尔公式算出的小。

举例:在流量校正中,对大量筒的标定值接连检定两次,取其平均值作为流量计算的标定值,问平均值的精度如何确定。

设两次检测结果为 x_1、x_2,测量精度为 σ ,则极差为

$$R = |x_1 - x_2|$$

$$\sigma = \frac{R}{d_n} = \frac{R}{1.13}$$

$$\sigma_{\bar{x}} = \frac{\sigma}{\sqrt{n}} = \frac{R}{1.13\sqrt{2}} \approx \frac{2}{3}R$$

上式表面,可取两次检定差值的 2/3 作为平均值的标准差。

(4)最大剩余误差法。用最大误差求标准差的方法称为最大剩余误差法。有些情况下,我们可以知道被测量的真值因而能够算出随机误差,取其中绝对值最大的一个值 $|\Delta|_{max}$,当各个等精度的独立测量值服从正态分布时,可按式(12-150)求标准差:

$$\sigma = \frac{|\Delta|_{max}}{k_n} \tag{12-150}$$

当被测量的真值为未知时,应按最大剩余误差计算标准差,即

$$\sigma = \frac{|\Delta'|_{max}}{k'_n} \tag{12-151}$$

按式(12-150)、式(12-151)求得单次测定值的标准差后,再按式(12-152)求平均值的标准差。

$$\sigma_{\bar{x}} = H_n \sigma \tag{12-152}$$

式中　H_n ——测量次数 n 的函数,其值及 k_n 和 k'_n 的倒数列入表 12-19 中。

表 12-19　$1/k_n$、$1/k'_n$ 及 H_n 的值

n	1	2	3	4	5	6	7
$\frac{1}{k_n}$	1.25	0.88	0.75	0.68	0.64	0.61	0.58
$\frac{1}{k'_n}$		1.77	1.02	0.83	0.74	0.68	0.64
H_n		0.76	0.52	0.43	0.37	0.34	0.32

n	8	9	10	11	12	13	14	15
$\frac{1}{k_n}$	0.56	0.55	0.53	0.52	0.51	0.50	0.50	0.49

n	8	9	10	15
$\frac{1}{k'_n}$	0.61	0.59	0.57	0.51
H_n	0.30	0.28	0.27	0.23

【例 12-3】　设对某一参数进行测量,测得数据如表 12-20 所示,分别用上述几种方法求标准差。

表 12-20　测量数据表

n	1	2	3	4	5	6
数据	1 464.3	1 461.7	1 462.9	1 463.4	1 464.6	1 462.7

解：

$$\bar{x}=\frac{\sum x_i}{n}=1\ 463.3$$

$$\Delta_{均}=\frac{\sum |x_i-\bar{x}|}{n}=0.833\ 3$$

(1)根据贝塞尔公式计算平均值的标准差：

$$\sigma=\sqrt{\frac{\sum_{i=1}^{n}(x_i-\bar{x})^2}{n-1}}=1.074\ 6$$

$$\sigma_{\bar{x}}=\sqrt{\frac{\sum_{i=1}^{n}(x_i-\bar{x})^2}{n(n-1)}}=0.438\ 7$$

(2)用极差法计算标准差：

$$R=x_{\max}-x_{\min}=2.9$$

$$\sigma_{\bar{x}}=\frac{R}{d_6\sqrt{6}}=\frac{2.9}{2.58\sqrt{6}}=0.458\ 9$$

(3)用最大误差法计算标准差：

$$|\Delta'|_{\max}=\max\left[\mathrm{abs}(x_i-\bar{x})\right]=1.566\ 7$$

$$\sigma_{\bar{x}}=\frac{1}{k'_n}\cdot|\Delta'|_{\max}\Delta H_n=0.68\times1.566\ 7\times0.34=0.362\ 2$$

由例 12-3 可见，用贝塞尔公式、极差法和最大剩余误差法计算标准差的结果比较接近。

3. 或然误差

将各单次测定值与多次测定值的平均值的偏差按绝对值的大小排列起来，中间的误差称为或然误差，如果误差个数为偶数，则取中间两个误差的平均值作为或然误差 ρ 。

例 12-3 中的或然误差计算如下：

$$\rho=\mathrm{median}\left\{\mathrm{sort}\left[\mathrm{abs}\left(x_i-\frac{\mathrm{sum}(x_i)}{6}\right)\right]\right\}=0.80$$

上述各种误差中(或然误差、平均偏差和标准差)，由于标准差能将对测量结果影响大的大误差充分反映出来(结果数值较大)，而且又是表示误差概率分布的一个重要数字特征，所以在计量工作中，标准差用得最广泛。

12.8.1.4　系统误差

一般来说，任何物理量的测量误差都含有系统误差和随机误差两部分。在对随机误差进行分析和计算时，是以测量数据中不含有系统误差为前提的，因此消除系统误差的影响极为重要，所以一方面在试验前，要尽可能找出产生系统误差的因素，设计最佳的测量条件，采用有效的测量方法以消除或减弱系统误差的影响；另一方面，在数据处理时，要检验测量数列中是否含有残余系统误差，并估计出其数值范围。

1. 系统误差是否存在的检验

测量结果中是否含有明显的系统误差，必须进行检验、判断，以便研究采取消除或减少系统误差的措施。

1)观察法

对某参数等精度多次测量，实测数列为 $x_1, x_2, \cdots, x_n$，计算出平均值 $\bar{x}$ 及残差 Δ_i：

$$\bar{x} = \frac{1}{n}\sum_{i=1}^{n} x_i$$

$$\Delta_i = x_i - \bar{x}$$

可用以下准则发现系统误差：

(1)将实测数列和残差依次排列(非排序)，如残差大小有规则地向一个方向递增或递减，而且符号始末相反，则测量数列中含有线性系统误差。若残差及符号有规律地交替变化，例如从正变为零，又从零变为正，则测量数列中含有周期性系统误差。

(2)在不等精度测量中(例如改变测量条件)，若全部残差的符号随着测量条件的改变而改变，则测量数列中含有随测量条件改变而产生的恒定系统误差。

(3)按测量次序排列，测量数列前一半均值和减去后一半均值如不为零，则该测量数列含有线性系统误差。如测量数列在改变条件前的均值与改变条件后的均值不等，则该测量数列含有随条件改变的恒定系统误差。

2)t 检验法

对某量进行两组测量，要检验这两组数据间有无系统误差。或者为了考察某一因素是否对测量结果造成系统误差，可使该因素在两组情况下进行两种测量，检验它们的分布是否相同，若不同，则有理由怀疑它们之间存在系统误差。

设某量独立测得的两组数据为：

$$x_1, x_2, \cdots, x_{n_1}; y_1, y_2, \cdots, y_{n_2}$$

若它们服从同一正态分布，则得变量 t 为：

$$t = \left(\bar{x} - \bar{y}\right)\left[\frac{n_1 n_2 (n_1 + n_2 - 2)}{(n_1 + n_2)\ (n_1 s_1^2 + n_2 s_2^2)}\right]^{1/2} \tag{12-153}$$

式(12-153)服从 t 分布，其中变量为：

$$\bar{x} = \frac{1}{n_1}\sqrt{x_i} \qquad \bar{y} = \frac{1}{n_2}\sqrt{y_i}$$

$$s_1^2 = \frac{1}{n_1}\sum\left(x_i - \bar{x}\right)^2 \qquad s_2^2 = \frac{1}{n_2}\sum\left(y_i - \bar{y}\right)^2$$

由 t 分布表(见表 12-17)查出 $P(|t|>t_a) = a$ 时的 t_a 值，a(显著水平)通常取为 0.05。如果按式(12-153)算出的 $|t|<t_a$，则无理由怀疑两组数据间有系统误差。

【例12-4】 对某量测得的两组数据如表12-21所示,用t检验法判断两组数据间是否有系统误差?

表12-21 某量的数据

n_1、n_2	1	2	3	4	5	6	7	8	9	10
x_i	1.9	0.8	1.1	0.1	-0.1	4.4	5.5	1.6	4.6	3.4
y_i	0.7	-1.6	-0.2	-1.2	-0.1	3.4	3.7	0	2.0	0.8

解: $\bar{x}=2.33$ $\bar{y}=0.75$ $s_1^2=3.608$ $s_2^2=2.8805$

由式(12-153)计算出,$t=1.8608$。

由参数 $n-1=20-1=19$ 及 $a=0.05$(或 $P=95\%$)查表12-17得 $t_a=2.104>t=1.8608$,故无理由怀疑两组数据间有系统误差。

2. 消除和减弱系统误差的方法

(1)从产生误差根源上消除系统误差。消除产生系统误差的根源是最根本的措施,它要求测量人员对测量过程中产生系统误差的环节做仔细分析,设计最佳的测量系统,严格遵守测试规程。例如,为了防止测量过程中仪表零位的变动,测量开始和结束时都需检查零位;又如,为了防止仪表长期使用精度下降,要严格进行检定与修理。如果测量流量的系统误差是由流速分布或流向的原因引起的,则应合理选定测流断面,使其符合该测量方法的要求;如果系统误差是由外界条件不稳定引起的,则应在条件稳定时进行测量,若外界条件急剧变化则应停止测量。

(2)用修正方法消除系统误差。这种方法是预先将测量器具的系统误差检定出来或计算出来,制成误差表或误差曲线,然后取与误差数值大小相同而符号相反的值作修正值,将实际测得值加上相应的修正值,即可得到不包含系统误差的测量结果。如一把尺子的实际长度不等于公称尺寸,如按公称尺寸使用,就要产生系统误差。因此,应按经过检定的实际尺寸使用才能消除此项系统误差。

因修正值本身也含有一定的误差,因此用修正值消除系统误差的方法,不可能将全部系统误差消除掉。

3. 恒定系统误差的估计

对某量多次测量,得到测量数列为 $x_1, x_2, \cdots, x_n$,设真值为 x_0,则测量的真误差 E_i 为

$$E_i = x_i - x_0 = (x_i - u) + (u - x_0) = \delta_i + \varepsilon \tag{12-154}$$

式中 δ_i——随机误差;

u——母体均值;

ε——系统误差。

当 $n \to \infty$ 时,式(12-153)取极限均值,并考虑到随机误差的抵偿性,即 $\dfrac{\lim\limits_{n\to\infty}(\delta_1+\delta_2+\cdots+\delta_n)}{n}=0$,故可得

$$\varepsilon = \frac{\lim\limits_{n \to \infty}(E_1 + E_2 + \cdots + E_n)}{n}$$

当 n 为有限时,可得系统误差的估计值

$$\hat{\varepsilon} = \frac{E_1 + E_2 + \cdots + E_n}{n} \tag{12-155}$$

式(12-155)说明,真误差的平均值即为恒定系统误差的估计值,这是求恒定系统误差的基本思想。以下举例说明。

【例 12-5】 用一台标准仪器评定某台仪器的精度,两台仪器同时测定某被测量,结果如表 12-22 所示。

表 12-22　测量示值表

测次	1	2	3	4	5	6
标准仪器 a_i	10 006.2	10 009.6	10 005.5	10 006.6	10 009.1	10 007.0
被校仪器 x_i	10 007.5	10 010.3	10 006.8	10 007.1	10 010.4	10 007.9

解:

系统误差:

$$\hat{\varepsilon} = \frac{\sum (x_i - a_i)}{6} = 1.0$$

单次测量标准差:

系统误差　$$\hat{\sigma} = \sqrt{\frac{\sum (x_i - a_i - \hat{\varepsilon})^2}{6 - 1}} = 0.352$$

标准仪器测量误差　$$\sigma_a = \sqrt{\frac{(a_i - \bar{a})^2}{6 - 1}} = 1.646\ 4$$

被校仪器测量误差　$$\sigma_x = \sqrt{\frac{(x_i - \bar{x})^2}{6 - 1}} = 1.605\ 8$$

平均值的标准差(系统误差):

系统平均值误差　$$\sigma_{\hat{\varepsilon}} = \frac{\hat{\sigma}}{\sqrt{6}} = 0.144$$

标准仪器平均值误差　$$\sigma_{\bar{a}} = \frac{\sigma_a}{\sqrt{6}} = 0.672\ 1$$

被校仪器平均值误差　$$\sigma_{\bar{x}} = \frac{\sigma_x}{\sqrt{6}} = 0.655\ 6$$

每测一次的随机不确定度(取 $a=0.05$):

系统　$\Delta_{\varepsilon} = t_a \hat{\sigma} = 2.57 \times 0.352 = 0.905$

标准仪器　$\Delta_{\bar{a}} = t_a \sigma_a = 2.57 \times 1.646\ 4 = 4.23$

被测仪器　$\Delta_{\bar{x}} = t_a \sigma_x = 2.57 \times 1.605\ 8 = 4.13$

6 次平均值的随机不确定度(取 $a=0.05$):

系统　$\Delta_{\hat{\varepsilon}} = t_a \cdot \dfrac{\hat{\sigma}}{\sqrt{6}} = 2.57 \times 0.144 = 0.37$

标准仪器　$\Delta_a = t_a \cdot \sigma_{\bar{a}} = 2.57 \times 0.6721 = 1.73$

被测仪器　$\Delta_{\bar{x}} = t_a \cdot \sigma_{\bar{x}} = 2.57 \times 0.6556 = 1.68$

【例 12-6】　设某量 c_i 由公式 $c_i = \dfrac{x_i + y_i}{2}$ 求得,测量 x_i 和 y_i 如表 12-23 所示,求任意测量一次的 x_i(或 y_i)的误差。

表 12-23　测量值统计表

n	1	2	3	4	5	6	7	8	9	10
x_i	3.2	12.6	5.8	3.8	12.5	5.2	3.3	5.1	12.8	3.7
y_i	1.8	2.6	3.4	1.4	2.5	3.0	1.9	3.3	2.6	1.5

解:

某量 c 的标准差计算:

$$\sigma_c = \sqrt{\frac{(c_i - \bar{c})^2}{10 - 1}} = 0.7775$$

设 x_i 和 y_i 的方差为 σ,则有 $\sigma_c = \sqrt{\dfrac{\sigma_x^2 + \sigma_y^2}{4}} = \sigma/2$ 即

$$\sigma = \sqrt{2}\sigma_c = 1.1$$

x_i 和 y_i 的随机不确定度为($a = 0.05$):

$$\Delta = t_a \sigma = \pm 2.26 \times 1.1 = \pm 2.5$$

x_i 和 y_i 的恒定系统误差为

$$\varepsilon_x = \mathrm{mean}(x_i - c_i) = 1.0$$

$$\varepsilon_y = \mathrm{mean}(y_i - c_i) = -1.0$$

则 x_i 和 y_i 的精确度为:

$\varepsilon_x + \Delta = 1.0 \pm 2.5$　　最大值为 3.5

$\varepsilon_y + \Delta = -1.0 \pm 2.5$　　最小值为 -3.5

12.8.1.5　误差的合成

在泵站测试中,一般是通过测量水位、压力、压差、流速、断面几何尺寸,以及电量、力学量等各项量值来确定泵站的扬程、流量、功率、效率等参数的,根据误差理论,任何物理量的测量都存在误差,而且在测量误差中,一般都含有随机误差和系统误差。前面已经介绍了这两种误差的估算方法,这还不够,误差分析还应当把各项误差综合成试验结果的总误差,以便评价该测量结果的精度水平。为此,在误差估算中,要仔细分析误差来源,做到不遗漏、不重复,对大误差的处理和运算要特别慎重,然后按误差性质,分别采用相应的方法合成,并求出与所要求置信度相应的极限误差(或总不确定度)。

1. 已定系统误差的合成

已定系统误差,其大小、符号均已确定,故其合成用代数合法:

$$\delta_{sc}=\delta_{sc1}+\delta_{sc2}+\cdots+\delta_{scm} \tag{12-156}$$

2. 不定常差的合成

不定常差 δ_{sui},其大小已知(或知近似值),因其符号可正可负,就有可能抵消一些误差,本当按代数和法合成,但不知其符合,这时可按绝对和法合成。若试验结果有 m 个不定常差,则总不定常差为

$$\delta_{su}=|\delta_{su1}|+|\delta_{su2}|+\cdots+|\delta_{sum}| \tag{12-157}$$

3. 随机误差合成

(1)随机标准差的合成。当测量结果含有的随机标准差为相互独立或不相关时(一误差取值与另一误差取值毫无关系),则这些随机误差可按方和根法合成,估算出测量结果的总随机误差:

$$\sigma_{总}=\sqrt{\sigma_1^2+\sigma_2^2+\cdots+\sigma_n^2} \tag{12-158}$$

【例12-7】 用一根尺子逐段丈量一个10 m的距离,丈量1 m距离的标准差为 $\sigma=0.2$ mm,试求10 m距离的标准差。

解:设 L 为10 m的距离,l 为1 m的距离,则

$$L=l_1+l_2+\cdots+l_{10}$$

测量总距离的标准差:

$$\sigma_L=\sqrt{\sigma^2+\sigma^2+\cdots+\sigma^2}=\sigma\sqrt{10}=0.63(\text{mm})$$

(2)估算总标准差。

【例12-8】 某一量 u 是由 x 和 y 之和求得,x 是由16次测量的算术平均值得出,其单个测量标准差为0.2(单位略),y 是由25次测量的算术平均值得出,其单个测量标准差为0.3,试求 u 的标准差。

解:分别求 x 和 y 的平均值标准差

$$\sigma_{\bar{x}}=\frac{0.2}{\sqrt{16}}=0.05$$

$$\sigma_{\bar{y}}=\frac{0.3}{\sqrt{25}}=0.06$$

求 u 的总标准差

$$\sigma_{\bar{u}}=\sqrt{\sigma_{\bar{x}}^2+\sigma_{\bar{y}}^2}=\sqrt{0.05^2+0.06^2}=0.078$$

【例12-9】 启停秒表的标准差分别为0.03 s,问用此秒表测量时间由于启停原因引起的标准差为多少?

解:任一时段可以表达为秒表启停时刻之差,即 $t=t_2-t_1$。

已知:$\sigma_{t_1}=\sigma_{t_2}=0.03$ s

故 $\sigma_t=\sqrt{\sigma_{t_1}^2+\sigma_{t_2}^2}=0.03\sqrt{2}=0.042(\text{s})$

【例12-10】 测量某管道的内径和长度的相对标准差为0.5%,问其体积的相对标准

差是多少？

解：设管道内径为 D，长度为 L，则体积 V 为

$$V = \frac{\pi}{4}D^2L$$

$$\frac{\sigma_V}{V} = \sqrt{4\left(\frac{\sigma_D}{D}\right)^2 + \left(\frac{\sigma_L}{L}\right)^2} = \sqrt{4+1} \times 0.5\% = 1.118\%$$

体积的相对标准差为 1.118%。

(3)随机不确定度 Δ_E。将总的随机标准差乘以置信系数 k 或变量 t_a 即得相应于某一指定置信度的随机误差限或随机不确定度 Δ_E，即：

$$\Delta_E = \pm k\sigma_{总} \quad 或 \quad \Delta_E = \pm t_a\sigma_{总}$$

式中，k 或 t_a 可从表 12-16 和表 12-17 中查得。

4. 测量结果总的极限误差

测量结果总的极限误差，就是按一定置信度把随机误差和系统误差合成而得的。在泵站测试中，如预先采取措施消除恒定系统误差，而且各参数的误差又互相独立，可以把残余的系统误差和随机误差都按方和根法合成，国际规程(IEC)也推荐采用方和根法，其置信度一般取 95%。例如泵站效率测量的极限误差 Δ_η 按下式计算：

$$\Delta_\eta = \pm\sqrt{\Delta_H^2 + \Delta_Q^2 + \Delta_P^2}$$

式中　Δ_H、Δ_Q、Δ_P——扬程 H、流量 Q 和功率 P 的极限误差。

12.8.2　数据处理

在抽水装置上的测量工作完成以后，要对试验数据进行处理，通常包括检验数据的合理性、数字运算、回归分析以及找出最佳的拟合曲线的数字表达式等。

12.8.2.1　观测数据合理性的检验

观测数据总是含有一定测量误差的近似值，如某一数据的误差显著地超出一定的限度，则该数据不应被采用，而应被剔除。但是不能毫无根据地剔除误差稍大的观测数据而人为地提高测量结果的精度。在测量过程中，若发现有的数据明显不合理，可将该值在记录中划掉，但须注明原因，不说明原因而随意涂改试验记录是不允许的。对于不太明显的过失误差，在测量过程中不易发现，需对所有数据按统计方法判断检验，才能确定某一数据能否被剔除。下面介绍几种判别准则。

1. 格拉布斯(Grabbs)准则

对某量进行等精度多次重复观测，得到一组观测数据，这组数据中是否存在过失误差，可按以下步骤，用拉格布斯准则进行判断：

(1)求出观测数据的算术平均值：

$$\bar{x} = \frac{1}{n}\sum x_i$$

(2)计算各观测值与算术平均值之差：

$$\Delta x_i = x_i - \bar{x}$$

(3)按贝赛尔公式计算单次测量的标准差：

$$\sigma = \sqrt{\frac{1}{n-1}\sum \Delta x_i^2}$$

(4)将 Δx_i 按其数字大小排序，并计算其与标准差的比值 $T = \frac{\Delta x_i}{\sigma}$（一般只需对最大或最小值进行计算）。

(5)根据测量次数在格拉布斯数值表 12-24 中查得相应的 $g_0(n,a)$ 值，若 $T > g_0(n,a)$ 值，则认为 x_i 含有粗差，那么 x_{max} 或 x_{min} 应该抛弃，在抛弃粗差之后，对剩下来的观测值重新计算，连续运用该准则进行检验，直至 $T < g_0(n,a)$ 值为止。

表 12-24　格拉布斯 $g_0(n,a)$ 数值

n	a		n	a	
	0.05	0.01		0.05	0.01
3	1.15	1.15	17	2.47	2.78
4	1.46	1.49	18	2.50	2.82
5	1.67	1.75	19	2.53	2.85
6	1.82	1.94	20	2.56	2.88
7	1.94	2.10	21	2.58	2.91
8	2.03	2.22	22	2.60	2.94
9	2.11	2.31	23	2.62	2.96
10	2.18	2.41	24	2.64	2.99
11	2.23	2.48	25	2.66	3.01
12	2.29	2.55	30	2.74	3.10
13	2.33	2.61	35	2.81	3.18
14	2.37	2.66	40	2.87	3.24
15	2.41	2.70	45	2.91	3.29
16	2.44	2.75	50	2.96	3.34

【例 12-11】　测某温度 15 次，结果如表 12-25 所示，判断有误粗差。

表 12-25　测量结果

测次 n	1	2	3	4	5	6	7	8
温度(℃)	20.42	20.43	20.40	20.43	20.42	20.43	20.39	20.30
测次 n	9	10	11	12	13	14	15	均值
温度(℃)	20.40	20.43	20.42	20.41	20.39	20.39	20.4	20.404

解:

$$\bar{x} = \frac{1}{n}\sum x_i = 20.404 \qquad \sigma = \sqrt{\frac{1}{n-1}\sum \Delta x_i^2} = 0.0327$$

查表 12-24 得: $g_0(n,a) = g_0(15,0.05) = 2.41$

从 15 次观测数据中选取绝对值最大 Δx_i 计算 $|T|$:

$$|T|_{15} = \max(|\Delta x_i|) = \frac{0.104}{0.0327} = 3.18 > g_0(n,a) = 2.41$$

故第 8 次测量的 20.30 为粗值,应剔除。舍去 x_8 之后,再对剩余 14 次测定数据进行检验。

重新查得: $g_0(n,a) = g_0(14,0.05) = 2.37$

$$|T|_{14} = \max(|\Delta x_i|) = \frac{0.0214}{0.0161} = 1.329 < g_0(n,a) = 2.37$$

故其余 14 次测量值中不含粗差。

需要指出的是:①计算标准差时,可疑值也一并计算,该方法理论推导严密,是一个好的判别标准;②第一次计算标准差时,$n=15$,之后,每剔除一个粗值,n 将减去 1。

2. 肖维纳准则

肖维纳准则与格拉布斯准则的计算部分相同,只是检验标准不同,用肖维纳系数 Z_n(见表 12-26)代替格拉布斯数值 $g_0(n,a)$。

表 12-26　肖维纳系数 Z_n 值

n	3	4	5	6	7	8	9	10	11	12	13	14	15
Z_n	1.38	1.53	1.65	1.73	1.80	1.86	1.92	1.96	2.00	2.03	2.07	2.10	2.13

3. 狄克逊准则

从统计意义上说,如果子样容量较少,则与子样平均值差别较大的数据应被视为可疑的测值。以流量测量为例,国家标准规定,置信概率取 95%,在此以外的数据可被认为可疑,应予剔除。狄克逊准则是应用极差比的方法,得到简化而严密的结果。其具体方法如下:

将测量数据排序(从大到小或从小到大),得到排序后的数据系列: x_1、x_2、…、x_n。

如果 $f_0 > f(a,n)$,则应剔除 x_1 或 x_n。

式中　f_0——狄克逊检验比,计算公式查表 12-27;

$f(a,n)$——临界值,查表 12-27。

仍对例 12-11 数据采用狄克逊准则判断。

数据排列: $x_1 = 20.30$, $x_2 = 20.39$, $x_3 = 20.39$,…, $x_{13} = 20.43$, $x_{14} = 20.43$, $x_{15} = 20.43$。

按表 12-27 中的系数 $f(a,n)$ 和 f_0 计算公式,判断 15 次测量数据中是否有粗差。

表 12-27　狄克逊准则的临界值 $f(a,n)$ 和检验比 f_0

n	$f(a,n)$		f_0 计算公式	n	$f(a,n)$		f_0 计算公式
	$a=0.01$	$a=0.05$			$a=0.01$	$a=0.05$	
3	0.988	0.941	x_1 可疑 $\frac{x_2-x_1}{x_n-x_1}$ x_n 可疑 $\frac{x_n-x_{n-1}}{x_n-x_1}$	14	0.641	0.546	x_1 可疑 $\frac{x_3-x_1}{x_{n-2}-x_1}$ x_n 可疑 $\frac{x_n-x_{n-2}}{x_n-x_3}$
4	0.889	0.765		15	0.616	0.525	
5	0.780	0.642		16	0.595	0.507	
6	0.698	0.560		17	0.577	0.490	
7	0.637	0.507		18	0.561	0.475	
8	0.683	0.554	$\frac{x_2-x_1}{x_{n-1}-x_1}$ $\frac{x_n-x_{n-1}}{x_n-x_2}$	19	0.547	0.462	
9	0.635	0.512		20	0.535	0.450	
10	0.597	0.477		21	0.524	0.440	
11	0.679	0.576	$\frac{x_3-x_1}{x_{n-1}-x_1}$ $\frac{x_n-x_{n-2}}{x_n-x_2}$	22	0.514	0.430	
12	0.642	0.546		23	0.505	0.421	
13	0.615	0.521		24	0.497	0.413	
				25	0.489	0.406	

$$f_{0-1}=\frac{x_3-x_1}{x_{n-2}-x_1}=\frac{20.39-20.30}{20.43-20.30}=0.6923$$

$$f_{0-n}=\frac{x_n-x_{n-2}}{x_n-x_3}=\frac{20.43-20.43}{20.43-20.39}=0$$

$$f(0.05,15)=0.525$$

由于 $f_{0-1}=0.6923<0.525$，故 $x_1=20.30$ 为粗差，应该剔除，而 $f_{0-n}=0<0.525$，故最大值 $x_{15}=20.43$ 不是粗差，不可剔除。

狄克逊准则只适用于 $n<25$ 的条件。狄克逊准则和格拉布斯准则给出的结果是严格的，可用来对测量数据加以判别，以便去粗取精。

12.8.2.2　拟合曲线及拟合曲线精度

观测过程中，如两组观测数据存在相关关系，可用曲线方程来拟合这两组数据，并估算拟合曲线的误差大小。

1. 最佳抛物线拟合

设拟合曲线方程为 $\hat{y}=ax^2+bx+c$，一般地由 x_i 求得的 $\hat{y}_i=ax_i^2+bx_i+c$ 与实测 y_i 是不相等的。

设 $\delta_i=y_i-\hat{y}_i=y_i-ax_i^2+bx_i+c$，使 $\sqrt{\delta_i^2}$ 最小，可通过数学推导求得 a、b、c。

2. 最佳直线拟合

设拟合曲线方程为 $\hat{y}=ax+b$，用同样的方法，可求得系数 a、b。

两组测量数据的相关系数可按下式计算

$$\gamma = \frac{\sqrt{(x_i - \bar{x})}\sqrt{(y_i - \bar{y})}}{\sqrt{(x_i - \bar{x})^2}\sqrt{(y_i - \bar{y})^2}} \tag{12-159}$$

工程上在相关系数 γ 达到一定程度时才用直线来拟合，最小相关系数列于表 12-28 中。

表 12-28　最小相关系数

$n-2$	γ_{min}	$n-2$	γ_{min}	$n-2$	γ_{min}	$n-2$	γ_{min}
1	1.000	6	0.834	11	0.684	16	0.596
2	0.990	7	0.798	12	0.661	17	0.575
3	0.959	8	0.765	13	0.641	18	0.561
4	0.917	9	0.735	14	0.623	19	0.549
5	0.874	10	0.708	15	0.606	20	0.537

如果所求得的相关系数 γ 小于表 12-28 中规定的数，那么就不能用直线来拟合，这时可采用其他曲线来拟合。

3. 拟合曲线方程的精确度

拟合曲线方程的精确度是指曲线对各测点的符合程度，可用剩余标准差 S 来描述，标准差越小，说明曲线对实测点的拟合程度越好，方程的精度越高。

标准差 S 按下式计算：

$$S = \sqrt{\frac{\sum (y_i - \hat{y}_i)^2}{n - m}} \tag{12-160}$$

式中　n——观测次数；

m——观测数据拟合曲线方程中待估参数的个数，如直线拟合，$m=2$，抛物线拟合，$m=3$，在静态的多次重复测量中，待估参数只有一个（平均值），则 $m=1$，上式变换为贝赛尔公式。

12.8.2.3　有效数字和舍入原则

1. 有效数字

如果测量结果 L 的极限误差是某一位上的半个单位，则从该位数到 L 的左侧起第一个非零数字一共有几位，表示近似值 L 有几位有效数字。也就是说，有效数字中除末位数字为可疑或不准确的外，其余前面各位数字都应该是准确可靠的。例如，用一根带有毫米刻度的尺子测量长度，小于毫米的部分是估读的（不准确），设得到的值为 1.524 5 m，其中末位 5 是估计的，而前面四位数是准确的，显然，这个数字的有效数字是五位数。

测试工作中，书写的近似数如不注明误差时应遵循以下规则：

（1）近似数除最末一位数字不准确外，其余各位皆为准确数字。

（2）试验记录时，通常每一数据只应保留一位不准确数字，即最后一位前的各位数字都必须是准确的。

（3）小数点后仅表示小数点位置的“0”不能认为是准确数字，如 0.002 3 的准确数字只有一位 2，而非三位 002。小数点后表示测量精度的“0”不能省略，除最末一位上的“0”

为欠准确数字外,其余皆为准确数字,如 2.000、2.100 和 2.120 均为三位有效数字。

(4)为了确切地表明数字中准确数字的位数,有时需要将测量值表示为“10 的乘方”。如数值 250 000,如果只有一位准确数字,则需写成 25×10^4 或 2.5×10^5 或 0.25×10^6 或 0.025×10^7,…;若有两位准确数字,则记为 250×10^3 或 25.0×10^4 或 2.50×10^5,…;若有三位准确数字,则记为 $2\ 500\times10^2$ 或 250.0×10^3 或 25.00×10^4,…。

2. 抹尾舍入规则

要把一个数抹尾凑到 n 位有效数字,就需把这个数的第 n 位右边的全部数字抹去,其规则可归纳为“四舍六入,五凑偶”,具体如下:

(1)如果被抹去的部分,大于第 n 位数字的半个单位,则在第 n 位数字上加 1。

(2)如果被抹去的部分,小于第 n 位数字的半个单位,则在第 n 位数字不变。

(3)如果被抹去的部分,恰好是第 n 位数字的半个单位,则第 n 位数字为奇数时加 1,为偶数时不变。

第13章　泵站优化调度方案及工程实例

在泵站工程规划设计时,通常根据历史资料对泵站工程的运行工况做出周密预测,优化选择泵站的各项设备,期望泵站建成后运行在高效工作状态。但规划设计并不能预测运行中泵站工作条件的实际时序状态,即泵站一般运行在非设计工况条件下,这就要求对已建成的泵站工程进行实时调度(运行调度),根据泵站实际工作条件的改变随时调整泵站的运行方式,以使泵站在高效益的状态下运行。

泵站工程的效益和能量消耗不仅与水泵的工况有关,还与管路系统、引输水工程(如引输水渠、进出水池等)、动力机系统(电动机、传动设备、变配电设备)等设备及工程的工况有关。泵站运行调度不是追求某一种设备的运行状态最好,而是以泵站装置整体配合的运行状态最优作为目标。一个大、中型泵站工程需要根据目前以及预报期的工作环境条件确定当前泵站的工作方式,包括确定供水流量、运行机组台数及序号、机组运行频率等。

制订泵站工程优化调度方案的主要任务:①根据工作条件计算水泵的工作点及泵站运行技术经济指标;②调节水泵运行工况以使既定目标函数达到极值。

对装机比较复杂的泵站工程,可借助等效水泵和等效管路特性曲线的概念来使泵站工况计算变得容易或可行。本章以漳泽泵站供水系统为例,具体阐述制订泵站工程优化调度方案的详细方法、步骤。

13.1　漳泽泵站供水系统简介

漳泽泵站供水系统系山西省辛安泉供水工程的一个子系统,位于长治市,取水于漳泽水库,供水到屯留、襄垣、潞城和长治四县(市、区)的个6供水点,近期年供水总量3 000万m^3,远期可达5 000万m^3。

13.1.1　漳泽泵站

漳泽泵站并联装机4台机组,三工一备,总装机容量2 520 kW,设计供水能力1.65 m^3/s。水泵额定流量0.55 m^3/s,额定扬程80 m,可变频调速或工频运行。

13.1.2　供水点工程

6个供水点各自配备一个蓄水池和池前调流阀室,以控制供水流量或只做断流之用。供水点工程设计参数如表13-1所示。

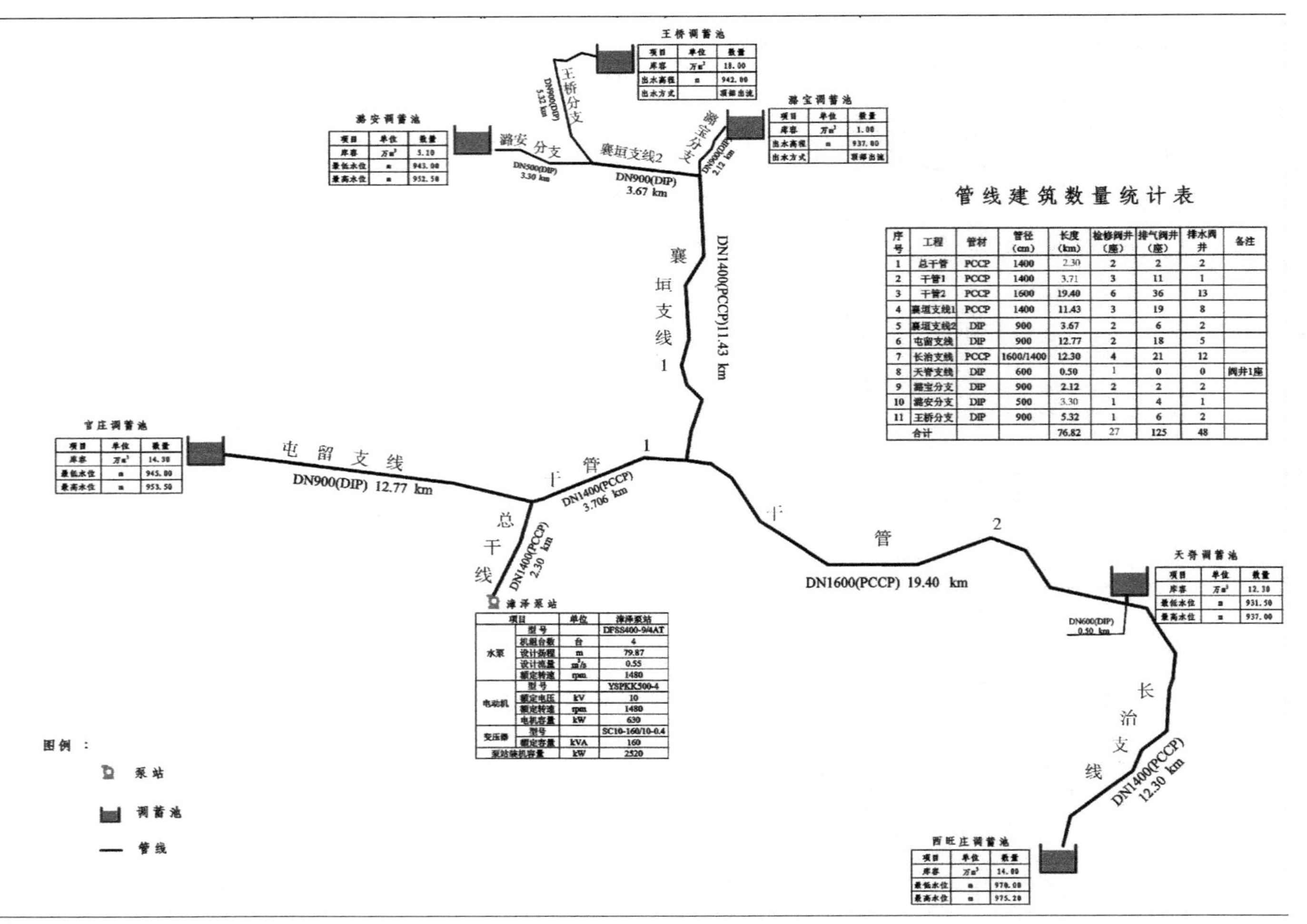

管线建筑数量统计表

序号	工程	管材	管径(cm)	长度(km)	检修阀井(座)	排气阀井(座)	排水阀井	备注
1	总干管	PCCP	1400	2.30	2	2	2	
2	干管1	PCCP	1400	3.71	3	11	1	
3	干管2	PCCP	1600	19.40	6	36	13	
4	襄垣支线1	PCCP	1400	11.43	3	19	8	
5	襄垣支线2	DIP	900	3.67	2	6	2	
6	屯留支线	DIP	900	12.77	2	18	5	
7	长治支线	PCCP	1600/1400	12.30	4	21	12	
8	天脊支线	DIP	600	0.50	1	0	0	阀井1座
9	潞宝分支	DIP	900	2.12	2	2	2	
10	潞安分支	DIP	500	3.30	1	4	1	
11	王桥分支	DIP	900	5.32	1	6	2	
	合计			76.82	27	125	48	

漳泽泵站

项目		单位	漳泽泵站
水泵	型号		DFSS400-9/4AT
	机组台数	台	4
	设计扬程	m	79.87
	设计流量	m³/s	0.55
	额定转速	rpm	1480
电动机	型号		YSPKK500-4
	额定电压	kV	10
	额定转速	rpm	1480
	电机容量	kW	630
变压器	型号		SC10-160/10-0.4
	额定容量	kVA	160
泵站装机容量		kW	2520

图 13-1 漳泽泵站供水系统平面布置图

表 13-1　漳泽泵站供水点静扬程和蓄水池容积

供水点	水位(m)			蓄水池容积($\times 10^4$ m^3)
	最小	设计	最高	
官庄	945	951.5	953.5	7
潞安	943	950.5	952.5	5.1
王桥	942	942	942	18.0
潞宝	937	937	937	1.0
天脊	931.5	936	937	12.3
西旺庄	970	974	975.2	13.0

13.1.3　输水管路工程

漳泽泵站输水管路工程包括总管 1 条、干管 2 条、支线管道 5 条和分支管道 3 条,总长度 76.82 km,各种建筑物 200 座。详见表 13-2。

表 13-2　漳泽泵站各级管段技术参数统计

工程	起点	终点	管材	管径(cm)	长度(km)	检修阀井(座)	排气阀井(座)	排水阀井(座)
					76.82	27	125	48
总干管	泵站	屯留分水口	PCCP	1 400	2.30	2	2	2
干管 1	屯留分水口	襄垣分水口	PCCP	1 400	3.71	3	11	1
干管 2	襄垣分水口	天脊分水口	PCCP	1 600	19.40	6	36	13
襄垣支线 1	襄垣分水口	潞宝分支口	PCCP	1 400	11.43	3	19	8
襄垣支线 2	潞宝分支口	潞安分支口	DIP	900	3.67	2	6	2
屯留支线	屯留分水口	官庄蓄水池	DIP	900	12.77	2	18	5
长治支线	天脊分水口	西旺庄水池	PCCP	合计	12.30	4	21	12
				1 600	0.25	1		
				1 400	12.05	3	21	12
潞宝分支	潞宝分支口	潞宝蓄水池	DIP	900	2.12	2	2	2
潞安分支	潞安分支口	潞安蓄水池	DIP	500	3.30	1	4	1
王桥分支	潞安分支口	王桥蓄水池	DIP	900	5.32	1	6	2
天脊支线	天脊分水口	天脊蓄水池	钢管	600	0.5	1		

漳泽泵站工程平面布置和典型管线纵断图见图 13-1~图 13-3。

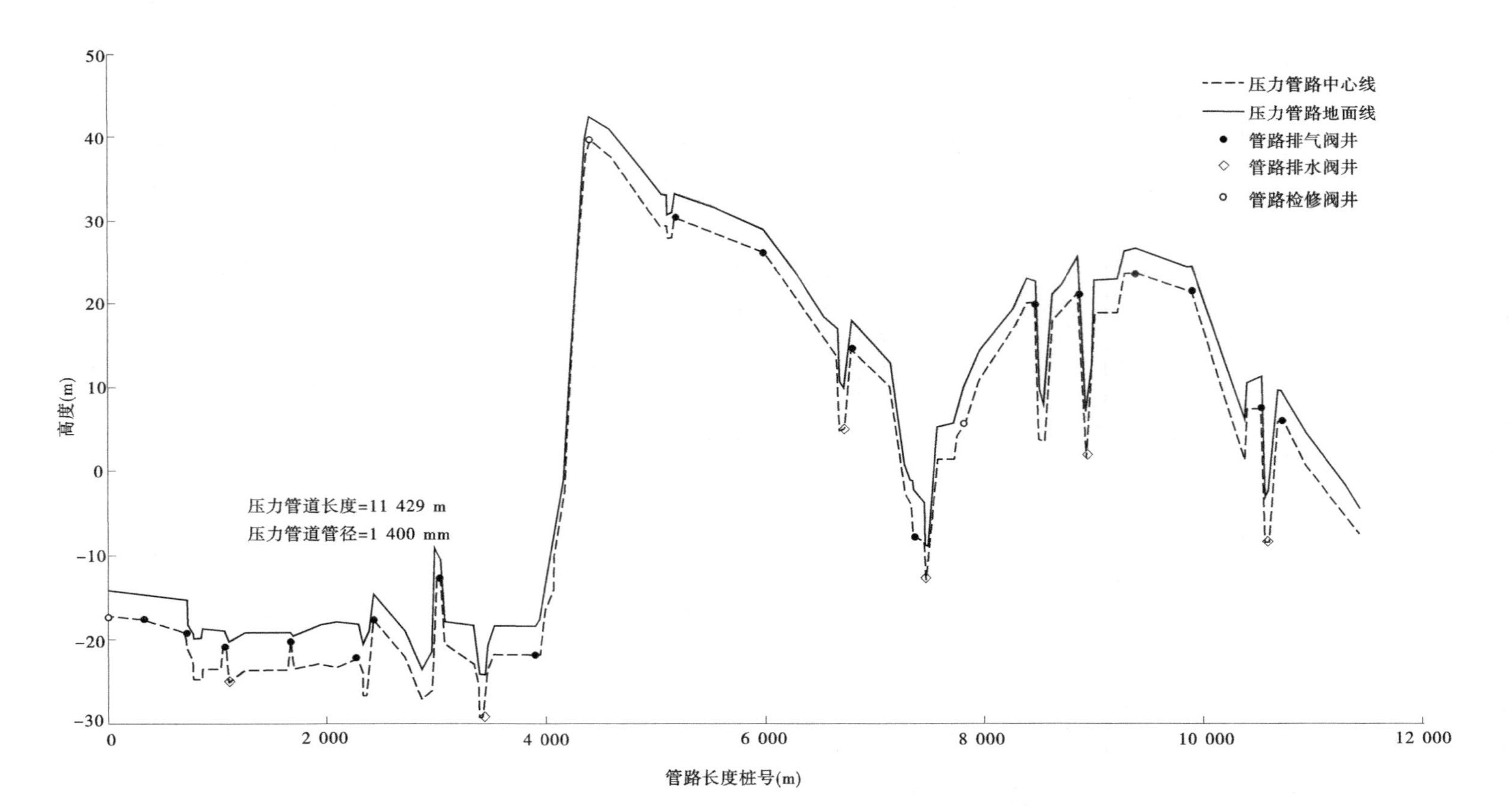

图 13-2　压力管线襄垣分水口—潞宝分水口

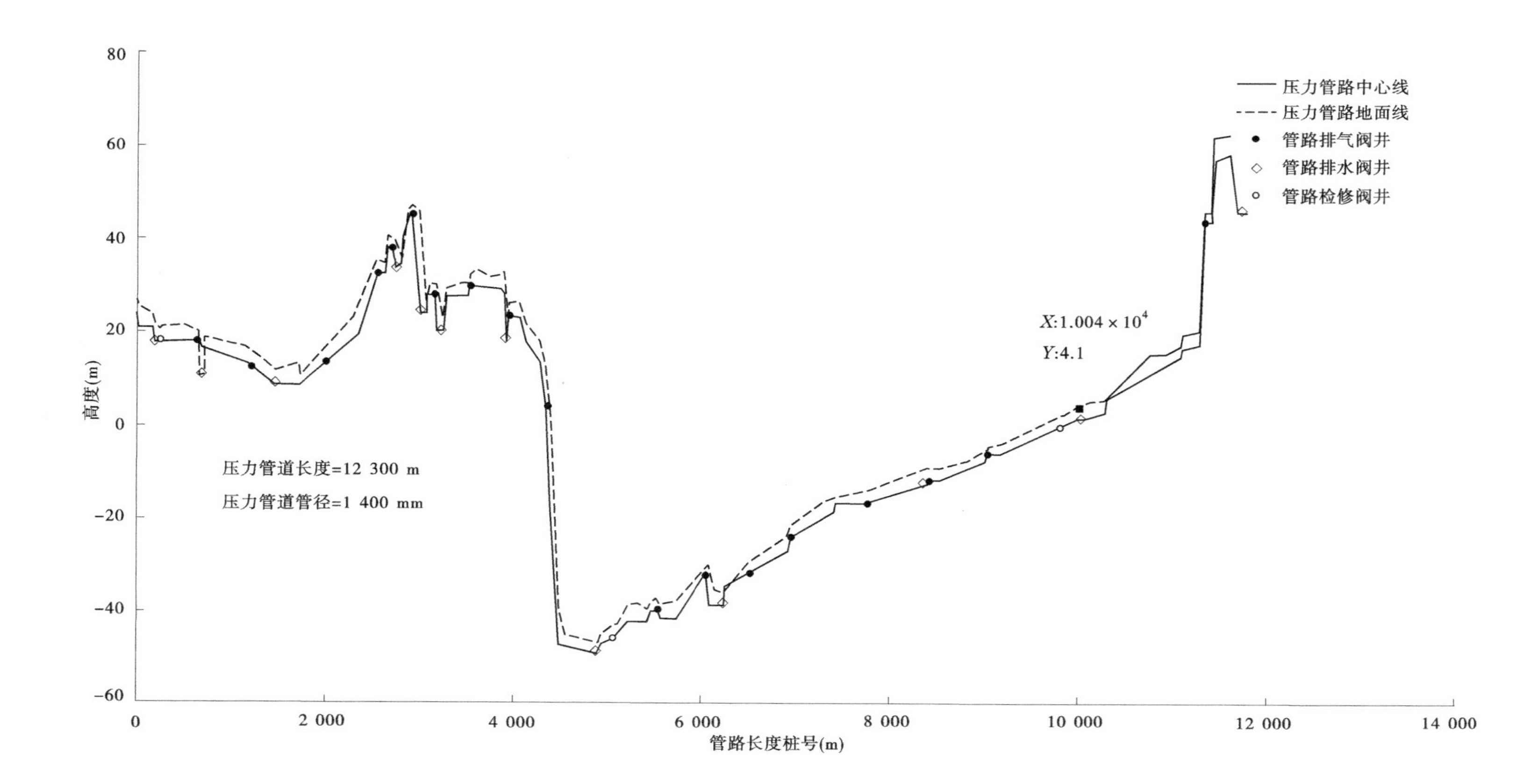

图13-3 压力管线天脊分水口—西旺庄蓄水池

13.1.4 工程特点

(1)出水口多,出水高程不一且高差悬殊。

(2)供水点需水量和流量无常,随用水企业生产情况而变。

(3)输水管路系统复杂,管线高低起伏大,建筑物多。

(4)供水总扬程随供水点及其供水边界条件而变,机组供水调度方案经常需要调整。

13.2 调度方案优化计算分析技术准备

漳泽泵站供水系统比较复杂:①泵站机组有工频和变频两种工况,相当于不同型号机组并联运行;②管路有干、支、分三级,并有6个不同高程和不同用水需求的出水口;③供水边界条件较多且多变,包括出水口和水源水位、运行机组台数及机组编号、需供水量及流量、供水点组合等。为了在计算分析时物理概念比较清晰和容易理解,简化计算和减小计算工作量,应首先完成以下技术准备工作。

13.2.1 供水调度方式

根据各供水点的供水高程,管路及供水点蓄水工程条件,将漳泽泵站的6个供水点分成4组,拟订出4个供水调度方式。

13.2.1.1 官庄、潞安供水点联合供水

官庄和潞安供水点的最高、最低供水水位相差只有0.5 m,但高低水位变幅达9.5 m。两处供水点的输水管路阻力损失系数都很大,其中潞安供水点最大,比官庄供水点大5倍以上,比王桥供水点大20倍以上。因此,两供水点的供水流量都不能太大。为了减小输水管道中的流速和阻力损失,增大供水能力和降低提水能耗,拟订将两处供水点的蓄水工程合用,即将官庄和潞安供水点安调流阀打开,输水管路相当于两个蓄水池间的联通管道。采用两点联合无控制供水方式,以增大供水流量和减小供水能耗。

13.2.1.2 王桥供水点单独供水

王桥供水点低于潞安和官庄供水点,但高于潞宝供水点5 m,且管路也比潞宝供水点长约6.9 km,故宜采用单独供水方式。向王桥供水点单独供水时,宜利用潞安和官庄蓄水池,即将官庄和潞安的进水阀门打开。当供水流量较大时,让其分流一部分,这样做的好处是既能保证供水流量的大部分流向王桥蓄水池,又可在加大流量供水时减小阻力损失、节约能源。

13.2.1.3 潞宝供水点单独供水

潞宝供水点的静扬程最低,不到水泵最高效率扬程的1/2,而且供水管路较短,损失扬程也较小,单独供水比较节能。由于降速较大使水泵的供水能力下降较多,可通过适当增加供水机组台数来增大供水流量。

潞宝供水点单独供水时也需利用王桥蓄水池在供水流量较大时进行分流,以减小阻力损失和提高供水效率。

13.2.1.4 天脊、西旺庄供水点联合供水

天脊供水点供水水位略高于潞宝供水点,但其供水必须翻越供水管路975.04 m的制

高点,高出天脊蓄水池水位 38.04~43.54 m,故实际扬程较大。另外,天脊供水点支线长度虽只有 501 m,但因管径较小(DN600),阻力损失系数却很大,仅次于潞安供水点分支。

西旺庄供水点最高(最高水位 975.2 m),距离最远,管道长度达 313.7 km,其中长治支线长度 12.3 km,但供水管道直径较大,阻力损失也不大,输水能力较大。

为了增大泵站和东片供水点的供水能力,可以将天脊和西旺庄两个供水点的蓄水工程联合起来使用,利用长治支线输水能力较大的优势,供水时可采用较大流量同时向天脊和西旺庄蓄水池注水,停供期间,西旺庄的蓄水可通过管道流回天脊蓄水池,以满足天脊较大的用水。

13.2.2　等效水泵特性曲线

等效水泵的概念和等效水泵特性曲线的计算方法详见附录 4。在此补充以下几点。

13.2.2.1　水泵机组额定转速

水泵的特性曲线对应于它的额定转速值。电机和水泵的额定转速值不同(电机为 1 489 r/min,水泵为 1 480 r/min),机组的实际转速主要取决于电机的转速,同时还与电机的负荷率有关,即与水泵的轴功率有关。

根据电机的实用机械特性曲线、水泵的特性曲线和水泵参数的相似律关系,并利用电机和水泵的额定参数,通过力矩平衡计算,得到机组的额定转速为 1 491 r/min。考虑到异步电动机转速的刚性特点,除非调频运行,水泵工况改变时认为机组转速基本维持不变,并按机组转速对水泵样本特性曲线及额定值予以修正,如图 13-4 所示。

13.2.2.2　机组实测特性曲线

由于水泵机组制造和安装质量的原因,各台机组实际性能曲线与水泵样本给出的值存在差异。经过实测,各台水泵机组的工作特性曲线如图 13-5 所示。比较图 13-4 和图 13-5 可知,实测值与样本给出值、各台机组实测值之间均有一定差异。

13.2.2.3　等效水泵特性曲线

计算等效水泵特性曲线应考虑的因素:①采用实测机组性能曲线;②同时运行机组台数及编号;③运行机组变频调速的频率(考虑机组间性能的差异可以取不同值);④水泵进出水支、岔管段阻力损失等。

等效水泵特性曲线涉及的因素太多,只能编制程序进行电算。如图 13-6、图 13-7 所示为 1#、2#和 4#机组同时变频(48 Hz、48 Hz、49 Hz)运行时的等效水泵特性曲线。该等效水泵计算时考虑了水泵出水、岔支管的不对称因素和岔管段的流态影响因素。

13.2.3　等效管路特性曲线

等效管路的概念和等效管路特性曲线的计算方法详见附录 5。现将计算结果简述如下。

13.2.3.1　管道摩阻系数

干、支管和分支管路供水流量变幅较大,最小流速相对较小,在计算供水管道阻力损失时需考虑流态的影响。采用式(13-1)计算,计算温度为 10 ℃,管壁粗糙度选取 400 μm。管道摩阻系数、单位长度沿程摩阻损失及阻力损失修正系数计算结果如图 13-8 所示。

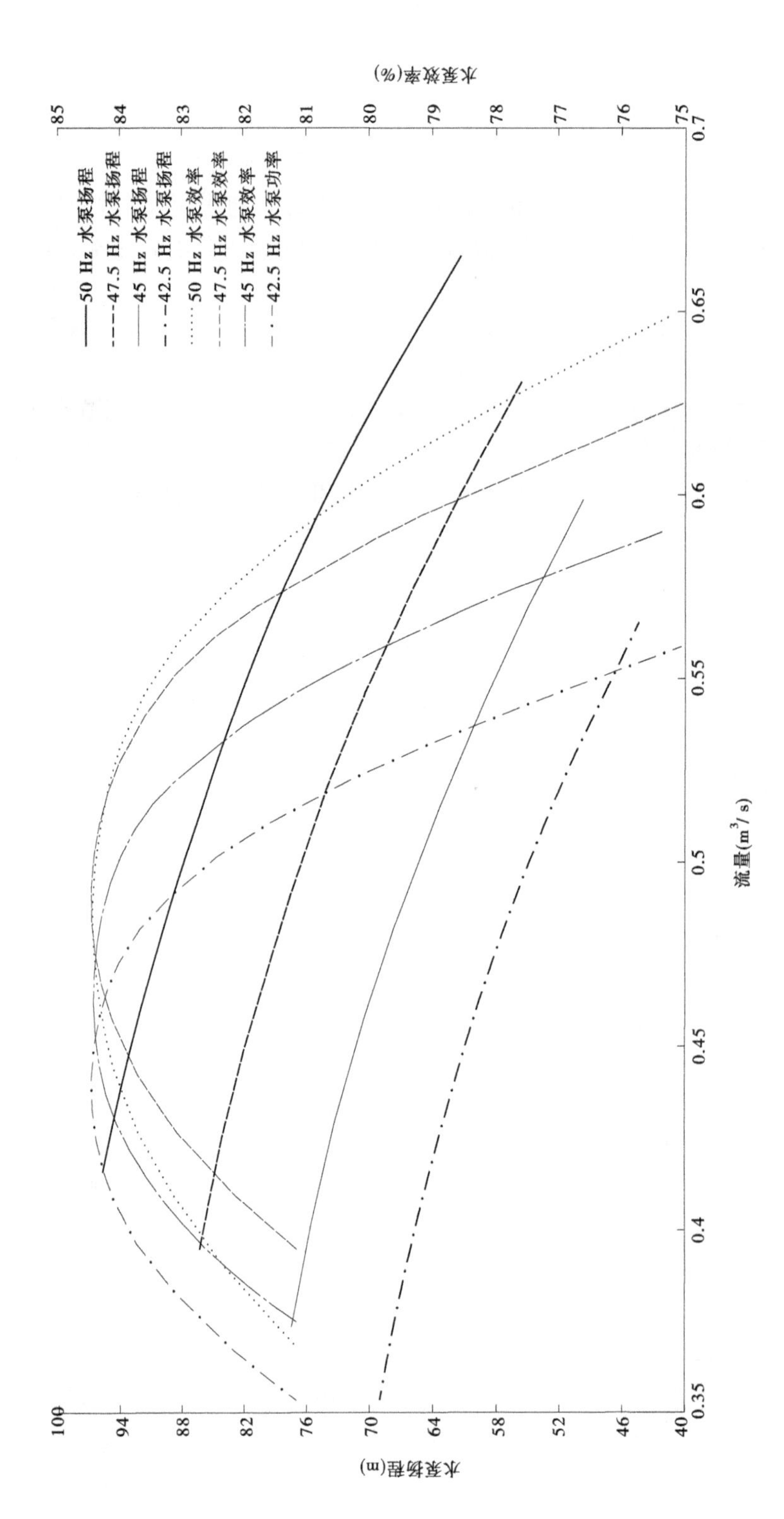

图 13-4　漳泽泵站水泵特性曲线

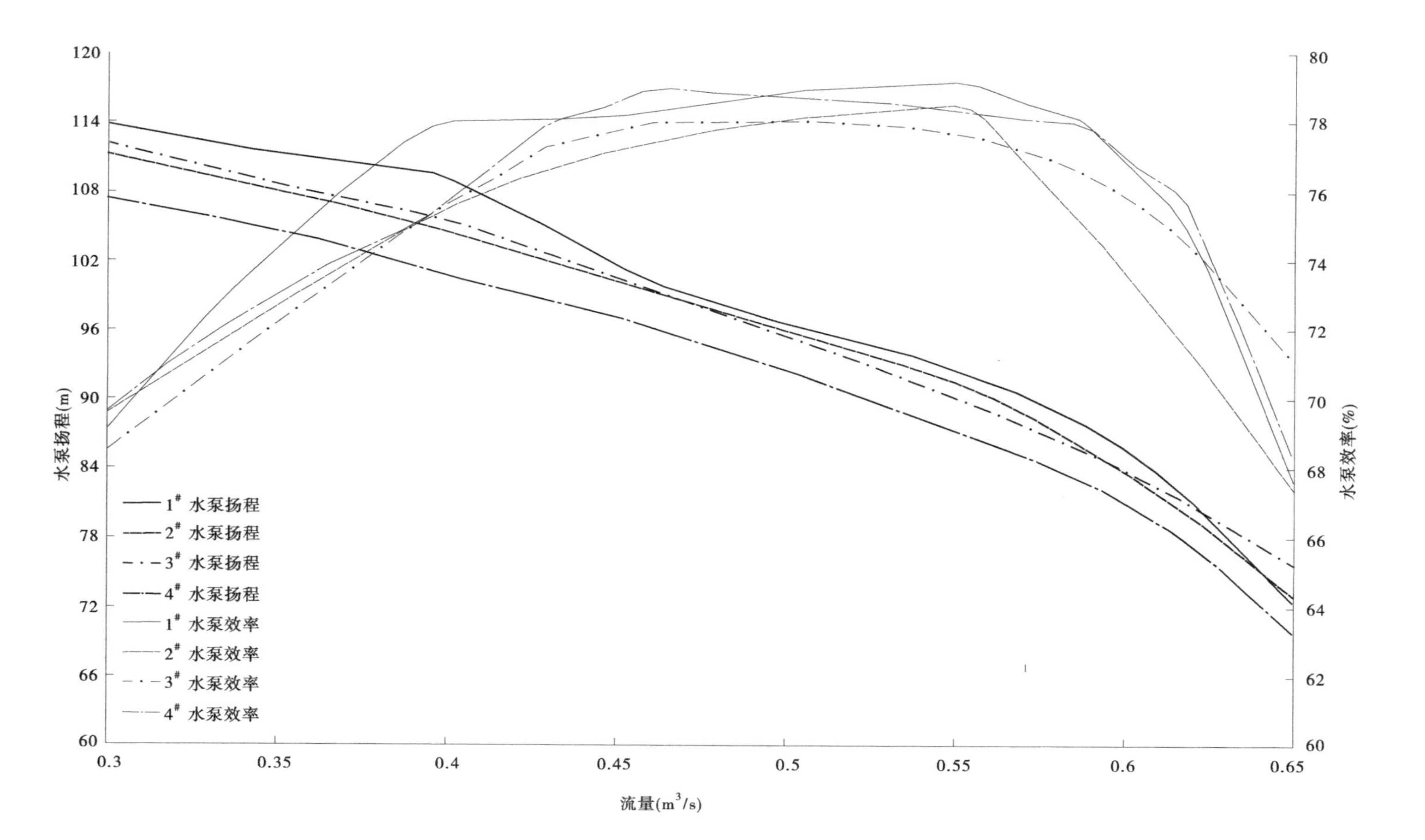

图13-5　漳泽泵站实测机组性能曲线

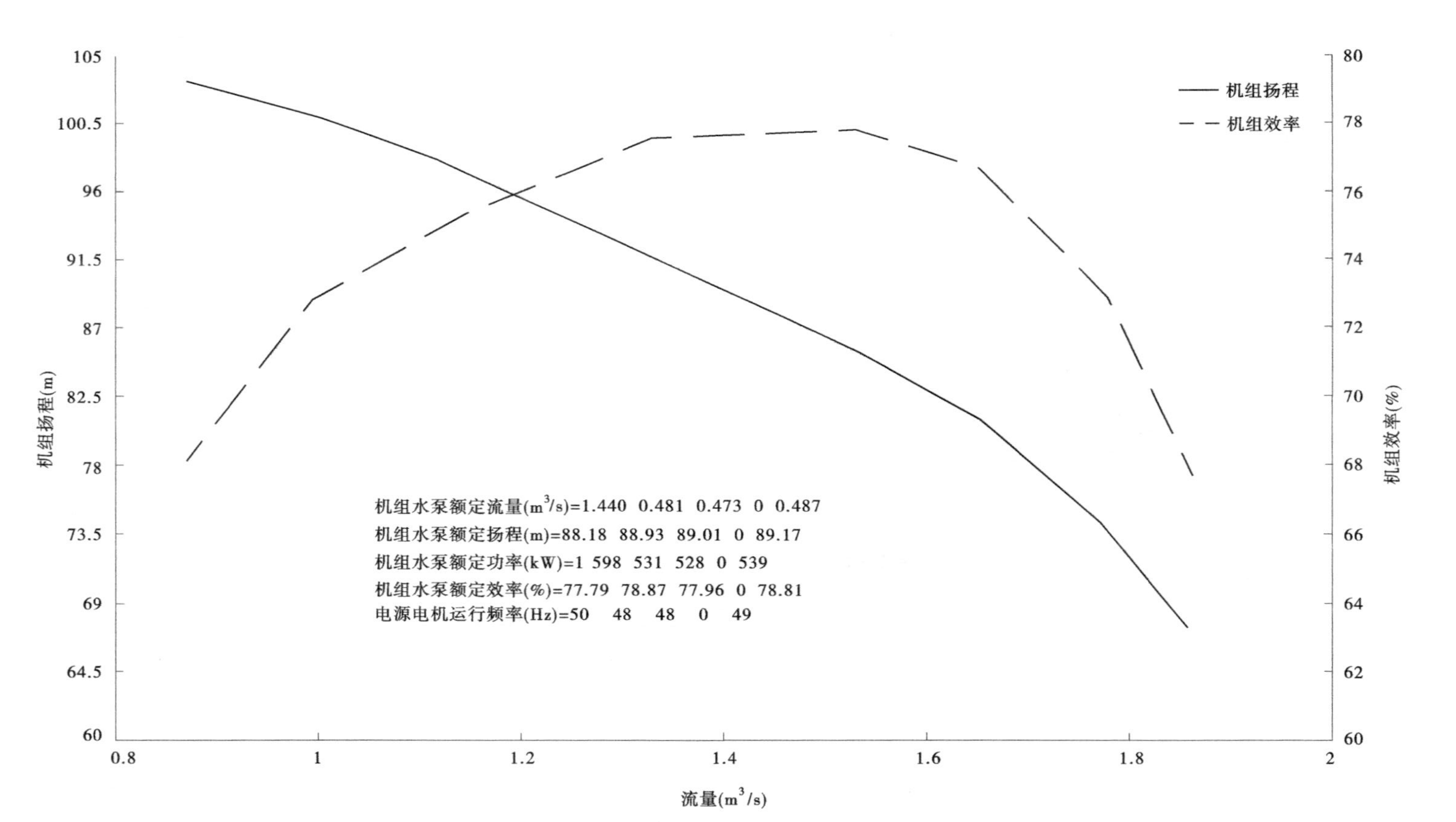

图 13-6　漳泽泵站 $1^{\#}$、$2^{\#}$、$4^{\#}$机组运行等效水泵特性曲线

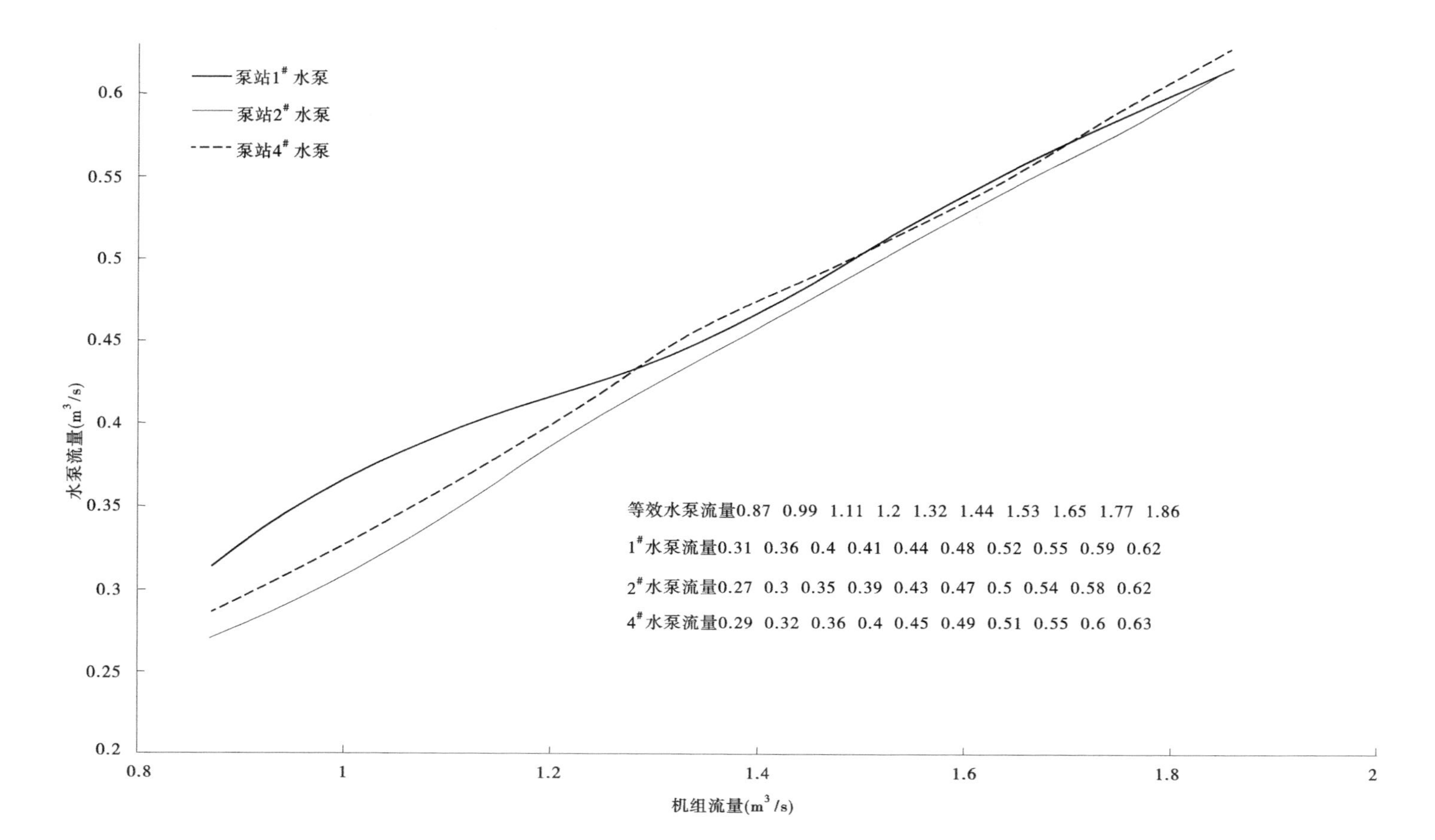

图 13-7　漳泽泵站 1#、2#、4#水泵与机组流量关系曲线

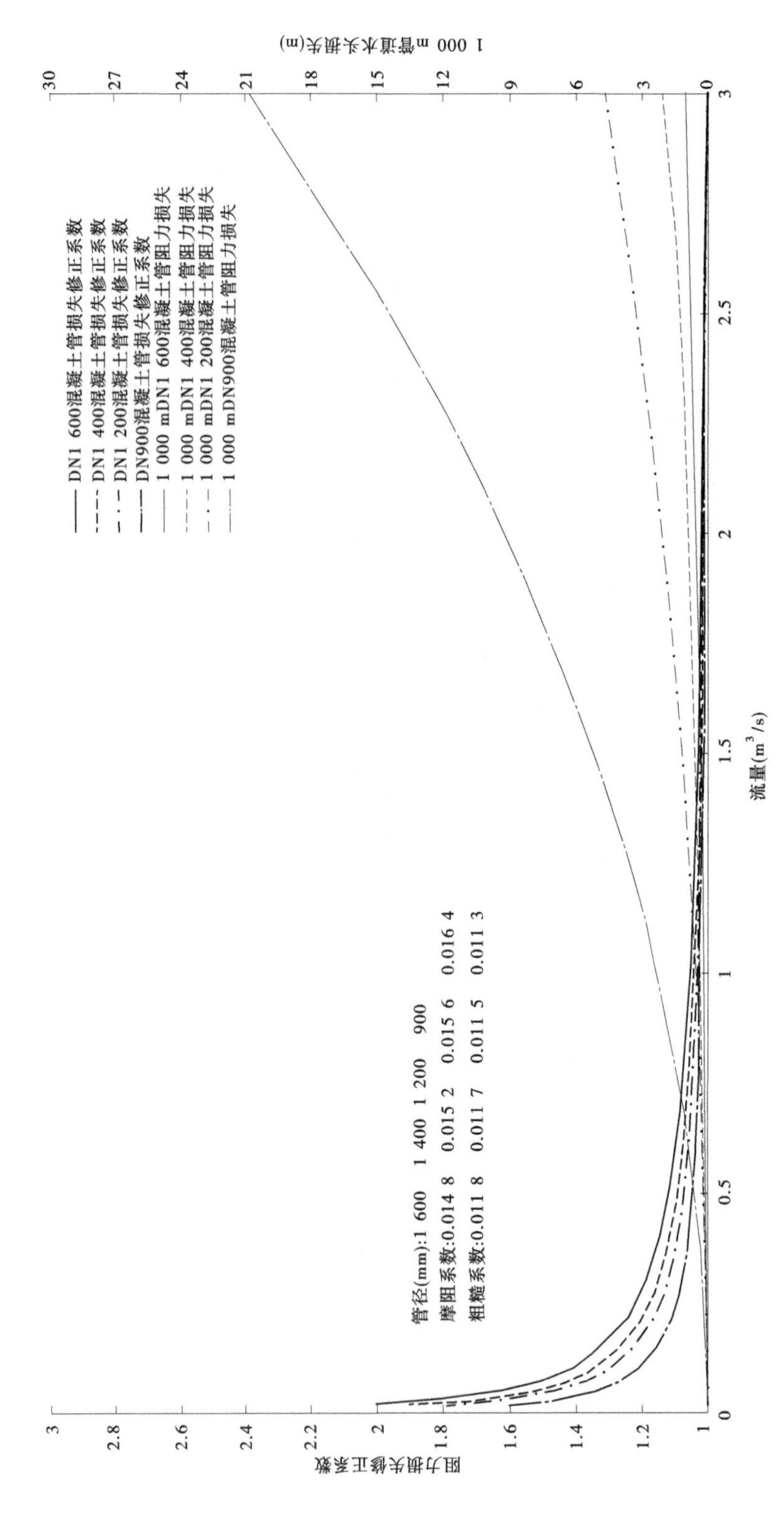

图 13-8　漳泽泵站管道阻力损失修正系数和单位长度损失曲线

13.2.3.2　各供水管段阻力损失计算方法

为了简化管道阻力损失计算,拟采用紊流形态下管道综合阻力计算公式乘以流态修正系数的方法,即

$$\Delta H_i = r_i S_i Q_i^2 \tag{13-1}$$

$$\left.\begin{aligned} S_i &= \frac{8}{\pi^2 g D_i^4}\left(\frac{\lambda_i}{D_i}L_i + \xi_i\right) \\ S_i &= \frac{10.29 n_i^2 L_i}{D_i^{\frac{16}{3}}} + \frac{8\xi_i}{\pi^2 g D_i^4} \end{aligned}\right\} \tag{13-2}$$

式中　S_i——管道紊流形态综合阻力系数,s^2/m^5,S_i 值与计算管段长度、管径、紊流形态摩阻系数 λ_i(或糙率系数 n_i)和局部损失阻力系数 ξ_i 等有关;

λ_i——管道紊流摩阻系数,与管径有关,见表 13-3;

r_i——流态修正系数,它是管径和流量的函数,即 $r_i = f(D_i, Q_i)$。

表 13-3　各级管道摩阻系数和糙率

管径(mm)	500	600	800	900	1 200	1 400	1 600
摩阻系数λ_i	0.018 7	0.018 0	0.016 9	0.016 6	0.015 8	0.015 4	0.015 2
糙率n_i	0.011 9	0.011 8	0.011 6	0.011 3	0.011 2	0.011 0	0.010 9

13.2.3.3　综合阻力损失系数 S_i 和损失水头计算

根据上述有关公式,通过电算,解得各个管段的综合阻力系数 S_i。为了进一步简化水泵工作点的计算,直接算出各管段损失水头与流量的关系曲线(并入流态修正系数),列表输出以供计算机调用。详见表 13-4~表 13-6 和图 13-9~图 13-11。

表 13-4　干管阻力损失

管路名称		总管	干管 1	干管 2		
代码		zg	tl_xy	xy_tj	xy_tj1	xy_tj2
流量 (m^3/s)		阻力损失(m)				
1	0.02	0	0.001	0.002	0.002	0
2	0.04	0.002	0.004	0.008	0.007	0.001
3	0.06	0.003	0.009	0.017	0.014	0.003
4	0.08	0.005	0.015	0.028	0.024	0.005
5	0.10	0.008	0.023	0.042	0.036	0.007
6	0.20	0.029	0.082	0.151	0.126	0.024
7	0.30	0.062	0.176	0.320	0.268	0.052
8	0.40	0.106	0.303	0.550	0.461	0.089
9	0.50	0.163	0.463	0.838	0.702	0.136

续表 13-4

管路名称		总管	干管 1	干管 2		
代码		zg	tl_xy	xy_tj	xy_tj1	xy_tj2
流量 (m^3/s)		阻力损失(m)				
10	0.60	0.231	0.657	1.186	0.993	0.192
11	0.70	0.310	0.884	1.592	1.333	0.258
12	0.80	0.401	1.143	2.056	1.722	0.334
13	0.90	0.504	1.436	2.579	2.160	0.418
14	1.00	0.618	1.762	3.160	2.647	0.513
15	1.10	0.744	2.120	3.799	3.183	0.616
16	1.20	0.881	2.512	4.496	3.767	0.730
17	1.30	1.030	2.936	5.252	4.400	0.852
18	1.40	1.191	3.394	6.066	5.082	0.984
19	1.50	1.363	3.884	6.938	5.812	1.126
20	1.60	1.547	4.407	13.868	6.591	1.277
21	1.70	1.742	4.964	8.856	13.419	1.437
22	1.80	1.949	5.553	9.902	8.295	1.607
23	1.90	2.167	6.175	11.006	9.221	1.786
24	2.00	2.397	6.830	12.169	10.194	1.974

注:供水干管分为泵站—屯留分水口(总干管),屯留分水口—襄垣分水口(干管 1)、襄垣分水口—天脊分水口(干管 2)三段,其中干管 2 以制高点为界分成前后两段。

表 13-5　支线阻力损失

管路名称		屯留	襄垣 1	襄垣 2	天脊	长治
代码		tl	xy1	xy2	tj	cz
流量 (m^3/s)		阻力损失(m)				
1	0.02	0.034	0.002	0.006	0.028	0.003
2	0.04	0.118	0.008	0.020	0.113	0.010
3	0.06	0.248	0.016	0.042	0.253	0.021
4	0.08	0.422	0.027	0.071	0.450	0.035
5	0.10	0.639	0.040	0.108	0.703	0.053
6	0.20	2.364	0.144	0.398	2.814	0.190
7	0.30	5.142	0.308	0.866	6.331	0.406
8	0.40	8.969	0.530	1.511	11.254	0.699
9	0.50	13.842	0.811	2.333	113.585	1.069
10	0.60	19.761	1.149	3.330	25.322	1.515
11	0.70	26.725	1.546	4.504	34.466	2.038
12	0.80	34.735	2.000	5.853	45.017	2.636
13	0.90	43.789	2.512	779	56.975	3.311
14	1.00	53.889	3.082	9.081	70.339	4.062
15	1.10	65.033	3.709	10.959	85.110	4.889
16	1.20	713.222	4.394	13.013	101.289	5.792
17	1.30	90.456	5.137	15.244	118.873	6.771
18	1.40	104.735	5.938	113.650	1 313.865	13.826

续表 13-5

管路名称		屯留	襄垣 1	襄垣 2	天脊	长治
代码		tl	xy1	xy2	tj	cz
流量（m³/s）		阻力损失(m)				
19	1.50	120.059	6.796	20.232	158.263	8.957
20	1.60	136.427	13.711	22.990	180.068	10.164
21	1.70	153.840	8.684	25.925	203.280	11.446
22	1.80	172.298	9.715	29.035	2 213.899	12.805
23	1.90	191.800	10.804	32.322	253.925	13.240
24	2.00	212.347	11.950	35.784	281.357	15.750

注：供水支线有 5 条，分别为屯留支线、襄垣 1 支线、襄垣 2 支线、天脊支线和长治支线。

表 13-6　襄垣分支阻力损失

管路名称		潞安	王桥	潞宝
代码		la	wq	lb
流量（m³/s）		阻力损失(m)		
1	0.02	0.321	0.016	0.006
2	0.04	1.283	0.054	0.020
3	0.06	2.887	0.114	0.042
4	0.08	5.132	0.194	0.072
5	0.10	8.018	0.294	0.109
6	0.20	32.073	1.087	0.404
7	0.30	72.165	2.365	0.879
8	0.40	128.294	4.124	1.533
9	0.50	200.459	6.365	2.366
10	0.60	288.661	9.087	3.378
11	0.70	392.900	12.290	4.568
12	0.80	513.176	15.973	5.937
13	0.90	649.488	20.137	13.485
14	1.00	801.837	24.781	9.211
15	1.10	970.223	29.906	11.116
16	1.20		35.511	13.199
17	1.30		41.597	15.461
18	1.40		48.163	113.902
19	1.50		55.210	20.521
20	1.60		62.737	23.319
21	1.70		70.744	26.295
22	1.80		79.232	29.450
23	1.90		88.200	32.784
24	2.00		913.649	36.296

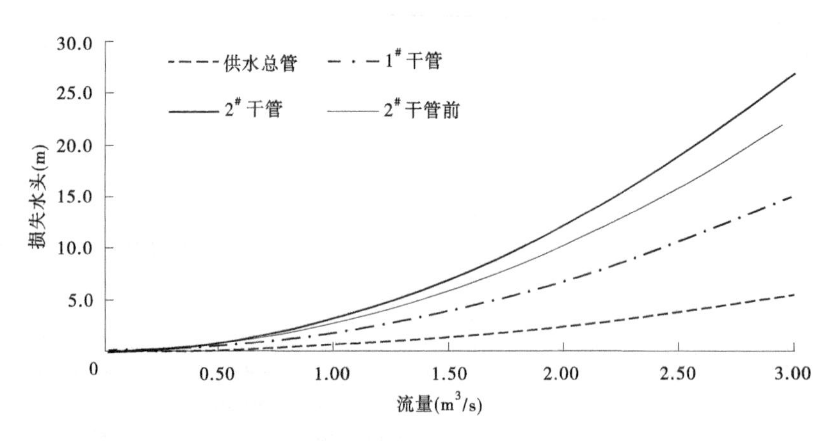

图 13-9 总、干管阻力损失与流量关系曲线

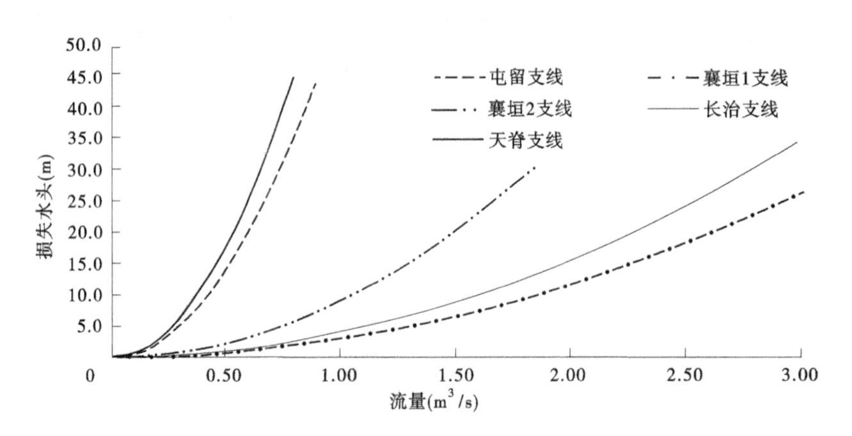

图 13-10 支线管路阻力损失与流量关系曲线

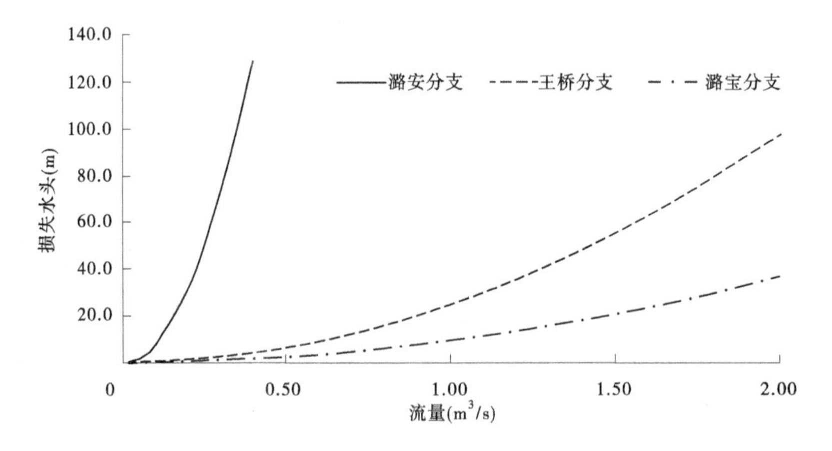

图 13-11 分支管路阻力损失与流量关系曲线

13.2.3.4 等效管路特性曲线

如图 13-12 所示为官庄和潞安供水点联合供水方式的管路系统示意图,它具有两个不同高度的供水口,两条供水支线。路宝供水点单独供水方式和天脊、西旺庄供水点联合

供水方式的管路系统与其类似,而王桥供水点单独供水方式的管路系统多一条分支管路,如图 13-13 所示。

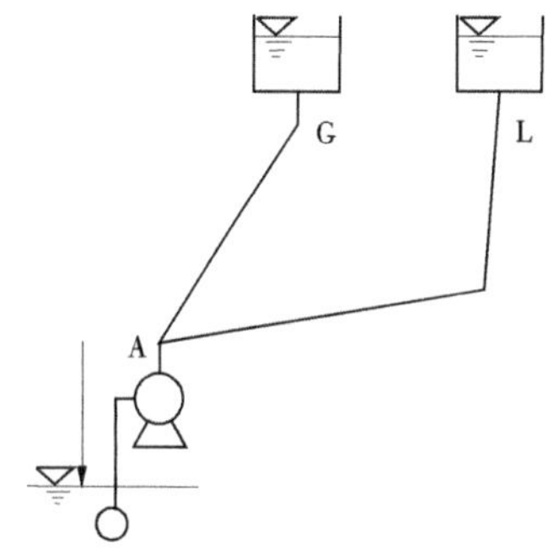

图 13-12　官庄、潞安供水点联合供水管路系统示意图

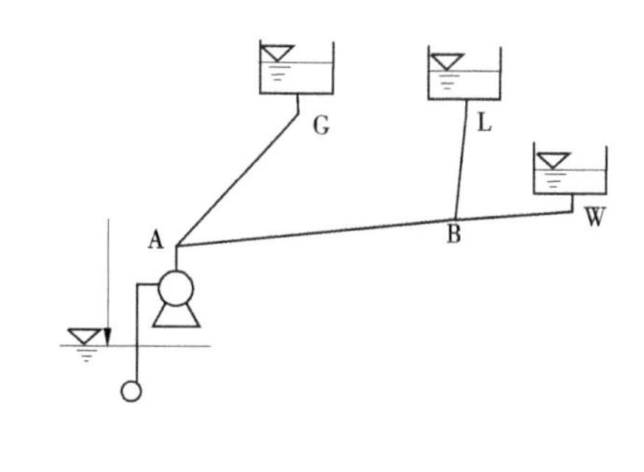

图 13-13　王桥供水点单独供水管路系统示意图

现以王桥供水点单独供水管路为例,在官庄、潞安供水点供水水位分别为 946 m、945 m 的边界条件下,利用上述相关管段阻力损失计算成果,按照相应的计算方法,编程计算出其等效管路特性曲线如表 13-7 和图 13-14 所示。

表 13-7　王桥供水点单独供水时的等效管路特性曲线(Z_G = 946 m、Z_L = 945 m)

Q	0.02	0.04	0.06	0.08	0.10	0.20	0.30	0.40	0.50	0.60	0.70	0.80
H_{wq}	40.9	41.0	41.1	41.2	41.4	42.6	44.7	45.4	46.3	47	48.8	50.3
Q_{wq}	0.02	0.04	0.06	0.08	0.10	0.20	0.30	0.32	0.35	0.38	0.42	0.45
Q_{gz}	0	0	0	0	0	0	0	0.08	0.13	0.19	0.24	0.29
Q_{la}	0	0	0	0	0	0	0	0	0.02	0.03	0.04	0.05
Q	0.90	1.00	1.10	1.20	1.30	1.40	1.50	1.60	1.70	1.80	1.90	2.00
H_{wq}	52.1	54.2	56.4	58.9	61.6	64.5	613.6	71.0	74.5	78.2	82.1	86.3
Q_{wq}	0.49	0.54	0.58	0.62	0.67	0.72	0.76	0.81	0.86	0.90	0.95	1.00
Q_{gz}	0.34	0.39	0.44	0.48	0.53	0.58	0.62	0.67	0.71	0.76	0.80	0.85
Q_{la}	0.06	0.07	0.08	0.09	0.10	0.11	0.11	0.12	0.13	0.14	0.15	0.16

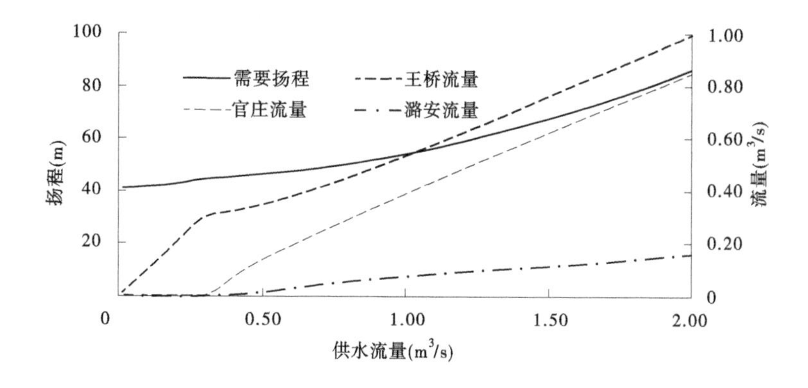

图 13-14　王桥供水点单独供水等效管路特征曲线

由图13-14、表13-7可知,当泵站供水流量大于0.3 m^3/s后,官庄供水点开始出水,当泵站供水流量大于0.4 m^3/s后,潞安供水点也开始出水。随着官庄供水点和潞安供水点的相继出水,王桥供水点分水比例迅速减小,直至50%,同时使等效管路特性曲线变缓。

13.2.4　水泵工作点及泵站运行技术经济指标

13.2.4.1　水泵工作点

联立等效水泵特性曲线和等效管路特性曲线,即可解得等效水泵的工作流量和工作扬程,根据在等效水泵特性曲线计算中得到的各分机流量与总流量的关系曲线,得出每台水泵的工作流量,最后通过水泵的特性曲线求得水泵的工作扬程、效率和轴功率等工作参数。

13.2.4.2　技术经济指标

泵站运行的技术经济指标一般包括供水流量、供水高度、泵站装置效率和能源单耗等。

1. 供水流量

供水流量包括泵站供水流量、各级管道输水流量、各个供水点(管道出口)供水流量等。

泵站供水流量即为等效水泵工作流量。各级管道及供水点流量可根据等效管路特性曲线计算中得到的与供水总流量的关系曲线求出。

2. 供水高度

各供水点的供水高度等于其静扬程。泵站供水高度等于各供水点(管道出口)供水高度的流量加权平均值,即

$$H_{st} = \sum (H_{sti} \times Q_i)/Q \tag{13-3}$$

式中　H_{st}——泵站平均供水高度,m;

H_{sti}——供水点静扬程,m;

Q_i、Q——供水点和泵站供水流量,m^3/s。

3. 泵站装置效率

泵站装置效率等于管路效率、水泵效率、电机效率、变频效率(如有)等效率值的乘积。计算公式如下:

$$\eta = \eta_{pipe} \times \eta_{pump} \times \eta_{motor} \times \eta_{frec} \quad (100\%) \tag{13-4}$$

式中　η_{pipe}——管路效率,等于泵站平均提水高度除以水泵的扬程,即H_{st}/H_p,如果运行水泵的扬程有差异,则水泵的扬程H_p可采用各台水泵扬程的流量加权平均值;

η_{pump}——水泵效率,为各台水泵效率的流量加权平均值;

η_{motor}——电机效率;

η_{frec}——变频装置效率。

特别注意:可以用泵站平均提水高度除以等效水泵的工作扬程,再乘以等效水泵的工作效率来代替管路效率和水泵效率之积,以简化装置效率的计算,即

$$\eta_{pipe} \times \eta_{pump} = \frac{H_{st}}{H'_p} \times \eta'_{pump}$$

式中　H'_p——等效水泵工作扬程,m;

η'_{pump}——等效水泵效率。

4. 能源单耗

能源单耗亦是考核泵站节能情况的一项重要指标,其计算式为

$$e=\frac{2.725}{\eta}\quad 或\quad e=\frac{1}{3.6}\frac{P}{QH}\quad (kW\cdot h/kt\cdot m) \tag{13-5}$$

式中　Q——等效水泵流量,m^3/s;

H——等效水泵扬程,m;

P——等效水泵功率,kW。

13.3　泵站运行优化调度方案

泵站工程系复杂的系统工程,其优化的目标函数通常为多目标函数,一般包括供水能力、能耗指标、经济指标等。依据本工程的实际,确定泵站运行的优化目标为:按照拟订的泵站运行供水方式,在各种供水边界(取水水位、供水水位、开机台数及运行机组编号、水泵极端工作点范围等)的约束下,寻求一个比较理想的调频运行方案,以满足供水流量需求为前提,兼顾节能和经济的效果。

具体的优化步骤如下:

(1)输入水位边界条件。

(2)计算或调入实测的等效管路特性曲线。

(3)选择运行机组编号,并计算或调入实测的等效水泵特性曲线。

(4)计算出在不同开机台数及序号时的对应于最节能和最大供水能力的泵站供水流量、水泵运行频率和工作点,机组运行技术经济指标等。

(5)根据输出的技术经济指标数据,综合考虑节能、供水流量或运行时间等因素后,确定泵站优化调度方案。

以下通过实例,具体说明各种运行方式下的泵站优化调度方案。由于实测水泵特性曲线存在精度问题,计算仍以原泵特性曲线为基础。

13.3.1　官庄、潞安供水点联供优化调度方案

13.3.1.1　运行边界条件

(1)水位:官庄水池水位为 947 m,潞安水池水位为 946 m。

(2)开机机组序号:单机供水开 1#机,双机供水开 1#和 3#机。

13.3.1.2　技术经济指标

计算结果如图 13-15~图 13-18 和表 13-8、表 13-9 所示。

1. 水泵工作点

由图 13-15 可见,单机供水时,水泵工作点范围处于最高效率点两侧比较对称的范围;而双机供水时水泵工作点偏左;官庄和潞安联供方式不宜采用三台机组供水,主要原因是管路阻力太大,导致管路等效特性曲线高于等效水泵特性曲线,即两条曲线不相交。

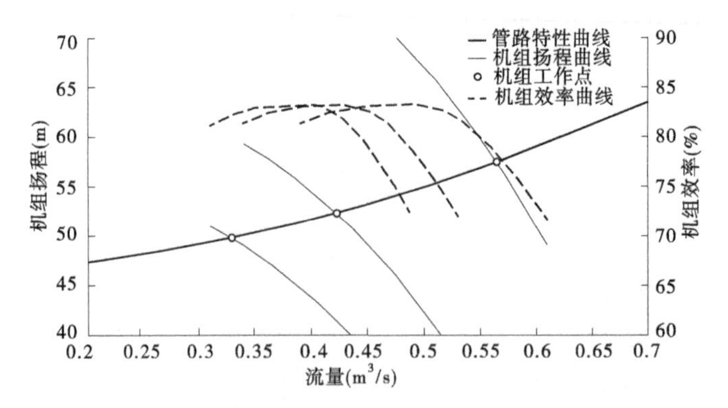

图 13-15　1 台机组供水等效水泵工作点及技术经济指标

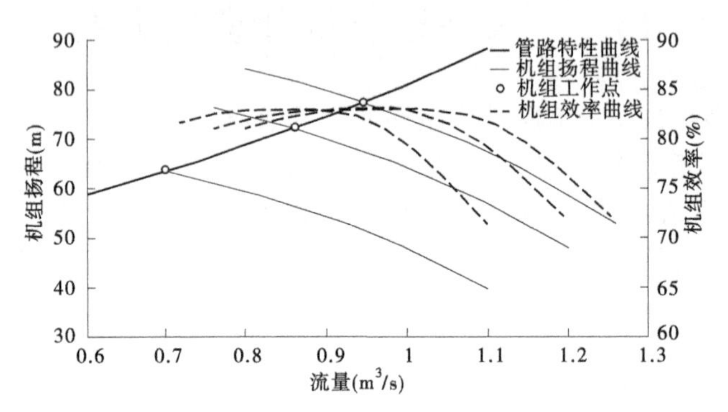

图 13-16　2 台机组供水等效水泵工作点及技术经济指标

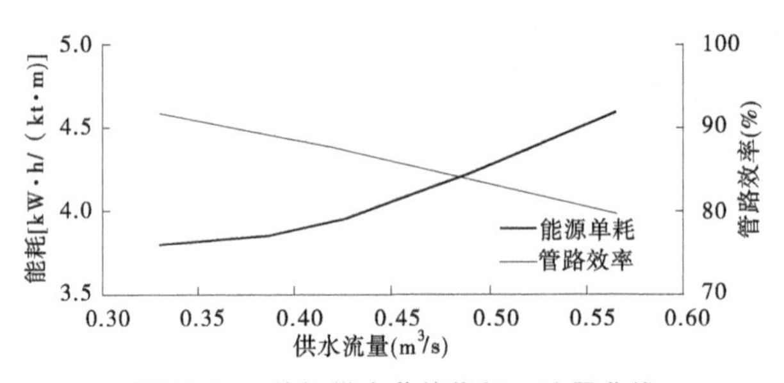

图 13-17　单机供水节能指标—流量曲线

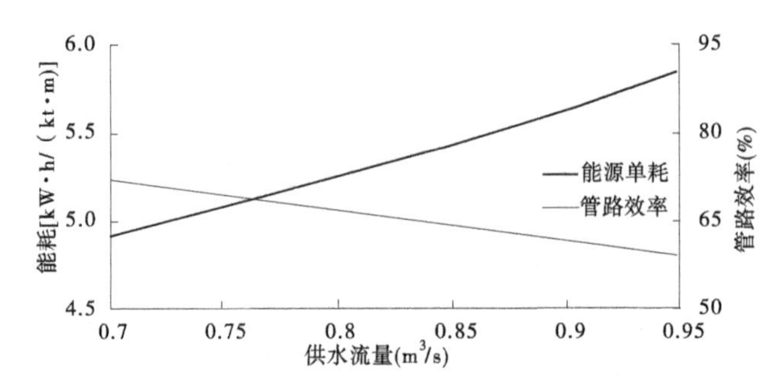

图 13-18　双机供水节能指标—流量曲线

表 13-8　单机供水工作点

<table>
<tr><th>工作参数</th><th>频率
(Hz)</th><th>流量
(m³/s)</th><th>扬程
(m)</th><th>功率
(kW)</th><th>效率
(%)</th><th>能源单耗
[kW·h/(kt·m)]</th><th>管路效率
(%)</th></tr>
<tr><td>等效机组</td><td></td><td>0.57</td><td>576</td><td>404.92</td><td>78.38</td><td rowspan="2">4.59</td><td rowspan="2">79.66</td></tr>
<tr><td>1#机组</td><td>45.89</td><td>0.57</td><td>58.32</td><td>404.92</td><td>79.69</td></tr>
<tr><td>等效机组</td><td></td><td>0.42</td><td>52.25</td><td>260.52</td><td>83.15</td><td rowspan="2">3.95</td><td rowspan="2">813.43</td></tr>
<tr><td>1#机组</td><td>39.99</td><td>0.42</td><td>52.78</td><td>260.52</td><td>84.00</td></tr>
<tr><td>等效机组</td><td></td><td>0.33</td><td>49.79</td><td>195.67</td><td>82.23</td><td rowspan="2">3.80</td><td rowspan="2">91.72</td></tr>
<tr><td>1#机组</td><td>36.98</td><td>0.33</td><td>50.12</td><td>195.67</td><td>82.77</td></tr>
</table>

表 13-9　双机供水工作点

<table>
<tr><th>工作参数</th><th>频率
(Hz)</th><th>流量
(m³/s)</th><th>扬程
(m)</th><th>功率
(kW)</th><th>效率
(%)</th><th>能源单耗
[kW·h/(kt·m)]</th><th>管路效率
(%)</th></tr>
<tr><td>等效机组</td><td></td><td>0.947 5</td><td>713.28</td><td>864.07</td><td>82.99</td><td rowspan="3">5.85</td><td rowspan="3">59.13</td></tr>
<tr><td>1#机组</td><td>413.56</td><td>0.47</td><td>713.98</td><td>432.24</td><td>83.83</td></tr>
<tr><td>3#机组</td><td>413.56</td><td>0.47</td><td>78.14</td><td>431.82</td><td>83.81</td></tr>
<tr><td>等效机组</td><td></td><td>0.86</td><td>72.16</td><td>735.87</td><td>82.82</td><td rowspan="3">5.47</td><td rowspan="3">63.33</td></tr>
<tr><td>1#机组</td><td>45.29</td><td>0.43</td><td>72.74</td><td>368.12</td><td>83.57</td></tr>
<tr><td>3#机组</td><td>45.29</td><td>0.43</td><td>72.87</td><td>3 613.75</td><td>83.55</td></tr>
<tr><td>等效机组</td><td></td><td>0.70</td><td>63.53</td><td>536.42</td><td>81.18</td><td rowspan="3">4.91</td><td rowspan="3">71.94</td></tr>
<tr><td>1#机组</td><td>41.36</td><td>0.35</td><td>63.91</td><td>268.21</td><td>81.74</td></tr>
<tr><td>3#机组</td><td>41.37</td><td>0.35</td><td>63.99</td><td>268.21</td><td>81.70</td></tr>
</table>

2. 确定优化调度方案

从节能的角度出发，供水流量越小，管路损失扬程也越小，则能耗指标越好，但从管理的角度考虑则应加大供水流量和缩短供水时间，所以确定优化调度方案要在供水流量和能耗指标两者之间寻求平衡。目前供水需求较小，没有供、需水矛盾，故应采用单机小流量供水，供水流量控制在 0.4 m^3/s 为宜。

13.3.2　王桥供水点单独供水优化调度方案

13.3.2.1　运行边界条件

（1）水位，同上。

（2）开机机组序号：单机供水开 1# 机，双机供水开 1# 和 2# 机，三机供水开 1#、2# 和 4# 机。

13.3.2.2 优化计算结果

优化计算结果如图 13-9~图 13-21 所示。

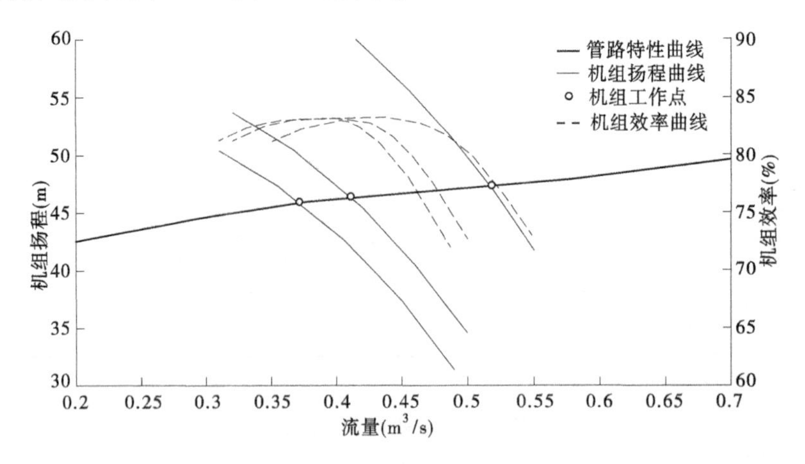

图 13-19　1 台机组供水等效水泵工作点及技术经济指标

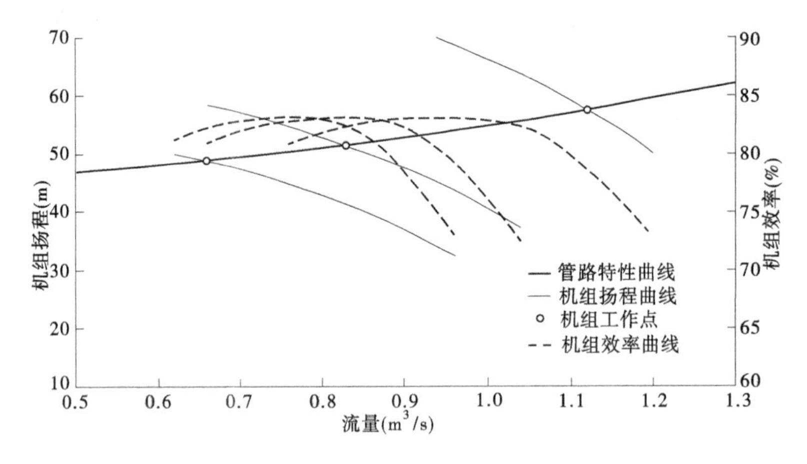

图 13-20　2 台机组供水等效水泵工作点及技术经济指标

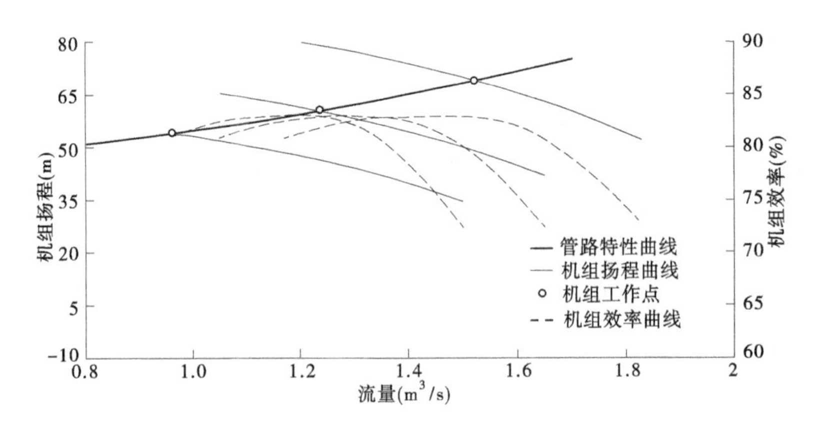

图 13-21　3 台机组供水等效水泵工作点及技术经济指标

1. 水泵工作点

水泵工作点位置如表 13-10~表 13-12 所示。

表 13-10　单机供水工作点

工作参数	频率（Hz）	流量（m^3/s）	扬程（m）	功率（kW）	效率（%）	能源单耗[kW·h/(kt·m)]	管路效率（%）
等效机组		0.52	413.19	306.68	713.98	4.13	89.14
1#机组	41.81	0.52	413.99	306.67	79.30		
等效机组		0.41	46.29	224.50	83.09	3.85	89.69
1#机组	38.01	0.41	46.80	224.50	84.01		
等效机组		0.37	45.83	201.06	83.15	3.84	89.92
1#机组	36.80	0.37	46.25	201.05	83.91		

表 13-11　双机供水工作点

工作参数	频率（Hz）	流量（m^3/s）	扬程（m）	功率（kW）	效率（%）	能源单耗[kW·h/(kt·m)]	管路效率（%）
等效机组		1.12	513.46	801.09	78.67	4.86	75.08
1#机组	45.75	0.56	58.44	400.69	80.05		
2#机组	45.74	0.56	58.58	400.39	80.16		
等效机组		0.83	51.43	502.60	83.05	4.14	83.46
1#机组	39.54	0.41	51.96	251.34	83.98		
2#机组	39.54	0.41	52.04	251.25	83.98		
等效机组		0.66	48.84	383.71	82.26	3.99	872
1#机组	36.75	0.33	49.18	193.08	82.95		
2#机组	36.65	0.33	49.22	190.63	82.79		

表 13-12　三机供水工作点

工作参数	频率 (Hz)	流量 (m^3/s)	扬程 (m)	功率 (kW)	效率 (%)	能源单耗 [kW·h/(kt·m)]	管路效率 (%)
等效机组		1.52	68.88	1 234.2	82.74	5.52	62.80
1#机组	46.56	0.51	69.73	413.33	83.89		
2#机组	46.58	0.51	69.85	413.85	83.90		
4#机组	46.59	0.51	69.97	4 013.02	83.91		
等效机组		1.24	60.36	880.88	82.89	4.84	71.55
1#机组	41.87	0.41	60.92	293.79	83.77		
2#机组	41.87	0.41	61.00	293.62	83.76		
4#机组	41.87	0.41	61.08	293.46	83.75		
等效机组		0.96	53.92	625.75	81.01	4.44	79.83
1#机组	38.07	0.32	54.26	208.84	81.64		
2#机组	38.07	0.32	54.31	208.57	81.59		
4#机组	38.07	0.32	54.35	208.34	81.54		

注:1. 单双机切换流量为:0.467 m^3/s 或 1 593 m^3/h。

2. 两三机切换流量为:0.885 m^3/s 或 3 186 m^3/h。

2. 技术经济指标

技术经济指标如图 13-22~图 13-24 所示。

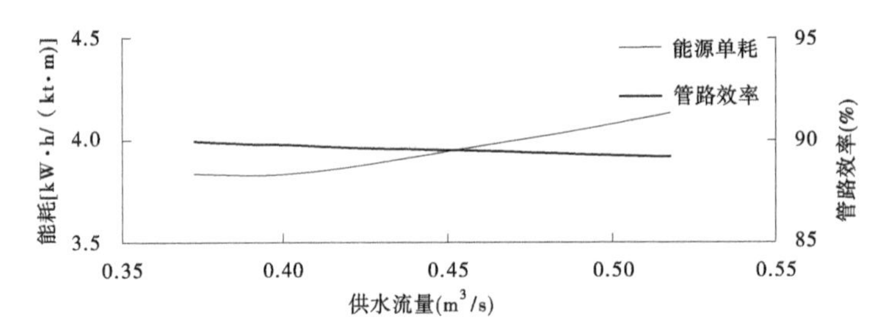

图 13-22　单机供水节能指标—流量曲线

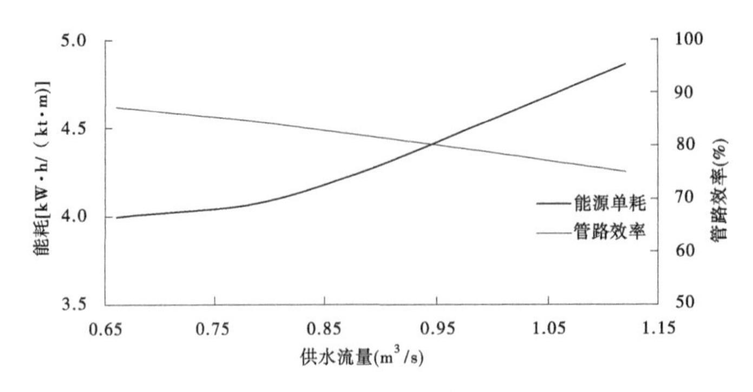

图 13-23　双机供水节能指标—流量曲线

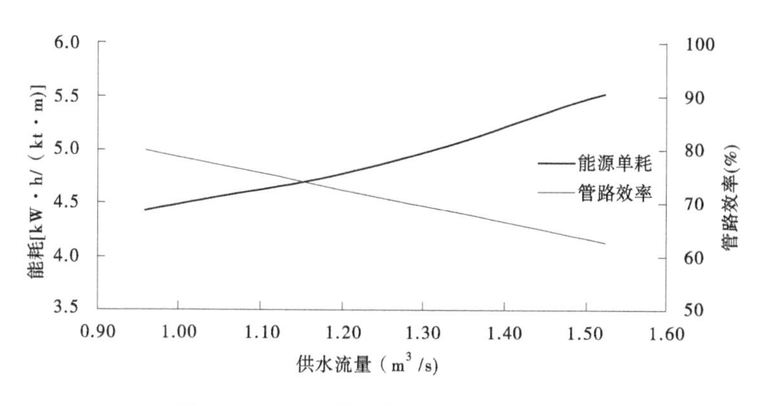

图 13-24 三机供水节能指标—流量曲线

13.3.2.3 优化调度方案

优化调度方案可按计划供水流量来确定,如表 13-13 所示。

表 13-13 王桥供水点单独供水机组调度方案

供水流量	m^3/s	$0.37<Q\leqslant0.467$	$0.467<Q\leqslant0.885$	$0.885<Q\leqslant1.52$
运行机组	台	1	2	3
能源单耗	kW·h/(kt·m)	3.84~3.99	3.99~4.28	4.28~5.52
管路效率	%	89.92~89.41	89.92~81.85	81.85~62.80

13.3.3 潞宝供水点单独供水优化调度方案

13.3.3.1 运行边界条件

潞宝和王桥供水点供水水位分别为 937 m 和 942 m,开机机组序号与王桥供水点单独供水相同。

13.3.3.2 优化计算结果

(1)等效水泵工作点。

1 台机组供水时水泵工作点偏右,2 台机组供水时等效水泵工作点比较适中,3 台机组供水时等效水泵工作点偏左,如图 13-25~图 13-27 所示。

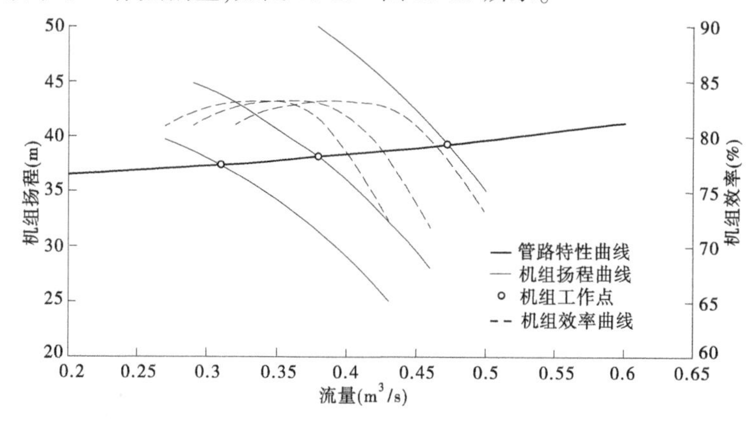

图 13-25 1 台机组供水等效水泵工作点及技术经济指标

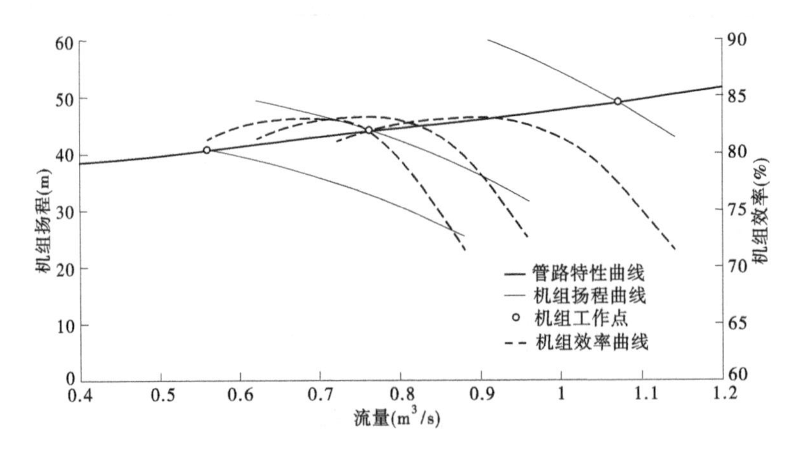

图 13-26　2 台机组供水等效水泵工作点及技术经济指标

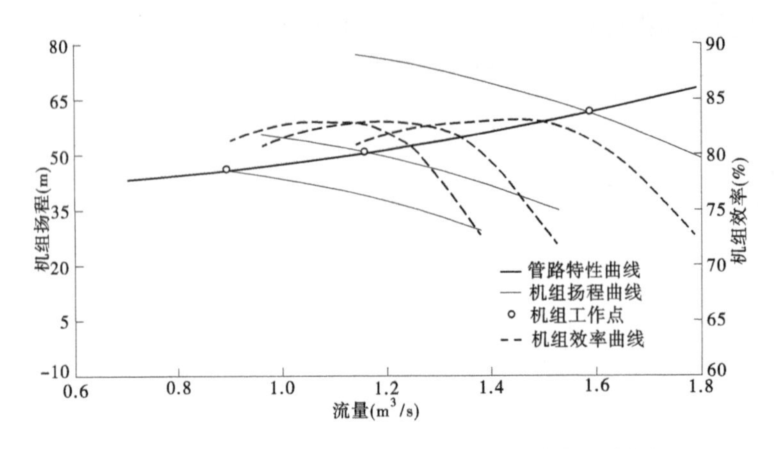

图 13-27　3 台机组供水等效水泵工作点及技术经济指标

(2)技术经济指标,如表 13-14~表 13-16 和图 13-28~图 13-30 所示。

表 13-14　单机供水工作点

工作参数	频率(Hz)	流量(m^3/s)	扬程(m)	功率(kW)	效率(%)	能源单耗[kW·h/(kt·m)]	管路效率(%)
等效机组		0.47	39.31	233.43	713.92	4.03	91.33
1#机组	38.17	0.47	39.98	233.42	79.25		
等效机组		0.38	38.14	170.60	83.07	3.67	94.14
1#机组	34.67	0.38	38.57	170.60	84.01		
等效机组		0.31	313.41	136.98	82.91	3.61	95.95
1#机组	32.58	0.31	313.70	136.98	83.55		

表 13-15　双机供水工作点

工作参数	频率（Hz）	流量（m^3/s）	扬程（m）	功率（kW）	效率（%）	能源单耗[kW·h/(kt·m)]	管路效率（%）
等效机组		1.12	58.62	808.60	79.15	4.84	74.95
1#机组	45.92	0.56	59.58	404.51	80.52		
3#机组	45.91	0.56	59.80	404.08	80.68		
等效机组		0.79	52.27	483.94	83.02	4.17	82.81
1#机组	39.22	0.39	52.75	242.98	83.90		
3#机组	39.14	0.39	52.85	240.95	83.84		
等效机组		0.66	50.29	396.03	82.07	4.10	85.28
1#机组	37.17	0.33	50.63	198.86	82.79		
3#机组	37.12	0.33	50.70	197.16	82.57		

表 13-16　三机供水工作点

工作参数	频率（Hz）	流量（m^3/s）	扬程（m）	功率（kW）	效率（%）	能源单耗[kW·h/(kt·m)]	管路效率（%）
等效机组		1.52	69.91	1 256.3	82.83	5.48	63.23
1#机组	46.78	0.51	70.76	418.77	83.94		
2#机组	46.78	0.51	70.87	418.50	83.96		
3#机组	46.8	0.51	70.93	419.00	83.96		
等效机组		1.16	59.73	820.68	82.67	4.71	73.63
1#机组	41.11	0.39	60.22	274.36	83.46		
2#机组	41.08	0.39	60.29	273.36	83.42		
3#机组	41.07	0.39	60.32	272.96	83.41		
等效机组		0.98	55.69	658.96	81.11	4.50	78.53
1#机组	38.69	0.33	56.04	219.11	81.65		
2#机组	38.73	0.33	56.10	220.23	81.73		
3#机组	38.72	0.33	56.12	219.63	81.66		

注：1. 单双机切换流量为：0.460 m^3/s 或 1 654 m^3/h。

2. 两三机切换流量为：0.849 m^3/s 或 3 058 m^3/h。

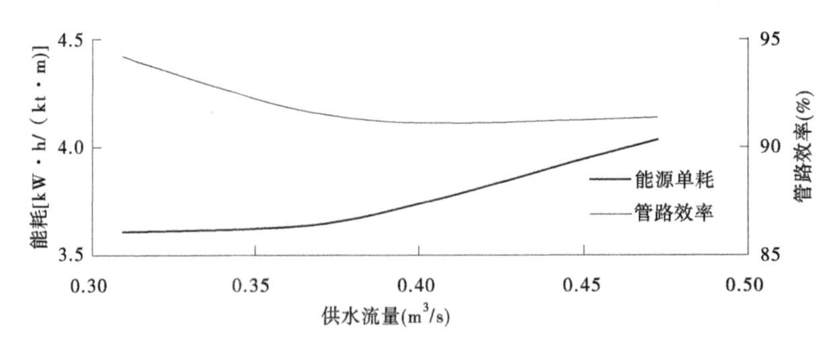

图 13-28　单机供水节能指标—流量曲线

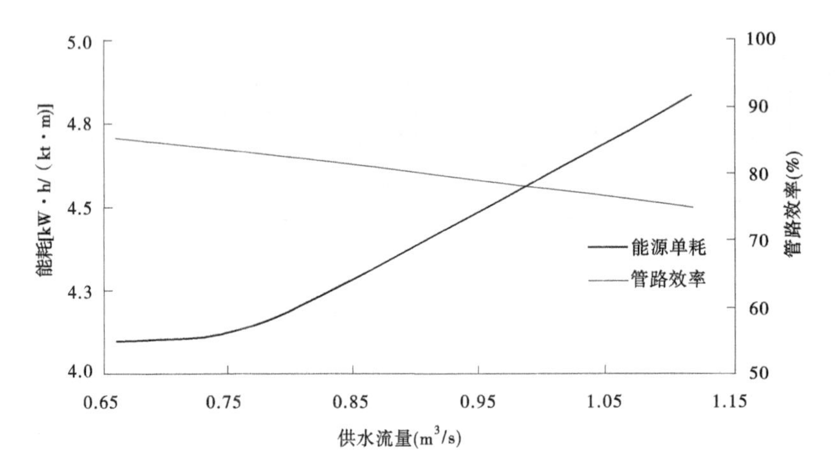

图 13-29　双机供水节能指标—流量曲线

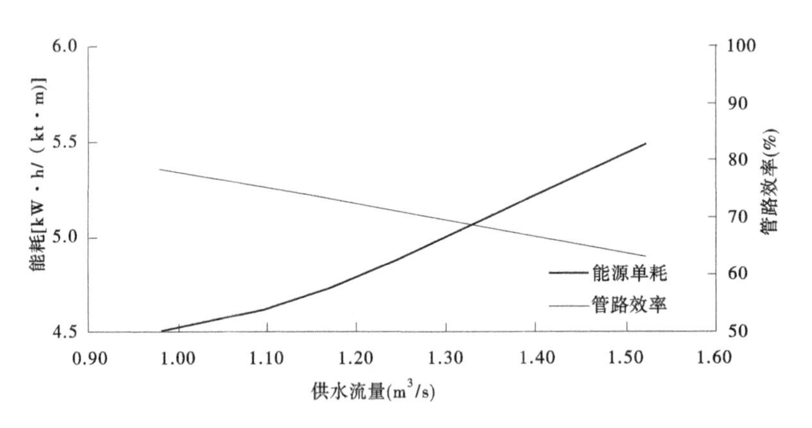

图 13-30　三机供水节能指标—流量曲线

(3)优化调度方案。

优化调度方案可按计划供水流量来确定,见表 13-17。

表 13-17　潞宝单独供水机组调度方案

供水流量(m^3/s)	$0.31<Q\leq0.464$	$0.464<Q\leq0.788$	$0.788<Q\leq1.59$
运行机组(台)	1	2	3
能源单耗[kW · h/(kt · m)]	3.61~4.00	4.00~4.56	4.56~5.79
管路效率(%)	95.95~91.58	91.58~80.95	80.95~60.79

13.3.4　天脊、西旺庄供水点联合供水优化调度方案

13.3.4.1　运行边界条件

天脊蓄水池水位为 938 m;西旺庄蓄水池水位为 973 m。开机序号选项同上。

13.3.4.2　优化计算结果

优化计算结果如图 13-31~图 13-33 和表 13-18~图 13-20 所示。

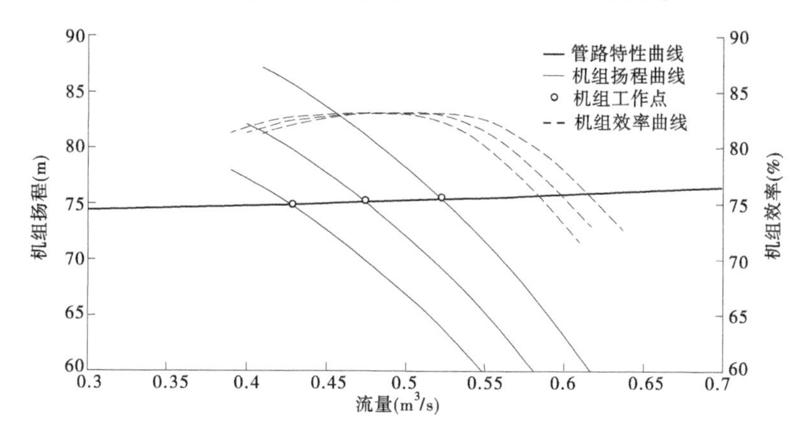

图 13-31　1 台机组供水等效水泵工作点及技术经济指标

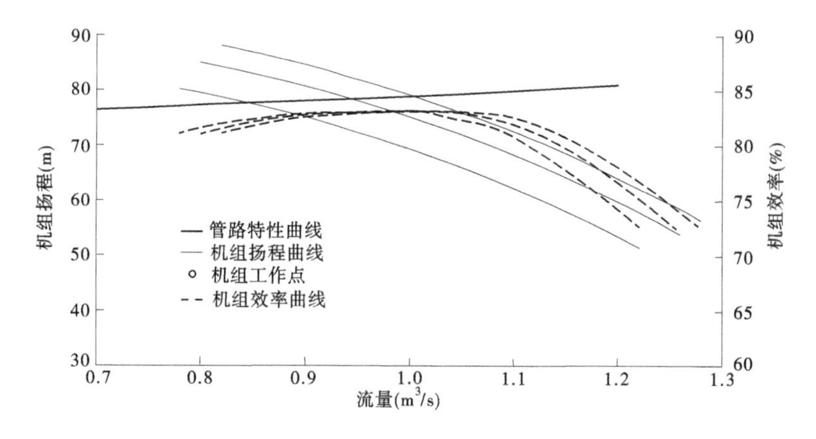

图 13-32　2 台机组供水等效水泵工作点及技术经济指标

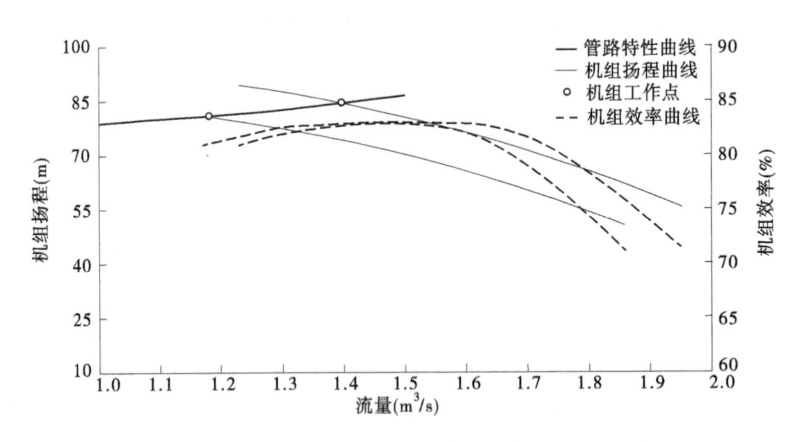

图 13-33　3 台机组供水等效水泵工作点及技术经济指标

表 13-18　单机供水工作点

工作参数	频率 (Hz)	流量 (m³/s)	扬程 (m)	功率 (kW)	效率 (%)	能源单耗 [kW·h/(kt·m)]	管路效率 (%)
等效机组		0.52	75.38	464.48	83.04	3.51	98.30
1#机组	48.44	0.52	76.20	464.47	83.94		
等效机组		0.47	75.14	419.96	83.15	3.50	98.61
1#机组	413.06	0.47	75.82	419.95	83.89		
等效机组		0.43	74.93	379.19	82.72	3.51	98.90
1#机组	45.86	0.43	75.47	379.19	83.32		

表 13-19　双机供水工作点

工作参数	频率 (Hz)	流量 (m³/s)	扬程 (m)	功率 (kW)	效率 (%)	能源单耗 [kW·h/(kt·m)]	管路效率 (%)
等效机组		1.00	78.99	933.53	83.07	3.68	93.81
1#机组	48.66	0.50	79.77	4 613.01	83.95		
2#机组	48.66	0.50	79.89	466.51	83.95		
等效机组		0.94	78.43	873.30	82.98	3.66	94.48
1#机组	413.77	0.47	79.13	436.77	83.78		
2#机组	413.77	0.47	79.23	436.52	83.77		
等效机组		0.85	713.59	781.88	82.36	3.65	95.50
1#机组	46.44	0.42	78.15	391.09	83.01		
2#机组	46.44	0.42	78.23	390.77	82.98		

表 13-20　三机供水工作点

工作参数	频率 (Hz)	流量 (m^3/s)	扬程 (m)	功率 (kW)	效率 (%)	能源单耗 [kW·h/(kt·m)]	管路效率 (%)
等效机组		1.40	84.42	1 396.80	82.71	3.95	813.78
1#机组	49.00	0.47	85.13	466.02	83.53		
2#机组	48.99	0.47	85.23	465.60	83.50		
4#机组	48.99	0.46	85.33	465.16	83.48		
等效机组		1.18	80.86	1 152.59	81.06	3.86	91.64
1#机组	46.67	0.40	81.37	385.44	81.73		
2#机组	46.65	0.39	81.44	384.18	81.64		
4#机组	46.63	0.39	81.50	382.96	81.56		

注:1. 组频率大于 49.5 Hz 时能耗指标为工频运行数据。
2. 单双机切换流量为 0.510 m^3/s 或 1 836 m^3/h。
3. 两三机切换流量为 0.976 m^3/s 或 3 514 m^3/h。

13.3.4.3　优化调度方案

优化调度方案可按计划供水流量来确定,见表 13-21。

表 13-21　天脊、西旺庄供水点联供时机组调度方案

供水流量	m^3/s	0.43<Q≤0.510	0.510<Q≤0.976	0.976<Q≤1.40
运行机组	台	1	2	3
能源单耗	kW·h/(kt·m)	3.50~3.51	3.51~3.67	>3.67
管路效率	%	95.95~91.58	91.58~80.95	<80.95

计算主程序如下:

```
%%漳泽泵站调度方案
%泵站装机 4 台,4*680 kW,设计提水流量 1.65 m^3/s,最大提水流量 2.2 m^3/s。
clear all;
close all;
global nN g i Zsuc Atm v X nR PR Ta q Sfork Sbranch Duct Sy14 h Nopen Density
PumpQ PumpH PumpE PumpP
%% 物理参数
T=input('水温');
g=9.7803*(1+0.0053*(sin(36/180*pi))^2)-3e-6*900;      %重力加速度 m/s^2(IEC995)
v=1.775/(1+0.0337*T+0.000221*T^2)*1e-6;                %水的运动黏滞系数 m^2/s
hv=[611.213 657.088 705.988 758.082 813.549 872.575 935.353 1002.087 1072.988...
    1148.277 1228.184 1312.949 1402.822 1498.064 1598.944 1705.745 1818.759...
    1938.291 2064.657 2198.184 2339.215 2488.102 2645.211 2810.924 2985.633...
    3169.747 3363.687 3567.892 3782.813 4008.917 4246.688];      %0-30℃水的饱和汽压 Pa
Hv=interp1(0:30,hv/g/1000,T,'pchip');     %水的饱和蒸汽压力 m 柱
```

```
Atm=interp1([0 88.66 1000 1022.84],[10.34 10.236 9.21 9.184],900);      %当地大气压力 m 柱
WaterE=interp1(0:5:25,1e9*[2.02 2.06 2.10 2.15 2.18 2.22],T);      %水的体积弹性模量 N/m^2;
the bulk modulus of water
Density=interp1(0:5:25,[999.9 1000 999.7 999.1 998.2 997],T);      %水的密度 kg/m^3;water density
a0=sqrt(WaterE/Density);      %水中声速 m/s
n=0.0125;      %小于 DN800 管道阻力粗糙系数
Zsuc=[898 901.1 902.4];      %进水池水位   water level of suction sump
%% 水泵特性曲线
Pumpstr1=xlsread('f:\MATLAB 计算程序\辛安泉\数据库','水泵特性曲线','c7:e11');
q=Pumpstr1(1,:);Q=linspace(ceil(q(1)*100)/100,floor(q(end)*100)/100,10);
h=Pumpstr1(2,:);H=interp1(q,h,Q,'pchip');
e=Pumpstr1(3,:);E=interp1(q,e,Q,'pchip');
figure(1)
car={'k','c','b','r','y','m'};
tz=[50 47.5 45 42.5]/50;
for i=1:numel(tz)
    q=Q*tz(i);
    h=H*tz(i)^2;
    [AX,BX(i),CX(i)]=plotyy(q,h,q,E,'plot');
    grid on;
    hold on;
    set(get(AX(1),'Ylabel'),'String','水泵扬程 (m)','fontsize',24);
    set(get(AX(2),'Ylabel'),'String','水泵效率 (%)','fontsize',24);
    set(BX(i),'linestyle','-','linewidth',3,'color',char(car(i)));
    set(CX(i),'linestyle','--','linewidth',3,'color',char(car(i)));

    y11=floor(min(min(H*tz(end)^2))/10)*10;
    y12=ceil(max(max(H*tz(1)^2))/10)*10;
    Deltay1=(y12-y11)/10;

    y21=floor(min(E)/1)*1;
    y22=ceil(max(E)/1)*1;
    Deltay2=(y22-y21)/10;

    set(AX(1),'YTick',y11:Deltay1:y12,'YLim',[y11,y12]);
    set(AX(2),'YTick',y21:Deltay2:y22,'YLim',[y21,y22]);
end

title('\fontsize{36}漳泽泵站水泵特性曲线图 ');
xlabel('流量(m^{3}/s)','fontsize',24);
legend([BX,CX],'\fontsize{16}50 Hz 水泵扬程','\fontsize{16}47.5Hz 水泵扬程','\fontsize{16}45 Hz
水泵扬程',...
```

```
  '\fontsize{16}42.5Hz 水泵扬程','\fontsize{16}50 Hz 水泵效率','\fontsize{16}47.5Hz 水泵效率',...
  '\fontsize{16}45 Hz 水泵效率','\fontsize{16}42.5Hz 水泵功率');
hold off
Pumpstr2=xlsread('f:\MATLAB 计算程序\辛安泉\数据库.xlsx','水泵特性曲线','i7:l10');
q=Pumpstr2(1,:);Q=linspace(ceil(q(1)*100)/100,floor(q(end)*100)/100,10);
h=Pumpstr2(2,:);H=interp1(q,h,Q,'pchip');
e=Pumpstr2(3,:);E=interp1(q,e,Q,'pchip');
figure(2)
car={'k','c','b','r','y','m'};
tz=[50 47.5 45 42.5]/50;
for i=1:numel(tz)
    q=Q*tz(i);
    h=H*tz(i)^2;
    [AX,BX(i),CX(i)]=plotyy(q,h,q,E,'plot');
    grid on;
    hold on;
    set(get(AX(1),'Ylabel'),'String','水泵扬程 (m)','fontsize',24);
    set(get(AX(2),'Ylabel'),'String','水泵效率 (%)','fontsize',24);
    set(BX(i),'linestyle','-','linewidth',3,'color',char(car(i)));
    set(CX(i),'linestyle','--','linewidth',3,'color',char(car(i)));
    y11=floor(min(min(H*tz(end)^2))/10)*10;
    y12=ceil(max(max(H*tz(1)^2))/10)*10;
    Deltay1=(y12-y11)/10;
    y21=floor(min(E)/1)*1;
    y22=ceil(max(E)/1)*1;
    Deltay2=(y22-y21)/10;
    set(AX(1),'YTick',y11:Deltay1:y12,'YLim',[y11,y12]);
    set(AX(2),'YTick',y21:Deltay2:y22,'YLim',[y21,y22]);
end

title('\fontsize{36}漳泽泵站水泵特性曲线图');
xlabel('流量(m^{3}/s)','fontsize',24);
legend([BX,CX],'\fontsize{16}50Hz 水泵扬程','\fontsize{16}47.5Hz 水泵扬程','\fontsize{16}45Hz 水泵扬程',...
  '\fontsize{16}42.5Hz 水泵扬程','\fontsize{16}50Hz 水泵效率','\fontsize{16}47.5Hz 水泵效率',...
  '\fontsize{16}45Hz 水泵效率','\fontsize{16}42.5Hz 水泵功率');
hold off
%%调入水泵参数
Pumpstr=xlsread('f:\MATLAB 计算程序\辛安泉\数据库','水泵特性曲线','d14:k26');
PumpQ=Pumpstr(1,:);
PumpH=Pumpstr(2:3:11,:);
PumpE=Pumpstr(3:3:12,:);
```

```
PumpP=Pumpstr(4:3:13,:);
q=linspace(PumpQ(1),PumpQ(end),12);
figure(3)
str={'k','c','b','r','y','m'};
for i=1:4
    h=interp1(PumpQ,PumpH(i,:),q,'pchip');
    e=interp1(PumpQ,PumpE(i,:),q,'pchip');
    [AX,BX(i),CX(i)]=plotyy(q,h,q,e,'plot');
    grid on;
    hold on;
    set(get(AX(1),'Ylabel'),'String','水泵扬程 (m)','fontsize',24);
    set(get(AX(2),'Ylabel'),'String','水泵效率 (%)','fontsize',24);
    set(BX(i),'linestyle','-','linewidth',3,'color',char(str(i)));
    set(CX(i),'linestyle','--','linewidth',3,'color',char(str(i)));

    y11=floor(min(min(PumpH))/10)*10;
    y12=ceil(max(max(PumpH))/10)*10;
    Deltay1=(y12-y11)/10;

    y21=floor(min(min(PumpE))/10)*10;
    y22=ceil(max(max(PumpE))/10)*10;
    Deltay2=(y22-y21)/10;

    set(AX(1),'YTick',y11:Deltay1:y12,'YLim',[y11,y12]);
    set(AX(2),'YTick',y21:Deltay2:y22,'YLim',[y21,y22]);
end

title(['\fontsize{36}漳泽泵站实测机组性能曲线图 ']);
xlabel('流量(m^{3}/s)','fontsize',24);
legend([BX,CX],'\fontsize{16}1#水泵扬程','\fontsize{16}2#水泵扬程','\fontsize{16}3#水泵扬程',...
   '\fontsize{16}4#水泵扬程','\fontsize{16}1#水泵效率','\fontsize{16}2#水泵效率',...
  '\fontsize{16}3#水泵效率','\fontsize{16}4#水泵效率','location','southwest');
hold off
%%泵站管路参数及阻力系数计算
%水泵进水支管
Lin=[0.6 6.022 0.508 0.37 0.55];                %进水管段长度 m
Horizontin=[0 cumsum(Lin)];                     %进水管桩号 m
Rlocalin=[0.24 0 0.06 0.05 0.2592 0];           %进水管节点局部水头损失系数
Din=[0.85 0.6 0.6 0.6 0.6 0.5];                 %进水管节点管径 m
Verticin=896.5;                                 %进水管中心高程 m

%水泵出水支管
```

```
Lout1=[0.5 0.37 0.35 0.22 0.475 13.95 3.3 2.5];          %1#机组出水支管管段长度 m
Lout2=[0.5 0.37 0.35 0.22 0.475 17.708];                 %2#机组出水支管管段长度 m
Lout3=[0.5 0.37 0.35 0.22 0.475 21.461];                 %3#机组出水支管管段长度 m
Lout4=[0.5 0.37 0.35 0.22 0.475 25.213];                 %4#机组出水支管管段长度 m

Rlocalout1=[0.12 0.05 0.3 0.05 0.06 0 0 0.16 0];    %1#机组出水支管节点局部水头损失系数 s^2/m
Rlocalout2=[0.12 0.05 0.3 0.05 0.06 0 0.5];         %2#机组出水支管节点局部水头损失系数 s^2/m
Rlocalout3=[0.12 0.05 0.3 0.05 0.06 0 0.5];         %3#机组出水支管节点局部水头损失系数 s^2/m
Rlocalout4=[0.12 0.05 0.3 0.05 0.06 0 0.5];         %4#机组出水支管节点局部水头损失系数 s^2/m

Dout1=[0.4 ones(1,7)*0.5 1.4];            %1#机组出水支管节点管径 m
Dout2=[0.4 ones(1,6)*0.5];                %2#机组出水支管节点管径 m
Dout3=[0.4 ones(1,6)*0.5];                %3#机组出水支管节点管径 m
Dout4=[0.4 ones(1,6)*0.5];                %4#机组出水支管节点管径 m
for i=1:4
    evalin('base',['Horizontout' num2str(i) '=[0 cumsum(Lout' num2str(i) ')];']); %机组出水支管桩
号 m
end

Verticout=896.6;                          %出水管中心高程 m

%水泵出水插管
Lfork1=1.698;                             %1#机组出水插管段长度 m
Lfork2=7.505;                             %1#、2#机组出水插管段长度 m
Lfork3=7.505;                             %1#、2#、3#机组出水插管段长度 m
Lfork4=[5.929 2.34 5.98];                 %1#、2#、3#、4#机组出水插管段长度 m

Rlocalfork1=[0 0.05];                %1#机组出水插管节点局部水头损失系数  s^2/m
Rlocalfork2=[0 0.05];                %1#、2#机组出水插管节点局部水头损失系数  s^2/m
Rlocalfork3=[0 0.05];                %1#、2#、3#机组出水插管节点局部水头损失系数  s^2/m
Rlocalfork4=[0 0.56 0.36 0.5];       %1#、2#、3#、4#机组出水插管节点局部水头损失系数  s^2/m

Dfork1=[1.4 1.4];                         %1#机组出水插管管径 m
Dfork2=[1.4 1.4];                         %2#机组出水插管管径 m
Dfork3=[1.4 1.4];                         %2#机组出水插管管径 m
Dfork4=[1.4 1.4 1.4 1.4];                 %3#机组出水插管管径 m

for i=1:4
evalin('base',['Horizontfork' num2str(i) '=[0 cumsum(Lfork' num2str(i) ')];']);%机组出水插管桩号 m
end

Verticfork=899;                           %插管出口中心高程 m
```

```
%水泵进出水支管水头损失计算
%进水支管水头损失系数
din=(Din(1:end-1)+Din(2:end))/2;          %进水管段平均直径 m
Syin=10.29*n^2*sum(Lin./din.^5.33);        %进水管沿程水头损失系数 s^2/m^5
Sjin=8/g/pi^2*sum(Rlocalin./Din.^4);       %进水管局部水头损失系数 s^2/m^5
Sin=Syin+Sjin;                             %进水管综合水头损失系数 s^2/m^5
%进、出水支管水头损失系数 S^2/m^5
for i=1:4
    evalin('base',['dout' num2str(i)  '=(Dout' num2str(i) '(1:end-1)+Dout' num2str(i) '(2:end))/2;']);
    evalin('base',['Sjout' num2str(i)  '=8/g/pi^2*Rlocalout' num2str(i) './Dout' num2str(i) '.^4;']);
    evalin('base',['Syout' num2str(i)  '=10.29*n^2*Lout' num2str(i) './dout' num2str(i) '.^5.33;']);
    evalin('base',['Sout' num2str(i) '=(sum(Syout' num2str(i) ')+sum(Sjout' num2str(i) '));']);
    Sbranch(i)=Sin+evalin('base',['Sout' num2str(i) ]);
end

%压力总管段单位长度沿程水头损失系数计算
Duct=[0.02:0.02:0.1,0.2:0.1:1.5*ceil(3*max(PumpQ)*1)/1];
DuctD=[1.6 1.4 1.2 0.9];
Roughness=400e-6;          %管壁粗糙度 m    wall rouphness
Ductcurve1=[];Ductcurve2=[];Ductcurve3=[];
for  i=1:numel(DuctD)
    d=DuctD(i);
    sd=Roughness;
    for m=1:numel(Duct)
        q=Duct(m);
        Sy=Headloss(q,d,sd);
        Ductcurve1(i,m)=Sy(1);                %管道摩擦阻力系数 λ
        Ductcurve2(i,m)=Sy(2);                %单位长度水头损失系数 s^2/m^6
        Ductcurve3(i,m)=Sy(3);                %粗糙系数 ζ
    end

    evalin('base',['Friction' num2str(DuctD(i)*10) '=Ductcurve1(i,end);']); %混凝土管摩阻系数 λ
    evalin('base',['Roughness' num2str(DuctD(i)*10) '=Ductcurve3(i,end);']);  %混凝土管糙率系数 n
    evalin('base',['Headloss' num2str(DuctD(i)*10) '=1000*Ductcurve2(i,:).*Duct.^2;']); %1000米混凝土管沿程损失曲线
    evalin('base',['Sy' num2str(DuctD(i)*10) '=Ductcurve1(i,:)./Ductcurve1(i,end);']); %砼管阻力损失(包括局部损失)流态修正系数
end
```

```
figure(4);
grid on;hold on;grid minor;
style={'-' '-.' '--' ':'};
for i=1:numel(DuctD)
    Headloss=evalin('base',['Headloss' num2str(DuctD(i) * 10);]);
    sy=evalin('base',['Sy' num2str(DuctD(i) * 10);]);
    [AX(i,:),BX(i),CX(i)]=plotyy(Duct,sy,Duct,Headloss,'plot');
    set(get(AX(i,1),'Ylabel'),'String','阻力损失修正系数',
'fontsize',16,'color','k');
    set(get(AX(i,2),'Ylabel'),'String','1000m 管道水头损失
(m)','fontsize',16,'color','b');
end

y11=1.0;
y12=ceil(Sy16(1) * 1)/1;
Deltay1=(y12-y11)/10;

y21=0;
y22=ceil(Headloss9(end)/10) * 10;
Deltay2=(y22-y21)/10;

set(AX(:,1),'YTick',y11:Deltay1:y12,'YLim',[y11,y12]);
set(AX(:,2),'YTick',y21:Deltay2:y22,'YLim',[y21,y22]);

color={'k','c','r','g','b','m','y'};
for  i=1:numel(DuctD)
    set(BX(i),'linestyle','-','linewidth',2,'color',char(color(i)));
    set(CX(i),'linestyle','--','linewidth',2,'color',char(color(i)));
end

title('\fontsize{24}漳泽泵站管道阻力损失修正系数和单位长度损失曲线');
legend([BX,CX],'\fontsize{12} DN1600 砼管损失修正系数','\fontsize{12} DN1400 砼管损失修正系数','\fontsize{12} DN1200 砼管损失修正系数',...
    '\fontsize{12} DN900 砼管损失修正系数','\fontsize{12}一千米 DN1600 砼管阻力损失','\fontsize{12}一千米 DN1400 砼管阻力损失',...
    '\fontsize{12}一千米 DN1200 砼管阻力损失','\fontsize{12}一千米 DN900 砼管阻力损失','location','NorthEast');
    xlabel('流量 (m^{3}/s)','fontsize',16);
strF=[]; strR=[];
for  i=1:numel(DuctD)
    strF=[strF,evalin('base',['Friction' num2str(DuctD(i) * 10);])];
```

```
    strR = [ strR,evalin('base',['Roughness' num2str(DuctD(i) * 10);])];
end

str0 = {['\fontsize{16}管径 mm      ',num2str(DuctD * 1000,'%3.0f      ')];...
    ['\fontsize{16}摩阻系数   ',num2str(strF,'%3.4f   ')];['\fontsize{16}粗糙系数   ',num2str
(strR,'%3.4f   ')]};
X=0.2;Y=1.8;
text(X,Y,str0);
hold off;
for  i=1:numel(DuctD)
    figure(4+i)
    hs=evalin('base',['Headloss' num2str(DuctD(i) * 10)]);
    hy=evalin('base',['Sy' num2str(DuctD(i) * 10)]);
    [AX,BX,CX]=plotyy(Duct,hs,Duct,hy,'plot');
    grid on;
    hold on;
    set(get(AX(1),'Ylabel'),'String','水头损失 m','fontsize',24,'color','k');
    set(get(AX(2),'Ylabel'),'String','水头损失修正系数','fontsize',24,'color','b');

    y11=floor(min(hs) * 10)/10;
    y12=ceil(max(hs) * 10)/10;
    Deltay1=(y12-y11)/10;

    y21=floor(min(hy) * 100)/100;
    y22=ceil(max(hy) * 10)/10;
    Deltay2=(y22-y21)/10;

    set(AX(1),'YTick',y11:Deltay1:y12,'YLim',[y11,y12]);
    set(AX(2),'YTick',y21:Deltay2:y22,'YLim',[y21,y22]);

    set(BX,'linestyle','-','linewidth',3,'color','k');
    set(CX,'linestyle','--','linewidth',3,'color','b');

    title(['\fontsize{36}1kmDN' num2str(DuctD(i) * 10) '00 管道损失水头、修正系数曲线图 ']);

    legend('\fontsize{24}1000 米管道沿程水头损失','\fontsize{24}压力管道水头损失修正系数');
    legend('location','NorthEast');

    xs=evalin('base',['Sy' num2str(DuctD(i) * 10);]);
    yh=evalin('base',['Headloss' num2str(DuctD(i) * 10);]);
    str1={['\fontsize{16}流量 m^{3}/s' num2str(Duct(1:3:end),'%3.3f    ')];...
        ['\fontsize{16}损      失 ', num2str(yh(1:3:end),'%3.3f    ')];...
```

```
        ['\fontsize{16}系        数', num2str(xs(1:3:end),'%3.3f    ')]};

    text(0.1,max(yh) * 3/4,str1);
    xlabel('流量(m^{3}/s)','fontsize',24);
    hold off
end

%水泵出水插管水头损失系数 s^2/m^5
for  i=1:4
    Lfork=evalin('base',['Lfork' num2str(i);]);
    Rlocalfork=evalin('base',['Rlocalfork' num2str(i);]);
    Sfork(i)= 8/g/pi^2 * (strR(2)/1.4^5.333. * sum(Lfork)+sum(Rlocalfork)/1.4^4);
end

%%等效水泵特性曲线拟合
%任意开机组合,任意变频频率的水泵特性曲线计算和数字拟合
Nopen=[]; Hz=[];                                                    %开机组合
for  i=1:4
    Nopen(i)= input([num2str(i),'号机(开输入 1,不开输入 0)']);
    if  Nopen(i)= =1
        Hz(i)= input([num2str(i),'号机运行频率']);
    else
        Hz(i)= 0;
    end
end

str=Equivalence(Nopen,Hz);
Px={'PumpCQ','PumpCH','PumpCP','PumpCE'};
for  i=1:4
    eval( [char(Px(i)), '= str(i,:);']);
end

xlswrite('f:\MATLAB 计算程序\辛安泉\数据库.xlsx',str,'等效水泵','e2:n21');
k=find(Nopen);kk=find(Nopen-=1);
for  i=1:numel(kk)
    xlswrite('f:\MATLAB 计算程序\辛安泉\数据库.xlsx',char(32)','等效水泵',char(['e' num2str(2+
4 * kk(i)) ' : n' num2str(5+4 * kk(i))]));
end

for  i=1:numel(k)
    xlswrite('f:\MATLAB 计算程序\辛安泉\数据库.xlsx',Hz(k(i))','等效水泵',['d' num2str(4 * k
(i)+2)]);
```

```
end

figure(9);
[AX,BX,CX]=plotyy(PumpCQ,PumpCH,PumpCQ,PumpCE,'plot');
grid on;
hold on;
grid minor;
% line=plot(PumpCQ,PumpCE,'r','LineWidth',3);
set(get(AX(1),'Ylabel'),'String','机组扬程 (m)','fontsize',18);
set(get(AX(2),'Ylabel'),'String','机组效率(%)','fontsize',18);
xlabel('流量 (m^{3}/s)','fontsize',18);

y11=floor(min(PumpCH)/10)*10;
y12=ceil(max(PumpCH)/5)*5;
Deltay1=(y12-y11)/10;

y21=floor(min(PumpCE)/10)*10;
y22=ceil(max(PumpCE)/10)*10;
Deltay2=(y22-y21)/10;

set(AX(1),'YTick',y11:Deltay1:y12,'YLim',[y11,y12]);
set(AX(2),'YTick',y21:Deltay2:y22,'YLim',[y21,y22]);

set(BX,'linestyle','-','linewidth',3,'color','B');
set(CX,'linestyle','--','linewidth',3,'color','k');

title(['\fontsize{36}漳泽泵站' num2str(find(Nopen)) '#机组运行等效水泵特性曲线图 ']);

legend('\fontsize{18}机组扬程','\fontsize{18}机组效率');
legend('location','Northeast');

kk=find(PumpCE==max(PumpCE));
qq=str([5,9,13,17],kk)';
ph=str([6,10,14,18],kk)';
pp=str([7,11,15,19],kk)';
pe=str([8,12,16,20],kk)';

car={['\fontsize{16}机组水泵额定流量= ' num2str([PumpCQ(kk) qq],'%8.3f') ' m^{3}/s'];...
    ['\fontsize{16}机组水泵额定扬程= ' num2str([PumpCH(kk) ph],'%8.2f'),' m'];...
    ['\fontsize{16}机组水泵额定功率= ' num2str([PumpCP(kk) pp],'%8.0f'), ' kW'];...
    ['\fontsize{16}机组水泵额定效率= ' num2str([PumpCE(kk) pe],'%8.2f'),' %'];...
    ['\fontsize{16}电源电机运行频率= ' num2str([50,Hz],'  %8.0f'),'  Hz']};
```

```
text(mean(PumpCQ) * 4/5,(y11+y12)/2,car);
hold off;
figure(10);
gridon;hold on;grid minor;
colors={'k' 'r' 'b' 'y'};
linestyle={'-' '--' '-.' ':'};
for i=k
    line(i)=plot(PumpCQ,str(4 * i+1,:),char(linestyle(i)),'LineWidth',3);
end

ylabel('水泵流量(m^{3}/s)','fontsize',18);
xlabel('机组流量 (m^{3}/s)','fontsize',18);

y11=floor(min(min(str(4 * k+1,:))) * 10)/10;
y12=ceil(max(max(str(4 * k+1,:))) * 100)/100;
Deltay1=(y12-y11)/10;
ylim([y11,y12]);

title(['\fontsize{36}漳泽泵站' num2str(find(Nopen)) '#水泵与机组流量关系曲线图 ']);
car1=[];car2=[];
for i=1:numel(k)
    car1=[car1;'\fontsize{18}泵站' num2str(k(i)) '#水泵'];
    car2=[car2;'\fontsize{18}' num2str(k(i)) '#水泵流量 '];
end

legend(car1);
legend('location','Northwest');

car=[['\fontsize{18}等效水泵流量 ';car2],
num2str(round([PumpCQ;str(4 * k(1:end)+1,:)] * 100)/100)];
text(mean(PumpCQ(1:2)),(y11+y12)/2.5,num2str(car,'%8.2f'),'fontsize',18);
hold off;
%%管路纵断
%总干管:泵站--屯留分水口
Horizontzg=xlsread('f:\MATLAB计算程序\辛安泉\数据库.xlsx','总、干管道','b4:b27')';
Verticzg=xlsread('f:\MATLAB计算程序\辛安泉\数据库.xlsx','总、干管道','d4:d27')';
DMzg=xlsread('f:\MATLAB计算程序\辛安泉\数据库.xlsx','总、干管道','f4:f27')';
Rlocalzg=xlsread('f:\MATLAB计算程序\辛安泉\数据库.xlsx','总、干管道','g4:g27')';
LPPzg=[0 cumsum(sqrt(diff(Horizontzg).^2+diff(Verticzg).^2))];      %压力总管长度桩号 The length
of pipe pile

%干管1:屯留-襄垣
```

```
Horizonttl_xy=xlsread('f:\MATLAB计算程序\辛安泉\数据库','总、干管道','k4:k60')';
Verticttl_xy=xlsread('f:\MATLAB计算程序\辛安泉\数据库','总、干管道','m4:m60')';
DMtl_xy=xlsread('f:\MATLAB计算程序\辛安泉\数据库','总、干管道','o4:o60')';
Rlocaltl_xy=xlsread('f:\MATLAB计算程序\辛安泉\数据库','总、干管道','p4:p60')';
LPPtl_xy=[0 cumsum(sqrt(diff(Horizonttl_xy).^2+diff(Verticttl_xy).^2))];     %屯留-襄垣总管长度桩号 The length of pipe pile

%干管2:襄垣-天脊
Horizontxy_tj=xlsread('f:\MATLAB计算程序\辛安泉\数据库','总、干管道','t4:t207')';
Verticxy_tj=xlsread('f:\MATLAB计算程序\辛安泉\数据库','总、干管道','v4:v207')';
DMxy_tj=xlsread('f:\MATLAB计算程序\辛安泉\数据库','总、干管道','x4:x207')';
Rlocalxy_tj=xlsread('f:\MATLAB计算程序\辛安泉\数据库','总、干管道','y4:y207')';
LPPxy_tj=[0 cumsum(sqrt(diff(Horizontxy_tj).^2+diff(Verticxy_tj).^2))];     %襄垣-天脊总管长度桩号 The length of pipe pile

%屯留支线
Horizonttl=xlsread('f:\MATLAB计算程序\辛安泉\数据库','支线管道','b4:b79')';
Verticttl=xlsread('f:\MATLAB计算程序\辛安泉\数据库','支线管道','d4:d79')';
DMtl=xlsread('f:\MATLAB计算程序\辛安泉\数据库','支线管道','f4:f79')';
Rlocaltl=xlsread('f:\MATLAB计算程序\辛安泉\数据库','支线管道','g4:g79')';
LPPtl=[0 cumsum(sqrt(diff(Horizonttl).^2+diff(Verticttl).^2))];     %屯留支线管道长度桩号 The length of pipe pile

%襄垣支线1
Horizontxy1=xlsread('f:\MATLAB计算程序\辛安泉\数据库','支线管道','k4:k141')';   %水平桩号
Verticxy1=xlsread('f:\MATLAB计算程序\辛安泉\数据库','支线管道','m4:m141')';     %管中心高程
DMxy1=xlsread('f:\MATLAB计算程序\辛安泉\数据库','支线管道','o4:o141')';     %地面线
Rlocalxy1=xlsread('f:\MATLAB计算程序\辛安泉\数据库','支线管道','p4:p141')';
LPPxy1=[0 cumsum(sqrt(diff(Horizontxy1).^2+diff(Verticxy1).^2))];     %襄垣支线管道长度桩号 The length of pipe pile

%襄垣支线2
Horizontxy2=xlsread('f:\MATLAB计算程序\辛安泉\数据库','支线管道','k145:k177')';   %水平桩号
Verticxy2=xlsread('f:\MATLAB计算程序\辛安泉\数据库','支线管道','m145:m177')';   %管中心高程
DMxy2=xlsread('f:\MATLAB计算程序\辛安泉\数据库','支线管道','o145:o177')';     %地面线
Rlocalxy2=xlsread('f:\MATLAB计算程序\辛安泉\数据库','支线管道','p145:p177')';
LPPxy2=[0 cumsum(sqrt(diff(Horizontxy2).^2+diff(Verticxy2).^2))];     %襄垣支线管道长度桩号 The length of pipe pile

%天脊支线
Horizonttj=xlsread('f:\MATLAB计算程序\辛安泉\数据库','支线管道','s4:s16')';   %水平桩号
Verticttj=xlsread('f:\MATLAB计算程序\辛安泉\数据库','支线管道','u4:u16')';     %管中心高程
```

```
DMtj=xlsread('f:\MATLAB计算程序\辛安泉\数据库','支线管道','w4:w16')';        %地面线
Rlocaltj=xlsread('f:\MATLAB计算程序\辛安泉\数据库','支线管道','x4:x16')';
LPPtj=[0 cumsum(sqrt(diff(Horizonttj).^2+diff(Verticti).^2))];  %襄垣支线管道长度桩号 The length of pipe

%长治支线
Horizontcz=xlsread('f:\MATLAB计算程序\辛安泉\数据库','支线管道','ab4:ab147')';  %水平桩号
Verticcz=xlsread('f:\MATLAB计算程序\辛安泉\数据库','支线管道','ad4:ad147')';   %管中心高程
DMcz=xlsread('f:\MATLAB计算程序\辛安泉\数据库','支线管道','af4:af147')';       %地面线
Rlocalcz=xlsread('f:\MATLAB计算程序\辛安泉\数据库','支线管道','ag4:ag147')';
LPPcz=[0 cumsum(sqrt(diff(Horizontcz).^2+diff(Verticcz).^2))];     %襄垣支线管道长度桩号 The length of pipe pile%潞安分支线

%潞安分支线
Horizontla=xlsread('f:\MATLAB计算程序\辛安泉\数据库','支线管道','b4:b63')';
Verticla=xlsread('f:\MATLAB计算程序\辛安泉\数据库','支线管道','d4:d63')';
DMla=xlsread('f:\MATLAB计算程序\辛安泉\数据库','支线管道','f4:f63')';
Rlocalla=xlsread('f:\MATLAB计算程序\辛安泉\数据库','支线管道','g4:g63')';
LPPla=[0 cumsum(sqrt(diff(Horizontla).^2+diff(Verticla).^2))];     %襄垣支线管道长度桩号 The length of pipe pile

%潞宝分支线
Horizontlb=xlsread('f:\MATLAB计算程序\辛安泉\数据库','分支管道','k4:k34')';
Verticlb=xlsread('f:\MATLAB计算程序\辛安泉\数据库','分支管道','m4:m34')';
DMlb=xlsread('f:\MATLAB计算程序\辛安泉\数据库','分支管道','o4:o34')';
Rlocallb=xlsread('f:\MATLAB计算程序\辛安泉\数据库','分支管道','p4:p34')';
LPPlb=[0 cumsum(sqrt(diff(Horizontlb).^2+diff(Verticlb).^2))];     %襄垣支线管道长度桩号 The length of pipe pile

%王桥分支线
Horizontwq=xlsread('f:\MATLAB计算程序\辛安泉\数据库','分支管道','t4:t48')';
Verticwq=xlsread('f:\MATLAB计算程序\辛安泉\数据库','分支管道','v4:v48')';
DMwq=xlsread('f:\MATLAB计算程序\辛安泉\数据库','分支管道','x4:x48')';
Rlocalwq=xlsread('f:\MATLAB计算程序\辛安泉\数据库','分支管道','y4:y48')';
LPPwq=[0 cumsum(sqrt(diff(Horizontwq).^2+diff(Verticwq).^2))];     %襄垣支线管道长度桩号 The length of pipe pile

%末端调节阀室段管路阻力损失系数
Lvalve=xlsread( 'f:\MATLAB计算程序\辛安泉\数据库.xlsx','末端管路','b2:k7');
Dvalve0=xlsread( 'f:\MATLAB计算程序\辛安泉\数据库.xlsx','末端管路','b10:k15');
Rvalve0=xlsread( 'f:\MATLAB计算程序\辛安泉\数据库.xlsx','末端管路','b18:k23');
Dvalve=[Dvalve0 Dvalve0(:,end)]/1000;
```

```
Rvalve=[Rvalve0 Rvalve0(:,end)];
str={'gz' 'la' 'wq' 'lb' 'tj' 'xw'};
for i=1:6
    d=(Dvalve(i,1:end-1)+Dvalve(i,2:end))/2;
    Sy=10.29*n^2*Lvalve(i,:)./d.^5.33;
    Sj=8/g/pi^2*Rvalve(i,:)./Dvalve(i,:).^4;
    evalin('base',['S',char(str(i)) '=sum(Sy)+sum(Sj);']);
    evalin('base',['LPPvalve',char(str(i)) '=cumsum(Lvalve(i,:));']);      %阀室段长度桩号
end

Stlf=[Sgz,Sla,Swq,Slb,Stj,Sxw]/4;             %官庄、潞安、王桥、潞宝、天脊、西旺庄调流阀室段综合阻力系数,s^2/m^5

%总干、干管线路纵断图
str1={'zg' 'tl_xy' 'xy_tj'};
str10={'漳泽泵站-屯留分水口','屯留分水口-襄垣分水口','襄垣分水口-天脊分水口'};
k11=[13 17];k21=[10 21];k31=[9 23];       %总干管 zg 排气、排水和检修阀
k12=[8 11 14 17 20 24 28 30 36 38 41 47 52 54];k22=[30 36];k32=[3 33 57];   %干管 tl_xy 排气、排水和检修阀
k13=[7 13 17 24 38 41 46 50 64 69 74 85 89 91 94 100 112 131 135 141 145 149 155 161 166 177 180 185 188 192 196 201];
k23=[8 30 48 68 81 121 138 146 154 167 179 186];k33=[2 29 56 79 119 171];
Dd=[1400 1400 1600];
for i=1:numel(str1)
    k1=[];k2=[];k3=[];
    figure(10+i);
    h=evalin('base',['Vertic',char(str1(i))])-Zsuc(2);
    LPP=evalin('base',['LPP',char(str1(i))]);
    DM=evalin('base',['DM',char(str1(i))])-Zsuc(2);
    k1=evalin('base',['k1',num2str(i)]);
    k2=evalin('base',['k2',num2str(i)]);
    k3=evalin('base',['k3',num2str(i)]);
    line(1)=plot(LPP,h,'k');                                  %压力管道中心线
    holdon;grid on;grid minor;
    line(2)=plot(LPP,DM,'color','m');                          %地面线
    line(3)=plot(LPP(k1),h(k1),'*','color','r');               %排气节点
    line(4)=plot(LPP(k2),h(k2),'d','color','b');               %排水节点
    line(5)=plot(LPP(k3),h(k3),'o','color','y');               %检修节点
    set(line,'linewidth',2);
    title(['\fontsize{32}压力管线',char(str10(i))]);
    xlabel('管路长度桩号(m)','fontsize',16);
    ylabel('高度(m)','fontsize',16);
```

```
    legend(line , '\fontsize{16}压力管路中心线','\fontsize{16}压力管路地面线','\fontsize{16}管路排气阀井',...
        '\fontsize{16}管路排水阀井','\fontsize{16}管路检修阀井','location','Northwest');
    text(500,max(DM(i))/2,{['\fontsize{24}压力管道长度=' num2str(LPP(end),'%3.0fm')];...
        ['\fontsize{24}压力管道管径=' num2str(Dd(i),'%3.0f mm')]});
    hold off;
end

%总、干管综合阻力系数和阻力损失与流量关系曲线
str1={'zg'    'tl_xy'    'xy_tj'};
Dduct=[1.4 1.4 1.6];
for i=1:numel(str1)
    LPP=evalin('base',['LPP',char(str1(i))]);
    Rlocal=evalin('base',['Rlocal',char(str1(i))])';
    k=find(DuctD==Dduct(i));
    r=evalin('base',['Sy',num2str(DuctD(k)*10)]);
    if i<3
    Sh=8/g/pi^2/Dduct(i)^4*(strF(k)*LPP(end)/Dduct(i)+sum(Rlocal));
    Hs=Sh*Duct.^2.*r;
    evalin('base',['hr',char(str1(i)),'=','Hs ;']);
else
    Sh1=8/g/pi^2/Dduct(i)^4*(strF(k)*LPP(171)/Dduct(i)+sum(Rlocal(1:171)));
Sh2=8/g/pi^2/Dduct(i)^4*(strF(k)*(LPP(end)-LPP(171))/Dduct(i)+sum(Rlocal(172:end)));
    Hs1=Sh1*Duct.^2.*r;
    Hs2=Sh2*Duct.^2.*r;
    evalin('base',['hr',char(str1(i)),'1=','Hs1 ;']);
    evalin('base',['hr',char(str1(i)),'2=','Hs2 ;']);
    evalin('base',['hr',char(str1(i)),'=','Hs1+Hs2 ;']);
  end
end

strhr=[Duct',hrzg',hrtl_xy',hrxy_tj',hrxy_tj1',hrxy_tj2'];        %对应流量 Duct 的阻力损失值
xlswrite('f:\MATLAB 计算程序\辛安泉\数据库.xlsx',strhr,'管路损失曲线','b5:g38');

%支线管路纵断图
str1={'tl' 'xy1' 'xy2' 'tj' 'cz'};
str10={'屯留分水口-官庄蓄水池','襄垣分水口-潞宝分水口','潞宝分水口-王桥(潞安)分水口','天脊分水口-天脊蓄水池','天脊分水口-西旺庄蓄水池'};
k11=[13 16 21 24 27 29 30 33 39 46 49 53 56 57 58 59 61 63];k21=[6 18 28 31 52];k31=[2 34];
k12=[4 6 15 24 29 37 43 53 71 73 82 89 104 113 123 125 129 135];k22=[19 49 79 93 117 132];k32=[2 63 99];                                    %总干管 zg 排气、排水和检修阀
k13=[6 7 10 13 22 25];k23=[11 31];k33=[2 18];        %排气、排水和检修阀
```

```
k14=[ ];k24=[ ];k34=[3];
k15=[10 16 19 25 29 32 41 48 57 66 71 85 91 98 102 107 109 114 123 129 132];k25=[4 13 22 37 44 51
63 76 95 108 119 136];k35=[5 7 79 116];
Dd=[800 1400 900 600 1400];
line=[ ];
for i=1:numel(str1)
    k1=[ ];k2=[ ];k3=[ ];
    figure(13+i);
    h=evalin('base',['Vertic',char(str1(i))])-Zsuc(2);
    LPP=evalin('base',['LPP',char(str1(i))]);
    DM=evalin('base',['DM',char(str1(i))])-Zsuc(2);
    k1=evalin('base',['k1',num2str(i)]);
    k2=evalin('base',['k2',num2str(i)]);
    k3=evalin('base',['k3',num2str(i)]);
    line(1)=plot(LPP,h , 'k');                                  %压力管道中心线
    hold on;grid on;grid minor;
    line(2)=plot(LPP,DM,'color','m');                          %地面线
    if isempty(k1)~=1
        line(3)=plot(LPP(k1),h(k1),' * ','color','r');         %排气节点
    else
    end

    if isempty(k2)~=1
        line(4)=plot(LPP(k2),h(k2),'d','color','b');           %排水节点
    else
    end

    if isempty(k3)~=1
        line(5)=plot(LPP(k3),h(k3),'o','color','y');           %检修节点
    else
    end

    set(line,'linewidth',2);
    title(['\fontsize{32}压力管线',char(str10(i))]);
    xlabel('管路长度桩号(m)','fontsize',16);
    ylabel('高度(m)','fontsize',16);

    legend(line , '\fontsize{16}压力管路中心线','\fontsize{16}压力管路地面线','\fontsize{16}管路排
气阀井',...
        '\fontsize{16}管路排水阀井','\fontsize{16}管路检修阀井','location','Northeast');
    text(500,max(DM(i))/2,{['\fontsize{24}压力管道长度=' num2str(LPP(end),'%3.0f m')];...
        ['\fontsize{24}压力管道管径=' num2str(Dd(i),'%3.0f mm')]});
```

```
    hold off;
end

%支线阻力损失与流量关系曲线
str={'tl' 'xy1' 'xy2' 'tj' 'cz'};
S=[Stlf(1),0,0,Stlf(5),Stlf(6)];
Dduct=[0.9 1.4 0.9 0.6 1.4];
for  i=1:numel(str)
    LPP=evalin('base',['LPP',char(str(i))]);
    Rlocal=evalin('base',['Rlocal',char(str(i))])';
    k=find(DuctD==Dduct(i));
    if isempty(k)
        Sh=10.29*n^2*LPP(end)/Dduct(i)^5.333+8/g/pi^2/Dduct(i)^4*sum(Rlocal)+S(i);
        Hs=Sh*Duct.^2;
    elseif  i<5
        r=evalin('base',['Sy',num2str(DuctD(k)*10)]);
        Sh=8/g/pi^2/Dduct(i)^4*(strF(k)*LPP(end)/Dduct(i)+sum(Rlocal))+S(i);
        Hs=Sh*Duct.^2.*r;
    else
        Sh1=8/g/pi^2/1.6^4*(strF(1)*LPP(6)/1.6+sum(Rlocal(1:6)));
        Sh2=8/g/pi^2/1.4^4*(strF(2)*(LPP(end)-LPP(6))/1.4+sum(Rlocal(7:end)))+S(i);
        Hs=Sh1*Duct.^2.*Sy16+Sh2*Duct.^2.*Sy14;
    end

    evalin('base',['hr',char(str(i)),'=','Hs ;']);
end

car=[hrtl',hrxy1',hrxy2',hrtj',hrcz'];
xlswrite('f:\MATLAB 计算程序\辛安泉\数据库.xlsx',car,'管路损失曲线','h5:l38');

%襄垣分支阻力损失与流量关系曲线
Dduct=[0.5 0.9 0.9];
str1={'la' 'wq' 'lb'};
for i=1:numel(str1)
    LPP=evalin('base',['LPP',char(str1(i))]);
    Rlocal=evalin('base',['Rlocal',char(str1(i))])';
    k=find(DuctD==Dduct(i));
    if isempty(k)
Sh=10.29*n^2*LPP(end)/Dduct(i)^(16/3)+8/g/pi^2/Dduct(i)^4*sum(Rlocal)+Stlf(i+1);
        Hs=Sh*Duct.^2;
    else
        r=evalin('base',['Sy',num2str(DuctD(k)*10)]);
```

```
        Sh=8/g/pi^2/Dduct(i)^4*(strF(k)*LPP(end)/Dduct(i)+sum(Rlocal))+Stlf(i+1);
        Hs=Sh*Duct.^2.*r;
    end
        evalin('base',['hr',char(str1(i)),'=','Hs ;']);
end

strhr=[hrla',hrwq',hrlb'];          %对应流量 Duct 的阻力损失值
xlswrite('f:\MATLAB 计算程序\辛安泉\数据库.xlsx',strhr,'管路损失曲线','m5:o38');

%%管路特性曲线
str={'gl' 'wq' 'lb' 'tx'};
Hdu=input('供水调度方案=(官庄潞安联供 1、王桥单供 2、潞宝单供 3、天脊西旺庄联供 4)  ');
if  Hdu==1
    Zgz=input('官庄蓄水池水位 =' );
    Zla=input('潞安蓄水池水位 =' );
    Hstgz=Zgz-Zsuc(2);          %官庄静扬程
    Hstla=Zla-Zsuc(2);          %潞安静扬程
    Qg_l=[];
    if  Zgz>Zla
        F=@(x)(Zgz-Zla-interp1(Duct,hrtl_xy+hrxy1+hrxy2+hrla,x,'linear'));
    else
        F=@(x)(Zla-Zgz-interp1(Duct,hrtl,x,'linear'));
    end

    q0=0.4;
    options =optimset('Display','off');
    [x,fval,EXITFLAG]=fsolve(F,q0,options);
    Qg_l=x;                                 %高水池进水时低水池进水流量
    for i=1:numel(Duct)
        q=Duct(i);
        if q<Qg_l
            Qla(i)=q*(Zla<Zgz);
            Qgz(i)=q*(Zgz<Zla);
            h1=interp1([0 Duct],[0
hrzg+hrtl_xy+hrxy1+hrxy2+hrla],Qla(i),'linear')+Hstla;
            h2=interp1([0 Duct],[0 hrzg+hrtl],Qgz(i),'linear')+Hstgz;
            Hgl(i)=min([h1 h2]);                              %需要扬程
        else
            F=@(x)([Zla-Zgz+interp1([0 Duct],[0
hrtl_xy+hrxy1+hrxy2+hrla],x(1),'linear')-interp1([0 Duct],[0 hrtl],x(2),'linear');
                sum(x)-q]);
            q0=[Qla(i-1) Qgz(i-1)];
```

```
            options =optimset('Display','off');
            [x,fval,EXITFLAG]=fsolve(F,q0,options);
            Qla(i)=x(1);
            Qgz(i)=x(2);
            Hgl(i)=interp1(Duct,hrzg,q,'linear')+interp1([0 Duct],[0
hrtl],x(2),'linear')+Hstgz;          %需要扬程
        end
    end

elseif  Hdu==2
    Zgz=input('官庄蓄水池水位 =');
    Zla=input('潞安蓄水池水位 =');
    Hstwq=942-Zsuc(2);          %王桥静扬程
    Hstgz=Zgz-Zsuc(2);          %官庄静扬程
    Hstla=Zla-Zsuc(2);          %潞安静扬程

    F1=@(x)(Zla-942-interp1(Duct,hrwq,x,'linear'));
    F2=@(x)(Zgz-942-interp1(Duct,hrtl_xy+hrxy1+hrxy2+hrwq,x,'linear'));
    q0=0.5;
    options =optimset('Display','off');
    [y,fval,EXITFLAG]=fsolve(F1,q0,options);
    [z,fval,EXITFLAG]=fsolve(F2,q0,options);
    Qwq_gl=[];
    if y>z
        Qbz_gl(1)=z;                %官庄出水时泵站流量
F=@(x)([Zgz-942-interp1(Duct,hrtl_xy+hrxy1+hrxy2+hrwq,x(1),'linear')+interp1(Duct,hrtl,x(2),'
linear');
            Zla-942-interp1(Duct,hrwq,x(1),'linear')]);
        q0=[z z];
        options =optimset('Display','off');
        [x,fval,EXITFLAG]=fsolve(F,q0,options);
        Qbz_gl(2)=sum(x);               %潞安出水时泵站流量
    else
        Qbz_gl(1)=y;            %潞安出水时泵站流量

F=@(x)([Zgz-942-interp1(Duct,hrtl_xy+hrxy1+hrxy2,x(1)+x(2),'linear')-interp1(Duct,hrwq,x(1),'
linear');

Zla-942-interp1(Duct,hrwq,x(1),'linear')+interp1(Duct,hrla,x(2),'linear')]);
        q0=[z z];
        options =optimset('Display','off');
        [x,fval,EXITFLAG]=fsolve(F,q0,options);
```

```
        Qbz_gl(2)= sum(x);            %官庄出水时供水总流量
    end

    for i=1:numel(Duct)
        q=Duct(i);
        if q<Qbz_gl(1)
            Qgz(i)= 0;
            Qla(i)= 0;
            Qwq(i)= q;
            Hwq(i)= interp1([0 Duct],[0
hrzg+hrtl_xy+hrxy1+hrxy2+hrwq],q,'linear')+Hstwq;
        elseif q>=Qbz_gl(1)   &&   q<=Qbz_gl(2)
                x0=q*[0.2 0.8];
                options =optimset('Display','off');
                if y>z
                    Qla(i)= 0;
                    F=@(x)([sum(x)-q;
                        Zgz-942+interp1([0 Duct],[0 hrtl],x(1),'linear')-interp1([0
Duct],[0 hrtl_xy+hrxy1+hrxy2+hrwq],x(2),'linear')]);
                    [x,fval,EXITFLAG]=fsolve(F,x0,options);
                    Qgz(i)= x(1);
                    Qwq(i)= x(2);
Hwq(i)= interp1(Duct,hrzg,x(1)+x(2),'linear')+interp1(Duct,hrtl_xy+hrxy1+hrxy2+hrwq,x(2),'line-
ar')+Hstwq;     %管路需要扬程
              else
                    Qgz(i)= 0;
                    F=@(x)([sum(x)-q;
Zla-942+interp1(Duct,hrla,x(1),'linear')+interp1(Duct,hrwq,x(2),'linear')]);
                    [x,fval,EXITFLAG]=fsolve(F,x0,options);
                    Qla(i)= x(1);
                    Qwq(i)= x(2);
Hwq(i)= interp1(Duct,hrzg+hrtl_xy+hrxy1+hrxy2,x(1)+x(2),'linear')+interp1(Duct,hrwq,x(2),'line-
ar')+Hstwq;     %管路需要扬程
                end

            else
                F=@(x)([sum(x)-q;
                    Zgz-942+interp1([0 Duct],[0
hrtl],x(1),'linear')-interp1(Duct,hrtl_xy+hrxy1+hrxy2,x(2)+x(3),'linear')-...
                    interp1(Duct,hrwq,x(2),'linear');
                    Zla-942+interp1([0 Duct],[0
hrla],x(3),'linear')-interp1(Duct,hrwq,x(2),'linear')]);
```

```
                x0=q * [0.15 0.15 0.7];
                options =optimset('Display','off');
                [x,fval,EXITFLAG]=fsolve(F,x0,options);
                Qgz(i)= x(1);
                Qla(i)= x(3);
                Qwq(i)= x(2);
                Hwq(i)= interp1(Duct,hrzg,q,'linear')+interp1([0 Duct],[0
hrtl],x(1),'linear')+Hstgz;      %管路需要扬程
            end
        end

elseif Hdu==3
    Hstlb=937-Zsuc(2);
    Hstwq=942-Zsuc(2);          %王桥静扬程
    F=@(x)(942-937-interp1(Duct,hrlb,x,'linear'));
    x0=0.5;
    options =optimset('Display','off');
    [x,fval,EXITFLAG]=fsolve(F,x0,options);
    Qlb_wq=x;
    for i=1:numel(Duct)
      q=Duct(i);
      if q>=Qlb_wq
F=@(x)([942-937+interp1(Duct,hrxy2+hrwq,x(1),'linear')-interp1(Duct,hrlb,x(2),'linear');
                sum(x)-q]);
            x0=q * [0.2 0.8];
            options =optimset('Display','off');
            [x,fval,EXITFLAG]=fsolve(F,x0,options);
            Qlb(i)= x(2);
            Qwq(i)= x(1);
Hlb(i)= interp1(Duct,hrlb,x(2),'linear')+interp1(Duct,hrzg+hrtl_xy+hrxy1,q,'linear')+Hstlb;      %管
路需要扬程
            else
              Qlb(i)= q;
              Qwq(i)= 0;
              Hlb(i)= interp1([0 Duct],[0
hrzg+hrtl_xy+hrxy1+hrlb],q,'linear')+Hstlb;      %管路需要扬程
            end
    end

else
    Ztj=input('天脊蓄水池水位= ');Hsttj=Ztj-Zsuc(2);
    Zxw=input('西旺庄蓄水池水位= ');Hstxw=Zxw-Zsuc(2);
```

```
    F=@ (x)(max([Zxw max(Verticcz)])-Ztj-interp1(Duct,hrtj,x,'linear'));
    x0=0.5;
    options =optimset('Display','off');
    [y,fval,EXITFLAG]=fsolve(F,x0,options);
        beep
    else
    end
    Qtj_xw=y;              %西旺庄蓄水池开始进水时天脊供水流量

    for i=1:numel(Duct)
        q=Duct(i);
        if q<Qtj_xw
            Qxw(i)=0;
            Qtj(i)=q;
            if Ztj+interp1([0 Duct],[0 hrtj+hrxy_tj2],q,'linear')<Verticxy_tj(171)

Htx(i)=Verticxy_tj(171)-Zsuc(2)+interp1(Duct,hrzg+hrtl_xy+hrxy_tj1,q,'linear');
        else
            Htx(i)=Hsttj+interp1(Duct,hrzg+hrtl_xy+hrxy_tj+hrtj,q,'linear');
        end
      else
        F=@ (x)([sum(x)-q;
                Zxw-Ztj+interp1([0 Duct],[0
hrcz],x(1),'linear')-interp1(Duct,hrtj,x(2),'linear')]);
        x0=[0.3 0.7]*q;
        options =optimset('Display','off');
        [x,fval,EXITFLAG]=fsolve(F,x0,options);
        if EXITFLAG~=1
            beep
        else
        end


        Qxw(i)=x(1);
        Qtj(i)=x(2);
        if
Ztj+interp1(Duct,hrtj,x(2),'linear')+interp1(Duct,hrxy_tj2,q,'linear')<Verticxy_tj(171)
Htx(i)=Verticxy_tj(171)-Zsuc(2)+interp1(Duct,hrzg+hrtl_xy+hrxy_tj1,q,'linear');
        else
Htx(i)=Hsttj+interp1(Duct,hrzg+hrtl_xy+hrxy_tj,q,'linear')+interp1(Duct,hrtj,x(2),'linear');
            end
        end
    end
```

```
end

%%节能频率计算 str=Equivalence(Nopen,Hz0*hz0);
N1=[4 14 27];N2=[9 22 38];
for m=1:2+(Hdu~=1)
    disp(['开机台数  ' num2str(m)]);
    Nopen=[];                                   %开机组合
    for i=1:4
        Nopen(i)=input([num2str(i),'号机(开输入 1,不开输入 0)']);
    end

    k=find(Nopen);
    if Hdu==1
        Hr=Hgl;
    elseif Hdu==2
        Hr=Hwq;
    elseif Hdu==3
        Hr=Hlb;
    else
        Hr=Htx;
    end

    str=Equivalence(Nopen,50*Nopen);
    F=@(y)([interp1(str(1,:),str(2,:),y(1),'pchip')-y(2);
        interp1(Duct,Hr,y(1),'linear')-y(2)]);
    y0=[0.5*sum(Nopen) 90];
    options =optimset('Display','off');
    [y,FVAL,EXITFLAG]=fsolve(F,y0,options);

F1=@(z)([str(1,end)*z(1)-z(2);str(2,end)*z(1)^2-interp1(Duct,Hr,z(2),'pchip')]);
    F2=@(z)([str(1,1)*z(1)-z(2);str(2,1)*z(1)^2-interp1(Duct,Hr,z(2),'pchip')]);
    z01=[1 str(1,end)];z02=[1 str(1,1)];
    options =optimset('Display','off');
    [z,FVAL,EXITFLAG]=fsolve(F1,z01,options);
    [w,FVAL,EXITFLAG]=fsolve(F2,z02,options);

    if y(1)>str(1,end)
        q2=floor(z(2)*100)/100;
        hz1=z(1)*50*Nopen;
    else
        q2=floor(y(1)*100)/100;
        hz1=50*Nopen;
```

```
    end

    if y(1)>str(1,end)
        q2=floor(z(2) * 100)/100;
        hz10=z(1) * 50 * Nopen;
    else
        q2=floor(y(1) * 100)/100;
        hz10=50 * Nopen;
    end

    q1=ceil(w(2) * 100)/100;
    hz20=w(1) * 50 * Nopen;
    q0=linspace(q2,q1,3);
    hz0=[hz10;(hz10+hz20)/2;hz20];
    ub0=[[hz10;(hz10+hz0(2,:))/2;hz0(2,:)],[q0(1) sum(q0(1:2))/2 sum(q0(2:3))/2]'];
    lb0=[[hz0(2,:);hz20 * 1.1;hz20],[sum(q0(1:2))/2 sum(q0(2:3))/2 q0(3)]'];
    x00 =(ub0+lb0)/2;

    fun=@ Eefun;
    nonlcon = @ Eeb;
    A = [];
    b = [];
    Aeq = [];
    beq = [];
    options =
    optimoptions('fmincon','Display','iter','Algorithm','sqp','OptimalityTolerance', 1e-1);
    for u=1:3
        ub=ub0(u,:);
        lb=lb0(u,:);
        x0=x00(u,:);
%           lb =[30 * Nopen,q0(u)];
        %           options =
optimoptions('fmincon','Display','off','Algorithm','sqp');
            [x,fval,exitflag,output] =
fmincon(fun,x0,A,b,Aeq,beq,lb,ub,nonlcon,options);
            if exitflag~=1
                beep
        else
        end
        evalin('base',['hz',num2str(u),'= ','x;']);
        Ee(u)=fval;
    end
```

```
Hz=[hz1;hz2;hz3];
Y2=ceil(interp1(Duct,Hr,Hz(1,end),'pchip')/10)*10+10;
Y1=Y2-30*m;t=[5 10 15];
figure(20+m)
holdon;grid on;
m1=find(Duct<=Hz(3,end),1,'last')-1;
m2=find(Duct>=Hz(1,end),1,'first')+1;
line(1)= plot(Duct(m1:m2),Hr(m1:m2),'linewidth',3);
kk=find(Nopen(1:k(end))==0);
for u=1:numel(Hz(:,1))
    str=Equivalence(Nopen,Hz(u,1:4));
    H=interp1(str(1,:),str(2,:),Hz(u,end),'linear','extrap');
    E=interp1(str(1,:),str(4,:),Hz(u,end),'linear','extrap');
    P=g*Density/10*Hz(u,end)*H/E;
    Pe(u)=2.725e4/Ee(u)/E/0.95;
    cr1=[Hz(u,end),H,P,E];
    q=[];h=[];e=[];p=[];
    for  i=1:numel(k)
        q(k(i))=interp1(str(1,:),str(4*k(i)+1,:),Hz(u,end),'linear','extrap');
        h(k(i))=interp1(str(1,:),str(4*k(i)+2,:),Hz(u,end),'linear','extrap');
        e(k(i))=interp1(str(1,:),str(4*k(i)+4,:),Hz(u,end),'linear','extrap');
        p(k(i))=g*Density/10*q(k(i))*h(k(i))/(e(k(i))+(e(k(i))==0));
    end
    cr2=[q',h',p',e'];cr2(kk,:)=[];
    evalin('base',['car',num2str(u),'= ','[cr1;cr2];']);
    [AX BX CX]=plotyy(str(1,:),str(2,:),str(1,:),str(4,:),'plot');
    set(get(AX(1),'Ylabel'),'String','机组扬程(m)','fontsize',18,'color','k');
    set(get(AX(2),'Ylabel'),'String','机组效率(%)','fontsize',18,'color','b');
    set(AX(1),'YTick',Y1:t(m):Y2,'YLim',[Y1,Y2]);
    set(AX(2),'YTick',60:5:90,'YLim',[60,90]);
    set(BX,'linestyle','-','linewidth',3,'color','c');
    set(CX,'linestyle','--','linewidth',3,'color','r');
    line(2)=plot(Hz(u,end),H,'Ob','linewidth',4);
    end
    title(['\fontsize{36}等效水泵工作点及技术经济指标']);
    xlabel('流量(m^{3}/s)','fontsize',18);
    legend([line(1),BX,line(2),CX],'\fontsize{16}管路特性曲线','\fontsize{16}机组扬程曲
线','\fontsize{16}机组工作点','\fontsize{16}机组效率曲线');
    hold off;
    car4={'等效机组'};
    for u=1:m
```

```
            car4=[car4;{[num2str(k(u)) '#机组']}];
        end
        car=[car4;car4;car4];
        if Hdu==1
            for u=1:3
            xlswrite('f:\MATLAB计算程序\辛安泉\数据库.xlsx',Hz(u,k)','官庄潞安联供',['b'
num2str(N1(m)+1+(m+1)*(u-1))]);
              xlswrite('f:\MATLAB计算程序\辛安泉\数据库.xlsx',Ee(u),'官庄潞安联供',['g'
num2str(N1(m)+(m+1)*(u-1))]);
              xlswrite('f:\MATLAB计算程序\辛安泉\数据库.xlsx',Pe(u),'官庄潞安联供',['h'
num2str(N1(m)+(m+1)*(u-1))]);
            end

            xlswrite('f:\MATLAB计算程序\辛安泉\数据库.xlsx',car,'官庄潞安联供',char(['a'
num2str(N1(m)) ':a' num2str(N2(m))]));
            xlswrite('f:\MATLAB计算程序\辛安泉\数据库.xlsx',[car1;car2;car3],'官庄潞安联供',
char(['c' num2str(N1(m)) ':f' num2str(N2(m))]));
        elseif Hdu==2
            for u=1:3
                xlswrite('f:\MATLAB计算程序\辛安泉\数据库.xlsx',Hz(u,k)','王桥单供',['b'
num2str(N1(m)+1+(m+1)*(u-1))]);
                xlswrite('f:\MATLAB计算程序\辛安泉\数据库.xlsx',Ee(u),'王桥单供',['g'
num2str(N1(m)+(m+1)*(u-1))]);
                xlswrite('f:\MATLAB计算程序\辛安泉\数据库.xlsx',Pe(u),'王桥单供',['h'
num2str(N1(m)+(m+1)*(u-1))]);
            end
            xlswrite('f:\MATLAB计算程序\辛安泉\数据库.xlsx',car,'王桥单供',char(['a' num2str
(N1(m)) ':a' num2str(N2(m))]));
            xlswrite('f:\MATLAB计算程序\辛安泉\数据库.xlsx',[car1;car2;car3],'王桥单供',char
(['c' num2str(N1(m)) ':f' num2str(N2(m))]));
        elseif Hdu==3
            for u=1:3
              xlswrite('f:\MATLAB计算程序\辛安泉\数据库.xlsx',Hz(u,k)','潞宝单供',['b'
num2str(N1(m)+1+(m+1)*(u-1))]);
              xlswrite('f:\MATLAB计算程序\辛安泉\数据库.xlsx',Ee(u),'潞宝单供',['g' num2str
(N1(m)+(m+1)*(u-1))]);
              xlswrite('f:\MATLAB计算程序\辛安泉\数据库.xlsx',Pe(u),'潞宝单供',['h' num2str
(N1(m)+(m+1)*(u-1))]);
            end
            xlswrite('f:\MATLAB计算程序\辛安泉\数据库.xlsx',car,'潞宝单供',char(['a' num2str
(N1(m)) ':a' num2str(N2(m))]));
            xlswrite('f:\MATLAB计算程序\辛安泉\数据库.xlsx',[car1;car2;car3],'潞宝单供',char
```

```
(['c' num2str(N1(m)) ':f' num2str(N2(m))]));
        else
            for u=1:3
                xlswrite('f:\MATLAB计算程序\辛安泉\数据库.xlsx',Hz(u,k)','官庄潞安联供',['b' num2str(10*m-5+(m+1)*(u-1))]);
                xlswrite('f:\MATLAB计算程序\辛安泉\数据库.xlsx',Ee(u),'官庄潞安联供',['g' num2str(10*m-6+(m+1)*(u-1))]);
                xlswrite('f:\MATLAB计算程序\辛安泉\数据库.xlsx',Pe(u),'官庄潞安联供',['h' num2str(10*m-6+(m+1)*(u-1))]);
            end
            xlswrite('f:\MATLAB计算程序\辛安泉\数据库.xlsx',car,'官庄潞安联供',char(['a' num2str(4+10*(m-1)) ':a' num2str(13*m-4)]));
            xlswrite('f:\MATLAB计算程序\辛安泉\数据库.xlsx',[car1;car2;car3],'官庄潞安联供',char(['c' num2str(4+10*(m-1)) ':f' num2str(13*m-4)]));
    end
end

N1=[4 14 27];N2=[9 22 38];
for m=1:2+(Hdu~=1)
    disp(['开机台数    ' num2str(m)]);
    Nopen=[];                                          %开机组合
    for i=1:4
        Nopen(i)=input([num2str(i),'号机(开输入1,不开输入0)']);
    end
    k=find(Nopen);
    if Hdu==1
        Hr=Hgl;
    elseif Hdu==2
        Hr=Hwq;
    elseif  Hdu==3
        Hr=Hlb;
    else
        Hr=Htx;
    end

    str=Equivalent(Nopen,50*Nopen);
    F=@(y)([interp1(str(1,:),str(2,:),y(1),'linear','extrap')-y(2);
        interp1(Duct,Hr,y(1),'linear')-y(2)]);
    y0=[0.5*sum(Nopen) 90];
    options =optimset('Display','off');
    [y,FVAL,EXITFLAG]=fsolve(F,y0,options);
```

```
F1=@ (z)([str(1,end) * z(1)-z(2);str(2,end) * z(1)^2-interp1(Duct,Hr,z(2),'pchip')]);
    F2=@ (z)([str(1,1) * z(1)-z(2);str(2,1) * z(1)^2-interp1(Duct,Hr,z(2),'pchip')]);
    z01=[1 str(1,end)];z02=[1 str(1,1)];
    options =optimset('Display','off');
    [z,FVAL,EXITFLAG]=fsolve(F1,z01,options);
    [w,FVAL,EXITFLAG]=fsolve(F2,z02,options);

    if y(1)>str(1,end)
        q2=floor(z(2) * 100)/100;
        hz10=z(1) * 50 * Nopen;
    else
        q2=floor(y(1) * 100)/100;
        hz10=50 * Nopen;
    end
    q1=ceil(w(2) * 100)/100;
    hz20=w(1) * 50 * Nopen;
    q0=linspace(q2,q1,3);
    hz0=[hz10;(hz10+hz20)/2;hz20];
    ub0=[[hz10;(hz10+hz0(2,:))/2;hz0(2,:)],[q0(1) sum(q0(1:2))/2 sum(q0(2:3))/2]'];
    lb0=[[hz0(2,:);hz20 * 1.051;hz20],[sum(q0(1:2))/2 sum(q0(2:3))/2 q0(3)]'];
    x00 =(ub0+lb0)/2;

    fun=@ Esfun;
    nonlcon = @ Esb;
    A = [];
    b = [];
    Aeq = [];
    beq = [];
    q2=floor(y(1) * 100)/100;
    q1=ceil((Pumpstr1(1,1) * m)^2/q2 * 100)/100;
    q0=linspace(q2,q1,3);
    ub =[50 * Nopen,y(1)];
    options =
optimoptions('fmincon','Display','off','Algorithm','sqp','OptimalityTolerance', 1e-2);
%       options =
optimoptions('fmincon','Display','iter','Algorithm','sqp','OptimalityTolerance', 1e-2);
    for u=1:3
        ub=ub0(u,:);
        lb=lb0(u,:);
        x0=x00(u,:);
        [x,fval,exitflag,output] =
fmincon(fun,x0,A,b,Aeq,beq,lb,ub,nonlcon,options);
```

```
        evalin('base',['hz',num2str(u),'= ','x;']);
        Ee(u)=fval;
    end

    Hz=[hz1;hz2;hz3];

    Y2=ceil(interp1(Duct,Hr,Hz(1,end),'pchip')/10)*10+10;
    Y1=Y2-30*m;t=[5 10 15];
    figure(20+m)
    hold on;grid on;
    m1=find(Duct<=Hz(3,end),1,'last')-1;
    m2=find(Duct>=Hz(1,end),1,'first')+1;
    line(1)= plot(Duct(m1:m2),Hr(m1:m2),'linewidth',3);
    kk=find(Nopen(1:k(end))==0);
    for u=1:numel(Hz(:,1))
        str=Equivalent(Nopen,Hz(u,1:4));
        H=interp1(str(1,:),str(2,:),Hz(u,end),'linear','extrap');
        E=interp1(str(1,:),str(4,:),Hz(u,end),'linear','extrap');
        P=g*Density/10*Hz(u,end)*H/E;
        Pe(u)=2.725e4/Ee(u)/E/0.95;
        cr1=[Hz(u,end),H,P,E];
        q=[];h=[];e=[];p=[];
        for  i=1:numel(k)
            q(k(i))=interp1(str(1,:),str(4*k(i)+1,:),Hz(u,end),'linear','extrap');
            h(k(i))=interp1(str(1,:),str(4*k(i)+2,:),Hz(u,end),'linear','extrap');
            e(k(i))=interp1(str(1,:),str(4*k(i)+4,:),Hz(u,end),'linear','extrap');
            p(k(i))=g*Density/10*q(k(i))*h(k(i))/(e(k(i))+(e(k(i))==0));
        end

        cr2=[q',h',p',e'];cr2(kk,:)=[];
        evalin('base',['car',num2str(u),'= ','[cr1;cr2];']);
        [AX BX CX]=plotyy(str(1,:),str(2,:),str(1,:),str(4,:),'plot');
        set(get(AX(1),'Ylabel'),'String','机组扬程(m)','fontsize',24,'color','k');
        set(get(AX(2),'Ylabel'),'String','机组效率(%)','fontsize',24,'color','b');
        set(AX(1),'YTick',Y1:t(m):Y2,'YLim',[Y1,Y2]);
        set(AX(2),'YTick',60:5:90,'YLim',[60,90]);
        set(BX,'linestyle','-','linewidth',3,'color','c');
        set(CX,'linestyle','--','linewidth',3,'color','r');
        line(2)=plot(Hz(u,end),H,'Ob','linewidth',4);
    end

    title(['\fontsize{36}' num2str(m) '台机组供水等效水泵工作点及技术经济指标']);
```

```
xlabel('流量(m^{3}/s)','fontsize',24);
legend([line(1),BX,line(2),CX],'\fontsize{16}管路特性曲线','\fontsize{16}机组扬程曲线','\fontsize{16}机组工作点','\fontsize{16}机组效率曲线');
hold off;
car4={'等效机组'};
for u=1:m
    car4=[car4;{[num2str(k(u)) '#机组']}];
end

car=[car4;car4;car4];
if Hdu==1
    for u=1:3
        xlswrite('f:\MATLAB计算程序\辛安泉\数据库.xlsx',Hz(u,k)','官庄潞安联供',['b' num2str(N1(m)+1+(m+1)*(u-1))]);
        xlswrite('f:\MATLAB计算程序\辛安泉\数据库.xlsx',Ee(u),'官庄潞安联供',['g' num2str(N1(m)+(m+1)*(u-1))]);
        xlswrite('f:\MATLAB计算程序\辛安泉\数据库.xlsx',Pe(u),'官庄潞安联供',['h' num2str(N1(m)+(m+1)*(u-1))]);
    end
    xlswrite('f:\MATLAB计算程序\辛安泉\数据库.xlsx',car,'官庄潞安联供',char(['a' num2str(N1(m)) ':a' num2str(N2(m))]));
    xlswrite('f:\MATLAB计算程序\辛安泉\数据库.xlsx',[car1;car2;car3],'官庄潞安联供',char(['c' num2str(N1(m)) ':f' num2str(N2(m))]));
elseif Hdu==2
    for u=1:3
        xlswrite('f:\MATLAB计算程序\辛安泉\数据库.xlsx',Hz(u,k)','王桥单供',['b' num2str(N1(m)+1+(m+1)*(u-1))]);
        xlswrite('f:\MATLAB计算程序\辛安泉\数据库.xlsx',Ee(u),'王桥单供',['g' num2str(N1(m)+(m+1)*(u-1))]);
        xlswrite('f:\MATLAB计算程序\辛安泉\数据库.xlsx',Pe(u),'王桥单供',['h' num2str(N1(m)+(m+1)*(u-1))]);
    end
    xlswrite('f:\MATLAB计算程序\辛安泉\数据库.xlsx',car,'王桥单供',char(['a' num2str(N1(m)) ':a' num2str(N2(m))]));
    xlswrite('f:\MATLAB计算程序\辛安泉\数据库.xlsx',[car1;car2;car3],'王桥单供',char(['c' num2str(N1(m)) ':f' num2str(N2(m))]));
    elseif Hdu==3
        for u=1:3
            xlswrite('f:\MATLAB计算程序\辛安泉\数据库.xlsx',Hz(u,k)','潞宝单供',['b' num2str(N1(m)+1+(m+1)*(u-1))]);
            xlswrite('f:\MATLAB计算程序\辛安泉\数据库.xlsx',Ee(u),'潞宝单供',['g' num2str(N1(m)+(m+1)*(u-1))]);
```

```
            xlswrite('f:\MATLAB 计算程序\辛安泉\数据库.xlsx',Pe(u),'潞宝单供',['h' num2str
(N1(m)+(m+1) * (u-1))]);
        end
        xlswrite('f:\MATLAB 计算程序\辛安泉\数据库.xlsx',car,'潞宝单供',char(['a' num2str(N1
(m)) ':a' num2str(N2(m))]));
        xlswrite('f:\MATLAB 计算程序\辛安泉\数据库.xlsx',[car1;car2;car3],'潞宝单供',char(['c'
num2str(N1(m)) ':f' num2str(N2(m))]));
    else
        for u=1:3
            xlswrite('f:\MATLAB 计算程序\辛安泉\数据库.xlsx',Hz(u,k)','天脊西旺庄联供',['b'
num2str(N1(m)+1+(m+1) * (u-1))]);
            xlswrite('f:\MATLAB 计算程序\辛安泉\数据库.xlsx',Ee(u),'天脊西旺庄联供',['g'
num2str(N1(m)+(m+1) * (u-1))]);
            xlswrite('f:\MATLAB 计算程序\辛安泉\数据库.xlsx',Pe(u),'天脊西旺庄联供',['h'
num2str(N1(m)+(m+1) * (u-1))]);
        end

        xlswrite('f:\MATLAB 计算程序\辛安泉\数据库.xlsx',car,'天脊西旺庄联供',char(['a'
num2str(N1(m)) ':a' num2str(N2(m))]));
        xlswrite('f:\MATLAB 计算程序\辛安泉\数据库.xlsx',[car1;car2;car3],'天脊西旺庄联供',
char(['c' num2str(N1(m)) ':f' num2str(N2(m))]));
    end
end
```

附录　泵站工程水力计算技术及实例

附录 1　引黄渠道设计计算

引黄渠道一般采用矩形或梯形断面形式,其基本参数有流量、水深、底宽、边坡系数、粗糙系数和纵坡等 6 个。其水力计算基本公式如下:

$$Q = AC\sqrt{Ri} \tag{F1-1}$$

式中　Q——引渠设计流量,m^3/s,等于引用流量和冲沙流量之和,引用流量一般有设计流量、加大流量和最小流量之分,冲沙流量的大小视水流含沙情况而定,最小不应小于单机设计流量;

A——引渠过流面积,m^2,$A=h(b+mh)$;

m——渠道边坡系数,根据渠道基础土质而定,一般 $m=0.1\sim1.0$;

C——谢才系数,$C=R^{1/6}/n$,n 为引渠糙率系数;

R——水力半径,m,$R=A/[b+2\sqrt{(1+m^2)}h]$;

b——引渠底宽,m;

h——引渠水深,m。

1.1　渠道纵坡计算确定

引黄渠道设计除要有足够的输水能力和比较经济外,还必须使渠道的流速符合不冲不淤的要求。通常设计中先初步拟订渠道纵坡和断面尺寸,利用基本公式计算渠道流速,再与不冲不淤流速比较,如不符合要求,重新拟订参数计算,直至满足要求。这样做不但费事,而且没有系统概念。

引入过水断面宽深比 α 之后,基本计算公式可整理为

$$\left.\begin{aligned} h^{8/3}\sqrt{i} &= \vartheta Q \\ \vartheta &= \frac{n(\alpha + 2\sqrt{1+m^2})^{2/3}}{(\alpha + m)^{5/3}} \end{aligned}\right\} \tag{F1-2}$$

渠道不淤流速的经验公式如下:

$$v_{不淤} = k_{不淤}\sqrt{R} \tag{F1-3}$$

不淤流速系$k_{不淤}$数见表 F1-1。

表 F1-1　不淤流速系数$k_{不淤}$

泥沙质地	粗砂质黏土	中砂质黏土	细砂质黏土	极细砂质黏土
$k_{不淤}$	0.65~0.77	0.58~0.64	0.41~0.54	0.37~0.41

渠道的不冲流速经验公式:

$$v_{不冲} = k_{不冲} Q^{1/10} \quad (\text{m/s})$$

不冲流速系数 $k_{不冲}$ 见表 F1-2。

表 F1-2　不冲流速系数 $k_{不冲}$

渠床土质	砂壤土	轻壤土	中壤土	黏壤土	黏土	重壤土
$k_{不冲}$	0.53	0.57	0.62	0.68	0.75	0.85

分别令渠道流速等于不冲或不淤流速,整理得到:

$$\left.\begin{aligned} h^{2/3}\sqrt{i} &= \delta Q^{1/10} \\ \delta &= k_{不冲}\, n\left(\frac{\alpha + 2\sqrt{1+m^2}}{\alpha + m}\right)^{2/3} \end{aligned}\right\} \tag{F1-4}$$

$$\left.\begin{aligned} h^{1/6}\sqrt{i} &= \varepsilon \\ \varepsilon &= k_{不淤}\, n\left(\frac{\alpha + 2\sqrt{1+m^2}}{\alpha + m}\right)^{1/6} \end{aligned}\right\} \tag{F1-5}$$

用式(F1-2)与式(F1-5)联解,得到不产生冲刷的最小水深和引渠最陡纵坡:

$$h_{最小} = \sqrt{\vartheta/\delta}\, Q^{9/20} = \frac{Q^{9/20}}{\sqrt{k_{不冲}(\alpha + m)}} \tag{F1-6}$$

$$i_{最大} = \delta^{8/3}/\vartheta^{2/3}/Q^{2/5} \tag{F1-7}$$

用式(F1-2)与式(F1-4)联解,将得到不产生淤积的最大水深和引渠最缓纵坡:

$$h_{最大} = (\vartheta Q/\varepsilon)^{2/5} \tag{F1-8}$$

$$i_{最小} = \varepsilon^{32/15}/(\vartheta Q)^{2/15} \tag{F1-9}$$

计算出极端不冲不淤坡度,参考工程经验,选定引渠设计纵坡 i,应满足 $i_{最小} < i < i_{最大}$。

渠道不发生冲刷和淤积的最大、最小纵坡的主要影响因素有流量,糙率系数和不冲、不淤流速系数 $k_{不冲}$、$k_{不淤}$,即渠床土质和泥沙质地,而渠道形状参数(边坡系数、底宽、水深和宽深比)对其影响甚微,可以忽略。就工程设计而言,可采用如下拟合公式计算:

$$i_{最大} = 15.2n^2 e^{(-1.5Q^{0.19})} k_{不冲}^{2.5} \tag{F1-10}$$

$$i_{最小} = 2.1n^2 e^{(-0.47Q^{0.19})} k_{不淤}^{2.15} \tag{F1-11}$$

设计中应按照最大流量计算 $i_{最大}$,而依据最小流量计算 $i_{最小}$。

1.2　引黄渠道断面尺寸确定

1.2.1　三种断面宽深比(b/h)

一是水力最优断面宽深比,计算公式为

$$\alpha_{最优} = 2(\sqrt{1+m^2} - 1) \tag{F1-12}$$

按照最优断面宽深比设计的渠道比较窄深,施工困难,一般只在小型渠道和石方渠道采用。

二是相对稳定断面宽深比,即不冲不淤或冲淤平稳的断面宽深比。计算公式为

一般渠道:

$$\alpha_{稳定} = 3Q^{1/4} - m \tag{F1-13}$$

多沙引渠:

$$\left.\begin{aligned} \alpha_{稳定} &= 2.8Q^{1/10} - m \quad (Q < 1.5\ \mathrm{m^3/s}) \\ \alpha_{稳定} &= 2.6Q^{1/4} - m \quad (Q = 1.5 \sim 50\ \mathrm{m^3/s}) \end{aligned}\right\} \tag{F1-14}$$

三是实用经济断面宽深比。基本思路是加大底宽,减小水深,并使过水断面面积接近于最优水力断面的断面面积,其计算公式如下:

$$\left.\begin{aligned} \alpha_{经济} &= \frac{\tau}{\gamma^2}(2\sqrt{1+m^2} - m) - m \\ \gamma &= \frac{h_{经}}{h_{优}} \quad \gamma = \tau^{5/2} - \sqrt{\tau(\tau^4 - 1)} \\ \tau &= \frac{A_{经}}{A_{优}} \quad 一般取\ \tau = 1.01 \sim 1.04 \end{aligned}\right\} \tag{F1-15}$$

式中　$A_{经}$——实用经济断面面积;

$A_{优}$——水力最优断面面积;

$h_{经}$——实用经济断面水深;

$h_{优}$——水力最优断面水深。

1.2.2　断面尺寸确定

选定了渠道的纵坡 i、宽深比 α 和边坡系数 m 后,即可根据式(F1-2)得出引水渠道的计算水深 h' 和底宽 b',即

$$\left.\begin{aligned} b' &= \alpha(\vartheta Q/\sqrt{i})^{3/8} \\ \vartheta &= \frac{n(\alpha + 2\sqrt{1+m^2})^{2/3}}{(\alpha + m)^{5/3}} \end{aligned}\right\} \tag{F1-16}$$

取整得到渠道设计底宽 $b \approx b'$,再利用基本公式(F1-2)计算得引水渠的设计水深 h。

实例:

某引黄渠道设计流量 $Q = 20\ \mathrm{m^3/s}$,加大流量 $25\ \mathrm{m^3/s}$,最小流量 $5\ \mathrm{m^3/s}$,渠基土质为黏壤土,设计渠道断面尺寸和纵坡。

渠道边坡 $m = 1$;考虑渠内表面有细颗粒泥沙沉淀,取糙率系数 $n = 0.014$;不冲流速系数 $k_{不冲} = 0.68$;不淤流速系数 $k_{不淤} = 0.5$。

1.2.2.1　渠道纵坡确定

首先利用式(F1-10)和式(F1-11)计算出渠道最大坡度和最小坡度(采用最大流量计算 $i_{最大}$、最小流量计算 $i_{最小}$):

$$i_{最大} = 15.2n^2 e^{(-1.5Q^{0.19})} k_{不冲}^{2.5} = 15.2 \times 0.014^2 e^{(-1.5\times 25^{0.19})} \times 0.68^{2.5} = 7.15 \times 10^{-5}$$

$$i_{最小} = 2.1n^2 e^{(-0.47Q^{0.19})} k_{不淤}^{2.15} = 2.1 \times 0.014^2 e^{(-0.47\times 5^{0.19})} \times 0.5^{2.15} = 4.90 \times 10^{-5}$$

根据 $i_{最小} \leqslant i \leqslant i_{最大}$ 的关系,选取 $i = 6\times 10^{-5}$。

1.2.2.2　水力最优断面

$$\alpha=\alpha_{最优}=2(\sqrt{1+m^2}-1)=0.828\,4,\vartheta=\frac{n(\alpha+2\sqrt{1+m^2})^{2/3}}{(\alpha+m)^{5/3}}=0.012\,2$$

按照设计流量 $Q=20\ m^3/s$，$b'=\alpha(\vartheta Q/\sqrt{i})^{3/8}=3.017\ m$，取设计渠道底宽 $b=3.0\ m$。再由基本公式计算出设计流量、最大流量和最小流量对应的水深分别为 3.65 m、4.06 m 和 1.80 m。

渠道不冲、不淤流速分别为 0.94 m/s 和 0.517 m/s，最大、最小流速分别为 0.87 m/s 和 0.58 m/s（自动满足，不需校核）。

1.2.2.3　稳定断面

$\alpha=\alpha_{稳定}=2.6Q^{1/4}-m=2.6\times20^{1/4}-1=4.498$，$\vartheta=\dfrac{n(\alpha+2\sqrt{1+m^2})^{2/3}}{(\alpha+m)^{5/3}}=0.0031$，$b'=\alpha(\vartheta Q/\sqrt{i})^{3/8}=9.79\ m$。取值 $b=9.8\ m$。设计流量、最大流量和最小流量对应的水深分别为 2.18 m、2.48 m 和 0.96 m。

1.2.2.4　实用经济断面

取 $\tau=\dfrac{A_{经}}{A_{优}}=1.04$，$\gamma=\dfrac{h_{经}}{h_{优}}=\tau^{5/2}-\sqrt{\tau(\tau^4-1)}=0.682\,7$

$$\alpha=\alpha_{经济}=\frac{\tau}{\gamma^2}(2\sqrt{1+m^2}-m)-m=3.08,\vartheta=\frac{n(\alpha+2\sqrt{1+m^2})^{2/3}}{(\alpha+m)^{5/3}}=0.004\,4$$

$b'=\alpha(\vartheta Q/\sqrt{i})^{3/8}=7.66\ m$。取值 $b=7.7\ m$。设计流量、最大流量和最小流量对应的水深分别为 2.48 m、2.81 m 和 1.10 m。

最优水力断面水深最大，实用经济断面次之，相对稳定断面最小。一般采用实用经济断面。另外，对于人工渠道，一般没有防冲流速的限制，为了减小工程投资，宜适当加大渠道流速，渠道纵坡可采用 1/3 000~1/5 000。

附录 2　泵站压力管路阻力损失计算

2.1　沿程阻力损失计算

2.1.1　沿程阻力损失 h_f 计算的常用公式

沿程阻力损失计算公式很多，常用的有达西公式、谢才公式、海澄-威廉公式等，其参数计算的经验公式也很多。简述如下。

2.1.1.1　达西公式（$h_f=\lambda\dfrac{L}{4R}\dfrac{v^2}{2g}$）

魏斯巴赫-达西公式是一个半理论半经验公式，适用于不同流体、任何截面形状的光滑或粗糙管内的层流和紊流。公式中沿程阻力系数 λ 值的确定是水头损失计算的关键，一般采用经验公式计算得出。舍维列夫公式、布拉修斯公式及柯列勃洛克公式均是针对工业管道条件计算 λ 值的著名经验公式。

由于舍维列夫公式是建立在对旧钢管及旧铸铁管研究的基础上,其导出条件是水温 10 ℃,运动黏度 $1.3\times10^{-6}\ m^2/s$,适用于旧钢管和旧铸铁管,紊流过渡区及粗糙度区。然而现在一般采用的钢或铸铁材质管道,内壁通常需进行防腐内衬,经过涂装的管道内壁表面均比旧钢管、旧铸铁管内壁光滑得多,也就是 Δ 值小得多,采用舍维列夫公式显然也就会产生较大的计算误差,该公式的适用范围相应较窄。经过内衬的金属管道采用柯列勃洛克公式或谢才公式计算更为合理,故在新版《室外给水设计规范》(GB 50013—2018)中取消舍维列夫公式的相关条文。

柯列勃洛克公式 $\frac{1}{\sqrt{\lambda}}=-2\times\lg\left(\frac{\Delta}{3.7d}+\frac{2.51}{Re\sqrt{\lambda}}\right)$($\Delta$ 为当量粗糙度,Re 为雷诺数)是根据大量工业管道试验资料提出的过渡区 λ 值计算公式。该式实际上是泥古拉兹光滑区公式和粗糙区公式的结合,适用范围为 $4\ 000<Re<10^8$,大量的试验结果表明柯列勃洛克公式与实际商用圆管的阻力试验结果吻合良好,不仅包含了光滑管区和完全粗糙管区,而且覆盖了整个过渡粗糙区,该公式在国外得到极为广泛的应用。

布拉修斯公式 $\lambda=\frac{0.316}{Re^{0.25}}$ 是 1912 年布拉修斯总结光滑管的试验资料时提出的,适用条件为 $4\ 000<Re<10^5$,一般用于紊流光滑管区的计算。

2.1.1.2　谢才公式($v=C\sqrt{Ri}$ 或 $h_f=\frac{v^2}{C^2R}$)

该式于 1775 年由 CHEZY 提出,实际是达西公式的一个变形,式中的谢才系数 C 一般由经验公式 $C=\frac{1}{n}R^y$(R 为水力半径)计算得出,其中 $y=\frac{1}{6}$ 时称为曼宁公式,y 值采用 $y=2.5\sqrt{n}-0.13-0.75\sqrt{R}(\sqrt{n}-0.1)$($n$ 为粗糙系数)时称为巴浦洛夫斯基公式。这两个公式应用范围均较广。就谢才公式本身而言,它适用于有压或无压均匀流动的各阻力区,但由于计算谢才系数 C 的经验公式只包括反映管壁粗糙状况的粗糙系数 n 和水力半径 R,而没有包括流速及运动黏度,也就是与雷诺数 Re 无关,因此该式一般仅适用于粗糙区。曼宁公式的适用条件为 $n<0.02$,$R<0.5$ m;巴浦洛夫斯基公式的适用条件为 $0.1\ m\leqslant R\leqslant 3m$,$0.011\leqslant n\leqslant 0.04$。

2.1.1.3　海澄-威廉公式($h_f=\frac{10.67Q^{1.852}L}{C_h^{1.852}d^{4.87}}$)

海澄-威廉公式是在直径≤3.66 m 工业管道的大量测试数据基础上建立的著名经验公式,适用于常温的清水输送管道,式中海澄-威廉系数 C_h 与不同管材的管壁表面粗糙程度有关,因为该式参数取值简单、易用,也是得到广泛应用的公式之一。此公式适用范围为光滑区至部分粗糙过渡区,对应雷诺数 Re 范围介于 $10^4\sim2\times10^6$。

2.1.2　**各公式的优缺点分析**

各相关规范中,除对混凝土管道仍然推荐采用谢才公式外,其他管材大多推荐采用达西公式。PVC-U、PE 等塑料管道,或者内衬塑料的金属管道,因为其内壁 Δ 值很低,一般 $\Delta=1.5\sim15\ \mu m$,管道流态大多处于紊流光滑区,采用适用光滑区的布拉修斯公式以及柯列勃洛克公式一般均能够得到与实际接近的计算结果,因此《埋地硬聚氯乙稀给水管道工程技术规程》(CECS 17:2000)及《埋地聚乙稀给水管道工程技术规程》(CJJ 10—2016)

中对塑料管道水力计算公式均是合理的,且与《室外给水设计规范》(GB 50013—2018)并不矛盾。海澄-威廉公式可以适用于各种不同材质管道的水力计算,其中海澄-威廉系数 C_h 的取值应根据管材确定。对于内衬水泥砂浆或者涂装有比较光滑的内防腐涂层的管道,其海澄-威廉系数应该参考类似工程经验参数或者实测数据,合理取用。因此,无论采用达西公式、谢才公式或者海澄-威廉公式计算,不同管材的差异均表现在管内壁表面当量粗糙程度的不同上,各公式中与粗糙度相关系数的取值是影响计算结果的重要因素。值得一提的是,同种材质管道由于采用不同的加工工艺,其内表面的粗糙度也可能有所差异,这一因素在设计过程中也应重视。

2.1.3　沿程阻力损失计算公式选用

就工程实用来讲,希望计算结果有一定的精度,同时要求公式相对较简单,计算工作量较小。根据各段管路的运行特点,推荐如下。

2.1.3.1　有压引水和压力管道(或流道)

有压引水和压力管道工程(包括泵站进口分流管段和出口汇流管段)的运行特点是输水流量变化较大,水流流态范围广,沿程阻力损失与水流流态和管道(或流道)壁面粗糙度均有关。管壁采用钢材、钢材加内防腐涂层、混凝土等材料时,拟选用达西公式,并采用柯列波洛克公式计算沿程阻力损失系数 λ 值;对少数具有用树脂内壁面材料的管路(如玻璃钢管道等),应选用海澄-威廉公式,其系数 C_h 可取150,以进一步简化计算。

2.1.3.2　水泵进、出水支管

水泵进、出水支管一般采用钢管,其流量等于水泵的出水量,管内流速相对较大,管内流态一般处于水力粗糙区,拟选用谢才公式,对高扬程泵站,由于泵站管道直径相对较小,故可用曼宁公式计算谢才系数,即 $C=\dfrac{R^{1/6}}{n}$,其中糙率系数 n 可取0.011~0.012,亦可根据 $C=\sqrt{\dfrac{8g}{\lambda}}$ 的关系,利用柯列波洛克公式校核确定 n 和 C 值。水泵出水岔管段的管内流速小于支管段,可选用达西公式和柯列勃洛克公式(见表F2-1)。

表F2-1　泵站有压管路阻力损失计算推荐公式

压力管路	管材	推荐公式	参数
引水、压力总管及岔管	非树脂内衬	达西公式	柯列勃洛克公式
	树脂内衬	海澄-威廉公式	一般可取 $C_h=150$
水泵进、出水支管	钢管	谢才公式、曼宁公式	可取 $n=0.012$

2.1.4　阻力公式表达式

2.1.4.1　非树脂内壁管道(或流道)

采用达西公式计算沿程水头损失,并利用柯列勃洛克公式计算达西公式中的沿程水头损失系数:

$$h_w=h_f+h_l=\sum\left(\lambda_i\frac{L_i}{4R_i}\frac{v_i^2}{2g}\right)+\sum\left(\psi\xi_j\frac{v_j^2}{2g}\right)$$

$$= \sum \left(\frac{\lambda_i L_i}{4R_i A_i^2} \frac{Q_i^2}{2g} \right) + \sum \left(\frac{\psi \xi_j}{A_j^2} \frac{Q_j^2}{2g} \right) \tag{F2-1}$$

式中　λ_i、L_i、R_i、A_i、Q_i——各管段的沿程阻力损失系数、管段长度、管径、过流断面面积和管内流量；

ξ_j、ψ、d_j、A_j、Q_j——各管路节点的局部阻力损失系数、局部损失修正系数、管径、过流断面面积和管内流量。

令：

$$\begin{cases} S_{fi} = \dfrac{\lambda_i L_i}{8gR_i A_i^2} \\ S_{lj} = \dfrac{\psi \xi_j}{2gA_i^2} \end{cases} \text{(非圆断面)} \qquad \begin{cases} S_{fi} = \dfrac{8\lambda_i L_i}{g\pi^2 d_i^5} \\ S_{lj} = \dfrac{8\psi \xi_j}{g\pi^2 d_j^4} \end{cases} \text{(圆形断面)}$$

则：

$$h_w = h_f + h_l = \sum (S_{fi} Q_i^2) + \sum (S_{lj} Q_j^2) \tag{F2-2}$$

如果各管段或管路节点的流量相等(单管管路系统)，即 $Q_i = Q_j = Q$，则式(F2-2)可变为

$$h_w = h_f + h_l = \left[\sum (S_{fi}) + \sum (S_{lj}) \right] Q^2 = (S_f + S_l) Q^2 = SQ^2 \tag{F2-3}$$

式中　S_{fi}、S_{lj}——管段的沿程阻力参数和管路节点的局部阻力参数；

S_f、S_l、S——管路的沿程阻力参数、局部阻力参数和阻力参数，s^2/m^5，它们分别表示单位流量($1m^3/s$)时的水头损失(m)。

$$\left. \begin{aligned} \frac{1}{\sqrt{\lambda_i}} &= -2 \times \lg\left(\frac{\Delta_i}{2R_i} + \frac{2.51}{Re_i \sqrt{\lambda_i}}\right) \\ \frac{1}{\sqrt{\lambda_i}} &= 1.74 - 2\lg\left(\frac{\Delta_i}{2R_i} + \frac{18.7}{Re_i \sqrt{\lambda_i}}\right) \end{aligned} \right\} \tag{F2-4}$$

式中　Δ_i——第 i 段管路绝对粗糙度，m，常用管材的粗糙度参考值见表 F2-2；

d_i、R_i——第 i 段管路管径(水力半径)，$d_i = 4R_i$，m；

Re_i——第 i 段管路雷诺数，$Re_i = \dfrac{4}{\pi\nu} \dfrac{Q_i}{d_i} = \dfrac{1}{\pi\nu} \dfrac{Q_i}{R_i}$；

ν——水的运动黏滞系数，m^2/s；

g——重力加速度，m/s^2；

ψ——管路局部损失修正系数；

λ_i——第 i 段管路在设计或加大流量时的沿程阻力损失系数。

ψ 可取 λ_i 的均值或长度加权平均值，即 $\psi = \sum \lambda_i / \sum \lambda e_i$。

式(F2-2)、式(F2-3)和式(F2-4)即为非树脂内壁引水、压力总管阻力损失水头的基本计算公式。

(1)压力引、输水管道(包括圆形隧洞)和泵站分岔管段：

$$\left. \begin{aligned} h_w &= h_f + h_l = \frac{8}{g\pi^2} \sum \left(\frac{\lambda_i L_i}{d_i^5} Q_i^2 \right) + \frac{8\psi}{g\pi^2} \sum \left(\frac{\xi_j}{d_j^4} Q_j^2 \right) \\ \frac{1}{\sqrt{\lambda_i}} &= 1.74 - 2\lg\left(\frac{2\Delta_i}{d_i} + \frac{18.7}{Re_i \sqrt{\lambda_i}}\right) \end{aligned} \right\} \tag{F2-5}$$

(2)有压隧洞、涵洞等非圆形线路损失扬程计算:

$$\left.\begin{aligned} h_w &= h_f + h_l = \frac{1}{8g}\sum\left(\frac{\lambda_i L_i}{R_i A_i^2}Q_i^2\right) + \frac{\psi}{2g}\sum\left(\frac{\xi_j}{A_j^2}Q_j^2\right) \\ \frac{1}{\sqrt{\lambda_i}} &= 1.74 - 2\lg\left(\frac{\Delta_i}{2R_i} + \frac{18.7}{Re_i\sqrt{\lambda_i}}\right) \end{aligned}\right\} \quad \text{(F2-6)}$$

2.1.4.2　数脂型内壁管道

采用海澄-威廉公式计算沿程水头损失。

$$h_w = h_f + h_l = \sum(S_{fi}Q_i^{1.852}) + \sum(S_{lj}Q_j^2) \quad \text{(F2-7)}$$

如果各管段或管路节点的流量相等(单管管路系统),即 $Q_i = Q_j = Q$,则式(F2-7)变为

$$h_w = h_f + h_l = S_f Q^{1.852} + S_l Q^2 \quad \text{(F2-8)}$$

以上式中:$S_{fi} = \dfrac{10.67L_i}{C_h^{1.852}d_i^{4.87}}$,$S_{lj} = \dfrac{8\psi\xi_j}{g\pi^2 d_j^4}$;$S_f = \sum S_{fi}$,$S_l = \sum S_{lj}$。

管路局部损失修正系数 ψ 仍可利用柯列勃洛克公式,分别计算各管段工作流量和设计流量时的沿程阻力损失系数比值,ψ 取其平均值。

2.1.4.3　水泵进、出水支管

采用谢才公式计算沿程水头损失。

$$h_w = h_f + h_l = (S_f + S_l)Q^2 = SQ^2 \quad \text{(F2-9)}$$

式中　S_f——沿程损失综合阻力系数,$S_f = 10.29n^2\sum\left(\dfrac{L_i}{d_i^{16/3}}\right)$,$s^2/m^5$;

S_l——局部损失综合阻力系数,$S_l = 0.083\sum\left(\dfrac{\xi_j}{d_j^4}\right)$,$s^2/m^5$。

常用管材的粗糙度相关系数参考值见表 F2-2。

表 F2-2　常用管材的粗糙度相关系数参考值

管材类型	海澄-威廉公式 C_h	粗糙系数 n	当量粗糙度(μm)
焊接钢管(新)	145	0.011	45~90
铸铁管(新)	130	0.012	250
水泥砂浆衬里金属	140	0.011~0.012	300
镀锌钢管	120	0.016	150
PCCP 管(离心法)、预应力混凝土管	135	0.013~0.014	360
钢筒混凝土管(立式振捣法)	140	0.011	180
聚氯乙稀管	150	0.009	1.5~7
聚乙烯管	150	0.009	10~15
玻璃钢管	150	0.009~0.01	10

2.2　局部阻力损失计算

泵站管路局部阻力产生的原因是水流流经管件(如进出口、弯管、三通、渐扩管、渐缩管等)和管路附件(如阀门、流量计等)时产生了机械能损耗。

水流流经特殊形状的固体表面时,由于流道的急剧变化,其流速和流动方向发生突然变化,产生了边界层分离,导致涡流的产生。局部阻力的产生也可以简单地理解为由于水流在局部管道产生漩涡而引起的。局部漩涡示意见图 F2-1。

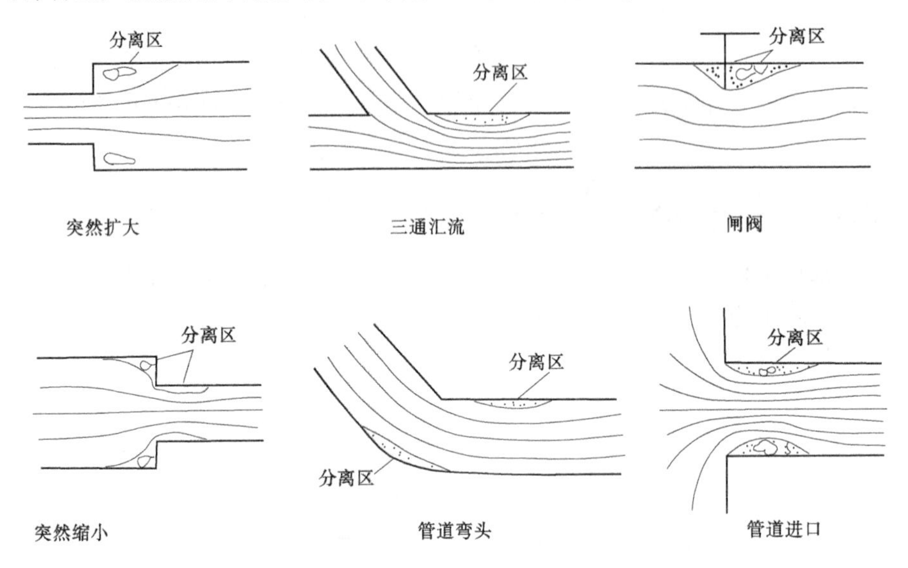

图 F2-1　局部漩涡示意图

水流流动时动量传递造成内摩擦力的产生。在漩涡区,流体质点剧烈地碰撞、混合,动量传递剧烈,流体内摩擦力加大,损耗水流的机械能。另外,漩涡的存在会强化流体内部的相对运动,而相对运动时产生内摩擦,消耗水流的机械能。

局部阻力损失计算公式如下:

$$h_{\mathrm{j}} = \sum \xi_i \frac{v_i^2}{2g} = \sum \frac{\xi_i}{2gA_i^2}Q_i^2 \tag{F2-10}$$

式中　ξ_i—— 第 i 段管路附件的局部阻力系数;

v_i—— 第 i 段管路附件的平均流速,m/s;

A_i—— 第 i 段管路附件与ξ_i 对应的过流断面面积,m^2。

对于直径为 D(m)的圆形断面的管道,通过的流量为 Q(m^3/s)时,其平均流速 $v_i = \frac{Q}{\pi D_i^2/4}$。故圆形断面管道的局部损失扬程为

$$h_{\mathrm{j}} = S_{\mathrm{j}}Q^2 = \frac{8\xi_i}{g\pi^2 D_i^4}Q^2 \tag{F2-11}$$

式中　S_{j}—— 管路局部阻力参数,$S_{\mathrm{j}} = \frac{8}{\pi^2 g}\sum\frac{\xi_i}{D_i^4} \approx 0.083\sum\frac{\xi_i}{D_i^4}$,$s^2/m^5$;

D_i——第 i 段管路附件与 ξ_i 对应的断面当量直径，m。

由式(8-1)可知，计算管路局部阻力损失的关键是确定各管路节点的局部阻力系数 ξ_i 值，现分述如下。

2.2.1　弯管

(1)圆形断面的弯管：

$$\xi_{弯} = \left[0.131 + 0.163\left(\frac{D}{R}\right)^{3.5}\right]\left(\frac{\theta}{90°}\right)^{1/2} \tag{F2-12}$$

(2)方形断面的弯管：

$$\xi_{弯} = \left[0.124 + 0.274\left(\frac{a}{R}\right)^{3.5}\right]\left(\frac{\theta}{90°}\right)^{1/2} \tag{F2-13}$$

(3)椭圆形断面的弯管：

当长短轴之比为 2，$b=(1\sim3)D$ 时，椭圆形断面的 90°弯管的局部阻力系数为

$$\xi_{弯} = 0.05\left[1 + \left(\frac{D}{b}\right)^{1.45}\right] \tag{F2-14}$$

(4)折管。

对一次折曲的折管：

$$\xi_{弯} = 3.08 \times 10^{-7}\theta^3 + 5.561 \times 10^{-5}\theta^2 + 4.721 \times 10^{-3}\theta \tag{F2-15}$$

式中　D——圆管直径，m；

R——弯管的曲率半径，m；

a——方形断面的边长或椭圆形弯管长轴的长度，m；

b——椭圆形弯管短轴的长度，m；

θ——转弯角度。

现将以上弯管和一次折曲折管的阻力系数绘在图 F2-2 中。由此可见，一次折曲折管的阻力系数最大，弯管的阻力系数较小。弯管中转弯半径越大，阻力系数越小。以 90°弯管和折管为例，折管的阻力系数为 1.1，$R/D=2$ 的弯管的阻力系数为 0.15，相差 7 倍多。当然，折管可以现场焊接，造价较低。为了减小阻力损失，可采用多次折曲的折管。

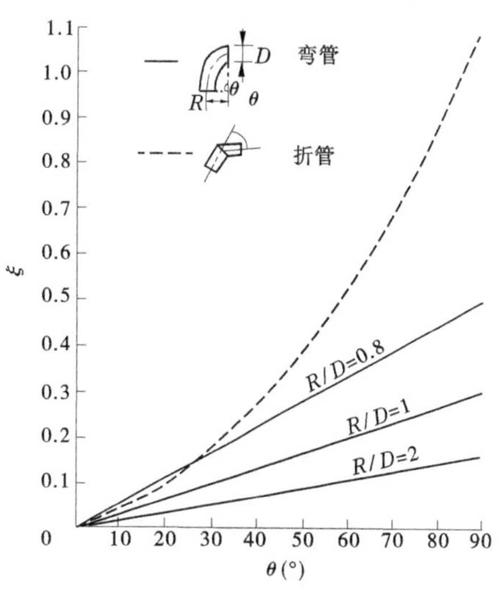

图 F2-2　弯管和折管的局部阻力系数

2.2.2　扩散管和收缩管

扩散管和收缩管又分突然扩散、突然收缩、逐渐扩散(渐扩管)和逐渐收缩(渐缩管)。不同形状和尺寸的扩散管和收缩管的阻力系数有所不同。

2.2.2.1　突然扩散管

突然扩散管见图 F2-3 。当水流流过突然扩大的管道时,流速减小,压力相应增大,水流在这种逆压流动过程中极易发生边界层分离,产生漩涡,使高速水流的动能变为热能散失。

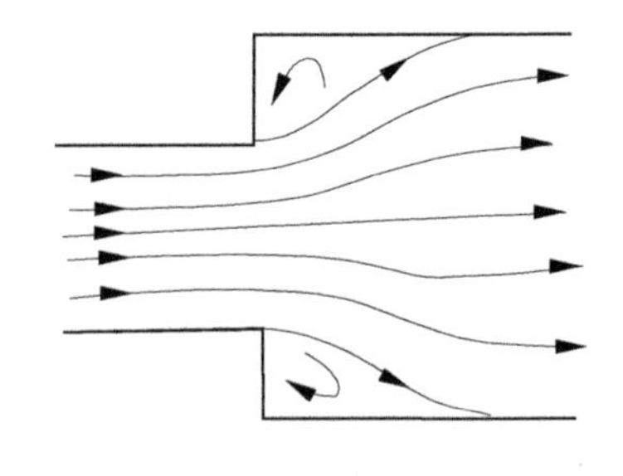

图 F2-3　突然扩散管内流态示意图

水流从小截面管道流向突然扩大的大截面管道,由于水流质点的惯性,其运动轨迹不可能按照管道的形状突然转弯扩大,即水流在离开小截面后只能向前继续流动,逐渐扩大,这样在管壁拐角处流体与管壁脱离,形成旋涡区。

旋涡区的外侧水流质点的运动方向与主流的流动方向不一致,形成回转运动,因此水流质点发生碰撞和摩擦,消耗水流的一部分能量。同时,旋涡区本身也是不稳定的,在水流的流动过程中,旋涡区的水流质点将不断地被主流带走,也不断有新的水流质点从主流中补充进来,即主流与漩涡之间的水流质点不断地交换,发生剧烈的碰撞和摩擦,在动量交换中,产生较大的能量损失,这些损失的能量变为热量而消失。

突然扩散管的阻力系数和阻力损失为

$$\left.\begin{aligned} h_{突扩} &= \xi_1 \frac{Q^2}{2gA_1^2} \\ \xi_1 &= a\left(1 - \frac{A_1}{A_2}\right)^2 \end{aligned}\right\} \tag{F2-16}$$

或

$$\left.\begin{aligned} h_{突扩} &= \xi_2 \frac{Q^2}{2gA_2^2} \\ \xi_2 &= a\left(\frac{A_2}{A_1} - 1\right)^2 \end{aligned}\right\} \tag{F2-17}$$

式中　Q——管中流量,m^3/s;

a——修正系数,$a = 1.0 \sim 1.1$;

ξ_1、ξ_2——采用进、出口断面流速计算阻力损失的阻力损失系数;

A_1、A_2——突扩管进出口断面面积,m^2。

对圆形断面:

$$\left.\begin{aligned} h_{突扩} &= 0.083 \frac{\xi_1}{D_1^4} Q^2 \\ \xi_1 &= a\left(1 - \frac{D_1^2}{D_2^2}\right)^2 \end{aligned}\right\} \tag{F2-18}$$

或

$$\left.\begin{aligned} h_{突扩} &= 0.083\frac{\xi_1}{D_2^4}Q^2 \\ \xi_2 &= a\left(\frac{D_2^2}{D_1^2}-1\right)^2 \end{aligned}\right\} \tag{F2-19}$$

式中　D_1、D_2——突扩管进、出口断面直径。

以上基于进、出口断面流速水头的计算公式比较烦琐，实际可以采用更简单的计算公式。由式(F2-16)可推得：

$$h_{突扩} = a\left(\frac{1}{A_1}-\frac{1}{A_2}\right)^2\frac{Q^2}{2g} = a\frac{(v_1-v_2)^2}{2g} \approx (0.051 \sim 0.056)\times\Delta v^2 \tag{F2-20}$$

式中　Δv——扩散管进、出口断面平均流速差，$\Delta v = v_1 - v_2$，m/s。

2.2.2.2　突然收缩管

突然收缩管如图 F2-4 所示。当水流由大截面管道流入小截面管道时，流股突然缩小，此后由于流动的惯性，流股将继续缩小。直到断面 A—A 处，流股截面缩到最小，称为缩脉。

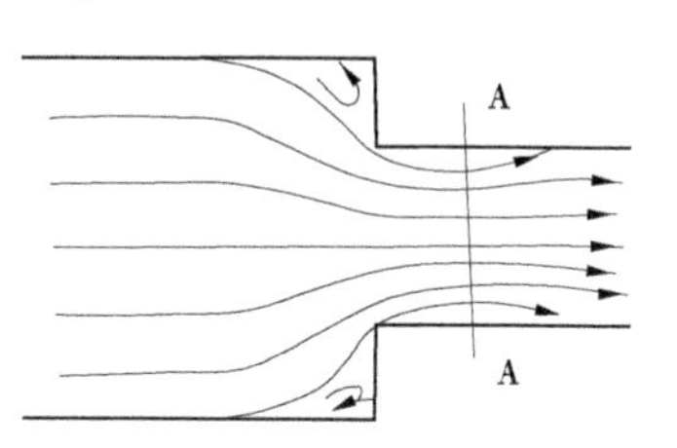

图 F2-4　突然收缩管内流股及缩脉示意图

经过缩脉之后，流股截面逐渐扩大，直至重新充满整个管道截面。在缩脉之前，管内流速逐渐加大，而压力逐渐减小，而在缩脉之后，流速逐渐减小，而压力逐渐增大。在缩脉前后和管道拐角处会产生边界层分离和涡流。

突然收缩管的阻力损失比突然扩散管近乎小一半，两者的计算公式也基本相同：

$$\left.\begin{aligned} h_{突缩} &= \xi_1\frac{Q^2}{2gA_1^2} \\ \xi_1 &= 0.48\left(\frac{A_1}{A_2}-1\right)^2 \end{aligned}\right\} \tag{F2-21}$$

或

$$\left.\begin{aligned} h_{突缩} &= \xi_2\frac{Q^2}{2gA_2^2} \\ \xi_2 &= 0.48\left(1-\frac{A_2}{A_1}\right)^2 \end{aligned}\right\} \tag{F2-22}$$

式中　ξ_1、ξ_2——采用进、出口断面流速计算阻力损失的阻力损失系数；

A_1、A_2——突缩管进、出口断面面积，m^2。

对直径为 D 的圆形断面：

$$\left.\begin{aligned} h_{突缩} &= 0.083\frac{\xi_1}{D_1^4}Q^2 \\ \xi_1 &= 0.48\left(\frac{D_1^2}{D_2^2}-1\right)^2 \end{aligned}\right\} \tag{F2-23}$$

或

$$\left.\begin{aligned} h_{突缩} &= 0.083\frac{\xi_1}{D_2^4}Q^2 \\ \xi_2 &= 0.48\left(1-\frac{D_2^2}{D_1^2}\right)^2 \end{aligned}\right\} \quad (F2\text{-}24)$$

参考上述突扩管阻力损失简化公式的推导方法,同样可以推得突缩管阻力损失计算的简单公式为

$$h_{突缩} = 0.48\frac{(v_1-v_2)^2}{2g} = 0.48\frac{(v_2-v_1)^2}{2g} = 0.0245\Delta v^2 \quad (F2\text{-}25)$$

式中,$\Delta v = v_2 - v_1$。

2.2.2.3 渐扩管

渐扩管的阻力损失 $h_{渐扩}$ 可按下式计算:

$$h_{渐扩} = \xi_{渐扩}\frac{(v_1-v_2)^2}{2g} \quad (F2\text{-}26)$$

式中 v_1、v_2——扩散前后的断面平均流速,m/s;

$\xi_{渐扩}$——渐扩管的局部阻力系数,随扩散角 θ 而变,当 θ 在 7°~8°时,$\xi_{渐扩}$ 出现极小值,而 θ 在约 60°时,$\xi_{渐扩}$ 有极大值,如图 F2-5 所示。

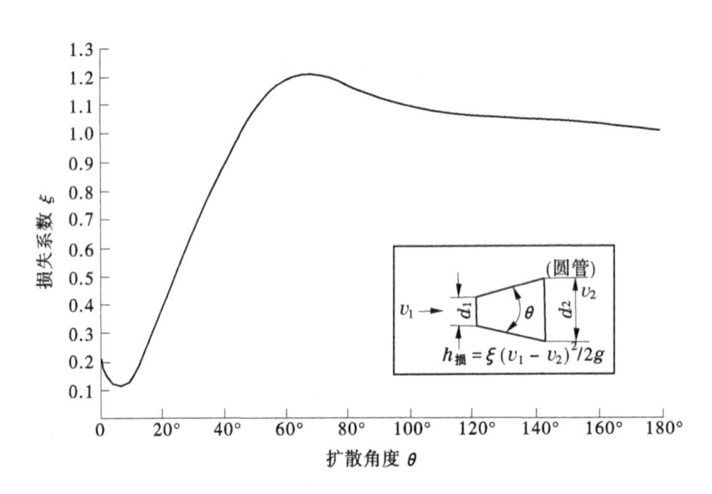

图 F2-5 渐扩管局部阻力系数

渐扩管阻力损失还可以按下式计算:

$$h_{渐扩} = \xi_{渐扩1}\frac{v_1^2}{2g} = \xi_{渐扩2}\frac{v_2^2}{2g} \quad (F2\text{-}27)$$

式中 $\xi_{渐扩1}$——对应小断面流速的阻力系数,$\xi_{渐扩1} = \xi_{渐扩}\left[1-\left(\frac{D_1}{D_2}\right)^2\right]^2$;

$\xi_{渐扩2}$——对应大断面流速的阻力系数，$\xi_{渐扩2}=\xi_{渐扩1}\left(\frac{D_2}{D_1}\right)^4$。

2.2.2.4　渐缩管

根据收缩角度θ的不同，渐缩管阻力损失可按以下各式计算。

(1)当$\theta\geqslant25°$时，以局部阻力损失为主，可按式(F2-28)计算：

$$\left.\begin{aligned} h_{渐缩}&=\xi_{渐缩}\frac{(v_2-v_1)^2}{2g}\\ h_{渐缩}&=\xi_{渐缩1}\frac{v_1^2}{2g}=\xi_{渐缩2}\frac{v_2^2}{2g}\end{aligned}\right\}\tag{F2-28}$$

式中　v_1、v_2——收缩前后断面的平均流速，m/s；

$\xi_{渐缩}$——渐缩管局部阻力系数，$\xi_{渐缩}=0.48\sin\left(\frac{\theta}{2}\right)$；

θ——收缩角；

$\xi_{渐缩1}$——对应大断面流速的阻力系数，$\xi_{渐缩1}=0.48\sin\left(\frac{\theta}{2}\right)\left[\left(\frac{D_1}{D_2}\right)^2-1\right]^2$；

$\xi_{渐缩2}$——对应小断面流速的阻力系数，$\xi_{渐缩2}=0.48\sin\left(\frac{\theta}{2}\right)\left[1-\left(\frac{D_2}{D_1}\right)^2\right]^2$。

(2)当$\theta\leqslant10°$时，以沿程摩擦阻力损失为主，可按式(F2-29)计算：

$$h_{渐缩}=\xi_{渐缩3}\frac{v_2^2}{2g}\tag{F2-29}$$

式中　$\xi_{渐缩3}$——渐缩管沿程阻力损失系数，$\xi_{渐缩3}=\frac{\lambda_2}{8\sin\frac{\theta}{2}}\left[1-\left(\frac{D_2}{D_1}\right)^4\right]$；

λ_2——渐缩管沿程摩阻系数均值，可按中间断面计算。

(3)当$10°<\theta<25°$时，需采用式(F2-29)计算沿程阻力损失，采用式(F2-28)计算局部阻力损失，两者之和即为渐缩管的阻力损失值。

2.2.2.5　圆形变矩形扩散段和矩形变圆形渐缩管

对于大型泵站，其进出水流道的形状往往比较特殊，其管路损失计算公式也有所不同。

(1)圆形断面向矩形断面过渡的扩散管。这种特殊形状的渐扩管的当量扩散角θ可用下式表示：

$$\theta=2\tan^{-1}\left(\frac{2\sqrt{ab/\pi}-D}{2L}\right)\tag{F2-30}$$

式中　符号意义见图F2-6。

圆形变方形的扩散管的阻力损失可以认为是由两部分组成，一部分为沿长度方向的摩擦损失，另一部分则是由扩散引起的局部阻力损失。阻力损失按出口断面流速水头计算，公式如下：

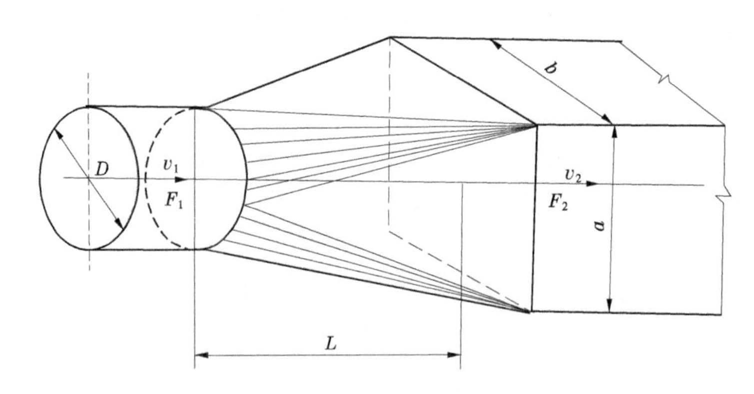

图 F2-6　圆变方的扩散管

$$h_{圆方扩} = (\xi_{扩\lambda} + \xi_{扩j}) \frac{v_2^2}{2g} \quad (F2\text{-}31)$$

$$\xi_{扩\lambda} = \frac{\lambda}{8\sin\frac{\theta}{2}}\left(1 - \frac{A_1}{A_2}\right) \quad (F2\text{-}32)$$

$$\xi_{扩j} = 3.2K\tan\frac{\theta}{2}\sqrt[4]{\tan\frac{\theta}{2}}\left(1 - \frac{A_1}{A_2}\right)^2 \quad (F2\text{-}33)$$

式中　λ——摩擦阻力系数,可取 0.02~0.025;

K——系数,可按下式计算:

圆方两平面扩散:
$$\left.\begin{aligned} K &= 0.66 + 0.11\theta \quad (4° < \theta < 12°) \\ K &= 2.32 - 0.275\theta \quad (24° < \theta < 40°) \end{aligned}\right\} \quad (F2\text{-}34)$$

扁平渐扩管:
$$K = 1.7 - 0.03\theta \quad (4° < \theta < 24°) \quad (F2\text{-}35)$$

式中　A_1、A_2——扩散管进出口断面面积,m^2。

(2)矩形断面向圆形断面过渡的渐缩管。当矩形断面高度和宽度为 a 和 b,圆形断面的直径为 D 时,侧收缩角 θ 可按下式计算:

$$\theta = 2\arctan\left(\frac{b - D}{2L}\right) \quad (F2\text{-}36)$$

局部阻力损失很小,可以忽略,则阻力损失按出口断面计算为

$$h_{方圆缩} = \xi_{缩\lambda} \frac{v_2^2}{2g} \quad (F2\text{-}37)$$

摩擦阻力系数 $\xi_{缩\lambda}$ 为

$$\xi_{缩\lambda} = \frac{\lambda}{4\sin\frac{\theta}{2}}\left\{\frac{a}{b}\left(1 - \frac{A_1}{A_2}\right) + 0.5\left[1 - \left(\frac{A_1}{A_2}\right)^2\right]\right\} \quad (F2\text{-}38)$$

式中　v_2——渐缩管出口断面平均流速,m/s。

简化计算公式为

$$\left.\begin{aligned} h_{方圆缩} &= 0.083\xi_{缩\lambda}\frac{Q^2}{D^4} \\ \xi_{缩\lambda} &= \frac{\lambda}{4\sin\frac{\theta}{2}}\left\{\frac{a}{b}\left(1-\frac{4ab}{\pi D^2}\right)+0.5\left[1-\left(\frac{4ab}{\pi D^2}\right)^2\right]\right\} \end{aligned}\right\} \tag{F2-39}$$

2.2.3　管道进出口阻力损失

2.2.3.1　管道进水口阻力损失

水流从进水池进入管道时，其进口阻力损失 $h_{进}$ 可按下式计算：

$$h_{进} = \xi_{进}\frac{v^2}{2g} \tag{F2-40}$$

式中　v——管道内的断面平均流速，m/s；

$\xi_{进}$——管道进口阻力系数，与进口形状有关，如图 F2-7 所示。

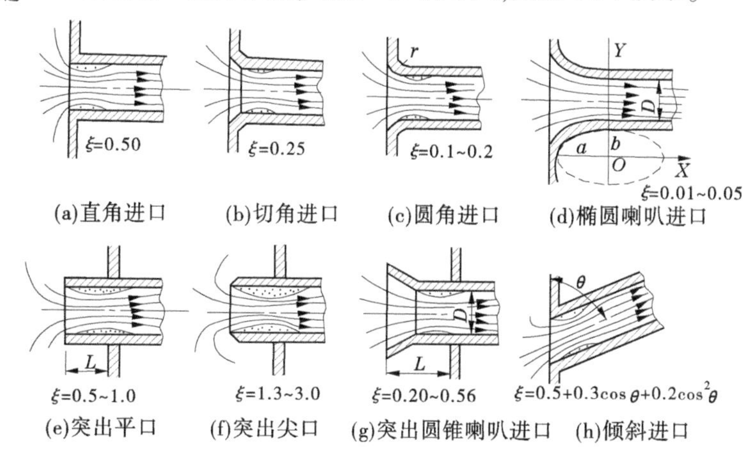

图 F2-7　水平和倾斜进口形式及其阻力系数

2.2.3.2　管道出水口阻力损失

水从管道(流道)流入出水池时，相当于突然扩散，其阻力损失可按下式计算：

$$h_{出} = \xi_{出}\frac{v^2}{2g} \tag{F2-41}$$

式中　v——管道内的断面平均流速，m/s。

对直径不变的圆管出口，阻力系数可取 $\xi_{出}=1$，如图 F2-8(a)所示。

如果管道出口段为渐收缩管，如图 F2-8(b)所示，可将出口段分为渐缩管和水平出口分别进行阻力损失计算，也可仍用(F2-41)式计算，查表 F2-3 获得阻力系数 $\xi_{出}$。

表 F2-3　圆锥形收缩出口的阻力系数 $\xi_{出}$

d/D	0.95	0.90	0.85	0.80	0.70	0.60	0.50
$\xi_{出}$	1.43	1.92	2.25	2.54	3.20	4.14	5.51

如果管道出口段为渐扩管，如图 F2-8(c)所示，可将出口段分为渐扩管和水平出口分

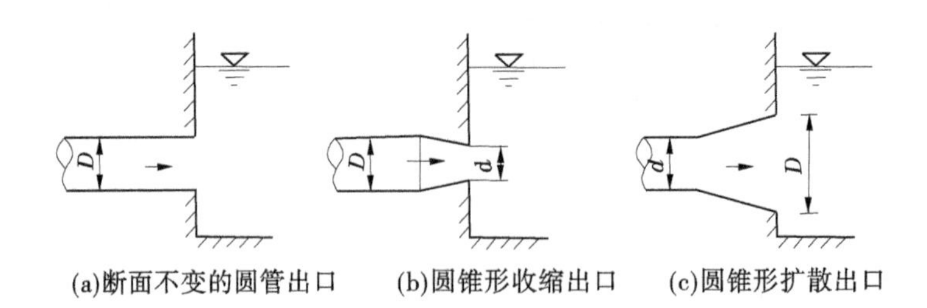

(a)断面不变的圆管出口　(b)圆锥形收缩出口　(c)圆锥形扩散出口

图 F2-8　管路出口形式

别进行阻力损失计算,也可以仍用式(F2-41)计算,查表 F2-4 获得阻力系数 $\xi_{出}$。

表 F2-4　圆锥形扩散出口的阻力系数$\xi_{出}$

D/d			1.05	1.10	1.20	1.30	1.50	2.00	3.00
$\theta(°)$	8	$\xi_{出}$	0.84	0.70	0.51	0.39	0.24	0.11	0.06
	15		0.85	0.73	0.57	0.46	0.33	0.22	0.17
	30		0.94	0.82	0.73	0.65	0.61	0.52	0.49
	45		1.00	0.86	0.81	0.75	0.66	0.61	0.54

2.2.4　合流和分流管道阻力损失

对于长管道的泵站,常采用并联管路,这不仅能节省管道投资,而且在小流量(部分机组运行)时使管内流速明显降低,减小管路损失,达到节约能源的目的。并联管路常出现合流和分流的连接方式,即具有分支和汇合管路,如图 F2-9 所示。不同的合流和分流形式的阻力损失差别很大,因此有必要对分流和合流的阻力损失做详细的叙述和计算。

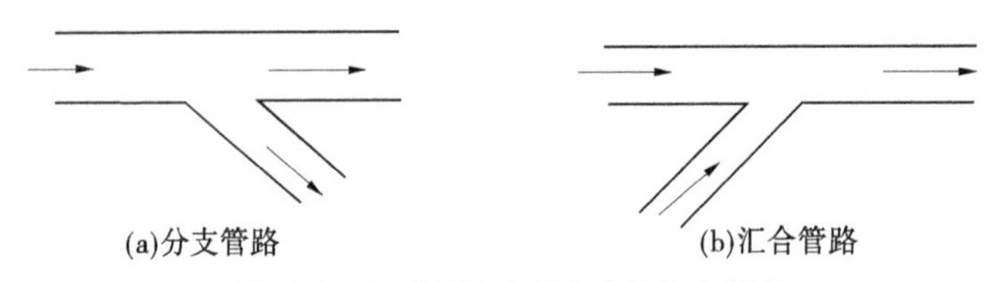

(a)分支管路　(b)汇合管路

图 F2-9　并联管路中的分支和汇合管路

2.2.4.1　分流和汇流处的局部阻力概述

水流经过分流或汇流的交叉点时都会发生动量交换。在动量交换过程中,一方面造成局部的机械能(动能和势能)损失,另一方面则是各段水流之间的机械能的转移。单位重量的水流跨越交叉点的能量变化即为流过此三通的局部阻力损失。

分流和合流三通中的两支管中水流阻力损失比较复杂,不仅与三通的两个分流支管的角度有关,还与支管中流量分配比例有关。交叉点处的局部阻力损失是能量损失和转移的净结果,所以阻力损失和阻力系数可以是正值(经过交叉点后水流机械能减小),也可以是负值(经过交叉点后水流机械能增加)。

2.2.4.2　分支管路阻力损失

如图 F2-10 所示,在分流的各分支管路中的阻力损失为

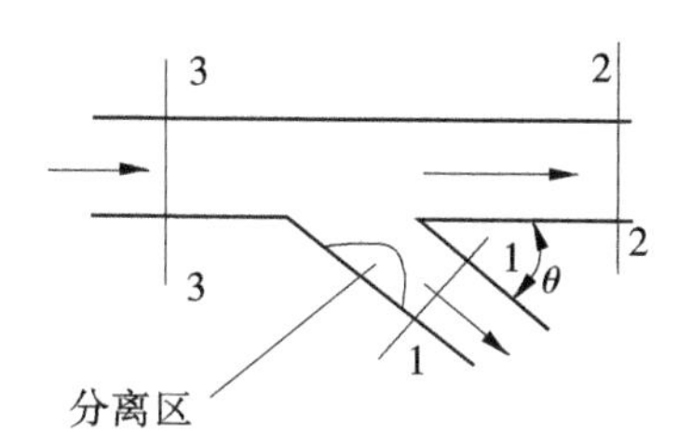

图 F2-10　分支管路阻力损失

直管：
$$h_{32}=E_3-E_2=\xi_{32}\frac{v_3^2}{2g} \tag{F2-42}$$

侧管：
$$h_{31}=E_3-E_1=\xi_{31}\frac{v_3^2}{2g} \tag{F2-43}$$

式中　E_1、E_2、E_3——侧支管、直支管和总管中水流的机械能(总水头),m；

ξ_{31}、ξ_{32}——侧支管和直支管的阻力损失系数；

h_{31}、h_{32}——单位重量的水从3—3断面流至1—1断面和2—2断面时的能量损失,m。

分流三通各支管的阻力系数ξ_{31}、ξ_{32}如图F2-11所示。

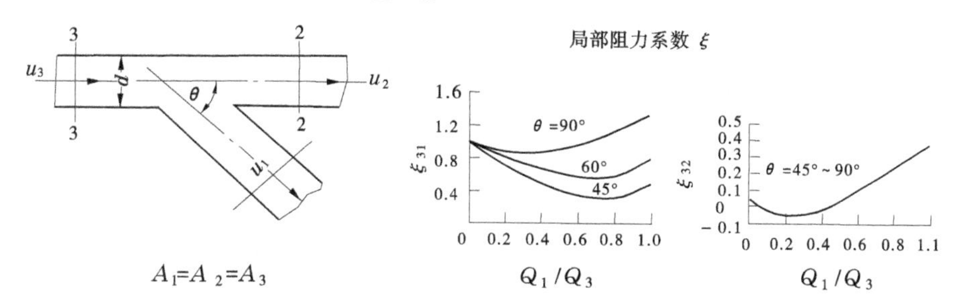

图 F2-11　分流时三通的阻力系数

2.2.4.3　汇合管路阻力损失

如图F2-12所示,在合流的各支管路中的阻力损失为

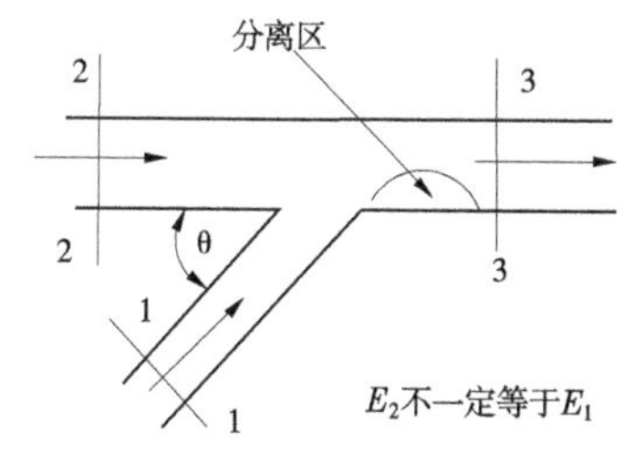

图 F2-12　汇合管路阻力损失

直管：
$$h_{23}=E_2-E_3=\xi_{23}\frac{v_3^2}{2g} \tag{F2-44}$$

侧管：
$$h_{13}=E_1-E_3=\xi_{13}\frac{v_3^2}{2g} \tag{F2-45}$$

式中　ξ_{13}、ξ_{23}——合流的侧支管和直支管的阻力损失系数；

h_{13}、h_{23}——单位重量的水从1—1断面和2—2断面流至3—3断面时的能量损失，m。

合流三通各支管的阻力系数ξ_{13}、ξ_{23}如图F2-13所示。

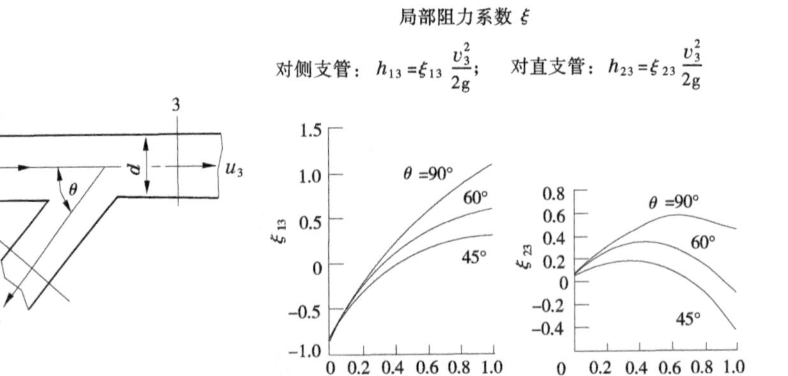

图 F2-13　合流时三通的阻力系数

以上介绍的是最简单的同径管道合流和分流的阻力损失计算问题，实际工程中遇到的三通、四通等分支和汇合管路的阻力计算问题要复杂得多。可参阅有关资料。图F2-14为工程中常见的分流和合流连接方式的阻力系数参考值，由此可见，不同的分、合流形式的阻力系数有很大差别。

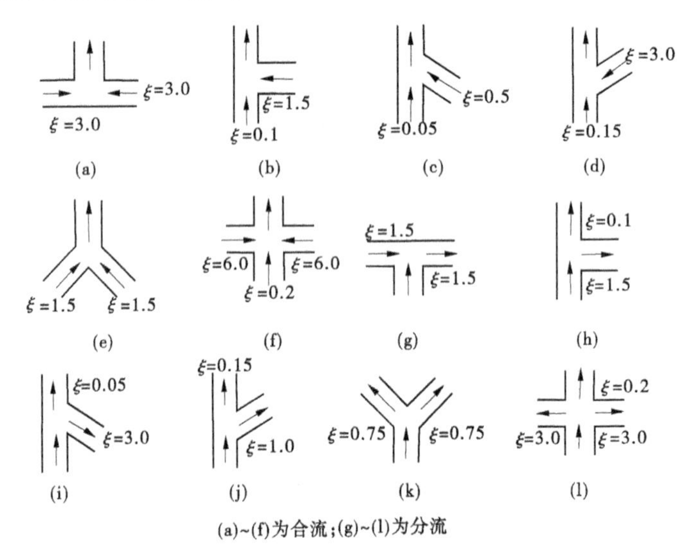

图 F2-14　各种合流和分流连接方式的阻力系数

对管路较长的泵站工程，合流和分流点的局部损失与管路总阻力损失相比很小，故一般可忽略不计。对管路较短的大型泵站工程，建议通过模型试验来确定分、合流管段的局部阻力损失系数。

2.2.5　阀件的阻力损失

2.2.5.1　底阀

底阀为安装在进水管进口的单向阀,用于水泵启动时充水。其阻力损失系数与直径有关,如表 F2-5 所示。由此可见,底阀的阻力系数很大,故目前泵站中基本上已改用真空泵抽真空或其他方法启动水泵。

表 F2-5　有底阀滤网的阻力系数$\xi_{底}$

<table>
<tr><td rowspan="3">进水阀
（蓬蓬头）</td><td rowspan="3">d
v
$h_j=\xi\frac{v^2}{2g}$</td><td>无底阀</td><td colspan="9">$\xi_{无}=2\sim3$</td></tr>
<tr><td rowspan="2">有底阀</td><td>直径 d
(mm)</td><td>50</td><td>100</td><td>150</td><td>200</td><td>250</td><td>300</td><td>400</td><td>500</td></tr>
<tr><td>$\xi_{底}$</td><td>10.0</td><td>7.0</td><td>6.0</td><td>5.2</td><td>4.4</td><td>3.7</td><td>3.1</td><td>2.5</td></tr>
</table>

2.2.5.2　进水滤网和拦污栅

取消底阀后滤网的阻力系数 $\xi_{滤}=2\sim3$,大型滤网取小值,小型滤网取大值。

大型泵站一般都在引渠首端或进水池(前池)前设置拦污栅,见图 F2-15,以减小阻力损失。拦污栅的阻力损失与栅条的形状、拦污栅的倾斜角度、栅条厚度、栅条间净距以及通过拦污栅的水流流速等因素有关,其计算公式如下:

$$h_{拦污栅}=\beta\sin\theta\left(\frac{t}{b}\right)^{4/3}\frac{v^2}{2g} \tag{F2-46}$$

式中　$h_{拦污栅}$——拦污栅阻力损失,m;

β——栅条形状系数,见表 F2-6;

θ——拦污栅的倾斜角度,(°);

t——栅条厚度,mm;

b——栅条间的净距,mm;

v_a——栅前行进流速,m/s;

v——通过拦污栅的流速,m/s,无污物时,$v=v_a$,有污物时,$v=v_aH/H'$(通常估计 $H-H'=10\sim30$ cm)。

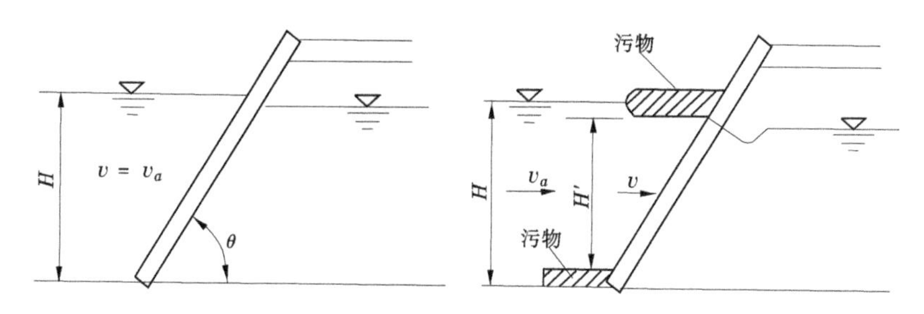

图 F2-15　拦污栅

表 F2-6 栅条形状系数

断面形状	10×50	10×50	10×50	10×(20+30)	10×25	10×75	10×100	22×50	ϕ10
β	2.34	1.77	1.60	1.0	2.34	2.34	2.34	2.34	1.73

注:箭头表示水流方向。

2.2.5.3 闸阀

平板闸阀全开时的阻力损失很小,但阻力系数与闸阀直径的大小有关,见表 F2-7。

表 F2-7 闸阀的阻力系数

	当闸门全开时($a/d=1$)									
$h_j=\xi\frac{v^2}{2g}$	d(mm)	15	20~50	80	100	150	200~250	300~450	500~800	900~1 000
	ξ	1.5	0.5	0.4	0.2	0.1	0.08	0.07	0.06	0.05

	不同开启度时							
	a/d	7/8	3/4	5/8	1/2	3/8	1/4	1/8
	A/A_0	0.948	0.856	0.740	0.609	0.466	0.315	0.159
	ξ	0.15	0.20	0.81	2.06	5.52	17.0	97.8

注:d—闸门直径,mm;a—闸孔关闭距离,mm,$a/d=1$ 时,阀门关死;A/A_0—闸孔开启面积和全开面积的比值。

2.2.5.4 蝶阀

蝶阀的阻力损失与其直径大小、压力等级和结构形式等因素有关,一般全开时,阻力系数为 0.1~0.3。不同开度时的阻力系数如表 F2-8 所示。

表 F2-8 蝶阀的阻力系数

矩形蝶阀	θ(°)	5	10	15	20	25	30	35
	a/A	0.91	0.83	0.74	0.66	0.58	0.50	0.43
	ξ	0.28	0.45	0.77	1.34	2.16	3.54	5.70
各种开启度	θ(°)	40	45	50	60	70	90	
a—阀的开口面积	a/A	0.36	0.29	0.23	0.13	0.06	0	
A—管的断面面积	ξ	9.30	15.10	24.90	77.40	368	∞	

	δ/d	0.1	0.15	0.20	0.25
全开 $h_j=\xi\frac{v^2}{2g}$	ξ	0.05~0.10	0.10~0.16	0.17~0.24	0.25~0.35

需要注意的是：表F2-7和表F2-8中的阻力参数值仅作为计算时的参考值。因为不同厂家的阀门制造工艺有所区别，阀门的结构和阻力参数也不尽相同，有的差别还比较大，因此设计计算时应以阀门厂商提供的阻力参数为准。

2.2.5.5　逆止阀(止回阀)

逆止阀的种类较多，流体阻力损失差异很大。升降式逆止阀的阻力系数最大，阻力系数可达1.2~1.5；旋启式逆止阀次之；蝶式逆止阀与蝶阀相同，其阻力系数在0.2~0.25；通径球阀阻力损失可以忽略不计。

逆止阀的阻力损失应以设备样本提供参数为准。

2.2.5.6　拍门

拍门造成管道(流道)出口处流向急剧改变，故伴有能量损失。根据能量关系，绘制出带拍门的管道出口段的能量水头线，如图F2-16所示。根据伯努利方程可得：

$$\Delta h=\frac{p_1-p_2}{\rho g}+\frac{v_1^2-v_2^2}{2g} \tag{F2-47}$$

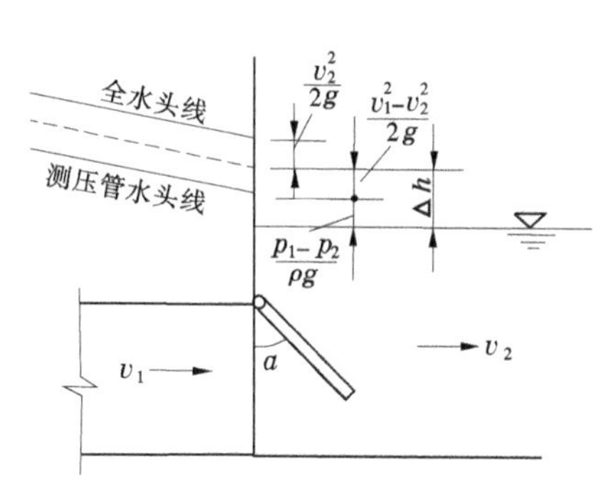

图F2-16　管道出口及拍门损失示意

式中　p_1、p_2——拍门前后过水断面的压力水头(压力势能)，m；

v_1、v_2——拍门前后过水断面的流速水头(动能)，m；

ρ——水的密度，kg/m^3；

g——重力加速度，m/s^2。

水头损失包括出口突然扩散出口损失h_c和拍门引起的局部水头损失h_p。由前所述，h_c可表示为

$$\left.\begin{aligned} h_c&=\frac{(v_1-v_2)^2}{2g}=\xi_c\frac{v_1^2}{2g}\\ \xi_c&=\left(1-\frac{A_1}{A_2}\right)^2\end{aligned}\right\} \tag{F2-48}$$

式中　A_1、A_2——拍门前后过流断面面积，m^2。

由式(F2-47)和式(F2-48)得

$$h_p=\Delta h-h_c=\frac{p_1-p_2}{\rho g}-\frac{v_2(v_1-v_2)}{g}=\xi_p\frac{v_1^2}{2g} \tag{F2-49}$$

一般拍门后过流断面较大，v_2相对于v_1较小，如忽略v_2，则有$\xi_c=1$，于是可得在特定情况下带拍门的管道出口水头损失等于出口前流速水头和拍门前后压力水头差之和，即

$$\Delta h=\xi\frac{v_1^2}{2g}=(1+\xi_p)\frac{v_1^2}{2g} \tag{F2-50}$$

拍门水头损失系数与拍门开启度α和拍门后流速大小等因素有关。$v_2=0$并平管出流时具体数据如表F2-9所示。

表 F2-9　拍门水头损失系数

α(°)	20	30	40	50	60
ξ_p	2.5	1.0	0.6	0.3	0.1
$\xi=1+\xi_p$	3.5	2.0	1.6	1.3	1.1

附录3　引、输水明渠水力计算

引、输水明渠包括从取水口—泵站前池、多级泵站前级出水池—后级的前池、出水池—蓄水池等各段的无压输水工程。

3.1　引渠沿程阻力损失计算

3.1.1　泵站引渠流态分析

水流的运动要素不随时间而变化的为恒定流,否则,只要由一个运动要素随时间而变化,就是非恒定流;水流中的流线均为平行直线,则称为均匀流,反之为非均匀流;水流中的流线是近乎于平行的直线,或流线间的夹角很小,流线曲率半径很大,则称为渐变流,否则为急变流。渐变流和急变流均为非均匀流。

受引水水源水位、泵站运行流量和渠道建筑物调节等因素的影响,泵站引渠的水流流态相对比较复杂,一般可分为恒定流和非恒定流两种。恒定流态包括恒定均匀流、恒定非均匀渐变流和恒定急变流三种;非恒定流态可分为非恒定渐变流和非恒定急变流两种。

3.1.1.1　恒定均匀流

恒定均匀流的基本特征是水面与渠底平行,过水断面形状、面积沿程不变。泵站引渠中的水流为恒定均匀流的工况只有两种,一是泵站在设计工况下运行,即泵站在设计引水水位和设计提水流量下运行时,引渠水流的流态必然是均匀流,因其就是根据均匀流的理论设计的;二是在非设计工况(非设计引水水位和非设计提水流量)下运行时,如果引渠的输水流量(均匀流输水能力)正好等于泵站的提水流量,则引渠中的水流亦为恒定均匀流,但这种情况非常罕见,如果泵站提水流量小于引渠的均匀流输水流量,则引渠将发生壅水现象;相反,如果泵站提水流量大于引渠的均匀流输水流量,引渠末尾段将发生降水水面,使进水池水位降低,加大了水泵的扬程,同时减小了淹没深度,使水泵进水流态变差,最终使泵站的提水流量降低到引渠的均匀流输水流量,达到平衡。

泵站及引渠是按设计的工况条件设计的,但泵站实际很少在设计工况下运行,基本上都是运行在非设计工况。严格地讲,泵站在非设计工况下运行时引渠中必然会发生壅水和降水水面曲线,不属于恒定均匀流,但如果引渠较长,引渠前、中段水流的流态接近于恒定均匀流。

3.1.1.2　恒定非均匀渐变流

泵站一般运行在非设计工况,明渠水流的形态大都是恒定非均匀渐变流。引渠进口段一般为淹没式的宽顶堰流,由于进水池段发生降水水面会严重影响水泵的进水流态和运行安全稳定性,为了避免发生此种情况,设计中应保证在最低引水水位时,引渠的输水流量应满足泵站的运行流量的要求，故在引渠中多发生壅水形水面曲线。

在引取浑水的泵站中，为了减少泥沙引入量和利于反向冲沙，也常采用平底或倒坡引渠，此种情况下引渠水流流态在设计工况下就是恒定非均匀渐变流。

3.1.1.3　恒定急变流

泵站在恒定工况条件下稳定运行时，引渠中水流形态为恒定非均匀流，在经过堰、闸、桥、涵、弯道和过水断面突变等局部渠段，将产生恒定急变流。

泵站引渠进口处一般建有进水闸，在高水位时段（如洪水过程中）引水时，闸后与引渠首段将发生水跃连接段，属于恒定急变流。

3.1.1.4　非恒定渐变流

在非恒定工况条件下运行时，引渠中水流形态为非恒定流。工况条件缓慢变化时，如水位缓慢升上或降低、水泵及泵站流量缓慢调节，渠道节制闸缓慢启闭等，引渠中的水流要素将会发生随时间而变化的水力过渡过程，引渠水流在缓慢变化的水力过渡过程中的流态即为非恒定渐变流。

3.1.1.5　非恒定急变流

当工况条件发生突变时，如泵站机组启动与停机，闸门快速启闭以及快速进行流量调节等，引起流量在较短的时间内发生较大的变化，引渠的流态也要发生相应的变化，产生急剧的水力过渡过程，即非恒定急变流。

当水泵停机或泵站运行流量突然减小时，引渠水面壅高；当机组启动或水泵运行流量突然增大时，引渠水面又会发生降落。闸门的开启使其下游水面壅高，上游水面降落；闸门的关闭使其下游水面降落，上游水面壅高。

水面的降低或壅高都是以波的形式出现的，壅高称为正波，降低称为负波，它们首先出现在引起流量突变的位置，然后再以水面波的速度向上下游传播。

由上所述可知，泵站运行时，引渠多发生恒定渐变流流态，渠中水面线基本上以壅水曲线为主。另外上述壅水波和降水波均属于非恒定急变流的不连续断波，是泵站引渠水流常见的一种流动形态，断波波速和波高的分析计算也是工程设计中常遇到的问题之一。

3.1.2　阻力损失计算

引渠段阻力损失等于其首端和末端的能量水头之差，即首末端水位差和流速水头差之和。明渠流速水头差一般较小，可以忽略不计，其阻力损失约等于渠道首末水位之差。因此，引渠损失扬程的计算最终归结于引渠水面线的推求。

3.1.2.1　恒定均匀流阻力损失

在设计工况下，沿程阻力损失近似等于明渠底坡 i 与长度 L 的乘积，即

$$h_f = i \times L \tag{F3-1}$$

泵站工程输水明渠的纵坡和渠中流速一般较小，流态多处于水力光滑区和紊流过渡粗糙区，为了计入流态对阻力损失的影响，在明渠发生均匀流的情况下，沿程水头损失扬程仍可采用达西公式计算，利用柯列甘公式计算达西公式中的沿程水头损失系数，即

$$\left.\begin{aligned} h_f &= \frac{\lambda L}{4R}\frac{v^2}{2g} = \frac{1}{8g}\frac{\lambda L}{RA^2}Q^2 = S_y Q^2 \\ \frac{1}{\sqrt{\lambda}} &= -2\lg\left(\frac{\Delta}{12.2R} + \frac{3.1}{Re\sqrt{\lambda}}\right) \end{aligned}\right\} \tag{F3-2}$$

式中　R——水力半径,m;

A——过水断面面积,m^2;

Q、v——明渠流量、流速,m^3/s、m/s;

Δ——当量粗糙度,m;

Re——雷诺数,$Re=\frac{\nu R}{v}$,ν 为水的运动黏滞系数,m^2/s;

g——重力加速度,m/s^2。

在确定了明渠纵坡 i、断面形状(梯形或矩形)和流量 Q 之后,式(F3-2)中还有水深 h、阻力损失水头 h_f 和摩阻系数 λ 三个未知量。联立式(F3-1)和式(F3-2),可以得解。

对泵站引渠来讲,设计流量应该取最大供水流量值,根据解得的水深 h 值和最低引水水位确定引渠首端底部高程,以保证供水的可靠性。

3.1.2.2　恒定非均匀渐变流水面线

恒定非均匀渐变流是泵站引渠常见的一种流态。由于泵站引、输水明渠工程的规模日渐扩大,渠道的长度已达到几十千米甚至上百千米,因此在设计和运行中对渠道的水面线进行比较精确的计算,以使设计更符合工程实际、制定的节能增效运行方案更加合理。

梯形(包括矩形)引渠恒定渐变流的基本计算公式为

$$E_d = E_u + \Delta s \times (i - J) \tag{F3-3}$$

$$E = h\cos\theta + \frac{\alpha v^2}{2g} = h\cos\theta + \frac{\alpha Q^2}{2gA^2} \tag{F3-4}$$

$$J = \frac{\bar{v}^2}{\bar{C}^2\bar{R}} = \frac{Q^2}{\bar{A}^2\bar{C}^2\bar{R}} = \frac{Q^2}{\bar{K}^2} \tag{F3-5}$$

式中　E_u、E_d——上、下游断面比能,m;

E——断面比能计算公式;

h——过水断面水深,m;

i——明渠底坡,$i=\sin\theta$;

J——摩阻坡度,近似用均匀流计算;

A——断面面积,m^2,$A=(b+mh)h$;

b——渠道底宽,m;

m——边坡系数,矩形渠道时 m=0;

R——水力半径,m,$R=A/(b+2\sqrt{1+m^2}h)$;

θ——渠底线与水平面的夹角;

C——谢才系数,一般可采用曼宁公式计算,即 $C=R^{1/6}/n$,n 为渠道糙率系数,如需要考虑流态的影响,可采用柯列干公式计算,即 $\frac{1}{\sqrt{\lambda}}=-2\lg\left(\frac{\Delta}{12.2R}+\frac{3.1}{Re\sqrt{\lambda}}\right)$,

$C=\sqrt{\frac{8g}{\lambda}}$,符号意义见式(F3-2);

v——断面平均流速,m/s;

K——流量模数,m^2/s。

注：字母上带横杠表示上、下游断面平均值。

泵站引渠恒定渐变流计算的任务是确定各种工况条件下的引渠水面线、水深和流量值，主要归纳为三个基本课题：一是水源水位稳定不变，根据泵站不同的提水流量值，计算引渠相应的水面线和水深；二是泵站提水流量不变（适用于高扬程泵站），计算与不同水源水位相对应的引渠水面线；三是在水位和提水量都在变化时，计算与各种水位对应的泵站提水流量下的引渠水面线。现分别举例说明。

【例 F3-1】　某泵站引渠总长 3 000 m，为梯形断面，底宽 3.0 m，边坡系数为 1.5，纵坡为 1/3 000，渠道糙率系数为 0.014，设计输水流量为 20 m^3/s，设计引水水位为 322.14 m，经计算正常均匀流水深为 2.14 m，设计渠首底部高程为 320.0 m，渠末底部高程为 319.0 m。求在水位不变时，对应于流量 $Q=20\sim12$ m^3/s 时的引渠水面线和水深。

解：泵站引渠坡度很小，不用分析判断即可断定引渠水流为缓流，控制断面在上游入口。引渠参数整理如表 F3-1 所示。由于计算工作量较大，选择编程计算。计算结果见表 F3-1、表 F3-2、图 F3-1 及图 F3-2。

表 F3-1　引渠设计参数

项目	流量 Q (m^3/s)	底宽 b (m)	纵坡 i	边坡系数 m	引渠长度 (m)
数量	20	3	1/3 000	1.5	3 000

由计算结果可知，明渠阻力损失随流量而迅速减小，当流量比设计值降低 30%时，阻力损失减少约 75%。

【例 F3-2】　仍用例 F3-1 数据，泵站提水流量维持 20 m^3/s 不变，求解水位从 322.14 m 变到 324.14 m 时，引渠水面线变化情况。

计算结果如表 F3-3、图 F3-3 和图 F3-4 所示，从中可以看出，只要水位略有上升（约 50 cm），水面高差就很快减小。

【例 F3-3】　引渠参数仍采用前例数据。泵站边界条件如下：

$$\left.\begin{aligned}H_p&=(Z_{out}-Z_{suc})+SQ_p^2\\H_p&=H_p(Q_p)\end{aligned}\right\}$$

式中　Z_{out}——泵站出水池水位，$Z_{out}=351.14$ m；

S——管道阻力参数，$S=0.007\,5$ s^2/m^5；

H_p——水泵工作扬程，m；

Z_{suc}——水泵进水池水位，m；

$H_p(Q_p)$——水泵性能曲线，如表 F3-4 所示。

水泵设计工作点参数为 $Q_p=20$ m^3/s，$H_p=32$ m，$Z_{suc}=321.14$ m。

表 F3-2 明渠水面线计算结果

流量\桩号	0+000	0+200	0+400	0+600	0+800	1+000	1+200	1+400	1+600	1+800	2+000	2+200	2+400	2+600	2+800	3+000
20	322.14	322.07	322.01	321.94	321.87	321.81	321.74	321.67	321.61	321.54	321.47	321.41	321.34	321.27	321.21	321.14
18	322.14	322.09	322.04	321.99	321.95	321.90	321.86	321.83	321.79	321.76	321.72	321.69	321.67	321.64	321.62	321.59
16	322.14	322.10	322.07	322.03	322.00	321.97	321.94	321.92	321.90	321.88	321.86	321.84	321.82	321.81	321.79	321.78
14	322.14	322.11	322.09	322.06	322.04	322.02	322.00	321.98	321.97	321.96	321.94	321.93	321.92	321.91	321.90	321.89
12	322.14	322.12	322.10	322.09	322.07	322.06	322.04	322.03	322.02	322.01	322.01	322.00	321.99	321.98	321.98	321.97

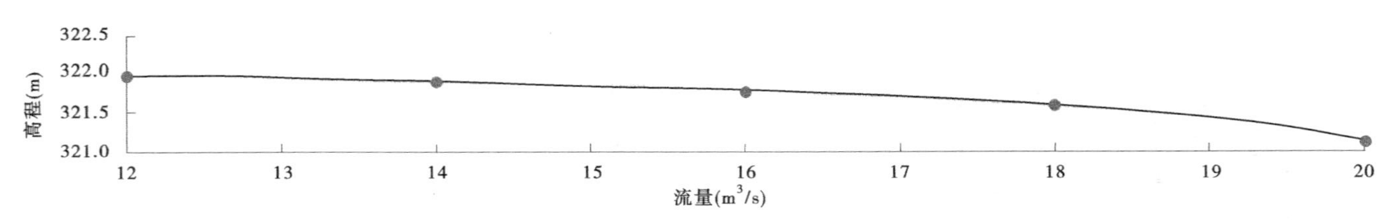

图 F3-1 引渠输水流量与末端水位关系曲线

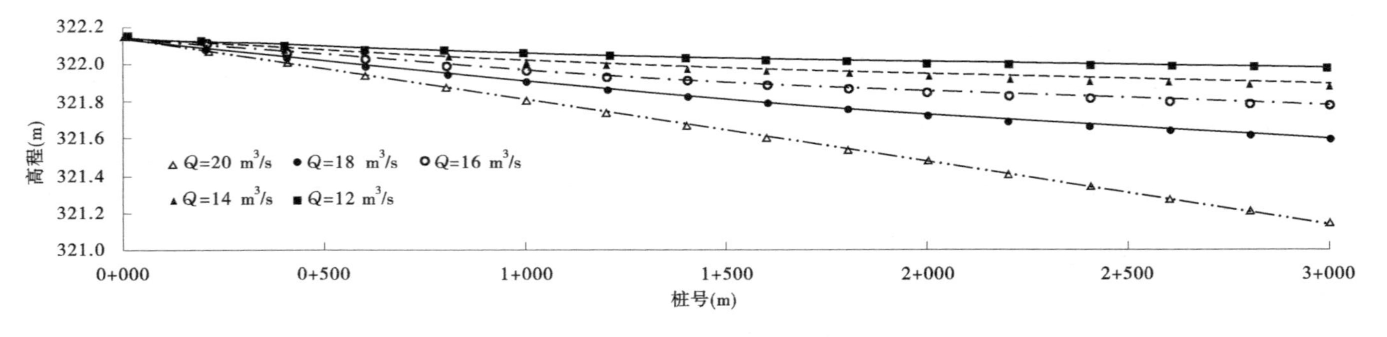

图 F3-2 引渠水面线与输水流量关系曲线

表 F3-3 明渠水面线计算结果

流量\桩号	0+000	0+200	0+400	0+600	0+800	1+000	1+200	1+400	1+600	1+800	2+000	2+200	2+400	2+600	2+800	3+000
水位	322. 14	322. 07	322. 01	321. 94	321. 87	321. 81	321. 74	321. 67	321. 61	321. 54	321. 47	321. 41	321. 34	321. 27	321. 21	321. 14
	322. 64	322. 62	322. 59	322. 57	322. 56	322. 54	322. 52	322. 51	322. 49	322. 48	322. 47	322. 46	322. 45	322. 44	322. 43	322. 42
	323. 14	323. 13	323. 12	323. 11	323. 10	323. 09	323. 09	323. 08	323. 07	323. 07	323. 06	323. 06	323. 05	32. 05	323. 05	323. 04
	323. 64	323. 63	323. 63	323. 62	323. 62	323. 62	323. 61	323. 61	323. 61	323. 60	323. 60	323. 60	323. 59	323. 59	323. 59	323. 59
	324. 14	324. 14	324. 13	324. 13	324. 13	324. 13	324. 12	324. 12	324. 12	324. 12	324. 12	324. 12	324. 11	324. 11	324. 11	324. 11

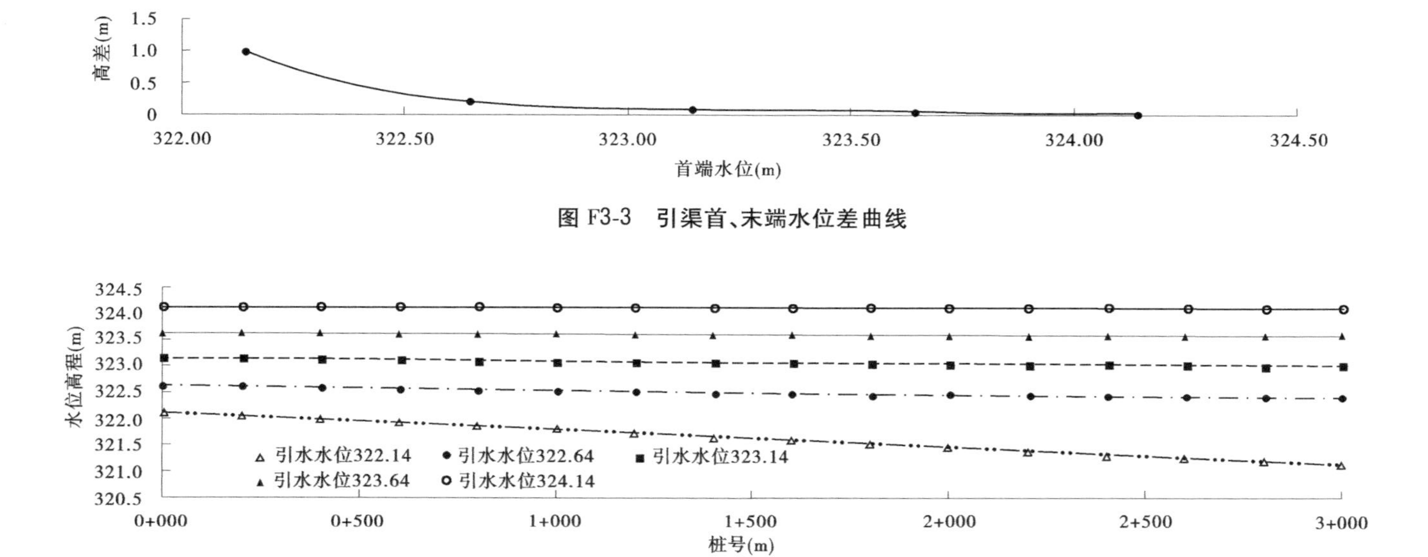

图 F3-3 引渠首、末端水位差曲线

图 F3-4 引渠水面线随着首端水位的变化关系曲线

表 F3-4　水泵性能参数

流量Q_p(m^3/s)	15.9	19.5	21.7	23.3	24.0
扬程H_p(m)	35	32.5	30	27.5	25

对于扬程比较低的泵站,在水源水位发生变化后,不仅引渠及进水池水位会发生一定的变化,泵站的提水流量也会跟着改变,这种情况下,计算就要复杂许多,因为需要同时计算确定水位和流量两个变量参数。可以分两步来完成:

第一步是先假定一个水源水位值 Z_k,采用例 F3-1 中的计算方法,计算出引渠末端水位与输水流量之间的关系曲线。即

$$Z = f_k(Q)$$

由于前池和进水池过水断面较大。流速和水面降落很小,可以忽略不计,即认为进水池的水位与引渠末端水位相等。故上式也就是进水池水位与引水流量的关系曲线。

第二步是计算出泵站机组出水量与进水池水位的关系曲线,即

$$Q = f(Z) \quad 或 \quad Z = f(Q)$$

联立以上两式,即可解得与水源水位Z_k 相对应的引渠末端(进水池)水位和引渠末端(或泵站)的运行流量值 Q_k。

设定不同的水源水位值,重复以上计算过程,最后将获得水源水位与引渠水面线、引渠末端(进水池)水位、泵站(引渠)流量的关系曲线。现将电算结果列出(见表 F3-5、图 F3-5),水面线省略。

表 F3-5　引渠(进水池)水位和泵站运行流量计算结果

渠首水位(m)	322.14	322.14	322.64	323.14	323.64	324.14	324.64	325.14
渠末(进水池)水位(m)	321.14	321.14	322.40	323.03	323.58	324.10	324.62	325.13
输(提)水流量(m^3/s)	20.00	20.02	20.90	21.30	21.64	21.97	22.28	22.57

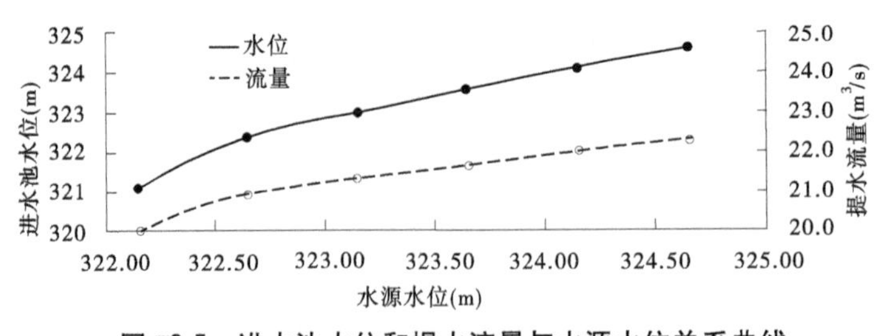

图 F3-5　进水池水位和提水流量与水源水位关系曲线

从以上数据可以看出,随着水源水位的上升,引渠水头损失迅速减小。梯形明渠的特点是输水能力随着水位上升迅速加大,当水位略有升高(如 0.5 m)之后,就可以忽略引水的水头损失,可将水源水位等同于进水池水位来计算泵站提水流量,不会引起很大误差。

计算程序如下：

```
for j=1:5
    Q=20-(j-1)*2;
    b=3.0;m=1.5;i=1/3000;n=0.014;cosa=sqrt(1-i^2);
    Z(1)=322.14; L=3000; DaltS=100;X=0:DaltS:3000;
    N=numel(X); E0=320-i/cosa*X;
    for k=1:N-1
    h(k)=Z(k)-E0(k);
    a=(b+m*h(k))*h(k);
    u=b+2*sqrt(1+m^2)*h(k);
    r=a/u; c=r^(1/6)/n; Vd=Q/a;
    E=h(k)*cosa+1.1*Vd^2/2/9.806;
    F=@(x)([(b+m*x(1))*x(1)-x(2);
        b+2*sqrt(1+m^2)*x(1)-x(3);
        x(2)/x(3)-x(4);
        x(4)^(1/6)/n-x(5);
        Q/x(2)-x(6);
        x(1)*cosa+1.1*x(6)^2/2/9.806-(i-mean([Vd x(6)])^2/mean([c x(5)])^2/mean([r x
(4)]))*DaltS-E]);
    x0=[h(k) a u r c 0];
    options =optimset('Display','off');
    [x,fval,EXITFLAG]=fsolve(F,x0,options);
    h(k+1)=x(1);
    Z(k+1)=h(k+1)+E0(k+1);
  end
  EZ(j,:)=Z;
end
  figure(1)
  hold on;grid on;
  for k=1:5
    line(k)=plot(X,EZ(k,:))
end
  title('\fontsize{24} 引渠水面线');
  legend('\fontsize{16}Q=20','\fontsize{16}Q=18','\fontsize{16}Q=16','\fontsize{16}
  Q=14','\fontsize{16}Q=12');
  legend('location','southwest');
set(line(1),'linestyle','-','linewidth',3,'color','k');
set(line(2),'linestyle','-','linewidth',3,'color','B');
```

```
set(line(3),'linestyle','-','linewidth',3,'color','R');
set(line(4),'linestyle','-','linewidth',3,'color','C');
set(line(5),'linestyle','-','linewidth',3,'color','G');
xlabel('水平桩号(m)','fontsize',16);
ylabel('水面高程(m)','fontsize',16);
hold off;
```

3.1.2.3　非恒定渐变流水面线

非恒定渐变流亦是泵站明渠常见的一种流态。当泵站运行边界条件发生缓慢变化时,如水源水位缓慢升降、供水流量缓慢调节等,引渠水面线及水流基本参数[各过水断面的水位或水深、流量或流速(见图 F3-6)]将会发生随时间而缓慢变化的调整过程,即缓慢的水力过渡过程,引渠水面线一般采用一维明槽非恒定渐变流的连续和运动方程组——圣维南(Saint-Venant)方程组进行计算。即

$$\left.\begin{aligned}&B\frac{\partial z}{\partial t}+\frac{\partial Q}{\partial s}=0\\&\frac{\partial Q}{\partial t}+\frac{\partial\left(\dfrac{Q^2}{A}\right)}{\partial s}+gA\frac{\partial z}{\partial s}+gA\frac{Q^2}{K^2}\end{aligned}\right\}\tag{F3-6}$$

或

$$\left.\begin{aligned}&\frac{\partial h}{\partial t}+v\frac{\partial h}{\partial s}+\frac{A}{B}\frac{\partial v}{\partial s}=0\\&\frac{\partial V}{\partial t}+g\frac{\partial h}{\partial s}+v\frac{\partial v}{\partial s}+g(\frac{v^2}{C^2R}-i)\end{aligned}\right\}\tag{F3-7}$$

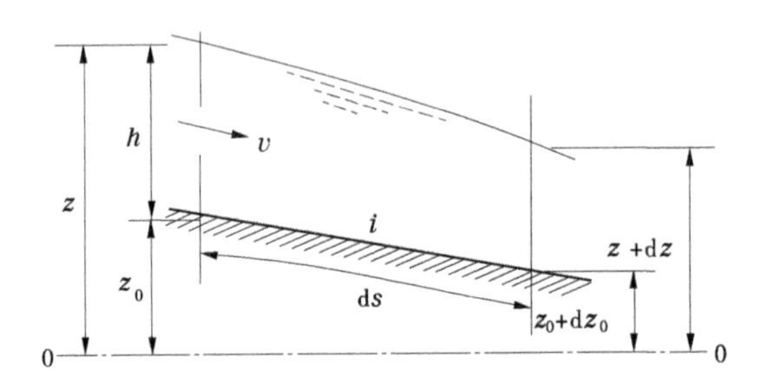

图 F3-6　明渠非恒定渐变流计算方程参数示意图

特征线和特征方程:

$$\left.\begin{aligned}&\frac{\mathrm{d}s}{\mathrm{d}t}=v\pm\sqrt{g\frac{A}{B}}\\&\mathrm{d}V\pm\sqrt{\frac{g}{AB}}\mathrm{d}A=g\left(i-\frac{v^2}{C^2R}\right)\mathrm{d}t\end{aligned}\right\}\tag{F3-8}$$

沿 λ^+ 方向取+号,沿 λ^- 方向取−号。

式中　s——沿渠底方向长度，m；

B——水面宽度，m；

其余符号意义同前。

圣维南方程组的解法有差分法、特征线法、瞬时流态法和微幅波理论法等四种。可参考有关书籍。

求解明渠非均匀渐变流微分方程的初始条件为初始时刻（$t=0$）各断面水位（或水深）、流量（或流速）；上游边界条件为起始断面的水位或流量随时间的变化曲线下游边界条件为末尾断面水位流量关系曲线或末尾断面水位过程线或流量过程线。

由于非恒定流动牵涉时间因素，计算要复杂得多，仍以一实例略加说明。

采用前例引渠的设计参数，并假定：①水源水位从设计水位 322.14 m 开始在 1 h 内直线上升 3.0 m，之后维持在 325.14 m；②末端泵站提水流量维持 20m^3/s 不变。求解引渠水力过渡过程参数。

对水力过渡过程进行计算，就是要确定引渠不同断面的流量（或流速）、水位（或水深）随时间变化的过程，即引渠流量（或流速）、水位（或水深）与位置桩号和时间的关系曲线。现仅将电算结果用图 F3-7～图 F3-11 的形式表示如下。从计算结果可以看出：

（1）水力过渡过程随着水位变化停止也基本结束。

（2）断面流量变化滞后于流速变化。

（3）水力过渡过程中流量变幅（约 4.7 倍）远大于流速变幅（约 1.7 倍），且首端变幅最大。越往后变幅越小。

（4）水源水位稳定不变后，引渠断面水力参数-流量、流速、水位等将长时间振荡，但振荡幅度不大。

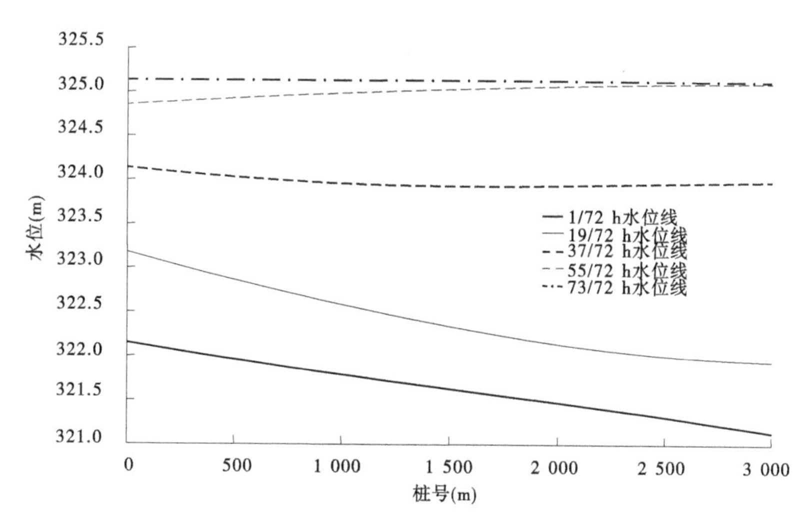

图 F3-7　不同时刻引渠水面线

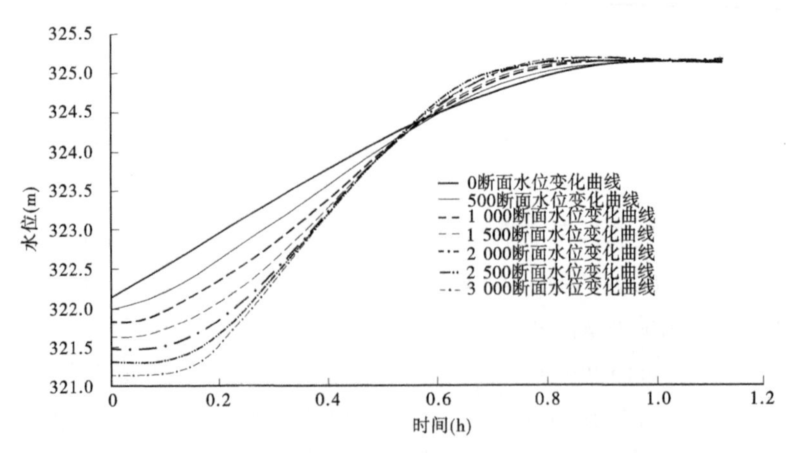

图 F3-8　不同断面水位变化过程曲线

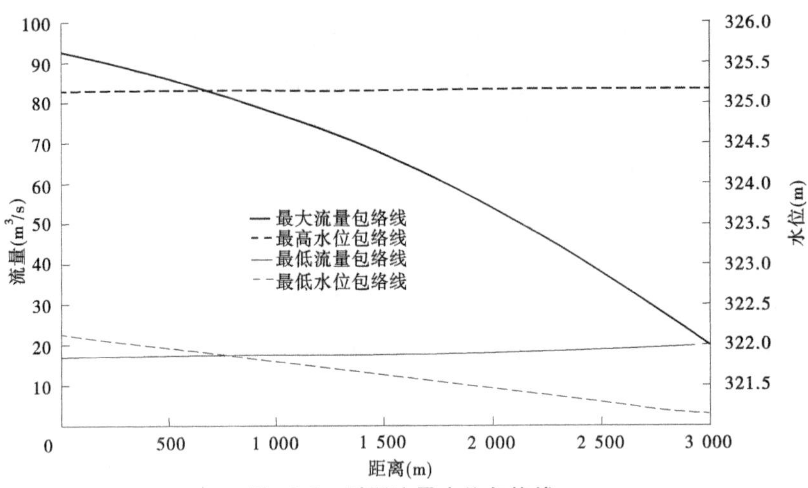

图 F3-9　引渠流量水位包络线

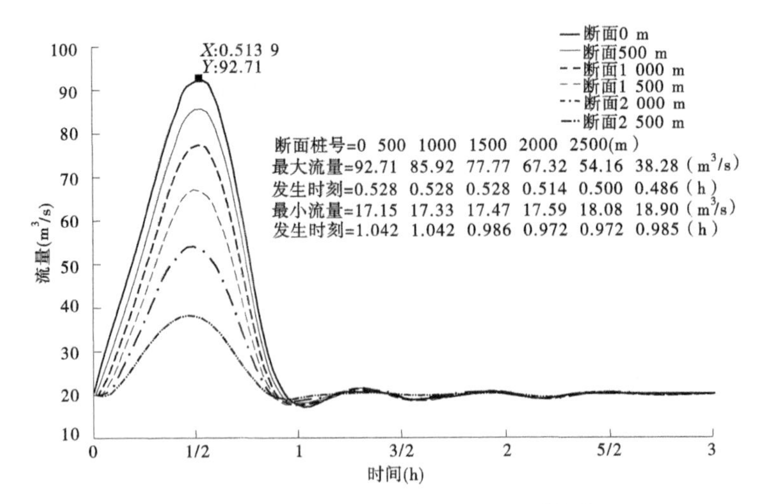

图 F3-10　引渠各断面流量历时曲线

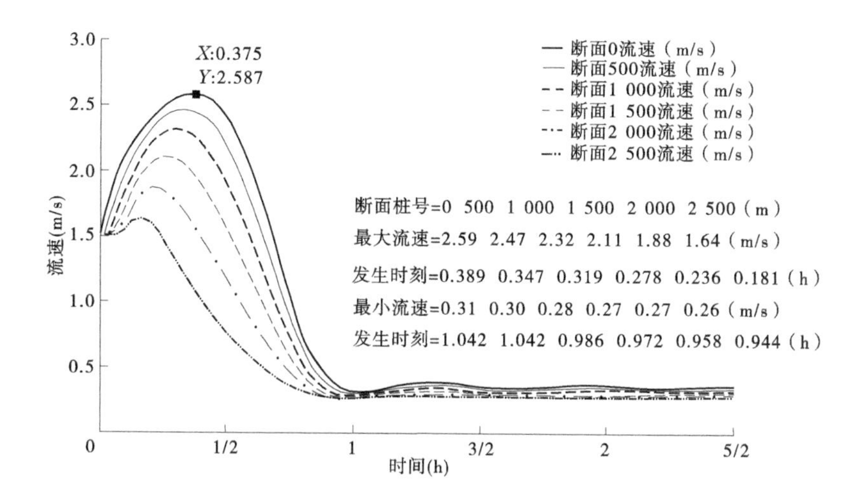

图 F3-11　引渠各断面流速历时曲线

电算程序如下：

```
L=3000;
DaltaT=50;
DaltaX=500;
X=0:DaltaX:3000;
T=0:DaltaT:2000;
TX=DaltaT./DaltaX;
i=1/3000;
z0=[ ];z0=320-i*X;
Z=zeros(numel(T),numel(X));
Q=zeros(numel(T),numel(X));
H=zeros(numel(T),numel(X));
V=zeros(numel(T),numel(X));
b=3;m=1.5;Q0=20;n=0.014;
F=@(x)([(b+m*x(1))*x(1)-x(2);
    b+2*sqrt(1+m^2)*x(1)-x(3);
    x(2)/x(3)-x(4);
    x(2)*x(4)^(2/3)/n*sqrt(i)-Q0]);
x0=[b,2*b,2*b,b/2];
options =optimset('Display','off');
[x,fval,EXITFLAG]=fsolve(F,x0,options);
Z(1,:)=z0+x(1);
H(1,:)=x(1);
H=[ ];H(1,:)= interp1([0 2400 6000 9000],h0(1,:),X,'pchip');
Q(1,:)=Q0;
V(1,:)=Q0./x(2);
```

```
for k=1:216%numel(T)+60
    for u=2:numel(X)-1
        h=H(k,u-1:u+1);
        B=b+2*m*h;
        a=(b+m*h).*h;
        x=b+2*sqrt(1+m^2)*h;
        r=a./x;
        q=Q(k,[u-1:u+1]);
        v=q./a;
        c=r.^(1/6)./n;
        J=mean(v)^2/mean(c)^2/mean(r);

Z(k+1,u)=0.1*Z(k,u)+0.45*(Z(k,u+1)+Z(k,u-1))-TX/2/B(2)*(Q(k,u+1)-Q(k,u-1));

Q(k+1,u)=0.1*Q(k,u)+0.45*(Q(k,u+1)+Q(k,u-1))-TX/2*((Q(k,u+1))^2/a(3)-(Q(k,u-1))^2/a(1)+...
            9.806*a(2)*(Z(k,u+1)-Z(k,u-1)))-9.806*a(2)*J*DaltaT;
    end
    h=H(k,1:2);
    a=(b+m*h).*h;
    x=b+2*sqrt(1+m^2)*h;
    r=a./x;
    q=Q(k,1:2);
    v=q./a;
    B=b+m*2*h;
    c=r.^(1/6)./n(1);
    J=mean(v)^2/mean(c)^2/mean(r);
    Z(k+1,1)=interp1([0,1,3],(Z(1,1)+[0 3 3]),k*DaltaT/3600,'pchop');
    h1=Z(k+1,1)-z0(1,1);
    a1=(b+m*h1)*h1;
    b1=b+2*m*h1;
    A1=sqrt(9.806*((b1+b(1))/(a1+a(1))))*a1*(Z(k+1,1)-Z(k,1));
    A2=sqrt(9.806/mean(a)/mean(B));
    DaltaT*A4;

Q(k+1,1)=q(1)*a1/a(1)+A1-TX*a1*(9.806*(Z(k,2)-Z(k,1))+mean(Q(k,1:2)/mean(a)*(Q(k,2)/a(2)-Q(k,1)/a(1))-...
            A2*(Q(k,2)-Q(k,1))))-9.806*DaltaT*J*a1;
    Q(k+1,end)=Q0;
    h=H(k,end-1:end);
    a=(b+m*h).*h;
    x=b+2*sqrt(1+m^2)*h;
```

```
    r=a./x;
    q=Q(k,end-1:end);
    v=q./a;
    B=b+2*m*h;
    c=r.^(1/6)./n;
    J=mean(v)^2/mean(c)^2/mean(r);
    A1=sqrt(9.806*mean(B)/mean(a));
    A2=sqrt(9.806/mean(a)/mean(B));

Z(k+1,end)=Z(k,end)-TX/A1*(A2*(Q(k,end)-Q(k,end-1))+((Q(k,end)/a(2))^2-(Q(k,end
-1)/a(1))^2)/2+...
        9.806*(Z(k,end)-Z(k,end-1)))-9.806*DaltaT*J/A1;
    H(k+1,:)=Z(k+1,:)-z0;
    a=(b+m*H(k+1,:)).*H(k+1,:);
    V(k+1,:)=Q(k+1,:)./a;
end
```

3.1.2.4　非恒定急变流

泵站工程在正常运行时,引渠中的闸门等控制工程是敞开的,一般并不控制。引渠发生非恒定急变流现象一般是由泵站运行工况突变引起的。水泵停机时,水泵流量从 Q_p 降到零,尤其是泵站发生事故停机,整个泵站流量从 $Q=\sum Q_p$ 降低到零,水面壅高;当水泵开机台数逐渐增多或水泵实际扬程降低,出水量 Q_p 和 Q 增加时,水位又会降落。壅高正波和降落负波首先出现在进水池和前池中,然后再以波的速度向引渠上游传播,形成逆流涨水和落水波。

对于缓流明渠,当忽略摩阻影响时,断波的波形和波速在传播过程中保持不变。应用连续方程和动量方程,推导出的棱柱体明渠断波波速和波流量(或波高)的计算公式如下:

$$\Omega = v_0 \pm \sqrt{g\left(\frac{A_0\zeta}{\Delta A} + \zeta + \xi + \frac{\Delta A}{A_0}\xi\right)} \tag{F3-9}$$

$$\Delta Q = \Omega \Delta A \tag{F3-10}$$

式中　Ω——断波波速,m/s;

g——重力加速度,m/s^2;

A_0、v_0——断波到达前恒定流动时的过水断面面积及断面平均流速,m^2、m/s;

ζ、ΔA——波高和与其相对应的过水断面面积,m、m^2;

ξ——波高断面 ΔA 的形心在波面以下的深度,m;

ΔQ——波流量,m^3/s。

以恒定流时的流速方向为正,计算顺水波或逆水波时,式(F3-9)分别取"+"或"-"。此外,公式中的波高 ζ、波速 Ω 以及波流量 ΔQ 在顺水波或逆水波时也是分别为"+"或"-"。

在已知波流量 ΔQ(流量的变化量)的情况下,联立式(F3-9)、式(F3-10)两式,即可求得断波的波速和波高。

从以上两式中消去波速 Ω，化简整理后可得形如 $f(\zeta)=0$ 的关于波高 ζ 的非线性代数方程，具体表达式如下：

$$f(\zeta)=\frac{Q_0}{A_0}-\frac{\Delta Q}{\Delta A}\pm\sqrt{g\left(\frac{A_0\zeta}{\Delta A}+\zeta+\xi+\frac{\Delta A}{A_0}\xi\right)}=0 \tag{F3-11}$$

式中　Q_0——断波到达前恒定流动时的引渠流量，m^3/s；

其他符合意义同前。

需要说明的是：顺流计算时式中取"+"；逆流计算时取"-"；由式（F3-11）解得波高之后，代入式（F3-9）或式（F3-10）求得波速 Ω。

工程实际中，引渠常采用梯形断面形式，当取 $\Delta A=\zeta B'$，$B'=0.5(B+B_0)$，$\xi=0.5\zeta$ 时，可得

$$\Omega=\frac{\Delta Q}{\zeta B'}=v_0\pm\sqrt{g\left(\frac{A_0}{B'}+1.5\zeta+\frac{B'\zeta^2}{2A_0}\right)} \tag{F3-12}$$

式中，$A_0=(b+mh_0)h_0$，$B_0=b+2mh_0$，$B=b+2mh=B_0+m\zeta$，$h=h_0+\zeta$，$v_0=\frac{Q_0}{A_0}$，$B'=B_0+m\zeta$。

其中：b 为梯形断面底宽；m 为边坡系数；h_0、B_0、Q_0 分别为断波到达前恒定流动时的渠道水深、水面宽度、流量；h、B 分别为断波到达后的渠道水深、水面宽度。

对于矩形渠道，式（F3-12）变为

$$\Omega=\frac{\Delta Q}{\zeta b}=v_0\pm\sqrt{g\left(h_0+1.5\zeta+\frac{\zeta^2}{2h_0}\right)} \tag{F3-13}$$

【例 F3-4】 某泵站引渠隧洞为矩形过水断面，洞宽 4.0 m，装机 4 台，泵站总设计流量 4×5=20 m^3/s，水深 3.3 m。泵站进水池宽 16 m，水深 4.0 m，泵站正常运行中发生突然事故停机，求进水池中和引渠末端的波速 Ω 及波高 ζ。

解：已知波流量 $\Delta Q=-20\ m^3/s$，引渠和进水池水深分别为 $h_{01}=3.3$ m 和 $h_{02}=4.0$ m，初始流速 $v_{01}=20/(4\times3.3)=1.52$ m/s 和 $v_{02}=20/(16\times4.0)=0.3125$ m/s，分别代入式（F3-13）解得：

引渠：$\Omega=-5.366$ m/s，$\zeta=0.932$ m。

进水池：$\Omega=-6.187$ m/s，$\zeta=0.202$ m。

求解程序如下：其中 h、v 分别为所求波高 ζ(m) 和波速 Ω(m/s)。

```
    DaltaQ=-20;h0=[3.3 4];b=[4 16];V0=20./h0./b;
for k=1:2
    F=@(x)(V0(k)-sqrt(9.806*(h0(k)+1.5*x+x^2/2/h0(k)))-DaltaQ/b(k)/x);
    options =optimset('Display','off');
    [x,fval,EXITFLAG]=fsolve(F,h0(k)/5,options);
    h(k)=x;V(k)=DaltaQ/b(k)/x;
end
```

【例 F3-5】 某泵站装机 3 台，设计流量 3×8.1=24.2 m^3/s，梯形引渠底宽为 4.5 m，边坡系数为 0.33，两台运行时水深为 3.5 m。求启动第三台机组时引渠的波高和波速。

解:已知波流量 $Q_0=16.2\ m^3/s$,$\Delta Q=8.1\ m^3/s$,引渠初始水深为 $h_0=3.5$ m,初始过流面积 $A_0=(4.5+0.33*3.5)\times3.5=19.79(m^2)$,初始水面宽度 $B_0=4.5+0.33\times3.5=6.81(m)$,初始流速 $v_0=16.2/A_0=0.82$ m/s,代入式(F3-10)和式(F3-12)解得:

$\Omega=-4.10$ m/s,$\zeta=-0.29$ m。

以上引渠的波高和波速的计算值是不计进水池和前池影响时的计算结果。实际上由于前池和进水池的容积很大,流速很小,机组启动和突然停机在引渠中形成的断波很小。

求解程序如下:

其中 h、v 分别为所求波高 ζ(m)和波速 Ω(m/s)。

```
Q0=16.2;DaltaQ=8.1;h0=3.5;b=4.5;m=0.33;B0=4.5+2*m*h0;
A0=(4.5+m*h0)*h0;V0=Q0./A0;
F=@(x)([V0-sqrt(9.806*(A0/x(2)+1.5*x(1)+x(2)*x(1)^2/2/A0))-DaltaQ/x(1)/x(2);
    B0+m*x(1)-x(2)]);
x0=[-h0/13,B0];
options =optimset('Display','off');
[x,fval,EXITFLAG]=fsolve(F,x0,options);
h=x(1);V=DaltaQ/x(1)/x(2);
```

3.2　明渠建筑物水力计算

泵站明渠建筑物包括节制闸、分水闸、弯道、泵站前池及进水池、出水池等。其中,过水断面缓慢变化建筑物(如前池等)的阻力损失可以采用前述明渠恒定渐变流的方法计算。从水力学的角度分析,泵站明渠建筑物的局部阻力损失主要可归纳为宽顶堰流和底坎为宽顶堰的闸孔出流两大类,现分述如下。

3.2.1　宽顶堰流($2.5<\frac{\delta(\text{堰长})}{H}<10$)

泵站引渠进水闸、输水明渠节制闸和分水闸、排水闸等,在闸门全开时均属于宽顶堰流,桥孔、无压涵管等亦属于宽顶堰流,而且多为淹没式宽顶堰流。如图 F3-12 所示。

宽顶堰流的计算式为

$$\left.\begin{aligned} Q &= \sigma\varepsilon mb\sqrt{2g}H_0^{3/2} \\ H_0 &= H+\frac{\alpha v_0^2}{2g} \\ \sigma &= f\left(\frac{h_s}{H_0}\right) \end{aligned}\right\}\qquad(\text{F3-14})$$

式中　Q、v_0——过堰流量(m^3/s)和行近流速(m/s);

H——上游堰顶水头,m;

h_s——下游堰顶水头,m,$h_s=h-P_2$,h 为堰后渠道水深;

α——动能分布系数,$\alpha\approx1.0$;

σ——淹没系数,参见表 F3-6;

ε——侧收缩系数,参见图 F3-13。

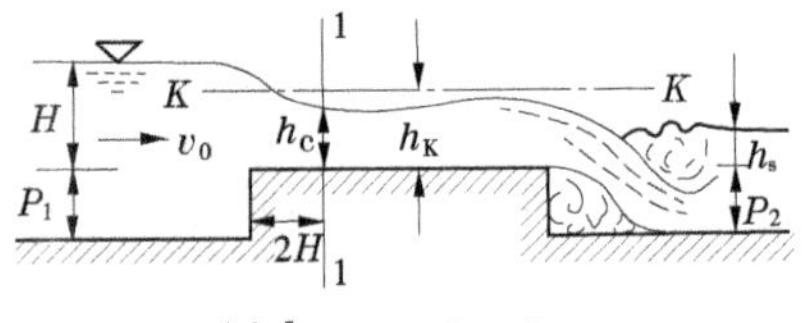

(a) $h_s>0$, $h_s<h_k$

(b) $h_s>0, h_s>h_k, h_c<h_k, h_s<h_c''$

(c) $h_s>0, h_s>h_k, h_c>h_k, h_s>h_c''$

图 F3-12　宽顶堰淹没过程示意图

表 F3-6　宽顶堰淹没系数 σ

h_s/H_0	0.8	0.81	0.82	0.83	0.84	0.85	0.86	0.87	0.88	0.89
σ	1.00	0.995	0.99	0.98	0.97	0.96	0.95	0.93	0.90	0.87
h_s/H_0	0.9	0.91	0.92	0.93	0.94	0.95	0.96	0.97	0.98	
σ	0.84	0.82	0.78	0.74	0.70	0.65	0.59	0.50	0.40	

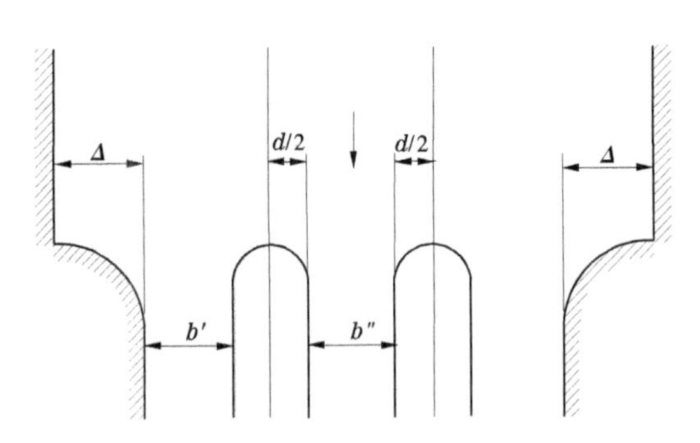

图 F3-13　宽顶堰侧收缩系数计算示意图

对单孔宽顶堰,可按下面经验公式计算:

$$\varepsilon = 1 - \frac{\alpha}{\sqrt[3]{0.2 + P_1/H}} \sqrt[4]{\frac{b}{B}} \left(1 - \frac{b}{B}\right) \tag{F3-15}$$

式中　α——闸墩、堰顶头部的形状系数，对矩形墩头、直角堰顶头部的宽顶堰，取 $\alpha=0.19$，对圆形墩头、直角或圆形堰顶头部的宽顶堰，取 $\alpha=0.10$；

b——宽顶堰净宽，m；

B——上游渠道宽度，m，非矩形断面可取水下平均宽度，当式（F4-2）中的 $\frac{b}{B}<0.2$ 时，取 $\frac{b}{B}=0.2$。

对于多跨的宽顶堰，可利用式（F3-16）分别计算出边跨和中跨的侧收缩系数 ε'（$b=b'$、$B=b'+2\Delta$）和 ε''（$b=b'$、$B=b'+d$），按照边跨和中跨净宽进行加权平均后，即为所求的侧收缩系数。

$$\left.\begin{aligned}\varepsilon &= \frac{b'\varepsilon' + [(n-2)b'' + b'\varepsilon'']}{b}\\ b &= 2b' + (n-2)b''\end{aligned}\right\} \tag{F3-16}$$

式中　n——宽顶堰跨数；

b'——边跨净宽，m；

b''——中跨净宽，m；

Δ——水下边墩平均半宽，m；

m——宽顶堰流量系数，堰顶头部为圆角形的宽顶堰，流量系数按式（F3-17）计算，符号意义见图 F3-14（其中 $r\geqslant0.2H$）：

$$\left.\begin{aligned}m &= 0.36 + 0.01\frac{3-P_1/H}{1.2+1.5P_1/H} \quad 0\leqslant P_1/H\leqslant 3\\ m &= 0.36 \quad P_1/H > 3\end{aligned}\right\} \tag{F3-17}$$

堰顶头部为直角和斜面的宽顶堰，流量系数按下式计算，符号意义见图 F3-15：

$$\left.\begin{aligned}m &= 0.32 + 0.01\frac{3-P_1/H}{0.46+0.75P_1/H} \quad 0\leqslant P_1/H\leqslant 3\\ m &= 0.32 \qquad P_1/H > 3\end{aligned}\right\} \tag{F3-18}$$

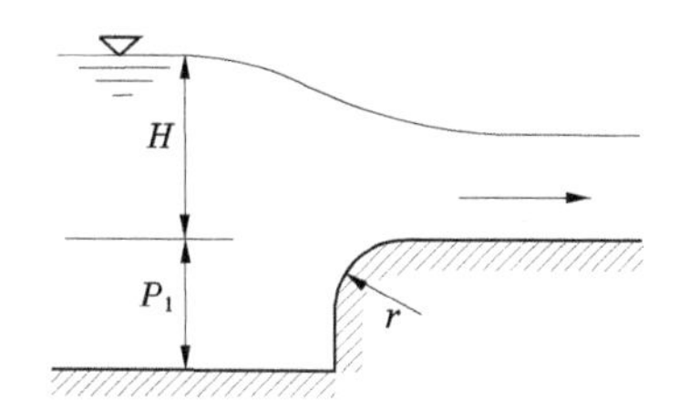

图 F3-14　宽顶堰流量系数计算示意图

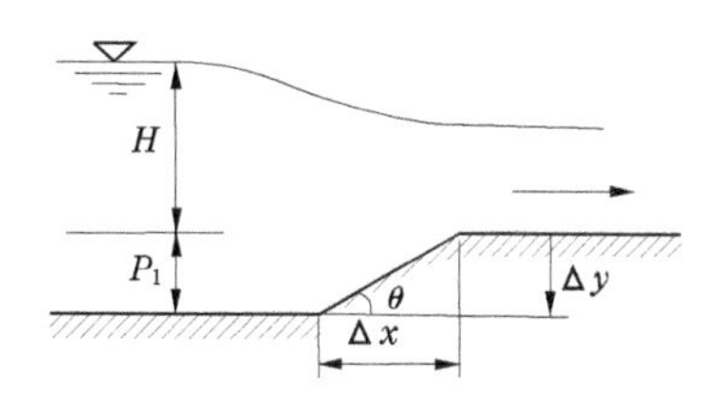

图 F3-15　宽顶堰流量系数计算示意图

堰顶头部为斜面的宽顶堰，流量系数可根据表 F3-7 内插而得。

表 F3-7　上游面倾斜的宽顶堰的流量系数 m 值

$\frac{P_1}{H}$	$\cot\theta$				
	0.5	1.0	1.5	2.0	≥2.5
0	0.385	0.385	0.385	0.385	0.385
0.2	0.372	0.377	0.380	0.382	0.382
0.4	0.365	0.373	0.377	0.380	0.381
0.6	0.361	0.370	0.376	0.379	0.380
0.8	0.357	0.368	0.375	0.378	0.379
1.0	0.355	0.367	0.374	0.377	0.378
2.0	0.349	0.363	0.371	0.375	0.377
4.0	0.345	0.361	0.370	0.374	0.376
6.0	0.344	0.360	0.369	0.374	0.376
8.0	0.343	0.360	0.369	0.374	0.376

宽顶堰的流量系数在0.32~0.385变化，当 $P_1/H=0$ 时，由式(F3-17)和式(F3-18)和表(F3-7)得到的 m 值均为0.385，即平底宽顶堰的流量系数最大。

宽顶堰的水头损失为：

$$\Delta h=H_0-h_s-\frac{\alpha v_s^2}{2g} \tag{F3-19}$$

式中　v_s——下游渠道平均流速，m/s，一般上下游流速水头差很小，可以忽略，则 $\Delta h\approx H-h_s$。

具体计算中一般有两种情况：一是已知上游水位(或堰上水深 H)和下游水位(或堰上水深 h_s)和流量的关系曲线 $Q=f(h_s)$，如在泵站引渠中的堰闸，结合堰流式(F3-14)，可解得流量、下游水位和过堰水头损失 Δh；二是已知上、下游水位流量关系曲线 $Q=F(H)$ 和 $Q=f(h_s)$，如在泵站间连接明渠中的堰闸，同样联立堰流式(F3-14)，亦可解得 H、h_s 和 Δh。

3.2.2　闸孔出流

泵站明渠中的水闸(进水闸、节制闸、分水闸等)的闸底坎一般为有坎或无坎宽顶堰(后面所述闸底坎均为宽顶堰)，闸门形式主要有平板闸门和弧形闸门两种。当闸门部分开启，出闸水流受到闸门的控制时即为闸孔出流，而水流不受闸门控制时就是堰流。

3.2.2.1　堰、闸出流的淹没界限

进行闸孔出流计算时，首先应判断过闸水流形式，再选用对应的公式进行计算。泵站明渠中水闸的水流形态比较复杂，有堰流和闸孔出流之分，也有淹没和自由出流的区别。

在《水力学》中，一般认为闸门相对开度 $e/H \leqslant 0.65$ 时为闸孔出流，$e/H>0.65$ 时为堰流。实际上，在 $e/H>0.65$ 的情况下，当下游堰上水深 h_s 超过闸孔开度 e 时，也属于闸孔出流的形式。

影响过闸水流形式的主要因素有闸门的开度 e 或相对开度（e/H）、闸底坎以及闸门的形式、上下游水位等。现详述如下。

1. 垂直收缩系数 ε_2

垂直收缩系数 ε_2 是反映水流行经闸孔时的收缩程度，它不仅与闸孔入口的边界条件有关，还与闸门的相对开度 e/H 有关。儒柯夫斯基采用理论分析的方法，求得闸门相对开度 $\alpha=e/H$ 与闸门垂直收缩系数 ε_2 的关系曲线，亦可按下式计算：

$$\left.\begin{array}{ll}\text{对平板闸门：} & \begin{cases}\alpha < 0.8, \varepsilon_2 = 0.282\alpha^2 - 0.109\alpha + 0.6286 \\ 0.8 \leqslant \alpha \leqslant 1, \varepsilon_2 = e^{[-0.65(1-\alpha)^{0.42}]}\end{cases} \\ \text{对弧形闸门：} & \varepsilon_2 = 0.275\cos^2\theta - 0.0224\cos\theta + 0.6214\end{array}\right\} \quad \text{(F3-20)}$$

式中　θ——弧形闸门下缘切线与水平面的夹角。

2. 收缩断面弗劳德数 Fr

根据能量方程可以求得收缩断面的流速 v_c 和弗劳德数 Fr：

$$v_c = \varphi\sqrt{2g(H_0 - h_c)} \quad \text{(F3-21)}$$

$$Fr = \frac{v_c}{\sqrt{gh_c}} = \varphi\sqrt{2\left(\frac{H_0}{h_c} - 1\right)} \quad \text{(F3-22)}$$

将 $h_c=\varepsilon_2 e$ 和式（F3-21）代入式（F3-22），并忽略上游流速水头得：

$$Fr = \varphi\sqrt{2\left(\frac{1}{\alpha\varepsilon_2} - 1\right)} \quad \text{(F3-23)}$$

式中　H_0——闸前堰上总水头，$H_0 = H + \dfrac{\alpha_0 v_0^2}{2g}$；

H——上游堰上水深，m；

α_0、v_0——上游渠道动能修正系数和断面平均流速，m/s；

g——重力加速度，m/s^2；

φ——流速系数，$\varphi = \dfrac{1}{\sqrt{\alpha_c + \xi}}$，是反映上游 0—0 断面到闸下 c—c 收缩断面间的局部水头损失和收缩断面流速分布不均匀的影响，其值主要取决于闸孔入口的边界条件（如闸底坎的形式、闸门的类型等），其取值范围为：有坎的宽顶堰闸孔出流：$\varphi=0.85\sim0.95$，无坎的宽顶堰闸孔出流：$\varphi=0.95\sim1.0$；

α_c、ξ——闸后收缩断面的动能修正系数和相对于收缩断面的过闸水流局部损失系数。

式（F3-23）为闸后收缩断面弗劳德数 Fr 的近似计算式，当 $\varphi=0.95$ 时，Fr 与闸门相对开度 α 的近似关系数据见表 F3-8。

表 F3-8　闸后收缩断面垂直收缩系数ε_2和弗劳德数 Fr(φ=0.95)

α	0.1	0.15	0.2	0.25	0.3	0.35	0.4	0.45	0.5	0.55
ε_2	0.615	0.618	0.62	0.622	0.625	0.628	0.632	0.638	0.645	0.65
Fr	5.248	4.203	3.571	3.131	2.797	2.531	2.310	2.117	1.947	1.801
h''_c/H	0.427	0.507	0.567	0.615	0.654	0.685	0.709	0.728	0.741	0.749
α	0.6	0.65	0.7	0.75	0.8	0.85	0.9	0.95	1	
ε_2	0.66	0.675	0.69	0.705	0.72	0.745	0.78	0.835	1	
Fr	1.659	1.520	1.390	1.268	1.153	1.022	0.875	0.686	0	
h''_c/H	0.752	0.774	0.808	0.840	0.868	0.896	0.941	0.969	1.000	

3. 收缩断面的共轭水深 h''_c

当收缩断面的弗劳德数 $Fr \geqslant 1.7$(或 $\alpha \leqslant 0.55$)时,收缩断面产生完全水跃,其共轭水深为

$$\left.\begin{aligned}\frac{h''_c}{H} &= \frac{\gamma}{2}\left(\sqrt{1+8Fr^2}-1\right)\\ \gamma &= \alpha\varepsilon_2\end{aligned}\right\} \tag{F3-24}$$

当收缩断面的弗劳德数满足 $1 \leqslant Fr < 1.7$(或 $0.55 < \alpha < 0.85$)时,为波状水跃,共轭水深可用下式计算:

$$\frac{h''_c}{H} = 0.7\gamma(Fr+1) \tag{F3-25}$$

当收缩断面为缓流,即弗劳德数 $Fr<1$(或 $\alpha \geqslant 0.85$)时,其水深大于临界水深。水流的部分动能会转化为势能,之后水面将壅高 Δh。过闸水头损失系数 ξ、水位相对壅高值 $\Delta h/H$ 和下游相对壅高水深 h''_c 可按以下各式估算:

$$\left.\begin{aligned}\xi &= \varphi^{-2} - 1 + (1-\gamma)^2\\ \frac{\Delta h}{H} &= (1-\gamma)(1-\xi)\\ \frac{h''_c}{H} &= 1 - \xi(1-\gamma)\end{aligned}\right\} \tag{F3-26}$$

式(F3-24)~式(F3-26)为收缩断面共轭水深(或壅高)的近似计算式,相对共轭(或壅高)水深$\dfrac{h''_c}{H}$与闸门相对开度 α 的近似关系数据见表 F3-8。

4. 堰、闸出流的淹没界限(参见图 F3-16)

(1)闸门相对开度 $\alpha = e/H \leqslant 0.65$ 时,如果下游堰上水深 h_s 不大于收缩断面的共轭水

深 h''_c,即 $h_s \leqslant \frac{h_c}{2}(\sqrt{1+8Fr^2}-1)$,则为闸孔自由出流,否则为闸孔淹没出流。

(2)当闸门相对开度 $\alpha>0.65$ 时,如果闸门下游堰上水深 h_s 与上游堰上总水头 H_0 的比值不大于 0.8,即 $h_s/H_0 \leqslant 0.8$,则闸门对水流不起控制作用,水流为自由堰流;而当 $h_s/H_0>0.8$ 时,则为淹没出流:

①如果闸门下游水位高于收缩断面共轭水深对应的水位或壅高水位,即满足:

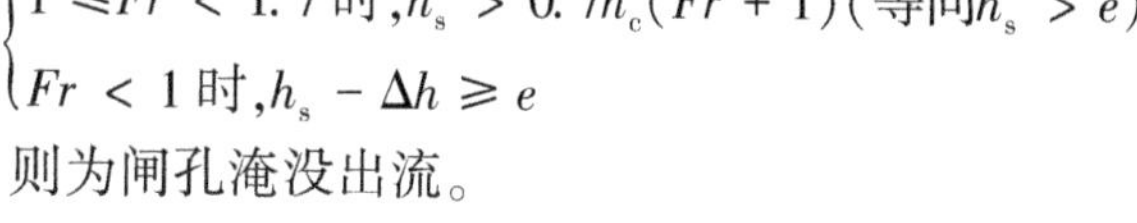

$$\begin{cases} 1 \leqslant Fr < 1.7\text{时}, h_s > 0.7h_c(Fr+1)(\text{等同} h_s > e) \\ Fr < 1\text{时}, h_s - \Delta h \geqslant e \end{cases}$$

则为闸孔淹没出流。

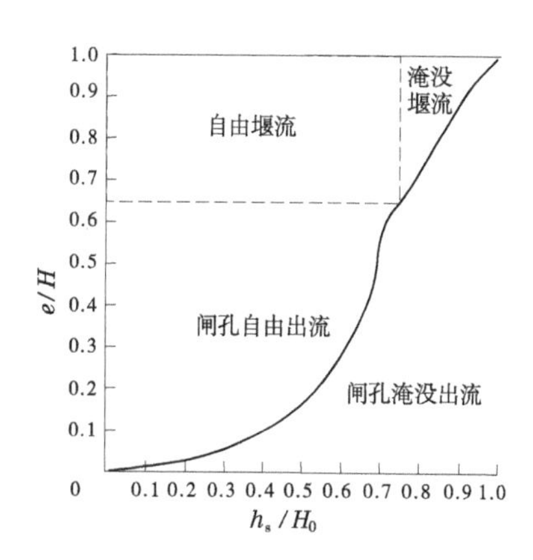

图 F3-16　闸、堰出流淹没界限示意图

②如不满足,即

$$\begin{cases} 1 \leqslant Fr < 1.7\text{时}, h_s \leqslant 0.7h_c(Fr+1)(\text{等同} h_s < e) \\ Fr < 1\text{时}, h_s - \Delta h < e \end{cases}$$

水流为淹没堰流。

3.2.2.2　闸孔出流计算公式(见图 F3-17、图 F3-18)

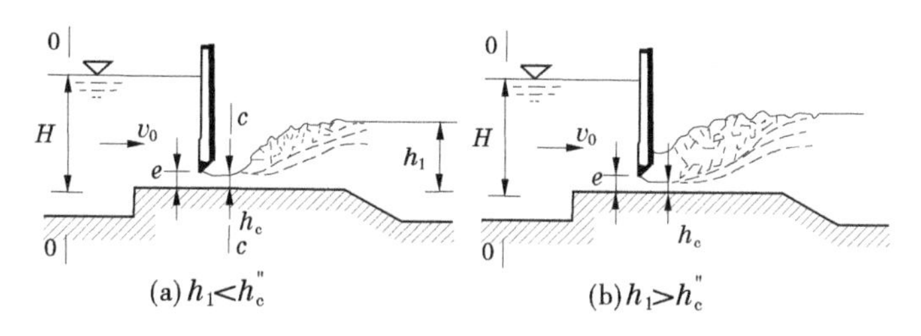

图 F3-17　底坝为宽顶堰的平板闸孔出流

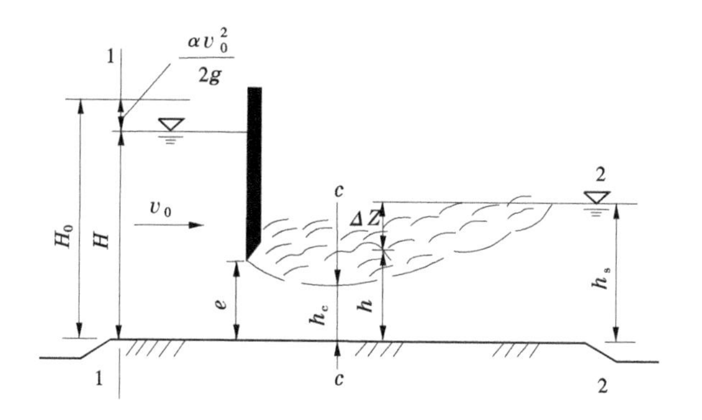

图 F3-18　宽顶堰闸孔淹没出流示意图

关于闸孔自由出流的水力计算已经比较成熟,但对于闸孔淹没出流的水力计算存在一定的误差,特别是对于高淹没情况的计算误差比较大。

闸孔淹没出流的计算公式主要有以下两种形式:一是采用闸孔自由出流公式乘以淹没系数,二是在公式中考虑闸后淹没水深因素。淹没系数和流量系数需选用经验公式或查表计算,且公式都有一定的适用范围,一般当 $e/H>0.65$ 时,就受到限制。以下介绍几个计算公式:

$$Q=\mu'' be\sqrt{2gH} \tag{F3-27}$$

或

$$Q=\mu_0 be\sqrt{2g(H_0-h_s)} \tag{F3-28}$$

或

$$Q=\mu' be\sqrt{2g(H-h_s)} \tag{F3-29}$$

式中　μ''、μ_0、μ'——流量系数。

式(F3-27)适用范围为:$0.1<\frac{e}{H}<1.0$、$0.5<\frac{h_s}{H}<0.9$;而式(F3-28)和式(F3-29)更能反映闸门开度、上下游水头或水位差对过闸水流的影响,适用于高淹没情况。高淹没下堰流系数见表 F3-9。各流量系数计算公式如下:

$$\mu''=1.022-0.875\frac{h_s}{H} \tag{F3-30}$$

$$\left.\begin{aligned}\mu_0&=1.197\left(\frac{h_s}{H_0}\right)^2-1.677\left(\frac{h_s}{H_0}\right)+1.48 \quad \text{(规范数据拟合)}\\ \mu_0&=0.948+e^{\left[47.17\left(\frac{h_s}{H_0}\right)-1.0322\right]} \quad \text{(试验数据拟合)}\end{aligned}\right\} \tag{F3-31}$$

$$\mu'=0.752\left(1-\frac{h_s}{H}\right)^{0.365}e^{\left(1.909\frac{e}{H}\right)} \tag{F3-32}$$

表 F3-9　高淹没下堰流系数

$\frac{h_s}{H_0}$	0.900	0.910	0.920	0.930	0.940	0.950	0.960	0.970	0.980	0.990	0.995	0.998
规范 μ_0	0.940	0.945	0.950	0.955	0.961	0.967	0.973	0.979	0.986	0.993	0.996	0.998
试验 μ_0	0.950	0.951	0.953	0.956	0.961	0.969	0.981	1.001	1.033	1.084	1.121	1.147

结合泵站工程特点,推荐采用形如式(F3-27)的计算公式,但流量系数应计入闸门形式、闸门相对开度、上下游水位差以及闸孔出流形式(淹没出流或自由出流)等因素。详述如下。

(1)基本计算公式:

$$q=\mu e\sqrt{2gH} \tag{F3-33}$$

式中　q——闸孔的单宽流量,m^2/s,$q=Q/b$;

μ——综合流量系数。

(2)闸孔出流形式判别。

闸门上下游堰上水深和闸门开度的临界流态关系式为

$$\frac{H}{e}=k\left(\frac{h_s}{e}\right)^m \tag{F3-34}$$

或
$$\frac{h_s}{e}=\left(\frac{1}{k}\right)^{1/m}\left(\frac{H}{e}\right)^{1/m} \tag{F3-35}$$

已知下游水位和闸门开度时，需根据上游水位，利用式(F3-34)判别流态，即

$$\begin{cases}H \geqslant kh_s\left(\frac{h_s}{e}\right)^{m-1} & \text{闸孔自由出流}\\ h_s \leqslant H < kh_s\left(\frac{h_s}{e}\right)^{m-1} & \text{闸孔淹没出流}\end{cases}$$

已知上游水位和闸门开度时，需根据下游水位，利用式(F3-35)判别流态，即

$$\begin{cases}h_s < \left(\frac{1}{k}\right)^{1/m} e\left(\frac{H}{e}\right)^{1/m} = \left(\frac{1}{k}\right)^{1/m} H\left(\frac{H}{e}\right)^{(1/m-1)} & \text{闸孔自由出流}\\ \left(\frac{1}{k}\right)^{1/m} e\left(\frac{H}{e}\right)^{1/m} \leqslant h_s < H & \text{闸孔淹没出流}\end{cases}$$

式中　k、m——常数，不同的试验条件有不同的数值，推荐两组数值：

$$\left.\begin{array}{l}①(k,m)=(0.81,1.72)\\ ②(k,m)=(0.95,1.58)\end{array}\right\}$$

(3)流量系数μ计算式。

$$\left.\begin{array}{l}\mu=\psi\left(\frac{H-e}{H+15e}\right)^{0.072}\lambda\\ \lambda=(H-h_s)^{0.7}[0.32(H_c-H)^{0.7}+(H-h_s)^{0.7}]^{-1}\end{array}\right\} \tag{F3-36}$$

式中　ψ——闸门形状系数，对平板闸门，可取$\psi=0.611$，对弧形闸门，可取$\psi=0.97-0.81\frac{\theta}{180°}$，$\theta$为闸门底缘切线与水平面的夹角；

H_c——上游堰上临界水深，计算式如下：

$$\left.\begin{array}{l}H'_c=kh_s\left(\frac{h_s}{e}\right)^{m-1};h'_s=\left(\frac{1}{k}\right)^{1/m}H\left(\frac{H}{e}\right)^{(1/m-1)}\\ H\leqslant H'_c\text{或}h_s\geqslant h'_s\text{时},H_c=H'_c\\ H>H'_c\text{或}h_s<h'_s\text{时},H_c=H\end{array}\right\} \tag{F3-37}$$

λ为反映过闸水流淹没程度的计算系数。当闸门上、下游水位接近时，λ接近于零，而当过闸水流为闸孔自由出流时，$\lambda=1$。

3.2.2.3　闸孔出流阻力损失

在闸孔出流的情况下，一般闸上、下游过水断面的流速水头差可以忽略不计，故水头损失应为闸门上、下游水位(或堰上水深)差，即

$$\Delta H\approx Z-Z_t=H-h_s \tag{F3-38}$$

式中　Z、H——上游水位和堰上水深，m；

Z_t、h_s——下游水位和堰上水深，m。

泵站工程中涉及闸孔出流水力计算的任务主要有两项：

(1)已知上游水位Z(或H)和下游水位流量关系曲线$h_s=f(Q)$，推求过闸流量Q和水头损失ΔH与闸门开度e(或相对开度e/H)的关系曲线。

(2)已知上下游流量关系曲线,推求过闸流量 Q、上下游水位和水头损失 ΔH 与闸门开度 e(或相对开度 e/H)的关系曲线。

一般泵站明渠闸孔出流水力计算的上下游边界条件为

$$\text{上游边界:}\quad \begin{cases} \text{水位 } Z \text{ 或堰上水深 } H \\ \text{水位流量关系曲线 } H = F(Q) \end{cases} \tag{F3-39}$$

$$\text{下游边界:}\quad \begin{cases} \text{下游水位} Z_t \text{ 和(或)下游流量 } Q \\ \text{水位流量关系曲线} h_s = f(Q) \end{cases} \tag{F3-40}$$

闸孔出流水力计算的基本参数有 Z(或 H)、过闸流量 Q、下游水位 Z_t(或 h_s)、闸门开度 e 等四个基本参数。只有首先确定其中的一个,联立闸孔出流计算式(F3-33)和上下游两个边界条件方程,即可解得其他三个未知数。进而利用式(F3-38)得到过闸水头损失值。

3.2.2.4　闸孔自由出流水头损失分解

闸孔自由出流的阻力损失应该包括上游过水断面收缩、下游过水断面扩散所引起的局部阻力损失,但一般上下游过水断面变化引起的水头损失较小,可以忽略,故以下主要对闸门段、闸后水跃段和跃后段三部分水头损失进行分析,见图 F3-19。

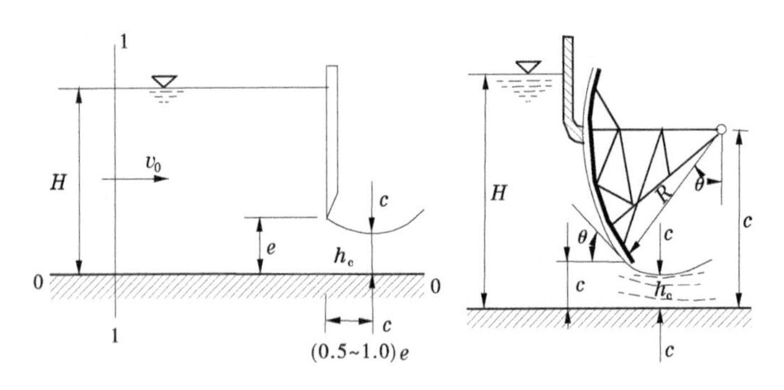

图 F3-19　平板闸门、弧形闸门孔出流示意

1. 过闸水头损失 ΔH_1

过闸水头损失主要是由于垂直流线收缩、流速加大而引起的局部阻力损失,可由闸孔出流流量公式 $Q = \mu be\sqrt{2gH_0}$ 推导得到以下计算公式:

$$\left.\begin{aligned} \frac{\Delta H_1}{H} &= 1 - \gamma + \frac{\varphi^2}{1-\varphi^2}(1-\gamma^{-2}) \\ \gamma &= \varepsilon_2\alpha、\varphi = \mu\alpha、\alpha = e/H \end{aligned}\right\} \tag{F3-41}$$

式中　μ——闸孔自由出流流量系数。按式(F3-36)计算。

2. 闸后水跃段水头损失 ΔH_2

一般闸后水跃段水头损失由两部分组成:一部分是从闸后收缩断面到跃前断面之间由于过流断面扩大所产生的局部阻力损失;另一部分是水跃能量损失,即水流由急流跃变为缓流过程的局部阻力损失。

当闸后下游水位 Z_t 等于跃后水位,即 $h''_c = h_s$ 时,跃前过水断面正好位于闸后收缩断面,即跃前水深 $h_1 = h_c$;如果下游水位 Z_t 低于跃后水位,即 $h''_c > h_s$,便产生远驱式水跃,跃前水深大于收缩断面水深，即 $h_1>h_c$。

（1）水平明渠中的水跃方程：

$$\text{棱柱体}\begin{cases} f(h)=\dfrac{Q^2}{gA}+Ah \\ \dfrac{Q^2}{gA_1}+A_1h_1=\dfrac{Q^2}{gA_2}+A_2h_2 \end{cases} \tag{F3-42}$$

$$\text{矩形}\begin{cases} f(h)=\dfrac{q^2}{gh}+h^2 \\ \dfrac{q^2}{gh_1}+h_1^2=\dfrac{q^2}{gh_2}+h_2^2 \end{cases} \tag{F3-43}$$

式中　h_1、h_2——跃前、跃后共轭水深，m；

A_1、A_2——越前、跃后过水断面面积，m^2；

Q、q——过闸流量和单宽流量。

（2）跃前扩散段能量损失。

由能量方程可得扩散段阻力损失水头 ΔH_{21} 为：

$$\Delta H_{21}=\left(h_c+\frac{a_cv_c^2}{2g}\right)-\left(h_1+\frac{a_1v_1^2}{2g}\right) \tag{F3-44}$$

对于矩形断面，将 $q=v_ch_c=v_1h_1$ 代入式（F3-44）得：

$$\left.\begin{aligned} &\frac{\Delta H_{21}}{h_c}=(1-\delta)+\frac{1}{2}Fr^2(1-\delta^{-2}) \\ &\delta=\frac{h_1}{h_c};Fr=\frac{v_c}{\sqrt{gh_c}};v_c=\frac{q}{h_c} \end{aligned}\right\} \tag{F3-45}$$

（3）水跃能量损失。

根据能量方程，水跃能量损失可表示为

$$\Delta H_{22}=\left(h_1+\frac{a_1v_1^2}{2g}\right)-\left(h_2+\frac{a_2v_2^2}{2g}\right) \tag{F3-46}$$

式中　a_1、a_2——跃前、跃后断面动能修正系数，$a_1\approx1$，a_2 可按式（F3-47）计算。

$$\left.\begin{aligned} &a_2=0.85Fr_1^{2/3}+0.25 \\ &a_2=3.5\sqrt[3]{1+\eta}-3 \\ &a_2=3\sqrt[3]{\eta}-2 \end{aligned}\right\} \tag{F3-47}$$

式中　η——跃后、跃前水深比，即 $\eta=\dfrac{h_2}{h_1}$，可按下式计算：

$$\left.\begin{aligned} &Fr_1>1.7\text{时},\begin{cases} \eta=\dfrac{1}{2}\left(\sqrt{1+8Fr_1^2}-1\right) \\ \eta=2\left(\sqrt{1+8Fr_2^2}-1\right)^{-1} \end{cases} \\ &1\leqslant Fr_1\leqslant1.7\text{时},\begin{cases} \eta=0.7(Fr_1+1) \\ \eta=0.7(Fr_2\eta^{1.5}+1) \end{cases} \end{aligned}\right\} \tag{F3-48}$$

将水跃方程式、连续方程代入式(F3-46)并整理得:

$$\Delta H_{22} = \frac{h_1}{4\eta}[(\eta - 1)^3 - (a_2 - 1)(\eta + 1)] \tag{F3-49}$$

(4)水跃段能量损失。

综合式(F3-45)和式(F3-49),得到闸后水跃段水头损失为

$$\left.\begin{aligned} \frac{\Delta H_2}{H} &= \frac{\Delta H_{21} + \Delta H_{22}}{H} = \vartheta_1 + \vartheta_2 \\ \vartheta_1 &= \gamma\left[(1 - \delta) + \frac{1}{2}Fr^2(1 - \delta^{-2})\right] \\ \vartheta_2 &= \frac{\gamma\delta}{4\eta}[(\eta - 1)^3 - (a_2 - 1)(\eta + 1)] \end{aligned}\right\} \tag{F3-50}$$

3. 跃后段水头损失 ΔH_3

跃后段能量损失公式为:

$$\Delta H_3 = \left(h_2 + \frac{a_2 v_2^2}{2g}\right) - \left(h_s + \frac{a_s v_s^2}{2g}\right) \tag{F3-51}$$

对矩形断面,经推导得:

$$\left.\begin{aligned} \frac{\Delta H_3}{H} &= \frac{\gamma\delta}{4\eta}[(a_2 - 1)(\eta + 1)] \\ h_2 &= h_s, v_2 = v_s, a_s \approx 1 \end{aligned}\right\} \tag{F3-52}$$

4. 闸孔自由出流总损失

汇总以上各项,得出闸孔自由出流总损失为

$$\frac{\Delta H_3}{H} = 1 - \gamma + \frac{\varphi^2}{1 - \varphi^2}(1 - \gamma^{-2}) + \frac{\gamma\delta}{4\eta}(\eta - 1)^3 \tag{F3-53}$$

【例 F3-6】 某明渠节制闸净宽 b=6.2 m,平板闸门,底坎为平底宽顶堰,堰顶高程为320 m。

要求计算上游水位 Z=323 m、324 m、325 m 时的过闸流量 Q、下游水位 Z_t、水头损失 ΔH 与闸门相对开度的关系曲线。

从计算结果图表(见表 F3-10、表 F3-11、图 F3-20)可知,在相同相对开度条件下,水位越高则过闸流量越大,而过闸损失水头越小。过闸流量和阻力损失随着相对开度变化迅速。

表 F3-10 下游水位流量关系曲线

水位 Z_t(m)	322.14	322.64	323.14	323.64	324.14	324.64	325.14
流量 Q(m^3/s)	20.00	20.90	21.30	21.64	21.97	22.28	22.57

表 F3-11　闸孔出流水力计算结果

水位 323 m	e/H		0.275	0.30	0.40	0.50	0.60	0.70	0.73
	Δh(m)		0.995	0.86	0.43	0.19	0.075	0.017	0.005
	Q(m^3/s)		19.76	20.00	20.78	21.03	21.13	21.17	21.18
水位 324 m	e/H	0.175	0.20	0.30	0.40	0.50	0.60	0.70	0.74
	Δh(m)	1.78	1.51	0.65	0.27	0.12	0.05	0.01	0.001
	Q(m^3/s)	20.14	20.62	21.44	21.70	21.80	21.85	21.87	21.88
水位 325 m	e/H	0.125	0.2	0.30	0.40	0.50	0.60	0.70	0.74
	Δh(m)	2.58	1.29	0.48	0.20	0.08	0.03	0.007	0.001
	Q(m^3/s)	20.50	21.69	22.21	22.38	22.44	22.47	22.48	22.49

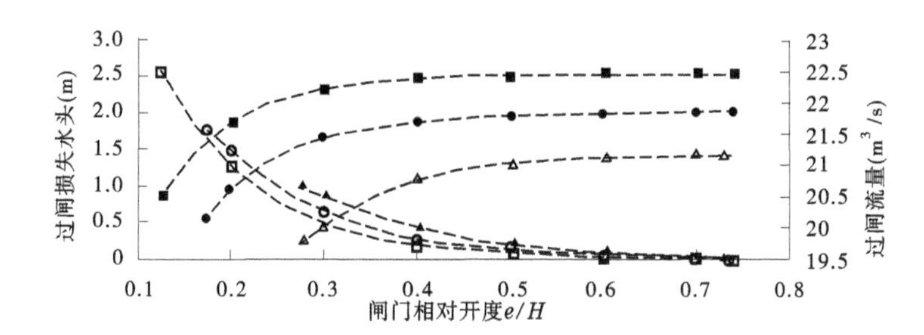

图 F3-20　过闸损失、流量与开度关系曲线

计算程序如下:

```
b=6.2;Z=325;Z0=320;H=Z-Z0;k=0.81;m=1.72;
h=2.14:0.5:5.14;q=[20 20.9 21.3 21.64 21.97 22.28 22.57];
n=find(h>H,1,'first')-1;
q0=interp1(h,q,H,'linear');
Qmin=20;
f=@(z)(0.611*((1-z)/(1+15*z))^0.072*b*z*H*sqrt(2*9.806*H)-Qmin);
z0=0.3;
options =optimset('Display','off');
[z,fval,EXITFLAG]=fsolve(f,z0,options);
amin=ceil(z*100)/100+0.005;
amax=floor(k^(1/(m-1))*100)/100;
aa=[amin ceil(amin*10)/10:0.1:floor(amax*10)/10 amax];
hs=[];Hc=[];r=[];M=[];Q=[];deltaH=[];
for i=1:numel(aa)
    a=aa(i);
```

```
    Hs=1/k^(1/m)*H*(a)^(1-1/m);
    F=@(x)([k*x(1)*(x(1)/a/H)^(m-1)-x(2);
        (H-x(1))^0.7*(0.32*((x(2)-H)*(x(1)>=Hs))^0.7+(H-x(1))^0.7)^-1-x(3);
        0.611*((1-a)/(1+15*a))^0.072*x(3)-x(4);
        b*x(4)*a*H*sqrt(2*9.806*H)-x(5);
        interp1([h(1:n) H H+0.001],[q(1:n) q0 0],x(1),'linear','extrap')-x(5)]);
    x0=[0.8*H 1.1*H 1-a a 20];
    options =optimset('Display','off');
    [y,fval,EXITFLAG]=fsolve(F,x0,options);
    hs(i)=y(1);Hc(i)=y(2);r(i)=y(3);M(i)=y(4);Q(i)=y(5);deltaH(i)=H-y(1);
end
str=[aa;H-hs;Q];
```

附录 4　等效水泵及其特性曲线

4.1　等效水泵的概念

对于装机简单(单台或同型号并联机组)的泵站工程,忽略水泵进出水支、岔管段阻力损失的差异后,其稳态初始值计算比较简单。设水泵的扬程—流量特性曲线和管路的特性曲线分别为

$$H=f(NQ) \tag{F4-1}$$

$$H=g(NQ)+H_{st} \tag{F4-2}$$

式中　Q——流经水泵和管路的流量,m^3/s;

N——运行机组台数;

H_{st}——泵站静扬程,m。

联立以上两式,即可解得水泵稳态工作点参数。

许多泵站装机比较复杂,比如装有不同型号水泵机组;机组进出水管路不对称或有较大差异;串、并联机组混合装置等。装机复杂的泵站在不同机组组合运行时,泵站和各台水泵的出水量及扬程是有差别的,计算也是很复杂的。为了简化计算分析,提出等效水泵的概念。

像电工学中利用等效电源来代替复杂的有源电路系统的做法一样,对包含复杂的多泵联合工作的水泵系统,也可用一个等效的水泵来替换,这个等效水泵的外特性与被替代的多泵组合的复杂系统的外特性完全一致,利用等效水泵的特性参数来代替多泵组合系统对泵站稳定运行状况进行计算分析,达到概念清楚、简化计算的目的。

4.2　等效水泵特性曲线

等效水泵的概念与电路技术理论中的等效电压源或等效电流源的概念类似,因此可以套用电路分析中的基尔霍夫定律,即回路电压和节点电流定律。与电压对应的是水位或压力,与电流对应的为流量,与导线电阻(阻抗)对应的是沿程和局部水力损失,而与解

线性方程组对应的为解非线性方程组。

一般等效水泵的特性中计入了泵站进出水支、岔管路及其设备和管件的水力损失，也考虑了动力机（包括调速装置）的影响等，故采用等效水泵进行计算时，只需考虑进出水总管的特性。

4.2.1 忽略岔管段水流流态影响

4.2.1.1 支、岔管沿程、局部阻力参数

图 F4-1 为某泵站的并联机组示意图，四台同性能机组两两对称布置。

各段管路阻力损失和参数计算公式如下：

$$h_{wk}=S_kQ_k^2 \tag{F4-3}$$

$$S_k=S_{fk}+S_{lk}=1.48\times10^{-3}\sum\left(\frac{L_{ki}}{d_{ki}^{16/3}}\right)+0.083\sum\left(\frac{\xi_{kj}}{d_{kj}^4}\right) \tag{F4-4}$$

式中　L_{ki}、d_{ki}——k 支（岔）管路各管段长度和平均管径，m；

ξ_{kj}、d_{kj}——k 支（岔）管路各节点局部阻力损失系数和管径，m；

S_{fk}、S_{lk}——k 支（岔）管路沿程和局部阻力参数，s^2/m^5；

S_k、Q_k——k 支（岔）管路阻力参数和流量，s^2/m^5、m^3/s；

4.2.1.2 节点平衡方程

图 F4-1 中有 M_{12}、M_{34} 和 O 三个节点，由节点压力相等（回路压力平衡原理）可得以下四式［$H_m=f(Q_m)$，为水泵特性曲线］。

$$H_1-S_1Q_1^2=H_2-S_2Q_2^2 \tag{F4-5}$$

$$H_3-S_3Q_3^2=H_4-S_4Q_4^2 \tag{F4-6}$$

$$\left.\begin{aligned}H_1-S_1Q_1^2-S_{12}Q_{12}^2&=H\\H_2-S_2Q_2^2-S_{12}Q_{12}^2&=H\end{aligned}\right\} \tag{F4-7}$$

$$\left.\begin{aligned}H_3-S_3Q_3^2-S_{34}Q_{34}^2&=H\\H_4-S_4Q_4^2-S_{34}Q_{34}^2&=H\end{aligned}\right\} \tag{F4-8}$$

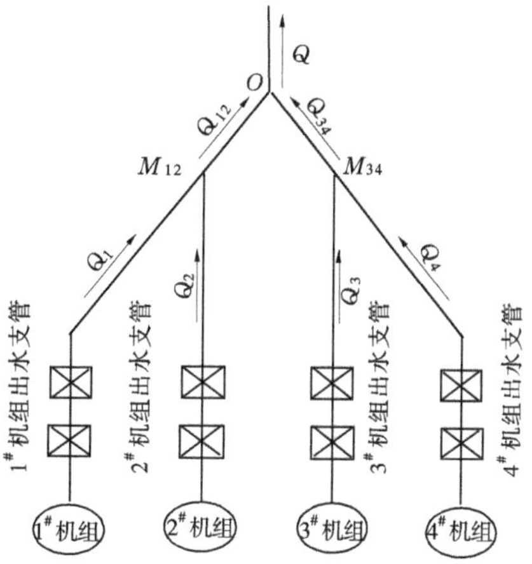

图 F4-1　四台机组并联工作示意图

由节点流量连续原理可得以下三式：

$$Q_1+Q_2=Q_{12} \tag{F4-9}$$

$$Q_3+Q_4=Q_{34} \tag{F4-10}$$

$$Q_{12}+Q_{34}=Q \tag{F4-11}$$

以式（F4-5）~式（F4-11）共 7 个方程，有 $Q_1\sim Q_4$、Q_{12}、Q_{34}、Q 和 H（节点 O 与进水池的单位能量差或等效水泵扬程）等 8 个未知数，只要已知其中之一，即可联立其他 7 个方程，解得其余 7 个未知数。

4.2.1.3 等效水泵特性曲线

根据水泵特性曲线选择最小和最大流量值，并内插若干个流量值，组成一个流量数组，将其放大 N 倍（N 为开机台数）后作为等效水泵或泵装置特性曲线的流量系列。将该系列中的每一个流量值作为已知值，通过联解上述方程组，即可解得对应的扬程 H 值，系列中所有流量值与对应解得的扬程值就构成了等效水泵或泵装置的特性曲线。

解方程过程中记录与各流量值对应的每台水泵的流量值,并由水泵性能曲线查得其对应的扬程和功率值,则等效水泵的效率值就等于泵站输出功率除以各水泵的功率和,即

$$\eta_m = \frac{\rho g Q_m H_m}{\sum P_n} \tag{F4-12}$$

式中　$n=1、2、3、4$;

m——等效水泵或泵装置流量系列中的任一序号。

4.2.1.4　计算中注意事项

(1)不运行机组的流量值为零,或将其支路的阻力参数设为□。

(2)水泵性能不同时,可将性能曲线分别代入对应方程。

(3)等效水泵概念只适用于泵站及机组处于稳定运行的工况,在水力过渡过程计算中(哪怕是只有一台水泵处于不稳定工况)时,等效水泵就没有意义。

4.2.2　考虑岔管段流态影响

图 F4-2 为某大型供水泵站机组布置示意图。总装机 4 台,通过 4 条进出水支管和 4 段变截面岔管并联于一根压力管道。各台机组型号不尽相同,各台水泵的扬程—流量曲

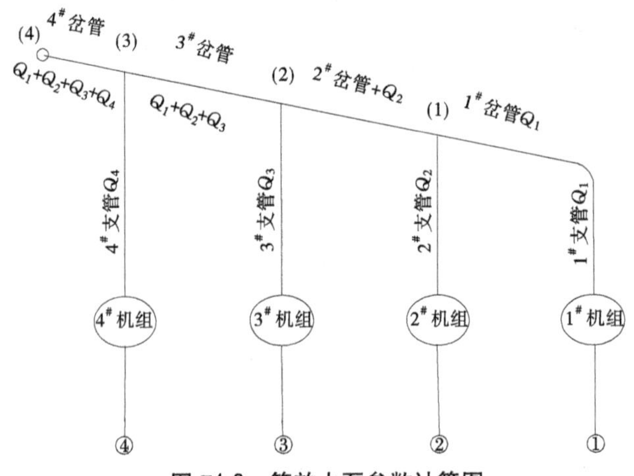

图 F4-2　等效水泵参数计算图

线为:

$$H = f_i(Q) \quad i = 1,2,3,4 \tag{F4-13}$$

4.2.2.1　支管阻力损失

水泵进出水支管阻力损失计算公式同上。

$$\Delta H_i = S_i \times Q_i^2 \quad i = 1,2,3,4 \tag{F4-14}$$

式中　ΔH_i——第 i 支管段的阻力损失,m;

S_i——第 i 支管段的阻力损失系数,s^2/m^5;$S_i = S_{if} + S_{ij}$。

S_{if}——第 i 支管段沿程阻力损失系数,s^2/m^5,$S_{if} = 10.29 \times n^2 \times \sum \frac{L_k}{D_k^{5.33}}$,其中,$D_k$、$L_k$ 分别为支管第 k 段的管径及长度,n 为支管的糙率系数,钢管可取 0.012;

S_{ij}——第 i 支管段局部阻力损失系数，s^2/m^5，$S_{ij}=\frac{8}{\pi^2 g}\sum\frac{\xi_k}{D_k^4}$，其中，$D_k$、$\xi_k$ 分别为支管 k 断面的管径及其对应的局部阻力损失系数；

Q_i——第 i 支管段（水泵）的流量，m^3/s。

4.2.2.2 岔管段阻力损失

岔管段的过水断面相对较大，在部分机组运行时，管内流速较小，多属于水力过渡流态，阻力损失不仅与流量（流速）有关，还与流体（雷诺数）相关，即岔管段的阻力损失通常为

$$\Delta h_j=\psi_j(q_j, Re_j) \quad (j=1,2,3,4) \tag{F4-15}$$

式中 Δh_j——第 j 岔管段的阻力损失，m。

q_j——第 j 岔管段过水流量，m^3/s，其中：$q_1=Q_1$，$q_2=Q_1+Q_2$，$q_3=Q_1+Q_2+Q_3$，$q_4=Q_1+Q_2+Q_3+Q_4$；

Re_j——第 j 岔管段水流的雷诺数，$Re_j=\frac{v_j d_j}{v}=\frac{4q_j}{v d_j}$；

v_j——第 j 岔管段流速，m/s；

d_j——第 j 岔管段断面直径（或等量直径），m；

v——水的运动黏滞系数，m^2/s。

4.2.2.3 等效水泵特性曲线计算

各支管进口压力相等（均为进水池水位），假设一个等效水泵出口（4）的流量 Q_{e1}，则由流量连续原理可得

$$Q_{e1}=\sum Q_i \tag{F4-16}$$

再由节点（1）~（3）可列出以下三个方程式：

$$H_1-\Delta H_1-\Delta h_1=H_2-\Delta H_2 \tag{F4-17}$$

$$H_2-\Delta H_2-\Delta h_2=H_3-\Delta H_3 \tag{F4-18}$$

$$H_3-\Delta H_3-\Delta h_3=H_4-\Delta H_4 \tag{F4-19}$$

联立以上四式，可解得各水泵的流量值 $Q_i(i=1,2,3,4)$，并由水泵特性曲线得到各水泵的扬程 $H_i(i=1,2,3,4)$ 和功率 $P_i(i=1,2,3,4)$。等效水泵的扬程 H_{e1}、功率 P_{e1} 和效率 η_{e1} 可分别由以下各式计算出：

$$H_{e1}=H_4-\Delta H_4-\Delta h_4 \tag{F4-20}$$

$$P_{e1}=\sum P_i \tag{F4-21}$$

$$\eta_{e1}=\frac{gQ_e H_e}{P_e}\times 100\% \tag{F4-22}$$

假设不同的等效水泵流量 $Q_{e2}, Q_{e3}, \cdots, Q_{em}$，重复以上步骤，即可获得等效水泵对应的参数 $H_{e2}, H_{e3}, \cdots, H_{em}, P_{e2}, P_{e3}, \cdots, P_{em}$ 和 $\eta_{e2}, \eta_{e3}, \cdots, \eta_{em}$，将各对应参数绘制成曲线，即为所求等效水泵特性曲线（扬程—流量曲线、功率—流量曲线和效率—流量曲线）。

附录 5　等效管路及其特性曲线

对于复杂的管路供水系统,为了使水泵工作点计算的概念清晰,且能简化水泵工作点和泵站运行技术经济指标的计算,亦需像借用“等效水泵特性曲线”一样,借助“等效管路特性曲线”来完成。

5.1　等效管路特性曲线基本概念

所谓“等效管路特性曲线”就是计入所有干、支、分支管路和管路设备及附件的损失扬程,并考虑各供水点水位、供水流量控制措施等因素后的复杂供水管路系统的综合需要扬程—流量关系曲线,就像具有单根出水管道和一个出水池的正常泵站的管路特性曲线一样。这根虚拟的管道和出水池水位(或静扬程)的管路特性曲线与复杂供水管路系统是等价的。

5.2　等效管路特性曲线计算方法

等效管路特性曲线的计算方法与等效水泵特性曲线相同,以泵站(或等效水泵)供水流量为基础,按照节点压力水头相等和流量连续性原理,计算各个管段的对应流量和损失扬程,最后累计水源至某个出水口(一般是最近或最低的出水口)所有管段的损失扬程,加上此出水口的静扬程,就得到管路系统需要的扬程值。假设不同的供水流量值,得到一系列对应的管路需要扬程,即为所求的等效管路特性曲线。计算公式如下:

$$\left.\begin{aligned} h_{ij} &= f_j(q_{ij}) \\ q_{ik} &= G(Q_i) \\ q_{ij} &= F(q_{ik}) \\ H_i &= H_{st} + \sum h_{ij} \end{aligned}\right\} \tag{F5-1}$$

式中　H_{st}——某供水点的静扬程,m,一般选取静扬程最小或输水管段最少的供水点的静扬程;

Q_i——泵站供水流量,m^3/s;

q_{ik}——各管路供水出口与 Q_i 对应的流量,m^3/s,$k=1,2,3,\cdots$;

h_{ij}——管路供水出口(对应于 H_{st})之前各相关管段的损失扬程,m,$j=1,2,3,\cdots$;

q_{ij}——对应于 Q_i 的第 j 管段的输水流量,m^3/s。

分析式(F5-1),只要知道管道输水流量 q_{ij},其损失扬程 Δh_{ij} 可按照后文所述的计算方法较快地确定。q_{ij} 只是供水点流量 q_{ik} 的简单组合。而根据供水流量 Q_i,计算 q_{ik},则需利用节点压力相等和流量连续的原理来完成。可按以下公式计算:

$$\left.\begin{aligned} Z_k + h_{o,k} &= Z_{k+1} + h_{o,k+1} \\ h_{o,k+1} &= f_{ok}(q_k) \\ Q &= \sum q_k \end{aligned}\right\} \tag{F5-2}$$

式中　Z_k、q_k——第 k 个管路供水出口水位和流量,m、m³/s;

Q——流入共同管路节点的流量,m³/s;

$h_{o,k}$——共同管路节点 o 至第 k 个管路供水出口的管路损失扬程。

式(F5-2)的物理概念是共同节点的压力相等,即管路共同节点到任一供水出口的管路损失扬程与静扬程之和相等。

令较高供水出口(不一定是最高)的流量为零,利用式(F5-2)可以计算出其他较低供水点和泵站的最小供水流量临界值,利用此临界值可以简化等效管路特性曲线计算。

如图 F5-1 所示为某供水泵站的管路系统示意图,该泵站同时向 G、L、W 三个高程不等的蓄水池供水,现以此为例进一步说明等效管路特性曲线的计算方法和步骤。

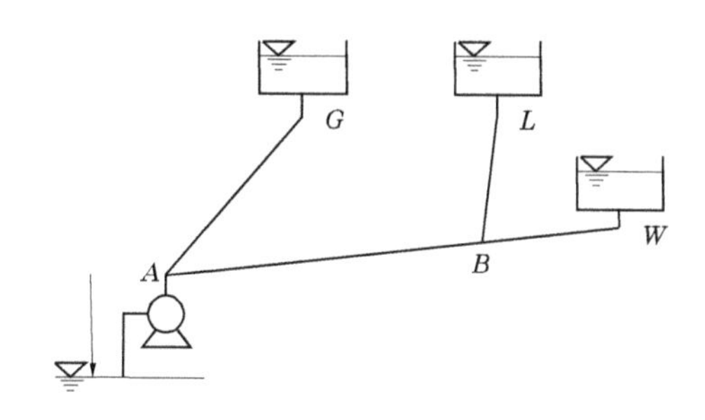

图 F5-1　某供水泵站的管路系统示意图

5.2.1　判断出水先后次序

当泵站供水流量由零逐渐增大时,管路供水出口相继开始出水。根据管路节点列出水力平衡方程如下:

$$\left.\begin{aligned}&Z_G-Z_W=f_{AB}(q_W+q_L)+f_{BW}(q_W)-f_{AG}(q_G)\\&Z_L-Z_W=f_{BW}(q_W)-f_{BL}(q_L)\\&Q=q_L+q_W+q_G\end{aligned}\right\}\qquad\text{(F5-3)}$$

式中　f_{AB}——管段 AB 的综合阻力损失系数,其余类同。

分别令 q_L、q_W 和 q_G 等于零,由式(F5-3)解得 Q_L、Q_W 和 Q_G,并由小到大按序排列,排列第一的最先出水,排列末尾的最后出水。

5.2.2　计算临界供水流量值

排列在第一位(假设为 Q_W)之后的流量值即为所求的泵站临界供水流量 Q_1、Q_2 值。其中 Q_1 等于小者,即 $Q_1=\min(Q_L,Q_G)$,Q_2 等于大者,即 $Q_2=\max(Q_L,Q_G)$。

5.2.3　计算等效管路特性曲线

根据泵站可能供水流量范围或零流量至泵站最大供水流量(可适当加大),通过内插,得出泵站供水流量系列数据,或直接引用等效水泵的流量系列数据。任取一个泵站供水流量值 Q_i,当 Q_i 不在两个临界流量值之间时,可采用以下公式计算等效管路需要扬程值,即

$$\left.\begin{array}{l}H_{ri}=f_{OW}(Q_i)+H_{stW}\quad(Q\leqslant Q_1)\\Z_G-Z_W=f_{AB}(q_W+q_L)+f_{BW}(q_W)-f_{AG}(q_G)\\Z_L-Z_W=f_{BW}(q_W)-f_{BL}(q_L)\\Q_i=q_L+q_W+q_G\\H_{ri}=f_{OA}(Q_i)+f_{AB}(q_W+q_L)+f_{BW}(q_W)+H_{stW}\quad(Q>Q_2)\end{array}\right\}\tag{F5-4}$$

当 $Q_1<Q_i\leqslant Q_2$ 时,可采用式(F5-5)计算等效管路需要扬程值,即

$$\left.\begin{array}{l}\left.\begin{array}{l}Z_G-Z_W=f_{AW}(q_W)-f_{AG}(q_G)\\Q_i=q_W+q_G\\H_{ri}=f_{OA}(Q_i)+f_{AW}(q_W)+H_{stW}\end{array}\right\}(Q_G\leqslant Q_L)\\\left.\begin{array}{l}Z_L-Z_W=f_{BW}(q_W)-f_{BL}(q_L)\\Q_i=q_W+q_L\\H_{ri}=f_{OA}(Q_i)+f_{AB}(q_W+q_L)+f_{BW}(q_W)+H_{stW}\end{array}\right\}(Q_G>Q_L)\end{array}\right\}\tag{F5-5}$$

将所有对应的 H_{ri} 与 Q_i 值绘成曲线,即为所求的等效管路特性曲线。

附录 6 泵站工程运行工况及技术经济指标

反映泵站工程运行状况的技术经济指标主要有扬程、流量、功率、效率或能源单耗、水泵汽蚀余量等。联立等效水泵特性曲线方程和等效管路特性曲线方程,可解得等效水泵的工作点流量和扬程值,根据在等效水泵特性曲线计算中得到的各分机流量与等效水泵流量的关系曲线,得出每台水泵的工作点流量值,再通过水泵的特性曲线求得每台水泵的工作点扬程、效率和轴功率、效率及必须汽蚀余量值等。等效水泵的功率等于各分机功率的综合,等效水泵的效率等于通过它的水功率与总功率之比。

6.1 供水流量

单位时间内通过某一固定截面的流体体积或重量称为体积或重量流量。如果体积用 V 表示,时间用 t 表示,则体积流量 Q 可用下式表示:

$$Q=\frac{V}{t}\tag{F6-1}$$

式(F6-1)即为用体积法测量流量的计算公式。如果采用速度面积法测量流量,流量计算公式按如下:

$$Q=\bar{v}A\tag{F6-2}$$

式中 $\bar{v}$——垂直于过流断面的平均流速,m/s;

A——过水断面面积,m^2。

泵站供水流量包括水泵运行流量、泵站供水流量、各级管道输水流量、各个供水点(管道出口)供水流量等。在泵站管理上有时需要知道某一时段内的供水总量,即累计流量,可根据下式计算:

$$W=\sum Q_it_i\tag{F6-3}$$

式中　W——泵站提水总量,m^3;

Q_i——对应于时段 t_i 的平均流量,m^3/s;

t_i——泵站稳定在某一状态的运行时间,s。

6.2　扬程

扬程与扬水高度不同,它实质上是表征能量的一个参数,即不同过流断面单位重量水流(液流)的能量之差。计算公式如下:

$$H = E_m - E_n = \nabla_m - \nabla_n + \frac{p_m - p_n}{\rho g} + \frac{v_m^2 - v_n^2}{2g} \tag{F6-4}$$

式中　E_m、E_n——m、n 断面的总能量;

∇_m、∇_n——m、n 断面的位置高程,扬程高度 $= \nabla_m - \nabla_n$;

$\frac{p_m}{\rho g}$、$\frac{p_n}{\rho g}$——m、n 断面压力水头;

$\frac{v_m^2 - v_n^2}{2g}$——m、n 断面流速水头差。

泵站工程扬程一般有水泵扬程、等效水泵扬程、装置静扬程、泵站静扬程和供水静扬程等。分别对应于不同的进、出口断面,如图 F6-1 所示。

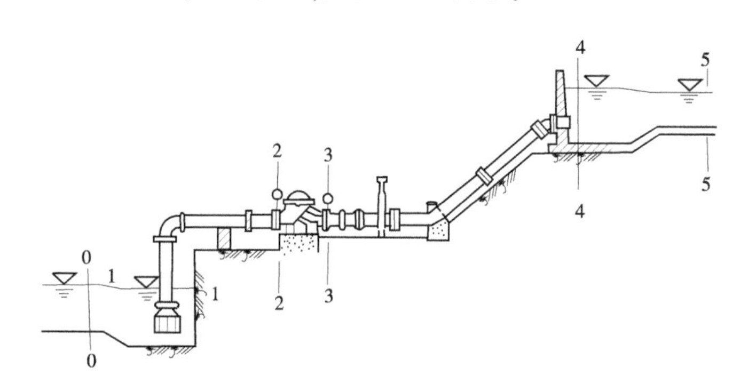

图 F6-1　泵站各种扬程计算测试断面示意图

6.2.1　水泵工作扬程 H_p

水泵扬程对应于水泵出、进口(3—3、2—2)断面。

$$H_p = E_3 - E_2 = \nabla_3 - \nabla_2 + \frac{p_3 - p_2}{\rho g} + \frac{v_3^2 - v_2^2}{2g} \tag{F6-5}$$

式中　E_2、E_3——水泵进、出口断面的总能量;

∇_2——水泵进口断面仪表特征高程,当水泵进口测压断面为真空时,∇_2 为测压断面中心点高程,若水泵进口测压断面为正压时,则 ∇_2 为测压仪表的中心高程;

∇_3——水泵出口测压仪表的中心高程;

$\frac{p_2}{\rho g}$、$\frac{p_3}{\rho g}$——水泵进、出口测压断面压力(米水柱),如果用真空表测出的 $\frac{p_2}{\rho g}$ 为真空

度,则以负值代入;

$\frac{v_3^2-v_2^2}{2g}$——水泵出、进口测压断面的流速水头差。

6.2.2 装置静扬程 H_{st}

装置静扬程对应于出水池和进水池水面(4—4、1—1),计算公式如下:

$$H_{st}=E_4-E_1=\nabla_4-\nabla_1+\frac{p_4-p_1}{\rho g}+\frac{v_4^2-v_1^2}{2g} \tag{F6-6}$$

式中 E_1、E_4——水泵进水池、出水池水面(淹没式出流)或管道出口中心(非淹没出流)的总能量;

∇_1、∇_4——水泵进水池、出水池水面(淹没式出流)或管道出口中心(非淹没出流)的高程,泵站扬程高度 $H_t=\nabla_4-\nabla_1$;

$\frac{p_4-p_1}{\rho g}$——泵站出水池水面(淹没式出流)或管道出口中心(非淹没出流)与进水池水面大气压力差,一般低扬程泵站可取为零,对于高扬程泵站或测量精度要求较高时,$\frac{p_4-p_1}{\rho g}\approx -H_t/1\ 000$(米水柱);

$\frac{v_4^2-v_1^2}{2g}$——泵站出水池断面(淹没式出流)或管道出口(非淹没出流)与进水池断面流速水头差,一般淹没式出流可取零,非淹没出流可取$\frac{v_{40}^2}{2g}$(v_{40} 为管道出口流速水头)。

6.2.3 泵站静扬程 H_{stz}

泵站静扬程对应于出水池外水面和引渠末端断面(5—5、0—0),它考虑了泵站前池、进水池和出水池损失扬程。其计算公式为:

$$H_{stz}=E_5-E_0=\nabla_5-\nabla_0+\frac{p_5-p_0}{\rho g}+\frac{v_5^2-v_0^2}{2g} \tag{F6-7}$$

式中 E_0、E_5——引渠末端0—0断面和出水池后5—5断面的总能量;

∇_0、∇_5——引渠末端水面和出水池后水面的高程;

$\frac{p_5-p_0}{\rho g}$——5—5断面与0—0断面间的大气压力差,一般低扬程泵站可取零,对于高扬程泵站或测量精度要求较高时,$\frac{p_5-p_0}{\rho g}\approx -H_t/1\ 000$(米水柱);

$\frac{v_5^2-v_0^2}{2g}$——5—5断面与0—0断面的流速水头差,一般可取零。

6.2.4 其他静扬程

等效水泵扬程对应于压力管道首端和进水池水面(或引水管路末端断面);供水静扬程则对应于供水点和水源的水位高程,计算公式与上类同(略)。

对于具有多个出水池和供水点的泵站工程,综合装置、泵站和供水静扬程等于各种静

扬程的流量加权平均值,即

$$H_{st} = \sum (H_{sti} \times Q_i)/Q \quad (F6\text{-}8)$$

或

$$H_{st} = \sum (H_{sti} \times W_i)/W \quad (F6\text{-}9)$$

式中 H_{st}——综合装置(或泵站或供水)静扬程,m;

H_{sti}——各出水池或供水点静扬程,m;

Q_i、Q——出水池(或供水点)和泵站的供水流量,m^3/s;

W_i、W——出水池(或供水点)和泵站的供水量,m^3。

6.3 功率

泵站的功率通常分为有效功率、水泵轴功率、动力机的输入输出功率等。

6.3.1 有效功率

有效功率亦称水功率,是指单位时间内水体从低位到高位所增加的能量。可用下式计算:

$$P_w = \rho gHQ/1\ 000 \quad (F6\text{-}10)$$

式中 P_w——有效功率,kW;

ρ——水的密度,kg/m^3;

g——当地重力加速度,m/s^2;

H——扬程,m;

Q——流量,m^3/s。

根据考核断面和水体提升高度的不同,有效功率可分为水泵有效功率 P_e、等效水泵有效功率、装置有效功率 P_{st}、泵站有效功率 P_{stz} 和供水有效功率等。其中:水泵有效功率是指单位时间内从水泵进口流到出口的水体所增加的能量;等效水泵有效功率是指单位时间内从进水池水面提升到压力总管首端的水体所增加的能量;装置有效功率是指单位时间内从进水池水面提升到出水池水面(淹没式出流)或管道出口高程(非淹没出流)的水体所获得的能量;泵站有效功率是指单位时间内从引水渠末端水面提升到出水池后水面的水体所获得的能量;供水有效功率是指单位时间内从水源提升到各供水点的水体所获得的能量。

6.3.2 水泵轴功率 P_a

水泵的轴功率是动力机传给水泵轴上的功率,是水泵的输入功率,单位 kW。

6.3.3 配套功率 P_m

水泵的配套功率 P_m 是指用于拖动水泵的动力机的额定功率,配套功率 P_m 一般比水泵轴功率 P_a 要大 5%~10%。

6.3.4 动力机输入功率 P_{in}

水泵运行中动力机实际消耗的功率称为输入功率 P_{in}。对电动机来说是从电网吸收的功率。有时也将变频装置(如有)、励磁装置(同步电动机)从电网吸收的功率作为动力机的输入功率,即将变频装置等作为动力机的一部分。

6.3.5　动力机的输出功率 P_{out}

动力机输出给传动装置的功率称为动力机的输出功率。当传动装置效率接近 1.0 时(如直接传动),或者将传动装置也看作是动力机的一部分时,输出功率就等于水泵的轴功率,即 $P_{out}=P_a$。

6.4　效率

效率和能源单耗是反映泵站工程能源有效利用程度的指标。主要效率指标计算公式如下:

(1)水泵效率 η_p:

$$\eta_p=\frac{\text{水泵有效功率}}{\text{水泵轴功率}}=\frac{P_e}{P_a}\times 100\% \tag{F6-11}$$

(2)传动装置效率 η_t:

$$\eta_t=\frac{\text{水泵轴功率}}{\text{动力机输出功率}}=\frac{P_a}{P_{out}}\times 100\% \tag{F6-12}$$

(3)动力机效率 η_m:

$$\eta_m=\frac{\text{动力机输出功率}}{\text{动力机输入功率}}=\frac{P_{out}}{P_{in}}\times 100\% \tag{F6-13}$$

(4)管路效率 η_{pl}:

$$\eta_{pl}=\frac{\text{装置扬程}}{\text{水泵扬程}}=\frac{H_{st}}{H}\times 100\% \tag{F6-14}$$

(5)装置效率 η_{st}

$$\eta_{st}=\frac{\text{装置有效功率}P_{st}}{\text{动力机输入功率}\sum P_{in}}=\eta_{pl}\eta_p\eta_t\eta_m\times 100\% \tag{F6-15}$$

(6)泵站效率:

$$\eta_{stz}=\frac{\text{泵站有效功率}P_{stz}}{\text{动力机输入功率}\sum P_{in}}=\frac{H_{stz}}{H}\eta_p\eta_t\eta_m\times 100\% \tag{F6-16}$$

计算装置和泵站效率时,电机的输入功率可以计入变频等附属馈电设备的损耗功率。

特别说明:可以用泵站平均提水高度除以等效水泵的工作扬程,再乘以等效水泵的工作效率来代替管路效率和水泵效率之积,以简化装置效率的计算,即

$$\frac{H_{st}}{H_p}\times\eta_p=\frac{H_{st}}{H'_p}\times\eta'_p \tag{F6-17}$$

式中　H'_p——等效水泵工作扬程,m;

η'_p——等效水泵效率。

6.5　能源单耗

能源单耗亦是考核泵站节能情况的一项重要指标,其计算式为

$$e=\frac{2.725}{\eta_{st}} \text{或} e=\frac{1}{3.6}\frac{P}{QH_{st}} \text{或} e=\frac{10^{-6}E}{\rho WH_{st}} \tag{F6-18}$$

式中　Q——等效水泵流量,m^3/s;

P——等效水泵功率,kW;

E——泵站运行主机能耗,kW·h。

附录7　其他计算技术

7.1　粗糙系数 n 与当量粗糙度 Δ 互换

由于目前工程实践中积累的当量粗糙度 Δ 较少,而基于紊流粗糙区(阻力平方区)粗糙系数 n 的资料却较多。因此,需找到 n 和 Δ 的关系式,以便 n 值的利用。

将曼宁(Manning)公式:$C=R^{1/6}/n$ 和曼宁-斯处可勒(Manning-Strickler)公式:$C=7.66\sqrt{g}\left(\frac{R}{n}\right)^{1/6}$ 联立(取 $g=9.806$)解得:

$$\left.\begin{aligned} n &= 0.0417\Delta^{1/6} \\ \Delta &= (24n)^6 \end{aligned}\right\} \tag{F7-1}$$

7.2　管路阻力损失简化计算方法

考虑水流流态影响因素之后,使管路的阻力损失计算变得比较复杂。为了简化和规范计算工作,便于运用计算机编程,现推荐两种计算方法。

7.2.1　引入流态修正系数 ψ

首先确定管段的最小和最大可能过水流量值,并以最大流量值计算其基本摩阻系数 λ_0 和沿程和局部损失扬程 $h_i=h_f+h_j$,再在最小流量至最大流量区间选择若干流量值 q_i 分别计算对应的 λ_i 值和流态修正系数 $\psi_i=\lambda_i/\lambda_0$,$\psi_i$ 与对应流量 q_i 的关系曲线即为损失扬程流态修正系数 ψ 曲线。

实例:某泵站压力管道有 DN1400 钢管和 DN1400 混凝土管道两种,计算其流态修正系数 ψ 。

钢管粗糙系数 n 取 0.11,混凝土管道粗糙系数取 $n=0.0125$,由表 F7-1 查得对应的当量粗糙度分别为 340 μm 和 730 μm。

表 F7-1　当量粗糙度 Δ 和粗糙系数 n 关系

n	0.009 0	0.009 5	0.010 0	0.010 5	0.011 0	0.011 5	0.012 0
Δ(mm)	0.102	0.141	0.191	0.256	0.339	0.442	0.571
n	0.012 5	0.013 0	0.013 5	0.014 0	0.014 5	0.015 0	0.015 5
Δ(mm)	0.729	0.922	1.157	1.439	1.776	2.177	2.650

根据泵站装机数量和选配水泵,泵站最大提水流量接近 2.9 m^3/s。计算得 DN1400

钢管和混凝土管的基本摩阻系数 λ_0 分别为 0.014 7 和 0.017 1,损失扬程修正系数曲线详见表 F7-2、图 F7-1。

表 F7-2　DN1400 管道损失扬程修正系数

$Q(m^3/s)$	0.02	0.04	0.06	0.08	0.10	0.2	0.3	0.4	0.5
ψ_g	1.956	1.667	1.531	1.447	1.389	1.240	1.174	1.135	1.091
ψ_h	1.713	1.475	1.366	1.301	1.256	1.148	1.103	1.078	1.061
$Q(m^3/s)$	0.6	0.8	1.0	1.1	1.2	1.3	1.4	1.5	1.6
ψ_g	1.090	1.065	1.049	1.042	1.037	1.033	1.029	1.025	1.022
ψ_h	1.050	1.035	1.026	1.023	1.020	1.017	1.015	1.013	1.011
$Q(m^3/s)$	1.7	1.8	1.9	2.0	2.1	2.3	2.5	2.7	2.9
ψ_g	1.019	1.017	0.141	1.012	1.011	1.007	1.005	1.002	1.000
ψ_h	1.010	1.009	1.007	1.006	1.005	1.004	1.002	1.001	1.000

注:表中 ψ_g、ψ_h 分别为钢管和 PCCP 管道的流态修正系数。

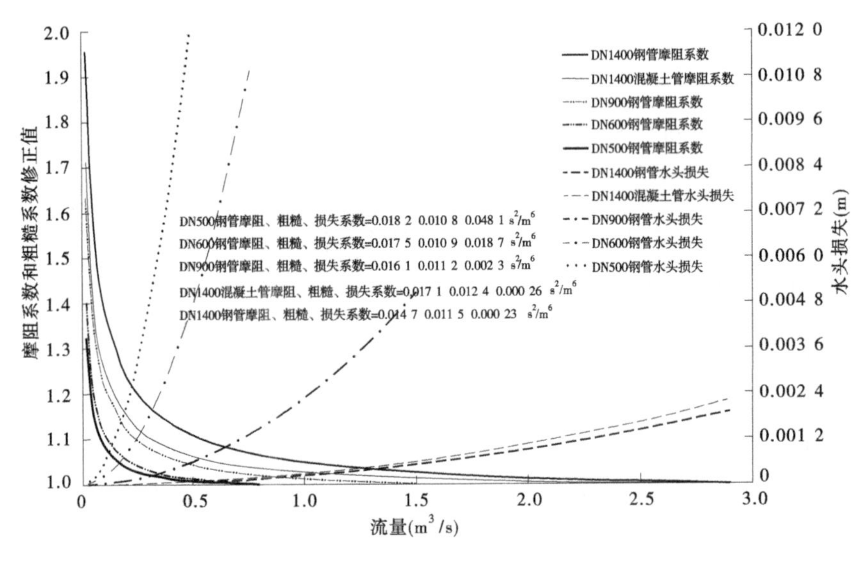

图 F7-1　杜河电灌站管道阻力系数修正曲线

7.2.2　直接合成或查表法

引入流态修正系数后,管段阻力损失等于紊流形态下管道综合阻力计算公式乘以流态修正系数,即

$$\Delta H_i = \psi_i S_i Q_i^2 \tag{F7-2}$$

$$\left.\begin{aligned} S_i &= \frac{8}{\pi^2 g D_i^4}\left(\frac{\lambda_{0i}}{D_i}L_i + \xi_i\right) \\ S_i &= \left(\frac{10.29 n^2 L_i}{D_i^{\frac{16}{3}}} + \frac{8\xi_i}{\pi^2 g D_i^4}\right) \end{aligned}\right\} \tag{F7-3}$$

式中　S_i——第 i 管段紊流形态综合阻力系数,s^2/m^5,S_i 值与计算管段长度、管径、紊流形态摩阻系数 λ_i(或糙率系数 n_i)和局部损失阻力系数 ξ_i 等有关;

λ_{0i}——管道紊流摩阻系数,与管径和管壁粗糙度有关。

对于管径、管材、管道附属设备及其管件、管道铺设方式一定的管段,紊流形态综合阻力系数 S_i 为常数,而其流态修正系数 ψ_i 仍是管径和流量的函数,即 $\psi_i=f(D_i,Q_i)$,为了进一步简化计算,可直接算出各管段损失水头与流量的关系曲线,列表输出以供计算机调用。图 F7-2 和表 F7-3 为某泵站部分管段成果。

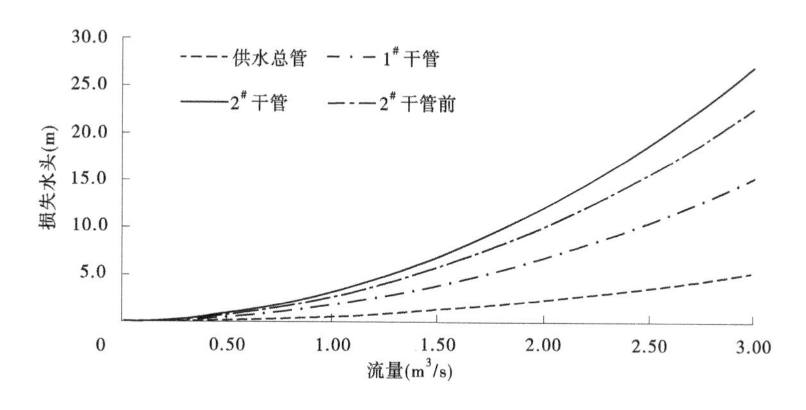

图 F7-2　总、干管阻力损失与流量关系曲线

表 F7-3　干管阻力损失

管路名称		总管	干管 1	干管 2		
代码		zg	tl_xy	xy_tj	xy_tj1	xy_tj2
流量(m^3/s)		阻力损失(m)				
1	0.02	0	0.001	0.002	0.002	0
2	0.04	0.002	0.004	0.008	0.007	0.001
3	0.06	0.003	0.009	0.017	0.014	0.003
4	0.08	0.005	0.015	0.028	0.024	0.005
5	0.10	0.008	0.023	0.042	0.036	0.007
6	0.20	0.029	0.082	0.151	0.126	0.024
7	0.30	0.062	0.176	0.320	0.268	0.052
8	0.40	0.106	0.303	0.550	0.461	0.089
9	0.50	0.163	0.463	0.838	0.702	0.136
10	0.60	0.231	0.657	1.186	0.993	0.192
11	0.70	0.310	0.884	1.592	1.333	0.258
12	0.80	0.401	1.143	2.056	1.722	0.334

续表 F7-3

管路名称		总管	干管 1	干管 2		
代码		zg	tl_xy	xy_tj	xy_tj1	xy_tj2
流量(m^3/s)		阻力损失(m)				
13	0.90	0.504	1.436	2.579	2.160	0.418
14	1.00	0.618	1.762	3.160	2.647	0.513
15	1.10	0.744	2.120	3.799	3.183	0.616
16	1.20	0.881	2.512	4.496	3.767	0.730
17	1.30	1.030	2.936	5.252	4.400	0.852
18	1.40	1.191	3.394	6.066	5.082	0.984
19	1.50	1.363	3.884	6.938	5.812	1.126
20	1.60	1.547	4.407	7.868	6.591	1.277
21	1.70	1.742	4.964	8.856	7.419	1.437
22	1.80	1.949	5.553	9.902	8.295	1.607
23	1.90	2.167	6.175	11.006	9.221	1.786
24	2.00	2.397	6.830	12.169	10.194	1.974

参 考 文 献

[1] 刘竹溪,刘景植.水泵及水泵站[M].4版.北京:中国水利水电出版社,2019.
[2] 金锥,姜乃昌,汪兴华,等.停泵水锤及其防护[M].2版.北京:中国建筑工业出版社,2004.
[3] 邱传忻.取水输水建筑物丛书:泵站[M].北京:中国水利水电出版社,2004.
[4] 李继珊.泵站测试技术[M].北京:中国水利水电出版社,1987.